배관기능장
필기 과년도풀이

서상희 저

1. 필기 과목별 핵심 이론 정리
2. 필기 과년도 문제 해설
3. CBT 필기시험 복원문제 수록
4. 배관작업형 도면 수록

동일출판사

책머리에

산업이 발전하면서 산업시설과 설비가 복잡해지고 대형화와 정밀화 되어 가고 있으며 이 중 배관 분야는 기계, 건축, 토목, 석유화학, 플랜트설비, 건축설비 등 건축배관과 공업배관 분야에서 광범위하게 사용되며 산업설비의 동맥과 같은 역할을 하고 있습니다.

산업설비 및 배관분야에서 근무하면서 배관분야의 최고 자격증이라 할 수 있는 배관기능장에 도전 및 목표로 하고 있는 실무자들이 많이 있지만 배관기능장 시험 준비에 만족할 만한 수험서가 없는 것이 현실입니다.

이에 저자는 배관기능장 자격시험을 준비하는 수험생들의 효과적인 공부와 짧은 시간동안 필기 과년도 풀이 시험 준비를 할 수 있도록 관련된 자료를 준비하고 정리하여 배관기능장 필기 과년도 풀이 교재를 출간하게 되었습니다.

이 책은 다음과 같은 부분에 중점을 두어 구성하였습니다.

첫 째 한국산업인력공단 배관기능장 필기시험 출제기준과 최근 출제문제를 분석하여 단원별 핵심이론내용을 정리하여 수록하였습니다.
둘 째 2007년 제41회부터 2018년 제63회까지 시행된 PBT 출제문제를 자세한 해설과 함께 수록하였습니다.
셋 째 2019년부터 시행된 CBT 필기시험 복원문제를 해설과 함께 수록하여 최근의 출제문제 경향을 파악할 수 있도록 하였습니다.
넷 째 부록으로 배관기능장 실기시험의 배관작업에 꼭 필요한 내용과 공개도면을 수록하였습니다.
다섯째 저자가 직접 카페를 개설, 관리하여 온라인상으로 질의 및 답변과 함께 수험정보를 공유할 수 있는 공간을 마련하였습니다.

배관기능장 필기 과년도 풀이 교재가 출판될 때까지 많은 도움과 지원을 주신 분들께 감사를 드리며, 이 책으로 배관기능장 필기시험을 준비하는 수험생 여러분이 합격의 영광이 함께 하길 기원 드리겠습니다.

저자 씀

〈저자 카페〉
▶ **네이버** – 자격증을 공부하는 모임(cafe.naver.com/gas21)

차 례

제1편 핵심이론정리

제1장 배관공작

1. 배관공학의 기초 ··· 16
   1.1 유체역학의 기초 ······································ 16
      (1) 연속의 방정식 ································· 16
      (2) 베르누이(Bernoulli) 방정식 ·············· 16
      (3) 유체의 흐름 상태 ···························· 17
      (4) 관 마찰손실(압력손실) ····················· 17
      (5) 부차적 손실 ···································· 18
   1.2 열과 증기 및 전열 ·································· 19
      (1) 온도(temperature) ·························· 19
      (2) 압력(pressure) ································ 20
      (3) 열량 ·· 20
      (4) 비열 및 열용량 ······························· 20
      (5) 현열과 잠열 ···································· 21
      (6) 열 에너지 ······································· 21
      (7) 동력 ·· 21
      (8) 비중, 밀도, 비체적 ·························· 21
      (9) 기체의 상태 ···································· 22
      (10) 열역학 법칙 ··································· 22
      (11) 증기의 성질 ··································· 23
      (12) 포화증기와 과열증기 ····················· 23
      (13) 증기의 엔탈피 ······························· 24
      (14) 열전달 ·· 25

2. 배관용 공구 및 기계 ···································· 27
   2.1 수가공 및 측정공구 ································ 27
      (1) 수가공 공구 ···································· 27
      (2) 측정공구 ··· 27
   2.2 배관용 공구 및 기계 ······························ 27
      (1) 배관용 공구 ···································· 27
      (2) 배관용 기계 ···································· 29

3. 관의 이음 및 성형 ······································· 31
   3.1 강관의 이음 및 성형 ······························ 31
      (1) 나사이음 ··· 31
      (2) 용접이음 ··· 32
      (3) 플랜지이음 ······································ 32
      (4) 강관의 구부림 작업 ························· 32
      (5) 공업배관 현장 제작법 ······················ 33
   3.2 주철관의 이음 ······································· 33
      (1) 소켓 이음(socket joint) ···················· 33
      (2) 플랜지 이음(flange joint) ················· 34
      (3) 기계식 이음(mechanical joint) ··········· 34
      (4) 빅토리 이음(victoric joint) ··············· 34
      (5) 타이톤 이음(tyton joint) ·················· 34
      (6) 노-허브 이음(no-hub joint) ············· 35
   3.3 비철금속관의 이음 ·································· 35
      (1) 동관 이음 ······································· 35
      (2) 연관의 이음 ···································· 36
   3.4 비금속관의 이음 ····································· 37
      (1) 염화비닐관의 이음 ·························· 37
      (2) 경질염화비닐관의 이음 ···················· 37
      (3) 폴리에틸렌관의 이음 ······················· 38
      (4) 폴리부틸렌관의 이음 ······················· 38
      (5) 석면 시멘트관 및 콘크리트관의 이음 ··· 38

4. 용접의 종류 및 특성 ···································· 39
   4.1 용접 개요 ··· 39
      (1) 용접법의 종류 ································· 39
      (2) 용접의 분류 및 종류 ······················· 39
   4.2 가스 용접 ··· 40
      (1) 가스 용접의 특징 ···························· 40
      (2) 가스 용접장치 ································· 40
      (3) 가스 용접재료 ································· 41
      (4) 불꽃 조정 ······································· 42
      (5) 가스 용접법 ···································· 42
   4.3 아크 용접 ··· 42
      (1) 아크 용접기의 종류 ························· 42
      (2) 용접기의 특성 ································· 43
      (3) 아크 용접봉 ···································· 44
   4.4 특수 용접 ··· 44
      (1) 불활성가스 아크 용접 ······················ 44
      (2) 탄산가스 아크 용접 ························· 45
      (3) 서브머지드 아크 용접 ····················· 46

4.5 기타 용접 ··· 46
　　(1) 전기 저항 용접 ···························· 46
　　(2) 전자 빔 용접 ······························· 46

5. 가스절단 및 용접검사 ····························· 46
　5.1 가스 절단 ··· 46
　　(1) 절단의 종류 ································ 46
　　(2) 가스절단 ····································· 47
　　(3) 아크 절단 ··································· 47
　5.2 용접 검사 ··· 48
　　(1) 아크 용접부 결함 ························ 48
　　(2) 용접부 잔류응력 ························· 48
　　(3) 용접부 검사법 ···························· 48

제 2 장　배관재료

1. 관의 종류 및 특성 ································· 50
　1.1 관의 시방 및 제조방법 ····················· 50
　　(1) 관의 시방(示方) ·························· 50
　　(2) 제조방법 ····································· 51
　1.2 강관 ·· 51
　　(1) 강관의 특징 ································ 51
　　(2) 강관의 종류와 특징 ···················· 52
　1.3 주철관 ··· 53
　　(1) 수도용 주철관 ···························· 53
　　(2) 기타 주철관 ································ 54
　1.4 비철금속관 ·· 54
　　(1) 동관 ··· 54
　　(2) 연관 ··· 56
　　(3) 알루미늄관 ·································· 56
　　(4) 주석관 ··· 57
　1.5 비금속관 ·· 57
　　(1) 합성수지관 ·································· 57
　　(2) 콘크리트관 ·································· 58

2. 관이음 재료 ·· 59
　2.1 강관 이음쇠 ······································ 59
　　(1) 분류 ··· 59
　　(2) 나사식 관이음쇠 ························· 59
　　(3) 용접식 관이음쇠 ························· 60
　2.2 주철관 이음쇠 ··································· 60
　　(1) 수도용 주철관 이형관 ················ 60
　　(2) 배수용 주철관 이형관 ················ 60

　2.3 동관 이음쇠 ······································ 61
　　(1) 순동 이음쇠 ································ 61
　　(2) 압축 이음쇠 ································ 61
　　(3) 황동 주물 이음쇠 ······················· 61
　2.4 신축 이음쇠 ······································ 62
　　(1) 설치 목적 ··································· 62
　　(2) 종류 및 특징 ······························ 62

3. 배관 부속재료 ··· 63
　3.1 밸브 ·· 63
　　(1) 글로브 밸브(glove valve) ··········· 63
　　(2) 슬루스 밸브(sluice valve) ·········· 63
　　(3) 체크 밸브(check valve) ·············· 63
　　(4) 안전밸브(safety valve) ··············· 64
　　(5) 감압밸브(pressure reducing valve) ··· 64
　　(6) 그 밖의 밸브 ······························ 64
　3.2 트랩 및 여과기 ································· 65
　　(1) 트랩 ··· 65
　　(2) 여과기 ··· 67
　3.3 피복재료(보온재) ······························ 67
　　(1) 보온재 개요 ································ 67
　　(2) 보온재의 종류 및 특징 ··············· 68
　3.4 패킹재료 및 방청도료 ······················ 70
　　(1) 패킹재료 ····································· 70
　　(2) 방청도료 ····································· 72
　3.5 지지장치 ·· 73
　　(1) 배관 지지에 필요한 조건 ··········· 73
　　(2) 지지장치의 종류 ························· 73
　3.6 배관설비 계측기기 ···························· 74
　　(1) 계측기기 구비조건 ······················ 74
　　(2) 계측기기의 종류 ························· 74

제 3 장　배관제도

1. 제도 일반 ·· 77
　1.1 제도의 기본 ······································ 77
　　(1) 도면 크기 및 척도 ······················ 77
　　(2) 문자와 선 ··································· 77
　1.2 투상법 ··· 78
　　(1) 투상도의 종류 ···························· 78
　　(2) 정투상도법 ·································· 78
　1.3 도형의 표시방법 ······························· 79
　　(1) 투상도의 이름 ···························· 79

(2) 배관도에서 입체도를 그리는 이유 ········ 79
　1.4 치수 기입법 ·· 79
　　(1) 치수의 단위 ·· 79
　　(2) 치수 기입 ·· 79
　　(3) 치수 표시 기호 ······································ 80

2. 배관 CAD ··· 80
　2.1 배관도시 기호 및 용어 ······························ 80
　　(1) 관의 높이 표시방법 ······························ 80
　　(2) 관의 표시 ·· 81
　　(3) 유체의 종류 표시 ·································· 82
　　(4) 계장용 기호 ·· 83
　2.2 플랜트 배관도 ·· 84
　　(1) 배관도의 종류 ·· 84
　　(2) 라인 인덱스 ·· 85
　　(3) 플랜트 배관도 ·· 85
　2.3 용접기호 및 용어 ·· 86
　　(1) 용접기호 ·· 86
　　(2) 용접부의 기호 표시 방법 ···················· 87

제 4 장　배관시공

1. 위생설비 및 소화설비 ··································· 88
　1.1 급수배관 ·· 88
　　(1) 급수배관법 ·· 88
　　(2) 고층 건물의 급수 조닝(zoning) 방식 ···· 89
　　(3) 급수펌프(원심펌프) ······························ 89
　1.2 오수 및 배수, 통기설비 ······························ 91
　　(1) 오수 및 배수설비 ·································· 91
　　(2) 통기설비 ·· 93
　　(3) 오수 및 배수, 통기관 시공 시 주의사항 · 94
　1.3 급탕배관 ·· 95
　　(1) 급탕방식의 분류 ···································· 95
　　(2) 급탕량 산정 ·· 97
　　(3) 급탕배관 시공법 ···································· 97
　1.4 소화설비 배관 ·· 98
　　(1) 옥내 소화전 설비 ·································· 98
　　(2) 스프링 클러 설비 ·································· 98
　　(3) 드렌처(drencher) 설비 ························· 98

2. 냉난방 및 공조설비 ······································· 99
　2.1 난방(온수, 증기, 복사)설비 ······················· 99
　　(1) 온수 난방설비 ·· 99

　　(2) 증기 난방설비 ······································ 100
　　(3) 복사 난방설비 ······································ 103
　　(4) 방열기 ·· 104
　2.2 냉방설비 ·· 106
　　(1) 냉동능력 ·· 106
　　(2) 냉동장치의 종류 ·································· 106
　　(3) 냉매의 구비조건 ·································· 106
　2.3 공기조화설비 ·· 107
　　(1) 공기조화 방식의 분류 ························ 107
　　(2) 공기조화기 ·· 107
　　(3) 급기구의 종류 ······································ 107
　2.4 보일러 및 열교환기 설비 ························ 108
　　(1) 보일러 ·· 108
　　(2) 열교환기 ·· 109

3. 플랜트 배관설비 ·· 110
　3.1 가스배관 ·· 110
　　(1) 공급 방법 ·· 110
　　(2) 공급시설 ·· 110
　　(3) 가스배관 시공 ······································ 110
　3.2 석유 화학배관설비 ···································· 111
　　(1) 관의 이음 및 지지 ······························ 111
　　(2) 고압 화학배관설비 ······························ 112
　3.3 기타 플랜트 배관설비 ······························ 112
　　(1) 압축공기 배관 ······································ 112
　　(2) 집진장치 배관 ······································ 113
　　(3) 기송배관 ·· 114
　3.4 플랜트 배관설비 시공법 ·························· 115
　　(1) 플랜트 배관의 구분 ···························· 115
　　(2) 파이프 랙의 설치 ································ 115

4. 배관설비 검사 ·· 116
　4.1 배관의 검사방법 ·· 116
　　(1) 급수 및 급탕배관 ································ 116
　　(2) 배수 및 통기배관 ································ 116
　4.2 배관의 점검 및 보수방법 ························ 117
　　(1) 배관의 점검 ·· 117
　　(2) 배관의 세정방법 ·································· 117
　　(3) 배관설비의 보수방법 ·························· 118

5. 안전관리 ·· 119
　5.1 안전일반 ·· 119
　　(1) 안전관리 개요 ······································ 119
　　(2) 공구 및 기계 취급 안전 ···················· 120

5.2 배관작업 안전 ···················· 121
　(1) 배관작업 안전수칙 ············ 121
　(2) 높은 곳에서의 작업 안전수칙 ······ 122
5.3 용접작업 안전 ···················· 122
　(1) 전기용접 안전수칙 ············ 122
　(2) 가스용접 및 절단 안전수칙 ······ 122

6. 설비자동화 ··························· 123
　6.1 제어요소의 특성과 제어장치의 구성 ······ 123
　　(1) 자동제어의 개요 ············ 123
　　(2) 자동제어의 구성 ············ 123
　　(3) 자동제어의 분류 ············ 125
　　(4) 신호전달 방식 ·············· 126
　6.2 자동제어의 종류 ················ 127
　　(1) 인터록 ······················ 127
　　(2) 보일러 각부의 자동제어 ······ 127
　6.3 자동제어의 응용 ················ 129
　　(1) 자동화의 5대 요소 ·········· 129

제 5 장 공업경영

1. 품질관리 ······························ 130
　1.1 품질관리 ························ 130
　　(1) 품질관리의 기능 ············ 130
　　(2) 품질 코스트의 종류 ········· 131
　1.2 통계적 방법의 기초 ············ 133
　　(1) 데이터 ······················ 133
　　(2) 도수분포표 ·················· 134
　　(3) 데이터의 정리 방법 ········· 135
　1.3 샘플링 검사 ···················· 135
　　(1) 오차(error) ·················· 135
　　(2) 검사의 종류 및 특징 ········ 135
　　(3) 샘플링 방법 ················· 137
　　(4) 샘플링 검사 ·················· 138
　　(5) 샘플링 검사의 분류 및 형식 ··· 139
　　(6) 샘플링 검사의 형태 ········· 141
　1.4 관리도 ·························· 142
　　(1) 관리도 개요 ················· 142
　　(2) 관리도의 종류 및 특징 ······ 143

2. 생산관리 ······························ 144
　2.1 생산계획 ························ 144
　　(1) 생산관리 개요 ·············· 144
　　(2) 수요예측 및 손익분기점 ···· 145
　2.2 생산통계 ························ 147
　　(1) 자재관리 ···················· 147
　　(2) 구매관리 ···················· 148
　　(3) 재고관리 ···················· 148
　　(4) 일정관리 ···················· 148
　　(5) 일정계획 ···················· 149
　　(6) 프로젝트 관리 ·············· 150

3. 작업관리 ······························ 152
　3.1 작업방법 연구 ·················· 152
　　(1) 작업관리 ···················· 152
　　(2) 공정분석 ···················· 152
　　(3) 작업분석 ···················· 153
　　(4) 동작분석 ···················· 154
　3.2 작업시간 연구 ·················· 155
　　(1) 표준시간 ···················· 155
　　(2) 작업측정 ···················· 156

4. 기타 공업경영 관련사항 ············ 157
　4.1 기타 공업경영 관련사항 ······ 157
　　(1) 설비보전 ···················· 157
　　(2) TPM 활동 ··················· 159

제 2 편 과년도 출제문제

- 제41회 필기시험(2007. 4. 1 시행) ········· 162
- 제42회 필기시험(2007. 7. 15 시행) ········ 174
- 제43회 필기시험(2008. 3. 30 시행) ········ 185
- 제44회 필기시험(2008. 7. 13 시행) ········ 196
- 제45회 필기시험(2009. 3. 29 시행) ········ 207
- 제46회 필기시험(2009. 7. 12 시행) ········ 218
- 제47회 필기시험(2010. 3. 28 시행) ········ 230
- 제48회 필기시험(2010. 7. 11 시행) ········ 240
- 제49회 필기시험(2011. 4. 17 시행) ········ 250
- 제50회 필기시험(2011. 7. 31 시행) ········ 261
- 제51회 필기시험(2012. 4. 8 시행) ········· 272
- 제52회 필기시험(2012. 7. 22 시행) ········ 283
- 제53회 필기시험(2013. 4. 14 시행) ········ 294
- 제54회 필기시험(2013. 7. 21 시행) ········ 306
- 제55회 필기시험(2014. 4. 6 시행) ········· 318
- 제56회 필기시험(2014. 7. 20 시행) ········ 331

- 제57회 필기시험(2015. 4. 4 시행) ·········· 343
- 제58회 필기시험(2015. 7. 19 시행) ········ 355
- 제59회 필기시험(2016. 4. 2 시행) ·········· 367
- 제60회 필기시험(2016. 7. 10 시행) ········ 379
- 제61회 필기시험(2017. 3. 5 시행) ·········· 391
- 제62회 필기시험(2017. 7. 8 시행) ·········· 403
- 제63회 필기시험(2018. 3. 31 시행) ········ 415

제2장 배관작업 및 예상도면

1. 배관작업 기초이론 ······················· 618
   1.1 배관작업의 분류 ···················· 618
   1.2 배관의 실제길이 계산 ············· 618
2. 공개도면 ···································· 622

[참고] 필답형 적산과제(공단 공개자료) ·········· 633

제3편　CBT 복원문제

- 2019년 CBT 필기시험 복원문제 (1) ············ 430
- 2019년 CBT 필기시험 복원문제 (2) ············ 443
- 2020년 CBT 필기시험 복원문제 (1) ············ 456
- 2020년 CBT 필기시험 복원문제 (2) ············ 469
- 2021년 CBT 필기시험 복원문제 (1) ············ 482
- 2021년 CBT 필기시험 복원문제 (2) ············ 495
- 2022년 CBT 필기시험 복원문제 (1) ············ 508
- 2022년 CBT 필기시험 복원문제 (2) ············ 520
- 2023년 CBT 필기시험 복원문제 (1) ············ 533
- 2023년 CBT 필기시험 복원문제 (2) ············ 546
- 2024년 CBT 필기시험 복원문제 (1) ············ 559
- 2024년 CBT 필기시험 복원문제 (2) ············ 572
- 2025년 CBT 필기시험 복원문제 (1) ············ 585
- 2025년 CBT 필기시험 복원문제 (2) ············ 599

제4편　실기 배관작업형

제1장　수험자 유의사항

1. 배관작업형 시험 수험자 유의사항 ········ 614
   1.1 요구사항 ······························· 614
   1.2 수험자 유의사항 ···················· 614
2. 배관작업형 시험 지급재료 목록 ·········· 615
3. 작업형 시험 수험자 지참 준비물 ········ 617

기능장 응시자격

(1) 응시하려는 종목이 속하는 동일 및 유사직무분야의 산업기사 또는 기능사의 자격을 취득한 후 「근로자직업능력 개발법」에 따라 설립된 기능대학의 기능장과정을 마친 이수한 자 또는 그 이수예정자
(2) 산업기사 등급 이상의 자격을 취득한 후 응시하려는 종목이 속하는 동일 및 유사직무분야에서 5년 이상 실무에 종사한 사람
(3) 기능사 자격을 취득한 후 응시하려는 종목이 속하는 동일 및 유사직무분야에서 7년 이상 실무에 종사한 사람
(4) 응시하려는 종목이 속하는 동일 및 유사직무분야에서 9년 이상 실무에 종사한 사람
(5) 응시하려는 종목이 속하는 동일 및 유사직무분야의 다른 종목의 기능장 등급의 자격을 취득한 사람
(6) 외국에서 동일한 종목에 해당하는 자격을 취득한 사람

배관기능장 시험과목 및 검정방법

1. 필기시험
   (1) 시험과목 : 배관공작, 배관재료, 배관제도, 배관시공, 공업경영에 관한 사항
   (2) 출제문제 수 : 객관식 60문제 (시험과목별 출제문제수 기준은 없으나 공업경영에 관한 문제가 6문제 출제됨)
   (3) 시험시간 : 60분 (1시간)
   (4) 합격기준 : 100점 만점에 60점 이상 득점 (60문제 중 36문제 이상)

2. 실기시험
   (1) 시험과목 : 배관실무 배관작업
   (2) 배점 : 적산작업(40점), 배관작업(60점)
   (3) 시험시간 : 필답형(적산과제) 2시간, 배관작업 5시간
   (4) 시험일시 : 적산과제 - 필답형 시험일, 배관작업 - 실기시험 기간 중
   (5) 합격기준 : 2가지 합계 60점 이상 득점
   ※ 배관 작업형 시험이 64회부터 적산과제는 70회부터 변경되어 시행되고 있습니다.

출제기준(필기)

직무분야	건설	중직무분야	건설배관	자격종목	배관기능장	적용기간	2026. 1. 1 ～ 2028. 12. 31

- 직무내용 : 건축배관 설비(급수, 급탕, 오·배수 및 통기, 냉·난방 및 공기조화설비, 소화설비, 가스설비 등)와 플랜트설비(프로세스 배관, 유틸리티 배관 등)의 설계도서 검토, 적산, 시공, 검사, 사업관리 및 유지관리를 하는 직무이다.

검정방법	객관식	문제수	60문제	시험시간	1 시간

필기과목명	문제수	주요항목	세부항목	세세항목
배관공작, 배관재료, 배관설비제도, 용접, 배관시공, 안전관리 및 배관작업, 설비자동화시스템, CAD, 공업경영에 관한사항	60	1. 배관공작	1. 배관공학의 기초	1. 유체 역학의 기초 2. 열역학의 기초
			2. 배관용 공구 및 기계	1. 수가공 및 측정공구 2. 배관용공구 및 기계
			3. 관의 이음 및 성형	1. 강관의 이음 및 성형 2. 주철관의 이음 3. 비철금속관의 이음 및 성형 4. 비금속관의 이음 및 성형
			4. 용접의 종류 및 특성	1. 가스용접 2. 아크용접 3. 특수용접 4. 기타용접
			5. 가스절단 및 용접검사	1. 가스절단 2. 용접검사
		2. 배관재료	1. 관의 종류 및 특성	1. 관의 시방 및 제조방법 2. 강관 3. 주철관 4. 비철금속관 5. 비금속관
			2. 관이음재료	1. 강관 이음쇠 2. 주철관 이음쇠 3. 비철금속관 이음쇠 4. 비금속관 이음쇠
			3. 배관 부속재료	1. 밸브 2. 신축관 이음쇠 3. 트랩 및 여과기 4. 패킹, 피복 및 방청 5. 지지장치 6. 배관설비 계측기기 7. 기타 부속재료

필기과목명	문제수	주요항목	세부항목	세세항목
		3. 기계제도	1. 제도 통칙	1. 제도의 기본(도면크기, 문자와 선, 도면관리 등) 2. 투상법 3. 도형의 표시방법 4. 치수 기입법
			2. 배관 CAD	1. 배관도시 기호 및 용어 2. 플랜트 배관도 3. 용접기호 및 용어
		4. 배관시공	1. 위생설비 및 소화 설비	1. 급수설비 2. 급탕설비. 3. 오·배수 및 통기설비 4. 소화설비
			2. 냉난방 및 공기조화설비	1. 냉난방설비 2. 공기조화설비 3. 열원 및 열교환기설비
			3. 신재생에너지 설비	1. 태양열 설비 2. 지열 설비
			4. 플랜트 배관설비	1. 가스배관 2. 석유화학배관설비 3. 기타 플랜트배관설비
			5. 배관설비 검사	1. 배관의 검사방법 2. 배관의 점검 및 보수방법
			6. 안전관리	1. 안전일반 2. 배관작업 안전 3. 용접작업 안전
			7. 설비자동화	1. 제어요소의 특성과 제어장치의 구성 2. 자동제어의 종류 3. 자동제어의 응용
			8. 기계설비법	1. 법, 시행령, 시행규칙
		5. 공업경영	1. 품질관리	1. 통계적 방법의 기초 2. 샘플링 검사 3. 관리도
			2. 생산관리	1. 생산계획 2. 생산통계
			3. 작업관리	1. 작업방법연구 2. 작업시간 연구
			4. 기타 공업경영 관련사항	1. 기타 공업경영 관련사항

출제기준(실기)

직무분야	건설	중직무분야	건설배관	자격종목	배관기능장	적용기간	2026. 1. 1 ~ 2028. 12. 31

- 직무내용 : 건축배관 설비(급수, 급탕, 오·배수 및 통기, 냉·난방 및 공기조화설비, 소화설비, 가스설비 등)와 플랜트설비(프로세스 배관, 유틸리티 배관 등)의 설계도서 검토, 적산, 시공, 검사, 사업관리 및 유지관리를 하는 직무이다.
- 수행준거 : 1. 배관설비도면을 보고 CAD작업을 할 수 있다.
  2. 배관설비도면을 해독하고 재료산출 및 적산 후 공사비를 산출할 수 있다.
  3. 배관용 공구 및 장비를 이용하여 절단, 성형가공 및 이음을 할 수 있다.
  4. 배관 치수검사와 허용압력기준으로 제작할 수 있다.
  5. 배관 안전 수칙을 준수하여 사고예방을 할 수 있다.
  6. 배관에 관한 관리감독, 사업관리 및 유지관리를 할 수 있다.

검정방법	복합형	시험시간	7시간 정도 (필답형: 2시간, 작업형: 5시간 정도)

실기과목명	주요항목	세부항목	세세항목
배관실무	1. 설계도서 작성	1. 설계도면 작성 및 CAD 작업하기	1. 공기조화설비의 계통도, 장비도면, 덕트와 배관도면을 작성할 수 있다. 2. 열원설비의 열흐름도, 장비도면을 작성할 수 있다. 3. 환기설비의 계통도, 장비 도면, 덕트·배관, 도면을 작성할 수 있다. 4. 위생설비의 계통도, 장비 도면, 배관도면을 작성할 수 있다. 5. 부속품과 이해가 곤란한 부분은 도면해석을 위하여 시공 상세도를 작성할 수 있다. 6. 설비설계 도면과 건축부문을 검토하여 중복배치의 간섭을 방지하여 작성할 수 있다. 7. 장치설치 후 시공상태를 반영한 준공도서를 작성할 수 있다.
	2. 설비설계	1. 급수시스템 설계하기	1. 상수도 직결방식으로 설계할 수 있다. 2. 옥상 또는 별도의 장소에 설치하는 고가탱크방식으로 설계할 수 있다. 3. 급수가압펌프를 이용하여 필요한 곳에 급수할 수 있는 압력탱크방식으로 설계할 수 있다. 4. 지하저수조가 설치된 경우 펌프직송방식으로 설계할 수 있다.
		2. 급탕시스템 설계하기	1. 온수 사용방법을 결정 할 수 있다. 2. 피크 지속시간을 산출하여 급탕설계를 할 수 있다. 3. 냉온수 압력차에 의한 온도변화가 일어나지 않도록 설계할 수 있다. 4. 급탕설비시스템에서 팽창탱크장치를 설계할 수 있다. 5. 균일한 온수온도 유지를 위한 배관방식을 설계할 수 있다.

실기과목명	주요항목	세부항목	세세항목
		3. 오배수 시스템 설계하기	1. 오·배수배관에 대한 수평과 수직배관, 분기시스템을 설계할 수 있다. 2. 우수배관에 대한 수평과 수직배관, 분기시스템을 설계할 수 있다. 3. 특수배수로서 기름, 방사 성물질 등을 함유한 배수배관에 대한 수평과 수직배관, 분기시스템을 설계할 수 있다. 4. 간접배수로서 음식물기기, 의료기구와 같이 역류방지를 필요로하는 배관에 대한 수평과 수직배관, 분기시스템을 설계할 수 있다. 5. 오·배수배관에서 배관의 악취의 유입을 방지하기 위한 트랩과 통기방식을 설계 할 수 있다.
		4. 특수설비시스템 설계하기	1. 관련법, 시행령과 규칙, 안 전을 고려한 설비시스템을 선정할 수 있다. 2. 안전성, 이용성과 내구성 을 고려하여 가스 공급방식 을 선정할 수 있다. 3. 오물의 종류에 따른 적합 한 오물 처리방법을 선정할 수 있다. 4. 중수도, 우수시스템의 적용기술 분석과 처리방법을 검 토하여 선정할 수 있다.
		5. 위생기구 선정하기	1. 급수와 급탕을 필요로 하는 곳에 설치하는 위생기기를 선정할 수 있다. 2. 소변기와 대변기의 종류별 기기를 선정할 수 있다. 3. 식기세정기의 종류별 기 기를 선정할 수 있다. 4. 샤워기의 종류별 압력을 검토하여 기기를 선정할 수 있다. 5. 역류방지를 위한 기기를 선정할 수 있다.
	3. 설비적산	1. 위생설비 적산하기	1. 급수설비의 장비와 재료 비의 산출과 노무비를 계산 할 수 있다. 2. 급탕설비의 장비와 재료 비의 산출과 노무비를 계산 할 수 있다. 3. 오·배수 및 통기설비의 장 비와 재료비의 산출과 노무 비를 계산할 수 있다.
		2. 공기조화설비·열원·환기 설비 적산하기	1. 열원설비와 부속기기의 장비와 재료비의 산출과 노 무비를 계산할 수 있다. 2. 공기조화기기용 설비의 장비와 재료비의 산출과 노 무비를 계산할 수 있다. 3. 환기설비의 장비와 재료 비의 산출과 노무비를 계산 할 수 있다.
	4. 설비배관공사	1. 배관시공하기	1. 배관재료와 부속품 및 공 구 등을 준비할 수 있다. 2. 배관 및 용접이음 등을 할 수 있다. 3. 기계설비법령에 따른 기 계설비 유지관리를 할 수 있다.
		2. 압력시험 및 검사하기	1. 조립형상 접합상태 및 치수검사를 할 수 있어야 한다. 2. 압력시험기준에 따라 시 험압력과 압력유지 여부를 파 악하고 시험압력(수압)변 동 상태와 배관의 각 이음부 에 압력누출여부를 세부적으로 확인할 수 있어야 한다.
		3. 작업안전 준수하기	1. 복장상태 및 보호구 착용 상태를 점검할 수 있어야 한 다. 2. 작업안전을 준수할 수 있어야 한다.

배관기능장 연도별 응시자 현황

종목명	연도	필기			실기		
		응시	합격	합격률(%)	응시	합격	합격률(%)
배관기능장	2024	1486	943	63.5%	1593	611	38.4%
배관기능장	2023	1324	850	64.2%	1677	536	32%
배관기능장	2022	1395	915	65.6%	1634	466	28.5%
배관기능장	2021	1549	1027	66.3%	1446	578	40%
배관기능장	2020	983	628	63.9%	1353	554	40.9%
배관기능장	2019	1350	839	62.1%	1582	423	26.7%
배관기능장	2018	2026	1030	50.8%	1630	680	41.7%
배관기능장	2017	2426	1443	59.5%	2342	1229	52.5%
배관기능장	2016	2304	1614	70.1%	2202	1339	60.8%
배관기능장	2015	1833	1125	61.4%	1436	821	57.2%
배관기능장	2014	1164	613	52.7%	890	579	65.1%
배관기능장	2013	928	500	53.9%	768	398	51.8%
배관기능장	2012	748	445	59.5%	719	396	55.1%
배관기능장	2011	646	420	65%	570	266	46.7%
배관기능장	2010	523	285	54.5%	398	229	57.5%
배관기능장	2009	316	189	59.8%	245	107	43.7%
배관기능장	2008	130	108	83.1%	150	83	55.3%
배관기능장	2007	98	48	49%	63	33	52.4%
배관기능장	2006	47	29	61.7%	62	33	53.2%
배관기능장	2005	105	53	50.5%	145	30	20.7%
배관기능장	2004	103	63	61.2%	118	29	24.6%
배관기능장	2003	60	34	56.7%	66	13	19.7%
배관기능장	2002	58	24	41.4%	51	12	23.5%
배관기능장	2001	35	17	48.6%	72	18	25%
배관기능장	1983~2000	463	273	59%	453	171	37.7%
소 계		22100	13515	61.2%	21665	9634	44.5%

제 1 편
핵심이론정리

- 제 1 장 배관공작
- 제 2 장 배관재료
- 제 3 장 배관제도
- 제 4 장 배관시공
- 제 5 장 공업경영

1 배관공작

1. 배관공학의 기초

1.1 유체역학의 기초

(1) 연속의 방정식

질량 보존의 법칙을 유체의 흐름에 적용한 것으로 유입된 질량과 유출된 질량은 같다.

① 체적유량 $Q = A_1 \cdot V_1 = A_2 \cdot V_2$

② 질량유량 $M = \rho \cdot A_1 \cdot V_1 = \rho \cdot A_2 \cdot V_2$

③ 중량유량 $G = \gamma \cdot A_1 \cdot V_1 = \gamma \cdot A_2 \cdot V_2$

(2) 베르누이(Bernoulli) 방정식

"모든 단면에서 작용하는 위치수두, 압력수두, 속도수두의 합은 항상 일정하다"로 정의되며 베르누이 방정식이 적용되는 조건은 다음과 같다.

① 베르누이 방정식이 적용되는 임의 두 점은 같은 유선상에 있다.
② 정상 상태의 흐름이다.
③ 마찰이 없는 이상유체의 흐름이다.
④ 비압축성 유체의 흐름이다.
⑤ 외력은 중력만 작용한다.

$$H = Z_1 + \frac{P_1}{\gamma} + \frac{V_1^2}{2g} = Z_2 + \frac{P_2}{\gamma} + \frac{V_2^2}{2g}$$

여기서, H : 전수두 Z_1, Z_2 : 위치수두

$\frac{P_1}{\gamma}, \frac{P_2}{\gamma}$: 압력수두 $\frac{V_1^2}{2g}, \frac{V_2^2}{2g}$: 속도수두

(3) 유체의 흐름 상태
① 층류와 난류
- (가) 층류(laminar flow) : 유체 입자가 각 층 내에서 질서정연하게 흐르는 상태
- (나) 난류(turbulent flow) : 유체 입자가 각 층 내에서 불규칙적으로 흐르는 상태

② 레이놀즈수(Reynolds number)

$$Re = \frac{\rho \cdot D \cdot V}{\mu} = \frac{D \cdot V}{\nu} = \frac{4Q}{\pi \cdot D \cdot \nu} = \frac{4\rho \cdot Q}{\pi \cdot D \cdot \mu}$$

여기서, ρ : 밀도[kg/m^3], D : 관지름[m], V : 유속[m/s]
μ : 점성계수[kg/m·s], ν : 동점성계수[m^2/s], Q : 유량[m^3/s]

- (가) 레이놀즈수(Re)로 유체의 유동상태 구분
    - ㉮ 층류 : $Re < 2100$ (또는 2300, 2320) → 2320은 임계레이놀즈수로 사용
    - ㉯ 난류 : $Re > 4000$
    - ㉰ 천이구역 : $2100 < Re < 4000$
- (나) 레이놀즈수(Re) 종류
    - ㉮ 상임계 레이놀즈수 : 층류에서 난류로 천이하는 레이놀즈수로 약 4000 정도이다.
        ∴ $Re = 4000$: 층류에서 난류로 변하기 시작하는 점
    - ㉯ 하임계 레이놀즈수 : 난류에서 층류로 천이하는 레이놀즈수로 약 2100 정도이다
        ∴ $Re = 2100$: 난류에서 층류로 변하기 시작하는 점

(4) 관 마찰손실(압력손실)
① 수평 원형관에서의 마찰손실(압력손실) – 달시-바이스 바하(Darcy-Weisbach) 방정식

$$h_f = f \times \frac{L}{D} \times \frac{V^2}{2g}$$

여기서, h_f : 손실수두[mH$_2$O], f : 관 마찰계수, L : 관 길이[m]
D : 관 지름[m], V : 유체의 속도[m/s], g : 중력가속도(9.8[m/s^2])

- (가) 달시-바이스 바하 방정식에서 압력손실은
    - ㉮ 관의 길이에 비례한다.
    - ㉯ 유속의 제곱에 비례한다.
    - ㉰ 관 지름에 반비례한다.
    - ㉱ 관 내부 표면조도에 영향을 받는다.
    - ㉲ 유체의 밀도, 점도의 영향을 받는다.
    - ㉳ 압력과는 무관하다.

(나) 관 마찰계수

㉮ 층류구역($Re < 2100$) : $f = \dfrac{64}{Re}$

∴ 층류구역에서 관 마찰계수(f)는 레이놀즈수(Re)만의 함수이다.

㉯ 천이구역($2100 < Re < 4000$) : 관 마찰계수(f)는 상대조도와 레이놀즈수(Re)만의 함수이다.

㉰ 난류구역($Re > 4000$)

ⓐ 매끈한 관 : 블라시우스(Blasius)의 실험식

$$f = 0.316 Re^{-\frac{1}{4}}$$

∴ 관 마찰계수(f)는 레이놀즈수(Re)의 1/4승에 반비례한다.

ⓑ 거칠은 관 : 닉크라드세(Nikuradse)의 실험식

$$\dfrac{1}{\sqrt{f}} = 1.14 - 0.86 \ln\left(\dfrac{e}{d}\right)$$

∴ 관 마찰계수(f)는 상대조도(e)만의 함수이다.

② 패닝(fanning)의 식

(가) 비원형관의 경우

$$h_f = f \cdot \dfrac{L}{4Rh} \cdot \dfrac{V^2}{2g}$$

여기서, h_f : 손실수두[mH$_2$O], f : 관 마찰계수
L : 관 길이[m], V : 유체의 속도[m/s]
g : 중력가속도(9.8[m/s^2]), Rh : 수력반지름($Rh = \dfrac{A}{S}$)
A : 유동단면적[m^2], S : 단면둘레의 길이(접수길이)[m]

(나) 원형관의 경우

$$h_f = 4f \times \dfrac{L}{D} \times \dfrac{V^2}{2g}$$

여기서, h_f : 손실수두[mH$_2$O], f : 관 마찰계수($f = \dfrac{16}{Re}$)
L : 관 길이[m], D : 관 지름[m]
V : 유체의 속도[m/s], g : 중력가속도(9.8[m/s^2])

(5) 부차적 손실

① 돌연 확대관에서의 손실

$$h_L = \frac{(V_1 - V_2)^2}{2g} = \left\{1 - \left(\frac{D_1}{D_2}\right)^2\right\}^2 \cdot \frac{V_1^2}{2g} = K\frac{V_1^2}{2g}$$

여기서, V_1 : 작은관에서의 유체의 유속

V_2 : 확대관에서의 유체의 유속

D_1 : 작은관의 지름

D_2 : 확대관의 지름

K : 돌연확대관의 손실계수 ($A_1 \ll A_2$인 경우 $K=1$)

② 돌연 축소관에서의 손실

$$h_L = \frac{(V_0 - V_2)^2}{2g} = K\frac{V_2^2}{2g}$$

여기서, V_0 : 축소관에서 가장 빠른 유속 V_1 : 큰 관에서의 유체의 유속

V_2 : 축소관에서의 유체의 유속 K : 돌연축소관의 손실계수

D_1 : 큰 관의 지름 D_2 : 축소관의 지름

③ 점차 확대관에서의 손실

㈎ 최대손실 : 확대각(θ) 62° 근방에서

㈏ 최소손실 : 확대각(θ) 6~7° 근처

1.2 열과 증기 및 전열

(1) 온도(temperature)

① 섭씨온도 : 물의 어는점(氷點)을 0[℃], 끓는점(沸點)을 100[℃]로 정하고, 100등분하여 하나의 눈금을 1[℃]로 표시하는 온도.

② 화씨온도 : 물의 어는점(氷點)을 32[°F], 끓는점(沸點)을 212[°F]로 정하고, 180등분하여 하나의 눈금을 1[°F]로 표시하는 온도

③ 섭씨온도와 화씨온도의 관계

㈎ $℃ = \frac{5}{9}(°F - 32)$

㈏ $°F = \frac{9}{5}℃ + 32$

④ 절대온도 : 기체의 압력이 0이 되어 기체 분자의 운동이 정지되는 온도 또는 내릴 수 있는 최저의 한계온도

(가) 켈빈온도(K) = ℃ + 273 $K = \dfrac{t°F + 460}{1.8} = \dfrac{°R}{1.8}$

(나) 랭킨온도$(°R)$ = °F + 460 $°R = 1 \cdot 8\,(t℃ + 273) = 1.8 \cdot K$

(2) 압력(pressure)

① 표준대기압(atmospheric) : 0[℃], 위도 45° 해수면, 중력가속도 9.8[m/s^2]을 기준으로 수은주의 높이가 760[mm]일 때의 압력

  ○ 1[atm] = 760[mmHg] = 76[cmHg] = 0.76[mHg] = 29.9[inHg] = 760[torr]
    = 10332[kgf/m^2] = 1.0332[kgf/cm^2] = 10.332[mH$_2$O] = 10332[mmH$_2$O]
    = 101325[N/m^2] = 101325[Pa] = 101.325[kPa] = 0.101325[MPa]
    = 1.01325[bar] = 1013.25[mbar] = 14.7[lb/in^2] = 14.7[psi]

② 게이지압력 : 표준대기압을 기준으로 압력계에 지시된 압력

③ 진공압력 : 표준대기압을 기준으로 대기압 이하의 압력

④ 절대압력 : 절대진공(완전진공)을 기준으로 한 압력

  ※ 절대압력 = 대기압 + 게이지압력 = 대기압 − 진공압력

(3) 열량

① kcal : 물 1[kg]을 1[℃] 상승시키는데 소요되는 열량

② BTU : 물 1[lb]를 1[°F] 상승시키는데 소요되는 열량

③ CHU : 물 1[lb]를 1[℃] 상승시키는데 소요되는 열량

(4) 비열 및 열용량

① 비열 : 물질 1[kg]을 온도 1[℃] 상승시키는데 소요되는 열량

  (가) 정압비열(C_p) : 압력이 항상 일정한 상태에서 측정된 비열

  (나) 정적비열(C_v) : 체적이 항상 일정한 상태에서 측정된 비열

  ※ 비열이 큰 물질은 온도를 상승시키기 어렵고, 반대로 상승된 온도는 잘 내려가지 않는다.

② 비열비 : 정압비열과 정적비열의 비

$$k = \dfrac{C_p}{C_v} > 1$$

($C_p > C_v$ 이기 때문에 비열비(k)는 항상 1보다 크다.)

③ 열용량 : 물체의 온도를 1[℃] 상승시키는데 소요되는 열량, 단위는 [kcal/℃], [cal/℃]로 표시

$$열용량 = G \cdot C_p$$

여기서, G : 중량[kgf]
C_p : 정압비열[kcal/kgf·℃]

(5) 현열과 잠열

① 현열(감열) : 물질이 상태변화는 없이 온도변화에 총 소요된 열량

$$Q = G \cdot C \cdot \Delta t$$

여기서, Q : 현열[kcal] G : 물체의 중량[kgf]
C : 비열[kcal/kgf·℃] Δt : 온도변화[℃]

② 잠열(숨은열) : 물질이 온도변화는 없이 상태변화에 총 소요된 열량

$$Q = G \cdot r$$

여기서, Q : 잠열[kcal] G : 물체의 중량[kgf] r : 잠열량[kcal/kgf]

㈎ 물의 증발잠열 : 539[kcal/kgf]
㈏ 얼음의 융해잠열 : 79.68[kcal/kgf]

(6) 열 에너지

① 내부에너지 : 모든 물체가 감열과 잠열로서 열을 비축하고 있는 것
② 엔탈피 : 어떤 물체가 갖는 단위중량당의 열량으로 내부에너지와 외부에너지의 합이다.

$$h = U + A \cdot P \cdot v$$

여기서, h : 엔탈피[kcal/kgf]
U : 내부에너지[kcal/kgf]
A : 일의 열당량 ($\frac{1}{427}$[kcal/kgf·m])
P : 압력[kgf/m^2]
v : 비체적[m^3/kgf]

(7) 동력

① 1[PS] = 75[kgf·m/s] = 632.3[kcal/h] = 0.735[kW] = 2664[kJ/h]
② 1[kW] = 102[kgf·m/s] = 860[kcal/h] = 1.36[PS] = 3600[kJ/h]
③ 1[HP] = 76[kgf·m/s] = 640.75[kcal/h] = 2685[kJ/h]

(8) 비중, 밀도, 비체적

① 비중
㈎ 기체 비중 : 표준상태에서 공기와의 질량비

$$기체\ 비중 = \frac{기체\ 분자량(질량)}{공기의\ 평균분자량(29)}$$

(나) 액체 비중 : 4[℃] 물과의 밀도비

$$액체\ 비중 = \frac{t[℃]의\ 물질의\ 밀도}{4[℃]\ 물의\ 밀도}$$

② 가스 밀도 : 단위 체적당 가스의 질량이다.

$$가스\ 밀도(g/L,\ kg/m^3) = \frac{분자량}{22.4}$$

③ 가스 비체적 : 단위 질량당 가스의 체적 또는 밀도의 역수이다.

$$가스\ 비체적(L/g,\ m^3/kg) = \frac{22.4}{분자량} = \frac{1}{밀도}$$

(9) **기체의 상태**

① 보일의 법칙 : 일정온도 하에서 일정량의 기체가 차지하는 부피는 압력에 반비례한다.

$$P_1 \cdot V_1 = P_2 \cdot V_2$$

② 샤를의 법칙 : 일정압력 하에서 일정량의 기체가 차지하는 부피는 절대온도에 비례한다.

$$\frac{V_1}{T_1} = \frac{V_2}{T_2}$$

③ 보일-샤를의 법칙 : 일정량의 기체가 차지하는 부피는 압력에 반비례하고, 절대온도에 비례한다.

$$\frac{P_1 \cdot V_1}{T_1} = \frac{P_2 \cdot V_2}{T_2}$$

여기서, P_1 : 변하기 전의 절대압력, P_2 : 변한 후의 절대압력
V_1 : 변하기 전의 부피, V_2 : 변한 후의 부피
T_1 : 변하기 전의 절대온도[K], T_2 : 변한 후의 절대온도[K]

(10) **열역학 법칙**

① 열역학 제0법칙 : 열평형의 법칙이라 하며 온도가 서로 다른 물질이 접촉할 때 시간이 흐르면 두 물질의 온도는 같게 된다.

$$t_m = \frac{G_1 \cdot C_1 \cdot t_1 + G_2 \cdot C_2 \cdot t_2}{G_1 \cdot C_1 + G_2 \cdot C_2}$$

여기서, t_m : 평균온도[℃]

G_1, G_2 : 각 물질의 중량[kgf]

C_1, C_2 : 각 물질의 비열[kcal/kgf·℃]

t_1, t_2 : 각 물질의 온도[℃]

② 열역학 제1법칙 : 에너지 보존의 법칙이라고도 하며 기계적 일이 열로 변하거나, 열이 기계적 일로 변할 때 이들의 비는 일정한 관계가 성립된다.

$$Q = A \cdot W, \quad W = J \cdot Q$$

여기서, Q : 열량[kcal], W : 일량[kgf·m]

A : 일의 열당량 ($\frac{1}{427}$[kcal/kgf·m])

J : 열의 일당량(427[kgf·m/kcal])

③ 열역학 제2법칙 : 에너지 변환의 방향성을 명시한 것으로 방향성의 법칙이라 한다.

④ 열역학 제3법칙 : 어느 열기관에서나 절대온도 0도로 이루게 할 수 없다.

(11) 증기의 성질

① 증기(steam) : 포화온도에 달한 포화수가 외부에서 열을 받아 증발한 것

② 임계점 : 포화수가 증발현상 없이 증기로 변화할 때의 상태점

　(가) 임계점의 특징

　　㉮ 증기와 포화수간의 비중량이 같다.

　　㉯ 증발현상이 없다.

　　㉰ 증발잠열은 0이 된다.

　(나) 물의 임계온도, 임계압력

　　㉮ 임계온도 : 374.15[℃]

　　㉯ 임계압력 : 225.65[kgf/cm^2·a]

(12) 포화증기와 과열증기

① 포화온도 : 어느 압력 하에서 물을 가열하면 그 이상 온도는 오르지 않는 상태점의 온도

② 포화수 : 포화온도에 도달해 있는 물

③ 포화압력 : 포화온도에 대응하는 힘

④ 비점 : 비등점이라 하며, 포화온도에 도달한 온도

⑤ 포화증기 : 포화온도에 도달한 포화수가 증발하여 증기가 생성되는 것, 증기 속에 수분이 포함된 것이 습포화증기, 수분이 전혀 없는 건포화증기로 구분

　(가) 건조도 : 증기 속에 함유되어 있는 물방울의 혼용률(증기 1[kg] 안에 건조증기 x[kg]

이 있다고 할 때 나머지는 수분이므로 수분은 $(1-x)$ [kg]이 된다. 이때의 x를 건도 또는 건조도라 하고 $(1-x)$를 습도라 한다.

 ⑷ 건조도를 향상시키는 방법
  ㉮ 기수분리기, 비수방지관을 설치한다.
  ㉯ 증기관 내의 드레인을 제거한다.
  ㉰ 고압의 증기를 저압으로 감압하여 사용한다.
  ㉱ 증기 내에 있는 공기를 제거한다.

 ⑸ 증기 속의 수분의 영향
  ㉮ 건조도(x) 저하 ㉯ 증기 손실 증가
  ㉰ 배관 및 장치 부식 초래 ㉱ 증기 엔탈피 감소
  ㉲ 수격작용 발생 ㉳ 증기기관 열효율 저하

⑥ 과열증기 : 습포화증기를 가열하여 건조증기가 된 건증기를 다시 가열할 때 압력은 오르지 않고 온도만 상승되는 증기

 ⑺ 과열도 = 과열증기 온도 − 포화증기 온도

 ⑻ 과열증기의 특징
  ㉮ 증기의 마찰손실이 적다.
  ㉯ 같은 압력의 포화증기에 비해 보유열량이 많다.
  ㉰ 증기 소비량이 적어도 된다.
  ㉱ 과열증기로 피가열물을 가열할 경우 가열 표면의 온도가 불균일해진다.
   (과열증기와 포화증기가 열전달을 하기 때문에)
  ㉲ 가열장치에 큰 열응력이 발생한다.

 ⑼ 증기 압력이 상승할 때 나타나는 현상
  ㉮ 포화수의 온도가 상승한다.
  ㉯ 포화수의 부피가 증가한다.
  ㉰ 포화수의 비중이 감소한다.
  ㉱ 물의 현열이 증가하고, 증기의 잠열이 감소한다.
  ㉲ 건포화증기 엔탈피가 증가한다.
  ㉳ 증기의 비체적이 증가한다.

(13) 증기의 엔탈피
 ① 포화증기 엔탈피 $h'' = h' + \gamma$
 ② 습포화증기 엔탈피 $h_2 = h' + \gamma x = h' + (h'' - h')x$
 ③ 과열증기 엔탈피 $h_3 = h'' + C(t_2 - t_1)$

여기서, h' : 포화수 엔탈피[kcal/kg]

h'' : 포화증기 엔탈피[kcal/kg]

h_2 : 습포화증기 엔탈피[kcal/kg]

γ : 증발잠열[kcal/kg]

x : 건조도

C : 과열증기 평균비열[kcal/kg·℃]

t_2 : 과열증기 온도[℃]

t_1 : 포화증기 온도[℃]

※ 1[atm], 100[℃]에서의 건포화증기 엔탈피 = 100 + 539 = 639[kcal/kg]

(14) 열전달

① 열의 이동 방법

㈎ 전도(conduction) : 고체를 매개체로 하여 열이 고온에서 저온으로 이동하는 현상

㈏ 대류(convection) : 고체 벽이 온도가 다른 유체와 접촉하고 있을 때 유체에 유동이 생기면서 열이 유동하는 현상

㈐ 복사(radiation) : 중간의 매개물 없이 한 물체에서 다른 물체로 열이 이동하는 현상으로 스테판 볼츠만의 법칙이 성립한다.

② 열의 이동 계산

㈎ 열전도율[kcal/h·m·℃] : 면적 1[m²], 두께 1[m]인 고체의 양쪽면 온도차가 1[℃]일 때, 고온에서 저온으로 1시간에 이동한 열량의 비율을 말한다.

㉮ 전도 전열량 계산 : 벽의 재질과 두께 및 열전도율이 각각 다른 것이 벽면을 형성하고 있을 때 전도에 의한 손실열량은 감소한다.

$$Q = \frac{1}{\frac{b_1}{\lambda_1} + \frac{b_2}{\lambda_2} + \frac{b_3}{\lambda_3}} \cdot F \cdot (t_2 - t_1)$$

여기서, Q : 전도 전열량[kcal/h]

λ : 각 벽의 열전도율[kcal/h·m·℃]

b : 벽의 두께[m]

F : 전열면적[m²]

t_2 : 고온[℃]

t_1 : 저온[℃]

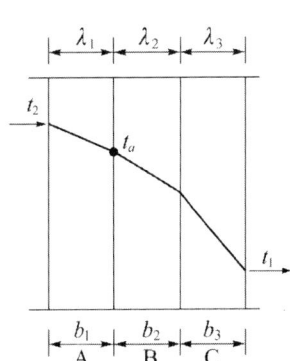

㉯ A와 B벽 사이의 중간온도 계산식

$$t_a = t_2 - \left(\frac{Q}{F} \times R_a\right) = t_2 - \left(\frac{Q}{F} \times \frac{b_1}{\lambda_1}\right)$$

(나) 열전달률[kcal/h·m²·℃] : 고체면과 유체와의 사이의 열의 이동으로서, 단위면적 1[m²]당 고체면과 유체면 사이의 온도차가 1[℃]일 때 1시간에 이동하는 열량이다.

$$Q = \alpha \cdot F \cdot \Delta t$$

여기서, Q : 전도 전열량[kcal/h]
  α : 열전달률[kcal/h·m²·℃]
  F : 표면적[m²]
  Δt : 온도차[℃]

(다) 열관류율[kcal/h·m²·℃] : 열이 한 유체에서 벽을 통하여 다른 유체로 전달되는 현상을 말하며 열통과라고도 한다. 이 경우 전도, 대류, 복사의 작용이 이루어진다.

$$Q = K \cdot F \cdot \Delta t$$

$$K = \frac{1}{R} = \frac{1}{\frac{1}{\alpha_1} + \frac{b}{\lambda} + \frac{1}{\alpha_2}}$$

여기서, Q : 열통과량[kcal/h]
  K : 열관류율[kcal/h·m²·℃]
  R : 열저항[h·m²·℃/kcal]
  λ : 각 벽의 열전도율[kcal/h·m·℃]
  b : 벽의 두께[m]
  F : 표면적[m²]
  Δt : 온도차[℃]
  α_1 : 저온면 경막계수[kcal/h·m²·℃]
  α_2 : 고온면 경막계수[kcal/h·m²·℃]

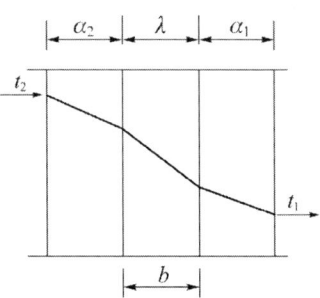

2. 배관용 공구 및 기계

2.1 수가공 및 측정공구

(1) 수가공 공구

① 줄(file) : 금속 및 비금속판이나 관을 절삭하거나 다듬질할 때 사용
  ㈎ 단면 형상에 따른 종류 : 평줄, 각줄, 원형줄, 반원줄, 삼각줄
  ㈏ 길이에 따른 종류 : 100~400[mm]까지 50[mm] 간격으로 7종류가 있다.
② 해머 : 핀(pin), 볼트(bolt) 및 쐐기 등을 박거나 뺄 때 사용하며, 용도에 따라 쇠 해머, 플라스틱 해머 등이 있다.
③ 정(chisel) : 강을 열처리하여 평정, 평홈정, 홈정으로 분류하며, 일반적으로 정의 날끝 각은 60°이다.

(2) 측정공구

① 자(rule) : 가장 간편한 측정공구로 직선치수를 측정하는데 사용되며, 강철제 곧은자, 접기자, 줄자 등이 있다.
② 버어니어 캘리퍼스 : 본척의 끝에 있는 두 개의 평행한 조오(jaw) 사이에 공작을 끼우고 그에 부착된 부척의 눈금에 의하여 치수를 읽을 수 있도록 한 것으로 두께, 관의 바깥지름 및 안지름, 깊이 등을 측정할 수 있다. 일반적으로 노기스로 불리운다.
③ 마이크로미터 : 마이크로미터 나사를 사용하여 물체의 크기를 1/1000[mm]까지 측정할 수 있는 정밀측정기기이다.
④ 다이얼 게이지 : 나사 스핀들의 직선변위를 래크와 피니언에 의해 회전변위로 바꾸고 회전바늘의 운동으로 원형눈금을 지시하는 측정기이다.
⑤ 수준기(level) : 수평을 맞출 필요가 있을 때 사용하는 측정기이다.

2.2 배관용 공구 및 기계

(1) 배관용 공구

① 강관용 공구
  ㈎ 파이프 바이스(pipe vice) : 관의 절단이나 나사를 가공할 때 또는 나사이음을 조립할 경우 관이 움직이지 않도록 고정하는 공구로, 크기는 고정할 수 있는 관의 지름으

로 표시하며, 호칭치수 또는 호칭번호로 사용
- (나) 탁상 바이스 : 강관 및 공작물에 톱질, 구멍을 가공할 때에 공작물을 고정시킬 때 사용하며, 크기 표시는 조(jaw)의 폭으로 표시
- (다) 파이프 커터(pipe cutter) : 관을 필요한 길이로 절단하는데 사용하는 공구로 1매날 커터, 3매날 커터, 링크형 커터(주철관 절단용)의 3종류가 있고, 크기 표시는 절단 가능한 관지름 치수를 호칭번호로 표시
- (라) 파이프 렌치(pipe wrench) : 강관을 조립 및 분해할 때 또는 관 자체를 회전시킬 때 사용하는 공구로 크기는 사용할 수 있는 최대의 관을 물었을 때의 전 길이로 표시[조(jaw)를 최대로 벌린 전 길이]하고 종류는 보통형, 강력형, 체인형(200[A] 이상의 관에 사용)이 있다.
- (마) 파이프 리머(pipe reamer) : 관 절단 후 관 내면에 생기는 거스러미(burr)를 제거하는 공구
- (바) 쇠톱 : 강관 및 각종 금속을 절단하는데 사용하는 것으로 크기는 고정구멍(fitting hole) 사이의 거리로 표시하며 200[mm](8″), 250[mm](10″), 300[mm](12″) 3종류가 있다.
- (사) 수동 나사절삭기 : 수동으로 관 끝에 나사를 가공하는 절삭공구
  - ㉮ 오스터형 나사절삭기(oster type pipe threader) : 핸들을 회전하여 나사를 가공하는 것으로 다이스는 4개가 1조로, 배관 가이드는 3개가 1조로 이루어지며 100[A]까지 나사 가공이 가능하다.
  - ㉯ 리드형 나사절삭기(reed type pipe threader) : 핸들을 상하로 왕복시키면서 나사를 가공하는 것으로 50[A]까지의 작은 관에 사용되며, 다이스는 2개가 1조로, 배관 가이드는 4개가 1조로 되어있다.

② **동관용 공구**
- (가) 튜브 커터(tube cutter) : 관지름 20[mm] 이하의 동관 절단에 사용하는 공구
- (나) 튜브 벤더(tube bender) : 관지름 20[mm] 이하의 동관을 상온에서 필요한 각도(0~180°)로 구부릴 때 사용하는 공구
- (다) 플레어링 공구 : 동관을 압축이음(flare joint)할 때 동관 끝을 나팔관 모양으로 넓히기 위하여 사용하는 공구
- (라) 리머(reamer) : 관 내면에 생기는 거스러미를 제거하는데 사용
- (마) 사이징 툴(sizing tools) : 동관의 끝부분을 원형으로 교정하기 위하여 사용
- (바) 확관기(expander) : 동일한 지름의 동관을 이음쇠 없이 납땜이음 할 때 한쪽 관 끝에 소켓을 만드는데 사용

⑷ 티 뽑기(extractor) : 관이음재(티)를 사용하지 않고 동관에 구멍을 내어 간단히 관을 연결하는데 사용
⑻ 용접 토치 : 동관을 가열하여 납땜 이음, 관 구부리기 등을 할 때 사용하는 공구로서 휘발유용, 등유용, LP가스용이 있다.

③ 연관(鉛管)용 공구
  ㈎ 봄 볼(bom boll) : 주관(主管)에서 분기 이음하는 경우 주관에 구멍을 뚫기 위하여 사용하는 공구이다.
  ㈏ 드레서(dresser) : 연관 표면을 깎아서 산화물을 없애기 위하여 사용하는 공구이다.
  ㈐ 벤드 벤(bend ben) : 연관에 끼워서 관을 구부리거나 관을 바르게 펼 때 사용하는 공구이다.
  ㈑ 턴 핀(turn pin) : 이음하려는 연관의 끝 부분에 끼우고 나무 해머로 때려 박아 관 끝 부분을 나팔 모양으로 넓히는데 사용하는 공구이다.
  ㈒ 매리트(mallet) : 턴 핀을 때려 박든가, 이음부 주위를 오므리는데 사용하는 나무 해머이다.

④ 주철관용 공구
  ㈎ 납 용해용 공구 셋 : 남비, 파이어 포트, 납물용 국자, 산화납 제거기 등으로 이루어진다.
  ㈏ 클립(clip) : 소켓 접합 시 용해된 납물의 비산을 방지한다.
  ㈐ 링크형 파이프 커터 : 관지름 75~200[mm]의 주철관을 절단할 때 사용하는 것으로 원형의 특수 강제 커터, 링크, 핸들 및 래칫 레버로 구성되어 있다.
  ㈑ 코킹 정 : 소켓 접합 시 다지기에 사용하는 정이다.

(2) 배관용 기계
  ① **기계톱**(hark sawing machine) : 활 모양의 프레임에 톱날을 고정시켜 왕복절삭운동과 이송운동으로 재료를 절단
  ② **연삭 절단기**(abrasive cut off machine) : 두께 0.5~3[mm] 정도의 얇은 연삭 원판을 고속 회전시켜 재료를 절단하는 것으로 일명 고속절단기라 함
  ③ **가스 절단기** : 산소-아세틸렌, 산소-프로판 가스의 화염을 이용한 절단 토치로 절단부를 예열 후 여기에 고압의 산소를 불어넣어 절단하는 방법으로 지름이 큰 관을 절단한다.
  ④ **동력 나사 절삭기**
   ㈎ 오스터형(oster type) : 동력으로 관을 저속으로 회전시키며 절삭기를 밀어 넣어 나

사를 가공하는 것으로 50[A] 이하의 배관에 사용
    ㈏ 호브형(hob type) : 호브(hob)를 100~180[rpm]의 저속도로 회전시키면 이에 따라 관은 어미나사와 척의 연결에 의하여 1회전하는 사이에 자동적으로 나사의 1피치(pitch) 만큼 이동하여 나사가 가공된다. 호브와 사이드 커터를 함께 설치하면 나사가공과 절단을 함께 할 수 있다. 종류에는 50[A] 이하, 65~150[A], 80~200[A]가 있다.
    ㈐ 다이헤드형(diehead type) : 다이헤드를 이용한 나사가공 전용 기계로서 관의 절단, 거스러미 제거, 나사가공을 할 수 있다. 취급 시 주의사항은 다음과 같다.
        ㉮ 동력원으로 전기를 사용하므로 누전 및 감전에 주의한다.
        ㉯ 배관을 척(chuck)에 정확히 고정시킨다.
        ㉰ 리머를 이용하여 배관 내면의 거스러미를 제거한다.
        ㉱ 나사가공 시 발생하는 칩(chip)은 제거한다.
        ㉲ 윤활유(절삭유)가 부족하지 않도록 적정량을 유지한다.

⑤ 관 벤딩용 기계
    ㈎ 수동 롤러에 의한 벤더 : 호칭 32[A] 이하의 관을 냉간 굽힘 할 때 사용하는 것으로 롤러(roller)와 굽힘형(center former) 사이에 관을 삽입 후 핸들을 돌려 180°까지 자유롭게 벤딩(bending)하는 형식으로 곡률 반지름은 관지름의 4~5배 이상으로 한다.
    ㈏ 램식 벤딩 머신(ram type pipe bending machine) : 상온에서 배관을 90°까지 구부리는데 사용하며 지름이 작은 관을 구부리는데 편리하다.
    ㈐ 로터리식 파이프 벤딩 머신(rotary type pipe bending machine) : 동일 치수의 모양을 대량 생산할 수 있으며 구부림 각도는 180°까지 가능하다. 굽힘형(bending die), 압력형(pressure die), 클램프형(clamp post), 심봉(mandrel) 등으로 구성되며, 구부림 작업 시 발생할 수 있는 결함과 원인은 다음과 같다.
        ㉮ 관이 미끄러질 경우
            ⓐ 관의 고정이 잘못되었다.
            ⓑ 클램프 또는 관에 기름이 묻었다.
            ⓒ 압력형의 조정(調整)이 너무 강하다.
        ㉯ 주름이 생길 경우
            ⓐ 관이 미끄러진다.
            ⓑ 받침쇠가 너무 들어갔다.
            ⓒ 굽힘형의 홈이 관지름보다 크거나 작다.

ⓓ 바깥지름에 비하여 두께가 얇다.

ⓔ 굽힘형이 주축에서 빗나가 있다.

㈐ 관이 타원형으로 될 경우

ⓐ 받침쇠가 너무 들어가 있다.

ⓑ 받침쇠와 관의 안지름의 간격이 크다.

ⓒ 받침쇠의 모양이 나쁘다.

ⓓ 재질이 부드럽고 두께가 얇다.

㈑ 관이 파손(破損)될 경우

ⓐ 압력형의 조정이 강하고 저항이 크다.

ⓑ 받침쇠가 너무 나와 있다.

ⓒ 곡률 반지름이 너무 작다.

ⓓ 재료에 결함이 있다.

3. 관의 이음 및 성형

3.1 강관의 이음 및 성형

(1) 나사이음

① 관의 절단 방법

㈎ 수동공구에 의한 절단

㈏ 동력기계에 의한 절단

㈐ 가스 절단 방법

② 나사 절삭 및 조립

㈎ 나사 절삭 : 수동 나사절삭기에 의한 방법과 동력나사절삭기에 의한 방법

㈏ 관의 조립 : 나사부에 패킹제를 감은 연결용 부속을 조립한다.

③ 관 길이 산출 : 배관도에서는 관의 중심선을 기준으로 "mm" 단위로 치수가 주어진다.

[주철제 나사 이음재에서 최소 물림 길이]

배관호칭 [A]	15[A]	20[A]	25[A]	32[A]	40[A]	50[A]
최소길이 [mm]	11	13	15	17	18	20

(2) 용접이음

① 종류
- (가) 맞대기 용접 : 관 끝을 베벨 가공한 다음 루트 간격을 맞춘 후 이음
- (나) 슬리브 용접 : 슬리브 길이는 관지름의 1.2~1.7배로 한다.

② 나사이음과 비교한 특징
- (가) 장점
  - ㉮ 이음부 강도가 크고, 하자 발생이 적다.
  - ㉯ 이음부 관 두께가 일정하므로 마찰저항이 적다.
  - ㉰ 배관의 보온, 피복 시공이 쉽다.
  - ㉱ 시공기간을 단축할 수 있고 유지비, 보수비가 절약된다.
- (나) 단점
  - ㉮ 재질의 변형이 일어나기 쉽다.
  - ㉯ 용접부의 변형과 수축이 발생한다.
  - ㉰ 용접부의 잔류응력이 현저하다.

(3) 플랜지이음

주로 호칭지름 65[A] 이상의 관에 시공하며 주요 기기의 보수 점검을 위하여 분해할 필요가 있는 경우에 사용한다. 플랜지 사이에 패킹재를 넣고 볼트와 너트를 이용하여 기밀을 유지하며 볼트 조립 시 대각선 방향으로 여러 번에 걸쳐 죄어준다.

(4) 강관의 구부림 작업

① 냉간벤딩(bending) : 상온에서 가공하는 것으로 수동 롤러에 의한 방법, 냉간용 벤더에 의한 방법이 있다.

② 열간벤딩(bending) : 강관의 용접선이 가운데 오도록 한 다음 800~900[℃]로 가열 후 벤딩 작업을 한다.

※ 굽힘 반지름(bending radius)은 파이프 지름의 6배 이상이 되어야 굴곡에 의한 물의 저항을 무시할 수 있다.

③ 곡관의 길이 계산
- (가) 360° 구부림 곡선 길이 : 관축의 중심부 길이, 즉 지름 D인 원둘레 길이이다.

  $\therefore$ 360° 길이 $(l) = \pi \cdot D$

- (나) 180° 구부림 곡선 길이 : 360° 구부림 곡선 길이의 $\frac{1}{2}$이 구부림 곡선길이이다.

$$\therefore 180° \text{ 길이 } (l) = \frac{1}{2}\pi \cdot D$$

㈐ 90° 및 45° 구부림 곡선 길이 : 360° 구부림 곡선 길이의 $\frac{1}{4}$, $\frac{1}{8}$ 이 구부림 곡선길이이다.

$$\therefore 90° \text{ 길이 } (l) = \frac{1}{4}\pi \cdot D$$

$$\therefore 45° \text{ 길이 } (l) = \frac{1}{8}\pi \cdot D$$

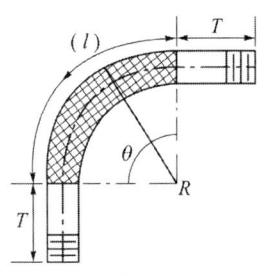

구부림 곡선 길이 계산

㈑ 기타 각도의 구부림 곡선 길이 : 구부림 각도를 θ라 하면, 구부림 곡선길이

$$\therefore \theta° \text{ 길이 } (l) = \pi \cdot D \frac{\theta}{360}$$

(5) 공업배관 현장 제작법

① 마이터(miter)관 절단각 계산

$$\text{절단각} = \frac{\text{중심각}}{2 \times (\text{편수} - 1)}$$

3.2 주철관의 이음

(1) 소켓 이음(socket joint)
  ① 관의 소켓부에 납과 야안(yarn, 麻)을 넣어 이음하는 방법으로 연납 이음이라 한다.
  ② 이음 시 주의사항
    ㈎ 접합부 주위는 깨끗이 한다. 이음부에 물기가 있으면 용해된 납을 부을 때 납이 비산하여 작업자에게 화상의 위험이 있다.
    ㈏ 야안은 누수방지용, 납은 야안의 이탈 방지 역할을 한다.
    ㈐ 삽입구와 소켓의 틈새에 야안과 납을 다져 넣는다.
      ㉮ 급수관 : 삽입길이에 대하여 야안 1/3, 납 2/3
      ㉯ 배수관 : 삽입길이에 대하여 야안 2/3, 납 1/3
    ㈑ 납은 충분히 가열하여 용해한 후 산화납을 제거하고 소켓에 한 번에 주입한다.
    ㈒ 납이 굳은 후 코킹(calking, 다지기) 작업을 한다.
  ③ 누수의 원인
    ㈎ 야안의 양이 너무 많고, 납이 적은 경우
    ㈏ 코킹하기 전에 관에 붙어 있는 납을 떼어내지 않은 경우

㈐ 코킹 세트를 순서대로 사용하지 않고 순서를 건너 뛴 경우
㈑ 불완전한 코킹의 경우

(2) 플랜지 이음(flange joint)
① 플랜지가 부착된 주철관을 플랜지를 맞대고 사이에 패킹을 넣어 볼트와 너트로 죄어 이음하는 방법이다.
② 플랜지를 죄이는 볼트는 대각선 방향으로 균등하게 조인다.

(3) 기계식 이음(mechanical joint)
① 고무링을 압륜(押輪)으로 죄어 볼트로 체결한 것으로 소켓이음과 플랜지이음의 장점을 채택한 것이다.
② 특징
㈎ 기밀성이 양호하다.
㈏ 수중에서 접합이 가능하다.
㈐ 외압에 대한 굽힘성이 풍부하여 이음부가 다소 구부러져도 누수가 없다.
㈑ 간단한 공구로 신속하게 이음할 수 있으며, 숙련공이 필요하지 않다.
㈒ 고압에 대한 저항이 크다.

(4) 빅토리 이음(victoric joint)
① 특수한 형상을 가지고 있는 주철관(빅토리형 주철관) 끝에 고무링을 삽입하고 가단 주철제 칼라(collar)를 죄어 이음하는 방식이다.
② 특징
㈎ 빅토리형 주철관을 사용하여 수도용, 가스용 배관 이음에 사용한다.
㈏ 특수모양으로 된 주철관의 관 끝에 고무링과 가단주철제의 칼라(누름판)를 죄어서 이음하는 방법이다.
㈐ 칼라는 호칭지름 350[mm] 이하이면 반원형의 부분을 맞추어 2개의 볼트로 죄고, 400[mm] 이상이면 4분할 원형을 짝지어 4개의 볼트로 안쪽의 고무링과 관을 밀착시킨다.
㈑ 관내의 압력이 증가하면 고무링은 관벽에 밀착되어 누수를 방지하는 작용을 한다.
㈒ 이음 할 때는 관의 축심을 바르게 맞추고 관 끝의 간격은 6~7[mm]로 떼어 놓는다.

(5) 타이톤 이음(tyton joint)
① 원형의 고무링 하나만으로 이음 하는 방식이다.
② 소켓 내부의 홈은 고무링을 고정시키고, 돌기부는 고무링이 있는 홈 속에 들어맞게 되어

있으며 삽입구의 끝은 쉽게 끼울 수 있도록 경사져 있다.
③ 특징
(가) 이음에 필요한 부품은 고무링 하나이다.
(나) 이음과정이 간단하며, 관부설을 신속히 할 수 있다.
(다) 매설할 경우 이음부를 넓게 팔 필요가 없다.
(라) 비가 올 때나 물기가 있는 곳에서도 이음이 가능하다.
(마) 이음부의 굽힘 허용도는 호칭지름 300[mm]까지는 5°, 400[mm] 이하는 4°, 500[mm] 이하는 3°까지이다.
(바) 고무링에 의한 이음이므로 온도변화에 신축이 자유롭다.
(사) 이음이 끝난 후 즉시 매설할 수 있다.

(6) 노-허브 이음(no-hub joint)
① 종래 사용하여 오던 소켓이음을 개량한 것으로 스테인리스강 커플링과 고무링만으로 쉽게 이음할 수 있는 방법이다.

3.3 비철금속관의 이음

(1) 동관 이음
① **용접이음** : 모세관 현상을 이용하는 것으로 연납용접과 경납용접이 있다.
(가) 연납용접(soldering)
㉮ 용접온도 : 200~300[℃]
㉯ 가열방법 : 프로판 토치, 전기가열기 등
㉰ 용접재 : 연납

용접재 명칭	조성[%]
50A 솔더	Sn 50 + Pb 50
95TA 솔더	Sn 95 + Sb 5
96TS 솔더	Sn 96 + Ag 4

㉱ 120[℃] 이하의 온도 및 사용압력이 낮은 곳에 사용한다.
㉲ 호칭지름 40[A] 이하의 지름이 작은 관 용접 시 사용한다.
㉳ 작업이 용이하나 용접부 강도가 약하다.
(나) 경납용접(brazing)
㉮ 용접온도 : 700~850[℃]

㈏ 가열방법 : 산소 + 아세틸렌 불꽃
㈐ 용접재 : 인동납(BCuP), 은납(BAg)
㈑ 고온 및 사용압력이 높은 곳에 사용한다.
㈒ 과열되면 관의 손상 우려가 있다.
㈓ 용접부 강도가 강하다.

② **압축이음(flare joint)** : 관지름 20[mm] 이하의 동관을 이음할 때 플레어링 툴 세트를 이용하여 동관 끝을 나팔관 모양으로 가공 후 압축이음 이음재를 사용하여 관을 접합하는 방법으로 기기의 점검, 보수, 기타 분해할 때 적합하다. 이음할 때 다음과 같은 사항에 주의한다.

㈎ 나팔관 가공 시 갈라지거나 관 끝이 밀려들어가는 현상이 없어야 한다.
㈏ 압축 접합이므로 나사용 실(seal)제 등을 사용하지 않는다.
㈐ 적당한 공구를 사용하며, 무리한 조임을 피한다.
㈑ 압력시험 후 시운전을 할 때 다시 한 번 더 조여 준다.

③ **플랜지 이음**
㈎ 시트 모양에 의한 분류 : 끼우기형, 홈꼴형, 랩형(lap joint type)
㈏ 재질에 따른 분류 : 황동제, 청동제(포금제), 주철제, 단조제품
㈐ 이음 방법에 의한 분류 : 납땜에 의한 방법, 유합 플랜지

④ **동관 벤딩**
㈎ 냉간법 : 동관용 벤더를 사용하는 방법
㈏ 열간법 : 토치램프 등으로 600~700[℃] 정도로 가열하여 벤딩하는 방법

(2) 연관의 이음

① **플라스턴 이음(plastann joint)** : 비교적 용융점(232[℃])이 낮은 플라스턴 합금(주석 40[%] + 납 60[%])에 의한 이음방법으로서, 숙련이 없어도 간단하게 작업할 수 있는 이음이다.

㈎ 직선접합 : 한 쪽관의 끝을 넓혀 슬리브를 만들고 여기에 숫관을 끼워 직선으로 연결하는 방법이다.
㈏ 맞대기 이음 : 관의 절단면을 서로 맞대어 이음하는 방법이다.
㈐ 수전 소켓 이음 : 급수전, 지수전 및 계량기의 소켓을 연관에 접합하는 방법이다.
㈑ 분기관 이음 : 연관의 주관에서 T형 또는 Y형의 지관을 내어 이음하는 방법이다.
㈒ 만다린 이음(mandarin joint) : 기둥이나 벽속에 배관된 연관의 끝에 수전을 달거

나, 수전 소켓을 접합할 때 이음하는 방법으로 관 끝을 90°로 구부려 시공하므로 숙련이 필요하다.

② **살올림 납땜 이음(over-cast solder joint)** : 이음자리에 용해된 땜납을 부착하여 응고시키는 이음방법으로 연관이 완전히 접속되고 수압에 견디기 쉬우며, 성금 납땜, 옥형 납땜, 문지르기 이음 등으로 불린다.

③ **연관 벤딩** : 관속에 모래를 채우거나 심봉을 넣어 토치램프 등으로 가열하며 구부리는 방법이다.

3.4 비금속관의 이음

(1) 염화비닐관의 이음

① TS 이음법 : 일정한 테이퍼로 만들어진 TS 이음관에 접착제를 바른 관을 삽입하여 잠시 동안 그대로 잡아주면 충분한 강도를 갖는 이음 방법이다.

② 고무링 이음법(편수 칼라이음법) : 고무링의 탄성을 이용하여 누설을 방지하는 이음 방법으로 접착제 또는 가열할 필요 없이 고무링을 그대로 삽입시키면 되는 경제적 이음법이다.

③ H식 이음법 : 호칭 지름 10~25[mm]인 관에 H식 이음관을 사용하여 접합하는 방법으로 삽입관의 바깥쪽과 이음관의 안쪽을 선삭기(旋削機)로 갈아 낸 다음 이음부 안팎으로 접착제를 고르게 바르고 한 번에 삽입하면 이음이 되는 방법이다.

(2) 경질염화비닐관의 이음

① 냉간 이음법

  (가) 나사 이음법 : 금속관과의 연결부 접합에 사용

  (나) 냉간 삽입 이음법(TS joint) : 일정한 테이퍼로 만들어지 TS 이음관에 접착제를 바른 후 관을 삽입하여 이음하는 방법으로 접착제를 바르는 부분의 길이는 관 바깥지름의 길이와 같게 한다.

② 열간 이음법

  (가) 1단법 : 열 가소성, 복원성, 용착성을 이용하여 50mm 이하의 관에 사용

  (나) 2단법 : 암관을 가열하여 금형이나 숫관을 끼워 넓힌 후 냉각시키고 숫관을 빼내어 접착제를 발라 암관을 끼운 후 130[℃] 정도까지 가열하여 복원력에 의하여 밀착시키는 것으로 65[mm] 이상의 관에 사용

※ 연화온도 : 70~80[℃]
　삽입 적정온도 : 130[℃]
　삽입길이 : 관지름의 1.5~2배

③ **플랜지 이음법** : 65[mm] 이상의 지름이 큰관에 사용되며, 관을 해체할 필요가 있는 경우에 사용.

④ **테이퍼 코어(taper core) 이음법** : 지름이 큰 관의 이음에 적당한 것으로 테이퍼 코어와 테이퍼 플랜지를 이용하는 것으로 이종관(異種管) 이음에도 사용된다.

⑤ **용접 이음법** : 열풍 용접기를 사용하여 지름이 큰 관의 분기관이나 조각내어 구부리기, 부분적 수리 등에 이용.

(3) 폴리에틸렌관의 이음

① **용착 슬리브 이음** : 관 끝의 바깥쪽과 이음관의 안쪽을 동시에 가열하여 용융이음 하는 방법이다. 가열 지그를 이용한 적정 용착(가열)온도는 약 200[℃] 정도이다.

② **테이퍼 이음** : 50[mm] 이하의 관에 폴리에틸렌관 전용의 포금제 테이퍼 조인트를 사용하여 접합하는 방법이다.

③ **인서트 이음** : 50[mm] 이하의 폴리에틸렌관 접합용으로 가열 연화한 인서트를 끼우고 물로 냉각하여 클램프로 조여 접합하는 방법이다.

④ **기타 이음 방법** : 용접법, 플랜지 이음법, 나사 이음

(4) 폴리부틸렌관의 이음

① **에이콘 이음** : 본체, 그라프링(grab ring), 오링(O-ring), 캡, 서포트슬리브로 구성되며 관을 연결구에 삽입하여 그라프링과 O링에 의한 이음방법이다.

(5) 석면 시멘트관 및 콘크리트관의 이음

① **석면 시멘트관의 이음**

㈎ 기볼트 이음(gibault joint) : 2개의 플랜지와 고무링, 1개의 슬리브로 이음하는 방법
㈏ 칼라 이음 : 주철제의 특수 칼라를 사용하여 접합하는 방법으로 접합부 사이에 고무링을 끼워 수밀을 유지한다.
㈐ 심플렉스 이음 : 석면 시멘트제 칼라와 2개의 고무링으로 접합하는 방법

② **콘크리트관의 이음**

㈎ 콤포 이음(compo joint) : 철근 콘크리트로 만든 특수 칼라와 특수 몰타의 일종인 콤포(compo)로서 이음 하는 방법으로 칼라이음 이라 한다. 콤포는 시멘트와 모래의

비율을 1 : 1로 하고 여기에 물의 양을 약 17[%]로 하여 잘 반죽한 것이다.

(내) 몰탈(mortar) 이음 : 접합부에 몰탈을 이용하여 이음하는 방법으로 굽힘성이 없다.

4. 용접의 종류 및 특성

4.1 용접 개요

(1) 용접법의 종류

① **융접**(fusion welding) : 모재의 접합부를 용융시킨 후 용가재를 첨가하여 접합하는 방법으로 아크용접, 가스용접, 테르밋용접, 전자비임용접 등이 있다.

② **압접**(pressure welding) : 접합부를 상온상태 또는 적당한 온도로 가열하여 기계적 압력을 가해 접합하는 방법으로 압접, 단접, 전기저항용접, 확산용접, 초음파용접, 냉간압접 등이 있다.

③ **납땜**(soldering and brazing) : 모재를 용융시키지 않고 땜납이 녹아서 접합면의 사이에 침투되어 접합하는 방법으로 연납과 경납땜이 있다.

(2) 용접의 분류 및 종류

① 융접

(가) 아크용접 : 비소모 전극(탄소아크 용접, 원자 수소 용접, TIG 용접 등), 소모 전극(금속 아크용접, 스텃 용접, 피복금속 아크용접, 잠호용접, MIG 용접 등)

(나) 가스 용접 : 산소-수소 용접, 산소-아세틸렌 용접, 공기-아세틸렌 용접

(다) 테르밋 용접   (라) 일렉트로 슬래그 용접

(마) 엘렉트로 가스 용접   (바) 전자 빔 용접

(사) 플라즈마 용접   (아) 레이저 용접

(자) 전착 용접   (차) 저온 용접

② 압접

(가) 가열식 : 압접, 단접, 전기 저항 용접
(점 용접, 심 용접, 프로젝션 용접, 오프셋 용접, 플래시 버트 용접, 퍼어커션 용접)

(나) 비가열식 : 확산 용접, 초음파 용접, 마찰 용접, 폭압 용접, 냉간 압접

③ 납땜
　㈎ 연납
　㈏ 경납
　※ 용접 작업의 4대 구성요소 : 용접모재, 열원, 용가재, 용접기구

4.2 가스 용접

(1) 가스 용접의 특징

① 장점
　㈎ 가열, 불꽃 조절이 용이하며, 응용 범위가 넓다.
　㈏ 초기 설비비가 저렴하다.
　㈐ 용접시설 운반이 편리하다.
　㈑ 아크용접에 비해 유해광선이 적게 발생된다.

② 단점
　㈎ 취급을 잘못하면 폭발의 위험성이 크다.
　㈏ 화염의 온도가 낮고, 열효율이 낮다.
　㈐ 용접금속의 탄화 및 산화의 염려가 크다.
　㈑ 가열범위가 크고, 가열시간이 오래 걸린다.
　㈒ 용접응력이 크게 발생된다.
　㈓ 용접효율이 떨어진다.

(2) 가스 용접장치

① 산소(O_2)
　㈎ 충전용기 : 이음매 없는 용기에 충전, 녹색으로 도색
　㈏ 산소는 조연성가스로 자신은 연소하지 않고, 가연성물질의 연소를 촉진시킨다.
　㈐ 대기압 상태에서 산소의 비점은 $-183[℃]$, 분자량 32로 공기보다 무겁다.

② 아세틸렌(C_2H_2)
　㈎ 충전용기 : 용접용기에 충전, 황색(노랑색)으로 도색, $15[℃]$에서 $1.5[MPa]$ 이하로 충전
　㈏ 공기 중 폭발범위 : 2.5~81 vol%
　㈐ 분자량이 26으로 공기보다 가볍다.
　㈑ 산화폭발, 분해폭발, 화합폭발의 위험성이 있다.

㈑ 아세틸렌은 동 및 동합금과 접촉 시 동-아세틸드(아세틸라이드)를 생성하여 폭발(화합폭발)의 위험이 있으므로 동함유량 62[%]를 초과하는 동 및 동합금 사용을 금지한다.

③ 토치(torch) : 저압식 토치, 중압식 토치, 고압식 토치로 구분된다.

㈎ 저압식 토치의 분류
  ㉮ 불변압식(A형) : 1개의 팁에 1개의 적당한 인젝터로 되어 있는 것으로 독일식팁으로 불리운다.
  ㉯ 가변압식(B형) : 인젝터 부분에 니들밸브가 있어서 유량과 압력을 조절할 수 있는 것으로 프랑스식으로 불리운다.

㈏ 크기 : 전체 길이와 무게에 의하여 표시
  ㉮ 소형 : 전장 300~350[mm], 무게 400[g] 내외
  ㉯ 중형 : 전장 400~450[mm], 무게 500[g] 내외
  ㉰ 대형 : 전장 500[mm] 이상, 무게 700[g] 내외

④ 팁(tip)
  ㈎ 독일식(A형) : 연강판의 모재 두께를 표시(예 : 2번은 2[mm]의 연강판 용접이 가능한 것을 표시)
  ㈏ 프랑스식B형 : 팁에서 불꽃으로 되어 유출되는 아세틸렌의 양(L/h)을 표시(예 : B형 350번은 팁의 능력이 350[L/h]에 해당된다.)

⑤ 기타 : 용접용 호스(hose), 팁 크리너(tip cleaner), 토치 라이터(torch lighter)

(3) 가스 용접재료

① 용접봉 : 연강용 가스용접봉에 대한 규격은 KS D 7005에 규정
② 용제(flux) : 모재표면의 산화피막의 용융온도가 모재의 용융온도보다 높기 때문에 사용하는 것으로 연강 이외의 합금, 주철, 알루미늄 등을 용접할 때 사용한다.

[금속 재료별 용제의 종류]

금 속	용제의 종류
연 강	사용하지 않음
반 경 강	중산산소다 + 탄산소다
주 철	붕사 + 중탄산소다 + 탄산소다
동 합 금	붕사
알루미늄	염화리듐(15[%]), 염화칼리(45[%]), 염화나트륨(30[%]), 불화칼리(7[%]), 염산칼리(3[%])

(4) 불꽃 조정
① 표준불꽃(중성불꽃) : 산소와 아세틸렌의 혼합비율이 1 : 1인 것으로 일반적으로 사용하는 불꽃이다.
② 탄화불꽃 : 아세틸렌이 과잉된 상태의 불꽃으로 스테인리스, 모네메탈, 알루미늄 등의 용접에 사용한다.
③ 산화불꽃 : 산소가 과잉된 상태의 불꽃으로 황동, 동합금 용접 시에 사용한다.

(5) 가스 용접법
① 전진법(forward method) : 오른손에 토치, 왼손에 용접봉을 잡고 우에서 좌로 용접하는 방법으로 5[mm] 이하의 얇은 판 등에 사용된다.
② 후진법(back hand method) : 오른손에 토치, 왼손에 용접봉을 잡고 좌에서 우로 용접하는 방법으로 가열시간이 짧아 과열되지 않으며 용접변형이 적고 속도가 빠르다. 두꺼운 판에 사용된다.

4.3 아크 용접

(1) 아크 용접기의 종류
① 교류 아크 용접기
 (가) 가동 철심형 : 변압기의 원리를 이용한 것으로 가동 철심으로 누설자속을 가감하여 전류를 조정하는 것으로 광범위한 전류조정이 어렵지만 미세한 전류조정이 가능하다. 현재 가장 많이 사용한다.
 (나) 가동 코일형 : 1차, 2차 코일 중 하나를 이용해서 누설자속을 변화하여 전류를 조정하는 것으로 전류의 안정도가 높고 소음이 없다. 가격이 비싸며 현재 거의 사용하고 있지 않다.
 (다) 탭 전환형 : 코일의 감긴 수에 따라 전류가 조정되며 적은 전류조정시 무부하 전압이 높아 전격의 위험이 크다. 탭 전환부 소손이 심하며 넓은 범위의 전류조정이 어렵다. 주로 소형용접기에 사용된다.
 (라) 가포화 리액터형 : 가변 저항의 변화로 용접 전류를 조정하는 것으로 전기적 전류 조정으로 소음이 없고 내구성이 크다. 원격조작이 간단하고 원격 제어가 가능하다.

② 직류 아크 용접기
 (가) 발전형 : 옥외나 교류전원이 없는 장소에서 사용하는 것으로 고장이 많고 소음이 심하다. 가격이 비싸며 보수와 점검이 어렵다.

(나) 정류기형 : 교류를 이용하여 직류를 얻는 정류기를 이용한 것으로 완전한 직류를 얻지 못한다. 취급이 간단하고 가격이 저렴하며 보수 점검이 간편하다.

③ 직류 아크 용접의 극성

(가) 정극성(DCSP)의 특징
㉮ 모재가 양극(+), 용접봉이 음극(-)
㉯ 모재의 용입이 깊다.
㉰ 봉의 녹음이 느리다.
㉱ 비드 폭이 좁다.
㉲ 일반적으로 널리 사용된다.

(나) 역극성(DCRP)의 특징
㉮ 모재가 음극(-), 용접봉이 양극(+)
㉯ 모재의 용입이 얕다.
㉰ 봉의 녹음이 빠르다.
㉱ 비드폭이 넓다.
㉲ 박판, 주철, 합금강, 비철금속에 사용한다.

(2) 용접기의 특성

① 아크 쏠림(arc blow)현상 : 용접 중에 아크가 전류의 자기 작용에 의해서 한쪽으로 쏠리는 현상으로 아크가 불안정하게 되며, 용착금속 재질이 변화되며 슬래그 혼입, 기공 등이 발생된다. 방지법으로는 다음과 같다.

(가) 직류용접을 하지 말고 교류 용접을 할 것.
(나) 모재와 동일한 재료로 용접부 끝부분에 가용접으로 연장할 것
(다) 접지점을 용접부에서 멀리할 것
(라) 긴 용접시 후퇴법을 이용하여 용접할 것
(마) 짧은 아크를 이용할 것

② 수하 특성 : 부하전류가 증가하면 단자전압이 저하하는 특성으로 아크를 안정시키는데 필요하다.

③ 정전압 특성 : 수하 특성과 반대되는 성질로 부하전류가 변하여도 단자전압은 거의 변화하지 않는 특성으로 CP특성이라고도 한다.

(가) 보통 사용률 : 정격 사용률로 정격 2차 전류로서 용접하는 경우의 사용률[%]

$$\therefore 정격\ 사용률 = \frac{아크\ 발생시간}{아크\ 발생시간 + 정지시간} \times 100$$

(나) 허용 사용률 : 정격 2차 전류 이하의 전류로서 용접을 하는 경우의 허용되는 사용률[%]

$$\therefore 허용\ 사용률 = \frac{(정격\ 2차\ 전류)^2}{(실제의\ 용접전류)^2} \times 정격\ 사용률$$

(3) 아크 용접봉

① 피복제의 역할

(가) 아크를 안정시킨다.

(나) 용접금속을 보호한다.

(다) 용융점이 낮은 슬래그를 생성한다.

(라) 용착금속의 탈산 정련작용을 한다.

(마) 용착금속에 필요한 원소를 공급한다.

(바) 용착금속의 유동성을 증가시킨다.

(사) 용착금속의 급랭을 방지한다.

(아) 전기 절연작용을 한다.

(자) 용적(globule)의 미세화 및 용착효율을 상승시킨다.

② 용접봉의 종류

용접봉 명칭	피복제 기호	특 징
일미나이트계	E4301	용입이 깊고 비드가 깨끗하고 일반용접에 사용한다.
라임티탄계	E4303	용입은 중간정도이고 비드가 깨끗하고 박판에 사용한다.
고셀롤로우스계	E4311	용입이 깊고 비드가 거칠고 스패터가 많이 발생한다.
고산화티탄계	E4313	용입이 얇고 슬래그가 적다. 인장강도가 크며 박판에 좋다.
저수소계	E4316	스패터가 적고 유황이 많다. 고탄소강 및 균열이 심한 부분에 사용한다.
철분 산화티탄계	E4324	스패터가 적고 비드가 깨끗하다.
철분 저수소계	E4326	용입은 중간정도이고 비드가 깨끗하다.
철분 산화철계	E4327	용입이 깊고 비드가 깨끗하며 작업성이 좋다.
특수계	E4340	지정된 작업에 사용한다.

4.4 특수 용접

(1) 불활성가스 아크 용접

① 불활성가스 아크 용접(inert gas arc welding)은 아르곤, 헬륨 등 금속과 잘 반응하지

않는 불활성가스를 유출시키면서 텅스텐 전극이나 비피복 금속선을 전극으로 하여 아크를 발생시켜 용접하는 방법이다.

② 종류

   (가) TIG 용접(tungsten inert gas welding) : 비소모성인 텅스텐봉을 전극으로 사용하고, 비피복 용가재를 용해하여 용접하는 방법이다.

   (나) MIG 용접(metal inert gas welding) : 텅스텐 전극 대신 연속으로 공급되는 와이어를 전극과 용가재로 사용하여 용접하는 방법이다.

③ 특징

   (가) TIG 용접

      ㉮ 용접부 변형이 비교적 적다.

      ㉯ 모든 용접자세가 가능하다.

      ㉰ 후판보다 박판용접에서 능률적이다.

      ㉱ 아크가 안정되어 스패터의 발생이 적다.

      ㉲ 열집중성이 좋아 고능률적이다.

      ㉳ 플럭스가 불필요하며 비철금속 용접이 용이하다.

   (나) MIG 용접

      ㉮ 3[mm] 이상의 후판 용접에 적합하다.

      ㉯ 전류 밀도가 높고 미려한 비드를 얻을 수 있다.

      ㉰ 바람의 영향을 받기 쉬우므로 방풍대책이 필요하다.

      ㉱ 수동 피복 아크용접에 비해 용착효율이 높아 고능률적이다.

(2) 탄산가스 아크 용접

① 탄산가스 아크 용접(CO_2 gas arc welding)은 MIG 용접에 사용하는 불활성가스 대신 탄산가스(CO_2)를 사용한 용접이다.

② 특징

   (가) 바람의 영향을 받으므로 풍속이 강한 경우 방풍대책이 필요하다.

   (나) 용접 중 수소 발생이 적어 기계적 성질이 양호하다.

   (다) 아크의 집중성이 양호하기 때문에 용입이 깊다.

   (라) 심선의 지름에 대하여 전류 밀도가 높기 때문에 용착속도가 크다.

   (마) 보통 아크 용접보다 속도가 빠르고, 용접비용이 적게 소요된다.

   (바) 가시 아크이므로 시공이 편리하다.

(3) 서브머지드 아크 용접

서브머지드 아크 용접(submerged arc welding)은 자동 금속 아크 용접법으로 모재 이음 표면에 미세한 입상모양의 용제를 공급하고, 용제 속에 연속적으로 전극 와이어를 송급하여 모재 및 전극 와이어를 용융시켜 용접부를 대기로부터 보호하면서 용접하는 방법이다.

4.5 기타 용접

(1) 전기 저항 용접
① 3대 요소 : 용접 전류, 통전 시간, 가압력
② 특징
  ㈎ 용제가 필요 없다.
  ㈏ 용접시간이 짧고, 작업이 간단하다.
  ㈐ 용접부의 중량을 경감시킬 수 있고 변형이 적다.
③ 종류
  ㈎ 점 용접(spot welding) : 두 전극 사이에 6[mm] 이하의 얇은 금속판을 놓고 띔 용접을 하는 것이다.
  ㈏ 심 용접(seam welding) : 롤러로 된 2개의 전극 사이에 2장의 금속판을 넣어 롤러를 회전시키면서 연속으로 용접을 하는 것이다.
  ㈐ 프로젝션 용접(projection weding) : 모재에 돌기부(projection)를 만들어 이곳에 전류를 집중시켜 용접을 하는 것이다.

(2) 전자 빔 용접

고진공($10^{-4} \sim 10^{-6}$ [mmHg]) 속에서 적열된 필라멘트에서 전자 빔을 접합부에 조사(照射)하여 그 충격열을 이용하여 용융 용접하는 방법이다.

5. 가스절단 및 용접검사

5.1 가스 절단

(1) 절단의 종류
① 조작방법에 의한 분류 : 수동절단, 자동절단

② 절단방법에 의한 분류
　㈎ 보통 가스절단 : 상온 절단, 고온 절단, 수중 절단, 겹치기 절단 등
　㈏ 분말 절단 : 철분 절단, 플럭스 절단 등
　㈐ 산소-아크 절단
　㈑ 가스 가공 : 가우징, 용삭(熔削), 선삭(旋削), 구멍가공
　㈒ 아크 절단

(2) 가스절단

① 가스절단의 원리 : 절단하려는 강을 가스 불꽃으로 가열하여 모재가 불꽃의 연소온도에 도달했을 때(약 800~900[℃]) 고순도의 고압 산소를 분출시켜 산소와 철의 화학반응으로 절단하는 것이다.

② 가스 절단장치
　㈎ 구성 : 가스 충전용기(산소, 아세틸렌 또는 프로판), 절단 토치, 호스, 압력조정기 등
　㈏ 절단 토치
　　㉮ 저압식 토치 : 아세틸렌 압력 $0.07[kgf/cm^2]$ 이하로 사용
　　㉯ 중압식 토치 : 아세틸렌 압력 $0.07~0.4[kgf/cm^2]$ 사용
　㈐ 팁
　　㉮ 동심형 : 이중으로 된 동심원의 구멍에서 예열불꽃과 고압의 산소가 분출되도록 구성
　　㉯ 이심형 : 예열불꽃과 고압의 산소 팁이 별도로 구성 되어 있는 것

③ 가스 절단 시 가스혼합비
　㈎ 산소 - 아세틸렌(산소 : 아세틸렌) → 1 : 1
　㈏ 산소 - 프로판(산소 : 프로판) → 4.5 : 1

(3) 아크 절단

① 산소-아크 절단 : 가운데가 빈 전극봉과 모재사이에서 아크를 발생시켜 모재를 가열하고, 가운데 구멍에서 절단산소를 불어내어 가스절단을 하는 방법으로 직류 전원을 주로 사용한다.

② 아크 에어 가우징(arc air gouging) : 탄소 아크 절단(흑연으로 된 탄소봉에 구리를 도금한 것을 전극으로 하여 절단하는 방법)에 압축공기를 함께 사용하는 방법으로 용접부의 홈파기, 용접 결함부의 제거, 절단 및 구멍 뚫기 등에 사용되며 스테인리스강, 알루미늄, 동합금 등 비철금속에 적용할 수 있다.

5.2 용접 검사

(1) 아크 용접부 결함
① 언더컷(under cut) : 용접선 끝에 생기는 작은 홈의 결함
② 오버랩(over lap) : 용융금속이 모재와 융합되어 모재위에 겹쳐지는 상태의 결함
③ 슬래그 섞임 : 녹은 피복제가 용착 금속 내부에 남아있거나 표면에 떠 있는 결함
④ 기공(blow hole) : 용착금속 내부에 남아 있는 가스로 인한 구멍
⑤ 용입불량 : 완전히 깊은 용착이 되지 않은 상태의 결함

(2) 용접부 잔류응력
① 잔류응력 경감법
 (개) 용착금속의 양을 적게 한다.
 (내) 적당한 용착법과 용접 순서를 선택한다.
 (대) 적당한 예열을 한다.

② 잔류응력 완화법
 (개) 노내 풀림법
 (내) 국부풀림 및 기계적 처리법
 (대) 저온응력 완화법 : 용접부의 용접선 방향에 생긴 인장 잔류응력을 저온 가열하여 제거하는 방법이다.
 (래) 피닝(peening)법 : 끝이 구면인 특수한 해머로서 용접부를 연속적으로 때려 용접표면에 소성변형을 주어 잔류응력을 완화시키는 방법이다.

(3) 용접부 검사법
① 파괴 검사법의 종류
 (개) 금속조직검사 : 용접부에서 시편을 채취하여 현미경으로 용입상태, 슬리그의 유무, 기공 상태 등을 검사하는 방법이다.
 (내) 기계적 시험(검사) : 인장시험, 굽힘시험, 충격시험, 피로시험 등

② 비파괴 검사법의 종류
 (개) 육안검사(VT : Visual Test) : 표면의 상태를 눈으로 직접 확인하는 검사
 (내) 음향검사 : 간단한 공구를 이용하여 음향에 의해 결함 유무를 판단하는 방법
 (대) 침투검사(PT : Penetrant Test) : 표면의 미세한 균열, 작은 구멍, 슬리그 등을 검출하는 방법

㈐ 자기검사(MT : Magnetic Test) : 자분검사라고 하며 피검사물의 자화한 상태에서 표면 또는 표면에 가까운 손상에 의해 생기는 누설 자속을 사용하여 검출하는 방법으로 비자성체는 검사를 하지 못한다.

㈑ 방사선 투과 검사(RT : Rediographic Test) : X선이나 γ선으로 투과한 후 필름에 의해 내부결함의 모양, 크기 등을 관찰할 수 있고 검사 결과의 기록이 가능하다. 장치의 가격이 고가이고, 검사 시 방호에 주의하여야 하며 고온부, 두께가 큰 곳은 부적당하며 선에 평행한 크랙은 검출이 불가능하다.

㈒ 초음파 검사(UT : Ultrasonic Test) : 초음파를 피검사물의 내부에 침입시켜 반사파(펄스 반사법, 공진법)를 이용하여 내부의 결함과 불균일층의 존재 여부를 검사하는 방법이다.

2 배관재료

1. 관의 종류 및 특성

1.1 관의 시방 및 제조방법

(1) 관의 시방(示方)

① 배관재료 선택 시 고려해야 할 사항

㈎ 화학적 성질
  ㉮ 수송 유체에 따른 관의 내식성
  ㉯ 수송 유체와 관의 화학반응으로 유체의 변질 여부
  ㉰ 지중 매설 배관할 때 토질과의 화학 변화
  ㉱ 유체의 온도 및 농도변화에 따른 화학변화

㈏ 물리적 성질
  ㉮ 관내 유체의 압력 및 관의 내마모성
  ㉯ 유체의 온도변화에 따른 물리적 성질의 변화
  ㉰ 맥동 및 수격작용이 발생할 때의 내압강도
  ㉱ 지중 매설 배관할 때 외압으로 인한 강도

㈐ 기타 성질
  ㉮ 지리적 조건에 따른 수송 문제
  ㉯ 진동을 흡수할 수 있는 이음법의 가능 여부
  ㉰ 사용 기간

② 스케줄 번호(schedule number) : 파이프 두께의 체계를 표시한 것

$$\text{Sch № } = 10 \times \frac{P}{S}$$

여기서, P : 사용압력[kgf/cm^2]

S : 재료의 허용응력[kgf/mm^2] $\left(S = \dfrac{인장강도\,[\text{kgf/mm}^2]}{안전율}\right)$

▶ 안전율은 주어지지 않으면 4를 적용한다.

③ 파이프(pipe)와 튜브(tube)

   (가) 파이프 : 파이프는 안지름을 의미하는 호칭지름(norminal bore)으로 일정한 등분으로 나뉘어져 있고, 압력별 사용할 수 있는 두께를 스케줄번호가 체계화 되어 있다.

   (나) 튜브 : 비철금속이나 비금속에 많이 사용하며 관벽의 두께가 파이프만큼 두꺼울 필요가 없기 때문에 생긴 관으로 바깥지름으로 표시하고 스케줄번호 없이 실제의 관벽두께로 표기한다.

(2) 제조방법

① 제조방법에 의한 분류

   (가) 이음매 없는 관

   (나) 이음매 있는 관 : 단접관, 가스용접관, 전기저항 용접관, 아크 용접관

② 관의 제조방법 분류

기 호	제조 방법	기 호	제조 방법
- E	전기저항 용접관	- E - C	냉간 완성 전기저항 용접관
- B	단 접 관	- B - C	냉간 완성 단접관
- A	아크 용접관	- A - C	냉간 완성 아크 용접관
- S - H	열간가공 이음매 없는 관	- S - C	냉간 완성 이음매 없는 관

1.2 강관

(1) 강관의 특징

① 인장강도가 크고, 내충격성이 크다.

② 배관작업이 용이하다.

③ 비철금속관에 비하여 경제적이다.

④ 부식이 발생하기 쉽다.

⑤ 배관수명이 짧다.

(2) 강관의 종류와 특징

[강관의 종류와 용도]

	종 류	기 호	주요용도 및 특징
배관용	배관용 탄소강관	SPP	사용압력이 비교적 낮은(10[kgf/cm^2] 이하) 증기, 물, 기름, 가스 및 공기 의 배관용으로 사용되며 백관과 흑관이 있다. 호칭지름 6~500[A]
	압력 배관용 탄소강관	SPPS	350[℃] 이하의 온도에서 압력 10~100[kgf/cm^2]까지의 배관에 사용한다. 호칭은 호칭지름과 두께(스케줄 번호)에 의한다. 호칭지름 6~500[A]
	고압 배관용 탄소강관	SPPH	350[℃] 이하의 온도에서 압력 100[kg/cm^2] 이상의 배관에 사용한다. 호칭은 SPPS관과 동일하다. 호칭지름 6~500[A]
	고온 배관용 탄소강관	SPHT	350[℃] 이상의 온도에서 사용하는 배관용이다. 호칭은 SPPS관과 동일하다. 호칭지름 6~500[A]
	저온 배관용 강관	SPLT	빙점이하의 저온도 배관에 사용한다. 두께는 스케줄 번호에 따름. 호칭지름 6~500[A]
	배관용 아크용접 탄소강관	SPW	사용압력 10[kgf/cm^2] 이하의 비교적 낮은 증기, 물, 기름, 가스 및 공기 등의 배관용이다. 호칭지름 350~1500[A]
	배관용 합금 강관	SPA	주로 고온도의 배관에 사용한다. 두께는 스케줄 번호에 따름. 호칭지름 6~500[A]
	배관용 스테인리스 강관	STS×T	내식용, 내열용 및 고온 배관용, 저온 배관용 사용한다. 두께는 스케줄 번호에 따름. 호칭지름 6~300[A]
수도용	수도용 아연 도금 강관	SPPW	SPP관에 아연도금을 실시한 관으로 정수두 100[m] 이하의 수도에서 주로 급수관에 사용한다. 호칭지름 6~500[A]
	수도용 도복장 강관	STPW	SPP관 또는 SPW관에 피복한 관으로 정수두 100[m] 이하의 수도용에 사용한다. 호칭지름 80~1500[A]
열전달용	보일러 열교환기용 탄소강관	STBH	관의 내외에서 열의 교환을 목적으로 하는 곳에 사용한다. 보일러의 수관, 연관, 과열관, 공기예열관, 화학공업용이나 석유공업의 열교환기 콘덴서관, 촉매관, 가열관 등에 사용한다. 관지름 15.9~139.8[mm], 두께1.2~12.5[mm]이다.
	보일러 열교환기용 합금강관	STHA	
	보일러 열교환기용 스테인리스 강관	STS×TB	
	저온 열교환기용 강관	STLT	빙점이하의 특히 낮은 온도에서관의 내외에서 열의 교환을 목적으로 하는 관이다. 열교환기관, 콘덴서관에 사용한다.
구조용	일반구조용 탄소강관	SPS	토목, 건축, 철탑, 발판, 지주, 비계, 말뚝, 기타의 구조물에 사용한다. 관지름 21.7~1016[mm], 두께 1.2~12.5[mm]이다.
	기계 구조용 탄소강관	SM	기계, 항공기, 자동차. 자전거, 가구, 기구 등의 기계부품에 사용한다.
	구조용 합금강관	STA	항공기, 자동차. 기타의 구조물에 사용한다.

1.3 주철관

(1) 수도용 주철관

① 수도용 입형 주철관 : 양질의 선철 또는 강을 배합한 것을 사용하여 주형을 수직으로 세워 놓고 주조한 관이다.
  ㈎ 최대 사용 정수두에 의한 분류
    ㉮ 보통 압관(A) : 정수두 75[m] 이하에 사용
    ㉯ 저압관(LA) : 정수두 45[m] 이하에 사용
  ㈏ 이음부 모양에 의한 분류
    ㉮ 소켓관
    ㉯ 플랜지관

② 수도용 원심력 모래형 주철관 : 관의 바깥지름을 기본으로 주형을 회전시키면서 양질의 선철 또는 강을 배합한 선철을 주입하여 원심력의 작용으로 주조한 관이다.
  ㈎ 최대 사용 정수두에 의한 분류
    ㉮ 고압관(B) : 정수두 100[m] 이하
    ㉯ 보통 압관(A) : 정수두 75[m] 이하
    ㉰ 저압관(LA) : 정수두 45[m] 이하
  ㈏ 이음부 모양에 의한 분류
    ㉮ 소켓관
    ㉯ 기계식 이음(mechanical joint)관

③ 수도용 원심력 금형 주철관 : 양질의 선철 또는 강을 배합한 용융철을 수랭식 금형에 부어 회전시키면서 원심력을 이용하여 주조한 관이다.
  ㈎ 최대 사용 정수두에 의한 분류
    ㉮ 고압관(B) : 정수두 100[m] 이하
    ㉯ 보통 압관(A) : 정수두 75[m] 이하
  ㈏ 이음부 모양에 의한 분류
    ㉮ 소켓관(레드 조인트관)
    ㉯ 기계식 이음(mechanical joint)관

④ 수도용 원심력 덕타일 주철관 : 구상 흑연 주철관이라 하며 양질의 선철에 강을 배합하여 용해하고, 회전하는 주형에 주입한 다음 원심력을 이용하여 주조한 후 노(爐)속에 넣고 고르게 가열하여 730[℃] 이상에서 적당한 시간동안 풀림(annealing)처리를 한 것이며 주철 중의 흑연이 구상화하여 관의 질이 균일하게 되어 강도가 크다.

(개) 특징
  ㉮ 보통 주철(회주철)과 같이 관의 수명이 길다.
  ㉯ 강관과 같이 고압에 견디는 높은 강도와 인성(靭性)을 갖고 있다.
  ㉰ 보통 주철과 같은 내식성이 우수하다.
  ㉱ 변형에 대한 높은 가요성이 있다.
  ㉲ 충격에 대한 높은 연성을 가지고 있다.
  ㉳ 가공성이 우수하다.
(내) 최대 사용 정수두에 의한 종류 : 고압관, 보통압관, 저압관

(2) 기타 주철관

① 원심력 모르타르 라이닝 주철관 : 주철관의 부식을 방지하기 위하여 삽입구를 제외한 관의 내면에 시멘트 모르타르를 라이닝한 관으로 주로 수도용에 사용한다.
  (개) 시멘트와 모래의 중량 배합비율 - 1 : 1.5~2
  (내) 특징
    ㉮ 철과 물이 직접 접촉이 없으므로 물이 관 속을 침투하기 어렵다.
    ㉯ 마찰저항이 작다.
    ㉰ 수질의 변화가 작다.
② 가스용 주철관 : 입형관과 원심력관이 있다.
③ 광산용 주철관 : 광산 갱내의 용수를 양수 배출하는 데 사용
④ 배수용 주철관 : 건물 내의 오수 배관용으로 사용되며 내압이 작용하지 않으므로 수도용 주철관보다 두께가 얇다.

1.4 비철금속관

(1) 동관

① 특징
  (개) 장점
    ㉮ 담수(淡水)에 대한 내식성이 우수하다.
    ㉯ 열전도율이 좋고, 가공성이 좋아 배관시공이 용이하다.
    ㉰ 아세톤, 프레온 가스 등 유기약품에 침식되지 않는다.
    ㉱ 관 내부에서 마찰저항이 적다.

(나) 단점
  ㉮ 연수(軟水)에는 부식된다.
  ㉯ 외부의 기계적 충격에 약하다.
  ㉰ 가격이 비싸다.
  ㉱ 암모니아(NH_3), 초산, 진한황산(H_2SO_4)에는 심하게 부식된다.

② 동관의 종류
  (가) 소재 및 제조 방법에 의한 분류
    ㉮ 인성동관(tough pitch copper tube) : 전기 및 열의 전도성이 우수하며, 고온의 환원성 분위기에서는 수소취화 현상이 발생할 수 있다. 전기부품, 열교환기관 등에 주로 사용한다.
    ㉯ 인탈산 동관(phosphorus deoxidized copper tube) : 동을 인(P)으로 탈산처리한 것으로 전기전도성은 인성동관보다 낮으며, 고온에서도 수소취화 현상이 발생하지 않는다. 일반배관, 열교환기용, 건축설비 재료에 사용한다.
    ㉰ 무산소 동관(oxygen free copper tube) : 전기전도성이 우수하며, 고온에서도 수소취화 현상이 발생하지 않는다. 전기용 재료, 화학공업용에 사용한다.
  (나) 재질에 의한 분류
    ㉮ 연질(O : soft of annealed) : 가공 및 작업이 용이하며 상수도, 가스배관 등에 사용한다.
    ㉯ 반연질(OL : light annealed) : 연질에 약간의 경도와 강도를 부여한 것이다.
    ㉰ 반경질($\frac{1}{2}$H : half hard) : 경질에 약간의 연성을 부여한 것이다.
    ㉱ 경질(H : hard or drawn) : 경도 및 강도에서 가장 강하며, 건설자재로 사용한다.
  (다) 두께에 의한 분류
    ㉮ K형 : 두께가 두껍고 주로 고압배관, 상수도관, 의료배관에 사용한다.
    ㉯ L형 : 급탕, 급수 및 냉온수배관, 가스배관 등 압력이 적게 작용하는 곳에 사용한다.
    ㉰ M형 : K형, L형보다 두께가 얇으며 저압의 증기난방용관, 가스배관, 통기관으로 사용한다.
  (라) 형태에 의한 분류
    ㉮ 직관 : 일반 배관용에 사용하며, 길이는 15[A]~150[A]는 6[m], 200[A] 이상은 3[m]로 제작된다.
    ㉯ 코일 : 코일 형식으로 감아놓은 것으로 상수도, 가스배관 등 이음매 없이 장거리

배관에 사용되며, 레벨 와운형(200~300[m]), 벤치형(50[m], 70, 100[m]), 팬케이크형(15[m], 30[m])로 구분된다.

   ㉓ 온수 온돌용 : 조립식 온수온돌 전용 배관으로 방의 규모에 따라 20종의 규격으로 제작된다.

(2) 연관

 ① 특징

  ㉮ 부식성이 적으며 신축성이 매우 좋다.

  ㉯ 내산성이 강하지만, 알칼리에는 약하다.(콘크리트에 매설 시 침식 됨)

  ㉰ 전연성이 풍부하고 굴곡이 용이하다.

  ㉱ 관의 용해나 바닷물, 수돗물, 천연수 등에 부식이 방지된다.

  ㉲ 비중이 11.3으로 중량이 무겁다.

  ㉳ 초산이나 진한 염산에 침식되며, 증류수, 극연수에 다소 침식되는 경향이 있다.

 ② 용도 : 수도관, 기구배수관, 가스배관, 화학공업용 배관

 ③ 종류

  ㉮ 수도용 연관 : 사용 정수두 75[m] 이하의 수도용에 사용

  ㉯ 일반용(공업용) 연관

   ㉠ 1종 : 납(Pb) 성분이 99.9[%] 이상으로 화학공업용에 사용

   ㉡ 2종 : 납(Pb) 성분이 99.5[%] 이상으로 일반용에 사용

   ㉢ 3종 : 납(Pb) 성분이 99.5[%] 이상으로 가스용에 사용

  ㉰ 배수용 연관 : 트랩과 배수관, 변기와 오수관, 세정관과 기구 연결관에 사용

  ㉱ 경연관 : 화학공업용에 사용하는 경질 연관으로 관의 길이는 3[m]이다.

(3) 알루미늄관

 ① 특징

  ㉮ 동 다음으로 전기 및 열전도율이 좋다.

  ㉯ 전연성이 풍부하고 가공성도 좋으며 내식성이 좋다.

  ㉰ 비중이 2.7로 비교적 가볍다.

  ㉱ 기계적 성질이 우수하여 항공기에 널리 사용된다.

 ② 종류

  ㉮ 화학성분 : 1종, 2종, 3종으로 구분

  ㉯ 재질 : 연질, 경질로 구분

 ③ 용도 : 열교환기, 선박, 차량 등 특수용도에 사용

(4) 주석관

　① 상온에서 물, 공기, 묽은 염산에 침식되지 않는다.

　② 비중이 7.3이며 용융온도는 232[℃]이다.

　③ 화학공장, 양조장 등에서 알코올, 맥주 등의 수송관으로 사용

1.5 비금속관

(1) 합성수지관

　① 염화비닐관의 특징

　　㈎ 내식, 내산, 내알칼리성이 크다.

　　㈏ 전기의 절연성이 크다.

　　㈐ 열의 불양도체이다.

　　㈑ 가볍고 강인하며, 가격이 저렴하다.

　　㈒ 배관가공이 쉬워 시공비가 적게 소요된다.

　　㈓ 저온 및 고온에서 강도가 약하다.

　　㈔ 열팽창률이 심하다.

　　㈕ 충격강도가 작다.

　　㈖ 용제에 약하다.

　② 경질염화비닐관의 특징

　　㈎ 내식성, 내산성, 내알칼리성이 크다.

　　㈏ 전기의 절연성이 크다.

　　㈐ 열의 불량도체이다.(열전도도는 철의 1/50 정도)

　　㈑ 가볍고 강인하며, 가격이 저렴하다.

　　㈒ 배관 가공(굴곡, 접합, 용접)이 쉬워 시공비가 적게 소요된다.

　　㈓ 저온 및 고온에서 강도가 약하다.

　　㈔ 열팽창률이 크다.

　　㈕ 충격강도가 작으며, 용제에 약하다.

　③ 폴리에틸렌관(Polyethylene pipe)의 특징

　　㈎ 염화비닐관보다 가볍다.

　　㈏ 염화비닐관보다 화학적, 전기적 성질이 우수하다.

　　㈐ 내한성이 좋아 한랭지 배관에 알맞다.

㈑ 염화비닐관에 비해 인장강도가 1/5 정도로 작다.

㈒ 화기에 극히 약하다.

㈓ 유연해서 관면에 외상을 받기 쉽다.

㈔ 장시간 직사광선(햇빛)에 노출되면 노화된다.

④ 폴리부틸렌관(PB관)의 특징

㈎ 가볍고 시공이 간편하며 재사용이 가능하다.

㈏ 강한 충격, 강도, 유연성, 온도, 화학작용 등에 대한 저항성이 크다.

㈐ 유해물질의 용출이나 적녹, 청녹의 발생에 의한 수질오염이 없어 위생적이다.

㈑ 사용가능 온도로는 $-30 \sim 110[℃]$ 정도로 내한성과 내열성이 우수하며 고온에서도 강도가 유지된다.

㈒ 나사 및 용접이음을 하지 않고 관을 연결구에 삽입하여 그라프링과 O링에 의한 에이콘이음으로 한다.

㈓ 온수온돌의 난방배관, 음용수 및 온수배관, 농업 및 원예용 배관, 화학배관 등에 사용된다.

㈔ 관의 굽힘 시 굽힘거리는 $80[cm]$, 최소굽힘지름은 $20[cm]$ 이상으로 하여야 한다.

(2) 콘크리트관

① 원심력식 철근 콘크리트관 : 흄관(Hume pipe)이라 하며, 철제 형틀 속에 원통형으로 조립된 철근망을 넣고 축선을 수평으로 하여 회전시키면서 반죽한 콘크리트를 투입시키면 원심력에 의하여 고르게 다져지면서 치밀한 콘크리트관이 되며, 성형 후에는 증기양생을 실시하여 고르게 경화시킨다. 용도에 따라 보통관과 압력관으로 분류되며, 모양에 따라 A형, B형, C형으로 분류된다.

② 석면 시멘트관 : 에터니트관이라고 하며 석면과 시멘트를 중량비 $1 : 5 \sim 6$의 비율로 배합하고, 적당한 양의 물로 혼합하여 반죽한 다음 관지름과 동일한 심관의 둘레에 얇게 감고 롤러로 $5 \sim 9[kgf/cm^2]$의 압력을 가하면서 성형한다.

③ 프리스트레스(pre-stress) 콘크리트관 : 콘크리트관 외주에 PS강선을 인장해서 감아 붙인 뒤 관의 원주방향으로 압축응력을 부여하여 내외압에 의해서 일어나는 인장응력과 상쇄할 수 있게 한 관이다.

2. 관이음 재료

2.1 강관 이음쇠

(1) 분류

① 이음 방법에 의한 분류 : 나사식, 용접식, 플랜지식

② 재질에 의한 분류 : 강제 이음재, 가단주철제 이음재

③ 사용 용도에 의한 분류

  ㈎ 배관의 방향을 전환할 때 : 엘보(elbow), 벤드(bend)

  ㈏ 관을 도중에 분기할 때 : 티(tee), 와이(Y), 크로스(cross)

  ㈐ 동일 지름의 관을 연결할 때 : 소켓(socket), 니플(nipple), 유니언(union)

  ㈑ 이경관을 연결할 때 : 리듀서(reducer), 부싱(bushing), 이경 엘보, 이경 티

  ㈒ 관 끝을 막을 때 : 플러그(plug), 캡(cap)

  ㈓ 관의 분해, 수리가 필요할 때 : 유니언, 플랜지

(2) 나사식 관이음쇠

① 강관 이음쇠

  ㈎ 니플 : 평형 니플, 크로스 니플, 바렐 니플

  ㈏ 벤드(bend) : 90° 벤드, 45° 벤드, 리턴 벤드(return bend)

② 가단 주철제 관이음쇠

  ㈎ 호칭 및 표기 방법 : KS 규격 관용 테이퍼 나사의 호칭에 따른다.

    ㉮ 지름이 같은 경우 : 호칭지름으로 한다.

    ㉯ 지름이 2개인 경우 : 지름이 큰 것을 첫 번째, 작은 것을 두 번째 순서로 한다.

    ㉰ 지름이 3개인 경우 : 동일 중심선 위에 있는 구멍 중에서 지름이 큰 것을 첫 번째, 작은 것을 두 번째, 나머지를 세 번째로 한다.

    ㉱ 지름이 4개인 경우 : 지름이 가장 큰 것을 첫 번째, 이것과 동일 중심선 위에 있는 것을 두 번째, 나머지 큰 것에서 작은 것 순으로 한다.

  ㈏ 품질

    ㉮ 누설시험 : 공기압 0.5[MPa]을 가했을 때 누설이 없어야 한다.

    ㉯ 내압시험 : 수압 2.5[MPa]을 가했을 때 누설이 없어야 한다.

    ㉰ 나사축선의 어긋남 : 300[mm] 거리에 2[mm] 이하

(3) 용접식 관이음쇠

① 맞대기 용접이음쇠 : 재질, 바깥지름, 안지름 및 두께는 배관용 탄소강관(SPP)과 동일한 것으로 한다. 맞대기 용접용 엘보의 곡률 반지름은 다음과 같다.

  (개) 롱 엘보(long elbow) : 강관 호칭지름의 1.5배
  (내) 숏 엘보(short elbow) : 강관의 호칭지름

② 플랜지(flange)

  (개) 플랜지 면의 형상에 의한 분류
   ㉮ 전면 시트 : 호칭압력 1.6[MPa] 이하에 사용
   ㉯ 대평면 시트 : 호칭압력 6.3[MPa] 이하에 사용, 연질 가스켓(gasket) 사용
   ㉰ 소평면 시트 : 호칭압력 1.6[MPa] 이상에 사용, 경질 가스켓(gasket) 사용
   ㉱ 삽입형 시트 : 호칭압력 1.6[MPa] 이상에 사용하며, 소평면보다 기밀을 요하는 경우 사용
   ㉲ 홈형 시트 : 호칭압력 1.6[MPa] 이상으로 극히 기밀을 요하는 경우 사용

  (내) 관과 이음방법에 의한 분류
   ㉮ 맞대기 용접 플랜지 : 슬립 온 플랜지(slip on flange), 웰드 넥 플랜지(weld neck flange), 차입 플랜지(socket flange)
   ㉯ 나사식 플랜지 : 나사조립 후 용접에 의해 완전 밀봉 시 사용
   ㉰ 반스톤식 플랜지 : 랩 조인트 플랜지(lap joint flange)라 하며 고압배관에 사용.

  (대) 호칭압력에 의한 분류 : 사용압력 및 온도에 따라 규격화하여 사용
  (래) 형상에 의한 분류 : 원형, 타원형, 사각형 등

2.2 주철관 이음쇠

(1) 수도용 주철관 이형관

① 이음부 모양에 따라 레드 이음관, 기계식 이음관, 플랜지 이음관으로 분류
② 최대사용 정수두 : 75[m] 이하
  ※ 이형관(異形管) : 강관에서의 이음쇠에 해당하는 것을 지칭

(2) 배수용 주철관 이형관

① 건물내의 오수관 및 배수관을 배관할 때 사용하는 것으로 오수가 원활하게 흐르고 연결부분에서 오물이 막히는 것을 방지하기 위한 것이다.
② 종류 : 곡관, Y관, T관, 연관 이음용, 기타

2.3 동관 이음쇠

(1) 순동 이음쇠

　① 특징

　　㈎ 용접 시 가열시간이 짧아 공수절감을 가져온다.

　　㈏ 두께가 균일하므로 취약 부분이 적다.

　　㈐ 내식성이 좋아 부식에 의한 장해가 적다.

　　㈑ 내면이 동관과 같아 마찰손실이 적다.

　　㈒ 작업공간이 협소하여도 작업이 용이하다.

　② 종류 : 강관 이음쇠 부속과 같이 사용 용도에 맞게 동일한 형태로 제조되며 대부분 동관을 부속에 삽입하여 가스용접에 의하여 접합한다. 90°엘보 C×C, 45°엘보 C×C, 티 C×C×C, 리듀서 C×C, 소켓 C×C, 캡 C×C, 리턴 벤드 C×C 등이 있다.

(2) 압축 이음쇠

압축 이음재(flare joint)는 용접이음이 곤란한 곳이나, 분리 결합이 요구될 때 동관의 끝부분을 접시모양으로 가공하여 압축이음할 때 사용하는 것이다.

(3) 황동 주물 이음쇠

　① 황동을 주물로 하여 제작하는 것으로 관과 접촉되는 부분은 기계가공 후 용접이음을 한다. 용접 시 황동과 동관의 융점, 납과의 친화력, 열전도, 열용량의 차이, 열팽창의 차이 등으로 인하여 용접 작업에 어려움이 있다.

　② 종류

　　㈎ C(female solder cup) : 이음재 내로 관이 들어가 접합되는 형태이다.

　　㈏ M(male NPT thread) : ANSI 규격 관형나사가 밖으로 난 나사이음용 이음재이다.
　　　(예 : C×M 어댑터)

　　㈐ F(female NPT thread) : ANSI 규격 관형나사가 안으로 난 나사음용 이음재이다.
　　　(예 : C×F 어댑터)

　　㈑ Ftg(male solder cup) : 이음쇠 바깥쪽으로 관이 들어가 접합되는 형태이다.
　　　(예 : Ftg×M 어댑터)

2.4 신축 이음쇠

(1) 설치 목적

① 배관 내외부의 온도변화에 따른 열팽창(배관의 신축)을 흡수하여 배관이나 기기의 파손을 방지하기 위하여 설치한다.

② 신축길이 계산식

$$\Delta L = L \cdot \alpha \cdot \Delta t$$

여기서, ΔL : 관의 신축길이[mm]

L : 관길이[mm]

α : 선팽창계수($1.2 \times 10^{-5}/℃$)

Δt : 온도차[℃]

(2) 종류 및 특징

① 슬리브형(sleeve type) : 신축에 의한 자체 응력이 발생되지 않고 설치장소가 필요하며 단식과 복식이 있다. 슬리브와 본체와의 사이에는 패킹을 다져 넣고 그랜드로 밀착시켜 온수 또는 증기의 누설을 방지한다. 50A 이하의 배관에는 나사식, 65A 이상은 플랜지식을 사용한다.

② 벨로스형(bellows type) : 팩리스(packless)형이라 하며, 설치장소에 구애받지 않고 가스, 증기, 물 등 2[MPa], 450[℃]까지 축 방향 신축흡수에 사용되며 단식과 복식 2종류가 있다.

③ 루프형(loop type) : 곡관으로 만들어진 관의 가요성(可撓性)을 이용한 것으로 구조가 간단하고 내구성이 좋아 고온, 고압배관이나 옥외배관에 주로 사용한다. 곡률 반지름은 관지름의 6배 이상으로 한다.

④ 스위블형(swivel type) : 지웰이음, 지블이음, 회전이음이라 하며, 2개 이상의 엘보를 사용하여 관의 신축을 흡수하는 것으로 신축방향이 큰 배관에서는 누설의 우려가 있다. 스위블형 신축 이음쇠로 흡수할 수 있는 신축크기는 회전관의 길이에 따라 정해지며, 직관 길이 30[m]에 대하여 회전관을 1.5[m] 정도로 조립한다.

⑤ 볼 조인트(ball joint) : 볼 조인트와 오프셋 배관을 이용해서 신축을 흡수하는 방법으로 설치공간이 적고, 평면상의 변위뿐만 아니라 입체적인 변위까지도 안전하게 흡수하므로 어떤 현상에 의한 신축에도 배관이 안전한 신축이음이다.

3. 배관 부속재료

3.1 밸브

(1) 글로브 밸브(globe valve)
   ① 글로브 밸브(globe valve) : 스톱 밸브(stop valve), 옥형변이라 하며 구조상 디스크와 시트가 원추상으로 접촉되어 폐쇄하는 밸브로서 유체는 디스크 부근에서 상하방향으로 평행하게 흐르므로 근소한 디스크의 리프트라도 예민하게 유량에 관계되므로 유량조절에 사용된다.
   ② 앵글 밸브(angle valve) : 엘보와 글로브 밸브를 조합한 것으로 직각으로 굽어지는 장소에 사용하며, 유체의 압력손실이 많이 발생한다.
   ③ 니들 밸브(needle valve) : 밸브 디스크 모양을 원뿔 모양으로 만들어 유량조절을 정확히 할 목적으로 사용된다.

(2) 슬루스 밸브(sluice valve)
   ① 게이트밸브(gate valve) 또는 사절변이라 한다.
   ② 리프트가 커서 개폐에 시간이 걸린다.
   ③ 밸브를 완전히 열면 밸브 본체 속에 관로의 단면적과 거의 같게 된다.
   ④ 쐐기형의 밸브 본체가 밸브 시트 안을 눌러 기밀을 유지한다.
   ⑤ 유로의 개폐용으로 사용한다.
   ⑥ 밸브를 절반 정도 열고 사용하면 와류가 생겨 유체의 저항이 커지기 때문에 유량조절에는 적합하지 않다.

(3) 체크 밸브(check valve)
   ① 역할(기능) : 역류방지밸브라 하며 유체를 한 방향으로만 흐르게 하고 역류를 방지하는 목적에 사용하는 밸브이다.
   ② 종류
      ㈎ 스윙식(swing type) : 수평, 수직배관에 사용
      ㈏ 리프트식(lift type) : 수평배관에 사용
      ㈐ 풋 밸브(foot valve) : 펌프 흡입관 하부에 사용되는 체크 밸브의 일종으로 펌프 정지 시 흡입관 내부의 물이 빠져나가는 것을 방지하여 펌프를 보호하는 역할을 한다.
      ㈑ 해머리스 체크 밸브(hammerless check valve) : 스모렌스키 체크밸브라 하며 펌프

출구측의 체크 밸브용으로 사용되며, 워터해머(water hammer)의 방지와 바이패스 밸브의 기능을 함께 한다.

(4) 안전밸브(safety valve)
① 기능 : 장치 내부의 압력이 이상 상승 시 압력을 외부로 분출하여 사고를 사전에 방지하기 위한 장치이다.
② 구비조건
　㈎ 밸브 개폐 동작이 신속하고 자유로울 것
　㈏ 밸브의 지름과 양정이 충분할 것
　㈐ 밸브의 작동이 확실하고 증기 누설이 없을 것
　㈑ 증기압력이 정상으로 되면 작동이 정지될 것
　㈒ 밸브의 분출용량이 충분할 것
③ 종류
　㈎ 기구에 의한 분류 : 스프링식, 지렛대식, 중추식
　㈏ 용도에 의한 분류 : 안전밸브, 릴리프 밸브, 안전 릴리프 밸브

(5) 감압밸브(pressure reducing valve)
① 설치 목적
　㈎ 고압의 증기를 저압의 증기로 만들기 위하여
　㈏ 부하측의 압력을 일정하게 유지하기 위하여
　㈐ 부하 변동에 따른 증기의 소비량을 절감하기 위하여
② 종류
　㈎ 작동방법에 따른 분류 : 피스톤식, 다이어프램식, 벨로스식
　㈏ 구조에 따른 분류 : 스프링식, 추식
　㈐ 제어방식에 따른 분류 : 자력식(직동식과 파일럿 작동식으로 분류), 타력식

(6) 그 밖의 밸브
① 볼 밸브(ball valve) : 콕(cock)이라 하며 핸들을 90° 회전시켜 유로를 급속히 개폐할 수 있으며, 유체의 저항이 적은 반면 기밀유지가 어렵다.
② 버터 플라이 밸브(butterfly valve) : 원통형 몸체 속에 밸브 봉을 축으로 하여 원형 평판이 회전함으로써 개폐동작이 이루어지는 구조이다.
③ 자동온도 조절밸브(automatic temperature valve) : 열매체를 이용하여 열교환기, 건조기, 온수탱크 등의 온도를 일정하게 유지시키는 밸브로서 직동식과 파일럿식이 있다.

④ 공기빼기 밸브(air vent valve) : 냉·온수 배관, 급탕 배관 및 온수 탱크의 상부에 체류하는 공기를 자동적으로 배출시켜 공기 장해로 인한 순환장애, 전열효율 감소 및 배관의 부식을 방지하며 유체의 흐름을 원활하게 한다.

⑤ 전자 밸브(solenoid valve) : 몸체, 디스크, 시트, 실린더 등으로 구성되어 있으며 전자 코일의 여자(勵磁)에 의하여 작동된다.

⑥ 수전(水栓)

  (가) 종류

    ㉮ A형 : 수도 직결의 급수용으로 사용하는 것

    ㉯ B형 : 일반 건축설비의 급수용으로 사용하는 것

  (나) 급수전과 지수전

    ㉮ 급수전(給水栓) : 급수관 끝에 설치하여 필요할 때 개폐하는 밸브류

    ㉯ 지수전(止水栓) : 급수를 제한하거나 차단하기 위하여 급수관 중간에 설치하는 밸브류

3.2 트랩 및 여과기

(1) 트랩

① 증기 트랩(steam trap)

  (가) 기능 : 증기 사용설비 및 배관내의 응축수를 제거하여 증기의 잠열을 유효하게 이용할 수 있도록 하고, 수격작용을 방지하는 역할을 한다.

  (나) 구비조건

    ㉮ 마찰저항이 적을 것   ㉯ 내식성, 내구성이 좋을 것

    ㉰ 공기를 빼내기 좋을 것   ㉱ 응축수의 연속 배출이 용이할 것

    ㉲ 압력과 유량에 따른 작동이 확실할 것

  (다) 작동 원리에 의한 분류

구 분	작동원리	종 류
기계식 트랩	증기와 응축수의 비중차 이용 (플로트 또는 버킷의 부력 이용)	상향 버킷식, 하향 버킷식, 레버 플로트식, 자유 플로트식
온도조절식 트랩	증기와 응축수의 온도차 이용 (금속의 신축성을 이용)	바이메탈식, 벨로스식
열역학적 트랩	증기와 응축수의 열역학적, 유체역학적 특성차 이용	오리피스식, 디스크식

② 배수트랩

　㈎ 기능 : 건물 내의 배수관 및 하수관에서 발생하는 유해한 가스가 실내로 침입하는 것을 방지하기 위한 수봉식 기구이다. 트랩의 봉수(封水) 깊이는 50~100[mm]로 하고, 50[mm]보다 작으면 봉수가 잘 없어지고, 100[mm] 이상이 되면 배수할 때 자기 세척 작용이 약해져서 트랩의 밑에 찌꺼기가 괴어 막히는 원인이 된다.

　㈏ 구비조건
　　㉮ 봉수가 안정성을 유지할 수 있는 구조일 것
　　㉯ 흐르는 물로 트랩의 내면을 세정하는 자기 세정 작용을 할 것
　　㉰ 봉수가 확실하고 유효하게 유지되면서 유해 가스를 완전하게 차단 할 것
　　㉱ 구조가 간단하고, 유수면이 평활하여 오수가 머무르지 않는 구조일 것
　　㉲ 재료의 내식성이 풍부할 것

　㈐ 배수트랩에서 봉수의 파괴 원인
　　㉮ 자기 사이펀 작용　　㉯ 감압에 의한 흡인 작용
　　㉰ 모세관 작용　　㉱ 분출작용
　　㉲ 증발　　㉳ 운동량에 의한 관성

　㈑ 종류
　　㉮ 관 트랩(pipe trap)
　　　ⓐ S트랩 : 바닥에 설치된 세면기, 대변기, 소변기 등 위생기구의 배수 수평관에 접속할 때 사용
　　　ⓑ P트랩 : 벽면에 매설되는 배수 수직관에 접속할 때 사용
　　　ⓒ U트랩 : 배수 수평주관 끝부분에 설치되는 가옥트랩 또는 메인트랩이다.
　　㉯ 박스 트랩(box trap)
　　　ⓐ 드럼트랩 : 요리장의 개숫물 속의 찌꺼기를 트랩 바닥에 모이게 하고 찌꺼기가 하수관으로 흐르지 않게 방지하는 트랩
　　　ⓑ 벨 트랩 : 바닥면의 배수에 사용하는 트랩으로 벨(bell)을 씌우지 않고 사용하면 트랩 작용이 안 된다.
　　　ⓒ 가솔린 트랩 : 자동차의 차고나 공장 등의 바닥 배수에 사용되는 것으로 배수 중의 가솔린, 기계유, 모래 등을 분리해서 모래는 주철제의 버킷 밑에 침전시키고 기름 등은 수면위에 띄워서 제거할 수 있도록 한 것이다.
　　　ⓓ 그리스 트랩 : 유입되는 배수의 유속이 트랩 속에서 감소하므로 배수 중에 섞여 있는 지방이 식어서 트랩위에 떠오르도록 한 구조로 호텔, 식당 등 요리장에서 사용한다.

(2) 여과기

① 기능 : 스트레이너(strainer)라 하며 배관 상에 설치된 밸브, 트랩, 펌프 및 기기 등의 앞에 설치하여 유체에 혼합되어 있는 불순물(찌꺼기)을 제거하여 기기의 성능을 보호한다.

② 종류

   (개) Y형 : 45°로 경사진 몸체에 원통형의 철망을 넣은 것으로 유체는 철망의 안쪽에서 바깥쪽으로 흐르게 하여 유체저항을 적게 한다.

   (내) U형 : 주철제의 몸체 속에 여과망이 달린 둥근 통을 수직으로 넣은 것으로 구조상 유체의 흐름 방향이 직각으로 바뀌기 때문에 Y형 여과기에 비하여 유체에 대한 저항이 크지만 보수, 점검이 편리하다. 주로 오일 배관에 사용되기 때문에 오일 여과기(oil strainer)라 한다.

   (대) V형 : 주철제의 몸체 속에 V자 모양의 여과망을 넣은 것으로 유체가 이 여과망을 통과하면서 여과되며, 유체가 일직선으로 되어 있어 Y형이나 U형 여과기에 비하여 유체에 대한 저항이 적다. 여과망의 교환, 점검, 보수 및 관리가 편리하다.

3.3 피복재료(보온재)

(1) 보온재 개요

① 보온재의 분류

   (개) 재질에 의한 분류

      ㉮ 유기질 보온재 : 펠트, 코르크, 기포성 수지

      ㉯ 무기질 보온재 : 석면, 암면, 규조토, 탄산마그네슘, 유리섬유

      ㉰ 금속질 보온재 : 알루미늄 박(泊)

   (내) 안전 사용온도에 의한 분류

      ㉮ 저온용 : 유기질 보온재

      ㉯ 상온용 : 유리솜, 규조토, 석면, 암면, 탄산마그네슘

      ㉰ 고온용 : 규산칼슘, 펄라이트, 팽창질석

② 구비조건

   (개) 열전도율이 작을 것   (내) 흡습, 흡수성이 작을 것

   (대) 적당한 기계적 강도를 가질 것   (래) 시공성이 좋을 것

   (매) 부피, 비중(밀도)이 작을 것   (배) 경제적일 것

③ 보온재의 열전도율에 영향을 미치는 요소
    (가) 온도 : 온도가 상승하면 열전도율이 커진다.
    (나) 밀도(비중) : 밀도가 커지면 열전도율이 커진다.
    (다) 흡습성(흡수성) : 흡습성(흡수성)이 증가하면 열전도율이 커진다.
    (라) 기공 : 기공의 크기가 작고 균일할수록 열전도율은 작아진다.

(2) 보온재의 종류 및 특징

① 유기질 보온재
    (가) 펠트(felt)
        ㉮ 양모 펠트와 우모 펠트가 있다.
        ㉯ 아스팔트를 방습한 것은 −60[℃]까지의 보냉용에 사용이 가능하다.
        ㉰ 곡면 시공에 편리하다.
        ㉱ 열전도율 : 0.042~0.050[kcal/h·m·℃]
        ㉲ 안전 사용온도 : 100[℃] 이하
    (나) 코르크(cork)
        ㉮ 액체 및 기체를 쉽게 침투시키지 않아 보랭, 보온재로 우수하다.
        ㉯ 냉수, 냉매배관, 냉각기, 펌프 등의 보냉용에 주로 사용한다.
        ㉰ 방수성을 향상시키기 위하여 아스팔트를 결합하는 것을 탄화 코르크라 한다.
        ㉱ 열전도율 : 0.046~0.049[kcal/h·m·℃]
        ㉲ 안전 사용온도 : 130[℃] 이하
    (다) 기포성 수지
        ㉮ 합성수지 또는 고무질 재료를 사용하여 다공질 제품으로 만든 것이다.
        ㉯ 열전도율이 극히 낮고 가벼우며 흡수성은 좋지 않다.
        ㉰ 굽힘성이 풍부하며 불연소성이다.
        ㉱ 방로재, 보냉재로 우수하다.
    (라) 텍스류
        ㉮ 톱밥, 목재, 펄프를 원료로 해서 압축판 모양으로 제작한 것이다.
        ㉯ 습기가 있으면 부식, 충해를 받을 우려가 있으므로 방습처리가 필요하다.
        ㉰ 열전도율 : 0.057~0.058[kcal/h·m·℃]
        ㉱ 안전 사용온도 : 120[℃] 이하

② 무기질 보온재
    (가) 석면

㉮ 아스베스토질 섬유로 되어 있다.

㉯ 진동을 받는 장치의 보온재로 사용된다.

㉰ 400[℃] 이하의 관이나 탱크, 노벽 등의 보온재로 적합하다.

㉱ 800[℃]에서는 강도와 보온성을 상실할 수 있다.

㉲ 열전도율 : 0.048~0.065[kcal/h·m·℃]

㉳ 안전 사용온도 : 350~550[℃]

⑷ 암면(rock wool)

㉮ 안산암, 현무암, 석회석 등을 원료로 섬유상으로 제조한다.

㉯ 흡수성이 적고, 풍화 염려가 없다.

㉰ 가격이 저렴하고 섬유가 거칠며 꺾어지기 쉽다.

㉱ 알칼리에는 강하나, 강산에는 약하다.

㉲ 열전도율 : 0.039~0.048[kcal/h·m·℃]

㉳ 안전 사용온도 : 400~600[℃]

⑸ 규조토

㉮ 열전도율이 다른 보온재에 비해 크다.

㉯ 시공 후 건조시간이 길며 접착성이 좋다.

㉰ 500[℃] 이하의 파이프, 탱크, 노벽 등의 보온용으로 사용한다.

㉱ 진동이 있는 곳에서 사용이 부적합하다.

㉲ 열전도율 : 0.083~0.095[kcal/h·m·℃]

㉳ 안전 사용온도 : 석면사용(500[℃]), 삼여물 사용(250[℃])

⑹ 유리섬유(glass wool)

㉮ 용융 유리를 압축공기나 원심력을 이용하여 섬유형태로 제조한다.

㉯ 흡습성이 크기 때문에 방수처리를 하여야 한다.

㉰ 보온, 보냉재로 일반건축의 벽체, 덕트 등에 사용한다.

㉱ 열전도율 : 0.036~0.057[kcal/h·m·℃]

㉲ 안전 사용온도 : 350[℃] 이하 (단, 방수처리 시 600[℃])

⑺ 탄산마그네슘

㉮ 염기성 탄산마그네슘(85[%])과 석면(15[%])으로 이루어져 있다.

㉯ 석면 혼합비율에 따라 열전도율이 달라진다.

㉰ 물반죽 또는 보온판, 보온통 형태로 사용된다.

㉱ 열전도율 : 0.05~0.07[kcal/h·m·℃]

㉲ 안전 사용온도 : 250[℃] 이하

㈒ 규산칼슘
  ㉮ 규산질, 석회질, 암면 등을 혼합하여 만든 결정체 보온재이다.
  ㉯ 압축강도가 크며 반영구적이다.
  ㉰ 내수성, 내구성이 우수하며 시공이 편리하다.
  ㉱ 고온 공업용에 가장 많이 사용된다.
  ㉲ 열전도율 : 0.053~0.065[kcal/h·m·℃]
  ㉳ 안전 사용온도 : 650[℃]

㈓ 스티로폼(폴리스틸렌 폼)
  ㉮ 냉수, 온수배관 등에 가장 쉽게 시공할 수 있다.
  ㉯ 내수성이 우수하여 많이 사용한다.
  ㉰ 화기에 약하다.
  ㉱ 열전도율 : 0.016~0.030[kcal/h·m·℃]
  ㉲ 안전 사용온도 : 85[℃]

㈔ 실리카 파이버 및 세라믹 파이버
  ㉮ 실리카 울이나 탄산 글라스로부터 섬유를 산처리해서 고규산으로 만든 것이다.
  ㉯ 열전도율 : 0.035~0.06[kcal/h·m·℃]
  ㉰ 안전 사용온도 : 실리카 파이버(1100[℃]), 세라믹 파이버(1300[℃])

③ 금속질 보온재

금속질 보온재로는 알루미늄 박(泊)이 주로 사용되며 보온효과는 복사열의 차단이 주목적이다. 알루미늄 박의 공기층 두께가 100[mm] 이하일 때 효과가 제일 크다.

3.4 패킹재료 및 방청도료

(1) 패킹재료

① 플랜지 패킹

  ㈎ 고무 패킹
    ㉮ 천연고무 : 탄성이 크고 우수하나 열과 기름에는 약하며 내산, 내알칼리성은 크지만 흡수성이 없다. 내열성(100[℃] 이상), 내한성(-55[℃])이 좋지 않기 때문에 일반적인 냉수, 배수 및 공기배관에 사용된다.
    ㉯ 합성고무(neoprene) : 내열도가 -46~121[℃]인 천연고무의 성질을 개선시킨 것으로 내산성, 내열성, 내유성이 좋고, 기계적 성질이 양호하다. 증기배관 외 물, 공기, 기름 및 냉매배관 등 광범위하게 사용된다.

(나) 식물성 섬유제 : 한지를 여러 겹 붙여서 일정한 두께로 하여 내유 가공한 오일시트 패킹이 주로 쓰이며 내유성이 있으나 내열도가 작아 펌프, 기어박스, 유류배관 등 용도가 제한적이다.

(다) 동물성 섬유제
  ㉮ 가죽 : 기계적 성질은 좋으나 내열도가 비교적 낮으며, 알칼리에 용해되고 내약품성이 약하다.
  ㉯ 펠트 : 가죽에 비해 거친 섬유제품으로 압축성이 큰 것으로 알칼리에는 용해되고 내유성이 있어 유류배관에 사용된다.

(라) 석면 조인트 시트
  ㉮ 섬유가 미세하고 강인한 광물질로 된 패킹제이다.
  ㉯ 450℃까지의 고온에서도 사용할 수 있다.
  ㉰ 증기, 온수, 고온의 기름배관에 적합하다.
  ㉱ 석면을 가공한 슈퍼 히트(super heat)가 많이 사용된다.

(마) 합성수지 패킹 : 플랜지 패킹에 사용되는 것은 테프론으로서 내열 범위가 −260~260[℃]이며 기름에도 침식되지 않는다.

(바) 금속 패킹 : 철, 구리, 알루미늄, 납, 모넬메탈(monel metal), 스테인리스 및 크롬강 등이 사용되고 압력만을 요구할 때에는 철, 구리, 알루미늄이 많이 사용되며 고온, 고압하에서 내식성을 필요로 하는 경우에는 스테인리스, 크롬강 및 모넬메탈이 사용된다.

② 나사용 패킹
  (가) 나사용 페인트 : 광명단을 혼합하여 사용하며, 고온의 기름배관을 제외하고는 모두 사용된다.
  (나) 일산화연 : 냉매배관에 사용하며 페인트에 소량의 일산화연을 첨가한 것이다.
  (다) 액상 합성수지 : 내유성이며 내열 범위가 −30~130[℃]이고 화학제품에 강하므로 약품, 증기, 기름배관에 사용된다.

③ 그랜드 패킹
  (가) 석면 각형 패킹 : 석면을 사각형으로 짜서 흑연과 윤활유를 침투시킨 것으로 내열성 및 내산성이 좋다. 석면 각형 패킹은 주로 대형 밸브의 그랜드에 사용된다.
  (나) 석면 얀 패킹 : 석면 각형 패킹과 같이 내열성, 내산성이 좋으며 석면사(石綿絲)를 꼬아서 만든 것으로 소형 밸브의 그랜드에 사용된다.
  (다) 몰드 패킹 : 석면, 흑연, 수지 등을 배합 성형한 것으로 밸브, 펌프의 그랜드에 주로 사용된다.

⒟ 아마존 패킹 : 면포와 내열고무, 컴파운드를 가공 성형한 것으로 압축기 등의 그랜드에 사용된다.

(2) 방청도료

① 광명단 도료 : 연단(鉛丹)을 아마인유(亞麻仁油 : linseed oil)와 혼합한 것으로 페인트 밑칠에 사용한다. 밀착력이 강하고 풍화에 강하다.

② 산화철 도료 : 산화 제2철을 보일유나 아마인유와 혼합한 것으로 도막이 부드럽고 녹방지는 완벽하지 않으나 가격이 저렴하다.

③ 알루미늄 도료 : 알루미늄 분말을 유성 바니시(oil varnish)에 혼합한 도료이며 은분 페인트라 한다. 수분, 습기의 방지가 양호하여 녹을 잘 방지한다. 내열성이 좋고(400~500[℃]), 열을 잘 반사하므로 난방용 방열기 표면에 사용한다.

④ 합성수지 도료

⑦ 프탈산계 : 상온에서 도막을 건조시키는 도료로 내후성, 내유성이 우수하지만, 내수성은 불량하다.

⑷ 요소 멜라민계 : 특수한 부식에 금속을 보호하기 위한 내열도료로 사용되고, 베이킹 도료로 사용된다. 내열성, 내유성, 내수성이 좋다.

⑷ 염화 비닐계 : 내약품성, 내유성, 내산성이 우수하여 금속의 방식 도료로서 우수하지만, 부착력과 내후성이 나쁘며 내열성이 약한 것이 단점이다.

⑷ 실리콘 수지계 : 요소 멜라민계와 같이 내열도료 및 베이킹 도료로 사용되며, 내열도가 200~350[℃] 정도로 우수하다.

⑤ 타르 및 아스팔트 : 관의 벽면과 물 사이에 내식성 도막을 만든다. 대기 중에 노출 시 외부적 원인(온도변화)에 따라 균열이 발생한다. 도료 단독으로 사용하는 것보다는 주트 등과 함께 사용하거나 130[℃] 정도로 담금질해서 사용하는 것이 좋다.

⑥ 고농도 아연도료 : 최근 배관공사에 많이 사용되고 있는 방청도료의 일종으로 맨홀 등에 물이 고여도 주위의 아연이 철 대신 부식되어 철을 부식으로 부터 방지하는 전기부식작용을 행하는 것이 특징이다.

⑦ 에폭시 수지 : 보통 비스페놀 A와 에피클로로히드린을 결합해서 만들어지며 아미노산 등의 경화제를 가하면 기계적 강도나 내약품성이 우수하게 되어 내열성, 내수성이 크고 전기절연도 우수하여 도료 접착제, 방식용으로 가장 적합하다.

3.5 지지장치

(1) 배관 지지에 필요한 조건
　① 관과 관내의 유체 및 피복제의 합계 중량을 지지하는데 충분한 재료일 것
　② 외부에서의 진동과 충격에 대해서도 견고할 것
　③ 온도 변화에 따른 관의 신축에 대하여 적합할 것
　④ 배관 시공에 있어서 구배(기울기)의 조정이 간단하게 될 수 있는 구조일 것
　⑤ 관의 지지간격이 적당할 것

(2) 지지장치의 종류
　① **행거(hanger)** : 배관계 중량을 위에서 걸어 당겨 지지할 목적으로 사용한다.
　　㈎ 리지드 행거(rigid hanger) : 수직방향의 변위가 없는 곳에 사용한다.
　　㈏ 스프링 행거(spring hanger) : 변위가 적은 곳에 사용하며 스프링식과 중추식이 있다.
　　㈐ 콘스턴트 행거(constant hanger) : 관의 상하 방향 이동을 허용하면서 변위가 큰 곳에 사용한다.
　② **서포트(support)** : 배관계 중량을 아래에서 위로 지지할 목적으로 사용한다.
　　㈎ 스프링 서포트 : 상하 이동이 자유롭고 파이프의 하중을 스프링이 완충작용을 한다.
　　㈏ 롤러 서포트 : 배관의 신축을 자유롭게 하면서 롤러가 관을 받치면서 지지한다.
　　㈐ 파이프 슈 : 배관의 엘보 부분과 수평부분에 영구히 고정, 배관의 이동을 구속한다.
　　㈑ 리지드 서포트 : H빔으로 만든 것으로 옥외 등에 종류가 다른 여러 배관을 한 번에 지지한다.
　③ **리스트레인트(restraint)** : 배관의 신축으로 인한 배관의 상하, 좌우 이동을 제한하고 구속하는 목적에 사용한다.
　　㈎ 앵커(anchor) : 이동 및 회전을 방지하기 위하여 지지부분에 완전히 고정하여 사용한다.
　　㈏ 스톱(stop) : 회전 및 배관 축과 직각방향의 이동을 구속하고 나머지 방향의 이동은 자유롭다.
　　㈐ 가이드(guide) : 신축이음(루프형, 슬리브형) 등에 설치하는 것으로 축과 직각방향의 이동은 구속하고, 축 방향의 이동은 허용 및 안내하는 역할을 한다.
　④ **브레이스(brace)** : 펌프, 압축기 등에서 발생하는 진동을 흡수하여 배관계통에 전달되는 것을 방지하는 역할을 한다.

㈎ 방진구 : 진동을 방지하거나 완화시키는 역할을 한다.

㈏ 완충기 : 배관 내의 수격작용, 안전밸브 분출반력 등 충격을 완화하는 역할을 한다.

⑤ **기타 지지물** : 이어(ears), 슈즈(shoes), 러그(lugs), 스커트(skirts) 등이 있다.

3.6 배관설비 계측기기

(1) 계측기기 구비조건

① 경년 변화가 적고, 내구성이 있을 것
② 견고하고 신뢰성이 있을 것
③ 정도가 높고 경제적일 것
④ 구조가 간단하고 취급, 보수가 쉬울 것
⑤ 원격 지시 및 기록이 가능할 것
⑥ 연속측정이 가능할 것

(2) 계측기기의 종류

① 온도계

㈎ 접촉식 온도계의 종류

㉮ 유리제 봉입식 온도계 : 수은 온도계, 알코올 유리온도계, 베크만 온도계, 유점 온도계

㉯ 바이메탈 온도계 : 열팽창률이 서로 다른 2종의 얇은 금속판을 밀착시킨 것이다.

㉰ 압력식 온도계 : 액체나 기체의 체적 팽창을 이용한 것으로 액체 압력식 온도계, 기체 압력식 온도계가 있다.

㉱ 저항 온도계 : 전기저항이 온도에 따라 변화하는 것을 이용한 것으로 측온 저항체의 종류에 따라 백금 측온 저항체($-200 \sim 500[℃]$), 니켈 측온 저항체($-50 \sim 150[℃]$), 동 측온 저항체($0 \sim 120[℃]$) 등이 있다.

㉲ 서미스터(thermister) : 니켈(Ni), 코발트(Co), 망간(Mn), 철(Fe), 구리(Cu) 등의 금속산화물을 이용하여 반도체로 만든 것으로 감도가 크고 응답성이 빠르며, 흡습에 의한 열화가 발생할 수 있다.

㉳ 열전대 온도계 : 제베크(Seebeck) 효과를 이용한 것으로 저온 및 고온 측정이 가능

㉴ 제게르 콘(Seger cone) 온도계 : 점토, 규석질 등 내연성의 금속산화물로 만든 것으로 벽돌의 내화도 측정에 사용

㉠ 서모컬러(thermo color) : 온도 변화에 따른 색이 변하는 성질을 이용
(나) 비접촉식 온도계의 종류
㉮ 광고온도계 : 측정대상 물체에서 방사되는 빛과 표준전구에서 나오는 필라멘트의 휘도를 같게 하여 표준전구의 전류 또는 저항을 측정하여 온도를 측정하는 것
㉯ 광전관식 온도계 : 사람 눈 대신 광전지 혹은 광전관을 사용하여 자동으로 측정(광고온도계를 자동화 시킨 것)하는 것
㉰ 방사 온도계 : 스테판 볼츠만 법칙 이용한 것으로 측정범위가 50~3000[℃] 정도이고 측정시간 지연이 적고, 연속 측정, 기록, 제어가 가능
㉱ 색 온도계 : 물체가 가열로 인하여 발생하는 빛의 밝고 어두움을 이용하여 온도를 측정하는 것

② 압력계
(가) 1차 압력계의 종류
㉮ 액주식 압력계(manometer) : 단관식 압력계, U자관식 압력계, 경사관식 압력계 등
㉯ 침종식 압력계 : 아르키메데스의 원리 이용한 것, 단종식과 복종식으로 구분
㉰ 자유 피스톤형 압력계 : 부르동관 압력계의 교정용으로 사용
(나) 2차 압력계의 종류
㉮ 탄성 압력계 : 부르동관 압력계, 벨로스식 압력계, 다이어프램압력계, 캡슐식
㉯ 전기식 압력계 : 전기저항 압력계, 피에조 전기 압력계, 스트레인 게이지
(다) 압력계 설치 시공방법
㉮ 고압라인의 압력계에는 사이펀관을 부착하여 부르동관을 보호한다.
㉯ 유체에 맥동이 있을 경우에는 댐퍼를 설치하여 압력계에 유체가 들어가지 않게 한다.
㉰ 압력계의 설치위치는 1.5[m] 정도가 가장 좋다.

③ 유량계
(가) 직접식 유량계 : 정도가 높아 상거래용으로 사용되며, 종류에는 오벌 기어식, 루츠식, 로터리 피스톤식, 로터리 베인식, 습식 가스미터, 왕복피스톤식 등이 있다.
(나) 간접식 유량계
㉮ 차압식 유량계(조리개 기구식)
ⓐ 측정원리 : 베르누이 정리로 유량을 계산
ⓑ 종류 : 오리피스미터, 플로어노즐, 벤투리미터

㉯ 면적식 유량계
  ⓐ 종류 : 부자식(플로트식), 로터미터
  ⓑ 고점도 유체나 작은 유체에 대해서도 측정이 가능하며, 압력손실이 적고 차압이 일정하면 오차의 발생이 적다.
㉰ 유속식 유량계
  ⓐ 피토관 유량계 : 전압과 정압의 차, 즉 동압을 측정하여 유속을 구하고 그 값에 관 단면적을 곱하여 유량을 계산
  ⓑ 임펠러식 유량계 : 관로에 임펠러를 설치하여 유속변화를 이용한 것으로 접선식(수도미터)과 축류식(터빈식 가스미터)이 있다.
  ⓒ 열선식 유량계 : 관로에 전열선을 설치하여 유체의 유속변화에 따른 온도변화로 순간유량을 측정
㉱ 기타 유량계
  ⓐ 전자식 유량계 : 패러데이의 전자유도법칙을 이용한 것으로 도전성 액체의 유량을 측정
  ⓑ 와류(vortex)식 유량계 : 와류(소용돌이)를 발생시켜 그 주파수의 특성이 유속과 비례관계를 유지하는 것을 이용한 것으로 슬러리가 많은 유체에는 사용이 불가능하다.
  ⓒ 초음파 유량계 : 도플러 효과를 이용한 것

3 배관제도

1. 제도 일반

1.1 제도의 기본

(1) 도면 크기 및 척도

① 도면 크기 : 세로와 가로의 비는 $1 : \sqrt{2}$ 이다.

구분	A0	A1	A2	A3	A4	A5
치수	841×1189	594×841	420×594	297×420	210×297	148×210

② 척도 : 물체와 도면의 크기 비율

(2) 문자와 선

① 문자

㈎ 문자의 주기 : 도면의 설명이나 이해를 돕기 위하여 문자를 써 넣는 것

㈏ 문자의 크기 : 문자의 높이로 나타내며 11종류가 있다.

② 선의 종류와 용도

㈎ 굵은 실선 : 물체의 보이는 겉모양을 표시하는 선

㈏ 가는 실선

㉮ 치수를 기입하기 위하여 쓰는 선

㉯ 치수를 기입하기 위하여 도형으로부터 끌어내는데 쓰는 선

㉰ 지시, 기호 등을 표시하기 위하여 끌어내는데 쓰는 선

㉱ 도형 내에서 그 부분의 끊은 곳을 90° 회전하여 표시하는 선

㉲ 수면이나 유면 등의 위치를 표시하는 선

㉳ 단면도의 절단된 부분을 표시하는 해칭(hatching)선으로 사용

㈑ 가는 파선 또는 굵은 파선 : 물체의 보이지 않는 부분의 모양을 표시하는 선
㈒ 가는 1점 쇄선
    ㉮ 중심선 : 도형의 중심을 표시하는 선
    ㉯ 가상선으로 사용하는 경우
        ⓐ 인접 부분의 참고로 표시하는데 사용한다.
        ⓑ 가공 전 또는 가공 후의 모양을 표시하는데 사용한다.
        ⓒ 도시된 단면의 앞 쪽에 있는 부분을 표시하는데 사용한다.
        ⓓ 물체의 일부의 형태를 실제와 다른 위치에 표시하는데 사용한다.
        ⓔ 동일도를 이용하여 부분적으로 다른 두 종류의 물체를 표시하는데 사용한다.
        ⓕ 도형 내에서 그 부분의 단면형을 90° 회전하여 표시하는데 사용한다.
        ⓖ 이동하는 부분의 가동 위치를 표시하는데 사용한다.
㈓ "아주 굵은 선 : 굵은 선 : 가는 선"의 선 굵기 비율 − 4 : 2 : 1

1.2 투상법

(1) 투상도의 종류

① 정투상도 : 직교하는 3개의 화면 중간에 물체를 놓고 평행광선에 의해 투상된 자취를 그린 것으로 보는 방향에서의 형상과 크기만 나타나고, 다른 부분은 알 수가 없기 때문에 물체 전체를 완전히 표현하려면 두 개 이상의 투상도가 필요하므로 정면도, 평면도, 측면도로 나타내며 제1각법과 제3각법이 있다.

② 등각투상도 : 정면, 평면, 측면을 하나의 투상면 위에 동시에 볼 수 있도록 두 개의 옆면 모서리가 수평선과 30°가 되게 하여 세 축이 120°의 각도가 되도록 입체도를 투상한 것이다.

③ 부등각투상도 : 직육면체의 등각 투상도에서 직각으로 만나는 3개의 모서리가 임의의 각도를 이룬다.

④ 사투상도 : 하나의 그림으로 육면체의 세 면 중의 한 면만을 중점적으로 엄밀, 정확하게 표시할 수 있는 투상법이다.

(2) 정투상도법

① 제 1각법 : 투상면 앞쪽에 물체를 놓게 되므로 우측면도는 정면도의 왼쪽에, 좌측면도는 정면도의 오른쪽에, 저면도는 정면도의 위에 그리고, 평면도는 정면도의 아래에 그린다. (눈 → 물체 → 투상면)

② 제 3각법 : 투상면의 뒤쪽에 물체를 놓은 것이므로 정면도를 기준으로 하여 그 좌우, 상하에서 본 모양을 본 쪽에서 그리는 것이므로 투상도의 상호 관계 및 위치를 보기가 쉽다. (눈 → 투상면 → 물체)

1.3 도형의 표시방법

(1) 투상도의 이름
  ① 정면도 : 물체의 가장 기본이 되는 면을 정면에서 본 모양을 나타낸 도면
  ② 평면도 : 물체를 위에서 내려다 본 모양을 나타낸 도면
  ③ 측면도 : 정면도를 기준으로 물체의 옆면을 본 모양을 나타낸 도면으로 좌측면도와 우측면도가 있다.
  ④ 저면도 : 물체를 밑에서 본 모양을 나타낸 도면
  ⑤ 배면도 : 물체의 정면 반대쪽인 뒷면을 나타낸 도면

(2) 배관도에서 입체도를 그리는 이유
  ① 계통도를 보다 구체적으로 지시할 경우
  ② 손실수두 또는 유량 등을 계산할 경우
  ③ 배관 및 관이음쇠의 수량을 산출할 경우
  ④ 배관을 가공하기 위해 관 가공도(加工圖)를 그릴 때

1.4 치수 기입법

(1) 치수의 단위
  ① 길이의 치수는 원칙적으로 [mm] 단위로 기입하고 단위 기호는 생략한다.
  ② 각도의 치수 수치를 라디안의 단위로 기입하는 경우 그 단위기호 rad을 기입한다.
  ③ 치수 수치의 소수점은 아래쪽 점으로 하고 숫자 사이를 적당히 띄워 그 중간에 약간 크게 찍는다.
  ④ 치수 수치의 자리수가 많은 경우 3자리마다 끊는 점(콤마)을 찍지 않는다.

(2) 치수 기입
  ① 치수선 : 외형선에 평행하게 그은 선으로 0.2[mm] 이하의 가는 실선으로 그어 외형선과 구별하고 양 끝에 화살표를 붙인다.

② 치수 보조선 : 치수선을 긋기 위하여 외형선에서 연장하여 치수선에 수직으로 그은 직선이다.

③ 지시선 : 구멍의 치수, 가공법, 부품번호 등을 기입할 때 쓰이는 선으로 수평선에 대하여 60°의 직선으로 긋고 지시되는 쪽에 화살표를 붙인다.

④ 화살표 : 치수나 각도를 기입하는 치수선 끝에 붙여 그 한계를 표시하는 것으로 길이와 나비의 비가 3 : 1로 되게 한다.

⑤ 치수 숫자 : 치수선의 중앙 바로 위에 직각 또는 경사지게 쓴다.

(3) 치수 표시 기호

① 지름 기호 : ϕ, 반지름 기호 : R
② 정사각형 기호 : □
③ 구면 기호 : "구면"이라 쓴 다음 구의 지름 또는 반지름 기호를 쓰고 치수를 기입한다.
④ 모따기(chamfering) 기호 : C
⑤ 판의 두께 : t

2. 배관 CAD

2.1 배관도시 기호 및 용어

(1) 관의 높이 표시방법

① EL(elevation line) 표시 : 배관의 높이를 기준선(그 지방의 해수면)을 설정하여 이 기준선으로부터의 높이를 표시하는 방법이다.

㈎ BOP(bottom of pipe) : 지름이 다른 관의 높이를 나타낼 때 적용되며 관 바깥지름의 아랫면을 기준으로 하여 표시한다.

㈏ TOP(top of pipe) : BOP와 같은 목적으로 이용되나 관의 윗면을 기준으로 하여 표시한다.

② GL(ground line) : 포장된 지표면을 기준으로 하여 배관장치의 높이를 표시할 때 적용된다.

③ FL(floor line) : 1층 바닥면을 기준으로 하여 높이를 표시한다.

(2) 관의 표시

① 관의 표시 방법 : 관은 1개의 굵은 실선으로 나타내고, 같은 도면 내에서의 관의 실선 굵기는 같게 한다. 또 관의 교차 및 굽힘 방향을 나타낼 경우에는 다음과 같은 관의 접속 상태의 도시기호에 따른다.

[관의 접속 상태 도시기호]

접속상태	실제모양	도시기호	굽은상태	실제모양	도시기호
접속하지 않을 때		┼ ┼	파이프 A가 앞쪽으로 수직으로 구부러질 때		A ⊙
접속하고 있을 때		┼	파이프 B가 뒤쪽으로 수직으로 구부러질 때		B ○
분기하고 있을 때		┬	파이프 C가 뒤쪽으로 구부러져서 D에 접속될 때		C ○ D

② 관의 굵기 및 종류 도시 : 관의 굵기 및 종류를 나타낼 때에는 다음 그림과 같이 관을 나타내는 선에 따라 위쪽에 기입한다. 또 관의 굵기와 종류를 동시에 기입할 때에는 관의 굵기, 종류를 나타내는 기호의 순서로 기입한다. 다만 복잡한 도면에서는 혼돈을 피하기 위하여 (c)와 같이 지시선을 그어 기입한다.

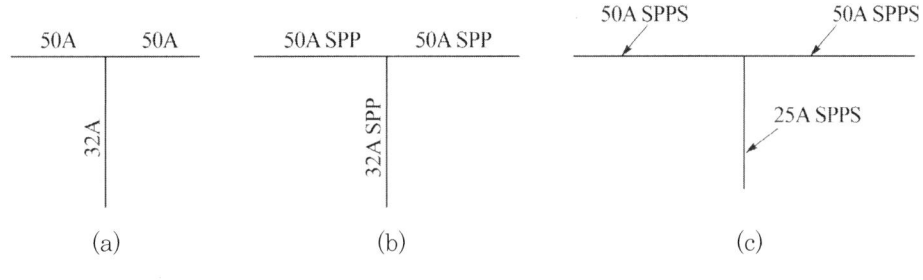

[관의 굵기 및 종류 표시]

③ 관의 이음방법 표시 : 관 이음방법 표시는 다음의 도시기호에 따른다.

[관의 이음방법 도시기호]

이음 종류	연결 방법	도시기호	예	이음 종류	연결 방법	도시기호
관이음	나사형	─┼─	┐┼	신축이음	루프형	⌒
	용접형	─✕─	┐✕		슬리브형	─┼▭┼─
	플랜지형	─╫─	┐╫		벨로스형	─┤〰├─
	턱걸이형	─⊂─	┐⊂		스위블형	⇘
	납땜형	─○─	┐○			

④ 계기의 표시 : 압력계, 온도계 등의 계기류를 도시할 때에는 계기를 표시하는 문자기호를 기입한다.

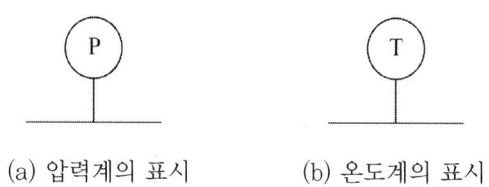

(a) 압력계의 표시   (b) 온도계의 표시

[계기의 표시]

(3) 유체의 종류 표시

유체의 종류, 상태, 목적 표시 : 공기, 가스, 기름 등 배관 내부에 흐르는 유체의 종류를 나타낼 때에는 유체의 문자기호를 사용하여 지시선을 그어 기입한다. 유체의 흐름방향을 나타낼 때에는 화살표를 그어 유체의 방향을 표시한다.

[유체의 종류와 도시방법]

유체의 종류	문자기호	색상
공 기	A	백색
가 스	G	황색
기 름	O	황적색
수증기	S	암적색
물	W	청색

(4) 계장용 기호

① 문자기호 표시

(가) 첫째문자

기호	변량, 동작	기호	변량, 동작
A	조성	Q	열량
D	밀도	S	속도
F	유량	T	온도
H	수동	V	점도
L	레벨	W	무게
M	습도	X	기타 변량
P	압력		

(나) 둘째 및 셋째문자 이하

기호	계측설비 요소의 형식 또는 기능
A	경보
C	조절
E	계기에 접속하지 않은 검출기
I	지시
P	계기에 접속하지 안은 측정점 또는 시료 채취점
R	기록(계기)
S	적산
V	밸브

② 계장용 도시기호의 종류

기 호	명 칭	비 고
FI 1	지시유량계	관로 장입형
FQ 7	적산유량계	관로 장입형
FE 12	차압식 유량계	표시 계기에 접속되어 있을 때
FI 9	차압식 지시유량계	현장 설치
TP 3	온도 측정계	측온 요소가 설치되어 있지 않을 때
TI 2	지시 온도계	온도계가 관로에 장입되었을 때
TE 6	온도 검출계	표시 계기에 접속되어 있을 때

기 호	명 칭	비 고
LI 11	내부 검출식 지시	레벨계
LI 6	외부 검출식 지시	레벨계
PP 5	압력 측정계	표시 계기에 접속되어 있을 때
PI 9	지시 압력계	현장 설치
PR 9	기록 압력계	현장 설치
HC 3	공기압식 수동조작기	판넬 설치

2.2 플랜트 배관도

(1) 배관도의 종류

① 배치도 : 설비배관도면에서 전체도 또는 옥외 배관도라고도 하며 건축물과 부지 및 도로 등의 관계, 상·하수도와 가스배관의 위치를 표시하는 도면

② 계통도 : 관의 지름, 부속품, 흐름 방향 등을 명시하고 장치, 기기 등의 접속 계통을 간단하고 알기 쉽게 평면적으로 배치해 놓은 도면으로 PID(pipe & instrument diagran), P&I 플로시트라 한다. P&I 플로시트의 작성 방법은 다음과 같다.

 (가) 장치 조작의 전기능이 구체적으로 요약되어야 한다.

 (나) 계기류에는 계기 기호, 계기 번호를 반드시 명시하여야 한다.

 (다) 배관의 라인번호는 정확하게 기입한다.

 (라) 프로세스용과 유틸리티용으로 대별된다.

③ 부분 배관도 : 입체배관도를 작도한 도면으로 배관의 일부분만을 등각투영법으로 표시한 배관도로 스폴도(spool drawing)라고 한다.

④ 공정도 : 제작 공정의 상태를 표시하는 제작 공정도와 제조 공정을 표시하는 제조 공정도가 있다.

⑤ 평면 배관도 : 개략적인 외형만 표시하는 것으로 배관접속과 직접 관련이 있는 기기와 부대시설도 표시한다.

⑥ 입면 배관도 : 배관을 측면에서 보고 그린 도면으로 장치가 복잡할 때는 여러개의 입면도를 그려서 도면 판독을 쉽게 한다.

⑦ 입체 배관도 : 배관 시스템의 흐름, 밸브, 계측기기 등 필요한 기기의 위치를 쉽게 알아볼 수 있도록 한 도면이지만 정확성이 떨어져 시공도로 사용하는 것은 부적합하다.

(2) 라인 인덱스

① 라인 인덱스(line index)란 배관에서 각 장치와 유체를 명확히 구분하여 번호를 붙이는 것을 말하며, 이 번호에 의해서 배관의 성격과 위치를 명확히 구분할 수 있고 배관재료를 쉽게 파악할 수 있다.

② 라인 인덱스의 장점

㈎ 배관시공 시 배관재료를 정확히 선정할 수 있다.

㈏ 배관공사의 관리 및 자재 관리에 편리하다.

㈐ 배관 기기장치의 운전계획, 운전교육에 편리하다.

③ 라인인덱스의 기재순서와 기호를 설명

> [보기] 3 – 5B – P – 15 – 39 CINS

㈎ 3 : 장치번호 ㈏ 5B : 배관의 호칭

㈐ P : 유체기호 ㈑ 15 : 배관번호

㈒ 39 : 배관 재료 종류 별 기호

㈓ CINS : 보온·보냉기호(CINS : 보냉, HINS : 보온, PP : 화상방지)

④ 유체기호 설명

기호	종류	기호	종류
P	프로세스 유체	PA	작업용 공기
IA	계기용 공기	N	질소
HS	고압 증기	LS	저압 증기
CW	재생 냉수	SW	해수 등

(3) 플랜트 배관도

① 판금 전개도

㈎ 전개도법 : 입체의 표면을 한 평면위에 펼쳐놓은 도형을 말하며 각면의 모양, 면적, 수 등의 관계를 알 수 있다.

㈏ 전개도법의 종류

㉮ 평행선 전개법 : 각기둥과 원기둥을 경사지게 절단된 제품을 전개하는데 적합한 것으로 능선이나 직선 면소에 직각 방향으로 전개하는 방법이며 능선이나 면소는 실제길이이고 서로 나란하다.

㉯ 방사선 전개법 : 각뿔이나 원뿔 등 꼭지점을 중심으로 방사상으로 전개한다.

※ 부채꼴의 중심각(θ) 계산

$$\theta = \frac{360R}{L}$$

여기서, R : 원뿔 밑면 원의 반지름[mm], L : 면소의 길이[mm]

㉰ 삼각 전개법 : 입체의 표면을 몇 개의 3각형으로 분할하여 전개도를 그리는 방법이다.

② 마이터(miter)관

$$절단각 = \frac{중심각}{2 \times (편수 - 1)}$$

2.3 용접기호 및 용어

(1) 용접기호

① 용접 종류와 기호

구분	용접의 종류		기호	비 고
아크 및 가스 용접	홈용접	I 형	||	오프셋용접, 플래시용접, 마찰용접을 포함
		V형, X형	V	X형은 기선에 대칭으로 기입
		U형, H형	Y	H형은 기선에 대칭으로 기입
		V형, K형	V	V형은 기선에 대칭으로 기입 K형은 세로 방향의 선은 왼쪽에 쓴다.
		J형, 양면 J형	⊬	양면 J형은 기선에 대칭으로 기입 기호의 세로선은 왼쪽에 쓴다.
		플레어 V형, X형	⌒	플레어 X형은 기선에 대칭으로 기입
		플레어 V형, K형	⏧	플레어 K형은 기선에 대칭으로 기입
	필릿용접	연속	◁	기호의 세로방향은 왼쪽에 기입
		단속	△	단속 병렬용접의 경우 기선에 대칭으로 기입
저항 용접	플러그, 슬롯용접		⊓	
	비드 또는 덧붙이기		⌒	덧붙이기의 경우 기호를 2개 나란히 기입
	점 용접		✳	겹치기 이음의 저항용접, 아크용접, 전자빔
	프로젝션 용접		○	
	심 용접		⊖	점 용접의 연속

② 용접 보조 기호

구 분		보조기호	비 고
용접부의 표면 형상	평탄	———	
	볼록	⌒	기선의 바깥쪽을 향하여 볼록이다.
	오목	⌣	기선의 바깥쪽을 향하여 오목이다.
용접부의 다듬질 방법	치핑	C	다듬질 방법을 특별히 구별하지 않는 경우는 "F"라 기입한다.
	연삭	G	
	절삭	M	
현장 용접		▶	
온둘레 용접		○	온둘레 용접이 뚜렷한 경우에는 생략해도 무방함
온둘레 현장 용접		⚑	

(2) 용접부의 기호 표시 방법

[설명]

① a : 용접 목두께, z : 용접 목길이

② n : 용접부의 개수(용접수)

③ l : 용접부 길이(크레이트 제외)

④ (e) : 인접한 용접부 간의 간격

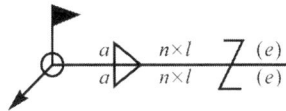

[설명]

① ○ : 온 둘레 용접

② z6 : 목 길이 6[mm]

③ 3×50 : 용접부의 개수 3개와 용접부 길이 50[mm]

④ 2×50 : 용접부의 개수 2개와 용접부 길이 50[mm]

⑤ (20) : 인접한 용접부 간의 거리(피치)

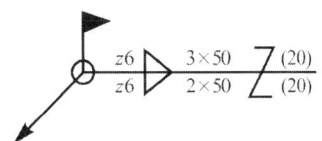

4 배관시공

1. 위생설비 및 소화설비

1.1 급수배관

(1) 급수배관법

① 직결식 배관법
  (가) 우물 직결식 : 우물이나 근처에 펌프를 설치하여 급수하는 방법
  (나) 수도 직결식 : 수도 본관으로부터 급수관을 직접 연결하여 급수하는 방법

② 옥상 탱크식(고가 탱크식) : 지하 저장시설에 수도 본관으로부터 받아 저장한 후 펌프로 건물 옥상에 설치된 탱크까지 양수하여 급수관을 통해 각 수전에 급수하는 하향 공급식 급수법이다.
  (가) 특징
     ㉮ 항상 일정한 수압으로 급수할 수 있어 대규모 건물용으로 사용된다.
     ㉯ 일정량 저수량을 확보하고 있어 단수 대비가 가능하다.
     ㉰ 과잉 수압으로 인한 밸브 등 배관부속품의 파손을 방지할 수 있다.
  (나) 옥상탱크의 용량 및 구조
     ㉮ 탱크 용량은 하루 사용수량의 1~2시간량으로 한다.
     ㉯ 고가수조 오버플로관의 관지름은 양수관의 2배 크기로 한다.

③ 압력탱크식 : 지상에 압력용 밀폐탱크를 설치하고 펌프로 물을 압입하면 탱크 내의 공기가 압축되어 물이 압축공기에 의하여 급수되는 방식이다.
  (가) 장점
     ㉮ 높은 지점에 물탱크를 설치할 필요가 없다.
     ㉯ 건물의 구조를 강화할 필요가 없다.

(나) 단점
  ㉮ 고가탱크식에 비교하여 펌프 양정의 크기를 필요로 한다.
  ㉯ 탱크는 내압에 견디는 구조이기 때문에 제작비가 많이 필요하다.
  ㉰ 유효사용수량이 적고, 압력의 변동이 있다.
  ㉱ 공기압축기를 설치하고 압축공기를 보급해야 한다.
  ㉲ 취급이 비교적 어렵고 고장이 많다.

(2) 고층 건물의 급수 조닝(zoning) 방식
  ① 층별식 : 건물을 몇 개의 존(zone)으로 나누어 각 존마다 물탱크(수조)를 설치하고 최하층에는 양수펌프를 설치하여 각 존의 물탱크에 양수하는 방식
  ② 중계식 : 건물을 몇 개의 존(zone)으로 나누어 각 존마다 물탱크를 설치하고 양수펌프가 각 존의 물탱크를 수원으로 하여 상부의 존으로 중계해서 양수하는 방식
  ③ 조압펌프식 : 건물을 몇 개의 존(zone)으로 나누고, 건물의 최하층에 존수만큼 양수펌프를 설치하여 각 존마다 수량의 변동에 따라 수량을 자동적으로 조절하여 항상 급수관 속의 수압을 일정하게 유지하도록 자동제어 하는 방식

(3) 급수펌프(원심펌프)
  ① 원심(centrifugal) 펌프 : 한 개 또는 여러 개의 임펠러를 밀폐된 케이싱 내에서 회전시켜 발생하는 원심력을 이용하여 액체를 이송하거나 압력을 상승시켜 축과 직각방향으로 토출된다.
  ② 종류
    (가) 볼류트(volute) 펌프 : 임펠러 바깥둘레에 안내깃(베인)이 없고 바깥둘레에 바로 접하여 와류실이 있는 펌프로 일반적으로 임펠러 1단이 발생하는 양정이 낮은 것에 사용된다.
    (나) 터빈(turbine) 펌프 : 임펠러 바깥둘레에 안내깃(베인)이 있는 것으로 양정이 높은 곳에 사용된다.
  ③ 표준 대기압에서 흡입양정(揚程)
    (가) 이론적인 양정 : 10[m]
    (나) 실용(실제)적인 양정 : 7[m]
  ④ 축동력 계산
    (가) PS 계산 $PS = \dfrac{\gamma Q H}{75 \eta}$
    (나) kW 계산 $kW = \dfrac{\gamma Q H}{102 \eta}$

여기서, γ : 물의 비중량(1000[kgf/m³])
　　　　Q : 펌프의 실제 토출량[m³/s]
　　　　H : 전양정[m]
　　　　η : 펌프의 효율

⑤ 공동현상(cavitation) : 유수 중에 그 수온의 증기압력보다 낮은 부분이 생기면 물이 증발을 일으키고 기포를 다수 발생하는 현상

　(개) 발생조건
　　　㉮ 흡입양정이 지나치게 클 경우　　㉯ 흡입관의 저항이 증대될 경우
　　　㉰ 과속으로 유량이 증대될 경우　　㉱ 관로내의 온도가 상승될 경우

　(내) 일어나는 현상
　　　㉮ 소음과 진동이 발생　　　　　　㉯ 깃(임펠러)의 침식
　　　㉰ 특성곡선, 양정곡선의 저하　　　㉱ 양수 불능

　(대) 방지법
　　　㉮ 펌프의 위치를 낮춘다. (흡입양정을 짧게 한다.)
　　　㉯ 수직축 펌프를 사용하여 회전차를 수중에 완전히 잠기게 한다.
　　　㉰ 양흡입 펌프를 사용한다.
　　　㉱ 펌프의 회전수를 낮춘다.
　　　㉲ 두 대 이상의 펌프를 사용한다.

⑥ 수격작용(water hammering) : 관속에서 흐르는 물을 갑자기 정지시키거나 용기 속에 차 있는 물을 갑자기 흐르게 하면 관속 물의 압력이 크게 상승 또는 강하하여 관에서 소음이 발생하는 현상

　(개) 발생원인
　　　㉮ 송수과정에서 급수밸브를 급격히 폐쇄하는 경우
　　　㉯ 급수압력이 높은 심야시간에 급수관로를 열어 사용하다가 닫는 경우
　　　㉰ 펌프를 사용하여 양수하다가 펌프를 정지시키는 경우

　(내) 방지법
　　　㉮ 수전류를 서서히 폐쇄한다.
　　　㉯ 관지름을 크게 하고, 관내 유속을 적정하게 한다.
　　　㉰ 굴곡배관은 피하고 직선배관으로 한다.
　　　㉱ 기구류 가까이에 공기실(air chamber)을 설치한다.

　(대) 기타 사항
　　　㉮ 배관에서의 수격작용은 밸브 등을 급속개폐 시 유속의 불규칙한 변화로 유속의

14배 이상의 압력변화로 나타난다.

㉯ 수격작용을 방지하기 위하여 급히 열리고 닫히는 밸브의 근처에 공기실을 설치하면, 공기실의 공기가 압축되면서 스프링 작용을 하여 소음이나 충격을 방지한다.

⑦ 서징(surging) 현상 : 맥동현상이라 하며 펌프 운전 중에 주기적으로 운동, 양정, 토출량이 규칙 적으로 변동하는 현상으로 압력계의 지침이 일정범위 내에서 움직인다.

⑥ 급수펌프 시공법

㉮ 펌프는 일반적으로 기초 콘크리트 위에 설치한다.

㉯ 흡입관은 되도록 짧고 굴곡이 적게 하고, 관지름을 변경할 경우 편심 리듀서를 사용한다.

㉰ 흡입관의 중량이 펌프에 미치지 않도록 관을 지지하여야 한다.

㉱ 흡입 수평관은 펌프 쪽으로 올림 구배(1/50~1/100)하고, 토출 수평관은 공기가 차지 않도록 올림구배를 한다.

㉲ 흡입쪽은 진공계나 연성계를, 토출쪽은 압력계를 설치한다.

㉳ 펌프 흡입쪽에는 스트레이너를 설치하고, 토출쪽 수직 상부에 수격작용 방지 시설을 한다.

㉴ 토출관은 펌프 출구에서 1m 이상 위로 올려 수평관에 접속하며, 토출 양정이 18m 이상이면 토출구와 토출밸브 사이에 체크밸브를 설치한다.

㉵ 풋 밸브(foot valve)의 흡입구 설치위치

㉮ 흡수면에서의 거리 : 흡입관 지름의 1.5~2배 이상의 거리

㉯ 바닥면과의 거리 : 흡입관 지름의 1.5~2배 이상의 거리

1.2 오수 및 배수, 통기설비

(1) 오수 및 배수설비

① 배수 계통의 분류

㉮ 사용 목적에 의한 분류 : 잡배수, 오수 배수, 우수 배수, 특수 배수

㉯ 사용처에 의한 분류 : 옥내 배수, 옥외 배수

㉰ 배수 방식에 의한 분류 : 중력 배수 방식, 기계 배수 방식

㉱ 배수 처리 방식에 의한 분류 : 분류 처리 방식, 합류 처리 방식

㉲ 간접배수 : 식료품, 음료수, 소독물 등을 저장하거나 취급하는 곳에서 배수관이 일반 배수관에 연결되어 있으면 오물이나 유해가스가 역류하여 오염시킬 우려가 있는 것을 방지하기 위하여 이들 배수관을 일반 배수관에 직접 연결시키지 않고 대기 중에

적절한 공간을 띄우고 물받이 용기(hopper)에 배수를 받은 다음 일반배수관에 연결하는 방식이다.

② 배수트랩 설치
  (가) 기능 : 건물 내의 배수관 및 하수관에서 발생하는 유해한 가스가 실내로 침입하는 것을 방지하기 위한 수봉식 기구이다. 트랩의 봉수(封水) 깊이는 50~100[mm]로 하고, 50[mm]보다 작으면 봉수가 잘 없어지고, 100[mm] 이상이 되면 배수할 때 자기세척 작용이 약해져서 트랩의 밑에 찌꺼기가 괴어 막히는 원인이 된다.
  (나) 구비조건
    ㉮ 봉수가 안정성을 유지할 수 있는 구조일 것
    ㉯ 흐르는 물로 트랩의 내면을 세정하는 자기 세정 작용을 할 것
    ㉰ 봉수가 확실하고 유효하게 유지되면서 유해 가스를 완전하게 차단 할 것
    ㉱ 구조가 간단하고, 유수면이 평활하여 오수가 머무르지 않는 구조일 것
    ㉲ 재료의 내식성이 풍부할 것
  (다) 배수트랩에서 봉수의 파괴 원인
    ㉮ 자기 사이펀 작용   ㉯ 감압에 의한 흡인 작용
    ㉰ 모세관 작용   ㉱ 분출작용
    ㉲ 증발   ㉳ 운동량에 의한 관성

③ 변기의 세정방식
  (가) 대변기
    ㉮ 세정 수조식 : 하이 탱크식과 로우 탱크식으로 분류
      ⓐ 하이 탱크식 : 높은 위치에 탱크가 있어 수리 및 단수 시 물공급이 불편하다. 물 소비량이 적은 반면 세정 시 소음이 많다. 세정관은 25[A]를 사용한다.
      ⓑ 로우 탱크식 : 낮은 위치에 탱크가 있어 수리 및 단수 시 물공급이 용이하다. 물 소비량이 많은 반면 세정 시 소음이 적다. 급수관은 15[A], 세정관은 50[A]를 사용한다.
    ㉯ 세정 밸브식 : 급수관은 최소 25[A] 이상, 0.7[kgf/cm]의 수압이 필요하다. 세정 시 소음이 크며 변기내의 오수 역류방지를 위하여 역류 방지기(back syphon breaker)를 설치한다.
    ㉰ 기압 탱크식
  (나) 소변기 : 세정수전(krann)식, 푸쉬버튼 세정밸브(pushing button type flush valve)식

④ 오물 정화조 설비
  (가) 구비조건
    ㉮ 정화조의 순서는 부패조, 예비 여과조, 산화조, 소독조의 구조로 한다.
    ㉯ 정화조의 바닥, 벽, 천정, 칸막이 벽 등은 방수재료로 시공해야 한다.
    ㉰ 부패조, 예비 여과조, 산화조에는 안지름이 40[cm] 이상의 맨홀을 설치한다.
    ㉱ 부패조 크기는 오물의 체류기간을 약 2일 정도로 한다.
  (나) 주요 구조의 기능
    ㉮ 부패조 : 염기성 박테리아에 의해 오물을 분해시킨다.
    ㉯ 예비 여과조 : 제2 부패조와 산화조의 중간에 설치하며, 오수는 여과조의 아래에서 위로 흐르며 부유물을 걸러내는 곳이다.
    ㉰ 산화조 : 오수 중의 유기물을 분해시킨다.
    ㉱ 소독조 : 정화된 오수의 균을 살균 소독 후 방류한다.

(2) 통기설비
  ① 통기관(通氣管)의 설치 목적(통기관의 역할)
    (가) 배수트랩의 봉수(封水)를 보호하기 위하여
    (나) 배수관 내의 공기 유통을 자유롭게 하기 위하여
    (다) 배수관 내의 기압의 변화를 최소로 하기 위하여
    (라) 배수와 공기의 교환을 용이하게 하여 배수 흐름을 원활하게 하기 위하여
  ② 통기방식의 종류
    (가) 각개 통기방식 : 각 기구에서 각개 통기관을 입상하여 각각을 통기 횡지관에 연결하고 이것을 통기입상관이나 신정통기관에 접속하는 방식이다.
    (나) 루프(loop) 통기방식 : 배수 횡지관의 최상류기구의 하류측에서 통기관을 세워 통기 횡지관에 연결하고 그 말단을 통기입상관에 접속하는 방식이다.
    (다) 신정 통기방식 : 최상층의 수평 지관이 배수 수직관에 연결된 지점에서 위쪽으로 동일한 지름의 배수 수직관을 세우고 이것을 통기관으로 사용하는 방법이다.
    (라) 특수 통기방식
      ㉮ 섹스티아 방식(sextia system) : 1967년경 프랑스에서 개발된 특수 이음쇠로서 배수의 수류에 선회력을 만들어 관내 통기 홀을 만들도록 되어있고, 특수 곡관은 수직관에서 내려온 배수의 수류에 선회력을 만들어 공기 홀이 지속되도록 만든 배수 통기 방식이다.

㈐ 소벤트 방식(sovent system) : 공기 혼합 이음쇠는 배수 수평 분기관으로부터 들어오는 배수와 공기를 수직관 안에서 혼합하는 역할을 하며 공기분리 이음쇠는 내부 돌기, 공기 분리실, 유입구, 통기구, 배출구 등으로 구성되어 공기와 물을 분리시켜 배수 수직관 내부에 공기 코어를 연속적으로 유지시킨다.

③ 통기관의 관지름 결정
㈎ 각개 통기관의 관지름은 그것에 연결되는 배수관 지름의 1/2보다 작으면 안 되고 최소 관지름은 30[mm]이다.
㈏ 루프 통기관의 관지름은 배수 수평 분기관과 통기 수직관 중 관지름이 큰 쪽의 1/2보다 작으면 안 되고 최소 관지름은 40[mm]이다.
㈐ 신정 통기관의 관지름은 관지름을 줄이지 않고 연장해서 대기 중에 개방한다.
㈑ 결합 통기관은 배수 수직관과 통기 수직관 중 관지름이 작은 쪽의 관지름 이상으로 한다.

(3) 오수 및 배수, 통기관 시공 시 주의사항
① 배수관 구배
㈎ 표준구배는 1/50~1/100 이지만, 횡주 배수관의 경우 75[mm] 이하의 경우 1/50 이상, 100[mm] 이상의 경우에는 1/100 이상으로 한다.
㈏ 배수관의 유속은 250[mm] 이상의 경우 0.6[m/s]이고, 옥내 배수관의 유속은 0.6~1.2[m/s]이다.

② 배수 통기배관의 시공 상 주의사항
㈎ 배수 트랩은 2중으로 만들지 말아야 한다.
㈏ 통기관은 기구의 오버플로선보다 150[mm] 이상으로 입상시킨 다음 수직관에 연결한다.
㈐ 가솔린 트랩의 통기관은 단독으로 옥상까지 입상하여 대기 중에 개구하여야 한다.
㈑ 트랩의 청소구를 열었을 때 바로 악취가 세어 나와서는 안 된다.
㈒ 간접배수 수직관의 신정 통기는 다른 일반 배수 수직관의 신정 통기 또는 통기 주관에 연결하지 않고 단독으로 지붕 위까지 올려 세워 대기 중에 개구하여야 한다.
㈓ 루프 통기관은 최상류 기구로부터의 기구 배수관이 배수 수평지관에 연결된 직후의 하류측에서 입상하여야 한다.
㈔ 통기 수직관은 최하위의 배수 수평지관보다도 더욱 낮은 점에서 배수관과 45° Y조인트로 연결하여야 한다.
㈕ 루프 통기방식인 경우 기구 배수관은 배수 수평지관위에 수직으로 연결하지 말아야

한다.

㉣ 냉장고 배수관은 반드시 간접 배관을 하여 물을 일단 루프에 받아 모아 하류 배수관으로 배출시킨다.

③ 배수 배관에서 청소구를 설치하여야 하는 장소
㈎ 가옥 배수관이 부지 하수관에 연결되는 곳에는 U형 트랩을 설치한다.
㈏ 배수 수직관의 가장 아래의 곳
㈐ 배수 수평관의 가장 위쪽의 끝
㈑ 가옥배수 수평관의 시작점
㈒ 배수관이 45° 이상의 각도로 방향을 전환하는 곳
㈓ 배수 수평 주관과 배수 수평 분기관의 분기점
㈔ 길이가 긴 수평 배수관 중간(관지름이 100[A] 이하일 때 15[m] 마다, 100[A] 이상일 때에는 30[m] 마다)

1.3 급탕배관

(1) 급탕방식의 분류
① 개별식 급탕법 : 주택 등과 같이 소규모 급탕에 적합한 것으로 가스, 전기, 증기 등을 열원으로 사용한다.
㈎ 장점
㉮ 배관길이가 짧아 배관 중 열손실이 적다.
㉯ 필요한 곳에 간단하게 설비가 가능하다.
㉰ 급탕개소가 적을 때는 설비비가 저렴하다.
㉱ 필요할 때 언제든지 급탕을 이용할 수 있다.
㈏ 단점
㉮ 급탕 규모가 커지면 가열기가 필요하므로 유지관리가 어렵다.
㉯ 가열기의 설치공간이 필요하다.
㉰ 가격이 저렴한 연료를 선택하여 사용하기 어렵다.
② 중앙식 급탕법 : 건물의 일정한 장소에 급탕 장치를 설치하고 배관에 의하여 필요한 장소에 공급하는 대규모 급탕용에 적합하다.
㈎ 특징
㉮ 연료비가 저렴하다.
㉯ 설비가 대규모이기 때문에 열효율이 좋다.

ⓓ 관리비가 적게 소요된다.
　　　ⓔ 배관에 의해 필요한 장소에 언제든지 급탕할 수 있다.
　　　ⓕ 초기 설치비가 많이 소요된다.
　　　ⓖ 배관에서의 열손실이 많다.
　　　ⓗ 기구 증설에 따른 배관 변경공사가 어렵다.
　　　ⓘ 시설을 관리할 수 있는 전문 기술자가 필요하다.
　(나) 종류
　　㉮ 직접 가열식 : 온수 보일러에서 가열된 물을 저탕조에 저장 후 공급하는 방식
　　　ⓐ 열효율 면에서 경제적이다.
　　　ⓑ 건물 높이에 해당하는 수압이 보일러에 생긴다.
　　　ⓒ 고층 건물보다는 주로 소규모 건물에 적합하다.
　　　ⓓ 경수 사용 시 보일러 내부에 물때(scale)가 부착하여 전열효율을 저하시키고, 수명을 단축시킨다.
　　　ⓔ 보일러 본체의 온도차에 따른 불균등한 신축이 발생한다.
　　㉯ 간접 가열식 : 저장탱크 내부에 가열 코일을 설치하여 증기 또는 열탕을 통과시켜 탱크 내의 물을 간접적으로 가열하는 방식이다.
　　　ⓐ 순환증기는 높이에 관계없이 $0.3 \sim 1[kgf/cm^2]$의 저압으로도 가능하다.
　　　ⓑ 저장과 가열을 동시에 하는 탱크 히터 또는 스토리지(storage) 탱크가 필요하다.
　　　ⓒ 난방용 보일러의 증기를 사용하면 급탕용 보일러를 따로 설치할 필요가 없다.
　　　ⓓ 저탕조 내부에 스케일이 잘생기지는 않는다.
　　　ⓔ 대규모 급탕설비에 적합하다.
　　　ⓕ 저장탱크에 서모스탯(thermostat)을 설치하여 급탕탱크의 온도를 일정하게 유지한다.
　　㉰ 기수 혼합법 : 보일러에서 나온 증기를 물탱크 속에 불어 넣어 물을 가열하는 방식이다.
　　　ⓐ 증기가 물에 주는 열효율은 100[%]이다.
　　　ⓑ 소음을 내는 단점이 있어 스팀 사이렌서(steam silencer)를 설치하여 소음을 감소시킨다.
　　　ⓒ 사용 증기압은 $1 \sim 4[kgf/cm^2]$ 정도이다.
　　　ⓓ 공장, 병원 등에서 사용한다.
　　　ⓔ 스팀 사이렌서의 종류 : S형, F형

(2) 급탕량 산정

　① 인원수에 의한 방법

$$Q_d = N \times qd$$

$$Q_m = Q_d \times qh$$

　여기서, Q_d : 1일 최대 급탕량[L/day]

　　　　　N : 급탕 인원[인]

　　　　　qd : 1일 1인분의 급탕량[L/인·day]

　　　　　Q_m : 시간당 최대 급탕량[L/h]

　　　　　qh : 1일 사용에 대한 최대치 비율

　② 기구의 종류 및 기구 수에 의한 방법

　　㈎ 사용 횟수를 추정할 수 있을 때 : $Q_h = F \times P \times \alpha$

　　㈏ 사용 횟수를 추정할 수 없을 때 : $Q_h = F_h \times O \times \alpha$

　여기서, Q_h : 시간당 최대 급탕량[L/h]

　　　　　F : 기구 1개의 1회당 급탕량[L]

　　　　　P : 시간당 기구 사용 횟수[회/h],

　　　　　α : 동시 사용률[%]

　　　　　F_h : 기구 n개당 급탕량[L/n]

　　　　　O : 기수 수[개]

(3) 급탕배관 시공법

　① 배관 구배 : 중력 순환식은 1/150, 강제 순환식은 1/200

　② 팽창탱크 및 팽창관 설치 : 최고층 급탕콕 보다 5[m] 이상 높은 곳에 팽창탱크를 설치하고 팽창관에는 밸브나 체크밸브를 설치하지 않아야 한다.

　③ 급탕관과 환탕관(반탕관)은 최소 20[A] 이상으로 하며 환탕관은 급탕관보다 1~2단계 작은 치수를 사용한다.

　④ 저장탱크의 배수관은 간접 배수한다.

　⑤ 관의 신축을 흡수하기 위하여 신축조인트를 설치한다.

　　㈎ 직선배관일 경우 강관은 30[mm]마다, 동관의 경우 20[m]마다 설치

　　㈏ 수직 배관일 경우 10~20[m]마다 설치

1.4 소화설비 배관

(1) 옥내 소화전 설비
  ① 설치위치 : 방수구까지의 수평거리 25[m] 이하
  ② 개폐밸브 : 바닥으로부터 1.5[m] 이하
  ③ 1개의 층에 5개를 초과하여 설치 된 경우 5개로 한다.
  ④ 방수량은 130[L/min], 방수압력은 1.7[kgf/cm^2] 이상(단, 방수압력이 7[kgf/cm^2]을 초과할 경우 호스 접결구의 인입측에 감압장치를 설치)
  ⑤ 입상관의 안지름은 50[mm] 이상

(2) 스프링 클러 설비
  ① 구성 : 스플링 클러 헤드, 자동 경보장치, 펌프, 수원 및 배관
  ② 종류
    (가) 폐쇄형 : 화재의 열에 의하여 헤드가 자동으로 개방되면서 살수에 의한 소화와 동시에 경보를 울린다.
    (나) 개방형 : 무대부와 같이 천장이 높은 곳이나 공장, 창고 등에 설치한다.
  ③ 스프링 클러 헤드
    (가) 구조 : 프레임(frame), 가용편(fuse blink), 디플렉터(deflector)
    (나) 작동온도 : 일반적으로 65~75[℃] 정도 사용

(3) 드렌처(drencher) 설비
  ① 개요 : 인접 건물에서 화재가 발생했을 때 인화를 방지하기 위해 창문, 출입구, 처마 끝에 물을 뿌려 수막을 형성함으로서 본 건물의 화재 발생을 예방하는 소화설비이다.
  ② 헤드 설치 간격 : 수평거리 2.4[m] 이하, 수직거리 4[m] 이하로 배치
  ③ 헤드의 종류 : 헤드 지름이 9.5[mm], 7.0[mm], 6.4[mm]의 3종류

2. 냉난방 및 공조설비

2.1 난방(온수, 증기, 복사)설비

(1) 온수 난방설비

① 증기난방에 비교한 온수난방의 특징

㈎ 장점

㉮ 난방부하의 변동에 대응하기 쉽다.

㉯ 가열시간은 길지만 잘 식지 않으므로 증기난방에 비해 배관의 동결우려가 적다.

㉰ 방열기의 표면온도가 낮으므로 실내 쾌감도가 높고 화상의 위험이 없다.

㉱ 온수보일러 취급이 용이하며, 소규모 주택 등에 적당하다.

㈏ 단점

㉮ 한랭지역에서는 동결의 위험이 있다.

㉯ 방열면적과 배관지름이 커져 시설비가 증가한다.

㉰ 예열시간이 길어 예열부하가 크다.

② 분류

㈎ 온수 온도에 의한 분류

㉮ 저온수식 : 60~90[℃]의 온수를 사용하고, 개방식 팽창탱크를 사용

㉯ 보통온수식 : 85~90[℃]의 온수를 사용하고, 개방식 팽창탱크를 사용

㉰ 고온수식 : 100~150[℃]의 온수를 사용하고, 밀폐식 팽창탱크를 사용

㈏ 온수 순환방법에 의한 분류

㉮ 중력 순환식 : 온수의 온도차(밀도차)에 의한 대류작용의 순환력을 이용하여 자연순환시키는 방법

㉯ 강제 순환식 : 관내 온수를 순환펌프를 이용하여 강제적으로 순환시키는 방법

㈐ 배관 방식에 의한 분류

㉮ 단관식 : 송수관과 환수관이 하나의 관으로 이루어지는 방식

㉯ 복관식 : 송수관과 환수관이 각각인 방식

㈑ 온수의 공급 방법에 의한 분류

㉮ 상향 순환식 : 송수주관을 방열기 아래쪽에 배관하고 상향 기울기로 배관하는 방식

⑭ 하향 순환식 : 송수주관을 최상부층까지 입상 배관하여 주관을 방열기보다 높은 쪽에 오게 하여 온수를 하향으로 공급하는 방식
㈑ 온수 환수방법에 의한 분류
⑦ 직접 환수방식(direct return system) : 방열기에서 열교환한 온수가 순차적으로 보일러로 귀환되는 방식으로 보일러에 가까운 방열기는 온수순환이 잘 이루어지는 반면, 먼 쪽의 방열기는 온수순환이 잘 이루어지지 않는다.
⑭ 역 귀환방식(reversed return system) : 각 방열기에 공급되는 온수의 양을 일정하게 배분하기 위하여 공급 및 환수관의 길이가 같도록 배관하는 방식으로 환수관의 길이가 길어지는 단점이 있다.

③ 팽창탱크
㈎ 설치 목적(역할)
⑦ 운전 중 장치내의 온도상승에 의한 체적팽창 및 그 압력을 흡수한다.
⑭ 팽창된 온수의 넘침을 방지하여 열손실을 방지한다.
㉰ 운전 중 장치내의 압력을 소정의 압력으로 유지하고, 온수온도를 유지한다.
㉴ 장치 내 보충수 공급 및 공기침입을 방지한다.
㈏ 팽창탱크에 연결되는 관 및 계기의 종류
⑦ 개방식 : 팽창관, 급수관, 통기관, 오버플로관, 배수관, 방출관
⑭ 밀폐식 : 팽창관, 급수관, 배수관, 압축공기관, 압력계, 수면계, 안전밸브

(2) 증기 난방설비

① 특징
㈎ 장점
⑦ 예열시간이 온수난방에 비하여 짧고, 증기순환이 빠르다.
⑭ 방열면적을 온수난방에 비하여 적게 할 수 있고, 배관이 가늘어도 된다.
㉰ 열의 운반능력이 크고, 유지와 시설비가 저렴하다.
㉴ 건물 높이에 제한이 없고, 대규모 건물에 적합하다.
㈏ 단점
⑦ 초기통기 시 주관 내 응축수를 배수할 때 열이 손실된다.
⑭ 소음이 발생하고, 실내의 방열량을 조절하기 어렵다.
㉰ 보일러 취급이 어렵고, 환수관에 부식의 우려가 있다.
㉴ 방열기 표면온도가 높아 화상의 우려가 있고, 실내 쾌감도가 낮다.

② 분류
   ㈎ 증기압력에 의한 분류
      ㉮ 저압식 : 증기압력 0.15~0.35[kgf/cm²]정도로서, 일반건물에 사용
      ㉯ 고압식 : 증기압력 1[kgf/cm²] 이상이고 공장건물, 지역난방에 사용
   ㈏ 배관방식에 의한 분류
      ㉮ 단관식 : 응축수와 증기가 동일관 속을 흐르는 방식으로 기울기를 잘못하면 수격현상이 발생되는 문제로 소규모 난방에서만 사용되는 방식
      ㉯ 복관식 : 송수와 환수를 각각 배관하는 방식으로 단관식에 비해 배관길이가 길어지며 관지름이 작다.
   ㈐ 공급방식에 의한 분류
      ㉮ 상향 공급식 : 증기주관이 최하부에 있고, 증기관을 위로 세워 올려서 각 방열기에 공급하는 방식
      ㉯ 하향 공급식 : 증기주관을 최상부에 배관하고, 증기관을 아래로 내려서 각 방열기에 공급하는 방식
   ㈑ 환수관의 배관방식에 의한 분류
      ㉮ 건식 환수관식 : 환수주관의 위치가 보일러 수면보다 높게 배관하는 방식으로 생증기의 유출을 방지하기 위하여 반드시 증기트랩을 설치하여야 한다.
      ㉯ 습식 환수관식 : 환수주관의 위치가 보일러 수면보다 아래에 있고, 응축수가 관내를 만수(滿水) 상태로 흐른다.
   ㈒ 응축수 환수방법에 의한 분류
      ㉮ 중력 환수식 : 환수관 내의 응축수를 중력에 의해 보일러로 환수시키는 방식으로 저압 보일러에 주로 사용
      ㉯ 기계 환수식 : 중력에 의하여 환수된 응축수를 일단 탱크에 모아서 펌프로 보일러에 보내는 방식으로 응축수 탱크는 가장 낮은 방열기보다도 낮은 곳에 설치하여야 한다.
      ㉰ 진공 환수관식 : 환수관 마지막 끝부분에 진공펌프를 설치하고, 이에 의해 방열기 및 배관내의 공기를 흡입하여 응축수를 환수시키는 방식이다. 진공펌프는 일정한 진공도(100~250[mmHgV])를 유지함과 동시에 탱크 속의 수위상승에 따라 자동적으로 급수펌프가 작동하여 응축수를 환수시킨다. 배관이 보일러 수위보다 낮아도 무방하고 도중에 낮은 수직관을 세워도 환수가 가능하다.
         ⓐ 다른 방법과 비교하여 증기의 순환이 빠르다.

ⓑ 방열기 설치장소에 제한을 받지 않는다.
ⓒ 환수관의 지름을 작게 할 수 있다.
ⓓ 방열기 방열량 조절을 광범위하게 할 수 있다.
ⓔ 배관 기울기(구배)에 큰 제한이 없다.

③ 증기난방의 시공
 (개) 배관 구배 및 시공
  ㉮ 단관 중력 환수관식에서 상향 공급식은 1/100~1/200, 하향 공급식은 1/50~1/100 정도의 하향 구배로 한다.
  ㉯ 복관 중력 환수관식에서 건식은 1/200 정도의 하향 구배로 보일러까지 배관한다.
  ㉰ 진공 환수 방식의 증기 주관은 1/200~1/300 정도의 하향 구배로 한다.
  ㉱ 증기지관을 분기할 때는 수직 또는 45° 이상으로 분기한다.
  ㉲ 지름이 다른 관 접합시에는 편심리듀서를 사용하여 응축수가 고이는 것을 방지한다.
  ㉳ 콘크리트 매설 배관은 가급적 피하고, 부득이 할 때는 표면에 내산도료를 바르든가, 슬리브를 사용하여 매설한다.
  ㉴ 암거 내 배관 시에 기기는 맨홀 근처에 집결시키고 습기에 의한 관 부식에 주의한다.
  ㉵ 벽, 마루 등의 관통 배관에는 강관제 슬리브를 미리 끼워 그 속에 관통시켜 배관 신축에 적응하며 나중에 관 교체, 수리 등에 편리하게 해준다.
  ㉶ 증기관의 고정 지지물 : 신축 이음이 있을 때에는 배관의 양끝을, 없을 때는 중앙부를 고정하며 주관에 분기관이 접속되었을 때는 그 분기점을 고정한다.
 (내) 보일러 주변의 배관
  ㉮ 하트포드 연결법(hartford connection) : 저압증기 난방장치에 있어서 환수주관을 보일러 하단에 직접 접속하면 보일러 내의 수면이 안전저수위 이하로 내려간다. 또 환수관의 일부가 파손하여 누수 될 때에 보일러 내의 물이 유출하여 안전저수위 이하가 되어 보일러는 빈 상태가 된다. 이와 같은 위험을 방지하기 위하여 증기관과 환수관사이에 밸런스관(균형관)을 설치하여 안전저수면 보다 높은 위치에 환수관을 접속하는 배관방법을 말한다.
  ㉯ 특징 : 보일러수의 역류를 방지할 수 있으며, 환수주관 내에 침전된 찌꺼기를 보일러에 유입시키지 않는다.
  ㉰ 리프트 이음(lift fitting) : 진공 환수관식에서 보일러 보다 방열기가 아래쪽에 설치되는 경우 설치하는 이음방법으로 수직 입상관은 환수주관보다 1~2 단계 낮은 관을 사용하며 1단의 최고 흡상 높이는 1.5[m] 이내로 한다. 흡상 높이가 높은 경우에는

여러 개를 조합하여 설치할 수 있다.
⒟ 증기트랩의 설치 : 방열기에서 열교환후 발생된 응축수를 배출하기 위하여 설치되는 것으로 증기 공급관의 마지막 부분에서 분기된 이후부터 트랩에 이르는 배관에는 다음 배관도와 같이 여분의 증기가 충분히 냉각되어 응축수가 될 수 있도록 보온을 하지 않는 냉각 레그(cooling leg)를 1.5[m] 이상 설치하여야 한다.

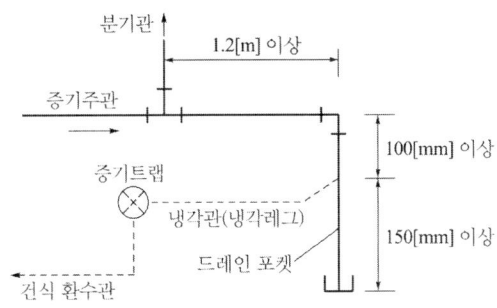

[관말 트랩 주위 배관도]

⒠ 장애물 넘기 배관(루프형 배관) : 증기 공급관 및 환수관이 설치 될 때 장애물이 있어 배관을 하기 곤란할 경우에는 다음 그림과 같이 루프 배관을 하여 위로는 공기, 아래는 응축수가 흐르게 배관한다.
⒡ 증발탱크 설치 : 환수관 내부에 재 증발되는 양이 많은 경우에 그림과 같이 재 증발 증기를 분리하여 사용하는 증발탱크를 설치한다.
⒢ 방열기 주변의 배관
  ㉮ 열팽창에 의한 배관의 신축이 방열기에 전달되지 않도록 신축흡수장치를 설치한다.
  ㉯ 증기의 유입과 응축수의 유출에 대한 배관 구배의 방향이 합리적일 것
  ㉰ 방열기 출구측 상단 가장 높은 곳에 공기빼기밸브를 부착한다.
  ㉱ 응축수의 배출을 용이하게 하기 위하여 관말 트랩을 설치한다.

(3) 복사 난방설비
① 복사난방은 실내의 바닥, 천장 또는 벽면에 증기나 온수가 통과하는 패널(pannel)을 매설하여 이곳에서 발생되는 복사열을 이용하여 난방 하는 방법
② 특징
  ⒜ 장점
    ㉮ 실내온도 분포가 균등하여 쾌감도가 높다.

㉯ 방열기가 필요하지 않으므로 바닥면의 이용도가 높다.
㉰ 공기대류가 적으므로 바닥면 먼지 상승이 없다.
㉱ 방이 개방상태에서도 난방효과가 있다.
㉲ 손실열량이 비교적 적다.
㈏ 단점
㉮ 외기온도 급변에 따른 방열량 조절이 어렵다.
㉯ 초기 시설비가 많이 소요된다.
㉰ 시공, 수리, 방의 모양을 변경하기가 어렵다.
㉱ 고장(누수 등)을 발견하기가 어렵다.
㉲ 열손실을 차단하기 위한 단열층이 필요하다.

(4) 방열기

① **방열기**(radiator) : 실내에 설치하여 증기 또는 온수를 통과시켜 복사, 대류에 의해 난방의 목적을 달성하는 기기

㈎ 방열기의 종류

㉮ 열매에 의한 분류 : 증기용, 온수용
㉯ 재료에 의한 분류 : 주철제, 강판제, 알루미늄 등
㉰ 형상에 의한 분류 : 주형, 벽걸이형, 길드형, 대류형, 관 방열기, 베이스보드 방열기 등

㈏ 각 방열기의 특징

㉮ 주형(柱形) 방열기(column radiator) : 기둥의 수와 크기에 따라 2주형, 3주형, 3세주형, 5세주형이 있고, 3세주형과 5세주형이 많이 사용된다.
㉯ 벽걸이형 방열기(wall radiator) : 주철제로 수평형과 수직형이 있으며 수평형의 폭은 540mm, 수직형은 360mm, 설치수는 15쪽까지 조립하여 사용
㉰ 길드 방열기(gilled radiator) : 길이 1m 정도의 주철관에 많은 핀(pin)을 부착시켜 공기와 접촉하는 면적을 넓혀 방열량이 많게 하고 양쪽 끝에 플랜지가 붙어 있다.
㉱ 강판제 방열기 : 외형이 주철제 방열기와 비슷하고 2주, 3주, 4주의 종류가 있고 프레스로 성형하여 용접으로 제작
㉲ 강관제 방열기 : 고압 증기에도 사용이 가능하며, 강관을 조립하여 사용
㉳ 알루미늄 방열기 : 알루미늄으로 제작된 섹션을 조립하므로 외관이 미려하고 경량이므로 최근에 가장 많이 사용되어지고 있다.

㈐ 대류 방열기(convector) : 강판제 케이싱 속에 튜브 등의 가열기를 설치한 것으로 공기는 하부로 유입되어 가열되고, 상부로 토출되어 자연 대류에 의해 난방하는 방열기로 콘벡터 또는 캐비넷 히터라 한다.

② 방열기 호칭법 및 도시법
  ㈎ 방열기 기호 및 호칭법
    ㉮ 방열기 종류 및 도시기호

구 분	종 별	도시기호
주 형	2주형	II
	3주형	III
	3세주형	3
	5세주형	5
벽걸이형(W)	수평형	H
	수직형	V

    ㉯ 방열기 호칭법 : 종별 - 형 × 쪽수

  ㈏ 방열기 도시법(圖示法)
    ㉮ ① - 쪽수(섹션수)
    ㉯ ② - 종별(벽걸이형은 'W'로 표시)
    ㉰ ③ - 형(치수, 높이)
        (벽걸이형은 'H' 또는 'V'로 표시)
    ㉱ ④ - 유입관 지름
    ㉲ ⑤ - 유출관 지름
    ㉳ ⑥ - 설치수

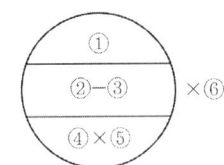

  ㈐ 방열기 설치위치 : 방열기를 설치할 때는 열손실이 가장 많은 외기에 접한 창 아래쪽에 설치하며 주형 방열기의 경우 벽에서 50~60[mm] 떨어져 설치하고, 벽걸이형 방열기는 바닥에서 보통 150[mm] 정도 높게 설치하고, 대류 방열기(콘벡터)는 바닥면으로부터 케이싱 하부까지의 높이를 최저 90[mm] 이상 높게 설치한다.

③ 방열기 쪽수 계산
  ㈎ 증기난방 $N_s = \dfrac{H_1}{650 \cdot a}$

  ㈏ 온수난방 $N_w = \dfrac{H_1}{450 \cdot a}$

여기서, N_s : 증기 방열기 쪽수[개, 쪽]
N_w : 온수 방열기 쪽수[개, 쪽]
H_1 : 난방부하[kcal/h]
a : 방열기 쪽당 방열면적[m^2]

2.2 냉방설비

(1) 냉동능력
① 1 한국 냉동톤 : 0[℃] 물 1톤(1000[kg])을 0[℃] 얼음으로 만드는데 1일 동안 제거하여야 할 열량으로 3320[kcal/h]에 해당된다.
② 1 미국 냉동톤 : 32[℉] 물 2000파운드[lb]를 32[℉] 얼음으로 만드는데 1일 동안 제거하여야 할 열량으로 3024[kcal/h]에 해당된다.

(2) 냉동장치의 종류
① 증기 압축식 냉동장치 : 압축기, 응축기, 팽창밸브, 증발기로 구성
  (가) 압축기 : 압축기에서 저온, 저압의 냉매가스를 압축하여 고온, 고압상태로 응축기로 보내 액화가 쉽게 될 수 있는 역할을 한다.
  (나) 응축기 : 고온, 고압의 냉매가스를 냉각하여 액화시키는 역할을 한다.
  (다) 팽창밸브 : 액화된 고온, 고압의 냉매액을 증발기에서 기화하기 쉽도록 저온, 저압으로 교축 팽창시키고 냉매 가스량을 조절하는 역할을 한다.
  (라) 증발기 : 저온, 저압의 냉매액이 냉각 대상물체로부터 열을 흡수 제거하며 기화함으로써 저온을 유지하는 역할을 한다.
② 흡수식 냉동장치 : 흡수기, 발생기, 응축기, 증발기로 구성

(3) 냉매의 구비조건
① 응고점이 낮고 임계온도가 높으며 응축, 액화가 쉬울 것
② 증발잠열이 크고 기체의 비체적이 적을 것
③ 오일과 냉매가 작용하여 냉동장치에 악영향을 미치지 않을 것
④ 화학적으로 안정하고 분해하지 않을 것
⑤ 금속에 대한 부식성 및 패킹재료에 악영향이 없을 것
⑥ 인화 및 폭발성이 없을 것
⑦ 인체에 무해할 것(비독성가스 일 것)
⑧ 경제적일 것(가격이 저렴할 것)

2.3 공기조화설비

(1) 공기조화 방식의 분류

　① 중앙식

　　(가) 전공기 방식 : 단일 덕트 방식, 2중 덕트 방식

　　(나) 물-공기병용방식 : 존(zone) 유닛방식, 유인 유닛방식, 팬코일 유닛 방식, 복사패널 덕트 병용방식

　② 개별식

　　(가) 전수방식 : 팬코일 유닛 방식

　　(나) 냉매방식 : 팩케이지 유닛 방식, 팬코일 유닛 방식

(2) 공기조화기

　① 개요

　　공기조화기는 AHU(air handling unit)라 하며 실내에서 재순환되는 공기와 외부의 신선한 공기 중에 포함되어 있는 먼지를 제거하고 열원이나 냉원을 사용하여 공기의 온도 및 습도를 조절한 후 덕트를 통하여 실내로 취출하여 실내의 온도, 습도, 청정도를 유지하고 적절한 실내기류를 만들어 주는 장치이다.

　② 구성기기의 역할

　　(가) 공기 냉각기(air cooler) : 냉동기에서 만들어진 냉수 및 냉매를 이용한 직접 팽창 코일을 이용하여 공기를 냉각시키는 기기

　　(나) 공기 가열기(air heater) : 열매(증기, 온수)를 이용하여 공기를 가열하는 기기

　　(다) 가습기 : 겨울철 난방 시에 실내의 습도를 유지하기 위하여 급습장치에 의해 습도를 높여 주는 기기

　　(라) 감습기 : 여름철 냉방 시에 냉각 코일 등을 이용하여 습기를 제거하는 기기

　　(마) 공기 세정기(air washer) : 안개 모양으로 흘러내리는 미세한 물방울로 공기와 직접 접촉시킴으로써 여과기를 통과할 때 제거되지 않는 먼지, 매연 등을 제거하는 장치

　　(바) 공기 여과기(air filter) : 실내로 재순환되는 공기 및 외기 중에 함유되어 있는 먼지 등을 제거하는 기기

　　(사) 송풍기 및 펌프

(3) 급기구의 종류

　① 레지스터(register) : 그릴(grille) 안쪽에 댐퍼(셔터)를 부착하여 풍량을 조절할 수 있

도록 한 것이다.
② 그릴(grille) : 댐퍼(셔터)가 없는 것으로 풍량 조절이 불가능하며, 주로 저속의 환기용으로 사용된다.
③ 슬롯 : 급기구의 종횡비가 커 띠 형상으로 생긴 급기구이다.
④ 다공판형 : 강판 등에 작은 구멍을 개공률 10[%] 정도로 뚫어 급기구로 사용하는 것이다.
⑤ 디퓨져(diffuser) : 여러 개의 원형이나 각형의 콘을 덕트 개구부에 부착하여 천장부근에서 실내공기를 흡입 및 토출시켜 기류를 확산시키는 성능이 뛰어나다.
⑥ 루버(louver) : 큰 가로날개가 바깥쪽으로 아래로 경사지게 붙여져 고정되는 형태로 정면에서는 날개에 가려서 안이 보이지 않아, 외기도입구, 환기구 등으로 사용한다.

2.4 보일러 및 열교환기 설비

(1) 보일러
  ① 구성
    ㈎ 본체 : 연료의 연소열을 이용하여 일정압력의 증기 및 온수를 발생시키는 부분으로 동(drum) 내부의 2/3~4/5 정도 물이 채워지는 수부와 증기부로 구성된다.
    ㈏ 연소장치 : 연소실에 공급되는 연료를 연소시키기 위한 장치로써, 고체연료를 사용하는 보일러에서는 화격자, 액체 및 기체연료를 사용하는 보일러에서는 버너가 사용된다.
    ㈐ 부속장치 및 기기 : 보일러를 안전하고 경제적인 운전을 하기 위한 장치 및 기기이다.
      ㉮ 안전장치 : 안전밸브, 저수위 경보기, 방폭문, 가용전, 화염검출기, 증기압력 제한기, 전자밸브 등
      ㉯ 급수장치 : 급수펌프, 급수관, 급수밸브, 인젝터, 급수내관 등
      ㉰ 분출장치 : 분출관, 분출 밸브 및 분출 콕 등
      ㉱ 송기장치 : 증기내관, 비수방지관, 기수분리기, 주증기 밸브, 감압 밸브, 증기헤더, 신축이음 등
      ㉲ 폐열회수장치 : 과열기, 재열기, 절탄기, 공기예열기 등
      ㉳ 통풍장치 : 송풍기, 댐퍼, 연도, 연돌, 통풍계통 등
      ㉴ 자동제어 장치 : 부하에 따른 연료, 공기량 및 급수량을 제어하는 장치
      ㉵ 기타 장치 : 급수처리 장치, 집진장치, 매연취출장치 등
  ② 구조에 따른 종류
    ㈎ 원통형 보일러 : 보일러 본체가 동(胴)으로 구성되어 있으며 이곳에서 증기를 발생시

킨다.
 ㉮ 직립형 보일러 : 직립 횡관식 보일러, 직립 연관식 보일러, 코크란 보일러
 ㉯ 수평형 보일러 : 노통 보일러, 연관 보일러, 노통 연관 보일러
㈏ 수관식 보일러 : 자연 순환식 보일러, 강제 순환식 보일러, 관류 보일러
㈐ 특수 보일러 : 주철제 보일러, 특수 열매체 보일러, 폐열 보일러, 간접 가열식 보일러, 특수 연료 보일러

③ 폐열회수장치의 종류 및 역할
㈎ 과열기(super heater) : 보일러에서 발생한 습포화증기의 압력을 일정하게 유지하면서 온도만을 높여 과열증기를 만드는 장치이다.
㈏ 재열기(reheater) : 고압 증기터빈에서 일정한 팽창을 하고 포화상태에 가까워진 증기를 모두 회수하여 재차 열을 가하여 과열증기로 만들어 저압 터빈에서 팽창하도록 하는 장치이다.
㈐ 급수예열기(economizer) : 보일러 급수를 연소가스 여열(餘熱)을 이용하여 예열시키는 장치로 절탄기(節炭器)라 한다.
㈑ 공기예열기(air preheater) : 연소가스의 여열을 이용하여 연소실에 공급되는 2차 공기를 예열하는 장치이다.

(2) 열교환기

① 구조별 분류
㈎ 다관식 : 고정관판형, 유동두형, U자관형, 케플형
㈏ 단관식 : 트롬본형, 탱크형, 스파이럴형
㈐ 이중관식
㈑ 판형(plate type)형

② 종류 및 역할(기능)
㈎ 재비기(reboiler) : 장치 중에서 응축된 유체를 재가열 증발시킬 목적으로 사용하는 열교환기이다.
㈏ 예열기(preheater) : 유체에 미리 열을 주어 다음 공정의 효율을 증대시키는 열교환기이다.
㈐ 가열기(heater) : 유체의 온도를 높이는데 사용하여 유체를 재가열하여 과열상태로 하기 위한 열교환기이다.
㈑ 응축기(condenser) : 응축성 기체의 잠열을 제거해 액화시키는 열교환기이다.

3. 플랜트 배관설비

3.1 가스배관

(1) 공급 방법

① 저압 공급 : 가스홀더에서 직접 홀더 압을 이용해서 공급하는 가스 공급방법으로 큰 지름의 배관이 필요하며 비용도 상승하게 되어 공급범위가 한정된 가스공급방식이다. 도시가스의 경우 공급압력이 0.1[MPa] 미만이다.

② 중압 공급 : 압송기로 가스의 압력을 상승시켜 압송한 후 정압기에서 압력을 감압하여 수요자에게 공급하는 방법으로 지구 정압기 방식과 전용 정압기 방식 및 병용 공급 방식으로 분류된다. 도시가스의 경우 공급압력이 0.1[MPa] 이상 1[MPa] 미만이다.

③ 고압 공급 : 대량의 가스를 먼 곳까지 수송하는 경우, 공급구역이 넓은 경우에 공급하는 방법으로 압력이 높아 지름이 작은 관으로도 가스공급이 가능하다. 도시가스의 경우 공급압력이 1[MPa] 이상이다.

(2) 공급시설

① 가스 홀더(gas holder) : 가스 제조소에서 제조된 가스, LNG를 기화시킨 가스를 일시 저장하여 제조량과 수요량을 조절하는 저장시설로 유수식 가스홀더, 무수식 가스홀더, 중고압식 가스홀더(구형 가스홀더) 등이 있다.

② 정압기(整壓機 governor) : 사용량이 서로 다른 시간별 또는 특정 시기에 1차측 압력(공급압력)에 관계없이 2차측 압력(수요압력)을 일정하게 유지하는 역할을 한다.

③ 액화가스 기화기의 분류
　(개) 작동원리에 의한 분류 : 가온 감압방식, 감압가온방식
　(내) 장치 구성형식에 의한 분류 : 다관식, 단관식, 사관식, 열판식

(3) 가스배관 시공

① 도시가스 배관 시공 상의 유의사항
　(개) 공급관은 원칙적으로 최단거리로 설치해야 하며 관계법규에 따른다.
　(내) 내식성이 있는 공급관은 하중에 견딜 수 있도록 지면으로부터 충분한 깊이로 매설한다.
　(대) 건물 내의 배관은 가능하면 노출배관으로 하여야 한다.

㈜ 건물의 벽을 관통하는 부분의 배관에는 보호관 및 방식 피복을 해준다.
㈜ 콘크리트 내 매설을 하면 부식의 원인이 되므로 피하여 해주는 것이 좋다.
㈜ 가능하면 곡선배관은 피하고 직선배관을 한다.
② 가스배관의 보온 및 보냉공사 시공 시 주의사항
㈎ 보온재는 내식성, 강도, 내약품성을 잘 분석하여 선정한다.
㈏ 진동으로 인해 보온재가 탈락되지 않도록 견고하게 고정한다.
㈐ 가장 효과적인 시공 방법으로 보온한다.
㈑ 보냉 공사는 방습을 충분히 하고, 피시공체에도 방청을 반드시 하여야 한다.
㈒ 배관 지지부의 보냉은 보냉재를 충분히 밀착시키고 방습 시공을 완전하게 해준다.
㈓ 배관의 말단 플랜지부 등에는 저온용 매스틱을 발라주고 아스팔트 루핑을 사용해서 방습한다.
㈔ 가스배관을 보냉할 경우에 2~3개의 관을 함께 보냉제로 감쌌을 경우 방열 표면에 결로(結露)현상이 발생하여 수분이 보냉제 가운데에 침투하고 하부가 그 무게로 느슨해져 보냉 효과를 저하시키므로 배관은 1개씩 따로 보냉 공사를 하는 것이 바람직하다.

3.2 석유 화학배관설비

(1) 관의 이음 및 지지

① 관의 이음 방법
㈎ 용접이음, 플랜지 이음, 나사이음 등이 쓰이나 나사이음은 누설의 염려가 있어 활용되지 않는다.
㈏ 사용되는 밸브 종류에는 글로브 밸브, 슬루스 밸브, 체크 밸브, 안전밸브, 자동 조절 밸브 등이 있으며, 고온 고압용 밸브는 주조품보다는 단조품을 깎아 만든다.
㈐ 배관 내 유체의 누설은 화학장치에 대해 부식을 촉진하고 재해 유발의 원인이 되므로 누설방지용 개스킷을 잘 끼워 주어야 한다.

② 관의 지지
㈎ 일반적으로 관의 지지 간격은 관지름의 30~80배로 하고, 밸브나 곡관 부근을 지지하는 것을 원칙으로 한다.
㈏ 플랜지 및 유니언 부분은 적당한 부분을 지지하여 분해, 조립을 쉽게 할 수 있도록 한다.

(2) 고압 화학배관설비

① 구비조건
- (가) 접촉 유체에 대해 내식성이 클 것
- (나) 고온 고압에 대한 기계적 강도가 클 것
- (다) 저온에서 재질의 열화가 없을 것
- (라) 크리프(creep)강도가 클 것
- (마) 가공이 용이하고 가격이 저렴할 것

② 고온, 고압의 화학배관의 부식 종류
- (가) 수소에 의한 강의 탈탄(脫炭)
- (나) 암모니아에 의한 강의 질화(窒化)
- (다) 일산화탄소에 의한 금속의 카아보닐화
- (라) 황화수소에 의한 부식(황화)
- (마) 산소, 탄산가스에 의한 산화

3.3 기타 플랜트 배관설비

(1) 압축공기 배관

① 압축기의 분류 및 종류
- (가) 용적형(체적형) 압축기 : 일정 용적의 실린더 내에 기체를 흡입하고 기체에 압력을 가하여 토출구로 압출하는 것을 반복하는 형식이다.
  - ㉮ 왕복동식 : 피스톤의 왕복운동으로 가스를 흡입하여 압축한다.
  - ㉯ 회전식 : 회전체의 회전에 의해 일정 용적의 가스를 연속으로 흡입 압축하는 것을 반복하다.
- (나) 터보형 : 임펠러의 회전운동을 압력과 속도에너지로 전환하여 압력을 상승시키는 형식이다.
  - ㉮ 원심식 : 케이싱 내에 임펠러가 회전하면 기체가 원심력에 의하여 임펠러 중심부로 연속으로 흡입되고 압력과 속도가 증가되어 토출되는 형식이다.
  - ㉯ 축류식 : 선풍기와 같이 프로펠러(임펠러)가 회전하면 기체가 축 방향으로 흡입되고, 압력과 속도가 상승되어 축 방향으로 토출하는 형식이다.
  - ㉰ 혼류식 : 원심식과 축류식을 혼합한 형식이다.

② 압축공기배관의 부속장치

　㈎ 분리기(separator) : 중간냉각기와 후부냉각기에 연결하여 외부로부터 흡입된 습기를 압축에 의해 분리하고, 공기중에 포함된 윤활유를 공기나 가스로부터 분리하는 장치

　㈏ 후부냉각기(after cooler) : 토출관에 접속해 고온에서 증기를 함유한 압축가스를 냉각시키고, 분리기에 의해 수분을 제거하도록 돕는 장치

　㈐ 밸브 : 저압용에는 청동제, 고압용에는 스테인리스제를 사용한다.

　㈑ 공기탱크(air receiver) : 압축공기를 단속적으로 토출하는 왕복식 압축기에서 발생하는 맥동현상을 완화시키는 장치로 압축공기의 저장과 드레인을 분리하는 역할도 한다.

　㈒ 공기 여과기(air filter) : 공기 압축기의 흡입측에 설치하여 먼지 등 불순물을 제거하는 장치

　㈓ 공기 흡입관 : 공기를 흡입하기 위한 관으로 관의 단면적은 실린더 면적의 1/2 정도로 한다.

(2) 집진장치 배관

① 집진장치 선정 시 고려사항

　㈎ 분진의 입도 및 분포　　　　㈏ 집진기의 처리효율
　㈐ 집진장치에 의한 압력손실　　㈑ 제거하여야 할 분진의 양
　㈒ 집진시설 관리 및 유지비　　㈓ 집진 후 폐기물의 처리문제

② 집진장치의 분류

　㈎ 물의 사용여부에 의한 분류

　　㉮ 건식 집진장치 : 중력식 집진장치, 관성력식 집진장치, 원심력식 집진장치, 여과 집진장치

　　㉯ 습식 집진장치 : 유수식(S형, 임펠러형, 회전형, 분수형 및 나선 가이드베인형), 가압수식(벤투리 스크레버, 제트 스크레버, 사이클론 스크레버, 충전탑[세정탑]), 회전식(타이젠 와셔, 충격식 스크레버)

　　㉰ 기타 : 전기식 집진장치

　㈏ 집진방법에 의한 분류

　　㉮ 중력식 : 중력에 의하여 배기가스 중의 입자를 자연 침강에 의하여 분리, 포집하는 방식

㈏ 관성력식 : 함진 가스를 방해판 등에 충돌시켜 기류의 급격한 방향 전환을 행하게 함으로써 매진이 기류에서 떨어져 나가는 현상을 이용한 방식

㈐ 원심력식 : 함진가스에 선회운동을 주어 입자에 원심력을 작용시켜 입자를 분리하는 방식

㈑ 여과식 : 함진가스를 여과재(filter)에 통과시켜 입자를 분리, 포집하는 방식으로 백 필터(bag filter)가 대표적이다.

㈒ 세정식 : 분진이 포함된 배기가스를 세정액이나 액막 등에 충돌시키거나 접촉시켜 액체에 의해 포집하는 방식

㈓ 전기식 : 양전극 사이에 코로나 방전이 일어나 방전극 주위의 기체는 이온화되고, -이온화된 가스입자는 강한 전장의 작용으로 +극을 향하여 운동하고, 그 사이를 흐르는 가스 속의 고체 분진은 -로 대전되어 집진극에 모여 표면에 퇴적하는 방식으로 제진효율이 가장 높다.

③ 집진장치의 덕트 시공 시 주의사항

㈎ 덕트의 지름을 크게 하여 속도를 감소시켜 누설과 소음을 방지한다.
㈏ 곡관에서의 마찰손실을 적게 하기 위하여 곡률 반지름을 크게 한다.
㈐ 냉난방용보다 두꺼운 판을 사용한다.
㈑ 곡선부는 직선부보다 두꺼운 판을 사용한다.
㈒ 먼지 등이 통과하면서 마찰이 심한 부분에는 강관을 사용한다.
㈓ 분기관을 메인 덕트에 연결하는 경우 최저 30° 이상으로 한다.
㈔ 분기관을 메인 덕트에 연결할 때는 지그재그형으로 접속한다.

(3) 기송배관

① 기송배관의 역할(기능) : 공기 수송기를 사용하여 고체 분말 또는 미립자를 운송하도록 시설하여 놓은 배관

② 형식 분류

㈎ 진공식(vacuum type) : 수송관을 진공펌프를 이용하여 진공상태로 만든 후 운반물과 대기 중의 공기를 동시에 흡입하여 운송하고 공기는 따로 분리하여 배출하는 형식이다.

㈏ 압송식(pressure type) : 압축기로 공기를 압입하고 송급기(feeder)에서 운반물을 흡입하여 운송한 후 공기를 따로 배출하는 형식이다.

㈐ 진공 압송식(vacuum and pressure type) : 진공식과 압송식을 혼합한 형식으로 수송원과 수송선이 여러 갈래이거나 원거리인 경우에 이용된다.

③ 부속설비

　㈎ 동력원 : 진공펌프(진공식), 공기압축기(압송식), 진공 압축 겸용 펌프(진공 압송식)

　㈏ 송급기(feeder) : 공기 수송기에서 분말이나 알갱이를 수송관 쪽으로 공급하는 장치

　㈐ 수송관(delivery pipe) : 진공식, 저압송식, 고압송식으로 나뉘며, 수송관에 사용하는 재료는 수송물의 종류, 성질에 따라 용접 강관, 스테인리스관, 황동관, 알루미늄관, 플라스틱관이 사용된다.

　㈑ 분리기(separator) : 기송배관 마지막에 설치되는 기기로서 압력 공기 속에서 대기 속으로 분립체를 배출하는 것과 진공 속에서 대기 속으로 분립체를 압출하는 방법이 있다.

3.4 플랜트 배관설비 시공법

(1) 플랜트 배관의 구분

① 프로세스 배관(process piping) : 프로세스 반응에 직접 관여하는 유체의 배관이다.

② 유틸리티(utility) 배관 : 프로세스의 반응에는 직접 관여하지는 않지만 그 운전에 중대한 영향을 미치는 각종 유체의 배관이다.

　㈎ 각종 압력의 증기 및 응축수 배관　　㈏ 냉각 세정용 유체 공급관

　㈐ 냉각 공기 공급관　　　　　　　　　㈑ 질소 공급관

　㈒ 연료유 및 연료가스 공급관　　　　　㈓ 기타

(2) 파이프 랙의 설치

① 파이프 랙(pipe rack)의 높이 결정 조건

　㈎ 다른 장치와의 연결 높이

　㈏ 도로 횡단의 유무

　㈐ 파이프 랙 아래에 있는 기기의 배관에 대한 여유

　㈑ 유니트 내에 있는 기기의 높이와의 관계

② 파이프 랙 상의 배관 배열방법

　㈎ 인접하는 파이프 외측과 외측의 간격을 75[mm](3인치) 이상으로 한다.

　㈏ 인접하는 플랜지의 외측과 외측의 간격은 25[mm](1인치) 이상으로 한다.

　㈐ 인접하는 파이프와 플랜지의 외측간의 거리를 25[mm](1인치) 이상으로 한다.

　㈑ 고온 배관에서 주로 사용하는 루프형 신축관은 파이프 랙 상의 다른 배관보다 500～700[mm] 정도 높게 배관한다.

⑽ 관지름이 클수록, 온도가 높을수록 파이프 랙 상의 양쪽에 배열한다.
⑾ 파이프 랙의 폭은 파이프에 보온, 보냉하는 경우는 보온, 보냉하는 두께를 가산하여 결정한다.
⑿ 유틸리티배관(연료유 라인, 연료 가스라인, 보일러 급수라인, 처리용 약품라인 등)은 중앙에, 프로세스배관은 유틸리티배관 양쪽에 설치한다.

③ 파이프 랙 상의 배관 종류
　㈎ 프로세스 배관(process piping)
　　㉮ 병렬로 배치된 기기의 간격이 6[m] 이상이며, 그 사이에 또 다른 기기를 설치하여 노즐을 접속시키는 배관
　　㉯ 열교환기, 펌프, 용기(vessel) 등에서 단위 기기(unit) 경계까지의 생산(product) 배관
　　㉰ 유니트에 들어가 열교환기 등의 기기에 접속되는 원료 운반배관
　㈏ 유틸리티 배관(utility piping)
　　㉮ 장치 전체의 기기에 제공하는 경우 : 증기헤더, 응축수 헤더, 플랜트 에어 헤더, 기기용 에어 불활성 가스 헤더, 공업용수 헤더 등
　　㉯ 장치 내의 소정의 기기에만 공급하는 경우 : 연료유 라인, 연료 가스라인, 보일러 급수라인, 처리용 약품 라인 등

4. 배관설비 검사

4.1 배관의 검사방법

(1) 급수 및 급탕배관

　① 급수배관 수압시험 압력
　　㈎ 공공 수도 직결 배관 : 17.5[kgf/cm^2]
　　㈏ 탱크 및 급수관 : 10.5[kgf/cm^2]
　② 급탕배관 수압시험 : 배관을 피복하기 전에 사용 최고압력의 2배 이상

(2) 배수 및 통기배관
　① 만수시험 : 배관 내에 물을 충만 시킨 후 누설 유무를 시험

② 기압시험 : 공기를 이용하여 $0.35[\text{kgf/cm}^2]$의 압력으로 15분간 유지
③ 기밀시험 : 연기시험과 박하시험으로 최종시험에 해당

4.2 배관의 점검 및 보수방법

(1) 배관의 점검

① 배관설비의 유지관리 목적

㈎ 배관의 점검과 보수

㈏ 밸브류 및 배관부속기기의 점검과 보수

㈐ 부식과 방식

② 기기 및 배관 라인의 점검 방법

㈎ 도면과 시방서의 기준에 맞도록 설비 되었는가 확인한다.

㈏ 각종 기기 및 자재와 부속품은 시방서에 명시된 규격품인지 확인한다.

㈐ 각 배관의 구배는 완만하고 에어포켓부는 없는지 확인한다.

㈑ 드레인 배출은 이상이 없는지 확인한다.

(2) 배관의 세정방법

① 기계적(물리적) 세정방법

㈎ 물 분사기(water jet) 세정법 : 고압펌프를 설치 압송하는 제트차를 사용해 고압의 가스 상태로 분사하여 스케일을 제거하는 방법

㈏ 샌드 블라스트(sand blast) 세정법 : 공기압송 장치 등으로 모래를 분사하여 스케일을 제거하는 방법

㈐ 숏 블라스트(shot blast) 세정법 : 공기압송 장치 등으로 강구(steel ball)를 분사하여 스케일을 제거하는 방법

㈑ 피그(pig) 세정법 : 배관류의 세정에 국한하여 실시되며 관내 밑스케일을 제거하는 데 최적의 기계적 세정방법이다.

② 화학적 세정방법

산, 알칼리, 유기산, 유기용제 등 화학 세정용 약품을 사용하여 유지류 및 스케일을 제거하는 세정법으로 침적법, 서징법, 순환법으로 구분된다.

㈎ 화학 세정용 약제의 종류

㉮ 산성 약제 : 염산(HCl), 황산(H_2SO_4), 인산(H_3PO_4), 설파민산(NH_2SO_3H)

㈏ 알칼리성 약제 : 가성소다(NaOH), 암모니아(NH_3), 탄산나트륨(Na_2CO_3), 인산나트륨(Na_3PO_4)

㈐ 유기산 : 구연산, 개미산

㈏ 순환법에 의한 화학세정의 공정 : 물세척 → 탈지세정 → 물세척 → 산세정 → 중화방청 → 물세척 → 건조

(3) 배관설비의 보수방법

① 배관설비의 응급조치법

㈎ 코킹법 : 배관에서 관내의 압력과 온도가 비교적 낮고 누설 부분이 작은 경우 정을 대고 때려서 기밀을 유지하는 응급조치 방법이다.

㈏ 인젝션법 : 부식, 마모 등으로 작은 구멍이 생겨 유체가 누설될 경우 고무제품의 각종 크기로 된 볼을 일정량 넣고, 유체를 채운 후 펌프를 작동시켜 누설부분을 통과하려는 볼이 누설부분에 정착, 누설을 미량이 되게 하거나 정지시키는 응급조치 방법이다.

㈐ 스토핑 박스(stopping box)법 및 박스(box-in) 설치법

㉮ 스토핑 박스법 : 밸브류 등의 그랜드 패킹 부에서 누설이 발생할 때 쥠 너트를 조여도 쥠 여분이 없어 누설이 계속될 때 그랜드 패킹부에 스토핑 박스를 설치하여 누설을 방지하는 방법이다.

㉯ 박스 설치법 : 내부압력이 높고 고온의 유체가 누설되는 부분에 2~3개의 분할 상자를 이용하여 누설부분에 용접을 하여 누설을 방지하는 방법이다.

㈑ 핫태핑(hot tapping)법과 플러깅(plugging)법 : 장치의 운전을 정지시키지 않고 유체가 흐르는 상태에서 고장을 수리하는 것으로 바이패스를 시키거나 분기하여 유체를 우회 통과시키는 응급조치 방법이다.

② 가스 팩(gas pack)

도시가스 저압배관에서 보수 및 연장 작업을 할 때 배관에 구멍을 뚫고 가스팩을 관내로 삽입한 후 공기펌프 등으로 가스팩을 팽창시켜 가스를 차단하는 기구이다.

5. 안전관리

5.1 안전일반

(1) 안전관리 개요

① 안전관리의 목적

㈎ 인명 피해를 예방할 수 있다.

㈏ 산업설비의 손실을 감소시킬 수 있다.

㈐ 생산재의 손실을 감소할 수 있다.

㈑ 생산성이 향상된다.

② 안전도의 판정 기준

㈎ 도수율 : 어느 기간 안에 발생한 업무상의 사상 건수의 빈도를 조사하는 단위

$$도수율 = \frac{근로 \ 재해 \ 건수}{근로연 \ 시간수} \times 1000000$$

㈏ 강도율 : 안전사고의 강도를 나타내는 기준으로 근로시간 1000시간당의 재해에 의하여 손실된 노동 손실 일수이다.

$$강도율 = \frac{근로 \ 손실 \ 일수}{근로 \ 총 \ 시간수} \times 1000$$

㈐ 천인율 : 어느 기간 동안 발생한 업무상의 상해 건수를 그 기간 안의 평균 근로자수로 나눈 비율

$$연 \ 천인율 = \frac{근로 \ 재해 \ 건수}{평균 \ 근로자 \ 수} \times 1000$$

③ 안전표지와 색채

㈎ 적색 : 방화 금지, 방향 표시, 규제, 고도의 위험에 사용

㈏ 주황색 : 위험, 일반위험에 사용

㈐ 황색 : 주의 표시(충돌, 장애물 등)

㈑ 녹색 : 안전 지도, 위생 표시, 대피소, 구호소 위치, 진행에 사용

㈒ 청색 : 주의, 수리 중, 송전 중 표시

㈓ 진한 보라색(자주색) : 방사능 위험 표시

㈔ 백색 : 글씨 및 보조색, 통로, 정리 정돈

㈕ 파랑색 : 출입금지

(2) 공구 및 기계 취급 안전

① 수공구류 취급 안전

(가) 줄(file)
- ㉮ 줄은 작업 전에 반드시 자루 부분을 점검할 것
- ㉯ 줄 작업 시 발생하는 절삭분은 입으로 불어 내지 않는다.
- ㉰ 줄은 다른 용도로 사용하지 말 것
- ㉱ 줄 작업 시 줄의 균열 유무를 확인하고 사용할 것
- ㉲ 줄눈에 칩(chip)이 차 있으면 와이어 브러쉬로 제거한다.

(나) 정(chisel) 및 끌
- ㉮ 끌 작업 시는 끌날에 다치지 않도록 주의한다.
- ㉯ 머리가 찌그러진 것은 고른 후 사용한다.
- ㉰ 따내기 작업 시는 보호안경을 착용한다.
- ㉱ 절단 시 조각의 비산에 주의해야 한다.
- ㉲ 정을 잡은 손은 힘을 뺀다.

(다) 해머
- ㉮ 보호 안경을 착용하고 작업할 것
- ㉯ 처음부터 큰 힘을 주지 않고 서서히 친다.
- ㉰ 장갑을 끼지 않고 작업할 것
- ㉱ 해머는 자루에 완전하게 고정하여 끼운 후 사용한다.
- ㉲ 협소한 장소에서는 사용하지 않아야 한다.

(라) 토치램프
- ㉮ 사용 시 부근에 인화물질이 없는지 확인한다.
- ㉯ 사용 전에 기름이 누설되는 곳이 없는지 각 부분을 점검한다.
- ㉰ 작업 전에 소화기, 모래 등을 준비한다.
- ㉱ 프라이밍 컵에 휘발유를 소량 붓고 점화한 후 서서히 예열한다.
- ㉲ 예열 후 15~20회 정도 펌핑해 준다.
- ㉳ 작업 중에 가솔린이 떨어지면 화기가 완전히 없는지 확인한 후 가솔린을 주유한다.

② 기계 취급 안전

(가) 동력나사 절삭기
- ㉮ 절삭된 나사부는 맨손으로 만지지 않도록 한다.
- ㉯ 기계의 정비 수리 등은 기계를 정지시킨 후 행한다.
- ㉰ 나사 절삭 시에는 계속 절삭유를 공급한다.

㈏ 사용할 때에는 관을 척에 확실히 고정시키고, 사용 후에는 척을 반드시 열어 둔다.
㈐ 정비 및 수리 등을 할 경우에는 기계를 정지시킨 후 한다.
(나) 파이프 벤딩 머신
㈎ 벤딩 머신의 능력 이상의 관을 굽히지 않는다.
㈏ 센터 포머와 엔드 포머에 관을 확실히 고정하며 작업 중 관이 미끄러지면 작업을 중단한 후 재조정한다.
㈐ 긴 관을 벤딩할 때는 주변에 장애물이 없는지 확인한다.
㈑ 벤딩 작업 완료 후 관이 포머에서 빠지지 않을 경우 해머 등으로 타격하지 않는다.
(다) 연삭작업
㈎ 숫돌은 측면에 작용하는 힘이 약하므로 측면은 사용하지 않도록 한다.
㈏ 연삭작업 전에 보안경을 착용하고 흡진장치가 없는 연삭작업은 방진 마스크를 착용한다.
㈐ 숫돌 커버는 반드시 장착하고, 공작물 받침대가 설치된 연삭기는 숫돌과의 사이 틈새가 3[mm] 이내가 되도록 조정한다.
㈑ 연삭숫돌은 항상 드레싱을 하여 사용한다.

5.2 배관작업 안전

(1) 배관작업 안전수칙
① 시공 공구들의 정리 정돈을 철저히 한다.
② 작업 중 타인과의 잡담 및 장난을 금지한다.
③ 물건을 고정시킬 때 중심이 한곳으로 쏠리지 않도록 주의한다.
④ 가열된 관에 의한 화상에 주의한다.
⑤ 점화된 토치를 가지고 장난을 금한다.
⑥ 와이어로프는 손상된 것을 사용해서는 안 된다.
⑦ 배관 이송 시 로프가 훅(hook)에서 잘 빠지지 않도록 한다.
⑧ 용접 헬멧은 차광 유리의 차광도 번호가 적당한 것을 선택한다.
⑨ 오일 버너를 사용할 때는 연료통이나 탱크를 부근에 놓지 않는다.
⑩ 나사절삭 작업 시에는 관이나 공작물을 확실히 고정, 지지 후에 행한다.
⑪ 재료는 평탄한 장소에 수평으로 놓고 경사진 장소에서는 미끄럼 방지를 한다.
⑫ 밀폐된 용기 내에서의 도장 작업을 할 때에는 가스 배출을 위해 배기휀을 이용한 강제통풍을 해야 한다.

(2) 높은 곳에서의 작업 안전수칙

① 숙련자 이외에는 높은 곳에 오르지 않도록 한다.
② 사다리 사용 시에는 지면에서 각도를 75° 이내로 하고 미끄러지지 않도록 한다.
③ 복장은 가벼운 차림으로 하며, 작업 시 반드시 안전벨트를 착용한다.
④ 바람이 심하고, 비가 많이 오는 날에는 작업을 하지 않는다.
⑤ 가해지는 하중에 견딜 수 있는 발판을 사용하며 밑에는 그물을 치고 한다.
⑥ 공구나 부품을 떨어뜨리지 않도록 주의한다.
⑦ 사다리를 등지고 내려오지 않도록 한다.

5.3 용접작업 안전

(1) 전기용접 안전수칙

① 무부하 전압이 높은 용접기를 사용하지 않는다.
② 용접기에는 반드시 전격 방지기를 설치한다.
③ 용접기 내부에 함부로 손을 대지 않는다.
④ 절연이 완전한 홀더를 사용한다.
⑤ 습기 있는 보호구를 착용하지 않는다.
⑥ 안전 홀더와 보호구를 착용한다.
⑦ 신체를 노출시키지 않는다.
⑧ 차광유리는 적당한 번호의 것을 선택한다.
⑨ 작업 중지 시는 전원스위치를 내린다.
⑩ 작업장은 항상 정리 정돈한다.

(2) 가스용접 및 절단 안전수칙

① 점화할 때는 점화용 라이터를 사용한다.
② 차광안경 등 보호구를 착용한다.
③ 산소, 아세틸렌 용기에 충격을 가하지 않도록 한다.
④ 충전 용기는 40[℃] 이하에서 보관하고, 직사광선이 받지 않도록 한다.
⑤ 가스집중 장치는 화기를 사용하는 설비에서 5[m] 이상 떨어진 곳에 설치한다.
⑥ 호스 연결부에 기름을 사용하지 않는다.
⑦ 산소와 아세틸렌 호스가 바뀌지 않도록 한다.
⑧ 작업장은 항상 정리 정돈한다.

6. 설비자동화

6.1 제어요소의 특성과 제어장치의 구성

(1) 자동제어의 개요

① 자동제어의 구분

㈎ 피드백 제어(feed back control : 폐[閉]회로) : 제어량의 크기와 목표값을 비교하여 그 값이 일치하도록 되돌림 신호(피드백 신호)를 보내어 수정동작을 하는 제어방식이다.

㈏ 시퀀스 제어(sequence control : 개[開]회로) : 미리 순서에 입각해서 다음 동작이 연속 이루어지는 제어로 시한제어, 순서제어, 조건제어로 분류할 수 있고 자동판매기, 보일러의 점화 등이 해당된다.

② 자동제어의 블록선도

제어신호의 전달경로를 블록과 화살표를 이용하여 표시한 것이다.

(2) 자동제어의 구성

① 자동제어의 구성

㈎ 제어대상 : 제어를 행하려는 대상물이다.

㈏ 제어량 : 제어를 받는 제어계의 출력량으로서 제어대상에 속하는 양이다.

㈐ 제어장치 : 제어량이 목표값과 일치하도록 어떠한 조작을 가하는 장치이다.

㈑ 목표값 : 입력이라고 하며 제어장치에서 제어량이 그 값에 맞도록 제어계의 외부로부터 주어지는 값이다.

㈒ 조작량 : 제어량을 조절하기 위하여 제어장치(조작부)가 제어대상에 가하는 신호이다.

㈓ 외란 : 제어계의 상태를 혼란시키는 외적작용(잡음)이다.

㈔ 잔류편차(off set) : 정상상태로 되고 난 다음에 남는 제어동작이다.

㈕ 기준입력 : 제어계를 동작시키는 기준으로서 직접 폐회로에 가해지는 입력신호이다.

㈖ 주피드백량 : 제어량의 값을 목표값과 비교하기 위한 피드백 신호로 검출에서 발생시킨다.

㈗ 동작신호 : 기준입력과 제어량과의 차이로 제어동작을 일으키는 신호로 편차라고 한다.

㈘ 검출부 : 제어량을 검출하고 이것을 기준입력과 비교할 수 있는 물리량(주피드백 신호)을 만드는 부분이다.

㈀ 조절부 : 제어편차에 따라 일정한 신호를 조작요소에 보내는 부분이다.
㈁ 조작부 : 제어대상에 대하여 작용을 걸어오는 부분으로 조작신호를 받아 이것을 조작량으로 바꾸는 부분이다.

② 제어계의 구성요소
㈎ 검출부 : 제어대상을 계측기를 사용하여 검출하는 과정이다.
㈏ 조절부 : 2차 변환기, 비교기, 조절기 등의 기능 및 지시기록 기구를 구비한 계기이다.
㈐ 비교부 : 기준입력과 주피드백량과의 차를 구하는 부분으로서 제어량의 현재값이 목표치와 얼마만큼 차이가 나는가를 판단하는 기구
㈑ 조작부 : 조작량을 제어하여 제어량을 설정치와 같도록 유지하는 기구이다.

③ **자동제어계의 요소 특성**
㈎ 비례요소 : 출력과 입력이 비례하는 요소를 말하며 스텝응답으로 나타난다.
㈏ 1차 지연 요소 : 입력이 급변하는 순간에서 출력은 변화하지만 지연이 있어 어느 시간 후에 정상 상태가 되는 특징을 갖고 있는 것을 말한다.
㈐ 낭비시간(dead time) 요소 : 출력이 입력에 대하여 어떤 시간만큼 늦어지는 것과 같은 요소로 난방기가 가동되어도 일정시간이 경과되어야만 실내온도가 상승되기 시작하는 시간을 말한다.
㈑ 적분요소 : 출력이 입력량의 총량으로 나타내는 것과 같은 요소로 물탱크에서 유출량은 일정할 때 유입량이 증가됨에 따라 수위가 상승하여 평형을 이루지 못하고 넘치게 되는 것이 해당된다.
㈒ 고차 지연 요소 : 2차 지연 이상을 일으키는 것을 말한다.

④ 응답
자동제어계의 어떤 요소에 대하여 입력을 원인이라 하면 출력은 결과가 되며, 이때의 출력을 입력에 대한 응답이라고 한다.
㈎ 과도응답 : 정상상태에 있는 요소의 입력측에 어떤 변화를 주었을 때 출력측에 생기는 변화의 시간적 경과를 말한다.
㈏ 스텝응답 : 입력을 단위량만큼 변화시켜 평형상태를 상실했을 때의 과도응답을 말한다.
㈐ 정상응답 : 과도응답에 대하여 제어계 또는 요소가 완전히 정상상태로 이루어졌을 때의 응답을 말한다.
㈑ 주파수 응답 : 사인파 상의 입력에 대한 자동제어계 또는 그 요소의 정상응답을 주파수의 함수로 나타낸 것이다.

(3) 자동제어의 분류

① **제어방법에 의한 분류**

㈎ 정치제어 : 목표값이 일정한 제어

㈏ 추치제어 : 목표값을 측정하면서 제어량을 목표값에 일치하도록 맞추는 방식

　㉮ 추종제어 : 목표값이 시간적으로 변화되는 제어로 자기조성제어라고 한다.

　㉯ 비율제어 : 목표값이 다른 양과 일정한 비율관계에 변화되는 제어이다.

　㉰ 프로그램 제어 : 목표값이 미리 정한 시간적 변화에 따라 변화하는 제어이다.

㈐ 캐스케이드 제어 : 두 개의 제어계를 조합하여 제어량의 1차 조절계를 측정하고 그 조작 출력으로 2차 조절계의 목표값을 설정하는 방법으로 단일 루프제어에 비해 외란의 영향을 줄이고 계 전체의 지연을 적게 하는데 유효하기 때문에 출력 측에 낭비 시간이나 지연이 큰 프로세스제어에 이용되는 제어이다.

② **조정부 동작에 의한 분류**

㈎ 연속 동작

　㉮ P동작(비례동작 : proportional action) : 동작신호에 대하여 조작량의 출력변화가 일정한 비례관계에 있는 제어동작이다.

　㉯ I동작(적분동작 : integral action) : 제어량에 편차가 생겼을 때 편차의 적분차를 가감하여 조작단의 이동 속도가 비례하는 동작으로 잔류편차가 남지 않는다.

　㉰ D 동작(미분동작 : derivative action) : 조작량이 동작신호의 미분치에 비례하는 동작으로 제어량의 변화속도에 비례한 정정동작을 한다.

　㉱ PI 동작(비례 적분 동작) : 비례동작의 결점을 줄이기 위하여 비례동작과 적분동작을 합한 것이다.

　㉲ PD 동작(비례 미분 동작) : 비례동작과 미분동작을 합한 것이다.

　㉳ PID 동작(비례 적분 미분 동작) : 조절효과가 좋고 조절속도가 빨라 널리 이용된다.

㈏ 불연속 동작

　㉮ 2위치 동작(ON-OFF 동작) : 제어량이 설정치에서 벗어났을 때 조작부를 ON(개[開]) 또는 OFF(폐[閉])의 동작 중 하나로 동작시키는 것으로 전자밸브(solenoid valve)의 동작이 해당된다.

　㉯ 다위치 동작 : 제어량이 변화했을 때 제어장치의 조작위치가 3위치 또는 그이상의 위치에 있어 제어하는 것을 다위치 동작이라 하며 이 단계가 많아지면 실질적으로 비례동작에 가까워진다. 이러한 다위치 동작은 대용량의 전기히터 등의 제어에 많이 사용되며 스텝조절기에 의해 3단계 이상의 제어동작을 하게 된다.

　㉰ 불연속 속도 동작(단속도 제어 동작) : 2위치 동작이나 다위치 동작에서 조작량

의 변화는 정해진 값만 취할 수밖에 없지만 불연속 속도 동작은 2위치 동작의 동작간격에 해당하는 중립대를 갖는다. 불연속 속도 제어방식은 압력이나 액면제어 등과 같이 응답이 빠른 곳에는 유효하지만 온도 등과 같이 지연이 큰 곳에는 불안정해서 사용할 수 없다.

(4) 신호전달 방식

① 공기압식 : 출력신호에 공기압을 이용하여 신호를 보내는 방식으로 분사식과 노즐 플래식이 있다.

   (가) 전송거리 : 100~150[m] 정도

   (나) 공기압 : 0.2~1.0[kgf/cm^2] 정도

   (다) 장점

      ㉮ 배관이 용이하다.   ㉯ 위험성이 없다.

      ㉰ 보수가 비교적 용이하다.   ㉱ 자동제어에 용이하다.

   (라) 단점

      ㉮ 관로 저항으로 전송이 지연된다.

      ㉯ 조작에 지연이 있다.

      ㉰ 희망특성을 살리기 어렵다.

② 유압식 : 유압을 이용하여 각 제어계에 신호로 사용되며 파일럿 밸브식과 분사관식이 있다.

   (가) 전송거리 : 300[m] 정도

   (나) 장점

      ㉮ 조작 속도가 크다.   ㉯ 조작력이 강하다.

      ㉰ 희망특성의 것을 만들기 쉽다.   ㉱ 녹이 발생하지 않는다.

   (다) 단점

      ㉮ 인화의 위험성이 따른다.   ㉯ 주위온도 영향을 받는다.

      ㉰ 유압원을 필요로 한다.   ㉱ 기름의 유동 저항을 고려하여야 한다.

③ 전기식 : 제어장치에서 대부분의 신호전달 방식은 전기식이며, 전기식에는 "ON", "OFF" 동작을 행하는 압력스위치, 브리지나 전위차계 회로에 의한 것, 전자관 자동 평형계기를 이용한 것 등 여러 가지가 있다.

   (가) 전송거리 : 300[m]~10[km]까지 가능

   (나) 장점

      ㉮ 배선설치가 용이하다.   ㉯ 신호 전달에 시간 지연이 없다.

      ㉰ 복잡한 신호에 용이하다.   ㉱ 변수간의 계산이 용이하다.

㈐ 단점
　㉮ 조작속도가 빠른 비례 조작부를 만들기가 곤란하다.
　㉯ 보수 및 취급에 기술을 요한다.
　㉰ 가격이 비싸다.
　㉱ 고온, 다습한 곳은 설치가 곤란하다.

6.2 자동제어의 종류

(1) 인터록

① 인터록(inter lock) : 어떤 일정한 조건이 충족되지 않으면 다음 단계의 동작이 작동하지 못하도록 저지하는 것으로 보일러의 안전한 운전을 위하여 반드시 필요한 것이다.

② 보일러 인터록의 종류
　㉮ 압력초과 인터록 : 증기압력이 일정압력에 도달할 때 전자밸브를 닫아 보일러의 가동을 정지시키는 것으로 증기압력 제한기가 해당된다.
　㉯ 저수위 인터록 : 보일러 수위가 안전 저수위에 도달할 때 전자밸브를 닫아 보일러 가동을 정지시키는 것으로 저수위 경보기가 해당된다.
　㉰ 불착화 인터록 : 버너 착화 시 점화되지 않거나 운전 중 실화가 될 경우 전자밸브를 닫아 연료 공급을 중지하여 보일러 가동을 정지시키는 것으로 화염검출기가 해당된다.
　㉱ 저연소 인터록 : 보일러 운전 중 연소상태가 불량하거나 저연소 상태로 유량조절밸브가 조절되지 않으면 전자밸브를 닫아 보일러 가동을 정지시킨다.
　㉲ 프리퍼지 인터록 : 점화 전 일정시간 동안 송풍기가 작동되지 않으면 전자밸브가 열리지 않아 점화가 되지 않는다.

(2) 보일러 각부의 자동제어

① 보일러 자동제어의 명칭
　㉮ A·B·C(automatic boiler control) : 보일러 자동제어
　㉯ A·C·C(automatic combustion control) : 자동 연소제어
　㉰ F·W·C(feed water control) : 급수제어
　㉱ S·T·C(steam temperature control) : 증기 온도제어
　㉲ S·P·C(steam pressure control) : 증기 압력제어

[보일러 자동제어]

명 칭	제 어 량	조 작 량
자동연소제어(ACC)	증기압력, 노내압	공기량, 연료량, 연소가스량
급수제어(FWC)	보일러 수위	급수량
증기온도제어(STC)	증기온도	전열량
증기압력제어(SPC)	증기압력	연료공급량, 연소용 공기량

② 수위제어 장치 : 보일러 급수를 일정량씩 단속 또는 연속 공급하여 드럼 내의 수위를 항상 일정하게 유지하도록 하는 제어장치이다.

[급수제어방법의 종류 및 검출대상(요소)]

명 칭	검출대상
1요소식	수위
2요소식	수위, 증기량
3요소식	수위, 증기량, 급수유량

③ 화염검출 장치 : 연소실내의 연소상태를 감시하여 화염의 유무를 전기적인 신호로 바꾸어 프로텍터 릴레이(protect relay)로 전송하는 역할을 하며, 실화 및 소화 시 연료 전자밸브를 차단하여 미연소 가스로 인한 폭발사고를 방지하는 장치이다.
  ㈎ 플레임 아이(flame eye) : 화염의 발광체를 이용
  ㈏ 플레임 로드(flame lod) : 화염의 이온화 현상을 이용한 것으로 가스 점화 버너에 사용
  ㈐ 스택 스위치(stack switch) : 연도에 바이메탈을 설치하여 연소가스의 발열체를 이용한 것

④ 연료차단장치 : 버너 가까이에 설치된 밸브로 압력상승, 저수위, 불착화 및 실화 등 정상적인 상태가 유지되지 않을 때 밸브를 차단하여 사고를 사전에 방지하는 장치이다.
  ㈎ 종류 : 전동식 밸브, 전자밸브(solenoid valve)
  ㈏ 연료차단장치가 작동되는 경우
    ㉮ 버너의 연소상태가 정상이 아닌 경우
    ㉯ 저수위 안전장치가 작동하였을 때
    ㉰ 증기압력제한기가 작동하였을 때
    ㉱ 액체연료의 공급압력이 낮을 때
    ㉲ 관류보일러, 가스용 보일러에서 급수가 부족한 경우

㈐ 송풍기가 작동되지 않을 때
⑤ 공연비 제어장치 : 보일러 부하변동에 따라 공기와 연료량을 조절하여 적정공기비가 유지될 수 있도록 하는 장치이다.
⑥ 연소제어장치 : 발생증기의 압력에 따라 공급 연료의 양을 조절하고, 이와 함께 공연비 제어도 함께 이루어지도록 한 장치이다.
　㈎ 제어방법
　　㉮ 위치제어 : 2위치 제어(on-off 제어), 3위치 제어(high-low-off)
　　㉯ 전자식 : 비례제어, PID제어, 피드포워드(feed forward) 제어
　㈏ 모듈레이팅(modulating) 제어 : 공기와 연료비 조절기를 이용하여 적절한 공연비를 유지하는 시스템으로 연소용 공기 덕트에 설치된 유량계에 의해 유량을 측정한 후 부하변동에 맞추어 공기 조절기를 제어한다. 부하가 증가할 때 연료조절밸브는 공기량에 맞추어 연료량을 제어하며, 부하가 감소하면 반대로 연료량에 따라 공기량을 맞춘다.

6.3 자동제어의 응용

(1) 자동화의 5대 요소
① 센서(sensor) : 공정 처리 상태에 대한 정보를 만들고 수집하며 이 정보를 프로세스에 전달하는 제어부분이다.
② 프로세서(processor) : 제어 데이터를 처리하는 요소로, 제어정보를 분석 처리하여 필요한 제어 명령을 내려주는 장치
③ 액추에이터(actuator) : 공정처리 상태에 대한 정보를 받아서, 제한된 공간 내에서 기계구조에 의해 회전운동과 선형운동을 하는 부분으로 인간의 손, 발의 기능을 하며 사용하는 에너지에 따라 공압식, 유압식, 전기식 등으로 세분화 된다.
④ 소프트웨어(software) : 입력신호를 받아 중앙처리 장치를 거쳐 작업요소에 전달되어지는 프로그램장치, 프로그램 메모리를 포함하는 장치
⑤ 네트워크(network) : 자동화 시스템에서 중앙컴퓨터와 여러 개의 콘트롤러 간에 시스템 구성기기들과 통신회선을 연결된 배치형태에 따라 성형, 환형 등으로 구분한다.

5 공업경영

1. 품질관리

1.1 품질관리

(1) 품질관리의 기능

① 품질관리의 기능

㈎ 관리 사이클(PDCA cycle)

㉮ Plan(계획) : 목표를 달성하기 위한 계획 또는 표준을 설정한다.
㉯ Do(실시, 실행) : 충분한 교육과 훈련을 실시하고 설정된 계획에 따라 실행한다.
㉰ Check(검토, 검사, 평가) : 실시한 결과를 측정하여 계획과 비교, 검토한다.
㉱ Action(조치, 대책) : 검토한 결과 계획과 실시된 것 사이에 차이에 있으면 적절한 수정, 시정조치를 취한다.

㈏ 품질관리의 4대 기능

㉮ 품질의 설계(P : plan) : 설계 품질이나 목표로 하는 품질을 정한다.
㉯ 공정의 관리(D : do) : 공정설계와 작업표준, 제조표준, 계측시험표준을 정하여 작업자를 교육, 훈련시켜 업무를 수행하게 한다.
㉰ 품질의 보증(C : check) : 제품의 제조, 출하 및 사용단계에서 제조품질과 사용품질을 목표품질에 따라 점검한다.
㉱ 품질의 조사 및 개선(A : action) : 클레임, A/S 결과, 고객의견 등을 조사 확인하여 설계 및 제조공정의 품질관리를 개선한다.

② 종합적 품질관리(TQC : total quality control)

고객에게 충분한 만족을 주며 제품을 가장 경제적으로 생산하고 서비스할 수 있도록 사내 각 부문이 품질개발, 품질유지 및 품질개선 노력을 하기 위한 효과적인 시스템이다.

㈎ 종합적 품질관리 활동의 목적
　㋐ 기업의 체질개선　　　　　　㋑ 인간성 존중 및 인재육성
　㋒ 전사의 총력결집　　　　　　㋓ QC기법 활용
　㋔ 품질보증체제 확립　　　　　㋕ 최고품질의 신제품 개발
　㋖ 변화에 대처하는 경영확립
㈏ 종합적 품질관리 도입 시 효과(장점)
　㋐ 이익증대 효과　　　　　　　㋑ 생산성 향상 효과
　㋒ 납기관리 효과　　　　　　　㋓ 업무개선 효과
　㋔ 기술의 향상과 기술의 축적효과

③ **전사적 품질관리**(CWQC : company-wide quality control)
시장조사, 제품의 개발·설계, 구매·외주, 제조, 검사, 판매 및 A/S 등의 라이프사이클 단계와 영업·재무·인사·교육 등 기업 활동의 모든 단계에 걸쳐서 경영자를 비롯한 전체 구성원들이 협력하고 참여하는 일본식 품질관리이다.
㈎ 특징
　㋐ 고객 우선주의
　㋑ 낭비제거 및 자주설비 보전
　㋒ 비용감소보다 품질향상 중시
　㋓ 의사결정과정에 종업원의 참여
　㋔ 과학적인 문제해결기법 사용
　㋕ 설계의 중요성
　㋖ 정보의 공유와 품질교육
　㋗ 최고경영자의 품질에 대한 관심
　㋘ 공급업자와 장기적이며 지속적인 관계 유지
㈏ 전사적 품질관리의 목적
　㋐ 전원의 시스템화를 지향하는 체질
　㋑ 계획을 중시하는 체질
　㋒ 프로세스를 중시하는 체질
　㋓ 중점을 지향하는 체질
　㋔ 문제가 무엇인가를 파악하는 체질

(2) **품질 코스트의 종류**
① **예방 코스트**(P-cost) : 일정수준의 품질수준의 유지 및 불량품 발생을 예방하는데 소요

되는 비용

 ㈎ QC 계획코스트 : TQC 계획 및 시스템을 입안하기 위한 조사, 교섭, 입안, 심의 등에 소요되는 비용이다.

 ㈏ QC 기술코스트 : QC 스태프가 하는 평가, 입증, 권고, 기술지원, 회의 등의 비용과 다른 부문이 하는 QC비용도 여기에 포함한다.

 ㈐ QC 교육코스트 : TQC 보급선전, 종업원교육 및 스태프 교육에 사용한 비용(외부 강습회, 기타의 참가비도 포함)이다.

 ㈑ QC 사무코스트 : 문방구, 사무용 기기, 통계용 기구 등의 구입비, 통신비 등 모든 잡비를 포함한 비용이다.

② **평가 코스트(A-cost)** : 제품의 품질을 평가함으로써 회사의 품질수준을 유지하는데 소요되는 비용이다.

 ㈎ 수입검사 코스트 : 구입제품, 부품 및 가공 외주품, 조립품의 수입검사에 소요되는 비용(단, 시험적인 비용은 포함하지 않음)이다.

 ㈏ 공정검사 코스트 : 부품가공공정 또는 조립공정 검사에 소요되는 비용(단, 시험비는 포함되지 않음)이다.

 ㈐ 완성품검사 코스트 : 완성품의 최종검사 및 입회검사에 소요되는 비용(현장에서 장비한 후의 인도검사나 시험 등의 비용을 포함)이다.

 ㈑ 시험 코스트 : 검사 이외 또는 검사부문이 특정의 프로젝트로서 실시한 시험에 소요되는 비용이다.

 ㈒ 예방보전(PM) 코스트 : 시험기, 측정기 및 지그(jig)공구의 수입검사, 정기검사, 조정·수리 또는 기준기의 검정시험에 들어간 비용이다.

③ **실패 코스트(F-cost)** : 일정 품질수준을 유지하는데 실패하였기 때문에 소요되는 손실 비용이다.

 ㈎ 내부 실패 코스트 : 제품을 고객에게 납품하기 전에 발견하여 수정하는 것과 관련된 비용이다.

  ㉮ 폐각(廢却) 코스트 : 고객에게 납품하기 전에 부적합품 폐각이 될 요인이 사내의 생간공정에 있을 때의 손실 코스트의 전부

  ㉯ 재가공 코스트 : 고객에게 납품하기 전에 재가공의 원인이 사내의 생산공정에 있을 때의 손실 코스트의 전부

  ㉰ 외주 부적합품 코스트 : 고객에게 납품하기 전에 수입단계에 있어서 외부품의 불합격 때문에 입은 손실 코스트

㊣ 설계변경 코스트 : 설계변경에 의해 회사가 입은 손실 코스트(부적합 저장품 또는 서비스용으로 전용될 수 있는 구품처리비는 포함되지 않음)
(나) 외부 실패 코스트 : 제품이나 무상서비스가 고객에게 배달된 후 발견된 문제와 관련된 비용이다.
㉮ 현지 서비스 코스트 : 납기 후에 발생한 무상서비스에 속한 것으로 보증기간의 유무, 초과 여하를 막론하고 당사의 책임에 의하여 발생한 서비스 코스트로서 고객측에 출장했을 때의 손실 코스트의 전부
㉯ 대품 서비스 코스트 : 납품한 제품이 고장일 때 대품을 고객에게 송부할 때의 손실 코스트
㉰ 부적합품 대책 코스트 : 부적합품 대책을 위한 회의, 시험 또는 조치 등에 들어간 코스트
㉱ 제품책임 코스트 : PL 및 PLP에 따른 일체의 코스트

1.2 통계적 방법의 기초

(1) 데이터

① 데이터의 개요 : 특정 모집단에 대한 정보를 얻기 위하여 모집단으로부터 추출한 시료를 관측한 자료를 말한다.

② 사용목적에 의한 분류
 (가) 현상 파악을 목적으로 하는 데이터
 (나) 통계해석을 목적으로 하는 데이터
 (다) 검사를 목적으로 하는 데이터
 (라) 관리를 목적으로 하는 데이터
 (마) 기록을 목적으로 하는 데이터

③ 척도에 의한 분류
 (가) 계량치 : 연속량으로 측정되는 품질특성 값으로 길이, 질량, 온도, 유량 등이다.
 (나) 계수치 : 수량으로 세어지는 품질특성 값으로 부적합품수, 부적합수 등이다.

④ 통계량의 수리해석
 (가) 중심적 경향
  ㉮ 산술평균(시료평균 : $\bar{x}$) : n개의 데이터 값의 합을 개수 n개로 나눈 값이다.

㉯ 중앙값(median, 중위수 : M_e) : 데이터를 크기순으로 나열했을 때 중앙에 위치하는 데이터 값으로 데이터가 n개일 때 $\frac{n+1}{2}$번째 있는 데이터를 의미한다.

㉰ 범위의 중앙값(mid-range : M) : 데이터의 최대값($x_{\max}$)과 최소값($x_{\min}$)의 평균값이다.

㉱ 최빈값(mode, 최빈수 : M_0) : 도수분포표에서 도수가 최대인 곳의 대표치이다.

㉲ 기하평균(geometric mean : G) : 기하급수적으로 변화하는 측정값 또는 시간에 따라 변화하는 측정값의 평균을 계산한 것

㉳ 조화평균(harmonic mean : H) : 각 x_i의 역수를 산술평균하여 이를 다시 역으로 나타낸 값

㈏ 산포(데이터가 퍼져 있는 상태를 의미)의 경향

㉮ 제곱합(sum of square, 변동 : S) : 개개의 데이터에서 나온 편차를 제곱하여 합한 값

㉯ 시료분산(불편분산 : s^2, V) : 모분산(σ^2)의 추정모수로 사용

㉰ 시료의 표준편차(시료편차 : s) : 모표준편차(σ)의 추정모수로 사용

㉱ 평균편차(M_d) : 각각의 데이터와 평균과의 차에 대한 절대평균값

㉲ 범위(range : R) : $R = x_{\max} - x_{\min}$

㉳ 변동계수(변이계수 : CV, V_c) : 표준편차(s)를 산술평균($\overline{x}$)으로 나눈 값

㈐ 분포의 모양

㉮ 비대칭도(왜도 : K) : 평균값을 중심으로 분포가 좌우 대칭인지의 여부를 결정하는 척도

㉯ 첨도($\sigma^4(\beta^4)$) : 분포의 뾰쪽한 정도를 결정하는 척도

(2) 도수분포표

① **도수분포표 개요** : 어떤 일정한 기준에 의하여 전체 데이터가 포함되는 구간을 여러 개의 급구간으로 분할하고, 데이터를 분할된 급구간에 따라 분류하여 만든 표이다.

② **도수분포표를 만드는 목적**

㈎ 데이터의 흩어진 모양(산포)을 알고 싶을 때

㈏ 많은 데이터로부터 평균값과 표준편차를 구할 때

㈐ 원래 데이터를 규격과 대조하고 싶을 때

㈑ 규격차와 비교하여 공정의 현황을 파악하기 위하여

㈒ 분포가 통계적으로 어떤 분포형에 근사한가를 알기 위하여

(3) 데이터의 정리 방법

① 히스토그램(histogram) : 계량치의 데이터가 어떤 분포를 나타내는지 알아보기 위하여 도수분포표를 만든 후 기둥그래프형태로 그린 그림
② 특성요인도 : 문제가 되는 결과와 이에 대응하는 원인과의 관계를 알 수 있도록 생선뼈 형태로 그린 그림
③ 파레토그램(pareto diagram) : 불량 등의 발생건수를 항목별로 분류하고 그 크기 순서대로 나열해 놓은 그림
④ 체크시트(check sheet) : 계수치의 데이터가 분류항목 중에서 어느 곳에 집중되어 있는지 쉽게 알아볼 수 있게 나타낸 그림
⑤ 각종 그래프 : 계통도표, 예정공정표, 기록도표 등
⑥ 산점도(scatter diagram) : 그래프 용지위에 점으로 나타낸 그림
⑦ 층별(stratification) : 특징에 따라 몇 개의 부분집단으로 나눈 것

1.3 샘플링 검사

(1) 오차(error)

① **오차의 정의** : 모집단의 참값(μ)과 그것을 추정하기 위하여 모집단으로부터 추출한 시료의 측정데이터(x_i)와의 차이다.
② **오차의 검토 순서** : 신뢰성 → 정밀도 → 정확도
   (가) 신뢰성 : 데이터를 신뢰할 수 있는가의 문제로 분석방법이나 계기의 잘못에 관한 것이다.
   (나) 정밀도(정도) : 어떤 측정법으로 동일 시료를 무한횟수 측정하였을 때 그 데이터는 반드시 어떤 산포를 갖게 되는데, 이 산포의 크기를 정밀도라 한다.
   (다) 정확도(치우침) : 어떤 측정법으로 동일 시료를 무한횟수 측정하였을 때 데이터 분포의 평균값과 모집단 참값과의 차이를 의미한다.

(2) 검사의 종류 및 특징

① 검사의 정의 및 목적
   (가) 정의 : 물품을 점검 측정하여 판정기준과 비교하여 적합, 부적합 또는 합격, 불합격 판정을 내리는 것
   (나) 목적
      ㉮ 합격, 불합격품을 구별하여 검사비용을 절감하기 위하여

㉯ 공정변화를 판단하기 위하여
㉰ 제품의 결함 정도를 평가하기 위하여
㉱ 품질향상을 자극하기 위하여
㉲ 다음 공정 및 사용자에게 불량품(부적합 물품)이 공급되는 것을 방지하기 위하여
㉳ 사용자에게 품질에 대한 신뢰성을 주기 위하여
㉴ 제품설계에 필요한 정보를 얻기 위하여

② 검사의 분류
　(개) 공정에 의한 분류
　　㉮ 수입검사(구입검사) : 재료, 반제품, 제품을 구입하는 경우에 행하는 검사
　　㉯ 공정검사(중간검사) : 공정과 공정사이에 행하는 검사
　　㉰ 완성검사(최종검사) : 완성된 제품이 요구사항을 만족하는지 여부를 판정하는 검사
　　㉱ 출하검사(출고검사) : 제품을 공장에서 출하(출고)할 때 행하는 검사
　(나) 장소에 의한 분류
　　㉮ 정위치 검사 : 일정한 장소에 제품을 운반해서 행하는 검사
　　㉯ 순회검사 : 검사원이 현장을 순회하면서 제조된 제품에 대하여 행하는 검사
　　㉰ 입회검사(출장검사) : 외주업체나 타 공정에 나가서 타 책임자의 입회하에 행하는 검사
　(다) 성질에 의한 분류
　　㉮ 파괴검사 : 검사 후 상품가치가 없어지는 검사
　　㉯ 비파괴검사 : 검사 후 상품가치가 없어지지 않는 검사
　　㉰ 관능검사 : 검사자 자신의 감각(시각, 미각, 후각, 청각, 촉각)에 의해서 행하는 검사
　(라) 판정대상(검사방법)에 의한 분류
　　㉮ 전수검사 : 제품전량에 대하여 검사하는 방법
　　㉯ 로트별 샘플링 검사 : 시료를 채취(샘플링)하여 검사하는 방법
　　㉰ 관리 샘플링 검사 : 제조공정관리, 공정검사 조정, 검사의 체크를 목적으로 검사하는 방법
　(마) 검사항목에 의한 분류
　　㉮ 수량검사　　㉯ 외관검사
　　㉰ 치수검사　　㉱ 중량검사
　　㉲ 성능검사

③ 검사의 계획
　㈎ 어떤 제품을 검사할 것인지 결정 : 검사의 경제성 문제로서 검사와 무검사 중에서 선택
　㈏ 어떤 점을 검사항목으로 할 것인지 결정 : 계량값 검사와 계수값 검사에서 선택
　㈐ 어떤 검사방식을 사용할 것인지 결정 : 전수검사와 샘플링 검사 중 선택
　㈑ 언제, 어디서 검사할 것인지 결정 : 검사의 장소와 시기로 공정초기에 하는 것이 좋다.

(3) 샘플링 방법
① 샘플링(sampling) : 제품, 반제품 또는 원재료 등의 단위개체 또는 단위분량을 어떤 목적 아래 모은 것을 샘플(samp) 또는 시료라 하고, 모집단(공정, 로트 등)으로부터 시료를 채취하는 것을 샘플링이라 하며, 샘플링의 여러 가지 방법들을 샘플링법이라 한다.
② 랜덤 샘플링(random sampling) : 모집단의 어떠한 부분도 목적하는 특성에 관하여 같은 확률로 시료 중에 뽑혀지도록 샘플링하는 방법으로 시료수가 증가할수록 샘플링 정도가 높다.
　㈎ 단순 랜덤 샘플링(simple random sampling) : 모집단에서 완전히 랜덤하게 샘플링하는 방법이다.
　㈏ 계통 샘플링(systematic sampling) : 모집단에서 시간적, 공간적으로 일정한 간격을 두어 샘플링하는 방법이다.
　㈐ 지그재그 샘플링(zigzag sampling) : 계통샘플링엣 주기성에 의한 편기가 들어갈 위험성을 방지하도록 샘플링하는 방법이다.
③ 2단계 샘플링(two-stage sampling) : 모집단을 N개의 부분으로 나누어 1단계로 그 중 몇 개 부분을 시료로 샘플링한 다음에 2단계로서 1단계로 샘플링한 부분 중에서 몇 개의 시료를 샘플링하는 방법이다.
④ 층별 샘플링(stratified sampling) : 모집단을 N개의 층으로 나누어서 각 층으로부터 각각 랜덤하게 시료를 샘플링하는 방법이다.
⑤ 취락 샘플링(cluster sampling) : 모집단을 여러 개의 층으로 나누고 그 층중에서 몇 개를 랜덤하게 추출한 뒤 선택된 층 안은 모두 검사하는 방법이다.
⑥ 다단계 샘플링 : 모집단에서 랜덤하게 1차 시료를 샘플링한 후 그 1차 시료에서 다시 2차 시료를 샘플링하고 다시 그 2차 시료 중에서 3차 시료를 샘플링 해 나가는 방법이다.
⑦ 유의 샘플링 : 로트의 평균치를 알기 위해 로트 전체를 대표하는 시료를 샘플링하지 않고, 일부 특정부분을 샘플링하여 그 시료의 값으로서 전체를 내다보는 방법이다.

(4) 샘플링 검사

① **샘플링 검사의 정의** : 로트로부터 시료를 채취하여 검사한 후 그 결과를 판정 기준과 비교하여 로트의 합격, 불합격을 판정하는 것을 말한다.

② 전수검사
  ㈎ 전수검사가 유리한 경우
    ㉮ 검사비용에 비해 효과가 클 때
    ㉯ 물품의 크기가 작고, 파괴검사가 아닐 대
  ㈏ 전수검사가 필요한 경우
    ㉮ 불량품이 혼합되면 안 될 때
    ㉯ 불량품이 다음 공정에 넘어가면 경제적으로 손실이 클 때
    ㉰ 불량품이 들어가면 안전에 중대한 영향을 미칠 때
    ㉱ 전수검사를 쉽게 할 수 있을 때

③ 샘플링 검사
  ㈎ 샘플링 검사가 유리한 경우
    ㉮ 다수, 다량의 것으로 불량품이 있어도 문제가 없는 경우
    ㉯ 검사 항목이 많은 경우
    ㉰ 불완전한 전수검사에 비해 높은 신뢰성이 있을 때
    ㉱ 검사비용이 적은 편이 이익이 많을 때
    ㉲ 품질향상에 대하여 생산자에게 자극이 필요한 때
  ㈏ 샘플링 검사가 필요한 경우
    ㉮ 물품의 검사가 파괴검사일 때
    ㉯ 대량 생산품이고 연속 제품일 때
  ㈐ 샘플링 검사의 실시조건
    ㉮ 제품이 로트 단위로 처리될 수 있을 것
    ㉯ 합격 로트 속에 어느 정도의 부적합품 혼입이 허용될 수 있을 것
    ㉰ 시료의 샘플링이 무작위로 실시될 수 있을 것
    ㉱ 품질기준이 명확할 것
    ㉲ 계량값 샘플링 검사에서는 로트의 검사단위의 특성치 분포를 대략적으로 알고 있을 것

(5) 샘플링 검사의 분류 및 형식

① 샘플링 검사의 분류

㈎ 품질특성에 의한 분류

⑦ 계수값 샘플링 검사 : 적합품 및 부적합품, 부적합수로 표시

㉯ 계량값 샘플링 검사 : 특성치로 표시

㈏ 특징

구 분	계수값 샘플링 검사	계량값 샘플링 검사
검사방법	▶ 검사에 숙련이 필요 없다. ▶ 검사 소요시간이 짧다. ▶ 검사설비가 간단하다. ▶ 검사기록이 간단하다.	▶ 검사에 숙련이 필요하다. ▶ 검사 소요시간이 길다. ▶ 검사설비가 복잡하다. ▶ 검사기록이 복잡하다.
적용 시 이론상의 제약	▶ 샘플링 검사를 적용하는 조건에 대한 만족이 쉽다.	▶ 시료채취에 랜덤성이 요구되며 그 적용범위가 정규분포에 따르는 경우나 또는 특수한 경우로 제한된다.
판별능력과 검사개수	▶ 검사개수가 같은 경우에 계량보다 판별 능력이 낮으므로 검사개수가 크다.	▶ 검사개수가 같은 경우 계수보다 판별능력이 커지므로 검사개수가 상대적으로 적다.
검사기록의 이용	▶ 검사기록이 다른 목적에 이용되는 정도가 낮다.	▶ 검사기록이 다른 목적에 이용되는 정도가 높다.
적용해서 유리한 경우	▶ 검사비용이 적은 경우 ▶ 검사의 시간, 설비, 인원이 많이 필요 없는 경우	▶ 검사비용이 많은 경우 ▶ 검사의 시간, 설비, 인원이 많이 필요한 경우 ▶ 파괴검사의 경우

② 샘플링 검사의 형식

㈎ 1회 샘플링 검사 : 모집단에서 시료를 단 1회 샘플링하여 그 시험결과를 판정기준과 비교하여 로트의 합격, 불합격을 판정하는 검사형식으로 가장 간편하고, 검사단위의 비용이 저렴하지만 검사개수가 많아지는 단점이 있다.

㈏ 2회 샘플링 검사 : 1회에서 지정된 시료의 검사로 합격, 불합격 판정이 어려울 때 다시 2차 시료를 시험하여 그 결과를 1차 시험결과와 합하여 그 결과에 따라 로트의 합격, 불합격을 판정하는 검사형식으로 검사단위의 검사비용이 조금 비싸서 검사수를 줄이고 싶은 경우 사용한다.

㈐ 다회 샘플링 검사 : 2회 샘플링 검사를 3회 이상의 검사로 확장한 검사형식으로 검사단위의 검사비용이 비싸서 검사수를 줄이고는 몹시 요구될 경우 사용한다.

㈑ 축차 샘플링 검사 : 1개 또는 일정개수의 시료를 검사하면서 그 합계 결과를 판정기준과 비교하여 합격, 불합격, 검사 속행의 어느 하나의 판정을 하는 검사형식으로 검사단위의 검사비용이 아주 비싸서 검사수를 줄이는 것이 절대적으로 요구될 경우 사용한다.

③ OC(operating characteristic) 곡선

가로축에 로트의 부적합품률($P[\%]$)을, 세로축에 로트가 합격할 확률($L_{(p)}$)을 잡아 그린 선도로, 어떤 부적합품률을 갖는 로트가 어느 정도의 비율로 합격할 수 있는가를 나타내는 곡선으로 "검사특성곡선"이라고도 한다.

OC곡선은 샘플링 방식이 결정되면 그 방식에 따라 샘플링 검사의 특성이 결정되는 것으로 OC곡선을 관찰하면 어느 정도의 품질을 갖는 로트가 검사를 받으면 어느 정도의 확률로 합격하고 불합격되는가를 알 수가 있다.

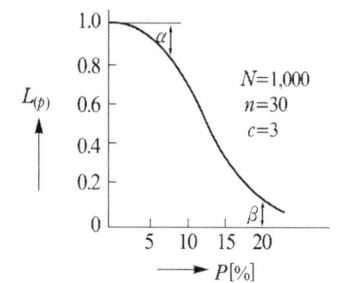

[OC 곡선의 보기]

여기서, P : 로트의 부적합품률[%]

$L_{(p)}$: 로트가 합격할 확률

α : 합격시키고 싶은 로트가 불합격될 확률(생산자 위험)

β : 불합격시키고 싶은 로트가 합격될 확률(소비자 위험)

N : 로트의 크기, n : 시료의 크기, c : 합격판정개수

㈎ 시료의 크기(n), 합격판정개수(c)가 일정하고, 로트의 크기(N)가 변하는 경우 : 로트의 크기(N)는 OC곡선의 모양에 큰 영향을 주지 않는다.

㈏ $\dfrac{c/n}{N}$ 이 일정할 때(퍼센트 샘플링 검사) : 로트의 크기(N)가 달라지면 시료의 크기(n)와 합격판정개수(c)도 같이 변하므로 부적합품률이 같은 로트에 대해 품질보증의 정도가 달라져 일정한 품질의 보증을 얻을 수 없게 된다.

㈐ 로트의 크기(N), 합격판정개수(c)가 일정하고, 시료의 크기(n)가 변하는 경우 : 시료의 크기(n)가 증가하면 OC곡선의 기울기가 급해져 생산자 위험(α)은 증가하고, 소비자 위험(β)은 감소한다.

㈑ 로트의 크기(N), 시료의 크기(n)가 일정하고, 합격판정개수(c)가 변하는 경우 : 합격판정개수(c)가 증가하면 OC곡선의 기울기가 완만해져 생산자 위험(α)은 감소하고, 소비자 위험(β)은 증가한다.

④ 로트가 합격할 확률($L_{(p)}$) 계산

   (가) 초기하분포를 사용하는 경우

$$L_{(p)} = \sum_{x=0}^{c} \frac{\binom{PN}{x}\binom{N-PN}{n-x}}{\binom{N}{n}}$$

   (나) 이항분포를 사용하는 경우

$$L_{(p)} = \sum_{x=0}^{c} \binom{n}{x} P^x (1-P)^{n-x}$$

   (다) 푸아송분포를 사용하는 경우

$$L_{(p)} = \sum_{x=0}^{c} e^{-nP}(nP)^x / x!$$

(6) 샘플링 검사의 형태

① 규준형 샘플링 검사 : 공급자에 대한 보호와 구입자에 대한 보증의 정도를 규정해 두고 공급자의 요구와 구입자의 요구 양쪽을 만족하도록 하는 검사방식이다.

   (가) 계수 규준형 1회 샘플링 검사(KS A 3102)

   (나) 계수 규준형 2회 샘플링 검사

   (다) 계량 규준형 샘플링 검사(KS A 3103)

   (라) 계량 규준형 샘플링 검사(KS A 3104)

② AQL 지표형 샘플링 검사(KS A ISO 2859-1) : 구입자 쪽에서 샘플링 검사를 쉽게 하거나 까다롭게 하거나를 조정하는 것으로 최소한의 합격 품질기준을 정하고 이 기준보다 높은 품질의 로트를 제출하면 모두 합격시킬 것을 공급자에게 보증하는 검사방식이다.

   ▶ AQL(acceptable quality level) : 합격품질수준

③ LQ 지표형 샘플링 검사(KS A ISO 2859-2) : 한계품질(LQ : limiting quality)을 지표로 하며 AQL 지표형 샘플링 검사방식과 병용이 가능하고 전환규칙을 적용할 수 없는 경우에 고립상태에 있는 로트를 검사하기 위한 방식이다.

④ 스킵로트(skip-lot) 샘플링 검사(KS A ISO 2859-3) : 연속하여 제출된 로트 중 일부 로트를 검사 없이 합격으로 하는 합부판정 샘플링 절차이다.

⑤ 계량 조정형 샘플링 검사 : 구입검사에서 로트의 품질을 불량률[%]로 나타내는 계량검사에 적용한다.

⑥ 축차 샘플링 검사

   (가) 계수값 축차 샘플링 검사 : 항목은 임의로 선택되고 로트로부터 1개씩 검사하여 누계 카운트가 합계판정개수 이하이면 합격시키고, 불합격판정개수 이상이면 로트를 불합격시킨다.

㈏ 계량값 축차 샘플링 검사 : 로트로부터 아이템을 임의로 선택하여 1개씩 검사한 후 누계 여유치를 계산하여 누계 여유치를 판정선과 비교하여 로트의 합격을 결정하는 방식이다.

1.4 관리도

(1) 관리도 개요

① 관리도 정의

품질의 산포를 관리하기 위한 관리한계선이 있는 그래프로 공정을 관리 상태로 유지하기 위하여 또는 제조공정이 관리가 잘된 상태에 있는가를 조사하기 위하여 사용되는 것이다.

② 품질의 변동원인

㈎ 우연원인 : 작업자의 숙련도 차이, 작업환경의 차이, 식별되지 않을 정도의 원자재 및 생산설비 등 제반 특성의 차이로 생산조건이 엄격하게 관리된 상태에서도 발생되는 어느 정도의 불가피한 변동을 주는 것이다.

㈏ 이상원인 : 작업자의 부주의, 부적합품(불량품) 자재의 사용, 생산설비의 이상 등으로 산발적으로 발생하여 품질변동을 일으키는 것이다.

㈐ 관리한계선 : 공정이 관리상태인지 이상상태인지를 판정하는 도구로 사용하는 것으로 중심선, 관리상한선, 관리하한선으로 구분한다.

⑦ 중심선(CL : center line) : 품질특성의 평균치에 해당하는 선

㉯ 관리상한선(UCL : upper control line) : 중심선에서 3시그마(σ) 위에 있는 관리한계선

㉰ 관리하한선(LCL : lower control line) : 중심선에서 3시그마(σ) 아래에 있는 관리한계선

③ 관리도의 단계별 사용절차

㈎ 관리특성을 정한다.

㈏ 관리도의 종류를 정한다.

㈐ 데이터를 수집하여 관리도를 작성한다.

㈑ 공정관리를 위한 관리도를 결정한다.

㈒ 데이터를 타점한다.

㈓ 공정의 관리를 한다.

㈔ 관리선을 재계산한다.

(2) 관리도의 종류 및 특징

① 계량값 관리도

(가) $\bar{x} - R$(평균값-범위) 관리도 : 길이, 무게, 시간, 강도, 성분 등과 같이 데이터가 연속적인 계량치로 나타나는 공정을 관리할 때 사용한다.

(나) $\bar{x}$ 관리도와 R 관리도 : 데이터를 군으로 구분하지 않고 측정치를 그대로 사용하여 공정을 관리할 경우에 사용한다.

(다) $Me - R$(메디안과 범위) 관리도 : 평균치 $\bar{x}$ 대신에 Me(median : 중앙치)를 사용하여 평균치 $\bar{x}$를 계산하는 시간과 노력을 줄이기 위하여 사용한다.

(라) $L - S$(최대값-최소값) 관리도 : 계량치를 군으로 구분하여 최대치(L)와 최소치(S)를 한 개의 그림표에 점을 찍어 나가는 관리도이다.

(마) $\bar{x} - s$(평균치와 표준편차) 관리도 : 표준값이 주어져 있을 경우와 주어지지 않았을 경우 사용한다.

(바) 누적합(CUSUM) 관리도

(사) 지수가중 이동평균(EWMA) 관리도

② 계수값 관리도

(가) np(부적합품수) 관리도 : 공정을 부적합품수 np에 의해 관리할 경우 사용한다.

(나) p(부적합품률) 관리도 : 공정을 부적합품률 p에 의거 관리할 경우 사용한다.

(다) c(부적합수) 관리도 : 미리 정해진 일정 단위 중에 포함된 부적합(결점)수에 의거 공정을 관리할 대 사용한다.

(라) u(단위당 부적합수) 관리도 : 검사하는 시료의 면적이나 길이 등이 일정하지 않을 경우 또는 부적합수를 취급할 때 사용한다.

③ 관리도의 판정

(가) 연(Run) : 관리도에서 점이 관리한계 내에 있고 중심선의 한쪽에 연속해서 나타나는 점이며, 한 쪽에 연이은 점의 수를 연의 길이라고 한다.

(나) ARL(average run length : 평균연길이)

  ㉮ 샘플의 의미 : 어떤 공정 수준이 관리 이탈이라는 것을 지시할 때까지의 관리도에 대한 평균 타점수

  ㉯ 제품의 의미 : 어떤 공정 수준이 관리 이탈이라는 것을 지시할 때까지 제조된 평균 제품 수

(다) 경향(trend) : 관측값을 순서대로 타점했을 때 연속 6 이상의 점이 점점 상승하거나 하강하는 상태이다.

㈑ 주기(cycle) : 점이 주기적으로 상하로 변동하여 파형을 나타내는 경우이다.

2. 생산관리

2.1 생산계획

(1) 생산관리 개요

① 생산관리(production management)의 정의

생산시스템을 설계하고 적절한 품질의 제품을 적기에 생산목표를 달성할 수 있도록 생산 활동이나 생산과정을 관리하는 것이다.

㈎ 생산의 3요소 : 3M
   ㉮ 원자재(material) : 생산대상
   ㉯ 기계설비(machine) : 생산수단
   ㉰ 작업자(man) : 생산주체

㈏ 생산관리의 기본적인 3가지 목표 : QCD
   ㉮ Q(quality) : 품질
   ㉯ C(cost) : 원가
   ㉰ D(delivery) : 납기

② 생산형태(system)의 분류

㈎ 판매형태에 의한 분류
   ㉮ 주문생산 : 고객으로부터 주문을 받아 제품을 생산하여 판매하는 경우의 생산형태로 제품의 종류가 다양한 반면 가격이 고가이다.
   ㉯ 예측생산 : 고객의 주문과는 관계없이 시장수요에 공급하기 위하여 생산자가 몇 가지 제품을 대량생산하는 것으로 제품의 종류가 한정적인 반면 가격이 저렴하다.

㈏ 품목과 생산량에 의한 분류
   ㉮ 개별생산(다품종 소량생산) : 여러 가지 다양한 제품을 소량으로 생산하는 형태로 대부분 고객의 주문에 의하여 생산되는 단속생산의 형태를 갖는다.
   ㉯ 연속생산(소품종 다량생산) : 몇 가지 동일제품을 생산하기 위하여 일정한 생산공정을 설계하고 반복해서 생산하는 연속생산형태이다.

㈐ 작업의 연속성에 의한 분류
  ㉮ 단속 생산시스템 : 고객으로부터 주문을 받아 생산하는 다품종 소량생산으로 생산의 작업흐름이 단속적인 형태로 이루어진다.
  ㉯ 연속 생산시스템 : 불특정한 시장의 고객에게 판매하기 위한 계획생산을 하는 소품종 다량생산으로 생산의 작업흐름이 연속적인 형태로 이루어진다.
㈑ 생산량과 기간에 의한 분류
  ㉮ 프로젝트 생산시스템 : 교량, 댐, 도로 등과 같이 생산규모가 큰 반면에 생산수량이 적고 장기간에 걸쳐 이루어진다.
  ㉯ 개별 생산시스템 : 생산량이 소량이고 생산기간이 단기적인 부분은 프로젝트 생산과 구별되지만 생산흐름이 단속적인 부분은 공통성을 갖는다.
  ㉰ 로트(lot, batch) 생산시스템 : 개별생산과 연속생산의 중간 형태로, 일정량을 반복적으로 생산하는 것이다.
  ㉱ 연속(대량, 흐름) 생산시스템 : 제품 단위당 생산시간이 매우 짧고 1회 생산량이 대량인 생산시스템으로 연속생산형태에 속한다.

④ 생산 및 판매의 측면에서 본 생산형태
  ㈎ 판매시스템 : 재화를 직접 생산하는 부분이 없으며 다른 기업이나 조직에서 생산한 제품을 판매하는 것이다.
  ㈏ 생산-판매시스템 : 소품종의 제품을 대량생산하여 판매하는 시스템을 가리키며, 표준화된 규격품을 대량생산하는 것이다.
  ㈐ 폐쇄적 주문생산시스템 : 사전에 준비된 제품규격을 수요자에게 제시하고 이들 제품에 대한 주문에 따라 생산 활동을 하는 것이다.
  ㈑ 개방적 주문생산시스템 : 고객(수요처)이 원하는 명세서대로 제품을 생산하여 공급해 주는 시스템이다.
  ㈒ 대규모 1회 프로젝트 : 건설공사나 조선작업과 같이 대규모이고 1회에 한정하는 프로젝트 등의 생산시스템이다.

(2) 수요예측 및 손익분기점

① 수요예측의 정의
  기업의 생산제품이나 서비스에 대하여 미래의 시장수요를 방법으로 판매, 조달, 재무계획을 수립하는 근원이 되는 과정이다.
  ㈎ 목적
    ㉮ 생산설비의 규모 및 신설설비의 확장규모를 결정하기 위하여

㉯ 기존 생산설비에서 각 품목의 월별 생산량 결정하기 위하여
㉰ 기존 생산설비에서 복수품목, 기간, 총수량, 생산계획량 결정하기 위하여
(나) 효과
㉮ 수요변화에 대응한 생산계획을 만들 수 있다.
㉯ 재고부족 및 과다재고로 인한 손실을 줄일 수 있다.
㉰ 생산자원을 적기에 확보하고, 고용을 안정시킬 수 있다.
㉱ 불필요한 설비투자를 막을 수 있고, 생산능력을 최대한 활용할 수 있다.
㉲ 고객의 요구를 예측하고 대처함으로서 고객 서비스를 개선할 수 있다.

② 수요예측방법의 분류
(가) 정성적 예측기법(주관적 방법) : 과거의 관련 자료나 장래의 사태변화에 대한 자료가 불충분할 때 경험이나 직관력을 토대로 주관적인 의견을 사용하는 방법으로 장래의 시장조사법, 패널 동의법, 중역 의견법, 판매원 의견합성법, 수명주기 유추법, 델파이법 등이 있다.

예측이 간편하고, 비용이 적게 소요되며, 고도의 기술을 요하지 않는 장점이 있으나 전문가나 구성원의 능력, 경험에 따라 예측결과의 차이가 크므로 예측 정확도가 낮다.
(나) 정량적 예측기법(객관적 방법)
㉮ 시계열 예측기법 : 최소자승법, 이동평균법, 가중이동 평균법, 지수평활법 등
㉯ 인과형 예측기법 : 희귀모델, 계량경제모델, 선행표지법 등

③ 정성적 예측기법의 종류 및 특징
(가) 시장조사법 : 신제품에 대한 단기예측을 하는 기법으로 소비자패널, 설문지, 시험판매 등의 조사방법으로 소비자의 의견조사나 시장조사를 하는 것으로 예측에 대한 결과는 좋으나 비용과 시간이 많이 소요되는 단점이 있다.
(나) 패널 동의법 : 생산시점 및 능력을 예측할 때 주로 사용되는 것으로, 소비자, 영업사원, 경영자들로 구성된 패널의 의견으로 예측하는 방법이다. 의견이 강한 사람의 의견이 패널 전체의 의견을 좌우한다는 단점이 있다.
(다) 중역 의견법 : 중역들이 모여서 집단적으로 행하는 예측기법으로 장기계획이나 신제품개발에 사용하는 방법으로 최고경영자의 재능과 지식, 경험 등을 활용할 수 있다는 장점이 있으나 예측의 정확도는 떨어진다.
(라) 판매원 의견합성법 : 특정지역을 담당한 판매원들의 수요 예측치를 종합하여 전체 수요를 예측하는 방법으로 단기간에 양질의 시장정보를 입수할 수 있는 장점이 있는 반면 예측치가 판매원의 경험에 너무 치우치는 경향이 있다.

⑽ 수명주기 유추법 : 신제품이 개발될 경우 과거의 자료가 없으므로 신제품과 비슷한 제품의 과거자료를 이용하여 수요변화를 예측하는 방법이다.

⑾ 델파이법(delphi method) : 신제품개발, 신시장 개척, 신설비 취득, 전략 결정 등 중기·장기예측에 이용되는 방법으로 예측대상에 대한 질문을 전문가에게 보낸 후 전문가들의 의견을 받아 전체 의견의 평균치와 4분위 값으로 나타낸다.

④ 정량적 예측기법의 종류 및 특징

⑺ 시계열분석 : 시간간격(연, 월, 주, 일 등)에 따라 제시된 과거자료(수요량, 매출액)로부터 그 추세나 경향을 분석하여 미래의 수요를 예측하는 방법으로 단기 및 중지예측에 많이 사용된다.

최소자승법, 이동평균법, 지수평활법, Box-jenkins법 등이 있다.

⑻ 인과형 예측기법 : 수요예측을 몇 가지의 변수로 구성한 모형을 이용하여 예측하는 방법으로 중기예측에 이용된다.

⑤ 손익분기점(BEP : break even point)

일정기간 매출액(생산액)과 총비용이 균형하는 점으로 이익과 손실이 발생하지 않는 점이다.

$$BEP = \frac{고정비}{1 - \frac{변동비}{매출액}} = \frac{고정비}{1 - 변동비율} = \frac{고정비}{한계이익률}$$

2.2 생산통계

(1) 자재관리

① 자재관리(material management) : 생산 및 서비스에 필요한 자재를 계획대로 확보하여 적기에 필요로 하는 장소에 적량이 공급되도록 자재의 흐름을 계획, 조정, 통제하는 것이다.

② 자재계획 시 고려할 사항

⑺ 구매량 : 수량적 요인　　⑻ 구매 시기 : 시간적 요인
⑼ 저장 : 공간적 요인　　　⑽ 품질수준 : 품질적 요인
⑾ 재고수준 : 자본적 요인　⑿ 자재조달 시 활동비용 : 원가적 요인

③ 자재계획의 단계 : 원단위 산정 → 사용계획 → 구매계획

④ 재료의 원단위 : 원료투입량과 제품생산량의 비율

$$\text{재료의 원단위}[\%] = \frac{\text{원료 투입량}}{\text{제품 생산량}} \times 100$$

(2) 구매관리

① 구매관리(purchasing management)
생산계획에 따른 재료계획을 기초로 하여 생산활동을 수행할 수 있도록 생산에 필요한 자재를 구입하기 위한 관리활동이다.

② 구매가격 결정 기준
㈎ 원가법 : 원가계산에 의한 가격 결정
㈏ 시가법 : 수요와 공급에 따른 가격 결정
㈐ 견적법 : 동업 타사와의 경쟁관계에 따른 가격 결정

③ 구매관리의 역할
㈎ 기업이익의 증대　　　　　　　㈏ 기업경영의 중요한 역할
㈐ 구매정보에 따른 계획　　　　　㈑ 기술혁신의 원동력
㈒ 재료비의 절감　　　　　　　　㈓ 구매와 다른 기능부분과의 관계

④ 구매방법
㈎ 상용구매　　㈏ 장기계약구매　　㈐ 일괄구매
㈑ 투기구매　　㈒ 시장구매　　　　㈓ 대량구매　　㈔ 계획구매

(3) 재고관리

① 재고관리(inventory management) : 적정재고수준의 유지를 효율적으로 수행하기 위한 과학적인 관리기법이다.

② 재고의 기능
㈎ 고객의 수요를 충족시킨다.　　㈏ 불규칙적인 수요를 조절한다.
㈐ 작업을 분리하는 기능이다.　　㈑ 재고부족으로 인한 기회손실을 방지한다.
㈒ 경제적 이득을 가져온다.　　　㈓ 가격인상에 대한 보호수단이 된다.

③ 재고관리의 기능
㈎ 시간요소　　　　　　　　　　㈏ 불연속성 요소
㈐ 불확실성 요소　　　　　　　　㈑ 경제성 요소

(4) 일정관리

① 일정관리(scheduling & control) : 생산자원을 합리적으로 활용하여 일정한 품질과 수량

의 제품을 예정한 시간에 생산할 수 있도록 공장이나 현장의 생산활동을 계획하고 통제하는 것이다.

② 일정관리의 주요목표
  ㈎ 납기의 이행 및 단축 ㈏ 생산 및 조달기간의 최소화
  ㈐ 대기 및 유휴시간의 최소화 ㈑ 준비 및 반응시간의 최소화
  ㈒ 공정재고 및 생산비용의 최소화 ㈓ 기계 및 인력 이용률의 최대화

③ 일정관리 단계
  ㈎ 절차계획(순서계획) ㈏ 공수계획(능력소요계획)
  ㈐ 일정계획 ㈑ 작업배정
  ㈒ 여력관리 ㈓ 진도관리

(5) 일정계획

① **일정계획(scheduling)** : 부분품 가공이나 제품조립에 필요한 자재가 적기에 조달되고, 이들을 생산에 지정된 시간까지 완성할 수 있도록 기계 내지 작업을 시간적으로 배정하며 일시를 결정하여 생산일정을 계획하는 것이다.

② 일정계획의 기본기능
  ㈎ 예상수요를 충족하기 위한 자원의 합리적 배합
  ㈏ 작업관리의 표준 및 작업흐름의 조화
  ㈐ 공정운영과 통제(공정관리)의 기초제공
  ㈑ 설비가동률의 향상

③ 가공시간 계산
  ㈎ 총작업(가공) 시간 $T_n = P + nt(1+\alpha)$

  ㈏ 개당(로트당) 작업시간 $T_1 = \dfrac{P}{n} + t(1+\alpha)$

  여기서, P : 준비작업시간, n : 로트수
     t : 정미작업시간, α : 주작업에 대한 여유율

④ 일정관리의 계획기능
  ㈎ **절차계획(routing)** : 작업의 절차와 각 작업의 표준시간 및 각 작업이 이루어져야 할 장소를 결정하고 배정하는 것으로 순서계획이라고도 한다.
  ㈏ **공수계획(능력소요계획, 부하계획)** : 생산계획량을 완성하는데 필요한 인원이나 기계의 부하를 결정하여 이를 인원 및 기계의 능력과 비교하여 조정하는 계획으로 부

하결정리라고도 한다.

㈐ 공수체감현상 : 작업자가 작업을 반복함에 따라 작업소요시간(공수)이 체감되는 현상을 말한다.

⑤ 일정관리의 통제기능

㈎ 작업배정 : 가급적 일정계획과 절차계획에 예정된 시간과 작업순서에 따르지만, 현장의 실정을 감안하여 가장 유리한 작업순서를 정하여 작업을 명령하거나 지시하는 것으로 계획과 실제의 생산 활동을 연결시키는 중요한 역할을 한다.

㈏ 진도관리 : 작업배정에 의해 현재 진행 중인 작업에 대해서 진도상황이나 과정을 수량적으로 관리하는 것으로 납기의 확보와 공정품의 감소에 목적이 있다.

㈐ 여력관리 : 실제의 능력과 부하를 조사하여 양자가 균형을 이루도록 조정하는 것이다.

$$여력[\%] = \frac{능력 - 부하}{능력} \times 100 = (1 - 부하율) \times 100$$

$$부하율[\%] = \frac{부하}{능력} \times 100$$

(6) 프로젝트 관리

① **프로젝트 관리기법** : 프로젝트의 목표인 비용(cost), 일정(schedule), 품질(performance)이 최적화되도록 소요자원들을 계획하여 작업, 업무활동을 통제하는 것이다.

② PERT · CPM : 네트워크 계획기법으로 프로젝트를 효과적으로 수행할 수 있도록 네트워크를 이용하여 프로젝트일정, 노력, 비용, 자금 등과 관련시켜 합리적으로 계획하고 관리하는 기법이다.

㈎ PERT(performance evaluation & review technique) : 처음에 프로젝트를 시간적으로 관리하기 위하여 개발되었고(PERT/time), 이 후 비용절감도 고려할 수 있도록(PER T/cost) 개량되었다.

㈏ CPM(critical path method) : 공장건설 및 설비보전에 소요되는 자원(자금, 노력, 시간, 비용 등)의 효율향상에 주안점을 두어 개발된 것이다.

③ 네트워크 작성법

㈎ 네트워크(network : 계획공정도) : PERT · CPM의 중추를 이루는 것으로 제시된 목표달성을 위한 일련의 작업(활동)을 마디(○)와 가지(→)로 나타낸 체계적인 도표이다.

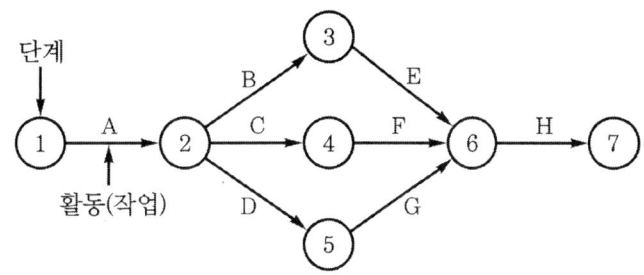

[주] ① 단계 ②를 분기단계, 단계 ⑥을 합병단계라고 한다.
② 활동 B, C, D는 병행활동이며 활동 A의 후속활동으로 활동 A가 완료되어야 착수 가능하다.

- ㉮ AOA(activity on arrow) : 마디(○)는 단계, 가지(→)는 활동을 나타내고, PERT에서 주로 적용되며 단계는 활동의 시작과 끝을 나타내므로 명목상의 활동(⇢)을 필요로 한다.
- ㉯ AON(activity on node) : 마디(○)는 작업이나 활동을 나타내며 가지(→)는 활동의 선후관계를 나타내고, 주로 CPM에서 적용되며 가지는 활동의 시작과 끝을 나타 냄으로 명목상의 활동(dummy activity)이 필요하지 않다.
- ㈏ 네트워크의 구성요소 : 주로 단계(○)와 활동(→)으로 구성되어 있다.
  - ㉮ 단계(event, node) : 작업 활동을 수행함에 있어서 활동의 개시 또는 완료되는 시점을 말한다.
  - ㉯ 활동(activity) : 과업 수행 상 시간 및 자원이 소비되는 작업이며, 한쪽 방향의 실선화살표(→)에 의해서 우측으로 일방통행원칙의 작업진행방향을 표시한다. 명목상의 활동(dummy activity)은 시간이나 자원이 필요하지 않고(실제 활동이 아님) 활동의 선후 관계만 나타내며 점선화살표(⇢)로 표시한다.
④ **비용구배(cost slope)** : 작업일정을 단축시키는 데 소요되는 단위시간당 소요비용이다.

$$\text{비용구배} = \frac{\text{특급비용} - \text{정상비용}}{\text{정상시간} - \text{특급시간}}$$

3. 작업관리

3.1 작업방법 연구

(1) 작업관리

① **작업관리(work study)** : 현장에서 작업방법이나 작업조건 등을 조사, 연구하여 합리적인 작업방법을 추구하고, 표준시간을 설정하기 위한 활동이다.

② **작업관리의 범위**

㈎ 방법연구(동작연구) : 불필요한 작업요소를 제거하고, 효과적이고 필요한 작업과정을 합리화시키려는 연구로서 공정분석, 작업분석, 동작분석 등으로 분류된다.

㈏ 작업측정(시간연구) : 숙련된 작업자가 명시된 작업내용을 정상속도로 작업할 때 소요되는 시간을 측정하기 위한 목적으로 제안된 기법을 연구하는 것이다.

(2) 공정분석

① **공정분석(process analysis)** : 원재료가 출고되어 제품으로 출하되기까지의 공정계열을 체계적으로 공정도시기호를 이용하여 조사, 분석하여 합리화시키기 위한 개선 방안을 모색하려는 방법연구로 제품공정분석, 사무공정분석, 작업자 공정분석, 부대분석으로 분류된다.

② **제품공정 분석** : 원재료가 제품화되는 과정(가공, 검사, 운반, 지연, 저장)에 관한 정보를 수집하여 분석하고, 검토하기 위해 사용되는 것으로 설비계획, 일정계획, 운반계획, 인원계획, 재고계획 등의 기초자료로 활용되는 분석기법이다.

㈎ 단순공정분석 : 세부분석을 위한 사전 조사용으로 사용되는 것으로 가공, 검사의 기호만 사용하는 작업공정도가 이용된다.

㈏ 세밀공정분석 : 생산공정의 종합적 개선, 공정관리제도 개선에 사용되는 것으로 가공, 검사, 운반, 저장, 정체의 기호를 사용하는 흐름공정도가 이용된다.

㈐ 가공시간 및 운반거리 기입 방법

$$가공시간 = \frac{1개당 \ 가공시간 \times 1로트의 \ 수량}{1로트의 \ 총 \ 가공시간}$$

또는

$$가공시간 = \frac{1로트당 \ 가공시간 \times 로트의 \ 수}{총 \ 로트의 \ 가공시간}$$

$$평균대기시간 = 평균 \ 대기로트의 \ 수 \times 로트당 \ 대기시간$$

$$운반거리 = \frac{1회 \ 운반거리 \times 운반횟수}{1로트의 \ 총 \ 운반거리} = 또는 \ 총 \ 운반거리$$

㈐ 제품공정분석표에 사용되는 기호

	명칭	작업	운반	저장		정체		검사			보조도시기호			
ASME식	기호	○	→	▽		D		□			관리부분	담당부분	생략	폐기
길브레스식	명칭	가공	운반	원재료의 저장	제품의 저장	정체	대기	질검사	양검사	양과질 검사				
	기호	○	○	△	▽	✧	▽	◇	□	◨	∿	⊥	⊤	↓

③ **사무공정 분석** : 사무실이나 공장에서 서류를 중심으로 하는 사무제도나 수속을 분석, 개선하는데 사용되며, 주로 서비스분야에 적용된다.

④ **작업자 공정분석** : 작업자가 장소를 이동하면서 작업을 수행하는 일련의 행위 가공, 검사, 운반, 저장 등의 기호를 사용하여 분석하는 것으로 업무범위와 경로 등을 개선하는데 사용된다.

(3) 작업분석

① **작업분석(operation analysis)** : 작업자에 의해 수행되는 개개의 작업내용에 대하여 분석하여, 작업내용 개선과 작업표준화의 기초자료로 이용하는 것이다.

② **목적**
   ㈎ 작업표준의 기초자료로 이용한다.
   ㈏ 작업개선의 중점발견에 자료로 이용한다.
   ㈐ 사람주체의 작업계열을 포괄적으로 파악한다.
   ㈑ 연계작업의 효율을 높이기 위한 설계, 개선자료로 이용한다.
   ㈒ 사실의 정량적인 파악에 의해 현재의 방법을 파악한다.

③ **분석기법**
   ㈎ 작업분석표(양손동작분석표) : 손 또는 다른 신체부위를 이용하여 수행되는 작업을 분석하는데 이용되며, 양손을 사용하는 작업분석에 일반적으로 많이 사용되는 분석표이다.
   ㈏ 다중활동분석표(복합활동분석표) : 작업자와 작업자, 작업자와 기계간의 상호관계를 분석함으로써 경제적인 작업조편성이나 인원수 결정, 적정기계수를 결정하기 위한 분석표이다.

– 이론적인 기계대수 $(n) = \dfrac{a+t}{a+b}$

여기서, a : 작업자와 기계의 동시작업시간
  b : 독립적인 작업자만의 작업시간
  t : 기계가동시간

(4) 동작분석

① **동작분석(motion analysis)** : 작업의 동작을 분해가능 한 최소한의 단위로 분석하여 비능률적인 동작을 줄이거나 배제시켜 최선의 작업방법을 추구하는 방법으로 동작연구(motion study)라 한다.

② **동작경제의 원칙** : 길브레스(F. B Gilbreth)가 처음 사용하였고, 반즈(R. M. Barnes)가 개량 보완하였다.

  ㈎ 신체사용에 관한 원칙

   ㉮ 불필요한 동작을 배제한다.
   ㉯ 동작은 최단거리로 행한다.
   ㉰ 동작은 최적, 최저차원의 신체부위로서 행한다.
   ㉱ 제한이 없는 쉬운 동작(탄도동작)으로 할 수 있도록 한다.
   ㉲ 가능한 한 물리적 힘(관성, 중력)을 이용하여 작업을 한다.
   ㉳ 동작은 급격한 방향전환을 없애고, 연속곡선운동으로 한다.
   ㉴ 동작의 율동(리듬)을 만든다.
   ㉵ 두 손의 동작은 같이 시작하고 같이 끝나도록 한다.
   ㉶ 휴식시간을 제외하고는 양손이 동시에 쉬지 않도록 한다.
   ㉷ 두 팔은 반대방향에서 대칭적인 방향으로 동시에 움직인다.

  ㈏ 작업장 배치에 관한 원칙

   ㉮ 공구와 재료는 일정위치에 정돈하여야 한다.
   ㉯ 공구와 재료는 작업자의 정상작업영역 내에 배치한다.
   ㉰ 공구와 재료는 작업순서대로 나열한다.
   ㉱ 의자와 작업대의 모양과 높이는 각 작업자에게 알맞도록 설계하고 지급한다.
   ㉲ 충분한 조명을 하여 작업자가 잘 볼 수 있도록 한다.
   ㉳ 재료를 될 수 있는 대로 사용위치 가까이에 공급할 수 있도록 중력을 이용한 호퍼 및 용기를 사용한다.

㈐ 공구 및 설비의 설계에 관한 원칙
  ㉮ 손 이외의 신체부분을 이용한 조작방식을 도입한다.
  ㉯ 공구류는 2가지 이상의 기능을 조합한 것을 사용한다.
  ㉰ 공구류와 재료는 처음부터 정한 장소에 정해진 방향으로 놓아 다음에 사용하기 쉽도록 한다.
  ㉱ 각각의 손가락이 사용되는 작업에서는 각 손가락의 힘이 같지 않음을 고려한다.
  ㉲ 공구류의 각종 손잡이는 필요한 기능을 충족시켜 피로를 감소시킬 수 있도록 설계한다.
  ㉳ 기계조작부분의 위치는 작업자가 최소의 움직임으로 최고의 효율을 얻을 수 있도록 한다.

③ **서블릭(therblig)분석** : 작업자의 작업을 18종류의 동작요소(서블릭 기호)로 정하고, 이 기호를 이용하여 관측용지에 기록하여 작업동작을 분석하는 방법이다.

④ **필름분석법(film method)** : 대상 작업을 촬영하여 그 한 컷(frame), 한 컷을 분석함으로써 동작내용, 동작순서, 동작시간을 명확히 하여 작업개선에 도움을 주기 위한 기법이다.

⑤ **기타 분석** : 사이클 그래프분석, 크로노그래프 사이클분석, 스트로보 사진분석, 아이(eye)카메라 분석, VTR 분석

3.2 작업시간 연구

(1) 표준시간

① **표준시간(standard time : ST)** : 표준작업조건에서 표준작업방법으로 표준작업능력을 가진 작업자가 표준작업속도로 표준작업량을 완수하는 데 필요한 시간(공수)이다.
  ㈎ 정미시간(normal time : NT) : 작업수행에 직접 필요한 시간으로 정상 시간이라고도 한다.
  ㈏ 여유시간(allowance time : AT) : 작업을 진행시키는데 불규칙적이고 우발적으로 발생(작업자의 생리 및 피로, 기계고장, 재료부족 등)하는 소요시간을 정미시간에 가산하여 보상하는 시간이다.

② **표준시간의 계산**
  ㈎ 외경법에 의한 계산 : 여유율(A)을 정미시간 기준으로 산정하여 사용하는 방식
    - 표준시간 = 정미시간 × (1 + 여유율)

$$= 정미시간 \times \left(1 + \frac{여유시간}{실동시간 - 여유시간}\right)$$

$$= 정미시간 \times \left(\frac{실동시간}{실동시간 - 여유시간}\right)$$

(나) 내경법에 의한 계산 : 여유율은 근무시간(실동시간)을 기준으로 산정하는 방법으로 정미시간이 명확하지 않을 경우 사용한다.

$$- \text{표준시간} = 정미시간 \times \left(\frac{1}{1 - 여유율}\right)$$

$$= 정미시간 \times \left(1 + \frac{여유율}{100 - 여유율}\right)$$

$$= 정미시간 \times \left(\frac{100}{100 - 여유율}\right)$$

(2) 작업측정

① **작업측정** : 제품과 서비스를 생산하는 워크시스템(work system)을 과학적으로 계획, 관리하기 위하여 작업자가 그 활동에 소요되는 시간과 자원을 측정 또는 추정하여 표준시간을 설정하는 것이다.

② **측정방법**

   (가) 직접측정법

      ㉮ 시간연구법 : 스톱워치법, 촬영법, VTR 분석법 등

      ㉯ 워크샘플링(work sampling)법

   (나) 간접측정법

      ㉮ 기정시간표준(PTS : predetermined time standard system)법

      ㉯ 표준자료법

      ㉰ 실적기록법(통계적 기준법)

4. 기타 공업경영 관련사항

4.1 기타 공업경영 관련사항

(1) 설비보전

① 설비보전의 개념

설비의 성능유지 및 이용에 관한 활동으로 검사제도를 확립하여 설비의 열화현상을 조사하고 설비의 수리부분을 예측하며, 이에 필요한 자재와 인원을 확보하여 계획적인 보수를 행하는 것이다.

② 생산보전(PM : productive maintenance)

설비의 설계, 건설로부터 운전 및 보전에 이르기까지 설비의 일생을 통하여 설비 자체의 비용과 보전 등 운전과 유지에 드는 일체의 비용과 설비의 열화에 의한 손실과 합계를 최소화하여 기업의 생산성을 높이려는 활동으로 1954년 GE사에서 창안한 것이다.

③ 설비보전의 기능

㈎ 설비검사 : 설비고장의 예지 또는 조기에 발견하고 수리요구를 계획화하기 위하여 행해지는 점검, 측정, 효율측정 등을 행하는 활동으로 열화측정이 목적이다.

㈏ 설비정비(일상보전) : 고장의 예방과 예방수리를 위한 급유, 청소, 조정, 부품교체 등을 행하는 활동으로 열화방지가 목적이다.

㈐ 설비수리(공작) : 열화회복이 목적으로 예방수리와 사후수리로 구분한다.

㉮ 예방수리 : 고장예방을 위한 제작, 분해, 조립 등을 실시하는 것이다.

㉯ 사후수리 : 설비고장 시 행하는 제작, 분해, 조립 등이다.

㈑ 개량보전 : 재질, 설계변경에 의한 수명연장, 수리를 용이하게 하는 체질개선 등을 행하는 활동이다.

㈒ 검수 : 수리, 부품, 설비제작에 하자가 없는지를 학인하기 위한 점검, 측정, 시운전 등을 행하는 활동이다.

④ 설비보전의 종류

㈎ 예방보전(PM : preventive maintenance) : 계획적으로 일정한 사용기간마다 실시하는 것으로 고장이 발생하여 야기될 수 손실을 최소화하기 위한 예방활동으로 예방보전을 하는 쪽이 비용이 절감되는 설비에 적용한다.

㈏ 사후보전(BM : breakdown maintenance) : 고장이나 결함이 발생한 후에 수리에

의하여 회복하는 경제적인 보전활동으로 고장이 난 후에 수리하는 쪽이 비용이 적게 소요되는 설비에 적용한다.

㈐ 개량보전(CM : corrective maintenance) : 고장이 발생한 후 또는 설계 및 재료변경 등으로 설비자체의 품질을 개선하여 수명을 연장시키거나 수리, 검사가 용이하도록 하는 방식이다.

㈑ 보전예방(MP : maintenancy maintenance) : 계획 및 설치에서부터 고장이 적고, 쉽게 수리할 수 있도록 하는 것으로 설비의 신뢰성과 보전성을 높이는 방식이다.

⑤ 설비보전의 조직 형태

㈎ 집중보전(centeral maintenance) : 한 사람의 관리자 밑에 공장의 모든 보전요원이 배치되어 모든 보전활동을 집중 관리하는 방식이다.

㈏ 지역보전(area maintenance) : 각 제조현장에 보전요원이 상주하여 그 지역의 설비검사, 급유, 수리 등을 담당하는 것으로 대규모공장에 많이 채택하는 방식이다.

㈐ 부문보전(departmental maintenance) : 각 제조부문의 감독자 밑에 보전요원을 배치하여 보전을 행하는 방식이다.

㈑ 절충보전(combination maintenance) : 집중보전, 지역보전, 부문보전을 결합한 방식으로 각 보전방식의 장점을 살려 보전하는 방식이다.

⑥ 보전조직의 특징

구 분	장 점	단 점
집중보전	• 기동성이 좋다 • 인원배치의 유연성이 좋다. • 노동력의 유효이용이 가능 • 보전용 설비공구의 유효한 이용 • 보전공 기능향상에 유리 • 보전비 통제가 확실 • 보전기술자 육성이 유리 • 보전책임이 명확	• 운전자와의 일체감 결여 • 현장감독이 곤란 • 현장 왕복시간이 증대 • 작업일정 조정이 곤란 • 특정설비에 대한 습숙이 곤란
지역보전	• 운전자와의 일체감 조성이 용이 • 현장감독이 용이 • 현장 왕복시간이 감소 • 작업일정 조정이 용이 • 특정설비의 습숙이 용이	• 노동력의 유효이용이 곤란 • 인원배치의 유연성에 제약 • 보전용 설비공구가 중복
부문보전	• 운전자와의 일체감 조성이 용이 • 현장감독이 용이 • 현장 왕복시간이 감소 • 작업일정 조정이 용이 • 특정설비의 습숙이 용이	• 생산우선에 의한 보전경시 • 보전기술의 향상이 곤란 • 보전책임의 소재 불명확 • 지역보전의 단점과 중복

구 분	장 점	단 점
절충보전	• 집중그룹의 기동성 • 지역그룹의 운전과의 일체감	• 집중그룹의 보행 손실 • 지역그룹의 노동효율 감소

(2) TPM 활동

① TPM(total productive maintenance) 활동

전원참가 생산보전활동(종합적 설비보전)으로 생산시스템의 종합적인 효율화를 추구하여 라이프 사이클 전체를 대상으로 하여 로스 제로(loss zero)화를 달성하려는 생산보전(PM)활동이다.

② 3정 5행(5S) 활동

㈎ 3정

㉮ 정품 : 규격에 맞는 재료나 부품을 사용하는 것

㉯ 정량 : 정해진 양만큼 사용하는 것

㉰ 정위치 : 물품이나 공구를 사용한 후에 항상 제자리에 놓는 것

㈏ 5행(5S)

㉮ 정리 : 필요한 것과 필요 없는 것을 구분하여 필요 없는 것을 없애는 것

㉯ 정돈 : 필요한 것은 언제든지 필요한 때에 사용할 수 있는 상태로 하는 것

㉰ 청소 : 먼지를 닦아내고 그 밑에 숨어 있는 부분을 보기 쉽게 하는 것

㉱ 청결 : 정리, 정돈, 청소의 상태를 유지하는 것

㉲ 생활화 : 정해진 일을 올바르게 지키는 습관을 생활화하는 것

제 2 편 과년도 문제해설

2007년 기능장 제 41 회 필기시험 (4월 1일 시행)

자격종목	코드	시험시간	형별
배관기능장	3081	1시간	A

※ 답안 카드 작성 시 시험문제지 형별누락, 마킹착오로 인한 불이익은 전적으로 수험자의 귀책사유임을 알려드립니다.
※ 각 문항은 4지 택일형으로 질문에 가장 적합한 보기 항을 선택하여 마킹하여야 합니다.

1 간접 가열식 급탕설비에 관한 설명 중 틀린 것은?
① 고압증기를 필요로 한다.
② 저장과 가열을 동시에 하는 탱크 히터 또는 스토리지(storage) 탱크가 필요하다.
③ 급탕용 보일러를 따로 설치할 필요가 없다.
④ 저탕조 내부에 스케일이 잘생기지는 않는다.

해 설
① 간접 가열식 급탕설비의 특징 : ②, ③, ④외 순환증기는 높이에 관계없이 $0.3 \sim 1[kgf/cm^2]$의 저압으로도 가능하다.
② 간접 가열식 급탕설비 : 저장탱크 내부에 가열 코일을 설치하여 증기 또는 열탕을 통과시켜 탱크내의 물을 간접적으로 가열하는 방식이다. |답| ①

2 증기 난방법에서 일반적인 응축수의 환수방법이 아닌 것은?
① 팽창 환수식
② 중력 환수식
③ 기계 환수식
④ 진공 환수식

해 설
응축수 환수방법에 의한 증기난방 분류
① 중력 환수식 : 환수관 내의 응축수를 중력에 의해 보일러로 환수시키는 방식으로 저압 보일러에 주로 사용한다.
② 기계 환수식 : 중력에 의하여 환수된 응축수를 일단 탱크에 모아서 펌프로 보일러에 보내는 방식으로 응축수 탱크는 가장 낮은 방열기보다도 낮은 곳에 설치하여야 한다.
③ 진공 환수관식 : 환수관 마지막 끝부분에 진공펌프를 설치하고, 이에 의해 방열기 및 배관내의 공기를 흡입하여 응축수를 환수시키는 방식이다. 진공펌프는 일정한 진공도($100 \sim 250[mmHgV]$)를 유지함과 동시에 탱크 속의 수위상승에 따라 자동적으로 급수펌프가 작동하여 응축수를 환수시킨다. 배관이 보일러 수위보다 낮아도 무방하고 도중에 낮은 수직관을 세워도 환수가 가능하다. |답| ①

3 자동화시스템에서 크게 회전운동과 선형운동으로 구분되며 사용하는 에너지에 따라 공압식, 유압식, 전기식 등으로 세분하는 자동화의 5대 요소 중 하나인 것은?
① 센서(sensor)
② 액추에이터(actuator)
③ 네트워크(network)
④ 소프트웨어(software)

해 설
자동화의 5대 요소
① 센서(sensor) : 공정 처리 상태에 대한 정보를 만들고 수집하며 이 정보를 프로세스에 전달하는 제어부분이다.
② 프로세서(processor) : 제어 데이터를 처리하는 요소로, 제어정보를 분석 처리하여 필요한 제어 명령을 내려주는 장치
③ 액추에이터(actuator) : 공정처리 상태에 대한 정보를 받아서, 제한된 공간 내에서 기계구조에 의해 일을 하는 부분으로 인간의 손, 발의 기능을 하는 부분이다.
④ 소프트웨어(software) : 입력신호를 받아 중앙처리 장치를 거쳐 작업요소에 전달되어지는 프로그램장치, 프로그램 메모리를 포함하는 장치
⑤ 네트워크(network) : 자동화 시스템에서 중앙컴퓨터와 여러 개의 콘트롤러 간에 시스템 구성기기들과 통신회선을 연결된 배치형태에 따라 성형, 환형 등으로 구분한다. |답| ②

4 목표값이 시간의 변화, 외부 조건의 영향을 받지 않고 일정한 값으로 제어되는 방식으로 보일러, 냉난방장치의 압력제어, 급수탱크의 액면제어 등에 사용되는 제어는?
① 추치제어
② 정치제어
③ 프로세스제어
④ 비율제어

해설
제어방법에 의한 자동제어의 분류
① 정치제어 : 목표값이 일정한 제어
② 추치제어 : 목표값을 측정하면서 제어량을 목표값에 일치하도록 맞추는 방식으로 추종제어, 비율제어, 프로그램 제어 등이 있다.
③ 캐스케이드 제어 : 두 개의 제어계를 조합하여 제어량의 1차 조절계를 측정하고 그 조작 출력으로 2차 조절계의 목표값을 설정하는 방법으로 단일 루프제어에 비해 외란의 영향을 줄이고 계 전체의 지연을 적게 하는데 유효하기 때문에 출력 측에 낭비시간이나 지연이 큰 프로세스제어에 이용되는 제어이다. **|답| ②**

5 항상 일정한 풍량을 공급하는 공조방식으로 부하변동이 심하지 않은 경우에 적합하며, 부분적으로 부하변동이 있는 공간에 적용이 곤란한 덕트방식으로 전공기 방식으로 분류되는 공기조화방식은?
① 정풍량 단일 덕트 방식
② 유인유닛 방식
③ 덕트 병용 팬코일유닛 방식
④ 패키지 덕트 방식

해설
공기조화방식의 분류
(1) 중앙식
① 전공기 방식 : 단일 덕트 방식, 2중 덕트 방식
② 물-공기병용방식 : 존(zone) 유닛방식, 유인 유닛 방식, 팬코일 유닛 방식, 복사패널 덕트 병용방식
(2) 개별식
① 전수방식 : 팬코일 유닛 방식
② 냉매방식 : 팩케이지 유닛 방식, 팬코일 유닛 방식 **|답| ①**

6 화학세정 작업에서 성상이 분말이므로 취급이 용이하고 비교적 저온(40[℃])에서도 물의 경도성분을 제거할 수 있는 능력이 있으므로 수도설비 세정에 가장 적합한 것은?
① 염산
② 설파민산
③ 알코올
④ 트리클로로 에틸렌

해설
백색 분말이며, 다른 약품에 비해 취급이 간단하며 칼슘, 마그네슘 등을 용해하는 능력이 뛰어난 화학세정용 산(酸)성 약제이다. **|답| ②**

7 가스배관의 보수 또는 연장 작업 시 배관 내에서 가스를 차단할 경우 다음 중 가장 적합한 것은?
① 모래
② 가스 팩
③ 코르크
④ 슈링크 튜브

해설
가스 팩(gas pack) : 도시가스 저압배관에서 보수 및 연장 작업을 할 때 배관에 구멍을 뚫고 가스 팩을 관내로 삽입한 후 공기펌프 등으로 가스 팩을 팽창시켜 가스를 차단하는 기구이다. **|답| ②**

8 유류배관설비의 기밀시험을 할 때 사용할 수 없는 것은?
① 질소
② 산소
③ 탄산가스
④ 아르곤 가스

해설
산소는 강력한 조연성(지연성)가스이므로 유류배관의 기밀시험에 사용할 때 폭발사고의 원인이 된다. **|답| ②**

9 소화설비장치 중 연결 송수관의 송수구 설치에 관한 설명 중 틀린 것은?
① 소방차가 쉽게 접근할 수 있는 노출된 장소에 설치
② 지면으로부터 높이 0.5~1[m] 이하의 위치에 설치
③ 송수구는 관지름 65[mm]의 것을 설치
④ 송수구로부터 연결 주배관에 이르는 연결배관에는 반드시 개폐밸브를 설치

해 설
송수구로부터 연결 주배관에 이르는 연결배관에는 자동 배수밸브, 체크밸브를 설치하여야 한다. |답| ④

10 고층 건물의 급수방법에 사용하는 일반적인 급수 조닝(zoning)방식이 아닌 것은?
① 층별식   ② 조압펌프식
③ 중계식   ④ 압력탱크식

해 설
고층건물의 급수 조닝(zoning)방식
① 층별식 : 건물을 몇 개의 존(zone)으로 나누어 각 존마다 물탱크(수조)를 설치하고 최하층에는 양수펌프를 설치하여 각 존의 물탱크에 양수하는 방식
② 중계식 : 건물을 몇 개의 존(zone)으로 나누어 각 존마다 물탱크를 설치하고 양수펌프가 각 존의 물탱크를 수원으로 하여 상부의 존으로 중계해서 양수하는 방식
③ 조압펌프식 : 건물을 몇 개의 존(zone)으로 나누고, 건물의 최하층에 존수만큼 양수펌프를 설치하여 각 존마다 수량의 변동에 따라 수량을 자동적으로 조절하여 항상 급수관속의 수압을 일정하게 유지하도록 자동제어하는 방식
|답| ④

11 보일러 내 부속장치의 역할에 관한 설명 중 올바르게 설명된 것은?
① 과열기 : 과열증기를 사용함에 따라 포화증기가 된 것을 재가열한다.
② 절탄기 : 연도 가스에서의 여열로 급수를 가열한다.
③ 공기예열기 : 연도 가스에서의 여열로 급수를 가열한다.
④ 탈기기 : 물에 다량 함유된 염화물을 제거하기 위한 증류수를 만든다.

해 설
보일러 부속장치의 역할
① 과열기(super heater) : 보일러에서 발생한 습포화증기의 압력을 일정하게 유지하면서 온도만을 높여 과열증기를 만드는 장치이다.
② 재열기(reheater) : 고압 증기터빈에서 일정한 팽창을 하고 포화상태에 가까워진 증기를 모두 회수하여 재차 열을 가하여 과열증기로 만들어 저압 터빈에서 팽창하도록 하는 장치이다.
③ 급수예열기(economizer) : 보일러 급수를 연소가스 여열(餘熱)을 이용하여 예열시키는 장치로 절탄기(節炭器)라 한다.
④ 공기예열기(air preheater) : 연소가스의 여열을 이용하여 연소실에 공급되는 2차 공기를 예열하는 장치이다.
⑤ 탈기기 : 보일러 급수 중의 산소(O_2), 탄산가스(CO_2) 등의 용존가스를 제거하는. 기기이다. |답| ②

12 냉동배관의 보온공사를 [보기]와 같이 6가지로 분류할 때 시공순서로 다음 중 가장 적합한 것은?

[보기]
① 보온재를 단단히 감는다.
② 철사로 동여맨다.
③ 비닐테이프 또는 면 테이프로 외장한다.
④ 방수지를 감아준다.
⑤ 페인트를 칠한다.
⑥ 아스팔트 루핑을 감은 후 아스팔트를 바른다.

① ③ → ④ → ⑥ → ① → ⑤ → ②
② ⑥ → ① → ② → ④ → ③ → ⑤
③ ⑥ → ④ → ③ → ⑤ → ① → ②
④ ⑥ → ④ → ⑤ → ① → ② → ③
|답| ②

13 높은 곳에서 배관작업을 할 때 주의사항으로 틀린 것은?
① 될 수 있는 대로 안전성이 있는 발판을 사용한다.
② 복장은 가벼운 차림으로 한다.
③ 발판은 가해지는 하중에 견딜 수 있는 것을 한다.
④ 높은 곳에서 작업은 미숙련자라도 젊은 사람이 작업한다.

해 설
높은 곳에서 배관작업 시 주의사항 : ①, ②, ③ 외
① 숙련자 이외에는 높은 곳에 오르지 않도록 한다.
② 사다리 사용 시에는 지면에서 각도를 75° 이내로 하고 미끄러지지 않도록 한다.
③ 작업 시 반드시 안전벨트를 착용한다.

④ 바람이 심하고, 비가 많이 오는 날에는 작업을 하지 않는다.
⑤ 높은 곳에서의 작업은 그물을 밑에 치고 한다.
⑥ 공구나 부품을 떨어뜨리지 않도록 주의한다.
⑦ 사다리를 등지고 내려오지 않도록 한다. |답| ④

14 기송배관의 일반적인 형식이 아닌 것은?
① 진공식 배관   ② 압송식 배관
③ 수송식 배관   ④ 진공압송식 배관

해 설
(1) 기송배관 : 공기 수송기를 사용하여 고체 분말 또는 미립자를 운송하도록 시설하여 놓은 배관
(2) 형식 분류
  ① 진공식(vacuum type) : 수송관을 진공펌프를 이용하여 진공상태로 만든 후 운반물과 대기 중의 공기를 동시에 흡입하여 운송하고 공기는 따로 분리하여 배출하는 형식이다.
  ② 압송식(pressure type) : 압축기로 공기를 압입하고 송급기(feeder)에서 운반물을 흡입하여 운송한 후 공기를 따로 배출하는 형식이다.
  ③ 진공 압송식(vacuum and pressure type) : 진공식과 압송식을 혼합한 형식으로 수송원과 수송선이 여러 갈래이거나 원거리인 경우에 이용된다.
   |답| ③

15 정(chisel) 머리의 거스러미에 관한 올바른 설명은?
① 타격 면적이 커지므로 클수록 좋다.
② 해머가 미끄러져서 손을 상하기 쉽다.
③ 금긋기 선에 따라서 쉽게 정작업을 할 수 있다.
④ 해머로 타격할 때 정에 많은 힘이 작용한다.

해 설
정(chisel) 및 끌 작업 시 안전사항
① 끌 작업 시는 끝날에 다치지 않도록 주의한다.
② 머리가 찌그러진 것은 고른 후 사용한다.
③ 따내기 작업 시는 보호안경을 착용한다.
④ 절단 시 조각의 비산에 주의해야 한다.
⑤ 정을 잡은 손은 힘을 뺀다. |답| ②

16 보일러 자동제어 중 보일러로부터 발생되는 증기의 압력을 일정하게 유지하기 위하여 연료 및 공기 유량을 조절하고, 굴뚝으로 배출되는 연소가스의 유량을 제어하여 발생되는 열을 조정하는 제어는?
① 증기온도제어   ② 급수제어
③ 재열온도제어   ④ 연소제어

해 설
보일러 자동제어(A·B·C)

명 칭	제 어 량	조 작 량
자동연소제어 (ACC)	증기압력	공기량, 연료량
	노내압	연소가스량
급수제어 (FWC)	보일러 수위	급수량
증기온도제어 (STC)	증기온도	전열량

   |답| ④

17 장치의 운전을 정지시키지 않고 유체가 흐르는 상태에서 고장을 수리하는 것으로 바이패스를 시키거나 분기하여 유체를 우회 통과시키는 응급조치 방법인 것은?
① 핫태핑(hot tapping)법과 플러깅(plugging)법
② 스토핑박스(stopping box)법과 박스(box-in)설치법
③ 코킹(caulking)법과 밴드보강법
④ 인젝션(injection)법과 밴드보강법
   |답| ①

18 화학공업 배관에서 사용되는 열교환기에 관한 다음 설명 중 잘못된 것은?
① 유체에 대한 냉각, 응축, 가열, 증발 및 폐열 회수 등에 사용된다.
② 열교환기는 열부하, 유량, 조작압력, 온도, 허용압력손실 등을 고려하여 가장 적합한 것을 선택한다.
③ 다관식 원통형 열교환기에는 고정관판형, 유동두형, 케롤형 등이 있다.
④ 단관식 열교환기에는 트롬본형, 스파이럴형, U자관형 등이 있다.

해 설
열교환기의 구조별 분류
① 다관식 : 고정관판형, 유동두형, U자관형, 케플형
② 단관식 : 트롬본형, 탱크형, 스파이럴형
③ 이중관식
④ 판형(plate type)형 |답| ④

19 특수 통기방법 중 섹스티아(sextia)를 이용할 때 배관에 관한 설명으로 틀린 것은?
① 배수 수평주관은 가능한 한 길게 해야 한다.
② 수평주관의 방향 전환은 가능한 한 없도록 한다.
③ 배수 수평분기관이 수평주관의 수위에 잠기면 안 된다.
④ 배수관의 끝 부분은 항상 대기 중에 개방되도록 한다.

해 설
배수 수평주관은 가능한 한 짧게 해야 한다. |답| ①

20 가스용접 시작 전에 점검해야 할 사항 중 안전 관리상 가장 중요한 사항은?
① 아세틸렌가스 순도를 점검한다.
② 안전기의 수위를 점검한다.
③ 재료와 비교하여 토치를 점검한다.
④ 산소 용기의 잔류 압력을 점검한다.

해 설
안전기는 산소의 역류, 역화 시에 아세틸렌 발생장치에 위험이 미치지 않게 하는 안전장치이다. |답| ②

21 강관의 종류와 KS 규격기호를 짝지은 것으로 틀린 것은?
① 수도용 아연도금 강관 – SPPW
② 고압 배관용 탄소강관 – SPPH
③ 압력 배관용 탄소강관 – SPPS
④ 고온 배관용 탄소강관 – STS×TB

해 설
강관의 KS 표시 기호

KS 표시 기호	명 칭
SPP	일반배관용 탄소강관
SPPS	압력배관용 탄소강관
SPPH	고압배관용 탄소강관
SPHT	고온배관용 탄소강관
SPLT	저온배관용 탄소강관
SPW	배관용 아크용접 탄소강관
SPA	배관용 합금강관
STS×T	배관용 스테인리스강관
STBH	보일러 열교환용 탄소강관
STHA	보일러 열교환용 합금강관
STS×TB	보일러 열교환용 스테인리스강관
STLT	저온 열교환기용 강관

|답| ④

22 유체를 일정한 방향으로만 흐르게 하여 역류 방지 및 워터해머 방지 기능과 바이패스 밸브의 기능도 하는 것은?
① 팩리스 밸브
② 다이어프램 밸브
③ 팽창 밸브
④ 해머리스 체크밸브

해 설
해머리스 체크 밸브(hammerless check valve) : 스모렌스키 체크밸브라 하며 밸브 내부는 버퍼(buffer)와 스프링(spring)이 설치되어 있고 펌프 출구측의 체크 밸브용으로 사용되며, 워터해머(water hammer)의 방지와 바이패스 밸브의 기능을 함께 한다. |답| ④

23 다음 중 일반적인 폴리부틸렌관 이음인 것은?
① MR 이음
② 에이콘 이음
③ 몰코 이음
④ TS식 냉간이음

해 설
에이콘 이음 : 본체, 그랩링(grab ring), 오링(O-ring), 캡, 서포트슬리브로 구성되며 관을 연결구에 삽입하여 그랩링과 O링에 의한 이음방법이다. |답| ②

24 플랜지 관 이음쇠의 종류 중 관 끝을 막으려고 할 때만 사용되는 플랜지는?
① 랩 조인트 플랜지
② 블라인드 플랜지
③ 소켓 용접 플랜지
④ 나사 이음 플랜지

해설

블라인드 플랜지(bland flange)를 막힘 플랜지라 한다.

|답| ②

25 [보기]에서 A, B, C, D의 설명과 ① 가교화 폴리에틸렌관, ② 주철관, ③ 에터니트관, ④ 배관용 탄소강관과 가장 적합한 것 한 가지씩 올바르게 조합된 것은?

[보기]
A : 가스, 수도, 증기, 공기 등 저압용 배관에 사용한다.
B : 엑셀 온돌파이프라 하며, 온수온돌 코일에 사용된다.
C : 수도용 급수관, 가스 공급관, 건축물의 오배수관, 광산용 양수관, 화학 공업용 배관 등에 사용한다.
D : 시멘트와 석면을 적당한 양의 물로 혼합하여 심관의 둘레에 감고 성형한다.

① ① - B, ② - C, ③ - D, ④ - A
② ① - A, ② - B, ③ - C, ④ - D
③ ① - D, ② - C, ③ - B, ④ - A
④ ① - A, ② - C, ③ - B, ④ - D

|답| ①

26 신축이음쇠 중 단식과 복식이 있고, 일명 팩리스형 신축이음쇠라고도 하는 것은?
① 슬리브형 신축이음쇠
② 벨로스형 신축이음쇠
③ 루프형 신축이음쇠
④ 스위블형 신축이음쇠

해설

신축이음쇠의 종류
① 슬리브형(sleeve type) : 신축에 의한 자체 응력이 발생되지 않고 설치장소가 필요하며 단식과 복식이 있다. 슬리브와 본체와의 사이에는 패킹을 다져 넣고 그랜드로 밀착시켜 온수 또는 증기의 누설을 방지한다. 50[A] 이하의 배관에는 나사식, 65[A] 이상은 플랜지식을 사용한다.
② 벨로스형(bellows type) : 팩리스(packless)형이라 하며, 설치장소에 구애받지 않고 가스, 증기, 물 등 2[MPa], 450[℃]까지 축 방향 신축흡수에 사용되며 단식과 복식 2종류가 있다.
③ 루프형(loop type) : 곡관으로 만들어진 관의 가요성(可撓性)을 이용한 것으로 구조가 간단하고 내구성이 좋아 고온, 고압배관이나 옥외배관에 주로 사용한다. 곡률 반지름은 관지름의 6배 이상으로 한다.
④ 스위블형(swivel type) : 지웰이음, 지블이음, 회전이음이라 하며, 2개 이상의 엘보를 사용하여 관의 신축을 흡수하는 것으로 신축방향이 큰 배관에서는 누설의 우려가 있다.

|답| ②

27 호칭압력 16[kgf/cm^2] 이상에 사용되며, 위험성이 있는 배관이나 매우 기밀을 요하는 배관에 사용되는 플랜지 패킹 시트의 모양으로 가장 적합한 것은?
① 소평면 시트
② 전면 시트
③ 대평면 시트
④ 홈 시트

해설

플랜지 시트 종류별 호칭압력
① 전면 시트 : 16[kgf/cm^2] 이하
② 대평면 시트 : 63[kgf/cm^2] 이하
③ 소평면 시트 : 16[kgf/cm^2] 이상
④ 삽입 시트 : 16[kgf/cm^2] 이상
⑤ 홈 시트(채널형) : 16[kgf/cm^2] 이상

|답| ④

28 일반용 경질염화비닐관에 대한 설명으로 틀린 것은?
① KS에서 관의 길이는 4000±10[mm]를 표준으로 하고 있다.
② 폴리에틸렌관보다 단단하며 영하의 저온에 적합하다.
③ 경질비닐전선관과 수도용 경질비닐관을 제외한 일반 유체 수송용에 사용한다.
④ 관의 호칭지름과 두께에 따라 일반관(VG$_1$)과 얇은 관(VG$_2$)의 2종이 있다.

해설

일반용 경질염화비닐관의 특징 : ①, ③, ④ 외
① 내식성, 내산성, 내알칼리성이 크다.

② 전기의 절연성이 크다.
③ 열전도도가 철의 1/350 정도로 열의 불양도체이다.
④ 가볍고 강인하며, 관의 마찰저항이 적다.
⑤ 굴곡, 접합, 용접 등 배관가공이 쉽다.
⑥ 저온 및 고온에서 강도가 떨어진다.
⑦ 열팽창률이 크다.
⑧ 충격강도 및 용제에 약하다. |답| ②

29 수도용 입형 주철관 중 저압관의 최대 사용 정수두로 다음 중 가장 적합한 것은?
① 75[m] 이하
② 65[m] 이하
③ 55[m] 이하
④ 45[m] 이하

해 설
수도용 입형 주철관의 최대사용 정수두
① 보통압관 : 75[m]
② 저압관 : 45[m] |답| ④

30 배관재료 중 스트레이너를 설명한 것으로 틀린 것은?
① 밸브나 기기 앞에 설치하여 이물질을 제거하여 기기 성능을 보호한다.
② 여과망을 자주 꺼내어 청소하지 않으면 여과망이 막혀 저항이 커지므로 큰 장애가 발생한다.
③ U형은 Y형에 비해 저항은 크나 보수, 점검에 편리하며 기름배관에 사용한다.
④ V형은 유체가 직각으로 흐르므로 유체저항이 가장 크고 보수, 점검이 어렵다.

해 설
V형 여과기는 주철제의 몸체 속에 V자 모양의 여과망을 넣은 것으로 유체가 이 여과망을 통과하면서 여과되며, 유체가 일직선으로 되어 있어 Y형이나 U형 여과기에 비하여 유체에 대한 저항이 적다. 여과망의 교환, 점검, 보수 및 관리가 편리하다. |답| ④

31 무기질 보온재로 흄매트, 블랭킷, 파이프커버, 하이울 등의 종류가 있는 보온재는?
① 기포성 수지
② 석면
③ 규조토
④ 암면

해 설
암면(rock wool)의 특징
① 안산암, 현무암, 석회석 등을 원료로 섬유상으로 제조한다.
② 흡수성이 적고, 풍화 염려가 없다.
③ 가격이 저렴하고 섬유가 거칠며 꺾어지기 쉽다.
④ 알칼리에는 강하나, 강산에는 약하다.
⑤ 열전도율 : 0.039~0.048[kcal/h·m·℃]
⑥ 안전 사용온도 : 400~600[℃] |답| ④

32 내식성, 특히 내해수성이 좋으며 화학공업용이나 석유공업용의 열교환기, 해수, 담수화 장치에 사용되며 이음매 없는 관과 용접관으로 구분하며, 관의 내·외면에서 열을 전달할 목적으로 사용하는 관은?
① 가교화폴리에틸렌관
② 열교환기용 티탄관
③ 폴리프로필렌관
④ 프리스트레스트관
|답| ②

33 [보기]와 같은 배관의 간략 도시방법의 지지장치 표시 설명으로 올바른 것은?
[보기]

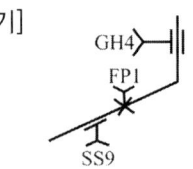

① GH4 : 콘스탄트 행어 No.4
② FP1 : 스프링의 수량과 형상 및 설치법
③ SS9 : 슬라이드식 지지장치 No.9
④ GH4 : 사이즈 호칭번호 4(size No.4)
|답| ③

34 다음 중 측정할 수 있는 압력이 가장 높은 압력계는?
① 벨로스(bellows) 압력계
② 다이어프램(diaphragm) 압력계

③ 부르동관(bourdon tube) 압력계
④ U자관 압력계

해설

각 압력계의 측정범위

명칭	측정범위
벨로스 압력계	0.01~10[kgf/cm²]
다이어프램 압력계	20~5000[mmH₂O]
부르동관 압력계	0~3000[kgf/cm²]
U자관 압력계	통풍계 및 저압용

|답| ③

35 급수설비에서 수질오염 방지대책에 관한 설명으로 틀린 것은?

① 빗물이 침입할 수 없는 구조로 하여야 한다.
② 급수탱크 내부에 급수 이외의 배관이 통과해서는 안 된다.
③ 지하탱크나 옥상탱크는 건물 골조를 공용으로 이용하여 만들어야 한다.
④ 역사이폰 작용을 막기 위해서 급수관이 부압으로 되었을 때, 물이 역류되어 빨려 들어가지 않는 구조로 시공해야 한다.

해설

지하탱크나 옥상탱크는 건물 골조와는 별도의 시설로 만들어야 한다.
|답| ③

36 증기의 성질에 관한 설명으로 올바른 것은?

① 대기압 하에서 포화온도를 임계온도라 한다.
② 건도 $x = 1$일 때 포화수라고 한다.
③ 과열도가 낮을수록 이상기체의 상태방정식을 가장 잘 만족시킨다.
④ 건포화증기를 더 가열하면 포화온도 이상으로 상승하게 되며 이 증기를 과열증기라고 한다.

해설

(1) 임계점 : 포화수가 증발현상 없이 증기로 변화할 때의 상태점을 임계점이라고 하며, 이때의 온도를 임계온도, 압력을 임계압력이라 한다.
(2) 건조도[건도](x) : 증기 속에 함유되어 있는 물방울의 혼용률
  ① 건조도(x)가 1인 경우 : 건포화증기

② 건조도(x)가 0인 경우 : 포화수
③ 건조도(x)가 $0 < x < 1$인 경우 : 습증기 |답| ④

37 구리관의 끝 부분을 정확한 지름의 원형으로 만들 때 사용하는 주된 공구는?

① 가열기   ② 커터
③ 사이징 툴   ④ 익스팬더

해설

동관용 공구의 종류 및 용도
① 튜브 커터(tube cutter) : 관지름 20[mm] 이하의 동관 절단에 사용하는 공구이다.
② 튜브 벤더(tube bender) : 관지름 20[mm] 이하의 동관을 상온에서 필요한 각도로 구부릴 때 사용하며 구부릴 수 있는 각도는 0~180°이다.
③ 플레어링 공구 : 동관을 압축이음(flare joint)할 때 동관 끝을 나팔관 모양으로 넓히기 위하여 사용하는 공구이다.
④ 리머(reamer) : 튜브 커터로 동관을 절단한 후 관 내면에 생기는 거스러미를 제거하는데 사용한다.
⑤ 사이징 툴(sizing tools) : 동관의 끝부분을 정확한 치수의 원형으로 교정하기 위하여 사용한다.
⑥ 확관기(expander) : 동일한 지름의 동관을 이음쇠 없이 납땜이음 할 때 한쪽 관 끝에 소켓을 만드는데 사용한다.
⑦ 티 뽑기(extractor) : 티로 연결할 부분에 관이음재(티)를 사용하지 않고 동관에 구멍을 내어 간단히 관을 연결하는데 사용한다.
|답| ③

38 다음 중 폴리에틸렌관 이음의 종류가 아닌 것은?

① 인서트 이음   ② 테이퍼 조인트 이음
③ 몰코 이음   ④ 융착 슬리브 이음

해설

폴리에틸렌관의 이음 종류
① 용착 슬리브 접합 : 관 끝의 바깥쪽과 이음관의 안쪽을 동시에 가열하여 용융이음 하는 방법이다.
② 테이퍼 접합 : 50[mm] 이하의 관에 폴리에틸렌관 전용의 포금제 테이퍼 조인트를 사용하여 접합하는 방법이다.
③ 인서트 접합 : 50[mm] 이하의 폴리에틸렌관 접합용으로 가열 연화한 인서트를 끼우고 물로 냉각하여 클램프로 조여 접합하는 방법이다.
④ 기타 이음 방법 : 용접법, 플랜지 이음법, 나사 이음
※ 몰코 이음은 스테인리스관의 이음 방법이다. |답| ③

39 강관 접합에서 슬리브 용접 접합 시 슬리브의 길이는 파이프 지름의 몇 배 정도가 가장 적합한가?
① 0.5~1배
② 1.2~1.7배
③ 2.0~2.5배
④ 2.5~3.2배

|답| ②

40 관 종류별 일반적인 이음의 종류를 연결한 것으로 틀린 것은?
① 주철관 – 심플렉스 이음
② 동관 – 플레어 이음
③ 연관 – 플라스턴 이음
④ 경질염화비닐관 – 테이퍼 코어 플랜지 이음

해설
심플렉스 이음 : 75~500[mm]의 지름이 작은 석면시멘트관에 사용되는 이음방식으로, 석면 시멘트제 칼라와 2개의 고무링으로 접합 시공하는 것으로 일명 고무 가스켓 이음이라고도 하며, 굽힘성과 내식성이 우수하다. |답| ①

41 5[℃]의 물 10[kg]을 100[℃]의 증기로 바꾸는 데 필요한 열량은 약 몇 [MJ]인가? (단, 물의 비열은 4.187[kJ/kg·K]이고, 물의 증발잠열은 2256.7 [kJ/kg]이다.)
① 2.65
② 3.98
③ 23.01
④ 26.54

해설
① 5[℃] → 100[℃]까지 소요 열량 : 현열
$Q_1 = G \cdot C \cdot \Delta t$
$= 10 \times 4.187 \times (100 - 5) \times 10^{-3} = 3.978$[MJ]
② 100[℃]물 → 100[℃] 포화증기 소요 열량 : 잠열
$Q_2 = G \cdot r = 10 \times 2256.7 \times 10^{-3} = 22.567$[MJ]
③ 합계 열량 계산
$Q = Q_1 + Q_2 = 3.978 + 22.567 = 26.545$[MJ] |답| ④

42 100[A] 강관으로 중심각이 90°인 6편 마이터(miter) 배관을 제작하고자 한다. 절단각은 얼마인가?
① 7.5°
② 9°
③ 15°
④ 19°

해설
절단각 = $\dfrac{중심각}{2 \times (편수 - 1)} = \dfrac{90}{2 \times (6-1)} = 9°$ |답| ②

43 용접이음부에 발생하는 용접결함 중 모서리 이음, T이음 등에서 볼 수 있는 것으로 강의 내부에 모재의 표면과 평행하게 층상으로 발생되는 것으로 층상균열이라고도 하는 것은?
① 크레이터 균열
② 라미네이션 균열
③ 델라미네이션
④ 라멜라티어 균열

|답| ④

44 동관을 열간벤딩 시 가열온도는 몇 [℃] 정도가 적당한가?
① 200~300
② 400~500
③ 600~700
④ 800~900

해설
동관 벤딩 방법
① 냉간법 : 동관용 벤더를 사용하는 방법
② 열간법 : 토치램프 등으로 600~700[℃] 정도로 가열하여 벤딩하는 방법 |답| ③

45 탄산가스 아크용접의 특징 설명으로 틀린 것은?
① 솔리드 와이어를 이용한 용접에서는 용제를 사용할 필요가 없으므로 용접부에 슬래그 섞임이 없다.
② 전류밀도가 낮으므로 용입이 얕고, 용접속도가 느리다.
③ 가시 아크이므로 아크 및 용융지의 상태를 보면서 용접할 수 있어 시공이 편리하다.
④ 일반적으로 용접할 수 있는 재질이 강종(鋼種)으로 한정되어 있다.

해설
전류밀도가 100~300[A/mm²] 정도이고 용입이 깊고, 보통 아크 용접보다 속도가 빠르고 용접비용이 적게 소요된다. |답| ②

46 직류 아크용접에서 직류 정극성(DCSP)의 특징을 가장 올바르게 설명한 것은?
① 모재의 용입이 깊고, 비드의 폭이 넓다.
② 모재의 용입이 깊고, 용접봉의 녹음이 느리다.
③ 모재의 용입이 얕으며, 비드의 폭이 좁다.
④ 모재의 용입이 얕으며, 용접봉의 녹음이 느리다.

해 설

직류아크용접 종류 및 특징
(1) 정극성(DCSP)의 특징
  ① 모재가 양극(+), 용접봉이 음극(-)
  ② 모재의 용입이 깊다.
  ③ 봉의 녹음이 느리다.
  ④ 비드 폭이 좁다.
  ⑤ 일반적으로 널리 사용된다.
(2) 역극성(DCRP)의 특징
  ① 모재가 음극(-), 용접봉이 양극(+)
  ② 모재의 용입이 얕다.
  ③ 봉의 녹음이 빠르다.
  ④ 비드폭이 넓다.
  ⑤ 박판, 주철, 합금강, 비철금속에 사용한다.

|답| ②

47 [보기]와 같은 배관도에서 "+3200"의 치수가 의미하는 것은?

[보기]

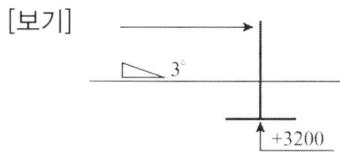

① 관의 윗면까지 높이 3200[mm]
② 관의 중심까지 높이 3200[mm]
③ 관의 아랫면까지 높이 3200[mm]
④ 관의 3° 구배진 길이 3200[mm]

|답| ③

48 [보기]와 같은 배관계의 시방 및 유체의 종류·상태의 표시방법 기호에서 H20이 의미하는 것은?

[보기] 2B - S115 - A10 - H20

① 유체의 종류·상태
② 배관계의 상태(배관번호)
③ 배관계의 시방
  (도면에 붙이는 명세표에 기재한 기호)
④ 관의 바깥면에 시행하는 설비·재료(보온재료)

해 설

① 2B : 관의 호칭지름
② S115 : 유체의 종류·상태, 배관계의 식별(배관번호)
③ A10 : 배관계의 시방
④ H20 : 보온·보냉기호

|답| ④

49 다음 KS 배관의 간략도시방법 기호 중 밸브가 닫혀 있는 상태를 표시한 것은?

①    ②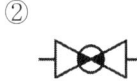

③    ④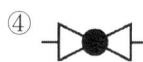

해 설

① 앵글밸브 ④ 글로브밸브 |답| ③

50 각 기둥과 원기둥을 경사지게 절단된 제품을 전개하는데 가장 적합한 전개도법은?
① 평행선 전개법
② 방사선 전개법
③ 삼각형 전개법
④ 타출 전개법

해 설

전개도법의 종류
① 평행선 전개법 : 각기둥과 원기둥을 경사지게 절단된 제품을 전개하는데 적합한 것으로 능선이나 직선 면소에 직각 방향으로 전개하는 방법이며 능선이나 면소는 실제길이이고 서로 나란하다.
② 방사선 전개법 : 각뿔이나 원뿔 등 꼭지점을 중심으로 방사상으로 전개한다.
③ 삼각 전개법 : 입체의 표면을 몇 개의 3각형으로 분할하여 전개도를 그리는 방법이다.

|답| ①

51 [보기]와 같은 배관설비용 구조물 도면에서 경사부 L의 길이는?

[보기]

① 120
② 140
③ 160
④ 180

해 설

① 경사부 L이 접하는 밑변길이 = $100 - 20 = 80$
② 경사부 L의 길이 계산

$$\cos 60° = \frac{80}{L} \text{이므로}$$

$$\therefore L = \frac{80}{\cos 60°} = 160$$

|답| ③

52 [보기]의 KS 용접기호 설명으로 올바른 것은?

[보기]

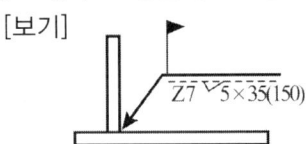

① 전둘레 현장용접이다.
② 단속용접 수가 7개이다.
③ 인접한 용접부의 거리(pitch)가 35[mm]이다.
④ 화살표 반대쪽 단속 필릿 용접부이다.

|답| ④

53 KS 배관 간략도시법에서 "악취방지장치 및 콕이 붙은 배수구"의 평면도에서 간략도시기호인 것은?

①   ②

③   ④

|답| ①

54 KS 배관계의 식별표시의 안전표시에서 위험표시방법 및 표시장소 설명으로 올바른 것은?

① 관내 물질의 식별색이 표시되어 있는 곳의 부근에 주황색의 양쪽에 검정 테두리를 붙인다.
② 관내 물질의 식별색이 표시되어 있는 곳의 부근에 빨간색의 양쪽에 흰색 테두리를 붙인다.
③ 관내 물질의 식별색이 표시되어 있는 곳의 부근에 빨간색의 양쪽에 검정 테두리를 붙인다.
④ 관내 물질의 식별색이 표시되어 있는 곳의 부근에 자주색의 양쪽에 노란 테두리를 붙인다.

|답| ①

55 다음 중 절차계획에서 다루어지는 주요한 내용으로 가장 관계가 먼 것은?

① 각 작업의 소요시간
② 각 작업의 실시순서
③ 각 작업에 필요한 기계와 공구
④ 각 작업의 부하와 능력의 조정

해 설

절차계획의 주요내용(결정사항) : ①, ②, ③ 외
① 작업내용 및 방법
② 각 작업의 실시장소 및 경로
③ 필요한 자재의 종류, 시간
④ 각 작업의 기계 및 공구

|답| ④

56 그림과 같은 계획공정도(Network)에서 주 공정으로 옳은 것은? (단, 화살표 밑의 숫자는 활동시간[단위 : 주]을 나타낸다.)

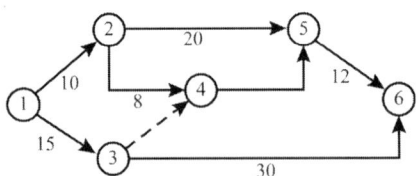

① ①-②-⑤-⑥
② ①-②-④-⑤-⑥
③ ①-③-④-⑤-⑥
④ ①-③-⑥

해 설

각 공정의 작업시간
① 항 : ① → ② → ⑤ → ⑥
   = 10 + 20 +12 = 42시간
② 항 : ① → ② → ④ → ⑤ → ⑥
   = 10 + 8 + 14 + 12 = 44시간
③ 항 : ① → ③ → ④ → ⑤ → ⑥
   = 15 + 14 +12 = 41시간
④ 항 : ① → ③ → ⑥
   = 15 + 30 = 45시간
※ 주공정은 가장 긴 작업시간이 예상되는 공정이다.

|답| ④

57 작업자가 장소를 이동하면서 작업을 수행하는 경우에 그 과정을 가공, 검사, 운반, 저장 등의 기호를 사용하여 분석하는 것을 무엇이라 하는가?
① 작업자 연합작업분석
② 작업자 동작분석
③ 작업자 미세분석
④ 작업자 공정분석

|답| ④

58 U 관리도의 관리상한선과 관리하한선을 구하는 식으로 옳은 것은?
① $\overline{U} \pm 3\sqrt{\overline{U}}$
② $\overline{U} \pm \sqrt{\overline{U}}$
③ $\overline{U} \pm \sqrt{\dfrac{\overline{U}}{n}}$
④ $\overline{U} \pm \sqrt{n \cdot \overline{U}}$

|답| ③

59 모집단을 몇 개의 층으로 나누고 각 층으로부터 각각 랜덤하게 시료를 뽑는 샘플링 방법은?
① 층별 샘플링
② 2단계 샘플링
③ 계통 샘플링
④ 단순 샘플링

|답| ①

60 다음 중 관리의 사이클을 가장 올바르게 표시한 것은?
(단, A : 조처, C : 검토, D : 실행, P : 계획)
① P → C → A → D
② P → A → C → D
③ A → D → C → P
④ P → D → C → A

|답| ④

2007년 기능장 제 42 회 필기시험 (7월 15일 시행)				수험번호	성 명
자격종목	코 드	시험시간	형 별		
배관기능장	3081	1시간	A		

※ 답안 카드 작성 시 시험문제지 형별누락, 마킹착오로 인한 불이익은 전적으로 수험자의 귀책사유임을 알려드립니다.
※ 각 문항은 4지 택일형으로 질문에 가장 적합한 보기 항을 선택하여 마킹하여야 합니다.

1 배수 통기배관의 시공상 주의사항을 바르게 설명한 것은?
① 배수 트랩은 반드시 2중으로 한다.
② 냉장고의 배수는 반드시 간접배수로 한다.
③ 배수 입관의 최하단에는 트랩을 설치한다.
④ 통기관은 기구의 오버플로선 이하에서 통기 입관에 연결한다.

해 설
배수 통기배관의 시공상 주의사항
① 배수 트랩은 2중으로 만들지 말아야 한다.
② 통기관은 기구의 오버플로선보다 150[mm] 이상으로 입상시킨 다음 수직관에 연결한다.
③ 가솔린 트랩의 통기관은 단독으로 옥상까지 입상하여 대기 중에 개구하여야 한다.
④ 트랩의 청소구를 열었을 때 바로 악취가 새어 나와서는 안 된다.
⑤ 간접배수 수직관의 신정 통기는 다른 일반 배수 수직관의 신정 통기 또는 통기 주관에 연결하지 않고 단독으로 지붕 위까지 올려 세워 대기 중에 개구하여야 한다.
⑥ 루프 통기관은 최상류 기구로부터의 기구 배수관이 배수 수평지관에 연결된 직후의 하류측에서 입상하여야 한다.
⑦ 통기 수직관은 최하위의 배수 수평지관보다도 더욱 낮은 점에서 배수관과 45° Y조인트로 연결하여야 한다.
⑧ 루프 통기방식인 경우 기구 배수관은 배수 수평지관위에 수직으로 연결하지 말아야 한다.
⑨ 냉장고 배수관은 반드시 간접 배관을 하여 물을 일단 루프에 받아 모아 하류 배수관으로 배출시킨다.
ㅣ답ㅣ ②

2 옥내 소화전 설비에 관한 설명 중 틀린 것은?
① 1개의 층에 5개를 초과하여 설치 된 경우 5개로 한다.
② 가압 송수 장치의 필요 방수량은 130[L/min], 방수압력은 1.7[kgf/cm^2] 이상으로 규정되어 있다.
③ 옥내 소화전의 개폐밸브는 바닥으로부터 높이 1.5[m] 이하의 위치에 설치한다.
④ 옥내 소화전은 하나의 옥내 소화전으로부터 그 층 각 부분에 이르는 수평거리가 50[m] 이내가 되도록 설치한다.

해 설
옥내 소화전은 소방대상물의 각 층마다 설치하며, 각 소방대상물의 각 부분으로부터 하나의 방수구까지의 수평거리가 25[m] 이하가 되도록 설치한다.
ㅣ답ㅣ ④

3 펌프의 설치 및 주변 배관 시 주의사항이다. 틀린 것은?
① 펌프는 일반적으로 기초 콘크리트 위에 설치한다.
② 흡입관은 되도록 길게 하고 직관으로 배관한다.
③ 효율을 좋게 하기 위해서 펌프의 설치 위치를 되도록 낮춰서 흡입 양정을 되도록 작게 한다.
④ 흡입관의 중량이 펌프에 미치지 않도록 관을 지지하여야 한다.

해 설
흡입관은 되도록 짧게 하여 흡입양정을 작게 한다.
ㅣ답ㅣ ②

4 증기난방 배관 시 주의하여야 할 사항으로서 바르게 설명한 것은?
① 역구배 수평 증기관에서 관지름 축소시에는 동심리듀서를 사용한다.
② 순구배 증기관 도중에 글로브 밸브를 설치할 때에는 핸들이 옆으로 오도록 설치한다.
③ 분기하는 곳은 이음개소를 적게 하도록 하기 위해 관의 상단을 따내어 배관한다.
④ 플랜지 패킹은 두께 3.2[mm]인 고무를 사용한다.

해 설
① 수평 정상구배의 배관에 있어 지름이 다른 관을 접속할 때는 편심리듀서를 사용한다.
② 증기관 도중에 밸브를 설치할 때에는 글로브 밸브보다 슬루스 밸브를 설치한다.
③ 플랜지 패킹은 두께 1.5[mm] 이내의 석면조인트 시트에 의한 패킹을 사용한다. |답| ③

5 1시간당 급탕 동시 사용량이 3[m³]인 배관용 스테인리스 강관 스케줄 10S인 급탕주관의 관지름으로 다음 중 가장 적합한 것은? (단, 유속은 1[m/s]이고, 순환탕량은 동시 사용량의 약 2.5배 정도로 한다.)

배관용 스테인리스 강관 규격 : 스케줄 10S(KS D 5301)

호칭지름	25[A]	40[A]	50[A]	65[A]
바깥지름[mm]	34.0	48.6	60.5	76.3
두께[mm]	2.8	2.8	2.8	3.0

① 25[A]   ② 40[A]
③ 50[A]   ④ 65[A]

해 설
① 관지름 계산
$Q = A \cdot V = \frac{\pi}{4} \times D^2 \times V$ 에서
$\therefore D = \sqrt{\frac{4 \cdot Q}{\pi \cdot V}} = \sqrt{\frac{4 \times 3 \times 2.5}{\pi \times 1 \times 3600}} \times 1000$
$= 51.5[mm]$
② 관 선택 : 표에서 안지름이 51.5[mm]보다 큰 50[A] (안지름 = 60.5 − 2 × 2.8 = 54.9[mm])를 선택한다. |답| ③

6 자동제어계의 요소 특성에 따른 분류가 아닌 것은?
① 비례요소   ② 적분요소
③ 일차지연요소   ④ 과도응답요소

해 설
자동제어계의 요소 특성
① 비례요소 : 출력과 입력이 비례하는 요소를 말하며 스텝응답으로 나타난다.
② 1차 지연 요소 : 입력이 급변하는 순간에서 출력은 변화하지만 지연이 있어 어느 시간 후에 정상 상태가 되는 특징을 갖고 있는 것을 말한다.
③ 낭비시간(dead time) 요소 : 출력이 입력에 대하여 어떤 시간만큼 늦어지는 것과 같은 요소로 난방기가 가동되어도 일정시간이 경과되어야만 실내온도가 상승되기 시작하는 시간을 말한다.
④ 적분요소 : 출력이 입력량의 총량으로 나타내는 것과 같은 요소로 물탱크에서 유출량은 일정할 때 유입량이 증가됨에 따라 수위가 상승하여 평형을 이루지 못하고 넘치게 되는 것이 해당된다.
⑤ 고차 지연 요소 : 2차 지연 이상을 일으키는 것을 말한다. |답| ④

7 냉각탑의 공기 출구에 물방울이 공기와 함께 유출하지 못하도록 설치하는 것은?
① 일리미네이터   ② 디스크 시트
③ 플래쉬 가스   ④ 진동 브레이크 |답| ①

8 집진장치 덕트 시공에 대한 설명으로 잘못된 것은?
① 냉난방용보다 두꺼운 판을 사용한다.
② 곡선부는 직선부보다 두꺼운 판을 사용한다.
③ 메인 덕트에서 분기할 때는 최저 45° 이상 경사지게 대칭으로 분기한다.
④ 먼지 등이 통과하면서 마찰이 심한 부분에는 강관을 사용한다.

해 설
분기관을 메인 덕트에 연결하는 경우 최저 30도 이상으로 한다. |답| ③

9 급수 주관에서 가지관이 15[A]가 15개, 20[A]는 8개 이고, 동시 사용률이 40[%] 조건일 때 급수 주관의 관지름을 아래 균등표 값을 이용하여 결정한 호칭 치수로 가장 적합한 것은?

> 균등표 값은
> 15[A] = 1,   20[A] = 2.2,
> 32[A] = 4.1,   40[A] = 12.1,
> 50[A] = 22.8, 65[A] = 44 이다.

① 65[A]   ② 50[A]   ③ 40[A]   ④ 32[A]

해 설
① 15[A] 계산 = 1 × 15개 × 0.4 = 6
② 20[A] 계산 = 2.2 × 8개 × 0.4 = 7.04
③ 합계량 = 6 + 7.04 = 13.04
④ 주관의 관호칭 결정 : 균등표 값에서 13.04보다 큰 22.8의 호칭 50[A]를 선택한다. |답| ②

10 배수관 및 통기관의 배관 완료 후 또는 일부 종료 후 각 기구 접속구 등을 밀폐하고, 배관 최상부에서 배관 내에 물을 가득 채운 상태에서 누수의 유무를 시험하는 것은?

① 수압시험   ② 통수시험
③ 연기시험   ④ 만수시험

해 설
배수관 및 통기관의 시험
① 만수시험 : 배관 내에 물을 충만 시킨 후 누수 유무를 시험하는 것이다.
② 기압시험 : 공기를 이용하여 0.35[kgf/cm²]의 압력으로 15분간 유지한다.
③ 기밀시험 : 연기시험과 박하시험으로 최종시험에 해당한다. |답| ④

11 보일러의 수면이 낮아지는 경우로 다음 중 가장 적합한 것은?
① 전열면에 스케일이 많이 생기는 경우
② 버너의 능력이 부족한 경우
③ 연료의 발열량이 낮은 경우
④ 자동 급수장치가 고장인 경우

해 설
자동 급수장치가 고장으로 보일러에 급수가 되지 않아 수위가 낮아진다. |답| ④

12 공기 수송배관에서 가루나 알맹이를 수송관 속으로 혼입시키는 장치는?
① 송급기(feeder)
② 분리기(separator)
③ 배출기(discharger)
④ 이송관(delivery pipe)

해 설
기송배관의 부속설비
① 동력원 : 진공펌프(진공식), 공기압축기(압송식), 진공압축 겸용 펌프(진공 압송식)
② 송급기(feeder) : 공기 수송기에서 분말이나 알갱이를 수송관 쪽으로 공급하는 장치
③ 수송관(delivery pipe) : 진공식, 저압송식, 고압송식으로 나뉘며, 수송관에 사용하는 재료는 수송물의 종류, 성질에 따라 용접 강관, 스테인리스관, 황동관, 알루미늄관, 플라스틱관이 사용된다.
④ 분리기(separator) : 기송배관 마지막에 설치되는 기기로서 압력 공기 속에서 대기 속으로 분립체를 배출하는 것과 진공 속에서 대기 속으로 분립체를 압출하는 방법이 있다. |답| ①

13 배관용 공기 기구 사용 시 안전수칙 중 틀린 것은?
① 처음에는 천천히 열고 일시에 전부 열지 않는다.
② 기구 등의 반동으로 인한 재해에 항상 대비한다.
③ 공기 기구를 사용할 때는 방진안경을 사용한다.
④ 활동부는 항상 기름 또는 그리스가 없도록 깨끗이 닦아준다.

해 설
활동부에는 항상 기름 또는 그리스를 주입하여 원활히 작동되도록 한다. |답| ④

14 다음 중 일반적인 시퀀스 제어 분류에 속하지 않는 것은?
① 시한제어   ② 순서제어
③ 조건제어   ④ 비율제어

해 설

비율제어 : 목표값이 다른 양과 일정한 비율관계에 변화되는 제어로 추치제어의 하나이다. |답| ④

15 공기 중에 누설될 때 낮은 곳으로 흘러 고이는 가스로만 조합되어 있는 항은?
① 프로판, 산소, 아세틸렌
② 프로판, 포스겐, 염소
③ 아세틸렌, 암모니아, 염소
④ 아세틸렌, 암모니아, 포스겐

해 설

① 기체의 비중 : 표준상태(STP : 0[℃], 1기압 상태)의 공기 일정 부피당 질량과 같은 부피의 기체 질량과의 비를 말한다.

$$\text{기체 비중} = \frac{\text{기체 분자량(질량)}}{\text{공기의 평균분자량(29)}}$$

② 각 가스의 분자량 및 비중

가스종류	분자량	비중
프로판(C_3H_8)	44	1.52
산소(O_2)	32	1.1
아세틸렌(C_2H_2)	26	0.9
포스겐($COCl_2$)	99	3.41
염소(Cl_2)	71	2.45
암모니아(NH_3)	17	0.59

|답| ②

16 푸시버튼 스위치를 사용하여 설비제어를 구성 중 보기와 같은 도시기호의 배선회로의 접점은?

[보기]

① a 접점
② b 접점
③ c 접점
④ d 접점

해 설

① a 접점 : 항상 열려 있다가 외부의 힘에 의하여 닫히는 접점으로 일하는 접점이다.
② b 접점 : 항상 닫혀 있다가 외부의 힘에 의하여 열리는 접점이다.
③ c 접점 : a 접점과 b 접점을 공유한 접점으로 전환 접점이라 한다. |답| ②

17 정(chisel) 머리의 거스러미에 관한 올바른 설명은?
① 타격 면적이 커지므로 클수록 좋다.
② 해머가 미끄러져서 손을 상하기 쉽다.
③ 금긋기 선에 따라서 쉽게 정 작업을 할 수 있다.
④ 해머로 타격할 때 정에 많은 힘이 작용한다.

해 설

정(chisel) 및 끌 작업 시 안전사항
① 끌 작업 시는 끌날에 다치지 않도록 주의한다.
② 머리가 찌그러진 것은 고른 후 사용한다.
③ 따내기 작업 시는 보호안경을 착용한다.
④ 절단 시 조각의 비산에 주의해야 한다.
⑤ 정을 잡은 손은 힘을 뺀다. |답| ②

18 장치의 운전을 정지시키지 않고 유체가 흐르는 상태에서 고장을 수리하는 것으로 바이패스를 시키거나 분기하여 유체를 통과시키는 응급조치 방법인 것은?
① 핫태핑(hot tapping)법과 플러깅(plugging)법
② 스토핑 박스(stopping box)법과 박스(box-in) 설치법
③ 코킹법(caulking)과 밴드 보강법
④ 인젝션(injection)법과 밴드 보강법

|답| ①

19 다음 중 유틸리티(utility) 배관이라고 할 수 없는 것은?
① 각종 압력의 증기 및 응축수 배관
② 냉각세정용 유체 공급관
③ 연료유 및 연료가스 공급관
④ 유니트 내 열교환기 등의 기기에 접속되는 원료 운반 배관

해 설

유틸리티(utility) 배관 : 프로세스의 반응에는 직접 관여하지는 않지만 그 운전에 중대한 영향을 미치는 각종 유체의 배관으로 다음과 같은 종류가 있다.
① 각종 압력의 증기 및 응축수 배관
② 냉각 세정용 유체 공급관

③ 냉각 공기 공급관
④ 질소 공급관
⑤ 연료유 및 연료가스 공급관
⑥ 기타 |답| ④

20 전기용접에서 감전의 방지대책으로 잘못된 것은?
① 용접기에는 반드시 전격 방지기를 설치한다.
② 개로전압은 가능한 한 높은 용접기를 사용한다.
③ 용접기 내부에 함부로 손을 대지 않는다.
④ 절연이 완전한 홀더를 사용한다.

해설
무부하 전압이 높은 용접기를 사용하지 않는다. |답| ②

21 최고 사용압력 8.0[MPa], 사용온도 200[℃]인 열매체를 압력 배관용 탄소강관 50[A]로 배관하고자 할 때 가장 적합한 규격(스케줄 번호)은? (단, 관의 인장강도는 420[MPa]이고, 안전율은 4이다.)
① Sch No 60
② Sch No 80
③ Sch No 100
④ Sch No 452

해설
$$Sch\ No = 1000 \times \frac{P}{S} = 1000 \times \frac{8.0}{\frac{420}{4}} = 76.19$$
∴ 스케줄 번호는 예제에서 76.19보다 큰 80번을 선택한다. |답| ②

22 인탈산 동관에 관한 설명으로 틀린 것은?
① 연수(軟水)에는 부식된다.
② 담수(淡水)에는 내식성이 강하다.
③ 고온에서 수소 취화 현상이 발생한다.
④ 탄산가스를 포함한 공기 중에서는 푸른 녹이 생긴다.

해설
인탈산 동관 : 동을 인(P)으로 탈산 처리한 것으로 전기 전도성은 인성 동관보다 낮으며, 고온에서도 수소취화 현상이 발생하지 않는다. 담수(淡水)에는 내식성이 강하지만, 연수(軟水)에는 부식된다. |답| ③

23 온수 온돌 난방 코일용으로 많이 사용되며, 엑셀 파이프라고도 하는 관은?
① 염화비닐관
② 폴리에틸렌관
③ 폴리부틸렌관
④ 가교화 폴리에틸렌관
  |답| ④

24 보일러에서 연소에 이상이 있을 때 신호전류를 받아 전자코일의 전자력을 이용하여 자동적으로 밸브를 개폐시키는 연료차단 밸브는?
① 리프트 밸브
② 다이어프램 밸브
③ 체크 밸브
④ 솔레노이드 밸브
  |답| ④

25 유리섬유(glass wool) 보온재의 설명으로 틀린 것은?
① 용융 상태의 유리를 이용하여 만든 것이다.
② 무기질 보온재이다.
③ 흡습하면 보온성능이 떨어진다.
④ 안전 사용온도는 500[℃] 이하이다.

해설
유리섬유(glass wool) 보온재의 특징
① 용융 유리를 압축공기나 원심력을 이용하여 섬유형태로 제조한다.
② 흡습성이 크기 때문에 방수처리를 하여야 한다.
③ 보온, 보냉재로 일반건축의 벽체, 덕트 등에 사용한다.
④ 열전도율 : 0.036~0.057[kcal/h·m·℃]
⑤ 안전 사용온도 : 350[℃] 이하
  (단, 방수처리 시 600[℃]) |답| ④

26 맞대기 용접 이음용 롱엘보(long elbow)의 곡률 반지름은 강관 호칭지름의 몇 배인가?
① 1배
② 1.2배
③ 1.5배
④ 2배

해설
맞대기 용접용 엘보의 곡률 반지름
① 롱 엘보(long elbow) : 강관 호칭지름의 1.5배
② 숏 엘보(short elbow) : 강관의 호칭지름 |답| ③

27 수도용 원심력 덕타일 주철관을 보통 주철(회주철)관과 비교 설명한 것으로 가장 적합한 것은?
① 강도는 있으나 관의 수명이 짧다.
② 내식성이 있으나 인성이 없다.
③ 인성은 좋으나 내식성이 없다.
④ 변형에 대한 높은 가요성이 있다.

해 설
수도용 원심력 덕타일 주철관의 특징
① 보통 주철(회주철)과 같이 수명이 길다.
② 강관과 같이 고압에 견디는 높은 강도와 인성(靭性)을 가지고 있다.
③ 보통 주철과 같은 좋은 내식성이 있다.
④ 변형에 대한 높은 가요성이 있다.
⑤ 충격에 대한 높은 연성을 가지고 있다.
⑥ 우수한 가공성을 가지고 있다. |답| ④

28 동관의 각종 이음형에서 ANSI 규격에 규정된 이음쇠의 기호 중 Ftg의 설명으로 올바른 것은?
① 이음쇠 안지름 쪽으로 관이 들어가 접합되는 형태
② 이음쇠 바깥지름 쪽으로 관이 들어가 접합되는 형태
③ ANSI 규격 관형나사가 안으로 난 나사 이음용 이음쇠
④ ANSI 규격 관형나사가 밖으로 난 나사 이음용 이음쇠

해 설
동관 및 황동 주물재 이음쇠
① C(female solder cup) : 이음재 내로 관이 들어가 접합되는 형태이다.
② M(male NPT thread) : ANSI 규격 관형나사가 밖으로 난 나사이음용 이음재이다. (예 : C×M 어댑터)
③ F(female NPT thread) : ANSI 규격 관형나사가 안으로 난 나사음용 이음재이다. (예 : C×F 어댑터)
④ Ftg(male solder cup) : 이음쇠 바깥쪽으로 관이 들어가 접합되는 형태이다. (예 : Ftg×M 어댑터) |답| ②

29 스위블형 신축 이음쇠에 관한 설명으로 가장 적합한 것은?
① 회전이음, 지웰이음 등으로도 불린다.
② 신축량이 큰 배관에서도 나사부가 헐거워지지 않는다.
③ 설치비가 비싸 쉽게 조립해서 만들기 힘들다.
④ 굴곡부에서 압력강하가 없다.

해 설
스위블형(swivel type) 신축 이음쇠 : 회전이음, 지웰이음이라 하며 2개 이상의 엘보를 사용하여 관의 신축을 흡수하는 것으로 신축방향이 큰 배관에서는 누설의 우려가 있다. |답| ①

30 증기와 응축수의 열역학적 특성에 따라 작동되는 증기트랩이 아닌 것은?
① 디스크형(disc type) 증기트랩
② 오리피스형(orifice type) 증기트랩
③ 바이패스형(by-pass type) 증기트랩
④ 헤비듀티형(heavy duty type) 증기트랩

해 설
작동원리에 의한 트랩의 분류

구 분	작동원리	종 류
기계식 트랩	증기와 응축수의 비중차 이용(플로트 또는 버킷의 부력 이용)	상향 버킷식, 하향 버킷식, 레버 플로트식, 자유 플로트식
온도조절식 트랩	증기와 응축수의 온도차 이용(금속의 신축성을 이용)	바이메탈식, 벨로스식
열역학적 트랩	증기와 응축수의 열역학적, 유체역학적 특성차 이용	오리피스식, 디스크식

|답| ④

31 일반적으로 에터니트관이라고 하는 관은?
① 석면 시멘트관
② 철근 콘크리트관
③ 프리스트레스 콘크리트관
④ 원심력 철근 콘크리트관

해 설

석면 시멘트관 : 에터니트관이라고 하며 석면과 시멘트를 중량비 1 : 5~6의 비율로 배합하고, 적당한 양의 물로 혼합하여 반죽한 다음 관지금과 동일한 심관의 둘레에 얇게 감고 롤러로 5~9[kgf/cm²]의 압력을 가하면서 성형한다. |답| ①

32 고온 고압용 패킹으로 양질의 석면섬유와 순수한 흑연을 균일하게 혼합하고, 소량의 내열성 바인더로 굳힌 것을 심으로 하여 사용조건에 따라 스테인리스강선이나 인코넬선을 넣어 석면사로 편조한 패킹은?
① 합성수지 패킹
② 테프론 편조 패킹
③ 일산화연 패킹
④ 플라스틱 코어형 메탈패킹 |답| ④

33 배관설비에 사용되는 압력식 온도계의 3대 구성 요소가 아닌 것은?
① 감온부   ② 감압부
③ 도압부   ④ 보호관부

해 설

① 압력식 온도계 : 액체나 기체의 체적 팽창을 이용
② 종류 : 액체 압력식 온도계, 기체 압력식 온도계
③ 3대 구성 요소 : 감온부, 도압부, 감압부 |답| ④

34 배관 지지 3가지 요소 중 아닌 것은?
① 배관계의 중량 지지와 고정
② 진동, 충격에 대한 지지
③ 열팽창에 의한 배관계의 신축 제한 지지
④ 배관 시공 상 환수관의 수평지지 |답| ④

35 밑면적이 2[m²]인 탱크 속에 물이 가득 채워져 있다. 탱크 밑면에 밸브가 있을 때 물이 흘러 나가는 속도는? (단, 탱크 밑면 밸브에서 수면까지의 높이는 15[m]이다.)

① 10.12[m/s]   ② 12.15[m/s]
③ 15.15[m/s]   ④ 17.15[m/s]

해 설

$V = C\sqrt{2gh} = \sqrt{2 \times 9.8 \times 15} = 17.146[m/s]$ |답| ④

36 강관을 4조각내어 90° 마이터관을 만들려 할 때 절단각은 얼마인가?
① 7.5°   ② 11.25°   ③ 15°   ④ 22.5°

해 설

절단각 = $\dfrac{중심각}{2 \times (편수 - 1)} = \dfrac{90}{2 \times (4-1)} = 15$도 |답| ③

37 배관 종류별 주요 접합 방법이 올바르게 짝 지워진 것은?
① 플레어 이음 – 연관 이음법
② 플라스탄 이음 – 스테인리스강관 이음법
③ TS식 이음 – PVC관 이음법
④ 몰코 이음 – 주철관 이음법

해 설

① 플레어 이음 – 동관 이음법
② 플라스탄 이음 – 연관 이음법
④ 몰코 이음 – 스테인리스관 이음법 |답| ③

38 호칭지름 25[A](바깥지름 34[mm])의 관을 곡률반지름 150[mm]로 90° 구부림할 때 구부림한 안쪽의 곡선부 길이는 약 몇 [mm]인가?
① 133   ② 284   ③ 209   ④ 259

해 설

$L = \dfrac{90}{360} \times \pi D = \dfrac{90}{360} \times \pi \times (300 - 34) = 208.915[mm]$ |답| ③

39 주철관의 타이톤 이음(tyton joint)에 관한 설명 중 틀린 것은?
① 이음에 필요한 부품은 고무링 하나뿐이다.
② 매설할 경우 특수공구가 작업할 공간으로 이음

부를 넓게 팔 필요가 있다.
③ 비가 올 때나 물기가 있는 곳에서도 이음이 가능하다.
④ 이음 과정이 간단하며 관 부설을 신속히 할 수 있다.

해설
매설할 경우 이음부를 넓게 팔 필요가 없다. |답| ②

40 관 접속부의 부속류의 분해 조립 시 사용되며 보통형과 강력형 및 체인형 등이 있는 공구는?
① 파이프 커터 ② 나사 절삭기
③ 파이프 렌치 ④ 커팅 휠 절단기
|답| ③

41 다음 중 석면 시멘트관의 이음 방법이 아닌 것은?
① 기볼트 이음 ② 나사 이음
③ 칼라 이음   ④ 심플렉스 이음

해설
석면 시멘트관의 이음 방법
① 기볼트(gibault) 이음 : 2개의 플랜지와 고무링, 1개의 슬리브로 되어 있으며 신축성과 굴절성이 좋아 원심력 철근 콘크리트관의 칼라 조인트 5~10개소마다 1개씩 접합한다.
② 칼라 이음 : 주철제의 특수 칼라를 사용하여 접합하는 방법으로 접합부 사이에 고무링을 끼워 수밀을 유지한다.
③ 심플렉스 이음 : 석면 시멘트제 칼라와 2개의 고무링으로 접합 시공하며, 굽힘성과 내식성이 우수하다.
|답| ②

42 절대온도 303[K]는 섭씨온도로 몇 도인가?
① 30[℃]   ② 68[℃]
③ 73[℃]   ④ 86[℃]

해설
$K = t[℃] + 273$ 이므로
∴ $℃ = K - 273 = 303 - 273 = 30[℃]$ |답| ①

43 다음의 용접의 극성을 설명한 것이다. 올바른 것은?
① 직류 정극성(DCSP)은 용접봉을 양극(+), 모재를 음극(-)측에 연결한 것이다.
② 직류 역극성(DCRP)은 용접봉의 용융속도가 빠르나 모재의 용입이 얕아지는 경향이 있다.
③ 직류 정극성은 비드 폭이 넓다.
④ 교류 용접기의 극성은 용접봉측에 양극(+), 모재측에 음극(-)만 연결된다.

해설
직류아크용접 종류 및 특징
(1) 정극성(DCSP)의 특징
 ① 모재가 양극(+), 용접봉이 음극(-)
 ② 모재의 용입이 깊다.
 ③ 봉의 녹음이 느리다.
 ④ 비드 폭이 좁다.
 ⑤ 일반적으로 널리 사용된다.
(2) 역극성(DCRP)의 특징
 ① 모재가 음극(-), 용접봉이 양극(+)
 ② 모재의 용입이 얕다.
 ③ 봉의 녹음이 빠르다.
 ④ 비드폭이 넓다.
 ⑤ 박판, 주철, 합금강, 비철금속에 사용한다. |답| ②

44 후판을 용접하고자 할 때에는 다층용접을 해야 한다. 다층 용접을 하는 방법에 해당하는 것은?
① 대칭법과 스킵법
② 전진 블록법과 덧살 올림법
③ 전진 블록법과 스킵법
④ 대칭법과 덧살 올림법
|답| ②

45 0[℃]의 물 1[kg]을 100[℃]의 포화증기로 만드는데 필요한 열량은 몇 [kJ]인가?
(단, 물의 비열은 4.19[kJ/kg·K]이고, 물의 증발잠열은 2256.7[kJ/kg]이다.)
① 418.5[kJ]   ② 753.2[kJ]
③ 2255.5[kJ] ④ 2675.7[kJ]

해 설

① 0[℃] → 100[℃]까지 소요 열량 : 현열
$Q_1 = G \cdot C \cdot \Delta t = 1 \times 4.19 \times (100-0) = 419[kJ]$

② 100[℃]물 → 100[℃] 포화증기 소요 열량 : 잠열
$Q_2 = G \cdot r = 1 \times 2256.7 = 2256.7[kJ]$

③ 합계 열량 계산
$Q = Q_1 + Q_2 = 419 + 2256.7 = 2675.7[kJ]$

|답| ④

46 다음 중 탄산가스 아크 용접의 장점이 아닌 것은?

① 풍속 2[m/s] 이상의 바람에도 방풍대책이 필요 없다.
② 용접 중 수소 발생이 적어 기계적 성질이 양호하다.
③ 아크의 집중성이 양호하기 때문에 용입이 깊다.
④ 심선의 지름에 대하여 전류 밀도가 높기 때문에 용착속도가 크다.

해 설

탄산가스 아크 용접은 바람의 영향을 받으므로 풍속이 강한 경우 방풍대책이 필요하다. |답| ①

47 [보기]와 같은 배관설비 정면도에 대한 평면도로 가장 적합한 것은?

[보기]

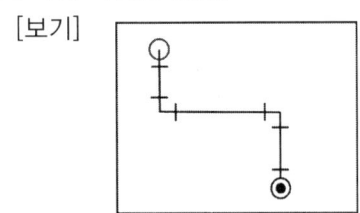

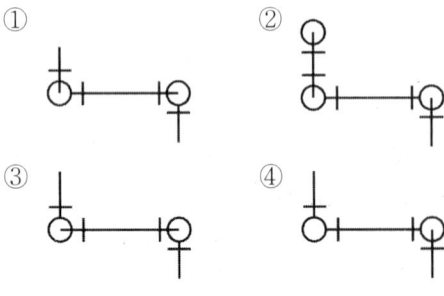

해 설

정면도의 입체도

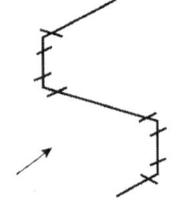

|답| ①

48 [보기]와 같은 배관설비의 치수 해독에 관한 설명으로 올바른 것은?

[보기]

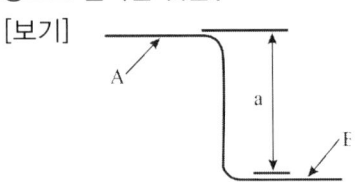

① A관의 중심에서 B관의 중심까지 치수가 a이다.
② A관의 바깥지름 위쪽에서 B관의 바깥지름 위쪽까지 치수가 a이다.
③ A관의 바깥지름 위쪽에서 B부 관의 바깥지름 아래쪽까지 치수가 a이다.
④ A부 관의 바깥지름 아래쪽에서 B부 관의 바깥지름 아래쪽까지 치수가 a이다.

|답| ②

49 파이프 표면에 연한 노랑색이 칠해져 있는 경우 파이프 내의 물질의 종류는?

① 기름 ② 증기
③ 전기 ④ 가스

해 설

유체의 종류 및 표시

유체의 종류	문자기호	색상
공 기	A	백색
가 스	G	황색
기 름	O	황적색
수증기	S	암적색
물	W	청색

|답| ④

50 [보기]와 같은 용접 기호의 설명으로 올바른 것은?

[보기]

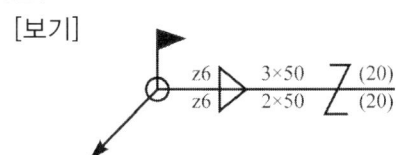

① O : 현장 용접
② z6 : 목 두께 6[mm]
③ 3×50 : 단속용접 개수와 용접부 길이
④ (20) : 용접부 길이

해 설

용접 기호의 설명
① ○ : 온 둘레 용접
② z6 : 목길이 6[mm]
③ 3×50 : 용접부의 개수 3개와 용접부 길이 50[mm]
④ 2×50 : 용접부의 개수 2개와 용접부 길이 50[mm]
⑤ (20) : 인접한 용접부 간의 거리(피치) |답| ③

51 기준선(그 지방 해수면)으로부터 설치 파이프 바깥지름의 밑 부분까지 높이가 3.5[m]일 때 나타내는 기호로 적합한 것은?

① GL +3500 TOP ⊕
② EL +3500 BOP ⊕
③ GL +3500 BOP ⊕
④ EL +3500 TOP ⊕

|답| ②

52 그림과 같은 원뿔을 방사선 전개법으로 전개하려고 한다. 부채꼴의 중심각은? (단, 밑면 원의 반지름 $R=180$[mm]이고, 면소의 실제길이 $L=200$[mm]이다.)

① 162도
② 262도
③ 314도
④ 324도

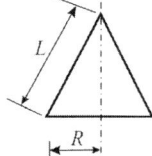

해 설

$$\theta = \frac{360\,R}{L} = \frac{360 \times 180}{200} = 324°$$

|답| ④

53 다음 중 배관의 간략 도시방법에서 평면도에 악취방지 장치 및 콕이 붙은 배수구를 표시하는 기호는?

① 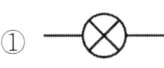   ②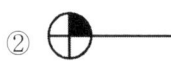
③ 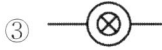   ④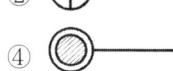

|답| ②

54 배관 도시기호 중 밸브가 닫혀 있는 상태를 표시한 것이 아닌 것은?

해 설

③ 글로브 밸브 |답| ③

55 "무결점운동"이라고 불리는 것으로 품질개선을 위한 동기부여 프로그램은 어느 것인가?

① TQC   ② ZD
③ MIL-STD   ④ ISO

해 설

① TQC (Total quality control) : 종합적 품질관리
② ZD(Zero Defect)운동 : 무결점운동으로 인간의 오류에 의한 일체의 결함이나 결점을 없애기 위한 경영관리 기법이다.
③ ISO(International Standardization Organization) : 국제표준화기구 |답| ②

56 연간 소요량 4000개인 어떤 부품의 발주비용은 매회 200원 이며, 부품단가는 100원, 연간 재고유지비율이 10[%]일 때 F.W.Harris식에 의한 경제적 주문량은 얼마인가?

① 40[개/회]   ② 400[개/회]
③ 1000[개/회] ④ 1300[개/회]

해설

$$Q_0 = \sqrt{\frac{2D \cdot C}{H}} = \sqrt{\frac{2 \times 4000 \times 200}{100 \times 0.1}} = 400$$

|답| ②

57 이항분포(Binomial distribution)의 특징으로 가장 옳은 것은?

① $P = 0$일 때는 평균치에 대하여 좌·우 대칭이다.
② $P \leq 0.1$이고, $nP = 0.1 \sim 10$일 때는 푸아송 분포에 근사한다.
③ 부적합품의 출현 개수에 대한 표준편차는 $D(x) = nP$이다.
④ $P \leq 0.5$이고, $nP \geq 5$일 때는 푸아송 분포에 근사한다.

해설

이항분포의 특징
① $P = 0.5$일 때는 평균치에 대하여 좌우대칭이다.
② $P \leq 0.5$, $nP \geq 5$, $n(1-P) \geq 5$일 때는 정규분포에 근사한다.
③ $P \leq 0.1$, $nP = 0.1 \sim 10$, $n \geq 50$일 때는 푸아송 분포에 근사한다. |답| ②

58 다음 중 검사를 판정의 대상에 의한 분류가 아닌 것은?

① 관리 샘플링검사
② 로트별 샘플링검사
③ 전수검사
④ 출하검사

해설

판정의 대상에 의한 검사방법 분류
① 전수검사 : 제품전량에 대하여 검사하는 방법
② 로트별 샘플링검사 : 시료를 채취(샘플링)하여 검사하는 방법
③ 관리 샘플링검사 : 제조공정관리, 공정검사 조정, 검사의 체크를 목적으로 검사하는 방법
▶ 출하검사 : 검사공정에 의한 분류로 제품을 공장에서 출하할 때 하는 검사 |답| ④

59 제품공정 분석표(Product Process Chart) 작성시 가공시간 기입법으로 가장 올바른 것은?

① $\dfrac{1개당 가공시간 \times 1로트의 수량}{1로트의 총 가공시간}$

② $\dfrac{1로트의 총 가공시간}{1개당 총 가공시간 \times 1로트의 수량}$

③ $\dfrac{1개당 가공시간 \times 1로트의 총 가공시간}{1로트의 수량}$

④ $\dfrac{1로트의 수량}{1개당 가공시간 \times 1로트의 수량}$

|답| ①

60 M타입의 자동차 또는 LCD TV를 조립, 완성한 후 부적합수(결점수)를 점검한 데이터에는 어떤 관리도를 사용하는가?

① P 관리도   ② nP 관리도
③ c 관리도   ④ $\bar{x} - R$ 관리도

해설

계수값 관리도
① nP 관리도 : 공정을 부적합품수 nP에 의해 관리할 경우 사용
② P 관리도 : 공정을 부적합률 P에 의해 관리할 경우 사용
③ c 관리도 : 미리 정해진 일정 단위 중에 포함된 부적합(결점)수에 의거 공정을 관리할 때 사용
④ u 관리도 : 검사하는 시료의 면적이나 길이 등이 일정하지 않을 경우 사용 또는 부적합수를 관리할 때 사용
⑤ $\bar{x} - R$ 관리도 : 계량치 관리도로 데이터가 연속적인 계량치로 나타나는 공정을 관리할 때 사용 |답| ③

2008년 기능장 제43회 필기시험 (3월 30일 시행)

자격종목	코 드	시험시간	형 별	수험번호	성 명
배관기능장	3081	1시간	A		

※ 답안 카드 작성 시 시험문제지 형별누락, 마킹착오로 인한 불이익은 전적으로 수험자의 귀책사유임을 알려드립니다.
※ 각 문항은 4지 택일형으로 질문에 가장 적합한 보기 항을 선택하여 마킹하여야 합니다.

1 진공 환수식 증기 난방에서 방열기보다 높은 곳에 환수관을 배관할 경우에 사용하는 것은?
① 하트포드 배관법 ② 리프트 피팅
③ 파일럿 라인   ④ 동층 난방식

해 설
리프트 이음(lift fitting) : 진공 환수관식에서 보일러 보다 방열기가 아래쪽에 설치되는 경우(방열기보다 높은 곳에 환수관을 배관하는 경우) 설치하는 이음방법으로 수직 입상관은 환수주관보다 1~2 단계 낮은 관을 사용하며 1단의 최고 흡상 높이는 1.5[m] 이내로 한다. 흡상 높이가 높은 경우에는 여러 개를 조합하여 설치할 수 있다.
|답| ②

2 보일러의 수위제어 방식 중 3요소가 아닌 것은?
① 온도   ② 수위
③ 증기유량   ④ 급수유량

해 설
급수제어방법의 종류 및 검출대상(요소)

명 칭	검출대상
1요소식	수위
2요소식	수위, 증기량
3요소식	수위, 증기량, 급수유량

|답| ①

3 용해 아세틸렌 취급 시 주의사항으로 틀린 것은?
① 저장 장소에는 화기를 가까이 하지 말아야 한다.
② 용기는 안전하게 뉘어서 보관한다.
③ 저장 장소는 통풍이 잘되어야 한다.
④ 저장실의 전기스위치, 전등 등은 방폭 구조여야 한다.

해 설
용기는 항상 세워서 보관, 사용 및 이동하는 것이 원칙이다.
|답| ②

4 압축기의 분류에서 용적식(체적식) 압축기에 해당하지 않는 것은?
① 왕복식 ② 회전식 ③ 원심식 ④ 나사식

해 설
(1) 용적형(체적형) 압축기 : 일정 용적의 실린더 내에 기체를 흡입하고 기체에 압력을 가하여 토출구로 압출하는 것을 반복하는 형식이다.
  ① 왕복동식 : 피스톤의 왕복운동으로 가스를 흡입하여 압축한다.
  ② 회전식 : 회전체의 회전에 의해 일정 용적의 가스를 연속으로 흡입 압축하는 것을 반복하다.
(2) 터보형 : 임펠러의 회전운동을 압력과 속도에너지로 전환하여 압력을 상승시키는 형식이다.
  ① 원심식 : 케이싱 내에 임펠러가 회전하면 기체가 원심력에 의하여 임펠러 중심부로 연속으로 흡입되고 압력과 속도가 증가되어 토출되는 형식이다.
  ② 축류식 : 선풍기와 같이 프로펠러(임펠러)가 회전하면 기체가 축 방향으로 흡입되고, 압력과 속도가 상승되어 축 방향으로 토출하는 형식이다.
  ③ 혼류식 : 원심식과 축류식을 혼합한 형식이다.
|답| ③

5 다음 배관 시공시의 안전에 대한 설명 중 틀린 것은?
① 시공 공구들의 정리 정돈을 철저히 한다.
② 작업 중 타인과의 잡담 및 장난을 금지한다.
③ 용접 헬멧은 차광 유리의 차광도 번호가 높은 일수록 좋다.

④ 물건을 고정시킬 때 중심이 한쪽으로 쏠리지 않도록 주의한다.

해 설
용접 헬멧은 차광 유리의 차광도 번호가 적당한 것은 선택한다.　　　　　　　　　　　　　　|답| ③

6 원심펌프의 임펠러 주위에 안내 날개차를 달아 20[m] 이상의 높은 양정 펌프로 사용되는 펌프는?
① 디이프 웰 펌프　　② 기어 펌프
③ 워싱턴 펌프　　　④ 터빈 펌프

해 설
(1) 원심(centrifugal) 펌프 : 한 개 또는 여러 개의 임펠러를 밀폐된 케이싱 내에서 회전시켜 발생하는 원심력을 이용하여 액체를 이송하거나 압력을 상승시켜 축과 직각방향으로 토출된다.
(2) 종류
　① 볼류트(volute) 펌프 : 임펠러 바깥둘레에 안내깃(베인)이 없고 바깥둘레에 바로 접하여 와류실이 있는 펌프로 일반적으로 임펠러 1단이 발생하는 양정이 낮은 것에 사용된다.
　② 터빈(turbine) 펌프 : 임펠러 바깥둘레에 안내깃(베인)이 있는 것으로 양정이 높은 곳에 사용된다.
　　　　　　　　　　　　　　　　　　　　|답| ④

7 조절계의 출력과 제어량이 목표값 보다 커질 때 출력이 증가하는 방향으로 움직이게 하는 동작은?
① 정작동　　　　　② 역작동
③ 비례작동　　　　④ 비례미분작동

해 설
① 정작동 : 조절계의 출력과 제어량이 목표값 보다 커질 때 출력이 증가하는 방향으로 움직이게 하는 동작
② 역작동 : 조절계의 출력과 제어량이 목표값 보다 커질 때 출력이 감소하는 방향으로 움직이게 하는 동작
　　　　　　　　　　　　　　　　　　　　|답| ①

8 함진 가스를 방해판 등에 충돌시켜 기류의 급격한 방향 전환을 행하게 함으로써 매진이 기류에서 떨어져 나가는 현상을 이용한 집진장치는?

① 관성 분리식 집진 장치
② 중력 침강식 집진 장치
③ 원심력 집진 장치
④ 백 필터 집진 장치

해 설
관성력 집진장치의 특징
① 구조가 간단하고 취급이 쉽다.
② 유지비가 적게 소요된다.
③ 다른 집진장치의 전처리용으로 사용된다.
④ 집진효율이 낮다.
⑤ 미세한 입자의 포집효율이 낮다.
⑥ 취급입자 : 50~100[μ]
⑦ 압력손실 : 30~70[mmH_2O]
⑧ 집진효율 : 50~70[%]　　　　　　　|답| ①

9 조건의 충족 여부 등 제어결과에 따라 현재 진행 중인 제어동작을 다음 단계로 옮겨가지 못하도록 차단하는 제어는?
① 피드백 제어　　　② 시퀀스 제어
③ 인터록 제어　　　④ 프로세스 제어
　　　　　　　　　　　　　　　　　　　　|답| ③

10 방식(防蝕)이라는 견지에서 배관시공상 주의해야 할 사항으로 틀린 것은?
① 이온화 경향이 낮은 금속을 사용한다.
② 지하 매설관, 피트 내 배관 등은 청소하기 쉽게 한다.
③ 이음부 등이 부식하기 쉬우므로 방식도료를 칠한다.
④ 탱크의 배출구, 펌프 등에서 공기흡입을 원활히 한다.
　　　　　　　　　　　　　　　　　　　　|답| ④

11 다음 화학 세정용 약제 중 알칼리 약제에 속하는 것은?
① 염산　　　　　　② 인산
③ 암모니아　　　　④ 설파민산

해설
화학 세정용 약제의 종류
① 산의 종류 : 염산(HCl), 황산(H_2SO_4), 인산(H_3PO_4), 설파민산(NH_2SO_3H)
② 알칼리 종류 : 가성소다(NaOH), 암모니아(NH_3), 탄산나트륨(Na_2CO_3), 인산나트륨(Na_3PO_4)
③ 유기산 종류 : 구연산, 개미산
|답| ③

12 자동화설비에서 출력신호를 입력측에 되돌려 동작을 결정하는 것을 의미하는 용어는?
① 피드백 제어
② 폐 루프 제어
③ 시퀀스 제어
④ 비례적분 동작
|답| ①

13 다음은 줄 작업 시 안전수칙이다. 틀린 것은?
① 줄은 작업 전에 반드시 자루 부분을 점검할 것
② 줄 작업 시 절삭분은 입으로 불어서 깨끗하게 처리할 것
③ 줄은 다른 용도로 사용하지 말 것
④ 줄 작업 시 줄의 균열 유무를 확인하고 사용할 것

해설
줄 작업 시 안전수칙 : ①, ③, ④외
① 줄 작업 시 발생하는 절삭분(쇠가루)는 입으로 불어내지 않는다.
② 줄눈에 칩(chip)이 차 있으면 와이어 브러쉬로 제거한다.
|답| ②

14 연소의 이상 현상 중 선화를 설명하고 있는 것은?
① 가스의 연소 속도가 유출속도에 비해 크게 되었을 때 불꽃이 염공에서 연소기 내부로 침입하는 현상
② 가스의 연소 유출속도가 연소속도에 비해 크게 되었을 때 불꽃이 염공에 접하여 연소되지 않고 염공을 떠나 공중에서 연소하는 현상
③ 불꽃의 저부에 대한 공기의 움직임이 강해지면 불꽃이 노즐에서 정착하지 않고 떨어져 꺼져버리는 현상
④ 연소 생성물 중의 가연성분이 산화반응을 완전히 완료하지 않으므로 일산화탄소, 그을음 등이 생기는 현상

해설
① 역화(back fire)의 설명
② 선화(lift)의 설명
③ 블로오프(blow off)의 설명
④ 불완전연소의 설명
|답| ②

15 백 필터(bag filter)를 사용하는 집진방식인 것은?
① 원심력식
② 중력식
③ 전기식
④ 여과식

해설
여과 집진장치 : 함진가스를 여과재(filter)에 통과시켜 입자를 분리, 포집하는 방식으로 백 필터(bag filter)가 대표적이며 특징은 다음과 같다.
① 집진효율이 높다.
② 설비비용이 많이 소요된다.
③ 백(bag)이 마모되기 쉽다.
④ 100[℃] 이상 고온가스, 습가스 처리가 부적당하다.
⑤ 취급입자 : $0.1 \sim 20[\mu]$
⑥ 압력손실 : $100 \sim 200[mmH_2O]$
⑦ 집진효율 : $90 \sim 99[\%]$
|답| ④

16 창이나 벽, 처마, 지붕에 물을 뿌려 수막을 형성함으로써 인접 건물에 화재가 발생될 때 본 건물의 화재발생을 예방하는 설비는?
① 스프링클러
② 서지 업서버
③ 프리액션 밸브
④ 드렌처

해설
드렌처 설비 : 인접 건물에서 화재가 발생했을 때 인화를 방지하기 위해 창문, 출입구, 처마 끝에 물을 뿌려 수막을 형성함으로서 본 건물의 화재 발생을 예방하는 소화설비이다.
|답| ④

17 급탕설비 중 저장탱크에 서모스탯을 장치한 가장 주된 이유는?
① 증기압을 측정하기 위하여
② 수량을 조절하기 위해서
③ 온도를 조절하기 위해서
④ 수질을 조절하기 위해서

해 설

서모스탯(thermostat) : 간접가열방식의 급탕탱크 내의 온수온도를 감지하여 증기와 같은 열매체의 양을 조절하여 급탕탱크의 온도를 일정하게 유지하는 자동 온도 조절기이다.   **|답|** ③

18 배수 트랩의 구비조건 중 틀린 것은?
① 봉수가 안정성을 유지할 수 있는 구조일 것
② 흐르는 물로 트랩의 내면을 세정하는 자기 세정 작용을 할 것
③ 봉수가 확실하고 유효하게 유지되면서 유해 가스를 완전하게 차단 할 것
④ 구조가 복잡하고 트랩의 내면이 거칠어 오물이 잘 부착될 수 있는 구조일 것

해 설

배수 트랩의 구비조건 : ①, ②, ③ 외
① 구조가 간단할 것
② 재료의 내식성이 풍부할 것
③ 유수면이 평활하여 오수가 머무르지 않는 구조일 것
  |답| ④

19 다음 중 보일러의 제어장치에 포함되지 않는 것은?
① 급수제어   ② 연소제어
③ 증기온도제어   ④ 풋 밸브제어

해 설

보일러 자동제어(A·B·C)의 종류

명 칭	제 어 량	조 작 량
자동연소제어 (ACC)	증기압력	공기량, 연료량
	노내압	연소가스량
급수제어 (FWC)	보일러 수위	급수량
증기온도제어 (STC)	증기온도	전열량
증기압력제어 (SPC)	증기압력	연료공급량, 연소용 공기량

  |답| ④

20 다음 중 통기관을 설치하는 가장 중요한 이유인 것은?
① 실내의 환기를 위하여
② 배수량의 조절을 위하여
③ 유독가스를 보관하기 위하여
④ 트랩 내 봉수을 보호하기 위하여

해 설

통기관의 설치 목적 : 배수트랩의 봉수(封水)를 보호하기 위하여   **|답|** ④

21 패킹재를 가스켓, 나사용 패킹, 글랜드 패킹으로 분류할 때 나사용 패킹으로 분류되는 것은?
① 모넬메탈   ② 액상 합성수지
③ 메탈 패킹   ④ 플라스틱 패킹

해 설

패킹재의 분류 및 종류
① 플랜지 패킹(가스켓) : 천연고무, 합성고무, 식물성 섬유제, 동물성 섬유제, 석면 조인트 시트, 합성수지 패킹, 금속 패킹
② 나사용 패킹 : 나사용 페인트, 일산화연, 액상합성수지
③ 그랜드 패킹 : 석면 각형 패킹, 석면 얀 패킹, 몰드 패킹, 아마존 패킹   **|답|** ②

22 무기질 보온재로 흄매트, 블랭킷, 파이프커버, 하이울 등의 종류가 있는 보온재는?
① 기포성 수지   ② 석면
③ 규조토   ④ 암면

해 설

암면(rock wool)의 특징
① 안산암, 현무암, 석회석 등을 원료로 섬유상으로 제조한다.
② 흡수성이 적고, 풍화 염려가 없다.
③ 가격이 저렴하고 섬유가 거칠며 꺾어지기 쉽다.

④ 알칼리에는 강하나, 강산에는 약하다.
⑤ 열전도율 : 0.039~0.048[kcal/h·m·℃]
⑥ 안전 사용온도 : 400~600[℃]
|답| ④

23 다음 중 증기트랩의 사용 목적이 아닌 것은?
① 증기관내의 응축수 제거
② 증기관내의 공기 제거
③ 증기관내의 찌꺼기 제거
④ 환수관으로 증기통과 억제

해 설
증기트랩의 사용 목적 : ①, ②, ④ 외
① 증기 잠열의 유효한 이용과 증기소비량 감소
② 수격작용을 방지
|답| ③

24 수도용 입형 주철관에 "200A 93. 11 (주)한국"이라는 표시가 있을 경우 이 표시에서 알 수 없는 것은?
① 제조 년 월
② 제조회사명
③ 호칭지름
④ 관의 길이

해 설
수도용 입형 주철관의 표시
① 200 : 호칭지름
② A : 종류의 기호(보통압관 : A, 저압관 : LA)
③ 93. 11 : 제조 년 월(93년 11월)
④ (주)한국 : 제조자명 또는 약호
|답| ④

25 설비 장치에 가장 적합한 계측기를 설치하기 위해서 고려해야 할 사항 중 틀린 것은?
① 설치 및 유지 방법이 어려운 것을 선택한다.
② 측정 목적에 가장 적당한 것을 선택한다.
③ 최대눈금, 상용눈금, 최소눈금 등을 고려하여 선택한다.
④ 구조가 간단하고 견고한 것을 선택한다.

해 설
설치 및 유지 방법이 쉬운 것(간단한 것)을 선택한다.
|답| ①

26 가요관이라고도 하며 스테인리스강 또는 인청동의 가늘고 긴 벨로스의 바깥을 탄력성이 풍부한 구리망, 철망 등으로 피복하여 보강한 신축 이음쇠로 방진용으로도 사용이 가능한 것은?
① 플렉시블 튜브
② 루프형 신축 이음쇠
③ 슬리브형 신축 이음쇠
④ 벨로스형 신축 이음쇠
|답| ①

27 동관 이음쇠의 한쪽은 안쪽으로 동관이 삽입 접합되고 다른 쪽은 암나사를 내며, 강관에는 수나사를 내어 나사이음하게 되는 경우에 필요한 동합금 이음쇠는?
① C × F 어댑터
② Ftg × F 어댑터
③ C × M 어댑터
④ Ftg × M 어댑터

해 설
동관 및 황동 주물재 이음쇠
① C(female solder cup) : 이음재 내로 관이 들어가 접합되는 형태이다.
② M(male NPT thread) : ANSI 규격 관형나사가 밖으로 난 나사이음용 이음재이다. (예 : C×M 어댑터)
③ F(female NPT thread) : ANSI 규격 관형나사가 안으로 난 나사음용 이음재이다. (예 : C×F 어댑터)
④ Ftg(male solder cup) : 이음쇠 바깥쪽으로 관이 들어가 접합되는 형태이다. (예 : Ftg×M 어댑터)
|답| ①

28 게이트 밸브 또는 사절변이라 하며 밸브를 완전히 열었을 때 유체 흐름의 저항이 다른 밸브에 비하여 아주 적은 밸브는?
① 앵글 밸브
② 글로브 밸브
③ 슬루스 밸브
④ 체크 밸브

해 설
슬루스 밸브(sluice valve)의 특징
① 게이트밸브(gate valve) 또는 사절변이라 한다.
② 리프트가 커서 개폐에 시간이 걸린다.
③ 밸브를 완전히 열면 밸브 본체 속에 관로의 단면적과 거의 같게 된다.
④ 쐐기형의 밸브 본체가 밸브 시트 안을 눌러 기밀을 유지한다.

⑤ 유로의 개폐용으로 사용한다.
⑥ 밸브를 절반 정도 열고 사용하면 와류가 생겨 유체의 저항이 커지기 때문에 유량조절에는 적합하지 않다.

|답| ③

29 배관을 지지할 때의 유의사항으로 잘못 된 시공방법은?
① 중량 밸브나 계전기 등이 있는 경우에는 그 기기 가까이 설치한다.
② 배관의 곡부가 있는 경우는 지지가 곤란하므로 굽힘부에서 멀리 떨어져 지지한다.
③ 분기관이 있는 경우에는 신축을 고려하여 지지한다.
④ 지지는 되도록 기존보를 이용하며 지지간격을 적당히 잡아 휨이 생기지 않도록 한다.

해 설
밸브나 곡관 부근을 지지하는 것을 원칙으로 한다.
|답| ②

30 과열 증기관 등과 같이 사용온도가 350~450[℃] 배관에 사용되며 킬드강을 사용, 이음매 없이 제조되기도 하는 관은?
① 저온 배관용 강관
② 고압 배관용 탄소강관
③ 고온 배관용 탄소강관
④ 배관용 합금강관

해 설
제조 방법에 의한 고온 배관용 탄소강관(SPHT)의 종류
① 2종 : SPHT38로 표시하며 인장강도가 38[kgf/mm^2] 이상이고 조립(組粒)의 킬드강을 사용하여 이음매 없이 제조한다.
② 3종 : SPHT42로 표시하며 인장강도가 42[kgf/mm^2] 이상이고 조립(組粒)의 킬드강을 사용하여 이음매 없이 제조한다.
③ 4종 : SPHT49로 표시하며 인장강도가 49[kgf/mm^2] 이상이고 띠강이나 강판을 전기 저항용접에 의해서 또는 이음매 없이 제조한다.
|답| ③

31 순동 이음쇠의 특징 설명으로 틀린 것은?
① 용접 시 가열시간이 짧아 공수 절감을 가져온다.
② 벽 두께가 균일하므로 취약 부분이 적다.
③ 외형이 크지 않은 구조이므로 배관공간이 적어도 된다.
④ 내면이 동관과 같아 압력손실이 많다.

해 설
순동 이음쇠의 특징 : ①, ②, ③ 외
① 내면이 동관과 같아 압력손실이 적다.
② 재료가 동관과 같은 순동이므로 내식성이 좋고, 부식에 의한 누수의 우려가 없다.
③ 다른 연결부속에 의한 배관에 비해 공사비용의 절감을 가져올 수 있다.
|답| ④

32 합성수지 중 열경화성 수지에 속하지 않는 것은?
① 페놀   ② 요소
③ 멜라민   ④ 폴리에틸렌
|답| ④

33 플랜지로 강관을 접합할 때 시트 모양에 따른 용도의 설명으로 틀린 것은?
① 전면 시트 : 주철제 및 구리 합금제 플랜지
② 소평면 시트 : 부드러운 패킹을 사용하는 플랜지
③ 삽입형 시트 : 기밀을 요하는 경우
④ 홈꼴형 시트 : 위험성 유체 배관 및 기밀유지

해 설
소평면 시트 : 경질 패킹용으로 적당하다.
|답| ②

34 압력배관에서 관의 선정기준이 되는 중요한 요소인 스케줄 번호는 다음 중 무엇을 계열화 하여 작업성이나 경제적으로 도움을 주기 위한 것인가?
① 관의 두께   ② 관의 굵기
③ 관 끝의 가공정도 ④ 관의 제조 방법

해 설

스케줄 번호(schedule number) : 유체의 사용압력(P)과 그 상태에 있어서 재료의 허용응력(S)과의 비에 의해서 파이프 두께의 체계를 표시한 것이다.

$$\therefore \text{Sch No} = 10 \times \frac{P}{S}$$

P : 사용압력[kgf/cm²]
S : 재료의 허용응력[kgf/mm²]

$$\left(S = \frac{\text{인장강도}[\text{kgf/mm}^2]}{\text{안전율}} \right)$$

※ 안전율은 주어지지 않으면 4를 적용한다. |답| ①

35 비중 1.2인 유체를 0.067[m³/s] 유량으로 높이 12[m]를 올리려면 펌프의 동력은 약 몇 [kW]가 필요한가? (단, 펌프의 효율은 100[%]로 가정한다.)

① 9.46
② 10.14
③ 11.2
④ 15.01

해 설

$$\text{kW} = \frac{\gamma \cdot Q \cdot H}{102\eta}$$
$$= \frac{1.2 \times 1000 \times 0.067 \times 12}{102 \times 1} = 9.458[\text{kW}]$$ |답| ①

36 그림과 같이 90° 벤딩하고자 할 때 파이프의 총 길이는 몇 [mm]인가?

① 714
② 739
③ 857
④ 557

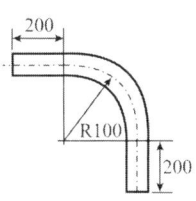

해 설

$L = \frac{90}{360} \times \pi \times D + \text{직선부 길이}$
$= \frac{90}{360} \times \pi \times 200 + (200 + 200) = 557[\text{mm}]$ |답| ④

37 배관 용접부의 비파괴 시험 검사법이 아닌 것은?

① 외관 검사
② 초음파 탐상법
③ 충격 시험
④ X선 투과 시험법

해 설

① 용접부의 비파괴 검사법 : 외관검사, 육안검사(VT), 침투검사(PT), 자기검사(MT), 방사선투과검사(RT), 초음파탐상검사(UT) 등
② 충격시험 : 파괴시험에 해당 |답| ③

38 용접이음을 나사이음과 비교한 특징 설명 중 틀린 것은?

① 나사이음처럼 관 두께에 불균일한 부분이 생기지 않고 유체의 압력손실이 적다.
② 용접이음은 나사이음보다 이음의 강도가 크고 누수의 우려가 적다.
③ 돌기부가 없으므로 배관상의 공간효율이 좋다.
④ 용접이음은 나사이음보다 이음부의 강도가 작고 누수의 우려가 크다.

해 설

나사이음과 비교한 용접이음의 특징
(1) 장점
① 이음부 강도가 크고, 하자 발생이 적다.
② 이음부 관 두께가 일정하므로 마찰저항이 적다.
③ 배관의 보온, 피복 시공이 쉽다.
④ 시공기간을 단축할 수 있고 유지비, 보수비가 절약된다.
(2) 단점
① 재질의 변형이 일어나기 쉽다.
② 용접부의 변형과 수축이 발생한다.
③ 용접부의 잔류응력이 현저하다. |답| ④

39 다음 재료 중 가스절단이 가장 잘 되는 것은?

① 주철
② 비철금속
③ 연강
④ 스테인리스

|답| ③

40 주철관 이음 시 스테인리스 커플링과 고무링만으로 쉽게 이음할 수 있는 접합법은?

① 노허브 이음
② 빅토리 이음
③ 타이톤 이음
④ 플랜지 이음

해 설

노허브 이음(no-hub joint) : 주철관 이음에서 종래 사용

하여 오던 소켓이음을 개량한 것으로 스테인리스강 커플링과 고무링만으로 쉽게 이음 할 수 있는 방법이다.

|답| ①

41 동관용 공구 중에서 동관 끝의 확관용 공구로 맞는 것은?
① 익스팬더
② 사이징 툴
③ 튜브벤더
④ 튜브커터

해 설

동관용 공구의 종류 및 용도
① 튜브 커터(tube cutter) : 관지름 20[mm] 이하의 동관 절단에 사용하는 공구이다.
② 튜브 벤더(tube bender) : 관지름 20[mm] 이하의 동관을 상온에서 필요한 각도로 구부릴 때 사용하며 구부릴 수 있는 각도는 0~180°이다.
③ 플레어링 공구 : 동관을 압축이음(flare joint)할 때 동관 끝을 나팔관 모양으로 넓히기 위하여 사용하는 공구이다.
④ 리머(reamer) : 튜브 커터로 동관을 절단한 후 관 내면에 생기는 거스러미를 제거하는데 사용한다.
⑤ 사이징 툴(sizing tools) : 동관의 끝부분을 정확한 치수의 원형으로 교정하기 위하여 사용한다.
⑥ 확관기(expander) : 동일한 지름의 동관을 이음쇠 없이 납땜이음 할 때 한쪽 관 끝에 소켓을 만드는데 사용한다.
⑦ 티 뽑기(extractor) : 티로 연결할 부분에 관이음재(티)를 사용하지 않고 동관에 구멍을 내어 간단히 관을 연결하는데 사용한다.

|답| ①

42 다음은 동관의 저온용접에 관한 설명 중 올바른 것은?
① 용접되는 재료의 변질이 없다.
② 용접 시 열에 의한 변형이 적으나 균열발생은 많다.
③ 공정조직으로 하면 결정이 조대화 된다.
④ 공정조직으로 하면 취약한 이음이 된다.

|답| ①

43 순수한 물의 물리적 성질에 관한 설명으로 올바른 것은?
① 밀도는 1[kg/cm³]이다.
② 물의 비중은 0[℃]일 때 1이다.

③ 점성계수는 온도가 높을수록 작아진다.
④ 해수(바닷물)보다 비중이 약 1.2배 크다.

해 설

① 물의 밀도는 1[g/cm³], 1000[kg/m³]이다.
② 물의 비중은 4[℃]일 때 1이다.
④ 순수한 물은 해수보다 비중이 작다. |답| ③

44 서브머지드 아크용접에서 시·종단부의 용접 결함을 막기 위하여 사용하는 것은?
① 백킹
② 후럭스
③ 레일
④ 앤드탭

해 설

앤드탭 : 용접결함을 방지하기 위하여 용접 시작부분과 끝부분에 동일재료로 이어 붙인 판이다. |답| ④

45 0[℃]의 얼음 1[kg]을 100[℃]의 포화증기로 만드는데 필요한 열량은 약 얼마인가? (단, 얼음의 융해열은 333.6[kJ/kg], 물의 비열은 4.19[kJ/kg·K], 물의 증발잠열은 2256.7[kJ/kg]이다.)
① 2255[kJ]
② 2590[kJ]
③ 2674[kJ]
④ 3009[kJ]

해 설

① 0[℃] 얼음 → 0[℃] 물의 소요 열량 : 잠열
$Q_1 = G \cdot r = 1 \times 333.6 = 333.6[kJ]$
② 0[℃] 물 → 100[℃] 물의 소요 열량 : 현열
$Q_2 = G \cdot C \cdot \Delta t = 1 \times 4.19 \times (100-0) = 419[kJ]$
② 100[℃] 물 → 100[℃] 포화증기 소요 열량 : 잠열
$Q_3 = G \cdot r = 1 \times 2256.7 = 2256.7[kJ]$
③ 합계 열량 계산
$Q = Q_1 + Q_2 + Q_3 = 333.6 + 419 + 2256.7$
$= 3009.3[kJ]$ |답| ④

46 염화비닐관 이음에서 고무링 이음의 특징으로 틀린 것은?
① 시공 작업이 간단하며 특별한 숙련이 없어도 시공할 수 있다.
② 외부의 기후 조건이 나빠도 이음이 가능하다.

③ 신축 및 휨에 대하여 완전하며 신축관을 따로 설치할 필요가 없다.
④ 시공 속도가 느리며 수압에 견디는 강도가 작다.

해설
고무링 이음의 특징 : ①, ②, ③ 외
① 시공속도가 빠르며, 수압에 견디는 강도가 크다.
② 좁은 장소나 화기의 위험이 있는 곳에서도 이음이 안전하다.
③ 가열하거나 접착제를 바르지 않고 손쉽게 이음이 되므로 시공비가 절감된다.
④ 이음 후에 관을 빼내거나 다시 끼울 수도 있으므로 필요할 때 이동할 수 있어 경제적이다.
⑤ 부분적으로 땅이 내려앉은 곳에도 안전하다. |답| ④

47 치수기입 방법의 일반원칙으로 틀린 것은?
① 단품이나 구성품을 명확하고도 완전하게 정의하는데 필요한 치수 정보는 관련 문서에서 명시하지 않더라고 도면에 모두 표시해야 한다.
② 각 형체의 치수는 하나의 도면에서 여러 번 기입한다.
③ 치수는 해당되는 형체를 가장 명확하게 보여줄 수 있는 투상도나 단면도에 기입한다.
④ 각 도면은 모든 치수에 대해 동일한 단위[mm] 등)를 사용한다.

해설
각 형체의 치수는 하나의 도면에서 한 번만 기입한다.
|답| ②

48 배관 설비 라인 인덱스의 장점이 아닌 것은?
① 배관시공 시 배관재료를 정확히 선정할 수 있다.
② 배관공사의 관리 및 자재 관리에 편리하다.
③ 배관 내의 유체 마찰이 감소된다.
④ 배관 기기장치의 운전계획, 운전교육에 편리하다.

해설
라인 인덱스(line index) : 배관에서 각 장치와 유체를 명확히 구분하여 번호를 붙이는 것을 말하며, 이 번호에 의해서 배관의 성격과 위치를 명확히 구분할 수 있고 배관재료를 쉽게 파악할 수 있다. |답| ③

49 배관의 높이 표시법에서 관 바깥지름의 윗면을 기준으로 할 경우 도면에 표시하는 기호로 맞는 것은?
① TOP ② BOP
③ EL   ④ GL

해설
관의 높이 표시방법
(1) EL(elevation line) 표시 : 그 지방의 해수면에 기준선(base line)을 설정하여 이 기준선으로부터의 높이를 표시하는 표시법
 ① BOP(bottom of pipe) : 지름이 다른 관의 높이를 나타낼 때 적용되며 관 바깥지름의 아랫면을 기준으로 하여 표시한다.
 ② TOP(top of pipe) : 관의 윗면을 기준으로 하여 표시한다.
(2) GL(ground line) : 포장된 지표면을 기준으로 하여 배관장치의 높이를 표시할 때 적용된다.
(3) FL(floor line) : 1층 바닥면을 기준으로 하여 높이를 표시한다.
|답| ①

50 보기와 같은 입체도의 평면도로 가장 적합한 것은?

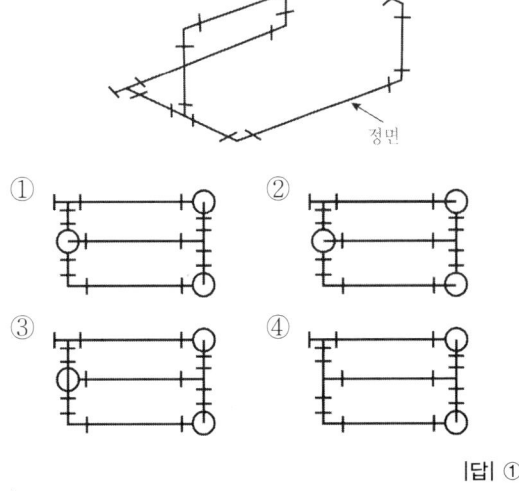

|답| ①

51 관 A가 화면에 직각으로 바로 앞쪽으로 올라가 있고, 관 B와 접속하고 있는 경우의 평면도로 바른 것은?

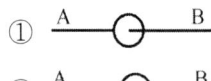

|답| ①

52 KS '배관의 간략도시방법'에서 사용하는 선의 종류별 호칭 방법에 따른 선의 적용 설명으로 틀린 것은?
① 가는 1점 쇄선 → 바닥, 벽, 천정
② 굵은 파선 → 다른 도면에 명시된 유선
③ 가는 실선 → 해칭, 인출선, 치수선
④ 굵은 실선 → 유선 및 결합부품

해설
가는 1점 쇄선의 용도(적용) : 중심선, 기준선, 피치선
|답| ①

53 보기와 같은 용접 기호의 설명으로 올바른 것은?

[보기]
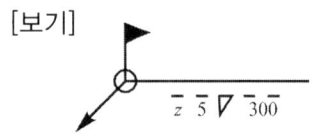

① 현장 점용접
② 용접부 목 두께 5[mm]
③ 플러그 용접
④ 화살표 반대쪽의 용접

해설
현장 온둘레 용접, 용접부 목길이 5[mm], 용접부 길이 300[mm], 화살표 반대쪽 용접
|답| ④

54 관의 말단부 표시방법에서 나사식 캡을 나타내는 도시기호로 맞는 것은?

해설
① 막힘 플랜지
② 나사식 캡
③ 용접식 캡
|답| ②

55 c 관리도에서 $k = 20$인 군의 총부적합(결점) 수 합계는 58 이었다. 이 관리도의 UCL, LCL 을 구하면 약 얼마인가?
① UCL = 6.92, LCL = 0
② UCL = 4.90, LCL = 고려하지 않음
③ UCL = 6.92, LCL = 고려하지 않음
④ UCL = 8.01, LCL = 고려하지 않음

해설
① $UCL = \bar{c} + 3\sqrt{\bar{c}} = 2.9 + 3\sqrt{2.9} = 8.0088$
② $LCL = \bar{c} - 3\sqrt{\bar{c}} = 2.9 - 3\sqrt{2.9} = -2.2$
[음(−)의 값을 갖는 LCL은 고려하지 않음]
여기서, $\bar{c} = \dfrac{\sum}{k} = \dfrac{58}{20} = 2.9$
|답| ④

56 일정 통제를 할 때 1일당 그 작업을 단축하는 데 소요되는 비용의 증가를 의미하는 것은?
① 비용구배(cost slope)
② 정상소요시간(normal duration time)
③ 비용견적(cost estimation)
④ 총비용(total cost)

해설
비용구배(cost slope) : 비용과 시간에 대한 특급점과 정상점을 연결하는 경사로서 작업일정의 단축에 소요되는 단위시간당 소요비용
|답| ①

57 일반적으로 품질코스트 가운데 가장 큰 비율을 차지하는 코스트는?
① 평가코스트
② 실패코스트
③ 예방코스트
④ 검사코스트

해설
QC 활동의 초기단계에는 평가코스트나 예방코스트에 비교하여 실패코스트가 큰 비율을 차지하게 된다.
|답| ②

58 모든 작업을 기본동작으로 분해하고, 각 기본 동작에 대하여 성질과 조건에 따라 미리 정해 놓은 시간치를 적용하여 정미시간을 산정하는 방법은?

① PTS법 ② WS법
③ 스톱워치법 ④ 실적자료법

해 설

PTS법(predetermined time standard system : 기정시간 표준법) |답| ①

59 로트로부터 시료를 샘플링해서 조사하고, 그 결과를 로트의 판정기준과 대조하여 그 로트의 합격, 불합격을 판정하는 검사를 무엇이라 하는가?
① 샘플링 검사 ② 전수검사
③ 공정검사 ④ 품질검사

|답| ①

60 다음 중 데이터를 그 내용이나 원인 등 분류 항목별로 나누어 크기의 순서대로 나열하여 나타낸 그림을 무엇이라 하는가?
① 히스토그램(histogram)
② 파레토도(pareto diagram)
③ 특성요인도(causes and effects diagram)
④ 체크시트(check sheet)

|답| ②

2008년 기능장 제44회 필기시험 (7월 13일 시행)

자격종목	코드	시험시간	형별
배관기능장	3081	1시간	A

※ 답안 카드 작성 시 시험문제지 형별누락, 마킹착오로 인한 불이익은 전적으로 수험자의 귀책사유임을 알려드립니다.

※ 각 문항은 4지 택일형으로 질문에 가장 적합한 보기 항을 선택하여 마킹하여야 합니다.

1 난방시설에서 팽창탱크의 설치 목적이 아닌 것은?
① 보일러 운전 중 장치 내의 온도상승에 의한 체적 팽창이나 이상 팽창의 압력을 흡수한다.
② 팽창한 물을 배출하여 장치 내의 열손실을 방지한다.
③ 운전 중 장치 내를 일정한 압력으로 유지하고 온수온도를 유지한다.
④ 공기를 배출하고 운전정지 후에도 일정압력이 유지된다.

해 설
팽창탱크의 설치 목적(역할)
① 운전 중 장치내의 온도상승에 의한 체적팽창 및 그 압력을 흡수한다.
② 팽창된 온수의 넘침을 방지하여 열손실을 방지한다.
③ 운전 중 장치내의 압력을 소정의 압력으로 유지하고, 온수온도를 유지한다.
④ 장치 내 보충수 공급 및 공기침입을 방지한다.
|답| ②

2 중앙식 급탕설비 중 간접 가열식에 비교한 직접 가열식 급탕 설비의 특징이 아닌 것은?
① 열효율 면에서 경제적이다.
② 건물 높이에 해당하는 수압이 보일러에 생긴다.
③ 보일러 내부에 물때가 생기지 않아 수명이 길다.
④ 고층 건물보다는 주로 소규모 건물에 적합하다.

해 설
직접 가열식 급탕 설비의 특징 : ①, ②, ④ 외
① 경수 사용 시 보일러 내부에 물때(scale)가 부착하여 전열효율을 저하시키고, 수명을 단축시킨다.
② 보일러 본체의 온도차에 따른 불균등한 신축이 발생한다.
|답| ③

3 집진장치 중 일반적으로 집진 효율이 가장 좋은 것은?
① 중력식 집진장치
② 관성력식 집진장치
③ 원심력식 집진장치
④ 전기식 집진장치

해 설
(1) 전기식 집진장치의 특징
 ① 제진효율이 가장 높다.
 ② 압력손실이 적고, 미세한 입자 제거에 용이하다.
 ③ 대량의 가스를 취급할 수 있다.
 ④ 보수비, 운전비가 적다.
 ⑤ 설치 소요면적이 크고, 설비비가 많이 소요된다.
 ⑥ 부하변동에 적응이 어렵다.
(2) 성능
 ① 취급입자 : $0.05 \sim 20[\mu]$
 ② 집진효율 : $90 \sim 99.9[\%]$
|답| ④

4 일반적인 기송 배관의 형식이 아닌 것은?
① 진공식 ② 압송식
③ 진공 압송식 ④ 분리기식

해 설
(1) 기송배관 : 공기 수송기를 사용하여 고체 분말 또는 미립자를 운송하도록 시설하여 놓은 배관

(2) 형식 분류
① 진공식(vacuum type) : 수송관을 진공펌프를 이용하여 진공상태로 만든 후 운반물과 대기 중의 공기를 동시에 흡입하여 운송하고 공기는 따로 분리하여 배출하는 형식이다.
② 압송식(pressure type) : 압축기로 공기를 압입하고 송급기(feeder)에서 운반물을 흡입하여 운송한 후 공기를 따로 배출하는 형식이다.
③ 진공 압송식(vacuum and pressure type) : 진공식과 압송식을 혼합한 형식으로 수송원과 수송선이 여러 갈래이거나 원거리인 경우에 이용된다.

|답| ④

5 증기난방에 비교한 온수난방의 특징 설명으로 틀린 것은?
① 실내의 쾌감도가 높다.
② 난방부하의 변동에 따른 온도 조절이 곤란하다.
③ 방열기의 표면온도가 낮아서 화상의 염려가 없다.
④ 보일러 취급이 용이하고 소규모 주택에 적당하다.

해 설
온수난방의 특징
(1) 장점
 ① 난방부하의 변동에 대응하기 쉽다.
 ② 가열시간은 길지만 잘 식지 않으므로 증기난방에 비해 배관의 동결우려가 적다.
 ③ 방열기의 표면온도가 낮으므로 실내 쾌감도가 높고 화상의 위험이 없다.
 ④ 온수보일러 취급이 용이하며, 소규모 주택 등에 적당하다.
(2) 단점
 ① 한랭지역에서는 동결의 위험이 있다.
 ② 방열면적과 배관지름이 커져 시설비가 증가한다.
 ③ 예열시간이 길어 예열부하가 크다.

|답| ②

6 25[A]용 2개, 20[A]용 3개, 15[A]용 2개의 급수전을 사용할 때 급수 주관의 호칭규격을 급수관의 균등표를 이용하여 계산하시오. (단, 동시 사용률은 무시한다.)

급수관의 균등표

관지름[mm]	6	8	10	15	20	25	32	40	50	65	80
6	1										
8	2.1	1									
10	4.5	2.1	1								
15	8.2	3.8	1.8	1							
20	16	7.7	3.6	2	1						
25	30	14	6.6	3.7	1.8	1					
32	60	28	13	7.2	3.6	2	1				
40	88	41	19	11	5.3	2.9	1.5	1			
50	164	77	36	20	10.0	5.5	2.8	1.9	1		
65	255	120	56	31	15.5	8.5	4.3	2.9	1.6	1	
80	439	206	97	54	27	15	7	5	2.7	1.7	1

① 32[A] ② 40[A] ③ 50[A] ④ 65[A]

해 설
급수관 균등표를 이용한 계산법 : 문제에서 주어진 배관 호칭에 해당하는 배관을 세로측 관지름 칸에서 찾아 오른쪽으로 평행하게 이동하여 가로측 칸에 있는 15[mm]와 일치하는 숫자를 찾아 급수전 개수를 계산한다.
① 25[A]×2개를 15[A]관으로 계산 = 3.7×2 = 7.4
② 20[A]×3개를 15[A]관으로 계산 = 2×3 = 6
③ 15[A]×2개를 15[A]관으로 계산 = 1×2 = 2
④ 15[A]관의 합계 = 7.4+6+2 = 15.4
⑤ 주관의 호칭 계산 : 관지름 가로 칸에서 15[mm]를 선택한 후 아래로 내려가 15.4에 해당하는 숫자를 찾아 (없으면 큰 숫자 선택) 20를 선택한 후 왼쪽으로 이동하면 세로 칸의 관지름 50[mm]가 선택된다.
∴ 주관의 호칭규격은 50[mm](A)이다.

|답| ③

7 인접건물의 화재로부터 해당 건물을 보호 예방하기 위하여 창이나 벽, 지붕 등에 물을 뿌려 수막을 형성하기 위하여 사용하는 것은?
① 송수구
② 드렌처
③ 스프링클러
④ 옥내 소화전

해 설
드렌처 설비 : 건물의 외벽, 창, 지붕 등에 일정한 간격으로 배열하여 인접건물 화재 시 수막을 만드는 소화설비이다.

|답| ②

8 공조설비의 냉각탑에 관한 설명으로 가장 적합한 것은?
① 오염된 공기를 세정하며 동시에 공기를 냉각하는 장치
② 찬 우물물을 분사시켜 공기를 냉각하는 장치

③ 냉매를 통과시켜 주위의 공기를 냉각하는 장치
④ 응축기의 냉각용수를 재냉각시키는 장치

해 설

냉각탑(cooling tower) : 수냉식 냉동기의 응축기 냉각수 소비를 절감하기 위하여 공기와의 접촉에 의한 냉각과 물의 증발에 의하여 냉각시키는 장치이다. |답| ④

9 수관식 보일러의 특징 설명으로 틀린 것은?
① 보일러수의 순환이 빠르고 효율이 높다.
② 전열면적이 커서 증기발생량이 빠르다.
③ 구조가 단순하여 제작이 쉽다.
④ 급수의 순도가 나쁘면 스케일이 발생하기 쉽다.

해 설

수관식 보일러의 특징
① 증기 발생시간이 빠르며, 고압 대용량에 적합하다.
② 외분식이므로 연료 선택범위가 넓고, 연소상태가 양호하다.
③ 전열면적이 크고, 열효율이 높다.
④ 수관의 배열이 용이하고, 패키지형으로 제작이 가능하다.
⑤ 관수처리에 주의에 요한다.
⑥ 구조가 복잡하여 청소, 검사, 수리가 어렵고 스케일 부착이 쉽다.
⑦ 부하변동에 따른 압력 및 수위변동이 심하다. |답| ③

10 화학배관설비에서 화학 장치용 재료의 구비조건으로 틀린 것은?
① 접촉 유체에 대해 내식성이 클 것
② 고온 고압에 대한 기계적 강도가 클 것
③ 저온에서 재질의 열화가 클 것
④ 크리프(creep)강도가 클 것

해 설

구비조건 : ①, ②, ④ 외
① 저온에서 재질의 열화(劣化)가 없을 것
② 가공이 용이하고 가격이 저렴할 것 |답| ③

11 가스배관의 보냉 공사 시공 시 주의사항으로 틀리는 것은?
① 진동으로 인해 보온재가 탈락되지 않도록 견고하게 고정한다.
② 배관 지지부의 보냉은 보냉재를 충분히 밀착시키고 방습 시공을 완전하게 해준다.
③ 배관을 보냉할 때는 2~3개의 관을 함께 보냉재로 싼다.
④ 배관의 말단의 플랜지부 등에는 저온용 매스틱을 발라주고 아스팔트 루핑을 사용해서 방습한다.

해 설

가스배관을 보냉할 경우에 2~3개의 관을 함께 보냉제로 감쌌을 경우 방열 표면에 결로(結露)현상이 발생하여 수분이 보냉제 가운데에 침투하고 하부가 그 무게로 느슨해져 보냉 효과를 저하시키므로 배관은 1개씩 따로 보냉 공사를 하는 것이 바람직하다. |답| ③

12 무기산 화학세정 약품 중 성상이 분말이므로 취급이 용이하고, 비교적 저온(40[℃] 이하)에서도 물의 경도 성분을 제거할 수 있는 능력이 있어 수도설비 등의 세정에 적당한 산은?
① 염산 ② 불산
③ 인산 ④ 설파민산

해 설

백색 분말이며, 다른 약품에 비해 취급이 간단하며 칼슘, 마그네슘 등을 용해하는 능력이 뛰어난 화학세정용 산(酸)성 약제이다. |답| ④

13 순환법에 의한 화학세정의 공정을 순서대로 열거한 것 중 가장 적합한 것은?
① 물세척 → 중화방청 → 탈지세정 → 물세척 → 건조 → 물세척 → 산세척
② 물세척 → 탈지세정 → 산세척 → 물세척 → 중화방청 → 건조 → 물세척
③ 물세척 → 탈지세정 → 물세척 → 산세척 → 중화방청 → 물세척 → 건조
④ 물세척 → 산세척 → 물세척 → 중화방청 → 탈지세정 → 물세척 → 건조

|답| ③

14 피드백 제어 방식에서 연속 동작에 해당 되는 것은?

① ON-OFF 동작　② 다위치 동작
③ 불연속 속도 동작　④ 적분 동작

해 설

제어동작에 의한 자동제어 분류
① 연속동작 : 비례동작, 적분동작, 미분동작, 비례 적분 동작, 비례 미분동작, 비례 적분 미분 동작
② 불연속 동작 : 2위치 동작(on-off 동작), 다위치 동작, 불연속 속도 동작(단속도 제어 동작)　|답| ④

15 보일러의 수면계 기능시험의 시기로 틀린 것은?

① 보일러를 가동하기 전
② 보일러를 가동하여 압력이 상승하기 시작했을 때
③ 2개 수면계의 수위에 차이가 없을 때
④ 수면계 유리의 교체, 그 외의 보수를 했을 때

해 설

수면계의 기능시험 시기
① 보일러를 가동하기 전과 압력이 상승하기 시작했을 때
② 2개의 수면계의 수위에 차이가 발생할 때
③ 수위의 움직임이 없고, 수위 지시가 정확하지 않다고 판단될 때
④ 보일러 운전 중에 포밍, 프라이밍 현상이 발생하는 때
⑤ 수면계 유리의 교체, 그 외의 보수를 했을 때
　|답| ③

16 화재 설명에 대해 틀린 것은?

① A급 화재 : 일반 화재
② B급 화재 : 유류 화재
③ C급 화재 : 종합 화재
④ D급 화재 : 금속 화재

해 설

C급 화재 : 전기 화재　|답| ③

17 산소-아세틸렌가스 용접에 사용하는 산소 용기의 색은?

① 흰색　② 녹색
③ 회색　④ 청색

해 설

용기의 색상
① 산소 용기 : 녹색
② 아세틸렌 용기 : 황색(노랑색)　|답| ②

18 자동세탁기, 자동판매기, 교통신호기, 엘리베이터, 네온사인 등과 같이 각 장치가 유기적인 관계를 유지하면서 미리 정해 놓은 시간적 순서에 따라 작업을 순차 진행하는 제어 방식은?

① 시퀀스 제어　② 피드백 제어
③ 정치 제어　④ 추치 제어

해 설

시퀀스 제어(sequence control : 개[開]회로) : 미리 순서에 입각해서 다음 동작이 연속 이루어지는 제어로 자동판매기, 보일러의 점화 등이 있다.　|답| ①

19 기기 및 배관 라인의 점검 설명으로 틀린 것은?

① 도면과 시방서의 기준에 맞도록 설비 되었는가 확인한다.
② 각종 기기 및 자재와 부속품은 시방서에 명시된 규격품인지 확인한다.
③ 각 배관의 구배는 완만하고 에어포켓부는 없는지 확인한다.
④ 드레인 배출은 점검하지 않는다.

해 설

드레인 배출은 이상이 없는지 확인한다.　|답| ④

20 자동제어 장치의 구성에서 목표값과 제어량과의 차로서 기준입력과 주피드백량을 비교하여 얻은 편차량의 신호는?

① 목표값 신호　② 기준입력 신호
③ 비례부 신호　④ 동작 신호

　|답| ④

21 강관의 기호에서 고압 배관용 탄소강관은?
① SPPS ② SPPH
③ STWW ④ SPW

해 설

강관의 KS 표시 기호

KS 표시 기호	명 칭
SPP	일반배관용 탄소강관
SPPS	압력배관용 탄소강관
SPPH	고압배관용 탄소강관
SPHT	고온배관용 탄소강관
SPLT	저온배관용 탄소강관
SPW	배관용 아크용접 탄소강관
SPA	배관용 합금강관
STS×T	배관용 스테인리스강관
STBH	보일러 열교환기용 탄소강관
STHA	보일러 열교환기용 합금강관
STS×TB	보일러 열교환기용 스테인리스강관
STLT	저온 열교환기용 강관

|답| ②

22 일명 팩리스 신축 조인트라고도 하며, 관의 신축에 따라 슬리브와 함께 신축하는 것으로 미끄럼면에서 유체가 새는 것을 방지하는 것은?
① 루프형 신축조인트
② 슬리브형 신축조인트
③ 벨로스형 신축조인트
④ 스위블형 신축조인트

해 설

벨로스형(bellows type) : 팩리스(packless)형이라 하며, 관의 신축에 따라 슬리브와 함께 신축하는 것으로, 미끄럼 면에서 유체가 누설되는 것을 방지한다. 설치장소에 구애받지 않고 가스, 증기, 물 등 2[MPa], 450[℃]까지 축 방향 신축흡수에 사용되며 단식과 복식 2종류가 있다.

|답| ③

23 밸브에 관한 설명으로 바르게 나타낸 것은?
① 감압밸브는 자동적으로 유량을 조정하여 고압측의 압력을 일정하게 유지한다.
② 스윙형 체크밸브는 수평, 수직 어느 배관에도 사용할 수 있다.
③ 안전밸브에는 벨로스형, 다이어프램형 등이 있다.
④ 버터플라이밸브는 글로브밸브의 일종으로 유량조절에 사용한다.

해 설

① 감압밸브는 자동적으로 압력을 조정하여 고압측의 압력과 관계없이 저압측(2차측)의 압력을 일정하게 유지한다.
③ 안전밸브에는 스프링식, 파열판식, 가용전식, 중추식 등이 있다.
④ 버터플라이 밸브(butterfly valve)는 원통형 몸체 속에 밸브 봉을 축으로 하여 원형 평판이 회전함으로써 개폐동작이 신속하게 이루어지는 구조이다.

|답| ②

24 다음 중 나사용 패킹에 속하지 않는 것은?
① 페인트 ② 일산화연
③ 액상 합성수지 ④ 네오프렌

해 설

합성고무(neoprene) : 내열도가 −46~121[℃]인 천연고무의 성질을 개선시킨 것으로 내산성, 내열성, 내유성이 좋고, 기계적 성질이 양호하다. 증기배관 외 물, 공기, 기름 및 냉매배관 등 광범위하게 사용되는 플랜지 패킹이다.

|답| ④

25 주철관 중 일명 구상 흑연 주철관 이라고도 하는 것은?
① 수도용 입형 주철 직관
② 수도용 원심력 금형 주철관
③ 수도용 원심력 사형 주철관
④ 덕타일 주철관

해 설

수도용 원심력 덕타일 주철관 : 구상 흑연 주철관이라 하며 양질의 선철에 강을 배합하여 용해하고, 회전하는 주형에 주입한 다음 원심력을 이용하여 주조한 후 노(爐)속에 넣고 고르게 가열하여 730[℃] 이상에서 적당한 시간 동안 풀림(annealing)처리를 한 것이며 주철 중의 흑연이 구상화하여 관의 질이 균일하게 되어 강도가 크다.

|답| ④

26 맞대기 용접식 관이음쇠 중 일반배관용은 어떤 관을 맞대기 용접할 때 가장 적합한가?
① 배관용 탄소강관
② 압력배관용 탄소강관
③ 고압배관용 탄소강관
④ 저온배관용 탄소강관

해 설
맞대기 용접이음재 : 재질, 바깥지름, 안지름 및 두께는 배관용 탄소강관(SPP)과 동일한 것으로 한다. |답| ①

27 스테인리스 강관의 이음쇠 중 동합금제 링을 캡 너트로 고정시켜 결합하는 이음쇠는?
① MR 조인트 이음쇠
② 몰코 조인트 이음쇠
③ 랩 조인트 이음쇠
④ 팩리스 조인트 이음쇠
|답| ①

28 호칭 20[A] 동관의 실제 바깥지름은 몇 [mm] 인가?
① 19.05   ② 22.22
③ 23.15   ④ 25.20

해 설
동관의 바깥지름
① 호칭 20A(3/4 B) 동관 : 22.22[mm]
② 5/8 B : 19.05[mm] |답| ②

29 스테인리스 강관의 특성 설명으로 틀린 것은?
① 위생적이어서 적수, 백수, 청수의 염려가 없다.
② 강관에 비해 기계적 성질이 우수하다.
③ 두께가 얇고 가벼워 운반 및 시공이 쉽다.
④ 저온 충격성이 작고 동결에 대한 저항이 작다.

해 설
스테인리스 강관의 특징 : ①, ②, ③ 외
① 내식성, 내마모성이 우수하다.
② 관마찰저항이 작아 손실수두가 적다.
③ 강도가 크고, 굽힘 작업이 어렵다.
④ 열전도율이 낮다(14.04[kcal/h·m·℃]).

⑤ 압축이음으로 배관작업이 용이하지만, 보수작업이 어렵다. |답| ④

30 합성수지관의 특징 설명으로 틀린 것은?
① 가소성이 크고 가공이 용이하다.
② 금속관에 비해 열에 약하다.
③ 내수, 내유, 내약품성이 크며 산, 알칼리에 강하다.
④ 비중이 크고 강인하며 투명 또는 착색이 자유롭지 않다.

해 설
비중이 작아 가볍고 강인하며, 착색이 자유롭다.
|답| ④

31 주로 방로 피복에 사용되며 아스팔트로 방온한 것은 영하 60[℃] 정도까지 유지할 수 있어 보냉용에 사용하며 동물성은 100[℃] 이하의 배관에 사용하는 보온재는?
① 석면   ② 탄산마그네슘
③ 기포성 수지   ④ 펠트

해 설
펠트(felt)의 특징
① 양모 펠트와 우모 펠트가 있다.
② 아스팔트를 방습한 것은 -60[℃]까지의 보냉용에 사용이 가능하다.
③ 곡면 시공에 편리하다.
④ 열전도율 : 0.042~0.050[kcal/h·m·℃]
⑤ 안전 사용온도 : 100[℃] 이하 |답| ④

32 여과기라고도 하며 배관에 설치되는 밸브, 트랩, 기기 등의 앞에 설치하여 관속의 유체에 섞여 있는 모래, 쇠 부스러기 등의 이물질을 제거하여 기기의 성능을 보호하는 것은?
① 스트레이너   ② 게이트 밸브
③ 버킷 트랩   ④ 전자밸브

해 설
스트레이너(strainer) : 증기, 물, 유류 배관 등에 설치하여 관내의 불순물을 제거 하여 기기의 성능을 보호하는 역할을 하는 배관설비용 부품이다. |답| ①

33 배관의 지지에 필요한 조건 설명으로 틀린 것은?
① 관과 관내의 유체 및 피복제의 합계 중량을 지지하는데 충분한 재료일 것
② 외부에서의 진동과 충격에 대해서도 견고할 것
③ 온도 변화에 따른 관의 신축에 대하여 적합할 것
④ 배관시공에 있어서 구배(기울기)의 조정이 쉽지 않는 구조일 것

해 설
배관지지의 필요조건 : ①, ②, ③ 외
① 배관 시공에 있어서 구배(기울기)의 조정이 간단하게 될 수 있는 구조일 것
② 관의 지지간격이 적당할 것 |답| ④

34 다음 중 체크밸브에 속하지 않는 것은?
① 리프트형   ② 스윙형
③ 풋형   ④ 글로브형

해 설
① 체크밸브의 종류 : 스윙식, 리프트식, 풋 밸브, 해머리스 체크밸브 등
② 글로브 밸브(globe valve) : 스톱 밸브(stop valve)라 하며 유량조절용으로 사용된다. 차단성능이 좋으나 유체의 흐름방향과 평행하게 개폐되므로 압력손실이 많이 발생한다. |답| ④

35 유체에서 한 물체가 배제한 유체의 중량과 같은 힘을 수직 상방으로 받게 되는 것을 의미하는 용어는?
① 압력   ② 복원력
③ 마찰력   ④ 부력
|답| ④

36 고온측 고체물질 분자의 활발한 움직임에 의하여 인접한 저온측의 분자로 열이 이동하는 것을 의미하는 용어는?
① 복사   ② 대류
③ 열전도   ④ 방사

해 설
열의 이동 방법
① 전도(conduction) : 고체를 매개체로 하여 열이 고온에서 저온으로 이동하는 현상
② 대류(convection) : 고체 벽이 온도가 다른 유체와 접촉하고 있을 때 유체에 유동이 생기면서 열이 유동하는 현상
③ 복사(radiation) : 중간의 매개물 없이 한 물체에서 다른 물체로 열 에너지가 이동하는 현상으로 스테판 볼츠만의 법칙이 성립한다. |답| ③

37 관용나사의 테이퍼 값으로 가장 적합한 것은?
① $\dfrac{1}{5}$ ② $\dfrac{1}{10}$ ③ $\dfrac{1}{16}$ ④ $\dfrac{1}{30}$
|답| ③

38 다음 중 일반적인 주철관 접합법이 아닌 것은?
① 플랜지 접합   ② 타이톤 접합
③ 빅토리 접합   ④ 심플렉스 접합

해 설
① 주철관 접합법 종류 : 소켓 접합, 기계식 접합, 타이톤 접합, 빅토리 접합, 플랜지 접합
② 심플렉스 접합 : 석면 시멘트관(에터니트관)의 접합 방법 |답| ④

39 대형 강관이나 대형 주철관용 바이스로 다음 중 가장 적합한 명칭은?
① 오프셋 바이스   ② 수평 바이스
③ 수직 바이스   ④ 체인 바이스
|답| ④

40 연납이음이라고도 하며 주철관의 허브쪽에 스피킷(spigot)이 있는 쪽을 넣어 맞춘 다음 안을 단단히 꼬아 감고 정으로 박아 넣은 것으로 주로 건축물의 배수배관 등에 많이 사용되는 이음은?
① 가스 이음   ② 소켓 이음
③ 신축 이음   ④ 플랜지 이음
|답| ②

41 스테인리스강관의 플랜지 이음 시 주의사항으로 틀린 것은?
① 플랜지에 사용되는 개스킷은 스테인리스강관 전용의 지정품을 사용하여야 한다.
② 수도용 강관에 보통강의 루스플랜지로 접할 경우에는 볼트에 절연 슬리브가 끼워져 있는 것을 사용해야 한다.
③ 절연 플랜지 사용 시 볼트용 절연 슬리브 및 절연 와셔는 한쪽 머리 쪽으로만 사용하여야 한다.
④ 수직관에 절연 플랜지를 사용할 경우 볼트용 절연 슬리브 및 절연 와셔는 상측 플랜지 쪽에 오도록 조립한다.

|답| ④

42 폴리부틸렌(PB)관 이음에서 PB 배관재의 특성에 대한 설명으로 틀린 것은?
① 시공이 간편하며 재사용이 가능하다.
② 재질의 굽힘성은 관지름의 3배 이하까지 가능하다.
③ 강한 충격, 강도, 유연성, 온도, 화학작용 등에 대한 저항성이 크다.
④ PB관의 사용가능 온도로는 −30∼110[℃] 정도로 내한성과 내열성이 강하다.

해 설
폴리부틸렌관(PB관)의 특징
① 가볍고 시공이 간편하며 재사용이 가능하다.
② 강한 충격, 강도, 유연성, 온도, 화학작용 등에 대한 저항성이 크다.
③ 유해물질의 용출이나 적녹, 청녹의 발생에 의한 수질오염이 없어 위생적이다.
④ 사용가능 온도로는 −30∼110[℃] 정도로 내한성과 내열성이 우수하며 고온에서도 강도가 유지된다.
⑤ 나사 및 용접이음을 하지 않고 관을 연결구에 삽입하여 그랩링과 O링에 의한 에이콘이음으로 한다.
⑥ 온수온돌의 난방배관, 음용수 및 온수배관, 농업 및 원예용 배관, 화학배관 등에 사용된다.
⑦ 관의 굽힘 시 굽힘거리는 80[cm], 최소굽힘지름은 20[cm] 이상으로 하여야 한다.

|답| ②

43 순수한 물 1[kg]을 섭씨 20[℃]에서 100[℃]로 온도를 올리는데 필요한 열량은 약 몇 [kJ]인가? (단, 물의 비열은 4.187[kJ/kg·K]이다.)
① 134 ② 335 ③ 1360 ④ 2590

해 설
$Q = G \cdot C \cdot \Delta t = 1 \times 4.187 \times (100 - 20) = 334.96 [kJ]$

|답| ②

44 구면상의 선단을 갖는 특수한 해머로 용접부를 연속적으로 타격하여 표면층에 소성변형을 주는 조작으로 용접금속의 인장응력을 완화하는데 효과가 있는 잔류응력 제거법은?
① 노내 풀림법
② 국부 풀림법
③ 피닝법
④ 저온 응력 완화법

해 설
피닝(peening)법 : 끝이 구면인 특수한 해머로서 용접부를 연속적으로 때려 용접표면에 소성변형을 주어 잔류응력을 완화시키는 방법이다.

|답| ③

45 불활성가스 텅스텐 아크 용접에서 펄스(pulse)장치를 사용할 때 얻어지는 장점이 아닌 것은?
① 우수한 품질의 용접이 얻어진다.
② 박판 용접에서 용락이 잘된다.
③ 전극봉의 소모가 적고, 수명이 길다.
④ 좁은 홈 용접에서 안정된 상태의 용융지가 형성된다.

|답| ②

46 전기적 전류조정으로 소음이 없고 기계의 수명이 길며, 가변저항을 사용하므로 원격조정이 가능한 교류 아크 용접기는?
① 가동 철심형 교류 아크용접기
② 가동 코일형 교류 아크용접기
③ 탭전환형 교류 아크용접기
④ 기포화 리액터형 교류 아크용접기

|답| ④

47 KS "배관의 간략도시방법"에서 사용하는 선의 종류별 호칭 방법에 따른 선의 적용 설명으로 틀린 것은?
① 가는 1점 쇄선 → 중심선
② 가는 실선 → 해칭, 인출선, 치수선, 치수보조선
③ 굵은 파선 → 바닥, 벽, 천정, 구멍
④ 매우 굵은 1점 쇄선 → 도급 계약의 경계

해 설
굵은 파선 : 물체의 보이지 않는 부분의 모양을 표시하는 선이다.　　|답| ③

48 배관 내에 흐르는 유체의 종류와 문자기호를 올바르게 표기한 것은?
① 공기 – G　　② 2차 냉매 – N
③ 증기 – S　　④ 물 –M

해 설
유체의 종류 및 표시

유체의 종류	문자기호	색상
공 기	A	백 색
가 스	G	황 색
기 름	O	황적색
수증기	S	암적색
물	W	청 색

|답| ③

49 배관도면에서 다음의 기호가 나타내는 것은?
① 열려있는 체크 밸브 상태
② 열려있는 앵글 밸브 상태
③ 위험 표시의 밸브 상태
④ 닫혀있는 밸브 상태

|답| ④

50 그림 중 동관 이음쇠 Ftg × F 어댑터인 것은?
① 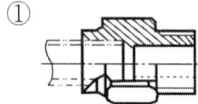　　②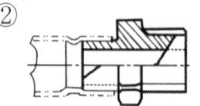
③ 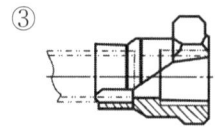　　④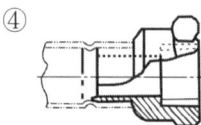

해 설
Ftg × F 어댑터 : 이음쇠 바깥쪽으로 관이 들어가 접합되고, 반대쪽은 ANSI 규격 관형나사가 안으로 난 동관 이음쇠이다.
① C × M 어댑터
② Ftg × M 어댑터
③ C × F 어댑터　　|답| ④

51 [보기] 용접기호에서 인접한 용접부 간의 간격(피치)을 나타내는 것은?

[보기]
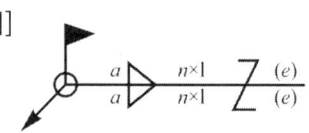

① a　　② n　　③ l　　④ (e)

해 설
용접도시기호 문자
① a : 용접 목두께
② n : 용접부의 개수(용접수)
③ l : 용접부 길이(크레이트 제외)
④ (e) : 인접한 용접부 간의 간격　　|답| ④

52 그림과 같은 입체도의 평면도로 가장 적합한 것은?

[보기]
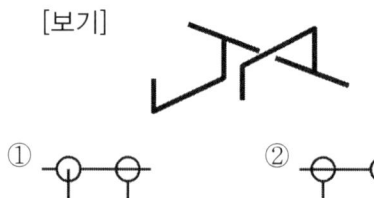

① 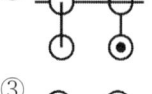　　②
③　　④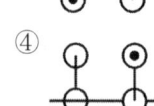

|답| ②

53 다음 기호는 KS 배관의 간략 도시 방법 중 환기계 및 배수계 끝부분 장치의 하나이다. 평면도로 표시된 [보기]의 간략 도시기호의 명칭은?

① 콕이 붙은 배수구   [보기]
② 벽붙이 환기삿갓
③ 회전식 환기삿갓
④ 고정식 환기삿갓

|답| ①

54 그림과 같은 도면의 지시기호에 "13-20드릴"이라고 구멍을 지시한 경우에 대한 설명으로 옳은 것은?

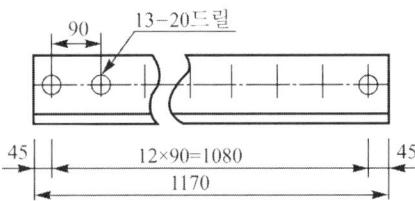

① 드릴 구멍의 지름은 13[mm]이다.
② 드릴 구멍의 피치는 45[mm]이다.
③ 드릴 구멍은 13개이다.
④ 드릴 구멍의 깊이는 20[mm]이다.

해 설
① 13-20 드릴 : 드릴 구멍의 지름은 20[mm]이고 구멍 수는 13개이다.
② 90 : 드릴 구멍의 피치는 90[mm]이다.
③ 12 × 90 = 1080 : 드릴 구멍 13개(드릴 구멍 간격 12개)의 피치 90[mm]의 길이가 1080[mm]이다. (드릴 구멍 간격 수는 드릴 구멍수에서 1을 뺀 것과 같다.)

|답| ③

55 공정에서 만성적으로 존재하는 것은 아니고 산발적으로 발생하며, 품질의 변동에 크게 영향을 끼치는 요주의 원인으로 우발적 원인인 것을 무엇이라 하는가?

① 우연원인   ② 이상원인
③ 불가피 원인   ④ 억제할 수 없는 원인

|답| ②

56 계수 규준형 1회 샘플링 검사(KS A 3102)에 관한 설명 중 가장 거리가 먼 내용은?

① 검사에 제출된 로트의 제조공정에 관한 사전정보가 없어도 샘플링 검사를 적용할 수 있다.
② 생산자측과 구매자측이 요구하는 품질보호를 동시에 만족시키도록 샘플링 검사방식을 선정한다.
③ 파괴검사의 경우와 같이 전수검사가 불가능한 때에는 사용할 수 없다.
④ 1회 만의 거래시에도 사용할 수 있다.

해 설
파괴검사와 같이 전수검사가 불가능할 때 사용한다.

|답| ③

57 어떤 공장에서 작업을 하는데 있어서 소요되는 기간과 비용이 다음 [표]와 같을 때 비용구배는 얼마인가? (단, 활동시간의 단위는 일(日)로 계산한다.)

정상작업		특급작업	
기간	비용	기간	비용
15일	150만원	10일	200만원

① 50,000원   ② 100,000원
③ 200,000원   ④ 300,000원

해 설

$$\text{비용구배} = \frac{\text{특급비용} - \text{정상비용}}{\text{정상기간} - \text{특급기간}}$$
$$= \frac{200\text{만원} - 150\text{만원}}{15 - 10}$$
$$= 100000[\text{원/일}]$$

|답| ②

58 방법시간측정법(MTM : Method Time Measurement)에서 사용되는 1 TMU(Time Measurement Unit)는 몇 시간인가?

① $\frac{1}{100,000}$ 시간   ② $\frac{1}{10,000}$ 시간

③ $\frac{6}{10,000}$ 시간   ④ $\frac{36}{1,000}$ 시간

|답| ①

59 품질특성을 나타내는 데이터 중 계수치 데이터에 속하는 것은?

① 무게
② 길이
③ 인장강도
④ 부적합품의 수

해 설

데이터의 척도에 의한 분류
① 계량치 : 길이, 질량, 온도 등과 같이 연속량으로서 측정되는 품질 특성치
② 계수치 : 부적합품의 수, 부적합수 등과 같이 개수로서 세어지는 품질 특성치

|답| ④

60 다음 중 품질관리시스템에 있어서 4M에 해당하지 않는 것은?

① Man
② Machine
③ Material
④ Money

해 설

4M : 공정능력에 영향을 미치는 요인으로 사람(Man), 설비(Machine), 원재료(Material), 방법(Method)이 해당된다.

|답| ④

2009년 기능장 제 45 회 필기시험 (3월 29일 시행)

자격종목	코 드	시험시간	형 별
배관기능장	3081	1시간	A

※ 답안 카드 작성 시 시험문제지 형별누락, 마킹착오로 인한 불이익은 전적으로 수험자의 귀책사유임을 알려드립니다.
※ 각 문항은 4지 택일형으로 질문에 가장 적합한 보기 항을 선택하여 마킹하여야 합니다.

1 공정제어에 있어서 마치 인간의 두뇌와 같은 작용을 하는 것으로 오차의 신호를 받아 어떤 동작을 하면 되는가를 판단한 후 처리하는 부분은?
① 검출기　　　② 전송기
③ 조절기　 　④ 조작부
|답| ③

2 프랑스에서 1967년경 개발된 특수 이음쇠로서 배수의 수류에 선회력을 만들어 관내 통기 홀을 만들도록 되어있고, 특수 곡관은 수직관에서 내려온 배수의 수류에 선회력을 만들어 공기 홀이 지속되도록 만든 배수 통기 방식은?
① 섹스티아 방법　　② 결합 통기 방법
③ 신정 통기 방법　　④ 소벤트 방법

해 설
배수 수직관과 수평 분기관이 합류되는 지점의 수직관에서 내려온 배수의 수류에 선회력을 만들어 공기 코어가 지속되도록 만든 배수 통기 방식이다.
|답| ①

3 자동화시스템에서 크게 회전운동과 선형운동으로 구분되며 사용하는 에너지에 따라 공압식, 유압식, 전기식 등으로 세분하는 자동화의 5대 요소 중 하나인 것은?
① 센서(sensor)
② 액추에이터(actuator)
③ 네트워크(network)
④ 소프트웨어(software)

해 설
자동화의 5대 요소
① 센서(sensor) : 공정 처리 상태에 대한 정보를 만들고 수집하며 이 정보를 프로세스에 전달하는 제어부분이다.
② 프로세서(processor) : 제어 데이터를 처리하는 요소로, 제어정보를 분석 처리하여 필요한 제어 명령을 내려주는 장치
③ 액추에이터(actuator) : 공정처리 상태에 대한 정보를 받아서, 제한된 공간 내에서 기계구조에 의해 회전운동과 선형운동을 하는 부분으로 인간의 손, 발의 기능을 하며 사용하는 에너지에 따라 공압식, 유압식, 전기식 등으로 세분화 된다.
④ 소프트웨어(software) : 입력신호를 받아 중앙처리 장치를 거쳐 작업 요소에 전달되어지는 프로그램장치, 프로그램 메모리를 포함하는 장치
⑤ 네트워크(network) : 자동화 시스템에서 중앙컴퓨터와 여러 개의 콘트롤러 간에 시스템 구성기기들과 통신회선을 연결된 배치형태에 따라 성형, 환형 등으로 구분한다.
|답| ②

4 파이프 랙 상의 배관의 종류 중 병렬로 배치된 기기의 간격이 6[m] 이상이며, 그 사이에 또 다른 기기를 설치하여 노즐을 접속시키는 배관으로 열교환기, 펌프, 용기(vessel) 등에서 단위 기기(unit) 경계까지의 생산(product)배관은?
① 급수배관　　② 프로세스 배관
③ 유틸리티 배관　④ 라인 인텍스 배관

해 설
파이프 랙 상의 배관 종류
(1) 프로세스 배관(process piping)
    ① 병렬로 배치된 기기의 간격이 6[m] 이상이며, 그 사이에 또 다른 기기를 설치하여 노즐을 접속시키는 배관

② 열교환기, 펌프, 용기(vessel) 등에서 단위 기기(unit) 경계까지의 생산(product)배관
③ 유니트에 들어가 열교환기 등의 기기에 접속되는 원료 운반배관
(2) 유틸리티 배관(utility piping)
① 장치 전체의 기기에 제공하는 경우 : 고압, 저압의 증기 헤더, 응축수 헤더, 플랜트 에어 헤더, 기기용 에어 불활성가스 헤더, 공업용수 헤더 등
② 장치 내의 소정의 기기에만 공급하는 경우 : 연료유 라인, 연료 가스라인, 보일러 급수라인, 처리용 약품 라인 등 |답| ②

5 자동제어 시스템에서 시퀀스 제어(sequence control)를 분류한 것으로 옳은 것은?
① 시한제어, 순서제어, 조건제어
② 정치제어, 추치제어, 프로세스제어
③ 비율제어, 정치제어, 서보제어
④ 프로그램제어, 추치제어, 서보기구

해 설
시퀀스 제어(sequence control : 개[開]회로) : 미리 순서에 입각해서 다음 동작이 연속 이루어지는 제어로 자동판매기, 보일러의 점화 등이 해당되며 시한제어, 순서제어, 조건제어로 분류할 수 있다. |답| ①

6 화학 배관에 사용된 강관의 직선 길이 20[m]를 배관 작업하였을 때 온도가 20[℃]이었다. 이 관의 사용온도가 50[℃]이었다면 강관의 신축길이는 이론상 몇 [mm]인가? (단, 강관의 선팽창계수는 0.000012[1/℃]이다.)
① 0.72　② 7.2　③ 72　④ 720

해 설
$\Delta L = L \cdot \alpha \cdot \Delta t = 20 \times 10^3 \times 0.000012 \times (50 - 20)$
$= 7.2 [mm]$ |답| ②

7 배수트랩에서 봉수가 파괴되는 원인으로 거리가 먼 것은?
① 자기 사이펀 작용
② 강압(降壓)에 의한 흡인 작용
③ 모세관 작용
④ 수격작용

해 설
봉수가 파괴되는 원인 : ①, ②, ③ 외
① 분출작용
② 증발
③ 운동량에 의한 관성 |답| ④

8 고층 건물에 사용하는 일반적인 급수 조닝(zoning) 방식이 아닌 것은?
① 층별식
② 조압 펌프식
③ 중계식
④ 압력 탱크식

해 설
고층건물의 급수 조닝(zoning)방식
① 층별식 : 건물을 몇 개의 존(zone)으로 나누어 각 존마다 물탱크(수조)를 설치하고 최하층에는 양수펌프를 설치하여 각 존의 물탱크에 양수하는 방식
② 중계식 : 건물을 몇 개의 존(zone)으로 나누어 각 존마다 물탱크를 설치하고 양수펌프가 각 존의 물탱크를 수원으로 하여 상부의 존으로 중계해서 양수하는 방식
③ 조압펌프식 : 건물을 몇 개의 존(zone)으로 나누고, 건물의 최하층에 존수만큼 양수펌프를 설치하여 각 존마다 수량의 변동에 따라 수량을 자동적으로 조절하여 항상 급수관속의 수압을 일정하게 유지하도록 자동제어하는 방식 |답| ④

9 건물의 종류별 급탕량이 다음의 표와 같을 때, 5인 가족의 주택에서 중앙급탕방식 1일간의 급탕량은 몇 [m³/d]인가?

구 분	1일 1인분의 급탕량[L/(인·d)]
	qd
주택, 아파트	150
사무실	11
공 장	20
호 텔	100

① 0.055　② 0.75
③ 0.10　④ 0.50

해 설
$Q_d = N \cdot qd = 5 \times 150 \times 10^{-3} = 0.75 [m^3/d]$ |답| ②

10 화학설비 장치 배관 재료의 구비조건으로 틀린 것은?
① 접촉 유체에 대해 내식성이 클 것
② 크리프 강도가 클 것
③ 고온 고압에 대하여 강도가 있을 것
④ 저온에서 재질의 열화(劣化)가 있을 것

해 설
구비조건 : ①, ②, ③ 외
  ① 저온에서 재질의 열화(劣化)가 없을 것
  ② 가공이 용이하고 가격이 저렴할 것   **|답| ④**

11 구조가 간단하고 취급이 용이하며 부식성 유체, 괴상물질(덩어리)을 함유한 유체에 적합하여 주로 압력용기에 사용하는 안전밸브는?
① 스프링식   ② 가용전식
③ 파열판식   ④ 중추식

해 설
파열판식 안전밸브 : 얇은 평판 또는 돔 모양의 원판주위를 고정하여 용기나 설비에 설치하며, 구조가 간단하며 취급, 점검이 용이하다. 파열판식 안전밸브는 작동하면 재사용을 할 수 없다.   **|답| ③**

12 배관 시공 시 안전수칙으로 틀린 것은?
① 가열된 관에 의한 화상에 주의한다.
② 점화된 토치를 가지고 장난을 금한다.
③ 와이어로프는 손상된 것을 사용해서는 안 된다.
④ 배관 이송 시 로프가 훅(hook)에서 잘 빠지도록 한다.

해 설
배관 이송 시 로프가 훅(hook)에서 잘 빠지지 않도록 한다.   **|답| ④**

13 급수배관 시공에서 수격작용(water hammering)을 방지하기 위해서 설치하는 것은?
① 스톱밸브   ② 콕 밸브
③ 공기실   ④ 신축이음

해 설
급수배관에서 이상압이 생겨 수격작용이 발생할 때 공기실의 공기가 압축되면서 스프링 작용을 하여 소음이나 충격을 방지할 수 있다.   **|답| ③**

14 사용 목적에 따라 열교환기를 분류할 때 이에 대한 설명으로 틀린 것은?
① 응축기 : 응축성 기체를 사용하여 현열을 제거해 기화시키는 열교환기
② 예열기 : 유체에 미리 열을 주어 다음 공정의 효율을 증대시키는 열교환기
③ 재비기 : 장치 중에서 응축된 유체를 재가열 증발시킬 목적으로 사용하는 열교환기
④ 과열기 : 유체의 온도를 높이는데 사용하여 유체를 재가열하여 과열상태로 하기 위한 열교환기

해 설
응축기 : 응축성 기체의 잠열을 제거해 액화시키는 열교환기   **|답| ①**

15 플랜트 배관에서 관내의 압력과 온도가 비교적 낮고 누설 부분이 작은 경우 정을 대고 때려서 기밀을 유지하는 응급조치법은?
① 인젝션법   ② 코킹법
③ 박스설치법   ④ 스토핑 박스법

해 설
배관설비의 응급조치법
  ① 코킹법 : 배관에서 관내의 압력과 온도가 비교적 낮고 누설 부분이 작은 경우 정을 대고 때려서 기밀을 유지하는 응급조치 방법이다.
  ② 인젝션법 : 부식, 마모 등으로 작은 구멍이 생겨 유체가 누설될 경우 고무제품의 각종 크기로 된 볼을 일정량 넣고, 유체를 채운 후 펌프를 작동시켜 누설부분을 통과하려는 볼이 누설부분에 정착, 누설을 미량이 되게 하거나 정지시키는 응급조치 방법이다.
  ③ 스토핑 박스(stopping box)법 및 박스(box-in) 설치법
  ④ 핫태핑(hot tapping)법과 플러깅(plugging)법 : 장치의 운전을 정지시키지 않고 유체가 흐르는 상태에서 고장을 수리하는 것으로 바이패스를 시키거나 분기하여 유체를 우회 통과시키는 응급조치 방법이다.   **|답| ②**

16 배관설비의 기계적(물리적) 세정방법이 아닌 것은?
① 물 분사 세정법 ② 숏 블라스터 세정법
③ 피그 세정법 ④ 스프레이 세정법

해설
배관설비의 기계적(물리적) 세정방법
① 물 분사기(water jet) 세정법 : 고압펌프를 설치 압송하는 제트차를 사용해 고압의 가스 상태로 분사하여 스케일을 제거하는 방법
② 샌드 블라스트(sand blast) 세정법 : 공기압송 장치 등으로 모래를 분사하여 스케일을 제거하는 방법
③ 숏 블라스트(shot blast) 세정법 : 공기압송 장치 등으로 강구(steel ball)를 분사하여 스케일을 제거하는 방법
④ 피그(pig) 세정법 : 배관류의 세정에 국한하여 실시되며 관내 밑스케일을 제거하는데 최적의 기계적 세정방법이다. |답| ④

17 집진장치에서 양모, 면, 유리섬유 등을 용기에 넣고 이곳에 함진가스를 통과시켜 분진입자를 분리·포착시키는 집진법은?
① 중력식 집진법 ② 원심력식 집진법
③ 여과식 집진법 ④ 전기 집진법

해설
여과 집진장치 : 함진가스를 여과재(filter)에 통과시켜 입자를 분리, 포집하는 방식으로 백 필터(bag filter)가 대표적이며 특징은 다음과 같다.
① 집진효율이 높다.
② 설비비용이 많이 소요된다.
③ 백(bag)이 마모되기 쉽다.
④ 100[℃] 이상 고온가스, 습가스 처리가 부적당하다.
⑤ 취급입자 : $0.1 \sim 20[\mu]$
⑥ 압력손실 : $100 \sim 200[mmH_2O]$
⑦ 집진효율 : $90 \sim 99[\%]$ |답| ③

18 공정 제어의 순서로 맞는 것은?
① 검출기 → 전송기 → 조절계(비교부) → 조작부
② 검출기 → 조절계(비교부) → 전송기 → 조작부
③ 검출기 → 전송기 → 조작부 → 조절계(비교부)
④ 검출기 → 조절계(비교부) → 조작부 → 전송기
|답| ①

19 아세틸렌가스의 폭발하한계(v%)와 폭발상한계(v%) 값은?
① 폭발하한계 : 4.0[%], 폭발상한계 : 74.5[%]
② 폭발하한계 : 2.1[%], 폭발상한계 : 9.5[%]
③ 폭발하한계 : 2.5[%], 폭발상한계 : 81.0[%]
④ 폭발하한계 : 1.8[%], 폭발상한계 : 8.4[%]

해설
아세틸렌(C_2H_2)의 폭발범위 : $2.5 \sim 81 vol\%$ |답| ③

20 기송 배관의 일반적인 분류 방식이 아닌 것은?
① 진공식(vacuum type)
② 압송식(pressure type)
③ 실린더식(cylinder type)
④ 진공 압송식(vacuum and pressure type)

해설
(1) 기송배관 : 공기 수송기를 사용하여 고체 분말 또는 미립자를 운송하도록 시설하여 놓은 배관
(2) 형식 분류
① 진공식(vacuum type) : 수송관을 진공펌프를 이용하여 진공상태로 만든 후 운반물과 대기 중의 공기를 동시에 흡입하여 운송하고 공기는 따로 분리하여 배출하는 형식이다.
② 압송식(pressure type) : 압축기로 공기를 압입하고 송급기(feeder)에서 운반물을 흡입하여 운송한 후 공기를 따로 배출하는 형식이다.
③ 진공 압송식(vacuum and pressure type) : 진공식과 압송식을 혼합한 형식으로 수송원과 수송선이 여러 갈래이거나 원거리인 경우에 이용된다.
|답| ③

21 본래 배관의 회전을 제한하기 위하여 사용되어 왔으나 근래에는 배관계의 축 방향의 이동을 허용하는 안내 역할을 하며 축과 직각 방향의 이동을 구속하는데 사용되는 것은?
① 리지드 행거(rigid hanger)
② 앵커(anchor)
③ 가이드(guide)
④ 브레이스(brace)

해 설

리스트레인트(restraint)의 종류 및 역할
① 앵커(anchor) : 이동 및 회전을 방지하기 위하여 지지 부분에 완전히 고정하여 사용한다.
② 스톱(stop) : 회전 및 배관 축과 직각방향의 이동을 구속하고 나머지 방향의 이동은 자유롭다.
③ 가이드(guide) : 신축이음(루프형, 슬리브형) 등에 설치하는 것으로 축과 직각방향의 이동은 구속하고, 축 방향의 이동은 허용 및 안내하는 역할을 한다. |답| ③

22 납관(연관)이음에 사용되는 용융온도가 232[℃]인 플라스턴 합금의 주요 성분 비율로 맞는 것은?
① Pb 60[%] + Sn 40[%]
② Pb 40[%] + Sn 60[%]
③ Pb 50[%] + Sn 50[%]
④ Pb 30[%] + Sn 70[%]

해 설

플라스턴 합금의 성분 비율
: 납(Pb) 60[%] + 주석(Sn) 40[%] |답| ①

23 원심력 모르타르 라이닝 주철관에 대한 일반적인 특징 설명으로 올바른 것은?
① 삽입구를 포함하여 관의 내면 모두를 라이닝한다.
② 라이닝을 실시한 관은 모르타르를 통하여 물이 관속으로 침투하기 쉽다.
③ 원심력 덕타일 주철관은 라이닝 할 수 없다.
④ 라이닝을 실시한 관은 마찰저항이 적으며 수질의 변화가 적다.

해 설

원심력 모르타르 라이닝 주철관의 특징
① 삽입구를 제외한 관의 내면에 시멘트 모르타르를 라이닝한 것이다.
② 라이닝을 실시한 관은 철과 물의 직접 접촉이 없으므로 물이 관속으로 침투하기 어렵다.
③ 라이닝을 실시한 관은 마찰저항이 적으며, 수질의 변화가 적다.
④ 라이닝을 실시하는 관은 수도용 원심력 모래형 주철관, 원심력 금형 주철관, 원심력 덕타일 주철관 등이다.

⑤ 라이닝 방법은 관의 내면을 도장하지 않은 관에 시멘트와 모래의 배합비(중량비)를 1:1.5~2로 하여 원심력을 이용하여 두께와 질을 모두 균일하게 라이닝 한다. |답| ④

24 감압밸브를 작동방법에 따라 분류할 때 여기에 해당하지 않는 것은?
① 스트레이너형 ② 벨로스형
③ 다이어프램형 ④ 피스톤형

해 설

감압밸브의 구분
① 작동방법에 따른 분류 : 피스톤식, 다이어프램식, 벨로스식
② 구조에 따른 분류 : 스프링식, 추식
③ 제어방식에 따른 분류 : 자력식(직동식과 파일럿 작동식으로 분류), 타력식 |답| ①

25 관의 내외에서 열교환을 목적으로 하는 장소에 사용되는 보일러, 열교환기용 합금강 강관의 KS 재료 기호는?
① STH ② STHA ③ SPA ④ STS×TB

해 설

강관의 KS 표시 기호

KS 표시 기호	명 칭
SPP	일반배관용 탄소강관
SPPS	압력배관용 탄소강관
SPPH	고압배관용 탄소강관
SPHT	고온배관용 탄소강관
SPLT	저온배관용 탄소강관
SPW	배관용 아크용접 탄소강관
SPA	배관용 합금강관
STS× T	배관용 스테인리스강관
STBH	보일러 열교환기용 탄소강관
STHA	보일러 열교환기용 합금강관
STS× TB	보일러 열교환기용 스테인리스강관
STLT	저온 열교환기용 강관

|답| ②

26 양조공장, 화학공장에서의 알코올, 맥주 등의 수송관 재료로 가장 적합한 것은?
① 주석관 ② 수도용 주철관
③ 배관용 탄소강관 ④ 일반구조용 강관

해 설
주석관의 특징
① 상온에서 물, 공기, 묽은 염산에 침식되지 않는다.
② 비중은 7.3이며 용융온도는 232[℃]이다.
③ 화학공장, 양조공장 등에서 알코올, 맥주 등의 수송관으로 사용된다. |답| ①

27 구조상 디스크와 시트가 원추상으로 접촉되어 폐쇄하는 밸브로서 유체는 디스크 부근에서 상하 방향으로 평행하게 흐르므로 근소한 디스크의 리프트라도 예민하게 유량에 관계되므로 쥠 밸브로서 유량조절에 사용되는 밸브는?
① 글로브 밸브
② 체크 밸브
③ 슬루스 밸브
④ 플러그 밸브

해 설
배관용 밸브의 특징
① 글로브 밸브(스톱밸브) : 유량조정용으로 사용, 압력손실이 크다.
② 슬루스 밸브(게이트 밸브) : 유로 개폐용으로 사용, 압력손실이 적다. |답| ①

28 위생(배수) 트랩의 구비조건이 아닌 것은?
① 봉수 깊이는 20[mm] 이하이어야 한다.
② 봉수가 확실해야 한다.
③ 구조가 간단해야 한다.
④ 스스로 세척작용을 하는 것이어야 한다.

해 설
트랩의 봉수 깊이는 50~100[mm]로 하고, 50[mm]보다 작으면 봉수가 잘 없어지고, 100[mm] 이상이 되면 배수할 때 자기 세척 작용이 약해져서 트랩의 밑에 찌꺼기가 괴어 막히는 원인이 된다. |답| ①

29 합성고무 패킹으로 내열 범위가 −46~121[℃]인 것은?
① 테프론
② 네오프렌
③ 석면
④ 코르크

해 설
합성고무(neoprene) : 내열도가 −46~121[℃]인 천연고무의 성질을 개선시킨 것으로 내산성, 내열성, 내유성이 좋고, 기계적 성질이 양호하다. 증기배관 외 물, 공기, 기름 및 냉매배관 등 광범위하게 사용된다. |답| ②

30 배관용 타이타늄관에 관한 설명으로 틀린 것은?
① 내식성, 특히 내해수성이 좋다.
② 제조방법에 따라 이음매 없는 관과 용접관으로 나눈다.
③ 화학장치, 석유정제장치, 펄프제지공업장치 등에 사용된다.
④ 관은 안지름이 최소 200[mm]부터 1000[mm]까지 있고, 두께는 20[mm] 이상이다. |답| ④

31 플랜지 시트 종류 중 전면 시트(seat) 플랜지를 사용할 때 사용 가능한 호칭 압력으로 가장 적합한 것은?
① 1[kgf/cm^2] 이하
② 16[kgf/cm^2] 이하
③ 40[kgf/cm^2] 이하
④ 63[kgf/cm^2] 이하

해 설
플랜지 시트 종류별 호칭압력
① 전면 시트 : 16[kgf/cm^2] 이하
② 대평면 시트 : 63[kgf/cm^2] 이하
③ 소평면 시트 : 16[kgf/cm^2] 이상
④ 삽입 시트 : 16[kgf/cm^2] 이상
⑤ 홈 시트(채널형) : 16[kgf/cm^2] 이상 |답| ②

32 스위블형 신축이음쇠를 사용할 경우 흡수할 수 있는 신축이음의 크기는 직관 길이 30[m]에 대해 회전관을 보통 몇 [m] 정도로 하여 조립하는가?
① 0.3
② 0.5
③ 1.5
④ 3

해 설
스위블형 신축 이음쇠로 흡수할 수 있는 신축크기는 회전관의 길이에 따라 정해지며, 직관 길이 30[m]에 대하여 회전관을 1.5[m] 정도로 조립한다. |답| ③

33 열전도율이 적고 300~320[℃]에서 열분해하는 보온재로 방습 가공한 것은 습기가 많은 곳의 옥외 배관에 적합하며, 250[℃] 이하의 파이프, 탱크의 보냉재로 사용되는 것은?

① 규조토 ② 탄산 마그네슘
③ 석면 ④ 코르크

해 설

탄산마그네슘 보온재의 특징
① 염기성 탄산마그네슘(85[%])과 석면(15[%])으로 이루어져 있다.
② 석면 혼합비율에 따라 열전도율이 달라진다.
③ 물반죽 또는 보온판, 보온통 형태로 사용된다.
④ 열전도율 : 0.05~0.07[kcal/h·m·℃]
⑤ 안전 사용온도 : 250[℃] 이하

|답| ②

34 비중이 0.92~0.96 정도로 염화비닐관보다 가볍고 -60[℃]에서도 취화하지 않아 한냉지 배관에 적절한 관은?

① 폴리에틸렌관 ② 경질 염화비닐관
③ 연관 ④ 동관

해 설

[참고] 폴리에틸렌관(Polyethylene pipe)의 특징
① 염화비닐관보다 가볍다.
② 염화비닐관보다 화학적, 전기적 성질이 우수하다.
③ 내한성이 좋아 한랭지 배관에 알맞다.
④ 염화비닐관에 비해 인장강도가 1/5 정도로 작다.
⑤ 화기에 극히 약하다.
⑥ 유연해서 관면에 외상을 받기 쉽다.
⑦ 장시간 직사광선(햇빛)에 노출되면 노화된다.

|답| ①

35 다음 그림과 같이 밑면이 30° 경사진 수조의 경사면의 길이 $L=20[m]$일 때 수조의 제일 낮은 바닥 P점의 수압(게이지 압력)은 약 몇 [kPa]인가?

① 147[kPa]
② 176[kPa]
③ 196[kPa]
④ 250[kPa]

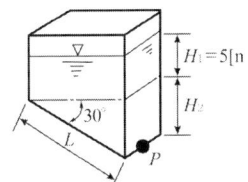

해 설

① H_2 길이 계산
$\sin 30° = \dfrac{H_2}{L}$ 에서
$\therefore H_2 = L \times \sin 30° = 20 \times \sin 30° = 10[m]$
② P점의 압력[kPa] 계산
$\therefore P = \gamma \cdot (H_1 + H_2)$
$= 1000 \times (5+10) \times 9.8 \times 10^{-3} = 147[kPa]$
③ $kg \cdot m/m^2 \cdot s^2 = N/m^2 = Pa = 10^{-3} \ kPa$

|답| ①

36 배관 내의 가스압력이 196[kPa]일 때 체적이 0.01[m³], 온도가 27[℃] 이었다. 이 가스가 동일 압력에서 체적이 0.015[m³]으로 변하였다면 이 때 온도는 몇 [℃]가 되는가? (단, 이 가스는 이상기체라고 가정한다.)

① 27 ② 127 ③ 177 ④ 400

해 설

$\dfrac{P_1 \cdot V_1}{T_1} = \dfrac{P_2 \cdot V_2}{T_2}$ 에서 $P_1 = P_2$ 이므로

$T_2 = \dfrac{V_2 \cdot T_1}{V_1} = \dfrac{0.015 \times (273+27)}{0.01}$
$= 450K - 273 = 177[℃]$

|답| ③

37 폴리에틸렌관에 가열 지그를 사용하여 관 끝의 바깥쪽과 이음관의 안쪽을 동시에 가열하여 용융이음 하는 것은?

① 턴 앤드 그루브 이음
② 인서트 이음
③ 용착 슬리브 이음
④ 용접 이음

해 설

폴리에틸렌관의 이음 종류
① 용착 슬리브 접합 : 관 끝의 바깥쪽과 이음관의 안쪽을 동시에 가열하여 용융이음 하는 방법이다.
② 테이퍼 접합 : 50[mm] 이하의 관에 폴리에틸렌관 전용의 포금제 테이퍼 조인트를 사용하여 접합하는 방법이다.
③ 인서트 접합 : 50[mm] 이하의 폴리에틸렌관 접합용으로 가열 연화한 인서트를 끼우고 물로 냉각하여 클램프로 조여 접합하는 방법이다.
④ 기타 이음 방법 : 용접법, 플랜지 이음법, 나사 이음

|답| ③

38 강관의 호칭 지름에 따른 나사 조임형 가단 주철제 엘보에서 나사가 물리는 최소길이를 나타낸 것으로 틀린 것은?

① 20[A] : 13[mm]   ② 25[A] : 15[mm]
③ 32[A] : 17[mm]   ④ 40[A] : 23[mm]

해 설

주철제 나사 이음재에서 최소 물림 길이

배관호칭[A]	15[A]	20[A]	25[A]	32[A]	40[A]	50[A]
최소길이[mm]	11	13	15	17	18	20

|답| ④

39 배관설비의 유량 측정에 일반적으로 응용되는 원리(정리)인 것은?

① 상대성 원리   ② 베르누이 정리
③ 프랭크의 정리   ④ 아르키메데스의 원리

해 설

베르누이 방정식 : 모든 단면에서 작용하는 위치수두, 압력수두, 속도수두의 합은 항상 일정하다로 정의 되며, 차압식 유량계(오리피스미터, 플로노즐, 벤투리미터), 피토관 유량계의 측정 원리이다.

$$H = Z_1 + \frac{P_1}{\gamma} + \frac{V_1^2}{2g} = Z_2 + \frac{P_2}{\gamma} + \frac{V_2^2}{2g}$$

여기서, H : 전수두
Z_1, Z_2 : 위치수두
$\frac{P_1}{\gamma}, \frac{P_2}{\gamma}$: 압력수두
$\frac{V_1^2}{2g}, \frac{V_2^2}{2g}$: 속도수두

|답| ②

40 CO_2 아크 용접법 중에서 비용극식 용접에 해당하는 것은?

① 순 CO_2 법   ② 혼합 가스법
③ 탄소 아크법   ④ 이코스 아크법

|답| ③

41 특수한 형상을 가지고 있는 주철관 끝에 고무링을 삽입하고 가단 주철제 칼라를 죄어 이음하는 접합 방식은?

① 소켓 접합   ② 기계적 접합
③ 빅토리 접합   ④ 플랜지 접합

해 설

빅토리 접합(victoric joint) : 특수한 형상을 가지고 있는 주철관 끝에 고무링을 삽입하고 가단 주철제 칼라(collar)를 죄어 이음하는 접합 방식으로, 관 내부의 압력이 높아지면 고무링은 관벽에 더욱 밀착하여 누수를 막는 작용을 한다.

|답| ③

42 산소·프로판 가스 절단 시 가스혼합비는 프로판 가스 1에 대하여 산소는 어느 정도가 가장 적합한가?

① 1.0   ② 2.0   ③ 3.0   ④ 4.5

해 설

가스 절단 시 가스혼합비
① 산소-아세틸렌(산소:아세틸렌) → 1 : 1
② 산소-프로판(산소:프로판) → 4.5 : 1

|답| ④

43 관지름 20[mm] 이하의 구리관에 주로 사용되며, 끝을 나팔모양으로 넓혀 설비의 점검, 보수 등을 위해 분해할 필요가 있는 배관부에 연결하는 이음은?

① 플랜지 이음   ② 납땜 이음
③ 압축 이음   ④ 나사 이음

해 설

압축 이음 : 플레어 이음(flare joint)이라고도 함.

|답| ③

44 관의 절단, 나사절삭, burr 제거 등의 일을 연속적으로 할 수 있고, 관을 물린 척을 저속 회전시키면서 다이헤드를 관에 밀어 넣어 나사를 가공하는 동력나사 절삭기의 종류는?

① 오스터형   ② 호브형
③ 리머형   ④ 다이헤드형

해 설

다이헤드형(diehead type) 동력 나사절삭기 : 다이헤드를 이용한 나사가공 전용 기계로서 관의 절단, 거스러미 제거, 나사가공을 할 수 있다. 척(chuck)에 배관을 고정한 후 회전시키면 관용나사의 치형(4개가 1조)을 가진 다이스(dies, 또는 chaser)가 조립된 다이헤드를 배관에 밀어 넣으면서 나사를 가공한다.

|답| ④

45 아크 에어 가우징에 대한 설명으로 틀린 것은?
① 충분한 용량의 과부하 방지 장치가 부착된 직류역극성(DCRP)의 전원에 정전류(constant current) 특성의 용접기가 활용도가 높다.
② 개로 전압이 최소 60[V] 이상이어야 작업에 지장이 없다.
③ 그라인딩이나 치핑 또는 가스 가우징보다 작업 능률이 2~3배 높다.
④ 스테인리스강, 알루미늄, 동합금 등 비철금속에는 적용할 수 없다.

해 설
아크 에어 가우징(arc air gouging) : 탄소 아크 절단(흑연으로 된 탄소봉에 구리를 도금한 것을 전극으로 하여 절단하는 방법)에 압축공기를 함께 사용하는 방법으로 용접부의 홈파기, 용접 결함부의 제거, 절단 및 구멍 뚫기 등에 사용되며 스테인리스강, 알루미늄, 동합금 등 비철금속에 적용할 수 있다.　|답| ④

46 주철관 절단 시 주로 사용되며 특히 구조상 매설된 주철관의 절단에 가장 적합 공구는?
① 파이프 커터　　② 연삭 절단기
③ 기계 톱　　　　④ 링크형 파이프 커터

해 설
링크형 파이프 커터 : 관지름 75~200[mm]의 주철관 절단 시 주로 사용되며 원형의 특수 강제 커터, 링크, 핸들 및 래칫 레버로 구성되어 있다. 구조상 매설된 주철관의 절단에 가장 적합하다.　|답| ④

47 그림과 같은 용접기호를 설명한 것으로 옳은 것은?

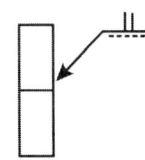

① I형 맞대기 용접 : 화살표 쪽에 용접
② I형 맞대기 용접 : 화살표 반대쪽에 용접
③ H형 맞대기 용접 : 화살표 쪽에 용접
④ H형 맞대기 용접 : 화살표 반대쪽에 용접

해 설
① 용접기호와 파선이 반대쪽에 있으면 화살표쪽 용접
② 용접기호와 파선이 함께 있으면 화살표 반대쪽 용접
　|답| ①

48 도면과 같은 배관도로 시공하기 위해 부품을 산출한 소요 부품 수가 올바른 것은?

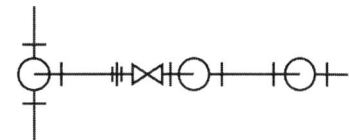

① 티(Tee) : 2개
② 엘보(elbow) : 5개
③ 밸브(valve) : 2개
④ 유니언(union) : 3개

해 설
소요 부품 수
① 티(Tee) : 1개
② 엘보(elbow) : 5개
③ 밸브(valve) : 1개
④ 유니언(union) : 1개　|답| ②

49 건축배관 설비의 제도에서 위생설비도를 작도할 때 사용하는 도면으로 가장 거리가 먼 것은?
① 계통도　　② 평면도
③ 상세도　　④ 투시도
　|답| ④

50 [보기]와 같은 90°, 60°, 30°로 이루어진 직각삼각형 모양의 앵글 브래킷의 C 부 길이는 몇 [mm]인가?

[보기]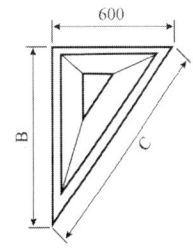

① 1000
② 1040
③ 1200
④ 1800

해설

$\cos 60° = \dfrac{600}{C}$ 이므로

$\therefore C = \dfrac{600}{\cos 60°} = 1200[\text{mm}]$ |답| ③

51 아래 입체도의 제3각법 투상이 틀린 것은?

① 정면도 ② 평면도

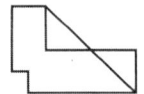 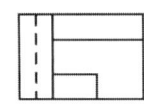

③ 우측면도 ④ 저면도

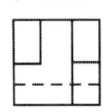 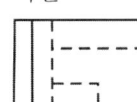

해설

저면도

|답| ④

52 치수 수치의 표시 방법 중 맞지 않는 것은?
① 길이의 치수는 원칙적으로 [mm] 단위로 기입하고 단위 기호는 생략한다.
② 각도의 치수 수치를 라디안의 단위로 기입하는 경우 그 단위기호 [rad]을 기입한다.
③ 치수 수치의 소수점은 아래쪽 점으로 하고 숫자 사이를 적당히 띄워 그 중간에 약간 크게 찍는다.
④ 치수 수치의 자리수가 많은 경우 3자리마다 숫자의 사이를 적당히 띄우고 콤마를 찍는다.

해설

치수 수치의 자리수가 많은 경우 3자리마다 끊는 점(콤마)을 찍지 않는다. |답| ④

53 관의 끝부분 표시방법에서 블라인더 플랜지 또는 스냅 커버 플랜지를 나타내는 기호는?

|답| ①

54 계장형 도시기호 중 노즐타입의 유량검출기는?

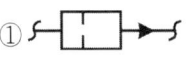
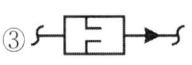
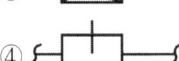

|답| ③

55 다음 중 계수치 관리도가 아닌 것은?
① c 관리도 ② p 관리도
③ u 관리도 ④ x 관리도

해설

계수값(치) 관리도
① np 관리도 : 부적합품 관리도
② p 관리도 : 부적합품률 관리도
③ c 관리도 : 부적합수 관리도
④ u 관리도 : 단위당 부적합수 관리도 |답| ④

56 부적합품률이 1[%]인 모집단에서 5개의 시료를 랜덤하게 샘플링할 때, 부적합품수가 1개일 확률은 약 얼마인가? (단, 이항분포를 이용하여 계산한다.)
① 0.048 ② 0.058
③ 0.48 ④ 0.58

해설

$L = \sum \binom{n}{x} P^x (1-P)^{n-x}$
$= \sum \binom{5}{1} \times (0.01)^1 \times (1-0.01)^{5-1}$
$= 5 \times 0.01^1 \times (1-0.01)^4 = 0.048$ |답| ①

57 다음 [표]는 A 자동차 영업소의 월별 판매실적을 나타낸 것이다. 5개월 단순이동평균법으로 6월의 수요를 예측하면 몇 대인가?

(단위:대)

월	1	2	3	4	5
판매량	100	110	120	130	140

① 120　② 130　③ 140　④ 150

해설

$$F_t = \frac{At - i}{n} = \frac{100 + 110 + 120 + 130 + 140}{5}$$
$$= 120$$

|답| ①

58 품질관리 기능의 사이클을 표현한 것으로 옳은 것은?
① 품질개선 – 품질설계 – 품질보증 – 공정관리
② 품질설계 – 공정관리 – 품질보증 – 품질개선
③ 품질개선 – 품질보증 – 품질설계 – 공정관리
④ 품질설계 – 품질개선 – 공정관리 – 품질보증

|답| ②

59 다음 중 반즈(Ralph M. Barnes)가 제시한 동작경제의 원칙에 해당되지 않는 것은?
① 표준작업의 원칙
② 신체의 사용에 관한 원칙
③ 작업장의 배치에 관한 원칙
④ 공구 및 설비의 디자인에 관한 원칙

해설

동작경제의 원칙 : 길브레스(F.B.Gilbreth)가 처음 사용하고, 반즈(Ralph M. Barnes)가 개량, 보완한 것이다.
① 신체사용에 관한 원칙
② 작업장의 배치에 관한 원칙
③ 공구 및 설비의 설계에 관한 원칙

|답| ①

60 다음 검사의 종류 중 검사공정에 의한 분류에 해당되지 않는 것은?
① 수입검사　② 출하검사
③ 출장검사　④ 공정검사

해설

검사의 분류
① 검사공정에 의한 분류 : 구입검사(수입검사), 중간검사(공정검사), 완성검사(최종검사), 출고검사(출하검사)
② 검사 장소에 의한 분류 → 정위치 검사, 순회검사, 입회검사(출장검사)

|답| ③

2009년 기능장 제46회 필기시험 (7월 12일 시행)

자격종목	코드	시험시간	형별
배관기능장	3081	1시간	A

※ 답안 카드 작성 시 시험문제지 형별누락, 마킹착오로 인한 불이익은 전적으로 수험자의 귀책사유임을 알려드립니다.
※ 각 문항은 4지 택일형으로 질문에 가장 적합한 보기 항을 선택하여 마킹하여야 합니다.

1 수도본관에서 옥상 탱크까지 수직 높이가 20[m]이고 관마찰손실률이 20[%]일 때 옥상 탱크로 수도를 보내기 위하여 수도본관에서 필요한 최소 수압은 몇 [MPa] 이상인가?

① 0.024　② 0.24　③ 0.34　④ 2.40

해설

$P[\text{MPa}] = \gamma \cdot h \cdot g \times 10^{-6}$
$= 1000 \times (20 + 20 \times 0.2) \times 9.8 \times 10^{-6}$
$= 0.2352 [\text{MPa}]$　　|답| ②

2 인접 건물에서 화재가 발생했을 때 인화를 방지하기 위해 창문, 출입구, 처마 끝에 물을 뿌려 수막을 형성함으로서 본 건물의 화재 발생을 예방하는 설비는?

① 스프링클러　② 드렌처
③ 소화전　　　④ 방화전

해설

드렌처 설비 : 건물의 외벽, 창, 지붕 등에 일정한 간격으로 배열하여 인접건물 화재 시 수막을 만드는 소화설비이다.　　|답| ②

3 증기난방과 비교하여 온수난방의 특징 설명 중 잘못된 것은?

① 난방부하의 변동에 따라서 열량조절이 용이하다.
② 온수 보일러는 증기보일러보다 취급이 용이하다.
③ 설비비가 많이 드는 편이나 비교적 안전하여 주택 등에 적합하다.
④ 예열 시간이 짧아서 단시간에 사용하기 편리하다.

해설

온수난방의 특징
(1) 장점
　① 난방부하의 변동에 대응하기 쉽다.
　② 가열시간은 길지만 잘 식지 않으므로 증기난방에 비해 배관의 동결우려가 적다.
　③ 방열기의 표면온도가 낮으므로 실내 쾌감도가 높고 화상의 위험이 없다.
　④ 온수보일러 취급이 용이하며, 소규모 주택 등에 적당하다.
(2) 단점
　① 한랭지역에서는 동결의 위험이 있다.
　② 방열면적과 배관지름이 커져 시설비가 증가한다.
　③ 예열시간이 길어 예열부하가 크다.　　|답| ④

4 부식, 마모 등으로 작은 구멍이 생겨 유체가 누설될 경우 고무제품의 각종 크기로 된 볼을 일정량 넣고, 유체를 채운 후 펌프를 작동시켜 누설부분을 통과하려는 볼이 누설부분에 정착, 누설을 미량이 되게 하거나 정지시키는 응급 조치법은?

① 코킹법　　　② 스토핑 박스법
③ 호트 패킹법　④ 인젝션법

|답| ④

5 파이프 랙 상의 배관 배열방법을 설명한 것으로 거리가 먼 것은?

① 인접하는 파이프 외측과 외측의 간격을 75[mm] 이상으로 한다.
② 고온 배관에서 주로 사용하는 루프형 신축관은 파이프 랙 상의 다른 배관보다 500~700[mm] 정도 높게 배관한다.

③ 관지름이 클수록, 온도가 높을수록 파이프 랙 상의 중앙에 배열한다.
④ 파이프 랙의 폭은 파이프에 보온, 보냉하는 경우는 보온, 보냉하는 두께를 가산하여 결정한다.

해 설
관지름이 클수록 파이프 랙 상의 양쪽에 배열한다.
|답| ③

6 공기여과기의 종류 중 담배연기나 5[μm] 이하의 입자에 가장 효과가 있는 여과기는?
① 유닛형 건식 여과기
② 점성식 여과기
③ 전자식 여과기
④ 일반 건식 여과기

해 설
전기식(전자식) 여과기 : 양전극 사이에 코로나 방전이 일어나 방전극 주위의 기체는 이온화되고, -이온화된 가스 입자는 강한 전장의 작용으로 +극을 향하여 운동하고, 그 사이를 흐르는 가스 속의 고체 분진은 -로 대전되어 집진극에 모여 표면에 퇴적한다.
|답| ③

7 가스홀더에서 직접 홀더 압을 이용해서 공급하는 가스 공급방법으로 큰 지름의 배관이 필요하며 비용도 상승하게 되어 공급범위가 한정된 가스공급방식인 것은?
① 중압 공급방식   ② 고압 공급방식
③ 혼합 공급방식   ④ 저압 공급방식
|답| ④

8 기계적(물리적) 세정방법에 대한 설명 중 틀린 것은?
① 물 분사기(water jet) 세정법 : 고압펌프를 설치 압송하는 제트차를 사용해 고압의 가스 상태로 분사하여 스케일을 제거하는 방법
② 피그(pig) 세정법 : 탑조류, 열교환기, 가열로, 보일러 배관에 사용하는 방법으로 세정액을 순환시켜 세정하는 방법
③ 샌드 블라스트(sand blast) 세정법 : 공기압송 장치 등으로 모래를 분사하여 스케일을 제거하는 방법
④ 숏 블라스트(shot blast) 세정법 : 공기압송 장치 등으로 강구(steel ball)를 분사하여 스케일을 제거하는 방법

해 설
피그(pig) 세정법 : 배관류의 세정에 국한하여 실시되며 관내 밑스케일을 제거하는데 최적의 기계적 세정방법이다.
|답| ②

9 시퀀스 제어(sequence control)를 설명한 것으로 가장 적절한 것은?
① 미리 정해놓은 순서에 따라 제어의 각 단계를 순차적으로 행하는 제어
② 미리 정해놓은 순서에 관계없이 불규칙적으로 제어의 각 단계를 행하는 제어
③ 출력신호를 입력신호로 되돌아오게 하는 되먹임에 의하여 목표값에 따라 자동적으로 제어
④ 입력신호를 출력신호로 되돌아오게 하는 피드백에 의하여 목표값에 따라 자동적으로 제어
|답| ①

10 설정한 목표값을 경계로 가동, 정지의 2가지 동작 중 하나를 취하여 동작시키는 제어는?
① 2위치 동작   ② 다위치 동작
③ 비례 동작   ④ PID 동작

해 설
2위치 동작 : ON-OFF 동작
|답| ①

11 용접 중 일산화탄소에 의한 중독 위험성이 가장 많은 것은?
① 서브머지드 용접   ② 수동교류 용접
③ CO_2 용접   ④ 불활성가스 아크용접
|답| ③

12 동력나사 절삭기 사용 시 안전수칙에 관한 설명으로 틀린 것은?

① 관을 척에 확실히 고정시킨다.
② 절삭된 나사부는 나사산이 잘 성형되었는지 맨손으로 만지면서 확인해 본다.
③ 나사절삭 시에는 주유구에 의해 계속 절삭유를 공급되도록 한다.
④ 나사 절삭기의 정비 수리 등은 절삭기를 정지시킨 다음 행한다.

해 설
절삭된 나사부는 맨손으로 만지지 않도록 한다. |답| ②

13 교류 용접기는 무부하 전압이 70~80[V] 정도로 비교적 높아 감전의 위험이 있으므로 이를 방지하기 위한 장치로 사용하는 것은?

① 리미트 스위치 ② 2차 권선 장치
③ 전격 방지 장치 ④ 중성점 접지 장치

|답| ③

14 LPG 집단공급시설(배관포함)의 기밀시험 기준 압력은 몇 [MPa]인가? (단, 프로판 가스를 기준으로 한다.)

① 1.6   ② 1.8   ③ 16   ④ 18

|답| ②

15 제어요소 중 입력 변화와 동시에 출력이 시간지연 없이 목표치에 동시에 변화하며, 시간지연이 없다는 의미에서 0차 요소라고도 하는 것은?

① 적분요소   ② 일차 지연요소
③ 고차 지연요소   ④ 비례요소

해 설
각 요소의 스텝 응답 특성
① 비례요소 : 출력과 입력이 비례하는 요소를 말하며 스텝응답으로 나타난다.
② 1차 지연 요소 : 입력이 급변하는 순간에서 출력은 변화하지만 지연이 있어 어느 시간 후에 정상 상태가 되는 특징을 갖고 있는 것을 말한다.
③ 낭비시간(dead time) 요소 : 출력이 입력에 대하여 어떤 시간만큼 늦어지는 것과 같은 요소로 난방기가 가동되어도 일정시간이 경과되어야만 실내온도가 상승되기 시작하는 시간을 말한다.
④ 적분요소 : 출력이 입력량의 총량으로 나타내는 것과 같은 요소로 물탱크에서 유출량은 일정할 때 유입량이 증가됨에 따라 수위가 상승하여 평형을 이루지 못하고 넘치게 되는 것이 해당된다.
⑤ 고차 지연 요소 : 2차 지연 이상을 일으키는 것을 말한다. (2차 지연 : 2개의 용량으로 인한 지연을 말한다.)

|답| ④

16 압축공기 배관의 부품에 들어가지 않는 것은?

① 세퍼레이터(separator)
② 공기 여과기(air filter)
③ 애프터 쿨러(after cooler)
④ 사이어미즈 커넥션(siamese connection)

해 설
압축공기배관의 부속장치
① 분리기(separator) : 중간냉각기와 후부냉각기에 연결하여 외부로부터 흡입된 습기를 압축에 의해 분리하고, 공기중에 포함된 윤활유를 공기나 가스로부터 분리하는 장치
② 후부냉각기(after cooler) : 토출관에 접속해 고온에서 증기를 함유한 압축가스를 냉각시키고, 분리기에 의해 수분을 제거하도록 돕는 장치
③ 밸브 : 저압용에는 청동제, 고압용에는 스테인리스제를 사용한다.
④ 공기탱크(air receiver) : 압축공기를 단속적으로 토출하는 왕복식 압축기에서 발생하는 맥동현상을 완화시키는 장치
⑤ 공기 여과기(air filter) : 공기 압축기의 흡입측에 설치하여 먼지 등 불순물을 제거하는 장치
⑥ 공기 흡입관 : 공기를 흡입하기 위한 관으로 관의 단면적은 실린더 면적의 1/2 정도로 한다. |답| ④

17 전기집진장치의 특성에 관한 설명 중 틀린 것은?

① 집진효율이 99.9[%] 이상이다.
② 압력손실이 적어 송풍기에 따른 동력비가 적게 든다.
③ 함진가스의 처리 가스량이 적어 소용량 집진시설에 적합하다.

④ 각종 공기조화 장치나 병원의 수술실 등에서 많이 사용된다.

해 설
전기식 집진장치의 특징 및 성능
(1) 전기식 집진장치의 특징
① 제진효율이 가장 높다.
② 압력손실이 적고, 미세한 입자 제거에 용이하다.
③ 대량의 가스를 취급할 수 있다.
④ 보수비, 운전비가 적다.
⑤ 설치 소요면적이 크고, 설비비가 많이 소요된다.
⑥ 부하변동에 적응이 어렵다.
(2) 성능
① 취급입자 : 0.05~20[μ]
② 집진효율 : 90~99.9[%] |답| ③

18 수격작용(water hammering)의 방지책이 아닌 것은?
① 관로에 조압수조를 설치한다.
② 관지름을 작게 하고, 관내 유속을 낮춘다.
③ 플라이휠을 설치하여 펌프 속도의 급변을 막는다.
④ 밸브는 펌프 송출구 가까이에 설치하고, 밸브를 적당히 제어한다.

해 설
펌프에서 수격작용의 방지법 : ①, ③, ④ 외 관지름이 큰 배관을 사용하고, 관내 유속을 낮춘다. |답| ②

19 설비 자동화 제어장치의 신호 전송방법에서 최대 전송거리를 비교한 것으로 맞는 것은?
① 공압식 < 유압식 < 전기식
② 전기식 < 유압식 < 공압식
③ 공압식 < 전기식 < 유압식
④ 유압식 < 전기식 < 공압식

해 설
신호전달 방식별 전달거리

신호전달 방식	전달거리
공기압식	100~150[m]
유 압 식	300[m]
전 기 식	300[m]~수 10[km]까지

|답| ①

20 풍량은 8[m³/min]이고, 풍속은 10[m/min] 일 때 집진용 덕트의 크기(단면적)는 몇 [m²]인가? (단, 마찰손실에 대한 영향은 무시한다.)
① 8   ② 80   ③ 0.8   ④ 1

해 설
$Q = A \cdot V$ 에서
$\therefore A = \dfrac{Q}{V} = \dfrac{8}{10} = 0.8[m^2]$ |답| ③

21 그림과 같이 배관에 직접 접합하는 배관 지지대로서 주로 배관의 수평부나 곡관부에 사용되는 지지장치 명칭은? 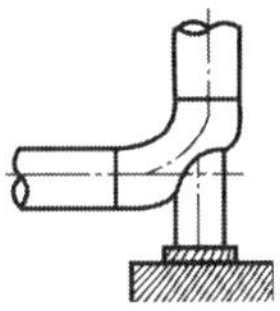
① 파이프 슈(pipe shoe)
② 앵커(anchor)
③ 리지드 서포트(rigid support)
④ 콘스탄트 행거(constant hanger)

|답| ①

22 최고사용압력이 6.5[MPa]의 배관에서 SPPS을 사용하는 경우, 인장강도가 380[MPa]일 때 안전율을 4로 하면 다음 스케줄 번호 중 가장 적합한 것은?
① 40   ② 80   ③ 100   ④ 120

해 설
$\text{Sch No} = 1000 \times \dfrac{P}{S} = 1000 \times \dfrac{6.5}{\frac{380}{4}} = 68.42$

∴ 스케줄 번호는 예제에서 68.42보다 큰 80번을 선택한다. |답| ②

23 일반적으로 PS관이라고 불리며, PS강선을 인장해서 감아 붙인 뒤 관의 원주방향으로 압축응력을 부여하여 내·외압에 의해서 일어나는 인장응력과 상쇄할 수 있게 제작된 특수관은?
① 규소 청동관
② 폴리부틸렌관
③ 석면 시멘트관
④ 프리스트레스 콘크리트관

해설
프리스트레스(pre-stress) 콘크리트관 : 콘크리트관 외주에 PS강선을 인장해서 감아 붙인 뒤 관의 원주방향으로 압축응력을 부여하여 내외압에 의해서 일어나는 인장응력과 상쇄할 수 있게 한 관이다. **|답| ④**

24 비중이 작고 열 및 전기의 전도도가 높으며 용접이 잘되고 고순도의 것일수록 내식성 및 가공성이 좋아지므로 이음매 없는 관과 용접관이 있고 화학공업용 배관, 열교환기 등에 적합한 것은?
① 석면 시멘트관
② 염화 비닐관
③ 강관
④ 알루미늄관

해설
알루미늄관의 특징
① 구리 다음으로 전기 및 열전도율이 높다.
② 비중이 2.7로 가볍다.
③ 전연성이 풍부하고 가공성 및 내식성이 좋아 화학공업용 배관, 열교환기 등에 사용된다.
④ 기계적 성질이 우수하여 항공기 등의 재료로 사용된다. **|답| ④**

25 신축이음에서 고압에 견디며 고장도 적으나, 설치공간을 많이 차지하며 고압증기의 옥외 배관에 많이 쓰이는 것은?
① 루프형
② 슬리브형
③ 벨로스형
④ 볼조인트형

해설
신축이음쇠의 종류
① 슬리브형(sleeve type) : 신축에 의한 자체 응력이 발생되지 않고 설치장소가 필요하며 단식과 복식이 있다. 슬리브와 본체와의 사이에는 패킹을 다져 넣고 그랜드로 밀착시켜 온수 또는 증기의 누설을 방지한다. 50[A] 이하의 배관에는 나사식, 65[A] 이상은 플랜지식을 사용한다.
② 벨로스형(bellows type) : 팩리스(packless)형이라 하며, 설치장소에 구애받지 않고 가스, 증기, 물 등 2[MPa], 450[℃]까지 축 방향 신축흡수에 사용되며 단식과 복식 2종류가 있다.
③ 루프형(loop type) : 곡관으로 만들어진 관의 가요성(可撓性)을 이용한 것으로 구조가 간단하고 내구성이 좋아 고온, 고압배관이나 옥외배관에 주로 사용한다. 곡률 반지름은 관지름의 6배 이상으로 한다.
④ 스위블형(swivel type) : 지웰이음, 지블이음, 회전이음이라 하며, 2개 이상의 엘보를 사용하여 관의 신축을 흡수하는 것으로 신축방향이 큰 배관에서는 누설의 우려가 있다.
⑤ 볼 조인트(ball joint) : 볼 조인트와 오프셋 배관을 이용해서 신축을 흡수하는 방법으로 설치공간이 적고, 평면상의 변위뿐만 아니라 입체적인 변위까지도 안전하게 흡수하므로 어떤 현상에 의한 신축에도 배관이 안전한 신축이음이다. **|답| ①**

26 천연고무와 비슷한 성질을 가진 합성고무로서 천연고무보다 더 우수한 성질을 가지고 있으며, 내열도는 약 −46~121[℃] 사이의 값을 가지고 있는 패킹 재료는?
① 펠트
② 석면
③ 네오프렌
④ 테프론

해설
합성고무(neoprene) : 내열도가 −46~121[℃]인 것으로 천연고무의 성질을 개선시킨 것으로 내산성, 내열성, 내유성이 좋고, 기계적 성질이 양호하다. 증기배관 외 물, 공기, 기름 및 냉매배관 등 광범위하게 사용된다. **|답| ③**

27 유리면 벌크를 입상(granule)화 시킨 제품으로 주택의 천정, 마루바닥의 보온 단열 등에 사용되며 사용온도가 500[℃]인 보온재는?
① 산면(loose wool)
② 블로 울(blow wool)
③ 펠트(felt)
④ 탄산마그네슘(MgCO₃)

|답| ②

28 폴리부틸렌(PB)관 이음쇠에 관한 설명으로 올바른 것은?
① PB관에 PB관을 연결 시 나사이음이나 용접이음이 필요하다.
② 이음쇠 안쪽에 내장된 그래브링과 O링을 이용한 용접 접합이다.
③ 이종관과의 접합 시는 커넥션 及 어댑터를 사용, 나사이음을 한다.

④ 스터드 앤드를 이용한 플랜지 이음을 하는 것이 일반적이다.

해설

폴리부틸렌관(PB관)의 이음은 관을 연결구에 삽입하여 그라프링과 O링에 의한 에이콘이음(acorn joint)으로 한다.
|답| ③

29 증기트랩(steam trap)을 그 작동원리에 따라 분류하면 온도 조절식 트랩, 열역학적 트랩 그리고 기계적 트랩으로 분류한다. 이 중 열역학적 트랩에 해당하는 것은?
① 벨로스형　　② 디스크형
③ 버킷형　　　④ 바이메탈형

해설

작동원리에 의한 트랩의 분류

구 분	작동원리	종 류
기계식 트랩	증기와 응축수의 비중차 이용(플로트 또는 버킷의 부력 이용)	상향 버킷식, 하향 버킷식, 레버 플로트식, 자유 플로트식
온도조절식 트랩	증기와 응축수의 온도차 이용(금속의 신축성을 이용)	바이메탈식, 벨로스식
열역학적 트랩	증기와 응축수의 열역학적, 유체역학적 특성차 이용	오리피스식, 디스크식

|답| ②

30 밸브 내부는 버퍼(buffer)와 스프링(spring)이 설치되어 있고 바이패스 밸브 기능도 하는 체크밸브는?
① 리프트형(lift type) 체크밸브
② 스윙형(swing type) 체크밸브
③ 풋형(foot type) 체크밸브
④ 해머리스형(hammerless type) 체크밸브

해설

해머리스 체크 밸브(hammerless check valve) : 스모렌스키 체크밸브라 하며 펌프 출구측의 체크 밸브용으로 사용되며, 워터해머(water hammer)의 방지와 바이패스 밸브의 기능을 함께 한다.
|답| ④

31 플랜지를 관과 이음 하는 방법에 따라 분류할 때 이에 해당하지 않는 것은?
① 소켓 용접형　　② 랩 조인트 형
③ 나사 이음형　　④ 바이패스형

해설

플랜지의 관 부착법에 따른 분류 : 소켓 용접형(slip on type), 맞대기 용접형, 나사 결합형, 삽입 용접형, 블라인드형, 랩 조인트(lapped joint)형
|답| ④

32 배관계획에 있어 관 종류의 선택 시 고려해야 할 조건 중 가장 거리가 먼 것은?
① 관내 유체의 화학적 성질
② 관내 유체의 온도
③ 관내 유체의 압력
④ 관내 유체의 경도

해설

배관재료 선택 시 고려해야 할 사항
(1) 화학적 성질
　① 수송 유체에 따른 관의 내식성
　② 수송 유체와 관의 화학반응으로 유체의 변질 여부
　③ 지중 매설 배관할 때 토질과의 화학 변화
　④ 유체의 온도 및 농도변화에 따른 화학변화
(2) 물리적 성질
　① 관내 유체의 압력 및 관의 내마모성
　② 유체의 온도변화에 따른 물리적 성질의 변화
　③ 맥동 및 수격작용이 발생할 때의 내압강도
　④ 지중 매설 배관할 때 외압으로 인한 강도
(3) 기타 성질
　① 지리적 조건에 따른 수송 문제
　② 진동을 흡수할 수 있는 이음법의 가능 여부
　③ 사용 기간
|답| ④

33 일반적으로 배관계에 발생하는 진동을 억제하는 경우에 사용하는 배관 지지장치로 가장 적합한 것은?
① 스토퍼　　② 리지드 행거
③ 앵커　　　④ 브레이스

해설

브레이스(brace) : 펌프, 압축기 등에서 발생하는 진동을 흡수하여 배관계통에 전달되는 것을 방지하는 역할을 하

는 것으로 종류는 다음과 같다.
① 방진구 : 진동을 방지하거나 완화시키는 역할을 한다.
② 완충기 : 배관 내의 수격작용, 안전밸브 분출반력 등 충격을 완화하는 역할을 한다. |답| ④

34 강관의 종류와 KS 규격 기호가 맞는 것은?
① SPHT : 고압 배관용 탄소강관
② SPPH : 고온 배관용 탄소강관
③ STHA : 저온 배관용 탄소강관
④ SPPS : 압력 배관용 탄소강관

해 설

강관의 KS 표시 기호

KS 표시 기호	명 칭
SPP	일반배관용 탄소강관
SPPS	압력배관용 탄소강관
SPPH	고압배관용 탄소강관
SPHT	고온배관용 탄소강관
SPLT	저온배관용 탄소강관
SPW	배관용 아크용접 탄소강관
SPA	배관용 합금강관
STS×T	배관용 스테인리스강관
STBH	보일러 열교환기용 탄소강관
STHA	보일러 열교환기용 합금강관
STS×TB	보일러 열교환기용 스테인리스강관
STLT	저온 열교환기용 강관

|답| ④

35 펌프의 배관에 관한 설명으로 틀린 것은?
① 토출쪽은 압력계를 설치한다.
② 흡입쪽은 진공계나 연성계를 설치한다.
③ 흡입쪽 수평관은 펌프쪽으로 올림 구배한다.
④ 스트레이너는 펌프 토출쪽 끝에 설치한다.

해 설

스트레이너는 펌프 흡입쪽에 설치한다. |답| ④

36 강관을 4조각내어 중심각이 90° 마이터관을 만들려 할 때 절단각은 몇 도인가?
① 7.5   ② 11.25
③ 15   ④ 22.5

해 설

절단각 = $\dfrac{중심각}{2 \times (편수-1)} = \dfrac{90}{2 \times (4-1)} = 15$도 |답| ③

37 비금속 배관재료에 대한 일반적인 이음방법이 올바르게 짝지어진 것은?
① 경질 염화비닐관 – 기볼트 이음
② 석면 시멘트관 – 고무링 이음
③ 폴리에틸렌관 – 용착 슬리브 이음
④ 콘크리트관 – 심플렉스 이음

해 설

비금속 배관재료의 이음 방법
① 경질 염화비닐관 : 냉간 접합법, 열간 접합법, 플랜지 접합법, 테이퍼 코어 접합법, 용접법
② 석면 시멘트관 : 기볼트(gibault) 접합, 칼라 접합, 심플렉스 접합
③ 콘크리트관 : 콤포이음, 몰탈 접합
④ 폴리에틸렌관 : 용착 슬리브 접합, 테이퍼 접합, 인서트 접합, 기타(용접법, 플랜지 이음법, 나사 이음)
|답| ③

38 동관의 납땜 이음 시 사용하는 공구로서 절단된 관 끝부분의 단면을 정확한 원으로 만들기 위하여 사용하는 공구는?
① 플레어링 툴   ② 사이징 툴
③ 봄볼   ④ 턴핀

해 설

동관용 공구의 종류 및 용도
① 튜브 커터(tube cutter) : 관지름 20[mm] 이하의 동관 절단에 사용하는 공구이다.
② 튜브 벤더(tube bender) : 관지름 20[mm] 이하의 동관을 상온에서 필요한 각도로 구부릴 때 사용하며 구부릴 수 있는 각도는 0~180°이다.
③ 플레어링 공구 : 동관을 압축이음(flare joint)할 때 동관 끝을 나팔관 모양으로 넓히기 위하여 사용하는 공구이다.
④ 리머(reamer) : 튜브 커터로 동관을 절단한 후 관 내면에 생기는 거스러미를 제거하는데 사용한다.
⑤ 사이징 툴(sizing tools) : 동관의 끝부분을 정확한 치수의 원형으로 교정하기 위하여 사용한다.
⑥ 확관기(expander) : 동일한 지름의 동관을 이음쇠 없이 납땜이음 할 때 한쪽 관 끝에 소켓을 만드는데 사용한다.

⑦ 티 뽑기(extractor) : 티로 연결할 부분에 관이음재(티)를 사용하지 않고 동관에 구멍을 내어 간단히 관을 연결하는데 사용한다.　|답| ②

39 동력나사 절삭기에 관한 설명 중 옳은 것은?
① 다이헤드식은 관의 절단, 나사절삭은 가능하나 거스러미 제거 작업은 못한다.
② 오스터식은 지지로드를 이용하여 절삭기를 수동으로 이송하며 구조가 복잡하고, 관지름이 큰 것에 주로 사용된다.
③ 오스터식, 호브식, 램식, 다이헤드식의 4가지 종류가 있다.
④ 호브식은 나사절삭용 전용 기계이지만 호브와 파이프 커터를 함께 장치하면 관의 나사절삭과 절단을 동시에 할 수 있다.

해 설
동력나사 절삭기
① 오스터형(oster type) : 동력으로 관을 저속으로 회전시키며 절삭기를 밀어 넣어 나사를 가공하는 것으로 50A 이하의 배관에 사용된다.
② 호브형(hob type) : 호브(hob)를 100~180[rpm]의 저속도로 회전시키면 이에 따라 관은 어미나사와 척의 연결에 의하여 1회전하는 사이에 자동적으로 나사의 1피치(pitch) 만큼 이동하여 나사가 가공된다. 호브와 사이드 커터를 함께 설치하면 나사가공과 절단을 함께 할 수 있다. 종류는 50[A] 이하, 65~150[A], 80~200[A]의 3종류가 있다.
③ 다이헤드형(diehead type) : 다이헤드를 이용한 나사가공 전용 기계로서 관의 절단, 거스러미 제거, 나사가공을 할 수 있다. 척(chuck)에 배관을 고정한 후 회전시키면 관용나사의 치형(4개가 1조)을 가진 다이스(dies, 또는 chaser)가 조립된 다이헤드를 배관에 밀어 넣으면서 나사를 가공한다.　|답| ④

40 콘크리트관의 콤포 이음 시 시멘트와 모래의 배합비인 콤포 배합비(시멘트 : 모래)와 수분의 양으로 가장 적합한 것은?
① 1 : 2 이고 수분의 양은 약 17[%]
② 1 : 1 이고 수분의 양은 약 17[%]
③ 1 : 2 이고 수분의 양은 약 45[%]
④ 1 : 1 이고 수분의 양은 약 45[%]

해 설
콘크리트관의 콤포 이음 : 철근 콘크리트로 만든 특수 칼라와 특수 몰타의 일종인 콤포(compo)로서 이음 하는 방법으로 칼라이음 이라 한다. 콤포는 시멘트와 모래의 비율을 1 : 1로 하고 여기에 물의 양을 약 17[%]로 하여 잘 반죽한 것이다.　|답| ②

41 주철 파이프 접합 시 녹은 납이 비산하여 몸에 화상을 입게 되는 주원인은?
① 접합부에 수분이 있기 때문에
② 녹은 납의 온도가 낮기 때문에
③ 녹은 납의 온도가 높기 때문에
④ 인납 성분에 Pb 함량이 너무 많기 때문에

해 설
이음부에 물기가 있으면 용해된 납을 부을 때 납이 비산하여 작업자에게 화상의 위험이 있다.　|답| ①

42 열량의 단위인 1[J]의 설명으로 가장 정확한 것은?
① 1[N]의 힘을 작용시켜 1[m] 이동시켰을 때 일에 상당하는 열량이다.
② 1[Pa]의 힘을 작용시켜 1[m] 이동시켰을 때 일에 상당하는 열량이다.
③ 매초 1[W]의 공률을 발생하는 힘이다.
④ 매초 1[Pa]의 압력을 발생하는 힘이다.

해 설
주요 물리량의 단위 비교

물리량	SI 단위	공학단위
힘	$N (= kg \cdot m/s^2)$	kgf
압력	$Pa (= N/m^2)$	kgf/m^2
열량	$J (= N \cdot m)$	$kcal$
일	$J (= N \cdot m)$	$kgf \cdot m$
에너지	$J (= N \cdot m)$	$kgf \cdot m$
동력	$W (= J/s)$	$kgf \cdot m/s$

|답| ①

43 용접에서 피복제의 중요한 작용이 아닌 것은?
① 용착금속에 필요한 합금 원소를 첨가시킨다.

② 아크를 안정하게 한다.
③ 스패터의 발생을 적게 한다.
④ 용착 금속을 급냉시킨다.

해 설

피복제의 역할 : ①, ②, ③ 외
① 용접금속을 보호한다.
② 용융점이 낮은 슬래그를 생성한다.
③ 용착금속의 탈산 정련작용을 한다.
④ 용착금속의 유동성을 증가시킨다.
⑤ 용착금속의 급랭을 방지한다.
⑥ 전기 절연작용을 한다.
⑦ 용적의 미세화 및 용착효율을 상승시킨다. |답| ④

44 정격 2차 전류 200[A], 정격 사용률이 50 [%]인 아크 용접기로 150[A]의 용접전류를 사용 시 허용 사용률은 약 몇 [%]인가?
① 53   ② 65   ③ 71   ④ 89

해 설

허용 사용률 : 정격 2차 전류 이하의 전류로서 용접을 하는 경우의 허용되는 사용률을 말함

$$\therefore 허용\ 사용률 = \frac{(정격\ 2차\ 전류)^2}{(실제의\ 용접전류)^2} \times 정격사용률[\%]$$

$$= \frac{200^2}{150^2} \times 50 = 88.88[\%]$$ |답| ④

45 토치 대신 가늘고 긴 강관(안지름 3.2[mm] ~ 6[mm], 길이 1.5 ~ 3[m])을 사용하여 이 강관에 산소를 공급하여 그 강관이 산화 연소할 때의 반응열로 금속을 절단하는 방법은?
① 가스 가우징(gas gouging)
② 스카핑(scarfing)
③ 산소창 절단(oxygen lance cutting)
④ 산소아크절단(oxygen arc cutting)
   |답| ③

46 수냉 동판을 용접부의 양편에 부착하고 용융된 슬래그 속에서 전극와이어를 연속적으로 송급하여 용융슬래그 내를 흐르는 저항열에 의하여 전극와이어 및 모재를 용융 접합시키는 용접법은?

① 일렉트로 슬래그 용접
② 서브머지드 아크 용접
③ 테르밋 용접
④ 전자빔 용접
   |답| ①

47 그림과 같은 입체배관도에 대한 평면도로 맞는 것은?

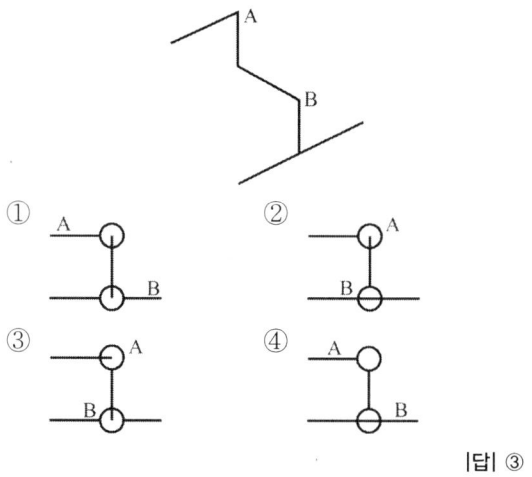

   |답| ③

48 다음의 계장계통 도면에서 FRC가 의미하는 것은?

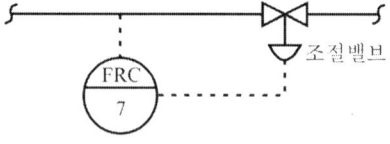

① 수위 기록 조절계   ② 유량 기록 조절계
③ 압력 기록 조절계   ④ 온도 기록 조절계

해 설

① 수위 기록 조절계 : LRC
② 유량 기록 조절계 : FRC
③ 압력 기록 조절계 : PRC
④ 온도 기록 조절계 : TRC |답| ②

49 입체 배관도로 작도하는 도면으로서 배관의 일부분만을 작도한 도면으로 부분제작을 목적으로 하는 도면은?

① 입면 배관도 ② 입체 배관도
③ 부분 배관도 ④ 평면 배관도

|답| ③

50 용접기호 중 현장 용접기호 표시 기호는?

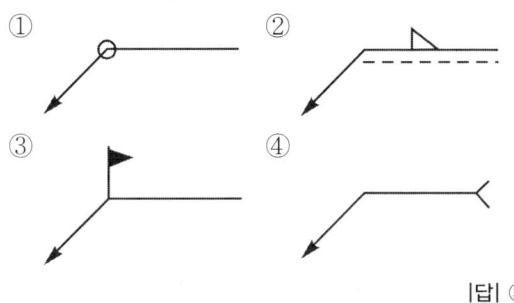

|답| ③

51 배관의 라인번호 결정은 배관도면의 작도와 재료의 집계나 현장조립 및 보전에 효과적이므로 일관성을 갖는 것이 중요하다. 아래의 라인번호에서 틀리게 설명된 것은?

> 2B – S115 – A10 – H20

① 2B : 관의 호칭지름
② S115 : 유체의 종류·상태, 배관계의 식별
    (배관번호)
③ A10 : 배관계의 시방
④ H20 : 관의 종류

해 설
① 2B : 관의 호칭지름
② S115 : 유체의 종류·상태, 배관계의 식별(배관번호)
③ A10 : 배관계의 시방
④ H20 : 보온·보냉기호

|답| ④

52 가상선의 용도로 틀린 것은?
① 인접 부분의 참고로 표시하는데 사용한다.
② 가공 전 또는 가공 후의 모양을 표시하는데 사용한다.
③ 도시된 단면의 앞 쪽에 있는 부분을 표시하는데 사용한다.
④ 대상물의 보이지 않는 부분의 모양을 표시하는데 사용한다.

해 설
가상선의 용도 : ①, ②, ③ 외
① 물체의 일부의 형태를 실제와 다른 위치에 표시하는데 사용한다.
② 동일도를 이용하여 부분적으로 다른 두 종류의 물체를 표시하는데 사용한다.
③ 도형 내에서 그 부분의 단면형을 90° 회전하여 표시하는데 사용한다.
④ 이동하는 부분의 가동 위치를 표시하는데 사용한다.

|답| ④

53 아래와 같은 배관도시 기호의 종류는?
① 글로브 밸브
② 밸브 일반
③ 게이트 밸브
④ 전동 밸브

|답| ①

54 파이프 내에 흐르는 유체의 종류별 표시기호 설명으로 틀린 것은?
① 공기 : A   ② 연료가스 : K
③ 연료유 : O ④ 증기 : S

해 설
유체의 종류 및 표시

유체의 종류	문자기호	색상
공 기	A	백 색
가 스	G	황 색
기 름	O	황적색
수증기	S	암적색
물	W	청 색

|답| ②

55 $\bar{x}$ 관리도에서 관리상한이 22.15, 관리하한이 6.85, $\bar{R}$=7.5일 때 시료군의 크기(n)는 얼마인가? (단, n=2일 때 A_2=1.88, n=3일 때 A_2=1.02, n=4일 때 A_2=0.73, n=5일 때 A_2=0.58이다.)
① 2   ② 3   ③ 4   ④ 5

해설

UCL − LCL = $(\bar{x} + A_2\bar{R}) - (\bar{x} - A_2\bar{R}) = 2A_2\bar{R}$

UCL − LCL = 22.15 − 6.85 = 15.3 이 되므로

∴ $2A_2\bar{R} = 15.3$ 이 된다.

∴ $A_2 = \dfrac{15.3}{2\bar{R}} = \dfrac{15.3}{2 \times 7.5} = 1.02$

∴ 단서조항에서 주어진 $A_2 = 1.02$에 해당하는 n값을 찾으면 3이 된다.

|답| ②

56 200개 들이 상자가 15개 있다. 각 상자로부터 제품을 랜덤하게 10개씩 샘플링 할 경우, 이러한 샘플링 방법을 무엇이라 하는가?

① 계통 샘플링   ② 취락 샘플링
③ 층별 샘플링   ④ 2단계 샘플링

해설

샘플링 방법
① 랜덤 샘플링 : 모집단의 어느 부분이라도 목적하는 특성에 관하여 같은 확률로 시료 중에 뽑혀지도록 샘플링 하는 방법으로 시료수가 증가할수록 샘플링 정도가 높다. 단순 랜덤샘플링(simple random sampling), 계통 샘플링(systematic sampling), 지그재그 샘플링(zigzag sampling)등의 방법이 있다.
② 2단계 샘플링(two-stage sampling) : 모집단을 N개의 부분으로 나누어 먼저 1단계로 그 중 몇 개 부분을 시료를 샘플링 하는 방법이다.
③ 층별 샘플링 : 모집단을 N개의 층으로 나누어서 각 층으로부터 각각 랜덤하게 시료를 샘플링 하는 방법이다.
④ 취락샘플링 : 모집단을 여러 개의 층으로 나누고 그 층 중에서 몇 개를 랜덤하게 추출한 뒤 선택된 층 안은 모두 검사하는 방법이다.
⑤ 다단계 샘플링 : 모집단에서 랜덤하게 1차 시료를 샘플링한 후 그 1차 시료에서 다시 2차 시료를 샘플링하고 다시 그 2차 시료 중에서 3차 시료를 샘플링 해 나가는 방법이다.
⑥ 유의샘플링 : 로트의 평균치를 알기 위해 로트 전체를 대표하는 시료를 샘플링하지 않고 일부 특정부분을 샘플링 하여 그 시료의 값으로서 전체를 내다보는 방법이다.

|답| ③

57 어떤 측정법으로 동일 시료를 무한횟수 측정하였을 때 데이터 분포의 평균치와 모집단 참값과의 차를 무엇이라 하는가?

① 편차   ② 신뢰성   ③ 정확성   ④ 정밀도

해설

① 정도 : 측정에 있어서의 정확성과 정밀도
② 정확도(accrracy) : 계통적 오차의 작은 정도로 참값과 측정치의 평균값의 차
③ 정밀도 : 우연오차로 측정값의 흩어짐의 작은 정도
④ 오차 : 측정값 − 참값
⑤ 감도 : 계측기의 민감한 정도
⑥ 신뢰성 : 시스템, 기기, 부품 등의 기능의 시간적 안정성을 나타내는 정도

|답| ③

58 다음 중 신제품에 대한 수요예측방법으로 가장 적절한 것은?

① 시장조사법   ② 이동평균법
③ 지수평활법   ④ 최소자승법

해설

시장조사법 : 소비자 의견조사와 신제품에 대한 단기예측을 하는 방법으로 전화 면담에 의한 조사, 설문지 조사, 소비자 모임에서의 의견수렴, 시험판매 등으로 하여 수요예측에 대한 결과는 좋으나 비용과 시간이 많이 소요된다.

|답| ①

59 ASME(American Society of Machine Engineers)에서 정의하고 있는 제품공정 분석표에 사용되는 기호 중 "저장(Storage)"을 표현한 것은?

① ○   ② D
③ □   ④ ▽

해설

① 작업 ② 정체 ③ 검사 ④ 저장

|답| ④

60 다음 중 사내표준을 작성할 때 갖추어야 할 요건으로 옳지 않은 것은?

① 내용이 구체적이고 주관적일 것
② 장기적 방침 및 체계 하에서 추진할 것
③ 작업표준에는 수단 및 행동을 직접 제시할 것
④ 당사자에게 의견을 말하는 기회를 부여하는 절차로 정할 것

해 설

사내표준 작성 시 갖추어야 할 요건
① 실행가능성이 있는 내용일 것
② 당사자에게 의견을 말할 기회를 주는 방식으로 정할 것
③ 기록내용이 구체적이며 객관적일 것
④ 기여도가 큰 것부터 중점적으로 취급할 것
⑤ 직관적으로 보기 쉬운 표현으로 할 것
⑥ 적시에 개정, 향상시킬 것
⑦ 장기적 방침 및 체계 하에서 추진할 것
⑧ 작업표준에는 수단과 행동을 직접 제시할 것

|답| ①

2010년 기능장 제47회 필기시험 (3월 28일 시행)

자격종목	코드	시험시간	형별
배관기능장	3081	1시간	B

※ 답안 카드 작성 시 시험문제지 형별누락, 마킹착오로 인한 불이익은 전적으로 수험자의 귀책사유임을 알려드립니다.
※ 각 문항은 4지 택일형으로 질문에 가장 적합한 보기 항을 선택하여 마킹하여야 합니다.

1 옥내 소화전에 대한 내용으로 잘못된 것은?
① 방수압력은 노즐의 끝을 기준으로 $1.7[kgf/cm^2]$ 이상 $3[kgf/cm^2]$ 이하로 한다.
② 입상관의 안지름은 $50[mm]$ 이상으로 한다.
③ 소화전은 바닥면을 기준으로 $1.5[m]$ 이내의 높이에 설치한다.
④ 소화펌프 가까이에 게이트밸브와 체크밸브를 설치한다.

해 설
방수압력은 노즐의 끝을 기준으로 $1.7[kgf/cm^2]$ 이상이고 방수량이 130L/min 이상으로 할 것. 단, 방수압력이 $7[kgf/cm^2]$을 초과할 경우 호스 접결구의 인입측에 감압장치를 설치하여야 한다.　　　　　　|답| ①

2 가스용접 작업에 대한 안전사항으로 틀린 것은?
① 산소병은 $40[℃]$ 이하 온도에서 보관한다.
② 가스집중 장치는 화기를 사용하는 설비에서 $5[m]$ 이상 떨어진 곳에 설치한다.
③ 산소병은 충전 후 12시간 뒤에 사용한다.
④ 아세틸렌 용기의 취급 시 동결부분은 $35[℃]$ 이하의 온수로 녹여야 한다.

해 설
아세틸렌 용기는 충전 후 24시간 정치한 후에 사용한다.　　　　　　　　　　　　　　|답| ③

3 가장 미세한 먼지를 집진할 수 있으므로 병원의 수술실 및 제약 공장 등에서 많이 사용하는 집진법은?

① 전기 집진법
② 원심 분리법
③ 여과 집진법
④ 중력 집진법

해 설
전기식 집진장치의 특징 및 성능
(1) 특징
　① 제진효율이 가장 높다.
　② 압력손실이 적고, 미세한 입자 제거에 용이하다.
　③ 대량의 가스를 취급할 수 있다.
　④ 보수비, 운전비가 적다.
　⑤ 설치 소요면적이 크고, 설비비가 많이 소요된다.
　⑥ 부하변동에 적응이 어렵다.
(2) 성능
　① 취급입자 : $0.05 \sim 20[\mu]$
　② 집진효율 : $90 \sim 99.9[\%]$　　　　|답| ①

4 오물 정화조의 구비조건이 아닌 것은?
① 정화조의 순서는 부패조, 예비 여과조, 산화조, 소독조의 구조로 한다.
② 정화조의 바닥, 벽, 천정, 칸막이 벽 등은 방수 재료로 시공해야 한다.
③ 부패조, 예비 여과조, 산화조에는 안지름이 40[cm] 이상의 맨홀을 설치한다.
④ 부패조는 침전 분리에 적합한 구조로 하고 오수를 담고 있는 깊이는 2[m] 이상으로 한다.

해 설
부패조는 변기에서 들어온 고형물을 침전, 분리시킴과 동시에 염기성 박테리아로 오물을 부패, 분해시키는 탱크로 크기는 오물의 체류기간을 약 2일 정도로 한다.　|답| ④

5 가스배관에서 가스공급 시설 중 하나인 정압기의 설명으로 맞는 것은?
① 제조공장과 공급지역이 비교적 가깝고 공급면적이 좁아 저압의 가스를 보낼 때 사용
② 제조 공장에서 생산, 정제된 가스를 저장하여 가스의 품질을 균일하게 하고 제조량 및 소요량을 조절하는 것
③ 사용량이 서로 다른 시간별 또는 특정 시기에 소요 공급 압력을 일정하게 유지하는 역할
④ 원거리 지역에 대량의 가스를 수송하기 위해 공압 압축기로 가스를 압축하는 역할

해설
정압기(governor) : 1차측 압력에 관계없이 2차측 압력(소요공급압력)을 일정하게 유지하는 역할을 한다.
|답| ③

6 수공구 사용에 대한 안전 유의사항 중 잘못된 것은?
① 사용 전에 모든 부분에 기름을 칠하고 사용할 것
② 결함이 있는 것은 절대로 사용하지 말 것
③ 공구의 성능을 충분히 알고 사용할 것
④ 사용 후에는 반드시 점검하고 고장난 부분은 즉시 수리 의뢰할 것

해설
수공구에 기름칠을 하면 사용할 때 미끄러져 사고의 위험이 있다.
|답| ①

7 공조 시스템에서 차압 검출 스위치가 설치되는 곳은?
① 송풍기 출구의 덕트
② A·H·U의 증기코일 입구
③ A·H·U의 냉각코일 입구
④ 덕트 내부의 에어 필터

해설
덕트 내부의 에어 필터 전 후에 차압스위치를 설치하여 필터의 오염여부를 판단한다.
|답| ④

8 자동제어의 피드백 제어계에서 조절부에 대하여 옳게 설명한 것은?
① 목표치를 기준입력신호로 조절해준다.
② 제어동작 신호를 받아 조작량을 조절한다.
③ 동작신호에 따라 2위치, 비례 등 이에 대응하는 연산출력을 만드는 곳으로 조작신호를 출력한다.
④ 조작량 만큼의 제어결과 즉 제어량을 발생한다.

해설
피드백 제어계
① 비교부 : 기준입력과 주피드백량과의 차를 구하는 부분으로서 제어량의 현재값이 목표치와 얼마만큼 차이가 나는가를 판단하는 기구
② 검출부 : 제어량을 검출하고 이것을 기준입력과 비교할 수 있는 물리량(주피드백 신호)을 만드는 부분
③ 조절부 : 제어편차에 따라 일정한 신호를 조작요소에 보내는 부분
④ 조작부 : 제어대상에 대하여 작용을 걸어오는 부분으로 조작신호를 받아 이것을 조작량으로 바꾸는 부분
|답| ③

9 개별식 급탕법의 장점을 중앙식 급탕법과 비교 설명한 것으로 옳은 것은?
① 탕비장치가 크므로 열효율이 좋다.
② 대규모 급탕에는 경제적이다.
③ 배관 중의 열손실이 적다.
④ 열원으로 값싼 연료를 쓰기가 쉽다.

해설
개별식 급탕법의 장점
① 배관 중 열손실이 적다.
② 필요한 곳에 간단하게 설비가 가능하다.
③ 급탕 개소가 적을 때는 설비비가 저렴하다. |답| ③

10 배관 공작용 공구에서 화상의 위험이 있는 것은?
① 봄 볼
② 드레서
③ 토치램프
④ 맬릿
|답| ③

11 시퀀스 제어(sequence control)란 무엇인가?
① 결과가 원인이 되어 진행하는 제어로서 출력측 신호를 입력측으로 되돌리는 제어이다.
② 미리 정해진 순서에 따라 제어의 각 단계를 순차적으로 진행하는 제어이다.
③ 목표치가 다른 양과 일정한 비율관계에서 변화되는 제어이다.
④ 전압이나 주파수 전동기의 회전수 등을 제어량으로 하고 이것을 일정하게 유지하는 것을 목적으로 하는 제어이다.

|답| ②

12 자동화 시스템에서 공정처리 상태에 대한 정보를 받아서, 제한된 공간 내에서 기계구조에 의해 일을 하는 부분으로 인간의 손, 발의 기능을 하는 자동화의 5대 요소인 것은?
① 센서(sensor)
② 네트워크(network)
③ 액추에이터(actuator)
④ 소프트웨어(software)

해 설
자동화의 5대 요소
① 센서(sensor) : 공정 처리 상태에 대한 정보를 만들고 수집하며 이 정보를 프로세스에 전달하는 제어부분이다.
② 프로세서(processor) : 제어 데이터를 처리하는 요소로, 제어정보를 분석 처리하여 필요한 제어 명령을 내려주는 장치
③ 액추에이터(actuator) : 공정처리 상태에 대한 정보를 받아서, 제한된 공간 내에서 기계구조에 의해 회전운동과 선형운동을 하는 부분으로 인간의 손, 발의 기능을 하며 사용하는 에너지에 따라 공압식, 유압식, 전기식 등으로 세분화 된다.
④ 소프트웨어(software) : 입력신호를 받아 중앙처리 장치를 거쳐 작업요소에 전달되어지는 프로그램장치, 프로그램 메모리를 포함하는 장치
⑤ 네트워크(network) : 자동화 시스템에서 중앙컴퓨터와 여러 개의 콘트롤러 간에 시스템 구성기기들과 통신회선을 연결된 배치형태에 따라 성형, 환형 등으로 구분한다.

|답| ③

13 150[A] 관의 안지름은 155[mm]이다. 이관을 이용하여 매초 1.5[m]의 속도로 물을 수송하고 있다. 2시간 동안 수송된 물의 양은 약 몇 [m³] 정도인가?
① 102 ② 136 ③ 155 ④ 204

해 설
$$Q = A \cdot V = \frac{\pi}{4} \times 0.155^2 \times 1.5 \times 3600 \times 2 = 203.78[\text{m}^3]$$

|답| ④

14 암모니아 가스의 누설위치를 찾기 위해서는 무엇을 쓰는 것이 가장 좋은가?
① 비눗물 ② 알코올
③ 냉각수 ④ 페놀프탈렌

해 설
암모니아 누설 검지법
① 자극성이 있어 냄새로서 알 수 있다.
② 유황, 염산과 접촉하면 흰연기가 발생한다.
③ 적색 리트머스지가 청색으로 변한다.
④ 페놀프탈렌 시험지가 백색에서 갈색으로 변한다.
⑤ 네슬러시약이 미색 → 황색 → 갈색으로 변한다.

|답| ④

15 어느 방의 전난방부하가 1.16[kW]일 때 복사난방을 하려면 DN15인 코일을 약 몇 [m]나 시설해야 하는가? (단, DN15인 코일의 [m]당 표면적은 0.047[m²]이고, 관 1[m²]당 방열량은 0.26[kW/m²]이라고 한다.)
① 85 ② 95 ③ 100 ④ 110

해 설
$$L = \frac{\text{난방부하}}{\text{관 표면적} \times \text{방열량}} = \frac{1.16}{0.047 \times 0.26} = 94.9[\text{m}]$$

|답| ②

16 보일러의 과열로 인한 파열의 원인이 아닌 것은?
① 화염이 국부적으로 집중 연소될 경우
② 보일러수에 유지분이 함유되어 있는 경우
③ 스케일 부착으로 열전도율이 저하될 경우
④ 물 순환이 양호하여 증기의 온도가 상승될 경우

해 설

과열의 원인
① 이상 감수 현상이 발생하였을 때
② 동 내면에 스케일이 생성되어 전열이 불량한 경우
③ 보일러 수(水)가 농축되어 순환이 불량한 때
④ 전열면에 국부적으로 심한 열을 받았을 때
⑤ 연소실 열부하가 지나치게 큰 경우 |답| ④

17 샌드 블라스트 세정법에 관한 설명 중 틀린 것은?
① 공기 압송 장치가 필요하다.
② 모래를 분사하여 스케일을 제거한다.
③ 100[A] 이상의 대구경관이나 탱크 등에 사용한다.
④ 공기, 질소, 물 등의 압력과 화학 세정액을 병행 사용한다.

해 설

샌드 블라스트(sand blast) 세정법 : 공기압송 장치 등으로 모래를 분사하여 스케일을 제거하는 물리적(기계적) 세정법이다. |답| ④

18 배관 설비의 진공 시험에 관한 설명으로 틀린 것은?
① 기밀시험에서 누설 개소가 발견되지 않을 때 하는 시험이다.
② 주위 온도의 변화에 대한 영향이 없는 시험이다.
③ 관 속을 진공으로 만든 후 일정시간 후의 진공 강하상태를 검사한다.
④ 진공 펌프나 추기 회수 장치를 이용하여 시험한다.

해 설

기밀시험 및 진공시험은 주위 온도의 변화에 대하여 영향을 받으므로 온도변화가 없는 상태에서 실시하여야 한다. |답| ②

19 기송 배관의 부속설비 중 공기 수송기에서 분말이나 알갱이를 수송관 쪽으로 공급하는 장치는?
① 송급기 ② 분리기 ③ 수송관 ④ 동력원

해 설

(1) 기송배관 : 공기 수송기를 사용하여 고체 분말 또는 미립자를 운송하도록 시설하여 놓은 배관
(2) 부속설비
① 동력원 : 진공펌프(진공식), 공기압축기(압송식), 진공 압축 겸용 펌프(진공 압송식)
② 송급기(feeder) : 공기 수송기에서 분말이나 알갱이를 수송관 쪽으로 공급하는 장치
③ 수송관(delivery pipe) : 진공식, 저압송식, 고압송식으로 나뉘며, 수송관에 사용하는 재료는 수송물의 종류, 성질에 따라 용접 강관, 스테인리스관, 황동관, 알루미늄관, 플라스틱관이 사용된다.
④ 분리기(separator) : 기송배관 마지막에 설치되는 기기로서 압력 공기 속에서 대기 속으로 분립체를 배출하는 것과 진공 속에서 대기 속으로 분립체를 압출하는 방법이 있다. |답| ①

20 가스가 누설될 경우 초기에 발견하여 중독 및 폭발사고를 미연에 방지하기 위해 누설을 감지할 수 있도록 하는 설비는?
① 가스 저장설비   ② 가스 공급설비
③ 부취설비   ④ 부스터(booster)설비
     |답| ③

21 다음 피복 재료 중 무기질 보온 재료가 아닌 것은?
① 기포성 수지   ② 석면
③ 암면   ④ 규조토

해 설

재질에 의한 보온재 분류
① 유기질 보온재 : 펠트, 코르크, 기포성 수지
② 무기질 보온재 : 석면, 암면, 규조토, 탄산마그네슘, 유리섬유
③ 금속질 보온재 : 알루미늄 박(泊) |답| ①

22 강관의 종류와 KS 규격기호를 짝지은 것으로 틀린 것은?
① 수도용 아연도금 강관 – SPPW
② 고압 배관용 탄소강관 – SPPH
③ 압력 배관용 탄소강관 – SPPS
④ 고온 배관용 탄소강관 – STHS

해 설

강관의 KS 표시 기호

KS 표시 기호	명 칭
SPP	일반배관용 탄소강관
SPPS	압력배관용 탄소강관
SPPH	고압배관용 탄소강관
SPHT	고온배관용 탄소강관
SPLT	저온배관용 탄소강관
SPW	배관용 아크용접 탄소강관
SPA	배관용 합금강관
STS×T	배관용 스테인리스강관
STBH	보일러 열교환기용 탄소강관
STHA	보일러 열교환기용 합금강관
STS×TB	보일러 열교환기용 스테인리스강관
STLT	저온 열교환기용 강관
SPPW	수도용 아연도금 강관

|답| ④

23 액면 측정 장치가 아닌 것은?
① 전자유량계　　② 초음파 액면계
③ 방사선 액면계　④ 압력식 액면계

해 설

전자유량계 : 패러데이의 전자유도법칙을 이용한 순간 유량을 측정하는 것이다. |답| ①

24 스위블형 신축 이음쇠에 관한 설명으로 적합한 것은?
① 회전이음, 지웰이음 등으로도 불린다.
② 신축량이 큰 배관에서도 나사부가 헐거워지지 않는다.
③ 설치비가 비싸 쉽게 조립해서 만들기 힘들다.
④ 굴곡부에서 압력강하가 없다.

해 설

스위블형(swivel type) 신축 이음쇠 : 회전이음, 지웰이음이라 하며 2개 이상의 엘보를 사용하여 관의 신축을 흡수하는 것으로 신축방향이 큰 배관에서는 누설의 우려가 있다. |답| ①

25 양질의 선철에 강을 배합하여 원심력을 이용하여 주조한 후 노속에서 730[℃] 이상 고르게 가열하여 풀림처리한 주철관은?
① 수도용 원심력식 사형주철관
② 수도용 원심력식 금형주철관
③ 수도용 원심력 덕타일 주철관
④ 수도용 입형주철관

해 설

수도용 원심력 덕타일 주철관 : 구상 흑연 주철관이라 하며 양질의 선철에 강을 배합하여 용해하고, 회전하는 주형에 주입한 다음 원심력을 이용하여 주조한 후 노(爐)속에 넣고 고르게 가열하여 730[℃] 이상에서 적당한 시간 동안 풀림(annealing)처리를 한 것이며 주철 중의 흑연이 구상화하여 관의 질이 균일하게 되어 강도가 크다.
|답| ③

26 제어방식에 따라 감압밸브 분류 시 자력식 밸브는?
① 파일럿 작동식과 직동식 밸브
② 피스톤식과 다이어프램식 밸브
③ 리프트식과 스윙식 밸브
④ 볼식과 해머리스식 밸브

해 설

감압밸브의 분류
① 작동방법에 따른 분류 : 피스톤식, 다이어프램식, 벨로즈식
② 구조에 따른 분류 : 스프링식, 추식
③ 제어방식에 따른 분류 : 자력식(직동식과 파일럿 작동식으로 분류), 타력식 |답| ①

27 배관재료에 대한 설명 중 부적당한 것은?
① 연관 : 초산, 농염산 등에 내식성이 뛰어나다.
② 동관 : 콘크리트 속에서 잘 부식되지 않는다.
③ 주철관 : 강관에 비해 내구성, 내식성이 풍부하다.
④ 흄관 : 원심력 철근 콘크리트 관이다.

해 설

연관 : 초산, 진한 염산에 침식되며 증류수, 극연수에 다소 침식되는 경향이 있다. |답| ①

28 증기의 공급 압력과 응축수의 압력차가 0.35 [kgf/cm²] 이상일 때 한하여 유닛 히터나 가열코일 등에 사용하는 특수 트랩은?
① 박스 트랩   ② 플러시 트랩
③ 버킷 트랩   ④ 리프트 트랩

|답| ②

29 450[℃]까지의 고온에 견디며 증기, 온수, 고온의 기름 배관에 가장 적합한 패킹은?
① 합성수지 패킹   ② 금속 패킹
③ 석면 개스킷   ④ 몰드 패킹

해 설
석면 패킹의 특징
① 섬유가 미세하고 강인한 광물질로 된 패킹제이다.
② 450[℃]까지의 고온에서도 사용할 수 있다.
③ 증기, 온수, 고온의 기름배관에 적합하다.
④ 석면을 가공한 슈퍼 히트(super heat)가 많이 사용된다.

|답| ③

30 열팽창에 의한 배관의 이동을 구속하거나 제한하기 위한 지지 장치는?
① 브레이스(brace)
② 파이프 슈(pipe shoe)
③ 행거(hanger)
④ 리스트레인트(restraint)

해 설
리스트레인트(restraint)의 종류 및 역할
① 앵커(anchor) : 이동 및 회전을 방지하기 위하여 지지부분에 완전히 고정하여 사용한다.
② 스톱(stop) : 회전 및 배관 축과 직각방향의 이동을 구속하고 나머지 방향의 이동은 자유롭다.
③ 가이드(guide) : 신축이음(루프형, 슬리브형) 등에 설치하는 것으로 축과 직각방향의 이동은 구속하고, 축방향의 이동은 허용 및 안내하는 역할을 한다. |답| ④

31 내식, 내열 및 고온용 관으로서 특히 내식성이 필요로 하는 화학 공업 배관에 가장 적합한 강관은?
① 배관용 아크 용접 탄소강 강관
② 고압 배관용 탄소강 강관
③ 배관용 스테인리스 강관
④ 알루미늄 도금 강관

|답| ③

32 경질 염화비닐관과 연결이 가능하지 않는 이종관은?
① 동관   ② 연관
③ 강관   ④ 콘크리트관

|답| ④

33 강관 이음재료를 설명한 것으로 맞는 것은?
① 나사조임형 강관제 이음재료에는 소켓, 니플, 30° 벤드 등이 있다.
② 고온, 고압에 사용되는 강제 용접이음쇠는 삽입 용접식만 사용된다.
③ 플랜지 이음 중 플랜지면의 형상에 따라 가장 압력이 낮은 것은 전면 시트이다.
④ 유체의 성질은 플랜지 선택조건에 해당되지 않는다.

|답| ③

34 내산성 및 내알칼리성이 우수하며 전기 절연성이 가장 큰 관은?
① 동관   ② 연관
③ 염화비닐관   ④ 알루미늄관

|답| ③

35 연관 접합에 대한 설명으로 틀린 것은?
① 연관을 접합할 때 와이어 플라스턴을 사용하나 턴핀은 사용하지 않는다.
② 플라스턴 이음의 종류에는 직선 이음, 맞대기 이음, 맨더린 이음 등이 있다.
③ 플라스턴의 용융온도는 232[℃]이다.
④ 플라스턴은 주석과 납의 합금이다.

해 설
턴 핀(turn pin) : 이음하려는 연관의 끝 부분에 끼우고 나무 해머로 때려 박아 관 끝 부분을 나팔 모양으로 넓히는데 사용하는 공구이다. |답| ①

36 증기난방에 사용되는 증기의 건조도가 0 인 것은?
① 포화수　　　② 습포화증기
③ 과열증기　　④ 포화증기

해 설
건조도가 0인 것은 포화수, 건조도가 1인 것은 포화증기이다. |답| ①

37 동관의 플레어 접합(flare joint)에 대한 설명으로 틀린 것은?
① 관지름 20[mm] 이하의 동관을 이음할 때 사용한다.
② 동관을 필요한 길이로 절단할 때 관축에 대하여 약간 경사지게 한다.
③ 진동 등으로 인한 풀림을 방지하기 위하여 더블너트로 체결한다.
④ 플래어 이음용 공구에는 플레어링 툴 세트가 있다.

해 설
동관을 필요한 길이로 절단할 때 관축에 대하여 직각으로 절단하며, 관 내부의 거스러미를 제거한 후 나팔모양으로 가공하여야 한다. |답| ②

38 15[A]에서 50[A]까지 나사를 낼 수 있는 오스터형 나사 절삭기의 번호는?
① 102(112R)　　② 104(114R)
③ 105(115R)　　④ 107(117R)

해 설
오스터형 나사 절삭기 규격

번 호	사용 관지름
112R(102)	8[A] ~ 32[A]
114R(104)	15[A] ~ 50[A]
115R(105)	40[A] ~ 80[A]
117R(107)	65[A] ~ 100[A]

|답| ②

39 스테인리스 강관 MR 조인트에 관한 설명으로 맞는 것은?
① 프레스 가공 등이 필요하고, 관의 강도를 100[%] 활용할 수 있다.
② 스패너 이외의 특수한 접속 공구가 필요하다.
③ 청동제 이음쇠를 사용하여도 다른 강관과는 자연 전위차가 있어 부식의 문제가 있다.
④ 화기를 사용하지 않기 때문에 기존 건물 등의 배관 공사에 적합하다.

해 설
MR 조인트 : 스테인리스 강관의 이음쇠 중 동합금제 링을 캡 너트로 조여, 고정시켜 결합하는 이음방법이다. |답| ④

40 표준 대기압에서 50[℃]의 물 1[kg]을 100[℃]의 포화수증기로 만드는데 필요한 열량은 약 몇 [kJ]인가? (단, 물의 비열은 4.19[kJ/kg·K]이고 물의 증발잠열은 2256.7[kJ/kg]이다.)
① 2255.5　　② 2466.2
③ 2674.0　　④ 2883.2

해 설
① 50[℃] → 100[℃]까지 소요 열량 : 현열
$Q_1 = G \cdot C \cdot \Delta t = 1 \times 4.19 \times (100-50) = 209.5[kJ]$
② 100[℃] 물 → 100[℃] 포화증기 소요 열량 : 잠열
$Q_2 = G \cdot r = 1 \times 2256.7 = 2256.7[kJ]$
③ 합계 열량 계산
$Q = Q_1 + Q_2 = 209.5 + 2256.7 = 2466.2[kJ]$ |답| ②

41 용접 잔류 응력을 경감하는 방법으로 틀린 것은?
① 용착금속의 양을 적게 한다.
② 적당한 용착법과 용접 순서를 선택한다.
③ 용착금속의 양을 많게 한다.
④ 예열을 한다.

해설
잔류응력 경감법
① 용착금속의 양을 적게 한다.
② 적당한 용착법과 용접 순서를 선택한다.
③ 적당한 예열을 한다. |답| ③

42 가스용접 토치에 관한 설명 중 틀린 것은?
① 저압식 토치에는 가변압식과 불변압식 토치가 있다.
② 불변압식 토치는 프랑스식이다.
③ 독일식 토치는 팁의 머리에 인젝터와 혼합실이 있다.
④ A형 팁의 번호는 사용하는 연강판 모재의 두께를 표시한다.

해설
(1) 저압식 토치의 분류
  ① 불변압식(A형) : 1개의 팁에 1개의 적당한 인젝터로 되어 있는 것으로 독일식팁으로 불리운다.
  ② 가변압식(B형) : 인젝터 부분에 니들밸브가 있어서 유량과 압력을 조절할 수 있는 것으로 프랑스식으로 불리운다.
(2) 팁의 번호
  ① A형 : 연강판의 모재 두께를 표시하는 것으로 2번은 2[mm]의 연강판 용접이 가능한 것을 표시한다.
  ② B형 : 팁에서 불꽃으로 되어 유출되는 아세틸렌의 양[L/h]을 표시한다. |답| ②

43 수 가공용 공구 중 줄의 종류를 눈금의 크기에 따라 분류한 것으로 잘못된 것은?
① 세목 ② 중목 ③ 황목 ④ 초목

해설
줄(file)의 종류 : 황목(줄눈이 거칠은 것), 중목(줄눈이 중간 정도인 것), 세목(줄눈이 세밀한 것) |답| ④

44 일반적으로 수격작용이 발생하는 경우가 아닌 것은?
① 펌프를 기동하기 직전
② 송수과정에서 급수밸브를 급격히 폐쇄하는 경우
③ 급수압력이 높은 심야시간에 급수관로를 열어 사용하다가 닫는 경우
④ 펌프를 사용하여 양수하다가 펌프를 정지시키는 경우

해설
수격작용 : 유속의 급격한 변화로 이상 압력 상승과 함께 소음이 발생하는 현상으로 배관에서는 유속의 14배 이상의 압력이 발생한다. |답| ①

45 주철관의 소켓이음(socket joint)할 때 누수의 원인으로 가장 적당한 것은?
① 얀(yarn)의 양이 너무 많고 납이 적은 경우
② 코킹하기 전에 관에 붙어있는 납을 떼어낸 경우
③ 코킹 세트를 순서대로 차례로 사용한 경우
④ 코킹이 완전한 경우

해설
소켓이음(socket joint) 시 누수의 원인
① 얀(yarn)의 양이 너무 많고 납이 적은 경우
② 코킹하기 전에 관에 붙어 있는 납을 떼어내지 않은 경우
③ 코킹 세트를 순서대로 차례로 사용하지 않고 순서를 건너 뛴 경우
④ 불완전한 코킹의 경우 |답| ①

46 MIG 용접에서 200[A] 이상의 전류를 사용하였을 때 얻을 수 있는 용적이행은?
① 단락형 이행 ② 스프레이 이행
③ 글로블러 이행 ④ 핀치효과형 이행
|답| ②

47 그림의 배관도에서 ①~③의 명칭이 올바르게 나열된 것은?

[보기]

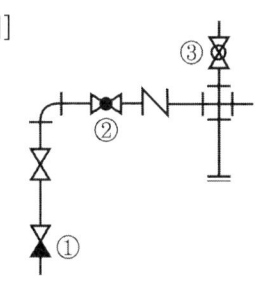

① ① 체크밸브, ② 글로브 밸브, ③ 콕 일반
② ① 체크밸브, ② 글로브 밸브, ③ 볼 밸브
③ ① 앵글밸브, ② 슬루스 밸브, ③ 콕 일반
④ ① 앵글밸브, ② 슬루스 밸브, ③ 볼 밸브

해 설
① 체크밸브(풋밸브) ② 글로브밸브 ③ 볼밸브
|답 ②

48 그림과 같은 도시기호의 계기 명칭인 것은?
① 압력 지시계
② 온도 지시계
③ 진동 지시계
④ 소음 지시계

|답 ②

49 이음쇠 끝부분의 접합부 형상을 나타내는 기호 중에서 수나사가 있는 접합부를 의미하는 기호는?
① M   ② F   ③ C   ④ P

해 설
동관 및 황동 주물재 이음쇠
① C(female solder cup) : 이음재 내로 관이 들어가 접합되는 형태이다.
② M(male NPT thread) : ANSI 규격 관형나사가 밖으로 난 나사이음용 이음재이다. (예 : C×M 어댑터)
③ F(female NPT thread) : ANSI 규격 관형나사가 안으로 난 나사이음용 이음재이다. (예 : C×F 어댑터)
④ Ftg(male solder cup) : 이음쇠 바깥쪽으로 관이 들어가 접합되는 형태이다. (예 : Ftg×M 어댑터) |답 ①

50 그림과 같은 필릿 용접 기호에서 a 는 무엇을 뜻하는가?
① 용접부 수
② 목 두께
③ 목 길이
④ 용접 길이

$a \triangle n\times l(e)$

해 설
용접도시기호 문자

① a : 용접 목두께, z : 용접 목 길이
② n : 용접부의 개수(용접수)
③ l : 용접부 길이(크레이트 제외)
④ (e) : 인접한 용접부 간의 간격 |답 ②

51 도면에 사용되는 배관도시 약어가 잘못 연결된 것은?
① PC – 압력 조절계   ② TC – 온도 조절계
③ FI – 유량 지시계   ④ FM – 유속계

해 설
계장용 도시기호 중 문자기호 표시
① 첫째문자

기호	변량, 동작	기호	변량, 동작
A	조성	Q	열량
D	밀도	S	속도
F	유량	T	온도
H	수동	V	점도
L	레벨	W	무게
M	습도	X	기타 변량
P	압력		

② 둘째 및 셋째문자 이하

기호	계측설비 요소의 형식 또는 기능
A	경보
C	조절
E	계기에 접속하지 않은 검출기
I	지시
P	계기에 접속하지 않은 측정점 또는 시료 채취점
R	기록(계기)
S	적산
V	밸브

|답 ④

52 판 두께를 고려한 원통 굽힘의 판뜨기 전개 시에 바깥지름이 D_o, 안지름이 D_i일 때, 두께가 t인 강판을 굽힐 경우 원통 중심선의 원주길이 L을 옳게 나타낸 것은?
① $L = (D_o - t) \times \pi$
② $L = (D_o + t) \times \pi$
③ $L = (D_i - t) \times \pi$
④ $L = (D_i \times \pi)/t$

|답 ①

53 대상물의 보이지 않는 부분의 모양을 표시하는데 쓰이는 선은?
① 굵은 실선   ② 가는 1점 쇄선
③ 파선   ④ 가는 2점 쇄선
|답| ③

54 관의 지름, 부속품, 흐름 방향 등을 명시하고 장치, 기기 등의 접속 계통을 간단하고 알기 쉽게 평면적으로 배치해 놓은 도면은?
① 계통도   ② 장치도
③ 평면배관도 ④ 입면배관도
|답| ①

55 다음 중 통계량의 기호에 속하지 않는 것은?
① σ ② R ③ s ④ $\bar{x}$

해 설
① 모표준편차 ② 범위
③ 시료편차   ④ 시료평균
|답| ①

56 계수 규준형 샘플링 검사의 OC 곡선에서 좋은 로트를 합격시키는 확률을 뜻하는 것은?
(단, α는 제1종과오, β는 제2종과오이다.)
① α ② β
③ $1-\alpha$ ④ $1-\beta$

해 설
① 합격품질수준(AQL) 수준의 제품이 불합격될 확률
② 한계품질(LQ) 수준의 제품이 합격될 확률
④ 한계품질(LQ) 수준의 제품이 불합격될 확률
|답| ③

57 u 관리도의 관리한계선을 구하는 식으로 옳은 것은?
① $\bar{u} \pm \sqrt{\bar{u}}$
② $\bar{u} \pm 3\sqrt{\bar{u}}$
③ $\bar{u} \pm 3\sqrt{n\bar{u}}$
④ $\bar{u} \pm 3\sqrt{\dfrac{\bar{u}}{n}}$
|답| ④

58 다음 중 인위적 조절이 필요한 상황에 사용될 수 있는 워크팩터(Work Factor)의 기호가 아닌 것은?
① D   ② K   ③ P   ④ S

해 설
워크팩터(Work Factor) : 동작신호 분석법
|답| ②

59 예방보전(Preventive Maintenance)의 효과로 보기에 가장 거리가 먼 것은?
① 기계의 수리비용이 감소한다.
② 생산시스템의 신뢰도가 향상된다.
③ 고장으로 인한 중단시간이 감소한다.
④ 예비기계를 보유해야 할 필요성이 증가한다.

해 설
예방보전(Preventive Maintenance)의 효과
① 예비기계를 보유해야 할 필요성이 감소된다.
② 수리작업의 횟수가 감소되고, 기계의 수리비용이 감소한다.
③ 생산시스템의 정지시간이 줄어들게 되어 신뢰도가 향상되며 제조원가가 절감된다.
④ 고장으로 인한 중단시간이 감소되고 유효손실이 감소된다.
⑤ 납기지연으로 인한 고객불만이 없어지고 매출이 증가한다.
⑥ 작업자가 안전하게 작업할 수 있다.
▶ 예방보전(Preventive Maintenance) : 고장으로 인하여 발생할 수 있는 손실을 최소화하기 위한 예방활동이다.
|답| ④

60 어떤 회사의 매출액이 80000원, 고정비가 15000원, 변동비가 40000원일 때 손익분기점 매출액은 얼마인가?
① 25000원   ② 30000원
③ 40000원   ④ 55000원

해 설
$$\text{손익분기점(BGP)} = \dfrac{\text{고정비}(F)}{1-\dfrac{\text{변동비}(V)}{\text{매출액}(S)}} = \dfrac{15000}{1-\dfrac{40000}{80000}}$$
$$= 30000[\text{원}]$$
|답| ②

2010년 기능장 제 48 회 필기시험 (7월 11일 시행)				수험번호	성 명
자격종목	코드	시험시간	형 별		
배관기능장	3081	1시간	B		

※ 답안 카드 작성 시 시험문제지 형별누락, 마킹착오로 인한 불이익은 전적으로 수험자의 귀책사유임을 알려드립니다.
※ 각 문항은 4지 택일형으로 질문에 가장 적합한 보기 항을 선택하여 마킹하여야 합니다.

1 다음 그림은 자동제어의 블록선도(block diagram)이다. 이 중 조작부는 어느 것인가?

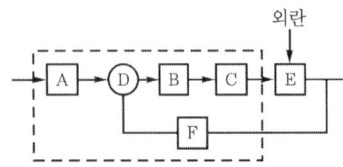

① A부 ② B부 ③ C부 ④ F부

해 설
각 부의 명칭
① A부 : 설정부 ② B부 : 조절부
③ C부 : 조작부 ④ E부 : 제어대상
⑤ F부 : 검출부
|답| ③

2 압축공기 배관에 많이 쓰이는 회전식 압축기에 관한 설명 중 잘못된 것은?
① 로터리(rotary)의 회전에 의하여 공기를 압축한다.
② 용적형으로 기름 윤활방식이며 소용량이다.
③ 왕복식 압축기에 비해 부품수가 적고 흡입밸브가 없어 구조가 간단하다.
④ 실린더 피스톤에 의해 기체를 흡입하며 고 압축비를 얻을 수 있다.

해 설
④항 : 왕복동식 압축기 설명
|답| ④

3 산소-아세틸렌 가스용접에 사용하는 산소 용기의 색은?
① 흰색 ② 녹색 ③ 회색 ④ 청색

해 설
산소, 아세틸렌 용기 도색
① 산소 : 녹색 ② 아세틸렌 : 황색
|답| ②

4 집진장치 덕트 시공에 대한 설명으로 잘못된 것은?
① 냉난방용보다 두꺼운 판을 사용한다.
② 곡선부는 직선부보다 두꺼운 판을 사용한다.
③ 메인 덕트에서 분기할 때는 최저 45도 이상 경사지게 대칭으로 분기한다.
④ 먼지 등이 통과하면서 마찰이 심한 부분에는 강관을 사용한다.

해 설
분기관을 메인 덕트에 연결하는 경우 최저 30도 이상으로 한다.
|답| ③

5 안전작업이 필요한 이유가 아닌 것은?
① 산업설비의 손실을 감소시킬 수 있다.
② 인명 피해를 예방할 수 있다.
③ 생산재의 손실을 감소할 수 있다.
④ 생산성이 감소된다.

해 설
생산성이 증가된다.
|답| ④

6 목표값과 제어량의 차를 제어편차 또는 단순히 편차라 하는데 이 편차를 감소시키기 위한 조절계의 동작 중 연속동작과 관계가 없는 것은?

① 비례동작　② 적분동작
③ 2위치 동작　④ 미분동작

해설
연속동작의 종류 : 비례동작(P동작), 적분동작(I동작), 미분동작(D동작), 비례적분동작(PI동작), 비례미분동작(PD동작), 비례미분적분동작(PID동작)　|답| ③

7 배관내의 유속이 2[m/s]이면 수격작용에 의한 발생하는 수압은 약 몇 [kgf/cm²] 정도인가?
① 2.8　② 28
③ 280　④ 2800

해설
배관에서의 수격작용 : 밸브 등을 급속개폐 시 유속의 불규칙한 변화로 유속의 14배 이상의 압력변화로 나타난다.　|답| ②

8 증기 주관 끝의 배관에서 드레인 포켓을 설치하여 응축수를 건식 환수관에 배출하기 위해 주관과 같은 관으로 A부에서 B부의 간격을 각각 몇 [mm] 이상 연장해 드레인 포켓을 만들어 주는가?

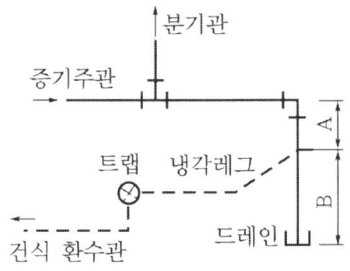

① A : 80, B : 150　② A : 100, B : 100
③ A : 100, B : 150　④ A : 150, B : 100

해설
(1) 관말 트랩장치 : 방열기에서 열교환후 발생된 응축수를 배출하기 위하여 설치되는 것으로 증기 공급관의 마지막 부분에서 분기된 이후부터 트랩에 이르는 배관에 여분의 증기가 충분히 냉각되어 응축수가 될 수 있도록 보온을 하지 않는 냉각레그(cooling leg)를 1.5m 이상 설치하여야 한다.

(2) 위치별 치수

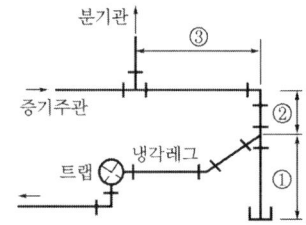

① 150[mm] 이상　② 100[mm] 이상　③ 1200[mm] 이상
|답| ③

9 화학공업 배관에서 사용되는 열교환기에 관한 설명 중 잘못된 것은?
① 유체에 대한 냉각, 응축, 가열, 증발 및 폐열 회수 등에 사용된다.
② 열교환기는 열부하, 유량, 조작압력, 온도, 허용압력손실 등을 고려하여 가장 적합한 것을 선택한다.
③ 다관식 원통형 열교환기에는 고정관판형, 유동두형, 케플형 등이 있다.
④ 단관식 열교환기에는 트롬본형, 스파이럴형, U자관형 등이 있다.

해설
열교환기의 구조별 분류
① 다관식 : 고정관판형, 유동두형, U자관형, 케플형
② 단관식 : 트롬본형, 탱크형, 스파이럴형
③ 이중관식
④ 판형(plate type)형　|답| ④

10 옥상 탱크식 급수법의 양수관이 25[A]일 때 옥상탱크의 오버플로관의 관지름으로 가장 적당한 것은?
① 25[A]　② 50[A]
③ 75[A]　④ 100[A]

해설
옥상 탱크식의 고가수조 오버플로관의 관지름은 양수관의 2배 크기로 한다.　|답| ②

11 가스배관의 보온공사 시공 시 주의사항으로 틀리는 것은?
① 보냉 공사에서는 방습을 고려하지 않아도 된다.
② 보온재는 내식성, 강도, 내약품성을 잘 분석하여 선정한다.
③ 진동으로 인한 보온재의 탈락 관계를 고려한다.
④ 가장 효과적인 시공 방법으로 보온한다.

해 설
보냉 공사는 방습을 충분히 하고, 피시공체에도 방청을 반드시 하여야 한다. |답| ①

12 오물 정화조의 주요 구조의 기능에 대한 설명 중 잘못된 것은?
① 부패조 : 염기성 박테리아에 의해 오물을 분해시킨다.
② 예비 여과조 : 부패조의 기능이 상실되면 작동한다.
③ 산화조 : 오수 중의 유기물을 분해시킨다.
④ 소독조 : 정화된 오수의 균을 살균 소독 후 방류한다.

해 설
예비 여과조 : 제2부패조와 산화조의 중간에 설치하며, 오수는 여과조의 아래에서 위로 흐르며 부유물을 걸러내는 곳이다. |답| ②

13 보일러의 수면이 낮아지는 경우로 가장 적합한 것은?
① 전열면에 스케일이 많이 생기는 경우
② 버너의 능력이 부족한 경우
③ 연료의 발열량이 낮은 경우
④ 자동 급수장치가 고장인 경우

해 설
자동 급수장치가 고장으로 보일러에 급수가 되지 않아 수위가 낮아진다. |답| ④

14 길이 30[cm] 되는 65[A] 강관의 중앙을 가스 절단을 한 후 절단부위를 다루는 방법으로 가장 안전한 방법은?
① 손가락을 끼워서 든다.
② 장갑을 끼고 손으로 잡는다.
③ 단조용 집게나 플라이어로 잡는다.
④ 절단 부위에서 가장 먼 곳을 손으로 잡는다.

해 설
절단부위는 뜨거워 화상 등 부상의 위험이 있으므로 단조용 집게나 플라이어를 이용해서 취급하여야 한다. |답| ③

15 배수관 및 통기관의 배관 완료 후 또는 일부 종료 후 각 기구 접속구 등을 밀폐하고, 배관 최상부에서 배관 내에 물을 가득 채운 상태에서 누수의 유무를 시험하는 것은?
① 수압 시험 ② 통수 시험
③ 연기 시험 ④ 만수 시험

해 설
배수관 및 통기관의 시험
① 만수시험 : 배관 내에 물을 충만시킨 후 누설 유무를 시험하는 것
② 기압시험 : 공기를 이용하여 0.35[kgf/cm^2]의 압력으로 15분간 유지한다.
③ 기밀시험 : 연기시험과 박하시험으로 최종시험에 해당한다. |답| ④

16 자동제어장치의 유압식 전송기에 대한 설명 중 틀린 것은?
① 압력의 증폭이 쉽다.
② 속도 위치 등의 제어가 정확하다.
③ 전송지연이 적고 구조가 간단하다.
④ 전송거리는 최고 100[m]이다.

해 설
유압식 전송장치 : 유압을 이용하여 각 제어계에 신호로 사용되며 파일럿 밸브식과 분사관식이 있다.
⑴ 전송거리 : 300[m] 정도
⑵ 장점
　① 조작 속도가 크다.
　② 조작력이 강하다.

③ 희망특성의 것을 만들기 쉽다.
④ 녹이 발생하지 않는다.
(2) 단점
① 인화의 위험성이 따른다.
② 주위온도 영향을 받는다.
③ 유압원을 필요로 한다.
④ 기름의 유동 저항을 고려하여야 한다. │답│ ④

17 장치의 운전을 정지시키지 않고 유체가 흐르는 상태에서 고장을 수리하는 것으로 바이패스를 시키거나 분기하여 유체를 우회 통과시키는 응급조치 방법인 것은?
① 핫태핑(hot tapping)법과 플러깅(plug ging)법
② 스토핑박스(stopping box)법과 박스(box-in)설치법
③ 코킹(caulking)법과 밴드보강법
④ 인젝션(injection)법과 밴드보강법
│답│ ①

18 파이프 랙의 높이를 결정하는데 가장 중요도가 낮은 것은?
① 도로 횡단의 유무
② 타 장치와의 연결 높이
③ 배관 내 원료의 공급 최대 온도
④ 파이프 랙 아래에 있는 기기의 배관에 대한 여유

해 설
파이프 랙의 높이 결정 조건 : ①, ②, ④ 외 유니트 내에 있는 기구의 높이와의 관계 │답│ ③

19 가스배관에서 고압배관 재료로 적당하지 않는 것은?
① 배관용 탄소강관(KS D 3507)
② 압력배관용 탄소강관(KS D 3562)
③ 배관용 스테인리스강관(KS D 3576)
④ 이음매 없는 동 및 동합금관(KS D 5301)

해 설
배관용 탄소강관(SPP) : 사용압력이 비교적 낮은(10[kgf/cm^2] 이하) 증기, 물, 기름, 가스 및 공기 의 배관용으로 사용되며 백관과 흑관이 있으며, 호칭지름 6~500[A]까지이다. │답│ ①

20 시퀀스제어의 분류에 속하지 않는 것은?
① 시한제어   ② 순서제어
③ 조건제어   ④ 비율제어

해 설
비율제어 : 목표값이 다른 양과 일정한 비율관계에 변화되는 제어로 추치제어의 하나이다. │답│ ④

21 관의 지지 장치에서 서포트(support)의 종류에 해당하지 않는 것은?
① 리지드 서포트(rigid support)
② 롤러 서포트(roller support)
③ 스프링 서포트(spring support)
④ 콘스탄트 서포트(constant support)

해 설
서포트(support) : 배관계 중량을 아래에서 위로 지지할 목적으로 사용하는 것으로 스프링 서포트, 롤러 서포트, 파이프 슈, 리지드 서포트가 있다. │답│ ④

22 동관 이음쇠 중 한쪽은 이음쇠의 바깥쪽으로 동관이 삽입되어 경납 이음될 수 있고, 반대쪽은 관용나사가 이음쇠의 안쪽에 나 있어, 수나사가 있는 강관이나 관이음 부속이 나사 접합할 수 있는 어댑터의 표기로 올바른 것은?
① Ftg × M   ② Ftg × F
③ C × M   ④ C × F

해 설
동관 및 황동 주물재 이음쇠
① C(female solder cup) : 이음재 내로 관이 들어가 접합되는 형태이다.
② M(male NPT thread) : ANSI 규격 관형나사가 밖으로 난 나사이음용 이음재이다. (예 : C×M 어댑터)
③ F(female NPT thread) : ANSI 규격 관형나사가 안

으로 난 나사음용 이음재이다. (예 : C×F 어댑터)
④ Ftg(male solder cup) : 이음쇠 바깥쪽으로 관이 들어가 접합되는 형태이다. (예 : Ftg×M 어댑터) |답| ②

23 강관 제조방법 표시에서 냉간가공 이음매 없는 강관은?
① -S-C ② -E-C
③ -A-C ④ -B-C

해 설
강관의 제조방법 분류

기 호	제조 방법
- E	전기저항 용접관
- E - C	냉간 완성 전기저항 용접관
- B	단 접 관
- B - C	냉간 완성 단접관
- A	아크 용접관
- A - C	냉간 완성 아크 용접관
- S - H	열간가공 이음매 없는 관
- S - C	냉간 완성 이음매 없는 관

|답| ①

24 온도계의 종류 중 온도를 측정 할 물체와 온도계의 검출소자를 직접 접촉시켜 온도를 측정하는 온도계가 아닌 것은?
① 압력식 온도계 ② 바이메탈 온도계
③ 저항 온도계 ④ 복사(방사) 온도계

해 설
측정방법에 의한 온도계 분류
① 접촉식 온도계 : 유리제 봉입식 온도계, 바이메탈 온도계, 압력식 온도계, 열전대 온도계, 저항 온도계, 서미스터, 제게르콘, 서머컬러
② 비접촉식 온도계 : 광고온도계, 광전관 온도계, 방사온도계, 색온도계 |답| ④

25 증기트랩의 설치 중 보온피복을 하지 않는 나관상태의 냉각레그(cooling leg)의 길이는 얼마 이상인가?
① 1.0[m] 이상 ② 1.2[m] 이상
③ 1.5[m] 이상 ④ 2.0[m] 이상

|답| ③

26 다음 체크밸브에 관한 설명 중 올바른 것은?
① 리프트식은 수직 배관에만 쓰인다.
② 스윙식은 리프트식보다 유체에 대한 마찰저항이 크다.
③ 해머리스형의 버퍼는 워터 해머 방지 역할을 한다.
④ 풋형(foot type)은 개방식 배관의 펌프 흡입관 선단에 사용할 수 없다.

해 설
① 리프트식은 수평 배관에만 쓰인다.
② 스윙식은 리프트식보다 유체에 대한 마찰저항이 적다.
④ 풋형(foot type)은 개방식 배관의 펌프 흡입관 끝부분 하부에 설치하여 역류를 방지하고, 이물질을 제거하는 역할도 한다. |답| ③

27 수도형 입형 주철관 중 저압관의 최대 사용 정수두로 가장 적합한 것은?
① 75[m] 이하 ② 65[m] 이하
③ 55[m] 이하 ④ 45[m] 이하

해 설
수도용 입형 주철관의 최대사용 정수두
① 보통압관 : 75[m]
② 저압관 : 45[m] |답| ④

28 내식성, 특히 내해수성이 좋으며 화학공업용이나 석유공업용의 열교환기, 해수·담수화장치에 사용되며, 이음매 없는 관과 용접관으로 구분하며, 관의 내·외면에서 열을 전달할 목적으로 사용하는 관은?
① 가교화폴리에틸렌관
② 열교환기용 티탄관
③ 폴리프로필렌관
④ 프리스트레스트관

|답| ②

29 벨로스형 신축이음쇠에 대한 설명으로 올바른 것은?
① 벨로스의 형상 중 Ω형의 신축성이 가장 우수

하다.
② 일명 팩리스(packless) 신축 이음쇠라고도 하며 인청동제 또는 스테인리스제가 있다.
③ 건축 배관용의 단식의 최대 신축 길이는 70[mm]이다.
④ 축방향의 변위를 받는 포화증기, 220[℃] 이하의 공기, 가스, 물 및 기름에 대해 최고 사용압력이 5기압과 10기압의 2종으로 규정되어 있다.

해 설

벨로스형(bellows type) : 팩리스(packless)형이라 하며, 관의 신축에 따라 슬리브와 함께 신축하는 것으로, 미끄럼 면에서 유체가 누설되는 것을 방지한다. 설치장소에 구애받지 않고 가스, 증기, 물 등 2[MPa], 450[℃]까지 축 방향 신축흡수에 사용되며 단식과 복식 2종류가 있다.

|답| ②

30 고온 고압용 패킹으로 양질의 석면섬유와 순수한 흑연을 균일하게 혼합하고, 소량의 내열성 바인더로 굳힌 것을 심으로 하여 사용조건에 따라 스테인리스강선이나 인코넬선을 넣어 석면사로 편조한 패킹은?
① 합성수지패킹
② 테프론 편조 패킹
③ 일산화연 패킹
④ 플라스틱 코어형 메탈패킹

|답| ④

31 다음 중 염화비닐관의 단점인 것은?
① 내산, 내알칼리성이며 전기저항이 적다.
② 열팽창률이 크고, 약 75[℃]에서 연화한다.
③ 중량이 크고, 알칼리에 잘 부식된다.
④ 폴리에틸렌관보다 비중이 적고 유연하다.

해 설

염화비닐관의 특징
(1) 장점
 ① 내식, 내산, 내알칼리성이 크다.
 ② 전기의 절연성이 크다.
 ③ 열의 불양도체이다.
 ④ 가볍고 강인하며, 가격이 저렴하다.
 ⑤ 배관가공이 쉬워 시공비가 적게 소요된다.
(2) 단점
 ① 저온 및 고온에서 강도가 약하다.
 ② 열팽창률이 심하다.
 ③ 충격강도가 작다.
 ④ 용제에 약하다.

|답| ②

32 관 재료의 연신율을 구하는 공식으로 적합한 것은? (단, σ : 연신율, L : 처음 표점거리, L_1 : 늘어난 표점거리)

① $\sigma = \dfrac{L_1 - L}{L_1} \times 100[\%]$

② $\sigma = \dfrac{L - L_1}{L_1} \times 100[\%]$

③ $\sigma = \dfrac{L_1 \times L}{L} \times 100[\%]$

④ $\sigma = \dfrac{L_1 - L}{L} \times 100[\%]$

|답| ④

33 합성수지 도료에 관한 설명 중 틀린 것은?
① 프탈산계 : 상온에서 건조하며, 방식도료로 쓰인다.
② 요소 멜라민계 : 열처리 도료로서 내열성, 내수성이 좋다.
③ 염화비닐계 : 상온에서 건조하며, 내약품성, 내유성이 우수하여 금속의 방식도료로 적합하다.
④ 글라스울계 : 도막이 부드럽고 녹 방지에는 완벽하지 않으나, 값이 싼 장점이 있다.

해 설

합성수지 도료의 종류 : ①, ②, ③ 외
 ① 실리콘 수지계 : 요소 멜라민계와 같이 내열도료 및 베이킹 도료로 사용되며 내열도가 200~350[℃] 정도로 우수하다.

|답| ④

34 엘보는 유체의 흐름방향을 바꿀 때 사용되는 이음쇠로 25[mm](1″)강관에 사용하는 용접이음용 롱엘보의 곡률반지름은 몇 [mm]인가?
① 25   ② 32   ③ 38   ④ 45

해 설
맞대기 용접용 엘보의 곡률 반지름
① 롱 엘보(long elbow) : 강관 호칭지름의 1.5배
② 숏 엘보(short elbow) : 강관의 호칭지름
∴ $25 \times 1.5 = 37.5$ [mm] |답| ③

35 0[℃] 물 1[kg]을 100[℃]의 포화증기로 만드는데 필요한 열량은 몇 [kJ]인가?
(단, 물의 비열은 4.19[kJ/kg·K]이고, 물의 증발잠열은 2256.7[kJ/kg]이다.)
① 418.5[kJ]   ② 753.2[kJ]
③ 2255.5[kJ]   ④ 2675.7[kJ]

해 설
① 0[℃] 물 → 100[℃] 물 소요 열량 : 현열
 $Q_1 = G \cdot C \cdot \Delta t = 1 \times 4.19 \times (100 - 0) = 419$ [kJ]
② 100[℃] 물 → 100[℃] 포화증기 소요 열량 : 잠열
 $Q_2 = G \cdot r = 1 \times 2256.7 = 2256.7$ [kJ]
③ 합계 열량 계산
 $Q = Q_1 + Q_2 = 419 + 2256.7 = 2675.7$ [kJ] |답| ④

36 용접 작업의 4대 구성요소를 바르게 나열한 것은?
① 용접모재, 열원, 용가재, 용접기구
② 용접사, 열원, 용접자세, 안전보호구
③ 용접환경, 용접모재, 열원, 용접사
④ 용접자세, 용접모재, 용가재, 열원
   |답| ①

37 물에 관한 설명으로 틀린 것은?
① 경도 90[ppm] 이하를 연수라 한다.
② 물은 4[℃]일 때 가장 무겁고 4[℃]보다 높거나 낮으면 가벼워진다.
③ 경도는 물속에 녹아있는 규산염과 황산염의 비율로 표시한다.
④ 100[℃]의 물이 100[℃]의 증기로 되려면 증발잠열을 필요로 한다.

해 설
경도 : 수중에 용존되어 있는 칼슘(Ca) 및 마그네슘(Mg) 이온의 농도를 나타내는 것이다.
① 탄산칼슘($CaCO_3$) 경도 : 수중의 칼슘(Ca)과 마그네슘(Mg)의 양을 탄산칼슘($CaCO_3$)으로 환산하여 ppm 단위로 나타낸다.
② 독일경도(dH) : 수중의 칼슘(Ca)과 마그네슘(Mg) 이온의 양을 산화칼슘(CaO)의 양으로 환산해서 나타내는 것으로 물 100cc 중 CaO가 1[mg] 포함된 것을 1°dH라고 한다. |답| ③

38 불활성가스 텅스텐 아크용접(TIG)의 장점에 속하지 않는 것은?
① 용제(flux)를 사용하지 않는다.
② 질화 및 산화를 방지하며 내부식성이 증가한다.
③ 박판용접과 비철금속 용접이 용이하다.
④ 용융점이 낮은 금속 또는 합금의 용접에 적합하다.

해 설
용융점이 낮은 금속에는 부적합하다. |답| ④

39 주철관 이음에서 종래 사용하여 오던 소켓이음을 개량한 것으로 스테인리스강 커플링과 고무링만으로 쉽게 이음 할 수 있는 방법은?
① 플랜지 이음   ② 타이톤 이음
③ 스크루 이음   ④ 노-허브 이음
   |답| ④

40 비중이 공기보다 커서 바닥으로 가라앉는 가스는?
① 프로판   ② 아세틸렌
③ 수소   ④ 메탄

해 설
① 기체의 비중 : 표준상태(STP : 0[℃], 1기압 상태)의 공기 일정 부피당 질량과 같은 부피의 기체 질량과의 비를 말한다.
$$\text{기체 비중} = \frac{\text{기체 분자량(질량)}}{\text{공기의 평균분자량(29)}}$$

② 각 가스의 분자량 및 비중

가스종류	분자량	비중
프로판(C_3H_8)	44	1.52
아세틸렌(C_2H_2)	26	0.9
수소(H_2)	2	0.07
메탄(CH_4)	16	0.55

|답| ①

41 동관 이음부품 중 접촉부식을 방지하기 위하여 사용되는 부속재료는?
① CM어댑터   ② CF어댑터
③ 절연 유니언 ④ 플레어 이음

|답| ③

42 폴리부틸렌관 이음에만 사용되는 관 이음은?
① 몰코 이음   ② 납땜 이음
③ 나사 이음   ④ 에이콘 이음

해 설
에이콘 이음 : 본체, 그라프링(grab ring), 오링(O-ring), 캡, 서포트슬리브로 구성되며 관을 연결구에 삽입하여 그라프링과 O링에 의한 이음방법이다. |답| ④

43 강관의 열간 구부림 가공에 대한 설명으로 틀린 것은?
① 곡률 반지름이 작은 경우에 열간 작업을 한다.
② 강관의 경우 800~900[℃] 정도로 가열한다.
③ 구부림 작업 전에 모래를 채우고 적당한 온도까지 가열한 다음 구부린다.
④ 가열하여 가공할 때 곡률 반지름은 일반적으로 관지름의 2배 이하로 한다.

해 설
가열하여 가공할 때 곡률 반지름은 일반적으로 관지름의 3배 이상으로 한다. |답| ④

44 벤더로 관을 굽힐 때 관이 파손되는 원인이 아닌 것은?
① 압력 조정이 세고 저항이 크다.
② 관이 미끄러진다.
③ 받침쇠가 너무 나와 있다.
④ 굽힘 반지름이 너무 작다.

해 설
관이 파손되는 원인 : ①, ③, ④ 외 재료에 결함이 있을 때 |답| ②

45 동관용 공구 중 동관을 분기할 때 사용하는 주공구는?
① 익스트랙터(extractors)
② 사이징 툴(sizing tool)
③ 플레어 툴(flare tool)
④ 익스팬더(expander)

해 설
익스트랙터(extractors) : 직관에서 구멍을 내고 관을 T자 모양으로 분기할 때 사용하는 동관용 공구로 티뽑기라 한다. |답| ①

46 공기의 기본적 성질에서 건구온도, 습구온도, 노점온도가 모두 동일한 상태일 때는?
① 절대습도 100[%]   ② 절대습도 50[%]
③ 상대습도 100[%]   ④ 상대습도 50[%]

|답| ③

47 다음 배관도에서 각각의 번호로 표시된 것의 명칭이 모두 올바른 것은?

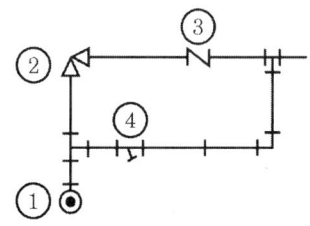

① ① 엘보 ② 커플링 ③ 체크밸브 ④ 앵글밸브
② ① 엘보 ② 앵글밸브 ③ 체크밸브 ④ 스트레이너
③ ① 티 ② 앵글밸브 ③ 체크밸브 ④ 스트레이너
④ ① 티 ② 커플링 ③ 체크밸브 ④ 스트레이너

|답| ②

48 다음 그림과 같은 기호로 배관설비도면에 표시되는 밸브는?
① 밸브 일반
② 슬루스 밸브
③ 글로브 밸브
④ 볼 밸브

|답| ②

49 그림과 같은 구조물을 필릿 단속 용접하기 위한 도면에 용접기호가 바르게 기입되어 있는 것은?

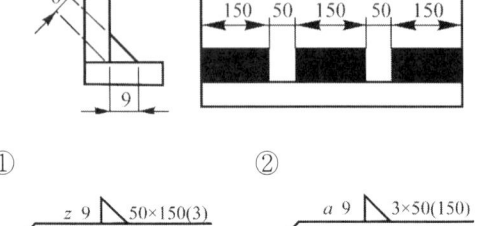

|답| ④

50 관의 결합방식을 나타낸 기호에서 유니언식에 해당하는 것은?

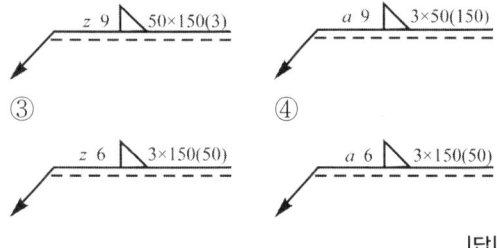

해설
① 턱걸이 이음 ② 나사 이음
③ 플랜지 이음 ④ 유니언 이음

|답| ④

51 다음 그림과 같이 하나의 그림으로 육면체의 세 면 중의 한 면만을 중점적으로 엄밀, 정확하게 표시할 수 있는 투상법은?

① 정 투상법
② 등각 투상법
③ 사 투상법
④ 2등각 투상법

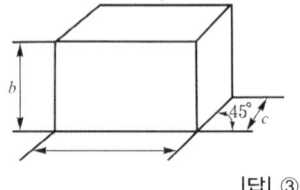

|답| ③

52 화면에 직각 이외의 각도로 배관된 경우 다음의 정투영도 설명으로 맞는 것은?

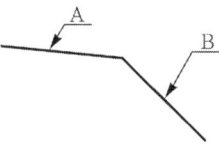

① 관 A가 수평 방향에서 앞쪽으로 경사되어 굽어진 경우
② 관 A가 수평 방향으로 화면에 경사되어 앞방향 위쪽으로 일어선 경우
③ 관 A가 아래쪽으로 경사되어 처진 경우
④ 관 A가 위쪽으로 경사되어 처진 경우

|답| ①

53 도면에서 어떤 경우에 해칭(hatching)을 하는가?
① 가상부분을 표시할 경우
② 단면도의 절단된 부분을 표시할 경우
③ 회전하는 부분을 표시할 경우
④ 그림의 일부분만을 도시할 경우

|답| ②

54 치수 보조 기호에서 치수 앞에 붙이는 "□"의 의미는?
① 지름 치수를 나타낸다.
② 이론적으로 정확한 치수를 나타낸다.
③ 대상 부분 단면이 정사각형임을 나타낸다.
④ 참고 치수임을 나타낸다.

해설
치수 보조(표시) 기호
① 지름 기호 : ϕ(파이) ② 정사각형 기호 : □
③ 반지름 기호 : R ④ 구면 기호 : "구면"
⑤ 리벳의 피치 기호 : P ⑥ 모따기 기호 : C
⑦ 판의 두께 기호 : t

|답| ③

55 과거의 자료를 수리적으로 분석하여 일정한 경향을 도출한 후 가까운 장래의 매출액, 생산량 등을 예측하는 방법을 무엇이라 하는가?
① 델파이법
② 전문가패널법
③ 시장조사법
④ 시계열분석법

|답| ④

56 다음 중 브레인스토밍(Brainstorming)과 가장 관계가 깊은 것은?
① 파레토도
② 히스토그램
③ 회귀분석
④ 특성요인도

해 설

특성요인도 : 문제가 되는 결과와 이에 대응하는 원인과의 관계를 알 수 있도록 생선뼈 형태로 그린 그림으로 파레토도에 나타난 부적합 항목이 영향을 주는 여러 가지 요인을 찾아내는데 유용한 기법으로 브레인스토밍 방법을 이용한다.

|답| ④

57 로트의 크기가 시료의 크기에 비해 10배 이상 클 때, 시료의 크기와 합격판정개수를 일정하게 하고 로트의 크기를 증가시키면 검사특성곡선의 모양 변화에 대한 설명으로 가장 적절한 것은?
① 무한대로 커진다.
② 거의 변화하지 않는다.
③ 검사특성곡선의 기울기가 완만해진다.
④ 검사특성곡선의 기울기가 급해진다.

해 설

로트(N)의 크기는 OC곡선에 큰 영향을 주지 않는다.

|답| ②

58 로트의 크기 30, 부적합품률이 10[%]인 로트에서 시료의 크기를 5로 하여 랜덤 샘플링 할 때 시료 중 부적합품수가 1개 이상일 확률은 약 얼마인가? (단, 초기하분포를 이용하여 계산한다.)
① 0.3695
② 0.4335
③ 0.5665
④ 0.6305

해 설

$$L = \frac{\binom{PN}{x}\binom{N-PN}{n-x}}{\binom{N}{n}} = \frac{\binom{0.1 \times 30}{1}\binom{30-0.1\times30}{5-1}}{\binom{30}{5}}$$

$$= \frac{\binom{3}{1}\binom{27}{4}}{\binom{30}{5}} + \frac{\binom{3}{2}\binom{27}{3}}{\binom{30}{5}} + \frac{\binom{3}{3}\binom{27}{2}}{\binom{30}{5}}$$

$$= \frac{_3C_1 \times {_{27}C_4}}{_{30}C_5} + \frac{_3C_2 \times {_{27}C_3}}{_{30}C_5} + \frac{_3C_3 \times {_{27}C_2}}{_{30}C_5}$$

$$= 0.4335$$

※ 계산은 공학계산기에서 "nCr"키를 사용하여 계산하여야 함

|답| ②

59 관리도에서 점이 관리한계 내에 있으나 중심선 한쪽에 연속해서 나타나는 점의 배열현상을 무엇이라 하는가?
① 연
② 경향
③ 산포
④ 주기

해 설

관리도의 판정
① 연(run) : 중심선 한쪽에 연속해서 나타나는 점의 배열 현상
② 경향(trend) : 관측값이 연속해서 6 이상의 점이 상승하거나 하강하는 점의 배열현상
③ 주기(cycle) : 점이 주기적으로 상하로 변동하여 파형을 나타내는 점의 배열현상

|답| ①

60 작업개선을 위한 공정분석에 포함되지 않는 것은?
① 제품 공정분석
② 사무 공정분석
③ 직장 공정분석
④ 작업자 공정분석

해 설

공정분석의 종류
① 제품공정분석 : 재료가 제품으로 되는 과정을 분석, 기록하는 것이다.
② 사무공정분석 : 사무실 또는 공장 등에서 사무제도나 수속을 분석, 개선하는데 사용하는 것으로 서비스분야에 적용된다.
③ 작업자공정분석 : 작업자가 한 장소로부터 다른 장소로 이동할 때 수행하는 행위를 분석하는 것이다.
④ 부대분석 : 공정분석의 결과를 이용하여 특정항목을 연구하여 구체적인 개선안을 마련하고, 현장의 실태를 알기 위하여 실시되는 것이다.

|답| ③

2011년 기능장 제 49 회 필기시험 (4월 17일 시행)

자격종목	코드	시험시간	형별
배관기능장	3081	1시간	B

※ 답안 카드 작성 시 시험문제지 형별누락, 마킹착오로 인한 불이익은 전적으로 수험자의 귀책사유임을 알려드립니다.
※ 각 문항은 4지 택일형으로 질문에 가장 적합한 보기 항을 선택하여 마킹하여야 합니다.

1 불연성 가스 소화설비에 대한 설명 중 틀린 것은?
① 소화제 사용에 따른 오염 손상도가 없다.
② 불연성 가스를 방출시켜 산소의 함유량을 줄여 질식 소화하는 방식이다.
③ 펌프 등의 압송장치가 필요 없고 가스압 자체의 힘으로 방출할 수 있다.
④ 이 소화 설비는 통신기기실, 창고, 대형 발전기 등의 소화에 사용해서는 안 된다.

해 설
불연성 가스 소화설비는 통신기기실, 전기실, 전산실, 대형 발전기 등의 소화에 사용한다. |답| ④

2 외벽면 표면 열전달률 $\alpha_1 = 23\,[W/m^2 \cdot K]$, 내벽면 표면 열전달률 $\alpha_2 = 6\,[W/m^2 \cdot K]$, 방열면 두께가 300[mm], 열전도율 $\lambda = 0.05\,[W/m \cdot K]$인 방열면이 있다. 이때의 열통과율[W/m²·K]은 약 얼마인가?
① 0.16[W/m²·K]   ② 0.18[W/m²·K]
③ 0.21[W/m²·K]   ④ 0.24[W/m²·K]

해 설
$$K = \frac{1}{\frac{1}{\alpha_1} + \frac{b}{\lambda} + \frac{1}{\alpha_2}} = \frac{1}{\frac{1}{23} + \frac{0.3}{0.05} + \frac{1}{6}}$$
$= 0.161\,[W/m^2 \cdot K]$ |답| ①

3 도시가스 배관의 시공상 유의할 점을 열거한 것이다. 틀린 것은?

① 공급관은 원칙적으로 최단거리로 설치해야 하며 관계법규에 따른다.
② 내식성이 있는 관 이외의 것을 지중(地中)에 매설하지 않으며 보통 60[cm] 이상의 깊이에 매설한다.
③ 건물 내의 배관은 가능하면 은폐배관을 해주는 것이 좋다.
④ 건물의 벽을 관통하는 부분의 배관에는 보호관 및 방식 피복을 해준다.

해 설
건물 내의 배관은 가능하면 노출배관으로 하여야 한다. |답| ③

4 용해 아세틸렌 취급 시 주의사항으로 틀린 것은?
① 저장 장소에는 화기를 가까이 하지 말아야 한다.
② 용기는 안전하게 뉘어서 보관한다.
③ 저장 장소는 통풍이 잘 되어야 한다.
④ 저장실의 전기스위치, 전등 등은 방폭구조여야 한다.

해 설
용기는 보관, 사용 및 운반 시에는 반드시 세워서 취급하여야 한다. |답| ②

5 고압 화학 배관용 금속재료는 고온, 고압에서 특히 부식이 심하며 관 내용물에 따라 부식의 종류도 다르므로 주의를 요한다. 다음에 열거한 것 중 고

압가스 화학 배관용 금속재료의 부식의 종류가 아닌 것은?
① 질화 수소에 의한 부식
② 수소에 의한 강의 탈탄
③ 암모니아에 의한 강의 질화
④ 일산화탄소에 의한 금속의 카보닐화

해 설
고온, 고압의 화학배관의 부식 종류
① 수소에 의한 강의 탈탄
② 암모니아에 의한 강의 질화
③ 일산화탄소에 의한 금속의 카아보닐화
④ 황화수소에 의한 부식(황화)
⑤ 산소, 탄산가스에 의한 산화 |답| ①

6 백 필터(bag filter)를 사용하는 집진방식인 것은?
① 원심력식   ② 중력식
③ 전기식   ④ 여과식

해 설
여과 집진장치 : 함진가스를 여과재(filter)에 통과시켜 입자를 분리, 포집하는 방식으로 백 필터(bag filter)가 대표적이며 특징은 다음과 같다.
① 집진효율이 높다.
② 설비비용이 많이 소요된다.
③ 백(bag)이 마모되기 쉽다.
④ 100[℃] 이상 고온가스, 습가스 처리가 부적당하다.
⑤ 취급입자 : 0.1~20[μ]
⑥ 압력손실 : 100~200[mmH₂O]
⑦ 집진효율 : 90~99[%] |답| ④

7 보일러 내 부속장치의 역할에 대하여 올바르게 설명된 것은?
① 과열기 : 과열증기를 사용함에 따라 포화증기가 된 것을 재가열 한다.
② 절탄기 : 연도 가스에서의 여열로 급수를 가열한다.
③ 공기예열기 : 연도 가스에서의 여열로 전열면적을 더욱 뜨겁게 한다.
④ 탈기기 : 물에 다량 함유된 염화물을 제거하기 위한 증류수를 만든다.

해 설
보일러 부속장치의 역할
① 과열기(super heater) : 보일러에서 발생한 습포화중기의 압력을 일정하게 유지하면서 온도만을 높여 과열증기를 만드는 장치이다.
② 재열기(reheater) : 고압 증기터빈에서 일정한 팽창을 하고 포화상태에 가까워진 증기를 모두 회수하여 재차 열을 가하여 과열증기로 만들어 저압 터빈에서 팽창하도록 하는 장치이다.
③ 급수예열기(economizer) : 보일러 급수를 연소가스 여열(餘熱)을 이용하여 예열시키는 장치로 절탄기(節炭器)라 한다.
④ 공기예열기(air preheater) : 연소가스의 여열을 이용하여 연소실에 공급되는 2차 공기를 예열하는 장치이다.
⑤ 탈기기 : 보일러 급수 중의 산소(O_2), 탄산가스(CO_2) 등의 용존가스를 제거하는. 기기이다. |답| ②

8 다음 중 짧은 전향 날개가 많아 다익 송풍기라고도 하며 비교적 소음이 적고 풍압이 낮은 곳에 주로 사용되는 송풍기는?
① 시로코형   ② 축류 송풍기
③ 리밋 로드형   ④ 엘리미네이터

해 설
시로코형 특징
① 풍량이 많다.
② 풍압이 낮다.
③ 소요 동력이 많이 필요하다.
④ 효율이 낮다.
⑤ 제작비가 저렴하다. |답| ①

9 사용 중인 기계의 전기 퓨즈가 끊어져 용량 규격에 맞은 퓨즈를 끼웠으나, 퓨즈가 다시 끊어졌을 때 조치사항으로 가장 올바른 것은?
① 끊어지지 않을 때까지 계속하여 동일 규격의 퓨즈를 끼워 본다.
② 좀 더 굵은 상위 규격으로 끼운다.
③ 기계의(전선의) 합선이나 누전 여부를 검사한다.
④ 굵은 동선으로 바꾸어 끼운다.
    |답| ③

10 다음 자동제어장치 중 하나인 서보(servo) 기구에 대한 설명 중 잘못된 것은?
① 작은 압력에 대응해서 대단히 큰 출력을 발생시키는 장치이다.
② 물체의 위치, 방향 등의 기계적 변위를 제어량으로 하여 목표값의 임의의 변화에 유지하도록 구성된 제어계이다.
③ 선박 및 항공기의 자동조정 장치 및 공작기계의 작동장치 등에 많이 사용된다.
④ 정해진 순서 또는 조건에 따라 제어의 각 단계를 순차적으로 행하는 제어장치이다.

해 설
④ 시퀀스제어의 설명 |답| ④

11 증기드럼 없이 긴 관만으로 이루어져 있으며, 급수가 진행하면서 절탄기-증발기-과열기의 과정을 거치도록 구성되어 있는 보일러는?
① 관류보일러 ② 수관보일러
③ 연관보일러 ④ 노통연관보일러
|답| ①

12 자동화 시스템에서 공정처리 상태에 대한 정보를 만들고, 수집하며 이 정보를 프로세스에 전달하는 자동화의 5대 요소 중 하나인 것은?
① 센서(sensor)
② 네트워크(network)
③ 액츄에이터(actuator)
④ 하드웨어(hardware)

해 설
자동화의 5대 요소
① 센서(sensor) : 공정 처리 상태에 대한 정보를 만들고 수집하며 이 정보를 프로세스에 전달하는 제어부분이다.
② 프로세서(processor) : 제어 데이터를 처리하는 요소로, 제어정보를 분석 처리하여 필요한 제어 명령을 내려주는 장치
③ 액츄에이터(actuator) : 공정처리 상태에 대한 정보를 받아서, 제한된 공간 내에서 기계구조에 의해 회전운동과 선형운동을 하는 부분으로 인간의 손, 발의 기능을 하며 사용하는 에너지에 따라 공압식, 유압식, 전기식 등으로 세분화 된다.
④ 소프트웨어(software) : 입력신호를 받아 중앙처리 장치를 거쳐 작업요소에 전달되어지는 프로그램장치, 프로그램 메모리를 포함하는 장치
⑤ 네트워크(network) : 자동화 시스템에서 중앙컴퓨터와 여러 개의 콘트롤러 간에 시스템 구성기기들과 통신회선을 연결된 배치형태에 따라 성형, 환형 등으로 구분한다. |답| ①

13 다음 배관시공 시 안전에 대한 설명 중 틀린 것은?
① 시공 공구들의 정리 정돈을 철저히 한다.
② 작업 중 타인과의 잡담 및 장난을 금지한다.
③ 용접 헬멧은 차광 유리의 차광도 번호가 높은 것일수록 좋다.
④ 물건을 고정시킬 때 중심이 한곳으로 쏠리지 않도록 주의한다.

해 설
용접 헬멧은 차광 유리의 차광도 번호가 적당한 것을 선택한다. |답| ③

14 다음 제어기기 중 전송신호를 가장 멀리 보낼 수 있는 것은?
① 공기압식 전송기 ② 전기식 전송기
③ 유압식 전송기 ④ 공·유압식 전송기

해 설
신호전달 방식별 전달거리

신호전달 방식	전달거리
공기압식	100~150[m]
유 압 식	300[m]
전 기 식	300[m]~수 10[km]까지

|답| ②

15 연소의 이상 현상 중 선화를 설명하고 있는 것은?
① 가스의 연소속도가 유출속도에 비해 크게 되었을 때 불꽃이 염공에서 연소기 내부로 침입하는 현상

② 가스의 연소 유출속도가 연소속도에 비해 크게 되었을 때 불꽃이 염공에 접하여 연소되지 않고 염공을 떠나 공중에서 연소하는 현상
③ 불꽃의 저부에 대한 공기의 움직임이 강해지면 불꽃이 노즐에 정착하지 않고 떨어져 꺼져버리는 현상
④ 연소 생성물 중의 가연성분이 산화반응을 완전히 완료하지 않으므로 일산화탄소, 그을음 등이 생기는 현상

해 설
① 역화(back fire)의 설명
② 선화(lift)의 설명
③ 블로오프(blow off)의 설명
④ 불완전연소의 설명 |답| ②

16 가스배관 이음방법 중 부식에 대하여 강하고, 강도가 있으므로 지반의 침하 등에 강한 이음은?
① 나사 이음 ② 플랜지 이음
③ 플레어 이음 ④ 기계적 이음
|답| ④

17 플랜트 내부의 이물질을 물리적으로 제거할 때 각종 세정기를 사용하여 실시한다. 배관류의 세정에 국한하여 실시되며 관내 밑스케일을 제거하는데 최적의 기계적 세정방법으로 적합한 것은?
① 물분사기(water jet) 세정법
② 피그(pig) 세정법
③ 샌드 블라스트(sand blast) 세정법
④ 숏 블라스트(shot blast) 세정법

해 설
기계적 세정방법
① 물 분사기(water jet) 세정법 : 고압펌프를 설치 압송하는 제트차를 사용해 고압의 가스 상태로 분사하여 스케일을 제거하는 방법
② 샌드 블라스트(sand blast) 세정법 : 공기압송 장치 등으로 모래를 분사하여 스케일을 제거하는 방법
③ 숏 블라스트(shot blast) 세정법 : 공기압송 장치 등으로 강구(steel ball)를 분사하여 스케일을 제거하는 방법
④ 피그(pig) 세정법 : 배관류 세정에 사용 |답| ②

18 배관설비 시험에 관한 일반적인 설명으로 잘못된 것은?
① 고압가스설비는 상용압력의 1.5배 이상 압력으로 실시하는 내압시험 및 상용압력이상의 압력으로 기밀시험을 실시한다.
② 통수시험은 방로 피복을 한 후에 실시한다.
③ 일반적으로 주관과 지관을 분리하여 시험하고 지관은 지관 모두를 시험한다.
④ 공기빼기 밸브에서 물이 나오기 시작하여 관내 공기가 완전히 빠진 것을 확인 후 밸브를 닫고 시험한다.

해 설
통수시험은 방로 피복(또는 보온피복)을 하기 전에 실시한다. |답| ②

19 PI 동작이라고도 하며 스텝입력에 비례한 출력에 그 출력을 적분한 것을 조합한 모양으로 출력이 나오는 제어 방법인 동작인 것은?
① 적분동작 ② 미분동작
③ 비례적분동작 ④ 비례동작

해 설
비례적분동작(PI동작) : 비례동작의 결점을 줄이기 위하여 비례동작과 적분동작을 합한 것이다.
① 부하변화가 커도 잔류편차(off set)가 남지 않는다.
② 전달 느림이나 쓸모없는 시간이 크며 사이클링의 주기가 커진다.
③ 부하가 급변할 때는 큰 진동이 생긴다.
④ 반응속도가 빠른 공정(process)이나 느린 공정(process)에서 사용된다. |답| ③

20 통기관의 관지름 결정 방법 중 틀린 것은?
① 배수탱크의 통기 관지름은 50[mm] 이상으로 한다.
② 각개 통기관은 그것에 연결되는 배수관지름의 1/2 이상으로 하며, 최소 관지름은 20[mm] 이상으로 한다.
③ 도피통기관은 배수 수직관 통기수직관 중 관지름이 적은 쪽의 관지름 이상으로 한다.

④ 신정통기관의 관지름은 관지름을 줄이지 않고 연장해서 대기중에 개방한다.

해 설
각개 통기관의 관지름은 그것에 연결되는 배수관 지름의 1/2보다 작으면 안 되고 최소 관지름은 30[mm]이다.
|답| ②

21 강관의 신축이음쇠 중 압력 8[kgf/cm²] 이하의 물, 기름 등의 배관에 사용되며 직선으로 이용하므로 설치공간이 루프형에 비해 적으며, 신축량이 크고 신축으로 인한 응력이 생기지 않는 이음쇠는?
① 슬리브형　　　　② 벨로스형
③ 루프형　　　　　④ 스위블형

해 설
신축이음쇠의 종류
① 슬리브형(sleeve type) : 신축에 의한 자체 응력이 발생되지 않고 설치장소가 필요하며 단식과 복식이 있다. 슬리브와 본체와의 사이에는 패킹을 다져 넣고 그랜드로 밀착시켜 온수 또는 증기의 누설을 방지한다. 50[A] 이하의 배관에는 나사식, 65[A] 이상은 플랜지식을 사용한다.
② 벨로스형(bellows type) : 팩리스(packless)형이라 하며, 설치장소에 구애받지 않고 가스, 증기, 물 등 2[MPa], 450[℃]까지 축 방향 신축흡수에 사용되며 단식과 복식 2종류가 있다.
③ 루프형(loop type) : 곡관으로 만들어진 관의 가요성(可撓性)을 이용한 것으로 구조가 간단하고 내구성이 좋아 고온, 고압배관이나 옥외배관에 주로 사용한다. 곡률 반지름은 관지름의 6배 이상으로 한다.
④ 스위블형(swivel type) : 지웰이음, 지블이음, 회전이음이라 하며, 2개 이상의 엘보를 사용하여 관의 신축을 흡수하는 것으로 신축방향이 큰 배관에서는 누설의 우려가 있다.
⑤ 볼 조인트(ball joint) : 볼 조인트와 오프셋 배관을 이용해서 신축을 흡수하는 방법으로 설치공간이 적고, 평면상의 변위뿐만 아니라 입체적인 변위까지도 안전하게 흡수하므로 어떤 현상에 의한 신축에도 배관이 안전한 신축이음이다.
|답| ①

22 스테인리스 강관의 용도로 적당하지 않은 것은?
① 기계구조용

② 보일러 및 열교환기용
③ 배수관용
④ 위생용
|답| ③

23 다음 중 수도용 주철관의 기계식 이음(mechanical joint)에 사용되는 재료는?
① 플라스틴　　　　② 납
③ 마　　　　　　　④ 고무링

해 설
기계식 이음(mechanical joint) : 소켓이음과 플랜지이음의 특징을 접목한 것으로 고무링을 압륜(押輪)으로 죄어 볼트로 체결하는 이음방법이다.
|답| ④

24 연단을 아마인유와 혼합한 것으로서 녹을 방지하기 위해 페인트 밑칠로 사용하며, 밀착력이 강력하고 풍화에 강한 도료는?
① 산화철 도료　　　② 광명단 도료
③ 알루미늄 도료　　④ 합성수지 도료
|답| ②

25 다음 연관의 종류 중 화학공업용에 가장 적합한 것은?
① 연관 1종　　　　② 연관 2종
③ 연관 3종　　　　④ 연관 4종

해 설
일반용(공업용) 연관의 종류 및 용도
① 연관 1종 : 화학공업용
② 연관 2종 : 일반용
③ 연관 3종 : 가스용
|답| ①

26 열동식 트랩의 설명 중 맞는 것은?
① 구조상 역류를 일으킬 우려가 없다.
② 과열 증기용으로 적당하다.
③ 동결의 염려가 없다.
④ 다른 형식의 것보다 응축수의 배출능력이 크다.

해 설
열동식 트랩 : 증기 방열기나 관말 트랩에 사용하는 것으로 고압이나 과열증기용으로 부적당하다. |답| ③

27 냉매용 밸브를 설명한 것 중 틀린 것은?
① 플로트밸브 : 만액식 증발기에 사용하며 증발기 속의 액면을 일정하게 조절
② 증발 압력조정밸브 : 증발기와 압축기 사이에 설치하여 증발기의 부하를 조절
③ 팽창밸브 : 냉동부하와 증발온도에 따라 증발기에 들어가는 냉매량을 조절
④ 전자밸브 : 온도조절기나 압력조절기 등에 의해 신호전류를 받아 자동적으로 밸브를 개폐

해 설
증발 압력조정밸브 : 한 대의 압축기로 증발온도가 다른 2대 이상의 증발기를 유지하는 경우 온도가 높은 측 증발기에 설치하여 증발기내의 압력이 일정압력 이하로 되는 것을 방지하는 역할을 하는 것으로 증발기와 압축기 사이 배관에 설치한다. |답| ②

28 패킹을 선정하는데 고려해야할 사항 중 유체의 물리적 성질과 가장 관계가 깊은 것은?
① 패킹의 경도　　② 플랜지의 형상
③ 재료의 내식성　　④ 유체의 압력
|답| ④

29 동관 이음쇠의 한쪽은 안쪽으로 동관이 삽입 접합되고 다른 쪽은 암나사를 내며, 강관에는 수나사를 내어 나사이음 하게 되는 경우에 필요한 동합금 이음쇠는?
① C×F 어댑터　　② Ftg×F 어댑터
③ C×M 어댑터　　④ Ftg×M 어댑터

해 설
동관 및 황동 주물재 이음쇠
① C(female solder cup) : 이음재 내로 관이 들어가 접합되는 형태이다.
② M(male NPT thread) : ANSI 규격 관형나사가 밖으로 난 나사이음용 이음재이다. (예 : C×M 어댑터)
③ F(female NPT thread) : ANSI 규격 관형나사가 안으로 난 나사음용 이음재이다. (예 : C×F 어댑터)
④ Ftg(male solder cup) : 이음쇠 바깥쪽으로 관이 들어가 접합되는 형태이다. (예 : Ftg×M 어댑터) |답| ①

30 다음 중 경질염화비닐관이 연화하여 변형되기 시작하는 온도는 약 몇 도인가?
① 45[℃]　　② 75[℃]
③ 180[℃]　　④ 300[℃]

해 설
경질염화비닐관의 변형 온도
① 연화온도 : 75[℃]
② 용융온도 : 180[℃]
③ 열분해 온도 : 200[℃] 이상
④ 탄화온도 : 300[℃] 이상 |답| ②

31 일반적인 수도용 주철관 보통압관의 최대 사용 정수두 압력은 몇 [kgf/cm^2]인가?
① 5　　② 7.5　　③ 9.5　　④ 12

해 설
수도용 주철관의 최대사용 정수두
① 고압관 : 100[m] 이하(10[kgf/cm^2] 이하)
② 보통압관 : 75[m] 이하(7.5[kgf/cm^2] 이하)
③ 저압관 : 45[m] 이하(4.5[kgf/cm^2] 이하) |답| ②

32 강관의 종류와 KS 규격 기호가 맞는 것은?
① SPHT : 고압 배관용 탄소강관
② SPPH : 고온 배관용 탄소강관
③ STHA : 저온 배관용 탄소강관
④ SPPS : 압력 배관용 탄소강관

해 설
강관의 KS 표시 기호

KS 표시 기호	명 칭
SPP	일반배관용 탄소강관
SPPS	압력배관용 탄소강관
SPPH	고압배관용 탄소강관
SPHT	고온배관용 탄소강관
SPLT	저온배관용 탄소강관
SPW	배관용 아크용접 탄소강관

KS 표시 기호	명 칭
SPA	배관용 합금강관
STS×T	배관용 스테인리스강관
STBH	보일러 열교환기용 탄소강관
STHA	보일러 열교환기용 합금강관
STS×TB	보일러 열교환기용 스테인리스강관
STLT	저온 열교환기용 강관

|답| ④

33 안지름 400[mm], 두께 10[mm]의 압력탱크에 2[MPa]의 압력이 가해질 때 발생되는 최대인장응력은 몇 [MPa]인가?

① 10
② 20
③ 30
④ 40

해 설

$$\sigma = \frac{P \cdot D}{2t} = \frac{2 \times 400}{2 \times 10} = 40[\text{MPa/mm}^2]$$

|답| ④

34 다음 중 체크밸브의 종류로 틀린 것은?

① 스윙 체크밸브
② 나사조임 체크밸브
③ 버터플라이 체크밸브
④ 앵글 체크밸브

|답| ④

35 열용량에 대한 설명으로 맞는 것은?

① 어떤 물질 1[kg]의 온도를 10[℃] 변화시키기 위하여 필요한 열량
② 어떤 물질의 연소 시 생기는 열량
③ 어떤 물질의 온도를 1[℃] 변화시키기 위하여 필요한 열량
④ 정적비열에 대한 정압비열을 백분율로 표시한 값

해 설

열용량 : 어떤 물질의 온도를 1[℃] 변화시키기 위하여 필요한 열량으로 단위는 [kcal/℃], [cal/℃]이다. |답| ③

36 다음 석면 시멘트관의 이음 방법이 아닌 것은?

① 기볼트 이음
② 플랜지 이음
③ 칼라 이음
④ 심플렉스 이음

해 설

석면 시멘트관의 이음 방법
① 기볼트 이음(gibault joint) : 2개의 플랜지와 고무링, 1개의 슬리브로 이음하는 방법
② 칼라 이음 : 주철제의 특수 칼라를 사용하여 접합하는 방법으로 접합부 사이에 고무링을 끼워 수밀을 유지한다.
③ 심플렉스 이음 : 석면 시멘트제 칼라와 2개의 고무링으로 접합하는 방법

|답| ②

37 평균 온도차가 5[℃]일 때 열관류율이 500[W/m²·K]인 응축기가 있다. 응축기에서 제거되는 열량이 18[kW]일 때 전열면적은 몇 [m²]인가?

① 2.3[m²]
② 4.8[m²]
③ 7.2[m²]
④ 9.6[m²]

해 설

$Q = K \cdot F \cdot \Delta T$에서

$$\therefore F = \frac{Q}{K \cdot \Delta T} = \frac{18 \times 1000}{500 \times 5} = 7.2[\text{m}^2]$$

|답| ③

38 다음 중 용접부의 잔류 응력 완화법이 아닌 것은?

① 기계적 응력 완화법
② 저온 응력 완화법
③ 침탄 응력 완화법
④ 노내 풀림 완화법

해 설

잔류응력 완화법 : 노내 풀림법, 국부풀림 및 기계적 처리법, 저온응력 완화법, 피닝(peening)법 |답| ③

39 강관 접합에서 슬리브 용접 접합 시 슬리브의 길이는 파이프 지름의 몇 배 정도가 가장 적합한가?

① 0.5~1배
② 1.2~1.7배
③ 2.0~2.5배
④ 2.5~3.2배

|답| ②

40 급수설비에서 수질오염 방지 대책에 관한 설명으로 틀린 것은?
① 빗물이 침입할 수 없는 구조로 하여야 한다.
② 급수탱크 내부에 급수 이외의 배관이 통과해서는 안 된다.
③ 지하탱크나 옥상탱크는 건물 골조를 공용으로 이용하여 만들어야 한다.
④ 역사이폰 작용을 막기 위해서 급수관이 부압으로 되었을 때, 물이 역류되어 빨려 들어가지 않는 구조로 시공해야 한다.

해 설
지하탱크나 옥상탱크는 건물 골조와는 별도의 시설로 만들어야 한다. |답| ③

41 용접법 분류 중에서 압접에 해당하지 않는 것은?
① 스터드 용접   ② 마찰 용접
③ 초음파 용접   ④ 프로젝션 용접

해 설
용접의 종류
① 융접 : 모재의 접합부를 용융시킨 후 용가재를 첨가하여 접합하는 방법으로 아크용접, 가스용접, 테르밋용접, 전자비임용접 등이 있다.
② 압접 : 접합부를 상온상태 또는 적당한 온도로 가열하여 기계적 압력을 가해 접합하는 방법으로 압접, 단접, 전기저항용접, 확산용접, 초음파용접, 냉간압접 마찰용접, 프로젝션용접 등이 있다.
③ 납땜 : 모재를 용융시키지 않고 땜납이 녹아서 접합면의 사이에 침투되어 접합하는 방법으로 연납과 경납땜이 있다.
※ 스터드 용접은 융접의 아크용접 중 소모전극의 비피복 아크용접에 해당된다. |답| ①

42 직류아크용접에서 직류 정극성(DCSP)의 특징을 가장 올바르게 설명한 것은?
① 모재의 용입이 깊고, 비드의 폭이 넓다.
② 모재의 용입이 깊고, 용접봉의 녹음이 느리다.
③ 모재의 용입이 얇으며 비드의 폭이 좁다.
④ 모재의 용입이 얇으며 용접봉의 녹음이 느리다.

해 설
직류아크용접 종류 및 특징
(1) 정극성(DCSP)의 특징
  ① 모재가 양극(+), 용접봉이 음극(-)
  ② 모재의 용입이 깊다.
  ③ 봉의 녹음이 느리다.
  ④ 비드 폭이 좁다.
  ⑤ 일반적으로 널리 사용된다.
(2) 역극성(DCRP)의 특징
  ① 모재가 음극(-), 용접봉이 양극(+)
  ② 모재의 용입이 얕다.
  ③ 봉의 녹음이 빠르다.
  ④ 비드폭이 넓다.
  ⑤ 박판, 주철, 합금강, 비철금속에 사용한다. |답| ②

43 동관용 공구 중에서 동관 끝의 확관용 공구로 맞는 것은?
① 익스팬더   ② 사이징 툴
③ 튜브벤더   ④ 튜브커터

해 설
동관용 공구의 종류 및 용도
① 튜브 커터(tube cutter) : 관지름 20[mm] 이하의 동관 절단에 사용하는 공구이다.
② 튜브 벤더(tube bender) : 관지름 20[mm] 이하의 동관을 상온에서 필요한 각도로 구부릴 때 사용하며 구부릴 수 있는 각도는 0~180°이다.
③ 플레어링 공구 : 동관을 압축이음(flare joint)할 때 동관 끝을 나팔관 모양으로 넓히기 위하여 사용하는 공구이다.
④ 리머(reamer) : 튜브 커터로 동관을 절단한 후 관 내면에 생기는 거스러미를 제거하는데 사용한다.
⑤ 사이징 툴(sizing tools) : 동관의 끝부분을 정확한 치수의 원형으로 교정하기 위하여 사용한다.
⑥ 확관기(expander) : 동일한 지름의 동관을 이음쇠 없이 납땜이음 할 때 한쪽 관 끝에 소켓을 만드는데 사용한다.
⑦ 티 뽑기(extractor) : 티로 연결할 부분에 관이음재(티)를 사용하지 않고 동관에 구멍을 내어 간단히 관을 연결하는데 사용한다. |답| ①

44 강관을 가열 굽힘 할 때의 가열온도로 다음 중 가장 적합한 것은?
① 500~600[℃]   ② 1200[℃] 정도
③ 800~900[℃]   ④ 1350[℃] 정도

|답| ③

45 주철관의 소켓이음에 대한 설명으로 틀린 것은?

① 납은 얀의 이탈을 방지한다.
② 주로 건축물의 배수배관에 많이 사용하며 연납이음이라고 한다.
③ 얀은 납과 물이 직접 접촉하는 것을 방지한다.
④ 얀은 수도관일 경우 삽입길이의 2/3 정도 채워 누수를 막아준다.

해 설
주철관의 소켓이음 시 얀의 양
① 급수관 : 삽입길이의 1/3
② 배수관 : 삽입길이의 2/3 |답| ④

46 다음 중 폴리에틸렌관 이음의 종류가 아닌 것은?

① 인서트 이음 ② 테이퍼 조인트 이음
③ 몰코 이음   ④ 융착 슬리브 이음

해 설
폴리에틸렌관의 이음 종류
① 용착 슬리브 접합 : 관 끝의 바깥쪽과 이음관의 안쪽을 동시에 가열하여 용융이음 하는 방법이다.
② 테이퍼 접합 : 50[mm] 이하의 관에 폴리에틸렌관 전용의 포금제 테이퍼 조인트를 사용하여 접합하는 방법이다.
③ 인서트 접합 : 50[mm] 이하의 폴리에틸렌관 접합용으로 가열 연화한 인서트를 끼우고 물로 냉각하여 클램프로 조여 접합하는 방법이다.
④ 기타 이음 방법 : 용접법, 플랜지 이음법, 나사 이음
※ 몰코 이음은 스테인리스관의 이음 방법이다. |답| ③

47 치수선과 치수보조선의 기입방법으로 틀린 것은?

① 치수선은 원칙적으로 지시하는 길이 또는 각도를 측정하는 방향으로 평행하게 긋는다.
② 치수선 끝에는 화살표, 사선 또는 검정 동그라미를 붙여 그린다.
③ 기점기호는 치수선의 기점을 중심으로 검정 동그라미를 붙여 그린다.
④ 중심선, 외형선, 기준선 및 이들 연장선을 치수선으로 사용하면 안 된다. |답| ③

48 2개 이상의 관을 동일한 지지대 위에 나란히 배관할 경우 지면의 높이를 기준면으로 하고 관 밑면까지 높이를 3000[mm]라 할 때 치수 기입법으로 적합한 것은?

① EL+3000 BOP   ② EL+3000 TOP
③ GL+3000 BOP   ④ GL+3000 TOP

해 설
관의 높이 표시방법
(1) EL(elevation line) 표시 : 그 지방의 해수면에 기준선(base line)을 설정하여 이 기준선으로부터의 높이를 표시하는 표시법
  ① BOP(bottom of pipe) : 지름이 다른 관의 높이를 나타낼 때 적용되며 관 바깥지름의 아랫면을 기준으로 하여 표시한다.
  ② TOP(top of pipe) : 관의 윗면을 기준으로 하여 표시한다.
(2) GL(ground line) : 포장된 지표면을 기준으로 하여 배관장치의 높이를 표시할 때 적용된다.
(3) FL(floor line) : 1층 바닥면을 기준으로 하여 높이를 표시한다. |답| ③

49 다음 그림은 관 A로부터 분기된 관 B가 화면에 직각으로 바로 앞쪽으로 올라가 있으며 구부러져 있는 경우이다. 정투상도가 옳게 된 것은?

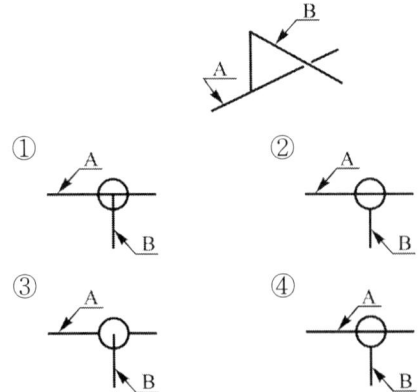

|답| ③

50 그림과 같은 배관의 도시기호는 다음 중 어느 것인가?
① 용접식 캡
② 나사 박음식 플러그
③ 막힌 플랜지
④ 나사 박음식 캡

|답| ③

51 아래의 용접기호에서 인접한 용접부 간의 간격을 나타내는 것은?

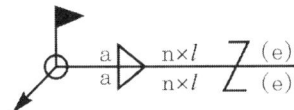

① a   ② n   ③ l   ④ (e)

해 설
용접도시기호 문자
① a : 용접 목두께
② n : 용접부의 개수(용접수)
③ l : 용접부 길이(크레이트 제외)
④ (e) : 인접한 용접부 간의 간격

|답| ④

52 한 도면에서 선들이 두 가지 이상 등분되어 있을 때 그려지는 우선순위로 맞는 것은?
① 외형선 → 숨은선 → 절단선 → 중심선
② 절단선 → 숨은선 → 외형선 → 중심선
③ 중심선 → 숨은선 → 절단선 → 외형선
④ 숨은선 → 절단선 → 중심선 → 외형선

|답| ①

53 제도에서 지시, 치수 등을 기입하기 위한 용도로 사용하는 선으로 맞는 것은?
① 굵은 실선
② 일점쇄선
③ 이점쇄선
④ 가는실선

|답| ④

54 아래 도면의 물량을 맞게 산출한 것은?
① 엘보 2개, 티 1개
② 엘보 1개, 티 2개
③ 엘보 2개, 티 2개
④ 엘보 3개, 티 1개

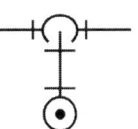

|답| ①

55 로트 크기 1000, 부적합품률이 15[%]인 로트에서 5개의 랜덤 시료 중에서 발견된 부적합품수가 1개일 확률을 이항분포로 계산하면 약 얼마인가?
① 0.1648   ② 0.3915
③ 0.6085   ④ 0.8352

해 설
$$P = \sum \binom{n}{x} P^x (1-P)^{n-x}$$
$$= \sum \binom{5}{1} \times (0.15)^1 \times (1-0.15)^{5-1}$$
$$= 5 \times 0.15^1 \times (1-0.15)^4 = 0.3915$$

|답| ②

56 다음 검사의 종류 중 검사공정에 의한 분류에 해당되지 않는 것은?
① 수입검사   ② 출하검사
③ 출장검사   ④ 공정검사

해 설
검사의 분류
① 검사공정에 의한 분류 : 구입검사(수입검사), 중간검사(공정검사), 완성검사(최종검사), 출고검사(출하검사)
② 검사 장소에 의한 분류 → 정위치 검사, 순회검사, 입회검사(출장검사)

|답| ③

57 품질코스트(quality cost)를 예방코스트, 실패코스트, 평가코스트로 분류할 때, 다음 중 실패코스트(failure cost)에 속하는 것이 아닌 것은?
① 시험 코스트   ② 불량대책 코스트
③ 재가공 코스트   ④ 설계변경 코스트

해 설
품질코스트(quality cost) 분류 및 종류
① 예방코스트(P-cost) : QC계획 코스트, QC기술 코스

트, QC교육 코스트, QC사무 코스트
② 평가코스트(A-cost) : 수입검사 코스트, 공정검사 코스트, 완성품검사 코스트, 시험 코스트, PM 코스트
③ 실패코스트(F-cost) : 폐각 코스트, 재가공 코스트, 외주 부적합품 코스트, 설계변경 코스트, 현지서비스 코스트, 대품서비스 코스트, 불량대책 코스트 |답| ①

58 그림과 같은 계획공정도(Network)에서 주공정은? (단, 화살표 아래의 숫자는 활동시간을 나타낸 것이다.)

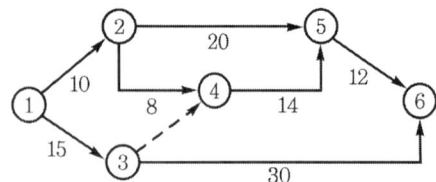

① ① - ③ - ⑥
② ① - ② - ⑤ - ⑥
③ ① - ② - ④ - ⑤ - ⑥
④ ① - ③ - ④ - ⑤ - ⑥

해 설
각 공정의 작업시간
①항 : ① → ③ → ⑥
　　 = 15 + 30 = 45시간
②항 : ① → ② → ⑤ → ⑥
　　 = 10 + 20 +12 = 42시간
③항 : ① → ② → ④ → ⑤ → ⑥
　　 = 10 + 8 + 14 + 12 = 44시간
④항 : ① → ③ → ④ → ⑤ → ⑥
　　 = 15 + 14 +12 = 41시간
※ 주공정은 가장 긴 작업시간이 예상되는 공정이다.
　　　　　　　　　　　　　　　　|답| ①

59 다음 중 계량값 관리도에 해당되는 것은?
① c 관리도　　　② nP 관리도
③ R 관리도　　　④ u 관리도

해 설
계량값 관리도 종류 : $\bar{x}-R$ 관리도($\bar{x}$관리도, R 관리도), Me-관리도, L-S 관리도, 누적합 관리도, 가중평균 관리도, 다변량 관리도 |답| ③

60 Ralph M. Barnes 교수가 제시한 동작경제의 원칙 중 작업장 배치에 관한 원칙(Arrangement of the workplace)에 해당 되지 않는 것은?
① 가급적이면 낙하식 운반방법을 이용한다.
② 모든 공구나 재료는 지정된 위치에 있도록 한다.
③ 충분한 조명을 하여 작업자가 잘 볼 수 있도록 한다.
④ 가급적 용이하고 자연스런 리듬을 타고 일할 수 있도록 작업을 구성하여야 한다.

해 설
작업장 배치에 관한 원칙 : ①, ②, ③ 외
① 공구와 재료는 작업이 용이하도록 작업자의 주위에 있어야 한다.
② 재료를 될 수 있는 대로 사용위치 가까이에 공급할 수 있도록 중력을 이용한 호퍼 및 용기를 사용한다.
③ 공구 및 재료는 동작에 가장 편리한 순서로 배치한다.
④ 의자와 작업대의 모양과 높이는 각 작업자에게 알맞도록 설계하고 지급한다. |답| ④

2011년 기능장 제50회 필기시험 (7월 31일 시행)

자격종목	코드	시험시간	형별
배관기능장	3081	1시간	B

※ 답안 카드 작성 시 시험문제지 형별누락, 마킹착오로 인한 불이익은 전적으로 수험자의 귀책사유임을 알려드립니다.
※ 각 문항은 4지 택일형으로 질문에 가장 적합한 보기 항을 선택하여 마킹하여야 합니다.

1 다음 공업배관에 많이 사용되는 감압밸브에 관한 설명 중 잘못 설명된 것은?
① 감압밸브는 고압관과 저압관 사이에 설치한다.
② 주요 부품은 스프링, 다이어프램, 파일럿 밸브(pilot valve) 등이 있다.
③ 감압밸브 설치 시에는 보통 바이패스(By-pass)를 설치하지 않는다.
④ 감압밸브 근처에는 압력계 및 안전밸브를 장치해야 한다.

해 설
감압밸브 고장을 대비하여 바이패스는 반드시 설치하여야 한다.　　　|답| ③

2 펌프의 설치 및 주변 배관 시 주의사항이다. 틀린 것은?
① 펌프는 일반적으로 기초 콘크리트 위에 설치한다.
② 흡입관은 되도록 길게 하고 직관으로 배관한다.
③ 효율을 좋게 하기 위해서 펌프의 설치 위치를 되도록 낮춰서 흡입양정을 작게 한다.
④ 흡입관의 중량이 펌프에 미치지 않도록 관을 지지하여야 한다.

해 설
흡입관은 가능하면 짧게 하여야 한다.　　　|답| ②

3 배관계의 지지 장치 설계 시 지지점의 설정에 고려해야 할 사항 중 적당하지 않은 것은?
① 과대 응력의 발생이나 드레인 배출에 지장이 없도록 한다.
② 건물, 기기 등의 기존보를 가급적 이용한다.
③ 집중 하중이 걸리는 곳에 지지점을 정한다.
④ 밸브나 수직관 근처는 가급적 피한다.

해 설
밸브나 곡관 부근을 지지하는 것을 원칙으로 하며, 중량 밸브나 계전기 등이 있는 경우에는 그 기기 가까이 설치한다.　　　|답| ④

4 항상 일정한 풍량을 공급하는 공조방식으로 부하 변동이 심하지 않는 경우에 적합하며, 부분적으로 부하 변동이 있는 공간에 적용이 곤란한 덕트 방식으로 전공기 방식으로 분류되는 공기조화방식은?
① 정풍량 단일 덕트 방식
② 유인 유닛 방식
③ 덕트 병용 팬 코일 유닛 방식
④ 패키지 덕트 방식

해 설
공기조화방식의 분류
(1) 중앙식
　① 전공기 방식 : 단일 덕트 방식, 2중 덕트 방식
　② 물-공기병용방식 : 존(zone) 유닛방식, 유인 유닛 방식, 팬코일 유닛 방식, 복사패널 덕트 병용방식
(2) 개별식
　① 전수방식 : 팬코일 유닛 방식
　② 냉매방식 : 팩케이지 유닛 방식, 팬코일 유닛 방식
　　　|답| ①

5 냉방설비에서 공기는 어느 곳에서 냉각된 공기를 실내에 송풍하는가?
① 응축기　　② 증발기
③ 수액기　　④ 팽창밸브

해 설

증기압축식 냉동기의 각 장치 기능
① 압축기 : 저온, 저압의 냉매가스를 고온, 고압으로 압축하여 응축기로 보내 응축, 액화하기 쉽도록 하는 역할을 한다.
② 응축기 : 고온, 고압의 냉매가스를 공기나 물을 이용하여 응축, 액화시키는 역할을 한다.
③ 팽창밸브 : 고온, 고압의 냉매액을 증발기에서 증발하기 쉽게 저온, 저압으로 교축 팽창시키는 역할을 한다.
④ 증발기 : 저온, 저압의 냉매액이 피냉각 물체로부터 열을 흡수하여 증발함으로써 냉동의 목적을 달성한다.
※ 수액기 : 응축기에서 응축된 냉매액을 일시적으로 저장하는 탱크
|답| ②

6 제어에서 입력 신호에 대한 출력신호 응답 중 인디셜(inditial) 응답이라고도 하며, 입력이 단위량만큼 단계적으로 변화될 때의 응답을 말하는 것은?
① 자기 평형성　　② 과도 응답
③ 주파수 응답　　④ 스텝 응답

해 설

응답 : 자동제어계의 어떤 요소에 대하여 입력을 원인이라 하면 출력은 결과가 되며, 이때의 출력을 입력에 대한 응답이라고 한다.
① 과도응답 : 정상상태에 있는 요소의 입력측에 어떤 변화를 주었을 때 출력측에 생기는 변화의 시간적 경과를 말한다.
② 스텝응답 : 입력을 단위량만큼 변화시켜 평형상태를 상실했을 때의 과도응답을 말한다.
③ 정상응답 : 과도응답에 대하여 제어계 또는 요소가 완전히 정상상태로 이루어졌을 때의 응답을 말한다.
④ 주파수 응답 : 사인파 상의 입력에 대한 자동제어계 또는 그 요소의 정상응답을 주파수의 함수로 나타낸 것이다.
|답| ④

7 냉매의 조건을 설명 한 것 중 잘못된 것은?
① 응고점이 낮을 것
② 임계온도는 상온보다 가급적 높을 것
③ 같은 냉동능력에 대하여 소요 동력이 클 것
④ 증기의 비체적이 적을 것

해 설

같은 냉동능력에 대하여 소요 동력이 작을 것　|답| ③

8 보일러 자동제어 중 연료 및 공기 유량을 조정하고 굴뚝으로 배출되는 연소가스의 유량을 제어하여 발생되는 열을 조정하는 제어는?
① 증기온도제어
② 급수제어
③ 재열온도제어
④ 연소제어

해 설

보일러 자동제어(A·B·C)

명 칭	제어량	조작량
자동연소제어 (ACC)	증기압력	공기량, 연료량
	노내압	연소가스량
급수제어 (FWC)	보일러 수위	급수량
증기온도제어 (STC)	증기온도	전열량

|답| ④

9 온수난방의 팽창탱크에 관한 다음 설명 중 틀린 것은?
① 안전밸브 역할을 한다.
② 팽창탱크는 최고층 방열기보다 1[m] 이상 높은 곳에 위치하여야 한다.
③ 온도변화에 따른 체적팽창을 도출 시킨다.
④ 온수의 순환을 촉진시키는 역할이 주목적이다.

해 설

팽창탱크의 설치 목적(역할)
① 운전 중 장치내의 온도상승에 의한 체적팽창 및 그 압력을 흡수한다.
② 팽창된 온수의 넘침을 방지하여 열손실을 방지한다.
③ 운전 중 장치내의 압력을 소정의 압력으로 유지하고, 온수온도를 유지한다.
④ 장치 내 보충수 공급 및 공기침입을 방지한다.
|답| ④

10 건물의 외벽, 창, 지붕 등에 일정한 간격으로 배열하여 인접건물 화재 시 수막을 만드는 소화설비는?
① 방화전   ② 스프링클러
③ 드렌처   ④ 사이어미즈 커넥션

해 설
드렌처 설비 : 인접 건물에서 화재가 발생했을 때 인화를 방지하기 위해 창문, 출입구, 처마 끝에 물을 뿌려 수막을 형성함으로서 본 건물의 화재 발생을 예방하는 소화설비이다. |답| ③

11 1보일러 마력을 설명한 것으로 가장 올바른 것은?
① 50[℃]의 물 10[kg]을 1시간에 전부 증기로 변화시키는 증발능력
② 100[℃]의 물 15.65[kg]을 1시간 동안 같은 온도의 증기로 변화시키는 증발능력
③ 1시간에 1565[kcal]의 증발량을 발생시키는 증발능력
④ 1시간에 약 6280[kcal]의 증발량을 발생시키는 증발능력

해 설
보일러 마력 : 1 보일러 마력이란 1시간에 15.65[kg]의 상당 증발량을 갖는 보일러의 동력. 즉, 100[℃] 물 15.65[kg]을 1시간에 같은 온도의 증기로 변화시킬 수 있는 능력이며, 약 8435[kcal/h]의 열을 흡수하여 증기를 발생할 수 있는 능력이다.

$$\therefore \text{보일러 마력} = \frac{G_e}{15.65} = \frac{G_a(h_2 - h_1)}{539 \times 15.65}$$ |답| ②

12 통기관의 관지름을 결정하는 원칙 설명 중 틀린 것은?
① 신정 통기관의 관지름은 관지름을 줄이지 않고 연장해서 대기 중에 개방한다.
② 결합 통기관은 배수 수직관과 통기 수직관 중 관지름이 작은 쪽의 관지름 이상으로 한다.
③ 각개 통기관의 관지름은 그것에 연결되는 배수관 지름의 1/2보다 작으면 안 되고 최소 관지름은 30[mm]이다.
④ 루프 통기관의 관지름은 배수 수평 분기관과 통기 수직관 중 관지름이 큰 쪽의 1/2보다 작으면 안 되고 최소 관지름은 30[mm]이다.

해 설
루프 통기관의 최소 관지름은 40[mm]이다. |답| ④

13 건축설비공사 표준시방서 등의 시험기준에 의하여 배관시험 기준에 의한 배관시험 압력은 사용압력의 몇 배로 시험하는가?
① 0.5~1   ② 1.5~2
③ 3~4   ④ 5~6
  |답| ②

14 배관용 공기 기구 사용 시 안전수칙 중 틀린 것은?
① 처음에는 천천히 열고 일시에 전부 열지 않는다.
② 기구 등의 반동으로 인한 재해에 항상 대비한다.
③ 공기 기구를 사용할 때는 보호구를 사용한다.
④ 활동부에는 항상 기름 또는 그리스가 없도록 깨끗이 닦아 준다.

해 설
활동부에는 항상 기름 또는 그리스를 주입하여 원활히 작동되도록 한다. |답| ④

15 장치 중에서 응축된 유체를 재가열 증발시킬 목적으로 사용하는 열교환기는?
① 재비기(reboiler)   ② 예열기(preheater)
③ 가열기(heater)   ④ 응축기(condenser)

해 설
각 장치의 역할 및 기능
① 재비기(reboiler) : 장치 중에서 응축된 유체를 재가열 증발시킬 목적으로 사용하는 열교환기이다.
② 예열기(preheater) : 유체에 미리 열을 주어 다음 공정의 효율을 증대시키는 열교환기이다.
③ 가열기(heater) : 유체의 온도를 높이는데 사용하여 유

체를 재가열하여 과열상태로 하기 위한 열교환기이다.
④ 응축기(condenser) : 응축성 기체의 잠열을 제거해 액화시키는 열교환기이다. **|답| ①**

16 산소를 쓰는 경우에는 다음 중 어떤 장소를 선택하는 것이 가장 좋은가?
① 기름이 있는 건조한 곳
② 직사광선을 받는 밀폐된 곳
③ 가연성물질이 없고 통풍이 잘되는 곳
④ 습도가 높고 고압가스가 있는 곳

해 설
산소는 강력한 조연성(지연성) 가스이므로 인화 및 가연성물질이 없고 통풍이 양호한 장소에서 사용하여야 한다.
|답| ③

17 다음은 수요자 전용 가스정압기의 배관설치 도면이다. (가)에 맞는 배관 명칭은?

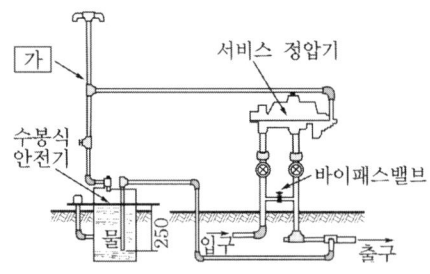

① 팽창관 ② 방출관
③ 공기공급관 ④ 정압기

해 설
방출관 : 수봉식 안전기 및 서비스 정압기에서 방출되는 가스를 대기 중으로 방출시키는 관이다. **|답| ②**

18 자동제어계에서 동작신호에 의하여 이에 대응하는 연산출력, 즉 조작신호를 보내는 부분을 무엇이라고 하는가?
① 비교부 ② 검출부
③ 조절부 ④ 조작부

해 설
① 비교부 : 기준입력과 주피드백량과의 차를 구하는 부분으로서 제어량의 현재값이 목표치와 얼마만큼 차이가 나는가를 판단하는 기구
② 검출부 : 제어량을 검출하고 이것을 기준입력과 비교할 수 있는 물리량(주피드백 신호)을 만드는 부분
③ 조절부 : 제어편차에 따라 일정한 신호를 조작요소에 보내는 부분
④ 조작부 : 제어대상에 대하여 작용을 걸어오는 부분으로 조작신호를 받아 이것을 조작량으로 바꾸는 부분
|답| ③

19 배관설비의 유지관리에서 응급조치법의 종류가 아닌 것은?
① 코킹법과 밴드 보강법
② 인젝션법
③ 박스 설치법
④ 파이어 설치법

해 설
배관설비의 응급조치법
① 코킹법 : 배관에서 관내의 압력과 온도가 비교적 낮고 누설 부분이 작은 경우 정을 대고 때려서 기밀을 유지하는 응급조치 방법이다.
② 인젝션법 : 부식, 마모 등으로 작은 구멍이 생겨 유체가 누설될 경우 고무제품의 각종 크기로 된 볼을 일정량 넣고, 유체를 채운 후 펌프를 작동시켜 누설부분을 통과하려는 볼이 누설부분에 정착, 누설을 미량이 되게 하거나 정지시키는 응급조치 방법이다.
③ 스토핑 박스(stopping box)법 및 박스(box-in) 설치법
④ 핫태핑(hot tapping)법과 플러깅(plugging)법 : 장치의 운전을 정지시키지 않고 유체가 흐르는 상태에서 고장을 수리하는 것으로 바이패스를 시키거나 분기하여 유체를 우회 통과시키는 응급조치 방법이다. **|답| ④**

20 다음에서 강도율의 계산법으로 맞는 것은?
① $\dfrac{\text{근로손실일수}}{\text{연근로시간수}} \times 100$
② $\dfrac{\text{재해건수}}{\text{연근로시간수}} \times 100$
③ $\dfrac{\text{재해건수}}{\text{재적근로자수}} \times 100$
④ $\dfrac{\text{근로손실일수}}{\text{재적근로자수}} \times 100$

해 설
강도율 : 안전사고의 강도를 나타내는 기준으로 근로시간 1000시간당의 재해에 의하여 손실된 노동 손실 일수이다.
|답| ①

21 다음 중 수동으로 직접 조절해야 작동되는 밸브는?
① 플로트 밸브(float valve)
② 세정 밸브(flush valve)
③ 증발 압력조정 밸브
④ 감압 밸브

|답| ②

22 지진, 진동, 풍압, 수격작용 등에 의해 배관이 움직이는 것을 제한하기 위한 장치는?
① 행거(hanger) ② 서포트
③ 브레이스 ④ 리스트레인트

해 설
브레이스(brace) : 펌프, 압축기 등에서 발생하는 진동을 흡수하여 배관계통에 전달되는 것을 방지하는 역할을 하는 것으로 종류는 다음과 같다.
① 방진구 : 진동을 방지하거나 완화시키는 역할을 한다.
② 완충기 : 배관 내의 수격작용, 안전밸브 분출반력 등 충격을 완화하는 역할을 한다. |답| ③

23 배관의 용도에 따른 패킹재료가 적당하지 않은 것은?
① 급수관 – 테플론 ② 배수관 – 네오프렌
③ 급탕관 – 실리콘 ④ 증기관 – 천연고무

해 설
천연고무 : 탄성이 크고 우수하나 열과 기름에는 약하며 내산, 내알칼리성은 크지만 흡수성이 없다. 내열성(100[℃] 이상), 내한성(-55[℃])이 좋지 않기 때문에 일반적인 냉수, 배수 및 공기배관에 사용되며, 증기관에는 부적당하다. |답| ④

24 몰리브덴강 및 크롬-몰리브덴강으로 이음매 없이 제조하여 증기관 및 석유정제용 배관에 적합한 강관은?
① 압력배관용 탄소강관
② 고압배관용 탄소강관
③ 배관용 아크용접 탄소강관
④ 배관용 합금강 강관

해 설
배관용 합금강 강관(SPA) : 1종은 몰리브덴(Mo)강, 2~6종은 크롬-몰리브덴(Cr-Mo)강으로 탄소강관에 비하여 고온에서의 강도가 크다. 고압 보일러의 증기관, 석유 정제용 배관 등 고온 고압하에서 사용된다. |답| ④

25 과열증기에 사용이 가능하고, 수격작용에 잘 견디며 배관이 용이하나 수명이 짧고, 높은 배압에서 작동되지 않고 소음발생, 증기누설 등의 단점이 있는 트랩은?
① 디스크형 트랩
② 상향식 버킷 트랩
③ 레버 플로트형 트랩
④ 하향식 버킷형 트랩

|답| ①

26 관 이음쇠 중 리듀서(reducer)를 사용하는 경우를 바르게 설명한 것은?
① 관의 끝을 막을 때
② 동경의 관을 도중에서 분기할 때
③ 직선배관에서 90° 혹은 45° 방향으로 전환할 때
④ 배관의 관경을 축소하여 연결할 때

해 설
강관 이음쇠의 사용 용도에 의한 분류
① 배관의 방향을 전환할 때 : 엘보(elbow), 벤드(bend)
② 관을 도중에 분기할 때 : 티(tee), 와이(Y), 크로스(cross)
③ 동일 지름의 관을 연결할 때 : 소켓(socket), 니플(nipple), 유니언(union)
④ 이경관을 연결할 때 : 리듀서(reducer) 부싱(bushing), 이경 엘보, 이경 티
⑤ 관 끝을 막을 때 : 플러그(plug), 캡(cap) |답| ④

27 구상흑연주철관이라고도 하며 내식성, 가요성, 충격에 대한 연성 등이 우수한 주철관은?
① 수도용 원심력 금형 주철관
② 원심력 모르타르 라이닝 주철관
③ 수도용 원심력 덕타일 주철관
④ 수도용 원심력 사형 주철관

해설
수도용 원심력 덕타일 주철관 : 구상 흑연 주철관이라 하며 양질의 선철에 강을 배합하여 용해하고, 회전하는 주형에 주입한 다음 원심력을 이용하여 주조한 후 노(爐)속에 넣고 고르게 가열하여 730[℃] 이상에서 적당한 시간 동안 풀림(annealing)처리를 한 것이며 주철 중의 흑연이 구상화하여 관의 질이 균일하게 되어 강도가 크다.
|답| ③

28 스테인리스강관의 특성에 대한 설명으로 틀린 것은?
① 위생적이어서 적수, 백수, 청수의 염려가 없다.
② 강관에 비해 기계적 성질이 우수하다.
③ 두께가 얇고 가벼워 운반 및 시공이 쉽다.
④ 저온 충격성이 작고 동결에 대한 저항이 작다.

해설
스테인리스 강관의 특징 : ①, ②, ③ 외
① 내식성, 내마모성이 우수하다.
② 관마찰저항이 작아 손실수두가 적다.
③ 강도가 크고, 굽힘 작업이 어렵다.
④ 열전도율이 낮다(14.04[kcal/h·m·℃]).
⑤ 압축이음으로 배관작업이 용이하지만, 보수작업이 어렵다.
|답| ④

29 일반적인 폴리부틸렌관의 이음방법으로 맞는 것은?
① MR 이음 ② 에이콘 이음
③ 몰코 이음 ④ TS식 냉간이음

해설
에이콘 이음 : 본체, 그라프링(grab ring), 오링(O-ring), 캡, 서포트슬리브로 구성되며 관을 연결구에 삽입하여 그라프링과 O링에 의한 이음방법이다. |답| ②

30 내열성, 내유성, 내수성이 좋고 내열도는 150~200[℃] 정도이며 베이킹 도료로 사용되는 합성수지 도료는?
① 프탈산계 도료
② 요소 멜라민계 도료
③ 에폭시 수지계 도료
④ 염화비닐계 도료

해설
요소 멜라민(melamine)계 도료 : 내열성, 내유성, 내수성이 좋고 내열도는 150~200[℃] 정도이며 베이킹(backing : 소부[燒付]) 도료로 사용된다. |답| ②

31 스테인리스 또는 인청동제로 제작된 것으로 일명 팩리스(packless) 신축이음쇠라고 부르는 것은?
① 루프형 신축이음쇠
② 슬리브형 신축이음쇠
③ 스위블형 신축이음쇠
④ 벨로스형 신축이음쇠

해설
벨로스형(bellows type) : 팩리스(packless)형이라 하며, 관의 신축에 따라 슬리브와 함께 신축하는 것으로, 미끄럼 면에서 유체가 누설되는 것을 방지한다. 설치장소에 구애받지 않고 가스, 증기, 물 등 2[MPa], 450[℃]까지 축 방향 신축흡수에 사용되며 단식과 복식 2종류가 있다.
|답| ④

32 원심력식 철근 콘크리트관에 대한 설명으로 맞는 것은?
① 흄관이라고도 하며, 관의 이음재의 형상에 따라 A, B, C형으로 나눈다.
② 호칭지름 150~600[mm]까지는 소켓 이음쇠를 사용한다.
③ 에터니트관 이라고도 하며 정수두 75[m] 이하의 1종관과 정수두 45[m] 이하의 2종관이 있다.
④ 일반적으로 PS관이라 한다.

해설
원심력식 철근 콘크리트관 : 흄관(Hume pipe)이라 하며, 철제 형틀 속에 원통형으로 조립된 철근망을 넣고 축선을 수평으로 하여 회전시키면서 반죽한 콘크리트를 투입시키면 원심력에 의하여 고르게 다져 지면서 치밀한 콘크리트관이 되며, 성형 후에는 증기 양생을 실시하여 고르게 경화시킨다. 용도에 따라 보통관과 압력관으로 분류되며, 모양에 따라 A형, B형, C형으로 분류된다. |답| ①

33 호칭 20[A](3/4인치) 동관의 실제 바깥지름은 몇 [mm]인가?
① 19.05 ② 22.22 ③ 23.15 ④ 25.20

해 설
동관의 바깥지름
① 호칭 20A(3/4 B) 동관 : 22.22[mm]
② 5/8 B : 19.05[mm]
|답| ②

34 유량계 설치법에 대한 설명으로 잘못된 것은?
① 차압식 유량계의 오리피스는 원칙적으로 수직 배관에 설치한다.
② 차압식 유량계의 노즐 취출방향은 액체인 경우는 하향, 기체일 경우는 상향으로 한다.
③ 증기배관에는 증기가 유량계에 유입하는 것을 방지하고, 차압에 대해 일정한 액주의 높이를 유지할 수 있도록 콘덴서를 설치한다.
④ 체적식 유량계와 면적식 유량계는 조작 및 보수가 쉽도록 설치한다.

해 설
차압식 유량계(오리피스미터, 플로노즐, 벤투리미터)는 원칙적으로 수평배관에 설치하여야 한다. |답| ①

35 아세틸렌 용기의 충전 전 무게는 50[kgf], 충전 후 57[kgf]이 되었다면 용기 속에 충전된 아세틸렌은 몇 리터[L]인가?
① 4245 ② 4800 ③ 6335 ④ 7600

해 설
용해 아세틸렌 1[kg]이 15[℃], 1 [kgf/cm^2]하에서 기화하면 905[L]의 아세틸렌 가스가 된다.
∴ 가스량 = 905 × 충전 전·후의 무게차
= 905 × (57 − 50) = 6335[L] |답| ③

36 동력식 나사 절삭기 사용 시 안전수칙으로 틀린 것은?
① 절삭된 나사부는 맨손으로 만지지 않도록 한다.
② 기계의 정비 수리 등은 기계를 정지시킨 후 행한다.
③ 나사 절삭 시에는 계속 절삭유를 공급한다.
④ 절삭기 사용 후에는 필히 척을 닫아 둔다.

해 설
사용할 때에는 관을 척에 확실히 고정시키고, 사용 후에는 척을 반드시 열어 둔다. |답| ④

37 철근 콘크리트관을 하수관으로 매설할 때 관거의 최소 매설 깊이(흙 두께)로 맞는 것은?
(단, 노면하중, 노반두께 및 다른 매설물의 관계, 동결심도 등은 고려치 않은 두께 임)
① 80[cm] ② 100[cm]
③ 150[cm] ④ 200[cm]
|답| ②

38 관 속에 온수나 냉수가 흐르고 있을 때, 고체와 유체 사이에 온도차가 있을 경우 열 이동이 일어나는 것을 의미하는 용어로 가장 적합한 것은?
① 열복사 ② 열방사
③ 열전달 ④ 대류전열

해 설
열의 이동 방법
① 전도(conduction) : 고체를 매개체로 하여 열이 고온에서 저온으로 이동하는 현상
② 대류(convection) : 고체 벽이 온도가 다른 유체와 접촉하고 있을 때 유체에 유동이 생기면서 열이 유동하는 현상
③ 복사(radiation) : 중간의 매개물 없이 한 물체에서 다른 물체로 열 에너지가 이동하는 현상으로 스테판 볼츠만의 법칙이 성립한다.
④ 열전달 : 고체면과 유체와의 사이의 열의 이동
|답| ③

39 일반적인 배관용 강관(구조용 제외)의 절단에 쓰이는 쇠톱의 인치(inch)당 톱날 산수로 가장 적당한 것은?
① 14산 ② 18산 ③ 24산 ④ 32산

해 설
쇠톱의 톱날 수와 용도

톱날 수(1″당)	용 도
14	탄소강(연강), 주철, 동합금
18	탄소강(경강), 고속도강
24	강관, 합금강
32	얇은 철판 및 강관

|답| ③

40 부속기기의 보수 및 점검을 위하여 관의 해체, 교환을 필요로 하는 곳의 이음에 적합하지 않는 이음방법은?
① 유니언 이음　② 플랜지 이음
③ 플레어 이음　④ 플라스턴 이음

해 설

플라스턴 이음 : 플라스턴 합금(Pb 60[%] + Sn 40[%], 용융점 : 232[℃])에 의한 연관의 접합 방법으로 직선 접합, 맞대기 접합, 수전 소켓 접합, 분기관 접합, 만다린 접합 방법 등이 있다.

|답| ④

41 경질염화 비닐관의 이음작업에 관한 설명 중 틀린 것은?
① 삽입접합의 경우 삽입 깊이는 바깥지름의 1.5배가 적당하다.
② 삽입접합에서의 연화 적정온도는 120~130[℃]이다.
③ 70~80[℃]로 가열하면 관은 연화하기 시작한다.
④ 연화변형을 한 다음 냉각하여 경화한 관은 가열하여도 본래의 모양으로 되지 않는다.

해 설

경질염화비닐관은 연화변형을 한 다음 냉각하여 경화한 관은 연화온도까지 가열하면 본래의 모양으로 돌아간다.

|답| ④

42 주철관 접합 시 녹은 납이 비산하여 몸에 화상을 입히는 가장 중요한 원인으로 맞는 것은?
① 이음부에 수분이 있기 때문에
② 녹은 납의 온도가 낮기 때문에
③ 녹은 납의 온도가 높기 때문에
④ 납의 성분에 주석이 너무 많이 함유되었기 때문에

해 설

이음부에 물기가 있으면 용해된 납을 부을 때 납이 비산하여 작업자에게 화상의 위험이 있다.

|답| ①

43 서브머지드 아크 용접에서 아크전압이 증가할 때 생기는 현상이 아닌 것은?
① 아크길이가 길어진다.
② 비드 폭이 넓어진다.
③ 평평한 비드가 형성된다.
④ 용입이 증가한다.

|답| ④

44 용접부의 파괴시험 검사법 중 기계적 시험 방법이 아닌 것은?
① 부식시험　② 피로시험
③ 굽힘시험　④ 충격시험

해 설

기계적 시험의 종류 : 인장시험, 굽힘시험, 충격시험, 피로시험

|답| ①

45 펌프와 관련된 용어 중 "클수록 저양정(대유량)이 되고, 작을수록 고양정(소유량)이 된다."와 가장 관계가 밀접한 용어는?
① 단수　② 사류
③ 비교회전수　④ 안내날개

해 설

비교회전도(비속도) : 토출량이 1[m³/min], 양정 1[m]가 발생하도록 설계한 경우의 판상 임펠러의 분당 회전수를 나타낸다.

$$N_S = \frac{N\sqrt{Q}}{\left(\frac{H}{n}\right)^{\frac{3}{4}}}$$

여기서, N_S : 비교회전도(비속도)
　　　N : 회전수[rpm]
　　　Q : 유량[m³/mim]
　　　H : 양정[m]
　　　n : 단수

|답| ③

46 배관설비에 있어서 유량계를 설치하여 유량을 측정한다. 다음과 같이 오리피스로 측정하였을 때 유량은 약 몇 [m³/s]인가? (단, 유량계수 $C_v = 0.6$, 수주차 $\Delta H = 20$[cm], 오피리스 축소 단면적 $A = 5$[cm²]이다.)

① 5.14×10^{-4} [m³/s]
② 5.94×10^{-4} [m³/s]
③ 6.34×10^{-4} [m³/s]
④ 6.54×10^{-4} [m³/s]

해 설

$$Q = C \cdot A \cdot \sqrt{2 \cdot g \cdot h}$$
$$= 0.6 \times 5 \times 10^{-4} \times \sqrt{2 \times 9.8 \times 0.2}$$
$$= 5.939 \times 10^{-4} [m^3/s]$$

|답| ②

47 다음 그림의 용접도시기호에서 n의 문자가 의미하는 것은?

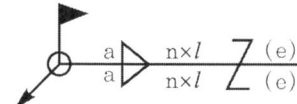

① 용접 목두께
② 용접부 길이(크레이트 제외)
③ 용접부의 개수(용접 수)
④ 인접한 용접부 간의 간격(피치)

해 설

용접도시기호 문자
① a : 용접 목두께
② n : 용접부의 개수(용접수)
③ l : 용접부 길이(크레이트 제외)
④ (e) : 인접한 용접부 간의 간격

|답| ③

48 "아주 굵은 선 : 굵은 선 : 가는 선"의 선 굵기 비율로 맞는 것은?

① 3 : 2 : 1
② $\sqrt{3}$: 2 : 1
③ 4 : 2 : 1
④ 3 : $\sqrt{2}$: 1

|답| ③

49 배관 내 물질의 종류를 식별하기 위한 색 중 기름을 나타내는 색은?

① 흰색
② 연한 노랑
③ 파랑
④ 어두운 주황

해 설

유체의 종류 및 표시

유체의 종류	문자기호	색상
공 기	A	백 색
가 스	G	황 색
기 름	O	황적색
수증기	S	암적색
물	W	청 색

|답| ④

50 건설 또는 제조에 필요한 모든 정보를 전달하기 위한 도면으로 공정도, 시공도, 상세도로 분리되는 도면은 어느 것인가?

① 계획도
② 제작도
③ 주문도
④ 견적도

|답| ②

51 다음 그림을 올바르게 설명한 것은?

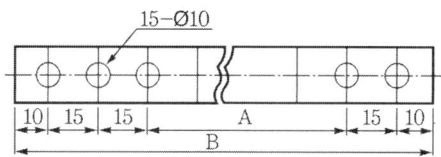

① 구멍의 총 수는 15개이며, A의 치수는 150[mm]이다.
② 드릴의 지름은 10[mm]이며, B의 치수는 220[mm]이다.
③ 구멍의 총 수는 15개이며, B의 치수는 220[mm]이다.
④ A의 치수는 165[mm]이며, B의 치수는 230[mm]이다.

해 설

① 15-φ10 : 지름 10[mm] 구멍의 수는 15개이다.
② A의 치수 = 15 × 14[개] - (15 × 3) = 165[mm]
③ B의 치수 = 15 × 14[개] + (10 × 2) = 230[mm]

|답| ④

52 KS 배관의 간략도시방법에서 사용하는 선의 종류별 호칭방법에 따른 선의 적용이 서로 틀린 것은?
① 굵은 실선 : 유선 및 결합부품
② 가는 실선 : 해칭, 인출선, 치수선, 치수보조선
③ 굵은 파선 : 다른 도면에 명시된 유선
④ 가는 1점 쇄선 : 도급 계약의 경계

해 설
가는 1점 쇄선 : 도형의 중심을 표시하는 선 또는 도형의 대칭선
|답| ④

53 그림과 같은 부분조립도에 대한 평면도로 가장 적합한 것은?

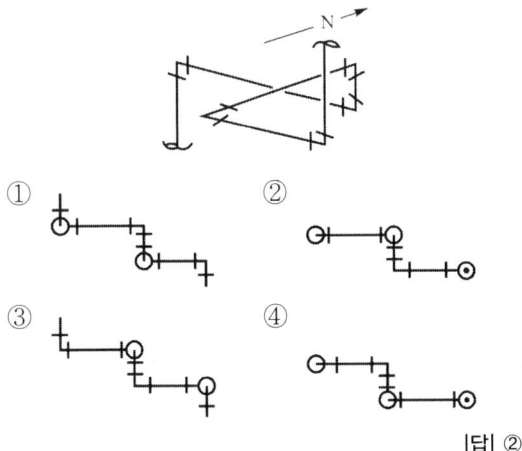

|답| ②

54 입체 배관도로 배관의 일부분만을 작도하는 도면으로 부분 제작을 목적으로 하는 도면의 명칭은?
① 평면 배관도   ② 입면 배관도
③ 부분 배관도   ④ 입체 배관도
|답| ③

55 관리도에서 측정한 값을 차례로 타점했을 때 점이 순차적으로 상승하거나 하강하는 것을 무엇이라 하는가?
① 연(run)   ② 주기(cycle)
③ 경향(trend)   ④ 산포(dispersion)

해 설
관리도의 판정
① 연(run) : 관리도에서 점이 관리한계 내에 있고 중심선의 한쪽에 연속해서 나타나는 점이며, 한 쪽에 연이은 점의 수를 연의 길이라고 한다.
② 경향(trend) : 관측값을 순서대로 타점했을 때 연속 6 이상의 점이 점점 상승하거나 하강하는 상태이다.
③ 주기(cycle) : 점이 주기적으로 상하로 변동하여 파형을 나타내는 경우이다.
|답| ③

56 어떤 측정법으로 동일 시료를 무한회 측정하였을 때 데이터 분포의 평균치와 참값과의 차를 무엇이라 하는가?
① 재현성   ② 안정성
③ 반복성   ④ 정확성
|답| ④

57 컨베이어 작업과 같이 단조로운 작업은 작업자에게 무력감과 구속감을 주고 생산량에 대한 책임감을 저하시키는 등 폐단이 있다. 다음 중 이러한 단조로운 작업의 결함을 제거하기 위해 채택되는 직무설계방법으로서 가장 거리가 먼 것은?
① 자율경영팀 활동을 권장한다.
② 하나의 연속작업시간을 길게 한다.
③ 작업자 스스로가 직무를 설계하도록 한다.
④ 직무확대, 직무충실화 등의 방법을 활용한다.
|답| ②

58 정상소요시간이 5일이고, 이때의 비용이 20000원이며 특급소요기간이 3일이고, 이때의 비용이 30000원이라면 비용구배는 얼마인가?
① 4000[원/일]   ② 5000[원/일]
③ 7000[원/일]   ④ 10000[원/일]

해 설

$$비용구배 = \frac{특급비용 - 정상비용}{정상시간 - 특급시간}$$
$$= \frac{30000 - 20000}{5 - 3}$$
$$= 5000[원/일]$$
|답| ②

59 "무결점 운동"으로 불리는 것으로 미국의 항공사인 마틴사에서 시작된 품질개선을 위한 동기부여 프로그램은 무엇인가?
① ZD
② 6 시그마
③ TPM
④ ISO 9001

해 설

ZD(Zero Defect)운동 : 무결점운동으로 인간의 오류에 의한 일체의 결함이나 결점을 없애기 위한 경영관리기법이다. |답| ①

60 도수분포표를 작성하는 목적으로 볼 수 없는 것은?
① 로트의 분포를 알고 싶을 때
② 로트의 평균치와 표준편차를 알고 싶을 때
③ 규격과 비교하여 부적합품률을 알고 싶을 때
④ 주요 품질항목 중 개선의 우선순위를 알고 싶을 때

해 설

도수분포표 작성 목적 : ①, ②, ③ 외
 ① 규격차와 비교하여 공정의 현황을 파악하기 위하여
 ② 분포가 통계적으로 어떤 분포형에 근사한가를 알기 위하여 |답| ④

2012년 기능장 제 51 회 필기시험 (4월 8일 시행)

자격종목	코 드	시험시간	형 별
배관기능장	3081	1시간	A

※ 답안 카드 작성 시 시험문제지 형별누락, 마킹착오로 인한 불이익은 전적으로 수험자의 귀책사유임을 알려드립니다.
※ 각 문항은 4지 택일형으로 질문에 가장 적합한 보기 항을 선택하여 마킹하여야 합니다.

1 압력계 배관시공 시 유체에 맥동이 있는 경우에 설치하여 압력계에 맥동이 전파되지 않게 하는 것은?
① 사이펀관(siphon)관
② 펄세이션(pulsation) 댐퍼
③ 시일(seal) 포드
④ 벨로스

해 설
압력계 설치 시공방법
① 고압라인의 압력계에는 사이펀관을 부착하여 부르동관을 보호한다.
② 유체에 맥동이 있을 경우에는 댐퍼를 설치하여 압력계에 유체가 들어가지 않게 한다.
③ 압력계의 설치위치는 1.5[m] 정도가 가장 좋다.
|답| ②

2 목표값이 시간의 변화, 외부 조건의 영향을 받지 않고 일정한 값으로 제어되는 방식으로 보일러, 냉난방장치의 압력제어, 급수탱크의 액면제어 등에 사용되는 제어는?
① 추치 제어
② 정치 제어
③ 프로세스 제어
④ 비율 제어

해 설
제어방법에 의한 자동제어의 분류
① 정치제어 : 목표값이 일정한 제어
② 추치제어 : 목표값을 측정하면서 제어량을 목표값에 일치하도록 맞추는 방식으로 추종제어, 비율제어, 프로그램 제어 등이 있다.
③ 캐스케이드 제어 : 두 개의 제어계를 조합하여 제어량의 1차 조절계를 측정하고 그 조작 출력으로 2차 조절계의 목표값을 설정하는 방법으로 단일 루프제어에 비해 외란의 영향을 줄이고 계 전체의 지연을 적게 하는

데 유효하기 때문에 출력 측에 낭비시간이나 지연이 큰 프로세스제어에 이용되는 제어이다.
|답| ②

3 액화가스를 가열하여 기화시키는 기화기의 일반적인 형식의 종류가 아닌 것은?
① 다관식
② 코일식
③ 개비넷식
④ 부르동관식

해 설
액화가스 기화기의 분류
① 작동원리에 의한 분류 : 가온 감압방식, 감압가온방식
② 장치 구성형식에 의한 분류 : 다관식, 단관식, 사관식, 열판식
|답| ④

4 탱크 내의 물, 기름, 화학약품 등의 액면을 검출하고 자동 제어하는 방식을 열거한 것이다. 아닌 것은?
① 플로트 방식
② 전극식
③ 정전 용량식
④ 헴펠 분석식

해 설
액면계의 구분(종류)
① 직접법 : 직관식, 플로트식(부자식), 검척식
② 간접법 : 압력식, 초음파식, 정전용량식, 방사선식, 차압식, 다이어프램식, 편위식, 기포식, 슬립 튜브식 등
|답| ④

5 옥외 소화전 설치는 건축물의 각 부분으로부터 1개의 호스 접속구까지의 수평거리는 몇 m 이하로 하는가?

① 20[m] 이하   ② 30[m] 이하
③ 40[m] 이하   ④ 50[m] 이하

|답| ③

해 설

봉수가 파괴되는 원인 : ①, ②, ③ 외
① 분출작용
② 증발
③ 운동량에 의한 관성

|답| ④

6 보일러의 수면계 기능시험의 시기로 틀린 것은?
① 보일러를 가동하기 전
② 보일러를 기동하여 압력이 상승하기 시작했을 때
③ 2개 수면계의 수위에 차이가 없을 때
④ 수면계 유리의 교체, 그 외의 보수를 했을 때

해 설

수면계의 기능시험 시기
① 보일러를 가동하기 전과 압력이 상승하기 시작했을 때
② 2개 수면계의 수위에 차이가 발생할 때
③ 수위의 움직임이 없고, 수위 지시가 정확하지 않다고 판단될 때
④ 보일러 운전 중에 포밍, 프라이밍 현상이 발생하는 때
⑤ 수면계 유리의 교체, 그 외의 보수를 했을 때

|답| ③

9 파이프 랙의 높이를 결정하는데 가장 중요도가 낮은 것은?
① 도로 횡단의 유무
② 타 장치와의 연결 높이
③ 배관 내 연료의 공급 최대 온도
④ 파이프 랙 아래에 있는 기기의 배관에 대한 여유

해 설

파이프 랙의 높이 결정 조건
① 타 장치와의 연결 높이
② 도로 횡단의 유무
③ 파이프 랙 아래에 있는 기기의 배관에 대한 여유
④ 유니트 내에 있는 기구의 높이와의 관계

|답| ③

7 수도본관에서 옥상 탱크까지 수직 높이가 20[m]이고 관 마찰손실률이 20[%]일 때 옥상 탱크로 물을 보내기 위하여 수도본관에서 필요한 최소 수압은 약 몇 [MPa] 이상인가?
① 0.024   ② 0.24
③ 0.34   ④ 2.40

해 설

$P[\text{MPa}] = \gamma \cdot h \cdot g \times 10^{-6}$
$= 1000 \times (20 + 20 \times 0.2) \times 9.8 \times 10^{-6}$
$= 0.2352 [\text{MPa}]$

|답| ②

10 순환법에 의한 화학세정의 공정을 순서대로 열거한 것 중 가장 적합한 것은?
① 물세척 → 중화 방청 → 탈지세정 → 물세척 → 건조 → 물세척 → 산세정
② 물세척 → 탈지세정 → 산세정 → 물세척 → 중화 방청 → 건조 → 물세척
③ 물세척 → 탈지세정 → 물세척 → 산세정 → 중화 방청 → 물세척 → 건조
④ 물세척 → 산세정 → 물세척 → 중화 방청 → 탈지세정 → 물세척 → 건조

|답| ③

8 배수 트랩에서 봉수가 파괴되는 원인으로 거리가 먼 것은?
① 자기 사이펀 작용
② 감압에 의한 흡인 작용
③ 모세관 작용
④ 수격 작용

11 배관설비의 유지관리와 관계가 먼 것은?
① 배관의 점검과 보수
② 배관설계 및 시공
③ 밸브류 및 배관부속기기의 점검과 보수
④ 부식과 방식

|답| ②

12 공기 조화기로부터 냉풍과 온풍을 구분 처리하여 각각의 덕트를 통해 공조 구역으로 공급하고 공조 구역에서는 공조 부하에 적당하도록 혼합 유닛을 이용하여 혼합 급기하는 전공기식 공조 방식은 무엇인가?
① 단일 덕트 방식　② 2중 덕트 방식
③ 유인유닛 방식　④ 휀코일 유닛 방식

해 설
공기조화방식의 분류
(1) 중앙식
　① 전공기 방식 : 단일 덕트 방식, 2중 덕트 방식
　② 물-공기병용방식 : 존(zone) 유닛방식, 유인 유닛 방식, 팬코일 유닛 방식, 복사패널 덕트 병용방식
(2) 개별식
　① 전수방식 : 팬코일 유닛 방식
　② 냉매방식 : 팩케이지 유닛 방식, 팬코일 유닛 방식

|답| ②

13 ON-OFF 동작(2위치 동작)을 설명한 것은?
① 편차가 발생 시 조작부분에서 가장 안정되게 처리하는 동작이다.
② 동작 신호의 크기에 따라 조작량을 여러 단계로 두는 동작이다.
③ 조작부의 움직이는 속도를 부하 변동에 충분히 응할 수 있게 하는 동작이다.
④ 제어량이 목표치에서 벗어나면 조작부를 동작시켜 운전을 기동 또는 정지하는 동작이다.

해 설
ON-OFF 동작(2위치 동작) : 제어량이 설정치에서 벗어났을 때 조작부를 ON(개[開]) 또는 OFF(폐[閉])의 동작 중 하나로 동작시키는 것으로 전자밸브(solenoid valve)의 동작이 대표적이다.

|답| ④

14 용접 중 일산화탄소에 의한 중독 위험성이 가장 많은 것은?
① 서브머지드 아크용접
② 피복 아크용접
③ CO_2 용접
④ 불활성 가스 아크용접

|답| ③

15 석유화학 설비배관에 관한 설명 중 잘못된 것은?
① 배관 내 유체의 누설은 화학장치에 대해 부식을 촉진하고 재해 유발의 원인이 되므로 누설방지용 개스킷을 잘 끼워 주어야 한다.
② 화학장치용 재료로 사용되는 금속재료는 수소에 의한 탈탄, 황화수소에 의한 부식, 산소 또는 가스에 의한 산화 등을 고려하여 선정한다.
③ 고온고압용 재료에는 내식성이 크고 크리프(creep) 강도가 큰 재료가 사용된다.
④ 화학 공업용 배관에 많이 쓰이는 강관의 이음 방법에는 플랜지 이음, 나사이음이 주로 쓰이나 용접이음은 누설의 염려가 있어 활용되지 않는다.

해 설
나사이음은 누설의 염려가 있어 활용되지 않는다.

|답| ④

16 보일러의 수위제어 방식 중 3요소식에서 검출하는 요소가 아닌 것은?
① 온도　　　　　② 수위
③ 증기유량　　　④ 급수유량

해 설
급수제어방법의 종류 및 검출대상(요소)

명 칭	검출대상
1요소식	수위
2요소식	수위, 증기량
3요소식	수위, 증기량, 급수유량

|답| ①

17 증기난방 배관시공법에 대하여 잘못 설명한 것은?
① 암거 내에 배관할 때 밸브, 트랩 등은 가급적 맨홀 부근에 집합시켜 놓는다.
② 방열기 브랜치 파이프 등에서 부득이 매설 배관할 때에는 배관으로부터의 열손실과 신축에 주의한다.
③ 리프트 이음 시 1단의 흡상고는 1.5[m] 이내로

한다.
④ 증기 주관에 브랜치 파이프를 접할 때에는 원칙적으로 30° 이상의 각도로 취출한다.

해설
증기 주관에 브랜치(branch) 파이프를 접할 때에는 원칙적으로 45° 이상의 각도로 취출하고 열팽창을 고려해 신축이음(스위블이음)을 한다. |답| ④

18 보일러 응축수 회수기 설치 및 배관에 관한 설명으로 틀린 것은?
① 회수기 본체는 반드시 수평으로 설치한다.
② 압력계는 사이폰관에 물을 주입한 후 설치한다.
③ 집수탱크는 본체 상부보다 낮게 설치한다.
④ 집수탱크와 보조탱크의 중간 흡입관과 응축수 송출구에는 체크밸브를 설치한다.

해설
응축수 회수기 : 고온의 응축수를 온도 강하 없이 보일러에 급수할 수 있는 장치로서, 연료 절감, 수처리 비용 절감 등의 효과를 얻을 수 있는 장치로 집수탱크는 본체 상부보다 30[cm] 이상 높게 설치한다. |답| ③

19 관속에서 흐르는 물을 갑자기 정지시키거나 용기 속에 차 있는 물을 갑자기 흐르게 하면 관속 물의 압력이 크게 상승 또는 강하하여 관이 파손될 염려가 있다. 이와 같은 현상을 무엇이라 하는가?
① 수격작용　　② 공동현상
③ 충격작용　　④ 프라이밍 작용
|답| ①

20 폭발성 가스나 증기 등이 있는 장소에서의 작업 시 사용하는 공구의 재질로서 안전상 가장 적합한 것은?
① 고속도강제　　② 주강제
③ 비금속제　　④ 스테인리스강제

해설
점화원이 될 수 있는 불꽃발생을 방지하기 위하여 비금속제나 베릴륨 합금제 공구를 사용한다. |답| ③

21 배수, 급수, 공기 등의 배관에 쓰이는 패킹재로서 탄성이 우수하고 흡습성이 없으며 산, 알칼리 등에는 강하나, 열과 기름에는 약한 것은?
① 석면 패킹　　② 금속 패킹
③ 합성수지 패킹　　④ 고무 패킹
|답| ④

22 계측기기의 구비조건에 해당되지 않는 것은?
① 근거리의 지시 및 기록이 가능하고 구조가 복잡할 것
② 견고성과 신뢰성이 높고 경제적일 것
③ 설치장소와 주위조건에 대해 내구성이 있을 것
④ 정밀도가 높고 취급 및 보수가 용이할 것

해설
계측기기의 구비조건
① 경년 변화가 적고, 내구성이 있을 것
② 견고하고 신뢰성이 있을 것
③ 정도가 높고 경제적일 것
④ 구조가 간단하고 취급, 보수가 쉬울 것
⑤ 원격 지시 및 기록이 가능할 것
⑥ 연속측정이 가능할 것 |답| ①

23 배수트랩의 사용 용도에 대한 내용 중 옳지 않은 것은?
① 그리스 트랩 : 호텔, 레스토랑 등의 조리실
② 가솔린 트랩 : 자동차 차고나 공장 등의 바닥
③ P트랩 : 세면기 수직배수관
④ S트랩 : 건물의 발코니 등 바닥배수면

해설
S트랩 : 위생기구(세면기, 대변기, 소변기)를 바닥에 설치된 배수 수평관에 접속할 때 사용된다. |답| ④

24 보통 비스페놀 A와 에피클로로히드린을 결합해서 만들어지며 아미노산 등의 경화제를 가하면 기계적 강도나 내약품성이 우수하게 되어 내열성, 내수성이 크고 전기절연도 우수하여 도료 접착제, 방식용으로 가장 적합한 것은?

① 요소 멜라민 ② 에폭시 수지
③ 염화 비닐계 ④ 광명단

|답| ②

25 동관에 대한 설명으로 틀린 것은?
① 전기 및 열전도율이 좋다.
② 산성에는 내식성이 강하고 알칼리성에는 심하게 침식된다.
③ 두께별로 분류할 때 K type이 M type 보다 두껍다.
④ 전연성이 풍부하고 마찰저항이 적다.

해 설

동 및 동합금 특징
① 담수(淡水)에 대한 내식성이 우수하다.
② 열전도율이 좋고, 가공성이 좋아 배관시공이 용이하다.
③ 아세톤, 프레온 가스 등 유기약품에 침식되지 않는다.
④ 관 내부에서 마찰저항이 적다.
⑤ 연수(軟水)에는 부식된다.
⑥ 외부의 기계적 충격에 약하다.
⑦ 가격이 비싸다.
⑧ 가성소다, 가성칼리 등 알칼리성에는 내식성이 강하고, 암모니아수, 습한 암모니아(NH_3)가스, 초산, 진한 황산(H_2SO_4)에는 심하게 침식된다.
⑨ 동관의 두께 순서 : K > L > M > N

|답| ②

26 주로 저압 증기 및 온수난방용 배관에 사용하는 방법으로 2개 이상의 엘보를 사용하여 이음부의 나사 회전을 이용해서 배관의 신축을 흡수하는 이음 방법은 어느 것인가?
① 루프식 이음
② 플렉시블 이음
③ 슬리브 이음
④ 스위블 이음

해 설

스위블형(swivel type) 신축 이음쇠 : 회전이음, 지웰이음이라 하며 2개 이상의 엘보를 사용하여 관의 신축을 흡수하는 것으로 신축방향이 큰 배관에서는 누설의 우려가 있다.

|답| ④

27 강관의 제조에 관한 설명이다. 틀린 것은?
① 가스용접관은 자동가스용접에 의해 제조되며, 호칭지름 25[A] 이하의 관에 사용된다.
② 전기저항 용접관은 띠강을 압연기에 의해서 연속적으로 둥글게 성형하여 용접한 것으로 일명 절봉관이라고도 한다.
③ 전기저항 용접관은 관의 내측에 한 줄의 이음선(seam)을 발견할 수 있다.
④ 지름이 큰 관은 띠강판을 나선형으로 감아 원통형으로 만든 접합부의 내·외면을 용접해 만든 관을 스파이널 아크 용접관이라 한다.

해 설

가스용접관 : 띠강판을 성형 롤러에 의하여 원통형으로 만든 후 자동 가스용접에 의하여 제조되며, 호칭지름 50[A] 이하의 관에 사용된다.

|답| ①

28 주철관의 내벽에 모르타르 처리하여 방청작용을 하도록 한 관은?
① 배수용 주철관
② 수도용 주철관
③ 원심력 모르타르 라이닝 주철관
④ 수도용 이형관

해 설

원심력 모르타르 라이닝 주철관 : 주철관 내벽의 부식을 방지할 목적으로 관 내면에 모르타르를 라이닝한 관으로 취급 시에는 큰 하중과 충격에 특히 주의하여야 한다. 라이닝할 때 시멘트와 모래의 배합비(중량비)는 1 : 1.5~2이다.

|답| ③

29 온도조절밸브의 선정 시 고려할 사항으로 거리가 먼 것은?
① 밸브의 지름 및 배관지름
② 사용유체의 비중, 점성, 경도
③ 최대 유량 시에 밸브의 허용압력 손실
④ 가열 또는 냉각되는 유체의 종류와 압력

해 설

온도조절밸브 선정 시 고려할 사항 : ①, ③, ④ 항 외

① 밸브를 통과하는 유체의 종류, 입구압력온도와 유량 (최대, 상용, 최소)
② 조절할 온도(상용온도 필요 조절범위), 허용할 수 있는 조절온도 오차
③ 본체 주위의 재질, 플랜지 규격, 감열통의 재질과 이동관의 길이
|답| ②

30 원심력 철근 콘크리트관에 대한 설명으로 맞는 것은?
① 일반적으로 에터니트(eternit)관 이라고도 한다.
② 보통 흄(hume)관 이라고도 한다.
③ 형틀에 철근을 넣고 콘크리트를 주입한 후 진동기 등 다짐용 기계나 수동으로 다져서 공간이 발생되지 않도록 잘 성형한다.
④ 보통관, 후관, 특후관의 3종류가 있다.

해 설
원심력식 철근 콘크리트관 : 흄관(Hume pipe)이라 하며, 철제 형틀 속에 원통형으로 조립된 철근망을 넣고 축선을 수평으로 하여 회전시키면서 반죽한 콘크리트를 투입시키면 원심력에 의하여 고르게 다져 지면서 치밀한 콘크리트관이 되며, 성형 후에는 증기 양생을 실시하여 고르게 경화시킨다. 용도에 따라 보통관과 압력관으로 분류되며, 모양에 따라 A형, B형, C형으로 분류된다. |답| ②

31 순동 이음쇠와 동합금 주물 이음쇠를 비교 설명한 것 중 틀린 것은?
① 순동 이음쇠가 용접재와의 친화력이 좋다.
② 동합금 주물 이음쇠가 모세관 현상에 의한 용융확산이 잘 된다.
③ 동합금 주물 이음쇠는 두꺼워 용접재의 융점 이하 부분이 발생할 수 있다.
④ 동합금 주물 이음쇠는 열팽창의 불균일에 의하여 부정적 틈새를 만들 수 있다.

해 설
동합금 주물 이음쇠는 순동부속을 사용할 때와 비교하여 모세관현상에 의한 용융납의 확산이 잘 안 된다. |답| ②

32 플랜지를 관과 이음 하는 방법에 따라 분류할 때 이에 해당되지 않는 것은?
① 소켓 용접형
② 랩 조인트 형
③ 나사 이음형
④ 바이패스 형

해 설
플랜지의 관 부착법에 따른 분류 : 소켓 용접형(slip on type), 맞대기 용접형, 나사 결합형, 삽입 용접형, 블라인드형, 랩 조인트(lapped joint)형 |답| ④

33 게이트밸브에 관한 설명 중 틀린 것은?
① 글로브밸브 또는 옥형변이라 한다.
② 유체의 흐름을 단속하는 대표적인 밸브이다.
③ 완전히 열었을 때 유체의 흐름에 의한 마찰저항 손실이 적다.
④ 밸브를 절반 정도 열고 사용하면 와류가 생겨 유체의 저항이 커지기 때문에 유량조절에는 적합하지 않다.

해 설
게이트밸브(gate valve)의 특징 : ②, ③, ④외
① 슬루스 밸브(sluice valve) 또는 사절변이라 한다.
② 리프트가 커서 개폐에 시간이 걸린다.
③ 밸브를 완전히 열면 밸브 본체 속에 관로의 단면적과 거의 같게 된다.
④ 쐐기형의 밸브 본체가 밸브 시트 안을 눌러 기밀을 유지한다. |답| ①

34 전성, 연성이 풍부하며 상온가공이 용이하나 수평배관에서는 휘어지기 쉬운 관은?
① 강관
② 스테인리스관
③ 연관
④ 주철관

해 설
연관의 특징
① 부식성이 적다.
② 내산성은 좋지만 알칼리에는 약하다.
③ 전연성이 풍부하고 굴곡이 용이하다.
④ 신축성이 매우 좋다.
⑤ 관의 용해나 부식을 방지한다.
⑥ 비중이 11.3으로 무게가 무겁다.
⑦ 초산이나 진한 염산에 침식되며 증류수, 극연수에 다소 침식되는 경향이 있다.

⑧ 기구배수관, 가스배관, 화학공업용 배관에 사용된다.

|답| ③

35 오스터형 수동 나사절삭기에서 107번(117R) 절삭기로 절삭 가능한 관은?
① 8[A]~32[A]   ② 15[A]~50[A]
③ 40[A]~80[A]   ④ 65[A]~100[A]

해 설

오스터형 나사 절삭기 규격

번 호	사용 관지름
112R(102)	8[A]~32[A]
114R(104)	15[A]~50[A]
115R(105)	40[A]~80[A]
117R(107)	65[A]~100[A]

|답| ④

36 주철관의 이음에서 고무링 하나만으로 이음하며, 소켓 내부의 홈은 고무링을 고정시키고 돌기부는 고무링이 있는 홈 속에 들어맞게 되어 있으며 삽입구의 끝은 쉽게 끼울 수 있도록 테이퍼로 되어 있어 이음과정이 비교적 간편하고 온도변화에 따른 신축이 자유로운 특징을 가지고 있는 이음방법은?
① 소켓 이음(socket joint)
② 빅토리 이음(victoric joint)
③ 타이톤 이음(tyton ioint)
④ 플랜지 이음(flange joint)

|답| ③

37 관 안지름이 200[mm]인 관속을 매초 2[m]의 속도로 유체가 흐를 때 단위 시간당의 유량은 약 몇 [m³/h]인가?
① 25.6   ② 226.1
③ 314.2   ④ 1130.4

해 설

$Q = A \cdot V = \frac{\pi}{4} \times 0.2^2 \times 2 \times 3600 = 226.194 [m^3/h]$

|답| ②

38 콘크리트관의 콤포 이음 시 시멘트와 모래의 배합비와 수분의 양으로 가장 적합한 것은?
① 1 : 2이고 수분의 양은 약 17[%]
② 1 : 1이고 수분의 양은 약 17[%]
③ 1 : 2이고 수분의 양은 약 45[%]
④ 1 : 1이고 수분의 양은 약 45[%]

해 설

콘크리트관의 콤포 이음 : 철근 콘크리트로 만든 특수 칼라와 특수 몰타의 일종인 콤포(compo)로서 이음 하는 방법으로 칼라이음 이라 한다. 콤포는 시멘트와 모래의 비율을 1 : 1로 하고 여기에 물의 양을 약 17[%]로 하여 잘 반죽한 것이다.

|답| ②

39 TIG 용접의 장점이 아닌 것은?
① 용접부 변형이 비교적 적다.
② 모든 용접자세가 가능하며 특히 박판보다 후판 용접에서 능률적이다.
③ 아크가 안정되어 스패터의 발생이 적고, 열집중성이 좋아 고능률적이다.
④ 플럭스가 불필요하며 비철금속 용접이 용이하다.

해 설

후판보다 박판용접에서 능률적이다.

|답| ②

40 펌프의 배관에 관한 설명으로 틀린 것은?
① 토출쪽은 압력계를 설치한다.
② 흡입쪽은 진공계나 연성계를 설치한다.
③ 흡입쪽 수평관은 펌프 쪽으로 올림 구배한다.
④ 스트레이너는 펌프 토출쪽 끝에 설치한다.

해 설

스트레이너는 펌프 흡입쪽에 설치한다.

|답| ④

41 용접이음의 단점으로 틀린 것은?
① 재질의 변형 및 잔류응력이 발생한다.
② 열 영향에 의한 취성이 생길 우려가 있다.
③ 품질검사가 곤란하고 수축이 생긴다.
④ 재료의 두께에 많은 제약을 받는다.

해설
용접이음의 특징
(1) 장점
  ① 이음부 강도가 크고, 하자 발생이 적다.
  ② 이음부 관 두께가 일정하므로 마찰저항이 적다.
  ③ 배관의 보온, 피복 시공이 쉽다.
  ④ 시공기간을 단축할 수 있고 유지비, 보수비가 절약된다.
(2) 단점
  ① 재질의 변형이 일어나기 쉽다.
  ② 용접부의 변형과 수축이 발생한다.
  ③ 용접부의 잔류응력이 현저하다. |답| ④

42 비금속 배관재료에 대한 일반적인 이음방법이 올바르게 짝지어진 것은?
① 경질 염화비닐 관 – 기볼트 이음
② 석면 시멘트 관 – 고무링 이음
③ 폴리에틸렌 관 – 융착 슬리브 이음
④ 콘크리트 관 – 심플렉스 이음

해설
비금속 배관재료의 이음 방법
① 경질 염화비닐관 : 냉간 접합법, 열간 접합법, 플랜지 접합법, 테이퍼 코어 접합법, 용접법
② 석면 시멘트관 : 기볼트(gibault) 접합, 칼라 접합, 심플렉스 접합
③ 콘크리트관 : 콤포이음, 몰탈 접합
④ 폴리에틸렌관 : 용착 슬리브 접합, 테이퍼 접합, 인서트 접합, 기타(용접법, 플랜지 이음법, 나사 이음) |답| ③

43 주철관 전용 절단공구로 가장 적합한 것은?
① 링크형 파이프커터
② 클램프형 피이프커터
③ 천공형 파이프커터
④ 소켓형 파이프커터

해설
링크형 파이프 커터 : 관지름 75~200[mm]의 주철관 절단 시 주로 사용되며 원형의 특수 강제 커터, 링크, 핸들 및 래칫 레버로 구성되어 있다. 구조상 매설된 주철관의 절단에 가장 적합하다. |답| ①

44 산소 아크 절단의 원리 설명으로 가장 적합한 것은?
① 산소 아크 절단은 예열원으로 아크를 쓰는 가스절단이다.
② 산소 아크절단 시 화학반응열은 예열에만 이용하여 절단한다.
③ 산소 아크절단은 탄소와 철의 화학반응열을 이용하여 아크로 절단한다.
④ 철에 포함되는 많은 탄소는 절단을 방해하지 않는다.

해설
산소 아크 절단 : 가운데가 빈 전극봉과 모재사이에서 아크를 발생시켜 모재를 가열하고, 가운데 구멍에서 절단산소를 불어내어 가스절단을 하는 방법으로 직류 전원을 주로 사용한다. |답| ①

45 액체가 습증기 상태를 거치지 않고 건증기로 변할 때의 압력을 무엇이라 하는가?
① 증발압력   ② 포화압력
③ 기화압력   ④ 임계압력

해설
임계점 : 포화수가 증발현상 없이 증기로 변화할 때의 상태점을 임계점이라고 하며, 이때의 온도를 임계온도, 압력을 임계압력이라 하며 특징은 다음과 같다.
① 증기와 포화수간의 비중량이 같다.
② 증발현상이 없다.
③ 증발잠열은 0이 된다. |답| ④

46 그림과 같이 90° 벤딩을 하고자 할 때 관의 총 길이는 약 몇 [mm]인가?
① 714
② 739
③ 857
④ 557

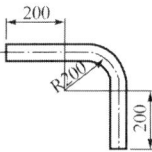

해설
$$L = \frac{90}{360} \times \pi \times D + 직선부\ 길이$$
$$= \frac{90}{360} \times \pi \times 400 + (200 + 200) = 714.16[mm]$$ |답| ①

47 플랜트 배관도의 종류 중 형식에 따른 분류에 속하지 않는 것은?

① 장치 배관도 ② 평면 배관도
③ 입면 배관도 ④ 부분 배관도

해 설

플랜트 배관도의 종류 : 평면 배관도, 입면 배관도, 입체 배관도, 부분 배관 조립도, 공정도, 계통도, 배치도 등

|답| ①

48 배관설비 라인 인덱스의 장점으로 볼 수 없는 것은?

① 배관시공 시 배관재료를 정확히 선정할 수 있다.
② 배관공사의 관리 및 자재 관리에 편리하다.
③ 배관 내의 유체 마찰이 감소된다.
④ 배관 기기장치의 운전계획, 운전교육에 편리하다.

해 설

라인 인덱스(line index) : 배관에서 각 장치와 유체를 명확히 구분하여 번호를 붙이는 것을 말하며, 이 번호에 의해서 배관의 성격과 위치를 명확히 구분할 수 있고 배관재료를 쉽게 파악할 수 있다.

|답| ③

49 용접기호 중 시임 용접 기호는?

①   ②   ③  ④

해 설

① 플러그 또는 슬롯 용접
② 점용접, 프로젝션 용접
③ 시임용접
④ 개선각이 급격한 V형 맞대기 용접

|답| ③

50 정면, 평면, 측면을 하나의 투상면 위에 동시에 볼 수 있도록 두 개의 옆면 모서리가 수평선과 30°가 되게 하여 세 축이 120°의 각도가 되도록 입체도를 투상한 것을 무엇이라 하는가?

① 정투상도 ② 등각투상도
③ 사투상도 ④ 회전투상도

해 설

투상도의 종류

① 정투상 : 직교하는 3개의 화면 중간에 물체를 놓고 평행광선에 의해 투상된 자취를 그린 것으로 보는 방향에서의 형상과 크기만 나타나고, 다른 부분은 알 수가 없기 때문에 물체 전체를 완전히 표현하려면 두 개 이상의 투상도가 필요하므로 정면도, 평면도, 측면도로 나타내며 제1각법과 제3각법이 있다.
② 등각투상도 : 정면, 평면, 측면을 하나의 투상면 위에 동시에 볼 수 있도록 두 개의 옆면 모서리가 수평선과 30°가 되게 하여 세 축이 120°의 각도가 되도록 입체도를 투상한 것이다.
③ 부등각투상도 : 직육면체의 등각 투상도에서 직각으로 만나는 3개의 모서리가 임의의 각도를 이룬다.
④ 사투상도 : 하나의 그림으로 육면체의 세 면 중의 한 면만을 중점적으로 엄밀, 정확하게 표시할 수 있는 투상법이다.

|답| ②

51 다음 그림은 계장용 도시기호의 실제 기입기호이다. 무엇을 나타내는가?

① 면적유량계
② 기록압력계
③ 온도측정계
④ 기록 온도검출기

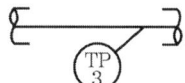

해 설

계장용 도시기호의 종류

기호	명 칭	비 고
FI 1	지시유량계	관로 장입형
FQ 7	적산유량계	관로 장입형
FE 12	차압식 유량계	표시 계기에 접속되어 있을 때
FI 9	차압식 지시유량계	현장 설치
TP 3	온도 측정계	측온 요소가 설치되어 있지 않을 때
TI 2	지시 온도계	온도계가 관로에 장입되었을 때
TE 6	온도 검출계	표시 계기에 접속되어 있을 때
LI 11	내부 검출식 지시	레벨계
LI 6	외부 검출식 지시	레벨계
PP 5	압력 측정계	표시 계기에 접속되어 있을 때
PI 9	지시 압력계	현장 설치
PR 9	기록 압력계	현장 설치
HC 3	공기압식 수동조작기	판넬 설치

|답| ③

52 파이프 내에 흐르는 유체의 종류별 표시기호로 틀린 것은?
① 공기 : A
② 연료 가스 : K
③ 연료유 : O
④ 증기 : S

해 설

유체의 종류 및 표시

유체의 종류	문자기호	색상
공 기	A	백 색
가 스	G	황 색
기 름	O	황적색
수증기	S	암적색
물	W	청 색

|답| ②

53 도형의 한정된 특정 부분을 다른 부분과 구별하는데 사용하는 해칭은 어느 선으로 나타내는가?
① 굵은 실선
② 가는 실선
③ 은선
④ 파단선

|답| ②

54 다음 그림과 같은 상관체의 전개도법으로 알맞은 방법은? 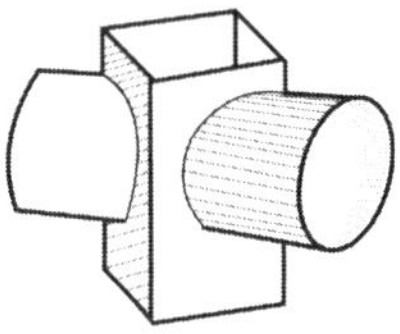
① 방사 전개법
② 삼각 전개법
③ 평형 전개법
④ 타출 전개법

해 설

(1) 전개도법 : 입체의 표면을 한 평면위에 펼쳐놓은 도형을 말하며 각면의 모양, 면적, 수 등의 관계를 알 수 있다.
(2) 전개도법의 종류
① 평행선 전개법 : 각기둥과 원기둥을 경사지게 절단된 제품을 전개하는데 적합한 것으로 능선이나 직선 면소에 직각 방향으로 전개하는 방법이며 능선이나 면소는 실제길이이고 서로 나란하다.
② 방사선 전개법 : 각뿔이나 원뿔 등 꼭지점을 중심으로 방사상으로 전개한다.
③ 삼각 전개법 : 입체의 표면을 몇 개의 3각형으로 분할하여 전개도를 그리는 방법이다.

|답| ③

55 여유시간이 5분, 정미시간이 40분일 경우 내경법으로 여유율을 구하면 약 몇 [%]인가?
① 6.33[%]
② 9.05[%]
③ 11.11[%]
④ 12.50[%]

해 설

여유율 계산
① 내경법에 의한 계산

$$A = \frac{여유시간}{실동시간} \times 100 = \frac{여유시간}{정미시간 + 여유시간} \times 100$$

$$= \frac{5}{40+5} \times 100 = 11.111[\%]$$

② 외경법에 의한 계산

$$A = \frac{여유시간}{정미시간} \times 100$$

|답| ③

56 로트에서 랜덤하게 시료를 추출하여 검사한 후 그 결과에 따라 로트의 합격, 불합격을 판정하는 검사방법을 무엇이라 하는가?
① 자주검사
② 간접검사
③ 전수검사
④ 샘플링검사

|답| ④

57 다음과 같은 [데이터]에서 5개월 이동평균법에 의하여 8월의 수요를 예측한 값은 얼마인가?

월	1	2	3	4	5	6	7
판매실적	100	90	110	100	115	110	100

① 103
② 105
③ 107
④ 109

해 설

$$F_8 = \frac{\sum A_{3\sim 7}}{n} = \frac{110+100+115+110+100}{5} = 107$$

|답| ③

58 관리 사이클의 순서를 가장 적절하게 표시한 것은? (단, A는 조치(Act), C는 체크(Check), D는 실시(Do), P는 계획(Plan)이다.)
① P → D → C → A
② A → D → C → P
③ P → A → C → D
④ P → C → A → D

|답| ①

59 다음 중 계량값 관리도만으로 짝지어진 것은?

① c 관리도, u 관리도
② $x-Re$ 관리도, P 관리도
③ $\bar{x}-R$ 관리도, nP 관리도
④ Me$-R$ 관리도, $\bar{x}-R$ 관리도

해 설

계량값 관리도의 종류 : $\bar{x}-R$ 관리도, x관리도, Me-R 관리도, L-S 관리도, 누적합 관리도, 지수가중 이동평균 관리도

|답| ④

60 다음 중 모집단의 중심적 경향을 나타낸 측도에 해당하는 것은?

① 범위(Range)
② 최빈값(Mode)
③ 분산(Variance)
④ 변동계수(Coefficient of variation)

해 설

① 범위(range : R) : $R = x_{\max} - x_{\min}$
② 최빈값(mode, 최빈수 : M_0) : 도수분포표에서 도수가 최대인 곳의 대표치이다.
③ 시료분산(불편분산 : s^2, V) : 모분산(σ^2)의 추정모수로 사용
④ 변동계수(변이계수 : CV, V_c) : 표준편차(s)를 산술평균($\bar{x}$)으로 나눈 값

|답| ②

2012년 기능장 제52회 필기시험 (7월 22일 시행)

자격종목	코 드	시험시간	형 별
배관기능장	3081	1시간	A

※ 답안 카드 작성 시 시험문제지 형별누락, 마킹착오로 인한 불이익은 전적으로 수험자의 귀책사유임을 알려드립니다.
※ 각 문항은 4지 택일형으로 질문에 가장 적합한 보기 항을 선택하여 마킹하여야 합니다.

1 급탕설비 중 저장탱크에 서모스탯을 장치한 가장 주된 이유는?
① 증기압을 측정하기 위해서
② 수량을 조절하기 위해서
③ 온도를 조절하기 위해서
④ 수질을 조절하기 위해서

해 설
서모스탯(thermostat) : 간접가열방식의 급탕탱크 내의 온수온도를 감지하여 증기와 같은 열매체의 양을 조절하여 급탕탱크의 온도를 일정하게 유지하는 자동 온도 조절기이다. |답| ③

2 자동제어기기 설치 시공에 대한 설명 중 틀린 것은?
① 실내형 온도 및 습도의 검출부는 실내 온·습도의 평균치가 검출될 수 있는 장소에 설치하며, 일반사무실 등의 설치 높이는 바닥에서 1.5[m] 정도로 한다.
② 실내형 습도조절기 및 검출기는 피 제어체의 습도가 검출될 수 있는 장소에 설치하되, 과도한 풍속에 의해 그 성능에 변화가 없도록 보호한다.
③ 온도, 습도조절기는 진동 및 물기와 먼지 등이 없는 곳에 설치한다.
④ 플로우 스위치(flow switch)는 흐름의 방향을 확인하여 수평배관에 수평(평행)으로 설치한다.

해 설
플로우 스위치(flow switch)는 흐름의 방향을 확인하여 검출기의 흐름 표시방향과 일치하도록 하여 수평배관에 수직으로 설치한다. |답| ④

3 전기용접에서 감전의 방지대책으로 잘못된 것은?
① 용접기에는 반드시 전격 방지기를 설치한다.
② 가능한 개로전압이 높은 용접기를 사용한다.
③ 용접기 내부에 함부로 손을 대지 않는다.
④ 절연이 완전한 홀더를 사용한다.

해 설
무부하 전압이 높은 용접기를 사용하지 않는다. |답| ②

4 다음 중 장갑을 착용하고 작업하면 안 되는 작업은?
① 경납땜 작업 ② 아크용접 작업
③ 드릴 작업 ④ 가스절단 작업

해 설
드릴 작업과 같이 회전을 하는 기계를 취급하는 경우 장갑을 끼고 작업하지 않는다. |답| ③

5 제어요소 중 입력 변화와 동시에 출력이 시간지연 없이 목표치에 동시에 변화하며, 시간지연이 없다는 의미에서 0차 요소라고도 하는 것은?
① 적분요소 ② 일차지연요소
③ 고차지연요소 ④ 비례요소

해 설
각 요소의 스텝 응답 특성
① 비례요소 : 출력과 입력이 비례하는 요소를 말하며 스텝응답으로 나타난다.
② 1차 지연 요소 : 입력이 급변하는 순간에서 출력은 변화지만 지연이 있어 어느 시간 후에 정상 상태가 되

는 특징을 갖고 있는 것을 말한다.
③ 낭비시간(dead time) 요소 : 출력이 입력에 대하여 어떤 시간만큼 늦어지는 것과 같은 요소로 난방기가 가동되어도 일정시간이 경과되어야만 실내온도가 상승되기 시작하는 시간을 말한다.
④ 적분요소 : 출력이 입력량의 총량으로 나타내는 것과 같은 요소로 물탱크에서 유출량은 일정할 때 유입량이 증가됨에 따라 수위가 상승하여 평형을 이루지 못하고 넘치게 되는 것이 해당된다.
⑤ 고차 지연 요소 : 2차 지연 이상을 일으키는 것을 말한다. (2차 지연 : 2개의 용량으로 인한 지연을 말한다.)
|답| ④

6 추치제어에 관한 설명으로 잘못된 것은?
① 목표값의 크기나 위치가 시간의 변화에 따라 임의로 변화된다.
② 추치제어는 비율제어와 프로그램제어로 구분할 수 있다.
③ 2개 이상의 제어량 값이 일정한 비율관계를 유지하도록 하는 제어는 비율제어이다.
④ 보일러와 냉방기 같은 냉·난방장치의 입력제어용으로 많이 이용된다.

해 설
추치제어 : 목표값을 측정하면서 제어량을 목표값에 일치하도록 맞추는 방식으로 변화모양을 예측할 수 없다.
① 추종제어 : 목표값이 시간적으로 변화되는 제어로 자기조성제어라고 한다.
② 비율제어 : 목표값이 다른 양과 일정한 비율관계에 변화되는 제어이다.
③ 프로그램 제어 : 목표값이 미리 정한 시간적 변화에 따라 변화하는 제어이다.
|답| ④

7 고압가스 배관시공 시 유의해야 할 사항으로 틀린 것은?
① 배관 등의 접합부분은 가능하면 나사이음을 할 것
② 중 하중에 의해 생기는 응력에 대한 안정성이 있을 것
③ 신축이 생길 우려가 있는 곳에는 신축 흡수장치를 할 것
④ 관이음 방법은 가스의 최고사용압력, 관의 재질, 용도 등에 따라 적합하게 선택할 것

해 설
고압가스 배관의 접합은 용접이음을 하는 것을 원칙으로 한다.
|답| ①

8 안개 모양으로 흘러내리는 미세한 물방울로 공기와 직접 접촉시킴으로써 여과기를 통과할 때 제거되지 않는 먼지, 매연 등을 제거하는 장치는?
① 감습기
② 공기 세정기
③ 공기 냉각기
④ 공기 가열기

해 설
공기 세정기(air washer) : 공기가 통과하는 분무실과 하부의 수조로 이루어진 공기조화기(AHU)의 구성기기이다.
|답| ②

9 위생기구 설치에 대한 일반적인 설명으로 잘못된 것은?
① 세면기 급수전의 위치는 일반적으로 작업자가 전방으로 서 있는 위치에서 냉수는 우측에, 온수는 좌측에 오도록 부착한다.
② 좌변기를 설치하기 위해 볼트로 변기를 바닥에 고정할 때에는 도기의 균열이나 파손에 특히 주의한다.
③ 욕조(bath)는 온수와 많이 접촉되므로 콘크리트 매설을 피한다.
④ 일반가정용 좌변기에는 로우탱크식이 많이 사용되며, 급수관지름은 DN25, 세정밸브는 DN32를 연결해 준다.

해 설
로우탱크식 좌변기의 급수관은 15[A], 세정관은 50[A]를 연결한다. 세정밸브식의 급수관은 25[A] 이상으로 한다.
|답| ④

10 시퀀스제어의 접점 회로의 논리적(AND)회로의 논리식이 $A \cdot B = R$일 때 참값표가 틀린 것은?

① $1 \cdot 1 = 1$ ② $1 \cdot 0 = 0$
③ $0 \cdot 1 = 0$ ④ $0 \cdot 0 = 1$

해설

논리회로(AND) 참값표

A	B	R	A	B	R
0	0	0	1	0	0
0	1	0	1	1	1

|답| ④

11 암모니아 가스의 누설위치를 찾기 위해서는 무엇을 쓰는 것이 가장 좋은가?
① 비눗물 ② 알코올
③ 냉각수 ④ 페놀프타레인

해설

암모니아 누설 검지법
① 자극성이 있어 냄새로서 알 수 있다.
② 유황, 염산과 접촉 시 흰연기가 발생한다.
③ 적색 리트머스지가 청색으로 변한다.
④ 페놀프탈레인 시험지가 백색에서 갈색으로 변한다.
⑤ 네슬러시약이 미색 → 황색 → 갈색으로 변한다.

|답| ④

12 배관작업 시 안전수칙에 대한 설명으로 틀린 것은?
① 오일 버너를 사용할 때는 연료통이나 탱크를 부근에 놓지 않는다.
② 나사절삭 작업 시에는 관이나 공작물을 확실히 고정, 지지 후에 행한다.
③ 재료는 평탄한 장소에 수평으로 놓고 경사진 장소에서는 미끄럼 방지를 한다.
④ 밀폐된 용기 내에서의 도장 작업을 할 때에는 가스 배출을 위해 자연통풍을 해야 한다.

해설

밀폐된 용기 내에서의 도장 작업을 할 때에는 가스 배출을 위해 배기휀을 이용한 강제통풍을 해야 한다. |답| ④

13 소화설비에 관련된 설명으로 적당하지 않은 것은?
① 옥내 소화전함의 설치 높이는 바닥에서 $1.5[m]$ 이하가 되도록 한다.
② 옥외소화전은 방수구(개폐장치)의 설치위치에 따라 지상식과 지하식으로 구분한다.
③ 드렌처는 인접 건물에서 화재 시 연소방지를 목적으로 창문, 출입구, 처마 밑, 지붕 등에 물을 뿌리는 설비이다.
④ 스프링클러는 소방관이 보기 쉬운 건물외벽에 설치하며, 화재 시 실내로 압력수를 공급한다.

해설

④항 : 연결송수관설비의 설명 |답| ④

14 주철관 코킹 작업 시 안전수칙으로 틀린 것은?
① 납 용해 작업은 인화 물질이 없는 곳에서 행한다.
② 작업 중에는 수분이 들어가지 않는 장소를 택한다.
③ 납 용융액을 취급할 때는 앞치마, 장갑 등을 반드시 착용한다.
④ 납은 소켓에 한 번에 주입하며, 주입 전에 먼저 물을 붓고 작업한다.

해설

납은 충분히 가열한 후 용해하여 산화납을 제거하고 소켓에 한 번에 주입하며, 주입 전에 접합부 주위를 깨끗이 하며 물이 있으면 납이 비산해 작업자가 다칠 우려가 있다.
|답| ④

15 고온고압에 사용되는 화학배관의 부식 종류에 속하지 않는 것은?
① 수소에 의한 탈탄
② 암모니아에 의한 질화
③ 일산화탄소에 의한 금속의 카아보닐화
④ 질화수소에 의한 부식

해 설
고온, 고압의 화학배관의 부식 종류
① 수소에 의한 강의 탈탄
② 암모니아에 의한 강의 질화
③ 일산화탄소에 의한 금속의 카아보닐화
④ 황화수소에 의한 부식(황화)
⑤ 산소, 탄산가스에 의한 산화 |답| ④

16 관의 산세정 작업에서 수세(水洗)시 사용하는 적합한 물은?
① 수돗물   ② 산성수
③ 묽은 황산수   ④ 알칼리수
|답| ①

17 다음 용어에 대한 설명으로 잘못된 것은?
① 화상 면적 : 화격자의 면적을 말한다.
② 보일러 마력 : 1보일러 마력을 열량으로 환산하면 8462.3[kcal/h]이다.
③ 전열면적 : 난방용 방열기의 방열면적으로 표준방열량은 650[kcal/h]이다.
④ 증발량 : 단위시간에 발생하는 증기의 양을 말한다.

해 설
① 보일러 마력 : 1 보일러 마력이란 1시간에 15.65[kg]의 상당 증발량을 갖는 보일러의 동력. 즉, 100[℃] 물 15.65[kg]을 1시간에 같은 온도의 증기로 변화시킬 수 있는 능력이며, 약 8435[kcal/h]의 열을 흡수하여 증기를 발생할 수 있는 능력이다.

$$\therefore 보일러 마력 = \frac{G_e}{15.65} = \frac{G_a(h_2 - h_1)}{539 \times 15.65}$$

② 전열면적 : 한쪽 면이 연소가스 등에 접촉하고, 다른 면이 물(기수 혼합물을 포함)에 접촉하는 부분의 면을 연소가스 등의 쪽에서 측정한 면적
③ 난방용 방열기의 표준방열량은 증기의 경우 650[kcal/m²·h], 온수의 경우 450[kcal/m²·h]이다.
|답| ②③

18 25[A]용 2개, 20[A]용 3개, 15[A]용 2개의 급수전을 사용할 때 급수 주관의 호칭규격을 급수관의 균등표를 이용하여 산출한 것으로 맞는 것은? (단, 동시 사용률은 무시한다.)

급수관의 균등표

관지름[mm]	6	8	10	15	20	25	32	40	50	65	80
6	1										
8	2.1	1									
10	4.5	2.1	1								
15	8.2	3.8	1.8	1							
20	16	7.7	3.6	2	1						
25	30	14	6.6	3.7	1.8	1					
32	60	28	13	7.2	3.6	2	1				
40	88	41	19	11	5.3	2.9	1.5	1			
50	164	77	36	20	10.0	5.5	2.8	1.9	1		
65	255	120	56	31	15.5	8.5	4.3	2.9	1.6	1	
80	439	206	97	54	27	15	7	5	2.7	1.7	1

① 32[A]   ② 40[A]   ③ 50[A]   ④ 65[A]

해 설
급수관 균등표를 이용한 계산법 : 문제에서 주어진 배관 호칭에 해당하는 배관을 세로측 관지름 칸에서 찾아 오른쪽으로 평행하게 이동하여 가로측 칸에 있는 15[mm]와 일치하는 숫자를 찾아 급수전 개수를 계산한다.
① 25[A]×2개를 15[A]관으로 계산 = 3.7×2 = 7.4
② 20[A]×3개를 15[A]관으로 계산 = 2×3 = 6
③ 15[A]×2개를 15[A]관으로 계산 = 1×2 = 2
④ 15[A]관의 합계 = 7.4 + 6 + 2 = 15.4
⑤ 주관의 호칭 계산 : 관지름 가로 칸에서 15[mm]를 선택한 후 아래로 내려가 15.4에 해당하는 숫자를 찾아 (없으면 큰 숫자 선택) 20를 선택한 후 왼쪽으로 이동하면 세로 칸의 관지름 50[mm]가 선택된다.
∴ 주관의 호칭규격은 50[mm](A)이다. |답| ③

19 기송배관에서 저압송식 또는 진공식일 때 일반적인 경우 수송물의 수송 가능거리는 몇 m 정도인가?
① 250~300   ② 500~550
③ 1000~1500   ④ 3000~6000
|답| ①

20 화학 세정용 약제에서 알칼리성 약제로 맞는 것은?
① 염산   ② 설파민산
③ 4염화탄소   ④ 암모니아

해 설
화학 세정용 약제의 종류
① 산성 약제 : 염산(HCl), 황산(H_2SO_4), 인산(H_3PO_4), 설파민산(NH_2SO_3H)
② 알칼리성 약제 : 가성소다(NaOH), 암모니아(NH_3), 탄산나트륨(Na_2CO_3), 인산나트륨(Na_3PO_4)

③ 유기산 : 구연산, 개미산 |답| ④

21
플랜지 시트 종류 중 전면 시트(seat) 플랜지를 사용할 때 사용 가능한 호칭 압력으로 가장 적합한 것은?
① 1[kgf/cm^2] 이하 ② 16[kgf/cm^2] 이하
③ 40[kgf/cm^2] 이하 ④ 63[kgf/cm^2] 이상

해 설
플랜지 시트 종류별 호칭압력
① 전면 시트 : 16[kgf/cm^2] 이하
② 대평면 시트 : 63[kgf/cm^2] 이하
③ 소평면 시트 : 16[kgf/cm^2] 이상
④ 삽입 시트 : 16[kgf/cm^2] 이상
⑤ 홈 시트(채널형) : 16[kgf/cm^2] 이상 |답| ②

22
연관(鉛管)을 잘못 사용한 곳은?
① 가스배관
② 농염산, 초산의 공급배관
③ 가정용 수도 인입관
④ 배수관

해 설
내산성이 강하지만, 초산이나 진한염산에는 침식된다. |답| ②

23
땅속에 매설된 수도 인입관에 설치하여 건물 안의 급수장치 전체 물의 흐름을 조절하거나 개폐할 때 사용되는 수전으로 맞는 것은?
① B형 급수전 ② A형 급수전
③ B형 지수전 ④ A형 지수전

해 설
(1) 수전의 종류
① A형 : 수도 직결의 급수용으로 사용하는 것
② B형 : 일반 건축설비의 급수용으로 사용하는 것
(2) 급수전과 지수전
① 급수전(給水栓) : 급수관 끝에 설치하여 필요할 때 개폐하는 밸브류
② 지수전(止水栓) : 급수를 제한하거나 차단하기 위하여 급수관 중간에 설치하는 밸브류 |답| ③

24
증기 트랩에서 오픈(open)트랩이라고도 하며, 공기가 거의 배출되지 않으므로 열동식 트랩을 병용하여 사용하는 트랩은 어느 것인가?
① 상향식 버킷 트랩 ② 온도조절 트랩
③ 플러시 트랩 ④ 충격식 트랩
|답| ①

25
글랜드 패킹에 속하지 않는 것은?
① 플라스틱 패킹 ② 메커니컬실
③ 일산화연 ④ 메탈 패킹

해 설
일산화연 : 나사용 패킹으로 냉매배관에 사용하며 페인트에 소량의 일산화연을 첨가한 것이다. |답| ③

26
다음 중 체크밸브에 속하지 않는 것은?
① 리프트형 ② 스윙형
③ 풋형 ④ 글로브형

해 설
① 체크밸브의 종류 : 스윙식, 리프트식, 풋 밸브, 해머리스 체크밸브 등
② 글로브 밸브(globe valve) : 스톱 밸브(stop valve)라 하며 유량조절용으로 사용된다. 차단성능이 좋으나 유체의 흐름방향과 평행하게 개폐되므로 압력손실이 많이 발생한다. |답| ④

27
다음 중 주철관을 사용하기에 부적합한 것은?
① 수도용 급수관 ② 가스 공급관
③ 오배수관 ④ 열교환기 전열관

해 설
주철관의 용도 : 수도용 급수관, 가스 공급관, 건축물의 오배수관, 광산용 양수관, 화학 공업용 배관 등 |답| ④

28
350[℃] 이하의 압력배관에 쓰이는 압력배관용 탄소강관의 기호로 맞는 것은?
① SPPS ② SPPH
③ STLT ④ STWW

해 설
강관의 KS 표시 기호

KS 표시 기호	명 칭
SPP	일반배관용 탄소강관
SPPS	압력배관용 탄소강관
SPPH	고압배관용 탄소강관
SPHT	고온배관용 탄소강관
SPLT	저온배관용 탄소강관
SPW	배관용 아크용접 탄소강관
SPA	배관용 합금강관
STS×T	배관용 스테인리스강관
STBH	보일러 열교환기용 탄소강관
STHA	보일러 열교환기용 합금강관
STS×TB	보일러 열교환기용 스테인리스강관
STLT	저온 열교환기용 강관

|답| ①

29 일명 팩리스 신축이음쇠라고도 하며, 관의 신축에 따라 슬리브와 함께 신축하는 것으로, 미끄럼면에서 유체가 누설되는 것을 방지하는 것은?

① 루프형 신축이음쇠
② 슬리브형 신축이음쇠
③ 벨로스형 신축이음쇠
④ 스위블형 신축이음쇠

해 설
신축이음쇠의 종류
① 슬리브형(sleeve type) : 신축에 의한 자체 응력이 발생되지 않고 설치장소가 필요하며 단식과 복식이 있다. 슬리브와 본체와의 사이에는 패킹을 다져 넣고 그랜드로 밀착시켜 온수 또는 증기의 누설을 방지한다. 50[A] 이하의 배관에는 나사식, 65[A] 이상은 플랜지식을 사용한다.
② 벨로스형(bellows type) : 팩리스(packless)형이라 하며, 설치장소에 구애받지 않고 가스, 증기, 물 등 2[MPa], 450[℃]까지 축 방향 신축흡수에 사용되며 단식과 복식 2종류가 있다.
③ 루프형(loop type) : 곡관으로 만들어진 관의 가요성(可撓性)을 이용한 것으로 구조가 간단하고 내구성이 좋아 고온, 고압배관이나 옥외배관에 주로 사용한다. 곡률 반지름은 관지름의 6배 이상으로 한다.
④ 스위블형(swivel type) : 지웰이음, 지블이음, 회전이음이라 하며, 2개 이상의 엘보를 사용하여 관의 신축을 흡수하는 것으로 신축방향이 큰 배관에서는 누설의 우려가 있다.
⑤ 볼 조인트(ball joint) : 볼 조인트와 오프셋 배관을 이용해서 신축을 흡수하는 방법으로 설치공간이 적고, 평면상의 변위뿐만 아니라 입체적인 변위까지도 안전하게 흡수하므로 어떤 현상에 의한 신축에도 배관이 안전한 신축이음이다.

|답| ③

30 배관용 타이타늄(Titanium)관에 관한 설명으로 틀린 것은?

① 내식성, 특히 내해수성이 좋다.
② 제조방법에 따라 이음매 없는 관과 용접관으로 나눈다.
③ 화학장치, 석유정제장치, 펄프제지공업장치 등에 사용된다.
④ 관은 안지름이 최소 20[mm]부터 100[mm]까지 있고, 두께는 20[mm] 이상이다.

|답| ④

31 폴리에틸렌관(Polyethylene pipe)의 장점으로 틀린 것은?

① 염화비닐관보다 가볍다.
② 염화비닐관보다 화학적, 전기적 성질이 우수하다.
③ 내한성이 좋아 한랭지 배관에 알맞다.
④ 염화비닐관에 비해 인장강도가 크다.

해 설
염화비닐관에 비해 인장강도가 1/5 정도로 작다.
[참고] 폴리에틸렌관(Polyethylene pipe)의 단점
① 화기에 극히 약하다.
② 유연해서 관면에 외상을 받기 쉽다.
③ 장시간 직사광선(햇빛)에 노출되면 노화된다.

|답| ④

32 배관계의 진동이나 수격작용에 의한 충격 등을 감쇠 또는 완화시키는 것이 주목적인 지지장치는?

① 레스트레인트(restraint)
② 브레이스(brace)
③ 서포트(support)
④ 터언 버클(turn buckle)

해 설

브레이스(brace) : 펌프, 압축기 등에서 발생하는 진동을 흡수하여 배관계통에 전달되는 것을 방지하는 역할을 한다.
① 방진구 : 진동을 방지하거나 완화시키는 역할을 한다.
② 완충기 : 배관 내의 수격작용, 안전밸브 분출반력 등 충격을 완화하는 역할을 한다. |답| ②

33 한쪽은 나사 이음용 니플(nipple)과 연결하고 다른 한쪽은 이음쇠의 내부에 관을 삽입하여 용접하는 동관 이음쇠의 형식은?
① Ftg×F
② Ftg×M
③ C×M
④ C×F

해 설

동관 및 황동 주물재 이음쇠
① C(female solder cup) : 이음재 내로 관이 들어가 접합되는 형태이다.
② M(male NPT thread) : ANSI 규격 관형나사가 밖으로 난 나사이음용 이음재이다. (예 : C×M 어댑터)
③ F(female NPT thread) : ANSI 규격 관형나사가 안으로 난 나사음용 이음재이다. (예 : C×F 어댑터)
④ Ftg(male solder cup) : 이음쇠 바깥쪽으로 관이 들어가 접합되는 형태이다. (예 : Ftg×M 어댑터) |답| ④

34 다음 보온 피복재 중 유기질 피복재가 아닌 것은?
① 코르크
② 암면
③ 기포성 수지
④ 펠트

해 설

재질에 의한 보온재 분류
① 유기질 보온재 : 펠트, 코르크, 기포성 수지
② 무기질 보온재 : 석면, 암면, 규조토, 탄산마그네슘, 유리섬유
③ 금속질 보온재 : 알루미늄 박(泊) |답| ②

35 배관접합에 관한 일반적인 설명으로 틀린 것은?
① 나사이음은 주로 저압, 저온에서 그다지 위험성이 없는 물, 공기, 저압 증기 등의 관이음에 많이 쓰인다.
② 나사 절삭가공, 취부 및 누설 등의 이유로 4B 이상의 관에서는 용접 이음이 유리하다.
③ 플랜트배관용의 일반 프로세스 배관에서는 나사이음만 한다.
④ 가 조립이 끝나면 루트 간격이 맞는가, 중심 맞추기가 잘되었는가를 검사하여 수정할 곳이 있으면 수정하여 용접한다.

해 설

플랜트배관용의 일반 프로세스 배관에서는 용접 접합, 나사 접합, 플랜지 접합 등으로 한다. |답| ③

36 용접기를 설치하기 부적합한 장소는?
① 먼지가 없는 곳
② 비, 바람이 없는 곳
③ 수증기 또는 습도가 높은 곳
④ 주위 온도가 5[℃]인 곳
|답| ③

37 칼라 속에 2개의 고무링을 넣고 이음 하는 방식으로 일명 고무 가스켓 이음이라고도 하며, 75~500[mm]의 지름이 작은 석면시멘트관에 사용되는 이음방식인 것은?
① 심플렉스 이음
② 콤포 이음
③ 노 허브 신축 이음
④ 철근 콘크리트 이음

해 설

석면 시멘트관의 이음 방법
① 기볼트(gibault) 이음 : 2개의 플랜지와 고무링, 1개의 슬리브로 되어 있으며 신축성과 굴절성이 좋아 원심력 철근 콘크리트관의 칼라 조인트 5~10개소마다 1개씩 접합한다.
② 칼라 이음 : 주철제의 특수 칼라를 사용하여 접합하는 방법으로 접합부 사이에 고무링을 끼워 수밀을 유지한다.
③ 심플렉스 이음 : 석면 시멘트제 칼라와 2개의 고무링으로 접합 시공하며, 굽힘성과 내식성이 우수하다.
|답| ①

38 경질 염화비닐관을 열간 삽입이음 할 때 삽입길이는 관지름(D)의 몇 배 정도가 가장 적당한가?
① 1.1~1.4D
② 1.5~2.0D
③ 2.1~2.4D
④ 2.5~3.0D

|답| ②

39 다음 중 융접에 해당되는 용접법은?
① 스터드 용접
② 방전충격 용접
③ 심 용접
④ 플래시 맞대기 용접

해 설

용접법의 종류
① 융접 : 모재의 접합부를 용융시킨 후 용가재를 첨가하여 접합하는 방법으로 아크용접, 가스용접, 테르밋용접, 전자비임용접 등이 있다.
② 압접 : 접합부를 상온상태 또는 적당한 온도로 가열하여 기계적 압력을 가해 접합하는 방법으로 압접, 단접, 전기저항용접, 확산용접, 초음파용접, 냉간압접 등이 있다.
③ 납땜 : 모재를 용융시키지 않고 땜납이 녹아서 접합면의 사이에 침투되어 접합하는 방법으로 연납과 경납땜이 있다.
※ 스터드 용접은 융접의 아크용접 중 소모전극의 비피복 아크용접에 해당된다.

|답| ①

40 아래 그림과 같은 곡관에 물이 채워져 있을 때 밑면 AB에 작용하는 수압(게이지 압)은 몇 [kPa]인가? (단, 중력가속도는 9.8[m/s²]이다.)
① 98.0
② 91.1
③ 73.5
④ 68.6

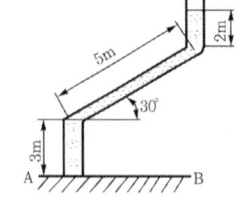

해 설

$P = \gamma \times h$
$= 1000 \times (3 + 5 \times \sin 30 + 2) \times 9.8 \times 10^{-3}$
$= 73.5 [kPa]$

|답| ③

41 링크형 파이프 커터의 용도로 가장 적합한 것은?
① 주철관 절단용
② 강관 절단용
③ 비금속관 절단용
④ 도관 절단용

해 설

링크형 파이프 커터 : 관지름 75~200[mm]의 주철관 절단 시 주로 사용되며 원형의 특수 강제 커터, 링크, 핸들 및 래칫 레버로 구성되어 있다. 구조상 매설된 주철관의 절단에 가장 적합하다.

|답| ①

42 주철관 이음 중 기계식 이음의 특징으로 틀린 것은?
① 기밀성이 좋다.
② 수중에서의 접합이 가능하다.
③ 전문 숙련공이 필요하다.
④ 고압에 대한 저항이 크다.

해 설

기계식 이음의 특징 : ①, ②, ④ 외
① 외압에 대한 굽힘성이 풍부하여 이음부가 다소 구부러져도 누수가 없다.
② 간단한 공구로 신속하게 이음할 수 있으며, 숙련공이 필요하지 않다.

|답| ③

43 용접작업 시 일반적인 사항을 설명한 것 중 틀린 것은?
① 다층 비드 쌓기에는 덧살올림법, 케스케이드법, 전진 블록법 등이 있다.
② 냉각속도는 같은 열량을 주었을 때 열의 확산 방향이 적을수록 냉각속도가 빠르다.
③ 용접입열이 일정할 경우 구리는 연강보다 냉각속도가 빠르다.
④ 주철, 고급 내열합금도 용접균열을 방지하기 위해 용접 전 적당한 온도로 예열시킨다.

해 설

냉각속도는 같은 열량을 주었을 때 열의 확산 방향이 적을수록 냉각속도가 느리다.

|답| ②

44 배관설비의 유량 측정에 일반적으로 응용되는 원리(정리)인 것은?
① 상대성 원리 ② 베르누이 정리
③ 프랭크의 정리 ④ 아르키메데스 원리

해 설
베르누이 방정식 : 모든 단면에서 작용하는 위치수두, 압력수두, 속도수두의 합은 항상 일정하다로 정의 되며, 차압식 유량계(오리피스미터, 플로노즐, 벤투리미터), 피토관 유량계의 측정 원리이다.

$$H = Z_1 + \frac{P_1}{\gamma} + \frac{V_1^2}{2g} = Z_2 + \frac{P_2}{\gamma} + \frac{V_2^2}{2g}$$

여기서, H : 전수두 Z_1, Z_2 : 위치수두
$\frac{P_1}{\gamma}, \frac{P_2}{\gamma}$: 압력수두 $\frac{V_1^2}{2g}, \frac{V_2^2}{2g}$: 속도수두

|답| ②

45 건포화 증기의 건도 x는 얼마인가?
① 10 ② 5 ③ 1 ④ 0.5

해 설
건조도[건도](x) : 증기 속에 함유되어 있는 물방울의 혼용률
① 건조도(x)가 1인 경우 : 건포화증기
② 건조도(x)가 0인 경우 : 포화수
③ 건조도(x)가 $0 < x < 1$인 경우 : 습증기

|답| ③

46 굽힘 반지름(bending radius)은 파이프 지름의 몇 배 이상이 되어야 굴곡에 의한 물의 저항을 무시할 수 있는가?
① 1배 ② 2배 ③ 3배 ④ 6배

|답| ④

47 다음 배관 도시기호 중 게이트밸브를 표시하는 것은?

① 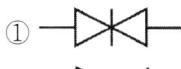 ②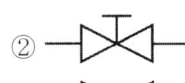
③ 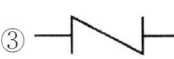 ④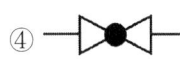

해 설
① 게이트밸브 ② 봉합밸브
③ 체크밸브 ④ 글로브밸브

|답| ①

48 CNC 파이프 벤딩 머신으로 그림과 같이 관을 굽히고자 한다. 프로그램을 작성하는데 ①점의 x, y 좌표가 (0, 0)일 때 ⑤점의 절대좌표는?

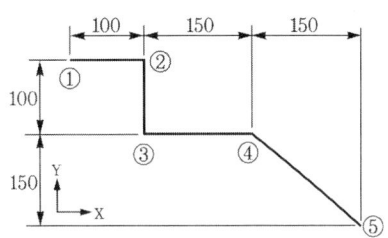

① (250, 300) ② (300, −250)
③ (400, −250) ④ (400, 250)

해 설
①점을 기준으로 ⑤번지점의 절대좌표는
x가 $(100 + 150 + 150) = 400$이 되며,
y는 아래에 위치하므로 $-(100 + 150) = -250$에 해당된다.

|답| ③

49 4편 마이터관(4편 엘보)을 만들려고 한다. 절단각을 구하는 식으로 맞는 것은?

① 절단각 = $\dfrac{중심각}{(편수 - 1) \times 3}$

② 절단각 = $\dfrac{중심각}{(편수 - 1) \times 2}$

③ 절단각 = $\dfrac{편수}{(중심각 - 1) \times 3}$

④ 절단각 = $\dfrac{편수}{(중심각 - 1) \times 2}$

|답| ②

50 그림과 같은 도면의 지시기호 및 내용에 대한 설명으로 옳은 것은?

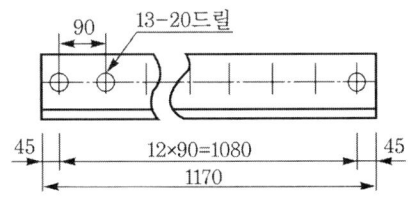

① 드릴 구멍의 지름은 13[mm]이다.
② 드릴 구멍의 피치는 45[mm]이다.
③ 드릴 구멍은 13개이다.
④ 드릴 구멍의 깊이는 20[mm]이다.

해 설
① 13-20드릴 : 드릴 구멍의 지름은 20[mm]이고 구멍수는 13개이다.
② 90 : 드릴 구멍의 피치는 90mm이다.
③ 12×90=1080 : 드릴 구멍 13개(드릴 구멍 간격 12개)의 피치 90[mm]의 길이가 1080[mm]이다. (드릴 구멍 간격 수는 드릴 구멍수에서 1을 뺀 것과 같다.)
|답| ③

51 그림과 같은 용접기호를 설명한 것으로 옳은 것은?

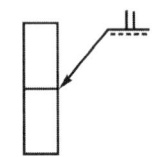

① I형 맞대기 용접 : 화살표 쪽에 용접
② I형 맞대기 용접 : 화살표 반대쪽에 용접
③ H형 맞대기 용접 : 화살표 쪽에 용접
④ H형 맞대기 용접 : 화살표 반대쪽에 용접

해 설
① 용접기호와 파선이 반대쪽에 있으면 화살표쪽 용접
② 용접기호와 파선이 함께 있으면 화살표 반대쪽 용접
|답| ①

52 배관도면을 작성할 때 건물의 바닥면을 기준선으로 하여 배관장치 높이를 표시하는 기호는?
① EL ② GL ③ FL ④ CL

해 설
배관 높이 표시법
(1) EL(elevation line) 표시 : 그 지방의 해수면에 기준선(base line)을 설정하여 이 기준선으로부터의 높이를 표시하는 표시법
  ① BOP(bottom of pipe) : 지름이 다른 관의 높이를 나타낼 때 적용되며 관 바깥지름의 아랫면을 기준으로 하여 표시한다.
  ② TOP(top of pipe) : BOP와 같은 목적으로 이용되나 관의 윗면을 기준으로 하여 표시한다.

(2) GL(ground line) 표시 : 포장된 지표면을 기준으로 하여 배관장치의 높이를 표시할 때 적용된다.
(3) FL(floor line) 표시 : 1층 바닥면을 기준으로 하여 높이를 표시한다.
|답| ③

53 보기와 같은 배관 라인 인덱스에서 관에 흐르는 유체의 종류는?

[보기] 2-80A-PA-16-39-HINS

① 작업용 공기   ② 재생 냉수
③ 저압 증기   ④ 연료 가스

해 설
(1) [보기]의 기호 설명
  ① 2 : 장치번호
  ② 80A : 배관의 호칭
  ③ PA : 유체기호(PA-작업용 공기)
  ④ 16 : 배관번호
  ⑤ 39 : 배관재료종류별 기호
  ⑥ HINS : 보온·보냉기호
     (HINS-보온, CINS-보냉, PP-화상방지)
(2) 유체기호

기호	종류	기호	종류
P	프로세스 유체	PA	작업용 공기
IA	계기용 공기	N	질소
HS	고압 증기	LS	저압 증기
CW	재생 냉수	SW	해수 등

|답| ①

54 기계제도 분야에서 가장 많이 사용되는 방법으로 보는 방향에서의 형상과 크기만 나타나고, 다른 부분은 알 수가 없기 때문에 물체 전체를 완전히 표현하려면 두 개 이상의 투상도가 필요한 것은?
① 등각투상도   ② 사투상도
③ 투시도   ④ 정투상도

해 설
정투상도 : 직교하는 3개의 화면 중간에 물체를 놓고 평행광선에 의해 투상된 자취를 그린 것으로 제1각법과 제3각법이 있으며 정면도, 평면도, 측면도로 나타낸다.
|답| ④

55 축의 완성지름, 철사의 인장강도, 아스피린의 순도와 같은 데이터를 관리하는 가장 대표적인 관리도는?

① c 관리도
② nP 관리도
③ u 관리도
④ $\bar{x} - R$ 관리도

해 설

$\bar{x} - R$(평균값-범위)관리도 : 길이, 무게, 시간, 강도, 성분 등과 같이 데이터가 연속적인 계량치로 나타나는 공정을 관리할 때 사용한다.

|답| ④

56 로트의 크기가 시료의 크기에 비해 10배 이상 클 때, 시료의 크기와 합격판정개수를 일정하게 하고 로트의 크기를 증가시킬 경우 검사특성곡선의 모양 변화에 대한 설명으로 가장 적절한 것은?

① 무한대로 커진다.
② 별로 영향을 미치지 않는다.
③ 샘플링 검사의 판별 능력이 매우 좋아진다.
④ 검사특성곡선의 기울기 경사가 급해진다.

해 설

로트(N)의 크기는 OC곡선에 큰 영향을 주지 않는다.

|답| ②

57 작업시간 측정방법 중 직접측정법은?

① PTS법
② 경험견적접
③ 표준자료법
④ 스톱워치법

해 설

작업시간 측정방법
① 직접측정법 : 시간연구법(스톱워치법, 촬영법, VTR분석법), 워크샘플링법
② 간접측정법 : 실적기록법, 표준자료법, PTS법(WF법, MTM법)

|답| ④

58 준비 작업시간 100분, 개당 정미작업시간 15분, 로트 크기 20일 때 1개당 소요작업시간은 얼마인가? (단, 여유시간은 없다고 가정한다.)

① 15분
② 20분
③ 35분
④ 45분

해 설

$$T_1 = \frac{P}{n} + t(1+\alpha) = \frac{100}{20} + 15 = 20[\text{분}]$$

|답| ②

59 소비자가 요구하는 품질로서 설계와 판매정책에 반영되는 품질을 의미하는 것은?

① 시장품질
② 설계품질
③ 제조품질
④ 규격품질

해 설

물질의 형성단계에 의한 품질 분류
① 시장품질(소비자 품질, 요구품질, 목표품질) : 소비자에 의해 결정되는 품질로서 설계나 판매정책에 반영되는 품질이다.
② 설계품질 : 소비자의 요구를 조사한 후 공장의 제조기술, 설비, 관리 상태에 따라 경제성을 고려하여 제조가 가능한 수준으로 정한 품질이다.
③ 제조품질(적합품질, 합치품질) : 실제로 제조된 품질특성으로 실현되는 품질을 의미한다. 일반적으로 제조품질은 4M(man[작업자], method[작업방법], machine[설비], meterial[자재])에 의하여 결정된다.
④ 사용품질(성과품질) : 제품을 사용한 소비자의 만족도에 의하여 결정되는 품질이다.

|답| ①

60 다음 중 샘플링 검사보다 전수검사를 실시하는 것이 유리한 경우는?

① 검사항목이 많은 경우
② 파괴검사를 해야 하는 경우
③ 품질특성치가 치명적인 결점을 포함하는 경우
④ 다수 다량의 것으로 어느 정도 부적합품이 섞여도 괜찮을 경우

해 설

(1) 전수검사가 유리한 경우
① 검사비용에 비해 효과가 클 때
② 물품의 크기가 작고, 파괴검사가 아닐 대
(2) 전수검사가 필요한 경우
① 불량품이 혼합되면 안 될 때
② 불량품이 다음 공정에 넘어가면 경제적으로 손실이 클 때
③ 불량품이 들어가면 안전에 중대한 영향을 미칠 때
④ 전수검사를 쉽게 할 수 있을 때
※ ①, ②, ④항은 샘플링 검사가 유리한 경우이다.

|답| ③

2013년 기능장 제53회 필기시험 (4월 14일 시행)

자격종목	코드	시험시간	형별
배관기능장	3081	1시간	A

※ 답안 카드 작성 시 시험문제지 형별누락, 마킹착오로 인한 불이익은 전적으로 수험자의 귀책사유임을 알려드립니다.
※ 각 문항은 4지 택일형으로 질문에 가장 적합한 보기 항을 선택하여 마킹하여야 합니다.

1 일반적인 기송 배관의 형식이 아닌 것은?
① 진공식　　② 압송식
③ 진공 압송식　　④ 분리기식

해설
(1) 기송배관 : 공기 수송기를 사용하여 고체 분말 또는 미립자를 운반하도록 시설하여 놓은 배관
(2) 형식 분류
　① 진공식(vacuum type) : 수송관을 진공펌프를 이용하여 진공상태로 만든 후 운반물과 대기 중의 공기를 동시에 흡입하여 운송하고 공기는 따로 분리하여 배출하는 형식이다.
　② 압송식(pressure type) : 압축기로 공기를 가압하고 송급기(feeder)에서 운반물을 흡입하여 운송한 후 공기를 따로 배출하는 형식이다.
　③ 진공 압송식(vacuum and pressure type) : 진공식과 압송식을 혼합한 형식으로 수송원과 수송선이 여러 갈래이거나 원거리인 경우에 이용된다.　　**|답| ④**

2 피드백제어(feed back control)의 종류가 아닌 것은?
① 정치제어　　② 추치제어
③ 프로세스제어　　④ 조건제어

해설
피드백제어(feed back control)의 종류
① 정치제어 : 목표값이 시간의 변화, 외부 조건의 영향을 받지 않고 일정한 값으로 제어되는 방식으로 보일러, 냉난방장치의 압력제어, 급수탱크의 액면제어 등에 사용된다.
② 추치제어 : 목표값을 측정하면서 제어량을 목표값에 일치하도록 맞추는 방식으로 추종제어, 비율제어, 프로그램 제어 등이 있다.
③ 프로세스제어 : 공장 등에서 온도 압력, 유량, 농도, 습도 등과 같은 상태량에 대한 제어방법을 말한다.
　　|답| ④

3 자동제어계의 검출기에서 검출된 신호가 아주 작거나 조절기의 신호에 적합하지 않을 경우 검출신호를 증폭하거나 다른 신호로 변환하여 보내는 장치는?
① 지시기　　② 전송기
③ 조절기　　④ 조작기

해설
전송기 : 검출기에서 검출한 신호를 증폭하거나 다른 신호로 변환시켜 전송하여 주는 기기로서 공기식 및 전기식이 있다.　　**|답| ②**

4 자동제어장치에서 기준입력과 검출부 출력을 합하여 제어계가 소요의 작용을 하는데 필요한 신호를 만들어 보내는 부분으로 맞는 것은?
① 비교부　　② 설정부
③ 조절부　　④ 조작부

해설
자동제어의 구성
① 비교부 : 기준입력과 주피드백량과의 차를 구하는 부분으로서 제어량의 현재값이 목표치와 얼마만큼 차이가 나는가를 판단하는 기구
② 검출부 : 제어량을 검출하고 이것을 기준입력과 비교할 수 있는 물리량(주피드백 신호)을 만드는 부분
③ 조절부 : 제어편차에 따라 일정한 신호를 조작요소에 보내는 부분
④ 조작부 : 제어대상에 대하여 작용을 걸어오는 부분으로 조작신호를 받아 이것을 조작량으로 바꾸는 부분
⑤ 설정부 : 정치제어일 때 주로 사용되는 것으로 목표치와 주피드백량이 같은 종류의 양이 아니면 비교할 수 없다.　　**|답| ③**

5 트랩의 봉수가 모세관 현상에 의하여 없어지는 경우의 조치사항으로 가장 적당한 것은?
① 트랩 가까이에 통기관을 세운다.
② 머리카락 같은 이물질을 제거한다.
③ 기름을 흘러 보내 봉수가 없어지는 것을 막는다.
④ 배수구에 격자를 설치한다.

해 설
모세관 현상에 의한 트랩의 봉수 유실 원인 : 트랩의 오버플로관 부분에 머리카락, 걸레 등이 걸려서 아래로 늘어져 있으면 모세관 작용으로 봉수가 서서히 흘러내려가 없어지게 된다. **|답|** ②

6 난방배관에서 리프트 피팅에 대한 설명으로 틀린 것은?
① 진공 환수식일 때 사용한다.
② 1단의 높이를 1.5[m] 이내로 한다.
③ 응축수를 끌어 올릴 때 사용한다.
④ 입상관은 환수주관 구경보다 1~2사이즈 이상 큰 관을 사용한다.

해 설
리프트 이음(lift fitting) : 진공 환수관식에서 보일러 보다 방열기가 아래쪽에 설치되는 경우(환수관이 진공펌프 흡입구보다 낮은 경우) 설치하는 이음방법으로 수직 입상관은 환수주관보다 1~2 단계 낮은 관을 사용하며 1단의 최고 흡상 높이는 1.5[m] 이내로 한다. 흡상 높이가 높은 경우에는 여러 개를 조합하여 설치할 수 있다. **|답|** ④

7 길이 30[cm] 되는 65[A] 강관의 중앙을 가스절단을 한 후 절단부위를 다루는 방법으로 가장 안전한 방법은?
① 관에 손가락을 끼워서 든다.
② 장갑을 끼고 손으로 잡는다.
③ 단조용 집게나 플라이어로 잡는다.
④ 절단 부위에서 가장 먼 곳을 맨손으로 잡는다.

해 설
절단부위는 뜨거워 화상 등 부상의 위험이 있으므로 단조용 집게나 플라이어를 이용해서 취급하여야 한다. **|답|** ③

8 보일러 취급자의 부주의로 인하여 발생하는 사고의 원인으로 맞는 것은?
① 재료의 부적당
② 설계상 결함
③ 발생증기 압력의 과다
④ 구조상의 결함

해 설
보일러 사고의 원인
① 제작상의 원인 : 재료불량, 강도부족, 설계불량, 구조불량, 부속기기 설비의 미비, 용접불량 등
② 취급상의 원인 : 압력초과, 저수위, 급수처리 불량, 부식, 과열, 미연소가스 폭발사고, 부속기기 정비불량 등
|답| ③

9 배관설비의 진공시험에 관한 설명으로 틀린 것은?
① 기밀시험에서 누설 개소가 발견되지 않을 때 하는 시험이다.
② 주위 온도의 변화에 대한 영향이 없는 시험이다.
③ 관 속을 진공으로 만든 후 일정 시간 후의 진공 강하상태를 검사한다.
④ 진공펌프나 추기 회수장치를 이용하여 시험한다.

해 설
기밀시험 및 진공시험은 주위 온도의 변화에 대하여 영향을 받으므로 온도변화가 없는 상태에서 실시하여야 한다.
|답| ②

10 150[A] 관의 내경은 155[mm]이다. 이 관을 이용하여 매초 1.5[m]의 속도로 물을 수송하고 있다. 2시간 동안 수송된 물의 양은 약 몇 [m³] 정도인가?
① 102 ② 136 ③ 155 ④ 204

해 설
$$Q = A \cdot V = \frac{\pi}{4} \times D^2 \times V$$
$$= \frac{\pi}{4} \times 0.155^2 \times 1.5 \times 3600 \times 2 = 203.78 [m^3]$$ **|답|** ④

11 122[°F]는 섭씨온도와 절대온도로 각각 얼마인가?

① 50[℃], 323[K]
② 55[℃], 337[K]
③ 60[℃], 509[K]
④ 50[℃], 581[K]

해 설

① 섭씨온도 계산

$$∴ ℃ = \frac{5}{9}(°F - 32) = \frac{5}{9} \times (122 - 32) = 50[℃]$$

② 절대온도(K) 계산

$$∴ K = t℃ + 273 = 50 + 273 = 323[K]$$

|답| ①

12 화학설비 장치 배관재료의 구비 조건으로 틀린 것은?

① 접촉 유체에 대해 내식성이 클 것
② 크리프(creep) 강도는 적을 것
③ 고온, 고압에 대하여 기계적 강도가 있을 것
④ 저온에서 재질의 열화(劣化)가 없을 것

해 설

화학설비 장치 배관재료의 구비 조건
① 접촉 유체에 대해 내식성이 클 것
② 고온 고압에 대한 기계적 강도가 클 것
③ 저온에서 재질의 열화(劣化)가 없을 것
④ 크리프(creep)강도가 클 것
⑤ 가공이 용이하고 가격이 저렴할 것

[참고] 크리프(creep) : 어느 온도 이상에서 재료에 일정한 하중을 가하여 그대로 방치하면 시간의 경과와 더불어 변형이 증대하고 때로는 파괴되는 현상

|답| ②

13 냉각탑의 공기 출구에 물방울이 공기와 함께 유출하지 못하도록 설치하는 것은?

① 일리미네이터
② 디스크 시트
③ 플래쉬 가스
④ 진동 브레이크

해 설

냉각탑(cooling tower) : 수냉식 냉동기의 응축기 냉각수 소비를 절감하기 위하여 공기와의 접촉에 의한 냉각과 물의 증발에 의하여 냉각시키는 장치로 냉각탑의 공기 출구에 물방울이 공기와 함께 유출하지 못하도록 일리미네이터를 설치하여 사용한다.

|답| ①

14 산 세정에 관한 설명 중 올바른 것은?

① 주로 탈지세정을 목적으로 실시한다.
② 약액 조성은 제3인산소다 + 소다회 + 계면활성제이며, 세정시간은 6~8시간 정도이다.
③ 플랜트 내부의 스케일을 기계적으로 전부 제거할 수 있는 방법이다.
④ 수세(水洗)를 한 후에는 하이드라진, 아질산염, 인산염 등에 의해 모재표면에 방청피막을 형성시켜야 한다.

해 설

산 세정(acid cleaning) : 내면의 스케일과 산과의 화학 반응에 의해 스케일을 용해 제거하는 방법으로 일반적으로 5~10% 염산 수용액을 사용한다. 수세(水洗)를 한 후에는 부식을 방지하기 위해 부식억제제(inhibitor)를 적당량(0.2~0.6%) 첨가한다.

|답| ④

15 장치의 운전을 정지시키지 않고 유체가 흐르는 상태에서 수리하는 방법으로 흐르고 있는 유체를 막을 수 없을 때 사용하는 응급조치 방법으로 맞는 것은?

① 플러깅(plugging)법
② 스토핑박스(stopping box)법
③ 박스설치(box-in)법
④ 인젝션(injection)법

해 설

배관설비의 응급조치법
① 코킹법 : 배관에서 관내의 압력과 온도가 비교적 낮고 누설 부분이 작은 경우 정을 대고 때려서 기밀을 유지하는 응급조치 방법이다.
② 인젝션법 : 부식, 마모 등으로 작은 구멍이 생겨 유체가 누설될 경우 고무제품의 각종 크기로 된 볼을 일정량 넣고, 유체를 채운 후 펌프를 작동시켜 누설부분을 통과하려는 볼이 누설부분에 정착, 누설을 미량이 되게 하거나 정지시키는 응급조치 방법이다.
③ 스토핑박스(stopping box)법 및 박스설치(box-in)법
④ 핫태핑(hot tapping)법과 플러깅(plugging)법 : 장치의 운전을 정지시키지 않고 유체가 흐르는 상태에서 고장을 수리하는 것으로 바이패스를 시키거나 분기하여 유체를 우회 통과시키는 응급조치 방법이다.

|답| ①

16 상수도 시설기준에서 급수관의 매설심도에 관한 설명으로 잘못된 것은?
① 일반적으로 공·사도에서 매설심도는 35[cm] 이상으로 하는 것이 바람직하다.
② 한랭지에서는 그 지방의 동결심도보다 더 깊게 매설한다.
③ 도시의 지하매설물 규정에 매설심도가 정해져 있을 경우에는 그 규정에 따른다.
④ 도시의 지하 매설물 규정에 매설심도가 정해져 있지 않을 경우에는 매설장소의 토질, 하중, 충격 등을 충분히 고려하여 심도를 결정한다.

해 설
급수관의 매설깊이
① 보통 평지 : 450[mm] 이상
② 차량의 통로 : 760[mm] 이상
③ 중차량의 통로, 냉한지대(추운지방) : 1[m] 이상
|답| ①

17 세정식 집진법을 형식에 따라 분류한 것으로 맞는 것은?
① 유수식, 원통식
② 충돌식, 회전식
③ 평판식, 가압수식
④ 유수식, 가압수식

해 설
세정식 집진장치 종류
① 유수식 : S형, 임펠러형, 회전형, 분수형 및 나선 가이드베인형
② 가압수식 : 벤투리 스크레버, 제트 스크레버, 사이클론 스크레버, 충전탑(세정탑)
③ 회전식 : 타이젠 와서, 충격식 스크레버
|답| ④

18 수공구 사용에 대한 안전 유의사항 중 잘못된 것은?
① 사용 전에 모든 부분에 기름을 칠하고 사용할 것
② 결함이 있는 것은 절대로 사용하지 말 것
③ 공구의 성능을 충분히 알고 사용할 것
④ 사용 후에는 반드시 점검하고 고장부분은 즉시 수리 의뢰할 것

해 설
수공구에 기름칠을 하면 사용할 때 미끄러져 사고의 위험이 있다.
|답| ①

19 난방부하가 29[kW]일 때 필요한 온수난방의 주철방열기의 필요 방열면적은 약 얼마인가? (단, 표준방열량은 증기인 경우 0.756[kW/m²]이고, 온수인 경우 0.523[kW/m²]이다.)
① 39.8[m²]
② 55.4[m²]
③ 72.6[m²]
④ 88.8[m²]

해 설
$$\text{방열기 방열면적} = \frac{\text{난방부하}}{\text{방열기 표준방열량}} = \frac{29}{0.523} = 55.449[m^2]$$
|답| ②

20 구조가 간단하며 효율이 높고 맥동이 적어 널리 사용되고 있는 터보형 펌프의 종류에 해당되지 않는 것은?
① 원심펌프
② 제트(jet)펌프
③ 축류펌프
④ 사류펌프

해 설
펌프의 분류
① 터보형 : 원심식, 사류식, 축류식
② 용적형 : 왕복식, 회전식
③ 특수펌프 : 제트펌프, 기포펌프, 재생펌프, 수격펌프
|답| ②

21 글랜드 패킹의 종류가 아닌 것은?
① 오일시트 패킹
② 석면 얀 패킹
③ 아마존 패킹
④ 몰드 패킹

해 설
패킹재의 분류 및 종류
① 플랜지 패킹(가스켓) : 천연고무, 합성고무, 식물성 섬유제, 동물성 섬유제, 석면 조인트 시트, 합성수지 패킹, 금속 패킹
② 나사용 패킹 : 나사용 페인트, 일산화연, 액상합성수지
③ 글랜드 패킹 : 석면 각형 패킹, 석면 얀 패킹, 몰드 패킹, 아마존 패킹
|답| ①

22 온도조절기나 압력조절기 등에 의해 신호 전류를 받아 전자 코일의 전자력을 이용, 자동적으로 개폐시키는 밸브의 명칭은?
① 전동밸브
② 팽창밸브
③ 플로트밸브
④ 솔레노이드밸브

해 설
전자 밸브(solenoid valve) : 몸체, 디스크, 시트, 실린더 등으로 구성되어 있으며 전자 코일의 여자(勵磁)에 의하여 자동적으로 개폐시키는 밸브이다. |답| ④

23 앵글, 환봉, 평강 등으로 만들어 파이프의 이동을 방지하기 위한 지지물을 장치하기 위해 천정, 바닥, 벽 등의 콘크리트에 매설하여 두는 지지금속으로 맞는 것은?
① 인서트(insert) ② 슬리브(sleeve)
③ 행거(hanger)   ④ 앵커(anchor)
|답| ①

24 폴리부틸렌관에 대한 설명으로 가장 적합한 것은?
① 일명 엑셀 온돌 파이프라고도 한다.
② 곡률 반경을 관경의 2배까지 굽힐 수 있다.
③ 일반적인 관보다 작업성이 우수하나, 결빙에 의한 파손이 많다.
④ 관을 연결구에 삽입하여 그래브 링(grab ring)과 O-링에 의한 접합을 할 수 있다.

해 설
폴리부틸렌관(PB관)의 특징
① 가볍고 시공이 간편하며 재사용이 가능하다.
② 강한 충격, 강도, 유연성, 온도, 화학작용 등에 대한 저항성이 크다.
③ 유해물질의 용출이나 적녹, 청녹의 발생에 의한 수질 오염이 없어 위생적이다.
④ 사용가능 온도로는 -30~110[℃] 정도로 내한성과 내열성이 우수하며 고온에서도 강도가 유지된다.
⑤ 나사 및 용접이음을 하지 않고 관을 연결구에 삽입하여 그래프링과 O링에 의한 에이콘이음으로 한다.
⑥ 온수온돌의 난방배관, 음용수 및 온수배관, 농업 및 원예용 배관, 화학배관 등에 사용된다.
⑦ 관의 굽힘 시 굽힘거리는 80[cm], 최소굽힘지름은 20[cm] 이상으로 하여야 한다. |답| ④

25 엘보는 유체의 흐름방향을 바꿀 때 사용되는 이음쇠로 25[mm](1") 강관에 사용하는 용접이음용 롱엘보의 곡률반경은 몇 [mm]인가?
① 25   ② 32
③ 38   ④ 45

해 설
맞대기 용접용 엘보의 곡률 반지름
① 롱 엘보(long elbow) : 강관 호칭지름의 1.5배
② 숏 엘보(short elbow) : 강관의 호칭지름
∴ $25 \times 1.5 = 37.5$[mm] |답| ③

26 다음 보기에 설명한 신축 이음쇠의 특징 중 어느 한가지의 항목에도 해당되지 않는 신축이음쇠는?

① 이음부의 나사회전을 이용한다.
② 관을 굽혀 사용하며, 신축에 따라 자체 응력이 생긴다.
③ 배관에 곡선부분이 있으면 신축이음쇠에 비틀림이 생겨 파손원인이 된다.
④ 평면 및 입체적인 변위까지도 흡수한다.

① 볼조인트형 신축이음쇠
② 슬리브 신축이음쇠
③ 벨로스형 신축이음쇠
④ 스위블형 신축이음쇠

해 설
[보기]에 설명한 신축이음쇠 명칭
① 스위블형 신축이음쇠
② 루프형 신축이음쇠
③ 슬리브 신축이음쇠
④ 볼조인트형 신축이음쇠 |답| ③

27 증기관 및 환수관의 압력차가 있어야 응축수를 배출하고, 환수관을 트랩보다 위쪽에 배관할 수 있는 트랩은 어느 것인가?
① 버킷 트랩(bucket trap)
② 그리스 트랩(grease trap)
③ 플로트 트랩(float trap)
④ 벨로스 트랩(bellows trap)

해 설
버킷 트랩(bucket trap) : 증기와 응축수의 비중차를 이용하는 기계식 트랩으로 상향 버킷 트랩과 하향 버킷 트랩이 있다. |답| ①

28 염화비닐관의 단점을 설명한 것 중 틀린 것은?
① 열팽창률이 크기 때문에 온도변화에 대한 신축이 심하다.
② 50[℃] 이상의 고온 또는 저온 장소에 배관하는 것은 부적당하다.
③ 용제와 방부제(크레오스트액)에 강하나 파이프 접착제에는 침식된다.
④ 저온에 약하며 한냉지에서는 외부로부터 조금만 충격을 주어도 파괴되기 쉽다.

해 설
염화비닐관의 특징
(1) 장점
　① 내식, 내산, 내알칼리성이 크다.
　② 전기의 절연성이 크다.
　③ 열의 불양도체이다.
　④ 가볍고 강인하며, 가격이 저렴하다.
　⑤ 배관가공이 쉬워 시공비가 적게 소요된다.
(2) 단점
　① 저온 및 고온에서 강도가 약하다.
　② 열팽창률이 심하다.
　③ 충격강도가 작다.
　④ 용제에 약하다. |답| ③

29 압력계에 대한 설명 중 틀린 것은?
① 고압라인의 압력계에는 사이펀관을 부착하여 설치한다.
② 유체의 맥동이 있을 경우는 맥동댐퍼를 설치한다.
③ 부식성 유체에 대해서는 격막시일(seal) 또는 시일포트(seal port)를 설치하여 압력계에 유체가 들어가지 않도록 한다.
④ 현장지시 압력계의 설치위치는 일반적으로 1.0[m]의 높이가 적당하다.

해 설
압력계 설치 시공방법
① 고압라인의 압력계에는 사이펀관을 부착하여 부르동관을 보호한다.
② 유체에 맥동이 있을 경우에는 댐퍼를 설치하여 압력계에 유체가 들어가지 않게 한다.
③ 압력계의 설치위치는 1.5[m] 정도가 가장 좋다. |답| ④

30 외경 10[mm]인 강관으로 열팽창길이 10[mm]를 흡수할 수 있는 신축곡관을 만들 때 필요 곡관의 길이는 얼마인가?
① 64[cm]　② 74[cm]　③ 84[cm]　④ 94[cm]

해 설
$$L = 0.073\sqrt{d \cdot \Delta L}$$
$$= 0.073 \times \sqrt{10 \times 10} \times 100 = 73\,[cm]$$ |답| ②

31 주철관에 대한 설명 중 틀린 것은?
① 강관에 비해 내식, 내구성이 크다.
② 주철관 제조법은 수직법과 원심력법 2종류가 있다.
③ 구상흑연주철관은 관의 두께에 따라서 1종관~6종관까지 6종류가 있다.
④ 수도, 가스, 광산용 양수관, 건축용 오배수관 등에 널리 사용한다.

해 설
구상흑연주철관은 최대 사용 정수두에 따라 고압관, 보통압관, 저압관의 3종류로 분류된다.
[참고] 구상흑연주철관 : 수도용 원심력 덕타일 주철관으로 양질의 선철에 강을 배합하여 용해하고, 회전하는 주형에 주입한 다음 원심력을 이용하여 주조한 후 노(爐)속에 넣고 고르게 가열하여 730[℃] 이상에서 적

당한 시간동안 풀림(annealing)처리를 한 것이며 주철 중의 흑연이 구상화하여 관의 질이 균일하게 되어 강도가 크다. |답| ③

32 스테인리스강관의 특징에 대한 설명으로 틀린 것은?
① 내식성이 우수하여 계속사용 시 내경의 축소, 저항 증대 현상이 없다.
② 위생적이어서 적수, 백수, 청수의 염려가 없다.
③ 강관에 비해 기계적 성질이 우수하고, 두께가 얇고 가벼워 운반 및 시공이 쉽다.
④ 저온 충격성이 크고, 한랭지 배관이 불가능하며 동결에 대한 저항이 적다.

해 설
스테인리스 강관의 특징 : ①, ②, ③ 외
① 내식성, 내마모성이 우수하다.
② 강관에 비해 기계적 성질이 우수하다.
③ 저온 충격성이 크고, 한랭지 및 저온배관이 가능하며, 동결에 대한 저항이 크다.
④ 관마찰저항이 작아 손실수두가 적다.
⑤ 강도가 크고, 굽힘 작업이 어렵다.
⑥ 열전도율이 낮다(14.04 kcal/h·m·℃). |답| ④

33 밸브에 일어나는 현상 중 포핑(popping)에 대한 설명으로 맞는 것은?
① 유체가 밸브를 통과할 때 밸브 또는 유체에서 나는 소리
② 밸브 디스크가 반복하여 밸브 시트를 두드리는 불안전한 상태
③ 화학적 또는 전기 화학적 작용에 의하여 금속 표면이 변질되어 가는 현상
④ 입구쪽 유체의 압력이 취출압력을 초과하면 내부의 압력 유체를 취출하는 현상 |답| ④

34 백관에 방청도료의 도장 시공 상의 주의사항이 아닌 것은?
① 2액 혼합형의 도료일 때는 그 혼합비율, 혼합 후의 경과시간에 주의를 요한다.
② 도료 건조 시에는 가능한 직사일광에서 건조해야 한다.
③ 저온 다습을 피한다.
④ 한 번에 두껍게 바르지 말고 수회에 걸쳐 바른다.

해 설
도료 건조 시에는 가능한 직사일광을 피해서 건조해야 한다. |답| ②

35 안지름 100[mm]인 관속을 매초 2.5[m]의 속도로 물이 흐르고 있을 때 유량은 약 몇 [m³/s]인가?
① 0.02 ② 0.03 ③ 0.04 ④ 0.05

해 설
$Q = A \cdot V = \dfrac{\pi}{4} \times 0.1^2 \times 2.5 = 0.0196\,[\text{m}^3/\text{s}]$ |답| ①

36 폴리에틸렌관의 이음방법에 해당되지 않는 것은?
① 테이퍼 조인트 이음
② 턴앤드 글로브 이음
③ 용착슬리브 이음
④ 인서트 이음

해 설
폴리에틸렌관의 이음 종류
① 용착 슬리브 접합 : 관 끝의 바깥쪽과 이음관의 안쪽을 동시에 가열하여 용융이음 하는 방법이다.
② 테이퍼 접합 : 50[mm] 이하의 관에 폴리에틸렌관 전용의 포금제 테이퍼 조인트를 사용하여 접합하는 방법이다.
③ 인서트 접합 : 50[mm] 이하의 폴리에틸렌관 접합용으로 가열 연화한 인서트를 끼우고 물로 냉각하여 클램프로 조여 접합하는 방법이다.
④ 기타 이음 방법 : 용접법, 플랜지 이음법, 나사 이음
|답| ②

37 다음 중 불활성가스 금속 아크용접은?
① TIG 용접   ② CO₂ 용접
③ MIG 용접   ④ 플라즈마 용접

해설

아크용접의 분류
(1) 비소모전극(TIG)
　① 비피복 아크용접 : 탄소 아크용접
　② 피복 아크용접 : 원자 수소용접, 불활성가스 텅스텐 용접(TIG)
(2) 소모전극(MIG)
　① 비피복 아크용접 : 금속 아크용접, 스텃 용접
　② 피복 아크용접 : 피복 금속 아크용접, 잠호 용접, 불활성가스 금속 아크용접(MIG), 탄산가스 아크용접

|답| ③

38 염화비닐관 이음에서 고무링이음의 특징으로 틀린 것은?

① 시공 작업이 간단하며 특별한 숙련이 없어도 시공할 수 있다.
② 외부의 기후 조건이 나빠도 이음이 가능하다.
③ 부분적으로 땅이 내려앉는 곳에도 어느 정도 안전하다.
④ 이음 후에 관을 빼거나 다시 끼울 수 없고, 수압에 견디는 강도가 작다.

해설

고무링 이음의 특징 : ①, ②, ③ 외
① 시공속도가 빠르며, 수압에 견디는 강도가 크다.
② 좁은 장소나 화기의 위험이 있는 곳에서도 이음이 안전하다.
③ 가열하거나 접착제를 바르지 않고 손쉽게 이음이 되므로 시공비가 절감된다.
④ 이음 후에 관을 빼내거나 다시 끼울 수도 있으므로 필요할 때 이동할 수 있어 경제적이다.
⑤ 신축 및 휨에 대하여 완전하며 신축관을 따로 설치할 필요가 없다.

|답| ④

39 0[℃]의 물 1[kg]을 100[℃]의 포화증기로 만드는데 필요한 열량은 약 몇 [kJ]인가? (단, 물의 비열은 4.19[kJ/kg·K]이고, 물의 증발 잠열은 2256.7[kJ/kg]이다.)

① 418.5[kJ]　② 753.2[kJ]
③ 2255.5[kJ]　④ 2675.7[kJ]

해설

① 0[℃]의 물을 100[℃]까지 올리는데 필요한 열량 계산 : 현열
$$\therefore Q_1 = G \cdot C \cdot \Delta t$$
$$= 1 \times 4.19 \times \{(273+100) - (273+0)\} = 419[kJ]$$
② 100[℃] 물을 100[℃] 포화증기로 만드는데 필요한 열량 계산 : 잠열
$$\therefore Q_2 = G \cdot \gamma = 1 \times 2256.7 = 2256.7[kJ]$$
③ 합계열량 계산
$$\therefore Q = Q_1 + Q_2 = 419 + 2256.7 = 2675.7[kJ]$$

|답| ④

40 용접이음을 나사이음과 비교한 특징 설명 중 틀린 것은?

① 나사이음처럼 관 두께에 불균일한 부분이 생기지 않고 유체의 압력손실이 적다.
② 용접이음은 나사이음보다 이음의 강도가 크고 누수의 우려가 적다.
③ 용접이음은 돌기부가 없으므로 배관상의 공간효율이 좋다.
④ 용접이음은 가공이 어려워 시간이 많이 소요되며, 비교적 중량도 무거워진다.

해설

용접이음의 특징
(1) 장점
　① 이음부 강도가 크고, 하자 발생이 적다.
　② 이음부 관 두께가 일정하므로 마찰저항이 적다.
　③ 배관의 보온, 피복 시공이 쉽다.
　④ 시공기간을 단축할 수 있고 유지비, 보수비가 절약된다.
(2) 단점
　① 재질의 변형이 일어나기 쉽다.
　② 용접부의 변형과 수축이 발생한다.
　③ 용접부의 잔류응력이 현저하다.
　④ 진동에 대한 감쇠력이 낮다.
　⑤ 응력집중에 대하여 민감하다.

|답| ④

41 주철관의 접합법 중 고무링을 압륜으로 죄어 볼트로 체결한 것으로 굽힘성이 풍부하여 다소의 굴곡에도 누수가 없고, 작업이 간편하여 수중에서도 접합할 수 있는 것은?

① 소켓 접합　② 기계적 접합
③ 빅토리 접합　④ 플랜지 접합

해 설

기계적 접합(mechanical joint) : 소켓이음과 플랜지음의 특징을 접목한 것으로 고무링을 압륜(押輪)으로 죄어 볼트로 체결하는 이음방법이다. |답| ②

42 벤더에 의한 관 굽히기의 도중에 관이 파손되었다면 그 원인으로 가장 적합한 것은?
① 받침쇠가 너무 들어갔다.
② 굽힘형이 주축에서 빗나가 있다.
③ 굽힘 반경이 너무 작다.
④ 재질이 부드럽고 두께가 얇다.

해 설

관이 파손(破損)되는 원인
① 압력형의 조정이 강하고 저항이 크다.
② 받침쇠가 너무 나와 있다.
③ 곡률 반지름이 너무 작다.
④ 재료에 결함이 있다. |답| ③

43 사용목적에 따라 열교환기를 분류한 것으로 틀린 것은?
① 가열기(heater) ② 예열기(preheater)
③ 증발기(vaporizer) ④ 압축기(compressor)

해 설

각 장치의 역할 및 기능
① 가열기(heater) : 유체의 온도를 높이는데 사용하여 유체를 재가열하여 과열상태로 하기 위한 열교환기이다.
② 예열기(preheater) : 유체에 미리 열을 주어 다음 공정의 효율을 증대시키는 열교환기이다.
③ 증발기(vaporizer) : 기화하기 쉬운 액체가 잠열을 이용하여 증발하면서 열교환하는 기기이다.
④ 압축기(compressor) : 기체의 압력을 올려 압송하는 장치이다. |답| ④

44 산소와 아세틸렌을 혼합시켜 연소할 때 얻을 수 있는 불꽃의 가장 높은 온도의 범위로 맞는 것은?
① 3200[℃]~3500[℃] ② 2000[℃]~2700[℃]
③ 1800[℃]~2500[℃] ④ 4200[℃]~5200[℃]

|답| ①

45 용접결함 중 내부결함에 속하지 않는 것은?
① 기공 ② 언더컷
③ 균열 ④ 슬래그 혼입

해 설

언더컷(under cut)은 용접부위와 모재사이에 생기는 작은 홈으로 외부 결함이다. |답| ②

46 주철관 소켓이음 시 누수의 주요 원인으로 가장 적합한 것은?
① 얀의 양이 너무 많고, 납이 적은 경우
② 코킹 정 세트를 순서대로 사용한 경우
③ 용해된 납 물을 1회에 부어 넣은 경우
④ 코킹이 끝난 후 콜타르를 납 표면에 칠한 경우

해 설

소켓이음(socket joint) 시 누수의 원인
① 얀(yarn)의 양이 너무 많고 납이 적은 경우
② 코킹하기 전에 관에 붙어 있는 납을 떼어내지 않은 경우
③ 코킹 세트를 순서대로 차례로 사용하지 않고 순서를 건너 뛴 경우
④ 불완전한 코킹의 경우 |답| ①

47 밸브기호와 명칭이 올바르게 연결된 것은?
① 밸브(일반) : ─⋈─
② 버터플라이 밸브 : ─⋈─
③ 게이트 밸브 : ─▶●◀─
④ 안전밸브 : ─▷◁─

해 설

③ 글로브밸브 ④ 체크밸브 |답| ①

48 치수 기입 방법에 대한 설명으로 틀린 것은?
① 치수선, 치수 보조선에는 가는 실선을 사용한다.
② 치수 보조선은 각각의 치수선 보다 약간 길게 끌어내어 그린다.
③ 부품의 중심선이나 외형선은 필요에 따라 치수선으로 사용할 수 있다.
④ 일반적으로 불가피한 경우가 아닐 때에는, 치수 보조선과 치수선이 다른 선과 교차하지 않게 한다.

해 설
선의 종류 및 용도
① 부품의 중심선 : 가는 일점쇄선
② 부품의 외형선 : 굵은 실선 |답| ③

49 관의 끝 부분의 표시 방법에서 아래의 그림기호로 맞는 것은?

① 막힘 플랜지   ② 체크 조인트
③ 용접식 캡   ④ 나사박음식 플러그
|답| ③

50 판 두께를 고려한 원통 굽힘의 판뜨기 전개 시에 외경이 D_o, 내경이 D_i 일 때, 두께가 t 인 강판을 굽힐 경우 원통 중심선의 원주길이 L 을 옳게 나타낸 것은?
① $L = (D_o - t) \times \pi$ ② $L = (D_o + t) \times \pi$
③ $L = (D_i - t) \times \pi$ ④ $L = (D_i \times t)/t$

해 설
(1) 원주길이(L) = 원통 중심선 지름(D) × π
                = $(D_o - t) \times \pi$
(2) 원통 중심선 지름(D) 계산
  ① 바깥지름으로 표시한 경우 : 바깥지름(D_o)−두께(t)
  ② 안지름으로 표시한 경우 : 안지름(D_i)+두께(t)
|답| ①

51 관의 높이 표시방법에 대한 설명 중 올바른 것은?
① OP : 기준면에서 관 중심까지 높이를 나타낼 때 사용
② TOB : 기준면에서 관 외경의 윗면까지 높이를 표시할 때 사용
③ BOP : 기준면에서 관 외경의 밑면까지 높이를 표시할 때 사용
④ TOP : 기준면에서 관의 지지대 중심까지 높이를 표시할 때 사용

해 설
관의 높이 표시방법
(1) EL(elevation line) 표시 : 그 지방의 해수면에 기준선(base line)을 설정하여 이 기준선으로부터의 높이를 표시하는 표시법
  ① BOP(bottom of pipe) : 지름이 다른 관의 높이를 나타낼 때 적용되며 관 바깥지름의 아랫면을 기준으로 하여 표시한다.
  ② TOP(top of pipe) : BOP와 같은 목적으로 이용되나 관의 윗면을 기준으로 하여 표시한다.
(2) GL(ground line) 표시 : 포장된 지표면을 기준으로 하여 배관장치의 높이를 표시할 때 적용된다.
(3) FL(floor line) 표시 : 1층 바닥면을 기준으로 하여 높이를 표시한다. |답| ③

52 등각 투영도에 대한 설명으로 맞는 것은?
① 4개의 좌표축을 90°씩 4등분하여 입체적으로 구성한 것이다.
② 3개의 좌표축을 90°씩 3등분하여 입체적으로 구성한 것이다.
③ 3개의 좌표축을 120°씩 3등분하여 입체적으로 구성한 것이다.
④ 4개의 좌표축을 120°씩 4등분하여 입체적으로 구성한 것이다.

해 설
등각 투영도(투상도) : 정면, 평면, 측면을 하나의 투상면 위에 동시에 볼 수 있도록 두 개의 옆면 모서리가 수평선과 30°가 되게 하여 세 축이 120°의 각도가 되도록 입체도를 투상한 것이다. |답| ③

53 제관작업을 할 때 아래 그림과 같이 강판의 뒷면을 용접하는 V형 맞대기 용접 후 양면을 평면 다듬질하는 경우의 용접기호로 맞는 것은?

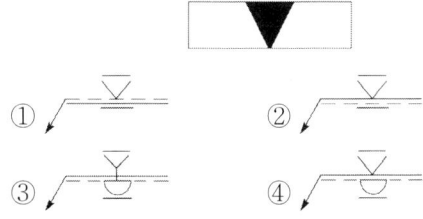

|답| ④

54 가는 파선을 적용할 수 있는 경우를 나열한 것으로 틀린 것은?
① 바닥
② 벽
③ 도급계약의 경계
④ 뚫린 구멍

해 설
가는 파선 : 대상물의 보이지 않는 부분을 표시하는데 사용하는 것으로 숨은선이라 하며 바닥, 벽, 뚫린 구멍 등에 적용할 수 있다. |답| ③

55 테일러(F.W Taylor)에 의해 처음 도입된 방법으로 작업시간을 직접 관측하여 표준시간을 설정하는 표준시간 설정기법은?
① PTS법
② 실적자료법
③ 표준자료법
④ 스톱워치법

해 설
스톱워치(stop watch)법 : 훈련이 잘 된 자격을 갖춘 작업자가 정상적인 속도로 완료하는 작업결과의 표본을 추출하여 이로부터 표준시간을 설정하는 기법으로 주기가 짧고 반복적인 작업에 적합하다. |답| ④

56 공정 중에 발생하는 모든 작업, 검사, 운반, 저장, 정체 등이 도식화 된 것이며 또한 분석에 필요하다고 생각되는 소요시간, 운반거리 등의 정보가 기재된 것은?
① 작업분석(operation analysis)
② 다중활동분석표(multiple activity chart)
③ 사무공정분석(form process chart)
④ 유통공정도(flow process chart)

해 설
(1) 작업관리 영역
  ① 공정분석 : 제품공정분석, 사무공정분석, 작업자공정분석, 부대분석
  ② 작업분석 : 작업분석표, 다중활동분석표
  ③ 동작분석 : 목시동작분석, 미세동작분석
(2) 공정도의 종류
  ① 부품공정도(product process chart) : 소재가 제품화되는 과정을 분석, 기록하기 위해 사용되며, 공정내용을 작업, 운반, 저장, 정체, 검사 등 공정도시기호를 사용하여 표시한다.
  ② 작업공정도(operation process chart) : 자재가 공정으로 들어오는 지점과 공정에서 행하여지는 검사와 작업이 도식적으로 표시된다.
  ③ 유통공정도(flow process chart : 흐름공정도) : 공정 중에 발생되는 작업, 운반, 검사, 정체, 저장 등의 내용을 표시하는데 사용된다.
  ④ 유통선도(flow diagram : 흐름선도) : 유통공정도의 단점을 보완하기 위해 사용되는 것으로 혼잡한 지역을 파악하기 위해 쓰이며 공정흐름의 원활 여부를 알 수 있다.
  ⑤ 조립공정도(assembly process chart) : 많은 부품 또는 원재료를 조립에 의해 생산하는 제품의 공정을 작업과 검사의 2가지 기호는 나타내는데 사용된다. |답| ④

57 단계여유(slack)의 표시로 옳은 것은? (단, TE는 가장 이른 예정일, TL은 가장 늦은 예정일, TF는 총 여유시간, FF는 자유여유시간이다.)
① TE − TL
② TL − TE
③ FF − TF
④ TE − TF

해 설
단계여유(slack) : 최종단계에서 최종완료일을 변경하지 않는 범위 내에서 각 단계에 허용할 수 있는 여유시간으로 가장 늦은 예정일과 가장 이른 예정일의 차이로 나타낸다.
① 정여유 : TL − TE > 0 → 자원이 과잉된 상태
② 영여유 : TL − TE = 0 → 자원이 적정한 상태
③ 부여유 : TL − TE < 0 → 자원이 부족한 상태 |답| ②

58 검사의 분류 방법 중 검사가 행해지는 공정에 의한 분류에 속하는 것은?
① 관리 샘플링검사
② 로트별 샘플링검사
③ 전수검사
④ 출하검사

해 설
검사의 분류
① 검사공정에 의한 분류 : 구입검사(수입검사), 중간검사(공정검사), 완성검사(최종검사), 출고검사(출하검사)
② 검사 장소에 의한 분류 → 정위치 검사, 순회검사, 입회검사(출장검사) |답| ④

59 c 관리도에서 $k = 20$인 군의 총 부적합수 합계는 58이었다. 이 관리도의 UCL, LCL을 계산하면 약 얼마인가?
① UCL = 2.90, LCL = 고려하지 않음
② UCL = 5.90, LCL = 고려하지 않음
③ UCL = 6.92, LCL = 고려하지 않음
④ UCL = 8.01, LCL = 고려하지 않음

해 설

① UCL $= \bar{c} + 3\sqrt{\bar{c}}$
$= 2.9 + 3\sqrt{2.9} = 8.0088$
② LCL $= \bar{c} - 3\sqrt{\bar{c}}$
$= 2.9 - 3\sqrt{2.9} = -2.2$
[음(-)의 값을 갖는 LCL은 고려하지 않음]
여기서, $\bar{c} = \dfrac{\Sigma}{k} = \dfrac{58}{20} = 2.9$

|답| ④

60 다음 중 브레인스토밍(Brainstorming)과 관계가 깊은 것은?
① 파레토도   ② 히스토그램
③ 회귀분석   ④ 특성요인도

해 설

특성요인도 : 문제가 되는 결과와 이에 대응하는 원인과의 관계를 알 수 있도록 생선뼈 형태로 그린 그림으로 파레토도에 나타난 부적합 항목이 영향을 주는 여러 가지 요인을 찾아내는데 유용한 기법으로 브레인스토밍 방법을 이용한다.

|답| ④

2013년 기능장 제54회 필기시험 (7월 21일 시행)

자격종목	코드	시험시간	형별
배관기능장	3081	1시간	A

※ 답안 카드 작성 시 시험문제지 형별누락, 마킹착오로 인한 불이익은 전적으로 수험자의 귀책사유임을 알려드립니다.
※ 각 문항은 4지 택일형으로 질문에 가장 적합한 보기 항을 선택하여 마킹하여야 합니다.

1 가스 정압기의 부속설비 중 타이머에 의한 소정시간만 승압하는 방법과 차압을 이용하는 방법 및 원격 조작방법이 있는 장치는?
① 이상압력 상승 방지장치
② 자동 승압장치
③ 가스 필터
④ 다이어프램장치

해 설
자동 승압장치 : 가스수요량이 급격히 증가하여 공급압력 이상의 압력이 필요한 경우에 사용하는 장치로 타이머에 의한 소정시간만 승압하는 방법과 차압을 이용하는 방법 및 원격 조작방법이 있다. |답| ②

2 배관용 공구 및 장비 사용 시 안전에 관련된 내용으로 올바르지 못한 것은?
① 동력나사 절삭기로 나사가공 시 계속 절삭유가 공급되어야 한다.
② 파이프 벤딩머신의 경우 굽힘 작업 전에 파이프 및 기계작업 반경에 다른 사람 및 장애물이 없어야 한다.
③ 고속절단기 사용 시에는 파이프를 손으로만 단단히 잡고 절단하며, 보호 안경도 착용한다.
④ 파이프렌치, 스패너 등을 사용 시에는 파이프 등을 자루에 끼워 사용하지 말아야 한다.

해 설
고속절단기 사용 시에는 파이프를 바이스에 단단히 고정시키고, 보호 안경도 착용하여 절단한다. |답| ③

3 화학 배관 설비에 사용되는 재료의 구비조건으로 틀린 것은?
① 접촉 유체에 대한 내식성이 클 것
② 상용 상태에서의 크리프(creep) 강도가 작을 것
③ 고온, 고압에 대한 기계적 강도가 클 것
④ 저온 등에서도 재질의 열화(劣化)가 없을 것

해 설
화학설비 장치 배관재료의 구비 조건
① 접촉 유체에 대해 내식성이 클 것
② 고온 고압에 대한 기계적 강도가 클 것
③ 저온에서 재질의 (劣化)가 없을 것
④ 크리프(creep)강도가 클 것
⑤ 가공이 용이하고 가격이 저렴할 것 |답| ②

4 집진장치에서 양모, 면, 유리섬유 등을 용기에 넣고 이곳에 함진가스를 통과시켜 분진입자를 분리, 포착시키는 집진법은?
① 중력식 집진법   ② 원심력식 집진법
③ 여과식 집진법   ④ 전기 집진법

해 설
여과 집진장치 : 함진가스를 여과재(filter)에 통과시켜 입자를 분리, 포집하는 방식으로 백 필터(bag filter)가 대표적이며 특징은 다음과 같다.
① 집진효율이 높다.
② 설비비용이 많이 소요된다.
③ 백(bag)이 마모되기 쉽다.
④ 100[℃] 이상 고온가스, 습가스 처리가 부적당하다.
⑤ 취급입자 : $0.1 \sim 20\mu$
⑥ 압력손실 : $100 \sim 200 mmH_2O$
⑦ 집진효율 : $90 \sim 99[\%]$ |답| ③

5 온수난방 배관 시공에서 역귀환방식(reversed return system)을 사용하는 이유로 적당한 것은?
① 각 구역간 방열량의 균형을 이루게 할 수 있다.
② 배관길이를 짧게 할 수 있다.
③ 마찰저항 손실을 적게 할 수 있다.
④ 배관의 신축을 흡수할 수 있다.

해 설

역 귀환방식(reversed return system) : 각 방열기에 공급되는 온수의 양을 일정하게 배분하기 위하여 공급 및 환수관의 길이가 같도록 배관하는 방식으로 환수관의 길이가 길어지는 단점이 있다. |답| ①

6 개별식 급탕방법에서 증기를 열원으로 할 때 증기를 물에 직접 분사, 가열하여 급탕하는 방법은?
① 순간 국소법
② 기수 혼합법
③ 간접 가열법
④ 직접 가열법

해 설

기수혼합법의 특징
① 증기가 물에 주는 열효율은 100[%]이다.
② 소음을 내는 단점이 있어 스팀 사이렌서를 설치하여 소음을 감소시킨다.
③ 사용 증기압은 1~4[kgf/cm²] 정도이다. |답| ②

7 보일러의 노통 안에 겔로웨이관(galloway tube)을 설치하는 목적에 맞지 않는 것은?
① 보일러의 고장을 예방한다.
② 전열면적을 증가시킨다.
③ 물의 순환을 돕는다.
④ 노통을 보강하는 역할을 한다.

해 설

겔로웨이 관(galloway tube) : 노통 보일러 노통에 직각으로 2~3개 정도 설치한 관으로 전열면적을 증가시키며 보일러 수(水)의 순환을 좋게 하고 노통을 보강하는 역할을 한다. |답| ①

8 배관용 공기(air)기구를 사용 시 안전수칙으로 틀린 것은?
① 처음에는 천천히 열고, 일시에 전부 열지 않는다.
② 기구 등의 반동으로 인한 재해에 항상 주의한다.
③ 공기기구를 사용할 때는 방진 안경을 사용한다.
④ 활동부에는 항상 기름 또는 그리스가 없도록 깨끗이 닦아준다.

해 설

활동부에는 항상 기름 또는 그리스를 주입하여 원활히 작동되도록 한다. |답| ④

9 관의 부식현상을 크게 분류할 때 해당되지 않는 것은?
① 금속이온화에 따른 부식
② 2종 금속간에 일어나는 전류에 의한 부식
③ 가성취화에 의한 부식
④ 외부로 부터의 전류에 의한 부식

해 설

가성취화 : 보일러 수중에서 분해되어 생긴 가성소다(NaOH)가 과도하게 농축되면 수산이온(OH⁻)이 많아져서 알칼리도가 높아진다. 이것이 강재와 작용해서 생기는 나트륨(Na)이 강재의 결정입계를 침해하여 재질을 열화, 취화 시키는 것으로 보일러판의 국부 리벳 연결부 등에서 균열이 발생하는 것으로 알 수 있다. |답| ③

10 파이프 랙(rack)상의 배관 배열방법을 설명한 것으로 틀린 것은?
① 인접하는 파이프 외측과 외측의 간격을 75[mm]로 한다.
② 파이프 루프(pipe loop)는 파이프 랙의 다른 배관보다 500~700[mm] 정도 높게 배관한다.
③ 관지름이 클수록 온도가 높을수록 파이프 랙크상의 중앙에 배열한다.
④ 파이프 랙의 폭은 파이프에 보온, 보냉하는 경우는 그 두께를 가산하여 결정한다.

해설
지름이 클수록 파이프 랙 상의 양쪽에 배열한다. |답| ③

11 오물 정화조에 대한 설명으로 틀린 것은?
① 정화조 순서는 부패조, 예비여과조, 산화조, 소독조의 구조로 한다.
② 부패조는 침전, 분리에 적합한 구조로 한다.
③ 정화조의 바닥, 벽 등은 내수재료로 시공하여 누수가 없도록 한다.
④ 산화조에는 배기관과 송기구를 설치하지 않고, 살포여과식으로 한다.

해설
산화조 : 호기성 박테리아를 증식시켜 오수 중의 유기물을 산화 분해하는 곳으로 공기를 잘 통하게 하기 위하여 설치한 배기관은 지상에서 3[m] 이상의 높이로 설치한다. |답| ④

12 인접건물에 화재가 발생하였을 때 창이나 벽, 처마, 지붕에 물을 뿌려 수막을 형성함으로써 본 건물의 화재 발생을 예방하는 화재 설비는?
① 옥내소화전
② 스프링클러설비
③ 옥외소화전설비
④ 드렌처설비

해설
드렌처 설비 : 인접 건물에서 화재가 발생했을 때 인화를 방지하기 위해 창문, 출입구, 처마 끝에 물을 뿌려 수막을 형성함으로서 본 건물의 화재 발생을 예방하는 소화설비이다. |답| ④

13 유접점 시퀀스제어 구성에 있어서 푸시버튼 스위치, 콘트롤 스위치 등은 어디에 해당되는가?
① 조작부   ② 검출부
③ 제어부   ④ 표시부

해설
자동제어의 구성

① 비교부 : 기준입력과 주피드백량과의 차를 구하는 부분으로서 제어량의 현재값이 목표치와 얼마만큼 차이가 나는가를 판단하는 기구
② 검출부 : 제어량을 검출하고 이것을 기준입력과 비교할 수 있는 물리량(주피드백 신호)을 만드는 부분
③ 조절부 : 제어편차에 따라 일정한 신호를 조작요소에 보내는 부분
④ 조작부 : 제어대상에 대하여 작용을 걸어오는 부분으로 조작신호를 받아 이것을 조작량으로 바꾸는 부분
⑤ 설정부 : 정치제어일 때 주로 사용되는 것으로 목표치와 주피드백량이 같은 종류의 양이 아니면 비교할 수 없다. |답| ①

14 시퀀스(sequence)제어의 분류에 속하지 않는 것은?
① 시한 제어   ② 조건 제어
③ 정치 제어   ④ 순서 제어

해설
시퀀스 제어(sequence control : 개[開]회로) : 미리 순서에 입각해서 다음 동작이 연속 이루어지는 제어로 자동판매기, 보일러의 점화 등이 해당되며 시한제어, 순서제어, 조건제어로 분류할 수 있다. |답| ③

15 기송배관의 부속설비에서 분말이나 알맹이를 수송관 쪽으로 공급하는 장치는?
① 송급기   ② 분리기
③ 배출기   ④ 압축기

해설
(1) 기송배관 : 공기 수송기를 사용하여 고체 분말 또는 미립자를 운송하도록 시설하여 놓은 배관
(2) 부속설비
 ① 동력원 : 진공펌프(진공식), 공기압축기(압송식), 진공 압축 겸용 펌프(진공 압송식)
 ② 송급기(feeder) : 공기 수송기에서 분말이나 알갱이를 수송관 쪽으로 공급하는 장치
 ③ 수송관(delivery pipe) : 진공식, 저압송식, 고압송식으로 나뉘며, 수송관에 사용하는 재료는 수송물의 종류, 성질에 따라 용접 강관, 스테인리스관, 황동관, 알루미늄관, 플라스틱관이 사용된다.
 ④ 분리기(separator) : 기송배관 마지막에 설치되는 기기로서 압력 공기 속에서 대기 속으로 분립체를 배출하는 것과 진공 속에서 대기 속으로 분립체를 압출하는 방법이 있다. |답| ①

16 증기압축식 냉동법에서 압축기의 종류에 따라 분류한 것으로 해당되지 않는 것은?
① 왕복식 ② 원심식
③ 회전식 ④ 교축식

해 설
압축기의 분류
(1) 용적형 : 일정 용적의 실린더 내에 기체를 흡입하고 기체에 압력을 가하여 토출구로 압출하는 것을 반복하는 형식이다.
  ① 왕복동식 : 피스톤의 왕복운동으로 가스를 흡입하여 압축한다.
  ② 회전식 : 회전체의 회전에 의해 일정 용적의 가스를 연속으로 흡입 압축하는 것을 반복한다.
(2) 터보형 : 임펠러의 회전운동을 압력과 속도에너지로 전환하여 압력을 상승시키는 형식이다.
  ① 원심식 : 케이싱 내에 임펠러가 회전하면 기체가 원심력에 의하여 임펠러 중심부로 연속으로 흡입되고 압력과 속도가 증가되어 토출되는 형식이다.
  ② 축류식 : 선풍기와 같이 프로펠러(임펠러)가 회전하면 기체가 축 방향으로 흡입되고, 압력과 속도가 상승되어 축 방향으로 토출하는 형식이다. |답| ④

17 아크용접 시 헬멧이나 핸드실드를 사용하지 않아 아크 빛이 직접 눈에 들어오게 되어 일어나는 현상 및 치료법으로 잘못된 것은?
① 전광성 안염이라는 눈병이 생긴다.
② 눈병 발생 시 냉수로 얼굴과 눈을 닦고 냉습포를 얹거나 심하면 병원에 가서 치료를 받는다.
③ 전광성 안염은 급성의 경우 일반적으로 아크 빛을 받은지 10~15시간 후에 발병한다.
④ 아크 빛은 눈에 결막염을 일으키게 되며 심하면 실명할 수도 있다.

해 설
전광성 안염은 급성의 경우 일반적으로 아크 빛을 받은지 수 시간 후에 발병한다. |답| ③

18 제어기기의 종류 중에서 검출기가 지시하는 신호에 따라 목표값에 신속 정확하게 일치하도록 일정한 신호를 조작부에 보내는 장치는?
① 전송기 ② 조절계
③ 조작기 ④ 혼합기

해 설
제어계의 구성요소
① 검출부 : 제어대상을 계측기를 사용하여 검출하는 과정이다.
② 조절부 : 동작신호를 받아서 제어계가 정해진 동작을 하는데 필요한 신호를 만들어 조작부에 보내는 부분으로 2차 변환기, 비교기, 조절기 등의 기능 및 지시기록 기구를 구비한 계기이다.
③ 비교부 : 기준입력과 주피드백량과의 차를 구하는 부분으로서 제어량의 현재값이 목표치와 얼마만큼 차이가 나는가를 판단하는 기구
④ 조작부 : 조작량을 제어하여 제어량을 설정치와 같도록 유지하는 기구이다. |답| ②

19 어느 방의 전 난방부하가 1.16[kW]일 때 복사 난방을 하려면 DN15인 코일을 약 몇 [m] 시설해야 하는가? (단, DN15인 코일의 m 당 표면적은 0.047[m²]이고, 관 1[m²] 당 방열량은 0.26[kW/m²]이라고 한다.)
① 85 ② 95
③ 100 ④ 110

해 설
$$L = \frac{난방부하}{관\ 표면적 \times 방열량} = \frac{1.16}{0.047 \times 0.26} = 94.9[m]$$
|답| ②

20 공동작업에 의한 물건 운반 시의 주의사항 중 틀린 것은?
① 작업 지휘자를 반드시 정하고 한다.
② 운반 중 같은 보조와 속도를 유지하기 위해 체력, 기량이 같은 사람이 작업한다.
③ 긴 물건을 운반 시는 뒤에 있는 사람에게 더 많은 하중이 걸리도록 한다.
④ 들어 올리거나 내릴 때는 서로 소리를 내어 동작을 일치시킨다.

해 설
긴 물건을 운반 시는 하중이 균일하게 걸리도록 한다. |답| ③

21 강관의 종류와 규격 기호가 맞는 것은?

① SPHT : 고압 배관용 탄소강관
② SPPH : 고온 배관용 탄소강관
③ STHA : 저온 배관용 탄소강관
④ SPPS : 압력 배관용 탄소강관

해설

강관의 KS 표시 기호

KS 표시 기호	명 칭
SPP	일반 배관용 탄소강관
SPPS	압력 배관용 탄소강관
SPPH	고압 배관용 탄소강관
SPHT	고온 배관용 탄소강관
SPLT	저온 배관용 탄소강관
SPW	배관용 아크용접 탄소강관
SPA	배관용 합금강관
STS×T	배관용 스테인리스강관
STBH	보일러 열교환기용 탄소강관
STHA	보일러 열교환기용 합금강관
STS×TB	보일러 열교환기용 스테인리스강관
STLT	저온 열교환기용 강관

|답| ④

22 유체를 일정한 방향으로만 흐르게 하고 역류를 방지할 때 사용되며, 수평·수직배관에 모두 사용할 수 있는 것은?

① 회전형 체크밸브
② 리프트형 체크밸브
③ 슬루스형 체크밸브
④ 스윙형 체크밸브

해설

체크 밸브(check valve)의 역할 및 종류
(1) 역할(기능) : 역류방지밸브라 하며 유체를 한 방향으로만 흐르게 하고 역류를 방지하는 목적에 사용하는 밸브이다.
(2) 종류
  ① 스윙식(swing type) : 수평, 수직배관에 사용
  ② 리프트식(lift type) : 수평배관에 사용
  ③ 풋 밸브(foot valve) : 펌프 흡입관 하부에 사용되는 체크 밸브의 일종으로 펌프 정지 시 흡입관 내부의 물이 빠져나가는 것을 방지하여 펌프를 보호하는 역할을 한다.
  ④ 해머리스 체크 밸브(hammerless check valve) : 스모렌스키 체크밸브라 하며 펌프 출구측의 체크밸브용으로 사용되며, 워터해머(water hammer)의 방지와 바이패스 밸브의 기능을 함께 한다.

|답| ④

23 배관의 열 변형에 대응하기 위하여 사용하는 신축이음쇠 중 설치공간을 많이 차지하나 고장이 적어 고온 고압의 옥외배관에 가장 적합한 것은?

① 루프형 신축 이음쇠
② 슬리브형 신축 이음쇠
③ 스위블형 신축 이음쇠
④ 벨로스형 신축 이음쇠

해설

루프형(loop type) 신축 이음쇠 : 곡관으로 만들어진 관의 가요성(可撓性)을 이용한 것으로 구조가 간단하고 내구성이 좋아 고온, 고압배관이나 옥외배관에 주로 사용한다. 곡률 반지름은 관지름의 6배 이상으로 한다. |답| ①

24 행거(hanger)에 대한 설명으로 틀린 것은?

① 콘스턴트 행거는 배관의 상하 이동을 허용하면서 관지지력을 일정하게 한 것이다.
② 콘스턴트 행거는 추를 이용한 중추식과 스프링을 이용한 스프링식이 있다.
③ 리지드 행거는 주로 수직방향의 변위가 많은 곳에 사용한다.
④ 스프링 행거는 배관에서 발생하는 진동과 소음을 방지하기 위해 턴버클 대신 스프링을 설치한 행거이다.

해설

행거(hanger)의 종류 및 역할
(1) 행거(hanger) : 배관계 중량을 위에서 걸어 당겨 지지할 목적으로 사용한다.
(2) 종류
  ① 리지드 행거(rigid hanger) : 수직방향의 변위가 없는 곳에 사용한다.
  ② 스프링 행거(spring hanger) : 변위가 적은 곳에 사용하며 스프링식과 중추식이 있다.
  ③ 콘스턴트 행거(constant hanger) : 관의 상하 방향 이동을 허용하면서 변위가 큰 곳에 사용한다.

|답| ③

25 염화비닐관보다 화학적, 전기적 성질이 우수하며, 유연성이 좋은 폴리에틸렌관의 종류가 아닌 것은?
① 수도용 폴리에틸렌관
② 내열용 폴리에틸렌관
③ 일반용 폴리에틸렌관
④ 폴리에틸렌 전선관

해 설
폴리에틸렌관의 종류 :
수도용 폴리에틸렌관, 일반용 폴리에틸렌관, 폴리에틸렌 전선관
|답| ②

26 관 재료의 연신율을 구하는 공식으로 맞는 것은? (단, σ : 연신율, L : 처음 표점거리, L_1 : 늘어난 표점거리)
① $\sigma = \dfrac{L_1 - L}{L_1} \times 100[\%]$
② $\sigma = \dfrac{L - L_1}{L_1} \times 100[\%]$
③ $\sigma = \dfrac{L_1 \times L}{L} \times 100[\%]$
④ $\sigma = \dfrac{L_1 - L}{L} \times 100[\%]$

해 설
연신율 : 관 재료가 하중을 받아 늘어났을 때 처음의 길이(L)에 대한 늘어난 길이($L_1 - L$)의 비율을 백분율로 표시한 것이다.
$\therefore \sigma = \dfrac{L_1 - L}{L} \times 100[\%]$
|답| ④

27 스트레이너에 대한 설명으로 틀린 것은?
① 밸브나 기기 등의 앞에 설치하여 이물질을 제거하여 기기 성능을 보호한다.
② 여과망을 자주 꺼내어 청소하지 않으면 여과망이 막혀 저항이 커지므로 큰 장해가 발생한다.
③ U형은 Y형에 비해 저항은 크나 보수, 점검에 편리하며 기름 배관에 많이 사용한다.
④ V형은 유체가 직각으로 흐르므로 유체저항이 가장 크고 여과망의 교환, 보수, 점검이 어렵다.

해 설
V형 여과기는 주철제의 몸체 속에 V자 모양의 여과망을 넣은 것으로 유체가 이 여과망을 통과하면서 여과되며, 유체가 일직선으로 되어 있어 Y형이나 U형 여과기에 비하여 유체에 대한 저항이 적다. 여과망의 교환, 점검, 보수 및 관리가 편리하다.
|답| ④

28 강관 이음재료를 설명한 것으로 맞는 것은?
① 나사조임형 강관제 이음재료에는 소켓, 니플, 30° 벤드 등이 있다.
② 고온, 고압에 사용되는 강제 용접이음쇠는 삽입 용접식과 맞대기 용접식 관이음쇠가 있다.
③ 플랜지 이음 중 플랜지면의 형상에 따라 분류했을 때 가장 호칭압력이 높은 것은 전면 시트이다.
④ 유체의 성질은 플랜지 선택조건에 해당되지 않는다.

해 설
① 나사조임형 강관제 이음재료 중 벤드는 45° 벤드, 90° 벤드, 리턴(180°) 벤드 등이 있다.
③ 전면 시트는 호칭압력 16[kgf/cm^2] 이하에 사용하고 소평면 시트, 삽입 시트, 홈 시트(채널형)이 16[kgf/cm^2] 이상에 사용된다.
④ 유체의 성질은 플랜지를 선택하는 조건에 해당된다.
|답| ②

29 형태에 따라 직관과 이형관으로 나누며, 보통 흄(hume)관이라고 부르는 관은?
① 원심력 철근 콘크리트관
② 철근 콘크리트관
③ 석면 시멘트관
④ PS 콘크리트관

해 설
원심력식 철근 콘크리트관 : 흄관(Hume pipe)이라 하며, 철제 형틀 속에 원통형으로 조립된 철근망을 넣고 축선을 수평으로 하여 회전시키면서 반죽한 콘크리트를 투입시키면 원심력에 의하여 고르게 다져지면서 치밀한 콘크리

트관이 되며, 성형 후에는 증기 양생을 실시하여 고르게 경화시킨다. 용도에 따라 보통관과 압력관으로 분류되며, 모양에 따라 A형, B형, C형으로 분류된다. |답| ①

30 강관의 표시 방법 중 틀린 것은?
① -E-G : 열간가공 냉간가공 이외의 전기저항 용접 강관
② -S-C : 냉간가공 이음매 없는 강관
③ -A-C : 냉간가공 아크용접 강관
④ -A-B : 용접부 가공 레이저용접 강관

해 설
강관의 제조방법 분류

기 호	제조 방법
-E	전기저항 용접 강관
-E-G	열간가공 및 냉간가공 이외의 전기저항 용접 강관
-E-C	냉간 완성 전기저항 용접 강관
-B	단접 강관
-B-C	냉간 완성 단접 강관
-A	아크 용접강관
-A-C	냉간 완성 아크 용접 강관
-S-H	열간가공 이음매 없는 강관
-S-C	냉간 완성 이음매 없는 강관

|답| ④

31 260[℃]까지 사용이 가능하고 기름이나 약품에도 침식되지 않으며 테프론(teflon)이 대표적인 패킹은?
① 합성수지 패킹　② 금속 패킹
③ 아마존 패킹　　④ 몰드 패킹

해 설
합성수지 패킹 : 플랜지 패킹에 사용되는 것은 테프론으로 내열 범위가 -260~260[℃]이며 기름에도 침식되지 않는다. |답| ①

32 덕타일 주철관에 대한 특징으로 맞는 것은?
① 강관과 같이 강도와 인성이 없다.
② 보통 주철관보다 내식성이 적다.
③ 보통 회주철관보다 관의 수명이 짧다.
④ 변형에 대한 높은 가요성이 있다.

해 설
수도용 원심력 덕타일 주철관의 특징
① 보통 주철(회주철)과 같이 수명이 길다.
② 강관과 같이 고압에 견디는 높은 강도와 인성(靭性)을 가지고 있다.
③ 보통 주철과 같은 좋은 내식성이 있다.
④ 변형에 대한 높은 가요성이 있다.
⑤ 충격에 대한 높은 연성을 가지고 있다.
⑥ 우수한 가공성을 가지고 있다. |답| ④

33 온수 온돌 난방 코일용으로 많이 사용되며, 엑셀 온돌 파이프라고도 하는 관은?
① 염화 비닐관
② 폴리 폴리필렌관
③ 폴리 부틸렌관
④ 가교화 폴리에틸렌관

해 설
가교화 폴리에틸렌관 : 엑셀(X-L) 파이프라 하며 고밀도 폴리에틸렌을 가교성형장치에 의해서 반투명 유백색으로 6[m] 또는 100[m]를 표준으로 제조되며 온수 온돌난방배관 및 급수관에 주로 사용되고 있으며 특징은 다음과 같다.
① 내식성이 우수하며, 수명이 반영구적이다.
② 관내면에 스케일이 생성되지 않아 온수순환이 양호하며, 열전도가 양호하다.
③ 시공이 간편하고, 공사비가 적게 소요된다.
④ 내열성 및 내저온성이 우수하다.
⑤ 배관 사용 용도가 다양하다. |답| ④

34 폴리부틸렌에 대한 설명으로 잘못된 것은?
① 폴리부틸렌관의 이음법은 에이콘 이음법이 있다.
② 일반적인 관보다 작업성이 우수하고 신축성이 양호하여 결빙에 의한 파손이 적다.
③ 곡률 반지름을 관지름의 8배까지 굽힐 수 있다.
④ 일반적으로 관의 이음은 나사 또는 용접이음을 주로 한다.

해 설
폴리부틸렌관(PB관)의 특징
① 가볍고 시공이 간편하며 재사용이 가능하다.
② 강한 충격, 강도, 유연성, 온도, 화학작용 등에 대한 저항성이 크다.
③ 유해물질의 용출이나 적녹, 청녹의 발생에 의한 수질

오염이 없어 위생적이다.
④ 사용가능 온도로는 -30~110[℃] 정도로 내한성과 내열성이 우수하며 고온에서도 강도가 유지된다.
⑤ 나사 및 용접이음을 하지 않고 관을 연결구에 삽입하여 그랩링과 O링에 의한 에이콘이음으로 한다.
⑥ 온수온돌의 난방배관, 음용수 및 온수배관, 농업 및 원예용 배관, 화학배관 등에 사용된다.
⑦ 관의 굽힘 시 굽힘거리는 80[cm], 최소굽힘지름은 20[cm] 이상으로 하여야 한다. |답| ④

35 2종 금속간에 일어나는 전류에 따르는 부식을 뜻하는 것은?
① 전식 ② 점식
③ 습지 부식 ④ 접촉부식

해설
접촉부식 : 재질이 서로 다른 금속(이종금속)이 접촉한 상태에서 전지가 형성되어 저전위금속(배관)이 양극으로 되면서 부식이 발생하는 것이다. |답| ④

36 2[kg]의 용해 아세틸렌이 들어있는 아세틸렌 용기로 프랑스식 200번 팁을 사용하여 표준불꽃 상태로 가스 용접을 하고 있다면 몇 시간정도 연속하여 용접할 수 있는가? (단, 용해 아세틸렌 1[kg]은 905[L]의 가스발생)
① 6시간 ② 9시간
③ 12시간 ④ 18시간

해설
$$가스\ 용접시간 = \frac{가스량[L]}{팁의\ 능력[L/h]} = \frac{2 \times 905}{200}$$
$$= 9.05[시간]$$

※ 팁의 번호
① A형 : 연강판의 모재 두께를 표시하는 것으로 2번은 2[mm]의 연강판 용접이 가능한 것을 표시한다.
② B형 : 팁에서 불꽃으로 되어 유출되는 아세틸렌의 양 [L/h]을 표시한다. |답| ②

37 동관의 끝부분을 진원으로 교정할 때 사용하는 공구는?
① 플레어링 툴 ② 봄볼
③ 사이징 툴 ④ 익스팬더

해설
동관용 공구의 종류 및 용도
① 튜브 커터(tube cutter) : 관지름 20[mm] 이하의 동관 절단에 사용하는 공구이다.
② 튜브 벤더(tube bender) : 관지름 20[mm] 이하의 동관을 상온에서 필요한 각도로 구부릴 때 사용하며 구부릴 수 있는 각도는 0~180°이다.
③ 플레어링 공구 : 동관을 압축이음(flare joint)할 때 동관 끝을 나팔관 모양으로 넓히기 위하여 사용하는 공구이다.
④ 리머(reamer) : 튜브 커터로 동관을 절단한 후 관 내면에 생기는 거스러미를 제거하는데 사용한다.
⑤ 사이징 툴(sizing tools) : 동관의 끝부분을 정확한 치수의 원형으로 교정하기 위하여 사용한다.
⑥ 확관기(expander) : 동일한 지름의 동관을 이음쇠 없이 납땜이음 할 때 한쪽 관 끝에 소켓을 만드는데 사용한다.
⑦ 티 뽑기(extractor) : 티로 연결할 부분에 관이음재(티)를 사용하지 않고 동관에 구멍을 내어 간단히 관을 연결하는데 사용한다. |답| ③

38 콘크리트관 이음에서 철근 콘크리트로 만든 칼라와 특수 모르타르를 사용하여 이음하는 것으로 맞는 것은?
① 콤포 이음 ② 심플렉스 이음
③ 칼라 인서트 이음 ④ 기볼트 이음

해설
콘크리트관의 콤포 이음 : 철근 콘크리트로 만든 특수 칼라와 특수 몰타의 일종인 콤포(compo)로서 이음 하는 방법으로 칼라이음 이라 한다. 콤포는 시멘트와 모래의 비율을 1 : 1로 하고 여기에 물의 양을 약 17[%]로 하여 잘 반죽한 것이다. |답| ①

39 동력나사 절삭기 사용 시 안전 수칙으로 부적합한 것은?
① 나사작업 시 관을 척에 확실히 고정시킨다.
② 동력용이므로 관 절단 시 한 번에 절단될 수 있도록 커터의 깊이를 많이 넣는 것이 좋다.
③ 파이프가 위험하게 돌출되었을 때에는 위험 표시를 하고서 작업한다.
④ 손에 기름이 묻은 경우에는 기름을 닦아내고 작업해야 한다.

해 설
관 절단 시 한 번에 절단되지 않도록 커팅 핸들을 1/4씩 회전시키며 절단한다. |답| ②

40 동일 관로에서 관의 지름이 0.5[m]인 곳에서 유속이 4[m/s]이면, 지름 0.3[m]인 곳에서의 관내 유속은 약 얼마인가?
① 15.2[m/s] ② 11.1[m/s]
③ 9.8[m/s]   ④ 4.2[m/s]

해 설
연속의 방정식에서 $Q_1 = Q_2$ 이므로
$$\frac{\pi}{4} \times D_1^2 \times V_1 = \frac{\pi}{4} \times D_2^2 \times V_2 \text{ 이다.}$$
$$\therefore V_2 = \frac{\frac{\pi}{4} \times D_1^2 \times V_1}{\frac{\pi}{4} \times D_2^2} = \frac{\frac{\pi}{4} \times 0.5^2 \times 4}{\frac{\pi}{4} \times 0.3^2} = 11.111[m/s]$$
|답| ②

41 증발량이 0.56[kg/s]인 보일러의 증기엔탈피가 2636[kJ/kg]이고, 급수엔탈피는 83.9[kJ/kg]이다. 이 보일러의 상당 증발량은 약 얼마인가?
① 0.47[kg/s] ② 0.63[kg/s]
③ 0.86[kg/s] ④ 0.98[kg/s]

해 설
① 상당 증발량(환산 증발량) : 실제 증발량을 기준 증발량으로 환산하였을 때의 증발량으로 100[℃]의 포화수를 100[℃]의 건조포화증기로 발생시킬 수 있는 량이다.
② 상당 증발량 계산 : 물의 증발잠열 2256.68[kJ/kg]으로 계산
$$\therefore G_e = \frac{G_a(h_2 - h_1)}{2256.68} = \frac{0.56 \times (2636 - 83.9)}{2256.68}$$
$$= 0.633[kg/s]$$
|답| ②

42 용접 작업 시 적합한 용접지그(jig)를 사용할 때 얻을 수 있는 효과로 거리가 먼 것은?
① 용접 작업을 용이하게 한다.
② 작업 능률이 향상된다.
③ 용접 변형을 억제한다.
④ 잔류 응력이 제거된다.

해 설
용접지그를 사용하는 것과 잔류응력이 제거되는 것은 관계가 없다. |답| ④

43 급수설비에서 수질오염 방지 대책에 관한 설명으로 틀린 것은?
① 빗물이 침입할 수 없는 구조로 하여야 한다.
② 지하탱크나 옥상탱크는 건물 골조를 이용하여 만든다.
③ 급수탱크 내부에 급수 이외의 배관이 통과해서는 안 된다.
④ 역사이폰 작용을 막기 위해서 급수관이 부압으로 되었을 때, 물이 역류되어 빨려 들어가지 않는 구조로 시공해야 한다.

해 설
지하탱크나 옥상탱크는 건물 골조와는 별도의 시설로 만들어야 한다. |답| ②

44 다음 관용나사에 관한 설명 중 틀린 것은?
① 관용나사는 일반 체결용 나사보다 피치와 나사산을 크게 한 것이다.
② 테이퍼나사는 누수를 방지하고 기밀을 유지하는데 사용한다.
③ 나사산의 형태에는 평행나사와 테이퍼나사가 있다.
④ 주로 배관용 탄소강 강관을 이음하는데 사용되는 나사이다.

해 설
관용 나사 : ②, ③, ④ 외
① 관용 나사는 일반 체결용 나사보다 피치를 작게하고, 나사산을 낮게 한 것이다.
② 관용 나사의 나사산 각도는 55°, 크기는 1인치당 나사산의 수로 표시하며, 28산(6A), 10산(8A, 10A), 14산(15A, 20A), 11산(25A 이상)의 4가지 종류가 있다.
|답| ①

45 다음 용접법의 분류 중 융접이 아닌 것은?
① 초음파 용접 ② 테르밋 용접
③ 스터드 용접 ④ 전자빔 용접

해 설

용접법의 종류
① 융접 : 모재의 접합부를 용융시킨 후 용가재를 첨가하여 접합하는 방법으로 아크용접, 가스용접, 테르밋 용접, 전자빔 용접 등이 있다.
② 압접 : 접합부를 상온상태 또는 적당한 온도로 가열하여 기계적 압력을 가해 접합하는 방법으로 압접, 단접, 전기저항용접, 확산용접, 초음파용접, 냉간압접 등이 있다.
③ 납땜 : 모재를 용융시키지 않고 땜납이 녹아서 접합면의 사이에 침투되어 접합하는 방법으로 연납과 경납땜이 있다.
※ 스터드 용접은 융접의 아크용접 중 소모전극의 비피복 아크용접에 해당된다. |답| ①

46 주철관이음에서 지진 등 진동이 많은 곳의 배관이음에 적합하고 외압에 잘 견디는 이음방법으로 가장 적당한 것은?
① 소켓 이음 ② 플랜지 이음
③ 플라스턴 이음 ④ 기계식 이음

해 설

기계식 이음(mechanical joint) : 소켓이음과 플랜지음의 특징을 접목한 것으로 고무링을 압륜(押輪)으로 죄어 볼트로 체결하는 이음방법으로 외압에 대한 굽힘성이 풍부하여 이음부가 다소 구부러져도 누수가 없고, 수중에서의 접합이 가능하고 기밀성이 좋지만, 고압에 대한 저항이 크다. 간단한 공구로 신속하게 이음할 수 있으며, 숙련공이 필요하지 않다. |답| ④

47 평면, 정면, 측면을 하나의 투상면 위에 동시에 볼 수 있도록 그린 투상도는?
① 사 투상도 ② 투시 투상도
③ 정 투상도 ④ 등각 투상도

해 설

투상도의 종류
① 정투상도 : 직교하는 3개의 화면 중간에 물체를 놓고 평행광선에 의해 투상된 자취를 그린 것으로 보는 방향에서의 형상과 크기만 나타나고, 다른 부분은 알 수가 없기 때문에 물체 전체를 완전히 표현하려면 두 개 이상의 투상도가 필요하므로 정면도, 평면도, 측면도로 나타내며 제1각법과 제3각법이 있다.
② 등각투상도 : 정면, 평면, 측면을 하나의 투상면 위에 동시에 볼 수 있도록 두 개의 옆면 모서리가 수평선과 30°가 되게 하여 세 축이 120°의 각도가 되도록 입체도를 투상한 것이다.
③ 부등각투상도 : 직육면체의 등각 투상도에서 직각으로 만나는 3개의 모서리가 임의의 각도를 이룬다.
④ 사투상도 : 하나의 그림으로 육면체의 세 면 중의 한 면만을 중점적으로 엄밀, 정확하게 표시할 수 있는 투상법이다. |답| ④

48 배관 내의 유체를 표시하는 기호 중 냉각수를 표시하는 것은?
① C ② CH ③ B ④ R

해 설

라인 인덱스의 유체기호

기호	종류	기호	종류
P	프로세스 유체	PA	작업용 공기
IA	계기용 공기	N	질소
HS	고압 증기	LS	저압 증기
CW	재생 냉수	SW	해수 등

|답| ①

49 배관도시 방법 중 높이 표시법이 올바르게 설명된 것은?
① FL : 가장 아래에 있는 관의 중심을 기준으로 한 배관 장치의 높이를 나타낼 때 기입
② TOB : 가장 위에 있는 관의 중심을 기준으로 한 관 중심까지의 높이를 나타낼 때 기입
③ EL : 2층의 바닥면을 기준으로 한 높이를 나타낼 때 기입
④ GL : 지면을 기준으로 한 높이를 나타낼 때 기입

해 설

관의 높이 표시방법
(1) EL(elevation line) 표시 : 그 지방의 해수면에 기준선(base line)을 설정하여 이 기준선으로부터의 높이를 표시하는 표시법
① BOP(bottom of pipe) : 지름이 다른 관의 높이를 나타낼 때 적용되며 관 바깥지름의 아랫면을 기준으로 하여 표시한다.

② TOP(top of pipe) : 관의 윗면을 기준으로 하여 표시한다.
(2) GL(ground line) : 포장된 지표면을 기준으로 하여 배관장치의 높이를 표시할 때 적용된다.
(3) FL(floor line) : 1층 바닥면을 기준으로 하여 높이를 표시한다. |답| ④

50 치수기입을 위한 치수선을 그릴 때 유의할 사항으로 맞지 않는 것은?

① 치수선은 원칙적으로 치수보조선을 사용하여 긋는다.
② 치수선은 원칙적으로 지시하는 부품의 길이 또는 각도를 측정하는 방향으로 평행하게 긋는다.
③ 치수선에는 가는 일점쇄선을 사용한다.
④ 치수선은 지시하는 부위가 좁을 경우에는 연장하여 그을 수 있다. 치수선 또는 그 연장선 끝에는 화살표, 사선 또는 동그라미를 붙여 그린다.

해 설

치수선은 가는실선을 사용한다. |답| ③

51 같은 지름의 3편 엘보를 전개할 때 가장 적합한 전개도법은?

① 평행선법   ② 삼각형법
③ 방사선법   ④ 혼합법

해 설

전개도법의 종류
① 평행선 전개법 : 각기둥과 원기둥을 경사지게 절단된 제품을 전개하는데 적합한 것으로 능선이나 직선 면소에 직각 방향으로 전개하는 방법이며 능선이나 면소는 실제길이이고 서로 나란하다.
② 방사선 전개법 : 각뿔이나 원뿔 등 꼭지점을 중심으로 방사상으로 전개한다.
③ 삼각 전개법 : 입체의 표면을 몇 개의 3각형으로 분할하여 전개도를 그리는 방법이다. |답| ①

52 용접부 비파괴시험의 종류 중 방사선 투과시험을 나타내는 기본기호로 맞는 것은?

① UT   ② VT
③ PRT   ④ RT

해 설

비파괴시험 종류 및 기호
① 육안검사 : VT(Visual Test)
② 침투검사 : PT(Penetrant Test)
③ 자기검사 : MT(Magnetic Test)
④ 방사선 투과 검사 : RT(Rediographic Test)
⑤ 초음파 검사 : UT(Ultrasonic Test) |답| ④

53 다음 도면에서 벤딩(bending)부의 관 길이는 약 몇 [mm]인가?

① 70.7
② 141.3
③ 282.6
④ 565.2

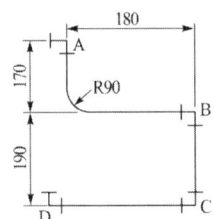

해 설

$$L = \frac{90}{360} \times \pi \times D = \frac{90}{360} \times \pi \times 180 = 141.371 [mm]$$

|답| ②

54 대상물의 보이지 않는 부분의 모양을 표시하는데 쓰이는 선은?

① 굵은 실선   ② 가는 1점 쇄선
③ 파선   ④ 가는 2점 쇄선

해 설

파선 : 숨은선이라 하며 대상물의 보이지 않는 부분의 모양을 표시하는데 쓰인다. |답| ③

55 모집단으로부터 공간적, 시간적으로 간격을 일정하게 하여 샘플링하는 방식은?

① 단순랜덤샘플링(simple random sampling)
② 2단계샘플링(two-stage sampling)
③ 취락샘플링(cluster sampling)
④ 계통샘플링(systematic sampling)

해 설

계통 샘플링(systematic sampling) : 모집단에서 시간적, 공간적으로 일정한 간격을 두어 샘플링하는 방법이다. |답| ④

56 예방보전(Preventive Maintenance)의 효과가 아닌 것은?

① 기계의 수리비용이 감소한다.
② 생산시스템의 신뢰도가 향상된다.
③ 고장으로 인한 중단시간이 감소한다.
④ 잦은 정비로 인해 제조원단위가 증가한다.

해설

예방보전(Preventive Maintenance)의 효과
① 예비기계를 보유해야 할 필요성이 감소된다.
② 수리작업의 횟수가 감소되고, 기계의 수리비용이 감소한다.
③ 생산시스템의 정지시간이 줄어들게 되어 신뢰도가 향상되며 제조원가가 절감된다.
④ 고장으로 인한 중단시간이 감소되고 유효손실이 감소된다.
⑤ 납기지연으로 인한 고객 불만이 없어지고 매출이 증가한다.
⑥ 작업자가 안전하게 작업할 수 있다.
※ 예방보전(Preventive Maintenance) : 고장으로 인하여 발생할 수 있는 손실을 최소화하기 위한 예방활동이다.

|답| ④

57 제품공정도를 작성할 때 사용되는 요소(명칭)가 아닌 것은?

① 가공   ② 검사
③ 정체   ④ 여유

해설

제품공정도 작성에 사용되는 요소 : 작업(가공), 운반, 저장, 정체, 검사 등

|답| ④

58 부적합수 관리도를 작성하기 위해 $\sum c = 559$, $\sum n = 222$를 구하였다. 시료의 크기가 부분군마다 일정하지 않기 때문에 u 관리도를 사용하기로 하였다. $n = 10$일 경우 u 관리도의 UCL 값은 약 얼마인가?

① 4.023   ② 2.518
③ 0.502   ④ 0.252

해설

① 중심선 $\bar{u}$ 계산

$$\therefore \bar{u} = \frac{총부적합수(\sum c)}{총검사개수(\sum n)} = \frac{559}{222} = 2.518$$

② UCL(관리상한선) 계산

$$\therefore UCL = \bar{u} + 3\sqrt{\frac{\bar{u}}{n}} = 2.518 + 3 \times \sqrt{\frac{2.518}{10}} = 4.023$$

③ LCL(관리하한선) 계산

$$\therefore UCL = \bar{u} - 3\sqrt{\frac{\bar{u}}{n}} = 2.518 - 3 \times \sqrt{\frac{2.518}{10}} = 1.012$$

|답| ①

59 작업방법 개선의 기본 4원칙을 표현한 것은?

① 층별 – 랜덤 – 재배열 – 표준화
② 배제 – 결합 – 랜덤 – 표준화
③ 층별 – 랜덤 – 표준화 – 단순화
④ 배제 – 결합 – 재배열 – 단순화

해설

작업방법 개선의 기본 4원칙 : ECRS
① 배제(Eliminate) : 제거
② 결합(Combine)
③ 재배열(Rearrange) : 교환, 재배치
④ 단순화(Simplify)

|답| ④

60 이항분포(Binomial distribution)의 특징에 대한 설명으로 옳은 것은?

① $P = 0.01$일 때는 평균치에 대하여 좌·우 대칭이다.
② $P \le 0.1$이고, $nP = 0.1 \sim 10$일 때는 포와송 분포에 근사한다.
③ 부적합품의 출현 개수에 대한 표준편차는 $D(x) = nP$이다.
④ $P \le 0.5$이고, $nP \le 5$일 때는 정규 분포에 근사한다.

해설

이항분포의 특징
① $P = 0.5$일 때는 평균치에 대하여 좌우대칭이다.
② $P \le 0.5$, $nP \ge 5$, $n(1-P) \ge 5$일 때는 정규분포에 근사한다.
③ $P \le 0.1$, $nP = 0.1 \sim 10$, $n \ge 50$일 때는 푸아송 분포에 근사한다.

|답| ②

2014년 기능장 제55회 필기시험 (4월 6일 시행)

자격종목	코드	시험시간	형별
배관기능장	3081	1시간	A

※ 답안 카드 작성 시 시험문제지 형별누락, 마킹착오로 인한 불이익은 전적으로 수험자의 귀책사유임을 알려드립니다.
※ 각 문항은 4지 택일형으로 질문에 가장 적합한 보기 항을 선택하여 마킹하여야 합니다.

1 배관 배열의 기본사항에 관한 설명으로 옳지 않은 것은?
① 배관은 가급적 그룹화 되게 한다.
② 배관은 가급적 최단거리로 하고 굴곡부를 많게 한다.
③ 고온, 고유속의 배관은 티(T) 분기부가 가능한 적도록 배치한다.
④ 배관에 불필요한 에어포켓이나 드레인 포켓이 생기지 않도록 한다.

해 설
배관은 가급적 최단거리로 하고 굴곡부를 적게 한다.
|답| ②

2 자동제어에서 인디셜(Indicial) 응답이라고도 하는 것은?
① 스텝 응답   ② 주파수 응답
③ 자기평형성   ④ 정현파 응답

해 설
응답 : 자동제어계의 어떤 요소에 대하여 입력을 원인이라 하면 출력은 결과가 되며, 이때의 출력을 입력에 대한 응답이라고 한다.
① 과도응답 : 정상상태에 있는 요소의 입력측에 어떤 변화를 주었을 때 출력측에 생기는 변화의 시간적 경과를 말한다.
② 스텝응답 : 입력을 단위량만큼 변화시켜 평형상태를 상실했을 때의 과도응답을 말한다.
③ 정상응답 : 과도응답에 대하여 제어계 또는 요소가 완전히 정상상태로 이루어졌을 때의 응답을 말한다.
④ 주파수 응답 : 사인파 상의 입력에 대한 자동제어계 또는 그 요소의 정상응답을 주파수의 함수로 나타낸 것이다.
|답| ①

3 기기 및 배관 라인의 점검에 관한 설명으로 옳지 않은 것은?
① 드레인 배출은 점검하지 않는다.
② 도면과 시방서의 기준에 맞도록 설비되었는가 확인한다.
③ 각 배관의 구배는 완만하고 에어포켓부는 없는지 확인한다.
④ 각종 기기 및 자재와 부속품은 시방서에 명시된 규격품인지 확인한다.

해 설
드레인 배출은 이상이 없는지 확인한다.
|답| ①

4 집진장치 중 일반적으로 집진효율이 가장 좋은 것은?
① 전기 집진장치
② 중력식 집진장치
③ 원심력식 집진장치
④ 관성력식 집진장치

해 설
(1) 전기식 집진장치의 특징
 ① 제진효율이 가장 높다.
 ② 압력손실이 적고, 미세한 입자 제거에 용이하다.
 ③ 대량의 가스를 취급할 수 있다.
 ④ 보수비, 운전비가 적다.
 ⑤ 설치 소요면적이 크고, 설비비가 많이 소요된다.
 ⑥ 부하변동에 적응이 어렵다.
(2) 성능
 ① 취급입자 : $0.05 \sim 20\mu$
 ② 집진효율 : $90 \sim 99.9[\%]$
|답| ①

5 요리장의 배수에 섞여 있는 지방분이 배수관으로 흐르지 않게 하기 위하여 설치하는 것은?
① 가솔린 트랩 ② 스트레이너
③ 그리스 트랩 ④ 메인 트랩

해 설

배수 트랩 중 박스트랩의 종류
① 드럼트랩 : 요리장의 개숫물 속의 찌꺼기를 트랩 바닥에 모이게 하고 찌꺼기가 하수관으로 흐르지 않게 방지하는 트랩
② 벨 트랩 : 바닥면의 배수에 사용하는 트랩으로 벨(bell)을 씌우지 않고 사용하면 트랩 작용이 안 된다.
③ 가솔린 트랩 : 자동차의 차고나 공장 등의 바닥 배수에 사용되는 것으로 배수 중의 가솔린, 기계유, 모래 등을 분리해서 모래는 주철제의 버킷 밑에 침전시키고 기름 등은 수면위에 띄워서 제거할 수 있도록 한 것이다.
④ 그리스 트랩 : 유입되는 배수의 유속이 트랩 속에서 감소하므로 배수 중에 섞여 있는 지방이 식어서 트랩위에 떠오르도록 한 구조로 호텔, 식당 등 요리장에서 사용한다. |답| ③

6 열전온도계의 열전대의 구비조건이 아닌 것은?
① 장시간 사용하여도 오차가 없도록 내구성이 있어야 한다.
② 재현성이 낮고 전기저항, 온도계수, 열전도율이 작아야 한다.
③ 고온에서도 기계적 강도가 크고 내열성, 내식성이 있어야 한다.
④ 취급과 관리가 용이하며 가격이 싸고 동일 특성을 얻기 쉬워야 한다.

해 설

열전대의 구비조건
① 열기전력이 크고, 온도상승에 따라 연속적으로 상승할 것
② 열기전력의 특성이 안정되고 장시간 사용해도 변형이 없을 것
③ 기계적 강도가 크고 내열성, 내식성이 있을 것
④ 재생도(재현성)가 크고 가공이 용이할 것
⑤ 전기저항 온도계수와 열전도율이 낮을 것
⑥ 재료의 구입이 쉽고(경제적이고) 내구성이 있을 것 |답| ②

7 화학공업 배관재료 선정 시 고려하여야 할 화학반응 중 물질에 따른 부식이 잘못 연결된 것은?
① H_2 – 탈탄
② H_2S – 용해
③ NH_3 – 질화
④ CO – 카보닐화

해 설

고온, 고압의 화학배관의 부식 종류
① 수소(H_2)에 의한 강의 탈탄
② 암모니아(NH_3)에 의한 강의 질화
③ 일산화탄소(CO)에 의한 금속의 카아보닐화
④ 황화수소(H_2S)에 의한 부식(황화)
⑤ 산소(O_2), 탄산가스(CO_2)에 의한 산화 |답| ②

8 자동화시스템에서 크게 회전운동과 선형운동으로 구분되며 사용하는 에너지에 따라 공압식, 유압식, 전기식 등으로 세분하는 자동화의 5대 요소 중 하나인 것은?
① 센서(sensor)
② 액추에이터(actuator)
③ 네트워크(network)
④ 소프트웨어(software)

해 설

자동화의 5대 요소
① 센서(sensor) : 공정 처리 상태에 대한 정보를 만들고 수집하며 이 정보를 프로세스에 전달하는 제어부분이다.
② 프로세서(processor) : 제어 데이터를 처리하는 요소로, 제어정보를 분석 처리하여 필요한 제어 명령을 내려주는 장치
③ 액추에이터(actuator) : 공정처리 상태에 대한 정보를 받아서, 제한된 공간 내에서 기계구조에 의해 회전운동과 선형운동을 하는 부분으로 인간의 손, 발의 기능을 하며 사용하는 에너지에 따라 공압식, 유압식, 전기식 등으로 세분화 된다.
④ 소프트웨어(software) : 입력신호를 받아 중앙처리 장치를 거쳐 작업요소에 전달되어지는 프로그램장치, 프로그램 메모리를 포함하는 장치
⑤ 네트워크(network) : 자동화 시스템에서 중앙컴퓨터와 여러 개의 콘트롤러 간에 시스템 구성기기들과 통신회선을 연결된 배치형태에 따라 성형, 환형 등으로 구분한다. |답| ②

9 미리 정해진 순서 또는 조건에 따라 제어의 각 단계를 순차적으로 행하는 제어에 속하지 않는 것은?
① 추치제어　② 시한제어
③ 순서제어　④ 조건제어

해 설
시퀀스 제어(sequence control : 개[開]회로) : 미리 순서에 입각해서 다음 동작이 연속 이루어지는 제어로 자동판매기, 보일러의 점화 등이 해당되며 시한제어, 순서제어, 조건제어로 분류할 수 있다.　**|답|** ①

10 높이 6[m]인 곳에 플러시밸브를 설치하고자 한다. 배관 길이가 18[m]이고 플러시밸브에서 최저수압 0.07[MPa]을 요구할 때 필요한 수압은 얼마인가? (단, 관 마찰손실수두는 200[mmAq/m]로 한다.)
① 0.164[MPa]　② 0.241[MPa]
③ 0.636[MPa]　④ 0.706[MPa]

해 설
① 6[m]까지 필요한 수압 계산
$$\therefore P_1 = \gamma \cdot h \cdot g \times 10^{-6}$$
$$= 1000 \times 6 \times 9.8 \times 10^{-6} = 0.0588[\text{MPa}]$$
② 관 마찰손실 압력 계산
$$\therefore P_2 = L \times 손실수두$$
$$= 18 \times 200 \times 9.8 \times 10^{-6} = 0.03528[\text{MPa}]$$
③ 플러시밸브 최저수압(P_3) : 0.07[MPa]
④ 필요한 수압 계산
$$\therefore P = P_1 + P_2 + P_3$$
$$= 0.0588 + 0.03528 + 0.07 = 0.16408[\text{MPa}]$$
|답| ①

11 자동제어에서 미분동작이란?
① 편차의 크기에 비례해서 조작량을 변화시키는 동작이다.
② 제어 편차량에 비례한 속도로 조작량을 변화시키는 동작이다.
③ 편차가 변하는 속도에 비례해서 조작량을 변화시키는 동작이다.
④ 조작량이 동작신호에 응해서 두 개의 정해진 값의 어떤 것을 선택하는 동작이다.

해 설
미분(D) 동작 : 조작량이 동작신호의 미분치에 비례하는 동작으로 비례동작과 함께 쓰이며 일반적으로 진동이 제어되어 빨리 안정된다.　**|답|** ③

12 건축물의 외벽, 창, 지붕 등에 설치하여 인접 건물에 화재가 발생하였을 때 수막을 형성함으로써 화재의 확산을 방지하는 소화설비는?
① 드렌처(drencher)
② 히트 펌프(heat pump)
③ 스프링클러(sprinkler)
④ 사이어미즈 커넥션(siamese connection)

해 설
드렌처 설비 : 인접 건물에서 화재가 발생했을 때 인화를 방지하기 위해 창문, 출입구, 처마 끝에 물을 뿌려 수막을 형성함으로서 본 건물의 화재 발생을 예방하는 소화설비이다.　**|답|** ①

13 기수혼합 급탕방식에서 물의 온도를 자동으로 조정하기 위해 설치하는 것은?
① 자동온수 혼합기　② 자동온도 조정기
③ 자동온도 냉수조정기　④ 자동온도조정 사일런서

해 설
기수혼합법의 특징
① 증기가 물에 주는 열효율은 100[%]이다.
② 소음을 내는 단점이 있어 스팀 사일런서를 설치하여 소음을 감소시킨다.
③ 사용 증기압은 1~4[kgf/cm²] 정도이다.
④ 자동온도 조정기를 설치하여 물의 온도를 일정온도로 자동으로 조정한다.　**|답|** ②

14 스패너나 렌치 사용 시 안전상 주의사항으로 틀린 것은?
① 해머 대용으로 사용치 말 것
② 너트에 맞는 것을 사용할 것
③ 스패너나 렌치는 뒤로 밀어 돌릴 것
④ 파이프 렌치를 사용할 때는 정지장치를 확실히 할 것

해 설

스패너, 렌치 사용 시 안전 : ①, ②, ④외
① 스패너와 너트 사이에 물림쇠를 끼우지 않아야 한다.
② 스패너에 파이프를 끼우거나 해머로 두들겨서 돌리지 않아야 한다.
③ 벗겨져도 손을 다치거나 넘어지지 않는 자세를 취한다.
④ 몸 앞으로 조금씩 잡아 당겨 돌린다.
⑤ 작은 볼트에 너무 큰 스패너나 렌치를 사용하지 않는다.

|답| ③

15 아크용접 중 아크광선에 의해 눈이 충혈되었을 때 취해야 할 조치로 가장 적절한 것은?
① 소금물로 씻어 낸 후 작업한다.
② 구급 안약을 눈에 넣고 작업한다.
③ 냉습포로 찜질을 하면서 안정을 취한다.
④ 온수로 얼굴을 닦은 후 눈을 껌벅이면서 눈동자를 자유스럽게 한다.

해 설

전광성 안염이라는 눈병이 생기며 눈병 발생 시 냉수로 얼굴과 눈을 닦고 냉습포를 얹거나 심하면 병원에 가서 치료를 받는다.

|답| ③

16 가스관의 부설 위치에 따른 명칭을 설명한 것으로 잘못된 것은?
① 실내관이란 중간밸브에서 연소기 콕까지의 배관을 말한다.
② 옥외 내관이란 소유자의 토지 경계에서 연소기까지의 배관을 말한다.
③ 본관이란 가스 제조공장의 부지 경계에서 정압기까지의 배관을 말한다.
④ 공급관이란 정압기에서 가스 사용자가 점유하고 있는 토지 경계까지 이르는 배관을 말한다.

해 설

도시가스 배관의 종류
①항 : 공동주택 등의 경우 내관 설명
②항 : 공동주택 등 외(일반주택)의 경우 내관의 설명

|답| ②

17 기송배관의 일반적인 3가지 형식이 아닌 것은?
① 진공식 배관 ② 압송식 배관
③ 수송식 배관 ④ 진공 압송식 배관

해 설

기송배관의 형식 분류
① 진공식(vacuum type) : 수송관을 진공펌프를 이용하여 진공상태로 만든 후 운반물과 대기 중의 공기를 동시에 흡입하여 운송하고 공기는 따로 분리하여 배출하는 형식이다.
② 압송식(pressure type) : 압축기로 공기를 압입하고 송급기(feeder)에서 운반물을 흡입하여 운송한 후 공기를 따로 배출하는 형식이다.
③ 진공 압송식(vacuum and pressure type) : 진공식과 압송식을 혼합한 형식으로 수송원과 수송선이 여러 갈래이거나 원거리인 경우에 이용된다.

|답| ③

18 난방시설에서 전열에 의한 손실열량이 11.63 [kW]이고 환기 손실열량이 3.14[kW]인 곳에 증기 난방을 할 경우 소요되는 주철제 방열기는 몇 절이 필요한가? (단, 주철제 방열기 1절의 방열 표면적은 0.28[m²]이고, 방열량은 0.76[kW/m²]이다.)
① 20절 ② 35절
③ 50절 ④ 70절

해 설

$$N_s = \frac{H_1}{0.76a} = \frac{11.63 + 3.14}{0.76 \times 0.28} = 69.407 = 70절$$

※ 증기 방열기 방열량 : 650[kcal/m² · h], 0.76[kW/m²]

|답| ④

19 토치램프의 취급에 관한 안전사항으로 옳지 않은 것은?
① 작업 전에 소화기, 모래 등을 준비한다.
② 사용하기 전에 주변에 인화물질이 없는지 확인한다.
③ 각 부분에서 가솔린의 누설 여부를 확인한 후 점화한다.
④ 작업 중 가솔린의 주입 시에는 램프의 불만 꺼져 있는지 확인한 후 주입한다.

해설

토치램프 취급 안전사항 : ①, ②, ③외
① 사용 전에 기름이 누설되는 곳이 없는지 각부분을 점검한다.
② 프라이밍 컵에 휘발유를 소량 붓고 점화한 후 서서히 예열한다.
③ 예열 후 15~20회 정도 펌핑해 준다.
④ 작업 중에 가솔린이 떨어지면 화기가 완전히 없는지 확인한 후 가솔린을 주유한다. |답| ④

20 공동현상의 발생조건이 아닌 것은?
① 흡입관경이 작을 때
② 과속으로 유량이 증가 시
③ 관로 내의 온도 저하 시
④ 흡입양정이 지나치게 길 때

해설

공동현상(cavitation) : 유수 중에 그 수온의 증기압력보다 낮은 부분이 생기면 물이 증발을 일으키고 기포를 다수 발생하는 현상
(1) 발생조건
　① 흡입양정이 지나치게 클 경우
　② 흡입관의 저항이 증대될 경우
　③ 과속으로 유량이 증대될 경우
　④ 관로내의 온도가 상승될 경우
(2) 일어나는 현상
　① 소음과 진동이 발생
　② 깃(임펠러)의 침식
　③ 특성곡선, 양정곡선의 저하
　④ 양수 불능
(3) 방지법
　① 펌프의 위치를 낮춘다. (흡입양정을 짧게 한다.)
　② 수직축 펌프를 사용하여 회전차를 수중에 완전히 잠기게 한다.
　③ 양흡입 펌프를 사용한다.
　④ 펌프의 회전수를 낮춘다.
　⑤ 두 대 이상의 펌프를 사용한다. |답| ③

21 증기와 응축수의 열역학적 특성에 따라 작동되는 증기트랩이 아닌 것은?
① 플로트형 트랩
② 오리피스형 트랩
③ 디스크형 트랩
④ 바이패스형 트랩

해설

작동원리에 의한 트랩의 분류

구 분	작동원리	종 류
기계식 트랩	증기와 응축수의 비중차 이용(플로트 또는 버킷의 부력 이용)	상향 버킷식, 하향 버킷식, 레버 플로트식, 자유 플로트식
온도조절식 트랩	증기와 응축수의 온도차 이용(금속의 신축성을 이용)	바이메탈식, 벨로스식
열역학적 트랩	증기와 응축수의 열역학적, 유체역학적 특성차 이용	오리피스식, 디스크식

|답| ①

22 플라스틱 패킹에 관한 설명으로 가장 거리가 먼 것은?
① 편조 패킹과는 달리 구조는 일정한 조직을 가지고 있지 않다.
② 구조상 단단하므로 고온, 고압의 증기배관에 가장 적합하다.
③ 기밀효과가 좋고 저마찰성, 치수의 융통성 등의 장점이 있다.
④ 석면섬유에 바인더와 윤활제를 가해 끈 또는 링 모양으로 성형한 가소성 패킹이다.

해설

플라스틱 패킹은 고온, 고압의 증기배관에 사용이 부적합하며, 스테인리스 강선이나 인코넬선을 넣어 석면사로 편조한 플라스틱 코어형 메탈패킹은 고온, 고압에 사용할 수 있다. |답| ②

23 덕타일 주철관의 설명으로 옳지 않은 것은?
① 구상흑연 주철관이라고도 한다.
② 변형에 대한 가요성과 가공성은 없다.
③ 보통 회주철관보다 관의 수명이 길다.
④ 강관과 같이 높은 강도와 인성이 있다.

해설

(1) 수도용 원심력 덕타일 주철관 : 구상 흑연 주철관이라 하며 양질의 선철에 강을 배합하여 용해하고, 회전하는 주형에 주입한 다음 원심력을 이용하여 주조한 후

노(爐)속에 넣고 고르게 가열하여 730[℃] 이상에서 적당한 시간동안 풀림(annealing)처리를 한 것이며 주철 중의 흑연이 구상화하여 관의 질이 균일하게 되어 강도가 크다.
(2) 수도용 원심력 덕타일 주철관의 특징
① 보통 주철(회주철)과 같이 수명이 길다.
② 강관과 같이 고압에 견디는 높은 강도와 인성(靭性)을 가지고 있다.
③ 보통 주철과 같은 좋은 내식성이 있다.
④ 변형에 대한 높은 가요성이 있다.
⑤ 충격에 대한 높은 연성을 가지고 있다.
⑥ 우수한 가공성을 가지고 있다. |답| ②

24 동관이나 동합금관에 관한 설명으로 옳지 않은 것은?

① 담수에 대한 내식성은 크나, 극연수에는 부식된다.
② 아세톤, 에테르, 프레온 가스, 파라핀 등에는 침식되지 않는다.
③ 타프터치 동관의 순도는 99.99[%] 이상으로 전기기기의 재료로 많이 사용된다.
④ 두께별 분류에서 K형이 가장 얇고, M형은 보통 두께이고, N형이 가장 두껍다.

해 설

동 및 동합금 특징
① 담수(淡水)에 대한 내식성이 우수하다.
② 열전도율이 좋고, 가공성이 좋아 배관시공이 용이하다.
③ 아세톤, 프레온 가스 등 유기약품에 침식되지 않는다.
④ 관 내부에서 마찰저항이 적다.
⑤ 연수(軟水)에는 부식된다.
⑥ 외부의 기계적 충격에 약하다.
⑦ 가격이 비싸다.
⑧ 가성소다, 가성칼리 등 알칼리성에는 내식성이 강하고, 암모니아수, 습한 암모니아(NH_3)가스, 초산, 진한 황산(H_2SO_4)에는 심하게 침식된다.
⑨ 동관의 두께 순서 : K > L > M > N |답| ④

25 내경 2[m], 길이 10[m]인 원통형 탱크를 수직으로 세워 놓고 물을 채울 때 필요한 물의 양은 몇 [m³]인가?

① 7.85
② 15.7
③ 31.4
④ 62.8

해 설

$$V = \frac{\pi}{4} \times D^2 \times L = \frac{\pi}{4} \times 2^2 \times 10 = 31.415 [m^3]$$ |답| ③

26 동관 이음쇠의 종류와 기호표시가 잘못된 것은?

① C : 이음쇠 내로 관이 들어가는 접합형태
② Ftg : 이음쇠 외부로 관이 들어가는 형태
③ F : 이음쇠 안쪽에 관용나사가 가공된 형태
④ C×F : 이음쇠 외부에 관용나사가 가공된 형태

해 설

동관 및 황동 주물재 이음쇠
① C(female solder cup) : 이음재 내로 관이 들어가 접합되는 형태이다.
② M(male NPT thread) : ANSI 규격 관형나사가 밖으로 난 나사이음용 이음재이다. (예 : C×M 어댑터)
③ F(female NPT thread) : ANSI 규격 관형나사가 안으로 난 나사이음용 이음재이다. (예 : C×F 어댑터)
④ Ftg(male solder cup) : 이음쇠 바깥쪽으로 관이 들어가 접합되는 형태이다. (예 : Ftg×M 어댑터)
  |답| ④

27 플랜지 시트 모양에 따른 분류 중 대평면 시트의 호칭압력은 몇 [kgf/cm²] 이하인가?

① 16
② 36
③ 53
④ 63

해 설

플랜지 시트 종류별 호칭압력
① 전면 시트 : $16[kgf/cm^2]$ 이하
② 대평면 시트 : $63[kgf/cm^2]$ 이하
③ 소평면 시트 : $16[kgf/cm^2]$ 이상
④ 삽입 시트 : $16[kgf/cm^2]$ 이상
⑤ 홈 시트(채널형) : $16[kgf/cm^2]$ 이상 |답| ④

28 한국산업표준(KS)에서 제시하는 강관의 기호와 그 명칭이 바르게 연결된 것은?

① SPPS : 일반 배관용 탄소강관
② SPHT : 저온 배관용 탄소강관
③ SPPH : 고압 배관용 탄소강관
④ SPLT : 저압 배관용 탄소강관

해설
강관의 KS 표시 기호

KS 표시 기호	명칭
SPP	일반 배관용 탄소강관
SPPS	압력 배관용 탄소강관
SPPH	고압 배관용 탄소강관
SPHT	고온 배관용 탄소강관
SPLT	저온 배관용 탄소강관
SPW	배관용 아크용접 탄소강관
SPA	배관용 합금강관
STS×T	배관용 스테인리스강관
STBH	보일러 열교환기용 탄소강관
STHA	보일러 열교환기용 합금강관
STS×TB	보일러 열교환기용 스테인리스강관
STLT	저온 열교환기용 강관

|답| ③

29 다음 중 폴리에틸렌관의 종류에 속하지 않는 것은?
① 수도용 폴리에틸렌관
② 증기용 폴리에틸렌관
③ 일반용 폴리에틸렌관
④ 가스용 폴리에틸렌관

해설
폴리에틸렌관(Polyethylene pipe)의 특징
① 염화비닐관보다 가볍다.
② 염화비닐관보다 화학적, 전기적 성질이 우수하다.
③ 내한성이 좋아 한랭지 배관에 알맞다.
④ 염화비닐관에 비해 인장강도가 1/5 정도로 작다.
⑤ 화기에 극히 약하다.
⑥ 유연해서 관면에 외상을 받기 쉽다.
⑦ 장시간 직사광선(햇빛)에 노출되면 노화된다.
⑧ 폴리에틸렌관의 종류 : 수도용, 가스용, 일반용

|답| ②

30 덕트 내의 소음 방지법을 설명한 것으로 옳지 않은 것은?
① 댐퍼 취출구에 흡음재를 부착한다.
② 덕트의 도중에 흡음재를 부착한다.
③ 송풍기 출구 부근에 플리넘 챔버를 장치한다.
④ 덕트의 적당한 곳에 슬라이드 댐퍼를 설치한다.

해설
덕트 내의 소음 방지법
① 댐퍼 취출구에 흡음재를 부착한다.
② 덕트의 도중에 흡음재를 부착한다.
③ 송풍기 출구 부근에 플리넘 챔버를 장치한다.
④ 덕트의 적당한 곳에 흡음장치를 설치한다.

|답| ④

31 급수배관을 완료하고 수압시험을 하기 위한 조치사항으로 옳지 않은 것은?
① 배관의 개구부는 플러그 등으로 막았다.
② 배관의 중간에 있는 분기밸브는 모두 열어 놓았다.
③ 관내에 물을 채울 때는 공기빼기용 밸브를 막았다.
④ 수직배관의 경우 최상부에 공기빼기 장치를 설치하였다.

해설
관내에 물을 채울 때는 공기빼기용 밸브를 개방하여 배관 내에 체류하는 공기를 배출시킨다.

|답| ③

32 신축이음쇠 중 평면상의 변위뿐 아니라 입체적인 변위까지도 안전하게 흡수할 수 있는 이음쇠는?
① 루프형 신축이음쇠
② 스위블형 신축이음쇠
③ 벨로스형 신축이음쇠
④ 볼 조인트형 신축이음쇠

해설
신축이음쇠의 종류
① 슬리브형(sleeve type) : 신축에 의한 자체 응력이 발생되지 않고 설치장소가 필요하며 단식과 복식이 있다. 슬리브와 본체와의 사이에는 패킹을 다져 넣고 그랜드로 밀착시켜 온수 또는 증기의 누설을 방지한다. 50[A] 이하의 배관에는 나사식, 65[A] 이상은 플랜지식을 사용한다.
② 벨로스형(bellows type) : 팩리스(packless)형이라 하며, 설치장소에 구애받지 않고 가스, 증기, 물 등 2[MPa], 450[℃]까지 축 방향 신축흡수에 사용되며 단식과 복식 2종류가 있다.

③ 루프형(loop type) : 곡관으로 만들어진 관의 가요성(可撓性)을 이용한 것으로 구조가 간단하고 내구성이 좋아 고온, 고압배관이나 옥외배관에 주로 사용한다. 곡률 반지름은 관지름의 6배 이상으로 한다.
④ 스위블형(swivel type) : 지웰이음, 지블이음, 회전이음이라 하며, 2개 이상의 엘보를 사용하여 관의 신축을 흡수하는 것으로 신축방향이 큰 배관에서는 누설의 우려가 있다.
⑤ 볼 조인트(ball joint) : 볼 조인트와 오프셋 배관을 이용해서 신축을 흡수하는 방법으로 설치공간이 적고, 평면상의 변위뿐만 아니라 입체적인 변위까지도 안전하게 흡수하므로 어떤 현상에 의한 신축에도 배관이 안전한 신축이음이다. |답| ④

33 체크밸브에 관한 설명으로 옳지 않은 것은?
① 체크밸브는 유체의 역류를 방지한다.
② 리프트식은 수직배관에만 사용된다.
③ 스윙식은 수평, 수직배관 어느 곳에나 사용된다.
④ 풋형 체크밸브는 펌프운전 중에 흡입측 배관 내 물이 없어지는 것을 방지하기 위해 사용된다.

해 설
체크 밸브(check valve)의 역할 및 종류
(1) 역할(기능) : 역류방지밸브라 하며 유체를 한 방향으로만 흐르게 하고 역류를 방지하는 목적에 사용하는 밸브이다.
(2) 종류
  ① 스윙식(swing type) : 수평, 수직배관에 사용
  ② 리프트식(lift type) : 수평배관에 사용
  ③ 풋 밸브(foot valve) : 펌프 흡입관 하부에 사용되는 체크 밸브의 일종으로 펌프 정지 시 흡입관 내부의 물이 빠져나가는 것을 방지하여 펌프를 보호하는 역할을 한다.
  ④ 해머리스 체크 밸브(hammerless check valve) : 스모렌스키 체크밸브라 하며 펌프 출구측의 체크 밸브용으로 사용되며, 워터해머(water hammer)의 방지와 바이패스 밸브의 기능을 함께 한다. |답| ②

34 배관의 하중을 아래에서 위로 떠받치는 배관의 지지장치는?
① 행거   ② 브레이스
③ 서포트   ④ 레스트레인트

해 설
서포트(support) : 배관계 중량을 아래에서 위로 지지할 목적으로 사용한다.
① 스프링 서포트 : 상하 이동이 자유롭고 파이프의 하중을 스프링이 완충작용을 한다.
② 롤러 서포트 : 배관의 신축을 자유롭게 하면서 롤러가 관을 받치면서 지지한다.
③ 파이프 슈 : 배관의 엘보 부분과 수평부분에 영구히 고정, 배관의 이동을 구속한다.
④ 리지드 서포트 : H빔으로 만든 것으로 옥외 등에 종류가 다른 여러 배관을 한 번에 지지한다. |답| ③

35 강관의 대구경관 조립에 사용하는 파이프렌치는?
① 체인 파이프렌치
② 업셋 파이프렌치
③ 링크형 파이프렌치
④ 스트레이트 파이프렌치

해 설
파이프 렌치(pipe wrench) : 강관을 조립 및 분해할 때 또는 관 자체를 회전시킬 때 사용하는 공구로 체인형 파이프렌치는 200A 이상의 대구경관 조립에 사용된다. |답| ①

36 CO_2 아크 용접법 중에서 비용극식 용접에 해당하는 것은?
① 순 CO_2 법   ② 탄소 아크법
③ 혼합 가스법   ④ 아코스 아크법

해 설
CO_2 아크 용접법 중 비용극식 용접법 : 탄소 아크에 의하여 용접 열을 공급하고 용착 금속은 별도로 용가재를 사용하여 이것을 녹여 공급하는 용접법으로 탄소 아크법이 해당된다. |답| ②

37 폴리에틸렌관의 용착슬리브 이음 시 가열 지그를 이용한 용착(가열)온도로 적합한 온도는 약 몇 [℃] 정도인가?
① 100[℃]   ② 150[℃]
③ 200[℃]   ④ 300[℃]

해 설
용착 슬리브 접합 : 관 끝의 바깥쪽과 이음관의 안쪽을 동시에 가열하여 용융이음 하는 방법으로 융착(가열)온도는 180~240[℃] 정도이다. |답| ③

38 용접시간 10분 중 아크발생시간이 8분, 무부하시간이 2분 이었다면 이 용접기의 사용률은 얼마인가?
① 50[%]　　② 60[%]
③ 70[%]　　④ 80[%]

해 설
$$\text{사용률} = \frac{\text{아크발생시간}}{\text{아크발생시간} + \text{정지시간}} \times 100$$
$$= \frac{8}{8+2} \times 100 = 80[\%]$$ |답| ④

39 배관 내의 가스압력이 196[kPa]일 때 체적이 0.01[m³], 온도가 27[℃] 이었다. 이 가스가 동일 압력에서 체적이 0.015[m³]으로 변하였다면 이때 온도는 몇 [℃]가 되는가? (단, 이 가스는 이상기체라고 가정한다.)
① 27[℃]　　② 127[℃]
③ 177[℃]　　④ 450[℃]

해 설
$\dfrac{P_1 V_1}{T_1} = \dfrac{P_2 V_2}{T_2}$ 에서 $P_1 = P_2$ 이다.
$$\therefore T_2 = \frac{T_1 V_2}{V_1} = \frac{(273+27) \times 0.015}{0.01}$$
$$= 450[K] - 273 = 177[℃]$$ |답| ③

40 주철관 이음 중 기계식 이음(mechanical joint)에 관한 설명으로 옳지 않은 것은?
① 기밀성이 불량하다.
② 굽힘성이 풍부하므로 누수가 없다.
③ 소켓이음과 플랜지이음의 복합형이다.
④ 간단한 공구로 신속하게 이음이 되며, 숙련공이 필요하지 않다.

해 설
주철관 기계식 이음의 특징
① 고무링을 압륜(押輪)으로 죄어 볼트로 체결한 것으로 소켓이음과 플랜지이음의 장점을 채택한 것이다.
② 기밀성이 양호하다.
③ 수중에서 접합이 가능하다.
④ 외압에 대한 굽힘성이 풍부하여 이음부가 다소 구부러져도 누수가 없다.
⑤ 간단한 공구로 신속하게 이음 할 수 있으며, 숙련공이 필요하지 않다.
⑥ 고압에 대한 저항이 크다. |답| ①

41 다음 중 동관용 공구가 아닌 것은?
① 티뽑기　　② 사이징 툴
③ 익스팬더　　④ 전용 압착공구

해 설
동관용 공구의 종류 및 용도
① 튜브 커터(tube cutter) : 관지름 20[mm] 이하의 동관 절단에 사용하는 공구이다.
② 튜브 벤더(tube bender) : 관지름 20[mm] 이하의 동관을 상온에서 필요한 각도로 구부릴 때 사용하며 구부릴 수 있는 각도는 0~180°이다.
③ 플레어링 공구 : 동관을 압축이음(flare joint)할 때 동관 끝을 나팔관 모양으로 넓히기 위하여 사용하는 공구이다.
④ 리머(reamer) : 튜브 커터로 동관을 절단한 후 관 내면에 생기는 거스러미를 제거하는데 사용한다.
⑤ 사이징 툴(sizing tools) : 동관의 끝부분을 정확한 치수의 원형으로 교정하기 위하여 사용한다.
⑥ 확관기(expander) : 동일한 지름의 동관을 이음쇠 없이 납땜이음 할 때 한쪽 관 끝에 소켓을 만드는데 사용한다.
⑦ 티 뽑기(extractor) : 티로 연결할 부분에 관이음재(티)를 사용하지 않고 동관에 구멍을 내어 간단히 관을 연결하는데 사용한다.
※ 전용 압착공구는 스테인리스관의 몰코 접합 시 사용하는 공구이다. |답| ④

42 다음 중 SI 기본단위가 아닌 것은?
① 시간(s)　　② 길이(m)
③ 질량(kg)　　④ 압력(Pa)

해 설
기본단위의 종류

기본량	길이	질량	시간	전류	물질량	온도	광도
기본단위	m	kg	s	A	mol	K	cd

|답| ④

43 주철관 이음 시 스테인리스 커플링과 고무링만으로 쉽게 이음 할 수 있는 접합법은?
① 노허브 이음　　② 빅토리 이음
③ 타이톤 이음　　④ 플랜지 이음

해 설

노허브 이음(no-hub joint) : 주철관 이음에서 종래 사용하여 오던 소켓이음을 개량한 것으로 스테인리스강 커플링과 고무링만으로 쉽게 이음 할 수 있는 방법이다.

|답| ①

44 석면 시멘트관의 심플렉스 이음에 관한 설명으로 옳지 않은 것은?
① 수밀성과 굽힘성은 우수하지만 내식성은 약하다.
② 호칭지름 75~500[mm]의 지름이 작은 관에 많이 사용된다.
③ 접합에 끼워 넣는 공구로는 프릭션 풀러(friction puller)를 사용한다.
④ 칼라 속에 2개의 고무링을 넣고 이음하며 고무 가스킷 이음이라고도 한다.

해 설

심플렉스 이음 : 75~500[mm]의 지름이 작은 석면시멘트관에 사용되는 이음방식으로, 석면 시멘트제 칼라와 2개의 고무링으로 접합 시공하는 것으로 일명 고무 가스킷 이음이라고도 하며, 굽힘성과 내식성이 우수하다. |답| ①

45 용접이음의 효율을 나타내는 공식은?
① $\dfrac{모재의\ 인장강도}{용접봉의\ 인장강도} \times 100\,[\%]$

② $\dfrac{용접봉의\ 인장강도}{모재의\ 인장강도} \times 100\,[\%]$

③ $\dfrac{모재의\ 인장강도}{시험편의\ 인장강도} \times 100\,[\%]$

④ $\dfrac{시험편의\ 인장강도}{모재의\ 인장강도} \times 100\,[\%]$

해 설

용접이음의 효율 : 모재의 인장강도에 대한 용접부 시험편의 인장강도의 비이다.

∴ 용접이음 효율[%] = $\dfrac{시험편의\ 인장강도}{모재의\ 인장강도} \times 100$

|답| ④

46 다음 중 가스절단이 가장 잘 되는 재료는?
① 연강　　② 비철금속
③ 주철　　④ 스테인리스

해 설

산소와 아세틸렌 또는 프로판 불꽃을 이용한 가스절단은 탄소강(연강)에 적합하다. |답| ①

47 그림과 같은 배관 도시기호의 의미로 옳은 것은?
① 콕
② 3방향 밸브
③ 파이프 슈
④ 버터플라이 밸브

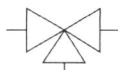

해 설

유체의 흐름을 3방향으로 흐르게 하는 밸브로 3-way valve라 한다. |답| ②

48 다음 평면도를 입체도로 그린 것은?

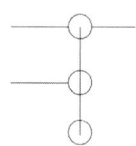

① ②

③ ④
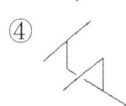

|답| ③

49 플랜트 배관설비 도면에서 배관도의 일부를 인출, 발췌하여 그린 도면의 명칭은?
① 평면 배관도 ② 입체 배관도
③ 입면 배관도 ④ 부분 배관도

해 설
부분 배관도 : 플랜트 배관설비 도면에서 입체 배관도로 배관의 일부분만을 작도하여 부분 제작을 목적으로 하는 도면이다. **|답|** ④

50 원이나 원호 이외의 불규칙한 곡선을 그릴 때 적당한 제도용구는?
① 줄자 ② 운형자
③ 눈금자 ④ 삼각자

해 설
운형자 : 컴퍼스를 사용하여 그리기 곤란한 원이나 원호 이외의 불규칙한 곡선을 그릴 때 사용하는 제도용구로 3개, 6개, 12개가 1조로 되어있다. **|답|** ②

51 관 결합 방식의 표시 방법으로 옳은 것은?
① 용접식 : ─■─
② 플랜지식 : ─╫─
③ 소켓식 : ─○─
④ 유니언식 : ─✕─

해 설
관 결합 방식의 표시(도시기호)
① 나사이음 ─┼─
② 용접이음 ─✕─
③ 플랜지이음 ─╫─
④ 납땜이음 ─○─
⑤ 턱걸이이음 ─⊂─
⑥ 유니언 ─╫┤─
⑦ 소켓
※ 소켓과 유니언식은 나사이음 방법 중 부속 명칭에 해당되는 경우이다. **|답|** ②

52 다음과 같이 배관라인번호를 나타낼 때 사용하는 기호에 대한 명칭으로 옳지 않은 것은?

$$3-6B-P-8081-39-CINS$$

① 6B : 배관 호칭지름
② P : 유체기호
③ 8081 : 배관번호
④ CINS : 배관재료

해 설
(1) 3-6B-P-8081-39-CINS의 각 기호 설명
  ① 3 : 장치번호
  ② 6B : 배관의 호칭지름
  ③ P : 유체기호
  ④ 8081 : 배관번호
  ⑤ 39 : 배관 재료 종류별 기호
  ⑥ CINS : 보온·보냉기호(CINS : 보냉, HINS : 보온, PP : 화상방지)
(2) 유체기호 설명

기호	종 류	기호	종 류
P	프로세스 유체	PA	작업용 공기
IA	계기용 공기	N	질소
HS	고압 증기	LS	저압 증기
CW	재생 냉수	SW	해수 등

|답| ④

53 파이프의 외경이 1000[mm]이고 TOP EL 30000이고, 또 다른 파이프 외경이 500[mm]이고 BOP EL20000이면 두 파이프의 중심선에서의 높이차는 몇 [mm]인가?
① 6000 ② 7000
③ 8500 ④ 9250

해 설
(1) EL(elevation line) 표시 : 그 지방의 해수면에 기준선(base line)을 설정하여 이 기준선으로부터의 높이를 표시하는 표시법
  ① BOP(bottom of pipe) : 지름이 다른 관의 높이를 나타낼 때 적용되며 관 바깥지름의 아랫면을 기준으로 하여 표시한다.
  ② TOP(top of pipe) : BOP와 같은 목적으로 이용되나 관의 윗면을 기준으로 하여 표시한다.

(2) 두 파이프의 중심선에서의 높이차 계산
∴ 높이차 = (TOP − 반지름) − (BOP + 반지름)
= (30000 − 500) − (20000 + 250)
= 9250[mm]
|답| ④

54 다음 용접기호를 바르게 표현한 것은?

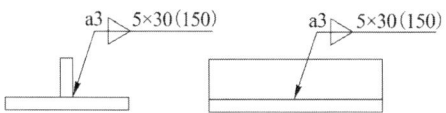

① 용접길이 30[mm], 용접부 개수 3
② 용접길이 30[mm], 용접부 개수 5
③ 용접부 길이 150[mm], 용접부 개수 3
④ 용접부 길이 150[mm], 용접부 개수 5

해 설
필릿용접의 병렬단속용접 : 목 두께 3[mm], 용접길이 30[mm], 용접부 개수 5, 피치 150[mm] |답| ②

55 근래 인간공학이 여러 분야에서 크게 기여하고 있다. 다음 중 어느 단계에서 인간공학적 지식이 고려됨으로서 기업에 가장 큰 이익을 줄 수 있는가?

① 제품의 개발단계
② 제품의 구매단계
③ 제품의 사용단계
④ 작업자의 채용단계

해 설
제품의 개발단계에서부터 인간공학적 지식이 고려되고 반영되어야 기업에 이익이 최대로 될 수 있다. |답| ①

56 다음 [표]를 참조하여 5개월 단순이동평균법으로 7월의 수요를 예측하면 몇 개인가?

[단위 : 개]

월	1	2	3	4	5	6
실적	48	50	53	60	64	68

① 55개
② 57개
③ 58개
④ 59개

해 설
$$Ft = \frac{At - i}{n} = \frac{50 + 53 + 60 + 64 + 68}{5} = 59 개$$
여기서, Ft : 차기 예측치
$At - i$: $t - i$ 기간의 실적치
n : 기간의 수 |답| ④

57 도수분포표에서 도수가 최대인 계급의 대푯값을 정확히 표현한 통계량은?

① 중위수
② 시료평균
③ 최빈수
④ 미드−레인지(Mid−range)

해 설
도수분포표 용어
① 중위수(M_e) : 데이터의 크기를 오름차순으로 나열하였을 때 중앙에 위치하는 데이터값으로 중앙값이라 한다.
② 시료평균($\bar{x}$) : n개의 데이터값의 합을 개수 n개로 나눈 값으로 산술평균이라 한다.
③ 최빈수(M_0) : 정리된 도수분포표 자료에서 도수가 최대가 되는 계급의 대푯값으로 최빈값이라 한다.
④ 미드−레인지(M) : 데이터의 최대값과 최소값의 평균값으로 범위의 중앙값이라 한다.
⑤ 기하평균(G) : 기하급수적으로 변화하는 측정치 또는 시간에 따라 변화하는 측정치의 평균을 계산한 것으로 데이터값이 모두 양인 경우에 사용된다.
⑥ 조화평균(H) : x_i의 역수를 산술평균하여 이를 다시 역으로 나타낸 값으로 평균속도와 평균가격 등을 계산할 때 사용된다. |답| ③

58 다음 중 두 관리도가 모두 포와송 분포를 따르는 것은?

① $\bar{x}$ 관리도, R 관리도
② c 관리도, u 관리도
③ np 관리도, p 관리도
④ c 관리도, p 관리도

해 설
① c 관리도 : 샘플에 포함된 부적합수를 사용하여 공정을 평가하기 위한 관리도로서 검사하는 시료의 면적이나 길이 등이 일정한 경우 등과 같이 일정단위 중에 나타나는 흠의 수, 부적합수를 취급할 때 사용된다.
② u 관리도 : 샘플의 단위당 포함된 부적합수를 사용하여 공정을 평가하기 위한 관리도로서 검사하는 시료의

면적이나 길이 등이 일정하지 않은 경우에 사용된다.
※ 포와송(Poisson) 분포 : 단위시간, 단위면적, 단위부피 등에서 무작위하게 일어나는 사건의 발생건수에 적용되는 분포로서 부적합수, 부적합확률과 같은 계수치는 포와송 분포를 따른다. |답| ②

59 전수검사와 샘플링검사에 관한 설명으로 가장 올바른 것은?
① 파괴검사의 경우에는 전수검사를 적용한다.
② 전수검사가 일반적으로 샘플링검사보다 품질 향상에 자극을 더 준다.
③ 검사항목이 많을 경우 전수검사보다 샘플링검사가 유리하다.
④ 샘플링검사는 부적합품이 섞여 들어가서는 안되는 경우에 적용한다.

해 설
(1) 전수검사가 유리한 경우 및 필요한 경우
 ① 검사비용에 비해 효과가 클 때
 ② 물품의 크기가 작고, 파괴검사가 아닐 대
 ③ 불량품이 혼합되면 안 될 때
 ④ 불량품이 다음 공정에 넘어가면 경제적으로 손실이 클 때
 ⑤ 불량품이 들어가면 안전에 중대한 영향을 미칠 때
 ⑥ 전수검사를 쉽게 할 수 있을 때
(2) 샘플링 검사가 유리한 경우 및 필요한 경우
 ① 다수, 다량의 것으로 불량품이 있어도 문제가 없는 경우
 ② 검사 항목이 많은 경우
 ③ 불완전한 전수검사에 비해 높은 신뢰성이 있을 때
 ④ 검사비용이 적은 편이 이익이 많을 때
 ⑤ 품질향상에 대하여 생산자에게 자극이 필요한 때
 ⑥ 물품의 검사가 파괴검사일 때
 ⑦ 대량 생산품이고 연속 제품일 때 |답| ③

60 다음 중 반즈(Ralph M. Barnes)가 제시한 동작경제원칙에 해당되지 않는 것은?
① 표준작업의 원칙
② 신체의 사용에 관한 원칙
③ 작업장의 배치에 관한 원칙
④ 공구 및 설비의 디자인에 관한 원칙

해 설
동작경제의 원칙 : 길브레스(F.B.Gilbreth)가 처음 사용하고, 반즈(Ralph M. Barnes)가 개량, 보완한 것이다.
① 신체사용에 관한 원칙
② 작업장의 배치에 관한 원칙
③ 공구 및 설비의 설계에 관한 원칙 |답| ①

2014년 기능장 제56회 필기시험 (7월 20일 시행)				수험번호	성 명
자격종목	코 드	시험시간	형 별		
배관기능장	3081	1시간	B		

※ 답안 카드 작성 시 시험문제지 형별누락, 마킹착오로 인한 불이익은 전적으로 수험자의 귀책사유임을 알려드립니다.
※ 각 문항은 4지 택일형으로 질문에 가장 적합한 보기 항을 선택하여 마킹하여야 합니다.

1 압축공기 배관의 부품에 들어가지 않는 것은?
① 세퍼레이터(separator)
② 공기 여과기(air filters)
③ 애프터 쿨러(after cooler)``
④ 사이어미즈 커넥션(siamese connection)

해 설
압축공기배관의 부속장치
① 분리기(separator) : 중간냉각기와 후부냉각기에 연결하여 외부로부터 흡입된 습기를 압축에 의해 분리하고, 공기 중에 포함된 윤활유를 공기나 가스로부터 분리하는 장치
② 후부냉각기(after cooler) : 토출관에 접속해 고온에서 증기를 함유한 압축가스를 냉각시키고, 분리기에 의해 수분을 제거하도록 돕는 장치
③ 밸브 : 저압용에는 청동제, 고압용에는 스테인리스제를 사용한다.
④ 공기탱크(air receiver) : 압축공기를 단속적으로 토출하는 왕복식 압축기에서 발생하는 맥동현상을 완화시키는 장치
⑤ 공기 여과기(air filter) : 공기 압축기의 흡입측에 설치하여 먼지 등 불순물을 제거하는 장치
⑥ 공기 흡입관 : 공기를 흡입하기 위한 관으로 관의 단면적은 실린더 면적의 1/2 정도로 한다. |답| ④

2 압축기로 공기를 밀어 넣고 송급기(feeder)에서 운반물을 흡입해서 공기와 함께 수송한 다음 수송관 끝에서 공기와 분리하여 외부에 취출하는 기송배관 형식은?
① 진공식
② 진공압송식
③ 압송식
④ 압송진공식

해 설
기송배관의 형식 분류

① 진공식(vacuum type) : 수송관을 진공펌프를 이용하여 진공상태로 만든 후 운반물과 대기 중의 공기를 동시에 흡입하여 운송하고 공기는 따로 분리하여 배출하는 형식이다.
② 압송식(pressure type) : 압축기로 공기를 압입하고 송급기(feeder)에서 운반물을 흡입하여 운송한 후 공기를 따로 배출하는 형식이다.
③ 진공 압송식(vacuum and pressure type) : 진공식과 압송식을 혼합한 형식으로 수송원과 수송선이 여러 갈래이거나 원거리인 경우에 이용된다.
 |답| ③

3 다음 중 보일러의 제어장치에 포함되지 않은 것은?
① 급수제어
② 연소제어
③ 증기온도제어
④ 풋 밸브제어

해 설
보일러 자동제어(A·B·C)의 종류

명 칭	제 어 량	조 작 량
자동연소제어 (ACC)	증기압력 노내압	공기량, 연료량 연소가스량
급수제어 (FWC)	보일러 수위	급수량
증기온도제어 (STC)	증기온도	전열량
증기압력제어 (SPC)	증기압력	연료공급량, 연소용 공기량

 |답| ④

4 아크용접 작업시의 주의사항으로 적당하지 않은 것은?
① 눈 및 피부를 노출시키지 말 것

② 홀더가 가열될 시에는 물에 식힐 것
③ 비가 올 때는 옥외작업을 금지할 것
④ 슬랙을 제거할 때에는 보안경을 사용할 것

해 설

홀더 등 전기용접 부품 및 기기에 물이 있을 경우 감전의 위험성이 커진다.　　　　　　　　　　　　|답| ②

5 집진장치 덕트 시공에 대한 설명으로 옳지 않은 것은?
① 냉난방용보다 두꺼운 판을 사용한다.
② 곡선부는 직선부보다 두꺼운 판을 사용한다.
③ 먼지 등이 통과하면서 마찰이 심한 부분에는 강관을 사용한다.
④ 메인 덕트에서 분기할 대는 최저 45도 이상 경사지게 대칭으로 분기한다.

해 설

분기관을 메인 덕트에 연결하는 경우 최저 30도 이상으로 한다.　　　　　　　　　　　　|답| ④

6 그림과 같은 자동제어의 블록선도(block diagram) 중 A, C, D, F의 제어요소를 순서대로 배열한 것은?

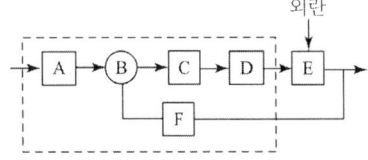

① 설정부, 조절부, 조작부, 검출부
② 설정부, 조작부, 조절부, 검출부
③ 설정부, 조작부, 조절부, 제어대상
④ 설정부, 조작부, 비교부, 제어대상

해 설

각 부의 명칭
① A부 : 설정부　② B부 : 비교부
③ C부 : 조절부　④ D부 : 조작부
⑤ E부 : 제어대상　⑥ F부 : 검출부　|답| ①

7 배수관 및 통기관의 배관 완료 후 또는 일부 종료 후 각 기구 접속구 등을 밀폐하고, 배관 최상부에서 배관 내에 물을 가득 채운 상태에서 누수의 유무를 시험하는 것은?
① 만수시험　　　② 통수시험
③ 연기시험　　　④ 수압시험

해 설

배수관 및 통기관의 시험
① 만수시험 : 배관 내에 물을 충만 시킨 후 누설 유무를 시험하는 것
② 기압시험 : 공기를 이용하여 $0.35[kgf/cm^2]$의 압력으로 15분간 유지한다.
③ 기밀시험 : 연기시험과 박하시험으로 최종시험에 해당한다.　　　　　　　　　　　　|답| ①

8 펌프의 종류 중 고양정, 대유량용으로 유체를 이송시키는데 가장 적합한 터보형 펌프는?
① 원심 펌프　　　② 왕복식 펌프
③ 축류 펌프　　　④ 로터리 펌프

해 설

(1) 원심(centrifugal) 펌프 : 한 개 또는 여러 개의 임펠러를 밀폐된 케이싱 내에서 회전시켜 발생하는 원심력을 이용하여 액체를 이송하거나 압력을 상승시켜 축과 직각방향으로 토출된다.
(2) 종류
① 볼류트(volute) 펌프 : 임펠러 바깥둘레에 안내깃(베인)이 없고 바깥둘레에 바로 접하여 와류실이 있는 펌프로 일반적으로 임펠러 1단이 발생하는 양정이 낮은 것에 사용된다.
② 터빈(turbine) 펌프 : 임펠러 바깥둘레에 안내깃(베인)이 있는 것으로 양정이 높은 곳에 사용된다.
　　　　　　　　　　　　|답| ①

9 급탕설비에서 간접 가열식 중앙 급탕법에 관한 설명으로 옳지 않은 것은?
① 대규모 급탕설비에 적합하다.
② 급탕 가열용 코일이 필요하다.
③ 기수 혼합식 고압 보일러가 필요하다.
④ 저탕조 내부에 스케일이 잘 생기지 않는다.

해 설
① 간접 가열식 급탕설비 : 저장탱크 내부에 가열 코일을 설치하여 증기 또는 열탕을 통과시켜 탱크내의 물을 간접적으로 가열하는 방식이다.
② 기수 혼합법 : 보일러에서 나온 증기를 물탱크 속에 불어 넣어 물을 가열하는 것으로 소음을 방지하기 위하여 스팀 사이렌서를 사용하며 사용 증기압은 1~4[kgf/cm^2] 정도이다. |답| ③

10 다음 중 방화조치로 적당하지 않은 것은?
① 흡연은 정해진 장소에서만 한다.
② 화기는 정해진 장소에서 취급한다.
③ 유류 취급 장소에는 방화수를 준비한다.
④ 기름걸레 등은 정해진 용기에 보관한다.

해 설
유류 취급 장소에는 분말소화기, 포말소화기 등을 준비한다. |답| ③

11 CAD 시스템을 이용하여 형상을 정의하기 위하여 공간상의 점을 정의하는 방법이 아닌 것은?
① 극좌표계   ② 직선좌표계
③ 직교좌표계   ④ 원통좌표계

해 설
CAD 시스템의 좌표계
① 절대좌표계 : 콤마(,)에 의해 분리된 점의 좌표를 키보드로 X, Y, Z 형식으로 분리하여 입력
② 상대좌표계 : 제일 마지막에 입력한 좌표로부터 거리의 좌표를 지정하는 것으로 좌표 앞에 "@"를 붙여 절대좌표와 구별한다.
③ 극좌표계 : 극좌표계로 표시할 때 @거리<각도로 표시
④ 직교좌표계 : 2차원의 XY좌표에 Z성분을 부여하는 것
⑤ 구좌표 : 극좌표 입력방식을 두 번 사용한 것
⑥ 원통좌표계 : 극좌표에 높이가 추가된 3D의 변형
|답| ②

12 가스배관에서 가스공급시설 중 하나인 정압기에 관한 설명으로 옳은 것은?
① 제조공장과 공급지역이 비교적 가깝고 공급면적이 좁아 저압의 가스를 보낼 때 사용한다.
② 원거리 지역에 대량의 가스를 수송하기 위하여 공압 압축기로 가스를 압축하는 역할을 한다.
③ 사용량이 서로 다른 시간별 또는 특정 시기에 소요 공급압력을 일정하게 유지하는 역할을 한다.
④ 제조공장에서 생산, 정제된 가스를 저장하여 가스의 품질을 균일하게 하고 제조량과 소요량을 조절하는 것이다.

해 설
정압기(governor) : 1차측 압력에 관계없이 2차측 압력(소요공급압력)을 일정하게 유지하는 역할을 한다. |답| ③

13 다음 중 시퀀스 제어의 분류에 속하지 않는 것은?
① 시한제어   ② 순서제어
③ 조건제어   ④ 프로그램제어

해 설
시퀀스 제어(sequence control : 개[開]회로) : 미리 순서에 입각해서 다음 동작이 연속 이루어지는 제어로 자동판매기, 보일러의 점화 등이 해당되며 시한제어, 순서제어, 조건제어로 분류할 수 있다. |답| ④

14 배관 시공 시 안전 수칙으로 옳지 않은 것은?
① 가열된 관에 의한 화상에 주의한다.
② 점화된 토치를 가지고 장난을 금한다.
③ 와이어 로프는 손상된 것을 사용해서는 안 된다.
④ 배관 이송 시 로프는 훅(hook)에서 잘 빠지도록 한다.

해 설
배관 이송 시 로프가 훅(hook)에서 잘 빠지지 않도록 한다. |답| ④

15 아세틸렌가스의 폭발하한계와 폭발상한계 값으로 옳은 것은?
① 폭발하한계 : 1.8vol[%],
   폭발상한계 : 8.4vol[%]

② 폭발하한계 : 2.1vol[%],
   폭발상한계 : 9.5vol[%]
③ 폭발하한계 : 2.5vol[%],
   폭발상한계 : 81.0vol[%]
④ 폭발하한계 : 4.0vol[%],
   폭발상한계 : 74.5vol[%]

해 설
공기 중에서의 아세틸렌의 폭발범위 : 2.5~81.0vol[%]
|답| ③

16 가스배관 시공에 있어서 가스계량기에서 중간밸브 사이에 이르는 배관은 무엇인가?
① 본관
② 옥내배관
③ 공급관
④ 옥외배관

|답| ②

17 보일러의 수위제어 방식 중 3요소식에서 검출하는 요소가 아닌 것은?
① 온도
② 수위
③ 증기유량
④ 급수유량

해 설
급수제어방법의 종류 및 검출대상(요소)

명 칭	검출 대상
1요소식	수위
2요소식	수위, 증기량
3요소식	수위, 증기량, 급수유량

|답| ①

18 배관재의 종류에 따른 지지간격이 옳지 않은 것은?
① 동관 : 입상관일 때 1.2[m] 이내마다 지지
② 강관 : 입상관일 때 각 층마다 1개소 이상 지지
③ 강관 : 횡주관 20[A] 이하일 때 5[m] 이내마다 지지
④ 동관 : 횡주관 20[A] 이하일 때 1[m] 이내마다 지지

해 설
배관의 지지간격

구분	배관 종류	관호칭	간격
입상관	동관		1.2[m] 이내
	강관		각층 1개소 이내
	염화비닐관		1.2[m] 이내
횡주관	동관	20[A] 이하	1[m] 이내
		25~40[A]	1.5[m] 이내
		50[A]	2[m] 이내
		65~100[A]	2.5[m] 이내
		125[A] 이상	3[m] 이내
	강관	20[A] 이하	1.8[m] 이내
		25~40[A]	2[m] 이내
		50~80[A]	3[m] 이내
		90~150[A]	4[m] 이내
		200[A] 이상	5[m] 이내

|답| ③

19 배수 통기배관의 시공상 주의사항으로 옳은 것은?
① 배수 트랩은 반드시 2중으로 한다.
② 냉장고의 배수는 간접배수로 한다.
③ 배수 입관의 최하단에는 트랩을 설치한다.
④ 통기관은 기구의 오버플로우선 이하에서 통기 입관에 연결한다.

해 설
배수 통기배관의 시공상 주의사항
① 배수 트랩은 2중으로 만들지 말아야 한다.
② 통기관은 기구의 오버플로선보다 150[mm] 이상으로 입상시킨 다음 수직관에 연결한다.
③ 가솔린 트랩의 통기관은 단독으로 옥상까지 입상하여 대기 중에 개구하여야 한다.
④ 트랩의 청소구를 열었을 때 바로 악취가 새어 나와서는 안 된다.
⑤ 간접배수 수직관의 신정 통기는 다른 일반 배수 수직관의 신정 통기 또는 통기 주관에 연결하지 않고 단독으로 지붕 위까지 올려 세워 대기 중에 개구하여야 한다.
⑥ 루프 통기관은 최상류 기구로부터의 기구 배수관이 배수 수평지관에 연결된 직후의 하류측에서 입상하여야 한다.
⑦ 통기 수직관은 최하위의 배수 수평지관보다도 더욱 낮은 점에서 배수관과 45° Y조인트로 연결하여야 한다.

⑧ 루프 통기방식인 경우 기구 배수관은 배수 수평지관위에 수직으로 연결하지 말아야 한다.
⑨ 냉장고 배수관은 반드시 간접 배관을 하여 물을 일단 루프에 받아 모아 하류 배수관으로 배출시킨다.

|답| ②

20 장치의 운전을 정지시키지 않고 유체가 흐르는 상태에서 고장을 수리하는 것으로 바이패스를 시키거나 분기하여 유체를 우회 통과시키는 응급조치방법은?
① 코킹(caulking)법과 밴드보강법
② 인젝션(injection)법과 밴드보강법
③ 핫태핑(hot tapping)법과 플러깅(plugging)법
④ 스토핑박스(stopping box)법과 박스설치(box-in)법

해 설
배관설비의 응급조치법
① 코킹법 : 배관에서 관내의 압력과 온도가 비교적 낮고 누설 부분이 작은 경우 정을 대고 때려서 기밀을 유지하는 응급조치 방법이다.
② 인젝션법 : 부식, 마모 등으로 작은 구멍이 생겨 유체가 누설될 경우 고무제품의 각종 크기로 된 볼을 일정량 넣고, 유체를 채운 후 펌프를 작동시켜 누설부분을 통과하려는 볼이 누설부분에 정착, 누설을 미량이 되게 하거나 정지시키는 응급조치 방법이다.
③ 스토핑박스(stopping box)법 : 밸브류 등의 그랜드 패킹부에서 누설이 발생할 때 죔 너트를 조여도 죔 여분이 없어 누설이 계속될 때 그랜드 패킹부에 스토핑 박스를 설치하여 누설을 방지하는 방법
④ 박스(box-in)설치법 : 내부압력이 높고 고온의 유체가 누설되는 부분에 2~3개의 분할 상자를 이용하여 누설부분에 용접을 하여 누설을 방지하는 방법이다.
⑤ 핫태핑(hot tapping)법과 플러깅(plugging)법 : 장치의 운전을 정지시키지 않고 유체가 흐르는 상태에서 고장을 수리하는 것으로 바이패스를 시키거나 분기하여 유체를 우회 통과시키는 응급조치 방법이다. |답| ③

21 타르 및 아스팔트 도료에 관한 설명으로 옳은 것은?
① 50[℃]에서 담금질하여 사용해야 가장 좋다.
② 첨가제 없이 도료 단독으로 사용하여야 효과가 높다.
③ 노출 시에는 외부적 요인에 따라 균열이 발생하기 쉽다.
④ 관 표면에 도포 시 물과 접촉하면 부식하기 쉬우므로 내식성 도료를 도장해야 한다.

해 설
타르 및 아스팔트 도료 : 관의 벽면과 물 사이에 내식성 도막을 만든다. 대기 중에 노출 시 외부적 원인(온도변화)에 따라 균열이 발생한다. 도료 단독으로 사용하는 것보다는 주트 등과 함께 사용하거나 130[℃] 정도로 담금질해서 사용하는 것이 좋다. |답| ③

22 배관의 상하 이동에 관계없이 추를 사용하여 항상 일정한 하중으로 관을 지지하는 행거는?
① 리지드 행거(rigid hanger)
② 브레이스 행거(brace hanger)
③ 콘스턴트 행거(constant hanger)
④ 베어리어블 행거(variable hanger)

해 설
행거(hanger)의 종류 및 역할
(1) 행거(hanger) : 배관계 중량을 위에서 걸어 당겨 지지할 목적으로 사용한다.
(2) 종류
① 리지드 행거(rigid hanger) : 수직방향의 변위가 없는 곳에 사용한다.
② 스프링 행거(spring hanger) : 변위가 적은 곳에 사용하며 스프링식과 중추식이 있다.
③ 콘스턴트 행거(constant hanger) : 관의 상하 방향 이동을 허용하면서 변위가 큰 곳에 사용한다.

|답| ③

23 [보기]의 ( ) 안에 들어갈 수치가 옳은 것은?

> 맞대기 용접식 이음쇠인 엘보의 곡률반경은 롱(long)이 강관 호칭지름의 (ⓐ)배, 숏(short)는 호칭지름의 (ⓑ)배이다.

① ⓐ 1.5, ⓑ 1.0
② ⓐ 2.0, ⓑ 1.5
③ ⓐ 1.7, ⓑ 1.5
④ ⓐ 2.0, ⓑ 1.7

해 설

맞대기 용접용 엘보의 곡률 반지름
① 롱 엘보(long elbow) : 강관 호칭지름의 1.5배
② 숏 엘보(short elbow) : 강관의 호칭지름(호칭지름의 1.0배)
|답| ①

24 토목, 건축, 철탑, 발판, 지주, 말뚝 등에 많이 쓰이는 강관은?
① 고압배관용 탄소강관
② 고온배관용 탄소강관
③ 일반구조용 탄소강관
④ 경질염화비닐 라이닝강관

해 설

일반구조용 탄소강관(SPS) : 토목, 건축, 철탑, 발판, 지주, 비계, 말뚝, 기타의 구조물에 사용한다. 관지름 21.7 ~1016[mm], 두께 1.2~12.5[mm]이다. |답| ③

25 동관 이음쇠의 한 쪽은 안쪽으로 동관이 삽입 접합되고, 다른 쪽은 암나사를 내며, 강관에는 수나사를 내어 나사이음하게 되는 경우에 필요한 동합금 이음쇠는?
① C × F 어댑터
② Ftg × F 어댑터
③ C × M 어댑터
④ Ftg × M 어댑터

해 설

동관 및 황동 주물재 이음쇠
① C(female solder cup) : 이음재 내로 관이 들어가 접합되는 형태이다.
② M(male NPT thread) : ANSI 규격 관형나사가 밖으로 난 나사이음용 이음재이다. (예 : C×M 어댑터)
③ F(female NPT thread) : ANSI 규격 관형나사가 안으로 난 나사이음용 이음재이다. (예 : C×F 어댑터)
④ Ftg(male solder cup) : 이음쇠 바깥쪽으로 관이 들어가 접합되는 형태이다. (예 : Ftg×M 어댑터)
|답| ①

26 다음 중 유체의 흐름에 저항이 적고, 침식성의 유체에 대해서도 유체통로 속만을 내식성 재료로 하여 산 등의 화학약품을 차단하는 경우에 가장 적합한 것은?

① 플랩밸브(flap valve)
② 체크밸브(check valve)
③ 플러그밸브(plug valve)
④ 다이어프램밸브(diaphragm valve)

해 설

다이어프램밸브(diaphragm valve) : 내열성, 내약품성의 고무제의 얇은 판(diaphragm)을 밸브 시트에 밀어 붙이는 구조로 금속 부위의 부식우려가 없고, 유체 저항이 적으며 기밀용 패킹이 필요 없어 화학약품을 차단하는 경우에 사용된다. |답| ④

27 다음 중 사용압력이 0.7[N/mm²] 정도의 낮은 곳에 사용되며 직관, TS관, 편수컬러관이 있는 관은?
① 경질 비닐전선관
② 일반용 경질 염화비닐관
③ 내열성 경질 염화비닐관
④ 수도용 경질 염화비닐관

해 설

수도용 경질 염화비닐관(KS M3401) : 경질 염화비닐관의 단점인 충격과 저온에서 약한 성질을 개선하여 내충격성을 양호하게 한 것이다. |답| ④

28 스테인리스 강관에 관한 설명으로 옳지 않은 것은?
① 적수, 백수, 청수의 염려가 없다.
② 저온 충격이 크고 한냉지 배관이 가능하다.
③ 스테인리스강은 철에 12~20[%] 정도의 크롬을 함유하여 만들어진다.
④ 나사식, 몰코식, 노허브 접합, 플랜지식 이음법 등 특수 시공법으로 시공이 복잡하다.

해 설

스테인리스 강관의 특징 : ①, ②, ③외
① 내식성, 내마모성이 우수하다.
② 강관에 비해 기계적 성질이 우수하다.
③ 강관에 비해 두께가 얇고 가벼워 운반 및 시공이 쉽다.
④ 관 마찰저항이 작아 손실수두가 적다.
⑤ 강도가 크고, 굽힘 작업이 어렵다.

⑥ 열전도율이 낮다(14.04[kcal/h·m·℃]).
※ 노허브 이음 : 주철관이음법으로 종래에 사용하여 오던 소켓이음을 개량한 것으로 스테인리스강 커플링과 고무링만으로 쉽게 이음 할 수 있는 방법이다. |답| ④

29 밸브에서 고속도 유체의 충격에 의한 기계적인 파괴작용 또는 이에 화학적 부식작용이 수반되어 고체표면의 국부에 심한 손상을 발생하는 현상은?
① 이로전   ② 채터링
③ 플러싱   ④ 코로전

해 설
이로전(erosion) 현상 : 배관 및 밴드, 펌프의 회전차 등 유속이 큰 부분이 부식성 환경에서 마모가 현저하게 되는 현상이다. |답| ①

30 네오프렌 패킹에 관한 설명으로 가장 부적절한 것은?
① 고압 증기배관에 주로 사용된다.
② 내열 범위가 -46~121[℃]인 합성고무이다.
③ 물, 공기, 기름, 냉매배관용에 사용한다.
④ 내유성, 내후성, 내산화성 및 기계적 성질이 우수하다.

해 설
합성고무(neoprene) : 내열도가 -46~121[℃]인 천연고무의 성질을 개선시킨 것으로 내산성, 내열성, 내유성이 좋고, 기계적 성질이 양호하다. 증기배관 외 물, 공기, 기름 및 냉매배관 등 광범위하게 사용된다. |답| ①

31 닥타일 주철관의 이음 종류가 아닌 것은?
① TS 이음   ② 타이톤 이음
③ 메카니컬 이음   ④ K-P 메카니컬 이음

해 설
① 주철관 접합법 종류 : 소켓 이음, 기계식 이음(mechanical joint), 타이톤 접합, 빅토리 접합, 플랜지 접합 등
② TS 이음 : 경질 염화비닐관의 이음 방법 |답| ①

32 외경 25[mm]인 강관으로 흡수해야 할 신축량이 25[mm]인 루프형 신축곡관을 만들 때 필요한 관의 길이는?
① 78.5[cm]   ② 103.5[mm]
③ 157[cm]   ④ 185[cm]

해 설
$$L = 0.073\sqrt{d \cdot \Delta L}$$
$$= 0.073 \times \sqrt{25 \times 25} \times 100 = 182.5[cm]$$ |답| ④

33 증기트랩 장착상의 주의사항으로 옳지 않은 것은?
① 열동트랩은 냉각관이 필요하다.
② 버킷형은 운전 정지 중에 동결할 우려가 없다.
③ 열동트랩은 응축수의 온도를 감지하여 작동한다.
④ 열동트랩은 구조상 역류를 일으킬 위험성이 있다.

해 설
버킷형 증기트랩은 운전 정지 중에 동결의 우려가 있다. |답| ②

34 비중이 작고 열 및 전기 전도도가 높으며 용접이 가능하며, 고순도의 것일수록 내식성 및 가공성이 좋아지므로 이음매 없는 관과 용접관, 화학공업용 배관, 열교환기 등에 적합한 관은?
① 강관   ② 알루미늄관
③ 염화비닐관   ④ 석면 시멘트관

해 설
알루미늄관의 특징
① 구리 다음으로 전기 및 열전도율이 높다.
② 비중이 2.7로 가볍다.
③ 전연성이 풍부하고 가공성 및 내식성이 좋아 화학공업용 배관, 열교환기 등에 사용된다.
④ 기계적 성질이 우수하여 항공기 등의 재료로 사용된다. |답| ②

35 폴리부틸렌관 이음방법 중 PB 이음이라고도 하는 이음방법은?

① 몰코 이음(molco joint)
② 에이콘 이음(acorn joint)
③ 압축 이음(compressed joint)
④ 플라스턴 이음(plastan joint)

해 설
에이콘 이음(acorn joint) : 폴리부틸렌관(PB관)의 이음법으로 관을 연결구에 삽입하여 그라프링과 O링에 의하여 이음 하는 것으로 PB 이음이라 한다. |답| ②

36 그림과 같이 45° 벤딩을 하고자 한다. 벤딩하여야 할 부분인 "X"로 표시된 파이프 길이는 약 몇 [mm]인가?

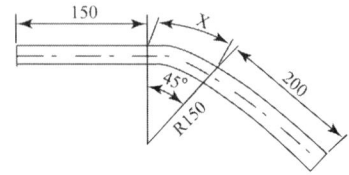

① 117.8 ② 133.0 ③ 183.0 ④ 266.5

해 설
$$X = \frac{45}{360} \times \pi \times D$$
$$= \frac{45}{360} \times \pi \times (2 \times 150) = 117.809 \, [mm]$$
|답| ①

37 10[℃]의 물 1[kg]을 100[℃]의 포화증기로 만드는데 필요한 열량은 약 몇 [kJ]인가? (단, 물의 비열은 4.19[kJ/kg·K]이고, 물의 증발 잠열은 2256.7[kJ/kg]이다.)

① 539   ② 639
③ 2633.8   ④ 2937.8

해 설
① 10[℃] → 100[℃]까지 소요 열량 : 현열
$$\therefore Q_1 = G \cdot C \cdot \Delta t$$
$$= 1 \times 4.19 \times (100 - 10) = 377.1 \, [kJ]$$
② 100[℃]물 → 100[℃] 포화증기 소요 열량 : 잠열
$$\therefore Q_2 = G \cdot r = 1 \times 2256.7 = 2256.7 \, [kJ]$$
③ 합계 열량 계산
$$\therefore Q = Q_1 + Q_2 = 377.1 + 2256.7 = 2633.8 \, [kJ]$$
|답| ③

38 산소-아세틸렌가스 절단 시 예열용 불꽃의 세기가 강할 경우의 영향으로 옳지 않은 것은?
① 절단면이 거칠어진다.
② 역화를 일으키기 쉽다.
③ 슬랙이 잘 떨어지지 않는다.
④ 위 모서리가 녹아 둥글게 된다.

해 설
역화를 일으키기 쉬운 경우는 예열용 불꽃의 세기가 약할 경우의 영향이다. |답| ②

39 피복 아크 용접에서 직류 정극성(DCSP)에 관한 특성으로 옳지 않은 것은?
① 비드 폭이 넓다.
② 모재의 용입이 깊다.
③ 용접봉의 용융이 늦다.
④ 일반적으로 후판에 많이 쓰인다.

해 설
직류아크용접 종류 및 특징
(1) 정극성(DCSP)의 특징
　① 모재가 양극(+), 용접봉이 음극(-)
　② 모재의 용입이 깊다.
　③ 용접봉의 용융이 느리다.
　④ 비드 폭이 좁다.
　⑤ 일반적으로 널리 사용된다.
(2) 역극성(DCRP)의 특징
　① 모재가 음극(-), 용접봉이 양극(+)
　② 모재의 용입이 얕다.
　③ 봉의 녹음이 빠르다.
　④ 비드폭이 넓다.
　⑤ 박판, 주철, 합금강, 비철금속에 사용한다.
|답| ①

40 주철관의 소켓 이음에 관한 설명으로 옳은 것은?
① 코킹 방법은 예리한 정을 먼저 사용하고 점차 둔한 정을 사용한다.
② 용융 납은 2~3회에 걸쳐 나누어 삽입하면서 매회 코킹 하도록 한다.
③ 콜타르(coal tar)는 주철관 표면에 방수 피막을 형성시키기 위해 도포한다.

④ 마(야안)의 삽입길이는 수도용의 경우 전체 삽입길이의 2/3, 배수용은 1/3이 적합하다.

해 설

소켓 이음(socket joint) 방법
① 삽입구(spigot)의 바깥쪽과 소켓(socket)의 안쪽을 깨끗이 하여 삽입구에 소켓을 끼워 넣는다. 이음부에 물이 있으면 용해된 납을 부을 때 납물이 비산하여 화상의 위험이 있다.
② 삽입구와 소켓의 틈새에 야안을 다져 넣는다. 야안의 양은 수도용(급수관)은 삽입길이의 1/3, 배수용은 2/3 정도가 적합하다.
③ 용융 납을 단번에 부어 넣는다.
④ 납이 굳으면 클립을 제거하고 코킹을 한다. 코킹은 예리한 정을 먼저 사용하고 점차 둔한 정을 사용한다.
⑤ 코킹이 끝나면 콜타르를 납의 표면에 도포한다.

|답| ①

41 에이콘 이음(acorn joint)에서 에이콘 파이프의 사용 가능 온도로 가장 적합한 것은?
① 0~150[℃]
② -10~130[℃]
③ -30~110[℃]
④ -50~100[℃]

해 설

① 폴리부틸렌관(PB관)의 이음
  : 에이콘 이음(acorn joint)
② 폴리부틸렌관(PB관)의 사용 가능 온도
  : -30~110[℃] |답| ③

42 증발량이 0.54[kg/s]인 보일러의 증기엔탈피가 2636[kJ/kg]이고, 급수엔탈피는 83.9[kJ/kg]이다. 이 보일러의 상당증발량은 약 얼마인가? (단, 물의 증발잠열은 2256.7[kJ/kg]이다.)
① 0.61[kg/s]
② 0.63[kg/s]
③ 0.86[kg/s]
④ 0.98[kg/s]

해 설

$$G_e = \frac{G(h_2 - h_1)}{2256.7}$$
$$= \frac{0.54 \times (2636 - 83.9)}{2256.7} = 0.6106 \, [\text{kg/s}]$$

|답| ①

43 폴리에틸렌관의 이음방법에 해당되지 않는 것은?

① 인서트 이음
② 용착 슬리브 이음
③ 기볼트 이음
④ 테이퍼 조인트 이음

해 설

폴리에틸렌관의 이음 종류
① 용착 슬리브 접합 : 관 끝의 바깥쪽과 이음관의 안쪽을 동시에 가열하여 용융이음 하는 방법이다.
② 테이퍼 접합 : 50[mm] 이하의 관에 폴리에틸렌관 전용의 포금제 테이퍼 조인트를 사용하여 접합하는 방법이다.
③ 인서트 접합 : 50[mm] 이하의 폴리에틸렌관 접합용으로 가열 연화한 인서트를 끼우고 물로 냉각하여 클램프로 조여 접합하는 방법이다.
④ 기타 이음 방법 : 용접법, 플랜지 이음법, 나사 이음
※ 기볼트 이음(gibault joint) : 2개의 플랜지와 고무링, 1개의 슬리브로 석면 시멘트관을 이음 하는 방법이다.

|답| ③

44 비중 1.2인 유체를 0.067[m³/s] 유량으로 높이 12[m]를 올리려면 펌프의 동력은 약 몇 [kW]가 필요한가? (단, 펌프의 효율은 100[%]로 가정한다.)
① 9.46 ② 10.14 ③ 11.2 ④ 15.01

해 설

$$\text{kW} = \frac{\gamma QH}{102\eta}$$
$$= \frac{(1.2 \times 1000) \times 0.067 \times 12}{102 \times 1} = 9.458 \, [\text{kW}]$$

|답| ①

45 점 용접을 할 때 용접기로 조정할 수 있는 3요소에 해당하는 조건은?
① 가압력, 통전시간, 전류의 종류
② 가압력, 통전시간, 전류의 세기
③ 전극의 재질, 전극의 구조, 전극의 종류
④ 전극의 재질, 전극의 구조, 전류의 세기

해 설

점용접(spot welding)은 전기 저항용접의 한 가지로 두 전극 사이에 6mm 이하의 얇은 금속판을 놓고 띔 용접을 하는 것으로 용접전류(전류의 세기), 통전시간, 가압력이 3대 요소에 해당된다.

|답| ②

46 구리관의 끝 부분을 정확한 지름의 원형으로 만들 때 사용하는 주된 공구는?
① 커터 ② 가열기
③ 익스팬더 ④ 사이징 툴

해 설

동관용 공구의 종류 및 용도
① 튜브 커터(tube cutter) : 관지름 20[mm] 이하의 동관 절단에 사용하는 공구이다.
② 튜브 벤더(tube bender) : 관지름 20[mm] 이하의 동관을 상온에서 필요한 각도로 구부릴 때 사용하며 구부릴 수 있는 각도는 0~180°이다.
③ 플레어링 공구 : 동관을 압축이음(flare joint)할 때 동관 끝을 나팔관 모양으로 넓히기 위하여 사용하는 공구이다.
④ 리머(reamer) : 튜브 커터로 동관을 절단한 후 관 내면에 생기는 거스러미를 제거하는데 사용한다.
⑤ 사이징 툴(sizing tools) : 동관의 끝부분을 정확한 치수의 원형으로 교정하기 위하여 사용한다.
⑥ 확관기(expander) : 동일한 지름의 동관을 이음쇠 없이 납땜이음 할 때 한쪽 관 끝에 소켓을 만드는데 사용한다.
⑦ 티 뽑기(extractor) : 티로 연결할 부분에 관이음재(티)를 사용하지 않고 동관에 구멍을 내어 간단히 관을 연결하는데 사용한다.

|답| ④

47 표준약어의 설명으로 옳지 않은 것은?
① API : 미국석유협회
② AWS : 미국용접협회
③ AISI : 미국철강협회
④ ANSI : 미국재료시험학회

해 설

ANSI(American National Standards Institute) : 미국표준협회
|답| ④

48 다음 도면의 규격 중 A열 규격인 것은?
① 257[mm]×364[mm]
② 515[mm]×728[mm]
③ 594[mm]×841[mm]
④ 1030[mm]×1456[mm]

해 설

도면 크기 : 세로와 가로의 비는 $1 : \sqrt{2}$ 이다.
① A열 사이즈

호칭	치수[mm]	호칭	치수[mm]
A0	841×1189	A3	297×420
A1	594×841	A4	210×297
A2	420×594	A5	148×210

② 연장 사이즈

호칭	치수[mm]	호칭	치수[mm]
A0×2	1189×1682	A3×4	420×1189
A1×3	841×1783	A4×3	297×630
A2×3	594×1261	A4×4	297×841
A2×4	594×1682	A4×5	297×1051
A3×3	420×891		

|답| ③

49 다음 계장용 표시 신호의 조작부 기호 중 전동식 기호를 나타낸 것은?

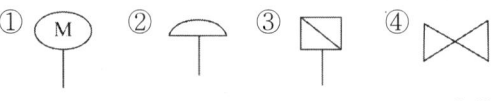

|답| ①

50 원뿔을 방사선 전개법으로 전개하려고 한다. 부채꼴의 중심각(θ)을 바르게 표기한 것은? (단, R은 원뿔의 반지름, L은 원뿔 빗변의 길이이다.)

① $\theta = 180 \times \dfrac{L}{R}$ ② $\theta = 360 \times \dfrac{L}{R}$

③ $\theta = 180 \times \dfrac{R}{L}$ ④ $\theta = 360 \times \dfrac{R}{L}$

해 설

원뿔의 부채꼴 중심각 계산 : $\theta = 360 \times \dfrac{R}{L}$

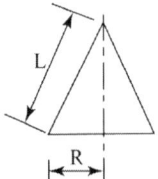

|답| ④

51 다음 중 각도 치수선을 표시하는 방법으로 옳은 것은?

① 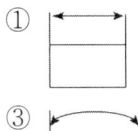   ②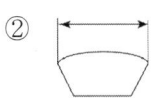

③ 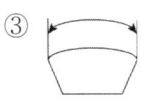   ④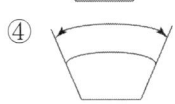

해 설
① 변의 길이 치수   ② 현의 길이 치수
③ 호의 길이 치수   ④ 각도 치수 |답| ④

52 다음 평면배관도를 입체배관도로 표현한 것으로 옳은 것은?

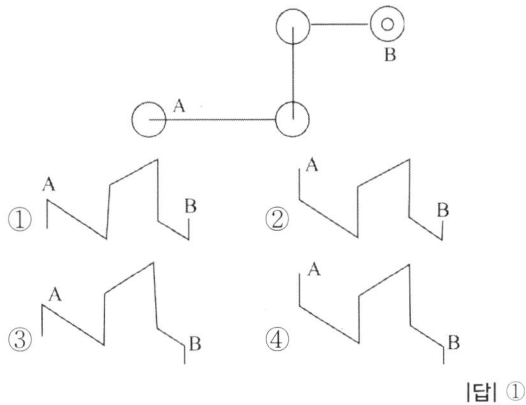

|답| ①

53 KS B ISO 6412-1(제도-배관의 간략 도시방법)에서 규정하는 선의 종류별 호칭방법에 따른 선의 적용에 관한 연결이 옳지 않은 것은?
① 가는 1점 쇄선 : 중심선
② 굵은 파선 : 바닥, 벽, 천장, 구멍
③ 굵은 1점 쇄선 : 특수지정선
④ 가는 실선 : 해칭, 인출선, 치수선, 치수보조선

해 설
굵은 파선 : 물체의 보이지 않는 부분의 모양을 표시하는 선이다. |답| ②

54 다음 중 플러그 용접 기호는?

① 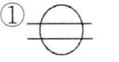   ②   ③   ④

해 설
① 시임용접
② 점용접, 프로젝션 용접
③ 플러그 또는 슬롯 용접
④ 개선각이 급격한 V형 맞대기 용접 |답| ③

55 그림의 OC 곡선을 보고 가장 올바른 내용을 나타낸 것은?

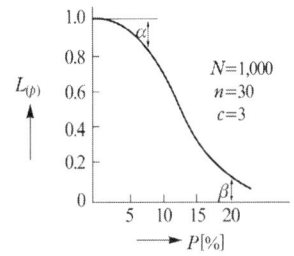

① α : 소비자 위험
② $L_{(p)}$: 로트가 합격할 확률
③ β : 생산자 위험
④ 부적합품률 : 0.03

해 설
① $P(\%)$: 로트의 부적합품률(%)
② $L_{(p)}$: 로트가 합격할 확률
③ α : 합격시키고 싶은 로트가 불합격될 확률(생산자 위험)
④ β : 불합격시키고 싶은 로트가 합격될 확률(소비자 위험)
⑤ c : 합격판정개수
⑥ N : 로트의 크기
⑦ n : 시료의 크기 |답| ②

56 다음 중 단속생산 시스템과 비교한 연속생산 시스템의 특징으로 옳은 것은?
① 단위당 생산원가가 낮다.
② 다품종 소량생산에 적합하다.
③ 생산방식은 주문생산방식이다.
④ 생산설비는 범용설비를 사용한다.

해설

단속생산 시스템과 연속생산 시스템 비교

항목	단속생산	연속생산
생산시기	주문생산	예측생산
품종과 생산량	다품종 소량생산	소품종 다량생산
생산속도	느림	빠름
생산원가	높음	낮음
운반비용	높음	낮음
운반설비	자유경로형	고정경로형
생산설비	범용설비	전용설비
설비투자액	적음	많음
마케팅 활동	주문 위주의 단기적이고 불규칙적인 판매활동 전개	수요예측과 시장조사에 따른 장기적인 마케팅활동 전개

|답| ①

57 MTM(Method Time Measurement)법에서 사용되는 1TMU(Time Measurement Unit)는 몇 시간인가?

① $\dfrac{1}{100000}$ 시간 ② $\dfrac{1}{10000}$ 시간

③ $\dfrac{6}{10000}$ 시간 ④ $\dfrac{36}{1000}$ 시간

해설

① MTM(Method Time Measurement)법 : 인간이 행하는 작업을 기본동작으로 분석하고 각 기본동작의 성질과 조건에 따라 미리 정해진 시간값을 적용하여 정미시간을 구하는 방법

② 1TMU(Time Measurement Unit) : $\dfrac{1}{100000}$ 시간 = 0.00001 시간 = 0.0006분 = 0.036초 |답| ①

58 np관리도에서 시료군마다 시료수(n)는 100이고, 시료군의 수(k)는 20, $\sum np = 77$이다. 이때 np관리도의 관리상한선(UCL)을 구하면 약 얼마인가?

① 8.94 ② 3.85
③ 5.77 ④ 9.62

해설

$UCL = n\bar{p} + 3\sqrt{n\bar{p}(1-\bar{p})}$
$= 3.85 + 3 \times \sqrt{3.85 \times (1-0.0385)} = 9.62$

여기서, $n\bar{p} = \dfrac{\sum np}{k} = \dfrac{77}{20} = 3.85$

$\bar{p} = \dfrac{\sum np}{\sum n} = \dfrac{77}{20 \times 100} = 0.0385$ |답| ④

59 일정 통제를 할 때 1일당 그 작업을 단축하는 데 소요되는 비용의 증가를 의미하는 것은?

① 정상소요시간(Normal duration time)
② 비용견적(Cost estimation)
③ 비용구배(Cost slope)
④ 총비용(Total cost)

해설

비용구배(cost slope) : 작업일정을 단축시키는데 소요되는 단위시간당 소요비용이다.

∴ 비용구배 = $\dfrac{\text{특급비용} - \text{정상비용}}{\text{정상시간} - \text{특급시간}}$ |답| ③

60 미국의 마틴 마리에타사(Martin Marietta Corp.)에서 시작된 품질개선을 위한 동기부여 프로그램으로, 모든 작업자가 무결점을 목표로 설정하고, 처음부터 작업을 올바르게 수행함으로써 품질비용을 줄이기 위한 프로그램은 무엇인가?

① TPM 활동 ② 6시그마 운동
③ ZD 운동 ④ ISO 9001 인증

해설

ZD(Zero Defect)운동 : 무결점운동으로 인간의 오류에 의한 일체의 결함이나 결점을 없애기 위한 경영관리기법이다. |답| ③

2015년 기능장 제57회 필기시험 (4월 4일 시행)				수험번호	성 명
자격종목	코 드	시험시간	형 별		
배관기능장	3081	1시간	B		

※ 답안 카드 작성 시 시험문제지 형별누락, 마킹착오로 인한 불이익은 전적으로 수험자의 귀책사유임을 알려드립니다.
※ 각 문항은 4지 택일형으로 질문에 가장 적합한 보기 항을 선택하여 마킹하여야 합니다.

1 안개 모양으로 흘러내리는 미세한 물방울로 공기와 직접 접촉시킴으로써 여과기를 통과할 때 제거되지 않는 먼지, 매연 등을 제거하는 장치는?
① 공기 가습기
② 공기 냉각기
③ 공기 가열기
④ 공기 세정기

해 설
공기 세정기(air washer) : 공기가 통과하는 분무실과 하부의 수조로 이루어진 공기조화기(AHU)의 구성기기이다. |답| ④

2 공기 수송배관에서 기송방식이 아닌 것은?
① 터보식(turbo type)
② 진공식(vacuum type)
③ 압송식(pressure type)
④ 진공압송식(vacuum pressure type)

해 설
(1) 기송배관 : 공기 수송기를 사용하여 고체 분말 또는 미립자를 운송하도록 시설하여 놓은 배관
(2) 형식 분류
　① 진공식(vacuum type) : 수송관을 진공펌프를 이용하여 진공상태로 만든 후 운반물과 대기 중의 공기를 동시에 흡입하여 운송하고 공기는 따로 분리하여 배출하는 형식이다.
　② 압송식(pressure type) : 압축기로 공기를 압입하고 송급기(feeder)에서 운반물을 흡입하여 운송한 후 공기를 따로 배출하는 형식이다.
　③ 진공 압송식(vacuum and pressure type) : 진공식과 압송식을 혼합한 형식으로 수송원과 수송선이 여러 갈래이거나 원거리인 경우에 이용된다. |답| ①

3 용해 아세틸렌의 취급 시 주의사항으로 옳지 않은 것은?
① 용기는 안전하게 뉘어서 보관한다.
② 저장장소는 통풍이 잘 되어야 한다.
③ 저장장소에는 화기를 가까이 하지 않아야 한다.
④ 저장실의 전기스위치, 전등 등은 방폭구조이어야 한다.

해 설
용기는 보관, 사용 및 운반 시에는 반드시 세워서 취급하여야 한다. |답| ①

4 다음 중 산업용 로봇을 구성하는 주된 기능이 아닌 것은?
① 제어기능
② 작업기능
③ 계측인식기능
④ 사고예방기능

해 설
산업용 로봇의 기능 : 제어기능, 작업기능, 계측인식기능 |답| ④

5 화재의 분류가 옳지 않은 것은?
① A급 화재 - 일반화재
② B급 화재 - 유류화재
③ C급 화재 - 종합화재
④ D급 화재 - 금속화재

해 설
화재의 분류
　① A급 화재 : 일반화재

② B급 화재 : 유류 및 가스화재
③ C급 화재 : 전기화재
④ D급 화재 : 금속화재 |답| ③

6 다음 중 증기 난방법에서 저압 증기 난방법으로 분류하는 기압의 범위로 가장 적당한 것은?
① 15~34[kPa]   ② 49~98[kPa]
③ 98~294[kPa] ④ 294~490[kPa]

해 설
증기압력에 의한 분류
① 저압식 : 증기압력 $0.15 \sim 0.35[kgf/cm^2]$ (15~35[kPa]) 정도로서, 일반건물에 사용된다.
② 고압식 : 증기압력 $1[kgf/cm^2]$(0.1MPa) 이상이고 공장건물, 지역난방에 사용된다. |답| ①

7 설비의 자동제어장치 중 구비조건이 맞지 않을 때 작동을 정지시키는 것은?
① 인터록(Interlock) 제어장치
② 시퀀스(sequence) 제어장치
③ 피드백(feed back) 제어장치
④ 자동연소(automatic combustion) 제어장치

해 설
인터록(inter lock) 제어 : 어떤 일정한 조건이 충족되지 않으면 다음 단계의 동작이 작동하지 못하도록 저지하는 것으로 보일러의 안전한 운전을 위하여 반드시 필요한 것이다. |답| ①

8 수압시험의 방법에서 물을 채우기 전 준비 및 주의사항에 관한 설명으로 옳지 않은 것은?
① 급수밸브, 배기밸브를 필요한 개소에 장치한다.
② 안전밸브, 신축조인트에 수압이 걸리도록 처치한다.
③ 테스트 펌프, 압력계(테스트압의 1.5배 이상)의 점검을 한다.
④ 물을 채우는 중 테스트 중임을 표시하는 표를 밸브 등에 부착한다.

해 설
안전밸브에는 수압이 걸리지 않도록 밸브로 차단하고, 신축조인트에는 수압이 걸리도록 하면 누수의 우려가 있으므로 짧은 관으로 접속하여 시험한 후 신축조인트로 교환하는 것이 바람직하다. |답| ②

9 다음 중 일반적으로 방로, 방동피복을 하지 않는 관은?
① 급수관   ② 통기관
③ 증기관   ④ 배수관

해 설
통기관은 배수트랩의 봉수를 보호, 배수관 내의 공기 유통을 자유롭게, 배수관 내의 기압 변화를 최소화, 배수와 공기의 교환을 용이하게 하여 배수의 흐름을 원활하게 하기 위하여 설치되므로 방로, 방동피복을 하지 않아도 된다. |답| ②

10 급수 배관설비에 관한 설명으로 옳은 것은?
① 유일한 하향급수법은 압력탱크식이다.
② 수도 직결식은 단독주택 정전 시에도 계속 급수가 가능하며 급수오염이 가장 적다.
③ 옥상 탱크식에서 옥상탱크의 양수관과 오버플로관(over flow pipe)은 같은 굵기로 한다.
④ 급수설비에서 사용되는 1개의 플러쉬 밸브(flush valve)에 필요한 최저 수압은 $0.3[kgf/cm^2]$이다.

해 설
각 항목의 옳은 설명
① 하향 급수법은 옥상탱크방식이다.
③ 옥상 탱크식에서 고가수조 오버플로관의 관지름은 양수관의 2배 크기로 한다.
④ 1개의 플러쉬 밸브에 필요한 최저 수압은 $0.7[kgf/cm^2]$ 정도이다. |답| ②

11 자동제어계에서 어떤 요소의 입력에 대한 출력을 응답이라고 하는데 이러한 응답의 종류가 아닌 것은?
① 과도응답   ② 즉시응답
③ 정상응답   ④ 인디셜응답

해설

응답 : 자동제어계의 어떤 요소에 대하여 입력을 원인이라 하면 출력은 결과가 되며, 이때의 출력을 입력에 대한 응답이라고 한다.
① 과도응답 : 정상상태에 있는 요소의 입력측에 어떤 변화를 주었을 때 출력측에 생기는 변화의 시간적 경과를 말한다.
② 스텝응답 : 입력을 단위량만큼 변화시켜 평형상태를 상실했을 때의 과도응답을 말하며, 인디셜(inditial) 응답이라 한다.
③ 정상응답 : 과도응답에 대하여 제어계 또는 요소가 완전히 정상상태로 이루어졌을 때의 응답을 말한다.
④ 주파수 응답 : 사인파 상의 입력에 대한 자동제어계 또는 그 요소의 정상응답을 주파수의 함수로 나타낸 것이다.

|답| ②

12 가스배관 시공법에 관한 설명으로 옳지 않은 것은?

① LP 가스 도관은 청색으로 도색하여 식별한다.
② 가스배관 경로는 최단거리로 하되 은폐, 매설을 가급적 피한다.
③ 건물의 벽을 관통하는 부분은 보호관 내에 삽입하거나 방식 피복한다.
④ 가스관은 가능한 한 콘크리트 내 매설을 피하고 천정, 벽 등을 효과적으로 이용하여 배관한다.

해설

LP 가스 도관은 황색으로 도색하여 식별한다. |답| ①

13 통기관은 오버플로선(일수선)보다 몇 [mm] 이상으로 세운 다음 통기수직관에 연결하여야 하는가?

① 50　　　　　　　② 100
③ 150　　　　　　　④ 200

해설

배수 통기배관의 시공상 주의사항
① 배수 트랩은 2중으로 만들지 말아야 한다.
② 통기관은 기구의 오버플로선보다 150[mm] 이상으로 입상시킨 다음 수직관에 연결한다.
③ 가솔린 트랩의 통기관은 단독으로 옥상까지 입상하여 대기 중에 개구하여야 한다.
④ 트랩의 청소구를 열었을 때 바로 악취가 새어 나와서는 안 된다.
⑤ 간접배수 수직관의 신정 통기는 다른 일반 배수 수직관의 신정 통기 또는 통기 주관에 연결하지 않고 단독으로 지붕 위까지 올려 세워 대기 중에 개구하여야 한다.
⑥ 루프 통기관은 최상류 기구로부터의 기구 배수관이 배수 수평지관에 연결된 직후의 하류측에서 입상하여야 한다.
⑦ 통기 수직관은 최하위의 배수 수평지관보다도 더욱 낮은 점에서 배수관과 45° Y조인트로 연결하여야 한다.
⑧ 루프 통기방식인 경우 기구 배수관은 배수 수평지관 위에 수직으로 연결하지 말아야 한다.
⑨ 냉장고 배수관은 반드시 간접 배관을 하여 물을 일단 루프에 받아 모아 하류 배수관으로 배출시킨다.

|답| ③

14 보일러 버너에 방폭문을 설치하는 이유로 가장 적합한 것은?

① 연료의 절약
② 화염의 검출
③ 연소의 촉진
④ 역화로 인한 폭발의 방지

해설

방폭문(폭발문) : 연소실내의 미연소 가스의 폭발 및 역화 시 그 내부압력을 외부로 방출시켜 동체의 파열사고를 방지하는 장치로 개방식(스윙식)과 밀폐식(스프링식)이 있다.

|답| ④

15 급탕설비배관에 관한 설명으로 옳지 않은 것은?

① 배관의 곡부에는 스위블 조인트를 설치한다.
② 편심 이경 이음쇠는 급탕배관에 사용하여서는 안 된다.
③ 상향 급탕배관방식에서는 급탕관은 상향구배, 환탕관은 하향구배로 한다.
④ 중력순환식 배관의 구배는 1/150, 강제순환식 배관의 구배는 1/200 정도이다.

해설

편심 이경 이음쇠는 급탕배관에 사용하여도 무방하다.

|답| ②

16 관의 검사방법 중 두께와 길이가 큰 물체의 탐상에 적합하며 펄스(pulse) 반사법을 사용·측정하는 검사법은?
① 육안검사　　② 초음파 검사
③ 누설 검사　　④ 방사선 투과검사

해 설
초음파 검사(UT : Ultrasonic Test) : 초음파를 피검사물의 내부에 침입시켜 반사파(펄스 반사법, 공진법)를 이용하여 내부의 결함과 불균일층의 존재 여부를 검사하는 방법이다.　　|답| ②

17 다음 중 암모니아 가스의 누설위치를 찾을 때 가장 용이한 것은?
① 비눗물　　② 알코올
③ 냉각수　　④ 페놀프탈레인

해 설
암모니아 누설 검지법
① 자극성이 있어 냄새로서 알 수 있다.
② 유황, 염산과 접촉 시 흰연기가 발생한다.
③ 적색 리트머스지가 청색으로 변한다.
④ 페놀프탈레인 시험지가 백색에서 갈색으로 변한다.
⑤ 네슬러시약이 미색→황색→갈색으로 변한다.
　　|답| ④

18 보일러의 수면계 기능시험의 시기로 옳지 않은 것은?
① 보일러를 가동하기 전
② 2개 수면계의 수위에 차이가 없을 때
③ 보일러를 가동하여 압력이 상승하기 시작하였을 때
④ 수면계 유리의 교체 또는 그 이외의 보수를 하였을 때

해 설
수면계의 기능시험 시기
① 보일러를 가동하기 전과 압력이 상승하기 시작했을 때
② 2개의 수면계의 수위에 차이가 발생할 때
③ 수위의 움직임이 없고, 수위 지시가 정확하지 않다고 판단될 때
④ 보일러 운전 중에 포밍, 프라이밍 현상이 발생하는 때
⑤ 수면계 유리의 교체, 그 외의 보수를 했을 때　　|답| ②

19 목표값이 시간의 변화와 관계없고 외부조건에 의한 영향을 받지 않으며 항상 일정한 값으로 제어되는 방식은?
① 추치제어　　② 정치제어
③ 자동조정　　④ 프로세스제어

해 설
제어방법에 의한 자동제어의 분류
① 정치제어 : 목표값이 시간에 관계없이 일정한 제어이다.
② 추치제어 : 목표값을 측정하면서 제어량을 목표값에 일치하도록 맞추는 방식으로 변화모양을 예측할 수 없다. 추종제어, 비율제어, 프로그램제어가 있다.
③ 캐스케이드 제어 : 두 개의 제어계를 조합하여 제어량의 1차 조절계를 측정하고 그 조작 출력으로 2차 조절계의 목표값을 설정하는 방법으로 단일 루프제어에 비해 외란의 영향을 줄이고 계 전체의 지연을 적게 하는데 유효하기 때문에 출력 측에 낭비시간이나 지연이 큰 프로세스제어에 이용되는 제어이다.　　|답| ②

20 다음 중 왕복펌프에 해당하지 않는 것은?
① 피스톤 펌프　　② 플런저 펌프
③ 워싱톤 펌프　　④ 볼류트 펌프

해 설
펌프의 분류
① 터보형 : 원심식, 사류식, 축류식
② 용적형 : 왕복식, 회전식
③ 특수펌프 : 제트펌프, 기포펌프, 재생펌프, 수격펌프
　　|답| ④

21 스트레이너에 관한 설명으로 옳지 않은 것은?
① V형은 유체가 직각으로 흐른다.
② U형이 Y형보다 유체저항이 크다.
③ 모양에 따라 Y형, U형, V형이 있다.
④ 정기적으로 여과망을 청소하여야 한다.

해 설
V형 여과기는 주철제의 몸체 속에 V자 모양의 여과망을 넣은 것으로 유체가 이 여과망을 통과하면서 여과되며,

유체가 일직선으로 되어 있어 Y형이나 U형 여과기에 비하여 유체에 대한 저항이 적다. 여과망의 교환, 점검, 보수 및 관리가 편리하다. |답| ①

22 연관 및 주철관과 비교한 강관의 특징으로 옳지 않은 것은?
① 가볍고 인장강도가 크다.
② 내충격성, 굴요성이 크다.
③ 관의 접합 작업이 용이하다.
④ 내식성이 강해 지중매설 시 부식성이 크다.

해 설
강관의 특징
① 연관, 주철관에 비해 인장강도가 크고, 내충격성이 크다.
② 배관작업이 용이하다.
③ 비철금속관에 비하여 경제적이다.
④ 부식이 발생하기 쉽다.(내식성이 작다)
⑤ 배관수명이 짧다. |답| ④

23 글로브 밸브의 특징이 아닌 것은?
① 주로 유량조절용으로 사용된다.
② 유체의 흐름에 따른 관내 마찰손실이 적다.
③ 유체의 흐름의 방향과 평행하게 밸브가 개폐된다.
④ 밸브의 디스크 모양은 평면형, 반구형, 원뿔형 등의 형상이 있다.

해 설
글로브 밸브(globe valve)의 특징
① 유체의 흐름에 따라 마찰손실(저항)이 크다.
② 주로 유량 조절용으로 사용된다.
③ 유체의 흐름 방향과 평행하게 밸브가 개폐된다.
④ 밸브의 디스크 모양은 평면형, 반구형, 원뿔형 등의 형상이 있다.
⑤ 슬루스밸브에 비하여 가볍고 가격이 저렴하다.
|답| ②

24 열팽창에 의한 배관의 이동을 구속 또는 제한하는 역할을 하는 리스트레인트의 종류 중 배관의 일정방향의 이동과 회전만 구속하는 것으로 신축 이음쇠와 고압에 의해서 발생하는 축방향의 힘을 받는 곳에 사용하는 것은?
① 러그   ② 앵커
③ 스토퍼   ④ 스커트

해 설
리스트레인트(restraint)의 종류 및 역할
① 앵커(anchor) : 이동 및 회전을 방지하기 위하여 지지부분에 완전히 고정하여 사용한다.
② 스톱퍼(stoper) : 회전 및 배관 축과 직각방향의 이동을 구속하고 나머지 방향의 이동은 자유롭다.
③ 가이드(guide) : 신축이음(루프형, 슬리브형) 등에 설치하는 것으로 축과 직각방향의 이동은 구속하고, 축방향의 이동은 허용 및 안내하는 역할을 한다.
|답| ③

25 동관에 관한 설명으로 옳지 않은 것은?
① 전기 및 열전도율이 좋다.
② 전연성이 풍부하고 마찰저항이 적다.
③ 두께별로 분류할 때 K-type이 M-type 보다 두껍다.
④ 산성에는 내식성이 강하고 알칼리성에는 심하게 침식된다.

해 설
동 및 동합금 특징
① 담수(淡水)에 대한 내식성이 우수하다.
② 열전도율이 좋고, 가공성이 좋아 배관시공이 용이하다.
③ 아세톤, 프레온 가스 등 유기약품에 침식되지 않는다.
④ 관 내부에서 마찰저항이 적다.
⑤ 연수(軟水)에는 부식된다.
⑥ 외부의 기계적 충격에 약하다.
⑦ 가격이 비싸다.
⑧ 가성소다, 가성칼리 등 알칼리성에는 내식성이 강하고, 암모니아수, 습한 암모니아(NH_3)가스, 초산, 진한 황산(H_2SO_4)에는 심하게 침식된다.
⑨ 동관의 두께 순서 : K > L > M > N |답| ④

26 덕타일 주철관의 표기가 다음과 같을 때 각각의 표기에 관한 내용이 옳지 않은 것은?

```
DC 200 D2 K C 99.8 0000
```

① DC : 관의 재질
② 200 : 호칭지름
③ D2 : 관 두께(2중관)
④ 0000 : 제조자명(약호)

해 설

D2 : 관의 종류(1종, 2종, 3종) |답| ③

27 다음 중 주철관을 사용하기에 부적합한 것은?

① 오배수관 ② 가스 공급관
③ 수도용 급수관 ④ 열교환기 전열관

해 설

주철관의 용도 : 수도용 급수관, 가스 공급관, 건축물의 오배수관, 광산용 양수관, 화학 공업용 배관 등 |답| ④

28 주로 95[℃] 이하의 물을 수송하는 관으로 많이 사용되며 에이콘 파이프(acorn pipe)로도 알려져 있는 관은?

① 폴리에틸렌관 ② 폴리부틸렌관
③ 폴리프로필렌관 ④ 가교폴리에틸렌관

해 설

폴리부틸렌관(PB관)의 특징
① 가볍고 시공이 간편하며 재사용이 가능하다.
② 강한 충격, 강도, 유연성, 온도, 화학작용 등에 대한 저항성이 크다.
③ 유해물질의 용출이나 적녹, 청녹의 발생에 의한 수질 오염이 없어 위생적이다.
④ 사용가능 온도로는 −30∼110[℃] 정도로 내한성과 내열성이 우수하며 고온에서도 강도가 유지된다.
⑤ 나사 및 용접이음을 하지 않고 관을 연결구에 삽입하여 그라프링과 O링에 의한 에이콘이음으로 한다.
⑥ 온수온돌의 난방배관, 음용수 및 온수배관, 농업 및 원예용 배관, 화학배관 등에 사용된다.
⑦ 관의 굽힘 시 굽힘거리는 80[cm], 최소굽힘지름은 20[cm] 이상으로 하여야 한다. |답| ②

29 열전도율이 극히 낮고 가벼우며 흡수성은 좋지 않으나 굽힘성은 풍부하고, 불에 잘 타지 않으며 보온·보냉성이 좋은 유기질 피복재는?

① 암면 ② 펠트(felt)
③ 석면 ④ 기포성 수지

해 설

기포성 수지의 특징
① 합성수지 또는 고무질 재료를 사용하여 다공질 제품으로 만든 것이다.
② 열전도율이 극히 낮고 가벼우며 흡수성은 좋지 않다.
③ 굽힘성이 풍부하며 불연소성이다.
④ 방로재, 보냉재로 우수하다. |답| ④

30 패킹재를 가스킷, 나사용 패킹, 글랜드 패킹으로 분류할 때 나사용 패킹으로 분류되는 것은?

① 모넬메탈 ② 액상 합성수지
③ 메탈 패킹 ④ 플라스틱 패킹

해 설

패킹재의 분류 및 종류
① 플랜지 패킹(가스킷) : 천연고무, 합성고무, 식물성 섬유제, 동물성 섬유제, 석면 조인트 시트, 합성수지 패킹, 금속 패킹
② 나사용 패킹 : 나사용 페인트, 일산화연, 액상합성수지
③ 그랜드 패킹 : 석면 각형 패킹, 석면 얀 패킹, 몰드 패킹, 아마존 패킹 |답| ②

31 곡률반경을 R, 구부림 각도를 θ라고 할 때 구부림 중심곡선길이를 구하는 식으로 옳은 것은?

① $0.01745\,R\theta$ ② $\dfrac{\pi R\theta}{90}$
③ $0.01745\,\pi R\theta$ ④ $\dfrac{\pi R\theta}{180}$

해 설

구부림 각도를 θ의 구부림 중심곡선길이

$$\therefore \theta° \text{ 길이}(l) = \pi \cdot D\frac{\theta}{360} = \pi \cdot 2R\frac{\theta}{360}$$
$$= \pi \cdot R\frac{\theta}{180} = 0.01745\,R\theta$$

|답| ①, ④

32 강관의 신축이음쇠 중 압력 8[kgf/cm²] 이하의 물, 기름 등의 배관에 사용하고 직선으로 이음하므로 설치공간이 루프형에 비해 적으며, 신축량이 크고 신축으로 인한 응력이 생기지 않는 것은?

① 루프형 ② 슬리브형
③ 벨로즈형 ④ 스위블형

해 설

슬리브형(sleeve type) : 신축에 의한 자체 응력이 발생되지 않고 설치장소가 필요하며 단식과 복식이 있다. 슬리브와 본체와의 사이에는 패킹을 다져 넣고 그랜드로 밀착시켜 온수 또는 증기의 누설을 방지한다. 50[A] 이하의 배관에는 나사식, 65[A] 이상은 플랜지식을 사용한다. |답| ②

33 신축곡관(loop joint)에 관한 설명으로 옳은 것은?

① 고압에 견디며 고장이 적다.
② 설치 시 장소를 차지하는 면적이 적다.
③ 신축 흡수에 따른 응력이 생기지 않는다.
④ 곡률 반경은 관경의 4~5배 이하가 이상적이다.

해 설

루프형(loop type) 신축이음쇠의 특징
① 곡관으로 만들어진 관의 가요성(可撓性)을 이용한 것이다.
② 구조가 간단하고 내구성이 좋아 고온, 고압배관이나 옥외배관에 주로 사용한다.
③ 설치 시 장소를 차지하는 면적이 크다.
④ 신축 흡수에 따른 응력이 발생한다.
⑤ 곡률 반지름은 관지름의 6배 이상으로 한다.
|답| ①

34 한쪽은 나사 이음용 니플(nipple)과 연결하고 다른 한쪽은 이음쇠의 내부에 관을 삽입하여 용접하는 동관 이음쇠의 형식은?

① C×F ② C×M
③ Ftg×M ④ Ftg×F

해 설

동관 및 황동 주물재 이음쇠

① C(female solder cup) : 이음재 내로 관이 들어가 접합되는 형태이다.
② M(male NPT thread) : ANSI 규격 관형나사가 밖으로 난 나사이음용 이음재이다. (예 : C×M 어댑터)
③ F(female NPT thread) : ANSI 규격 관형나사가 안으로 난 나사이음용 이음재이다. (예 : C×F 어댑터)
④ Ftg(male solder cup) : 이음쇠 바깥쪽으로 관이 들어가 접합되는 형태이다. (예 : Ftg×M 어댑터)
|답| ①

35 벤더로 관의 굽힘작업을 할 때 결함 중 주름이 생기는 원인이 아닌 것은?

① 굽힘 반경이 너무 크다.
② 외경에 비해 두께가 얇다.
③ 받침쇠가 너무 들어가 있다.
④ 굽힘형의 홈이 관경에 맞지 않다.

해 설

주름이 생기는 원인
① 관이 미끄러진다.
② 받침쇠가 너무 들어갔다.
③ 굽힘형의 홈이 관지름보다 크거나, 작다.
④ 바깥지름에 비하여 두께가 얇다.
⑤ 굽힘형이 주축에서 빗나가 있다. |답| ①

36 기계식 이음(mechanical joint)과 비교한 빅토리 이음(victoric joint)의 특징에 관한 설명으로 옳은 것은?

① 접합작업이 간단하다.
② 수중에서 용이하게 작업할 수 있다.
③ 가요성이 풍부하여 다소 굴곡하여도 누수하지 않는다.
④ 관내의 압력이 증가하면 고무링이 관벽에 밀착되어 누수가 방지된다.

해 설

빅토리 이음(victoric joint)의 특징
① 빅토리형 주철관을 사용하여 수도용, 가스용 배관 이음에 사용한다.
② 특수모양으로 된 주철관의 관 끝에 고무링과 가단주철제의 칼라(누름판)를 죄어서 이음하는 방법이다.
③ 칼라는 호칭지름 350[mm] 이하이면 반원형의 부분을 맞추어 2개의 볼트로 죄고, 400[mm] 이상이면 4

분할 원형을 짝지어 4개의 볼트로 안쪽의 고무링과 관을 밀착시킨다.
④ 관내의 압력이 증가하면 고무링은 관벽에 밀착되어 누수를 방지하는 작용을 한다.
⑤ 이음할 때는 관의 축심을 바르게 맞추고 관 끝의 간격은 6~7[mm]로 떼어 놓는다. |답| ④

37 용접용 이산화탄소(CO_2) 충전용기의 도색은?
① 회색   ② 백색
③ 황색   ④ 청색

해 설
용접용에 사용되는 충전용기 도색
① 산소(O_2) : 녹색
② 아세틸렌(C_2H_2) : 황색
③ 이산화탄소(CO_2) : 청색
④ LPG : 회색 |답| ④

38 아크용접에서 용적이행의 종류에 해당되는 것은?
① 핀치효과형, 스프레이형, 단락형
② 글로블러형, 아크특성형, 정전압특성형
③ 수하특성형, 상승특성형, 정전류특성형
④ 스프레이형, 정류기형, 가포화리액터형

해 설
용적이행 : 용접봉으로부터 모재로 용융금속이 이행현상으로 핀치효과형, 스프레이형, 단락형으로 구분된다.
 |답| ①

39 어느 건물에서 열관류율이 0.35[W/m²·K]인 벽체의 크기가 4[m]×20[m]이다. 외기 온도가 −10[℃]이고 실내온도는 20[℃]로 하려고 한다면 이 벽체로부터의 손실열량[kW]은 얼마인가?
① 0.84   ② 8.4
③ 840   ④ 8400

해 설
$Q = K \cdot F \cdot \Delta T$
$= (0.35 \times 10^{-3}) \times (4 \times 20) \times \{(273+20) - (273-10)\}$
$= 0.84 [kW]$ |답| ①

40 그림에서 단면 ①의 지름이 0.7[m], 단면 ②의 지름이 0.4[m]일 때 단면 ①에서의 유속이 5[m/s]이면 단면 ②에서의 유량은 약 몇 [m³/s]인가?

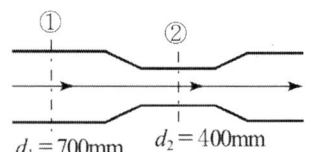

① 0.92   ② 1.92
③ 2.92   ④ 3.92

해 설
연속의 방정식에서 $Q_1 = Q_2$이므로
$\therefore Q_1 = A \cdot V = \dfrac{\pi}{4} \times 0.7^2 \times 5 = 1.924 [m^3/s]$ |답| ②

41 용접부의 검사법 중 비파괴시험에 속하는 것은?
① 피로시험   ② 부식시험
③ 침투시험   ④ 내압시험

해 설
용접부의 비파괴 검사법 : 외관검사, 육안검사(VT), 침투검사(PT), 자기검사(MT), 방사선투과검사(RT), 초음파탐상검사(UT) 등 |답| ③

42 동관의 저온용접에 관한 설명으로 옳은 것은?
① 용접되는 재료의 변질이 없다.
② 공정조직으로 하면 결정이 조대화된다.
③ 공정조직으로 하면 취약한 이음이 된다.
④ 용접 시 열에 의한 변형이 적으나 균열발생은 많다.
 |답| ①

43 순수한 물 1[kg]을 섭씨 20[℃]에서 100[℃]로 온도를 올리는데 필요한 열량은 약 몇 [kJ]인가? (단, 물의 비열은 4.187[kJ/kg·K]이다.)
① 134
② 335
③ 1360
④ 2590

해 설

$Q = G \cdot C \cdot \Delta t$
$= 1 \times 4.187 \times (100 - 20) = 334.96 \, [\text{kJ}]$

|답| ②

44 경질 염화비닐관의 이음작업에 관한 설명으로 옳지 않은 것은?
① 70~80[℃]로 가열하면 관은 연화하기 시작한다.
② 삽입접합에서의 연화 적정온도는 120~130[℃]이다.
③ 삽입접합의 경우 삽입 깊이는 외경의 1.5배가 적당하다.
④ 연화변형을 한 다음 냉각하여 경화한 관은 가열하여도 본래의 모양으로 되지 않는다.

해 설

경질염화비닐관은 연화변형을 한 다음 냉각하여 경화한 관은 연화온도까지 가열하면 본래의 모양으로 돌아간다.

|답| ④

45 배수용 주철관의 소켓이음 작업 시 주의사항으로 옳지 않은 것은?
① 납은 1회에 넣는다.
② 접합부에 소량의 물을 적시면 좋다.
③ 납을 충분히 가열하여 표면의 산화납을 제거한다.
④ 마(yarn)는 관의 원 주위에 고르게 감아 압입한다.

해 설

납은 충분히 가열한 후 용해하여 산화납을 제거하고 소켓에 한 번에 주입하며, 주입 전에 접합부 주위를 깨끗이 하며 물이 있으면 납이 비산해 작업자가 다칠 우려가 있다.

|답| ②

46 다음 중 버니어 캘리퍼스의 종류가 아닌 것은?
① CB형
② CM형
③ NC형
④ M1형

해 설

버니어 캘리퍼스(vernier calipers) : 자와 캘리퍼스로 구성된 것으로 길이, 내경, 외경, 깊이, 두께 등을 측정하는 데 사용된다. 종류로는 M1형, M2형, CB형, CM형이 있다.

|답| ③

47 배관도에서 굵은 실선을 적용하는 곳은?
① 배관 및 결합부품
② 다른 도면에 명시된 배관
③ 대상물의 일부를 파단한 경계
④ 해칭, 치수기입, 인출선 및 치수선

해 설

굵은 실선 : 물체의 보이는 겉모양을 표시하는 선으로 배관도에서 배관 및 결합부품을 표시한다.

|답| ①

48 입체배관도(조립도)에서 발췌하여 상세히 그린 그림으로 각부 치수와 높이를 기입하며, 플랜지 접속 및 배관 부품과 플랜지면 사이의 치수도 기입되어 있는 도면의 명칭으로 가장 적합한 것은?
① 계통도(flow diagram)
② 공정도(block diagram)
③ 입체배관도(isometric diagram)
④ 부분조립도(isometric each line drawing)

|답| ④

49 설비배관에서 라인 인텍스(line index)의 결정에 관한 설명으로 옳지 않은 것은?
① 장치와 유체를 구분하여 따로 번호를 붙인다.
② 유체의 흐름방향에 따라 차례로 번호를 붙인다.

③ 배관경로 중 지관이 갈라지는 경우에는 번호를 달리하지 않는다.
④ 배관경로 중 압력, 온도가 달라질 때는 배관 번호를 다르게 한다.

해 설
라인 인덱스(line index) : 배관에서 각 장치와 유체를 명확히 구분하여 번호를 붙이는 것을 말하며, 이 번호에 의해서 배관의 성격과 위치를 명확히 구분할 수 있고 배관재료를 쉽게 파악할 수 있다. |답| ③

50 강관의 제조방법을 표기한 기호로 옳은 것은?
① -E-G : 열간가공 이음매 없는 관
② -S-H : 냉간가공 이음매 없는 관
③ -E-H : 열간가공 전기저항용접관
④ -S-C : 열간가공, 냉간가공 이외의 전기저항 용접관

해 설
강관의 제조방법 분류

기 호	제조 방법
-E	전기저항 용접관
-E-C	냉간 완성 전기저항 용접관
-B	단접관
-B-C	냉간 완성 단접관
-A	아크 용접관
-A-C	냉간 완성 아크 용접관
-S-H	열간가공 이음매 없는 관
-S-C	냉간 완성 이음매 없는 관
-E-H	열간가공 전기 저항 용접관
-E-G	열간가공 및 냉간가공 이외의 전기 저항 용접강관

|답| ③

51 KS 배관의 간략도시방법에서 사용하는 선의 종류별 호칭방법에 따른 선의 적용이 서로 틀린 것은?
① 굵은 실선 : 유선 및 결합부품
② 가는 1점 쇄선 : 도급 계약의 경계
③ 굵은 파선 : 다른 도면에 명시된 유선
④ 가는 실선 : 해칭, 인출선, 치수선, 치수보조선

해 설
가는 1점 쇄선 : 도형의 중심을 표시하는 선 또는 도형의 대칭선 |답| ②

52 그림과 같은 원통을 만들려고 할 때, 관의 두께를 고려한 원통의 전개 길이를 구하는 식은?

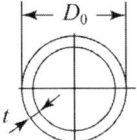

① $D_0 + t \times \pi$
② $(D_0 + t) \times \pi$
③ $D_0 - t \times \pi$
④ $(D_0 - t) \times \pi$

해 설
관 두께의 중심선까지의 지름은 바깥지름에서 관 두께를 빼 주면 된다.(또는 안지름에서 관 두께를 더해 주면 된다.)
∴ 원통의 전개길이 = 두께중심선까지 지름 × π
           = $(D_0 - t) \times \pi$ |답| ④

53 화면에 직각 이외의 각도로 배관된 경우 다음의 정투영도에 관한 설명으로 옳은 것은?

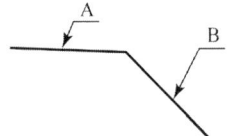

① 관 A가 위쪽으로 경사되어 처진 경우
② 관 A가 아래쪽으로 경사되어 처진 경우
③ 관 A가 수평 방향에서 앞쪽으로 경사되어 굽어진 경우
④ 관 A가 수평 방향으로 화면에 경사되어 앞방향 위쪽으로 일어선 경우

|답| ③

54 용접부 비파괴시험의 종류 중 방사선 투과시험을 나타내는 기본 기호는?
① ET ② RT
③ VT ④ PRT

해설

비파괴시험 종류 및 기호
① 육안검사 : VT(Visual Test)
② 침투검사 : PT(Penetrant Test)
③ 자기검사 : MT(Magnetic Test)
④ 방사선 투과 검사 : RT(Rediographic Test)
⑤ 초음파 검사 : UT(Ultrasonic Test)

|답| ②

55 200개 들이 상자가 15개 있을 때 각 상자로부터 제품을 랜덤하게 10개씩 샘플링 할 경우, 이러한 샘플링 방법을 무엇이라 하는가?
① 층별 샘플링 ② 계통 샘플링
③ 취락 샘플링 ④ 2단계 샘플링

해설

샘플링 방법
① 랜덤 샘플링 : 모집단의 어느 부분이라도 목적하는 특성에 관하여 같은 확률로 시료 중에 뽑혀지도록 샘플링 하는 방법으로 시료수가 증가할수록 샘플링 정도가 높다. 단순 랜덤샘플링(simple random sampling), 계통 샘플링(systematic sampling), 지그재그 샘플링(zigzag sampling)등의 방법이 있다.
② 2단계 샘플링(two-stage sampling) : 모집단을 N개의 부분으로 나누어 먼저 1단계로 그 중 몇 개 부분을 시료로 샘플링 하는 방법이다.
③ 층별 샘플링 : 모집단을 N개의 층으로 나누어서 각 층으로부터 각각 랜덤하게 시료를 샘플링하는 방법이다.
④ 취락샘플링 : 모집단을 여러 개의 층으로 나누고 그 층중에서 몇 개를 랜덤하게 추출한 뒤 선택된 층 안은 모두 검사하는 방법이다.
⑤ 다단계 샘플링 : 모집단에서 랜덤하게 1차 시료를 샘플링한 후 그 1차 시료에서 다시 2차 시료를 샘플링하고 다시 그 2차 시료 중에서 3차 시료를 샘플링 해 나가는 방법이다.
⑥ 유의샘플링 : 로트의 평균치를 알기 위해 로트 전체를 대표하는 시료를 샘플링하지 않고 일부 특정부분을 샘플링하여 그 시료의 값으로서 전체를 내다보는 방법이다.

|답| ①

56 생산보전(PM : productive maintenance)의 내용에 속하지 않는 것은?
① 보전예방 ② 안전보전
③ 예방보전 ④ 개량보전

해설

보전의 유형
① 예방보전(PM) : 계획적으로 일정한 사용기간마다 실시하는 보전
② 사후보전(BM) : 고장이나 결함이 발생한 후에 이것을 수리에 의하여 회복시키는 것
③ 개량보전(CM) : 고장이 발생한 후 또는 설계 및 재료 변경 등으로 설비자체의 품질을 개선하여 수명을 연장시키거나 수리, 검사가 용이하도록 하는 방식
④ 보전예방(MP) : 계획 및 설치에서부터 고장이 적고, 쉽게 수리할 수 있도록 하는 방식

|답| ②

57 관리도에서 측정한 값을 차례로 타점했을 때 점이 순차적으로 상승하거나 하강하는 것을 무엇이라 하는가?
① 연(run) ② 주기(cycle)
③ 경향(trend) ④ 산포(dispersion)

해설

관리도의 판정
① 연(Run) : 관리도에서 점이 관리한계 내에 있고 중심선의 한쪽에 연속해서 나타나는 점이며, 한 쪽에 연이은 점의 수를 연의 길이라고 한다.
② 경향(trend) : 관측값을 순서대로 타점했을 때 연속 6 이상의 점이 점점 상승하거나 하강하는 상태이다.
③ 주기(cycle) : 점이 주기적으로 상하로 변동하여 파형을 나타내는 경우이다.

|답| ③

58 어떤 공장에서 작업을 하는데 있어서 소요되는 기간과 비용이 다음 표와 같을 때 비용구배는? (단, 활동시간의 단위는 일(日)로 계산한다.)

정상작업		특급작업	
기간	비용	기간	비용
15일	150만원	10일	200만원

① 50000원 ② 100000원
③ 200000원 ④ 500000원

해 설

비용구배 = $\dfrac{\text{특급비용} - \text{정상비용}}{\text{정상시간} - \text{특급시간}}$

= $\dfrac{200\text{만원} - 150\text{만원}}{15 - 10}$

= $100000\,[\text{원/일}]$

|답| ②

59 품질특성을 나타내는 데이터 중 계수치 데이터에 속하는 것은?
① 무게
② 길이
③ 인장강도
④ 부적합품률

해 설

척도에 의한 데이터의 분류
① 계량치 : 연속량으로 측정되는 품질특성 값으로 길이, 질량, 온도, 유량 등이다.
② 계수치 : 수량으로 세어지는 품질특성 값으로 부적합품수, 부적합수, 부적합품률 등이다.

|답| ④

60 모든 작업을 기본동작으로 분해하고, 각 기본동작에 대하여 성질과 조건에 따라 미리 정해 놓은 시간치를 적용하여 정미시간을 산정하는 방법은?
① PTS법
② work sampling법
③ 스톱워치법
④ 실적자료법

해 설

PTS법 : 기정시간표준(PTS : predetermined time standard system)법

|답| ①

2015년 기능장 제58회 필기시험 (7월 19일 시행)

자격종목	코 드	시험시간	형 별
배관기능장	3081	1시간	B

※ 답안 카드 작성 시 시험문제지 형별누락, 마킹착오로 인한 불이익은 전적으로 수험자의 귀책사유임을 알려드립니다.
※ 각 문항은 4지 택일형으로 질문에 가장 적합한 보기 항을 선택하여 마킹하여야 합니다.

1 배관 라인상에 설치되는 계측기기 배관시공법에 관한 설명으로 옳지 않은 것은?
① 압력계의 설치위치는 분기 후 1.5[m] 이상으로 한다.
② 유량계 설치 시 출구 측에 반드시 여과기를 설치한다.
③ 열전대온도계는 충격을 피하고, 습기, 먼지, 일광 등에 주의해야 한다.
④ 액면계는 가시(可視) 방향의 반대측에서 햇빛이 들어오는 방향으로 부착한다.

해 설
유량계 설치 시 여과기는 입구 측에 설치하여 이물질의 유입을 방지한다. |답| ②

2 자동세탁기, 교통신호기, 엘리베이터, 자동판매기 등과 같이 유기적인 관계를 유지하면서 정해진 순서에 따라 제어하는 방식은?
① 시퀀스 제어(sequence control) 방식
② 피드백 제어(feedback control) 방식
③ 인터록 제어(Interlock control) 방식
④ 프로세스 제어(process control) 방식

해 설
시퀀스 제어(sequence control : 개[開]회로) : 미리 순서에 입각해서 다음 동작이 연속 이루어지는 제어로 자동판매기, 보일러의 점화 등이 있다. |답| ①

3 배수탱크 및 배수펌프의 용량을 결정할 때 고려하여야 할 사항으로 가장 거리가 먼 것은?
① 배수의 종류
② 오수의 저장시간
③ 펌프의 최대 운전간격
④ 배수 부하의 변동 상태

해 설
배수탱크 및 배수펌프 용량 결정 시 고려사항
① 배수의 종류
② 오수의 저장시간
③ 배수 부하의 변동 상태 |답| ③

4 자동제어계의 동작순서로 옳은 것은?
① 검출 – 판단 – 비교 – 조작
② 검출 – 비교 – 판단 – 조작
③ 조작 – 비교 – 판단 – 검출
④ 조작 – 판단 – 비교 – 검출

해 설
자동제어계의 동작 순서
① 검출 : 제어대상을 계측기를 사용하여 측정하는 부분
② 비교 : 목표값(기준입력)과 주피드백량과의 차를 구하는 부분
③ 판단 : 제어량의 현재값이 목표치와 얼마만큼 차이가 나는가를 판단하는 부분
④ 조작 : 판단된 조작량을 제어하여 제어량을 목표값과 같도록 유지하는 부분 |답| ②

5 온수난방 귀환관의 배관방법을 직접 귀환 방식과 역 귀환 방식으로 구분할 때 역 귀환 방식을 사용하는 이유로 가장 적당한 것은?
① 배관길이를 짧게 할 수 있다.
② 마찰저항손실을 적게 할 수 있다.
③ 온수의 순환율을 다르게 할 수 있다.
④ 각 구역간 방열량의 균형을 이루게 할 수 있다.

해 설
역 귀환방식(reversed return system) : 각 방열기에 공급되는 온수의 양을 일정하게 배분하여 방열량의 균형을 이루기 위하여 공급 및 환수관의 길이가 같도록 배관하는 방식이다. |답| ④

6 소화설비장치 중 연결송수관의 송수구 설치에 관한 설명으로 옳지 않은 것은?
① 송수구는 구경 65[mm]의 것을 설치
② 지면으로부터 높이 0.5[m]~1[m] 이하의 위치에 설치
③ 소방차가 쉽게 접근할 수 있는 노출된 장소에 설치
④ 송수압력범위를 표시한 표지를 송수구로부터 20[m] 이상의 거리를 두고 설치할 것

해 설
연결송수관의 송수구 설치 : ①, ②, ③ 외
 ① 송수구는 화재층으로부터 지면으로 떨어지는 유리창 등이 송수 및 그 밖의 소화작업에 지장을 주지 아니하는 장소에 설치할 것
 ② 송수구는 구경 65[mm]의 쌍구형으로 할 것
 ③ 송수구는 그 가까운 곳의 보기 쉬운 곳에 송수압력범위를 표시한 표지를 할 것
 ④ 송수구에는 가까운 곳의 보기 쉬운 곳에 "연결송수관설비 송수구"라고 표시한 표지를 설치할 것
 ⑤ 송수구에는 이물질을 막기 위한 마개를 씌울 것 |답| ④

7 배관의 부식에 관한 설명으로 옳지 않은 것은?
① 부식형태로는 국부부식 입계부식, 선택부식이 있다.
② 금속재료가 화학적 변화를 일으키는 부식에는 건식, 습식, 전식이 있다.
③ pH가 높고 통기성이 좋으며 전기저항이 높은 토양에 매설된 금속관은 부식속도가 크다.
④ 부식속도는 관이 매설되어 있는 토양의 환경, 배관조건, 이종 금속류의 영향 등에 따라 균일하지는 않다.

해 설
통기성이 좋은 토양에서는 부식속도가 낮다. |답| ③

8 기송배관의 부속설비인 수송관이 저압송식 또는 진공식일 때 일반적인 수송 가능거리는?
① 100~150[m]
② 250~300[m]
③ 1000~1500[m]
④ 3000~6000[m]

해 설
저압송식, 진공식의 수송 가능거리 : 250~300[m] |답| ②

9 줄 작업 시 안전수칙으로 옳지 않은 것은?
① 줄은 다른 용도로 사용하지 말 것
② 줄은 작업 전에 반드시 자루 부분을 점검할 것
③ 줄 작업 시 줄의 균열 유무를 확인하고 사용할 것
④ 줄 작업 시 절삭분은 입으로 불어서 깨끗하게 처리할 것

해 설
줄 작업 시 안전수칙
 ① 줄은 다른 용도로 사용하지 말 것
 ② 줄은 작업 전에 반드시 자루 부분을 점검할 것
 ③ 줄 작업 시 줄의 균열 유무를 확인하고 사용할 것
 ④ 줄 작업 시 발생하는 절삭분(쇠가루)는 입으로 불어내지 않는다.
 ⑤ 줄눈에 칩(chip)이 차 있으면 와이어 브러쉬로 제거한다. |답| ④

10 배관설비의 유지관리에서 응급조치법의 종류가 아닌 것은?
① 인젝션법 ② 박스 설치법
③ 파이어 설치법 ④ 코킹법과 밴드보강법

해설
배관설비의 응급조치법
① 코킹법 : 배관에서 관내의 압력과 온도가 비교적 낮고 누설 부분이 작은 경우 정을 대고 때려서 기밀을 유지하는 응급조치 방법이다.
② 인젝션법 : 부식, 마모 등으로 작은 구멍이 생겨 유체가 누설될 경우 고무제품의 각종 크기로 된 볼을 일정량 넣고, 유체를 채운 후 펌프를 작동시켜 누설부분을 통과하려는 볼이 누설부분에 정착, 누설을 미량이 되게 하거나 정지시키는 응급조치 방법이다.
③ 박스 설치법 : 내부압력이 높고 고온의 유체가 누설되는 부분에 2~3개의 분할 상자를 이용하여 누설부분에 용접을 하여 누설을 방지하는 방법이다.
④ 핫태핑(hot tapping)법과 플러깅(plugging)법 : 장치의 운전을 정지시키지 않고 유체가 흐르는 상태에서 고장을 수리하는 것으로 바이패스를 시키거나 분기하여 유체를 우회 통과시키는 응급조치 방법이다.
|답| ③

11 원유를 상압증류하여 얻어지는 비등점 200[℃] 이하의 유분을 무엇이라고 하는가?
① 나프타 ② 액화천연가스
③ 오프가스 ④ 액화석유가스

해설
나프타(Naphtha : 납사) : 나프타란 일반적으로 시판되는 석유 제품명이 아니고, 원유를 상압에서 증류할 때 얻어지는 비등점이 200[℃] 이하인 유분(액체성분)으로 경질의 것을 라이트 나프타, 중질의 것을 헤비 나프타라 부른다.
|답| ①

12 종래에 사용하던 제어반의 릴레이, 타이머, 카운터 등의 기능을 프로그램으로 대체하고자 만들어진 기기로서 제어반을 소형화 할 수 있고 내부 제어회로 수정을 쉽게 할 수 있는 제어용 기기는?
① PLC ② 서보 시스템
③ D/A 컨버터 ④ 유접점 시퀀스 제어

해설
PLC(Programable Logic Control) : 시퀀스 제어시스템을 프로그램으로 바꾸어 사용자가 편리하게 사용하도록 만든 Unit이다.
|답| ①

13 배관설비 시험에 관한 일반적인 설명으로 잘못된 것은?
① 통수시험은 방로 피복을 한 후에 실시한다.
② 일반적으로 주관과 지관을 분리하여 시험하고 지관은 지관 모두를 시행한다.
③ 공기빼기 밸브에서 물이 나오기 시작하여 관내 공기가 완전히 빠진 것을 확인 후 밸브를 닫고 시험한다.
④ 고압가스설비는 상용압력의 1.5배 이상 압력으로 실시하는 내압시험 및 상용압력 이상의 압력으로 기밀시험을 실시한다.

해설
통수시험은 방로 피복(또는 보온피복)을 하기 전에 실시한다.
|답| ①

14 드릴 작업 중 안전 수칙으로 틀린 것은?
① 장갑을 끼고 작업해서는 안 된다.
② 드릴날 끝이 양호한 것을 사용한다.
③ 이상음이 나면 즉시 스위치를 끈다.
④ 드릴에 의한 칩이 발생하면 회전 중에 제거한다.

해설
드릴에 의한 칩이 발생하면 주축의 회전이 완전히 정지된 후에 제거한다.
|답| ④

15 공정제어에 있어서 마치 인간의 두뇌와 같은 작용을 하는 것으로 오차의 신호를 받아 어떤 동작을 하면 되는가를 판단한 후 처리하는 부분은?
① 검출기 ② 전송기
③ 조절기 ④ 조작부
|답| ③

16 용접 및 배관작업 시 안전사항으로 옳지 않은 것은?
① 중유(벙커C유)를 담았던 드럼통을 가스용접기로 절단하였다.
② 대형 중력 양두 그라인더 작업 시 용접용 장갑을 끼고 작업하였다.
③ 작업장에 가스화재 발생 시 가스용기를 잠근 후 소방서에 연락하였다.
④ 가솔린 용기를 물로 헹군 다음 용접 부위 아래까지 물을 담은 후 용접하였다.

해 설
중유(벙커C유)를 담았던 드럼통 내부의 유증기와 잔유물을 제거한 후 작업을 하여야 한다. |답| ①

17 열교환기의 종류 중 판(plate)형 열교환기의 형태가 아닌 것은?
① 스파이럴형 열교환기
② 플레이트식 열교환기
③ 셀 앤 튜브식 열교환기
④ 플레이트 핀식 열교환기

해 설
열교환기의 종류
① 셀 앤 튜브(shell and tube)식 열교환기 : 고정 관판식, 유동두식, U자관식
② 이중관(double pipe)식 열교환기 : 지름이 큰 관에 지름이 작은 관을 삽입시킨 형태의 열교환기
③ 판(plate)형 열교환기 : 플레이트(plate and fram)식 열교환기, 플레이트핀(plate and fin)식 열교환기, 스파이럴(spiral plate)식 열교환기 |답| ③

18 화학공업배관에서 사용되는 열교환기에 관한 설명으로 옳지 않은 것은?
① 유체에 대한 냉각, 응축, 가열, 증발 및 폐열 회수 등에 사용된다.
② 단관식 열교환기에는 트롬본형, 스파이럴형, U자관형 등이 있다.
③ 다관식 원통형 열교환기에는 고정판괄말, 유동두형, 케틀형 등이 있다.
④ 열교환기는 열부하, 유량, 조작압력, 온도, 허용압력 손실 등을 고려하여 가장 적합한 것을 선택한다.

해 설
열교환기의 구조별 분류
① 다관식 : 고정관판형, 유동두형, U자관형, 케플형
② 단관식 : 트롬본형, 탱크형, 스파이럴형
③ 이중관식
④ 판형(plate type)형 : 플레이트(plate and fram)식 열교환기, 플레이트핀(plate and fin)식 열교환기, 스파이럴(spiral plate)식 열교환기 |답| ②

19 공기조화설비의 덕트 주요 요소인 가이드 베인에 관한 설명으로 옳은 것은?
① 대형 덕트의 풍량 조절용이다.
② 소형 덕트의 풍량 조절용이다.
③ 덕트 분기 부분의 풍량조절을 한다.
④ 굽은(회전) 부분의 기류를 안정시킨다.

해 설
가이드 베인(guide vane) : 덕트 내의 굴곡된 부분의 기류를 안정시켜 저항을 줄이기 위한 설비로 곡부의 내측에 조밀하게 부착하는 것이 효과적이다. |답| ④

20 1보일러 마력을 설명한 것으로 가장 적합한 것은?
① 1시간에 1565[kcal]의 증발량을 발생시키는 증발능력
② 1시간에 약 6280[kcal]의 증발량을 발생시키는 증발능력
③ 50[℃]의 물 10[kg]을 1시간에 전부 증기로 변화시키는 증발능력
④ 100[℃]의 물 15.65[kg]을 1시간 동안 같은 온도의 증기로 변화시키는 증발능력

해 설

보일러 마력 : 1 보일러 마력이란 1시간에 15.65[kg]의 상당 증발량을 갖는 보일러의 동력. 즉, 100[℃] 물 15.65[kg]을 1시간에 같은 온도의 증기로 변화시킬 수 있는 능력이며, 약 8435[kcal/h]의 열을 흡수하여 증기를 발생할 수 있는 능력이다.

$$\therefore \text{보일러 마력} = \frac{G_e}{15.65} = \frac{G_a(h_2 - h_1)}{539 \times 15.65}$$

|답| ④

---

21 압력배관용 탄소강관의 스케줄번호에 따른 수압시험의 압력으로 맞는 것은?

① Sch NO.10 – 1.0[MPa]
② Sch NO.20 – 3.0[MPa]
③ Sch NO.40 – 6.0[MPa]
④ Sch NO.60 – 8.0[MPa]

해 설

압력배관용 탄소강관 수압시험 압력(KS D 3562)

스케줄번호	수압시험압력[MPa]
10	2.0
20	3.5
30	5.0
40	6.0
60	9.0
80	12.0

|답| ③

---

22 플랜지 시트 종류 중 전면 시트(seat) 플랜지를 사용할 때 사용 가능한 호칭압력으로 가장 적합한 것은?

① 1[kgf/cm²] 이하
② 16[kgf/cm²] 이하
③ 40[kgf/cm²] 이하
④ 63[kgf/cm²] 이상

해 설

플랜지 시트 종류별 호칭압력
① 전면 시트 : 16[kgf/cm²] 이하
② 대평면 시트 : 63[kgf/cm²] 이하
③ 소평면 시트 : 16[kgf/cm²] 이상
④ 삽입 시트 : 16[kgf/cm²] 이상
⑤ 홈 시트(채널형) : 16[kgf/cm²] 이상

|답| ②

---

23 저압, 중압, 고압 어느 곳에도 사용이 가능하고 처리되는 응축수의 양에 비해 소형이며 공기도 함께 배출할 수 있는 트랩은?

① 열동식 트랩
② 하향식 버켓 트랩
③ 플로트 트랩
④ 임펄스 증기 트랩

해 설

임펄스 증기 트랩(impulse type trap) : 온도가 높아진 응축수는 압력이 낮아지면 다시 증발하게 되며 이때 증발로 인하여 생기는 부피의 증기를 밸브의 개폐에 이용한 것으로 구조는 원반 모양의 밸브 로드와 디스크 시트로 구성되어 있으며 저압, 중압, 고압 어느 곳에도 사용이 가능하고 처리되는 응축수의 양에 비해 소형이지만 구조상 증기가 다소 새는 결점이 있으나 공기도 함께 배출할 수 있는 장점도 있다.

|답| ④

---

24 일명 팩레스(packless) 신축 이음쇠라고도 하며, 관의 신축에 따라 슬리브와 함께 신축하는 것으로 미끄럼 면에서 유체가 누설되는 것을 방지하는 것은?

① 루프형 신축이음쇠
② 슬리브형 신축이음쇠
③ 벨로스형 신축이음쇠
④ 스위블형 신축이음쇠

해 설

신축이음쇠의 종류
① 슬리브형(sleeve type) : 신축에 의한 자체 응력이 발생되지 않고 설치장소가 필요하며 단식과 복식이 있다. 슬리브와 본체와의 사이에는 패킹을 다져 넣고 그랜드로 밀착시켜 온수 또는 증기의 누설을 방지한다. 50[A] 이하의 배관에는 나사식, 65[A] 이상은 플랜지식을 사용한다.
② 벨로스형(bellows type) : 팩레스(packless)형이라 하며, 설치장소에 구애받지 않고 가스, 증기, 물 등 2[MPa], 450[℃]까지 축 방향 신축흡수에 사용되며 단식과 복식 2종류가 있다.
③ 루프형(loop type) : 곡관으로 만들어진 관의 가요성(可撓性)을 이용한 것으로 구조가 간단하고 내구성이 좋아 고온, 고압배관이나 옥외배관에 주로 사용한다. 곡률 반지름은 관지름의 6배 이상으로 한다.
④ 스위블형(swivel type) : 지웰이음, 지블이음, 회전이음이라 하며, 2개 이상의 엘보를 사용하여 관의 신축을 흡수하는 것으로 신축방향이 큰 배관에서는 누설의 우려가 있다.

⑤ 볼 조인트(ball joint) : 볼 조인트와 오프셋 배관을 이용해서 신축을 흡수하는 방법으로 설치공간이 적고, 평면상의 변위뿐만 아니라 입체적인 변위까지도 안전하게 흡수하므로 어떤 현상에 의한 신축에도 배관이 안전한 신축이음이다. |답| ③

25 일반적인 폴리부틸렌관의 이음방법으로 적합한 것은?

① MR 이음 ② 에이콘 이음
③ 몰코 이음 ④ TS식 냉간이음

해 설

에이콘 이음 : 본체, 그라프링(grab ring), 오링(O-ring), 캡, 서포트슬리브로 구성되며 관을 연결구에 삽입하여 그라프링과 O링에 의한 이음방법이다. |답| ②

26 건물 내의 배수 수평주관 끝에 설치하여 공공 하수관에서 유독가스가 건물 안으로 침입하는 것을 방지하는 트랩은?

① 메인 트랩 ② 가솔린 트랩
③ 드럼 트랩 ④ 그리스 트랩

해 설

메인트랩 : 공공 하수관에서 유독가스(하수가스)가 건물 내부로 유입되는 것을 방지하기 위하여 건물 내의 배수 수평주관(횡지관) 끝에 설치하는 트랩이다. |답| ①

27 화학약품에 강하고 내유성이 크며, -30~130[℃]의 내열범위를 가지는 증기, 기름, 약품 배관에 적합한 패킹재료는?

① 액상 합성수지 ② 오일실 패킹
③ 플라스틱 패킹 ④ 석면 조인트시트

해 설

액상 합성수지 : 내유성이며 내열 범위가 -30~130[℃]이고 화학제품에 강하므로 약품, 증기, 기름배관에 사용되는 나사용 패킹재이다. |답| ①

28 브레이스(brace)에 관한 설명으로 틀린 것은?

① 구조에 따라 스프링식과 유압식이 있다.
② 스프링식은 온도가 높지 않은 배관에 사용한다.
③ 진동을 방지하는 방진기와 충격을 완화하는 완충기가 있다.
④ 유압식은 배관의 이동에 대하여 저항이 크므로 규모가 작은 배관에 많이 사용한다.

해 설

브레이스(brace) : 펌프, 압축기 등에서 발생하는 진동을 흡수하여 배관계통에 전달되는 것을 방지하는 역할을 하는 것으로 구조에 따라 스프링식과 유압식이 있고, 사용처에 따른 종류는 다음과 같다.
① 방진구 : 진동을 방지하거나 완화시키는 역할을 한다.
② 완충기 : 배관 내의 수격작용, 안전밸브 분출반력 등 충격을 완화하는 역할을 한다. |답| ④

29 유체의 흐름 방향의 변화가 크고 유량의 조절이 정확하여 소형으로 가장 많이 사용하는 스톱밸브는?

① 콕 ② 슬루스 밸브
③ 체크 밸브 ④ 글로브 밸브

해 설

글로브 밸브(globe valve) : 스톱밸브(stop valve), 옥형변으로 불리며 구조상 디스크와 시트가 원추상으로 접촉되어 폐쇄하는 밸브로서 유체는 디스크 부근에서 상하 방향으로 평행하게 흐르므로 근소한 디스크의 리프트라도 예민하게 유량에 관계되므로 쥠 밸브로서 유량조절에 사용된다. |답| ④

30 스테인리스 강관에 관한 설명으로 옳지 않은 것은?

① 위생적이어서 적수, 백수, 청수의 염려가 없다.
② 강관에 비해 기계적 성질이 불량하고 인장강도가 강의 절반수준이다.
③ 내식성이 우수하여 계속 사용 시 내경의 축소, 저항 증대현상이 없다.
④ 저온 충격성이 크고, 한랭지 배관이 가능하며 동결에 대한 저항이 크다.

해 설

스테인리스 강관의 특징 : ①, ③, ④외
① 내식성, 내마모성이 우수하다.
② 강관에 비해 기계적 성질이 우수하다.
③ 두께가 얇고 가벼워 운반 및 시공이 쉽다.
④ 관마찰저항이 작아 손실수두가 적다.
⑤ 강도가 크고, 굽힘 작업이 어렵다.
⑥ 열전도율이 낮다.(14.04[kcal/h·m·℃])
⑦ 압축이음으로 배관작업이 용이하지만, 보수작업이 어렵다.

| 답 | ②

31 비금속관에 관한 설명으로 옳지 않은 것은?
① 석면 시멘트관을 일명 에터니트관이라고 한다.
② 원심력 철근 콘크리트관을 흄관이라고도 한다.
③ 수도용 경질염화비닐관은 고온에 잘 견디지 못한다.
④ 석면 시멘트관 중 제1종의 상용수압은 4.5 [kgf/cm^2]이다.

해 설

수도용 석면 시멘트관(에터니트관)의 정수두
① 1종관 : 75[m] 이하
② 2종관 : 45[m] 이하

| 답 | ④

32 주철관에 관한 설명으로 틀린 것은?
① 내식성, 내압성이 우수하다.
② 제조법으로는 원심력법과 천공법이 있다.
③ 수도용 급수관, 가스공급관, 건축물의 오배수관 등으로 사용된다.
④ 재질에 따라 보통주철관, 고급주철관 및 닥타일 주철관 등으로 분류한다.

해 설

주철관 제조법으로는 수직법과 원심력법 2종류가 있다.

| 답 | ②

33 서로 다른 2종의 금속선을 양 끝에 접합하여 만든 것으로 이 양접점을 서로 다른 온도로 유지시켰을 때 발생되는 기전력을 전위차계로 측정함으로써 온도를 측정하는 온도계는?

① 광 온도계   ② 저항 온도계
③ 열전 온도계   ④ 바이메탈 온도계

해 설

열전대식 온도계 : 제베크(Seebeck) 효과를 이용한 것으로 열전대, 보상도선, 측온접점(열접점), 기준접점(냉접점), 보호관 등으로 구성된다.
[참고] 제백효과(Seebeck effect) : 2종류의 금속선을 접속하여 하나의 회로를 만들어 2개의 접점에 온도차를 부여하면 회로에 접점의 온도에 거의 비례한 전류(열기전력)가 흐르는 현상으로 열전대 온도계의 측정원리이다.

| 답 | ③

34 연단을 아마인유와 혼합한 것으로서 녹을 방지하기 위해 페인트 밑칠로 사용하며, 밀착력이 강력하고 풍화에 강한 도료는?
① 광명단 도료   ② 알루미늄 도료
③ 산화철 도료   ④ 합성수지 도료

해 설

광명단 : 연단에 아마인유를 배합한 것으로 밀착력이 강하고 막이 굳어서 풍화에 대하여도 강하므로, 다른 착색 도료의 밑칠용으로 사용하기에 가장 적합하다.

| 답 | ①

35 내경이 10[cm]인 수평직관 속을 평균유속 5[m/s]로 물이 흐를 때 길이 10[m]에서 나타나는 손실수두는 약 몇 [m]인가? (단, 관의 마찰손실계수(λ)는 0.017이다.)
① 1.25   ② 2.08
③ 2.10   ④ 2.17

해 설

$$h_f = f \times \frac{L}{D} \times \frac{V^2}{2g}$$
$$= 0.017 \times \frac{10}{0.1} \times \frac{5^2}{2 \times 9.8} = 2.168 [mH_2O]$$

| 답 | ④

36 경질 염화비닐관 접합법의 종류가 아닌 것은?
① 나사 접합   ② 용착 슬리브 접합
③ 플랜지 접합   ④ 테이퍼 코어 접합

해설

경질 염화비닐관 접합법 종류
① 냉간 접합법 : 나사 접합, 냉간 삽입 접합(TS joint)
② 열간 접합법 : 일단법, 이단법
③ 플랜지 접합법
④ 테이퍼 코어 접합법
⑤ 용접법 |답| ②

37 아크용접 중 언더컷 현상이 잘 발생하는 경우는?
① 아크길이가 짧을 때
② 용접전류가 높을 때
③ 용접속도가 늦을 때
④ 적정한 용접봉을 사용할 때

해설

언더컷(under cut) 현상 발생원인
① 용접전류가 너무 높다.
② 아크 길이가 길다.
③ 용접속도가 너무 빠르다.
④ 용접봉이 적당하지 않다. |답| ②

38 평균 온도차가 5[℃]일 때 열관류율이 500[W/m²·K]인 응축기가 있다. 응축기에서 제거되는 열량이 18[kW]일 때 전열면적은 몇 [m²]인가?
① 2.3 ② 4.6
③ 7.2 ④ 9.6

해설

$Q = K \cdot F \cdot \Delta t$ 에서

$\therefore F = \dfrac{Q}{K \cdot \Delta t} = \dfrac{18 \times 1000}{500 \times 5} = 7.2 \, [\text{m}^2]$ |답| ③

39 금속과 금속을 충분히 접근시켰을 때 발생하는 원자 사이의 인력으로 접합하는 방법은?
① 확관적 접합법
② 기계적 접합법
③ 야금적 접합법
④ 시임(seam) 및 리벳 접합법

해설

야금적 접합법 : 서로 떨어져 있는 금속을 서로 녹여 붙이는 것으로 두 개의 금속을 밀접하게 접촉하여 한 쪽의 원자들이 다른 쪽의 원자와 결합시키는 것으로 용접과 납땜이 해당된다. |답| ③

40 관지름 20[mm] 이하의 동관에 주로 사용되며, 끝을 나팔 모양으로 넓혀 설비의 점검, 보수 등을 위해 분해할 필요가 있는 배관부에 연결하는 이음은?
① 압축 이음 ② 납땜 이음
③ 나사 이음 ④ 플랜지 이음

해설

압축이음(flare joint) : 관지름 20[mm] 이하의 동관을 이음할 때 플레어링 툴 세트를 이용하여 동관 끝을 나팔관 모양으로 가공 후 압축이음 이음재를 사용하여 관을 접합하는 방법으로 기기의 점검, 보수, 기타 분해할 때 적합하다. |답| ①

41 공구와 그 용도가 바르게 연결된 것은?
① 드레서 : 연관 표면의 도장 공구
② 맬릿 : 턴핀을 때려 박는데 쓰이는 공구
③ 봄볼 : 주관을 깨끗하게 하는데 쓰이는 공구
④ 벤드 벤 : 연관에 삽입해서 관에 구멍을 뚫는 공구

해설

연관(鉛管)용 공구의 종류 및 용도
① 봄 볼(bom boll) : 주관(主管)에서 분기 이음하는 경우 주관에 구멍을 뚫기 위하여 사용하는 공구이다.
② 드레서(dresser) : 연관 표면을 깎아서 산화물을 없애기 위하여 사용하는 공구이다.
③ 벤드 벤(bend ben) : 연관에 끼워서 관을 구부리거나 관을 바르게 펼 때 사용하는 공구이다.
④ 턴 핀(turn pin) : 이음하려는 연관의 끝 부분에 끼우고 나무 해머로 때려 박아 관 끝 부분을 나팔 모양으로 넓히는데 사용하는 공구이다.
⑤ 매리트(mallet) : 턴 핀을 때려 박든가, 이음부 주위를 오므리는데 사용하는 나무 해머이다.
⑥ 맬릿 : 턴 핀을 때려 박든가, 접합부 주위를 오므리는데 사용한다. |답| ②

42 주철관 접합 시 녹은 납이 비산하여 몸에 화상을 입히는 사고가 발생하였다면 이 사고의 가장 중요한 원인으로 추정되는 것은?
① 이음부에 수분이 있기 때문에
② 녹은 납의 온도가 낮기 때문에
③ 녹은 납의 온도가 높기 때문에
④ 납의 성분에 주석이 너무 많이 함유되었기 때문에

해설
이음부에 물기가 있으면 용해된 납을 부을 때 납이 비산하여 작업자에게 화상의 위험이 있다. |답| ①

43 열에 관한 설명으로 옳지 않은 것은?
① 순수한 물의 비열은 4.19[kJ/kg·K]이다.
② 순수한 물이 100[℃]에서 끓고 있을 때의 포화압력은 760[mmHg]이다.
③ 표준 대기압 하에서 10[kg]의 물을 10[℃]에서 90[℃]로 올리는데 필요한 열량은 3352[kJ]이다.
④ 표준 대기압 하에서 100[℃]의 물 1[kg]이 100[℃]의 수증기가 되기 위한 열량은 2675.8[kJ]이다.

해설
표준 대기압 하에서(1기압) 100[℃]의 물 1[kg]이 100[℃]의 수증기가 되기 위한 열량(증발잠열)은 2258[kJ/kg] (539[kcal/kg])이다. |답| ④

44 관의 절단, 나사절삭, 거스러미(burr) 제거 등의 일을 연속적으로 할 수 있고, 관을 물린 척을 저속 회전시키면서 다이헤드를 관에 밀어 넣어 나사를 가공하는 동력나사 절삭기의 종류는?
① 리드형   ② 오스터형
③ 리머형   ④ 다이헤드형

해설
다이헤드형(diehead type) 동력 나사절삭기 : 다이헤드를 이용한 나사가공 전용 기계로서 관의 절단, 거스러미 제거, 나사가공을 할 수 있다. 척(chuck)에 배관을 고정한 후 회전시키면 관용나사의 치형(4개가 1조)을 가진 다이스(dies, 또는 chaser)가 조립된 다이헤드를 배관에 밀어 넣으면서 나사를 가공한다. |답| ④

45 관 이음에 관한 설명으로 옳지 않은 것은?
① 유니언은 호칭지름 50[A] 이하의 관에 사용된다.
② 관 플랜지의 호칭 압력은 3가지 단계로 나누어진다.
③ 관을 도중에서 네 방향으로 분기할 때는 크로스를 사용한다.
④ 티(T)나 엘보의 크기는 지름이 같을 때는 호칭지름 하나로 표시한다.

해설
플랜지 시트 종류별 호칭압력
① 전면 시트 : 16[kgf/cm^2] 이하
② 대평면 시트 : 63[kgf/cm^2] 이하
③ 소평면 시트 : 16[kgf/cm^2] 이상
④ 삽입 시트 : 16[kgf/cm^2] 이상
⑤ 홈 시트(채널형) : 16[kgf/cm^2] 이상 |답| ②

46 그림은 관 A로부터 분기된 관 B가 화면에 직각으로 바로 앞쪽으로 올라가 있으며 구부러져 있는 경우이다. 정투상도가 바르게 그려진 것은?

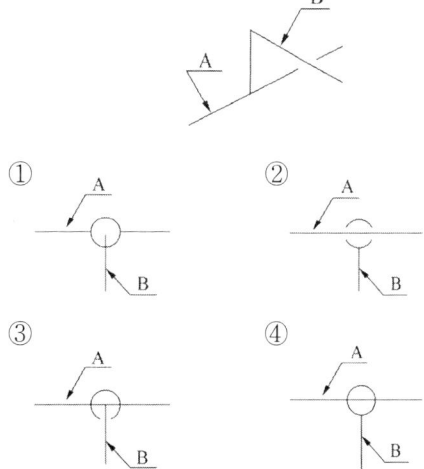

|답| ①

47 서브머지드 아크용접에서 시작부와 종단부에 용접결함을 막기 위하여 사용하는 것은?
① 백킹 ② 레일
③ 후럭스 ④ 앤드탭

해 설
앤드탭 : 용접결함을 방지하기 위하여 용접 시작부분과 끝부분에 동일재료로 이어 붙인 판이다. |답| ④

48 정투상도에서 배면도란?
① 뒤에서 보고 그린 그림
② 밑에서 보고 그린 그림
③ 위에서 내려다보고 그린 그림
④ 정면도를 기준으로 45°로 보고 그린 그림

해 설
정투상도 도면
① 정면도 : 물체 정면에서 보고 그린 도면(그림)
② 평면도 : 물체 위에서 내려다보고 그린 도면(그림)
③ 측면도 : 물체 측면에서 보고 그린 도면(그림)으로 좌측에서 보고 그린 도면을 좌측면도, 우측에서 보고 그린 도면을 우측면도라 한다.
④ 배면도 : 물체 뒤에서 보고 그린 도면(그림)
⑤ 저면도 : 물체 밑에서 보고 그린 도면(그림)
|답| ①

49 그림과 같은 크로스 이음쇠의 호칭방법으로 가장 적합한 것은?

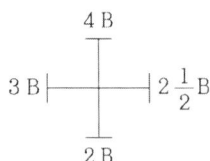

① $2\frac{1}{2}B \times 2B \times 3B \times 4B$
② $3B \times 4B \times 2\frac{1}{2}B \times 2B$
③ $4B \times 2B \times 3B \times 2\frac{1}{2}B$
④ $4B \times 3B \times 2\frac{1}{2}B \times 2B$

해 설
크로스 호칭법 : 지름이 큰 것을 첫 번째, 이것과 동일 중심선 위에 있는 것을 두 번째, 나머지 2개 중에서 지름이 큰 것을 세 번째, 작은 것을 네 번째로 한다. |답| ③

50 기계제도 도면에서 길이를 표기하는 방법으로 가장 적절한 것은?

① 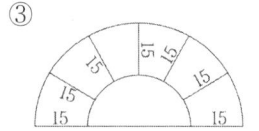   ②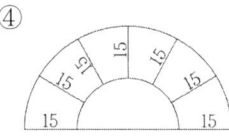

③ ④
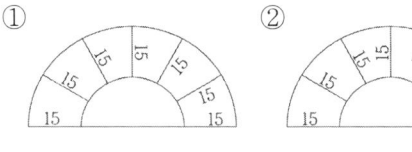

해 설
경사진 치수선의 숫자 방향

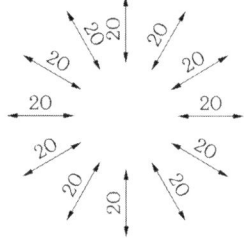

|답| ②

51 배관 도면상의 치수표시법에 관한 설명으로 옳지 않은 것은?
① 일반적으로 치수는 mm를 단위로 한다.
② 기준면으로부터 배관 높이를 나타낼 때 관의 중심을 기준으로 하여 GL로 표시한다.
③ 지름이 서로 다른 관의 높이를 표시할 때, 관 외경의 아랫면까지를 BOP로 표시할 수도 있다.
④ 만곡부를 가지는 관은 일반적으로 배관의 중심선부터 중심선까지의 치수를 기입하는 것이 좋다.

해 설
기준면에서 관의 중심까지 높이를 나타낼 때는 "EL"로, 1층 바닥면을 기준으로 한 높이를 표시할 때는 "GL"로 표시한다. |답| ②

52 용접부 및 용접부 표면의 형상기호 중 영구적인 덮개판을 사용할 때의 기호는?

③ M ④ MR

해설
용접부 및 용접부 표면의 형상기호
① 볼록형
② 토우를 매끄럽게 함
③ 영구적인 덮개판(이면 판재) 사용
④ 제거 가능한 덮개판(이면 판재) 사용

|답| ③

53 다음 관의 관말부 도면 기호가 나타내는 것은?

① 티 ② 용접식 캡
③ 나사식 캡 ④ 막힌 플랜지

해설
각 부속의 도면 기호
① 티 :
② 용접식 캡 :
③ 나사식 캡 :

|답| ④

54 그림과 같은 부분 평면배관도에서 필요한 엘보(ellbow)의 수는 모두 몇 개인가?

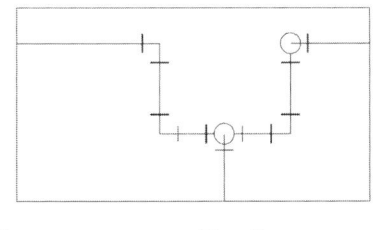

① 4개 ② 5개
③ 6개 ④ 7개

해설
평면배관도의 입체도

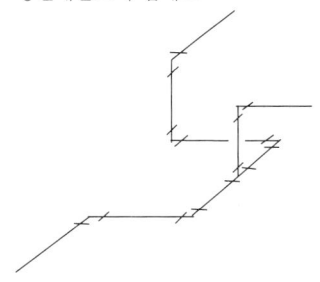

|답| ③

55 자전거를 셀 방식으로 생산하는 공장에서, 자전거 1대당 소요공수가 14.5H이며, 1일 8H, 월 25일 작업을 한다면 작업자 1명당 월 생산 가능대수는 몇 대인가? (단, 작업자의 생산종합효율은 80[%]이다.)

① 10대 ② 11대
③ 13대 ④ 14대

해설

$$월\ 생산\ 가능대수 = \frac{작업자\ 월\ 작업시간}{제품\ 1대당\ 소요공수}$$
$$= \frac{8 \times 25 \times 0.8}{14.5} = 11.03\ 대$$

|답| ②

56 도수분포표에서 알 수 있는 정보로 가장 거리가 먼 것은?

① 로트 분포의 모양
② 100단위당 부적합수
③ 로트의 평균 및 표준편차
④ 규격과의 비교를 통한 부적합품률의 추정

해설
도수분포표 작성목적(알 수 있는 정보)
① 로트 분포의 모양(산포 모양)을 알기 위하여
② 원래 데이터와 비교하기 위하여
③ 로트의 평균과 표준편차를 알기 위하여
④ 규격과의 비교를 통한 부적합품률을 추정하기 위하여 (공정 현황을 파악하기 위하여)
⑤ 분포가 통계적으로 어떤 분포형에 근사한가를 알기 위하여

|답| ②

57 로트에서 랜덤하게 시료를 추출하여 검사한 후 그 결과에 따라 로트의 합격, 불합격을 판정하는 검사방법을 무엇이라 하는가?
① 자주검사 ② 간접검사
③ 전수검사 ④ 샘플링검사

해 설

샘플링(sampling) 검사 : 로트로부터 시료를 채취하여 검사한 후 그 결과를 판정기준과 비교하여 로트의 합격, 불합격을 판정하는 검사법이다. |답| ④

58 ASME(American Society of Mechanical)에서 정의하고 있는 제품공정 분석표에 사용되는 기호 중 "저장(storage)"을 표현한 것은?
① ○ ② □
③ ▽ ④ ⇨

해 설

각 기호의 의미
① 작업 ② 검사 ③ 저장 ④ 운반 |답| ③

59 미리 정해진 일정단위 중에 포함된 부적합수에 의거 하여 공정을 관리할 때 사용되는 관리도는?
① c 관리도 ② P 관리도
③ X 관리도 ④ nP 관리도

해 설

c 관리도 : 샘플에 포함된 부적합수를 사용하여 공정을 평가하기 위한 관리도로서 검사하는 시료의 면적이나 길이 등이 일정한 경우 등과 같이 일정단위 중에 나타나는 흠의 수, 부적합수를 취급할 때 사용된다. |답| ①

60 TPM 활동 체제 구축을 위한 5가지 기둥과 가장 거리가 먼 것은?
① 설비초기 관리체제 구축 활동
② 설비효율화의 개별개선 활동
③ 운전과 보전의 스킬 업 훈련 활동
④ 설비경제성 검토를 위한 설비투자분석 활동

해 설

TPM의 5가지 기둥(기본활동)
① 설비효율화의 개별개선 활동
② 설비운전 사용 부문의 자주보전 활동
③ 설비보전부문의 계획보전 활동
④ 운전자, 보전자의 기술향상교육 훈련 활동
⑤ 설비계획부분의 설비초기 관리체제 구축 활동
|답| ④

2016년 기능장 제59회 필기시험 (4월 2일 시행)

자격종목	코 드	시험시간	형 별
배관기능장	3081	1시간	A

※ 답안 카드 작성 시 시험문제지 형별누락, 마킹착오로 인한 불이익은 전적으로 수험자의 귀책사유임을 알려드립니다.
※ 각 문항은 4지 택일형으로 질문에 가장 적합한 보기 항을 선택하여 마킹하여야 합니다.

1 배관작업 시 안전사항으로 옳은 것은?
① 토치램프 또는 가열토치를 사용하여 관 가열 굽힘 작업 시 가능한 오래 가열 할수록 좋다.
② 주철관의 소켓 접합 시공 시 용해 납은 3회로 나누어 주입한다.
③ 높은 곳에서 배관 작업 시 사다리를 사용할 경우에는 사다리 각도를 지면에서 30° 이내로 하고 미끄러지지 않도록 설치한다.
④ 배관 작업 중 볼트 및 너트를 조일 때에는 몸의 중심을 잘 맞추고 스패너는 볼트가 맞는 것을 사용한다.

해 설
각항의 옳은 설명
① 토치램프 또는 가열토치를 사용하여 관 가열 굽힘 작업 시 구부림 작업 전에 모래를 채우고 적당한 온도까지 가열한 다음 구부린다.
② 주철관의 소켓 접합 시공 시 납은 충분히 가열한 후 용해하여 산화납을 제거하고 소켓에 한 번에 주입하며, 주입 전에 접합부 주위를 깨끗이 하며 물이 있으면 납이 비산해 작업자가 다칠 우려가 있다.
③ 높은 곳에서 배관 작업 시 사다리를 사용할 경우에는 지면에서 각도를 75° 이내로 하고 미끄러지지 않도록 설치한다. |답| ④

2 가스배관 이음방법 중 관을 그대로 이음에 삽입하여 잠김 너트 등을 사용한 접합이음으로서 비교적 강도가 있어 지반의 침하 등에 강한 이음은?
① 나사 이음 ② 플랜지 이음
③ 플레어 이음 ④ 기계적 이음

해 설
기계적 이음(접합) : 이음매의 충전재로서 고무링을 사용하고 압륜으로 조여주는 형식으로 작업이 간단하고 기밀성이 양호하며, 가요성과 신축성이 있어 지반의 침하 등에 강한 이음이다. |답| ④

3 배관 내의 유속이 2[m/s] 일 때, 수격작용에 의해 발생하는 수압은 약 몇 [kgf/cm^2] 정도인가?
① 2.8   ② 28
③ 280   ④ 2800

해 설
배관에서의 수격작용 : 밸브 등을 급속개폐 시 유속의 불규칙한 변화로 유속의 14배 이상의 압력변화로 나타난다.
∴ 수격작용 수압 = 2 × 14 = 28[kgf/cm^2] |답| ②

4 화학 세정용 약제 중 알칼리성 약제로 맞는 것은?
① 트리클로에틸렌
② 설파인산
③ 4염화탄소
④ 암모니아

해 설
화학 세정용 약제의 종류
① 산성 약제 : 염산(HCl), 황산(H_2SO_4), 인산(H_3PO_4), 설파민산(NH_2SO_3H)
② 알칼리성 약제 : 가성소다(NaOH), 암모니아(NH_3), 탄산나트륨(Na_2CO_3), 인산나트륨(Na_3PO_4)
③ 유기산 : 구연산, 개미산 |답| ④

5 대형 보일러의 설치, 시공 시 급수장치에 관한 설명으로 틀린 것은?
① 급수관에는 보일러에 인접하여 급수밸브와 체크밸브를 설치하여야 한다.
② 급수능력은 최대 증발량의 10[%] 이상이어야 한다.
③ 급수의 흐름 방향에 맞게 급수밸브를 설치한다.
④ 자동급수 조절기를 설치할 때에는 필요에 따라 즉시 수동으로 변경할 수 있는 구조로 한다.

해 설
급수능력은 최대 증발량의 25[%] 이상이어야 한다.
|답| ②

6 공기조화 설비방식 중 패키지(package) 방식의 특징으로 틀린 것은?
① 건물의 일부만을 냉방하는 경우 손쉽게 이용할 수 있다.
② 유닛을 배치할 필요가 없으므로 바닥의 이용도가 높다.
③ 중앙기계실 냉동기 설치방식에 비해 공사비가 적게 들며 공사기간도 짧다.
④ 실온 제어의 편차가 크고 온·습도 제어의 정도가 낮다.

해 설
패키지(package) 방식의 특징
① 현장설치가 간단하여 설비비가 저렴하다.
② 자동제어가 가능하여 조작이 편리하다.
③ 건물의 부분 냉방에 적용할 수 있다.
④ 대용량 장치일 경우 중앙식보다 설비비가 많이 소요될 수 있다.
⑤ 실온 제어의 편차가 크고 온·습도 제어의 정도가 낮다.
⑥ 송풍기 구조상 덕트가 길어지는 경우 및 고속덕트를 적용할 수 없다.
⑦ 일반적으로 소음이 많이 발생될 수 있다. |답| ②

7 다음 중 윌리암 하젠(William-hazen) 공식에 의한 급수관의 유량 선도와 가장 거리가 먼 것은?
① 유량[L/min]   ② 마찰손실[mmAq/m]
③ 유속[m/s]   ④ 평균 급수 유속[m/s]

해 설
윌리암 하젠(William-hazen) 공식
$$\therefore h = \frac{10.67L \times Q^{1.85}}{C^{1.85} \times D^{4.87}}$$
여기서, h : 마찰손실수두[m] L : 관의 길이[m]
Q : 유량[m³/s] D : 관내경[m]
C : 유속계수(강관일 경우 100) |답| ④

8 화학 배관 설비에 사용되는 재료의 구비조건으로 틀린 것은?
① 접촉 유체에 대한 내식성이 클 것
② 고온, 고압에 대한 기계적 강도가 클 것
③ 상용 상태에서의 크리프(creep) 강도가 작을 것
④ 저온 등에서도 재질의 열화(劣化)가 없을 것

해 설
화학설비 장치 배관재의 구비 조건
① 접촉 유체에 대해 내식성이 클 것
② 고온 고압에 대한 기계적 강도가 클 것
③ 저온에서 재질의 (劣化)가 없을 것
④ 크리프(creep) 강도가 클 것
⑤ 가공이 용이하고 가격이 저렴할 것
[참고] 크리프(creep) : 어느 온도 이상에서 재료에 일정한 하중을 가하여 그대로 방치하면 시간의 경과와 더불어 변형이 증대하고 때로는 파괴되는 현상
|답| ③

9 고압가스 재해에 대한 설명으로 틀린 것은?
① 가연성의 기체가 공기 속에서 부유하다가 공기의 산소 분자와 접촉하면 폭발할 수 있다.
② 액화석유가스와 같이 공기보다 무거운 가스는 누설되면 확산되어 낮은 곳에는 고이지 않는다.
③ 일산화탄소는 가연성 가스로서 공기와 공존할 때는 폭발할 수 있다.
④ 아세틸렌은 공기나 산소와 같은 지연성 가스와 공존하지 않아도 폭발이 일어날 수 있다.

해설
고압가스 재해
① 액화석유가스와 같이 공기보다 무거운 가스는 누설되면 낮은 곳에 체류하여 점화원이 있을 때 폭발할 수 있다.
② 아세틸렌은 공기나 산소와 같은 지연성 가스와 공존하지 않아도 분해폭발, 화합폭발이 일어날 수 있다.

|답| ②

10 온수난방에서 개방식 팽창탱크의 용량은 온수 팽창량의 몇 배가 가장 적당한가?
① 1.5~2.5배
② 3.5~4.5배
③ 5.5~6.5배
④ 7.5~8.5배

해설
온수난방의 개방식 팽창탱크의 용량은 온수가 팽창하여 체적이 증가하는 온수 팽창량의 1.5~2.5배 크기로 한다.

|답| ①

11 다음 중 배관설비 유지관리와 가장 거리가 먼 것은?
① 밸브류 및 배관부속기기의 점검과 보수
② 배관의 점검과 보수
③ 배관설계 및 시공
④ 부식과 방식

해설
배관설비 유지관리
① 배관의 점검과 보수
② 밸브류 및 배관부속기기의 점검과 보수
③ 부식과 방식

|답| ③

12 전기식 자동제어 시스템에서 온도조절기의 조절부에 사용되는 것으로 가장 거리가 먼 것은?
① 수은 스위치
② 스냅 스위치
③ 다이어프램
④ 밸런싱 릴레이

해설
전기식 자동제어 온도조절기의 조절부
① 스냅 스위치 : 주위의 온도 증감에 의해 바이메탈이 좌우로 변위되어 접점이 개폐되는 동작을 한다.
② 마이크로 스위치 : 스위치 자체에 스냅동작 기구를 갖고 있으며, 소형으로 정밀도가 높고 수명이 길기 때문에 각종 설비의 스위치로 사용된다.
③ 수은 스위치 : 질소 등의 불활성가스와 수은을 봉입한 것으로 지름 2[cm] 이하의 유리관 내에 2~4극의 전극을 설치한 것이다.
④ 포텐쇼미터(가변저항) : 비례제어 신호를 발생하기 위하여 포텐쇼미터(가변저항)을 사용한 것이다.
⑤ 밸런싱 릴레이 : 전류가 흐르면 전자석이 되는 2개 조의 코일에 흡인되는 가동접점, 2개의 고정접점으로 구성되어 있다.

|답| ③

13 자동제어장치에서 제어 편차를 감소시키기 위한 조절계의 동작에는 연속동작과 불연속 동작이 있다. 다음 중 불연속동작에 해당되는 것은?
① 2위치 동작
② 비례 동작
③ 적분 동작
④ 미분 동작

해설
제어동작에 의한 자동제어 분류
① 연속동작 : 비례동작, 적분동작, 미분동작, 비례 적분 동작, 비례 미분동작, 비례 적분 미분 동작
② 불연속 동작 : 2위치 동작(on-off 동작), 다위치 동작, 불연속 속도 동작(단속도 제어 동작)

|답| ①

14 배관용 공기(air)기구를 사용 시 안전수칙으로 틀린 것은?
① 처음에는 천천히 열고, 일시에 전부 열지 않는다.
② 기구 등의 반동으로 인한 재해에 항상 주의한다.
③ 공기기구를 사용할 때는 방진 안경을 사용한다.
④ 활동부에는 항상 기름 또는 그리스가 없도록 깨끗이 닦아준다.

해설
활동부에는 항상 기름 또는 그리스를 주입하여 원활히 작동되도록 한다.

|답| ④

15 다음 중 가스 용접작업을 하기 위한 가장 적절한 장소는?
① 기름이 있는 건조한 곳
② 직사광선을 받는 밀폐된 곳
③ 습도가 높고 고압가스가 있는 곳
④ 가연성 물질이 없고 통풍이 잘되는 곳

|답| ④

16 원심식 송풍기의 날개 직경이 450[mm]이다. 송풍기 번호(NO)는?
① NO. 2
② NO. 3
③ NO. 4
④ NO. 5

해설
원심식 송풍기의 크기 표시법 : 임펠러(날개)의 직경 150[mm]를 기준으로 NO. 1으로 표시한다. 그러므로 날개 직경 450[mm]인 경우 NO. 3으로 표시한다.
(∵ 450/150 = 3) |답| ②

17 LPG 가스 배관 시 주의사항으로 옳은 것은?
① 배관재료로 내압 및 내유성 재료는 사용할 수 없다.
② 옥외 저압부 배관과 조정기를 접속하기 위해 사용되는 고무관의 길이는 50[cm] 이상 되어야 한다.
③ 배관 및 고무관류는 가급적 이음부를 없게 하고 누설 시 탐지 및 수리가 쉽도록 배관한다.
④ 나사이음 배관 시 페인트를 사용하여 패킹하여야 한다.

해설
LPG 배관 시 주의사항 중 옳은 내용
① 배관재료로 내압 및 내유성 재료는 사용할 수 있다.
② 옥외 저압부 배관과 조정기를 접속하기 위해 사용되는 경질관의 길이는 30[m] 미만이 되도록 한다.
④ LPG는 천연고무, 페인트, 구리스, 윤활유 등을 용해하는 성질이 있으므로 나사이음 배관 접합부에 사용하는 패킹재는 LPG에 견디는 것을 선택하여야 한다.
  |답| ③

18 공조 시스템에서 토출되는 공기온도가 매우 높아지거나 낮아지는 것을 방지하기 위하여 또는 전열기의 과열방지, 외기의 이상저하에 의한 코일의 동파 등을 방지하기 위하여 적용되는 제어 방식은?
① 위치비례제어
② 플로팅제어
③ 리미트제어
④ 최소개도제어
  |답| ③

19 다음 중 유틸리티(utility) 배관이 아닌 것은?
① 각종압력의 증기 및 응축수 배관
② 냉각세정용 유체 공급관
③ 연료유 및 연료가스 공급관
④ 유닛 내 열교환기 등의 기기에 접속되는 원료 운반 배관

해설
유틸리티(utility) 배관 : 프로세스의 반응에는 직접 관여하지는 않지만 그 운전에 중대한 영향을 미치는 각종 유체의 배관으로 다음과 같은 종류가 있다.
① 각종 압력의 증기 및 응축수 배관
② 냉각 세정용 유체 공급관
③ 냉각 공기 공급관
④ 질소 공급관
⑤ 연료유 및 연료가스 공급관
⑥ 기타 |답| ④

20 공정제어에서 오차의 신호를 받아 제어동작을 판단한 후 처리하는 부분은?
① 공정제어용 검출기
② 전송기
③ 조절기
④ 벨로스

해설
조절기 : 제어량과 목표치의 차에 해당하는 편차 신호에 적당한 연산을 하여 제어량이 목표치에 신속하고 정확하게 일치하도록 조작부서 신호를 가하는 부분이다.
  |답| ③

21 양조공장, 화학공장에서의 알코올, 맥주 등의 수송관 재료로 가장 적합한 것은?
① 주석관
② 수도용 주철관
③ 배관용 탄소강관
④ 일반 구조용 강관

해설
주석관의 특징
① 상온에서 물, 공기, 묽은 염산에 침식되지 않는다.
② 비중은 7.3이며 용융온도는 232[℃]이다.
③ 화학공장, 양조공장 등에서 알코올, 맥주 등의 수송관으로 사용된다. |답| ①

22 스트레이너(strainer)는 밸브, 기기 등의 앞에 설치하여 관내의 불순물을 제거하는데 사용하는 여과기를 말한다. 스트레이너의 형상에 따른 종류에 해당되지 않는 것은?

① S형 ② Y형
③ U형 ④ V형

해 설

스트레이너(strainer) : 증기, 물, 유류 배관 등에 설치하여 관내의 불순물을 제거 하여 기기의 성능을 보호하는 역할을 하는 배관설비용 부품으로 종류에는 Y형, U형, V형이 있다.

|답| ①

23 다음 중 체크밸브의 종류로 틀린 것은?

① 스윙 체크밸브
② 나사조임 체크밸브
③ 버터플라이 체크밸브
④ 앵글 체크밸브

해 설

체크밸브의 종류 : 스윙식, 리프트식, 풋 밸브, 해머리스 체크밸브, 버터플라이 체크밸브 등

|답| ④

24 염화비닐관의 단점을 설명한 것 중 틀린 것은?

① 열팽창률이 크기 때문에 온도변화에 대한 신축이 심하다.
② 50[℃] 이상의 고온 또는 저온 장소에 배관하는 것은 부적당하다.
③ 용제와 방부제(크레오소트액)에 강하나 파이프접착제에는 침식된다.
④ 저온에 약하며 한냉지에서는 외부로부터 조금만 충격을 주어도 파괴되기 쉽다.

해 설

염화비닐관의 특징
(1) 장점
  ① 내식, 내산, 내알칼리성이 크다.
  ② 전기의 절연성이 크다.
  ③ 열의 불양도체이다.
  ④ 가볍고 강인하며, 가격이 저렴하다.
  ⑤ 배관가공이 쉬워 시공비가 적게 소요된다.
(2) 단점
  ① 저온 및 고온에서 강도가 약하다.
  ② 열팽창률이 심하다.
  ③ 충격강도가 작다.
  ④ 용제에 약하다.

|답| ③

25 화학약품에 강하고, 내유성이 크며 내열범위가 -30 ~ 130[℃]인 증기, 기름 약품 배관에 사용하는 나사용 패킹으로 적합한 것은?

① 페인트 ② 메터니컬 실
③ 일산화연 ④ 액상 합성수지

해 설

나사용 패킹의 종류
① 나사용 페인트 : 광명단을 혼합하여 사용하며, 고온의 기름배관을 제외하고는 모두 사용된다.
② 일산화연 : 냉매배관에 사용하며 페인트에 소량의 일산화연을 첨가한 것이다.
③ 액상 합성수지 : 내유성이며 내열 범위가 -30~130 [℃]이고 화학제품에 강하므로 약품, 증기, 기름배관에 사용된다.

|답| ④

26 유량계 설치법에 대한 설명으로 잘못된 것은?

① 차압식 유량계의 오리피스는 원칙적으로 수직 배관에 설치한다.
② 차압식 유량계의 노즐 취출방향은 액체인 경우는 하향, 기체일 경우는 상향으로 한다.
③ 증기배관에는 증기가 유량계에 유입하는 것을 방지하고, 차압에 대해 일정한 액주의 높이를 유지할 수 있도록 콘덴서를 설치한다.
④ 체적식 유량계와 면적식 유량계는 조작 및 보수가 쉽도록 설치한다.

해 설

차압식 유량계(오리피스미터, 플로노즐, 벤투리미터)는 원칙적으로 수평배관에 설치하여야 한다.

|답| ①

27 주철관의 내벽에 모르타르 처리하여 방청작용을 하도록 한 관은?
① 배수용 주철관
② 덕타일 주철관
③ 수도용 이형관
④ 원심력 모르타르 라이닝 주철관

해 설
원심력 모르타르 라이닝 주철관의 특징
① 삽입구를 제외한 관의 내면에 시멘트 모르타르를 라이닝한 것이다.
② 라이닝을 실시한 관은 철과 물의 직접 접촉이 없으므로 물이 관속으로 침투하기 어렵다.
③ 라이닝을 실시한 관은 마찰저항이 적으며, 수질의 변화가 적다.
④ 라이닝을 실시하는 관은 수도용 원심력 모래형 주철관, 원심력 금형 주철관, 원심력 덕타일 주철관 등이다.
⑤ 라이닝 방법은 관의 내면을 도장하지 않은 관에 시멘트와 모래의 배합비(중량비)를 1 : 1.5~2로 하여 원심력을 이용하여 두께와 질을 모두 균일하게 라이닝한다.
|답| ④

28 납관(연관)이음에 사용되는 용융온도가 232[℃]인 플라스턴 합금의 주요 성분 비율로 옳은 것은?
① Pb 30[%] + Sn 70[%]
② Pb 40[%] + Sn 60[%]
③ Pb 50[%] + Sn 50[%]
④ Pb 60[%] + Sn 40[%]

해 설
플라스턴 합금의 성분 비율 :
납(Pb) 60[%] + 주석(Sn)40[%] |답| ④

29 관의 회전을 방지하고 축 방향의 이동을 허용하는 안내 역할을 하며, 축과 직각방향의 이동을 구속하는데 사용하는 것은?
① 행거
② 스토퍼
③ 가이드
④ 서포트

해 설
리스트레인트(restraint)의 종류 및 역할
① 앵커(anchor) : 이동 및 회전을 방지하기 위하여 지지 부분에 완전히 고정하여 사용한다.
② 스톱(stop) : 회전 및 배관 축과 직각방향의 이동을 구속하고 나머지 방향의 이동은 자유롭다.
③ 가이드(guide) : 신축이음(루프형, 슬리브형) 등에 설치하는 것으로 축과 직각방향의 이동은 구속하고, 축 방향의 이동은 허용 및 안내하는 역할을 한다.
|답| ③

30 증기 트랩에서 오픈(open)트랩이라고도 하며, 공기가 거의 배출되지 않으므로 열동식 트랩을 병용하여 사용하는 트랩은 어느 것인가?
① 상향식 버킷 트랩
② 온도조절 트랩
③ 플러시 트랩
④ 충격식 트랩

해 설
버킷 트랩(bucket trap) : 증기와 응축수의 비중차를 이용하는 기계식 트랩으로 상향 버킷 트랩과 하향 버킷 트랩이 있다. |답| ①

31 보일러의 수관, 연관, 화학 및 석유공업의 열교환기 등에 사용하는 열전달용 강관의 기호는?
① SPA
② STA
③ STBH
④ SPHT

해 설
강관의 KS 표시 기호

KS 표시 기호	명 칭
SPP	일반배관용 탄소강관
SPPS	압력배관용 탄소강관
SPPH	고압배관용 탄소강관
SPHT	고온배관용 탄소강관
SPLT	저온배관용 탄소강관
SPW	배관용 아크용접 탄소강관
SPA	배관용 합금강관
STS × T	배관용 스테인리스강관
STBH	보일러 열교환기용 탄소강관
STHA	보일러 열교환기용 합금강관
STS × TB	보일러 열교환기용 스테인리스강관
STLT	저온 열교환기용 강관

|답| ③

32 온수 온돌 난방 코일용으로 많이 사용되며, 엑셀 온돌 파이프라고도 하는 관은?
① 염화비닐관 ② 폴리프로필렌관
③ 폴리부틸렌관 ④ 가교화폴리에틸렌관

해 설
가교화 폴리에틸렌관 : 고밀도 폴리에틸렌을 가교성형장치에 의해서 반투명 유백색으로 6[m] 또는 100[m]를 표준으로 제조되며 엑셀 온돌 파이프라고 한다. 온수 온돌 난방배관 및 급수관에 주로 사용되고 있다. |답| ④

33 비중이 0.92 ~ 0.96 정도로 염화비닐관보다 가볍고 −60[℃]에서도 취화하지 않아 한랭지 배관에 적절한 관은?
① 동관 ② 폴리에틸렌관
③ 연관 ④ 경질염화비닐관

해 설
폴리에틸렌관(Polyethylene pipe)의 특징
① 염화비닐관보다 가볍다.
② 염화비닐관보다 화학적, 전기적 성질이 우수하다.
③ 내한성이 좋아 한랭지 배관에 알맞다.
④ 염화비닐관에 비해 인장강도가 1/5 정도로 작다.
⑤ 화기에 극히 약하다.
⑥ 유연해서 관면에 외상을 받기 쉽다.
⑦ 장시간 직사광선(햇빛)에 노출되면 노화된다.
⑧ 폴리에틸렌관의 종류 : 수도용, 가스용, 일반용
|답| ②

34 글랜드 패킹에 속하지 않는 것은?
① 플라스틱 패킹 ② 메커니컬 실
③ 일산화연 ④ 메탈 패킹

해 설
일산화연 : 나사용 패킹으로 냉매배관에 사용하며 페인트에 소량의 일산화연을 첨가한 것이다. |답| ③

35 다음 중 비중이 공기보다 커서 바닥으로 가라앉는 가스는?
① 프로판 ② 아세틸렌
③ 수소 ④ 메탄

해 설
각 가스의 분자량

명칭	분자량
프로판(C_3H_8)	44
아세틸렌(C_2H_2)	26
수소(H_2)	2
메탄(CH_4)	16

※ 분자량이 공기의 평균분자량 29보다 큰 가스가 공기보다 무거워 누설 시 바닥으로 가라앉는다. |답| ①

36 전기 저항 용접법 중 겹치기 용접을 할 수 없는 용접법은?
① 스폿용접 ② 심용접
③ 플래시용접 ④ 프로젝션용접

해 설
저항용접의 종류
① 겹치기 저항 용접 : 점 용접(spot welding), 심 용접, 돌기 용접(projection welding), 롤러 점 용접
② 맞대기 저항 용접 : 플래시 용접, 업셋 용접, 맞대기 심 용접, 방전 충격 용접 |답| ③

37 주철관의 기계식 이음(mechanical joint)의 특징이 아닌 것은?
① 기밀성이 좋다.
② 고압에 대한 저항이 크다.
③ 온도 변화에 따른 신축이 자유롭다.
④ 플랜지 접합과 소켓 접합의 장점을 취한 것이다.

해 설
주철관 기계식 이음의 특징
① 고무링을 압륜(押輪)으로 죄어 볼트로 체결한 것으로 소켓이음과 플랜지이음의 장점을 채택한 것이다.
② 기밀성이 양호하다.
③ 수중에서 접합이 가능하다.
④ 외압에 대한 굽힘성이 풍부하여 이음부가 다소 구부러져도 누수가 없다.
⑤ 간단한 공구로 신속하게 이음 할 수 있으며, 숙련공이 필요하지 않다.
⑥ 고압에 대한 저항이 크다. |답| ③

38 용접부의 파괴시험 검사법 중 기계적 시험 방법이 아닌 것은?

① 부식시험 ② 피로시험
③ 굽힘시험 ④ 충격시험

해설
기계적 시험의 종류 : 인장시험, 굽힘시험, 충격시험, 피로시험
|답| ①

39 폴리에틸렌관의 이음방법 중 관끝의 바깥쪽과 이음관의 안쪽을 동시에 가열 용융하여 이음하는 방법은?

① 인서트 이음 ② 용착 슬리브 이음
③ 코어 플랜지 이음 ④ 테이퍼 조인트 이음

해설
폴리에틸렌관의 이음 종류
① 용착 슬리브 접합 : 관 끝의 바깥쪽과 이음관의 안쪽을 동시에 가열하여 용융이음 하는 방법이다.
② 테이퍼 접합 : 50[mm] 이하의 관에 폴리에틸렌관 전용의 포금제 테이퍼 조인트를 사용하여 접합하는 방법이다.
③ 인서트 접합 : 50[mm] 이하의 폴리에틸렌관 접합용으로 가열 연화한 인서트를 끼우고 물로 냉각하여 클램프로 조여 접합하는 방법이다.
④ 기타 이음 방법 : 용접법, 플랜지 이음법, 나사 이음
|답| ②

40 동관의 끝부분을 진원으로 교정할 때 사용하는 공구는?

① 플레어링 툴 ② 봄볼
③ 사이징 툴 ④ 익스팬더

해설
동관용 공구의 종류 및 용도
① 튜브 커터(tube cutter) : 관지름 20[mm] 이하의 동관 절단에 사용하는 공구이다.
② 튜브 벤더(tube bender) : 관지름 20[mm] 이하의 동관을 상온에서 필요한 각도로 구부릴 때 사용하며 구부릴 수 있는 각도는 0~180°이다.
③ 플레어링 공구 : 동관을 압축이음(flare joint)할 때 동관 끝을 나팔관 모양으로 넓히기 위하여 사용하는 공구이다.
④ 리머(reamer) : 튜브 커터로 동관을 절단한 후 관 내면에 생기는 거스러미를 제거하는데 사용한다.
⑤ 사이징 툴(sizing tools) : 동관의 끝부분을 정확한 치수의 원형으로 교정하기 위하여 사용한다.
⑥ 확관기(expander) : 동일한 지름의 동관을 이음쇠 없이 납땜이음 할 때 한쪽 관 끝에 소켓을 만드는데 사용한다.
⑦ 티 뽑기(extractor) : 티로 연결할 부분에 관이음재(티)를 사용하지 않고 동관에 구멍을 내어 간단히 관을 연결하는데 사용한다.
|답| ③

41 각종 관 작업 시 필요한 공구 및 기계를 연결한 것 중 틀린 것은?

① PVC관 : 열풍용접기, 리머
② 동관 : 턴핀, 익스팬더(expander)
③ 주철관 : 링크형 파이프커터, 클립
④ 스테인리스강관 : TIG 용접기, 전용 압착공구

해설
턴 핀(turn pin) : 이음하려는 연관의 끝 부분에 끼우고 나무 해머로 때려 박아 관 끝 부분을 나팔 모양으로 넓히는데 사용하는 공구이다.
|답| ②

42 강관을 4조각 내어 중심각이 90° 마이터관을 만들려할 때 절단각은 몇 도[°]인가?

① 7 ② 11
③ 15 ④ 22

해설
$$절단각 = \frac{중심각}{2 \times (편수-1)} = \frac{90}{2 \times (4-1)} = 15도$$
|답| ③

43 그림과 같은 높이 20[m]인 커다란 저수탱크 밑에 구멍(지름 2[cm])이 생겨 탱크 속의 물이 유출되고 있다. 이때 유량[m³/s]은 약 얼마인가? (단, 유출에 의한 높이의 변화를 무시하며, 유량계수 C_v = 1이다.)

① 6.2×10^{-3}
② 1.98×10^{-3}
③ 6.2×10^{3}
④ 1.98×10^{3}

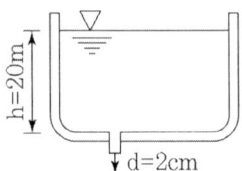

해설
① 유출되는 물의 유속 계산
$$\therefore V = \sqrt{2gh} = \sqrt{2 \times 9.8 \times 20}$$
$$= 19.798 \fallingdotseq 19.8 [m/s]$$
② 유량 계산
$$\therefore Q = C_v A V$$
$$= 1 \times \frac{\pi}{4} \times 0.02^2 \times 19.8 = 6.22 \times 10^{-3} [m^3/s]$$
|답| ①

44 0[℃]의 얼음 1[kg]을 100[℃]의 포화증기로 만드는데 필요한 열량은 약 얼마인가? (단, 얼음의 융해열은 333.6[kJ/kg], 물의 비열은 4.19[kJ/kg·K], 물의 증발잠열은 2256.7[kJ/kg]이다.)
① 2255[kJ] ② 2590[kJ]
③ 2674[kJ] ④ 3009[kJ]

해설
① 0[℃] 얼음 → 0[℃] 물 소요열량 : 잠열
$$\therefore Q_1 = G \cdot \gamma = 1 \times 333.6 = 333.6 [kJ]$$
② 0[℃] 물 → 100[℃] 물 소요 열량 : 현열
$$\therefore Q_2 = G \cdot C \cdot \Delta t$$
$$= 1 \times 4.19 \times (100-0) = 419 [kJ]$$
③ 100[℃] 물 → 100[℃] 포화증기 소요 열량 : 잠열
$$\therefore Q_3 = G \cdot r = 1 \times 2256.7 = 2256.7 [kJ]$$
④ 합계 열량 계산
$$\therefore Q = Q_1 + Q_2 + Q_3$$
$$= 333.6 + 419 + 2256.7 = 3009.3 [kJ]$$
|답| ④

45 벤더에 의한 관 굽히기의 도중에 관이 파손되었다면 그 원인으로 가장 적합한 것은?
① 받침쇠가 너무 들어갔다.
② 굽힘형이 주축에서 빗나가 있다.
③ 굽힘 반경이 너무 작다.
④ 재질이 부드럽고 두께가 얇다.

해설
관이 파손(破損)되는 원인
① 압력형의 조정이 강하고 저항이 크다.
② 받침쇠가 너무 나와 있다.
③ 곡률 반지름이 너무 작다.
④ 재료에 결함이 있다.
|답| ③

46 콘크리트관의 콤포 이음 시 시멘트와 모래의 배합비와 수분의 양으로 가장 적합한 것은?
① 1 : 2이고 수분의 양은 약 17[%]
② 1 : 1이고 수분의 양은 약 17[%]
③ 1 : 2이고 수분의 양은 약 45[%]
④ 1 : 1이고 수분의 양은 약 45[%]

해설
콘크리트관의 콤포 이음 : 철근 콘크리트로 만든 특수 칼라와 특수 몰타의 일종인 콤포(compo)로서 이음 하는 방법으로 칼라이음 이라 한다. 콤포는 시멘트와 모래의 비율을 1 : 1로 하고 여기에 물의 양을 약 17[%]로 하여 잘 반죽한 것이다.
|답| ②

47 [보기]의 용접기호에 관한 설명으로 틀린 것은?

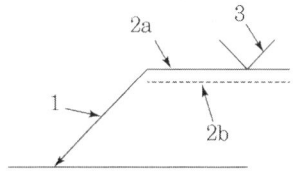

① 1 : 화살표 ② 2a : 기준선(실선)
③ 2b : 동일선(파선) ④ 3 : 용접기호

해설
용접기호 표시방법
① 1 : 화살표
② 2a : 기준선(실선)
③ 2b : 식별선(점선)
④ 3 : 용접기호
|답| ③

48 KS 배관의 간략도시방법에서 사용하는 선의 종류별 호칭방법에 따른 선의 적용으로 틀린 것은?
① 가는 1점 쇄선 : 바닥, 벽, 천장
② 굵은 파선 : 다른 도면에 명시된 유선
③ 가는 실선 : 해칭, 인출선, 치수선
④ 굵은 실선 : 유선 및 결합 부품

해설
가는 1점 쇄선의 용도(적용) : 중심선, 기준선, 피치선
|답| ①

49 평면, 정면, 측면을 하나의 투상면 위에 동시에 볼 수 있도록 그린 투상도는?
① 사 투상도
② 투시 투상도
③ 정 투상도
④ 등각 투상도

해 설
투상도의 종류
① 정투상도 : 직교하는 3개의 화면 중간에 물체를 놓고 평행광선에 의해 투상된 자취를 그린 것으로 보는 방향에서의 형상과 크기만 나타나고, 다른 부분은 알 수가 없기 때문에 물체 전체를 완전히 표현하려면 두 개 이상의 투상도가 필요하므로 정면도, 평면도, 측면도로 나타내며 제1각법과 제3각법이 있다.
② 등각투상도 : 정면, 평면, 측면을 하나의 투상면 위에 동시에 볼 수 있도록 두 개의 옆면 모서리가 수평선과 30°가 되게 하여 세 축이 120°의 각도가 되도록 입체도를 투상한 것이다.
③ 부등각투상도 : 직육면체의 등각 투상도에서 직각으로 만나는 3개의 모서리가 임의의 각도를 이룬다.
④ 사투상도 : 하나의 그림으로 육면체의 세 면 중의 한 면만을 중점적으로 엄밀, 정확하게 표시할 수 있는 투상법이다. |답| ④

50 배관설비 라인 인덱스의 장점으로 가장 거리가 먼 것은?
① 배관시공 시 배관재료를 정확히 선정할 수 있다.
② 배관공사의 관리 및 자재 관리에 편리하다.
③ 배관 내의 유체 마찰이 감소된다.
④ 배관 기기장치의 운전계획, 운전교육에 편리하다.

해 설
라인 인덱스(line index) : 배관에서 각 장치와 유체를 명확히 구분하여 번호를 붙이는 것을 말하며, 이 번호에 의해서 배관의 성격과 위치를 명확히 구분할 수 있고 배관재료를 쉽게 파악할 수 있다. |답| ③

51 2개 이상의 관을 동일한 지지대 위에 나란히 배관할 경우 지면의 높이를 기준면으로 하고 관 밑면까지 높이를 3000[mm]라 할 때, 치수 기입법으로 적합한 것은?

① EL+3000 BOP
② EL+3000 TOP
③ GL+3000 BOP
④ GL+3000 TOP

해 설
지면을 기준으로 높이를 표시하는 것이 "GL"이고, 관 밑면까지의 높이는 "BOP"로 표시하는 것이므로 지면을 기준으로 관 밑면까지 높이가 3000[mm]을 치수 기입법으로 표시하면 "GL+3000 BOP"가 된다. |답| ③

52 단면을 표시하는 방법에 대한 설명으로 틀린 것은?
① 단면을 나타내는 해칭(hatching)은 주된 중심선 또는 단면도의 주된 외형선에 대하여 45° 경사지게 등간격으로 가는 선으로 그린다.
② 해칭의 간격은 단면의 크기와 무관하게 2~3[mm] 등간격으로 그린다.
③ 해칭 대신에 연필 또는 흑색 색연필을 이용하여 스머징(smudging)을 하여도 좋다.
④ 인접한 단면의 해칭은 선의 방향을 바꾸든지, 선의 각도 또는 선의 간격을 바꾸어서 기입한다.

해 설
해칭의 간격은 도면의 크기에 따라 다르나, 보통 2~3[mm] 등간격으로 그린다. |답| ②

53 배관 설치 시 배관의 높이 치수 기입방법 중에서 건물의 바닥면을 기준하여 표시하는 기호는?
① EL
② GL
③ FL
④ OL

해 설
관의 높이 표시방법
(1) EL(elevation line) 표시 : 그 지방의 해수면에 기준선(base line)을 설정하여 이 기준선으로부터의 높이를 표시하는 표시법
① BOP(bottom of pipe) : 지름이 다른 관의 높이를 나타낼 때 적용되며 관 바깥지름의 아랫면을 기준으로 하여 표시한다.

② TOP(top of pipe) : 관의 윗면을 기준으로 하여 표시한다.
(2) GL(ground line) : 포장된 지표면을 기준으로 하여 배관장치의 높이를 표시할 때 적용된다.
(3) FL(floor line) : 1층 바닥면을 기준으로 하여 높이를 표시한다.

|답| ③

54 그림과 같은 구조물을 필릿 단속 용접하기 위한 도면에 표기되는 용접기호로 바르게 기입되어 있는 것은?

①
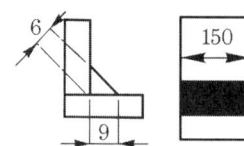

②
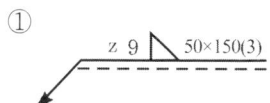

③
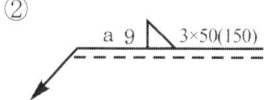

④
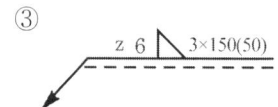

|답| ④

55 일일반적으로 품질코스트 가운데 가장 큰 비율을 차지하는 것은?
① 평가코스트
② 실패코스트
③ 예방코스트
④ 검사코스트

해 설
QC 활동의 초기단계에는 평가코스트나 예방코스트에 비교하여 실패코스트가 큰 비율을 차지하게 된다.

|답| ②

56 계량값 관리도에 해당되는 것은?
① c 관리도
② u 관리도
③ R 관리도
④ np 관리도

해 설
관리도의 종류
① 계량값 관리도 : $\bar{x} - R$ 관리도, $\bar{x}$ 관리도, R 관리도, $Me - R$ 관리도, $L - S$ 관리도, 누적합 관리도, 지수 가중 이동평균관리도
② 계수값 관리도 : np(부적합품수) 관리도, p(부적합품률) 관리도, c(부적합수) 관리도, u(단위당 부적합수) 관리도

|답| ③

57 작업측정의 목적 중 틀린 것은?
① 작업개선
② 표준시간 설정
③ 과업관리
④ 요소작업 분할

해 설
작업측정의 목적
① 표준시간의 설정
② 유휴시간의 제거
③ 작업성과의 측정
④ 작업개선 및 과업관리

|답| ④

58 계수 규준형 샘플링 검사의 OC곡선에서 좋은 로트를 합격시키는 확률을 뜻하는 것은?
(단, α는 제1종 과오, β는 제2종 과오이다.)
① α
② β
③ $1 - \alpha$
④ $1 - \beta$

해 설
계수 규준형 샘플링 검사의 OC곡선
① α(제1종 과오 : 생산자 위험) : 좋은 품질의 로트가 검사에서 불합격되는 확률
② β(제2종 과오 : 소비자 위험) : 나쁜 품질의 로트가 검사에서 합격되는 확률
③ $1 - \alpha$: 좋은 품질의 로트를 합격시킬 확률
④ $1 - \beta$: 나쁜 품질의 로트를 불합격시킬 확률

|답| ③

59 정규분포에 관한 설명 중 틀린 것은?

① 일반적으로 평균치가 중앙값보다 크다.
② 평균을 중심으로 좌우 대칭의 분포이다.
③ 대체로 표준편차가 클수록 산포가 나쁘다고 본다.
④ 평균치가 0이고 표준편차가 1인 정규분포를 표준정규분포라 한다.

해 설

정규분포의 특징 : ②, ③, ④외
① 모든 정규곡선은 평균, 중앙값, 최빈치가 모두 동일하다.
② 평균은 곡선의 위치를 정하고, 표준편차는 곡선의 모양(분포의 폭)을 결정한다.
③ 계량형 관리도와 계량형 샘플링 검사의 기초가 된다.

|답| ①

60 어떤 작업을 수행하는데 작업소요시간이 빠른 경우 5시간, 보통이면 8시간, 늦으면 12시간 걸린다고 예측 되었다면 3점 견적법에 의한 기대 시간치와 분산을 계산하면 약 얼마인가?

① $te = 8.0$, $\sigma^2 = 1.17$
② $te = 8.2$, $\sigma^2 = 1.36$
③ $te = 8.3$, $\sigma^2 = 1.17$
④ $te = 8.3$, $\sigma^2 = 1.36$

해 설

① 기대 시간치 계산

$$\therefore t_e = \frac{t_0 + 4t_m + t_p}{6} = \frac{5 + (4 \times 8) + 12}{6} = 8.166$$

② 분산 계산

$$\therefore \sigma^2 = \left(\frac{t_p - t_0}{6}\right)^2 = \left(\frac{12-5}{6}\right)^2 = 1.366$$

여기서,
t_0(낙관 시간치) : 작업 활동을 수행하는데 필요한 최소시간
t_m(정상 시간치) : 작업 활동을 수행하는데 정상적으로 소요되는 시간
t_p(비관 시간치) : 작업 활동을 수행하는데 필요한 최대시간

|답| ②

2016년 기능장 제 60 회 필기시험 (7월 10일 시행)				수험번호	성 명
자격종목	코 드	시험시간	형 별		
배관기능장	3081	1시간	A		

※ 답안 카드 작성 시 시험문제지 형별누락, 마킹착오로 인한 불이익은 전적으로 수험자의 귀책사유임을 알려드립니다.
※ 각 문항은 4지 택일형으로 질문에 가장 적합한 보기 항을 선택하여 마킹하여야 합니다.

1 파이프 랙(pipe rack)에 관한 설명으로 가장 적합한 것은?
① 배관의 이동, 구속 및 제한 등을 하고자 할 때 사용하는 것이다.
② 배관의 수평부와 곡관부를 지지하는데 사용하는 서포트를 의미한다.
③ 관의 수직이동에 대하여 지지하중의 변화하는 하중을 조정하는 것이다.
④ 복수의 배관을 병렬로 배열할 때 공통지지가대(架坮)를 제작, 그 위에 배관하는데 사용하는 공통지지 구조물을 말한다.

해 설
파이프 랙(pipe rack) : 프로세스 배관이나 유틸리티 배관을 공통지지가대 위에 배관하는데 사용하는 공통지지 구조물이다. |답| ④

2 배관설비의 진공시험에 관한 설명으로 틀린 것은?
① 기밀시험에서 누설 개소가 발견되지 않을 때 하는 시험이다.
② 주위 온도의 변화에 대한 영향이 없는 시험이다.
③ 관 속을 진공으로 만든 후 일정 시간 후의 진공 강하 상태를 검사한다.
④ 진공펌프나 추기 회수장치를 이용하여 시험한다.

해 설
기밀시험 및 진공시험은 주위 온도의 변화에 대하여 영향을 받으므로 온도변화가 없는 상태에서 실시하여야 한다. |답| ②

3 냉각탑의 공기 출구에 물방울이 공기와 함께 유출하지 못하도록 설치하는 것은?
① 엘리미네이터   ② 디스크 시트
③ 플래쉬 가스   ④ 진동 브레이크

해 설
냉각탑(cooling tower) : 수냉식 냉동기의 응축기 냉각수 소비를 절감하기 위하여 공기와의 접촉에 의한 냉각과 물의 증발에 의하여 냉각시키는 장치로 냉각탑의 공기 출구에 물방울이 공기와 함께 유출하지 못하도록 엘리미네이터를 설치하여 사용한다. |답| ①

4 자동제어계를 구성하고 있는 제어요소에서 동작신호(actuating signal)에 관한 내용으로 옳은 것은?
① 어떤 장치에서 제어량에 대한 희망값 또는 외부로부터 이 제어계에 부여된 값
② 목표값과 제어량과의 차로서 기준입력과 주 피드백량을 비교하여 얻은 편차량의 신호
③ 제어량을 목표값과 비교하기 위하여 목표값과 같은 종류의 물리량으로 변환하여 검출하는 부분신호
④ 목표값과 주 피드백 신호를 비교하기 위하여 주 피드백 신호와 같은 종류의 신호로 목표값을 변화시켜 제어계의 폐루프에 부여하는 신호

해 설
동작신호 : 기준입력(목표값)과 제어량과의 차이로 제어동작을 일으키는 신호로 편차라고 한다. |답| ②

5 자동제어요소의 동작특성에서 연속동작이 아닌 것은?
① 비례동작
② 적분동작
③ 미분동작
④ 2위치 동작

해 설
제어동작에 의한 자동제어 분류
㉮ 연속동작 : 비례동작, 적분동작, 미분동작, 비례 적분 동작, 비례 미분동작, 비례 적분 미분 동작
㉯ 불연속 동작 : 2위치 동작(on-off 동작), 다위치 동작, 불연속 속도 동작(단속도 제어 동작) |답| ④

6 위생기구 등의 설치 완료 후에 시행되는 배관시험방법 중 배수관의 최종시험으로 이용되는 배관시험방법은?
① 수압시험
② 만수시험
③ 기밀시험
④ 통수시험

해 설
배수관 및 통기관의 시험
㉮ 만수시험 : 배관 내에 물을 충만 시킨 후 누설 유무를 시험하는 것
㉯ 기압시험 : 공기를 이용하여 0.35[kgf/cm^2]의 압력으로 15분간 유지한다.
㉰ 기밀시험 : 연기시험과 박하시험으로 최종시험에 해당한다. |답| ③

7 화학설비장치에 사용되는 열교환기 중 유체에 미리 열을 주어 다음 공정의 효율을 증대하기 위하여 사용하는 장치는?
① 가열기
② 예열기
③ 과열기
④ 증발기

해 설
각 장치의 역할 및 기능
㉮ 가열기(heater) : 유체의 온도를 높이는데 사용하여 유체를 재가열하여 과열상태로 하기 위한 열교환기이다.
㉯ 예열기(preheater) : 유체에 미리 열을 주어 다음 공정의 효율을 증대시키는 열교환기이다.
㉰ 과열기 : 유체의 온도를 높이는데 사용하여 유체를 재가열하여 과열상태로 하기 위한 열교환기이다.
㉱ 증발기(vaporizer) : 기화하기 쉬운 액체가 잠열을 이용하여 증발하면서 열교환하는 기기이다. |답| ②

8 급탕설비 중 저장탱크에 서모스탯을 장치한 가장 주된 이유는?
① 증기압을 측정하기 위해서
② 수량을 조절하기 위해서
③ 온도를 조절하기 위해서
④ 수질을 조절하기 위해서

해 설
서모스탯(thermostat) : 간접가열방식의 급탕탱크 내의 온수온도를 감지하여 증기와 같은 열매체의 양을 조절하여 급탕탱크의 온도를 일정하게 유지하는 자동 온도 조절기이다. |답| ③

9 보일러 취급자의 부주의로 인하여 발생하는 사고의 원인으로 맞는 것은?
① 재료의 부적당
② 설계상 결함
③ 발생증기 압력의 과다
④ 구조상의 결함

해 설
보일러 사고의 원인
㉮ 제작상의 원인 : 재료불량, 강도부족, 설계불량, 구조불량, 부속기기 설비의 미비, 용접불량 등
㉯ 취급상의 원인 : 압력초과, 저수위, 급수처리 불량, 부식, 과열, 미연소가스 폭발사고, 부속기기 정비불량 등 |답| ③

10 중앙식 급탕법의 특징에 관한 설명으로 옳지 않은 것은?
① 탕비장치가 대규모로 설치되므로 열효율이 낮다.
② 열원으로 석탄, 중유 등이 사용되므로 연료비가 저렴하다.
③ 일반적으로 다른 설비 기계류와 동일한 장소에 설치되어 관리상 유리하다.
④ 처음 건설비는 비싸지만, 경상비가 적으므로 대규모 급탕에서는 중앙식이 경제적이다.

해 설
급탕설비(탕비장치)가 대규모로 설치되므로 열효율이 좋다.
|답| ①

11 공기신호, 기계적 변위, 유압 등의 변화량을 전류로 변환시켜 전송하는 장치로 전송거리를 0.3∼10[km]로 길게 하여도 전송지연이 거의 없는 전송기는?
① 유압식 전송기 ② 전기식 전송기
③ 공기압식 전송기 ④ 유압 공기식 전송기

해 설
전기식 : 제어장치에서 대부분의 신호전달 방식은 전기식이며, 전기식에는 "ON", "OFF" 동작을 행하는 압력스위치, 브리지나 전위차계 회로에 의한 것, 전자관 자동평형계를 이용한 것 등 여러 가지가 있으며, 특징은 다음과 같다.
㉮ 배선설치가 용이하다.
㉯ 신호 전달에 시간 지연이 없다.
㉰ 복잡한 신호에 용이하다.
㉱ 변수간의 계산이 용이하다.
㉲ 조작속도가 빠른 비례 조작부를 만들기가 곤란하다.
㉳ 보수 및 취급에 기술을 요한다.
㉴ 가격이 비싸다.
㉵ 고온, 다습한 곳은 설치가 곤란하다. |답| ②

12 제어에서 입력 신호에 대한 출력신호 응답 중 인디셜 응답이라고도 하며, 입력이 단위량만큼 단계적으로 변화될 때의 응답을 말하는 것은?
① 자기 평형성 ② 과도 응답
③ 주파수 응답 ④ 스텝 응답

해 설
응답 : 자동제어계의 어떤 요소에 대하여 입력을 원인이라 하면 출력은 결과가 되며, 이때의 출력을 입력에 대한 응답이라고 한다.
㉮ 과도응답 : 정상상태에 있는 요소의 입력측에 어떤 변화를 주었을 때 출력측에 생기는 변화의 시간적 경과를 말한다.
㉯ 스텝응답 : 입력을 단위량만큼 변화시켜 평형상태를 상실했을 때의 과도응답을 말한다.
㉰ 정상응답 : 과도응답에 대하여 제어계 또는 요소가 완전히 정상상태로 이루어졌을 때의 응답을 말한다.

㉱ 주파수 응답 : 사인파 상의 입력에 대한 자동제어계 또는 그 요소의 정상응답을 주파수의 함수로 나타낸 것이다.
|답| ④

13 석유화학 설비배관에 관한 설명으로 틀린 것은?
① 배관 내 유체의 누설은 화학 장치에 대해 부식을 촉진하고 재해 유발의 원인이 되므로 누설 방지용 개스킷을 잘 끼워 주어야 한다.
② 화학 장치용 재료로 사용되는 금속재료는 수소에 의한 탈탄, 황화수소에 의한 부식, 산소 또는 가스에 의한 산화 등을 고려하여 선정한다.
③ 고온고압용 재료에는 내식성이 크고 크리프(creep)강도가 큰 재료가 사용된다.
④ 화학 공업용 배관에 많이 쓰이는 강관의 이음방법에는 플랜지이음, 나사이음이 주로 쓰이나 용접이음은 누설의 염려가 있어 활용되지 않는다.

해 설
나사이음은 누설의 염려가 있어 활용되지 않는다.
|답| ④

14 짧은 전향날개가 많아 다익 송풍기라고도 하며, 비교적 소음이 적고 풍압이 낮은 곳에 주로 사용하는 송풍기는?
① 시리코형 ② 축류 송풍기
③ 리밋 로드형 ④ 엘리미네이터

해 설
시리코형 송풍기 : 원심송풍기로서 다익 송풍기라 하며 회전차의 지름이 작고 소형, 경량인 송풍기로 전향 날개를 많이 설치한 것으로 특징은 다음과 같다.
㉮ 풍량이 많으나 풍압이 낮다.
㉯ 소음이 적지만 효율이 낮다.
㉰ 소요 동력이 많이 필요하다.
㉱ 제작비가 저렴하다. |답| ①

15 보일러 내부 부식 중 점식을 방지하는 방법이 아닌 것은?
① 아연판 매달기
② 용존산소 제거
③ 강한 전류 통전
④ 방청도장, 보호피막

해 설
점식의 방지법
㉮ 용존산소를 제거한다.
㉯ 보일러 내부에 아연판을 매단다.
㉰ 방청도장이나, 보호피막을 입힌다.
㉱ 약한 전류를 통전시킨다. |답| ③

16 배관공작 안전사항 중 수공구 운반 시 주의사항으로 틀린 것은?
① 불안전한 장소에는 수공구를 놓지 않도록 할 것
② 수공구를 손에 잡고 사다리를 오르내리지 말 것
③ 끌이나 정 등의 예리한 날부분은 칼집에 보관할 것
④ 드라이버 등과 같이 뾰족한 공구는 주머니에 넣고 다닐 것

해 설
드라이버 등과 같이 뾰족한 공구는 주머니에 넣고 다니지 않아야 한다. |답| ④

17 건구온도(t_1) 26[℃], 상대습도(ϕ_1) 50[%]인 공기 70[kg]과 건구온도(t_2) 32[℃], 상대습도(ϕ_2) 70[%]인 공기 30[kg]을 단열혼합하면 온도는 몇 [℃]인가?
① 27.8[℃]
② 28.3[℃]
③ 28.8[℃]
④ 29.3[℃]

해 설
0[℃] 상태의 공기의 정압비열은 0.24[kcal/kgf·℃]이다.
$$\therefore t_m = \frac{G_1 \cdot C_1 \cdot t_1 + G_2 \cdot C_2 \cdot t_2}{G_1 \cdot C_1 + G_2 \cdot C_2}$$
$$= \frac{70 \times 0.24 \times 26 + 30 \times 0.24 \times 32}{70 \times 0.24 + 30 \times 0.24}$$
$$= 27.8[℃]$$ |답| ①

18 가스설비 중 액화가스를 가열하여 기화시키는 기화기의 종류가 아닌 것은?
① 다관식
② 코일식
③ 직동식
④ 캐비닛식

해 설
기화기의 종류
㉮ 구조에 의한 구분 : 다관식, 코일식, 캐비닛식
㉯ 가열방식에 의한 구분 : 전열식 온수형, 전열식 고체전열형, 온수식, 스팀식 직접형, 스팀식 간접형 |답| ③

19 캔 음료수 자판기에 동전을 넣으면 캔이 나온다. 이것은 어떤 제어를 적용한 것인가?
① 서보 기구
② 피드백 제어
③ 폐루프 제어
④ 시퀀스 제어

해 설
시퀀스 제어(sequence control : 개[開]회로) : 미리 순서에 입각해서 다음 동작이 연속 이루어지는 제어로 자동판매기, 보일러의 점화 등이 있다. |답| ④

20 통기관의 관경을 결정하는 원칙에 관한 내용으로 옳지 않은 것은?
① 신정 통기관은 관경은 줄이지 않고 연장해서 대기 중에 개방한다.
② 결합 통기관은 배수 수직관과 통기 수직관 중 관경이 작은 쪽의 관경 이상으로 한다.
③ 각개 통기관은 관경은 그것에 연결되는 배수 관경의 1/2 보다 작으면 안 되고 최소관경은 30[mm]이다.
④ 루프 통기관의 관경은 배수 수평 분기관과 통기 수직관 중 관경이 큰 쪽의 1/2 보다 작으면 안 되고 최소 관경은 30[mm]이다.

해 설
루프 통기관의 최소 관지름은 40[mm]이다. |답| ④

21 보온재의 종류 중 무기질 보온재가 아닌 것은?
① 기포성 수지 ② 석면
③ 암면 ④ 규조토

해설
재질에 의한 보온재 분류
- ㉮ 유기질 보온재 : 펠트, 코르크, 기포성 수지
- ㉯ 무기질 보온재 : 석면, 암면, 규조토, 탄산마그네슘, 유리섬유
- ㉰ 금속질 보온재 : 알루미늄 박(泊) |답| ①

22 다음 중 가장 높은 온도에서 사용할 수 있는 개스킷은?
① 인조고무 ② 식물섬유
③ 테프론 ④ 압축석면

|답| ④

23 프리스트레스드(prestressed) 콘크리트관에 관한 설명으로 옳은 것은?
① 일반적으로 에터니트관이라고 부르며 고압으로 가압하여 성형한 것이다.
② 보통 흄관이라 하며 철근을 형틀레 넣고 원심력으로 성형한 것이다.
③ PS강선으로 압축응력을 부과하여 인장응력과 상쇄할 수 있게 한 것이다.
④ 내측은 흄관, 외측은 에터니트관으로 이중으로 만든 특수관이다.

해설
프리스트레스(pre-stress) 콘크리트관 : 콘크리트관 외주에 PS강선을 인장해서 감아 붙인 뒤 관의 원주방향으로 압축응력을 부여하여 내외압에 의해서 일어나는 인장응력과 상쇄할 수 있게 한 관이다. |답| ③

24 배관 계획에 있어 관 종류 선택 시 고려해야 할 조건으로 가장 거리가 먼 것은?
① 관내 유체의 화학적 성질
② 관내 유체의 온도
③ 관내 유체의 압력
④ 관내 유체의 경도

해설
배관재료 선택 시 고려해야 할 사항
(1) 화학적 성질
- ㉮ 수송 유체에 따른 관의 내식성
- ㉯ 수송 유체와 관의 화학반응으로 유체의 변질 여부
- ㉰ 지중 매설 배관할 때 토질과의 화학 변화
- ㉱ 유체의 온도 및 농도변화에 따른 화학변화

(2) 물리적 성질
- ㉮ 관내 유체의 압력 및 관의 내마모성
- ㉯ 유체의 온도변화에 따른 물리적 성질의 변화
- ㉰ 맥동 및 수격작용이 발생할 때의 내압강도
- ㉱ 지중 매설 배관할 때 외압으로 인한 강도

(3) 기타 성질
- ㉮ 지리적 조건에 따른 수송 문제
- ㉯ 진동을 흡수할 수 있는 이음법의 가능 여부
- ㉰ 사용 기간 |답| ④

25 그루브 조인트(groove joint) 이음쇠의 종류로 가장 거리가 먼 것은?
① 고정식 그루브 조인트
② 유동식 그루브 조인트
③ 고정식 티 조인트
④ 유동식 용접 그루브 조인트

해설
그루브 조인트(groove joint) : 무용접 방식의 배관 부속으로 고정식과 유동식으로 구분되며 용접 그루브 조인트는 해당되지 않는다. |답| ④

26 사용압력이 50[kgf/cm²], 관의 인장강도가 30[kgf/mm²]인 탄소강관의 안전율이 4일 때, 가장 적합한 사용 관의 스케줄 번호는?
① Sch No. 40 ② Sch No. 60
③ Sch No. 80 ④ Sch No. 120

해설
$$\text{Sch NO} = 10 \times \frac{P}{S} = 10 \times \frac{50}{\frac{30}{4}} = 66.66$$

∴ 계산된 스케줄 번호 66.66보다 큰 80번을 선택한다. |답| ③

27 용융상태인 유리에 압축공기 또는 증기를 분사시켜 짧은 섬유 모양으로 만든 것으로 단열, 내열, 내구성이 좋은 보온재는?
① 규산칼슘　② 폴리우레탄 폼
③ 유리섬유　④ 탄산마그네슘

해 설

유리섬유(glass wool) 보온재의 특징
㉮ 용융 유리를 압축공기나 원심력을 이용하여 섬유형태로 제조한다.
㉯ 흡습성이 크기 때문에 방수처리를 하여야 한다.
㉰ 보온, 보냉재로 일반건축의 벽체, 덕트 등에 사용한다.
㉱ 열전도율 : 0.036~0.057[kcal/h·m·℃]
㉲ 안전 사용온도 : 350[℃] 이하 (단, 방수처리 시 600[℃] 이하)　|답| ③

28 동관 및 동합금관의 사용처로 적절하지 않은 것은?
① 아세톤의 공급관으로 사용했다.
② 휘발유의 공급관으로 사용했다.
③ 담수 및 경수의 공급관으로 사용했다.
④ 암모니아수의 공급관으로 사용했다.

해 설

동 및 동합금 특징
㉮ 담수(淡水)에 대한 내식성이 우수하다.
㉯ 열전도율이 좋고, 가공성이 좋아 배관시공이 용이하다.
㉰ 아세톤, 프레온 가스 등 유기약품에 침식되지 않는다.
㉱ 관 내부에서 마찰저항이 적다.
㉲ 연수(軟水)에는 부식된다.
㉳ 외부의 기계적 충격에 약하다.
㉴ 가격이 비싸다.
㉵ 가성소다, 가성칼리 등 알칼리성에는 내식성이 강하고, 암모니아수, 습한 암모니아(NH_3)가스, 초산, 진한 황산(H_2SO_4)에는 심하게 침식된다.　|답| ④

29 스트레이너의 종류와 특징에 대한 설명으로 틀린 것은?
① 모양에 따라 Y형, U형, V형이 있다.
② 정기적으로 여과망을 청소해야 한다.
③ V형은 유체가 직각으로 흐른다.
④ U형이 Y형보다 유체저항이 크다.

해 설

V형 여과기는 주철제의 몸체 속에 V자 모양의 여과망을 넣은 것으로 유체가 이 여과망을 통과하면서 여과되며, 유체가 일직선으로 되어 있어 Y형이나 U형 여과기에 비하여 유체에 대한 저항이 적다. 여과망의 교환, 점검, 보수 및 관리가 편리하다.　|답| ③

30 내식성, 특히 내해수성이 좋으며 화학공업용이나 석유 공업용의 열교환기, 해수·담수화장치에 사용되며, 이음매 없는 관과 용접관으로 구분하며, 관의 내·외면에서 열을 전달할 목적으로 사용하는 관은?
① 가교화폴리에틸렌관
② 열교환기용 티타늄관
③ 폴리프로필렌관
④ 염화비닐관　|답| ②

31 원심력 모르타르 라이닝 주철관에 대한 일반적인 특징으로 옳은 것은?
① 라이닝을 실시한 관은 모르타르를 통하여 물이 관속으로 침투하기 쉽다.
② 라이닝을 실시한 관은 마찰 저항이 적으며 수질의 변화가 적다.
③ 삽입구를 포함하여 관의 내면 모두 라이닝 한다.
④ 원심력 덕타일 주철관은 라이닝 할 수 없다.

해 설

원심력 모르타르 라이닝 주철관의 특징
㉮ 삽입구를 제외한 관의 내면에 시멘트 모르타를 라이닝한 것이다.
㉯ 라이닝을 실시한 관은 철과 물의 직접 접촉이 없으므로 물이 관속으로 침투하기 어렵다.
㉰ 라이닝을 실시한 관은 마찰저항이 적으며, 수질의 변화가 적다.
㉱ 라이닝을 실시하는 관은 수도용 원심력 모래형 주철관, 원심력 금형 주철관, 원심력 덕타일 주철관 등이다.
㉲ 라이닝 방법은 관의 내면을 도장하지 않은 관에 시멘트와 모래의 배합비(중량비)를 1 : 1.5~2로 하여 원심력을 이용하여 두께와 질을 모두 균일하게 라이닝한다.　|답| ②

32 배관계의 진동이나 수격작용에 의한 충격 등을 감쇠 또는 완화시키는 것이 주목적인 지지장치는?
① 리스트레인트(restraint)
② 브레이스(brace)
③ 서포트(support)
④ 턴 버클(turn buckle)

해 설
브레이스(brace) : 펌프, 압축기 등에서 발생하는 진동을 흡수하여 배관계통에 전달되는 것을 방지하는 역할을 한다.
㉮ 방진구 : 진동을 방지하거나 완화시키는 역할을 한다.
㉯ 완충기 : 배관 내의 수격작용, 안전밸브 분출반력 등 충격을 완화하는 역할을 한다.　　　　　|답| ②

33 배수, 급수, 공기 등의 배관에 쓰이는 패킹재로서 탄성이 우수하고 흡습성이 없으며 산, 알칼리 등에는 강하나 열과 기름에 약한 것은?
① 석면 패킹　　② 금속 패킹
③ 합성수지 패킹　　④ 고무 패킹

해 설
고무 패킹 : 탄성이 크고 우수하나 열과 기름에는 약하며 내산, 내알칼리성은 크지만 흡수성이 없다. 내열성(100[℃] 이상), 내한성(-55[℃])이 좋지 않기 때문에 일반적인 냉수, 배수 및 공기배관에 사용된다.　　|답| ④

34 주철관의 접합방법 중 압력이 증가할 때마다 고무링이 관벽에 밀착되어 누수를 방지하는 접합법은?
① 기계적 접합(mechanical joint)
② 빅토리 접합(victory joint)
③ 타이튼 접합(tyton joint)
④ 플랜지 접합(flanged joint)

해 설
빅토리 접합(victoric joint) : 특수한 형상을 가지고 있는 주철관 끝에 고무링을 삽입하고 가단 주철제 칼라(collar)를 죄어 이음하는 접합 방식으로, 관 내부의 압력이 높아지면 고무링은 관벽에 더욱 밀착하여 누수를 막는 작용을 한다.　　　　　　　　　　　　|답| ②

35 순수한 물의 물리적 성질에 관한 설명으로 옳은 것은?
① 밀도는 약 1[kg/cm³]이다.
② 물의 비중은 0[℃]일 때 1이다.
③ 점성계수는 온도가 높을수록 작아진다.
④ 동일조건에서 해수(바닷물)보다 비중이 약 1.2배 크다.

해 설
각 항목의 옳은 설명
① 물의 밀도는 1[g/cm³], 1[kg/m³]이다.
② 물의 비중은 4[℃]일 때 1이다.
④ 동일조건에서 순수한 물은 해수보다 비중이 작다.
　　　　　　　　　　　　　　　　　　　　|답| ③

36 연관이음에 쓰이는 플라스턴 접합에 대한 설명으로 틀린 것은?
① 플라스턴 합금에 의한 이음 방법으로서 취급 시 특수한 기술이 필요하다.
② 플라스턴 이음의 종류에는 직선 이음, 맞대기 이음, 맨더린 이음 등이 있다.
③ 플라스턴의 용융온도는 약 232[℃]이다.
④ 플라스턴은 주석과 납의 합금이다.

해 설
플라스턴 접합은 비교적 용융점이 낮은(약 232[℃]) 플라스턴 합금(납(Pb) 60[%]와 주석(Sn) 40[%])에 의한 이음방법으로서 특수한 기술이나 숙련이 없어도 간단하게 작업할 수 있다.　　　　　　　　　|답| ①

37 다음 관용나사에 관한 설명으로 틀린 것은?
① 관용나사는 일반 체결용 나사보다 피치와 나사산을 크게 한 것이다.
② 테이퍼나사는 누수를 방지하고 기밀을 유지하는데 사용한다.
③ 나사산의 형태에는 평행나사와 테이퍼나사가 있다.
④ 주로 배관용 탄소강 강관을 이음하는데 사용되는 나사이다.

해 설
관용나사는 일반 체결용 나사보다 피치와 나사산 높이를 작게 한 것이다. |답| ①

38 가로 5[m], 세로 1[m], 자유 수면의 높이가 1[m]인 사각 수조의 하부에 지름 5[cm]의 구멍을 뚫었을 경우 유출되는 최초의 유량은? (단, 유량계수 C_v = 0.4이다.)

① 0.35[m³/s] ② 0.035[m³/s]
③ 0.0035[m³/s] ④ 0.00035[m³/s]

해 설
㉮ 유출되는 물의 유속 계산
$$\therefore V = \sqrt{2gh} = \sqrt{2 \times 9.8 \times 1}$$
$$= 4.427 \fallingdotseq 4.43 \,[\text{m/s}]$$
㉯ 유량 계산
$$\therefore Q = C_v A V$$
$$= 0.4 \times \frac{\pi}{4} \times 0.05^2 \times 4.43$$
$$= 3.48 \times 10^{-3} = 0.00348$$
$$\fallingdotseq 0.0035 \,[\text{m}^3/\text{s}]$$ |답| ③

39 배관설비의 유량측정에 일반적으로 응용되는 원리(정리)인 것은?

① 상대성 원리 ② 베르누이 정리
③ 프랭크의 정리 ④ 아르키메데스 원리

해 설
베르누이 방정식 : 모든 단면에서 작용하는 위치수두, 압력수두, 속도수두의 합은 항상 일정하다로 정의되며, 차압식 유량계(오리피스미터, 플로노즐, 벤투리미터), 피토관 유량계의 측정 원리이다.
$$H = Z_1 + \frac{P_1}{\gamma} + \frac{V_1^2}{2g} = Z_2 + \frac{P_2}{\gamma} + \frac{V_2^2}{2g}$$
여기서, H : 전수두, Z_1, Z_2 : 위치수두
$\frac{P_1}{\gamma}$, $\frac{P_2}{\gamma}$: 압력수두,
$\frac{V_1^2}{2g}$, $\frac{V_2^2}{2g}$: 속도수두 |답| ②

40 주철관의 이음에서 고무링 하나만으로 이음하며, 소켓 내부의 홈은 고무링을 고정시키고, 돌기부는 고무링이 있는 홈 속에 들어맞게 되어 있으며 삽입구의 끝은 쉽게 끼울 수 있도록 테이퍼로 되어 있어 이음과정이 비교적 간편하고 온도변화에 따른 신축이 자유로운 특징을 가지고 있는 이음방법은?

① 소켓 이음(socket joint)
② 빅토리 이음(victory joint)
③ 타이튼 이음(tyton joint)
④ 플랜지 이음(flange joint)

해 설
타이튼 이음(tyton joint) 특징
㉮ 이음에 필요한 부품은 고무링 하나이다.
㉯ 이음과정이 간단하며, 관부설을 신속히 할 수 있다.
㉰ 매설할 경우 이음부를 넓게 팔 필요가 없다.
㉱ 비가 올 때나 물기가 있는 곳에서도 이음이 가능하다.
㉲ 이음부의 굽힘 허용도는 호칭지름 300[mm]까지는 5°, 400[mm] 이하는 4°, 500[mm] 이하는 3°까지이다.
㉳ 고무링에 의한 이음이므로 온도변화에 신축이 자유롭다.
㉴ 이음이 끝난 후 즉시 매설할 수 있다. |답| ③

41 건포화 증기의 건도 x는 얼마인가?

① 0 ② 0.2
③ 0.5 ④ 1

해 설
건조도[건도](x) : 증기 속에 함유되어 있는 물방울의 혼용률
① 건조도(x)가 1인 경우 : 건포화증기
② 건조도(x)가 0인 경우 : 포화수
③ 건조도(x)가 $0 < x < 1$인 경우 : 습증기 |답| ④

42 펌프와 관련된 용어 중 "클수록 저양정(대유량)이 되고, 작을수록 고양정(소유량)이 된다"와 가장 밀접한 관계의 용어는?

① 단수 ② 사류
③ 비교회전수 ④ 안내날개

해 설

비교회전도(비속도) : 토출량이 1[m³/min], 양정 1[m]가 발생하도록 설계한 경우의 판상 임펠러의 분당 회전수를 나타낸다.

$$N_s = \frac{N\sqrt{Q}}{\left(\frac{H}{n}\right)^{\frac{3}{4}}}$$

여기서, N_s : 비교회전도(비속도), N : 회전수(rpm)
　　　　Q : 유량(m³/min), H : 양정(m)
　　　　n : 단수　　　　　　　　　　|답| ③

43 용접부 응력 제거 방법 중 용접부 양측 약 150[mm]를 일정 속도로 이동하는 가스불꽃을 이용하여 150~200[℃]로 가열한 후 수냉하는 방법은?
① 국부 풀림법
② 피닝법
③ 기계적 응력완화법
④ 저온응력완화법

해 설

저온응력 완화법 : 용접부분 양쪽 105[mm] 정도를 가스불꽃으로 150~200[℃]로 일정한 속도로 가열한 후 즉시 물로 냉각하여 용접선 방향에 생긴 인장응력을 제거하는 방법이다.　　　　　　　　　　|답| ④

44 사용목적에 따라 열교환기를 분류한 것으로 틀린 것은?
① 가열기(heater)
② 예열기(preheater)
③ 증발기(vaporizer)
④ 압축기(compressor)

해 설

각 장치의 역할 및 기능
㉮ 가열기(heater) : 유체의 온도를 높이는데 사용하여 유체를 재가열하여 과열상태로 하기 위한 열교환기이다.
㉯ 예열기(preheater) : 유체에 미리 열을 주어 다음 공정의 효율을 증대시키는 열교환기이다.
㉰ 증발기(vaporizer) : 기화하기 쉬운 액체가 잠열을 이용하여 증발하면서 열교환하는 기기이다.
㉱ 압축기(compressor) : 기체의 압력을 올려 압송하는 장치이다.　　　　　　　　　　|답| ④

45 폴리부틸렌관 이음이라고도 하며, 재질의 굽힘성은 관경의 8배까지 가능한 이음은?
① 몰코 이음
② 납땜 이음
③ 나사 이음
④ 에이콘 이음

해 설

에이콘 이음 : 본체, 그라프링(grab ring), 오링(O-ring), 캡, 서포트슬리브로 구성되며 관을 연결구에 삽입하여 그라프링과 O링에 의한 이음방법이다.　|답| ④

46 동일 관로에서 관의 지름이 0.5[m]인 곳에서 유속이 4[m/s]이면, 지름 0.2[m]인 곳에서의 관내 유속은?
① 9[m/s]
② 10[m/s]
③ 12[m/s]
④ 25[m/s]

해 설

연속의 방정식에서 $Q_1 = Q_2$이므로
$A_1 \times V_1 = A_2 \times V_2$가 된다.

$$\therefore V_2 = \frac{A_1 \times V_1}{A_2} = \frac{\frac{\pi}{4} \times 0.5^2 \times 4}{\frac{\pi}{4} \times 0.2^2} = 25[m/s]$$　|답| ④

47 정면, 평면, 측면을 하나의 투상면 위에 동시에 볼 수 있도록 두 개의 옆면 모서리가 수평선과 30°가 되게 하여 세 축이 120°의 각도가 되도록 입체도로 투상한 것을 무엇이라 하는가?
① 정투상도
② 등각투상도
③ 사투상도
④ 회전투상도

해 설

투상도의 종류
㉮ 정투상도 : 직교하는 3개의 화면 중간에 물체를 놓고 평행광선에 의해 투상된 자취를 그린 것으로 보는 방향에서의 형상과 크기만 나타나고, 다른 부분은 알 수가 없기 때문에 물체 전체를 완전히 표현하려면 두 개 이상의 투상도가 필요하므로 정면도, 평면도, 측면도로 나타내며 제1각법과 제3각법이 있다.
㉯ 등각투상도 : 정면, 평면, 측면을 하나의 투상면 위에 동시에 볼 수 있도록 두 개의 옆면 모서리가 수평선과 30°가 되게 하여 세 축이 120°의 각도가 되도록 입체도를 투상한 것이다.

㉰ 부등각투상도 : 직육면체의 등각 투상도에서 직각으로 만나는 3개의 모서리가 임의의 각도를 이룬다.
㉱ 사투상도 : 하나의 그림으로 육면체의 세 면 중의 한 면만을 중점적으로 엄밀, 정확하게 표시할 수 있는 투상법이다.

|답| ②

48 투상도의 표시방법 중 물체의 위에서 내려다 본 모양을 도면에 표현한 그림은?
① 정면도 ② 배면도 ③ 측면도 ④ 평면도

해 설
투상도의 이름
㉮ 정면도 : 물체의 가장 기본이 되는 면을 정면에서 본 모양을 나타낸 도면
㉯ 평면도 : 물체를 위에서 내려다 본 모양을 나타낸 도면
㉰ 측면도 : 정면도를 기준으로 물체의 옆면을 본 모양을 나타낸 도면으로 좌측면도와 우측면도가 있다.
㉱ 저면도 : 물체를 밑에서 본 모양을 나타낸 도면
㉲ 배면도 : 물체의 정면 반대쪽인 뒷면을 나타낸 도면

|답| ④

49 그림과 같은 용접기호에서 목두께를 나타내는 것은?

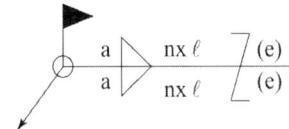

① a ② n
③ ℓ ④ (e)

해 설
용접도시기호 문자
① a : 용접 목두께
② n : 용접부의 개수(용접수)
③ ℓ : 용접부 길이(크레이트 제외)
④ (e) : 인접한 용접부 간의 간격

|답| ①

50 도형의 한정된 특정 부분을 다른 부분과 구별하는데 사용하는 해칭은 어느 선으로 나타내는가?
① 굵은 실선 ② 가는 실선
③ 은선 ④ 파단선

해 설
해칭(hatching) : 단면도의 절단된 부분과 같이 도형의 한정된 특정 부분을 다른 부분과 구별하는데 사용하는 것으로 가는 실선으로 규칙적으로 줄을 늘어 놓은 것이다.

|답| ②

51 [보기]와 같은 배관 라인 인덱스에서 관에 흐르는 유체의 종류는?

[보기] 2 - 80A - PA - 16 - 39 - HINS

① 작업용 공기 ② 재생 냉수
③ 저압 증기 ④ 연료 가스

해 설
(1) [보기]의 기호 설명
  ㉮ 2 : 장치번호
  ㉯ 80A : 배관의 호칭
  ㉰ PA : 유체기호(PA-작업용 공기)
  ㉱ 16 : 배관번호
  ㉲ 39 : 배관재료종류별 기호
  ㉳ HINS : 보온·보냉기호(HINS-보온, CINS-보냉, PP-화상방지)
(2) 유체기호

기호	종류	기호	종류
P	프로세스 유체	PA	작업용 공기
IA	계기용 공기	N	질소
HS	고압 증기	LS	저압 증기
CW	재생 냉수	SW	해수 등

|답| ①

52 그림과 같이 경사진 투영면에 투영한 그림을 무엇이라고 하는가?

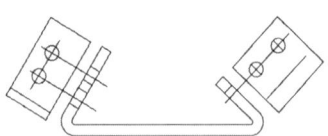

① 국부투상도 ② 보조투상도
③ 회전투상도 ④ 경사투상도

해 설
보조투상도 : 경사면부가 있는 물체는 정투상도로 그리

면 그 물체의 실제형태를 나타낼 수가 없으므로 그 경사면과 맞서는 위치에 투상도를 그려 경사면의 실제형태를 나타내는 것이다. |답| ②

53 다음 도면에서 벤딩(bending)부의 관 길이는 약 몇 [mm]인가?

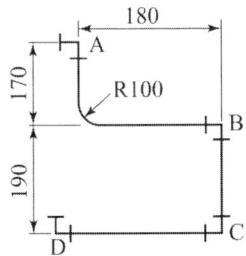

① 100
② 141
③ 157
④ 175

해 설

도면에서 벤딩부의 각도는 90°이다.
$$\therefore L = \frac{90}{360} \times \pi D$$
$$= \frac{90}{360} \times \pi \times (2 \times 100) = 157.079 \,[\text{mm}]$$
|답| ③

54 배관 도시법에 있어서 치수 기입법 중 높이 표시가 아닌 것은?

① EL
② BL
③ GL
④ FL

해 설

배관 높이 표시법
(1) EL(elevation line) 표시 : 그 지방의 해수면에 기준선(base line)을 설정하여 이 기준선으로부터의 높이를 표시하는 표시법
  ㉮ BOP(bottom of pipe) : 지름이 다른 관의 높이를 나타낼 때 적용되며 관 바깥지름의 아랫면을 기준으로 하여 표시한다.
  ㉯ TOP(top of pipe) : BOP와 같은 목적으로 이용되나 관의 윗면을 기준으로 하여 표시한다.
(2) GL(ground line) 표시 : 포장된 지표면을 기준으로 하여 배관장치의 높이를 표시할 때 적용된다.
(3) FL(floor line) 표시 : 1층 바닥면을 기준으로 하여 높이를 표시한다. |답| ②

55 샘플링에 관한 설명으로 틀린 것은?

① 취락 샘플링에서는 취락 간의 차는 작게, 취락 내의 차는 크게 한다.
② 제조공정의 품질특성에 주기적인 변동이 있는 경우 계통 샘플링을 적용하는 것이 좋다.
③ 시간적 또는 공간적으로 일정 간격을 두고 샘플링하는 방법을 계통 샘플링이라고 한다.
④ 모집단을 몇 개의 층으로 나누어 각 층마다 랜덤하게 시료를 추출하는 것을 층별 샘플링이라고 한다.

해 설

계통 샘플링(systematic sampling) : 모집단에서 시간적, 공간적으로 일정한 간격을 두어 샘플링하는 방법이다. |답| ②

56 이항분포(binomial distribution)에서 매회 A가 일어나는 확률이 일정한 값 P일 때, n회의 독립시행 중 사상 A가 x회 일어날 확률 $P(x)$를 구하는 식은? (단, N은 로트의 크기, n은 시료의 크기, P는 로트의 모부적합품률이다.)

① $P(x) = \dfrac{n!}{x!(n-x)!}$

② $P(x) = e^{-x} \cdot \dfrac{(nP)^x}{x!}$

③ $P(x) = \dfrac{\binom{NP}{x}\binom{N-NP}{n-x}}{\binom{N}{n}}$

④ $P(x) = \binom{n}{x} P^x (1-P)^{n-x}$

해 설

이항분포를 이용한 확률 계산식 :
$$P(x) = \binom{n}{x} P^x (1-P)^{n-x}$$
※ ②번 : 푸와송분포를 이용하는 경우
  ③번 : 초기하분포를 이용하는 경우 |답| ④

57 다음 내용은 설비보전조직에 대한 설명이다. 어떤 조직의 형태에 대한 설명인가?

> 보전작업자는 조직상 각 제조부문의 감독자 밑에 둔다.
> • 단점 : 생산우선에 의한 보전작업 경시, 보전기술 향상의 곤란성
> • 장점 : 운전자와 일체감 및 현장감독의 용이성

① 집중보전 ② 지역보전
③ 부문보전 ④ 절충보전

해 설

보전조직의 유형
㉮ 집중보전 : 한사람의 관리자 밑에 공장의 모든 보전요원을 두고 모든 보전활동을 집중적으로 관리하는 방식
㉯ 지역보전 : 각 제조현장에 보전요원이 상주하여 그 지역의 설비검사, 급유, 수리 등을 담당하는 것으로 대규모공장에 많이 채택하는 방식이다.
㉰ 부문보전 : 각 제조부문의 감독자 밑에 공장의 보전요원을 배치하는 방식
㉱ 절충보전 : 집중보전에 지역보전 또는 부문보전을 결합한 보전방식

|답| ③

58 다음은 관리도의 사용 절차를 나타낸 것이다. 관리도의 사용 절차를 순서대로 나열한 것은?

> [다음]
> ㉠ 관리하여야 할 항목의 선정
> ㉡ 관리도의 선정
> ㉢ 관리하려는 제품이나 종류 선정
> ㉣ 시료를 채취하고 측정하여 관리도를 작성

① ㉠ → ㉡ → ㉢ → ㉣
② ㉠ → ㉢ → ㉡ → ㉣
③ ㉢ → ㉠ → ㉡ → ㉣
④ ㉢ → ㉣ → ㉠ → ㉡

해 설

(1) 관리도 정의 : 품질의 산포를 관리하기 위한 관리한계선이 있는 그래프로 공정을 관리 상태로 유지하기 위하여 또는 제조공정이 관리가 잘된 상태에 있는가를 조사하기 위하여 사용되는 것이다.

(2) 관리도의 사용 절차
㉮ 관리하려는 제품이나 종류 선정
㉯ 관리하여야 할 항목의 선정
㉰ 관리도의 선정
㉱ 시료를 채취하고 측정하여 관리도를 작성

|답| ③

59 다음 표는 어느 자동차 영업소의 월별 판매실적을 나타낸 것이다. 5개월 단순이동 평균법으로 6월의 수요를 예측하면 몇 대인가?

월	1월	2월	3월	4월	5월
판매량	100대	110대	120대	130대	140대

① 120대 ② 130대
③ 140대 ④ 150대

해 설

$$F_6 = \frac{\sum A_{1 \sim 5}}{n} = \frac{100 + 110 + 120 + 130 + 140}{5} = 120$$

|답| ①

60 표준시간 설정 시 미리 정해진 표를 활용하여 작업자의 동작에 대해 시간을 산정하는 시간연구법에 해당되는 것은?

① PTS법 ② 스톱워치법
③ 워크샘플링법 ④ 실적자료법

해 설

PTS법 : 기정시간표준(PTS : predetermined time standard system)법이라 하며 모든 작업을 기본동작으로 분해하고 각 기본동작에 대하여 성질과 조건에 따라 정해놓은 시간치를 적용하여 정미시간을 산정하는 방법이다.

|답| ①

2017년 기능장 제61회 필기시험 (3월 5일 시행)

자격종목	코 드	시험시간	형 별
배관기능장	3081	1시간	B

※ 답안 카드 작성 시 시험문제지 형별누락, 마킹착오로 인한 불이익은 전적으로 수험자의 귀책사유임을 알려드립니다.
※ 각 문항은 4지 택일형으로 질문에 가장 적합한 보기 항을 선택하여 마킹하여야 합니다.

1 오물 정화조의 구비조건에 대한 설명으로 틀린 것은?
① 정화조는 부패조, 예비 여과조, 산화조, 소독조의 구조로 한다.
② 부패조는 침전, 분리에 적합한 구조로 한다.
③ 정화조의 바닥, 벽 등은 내수 재료로 시공하여 누수가 없도록 한다.
④ 산화조에는 배기관과 송기구를 설치하지 않고, 살포 여과식으로 한다.

해 설
산화조 : 부패조에서 여과조를 거쳐 들어온 오수는 산화조의 자갈층에 분산되어 흘러 내리며 오수와 공기를 접촉시켜 호기성 박테리아의 번식 활동을 도와 산화작용을 완전하게 한다. 산화조의 크기는 오수량의 약 1일분으로 하며 배기관은 지상에서 3[m] 이상의 높이로 한다.
| 답 ④

2 중앙식 급탕설비 중 간접 가열식과 비교한 직접 가열식 급탕설비의 특징이 아닌 것은?
① 열효율 측면에서 경제적이다.
② 건물 높이에 해당하는 수압이 보일러에 생긴다.
③ 보일러 내부에 물때가 생기지 않아 수명이 길다.
④ 고층 건물보다는 주로 소규모 건물에 적합하다.

해 설
직접 가열식 급탕 설비의 특징
㉮ 열효율 면에서 경제적이다.
㉯ 건물 높이에 해당하는 수압이 보일러에 생긴다.
㉰ 고층 건물보다는 주로 소규모 건물에 적합하다.
㉱ 경수 사용 시 보일러 내부에 물때(scale)가 부착하여 전열효율을 저하시키고, 수명을 단축시킨다.
㉲ 보일러 본체의 온도차에 따른 불균등한 신축이 발생한다.
| 답 ③

3 플랜트 설비에서 사용하는 연속식 혼합기가 아닌 것은?
① 정지 혼합기
② 퍼그 밀(Pug mill)
③ 코 니더(Ko-Kneader)
④ 니더 믹서(Kneader mixer)

해 설
혼합기의 역할 및 분류
(1) 역할(기능) : 2가지 또는 그 이상의 분리된 상을 균일하게 섞는 장치이다.
(2) 회분식 혼합기
㉮ 니더 믹서(Kneader mixer) : 점도가 큰 재료에도 사용할 수 있으며 반건조, 산소성체, 페이스트(paste)상 물질에 널리 사용된다.
㉯ 인터널 믹서(internal mixer) : 단면이 도토리 모양의 2개의 수평 원통이 밀폐된 통 안에서 서로 반대방향으로 회전하면서 혼합작용을 한다.
㉰ 멀러 믹서(muller mixer) : 원통 안에 폭이 넓고 무거운 로울이 수직축의 둘레를 회전하면 스크레퍼가 재료를 연속으로 공급해 주며 압축, 전단, 접기 등의 혼합작용을 하며, 퍼티(putty)상, 분말상의 재료에 적합하다.
㉱ 로울 밀 : 인쇄용 잉크의 제조, 생고무와 카본 블랙을 혼합하는데 사용한다.
(3) 연속식 혼합기
㉮ 정지 혼합기 : 유체의 흐름을 둘로 나누는 짧은 나사선 모양의 요소를 이용하여 흐름을 180°로 다시 바꾼 다음 요소에 전달하는 것으로서 정체 유체나 점도가 낮은 페이스트상 유체의 혼합에 적합하다.
㉯ 퍼그 밀(pug mill) : 회전축에 여러 개의 날개를 나사선 모양으로 달아 재료를 한 방향으로 이송하

면서 혼합한다.
㉰ 코 니더(Ko-Kneader) : 단식 스크류 압축기의 스크류에 의하여 재료를 이송하여 혼합하는 것으로 플라스틱의 혼합 및 반죽, 전극 카본의 반죽, 안료의 분산 등에 사용한다. |답| ④

4 다음 중 장갑을 착용하고 작업하면 안 되는 작업은?
① 경납땜 작업
② 아크용접 작업
③ 드릴 작업
④ 가스절단 작업

해 설
드릴 작업과 같이 회전을 하는 기계를 취급하는 경우 장갑을 끼고 작업하지 않는다. |답| ③

5 고온, 고압에 사용되는 화학배관의 부식 종류에 속하지 않는 것은?
① 수소에 의한 탈탄
② 암모니아에 의한 질화
③ 일산화탄소에 의한 금속의 카보닐화
④ 질소에 의한 부식

해 설
고온, 고압의 화학배관의 부식 종류
㉮ 수소(H_2)에 의한 강의 탈탄
㉯ 암모니아(NH_3)에 의한 강의 질화
㉰ 일산화탄소(CO)에 의한 금속의 카아보닐화
㉱ 황화수소(H_2S)에 의한 부식(황화)
㉲ 산소(O_2), 탄산가스(CO_2)에 의한 산화 |답| ④

6 자동제어의 유압장치에 사용되는 펌프가 아닌 것은?
① 기어펌프   ② 플런저펌프
③ 베인펌프   ④ 볼류트펌프

해 설
자동제어용 유압펌프 종류
㉮ 왕복식 펌프 : 플런저펌프, 피스톤펌프
㉯ 회전식 펌프 : 기어펌프, 베인펌프 |답| ④

7 장치의 운전을 정지시키지 않고 유체가 흐르는 상태에서 수리하는 방법으로, 흐르고 있는 유체를 막을 수 없을 때 사용하는 응급조치 방법으로 적절한 것은?
① 플러깅(plugging)
② 스토핑박스(stopping box)법
③ 박스설치(box-in)법
④ 인젝션(injection)법

해 설
배관설비의 응급조치법
㉮ 코킹법 : 배관에서 관내의 압력과 온도가 비교적 낮고 누설 부분이 작은 경우 정을 대고 때려서 기밀을 유지하는 응급조치 방법이다.
㉯ 인젝션법 : 부식, 마모 등으로 작은 구멍이 생겨 유체가 누설될 경우 고무제품의 각종 크기로 된 볼을 일정량 넣고, 유체를 채운 후 펌프를 작동시켜 누설부분을 통과하려는 볼이 누설부분에 정착, 누설을 미량이 되게 하거나 정지시키는 응급조치 방법이다.
㉰ 스토핑박스(stopping box) : 밸브류 등의 그랜드 패킹부에서 누설이 발생할 때 쥠 너트를 조여도 쥠 여분이 없어 누설이 계속될 때 그랜드 패킹부에 스토핑박스를 설치하여 누설을 방지하는 방법
㉱ 박스(box-in)설치법 : 내부압력이 높고 고온의 유체가 누설되는 부분에 2~3개의 분할 상자를 이용하여 누설부분에 용접을 하여 누설을 방지하는 방법이다.
㉲ 핫태핑(hot tapping)법과 플러깅(plugging)법 : 장치의 운전을 정지시키지 않고 유체가 흐르는 상태에서 고장을 수리하는 것으로 바이패스를 시키거나 분기하여 유체를 우회 통과시키는 응급조치 방법이다. |답| ①

8 산업재해의 경중 정도를 알기 위해 사용되는 강도율의 계산식으로 옳은 것은?
① $\dfrac{근로손실일수}{연근로시간수} \times 1000$
② $\dfrac{재해건수}{연근로시간수} \times 1000$
③ $\dfrac{재해건수}{재적근로자수} \times 1000$
④ $\dfrac{근로손실일수}{재적근로자수} \times 1000$

해설
강도율 : 안전사고의 강도를 나타내는 기준으로 근로시간 1000시간당의 재해에 의하여 손실된 노동 손실 일수이다. |답| ①

9 배관시공 시 안전에 대한 설명으로 틀린 것은?
① 시공 공구들의 정리정돈을 철저히 한다.
② 작업 중 타인과의 잡담 및 장난을 금지한다.
③ 용접 헬멧은 차광 유리의 차광도 번호가 높은 것 일수록 좋다.
④ 물건을 고정시킬 때 중심이 한쪽으로 쏠리지 않도록 주의한다.

해설
용접 헬멧은 차광 유리의 차광도 번호가 적당한 것은 선택한다. |답| ③

10 자동제어 장치에서 기준입력과 검출부 출력을 합하여 제어계가 소요의 작용을 하는 데 필요한 신호를 만들어 보내는 부분으로 맞는 것은?
① 비교부   ② 설정부
③ 조절부   ④ 조작부

해설
㉮ 비교부 : 기준입력과 주피드백량과의 차를 구하는 부분으로서 제어량의 현재값이 목표치와 얼마만큼 차이가 나는가를 판단하는 기구
㉯ 검출부 : 제어량을 검출하고 이것을 기준입력과 비교할 수 있는 물리량(주피드백 신호)을 만드는 부분
㉰ 조절부 : 제어편차에 따라 일정한 신호를 조작요소에 보내는 부분
㉱ 조작부 : 제어대상에 대하여 작용을 걸어오는 부분으로 조작신호를 받아 이것을 조작량으로 바꾸는 부분 |답| ③

11 배관 검사의 종류로 가장 거리가 먼 것은?
① 외관 검사   ② 초음파 검사
③ 굽힘 검사   ④ 방사선투과 검사

해설
배관 용접부에 대한 검사는 비파괴검사인 외관검사, 초음파검사, 방사선투과검사, 침투검사, 자기검사 등을 이용한다.

※ 파괴검사 : 인장시험, 충격시험, 굽힘검사 등 |답| ③

12 증기 압축식 냉동법에서 압축기의 종류에 따라 분류한 것으로 해당되지 않는 것은?
① 왕복식   ② 원심식
③ 회전식   ④ 교축식

해설
증기 압축식 냉동장치 압축기 종류 : 왕복식(왕복동식), 원심식, 회전식 등 |답| ④

13 배관 설치 작업 시의 주의사항으로 틀린 것은?
① 플랜지의 볼트 구멍은 도면에 따라 지정하는 것 이외에는 중심선 배분으로 한다.
② 밸브부착은 흐름방향, 핸들 위치를 배관도에서 확인한 다음 부착한다.
③ 볼트는 고온부에 사용할 경우는 반드시 소손방지제를 도포한다.
④ 고온배관에 사용하는 볼트 길이는 완전 죔 작업을 한 후 나사산이 밖으로 나와서는 안 된다.

해설
고온배관에 사용하는 볼트 길이는 완전 죔 작업을 한 후 나사산이 밖으로 1~2산 정도 남도록 한다. |답| ④

14 자동제어에서 인디셜(indicial) 응답이라고도 하는 것은?
① 스텝 응답   ② 주파수 응답
③ 자기평형성   ④ 정현파 응답

해설
응답 : 자동제어계의 어떤 요소에 대하여 입력을 원인이라 하면 출력은 결과가 되며, 이때의 출력을 입력에 대한 응답이라고 한다.
㉮ 과도응답 : 정상상태에 있는 요소의 입력측에 어떤 변화를 주었을 때 출력측에 생기는 변화의 시간적 경과를 말한다.
㉯ 스텝응답 : 입력을 단위량만큼 변화시켜 평형상태를 상실했을 때의 과도응답을 말한다.
㉰ 정상응답 : 과도응답에 대하여 제어계 또는 요소가 완전히 정상상태로 이루어졌을 때의 응답을 말한다.

㉱ 주파수 응답 : 사인파 상의 입력에 대한 자동제어계 또는 그 요소의 정상응답을 주파수의 함수로 나타낸 것이다. **|답|** ①

15 동력 나사 절삭기 사용 시 안전수칙에 관한 설명으로 틀린 것은?

① 관을 척에 확실히 고정시킨다.
② 절삭된 나사부는 나사산이 잘 성형되었는지 맨손으로 만지면서 확인해 본다.
③ 나사 절삭 시에는 주유구에 계속 절삭유가 공급되도록 한다.
④ 나사 절삭기의 정비, 수리 등은 절삭기를 정지시킨 다음 행한다.

해 설
절삭된 나사부는 맨손으로 만지지 않도록 한다. **|답|** ②

16 관로의 마찰 손실수두에 대해 관속의 유속 및 관의 직경과의 관계로 옳은 것은?

① 손실수두는 속도와 무관하다.
② 손실수두는 관의 직경에 비례한다.
③ 손실수두는 속도의 제곱에 비례한다.
④ 손실수두는 속도와 미끄럼계수에 상관관계가 있다.

해 설
달시-바이스 바하 방정식

$$h_f = f \times \frac{L}{D} \times \frac{V^2}{2g}$$

에서 압력손실[마찰손실수두](h_f)은
㉮ 관마찰계수(f)에 비례한다.
㉯ 관의 길이(L)에 비례한다.
㉰ 유속(V)의 제곱에 비례한다.
㉱ 관 지름(D)에 반비례한다.
㉲ 관 내부 표면조도(표면 거칠기)에 영향을 받는다.
㉳ 유체의 밀도(ρ), 점도(μ)의 영향을 받는다.
㉴ 압력(P)의 영향은 받지 않는다. (압력과는 무관하다.) **|답|** ③

17 배관의 지지는 자중이나 진동 또는 열팽창으로 인한 신축 등을 고려하여 적절한 방법으로 지지하도록 되어 있는데 관경에 따른 최대지지 간격으로 틀린 것은?

① 15~20[A] : 1.8[m]
② 25~32[A] : 2.0[m]
③ 40~80[A] : 4.0[m]
④ 175[A] 이상 : 5.0[m]

해 설
배관의 지지간격

구분	배관 종류	관호칭	간격
입상관	동관		1.2[m] 이내
	강관		각층 1개소 이내
	염화비닐관		1.2[m] 이내
횡주관	동관	20[A] 이하	1[m] 이내
		25~40[A]	1.5[m] 이내
		50[A]	2[m] 이내
		65~100[A]	2.5[m] 이내
		125[A] 이상	3[m] 이내
	강관	20[A] 이하	1.8[m] 이내
		25~40[A]	2[m] 이내
		50~80[A]	3[m] 이내
		90~150[A]	4[m] 이내
		200[A] 이상	5[m] 이내

※ 일반적으로 강관의 호칭은 150[A] 다음에 200[A]이지만 특수한 경우 175[A]배관도 있으므로 150[A]를 초과하는 175[A]부터 지지간격 5[m]가 적용될 수 있는 것으로 판단할 수 있음 **|답|** ③

18 기송배관의 일반적인 3가지 형식이 아닌 것은?

① 진공식 배관
② 압송식 배관
③ 수송식 배관
④ 진공 압송식 배관

해 설
기송배관의 형식 분류
㉮ 진공식(vacuum type) : 수송관을 진공펌프를 이용하여 진공상태로 만든 후 운반물과 대기 중의 공기를 동시에 흡입하여 운송하고 공기는 따로 분리하여 배출하는 형식이다.
㉯ 압송식(pressure type) : 압축기로 공기를 압입하고 송급기(feeder)에서 운반물을 흡입하여 운송한 후 공기를 따로 배출하는 형식이다.
㉰ 진공 압송식(vacuum and pressure type) : 진공식과 압송식을 혼합한 형식으로 수송원과 수송선이 여러 갈래이거나 원거리인 경우에 이용된다. **|답|** ③

19 집진장치 덕트 시공에 대한 설명으로 틀린 것은?
① 냉난방용보다 더 두꺼운 판을 사용한다.
② 곡선부는 직선부보다 두꺼운 판을 사용한다.
③ 먼지 등이 통과하면서 마찰이 심한 부분에는 강관을 대체 사용한다.
④ 지관을 주덕트에 연결할 때에는 지그재그형으로 삽입하지 않는다.

해 설
지관을 주덕트에 연결할 때에는 지그재그형으로 최저 30도 이상으로 삽입한다. |답| ④

20 관의 부식현상에 대한 방식 방법으로 틀린 것은?
① 금속 피복법
② 비금속 피복법
③ 가성취화에 의한 방식법
④ 저접지물과의 절연법

해 설
부식을 억제하는 방법(방식 방법)
㉮ 부식환경의 처리에 의한 방식법 : 유해물질의 제거
㉯ 부식억제제(Inhibiter)에 의한 방식법 : 크롬산염, 중합인산염, 아민류 등
㉰ 피복에 의한 방식법 : 전기도금, 용융도금, 확산삼투 처리, 라이닝, 클래드 등
㉱ 전기 방식법
※ 저접지물과의 절연법 : 전식의 방지법 중의 하나 임
※ 가성취화 : 보일러 수중에서 분해되어 생긴 가성소다(NaOH)가 과도하게 농축되면 수산이온(OH⁻)이 많아져서 알칼리도가 높아진다. 이것이 강재와 작용해서 생기는 나트륨(Na)이 강재의 결정입계를 침해하여 재질을 열화, 취화 시키는 것으로 보일러판의 국부 리벳 연결부 등에서 발생하며, 균열이 발생하는 것으로 알 수 있다. |답| ③

21 폴리에틸렌관의 종류가 아닌 것은?
① 수도용 폴리에틸렌관
② 내열용 폴리에틸렌관
③ 일반용 폴리에틸렌관
④ 폴리에틸렌 전선관

해 설
폴리에틸렌관의 종류 : 수도용, 가스용, 일반용, 전선관용 |답| ②

22 배관 지지물인 리스트레인트(restraint)의 종류가 아닌 것은?
① 앵커   ② 스톱
③ 가이드   ④ 브레이스

해 설
리스트레인트(restraint)의 종류 및 역할
㉮ 앵커(anchor) : 이동 및 회전을 방지하기 위하여 지지부분에 완전히 고정하여 사용한다.
㉯ 스톱(stop) : 회전 및 배관 축과 직각방향의 이동을 구속하고 나머지 방향의 이동은 자유롭다.
㉰ 가이드(guide) : 신축이음(루프형, 슬리브형) 등에 설치하는 것으로 축과 직각방향의 이동은 구속하고, 축방향의 이동은 허용 및 안내하는 역할을 한다. |답| ④

23 폴리에틸렌관(polyethylene pipe)의 장점으로 틀린 것은?
① 염화비닐관보다 가볍다.
② 염화비닐관보다 화학적, 전기적 성질이 우수하다.
③ 내한성이 좋아 한랭지 배관에 알맞다.
④ 염화비닐관에 비해 인장강도가 크다.

해 설
폴리에틸렌관(Polyethylene pipe)의 특징
㉮ 염화비닐관보다 가볍다.
㉯ 염화비닐관보다 화학적, 전기적 성질이 우수하다.
㉰ 내한성이 좋아 한랭지 배관에 알맞다.
㉱ 염화비닐관에 비해 인장강도가 1/5 정도로 작다.
㉲ 화기에 극히 약하다.
㉳ 유연해서 관면에 외상을 받기 쉽다.
㉴ 장시간 직사광선(햇빛)에 노출되면 노화된다.
㉵ 폴리에틸렌관의 종류 : 수도용, 가스용, 일반용 |답| ④

24 압력계에 대한 설명으로 가장 거리가 먼 것은?
① 고압라인의 압력계에는 사이펀관을 부착하여 설치한다.

② 유체의 맥동이 있을 경우는 맥동댐퍼를 설치한다.
③ 부식성 유체에 대해서는 격막 실(seal) 또는 실 포트(seal port)를 설치하여 압력계에 유체가 들어가지 않도록 한다.
④ 현장지시 압력계의 설치 위치는 일반적으로 0.5[m] 높이가 적당하다.

해설
압력계 설치 시공방법
㉮ 고압라인의 압력계에는 사이펀관을 부착하여 부르동관을 보호한다.
㉯ 유체에 맥동이 있을 경우에는 댐퍼를 설치하여 압력계에 유체가 들어가지 않게 한다.
㉰ 압력계의 설치위치는 1.5[m] 정도가 가장 좋다.
|답| ④

25 나사용 패킹으로 가장 거리가 먼 것은?
① 페인트　　　　② 일산화연
③ 액상 합성수지　④ 네오프렌

해설
나사용 패킹의 종류
㉮ 나사용 페인트 : 광명단을 혼합하여 사용하며, 고온의 기름배관을 제외하고는 모두 사용된다.
㉯ 일산화연 : 냉매배관에 사용하며 페인트에 소량의 일산화연을 첨가한 것이다.
㉰ 액상 합성수지 : 내유성이며 내열 범위가 −30∼130[℃]이고 화학제품에 강하므로 약품, 증기, 기름배관에 사용된다.
※ 합성고무(neoprene) : 내열도가 −46∼121[℃]인 천연고무의 성질을 개선시킨 것으로 내산성, 내열성, 내유성이 좋고, 기계적 성질이 양호하다. 증기배관 외 물, 공기, 기름 및 냉매배관 등 광범위하게 사용되는 플랜지패킹이다.
|답| ④

26 작동방법에 따른 감압밸브(pressure reducing valve)의 종류가 아닌 것은?
① 파일럿식　　② 피스톤식
③ 다이어프램식　④ 벨로스식

해설
감압밸브의 구분

㉮ 작동방법에 따른 분류 : 피스톤식, 다이어프램식, 벨로스식
㉯ 구조에 따른 분류 : 스프링식, 추식
㉰ 제어방식에 따른 분류 : 자력식(직동식과 파일럿 작동식으로 분류), 타력식
|답| ①

27 스테인리스 강관의 이음쇠 중 동합금제 링을 캡 너트로 고정시켜 결합하는 이음쇠는?
① MR 조인트 이음쇠
② 몰코 조인트 이음쇠
③ 랩 조인트 이음쇠
④ 팩레스 조인트 이음쇠

해설
MR 조인트 이음쇠 : 동합금제 주물 본체 이음쇠에 스테인리스강관을 삽입하고, 동합금제 링을 캡 너트로 조여 접속하는 방식의 이음쇠이다.

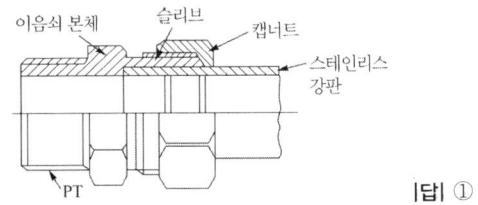

|답| ①

28 배관의 열 변형에 대응하기 위하여 사용하는 신축이음쇠 중 고압에 잘 견디며 설치공간을 많이 차지하여 옥외배관에 많이 쓰이는 것은?
① 벨로즈형 신축이음쇠
② 슬리브형 신축이음쇠
③ 스위블형 신축이음쇠
④ 루프형 신축이음쇠

해설
루프형(loop type) 신축이음쇠의 특징
㉮ 곡관으로 만들어진 관의 가요성(可撓性)을 이용한 것이다.
㉯ 구조가 간단하고 내구성이 좋아 고온, 고압배관이나 옥외배관에 주로 사용한다.
㉰ 설치 시 장소를 차지하는 면적이 크다.
㉱ 신축 흡수에 따른 응력이 발생한다.
㉲ 곡률 반지름은 관지름의 6배 이상으로 한다. |답| ④

29 덕타일 주철관에 관한 설명으로 틀린 것은?
① 구상흑연 주철관이라고도 한다.
② 변형에 대한 가요성과 가공성은 없다.
③ 보통 회주철관보다 관의 수명이 길다.
④ 강관과 같이 높은 강도와 인성이 있다.

해 설

(1) 수도용 원심력 덕타일 주철관 : 구상 흑연 주철관이라 하며 양질의 선철에 강을 배합하여 용해하고, 회전하는 주형에 주입한 다음 원심력을 이용하여 주조한 후 노(爐)속에 넣고 고르게 가열하여 730[℃] 이상에서 적당한 시간동안 풀림(annealing)처리를 한 것이며 주철 중의 흑연이 구상화하여 관의 질이 균일하게 되어 강도가 크다.
(2) 수도용 원심력 덕타일 주철관의 특징
㉮ 보통 주철(회주철)과 같이 수명이 길다.
㉯ 강관과 같이 고압에 견디는 높은 강도와 인성(靭性)을 가지고 있다.
㉰ 보통 주철과 같은 좋은 내식성이 있다.
㉱ 변형에 대한 높은 가요성이 있다.
㉲ 충격에 대한 높은 연성을 가지고 있다.
㉳ 우수한 가공성을 가지고 있다. |답| ②

30 관 속에 흐르는 유체의 화학적 성질에 따른 관 재료 선택 시의 고려사항으로 가장 거리가 먼 것은?
① 수송 유체에 대한 관의 내식성
② 지중 매설 배관일 때 외압으로 인한 강도
③ 유체의 온도 변화에 따른 관과의 화학 반응
④ 유체의 농도 변화에 따른 관과의 화학 반응

해 설

배관재료 선택 시 고려해야 할 사항
(1) 화학적 성질
㉮ 수송 유체에 따른 관의 내식성
㉯ 수송 유체와 관의 화학반응으로 유체의 변질 여부
㉰ 지중 매설 배관할 때 토질과의 화학 변화
㉱ 유체의 온도 및 농도변화에 따른 화학변화
(2) 물리적 성질
㉮ 관내 유체의 압력 및 관의 내마모성
㉯ 유체의 온도변화에 따른 물리적 성질의 변화
㉰ 맥동 및 수격작용이 발생할 때의 내압강도
㉱ 지중 매설 배관할 때 외압으로 인한 강도
(3) 기타 성질
㉮ 지리적 조건에 따른 수송 문제
㉯ 진동을 흡수할 수 있는 이음법의 가능 여부
㉰ 사용 기간 |답| ②

31 체적식 유량계의 종류에 속하지 않는 것은?
① 로터리식   ② 오리피스식
③ 피스톤식   ④ 오벌식

해 설

유량계의 구분 및 종류
㉮ 용적식(체적식) : 오벌기어식, 루트(roots)식, 로터리 피스톤식, 회전 원판식, 로터리 베인식, 습식가스미터, 막식 가스미터 등
㉯ 간접식 : 차압식, 유속식, 면적식, 전자식, 와류식 등
※ 오리피스식은 차압식 유량계에 해당된다. |답| ②

32 엘보는 유체의 흐름방향을 바꿀 때 사용되는 이음쇠인데, 25[mm](1") 강관에 사용하는 용접 이음용 숏 엘보의 곡률 반경은 몇 [mm]인가?
① 25   ② 32   ③ 38   ④ 45

해 설

맞대기 용접용 엘보의 곡률 반지름
㉮ 롱 엘보(long elbow) : 강관 호칭지름의 1.5배
㉯ 숏 엘보(short elbow) : 강관의 호칭지름 |답| ①

33 배관의 용도에 따른 패킹재료의 연결로 틀린 것은?
① 급수관 - 테프론   ② 배수관 - 네오프렌
③ 급탕관 - 실리콘   ④ 증기관 - 천연고무

해 설

천연고무 : 탄성이 크고 우수하나 열과 기름에는 약하며 내산, 내알칼리성은 크지만 흡수성이 없다. 내열성(100[℃] 이상), 내한성(−55[℃])이 좋지 않기 때문에 일반적인 냉수, 배수 및 공기배관에 사용되며, 증기관에는 부적당하다. |답| ④

34 강관제 루프형 신축이음에서 관의 외경이 34[mm]일 때 팽창을 흡수할 곡관의 길이는? (단, 흡수해야 할 관의 늘어난 길이는 65[mm]이다.)
① 348[cm]   ② 416[cm]
③ 510[cm]   ④ 552[cm]

해설

$L = 0.073\sqrt{d \cdot \Delta L}$
$= 0.073 \times \sqrt{34 \times 65} \times 100 = 343.177[cm]$ |답| ①

35 주철관 이음 시 스테인리스 커플링과 고무링만으로 쉽게 이음할 수 있는 접합 방법은?
① 노허브 이음   ② 빅토리 이음
③ 타이톤 이음   ④ 플랜지 이음

해설

노허브 이음(no-hub joint) : 주철관 이음에서 종래 사용하여 오던 소켓이음을 개량한 것으로 스테인리스강 커플링과 고무링만으로 쉽게 이음 할 수 있는 방법이다.
|답| ①

36 다음 중 불활성 가스 금속 아크 용접은?
① TIG 용접   ② CO_2 용접
③ MIG 용접   ④ 플라즈마 용접

해설

아크용접의 분류
(1) 비소모전극(TIG)
 ㉮ 비피복 아크용접 : 탄소 아크용접
 ㉯ 피복 아크용접 : 원자 수소용접. 불활성가스 텅스텐 용접(TIG)
(2) 소모전극(MIG)
 ㉮ 비피복 아크용접 : 금속 아크용접, 스텃 용접
 ㉯ 피복 아크용접 : 피복 금속 아크용접, 잠호 용접, 불활성가스 금속 아크용접(MIG), 탄산가스 아크용접
|답| ③

37 동관의 플레어 접합(flare joint)에 대한 설명으로 틀린 것은?
① 관 지름 20[mm] 이하의 동관을 이음할 때 주로 사용한다.
② 동관을 필요한 길이로 절단할 때 관축에 대하여 약간 경사지게 한다.
③ 진동 등으로 인한 풀림을 방지하기 위하여 더블너트로 체결한다.
④ 플레어 이음용 공구에는 플레어링 툴 세트가 있다.

해설

동관을 필요한 길이로 절단할 때 관축에 대하여 직각으로 절단하며, 관 내부의 거스러미를 제거한 후 나팔모양으로 가공하여야 한다. |답| ②

38 스테인리스 강관 MR 조인트에 관한 설명으로 옳은 것은?
① 프레스 가공 등이 필요하고, 관의 강도를 100[%] 활용할 수 있다.
② 스패너 이외의 특수한 접속 공구가 필요하다.
③ 청동제 이음쇠를 사용하여도 다른 강관과는 자연 전위차가 있어 부식의 문제가 있다.
④ 화기를 사용하지 않기 때문에 기존 건물 등의 배관 공사에 적합하다.

해설

스테인리스 강관 MR 조인트는 용접, 나사가공 등을 하지 않고 배관작업을 할 수 있기 때문에 건물 등의 배관 공사에 적합하다. |답| ④

39 배관 내의 가스압력이 196[kPa]일 때 체적이 0.01[m³], 온도가 27[℃]이었다. 이 가스가 동일 압력에서 체적이 0.015[m³]로 변하였다면 이 때 온도는 몇 [℃]가 되는가? (단, 이 가스는 이상기체라고 가정한다.)
① 27[℃]   ② 127[℃]
③ 177[℃]   ④ 450[℃]

해설

$\dfrac{P_1 \cdot V_1}{T_1} = \dfrac{P_2 \cdot V_2}{T_2}$에서 $P_1 = P_2$이다.

$\therefore T_2 = \dfrac{V_2 \cdot T_1}{V_1} = \dfrac{0.015 \times (273 + 27)}{0.01}$
$= 450[K] - 273 = 177[℃]$ |답| ③

40 액체가 습증기 상태를 거치지 않고 건증기로 변할 때의 압력을 무엇이라 하는가?
① 증발압력   ② 포화압력
③ 기화압력   ④ 임계압력

해설
임계점 : 포화수가 증발현상 없이 증기로 변화할 때의 상태점을 임계점이라고 하며, 이때의 온도를 임계온도, 압력을 임계압력이라 하며 특징은 다음과 같다.
㉮ 증기와 포화수간의 비중량이 같다.
㉯ 증발현상이 없다.
㉰ 증발잠열은 0이 된다. |답| ④

41 다음 중 공조 설비와 관련된 습공기 이론에서 건구온도, 습구온도, 노점온도가 동일한 경우는?
① 절대습도 100[%] ② 상대습도 100[%]
③ 절대습도 50[%] ④ 상대습도 50[%]

해설
상대습도 : 현재의 온도상태에서 현재 포함하고 있는 수증기의 양과의 비를 백분율[%]로 표시한 것으로 온도에 따라 변화한다. 상대습도가 0이라 함은 공기 중에 수증기가 존재하지 않고, 상대습도가 100[%]라 함은 현재 공기 중에 있는 수증기량이 현재 온도의 포화 수증량과 같다는 것으로 건구온도, 습구온도, 노점온도가 동일한 경우이다. |답| ②

42 다음 중 용접 작업 전에 이루어지는 변형 방지법은?
① 노내 풀림법 ② 직선 수축법
③ 점가열 수축법 ④ 역 변형법

해설
역 변형법 : 용접 작업 및 완료 후 용접부의 팽창과 수축에 의해 열변형이 발생하는 것을 용접 작업 전에 변형을 방지하는 방법으로 용접 순서, 용접법 및 소성 역변형 등이 있다. |답| ④

43 펌프의 배관에 관한 설명으로 틀린 것은?
① 토출쪽은 압력계를 설치한다.
② 흡입쪽은 진공계나 연성계를 설치한다.
③ 흡입쪽 수평관은 펌프 쪽으로 올림 구배 한다.
④ 스트레이너는 펌프 토출쪽 끝에 수평으로 설치한다.

해설
스트레이너는 펌프 흡입쪽에 설치하여 유입되는 이물질을 제거하여 펌프를 보호한다. |답| ④

44 CO_2 아크 용접법 중에서 비용극식 용접에 해당하는 것은?
① 순 CO_2법 ② 탄소 아크법
③ 혼합 가스법 ④ 아코스 아크법

해설
용접법의 구분
㉮ 용극식 용접 : 모재와 금속 전극과의 사이에 아크를 발생시켜 그 열로서 전극과 모재를 용융하여 용접하는 것으로 아크 용접법, 불활성가스 금속 아크 용접법, 탄산가스 실드 아크 용접법 등이 있다.
㉯ 비용극식 용접법 : 탄소 아크에 의하여 용접열을 공급하고 용착 금속은 별도로 용가재를 사용하여 이것을 녹여 공급하는 용접법으로 탄소 아크 용접법이 해당된다. |답| ②

45 그림과 같이 20[A] 강관이 설치된 증기관에서의 2000[mm] 방향(X 방향)의 신축량은?
(단, 설치 시 온도는 10[℃]이고, 증기가 흐를 때의 온도는 130[℃]이며, 강관의 선팽창계수는 1.2×10^{-5}[m/m·℃]이다.)
① 2.64[mm]
② 2.88[mm]
③ 5.28[mm]
④ 5.76[mm]

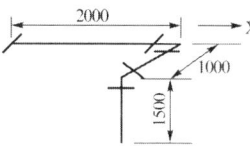

해설
$\Delta L = L \cdot \alpha \cdot \Delta t = 2000 \times 1.2 \times 10^{-5} \times (130-10)$
$= 2.88[mm]$
※ 강관의 선팽창계수 1.2×10^{-5}[m/m·℃]는 1.2×10^{-5} [mm/mm·℃]와 같다. |답| ②

46 표준 대기압을 나타내는 값으로 틀린 것은?
① 760[mmHg] ② 10.33[mAq]
③ 101.325[kPa] ④ 14.7[bar]

해설
1[atm] = 760[mmHg] = 76[cmHg]
= 0.76[mHg] = 29.9[inHg] = 760[torr]
= 10332[kgf/m²] = 1.0332[kgf/cm²]
= 10.332[mH₂O] = 10332[mmH₂O]
= 101325[N/m²] = 101325[Pa]
= 101.325[kPa] = 0.101325[MPa]

= 1013250[dyne/cm^2] = 1.01325[bar]
= 1013.25[mbar] = 14.7[lb/in^2] = 14.7[psi]
※ [mH$_2$O]와 [mAq]는 동일한 단위임 |답| ④

47 치수기입을 위한 치수선을 그릴 때 유의사항으로 틀린 것은?
① 치수선은 원칙적으로 치수보조선을 사용하여 긋는다.
② 치수선은 원칙적으로 지시하는 부품의 길이 또는 각도를 측정하는 방법으로 평행하게 긋는다.
③ 치수선에는 가는 일점쇄선을 사용한다.
④ 중심선, 외형선, 기준선 및 이들의 연장선을 치수선으로 사용해서는 안 된다.

해 설
치수선 및 치수보조선을 가는 실선을 사용한다. |답| ③

48 입체 배관도로 배관의 일부분만을 작도하는 도면으로 부분 제작을 목적으로 하는 도면의 명칭은?
① 평면 배관도   ② 입면 배관도
③ 부분 배관도   ④ 입체 배관도

해 설
부분 배관도 : 플랜트 배관설비 도면에서 입체 배관도로 배관의 일부분만을 작도하여 부분 제작을 목적으로 하는 도면이다. |답| ③

49 설비 배관도에서 아래와 같은 라인 인덱스 표기 중 PP가 나타내는 것은?

3 - 2B - P15 - 39 - PP

① 보온   ② 보냉
③ 보온·보냉   ④ 화상방지

해 설
(1) [보기]의 기호 설명
  ㉮ 3 : 장치번호
  ㉯ 2B : 배관의 호칭
  ㉰ P : 유체기호(P-프로세스 유체)

㉱ 15 : 배관번호
㉲ 39 : 배관재료종류별 기호
㉳ PP : 화상방지(CINS : 보냉, HINS : 보온)

(2) 유체기호

기호	종류	기호	종류
P	프로세스 유체	PA	작업용 공기
IA	계기용 공기	N	질소
HS	고압 증기	LS	저압 증기
CW	재생 냉수	SW	해수 등

|답| ④

50 아래와 같은 입체도의 평면도로 가장 적합한 것은?

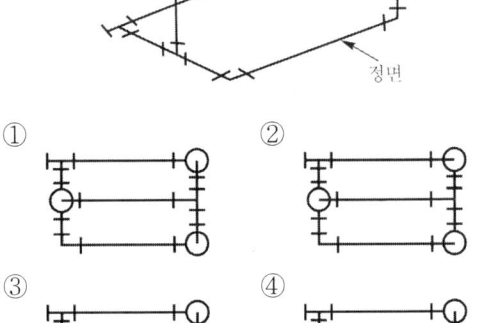

|답| ①

51 호칭지름 13[mm]인 일반 배관용 스테인리스 강관(재질 304) 프레스식 관이음쇠로 90° 엘보를 의미하는 것은?
① KS B 1547 13-90E-304
② KS B 1547 DN13-90E-304
③ KS B 1547 304-90E-13
④ KS B 1547 90E 13-304

해 설
㉮ KS B 1547 : 일반배관용 스테인리스강관 프레스식 관 이음쇠
㉯ 90E 13-304 : 관이음쇠 명칭 90° 엘보, 호칭지름 13[mm], 재질 304

[참고] 이큐 조인트(EQ joint) : 스테인리스 배관을 원형의 고무링이 끼워져 있는 이음쇠에 넣은 후 전용 압착공구를 사용해 압착하는 방식의 시공법으로 작업시간이 단축되고, 시공비 절감 효과가 뛰어나다. |답| ④

52 가는 파선을 적용할 수 있는 경우로 틀린 것은?

① 바닥
② 벽
③ 뚫린 구멍
④ 도급계약의 경계

해설

가는 파선 : 숨은선이라 하며 대상물의 보이지 않는 부분의 모양을 표시하거나 바닥, 벽, 뚫린 구멍 등을 표시할 적용한다. |답| ④

53 그림과 같이 90°, 60°, 30°로 이루어진 직각삼각형 모양의 앵글 브래킷의 C부의 길이는?

① 1000[mm]
② 1040[mm]
③ 1200[mm]
④ 1800[mm]

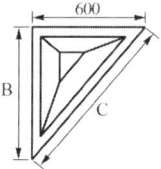

해설

$\cos 60° = \dfrac{600}{C}$ 이므로

$\therefore C = \dfrac{600}{\cos 60°} = 1200[mm]$ |답| ③

54 다음 용접기호를 바르게 표현한 것은?

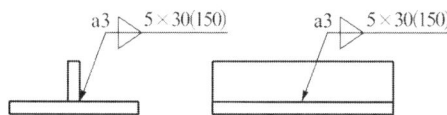

① 용접길이 30[mm], 용접부 개수 3
② 용접길이 30[mm], 용접부 개수 5
③ 용접부 길이 150[mm], 용접부 개수 3
④ 용접부 길이 150[mm], 용접부 개수 5

해설

필릿용접의 병렬단속용접 : 목 두께 3[mm], 용접길이 30[mm], 용접부 개수 5, 피치 150[mm] |답| ②

55 설비배치 및 개선의 목적을 설명한 내용으로 가장 관계가 먼 것은?

① 재공품의 증가
② 설비투자 최소화
③ 이동거리의 감소
④ 작업자 부하 평준화

해설

설비배치 및 개선의 목적
㉮ 작업자 부하 평준화   ㉯ 관리, 감독의 용이
㉰ 이동거리의 감소   ㉱ 수리, 보수의 용이성 확보
㉲ 생산기간의 단축   ㉳ 설비투자의 최소화
㉴ 운반설비의 단순화 |답| ①

56 부적합품률이 20[%]인 공정에서 생산되는 제품을 매시간 10개씩 샘플링 검사하여 공정을 관리하려고 한다. 이 때 측정되는 시료의 부적합품 수에 대한 기댓값과 분산은 약 얼마인가?

① 기댓값 : 1.6, 분산 : 1.3
② 기댓값 : 1.6, 분산 : 1.6
③ 기댓값 : 2.0, 분산 : 1.3
④ 기댓값 : 2.0, 분산 : 1.6

해설

㉮ 기댓값 $= n \times p = 10 \times 0.2 = 2.0$
㉯ 분산 $= n \times p \times (1-p) = 10 \times 0.2 \times (1-0.2) = 1.6$ |답| ④

57 검사의 종류 중 검사공정에 의한 분류에 해당되지 않는 것은?

① 수입검사
② 출하검사
③ 출장검사
④ 공정검사

해설

검사의 분류
㉮ 검사공정에 의한 분류 : 구입검사(수입검사), 중간검사(공정검사), 완성검사(최종검사), 출고검사(출하검사)
㉯ 검사 장소에 의한 분류 : 정위치 검사, 순회검사, 입회검사(출장검사)
㉰ 판정 대상(검사방법)에 의한 분류 : 관리 샘플링검사, 로트별 샘플링검사, 전수검사
㉱ 성질에 의한 분류 : 파괴검사, 비파괴검사, 관능검사
㉲ 검사 항목에 의한 분류 : 수량검사, 외관검사, 치수검사, 중량검사 |답| ③

58 3σ법의 $\overline{X}$관리도에서 공정이 관리 상태에 있는 데도 불구하고 관리상태가 아니라고 판정하는 제1종 과오는 약 몇 [%]인가?

① 0.27
② 0.54
③ 1.0
④ 1.2

해 설

3σ법의 제1종 과오와 제2종 과오
㉮ 제1종 과오 : 공정이 관리 상태에 있는데도 관리상태가 아니라고 판단하는 과오로 0.27[%] 정도이다.
㉯ 제2종 과오 : 공정이 관리 상태에 있지 않는데도 관리 상태라고 판단하는 과오

|답| ①

59 설비보전조직 중 지역보전(area maintenance)의 장·단점에 해당하지 않는 것은?

① 현장 왕복 시간이 증가한다.
② 조업요원과 지역보전요원과의 관계가 밀접해진다.
③ 보전요원이 현장에 있으므로 생산 본위가 되며 생산의욕을 가진다.
④ 같은 사람이 같은 설비를 담당하므로 설비를 잘 알며 충분한 서비스를 할 수 있다.

해 설

지역보전의 특징
(1) 장점
　㉮ 운전자와의 일체감 조성이 용이
　㉯ 현장감독이 용이
　㉰ 현장 왕복시간이 감소
　㉱ 작업일정 조정이 용이
　㉲ 특정설비의 습숙이 용이
(2) 단점
　㉮ 노동력의 유효이용이 곤란
　㉯ 인원배치의 유연성에 제약
　㉰ 보전용 설비공구가 중복

|답| ①

60 워크 샘플링에 관한 설명 중 틀린 것은?

① 워크 샘플링은 일명 스냅리딩(snap reading)이라 불린다.
② 워크 샘플링은 스톱워치를 사용하여 관측대상을 순간적으로 관측하는 것이다.
③ 워크 샘플링은 영국의 통계학자 L.H.C. Tippet가 가동률 조사를 위해 창안한 것이다.
④ 워크 샘플링은 사람의 상태나 기계의 가동상태 및 작업의 종류 등을 순간적으로 관측하는 것이다.

해 설

워크 샘플링(work sampling)은 통계적 수법을 이용하여 관측대상을 랜덤으로 선정한 시점에서 작업자나 기계의 가동상태를 스톱워치 없이 순간적으로 관측하여 그 상황을 추정하는 방법이다.

|답| ②

2017년 기능장 제62회 필기시험 (7월 8일 시행)

자격종목	코드	시험시간	형별
배관기능장	3081	1시간	A

※ 답안 카드 작성 시 시험문제지 형별누락, 마킹착오로 인한 불이익은 전적으로 수험자의 귀책사유임을 알려드립니다.
※ 각 문항은 4지 택일형으로 질문에 가장 적합한 보기 항을 선택하여 마킹하여야 합니다.

1 그림과 같은 자동제어의 블록선도(block diagram) 중 A, C, D, F의 제어요소를 순서대로 배열한 것은?

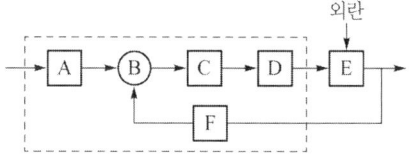

① 설정부, 조절부, 조작부, 검출부
② 설정부, 조작부, 조절부, 검출부
③ 설정부, 조작부, 조절부, 제어대상
④ 설정부, 조작부, 비교부, 제어대상

해 설
각 부의 명칭
㉮ A 부 : 설정부   ㉯ B 부 : 비교부
㉰ C 부 : 조절부   ㉱ D 부 : 조작부
㉲ E 부 : 제어대상 ㉳ F 부 : 검출부
|답| ①

2 LP가스 공급방식에서 강제기화 방식 중 기화에 의해서 강제 기화시키는 방식은?
① 자연기화 방식
② 공기 혼합 가스공급 방식
③ 변성가스 공급 방식
④ 생가스 공급 방식

해 설
LP가스 공급방식 중 강제기화방식 종류
㉮ 생가스 공급방식 : 기화된 가스 그대로 공급하는 방법이다.
㉯ 공기혼합가스 공급방식 : 기화된 LP가스에 일정량의 공기를 혼합하여 공급하는 방법으로 발열량 조절, 재액화 방지, 누설 시 손실감소, 연소효율 증대 등의 장점이 있다.
㉰ 변성가스 공급방식 : 부탄을 고온의 촉매를 이용하여 메탄, 수소, 일산화탄소 등의 가스로 변성시켜 공급하는 방법이다.
|답| ④

3 펌프의 설치 및 주변 배관 시 주의사항으로 틀린 것은?
① 펌프는 일반적으로 기초 콘크리트 위에 설치한다.
② 흡입관은 되도록 길게 하고 직관으로 배관한다.
③ 효율을 좋게 하기 위해서 펌프의 설치 위치를 되도록 낮춰서 흡입 양정을 작게 한다.
④ 흡입관의 중량이 펌프에 미치지 않도록 관을 지지하여야 한다.

해 설
흡입관은 가능하면 짧게 하여야 한다. |답| ②

4 루프 통기 방식(loop vent system)에 관한 설명으로 틀린 것은?
① 회로 통기 또는 환상 통기 방식이라고도 한다.
② 루프 통기로 처리할 수 있는 기구의 수는 8개 이내이다.
③ 통기 입관에서 최상류 기구까지의 거리는 7.5 [m] 이내로 한다.
④ 배수 주관이 통기관을 겸하므로 건식 통기라고도 한다.

해 설
루프(loop) 통기 방식 : 배수 횡지관의 최상류 기구의 하류측에서 통기관을 세워 통기횡지관에 연결하고 그 말단을 통기입상관에 접속하는 방식이다. |답| ④

5 난방시설에서 전열에 의한 손실열량이 11.63[kW]이고 환기손실열량이 3.14[kW]인 곳에 증기난방을 할 경우 소요되는 주철제 방열기는 몇 절이 필요한가? (단, 주철제 방열기 1절의 방열 표면적은 0.28[m²]이고, 방열량은 0.76[kW/m²]이다.)
① 20절   ② 35절   ③ 50절   ④ 70절

해 설
$$N_s = \frac{H_1}{0.76 a} = \frac{11.63 + 3.14}{0.76 \times 0.28} = 69.407 = 70절$$
※ 증기 방열기 방열량 : 650[kcal/m² · h], 0.76[kW/m²] |답| ④

6 피드백 제어에 대한 설명으로 옳은 것은?
① 사람의 손에 의하여 조작하는 제어
② 정해진 순서에 의한 제어
③ 제어량의 값을 목표값과 비교하는 제어
④ 정해진 수치에 의하여 행하는 제어

해 설
피드백 제어(feed back control : 폐[閉]회로) : 제어량의 크기와 목표값을 비교하여 그 값이 일치하도록 되돌림 신호(피드백 신호)를 보내어 수정동작을 하는 제어방식이다. |답| ③

7 온수난방 배관법인 역귀환방식인 것은?
① 리프트 피팅(lift fitting) 방식
② 리버스 리턴(rfverse return) 방식
③ 하트포드 배관(hartford connection) 방식
④ 냉각 레그(cooling leg) 방식

해 설
역 귀환방식(reversed return system) : 각 방열기에 공급되는 온수의 양을 일정하게 배분하여 방열량의 균형을 이루기 위하여 공급 및 환수관의 길이가 같도록 배관하는 방식이다. |답| ②

8 다음은 수요자 전용 가스정압기의 배관설치 도면이다. (가) 배관의 명칭은?

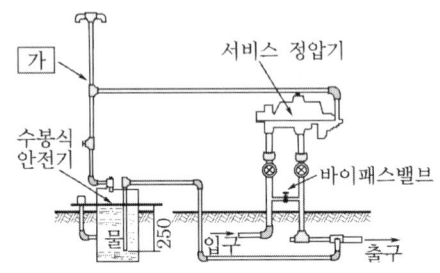

① 팽창관   ② 방출관
③ 공기공급관   ④ 정압기

해 설
방출관 : 수봉식 안전기 및 서비스 정압기에서 방출되는 가스를 대기 중으로 방출시키는 관이다. |답| ②

9 시퀀스 제어의 접점의 논리적(AND)회로의 논리식이 A · B = R일 때 참값표가 틀린 것은?
① 1 · 1 = 1   ② 1 · 0 = 0
③ 0 · 1 = 0   ④ 0 · 0 = 1

해 설
논리회로(AND) 참값표

A	B	R	A	B	R
0	0	0	1	0	0
0	1	0	1	1	1

|답| ④

10 배관시설에의 세정방법에 관한 설명으로 틀린 것은?
① 기계적 세정방법은 플랜트 본체나 부분을 분해하거나 해체할 필요가 없다.
② 화학 세정법은 보통 설비를 운전하고 있는 상태에서 세정하는 방법이다.
③ 산 세정법에서는 부식억제제의 선택이 매우 중요하다.
④ 알칼리 세정은 유지류 및 규산계 스케일 등의 제거에 활용된다.

해 설

기계적 세정방법은 배관 플랜트의 제작 또는 설치 중에 내부에 들어간 불순물과 운전 중에 발생한 스케일, 불순물 등을 기계 세정 장치(cleaner)를 사용하여 세정하는 것으로 복잡한 내부구조의 경우 평균된 세정효과를 얻을 수 없고, 플랜트 본체나 부분을 분해하거나 해체해야 하는 어려움이 있다. **|답|** ①

11 자동화시스템에서 크게 회전운동과 선형운동으로 구분되며, 사용하는 에너지에 따라 공압식, 유압식, 전기식 등으로 구분되는 자동화의 요소로 옳은 것은?
① 센서(sensor)
② 엑추에이터(actuator)
③ 네트워크(network)
④ 소프트웨어(software)

해 설

자동화의 5대 요소
㉮ 센서(sensor) : 공정 처리 상태에 대한 정보를 만들고 수집하며 이 정보를 프로세스에 전달하는 제어부분이다.
㉯ 프로세서(processor) : 제어 데이터를 처리하는 요소로, 제어정보를 분석 처리하여 필요한 제어 명령을 내려주는 장치
㉰ 액추에이터(actuator) : 공정처리 상태에 대한 정보를 받아서, 제한된 공간 내에서 기계구조에 의해 일을 하는 부분으로 인간의 손, 발의 기능을 하는 부분이다.
㉱ 소프트웨어(software) : 입력신호를 받아 중앙처리장치를 거쳐 작업요소에 전달되어지는 프로그램장치, 프로그램 메모리를 포함하는 장치
㉲ 네트워크(network) : 자동화 시스템에서 중앙컴퓨터와 여러 개의 콘트롤러 간에 시스템 구성기기들과 통신회선을 연결된 배치형태에 따라 성형, 환형 등으로 구분한다. **|답|** ②

12 아크용접 작업시의 주의사항으로 틀린 것은?
① 눈 및 피부를 노출시키지 말 것
② 홀더가 가열될 시에는 물에 식힐 것
③ 비가 올 때는 옥외작업을 금지할 것
④ 슬랙을 제거할 때에는 보안경을 사용할 것

해 설

홀더 등 전기용접 부품 및 기기에 물이 있을 경우 감전의 위험성이 커진다. **|답|** ②

13 다음 중 유류배관설비의 기밀시험을 할 때 사용할 수 없는 것은?
① 질소
② 산소
③ 탄산가스
④ 아르곤가스

해 설

산소는 강력한 조연성(지연성)가스이므로 유류배관의 기밀시험에 사용할 때 폭발사고의 원인이 된다. **|답|** ②

14 추치제어에 관한 설명으로 틀린 것은?
① 목표값의 크기나 위치가 시간의 변화에 따라 임의로 변화되고, 이것을 제어량이 정확히 따라가고 외부 영향이 없도록 하는 제어이다.
② 추치제어는 비율제어와 프로그램제어로 구분할 수 있다.
③ 2개 이상의 제어량 값이 일정한 비율관계를 유지하도록 하는 제어는 비율제어이다.
④ 보일러와 냉방기 같은 냉·난방장치의 압력제어용으로 많이 이용된다.

해 설

추치제어 : 목표값을 측정하면서 제어량을 목표값에 일치하도록 맞추는 방식으로 변화모양을 예측할 수 없다.
㉮ 추종제어 : 목표값이 시간적으로 변화되는 제어로 자기조성제어라고 한다.
㉯ 비율제어 : 목표값이 다른 양과 일정한 비율관계에 변화되는 제어이다.
㉰ 프로그램 제어 : 목표값이 미리 정한 시간적 변화에 따라 변화하는 제어이다. **|답|** ④

15 급수 배관 시공법에 대한 설명으로 틀린 것은?
① 배관 기울기는 모두 선단 앞 올림 기울기로 한다.
② 부식하기 쉬운 것에는 방식 피복을 한다.
③ 수평관의 굽힘 부분이나 분기 부분에는 반드시 받침쇠를 단다.
④ 급수관과 배수관이 평행 매설될 때는 양 배관의 수평 간격을 500[mm] 이상으로 한다.

해 설

급수 배관 시공법에서 배관 기울기는 끝 내림기울기(구배)로 한다. **|답|** ①

16 압력계 배관시공 시 유체에 맥동이 있는 경우에 설치하여 압력계에 맥동이 전파되지 않게 하는 것은?
① 사이폰(siphon)관
② 펄세이션(pulsation) 댐퍼
③ 시일(seal) 포드
④ 벨로스(bellows)

해설
압력계 설치 시공방법
㉮ 고압라인의 압력계에는 사이펀관을 부착하여 부르동관을 보호한다.
㉯ 유체에 맥동이 있을 경우에는 댐퍼를 설치하여 압력계에 유체가 들어가지 않게 한다.
㉰ 압력계의 설치위치는 1.5[m] 정도가 가장 좋다.

|답| ②

17 도시가스 제조 공장의 부지 경계에서 정압기까지의 배관을 무엇이라고 하는가?
① 옥내배관
② 본관
③ 공급관
④ 옥외배관

해설
본관이란 가스 제조공장의 부지 경계에서 정압기까지의 배관을 말한다.
[참고] 도시가스사업법 시행규칙 제2조 : 본관이란 도시가스제조사업소(액화천연가스의 인수 기지를 포함한다. 이하 같다)의 부지 경계에서 정압기까지 이르는 배관을 말한다.

|답| ②

18 간접 가열식 중앙 급탕법에 대한 설명으로 틀린 것은?
① 가열용 코일이 필요하다.
② 고압 보일러가 필요하다.
③ 대규모 급탕 설비에 적당하다.
④ 저탕조 내부에 스케일이 잘 생기지 않는다.

해설
간접 가열식은 저장 탱크 내부에 가열 코일을 설치하여 증기 또는 열탕을 순환시켜 탱크 내의 물을 간접적으로 가열하는 것이고, 순환 증기는 높이에 관계없이 0.3~1 [kgf/cm²]의 저압으로도 가능하다.

|답| ②

19 그림과 같은 파이프 랙(pipe rack)이 있다. 다음 중 연료유 라인, 연료가스 라인, 보일러 급수라인 등의 유틸리티(utility) 배관은 어디에 배열하는 것이 가장 적합한가?

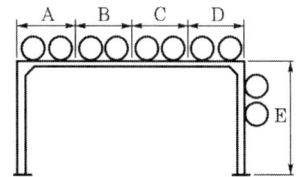

① A부분 및 D부분
② B부분 및 C부분
③ C부분 및 D부분
④ D부분 및 E부분

해설
파이프 랙 상의 배관 배열방법
㉮ 인접하는 파이프 외측과 외측의 간격을 75[mm](3인치) 이상으로 한다.
㉯ 인접하는 플랜지의 외측과 외측의 간격은 25[mm](1인치) 이상으로 한다.
㉰ 인접하는 파이프와 플랜지의 외측간의 거리는 25[mm](1인치) 이상으로 한다.
㉱ 고온 배관에서 주로 사용하는 루프형 신축관은 파이프 랙 상의 다른 배관보다 500~700[mm] 정도 높게 배관한다.
㉲ 관지름이 클수록, 온도가 높을수록 파이프 랙 상의 양쪽에 배열한다.
㉳ 파이프 랙의 폭은 파이프에 보온, 보냉하는 경우는 보온, 보냉하는 두께를 가산하여 결정한다.
㉴ 유틸리티배관(연료유 라인, 연료 가스라인, 보일러 급수라인, 처리용 약품라인 등)은 중앙에, 프로세스 배관은 유틸리티배관 양쪽에 설치한다.

|답| ②

20 사용압력에 따른 도시가스 공급방식이 아닌 것은?
① 저압 공급 방식
② 중압 공급 방식
③ 고압 공급 방식
④ 특고압 공급 방식

해설
사용압력에 따른 도시가스 공급방식
㉮ 저압 공급 방식 : 0.1[MPa] 미만
㉯ 중압 공급 방식 : 0.1[MPa] 이상 1[MPa] 미만
㉰ 고압 공급 방식 : 1[MPa] 이상

|답| ④

21 단식과 복식이 있으며, 이음 방법은 나사이음식, 플랜지 이음식이 있고 일명 팩레스(packless) 신축 조인트라고도 하는 것은?
① 슬리브형　② 벨로스형
③ 루프형　　④ 스위블형

해 설
벨로스형(bellows type) : 팩리스(packless)형이라 하며, 관의 신축에 따라 슬리브와 함께 신축하는 것으로, 미끄럼 면에서 유체가 누설되는 것을 방지한다. 설치장소에 구애받지 않고 가스, 증기, 물 등 2[MPa], 450[℃]까지 축 방향 신축흡수에 사용되며 단식과 복식 2종류가 있다.　|답| ②

22 유체의 흐름에 저항이 적고, 침식성의 유체에 대해 유체통로 속만을 내식성 재료로 하여 산 등의 화학약품을 차단하는 특징을 가진 밸브는?
① 플랩밸브(flap valve)
② 체크밸브(check valve)
③ 플러그밸브(plug valve)
④ 다이어프램밸브(diaphragm valve)

해 설
다이어프램밸브(diaphragm valve) : 내열성, 내약품성의 고무제의 얇은 판(diaphragm)을 밸브 시트에 밀어붙이는 구조로 금속 부위의 부식우려가 없고, 유체 저항이 적으며 기밀용 패킹이 필요 없어 화학약품을 차단하는 경우에 사용된다.　|답| ④

23 네오프렌 패킹에 관한 설명으로 틀린 것은?
① 고압 증기배관에 주로 사용된다.
② 내열 범위가 -46~121[℃]인 합성고무이다.
③ 고무류 패킹에 해당된다.
④ 내유성, 내후성, 내산화성 및 기계적 성질이 우수하다.

해 설
네오프렌(neoprene : 합성고무) 패킹 : 내열도가 -46~121[℃]인 천연고무의 성질을 개선시킨 것으로 내산성, 내후성, 내유성이 좋고, 기계적 성질이 양호하다. 증기배관 외 물, 공기, 기름 및 냉매배관 등 광범위하게 사용되지만 고압 증기배관에는 부적합하다.　|답| ①

24 계측기기의 구비조건으로 틀린 것은?
① 근거리의 지시 및 기록이 가능하고 구조가 복잡할 것
② 견고성과 신뢰성이 높고 경제적일 것
③ 설치장소와 주위조건에 대해 내구성이 있을 것
④ 정밀도가 높고 취급 및 보수가 용이할 것

해 설
계측기기의 구비조건
㉮ 경년 변화가 적고, 내구성이 있을 것
㉯ 견고하고 신뢰성이 있을 것
㉰ 정도가 높고 경제적일 것
㉱ 구조가 간단하고 취급, 보수가 쉬울 것
㉲ 원격 지시 및 기록이 가능할 것
㉳ 연속측정이 가능할 것　|답| ①

25 경질염화 비닐관에 대한 설명으로 틀린 것은?
① 열전도율이 강관, 주철관보다 10배 이상 크다.
② 전기 절연성이 좋으므로 전기부식 작용이 없다.
③ 해수, 콘크리트 내부의 배관에는 양호한 내구성을 가진다.
④ 극저온, 고온배관에는 부적당하다.

해 설
경질 염화비닐관의 특징
㉮ 내식성, 내산성, 내알칼리성이 크다.
㉯ 전기의 절연성이 크다.
㉰ 열의 불량도체이다.(열전도도는 철의 1/50 정도)
㉱ 가볍고 강인하며, 가격이 저렴하다.
㉲ 배관 가공(굴곡, 접합, 용접)이 쉬워 시공비가 적게 소요된다.
㉳ 저온 및 고온에서 강도가 약하다.
㉴ 열팽창률이 크다.
㉵ 충격강도가 작으며, 용제에 약하다.　|답| ①

26 합성수지 도료에 관한 설명으로 틀린 것은?
① 프탈산계 : 상온에서 도막을 건조시키는 도료이며 내후성, 내유성이 우수하다.
② 요소 멜라민계 : 내열성, 내유성, 내수성이 좋다.

③ 염화비닐계 : 내약품성, 내유성, 내산성이 우수하여, 금속의 방식도료로 우수하다.
④ 실리콘 수지계 : 은분이라고도 하며, 내후성 도료로 사용되며, 5[℃] 이하의 온도에서 건조가 잘 안 된다.

해 설

합성수지 도료의 종류
㉮ 프탈산계 : 상온에서 도막을 건조시키는 도료로 내후성, 내유성이 우수하지만, 내수성은 불량하다.
㉯ 요소 멜라민계 : 특수한 부식에 금속을 보호하기 위한 내열도료로 사용되고, 베이킹도료로 사용된다. 내열성, 내유성, 내수성이 좋다.
㉰ 염화 비닐계 : 내약품성, 내유성, 내산성이 우수하여 금속의 방식 도료로서 우수하지만, 부착력과 내후성이 나쁘며 내열성이 약한 것이 단점이다.
㉱ 실리콘 수지계 : 요소 멜라민계와 같이 내열도료 및 베이킹 도료로 사용되며, 내열도가 200~350[℃] 정도로 우수하다. |답| ④

27 배관재료 및 용도에 대한 설명으로 틀린 것은?

① 엘보 : 배관의 방향을 바꿀 때 사용한다.
② 레듀서 : 지름이 서로 다른 관을 연결할 때 사용한다.
③ 밸브 : 유체의 흐름을 차단하거나 흐름의 방향을 바꿀 때 사용한다.
④ 플랜지 : 배관을 필요에 따라 도중에 분기할 때 사용한다.

해 설

배관용 연결 부속 중에서 분해 조립이 가능하도록 할 때 쓰이는 것으로는 플랜지, 유니언이 해당된다. |답| ④

28 증기와 응축수의 열역학적 특성에 따라 작동되는 증기트랩은?

① 디스크형 트랩
② 버킷형 트랩
③ 플로트형 트랩
④ 바이메탈형 트랩

해 설

작동원리에 의한 트랩의 분류

구 분	작동원리	종 류
기계식 트랩	증기와 응축수의 비중차 이용 (플로트 또는 버킷의 부력 이용)	상향 버킷식, 하향 버킷식, 레버 플로트식, 자유 플로트식
온도조절식 트랩	증기와 응축수의 온도차 이용 (금속의 신축성을 이용)	바이메탈식, 벨로스식
열역학적 트랩	증기와 응축수의 열역학적, 유체역학적 특성차 이용	오리피스식, 디스크식

|답| ①

29 덕타일 주철관의 이음 종류가 아닌 것은?

① TS 이음
② 타이튼 이음
③ 메카니컬 이음
④ K-P 메카니컬 이음

해 설

㉮ 주철관 접합법 종류 : 소켓 이음, 기계식 이음(mechanical joint), 타이톤 접합, 빅토리 접합, 플랜지 접합 등
㉯ TS 이음 : 경질 염화비닐관의 이음 방법 |답| ①

30 동관의 외경 산출공식에 의해 150[A]의 외경을 산출한 것으로 옳은 것은?

① 150.42[mm]
② 155.58[mm]
③ 160.25[mm]
④ 165.6[mm]

해 설

㉮ 150[A]는 6[B]와 같은 규격이고, 1인치(inch)는 25.4[mm]이다.
㉯ 외경의 산출
$$\therefore 외경 = 호칭경[B] + \frac{1}{8}[inch]$$
$$= (6 \times 25.4) + \left(\frac{1}{8} \times 25.4\right) = 155.575[mm]$$ |답| ②

31 보온 피복재 중 유기질 피복재가 아닌 것은?

① 코르크
② 암면
③ 기포성 수지
④ 펠트

해 설

재질에 의한 보온재 분류
㉮ 유기질 보온재 : 펠트, 코르크, 기포성 수지
㉯ 무기질 보온재 : 석면, 암면, 규조토, 탄산마그네슘, 유리섬유
㉰ 금속질 보온재 : 알루미늄 박(泊) |답| ②

32 다음 중 토목, 건축, 철탑, 발판, 지주, 말뚝 등에 많이 쓰이는 강관의 종류는?
① 고압배관용 탄소강관
② 고온배관용 탄소강관
③ 일반구조용 탄소강관
④ 경질염화비닐 라이닝강관

해설
일반구조용 탄소강관(SPS) : 토목, 건축, 철탑, 발판, 지주, 비계, 말뚝, 기타의 구조물에 사용한다. 관지름 21.7~1016[mm], 두께 1.2~12.5[mm]이다. **|답| ③**

33 밸브의 종류별 특징에 관한 설명으로 옳은 것은?
① 감압밸브는 자동적으로 유량을 조정하여 고압측의 압력을 일정하게 유지한다.
② 스윙형 체크밸브는 수평, 수직 어느 배관에도 사용할 수 있다.
③ 안전밸브에는 벨로스형, 다이어프램형 등이 있다.
④ 버터플라이 밸브는 글로브밸브의 일종으로 유량조절에 사용한다.

해설
각 항목의 옳은 설명
① 감압밸브는 자동적으로 압력을 조정하여 고압측의 압력과 관계없이 저압측(2차측)의 압력을 일정하게 유지한다.
③ 안전밸브에는 스프링식, 파열판식, 가용전식, 중추식 등이 있다.
④ 버터플라이 밸브(butterfly valve)는 원통형 몸체 속에 밸브 봉을 축으로 하여 원형 평판이 회전함으로써 개폐동작이 신속하게 이루어지는 구조이다.
[참고] 체크 밸브(check valve)의 종류 및 사용처
㉮ 스윙식(swing type) : 수평, 수직배관에 사용
㉯ 리프트식(lift type) : 수평배관에 사용 **|답| ②**

34 스테인리스강 또는 인청동의 가늘고 긴 벨로스의 바깥을 탄력성이 풍부한 구리망, 철망 등으로 피복하여 보강한 신축 이음쇠로 방진용으로도 사용이 가능한 것은?

① 플렉시블 튜브
② 신축곡관
③ 슬리브형 신축 이음쇠
④ 팩레스 신축 이음쇠

해설
플렉시블 튜브(flexible tube) : 가요관이라고도 하며 스테인리스강 또는 인청동의 가늘고 긴 벨로스의 바깥을 탄력성이 풍부한 구리망, 철망 등으로 피복하여 보강한 신축 이음쇠로 펌프 등의 입·출구 배관에 부착하여 열팽창 등 외부의 영향을 받은 변형을 흡수하여 방진 및 방음을 역할을 한다. **|답| ①**

35 주철관의 타이튼 이음(tyton joint)에 관한 설명으로 틀린 것은?
① 이음에 필요한 부품은 고무링 하나뿐이다.
② 매설할 경우 특수공구를 이용한 작업할 공간이 필요하므로 이음부를 넓게 팔 필요가 있다.
③ 온도변화에 따른 신축이 자유롭다.
④ 이음 과정이 간단하며 관 부설을 신속히 할 수 있다.

해설
타이튼 이음(tyton joint) 특징
㉮ 이음에 필요한 부품은 고무링 하나이다.
㉯ 이음과정이 간단하며, 관 부설을 신속히 할 수 있다.
㉰ 매설할 경우 이음부를 넓게 팔 필요가 없다.
㉱ 비가 올 때나 물기가 있는 곳에서도 이음이 가능하다.
㉲ 이음부의 굽힘 허용도는 호칭지름 300[mm]까지는 5°, 400[mm] 이하는 4°, 500[mm] 이하는 3°까지이다.
㉳ 고무링에 의한 이음이므로 온도변화에 신축이 자유롭다.
㉴ 이음이 끝난 후 즉시 매설할 수 있다. **|답| ②**

36 어떤 기름의 동점성계수 ν가 1.5×10^{-4} [m²/s]이고 비중량이 8.33×10^3[N/m³]일 때 점성계수 μ의 값은?
① 1.28×10^{-5} [N·s/m²]
② 0.108 [N·s/cm²]
③ 1.28×10^{-3} [N·s/m²]
④ 0.128 [N·s/m²]

해 설

$\nu = \dfrac{\mu}{\rho}$ 이다.

$\therefore \mu = \rho \times \nu = \dfrac{\gamma}{g} \times \nu = \dfrac{8.33 \times 10^3}{9.8} \times 1.5 \times 10^{-4}$

$= 0.1275 [\text{N} \cdot \text{s/m}^2]$ | 답 | ④

37 다음 중 폴리에틸렌관 이음의 종류가 아닌 것은?
① 인서트 이음   ② 테이퍼 조인트 이음
③ 용착 슬리브 이음   ④ 몰코 이음

해 설

폴리에틸렌관의 이음 종류
㉮ 용착 슬리브 접합 : 관 끝의 바깥쪽과 이음관의 안쪽을 동시에 가열하여 용융이음 하는 방법이다.
㉯ 테이퍼 접합 : 50[mm] 이하의 관에 폴리에틸렌관 전용의 포금제 테이퍼 조인트를 사용하여 접합하는 방법이다.
㉰ 인서트 접합 : 50[mm] 이하의 폴리에틸렌관 접합용으로 가열 연화한 인서트를 끼우고 물로 냉각하여 클램프로 조여 접합하는 방법이다.
㉱ 기타 이음 방법 : 용접법, 플랜지 이음법, 나사 이음
※ 몰코 이음은 스테인리스관의 이음 방법이다. | 답 | ④

38 주철관 이음 중 종래 사용하여 오던 소켓이음을 개량한 것으로 스테인리스강 커플링과 고무링만으로 쉽게 이음할 수 있는 방법은?
① 플랜지 이음   ② 타이튼 이음
③ 스크루 이음   ④ 노-허브 이음

해 설

노허브 이음(no-hub joint) : 주철관 이음에서 종래 사용하여 오던 소켓이음을 개량한 것으로 스테인리스강 커플링과 고무링만으로 쉽게 이음 할 수 있는 방법이다.
| 답 | ④

39 동력나사 절삭기에 관한 설명으로 옳은 것은?
① 다이헤드식은 관의 절단, 나사절삭은 가능하나 거스러미 제거 작업은 불가능하다.
② 오스터식은 지지로드를 이용하여 절삭기를 수동으로 이송하며 구조가 복잡하고, 관경이 큰 것에 주로 사용된다.
③ 오스터식, 호브식, 램식, 다이헤드식의 네가지 종류가 있다.
④ 호브식은 나사절삭용 전용 기계이지만 호브와 파이프 커터를 함께 장치하면 관의 나사절삭과 절단을 동시에 할 수 있다.

해 설

동력나사 절삭기
㉮ 오스터형(oster type) : 동력으로 관을 저속으로 회전시키며 절삭기를 밀어 넣어 나사를 가공하는 것으로 50[A] 이하의 배관에 사용된다.
㉯ 호브형(hob type) : 호브(hob)를 100~180[rpm]의 저속도로 회전시키면 이에 따라 관은 어미나사와 척의 연결에 의하여 1회전하는 사이에 자동적으로 나사의 1피치(pitch) 만큼 이동하여 나사가 가공된다. 호브와 사이드 커터를 함께 설치하면 나사가공과 절단을 함께 할 수 있다. 종류는 50[A] 이하, 65~150[A], 80~200 [A]의 3종류가 있다.
㉰ 다이헤드형(diehead type) : 다이헤드를 이용한 나사가공 전용 기계로서 관의 절단, 거스러미 제거, 나사가공을 할 수 있다. 척(chuck)에 배관을 고정한 후 회전시키면 관용나사의 치형(4개가 1조)을 가진 다이스(dies, 또는 chaser)가 조립된 다이헤드를 배관에 밀어 넣으면서 나사를 가공한다. | 답 | ④

40 용접 작업 시 적합한 용접지그(jig)를 사용할 때 얻을 수 있는 효과로 가장 거리가 먼 것은?
① 용접 작업을 용이하게 한다.
② 작업 능률이 향상된다.
③ 용접 변형을 억제한다.
④ 잔류 응력이 제거된다.

해 설

용접지그(jig) 사용 시 효과
㉮ 용접 작업을 용이하게 한다.
㉯ 작업 능률이 향상된다.
㉰ 용접 변형을 억제한다.
※ 용접지그를 사용하는 것과 잔류응력이 제거되는 것은 관계가 없다. | 답 | ④

41 석면 시멘트관의 심플렉스 이음에 관한 설명으로 틀린 것은?

① 수밀성과 굽힘성은 우수하지만 내식성은 약하다.
② 호칭지름 75~500[mm]의 지름이 작은 관에 많이 사용된다.
③ 접합에 끼워 넣는 공구로는 프릭션 플러(friction puller)를 사용한다.
④ 칼라 속에 2개의 고무링을 넣고 이음하며 고무 개스킷 이음이라고도 한다.

해 설

심플렉스 이음 : 75~500[mm]의 지름이 작은 석면 시멘트관에 사용되는 이음방식으로, 석면 시멘트제 칼라와 2개의 고무링으로 접합 시공하는 것으로 일명 고무 개스킷 이음이라고도 하며, 굽힘성과 내식성이 우수하다.

|답| ①

42 주철관의 소켓 이음에 관한 설명으로 옳은 것은?

① 코킹 방법은 예리한 정을 먼저 사용하고 점차 둔한 정을 사용한다.
② 용융 납은 2~3회에 걸쳐 나누어 삽입하면서 매회 코킹 하도록 한다.
③ 콜타르(coal tar)는 주철관 표면에 방수 피막을 형성시키기 위해 도포한다.
④ 마(야안)의 삽입길이는 수도용의 경우 전체 삽입길이의 2/3, 배수용은 1/3이 적합하다.

해 설

소켓 이음(socket joint) 방법
㉮ 삽입구(spigot)의 바깥쪽과 소켓(socket)의 안쪽을 깨끗이 하여 삽입구에 소켓을 끼워 넣는다. 이음부에 물이 있으면 용해된 납을 부을 때 납물이 비산하여 화상의 위험이 있다.
㉯ 삽입구와 소켓의 틈새에 야안을 다져 넣는다. 야안의 양은 수도용(급수관)은 삽입길이의 1/3, 배수용은 2/3 정도가 적합하다.
㉰ 용융 납을 단번에 부어 넣는다.
㉱ 납이 굳으면 클립을 제거하고 코킹을 한다. 코킹은 예리한 정을 먼저 사용하고 점차 둔한 정을 사용한다.
㉲ 코킹이 끝나면 콜타르를 납의 표면에 도포한다.

|답| ①

43 용기 내에 유체가 t초 동안 흘러들어가게 한 후 유체의 질량을 W[kg], 체적을 V[m³]일 때 유량 Q[m³/s] 식은?

① $t \times V$
② $\dfrac{V}{t}$
③ $t \times W$
④ $\dfrac{W}{t}$

해 설

체적유량 Q[m³/s]는 1초 동안 통과한 유량이므로 t초 동안 흘러들어간 체적 V[m³]를 흘러들어간 시간 t로 나누면 된다.

$$\therefore Q[\text{m}^3/\text{s}] = \dfrac{V[\text{m}^3]}{t[\text{초(s)}]}$$

|답| ②

44 테르밋 용접(Thermit welding)에 대한 설명으로 옳은 것은?

① 전기용접법 중의 한 가지 방법이다.
② 산화철과 알루미늄의 반응열을 이용한 방법이다.
③ 액체 산소를 사용한 가스용접법의 일종이다.
④ 원자수소의 발열을 이용한 방법이다.

해 설

테르밋 용접(Thermit welding) : 산화철 분말과 알루미늄 분말을 무게비로 3~4 : 1로 혼합하여 테르밋 반응이라는 화학반응에 의하여 발생하는 2800[℃] 이상의 열을 이용하여 용접하는 것으로 철도 레일의 맞대기 용접, 커넥팅 로드, 크랭크 축, 차축 용접 등에 이용된다. |답| ②

45 10[℃]의 물 1[kg]을 100[℃]의 포화증기로 만드는데 필요한 열량은? (단, 물의 비열은 4.19[kJ/kg·K]이고, 물의 증발 잠열은 2256.7[kJ/kg]이다.)

① 539[kJ]
② 639[kJ]
③ 2633.8[kJ]
④ 2937.8[kJ]

해 설

① 10[℃] → 100[℃]까지 소요 열량 : 현열
$$\therefore Q_1 = G \cdot C \cdot \Delta t$$
$$= 1 \times 4.19 \times (100 - 10) = 377.1[\text{kJ}]$$
② 100[℃]물 → 100[℃] 포화증기 소요 열량 : 잠열

$$\therefore Q_2 = G \cdot \gamma = 1 \times 2256.7 = 2256.7 [kJ]$$
③ 합계 열량 계산
$$\therefore Q = Q_1 + Q_2 = 377.1 + 2256.7 = 2633.8 [kJ]$$
|답| ③

46 다음 중 증기를 교축할 때 변화가 없는 것은 어느 것인가?
① 온도 ② 엔트로피
③ 건도 ④ 엔탈피

해 설
증기의 교축효과
㉮ 교축과정은 비가역과정이다.
㉯ 압력이 감소한다.
㉰ 습증기는 건도가 증가한다.
㉱ 건도 1의 증기는 과열증기가 된다.
㉲ 엔탈피는 일정하고, 엔트로피는 증가한다. |답| ④

47 아래 기호는 보일러실의 배관용 기기를 표시한 것이다. 다음 중 이 기호가 의미하는 것은 무엇인가?
① 리프트 피팅
② 증기트랩
③ 기수분리기
④ 유분리기

해 설
기수분리기 : 보일러에서 발생된 증기 중에 혼입된 수분을 분리하는 기기이다. |답| ③

48 다음 중 압력계를 나타내는 도시기호는?

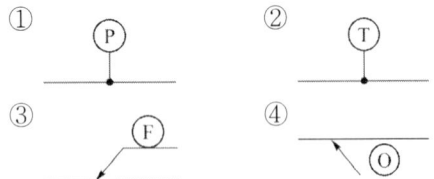

해 설
① 압력계 도시기호
② 온도계 도시기호 |답| ①

49 다음 그림을 바르게 설명한 것은?

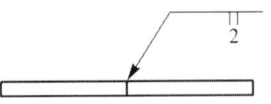

① I형 홈용접으로 2회 실시하시오.
② I형 홈용접으로 단속용접하시오.
③ I형 홈용접으로 루트간격 2[mm]로 하시오.
④ I형 홈용접 루트간격 2[mm]로 양면 실시하시오.
|답| ③

50 파이프의 외경이 1000[mm], TOP EL30000 이고 또 다른 파이프 외경이 500[mm], BOP EL20000 이며 두 파이프의 중심선에서의 높이차는 몇 [mm]인가?
① 6000 ② 7000
③ 8500 ④ 9250

해 설
(1) EL(elevation line) 표시 : 그 지방의 해수면에 기준선(base line)을 설정하여 이 기준선으로부터의 높이를 표시하는 표시법
㉮ BOP(bottom of pipe) : 지름이 다른 관의 높이를 나타낼 때 적용되며 관 바깥지름의 아랫면을 기준으로 하여 표시한다.
㉯ TOP(top of pipe) : BOP와 같은 목적으로 이용되나 관의 윗면을 기준으로 하여 표시한다.
(2) 두 파이프의 중심선에서의 높이차 계산
∴ 높이차 = (TOP − 반지름) − (BOP + 반지름)
= (30000 − 500) − (20000 + 250)
= 9250[mm] |답| ④

51 다음의 계장계통 도면에서 FRC가 의미하는 것은?

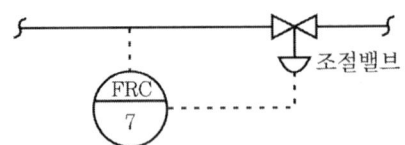

① 수위 기록 조절계 ② 유량 기록 조절계
③ 압력 기록 조절계 ④ 온도 기록 조절계

해 설
① 수위 기록 조절계 : LC
② 유량 기록 조절계 : FRC
③ 압력 기록 조절계 : PRC
④ 온도 기록 조절계 : TRC

|답| ②

52 다음과 같이 배관 라인번호를 나타낼 때, 각 사용 기호에 대한 설명으로 틀린 것은?

$$3 - 6B - P - 8081 - 39 - CINS$$

① 6B : 배관 호칭지름
② P : 유체기호
③ 8081 : 배관번호
④ CINS : 배관재료

해 설
(1) 3-6B-P-8081-39-CINS의 각 기호 설명
 ㉮ 3 : 장치번호
 ㉯ 6B : 배관의 호칭지름
 ㉰ P : 유체기호
 ㉱ 8081 : 배관번호
 ㉲ 39 : 배관 재료 종류 별 기호
 ㉳ CINS : 보온·보냉기호(CINS : 보냉, HINS : 보온, PP : 화상방지)
(2) 유체기호 설명

기호	종 류	기호	종 류
P	프로세스 유체	PA	작업용 공기
IA	계기용 공기	N	질소
HS	고압 증기	LS	저압 증기
CW	재생 냉수	SW	해수 등

|답| ④

53 배관 내의 유체를 표시하는 기호 중 냉각수를 표시하는 것은?
① C ② CH
③ B ④ R

해 설
배관 내의 유체 표시 기호
 ㉮ C : 냉각수(condenser water)
 ㉯ CH : 냉온수(chilled hot water)
 ㉰ CW : 냉수(chilled water)
 ㉱ R : 냉매(refrigerant)

|답| ①

54 저탕탱크 내의 가열코일을 도면에 나타내기 위하여, 탱크 정면도 상에서 불규칙한 곡선으로 일부를 떼어낸 경계를 표시하는데 사용하는 선의 명칭과 그 선의 종류 및 굵기로 옳은 것은?
① 회전단면선, 가는 파선
② 가상선, 가는 2점쇄선
③ 파단선, 가는 실선
④ 절단선, 가는 1점쇄선

해 설
파단선 : 대상물의 일부를 파단한 경계 또는 일부를 떼어낸 경계를 표시하는데 사용하는 것으로 선의 굵기는 가는 실선을 사용한다.

|답| ③

55 품질특성에서 X관리도로 관리하기에 가장 거리가 먼 것은?
① 볼펜의 길이
② 알코올의 농도
③ 1일 전력소비량
④ 나사길이의 부적합품 수

해 설
X관리도는 계량값 관리도에 해당되며 데이터를 얻는 간격이 크거나 군 구분의 의미가 없는 경우 또는 정해진 공정에서 한 개의 측정치밖에 얻을 수 없을 경우에 사용되며, 시간이 많이 소요되는 화학분석치, 알코올의 농도, 배치(batch)반응 공정의 수율, 1일 전력소비량 등을 관리하는데 적합하다.

|답| ④

56 다음 데이터로부터 통계량을 계산한 것 중 틀린 것은?

$$[다음]\ 21.5,\ 23.7,\ 24.3,\ 27.2,\ 29.1$$

① 범위$(R) = 7.6$
② 제곱합$(S) = 7.59$
③ 중앙값$(M_e) = 24.3$
④ 시료분산$(s^2) = 8.988$

해 설
① 범위$(R) =$ 최댓값 $-$ 최솟값 $= 29.1 - 21.5 = 7.6$

② 제곱합(S) 계산
  ⓐ 편차 계산
  $$\therefore \bar{x} = \frac{\sum x}{n} = \frac{21.5 + 23.7 + 24.3 + 27.2 + 29.1}{5}$$
  $$= 25.16$$
  ⓑ 제곱합(S) 계산
  $$\therefore S = (21.5 - 25.16)^2 + (23.7 - 25.16)^2$$
  $$+ (24.3 - 25.16)^2 + (27.2 - 25.16)^2$$
  $$+ (29.1 - 25.16)^2 = 35.952$$
③ 중앙값(M_e) : 데이터에서 순서대로 나열된 중간값에 해당하는 것은 24.3이다.
④ 시료분산(s^2) 계산
  $$\therefore s^2 = \frac{S}{n-1} = \frac{35.952}{5-1} = 8.988$$
  |답| ②

57 검사특성곡선(OC curve)에 관한 설명으로 틀린 것은? (단, N : 로트의 크기, n : 시료의 크기, c : 합격판정개수이다.)
① N, n이 일정할 때 c가 커지면 나쁜 로트의 합격률은 높아진다.
② N, c가 일정할 때 n이 커지면 좋은 로트의 합격률은 낮아진다.
③ $N/n/c$의 비율이 일정하게 증가하거나 감소하는 퍼센트 샘플링 검사 시 좋은 로트의 합격률은 영향이 없다.
④ 일반적으로 로트의 크기 N이 시료 n에 비해 10배 이상 크다면, 로트의 크기를 증가시켜도 나쁜 로트의 합격률은 크게 변화하지 않는다.

해 설

퍼센트 샘플링 검사 시 N이 달라지면 n, c도 같이 변하므로 부적합품률이 같은 로트에 대해 품질보증의 정도가 달라져 일정한 품질의 보증을 얻을 수 없다. |답| ③

58 다음 그림의 AOA(Activity-on-Arc) 네트워크에서 E작업을 시작하려면 어떤 작업들이 완료되어야 하는가?
① B
② A, B
③ B, C
④ A, B, C

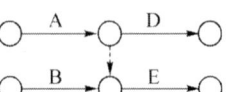

해 설

AOA(Activity-on-Arc) 네트워크에서는 마디(○)는 단계, 가지(→)는 활동을 나타내고, 단계는 활동의 시작과 끝을 나타내므로 명목상의 활동(⋯→)을 필요로 한다.
∴ E작업을 시작하려면 A, B, C 작업들이 완료되어야 한다. |답| ④

59 브레인스토밍(Brainstorming)과 가장 관계가 깊은 것은?
① 특성요인도   ② 파레토도
③ 히스토그램   ④ 회귀분석

해 설

특성요인도 : 문제가 되는 결과와 이에 대응하는 원인과의 관계를 알 수 있도록 생선뼈 형태로 그린 그림으로 파레토도에 나타난 부적합 항목이 영향을 주는 여러 가지 요인을 찾아내는데 유용한 기법으로 브레인스토밍 방법을 이용한다. |답| ①

60 표준시간을 내경법으로 구하는 수식으로 맞는 것은?
① 표준시간 = 정미시간 + 여유시간
② 표준시간 = 정미시간 × (1 + 여유율)
③ 표준시간 = 정미시간 × $\left(\dfrac{1}{1 - 여유율}\right)$
④ 표준시간 = 정미시간 × $\left(\dfrac{1}{1 + 여유율}\right)$

해 설

표준시간 계산법
㉮ 외경법 : 표준시간 산출 시 여유율을 정미시간을 기준으로 산정하여 사용하는 방식으로 정미시간이 명확히 설정되는 경우에 사용된다.
  ∴ 표준시간 = 정미시간 × (1 + 여유율)
㉯ 내경법 : 표준시간 산출 시 여유율은 근무시간(실동시간)을 기준으로 산정하는 방법으로 정미시간이 명확하지 않은 경우에 사용된다.
  ∴ 표준시간 = 정미시간 × $\left(\dfrac{1}{1 - 여유율}\right)$ |답| ③

2018년 기능장 제 63 회 필기시험 (3월 31일 시행)				수험번호	성 명
자격종목	코드	시험시간	형별		
배관기능장	3081	1시간	B		

※ 답안 카드 작성 시 시험문제지 형별누락, 마킹착오로 인한 불이익은 전적으로 수험자의 귀책사유임을 알려드립니다.
※ 각 문항은 4지 택일형으로 질문에 가장 적합한 보기 항을 선택하여 마킹하여야 합니다.

1 파이프 랙(pipe rack)의 간격 결정 조건으로 틀린 것은?
① 배관 구경의 대소
② 배관 내 유체의 종류
③ 배관 내 마찰 저항
④ 배관 내 유체의 온도

해 설
파이프 랙(pipe rack)의 간격 결정 조건
㉮ 배관 구경의 대소
㉯ 배관에 플랜지의 부착 유무
㉰ 배관의 보온・보냉 시공 및 두께
㉱ 배관 내 유체의 종류 및 온도 |답| ③

2 수-공기 방식으로 여러 개의 방을 가진 건물에서 각 실마다 개별 조절이 가능한 공기조화 방식은?
① 룸 쿨러 방식   ② 2중 덕트 방식
③ 유인 유닛 방식   ④ 패키지 방식

해 설
공기조화방식의 분류
(1) 중앙식
  ㉮ 전공기 방식 : 단일 덕트 방식, 2중 덕트 방식
  ㉯ 물(水)-공기 병용방식 : 존(zone) 유닛방식, 유인 유닛방식, 팬코일 유닛 방식, 복사패널 덕트 병용 방식
(2) 개별식
  ㉮ 전수방식 : 팬코일 유닛 방식
  ㉯ 냉매방식 : 팩케이지 유닛 방식, 팬코일 유닛 방식
|답| ③

3 증기난방 배관시공법에 대한 설명으로 틀린 것은?
① 암거 내에 배관할 때 밸브, 트랩 등은 가급적 맨홀 부근에 집합시켜 놓는다.
② 방열기 브랜치 파이프 등에서 부득이 매설 배관할 때에는 배관으로부터의 열손실과 신축에 주의한다.
③ 리프트 이음 시 1단의 흡상고는 1.5[m] 이내로 한다.
④ 증기 주관에 브랜치 파이프를 접할 때에는 원칙적으로 30° 이하의 각도로 설치한다.

해 설
증기 주관에 브랜치(branch) 파이프를 접할 때에는 원칙적으로 45° 이상의 각도로 취출하고 열팽창을 고려해 신축이음(스위블이음)을 한다. |답| ④

4 화학배관 설비 중 열교환기에 대한 설명으로 틀린 것은?
① 가열기 : 유체를 증기 또는 장치 중의 폐열유체로 가열하여 필요한 온도까지 상승시키기 위한 열교환기
② 증발기 : 유체를 가열 증발시켜 발생한 증기를 사용하는 열교환기
③ 재비기 : 장치 중에서 응축된 유체를 재가열 증발시킬 목적으로 사용하는 열교환기
④ 응축기 : 증발성 기체를 사용하여 현열을 제거해 액화시키는 열교환기

해 설
응축기 : 응축성 기체의 잠열을 제거해 액화시키는 열교환기

|답| ④

5 플랜트 배관에서 내압이 높고 고온인 유체가 누설될 경우 벤트밸브를 설치하여 누설을 방지하는 응급조치 방법은?
① 코킹법
② 밴드 보강법
③ 인젝션법
④ 박스 설치법

해 설
박스(box-in) 설치법 : 내부압력이 높고 고온의 유체가 누설되는 부분에 2~3개의 분할 상자를 이용하여 누설 부분에 용접을 하여 누설을 방지하는 방법이다. **|답|** ④

6 자동제어에서 미리 정해 놓은 시간적 순서에 따라서 작업을 순차적으로 진행하는 제어방법은?
① 시퀀스 제어(sequence control)
② 피드백 제어(feedback control)
③ 폐루프 제어(closed loop control)
④ 최적 제어(optimal control)

해 설
시퀀스 제어(sequence control : 개[開]회로) : 미리 순서에 입각해서 다음 동작이 연속 이루어지는 제어로 자동판매기, 보일러의 점화 등이 있다. **|답|** ①

7 공정제어의 요소 중 마치 인간의 두뇌와 같은 작용을 하는 것으로 오차의 신호를 받아 어떤 동작을 하면 되는가를 판단한 후 처리하는 부분은?
① 검출기
② 전송기
③ 조절기
④ 조작부

해 설
자동제어의 구성
㉮ 비교부 : 기준입력과 주피드백량과의 차를 구하는 부분으로서 제어량의 현재값이 목표치와 얼마만큼 차이가 나는가를 판단하는 기구
㉯ 검출기 : 제어량을 검출하고 이것을 기준입력과 비교할 수 있는 물리량(주피드백 신호)을 만드는 부분
㉰ 조절기 : 제어편차에 따라 일정한 신호를 조작요소에 보내는 부분

㉱ 조작부 : 제어대상에 대하여 작용을 걸어오는 부분으로 조작신호를 받아 이것을 조작량으로 바꾸는 부분
㉲ 설정부 : 정치제어일 때 주로 사용되는 것으로 목표치와 주피드백량이 같은 종류의 양이 아니면 비교할 수 없다.
㉳ 전송기 : 검출기에서 검출한 신호를 증폭하거나 다른 신호로 변환시켜 전송하여 주는 기기로서 공기식 및 전기식이 있다. **|답|** ③

8 같은 펌프를 유량이 2000[LPM]일 때 회전수를 1000[rpm]에서 1200[rpm]으로 변경시킬 때 유량[LPM]은 얼마가 되는가?
① 2400
② 2200
③ 2000
④ 600

해 설
$$Q_2 = Q_1 \times \frac{N_2}{N_1} = 2000 \times \frac{1200}{1000} = 2400[LPM]$$ **|답|** ①

[참고] 원심펌프 상사의 법칙
㉮ 유량 $Q_2 = Q_1 \times \left(\frac{N_2}{N_1}\right) \times \left(\frac{D_2}{D_1}\right)^3$
㉯ 양정 $H_2 = H_1 \times \left(\frac{N_2}{N_1}\right)^2 \times \left(\frac{D_2}{D_1}\right)^2$
㉰ 동력 $L_2 = L_1 \times \left(\frac{N_2}{N_1}\right)^3 \times \left(\frac{D_2}{D_2}\right)^5$

9 급수배관 시공에 대한 설명으로 틀린 것은?
① 급수배관의 최소관경은 원칙적으로 20[mm]로 한다.
② 음료용 배관을 배수관, 잡용수관 등 다른 배관과 직접 연결시켜서는 안 된다.
③ 급수관은 수리 시 관 속의 물을 완전히 뺄 수 있도록 기울기를 주어야 하며, 기울기는 1/250을 표준으로 한다.
④ 급수관과 배수관을 근접하여 매설하는 경우에는 원칙적으로 양 배관의 수평간격을 100[mm] 이상으로 하고, 급수관은 배수관의 아래쪽에 매설한다.

해 설
급수관과 배수관을 근접하여 매설하는 경우 급수관은 배수관의 위쪽에 매설한다. **|답|** ④

10 제어요소 중 입력 변화와 동시에 출력이 시간지연 없이 목표치에 동시에 변화하며, 시간지연이 없다는 의미에서 0차 요소라고도 하는 것은?
① 적분요소　　② 일차지연요소
③ 고차지연요소　　④ 비례요소

해 설

각 요소의 스텝 응답 특성
㉮ 비례요소 : 출력과 입력이 비례하는 요소를 말하며 스텝응답으로 나타난다.
㉯ 1차 지연 요소 : 입력이 급변하는 순간에서 출력은 변화하지만 지연이 있어 어느 시간 후에 정상 상태가 되는 특징을 갖고 있는 것을 말한다.
㉰ 낭비시간(dead time) 요소 : 출력이 입력에 대하여 어떤 시간만큼 늦어지는 것과 같은 요소로 난방기가 가동되어도 일정시간이 경과되어야만 실내온도가 상승되기 시작하는 시간을 말한다.
㉱ 적분요소 : 출력이 입력량의 총량으로 나타내는 것과 같은 요소로 물탱크에서 유출량은 일정할 때 유입량이 증가됨에 따라 수위가 상승하여 평형을 이루지 못하고 넘치게 되는 것이 해당된다.
㉲ 고차 지연 요소 : 2차 지연 이상을 일으키는 것을 말한다. (2차 지연 : 2개의 용량으로 인한 지연을 말한다.)
|답| ④

11 다음 중 유류배관 설비의 기밀시험을 할 때 안전상 가장 부적절한 가스는?
① 질소　　② 산소
③ 탄산가스　　④ 아르곤

해 설

산소는 강력한 조연성(지연성)가스이므로 유류배관의 기밀시험에 사용할 때 폭발사고의 원인이 된다. |답| ②

12 피드백 제어 방식에서 연속 동작에 해당되는 것은? [44회]
① ON-OFF 동작　　② 다위치 동작
③ 불연속 속도 동작　　④ 적분 동작

해 설

제어동작에 의한 자동제어 분류
㉮ 연속동작 : 비례동작, 적분동작, 미분동작, 비례 적분 동작, 비례 미분동작, 비례 적분 미분 동작
㉯ 불연속 동작 : 2위치 동작(on-off 동작), 다위치 동작, 불연속 속도 동작(단속도 제어 동작) |답| ④

13 배관용 공기기구 사용 시 안전수칙으로 틀린 것은?
① 처음에는 천천히 열고 일시에 전부 열지 않는다.
② 기구 등의 반동으로 인한 재해에 항상 대비한다.
③ 공기 기구를 사용할 대는 보호구를 착용한다.
④ 활동부에는 항상 기름 또는 그리스가 없도록 깨끗이 닦아 준다.

해 설

활동부에는 항상 기름 또는 그리스를 주입하여 원활히 작동되도록 한다. |답| ④

14 펌프 배관 시공에 대한 설명으로 틀린 것은?
① 흡입측 수평관에는 펌프 쪽으로 올림 구배를 한다.
② 토출측 수직관 상부에는 수격 방지 시설을 한다.
③ 흡입측에는 압력계를, 토출측에는 진공계를 설치한다.
④ 흡입관의 중량이나 토출관의 중량이 펌프에 영향을 주지 않는 구조로 한다.

해 설

흡입측에는 진공계나 연성계를, 토출측에는 압력계를 설치한다. |답| ③

15 가스배관의 보냉 및 보온 단열공사 시공법에 대한 설명으로 틀린 것은?
① 배관을 보냉 단열할 때는 2~3개의 관을 함께 보냉재로 싼다.
② 배관 지지부의 보냉은 보냉재를 충분히 밀착시키고 방습 시공을 완전하게 한다.
③ 배관의 말단인 플랜지부 등에 저온용 매스틱을 발라 주고 아스팔트 루핑으로 보온해서 방습해 준다.
④ 시공 후 진동 등으로 인해 보온재가 탈락되지 않도록 견고하게 고정한다.

해 설

가스배관을 보냉할 경우에 2~3개의 관을 함께 보냉제

로 감쌌을 경우 방열 표면에 결로(結露)현상이 발생하여 수분이 보냉제 가운데에 침투하고 하부가 그 무게로 느슨해져 보냉 효과를 저하시키므로 배관은 1개씩 따로 보냉 공사를 하는 것이 바람직하다. **|답| ①**

16 압축기의 분류에서 용적식(체적식) 압축기에 해당하지 않는 것은?

① 왕복식　　② 회전식
③ 원심식　　④ 스크류식

해설

압축기의 분류
(1) 용적형(체적형) 압축기 : 일정 용적의 실린더 내에 기체를 흡입하고 기체에 압력을 가하여 토출구로 압출하는 것을 반복하는 형식이다.
　㉮ 왕복동식 : 피스톤의 왕복운동으로 가스를 흡입하여 압축한다.
　㉯ 회전식 : 회전체의 회전에 의해 일정 용적의 가스를 연속으로 흡입 압축하는 것을 반복하다.
(2) 터보형 : 임펠러의 회전운동을 압력과 속도에너지로 전환하여 압력을 상승시키는 형식이다.
　㉮ 원심식 : 케이싱 내에 임펠러가 회전하면 기체가 원심력에 의하여 임펠러 중심부로 연속으로 흡입되고 압력과 속도가 증가되어 토출되는 형식이다.
　㉯ 축류식 : 선풍기와 같이 프로펠러(임펠러)가 회전하면 기체가 축 방향으로 흡입되고, 압력과 속도가 상승되어 축 방향으로 토출하는 형식이다.
　㉰ 혼류식 : 원심식과 축류식을 혼합한 형식이다.

|답| ③

17 노통 보일러에서 노통에 직각으로 설치하여 전열면적을 증가시키며 노통을 보강하는 관은?

① 아담슨조인트　　② 갤로웨이관
③ 기수증발관　　　④ 공기예열관

해설

겔로웨이관(galloway tube) : 노통에 직각으로 2~3개 정도 설치한 관으로 전열면적을 증가시키며 보일러 수(水)의 순환을 좋게 하고 노통을 보강하는 역할을 한다.

|답| ②

18 시퀀스 제어의 접전 회로의 회로명칭과 논리식으로 옳은 것은?

① 논리적(AND)회로는 A · B = 0
② 논리합(OR)회로는 A + B = R
③ 논리부정(NOT)회로는 A + B = 0
④ 기억(NOR)회로는 A(A + B) = 0

해설

회로명칭과 논리식
㉮ 논리적(AND)회로 : 입력되는 복수의 조건이 모두 충족될 경우 출력이 나오는 회로로 논리식은 A · B = R 이다.
㉯ 논리합(OR)회로 : 입력되는 복수의 조건 중 어느 한 개라도 입력 조건이 충족되면 출력이 나오는 회로로 논리식은 A + B = R이다.
㉰ 논리부정(NOT)회로 : 신호 입력이 1이면 출력은 0이 되고, 신호 입력이 0이면 출력은 1이 되는 부정의 논리를 갖는 회로로 논리식은 $\overline{A} = R$이다.
㉱ 기억(NOR)회로 : 논리합(OR)회로 출력의 반대로서 모든 입력 포트에 신호가 없을 때만 출력이 나오는 회로로 논리식은 $\overline{A+B} = R$ 이다.

|답| ②

19 1시간에 100[℃]의 물 31.3[kg]이 전부 증기로 되는 증발능력을 지닌 증기보일러의 능력은 몇 보일러 마력인가?

① 1 보일러 마력　　② 2 보일러 마력
③ 3 보일러 마력　　④ 4 보일러 마력

해설

㉮ 1 보일러 마력이란 1시간에 15.65[kg]의 상당 증발량을 갖는 보일러의 동력. 즉, 100[℃] 물 15.65[kg]을 1시간에 같은 온도의 증기로 변화시킬 수 있는 능력이며, 약 8435.35[kcal/h]의 열을 흡수하여 증기를 발생할 수 있는 능력이다.
㉯ 보일러 마력 계산

$$\therefore 보일러 \ 마력 = \frac{G_e}{15.65} = \frac{31.3}{15.65} = 2 보일러 마력$$

|답| ②

20 다음 중 아크 용접기로 배관의 용접작업 시 감전을 방지하기 위한 가장 적합한 조치는?

① 리밋 스위치 부착
② 2차 권선장치 부착
③ 자동 전격 방지장치 부착
④ 중성점 접지 연결

해설

아크 용접기에 자동 전격 방지장치를 부착하여 용접 작업 시 감전을 방지한다.

|답| ③

21 강관의 제조방법에서 아크용접 관은 350[A] 이상의 큰 지름의 관을 만들 때 쓰는 방법으로 띠 강판의 측면을 용접에 적합하도록 베벨 가공하여 용접하기에 가장 적합한 것은?

① TIG 용접
② 전기아크용접
③ 자동 서브머지드아크용접
④ CO_2 아크용접

해설
자동 서브머지드(submerged) 아크용접 : 자동 금속 아크 용접법으로 모재 이음 표면에 미세한 입상모양의 용제를 공급하고, 용제 속에 연속적으로 전극 와이어를 송급하여 모재 및 전극 와이어를 용융시켜 용접부를 대기로부터 보호하면서 용접하는 방법이다. |답| ③

22 합성수지류 패킹 중 가장 많이 사용되며 어떠한 약품이나 기름에도 침해되지 않는 것은?

① 네오프렌　　② 주석
③ 테프론　　　④ 구리

해설
테프론 : 합성수지류 패킹의 하나로 내열 범위가 -260~260[℃]이며 약품이나 기름에도 침식(침해)되지 않는다. |답| ③

23 관지름이 50[A], 인장강도가 42[kgf/mm²]인 SPPS관을 사용할 때, 스케줄 번호로 적당한 것은? (단, 최고사용압력은 7.84[MPa]이고, 안전율은 4이다.)

① Sch NO. 40　　② Sch NO. 60
③ Sch NO. 80　　④ Sch NO. 100

해설
1[MPa]은 약 10[kgf/cm²]에 해당된다.

$$\therefore Sch\ No = 10 \times \frac{P}{S} = 10 \times \frac{7.84 \times 10}{\frac{42}{4}} = 74.666$$

∴ 스케줄 번호 74.666보다 큰 80번을 선택한다.
|답| ③

24 동관에 대한 설명으로 틀린 것은?

① 타프피치 동은 산소 함량이 0.02~0.05[%] 정도, 순도 99.9[%] 이상이 되도록 전기동을 정제한 것이다.
② 인탈산 동은 전기동 중의 산소를 인을 써서 제거한 것으로 산소는 0.01[%] 이하로 제거되나 대신 인이 잔류한다.
③ 무산소 동은 산소도 최대한 제거시키고 잔류되는 탈산제도 없는 동으로 순도는 99.96[%] 이상이다.
④ 인탈산 동은 고온의 환원성 분위기에서 수소취화 현상을 일으키므로 고온 용접 시 주의해야 한다.

해설
인탈산 동 : 동을 인(P)으로 탈산 처리한 것으로 전기 전도성은 인성 동관보다 낮으며, 고온에서도 수소취화 현상이 발생하지 않는다. 담수(淡水)에는 내식성이 강하지만, 연수(軟水)에는 부식된다. |답| ④

25 100[A] 강관을 inch계(B자)의 호칭으로 지름을 표시하면 얼마인가?

① 1B　　② 2B
③ 3B　　④ 4B

해설
미터계(A자)와 인치계(B자)의 호칭

미터계	인치계	미터계	인치계
15[A]	$\frac{1}{2}$[B]	65[A]	$2\frac{1}{2}$[B]
20[A]	$\frac{3}{4}$[B]	80[A]	3[B]
25[A]	1[B]	100[A]	4[B]
32[A]	$1\frac{1}{4}$[B]	125[A]	5[B]
40[A]	$1\frac{1}{2}$[B]	150[A]	6[B]
50[A]	2[B]	200[A]	8[B]

※ 1인치는 약 25.4[mm]에 해당되므로 미터계 호칭수치를 25.4로 나눠 나오는 수치가 인치계 호칭에 해당된다. |답| ④

26 배관재료에 대한 설명으로 틀린 것은?

① 동관은 관 두께에 따라 K형, L형, M형으로 구분한다.
② 연관은 화학 공업용으로 사용되는 1종관과 일반용으로 쓰이는 2종관, 가스용으로 사용되는 3종관이 있다.
③ 주철관은 용도에 따라 수도용, 배수용, 가스용, 광산용으로 구분한다.
④ 배관용 탄소강 강관은 1[MPa] 이상, 10[MPa] 이하 증기관에 적합하다.

해 설

배관용 탄소강관(SPP) : 사용압력이 비교적 낮은 10[kgf/cm^2] 이하의 증기, 물, 기름, 가스 및 공기의 배관용으로 사용되며 백관과 흑관으로 분류되고, 호칭지름 6~500[A]까지이다.
※ 1[MPa] 이상, 10[MPa] 이하는 10[kgf/cm^2] 이상 1000[kgf/cm^2] 이하에 해당된다.
|답| ④

27 강관의 종류와 기호의 연결로 옳은 것은?

① SPHT : 고압 배관용 탄소강관
② STWW : 상수도용 도복장 강관
③ STHA : 저온배관용 탄소강관
④ STBH : 일반 구조용 탄소강관

해 설

강관의 KS 표시 기호

KS 표시 기호	명칭
SPP	일반 배관용 탄소강관
SPPS	압력 배관용 탄소강관
SPPH	고압 배관용 탄소강관
SPHT	고온 배관용 탄소강관
SPLT	저온 배관용 탄소강관
SPW	배관용 아크용접 탄소강관
SPA	배관용 합금강관
STS×T	배관용 스테인리스강관
STBH	보일러 열교환기용 탄소강관
STHA	보일러 열교환기용 합금강관
STS×TB	보일러 열교환기용 스테인리스강관
STLT	저온 열교환기용 강관
STWW	상수도용 도복장 강관

|답| ②

28 주철관의 접합 방법 중 소켓 접합에서 얀과 납의 채움 길이에 대한 설명으로 옳은 것은?

① 배수관일 때 삽입길이의 약 1/3을 얀으로 하고, 약 2/3를 납으로 한다.
② 배수관일 때 삽입길이의 약 1/4을 얀으로 하고, 약 3/4를 납으로 한다.
③ 배수관일 때 삽입길이의 약 2/3을 얀으로 하고, 약 1/3를 납으로 한다.
④ 배수관일 때 삽입길이의 약 3/4을 얀으로 하고, 약 1/4를 납으로 한다.

해 설

주철관 소켓 접합의 삽입길이(소켓깊이)

구분	얀(yarn)	납
급수관	1/3	2/3
배수관	2/3	1/3

|답| ③

29 양질의 선철에 강을 배합하여 용해하고, 회전하는 주형에 주입하여 원심력을 이용하여 주조한 후 730[℃] 이상에서 일정시간 풀림하여 제조한 관은?

① 수도용 입형 주철직관
② 수도용 원심력 사형 주철관
③ 수도용 원심력 금형 주철관
④ 덕타일 주철관

해 설

수도용 원심력 덕타일 주철관 : 구상 흑연 주철관이라 하며 양질의 선철에 강을 배합하여 용해하고, 회전하는 주형에 주입한 다음 원심력을 이용하여 주조한 후 노(爐)속에 넣고 고르게 가열하여 730[℃] 이상에서 적당한 시간 동안 풀림(annealing)처리를 한 것이며 주철 중의 흑연이 구상화하여 관의 질이 균일하게 되어 강도가 크다.
|답| ④

30 배관의 이동 구속 제한을 하고자 할 때 사용되는 레스트레인트(restraint)의 종류가 아닌 것은?

① 앵커(anchor)   ② 스토퍼(stopper)
③ 가이드(guide)   ④ 클램프(clamp)

해 설

레스트레인트(restraint)의 종류 및 역할
㉮ 앵커(anchor) : 이동 및 회전을 방지하기 위하여 지지부분에 완전히 고정하여 사용한다.
㉯ 스톱(stop) : 회전 및 배관 축과 직각방향의 이동을 구속하고 나머지 방향의 이동은 자유롭다.
㉰ 가이드(guide) : 신축이음(루프형, 슬리브형) 등에 설치하는 것으로 축과 직각방향의 이동은 구속하고, 축방향의 이동은 허용 및 안내하는 역할을 한다.

|답| ④

31 일반적인 파일럿식 감압밸브에 대한 설명으로 틀린 것은?

① 최대 감압비는 3 : 1 정도이다.
② 1차측 적용압력은 $10[kgf/cm^2]$ 이하이다.
③ 2차측 조정압력은 $0.35 \sim 8[kgf/cm^2]$ 정도이다.
④ 1차측 압력의 변동과 2차측 소비 유량변화에 관계없이 2차측 압력은 일정하게 유지된다.

해 설

최대 감압비(고압측과 저압측의 압력비)는 2 : 1 이내로 하고 초과할 경우에는 직렬로 2개의 감압밸브를 사용하여 2단 감압시키는 것이 좋다.

|답| ①

32 강관과 비교하여 경질 염화비닐관의 특징으로 옳은 것은?

① 열팽창률이 작다.
② 충격강도가 크다.
③ 관내 마찰손실이 작다.
④ 저온 및 고온에서의 강도가 크다.

해 설

경질 염화비닐관의 특징
㉮ 내식성, 내산성, 내알칼리성이 크다.
㉯ 전기의 절연성이 크다.
㉰ 열의 불량도체이다.(열전도도는 철의 1/50 정도)
㉱ 가볍고 강인하며, 가격이 저렴하다.
㉲ 배관 가공(굴곡, 접합, 용접)이 쉬워 시공비가 적게 소요된다.
㉳ 저온 및 고온에서 강도가 약하다.
㉴ 열팽창률이 크다.
㉵ 충격강도가 작으며, 용제에 약하다.

|답| ③

33 배관에 설치되는 밸브, 트랩, 기기 등의 앞에 설치하여 관속의 유체에 섞여 있는 이물질을 제거하여 기기의 성능을 보호하는데 사용되는 것은?

① 버킷트랩
② 드럼트랩
③ 체크밸브
④ 스트레이너

해 설

스트레이너(strainer) : 증기, 물, 유류 배관 등에 설치하여 관내의 불순물을 제거 하여 기기의 성능을 보호하는 역할을 하는 배관설비용 부품이다.

|답| ④

34 앵글, 환봉, 평강 등으로 만들어 파이프의 이동을 방지하는 목적으로 지지물을 장치하기 위해 천정, 바닥, 벽 등의 콘크리트에 매설하여 두는 지지금속을 무엇이라고 하는가?

① 인서트(insert)
② 슬리브(sleeve)
③ 행거(hanger)
④ 러그(lugs)

해 설

인서트(insert) : 천정, 바닥, 벽 등의 콘크리트에 미리 매입되는 철물로 배관이나 덕트를 매달아 지지할 때 사용한다.

|답| ①

35 다음 중 석면시멘트관의 접합방법이 아닌 것은?

① 기볼트 이음
② 칼라 이음
③ 심플렉스 이음
④ 플랜지 이음

해 설

석면 시멘트관의 이음 방법
㉮ 기볼트(gibault) 이음 : 2개의 플랜지와 고무링, 1개의 슬리브로 되어 있으며 신축성과 굴절성이 좋아 원심력 철근 콘크리트관의 칼라 조인트 5~10개소마다 1개씩 접합한다.
㉯ 칼라 이음 : 주철제의 특수 칼라를 사용하여 접합하는 방법으로 접합부 사이에 고무링을 끼워 수밀을 유지한다.
㉰ 심플렉스 이음 : 석면 시멘트제 칼라와 2개의 고무링으로 접합 시공하며, 굽힘성과 내식성이 우수하다.

|답| ④

36 램식과 로터리식 파이프 벤딩 머신에 대한 비교 설명으로 틀린 것은?

① 램식은 이동식이므로 배관공사 현장에서 지름이 비교적 작은 관에 적당하다.
② 로터리식은 관에 모래를 채우는 대신 심봉을 넣고 구부린다.
③ 로터리식은 두께에 관계없이 강관 및 스테인리스관, 동관까지도 벤딩이 가능하다.
④ 동일 모양의 굽힘을 다량 생산하는데 적합한 것은 램식이다.

해 설

파이프 벤딩 머신
㉮ 램식 벤딩 머신(ram type pipe bending machine) : 상온에서 배관을 90°까지 구부리는데 사용하며 지름이 작은 관을 구부리는데 편리하다.
㉯ 로터리식 파이프 벤딩 머신(rotary type pipe bending machine) : 동일 치수의 모양을 대량 생산할 수 있으며 구부림 각도는 180°까지 가능하다. 굽힘형(bending die), 압력형(pressure die), 클램프형(clamp post), 심봉(mandrel) 등으로 구성된다.

|답| ④

37 AW-300인 교류아크 용접기의 정격 2차 전류는 얼마인가?

① 150[A]   ② 220[A]
③ 300[A]   ④ 600[A]

해 설

교류아크 용접기의 정격 2차 전류

구분	정격 2차 전류
AW-200	200[A]
AW-300	300[A]
AW-400	400[A]
AW-500	500[A]

|답| ③

38 100[A] 강관으로 반지름(R)이 800[mm]의 6편 마이터(miter) 배관을 제작하고자 한다. 절단각은 얼마인가? (단, 중심각은 90°이다.)

① 7°   ② 9°
③ 15° ④ 19°

해 설

$$절단각 = \frac{중심각}{2 \times (편수 - 1)} = \frac{90}{2 \times (6-1)} = 9°$$

|답| ②

39 관용나사의 테이퍼 값으로 가장 적합한 것은?

① 1/6   ② 1/10
③ 1/16   ④ 1/30

해 설

관용나사는 일반 체결용 나사보다 피치와 나사산 높이를 작게 한 것으로 누수를 방지하고 기밀을 유지하기 위해 테이퍼 나사를 사용하고 기울기는 1/16이다. |답| ③

40 외경 50[mm]인 증기관으로 오메가형 루프이음을 설치할 경우 흡수해야 할 배관길이를 10[mm]로 한다면 벤드의 전 길이는 얼마인가?

① 1.65[m]   ② 500[mm]
③ 22.36[cm] ④ 223[cm]

해 설

$$L = 0.073 \sqrt{d \cdot \Delta L} = 0.073 \times \sqrt{50 \times 10} = 1.632[m]$$

|답| ①

41 다음 아크 용접부의 결함에 대한 방지대책의 연결로 옳은 것은?

① 언더컷 - 높은 전류를 사용한다.
② 오버랩 - 용접 전류를 낮춘다.
③ 기공 - 용접 속도를 높인다.
④ 선상조직 - 급랭을 피한다.

해설

아크 용접부의 결함의 원인

결함	원인
언더컷	- 용접전류 과대 - 아크 길이가 너무 길 때 - 용접 속도가 빠를 때 - 용접봉이 모재 두께에 비해 클 때 - 모재가 과열되었을 때
오버랩	- 모재에 비해 용접봉이 굵을 때 - 운봉속도가 느릴 때 - 용접전류가 낮을 때 - 용접봉 유지각도가 불량할 때 - 모재가 과냉되었을 때
기공	- 용접 전류 과대 - 용접봉에 습기가 많을 때 - 모재에 불순물이 부착하였을 때 - 모재에 습기가 있을 때
슬래그 섞임	- 운봉방법 및 운봉각도의 불량 - 전류가 약할 때 - 용접이음이 부적당할 때 - 슬래그 냉각이 빠를 때 - 아크 길이가 길 때
용입 불량	- 홈 각도가 작을 때 - 용접속도가 너무 빠를 때 - 용접 전류가 낮을 때 - 용접봉이 부적합할 때
선상 조직	- 용접부의 냉각속도가 빠를 때 - 모재에 탄소, 탈산 생성물이 너무 많을 때 - 수소 용해량이 많을 때

※ 결함 원인을 제거하는 것이 결함 방지책이 된다.

|답| ④

42 다음 중 SI 기본단위가 아닌 것은?
① 시간(s)　② 길이(m)
③ 질량(kg)　④ 압력(Pa)

해설

기본단위의 종류

기본량	길이	질량	시간	전류	물질량	온도	광도
기본단위	m	kg	s	A	mol	K	cd

|답| ④

43 표준대기압에서 0[℃]의 물 20[kg]를 100[℃]의 포화증기로 변화시키는데 필요한 열량[kJ]은? (단, 물의 비열은 4.19[kJ/kg·K]이고, 물의 증발잠열은 2256.7[kJ/kg·K]이다.)
① 26740　② 45110
③ 53514　④ 86960

해설

㉮ 0[℃] → 100[℃]까지 소요 열량 : 현열
∴ $Q_1 = G \cdot C \cdot \Delta t = 20 \times 4.19 \times (100-0) = 8380[kJ]$
㉯ 100[℃]물 → 100[℃] 포화증기 소요 열량 : 잠열
∴ $Q_2 = G \cdot \gamma = 20 \times 2256.7 = 45134[kJ]$
㉰ 합계 열량 계산
∴ $Q = Q_1 + Q_2 = 8380 + 45134 = 53514[kJ]$

|답| ③

44 열용량에 대한 설명으로 옳은 것은?
① 어떤 물질 1[kg]의 온도를 10[℃] 변화시키기 위하여 필요한 열량
② 어떤 물질의 연소 시 생기는 열량
③ 어떤 물질의 온도를 1[℃] 변화시키기 위하여 필요한 열량
④ 정적비열에 대한 정압비열을 백분율로 표시한 값

해설

열용량 : 어떤 물질의 온도를 1[℃] 변화시키기 위하여 필요한 열량으로 단위는 [kcal/℃], [cal/℃]이다. |답| ③

45 불활성 가스 텅스텐 아크용접(TIG)의 장점으로 틀린 것은?
① 용제(flux)를 사용하지 않는다.
② 질화 및 산화를 방지하여 내부부식성이 증가한다.
③ 박판 용접과 비철금속 용접이 용이하다.
④ 용융점이 낮은 금속 또는 합금의 용접에 적합하다.

해설

용융점이 낮은 금속에는 부적합하다. |답| ④

46 강관의 슬리브 용접 시 슬리브 길이는 관경의 몇 배로 하는 것이 가장 적당한가?
① 1.2~1.7배
② 4~4.5배
③ 2.0~2.5배
④ 7배 이상

해설
강관의 슬리브 용접 접합 시 슬리브의 길이는 파이프 지름의 1.2~1.7배가 적당하다. |답| ①

47 밸브의 조작부 표시 방법 중 동력 조작을 나타내는 것은?

① 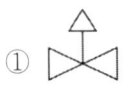   ②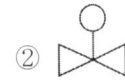
③    ④ ▷◁

해설
조작밸브 표시
㉮ 일반(동력조작) :
㉯ 전동식 :
㉰ 전자기식 : |답| ②

48 아래의 배관제도에서 +3200의 치수가 의미하는 것은?

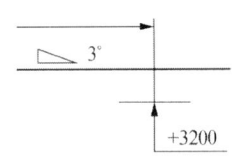

① 관의 윗면까지 높이 3200[mm]
② 관의 중심까지 높이 3200[mm]
③ 관의 아랫면까지 높이 3200[mm]
④ 관의 3° 기울어진 길이 3200[mm]

해설
기준면에서 관의 아랫면까지 높이가 3200[mm]이다. |답| ③

49 건설 또는 제조에 필요한 모든 정보를 전달하기 위한 도면으로 공정도, 시공도, 상세도로 구분되는 도면은 어느 것인가?
① 계획도   ② 제작도
③ 주문도   ④ 견적도

해설
제작도 : 요구하는 제품을 만들 때 사용하는 도면으로 공정도, 시공도, 상세도로 구분된다. |답| ②

50 절단 단면부분을 표시할 필요가 있을 경우 단면도의 단면 자리에 해칭하는 방법에 대한 설명으로 틀린 것은?
① 해칭은 주된 중심선 또는 단면도의 주된 외형선에 대하여 45°로 가는 실선을 등간격으로 그린다.
② 해칭선의 간격은 해칭을 하는 단면의 크기와 관계없이 일정하게 그린다.
③ 인접한 단면의 해칭은 선의 방향 또는 각도를 바꾸든지 간격을 바꾸어서 그린다.
④ 같은 절단면 위에 나타나는 같은 부품의 단면에도 동일한 해칭을 한다.

해설
해칭(hatching)하는 방법
㉮ 단면 부분에 가는 실선으로 빗금선을 그어 다른 부분과 구별하는데 사용한다.
㉯ 중심선 또는 주요 외형선에 45° 경사지게 긋는 것이 원칙이나 부득이한 경우 다른 각도(30°, 60°)로 표시한다.
㉰ 해칭선의 간격은 도면의 크기에 따라 다르나, 보통 2~3[mm]의 간격으로 한다.
㉱ 2개 이상의 부품이 인접할 경우에는 해칭의 방향과 간격을 다르게 하거나 각도를 다르게 한다.
㉲ 간단한 도면에서 단면을 쉽게 알 수 있는 것은 해칭을 생략할 수 있다.
㉳ 동일 부품의 절단면 해칭은 동일한 모양으로 한다.
㉴ 해칭 하는 부분 안에 문자, 기호 등을 기입할 때에는 해칭을 중단한다. |답| ②

51 동관배관에서 다음과 같이 재료가 산출되었다. 동관 용접개소는 각각 몇 개소인가?

- 동관(DN25) 길이 : 2.5[m]
- 동관(DN20) 길이 : 2.0[m]
- 동관(DN15) 길이 : 1.5[m]
- 동티(C×C×C) DN25/DN15 : 1개
- 동레듀서(C×C) DN25/DN20 : 1개
- 청동게이트밸브 DN20 : 1개
- 어댑터(C×M) DN20 : 1개
- 동유니언(C×M) DN20 : 1개
- 동엘보(C×C) DN20 : 1개

① DN25 3개소, DN20 5개소, DN15 1개소
② DN25 2개소, DN20 4개소, DN15 2개소
③ DN25 5개소, DN20 3개소, DN15 1개소
④ DN25 3개소, DN20 7개소, DN15 2개소

해 설

동관 규격별 용접 개소 집계

재료 명칭	수량	DN25	DN20	DN15
동티(C×C×C) DN25/DN15	1개	2		1
동레듀서(C×C) DN25/DN20	1개	1	1	
청동게이트밸브 DN20	1개			
어댑터(C×M) DN20	1개		1	
동유니언(C×M) DN20	1개		1	
동엘보(C×C) DN20	1개		2	
합계		3	5	1

|답| ①

52 입체 배관도로 작도하는 도면으로서, 배관의 일부분만을 작도한 도면이며 부분제작을 목적으로 하는 도면은?
① 입면 배관도   ② 입체 배관도
③ 부분 배관도   ④ 평면 배관도

해 설

부분 배관도 : 플랜트 배관설비 도면에서 입체 배관도로 배관의 일부분만을 작도하여 부분 제작을 목적으로 하는 도면이다.

|답| ③

53 이음쇠 끝부분의 접합부 형상을 나타내는 기호 중 수나사가 있는 접합부를 의미하는 기호는?
① M   ② F   ③ C   ④ P

해 설

이음쇠 끝부분의 접합부 형상 기호
㉮ C(female solder cup) : 이음재 내로 관이 들어가 접합되는 형태이다.
㉯ M(male NPT thread) : ANSI 규격 관형나사가 밖으로 난 나사이음용 이음재이다. (예 : C×M 어댑터)
㉰ F(female NPT thread) : ANSI 규격 관형나사가 안으로 난 나사이음용 이음재이다. (예 : C×F 어댑터)
㉱ Ftg(male solder cup) : 이음쇠 바깥쪽으로 관이 들어가 접합되는 형태이다. (예 : Ftg×M 어댑터)

|답| ①

54 다음 평면배관도를 입체배관도로 표현한 것으로 옳은 것은?

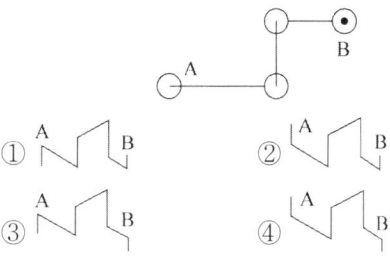

해 설

입체 배관도

|답| ①

55 직물, 금속, 유리 등의 일정 단위 중 나타나는 흠의 수, 핀홀 수 등 부적합수에 관한 관리도를 작성하려면 가장 적합한 관리도는?
① c 관리도   ② np 관리도
③ p 관리도   ④ $\overline{X} - R$ 관리도

해 설

c 관리도 : 샘플에 포함된 부적합수를 사용하여 공정을 평가하기 위한 관리도로서 검사하는 시료의 면적이나 길

이 등이 일정한 경우 등과 같이 일정단위 중에 나타나는 흠의 수, 부적합수를 취급할 때 사용된다. |답| ①

56 Ralph M. Barnes 교수가 제시한 동작경제의 원칙 중 작업장 배치에 관한 원칙(arrangement of the workplace)에 해당되지 않는 것은?
① 가급적이면 낙하식 운반방법을 이용한다.
② 모든 공구나 재료는 지정된 위치에 있도록 한다.
③ 적절한 조명을 하여 작업자가 잘 보면서 작업할 수 있도록 한다.
④ 가급적 용이하고 자연스런 리듬을 타고 일할 수 있도록 작업을 구성하여야 한다.

해 설
작업장 배치에 관한 원칙 : ①, ②, ③ 외
㉮ 공구와 재료는 작업이 용이하도록 작업자의 주위에 있어야 한다.
㉯ 재료를 될 수 있는 대로 사용위치 가까이에 공급할 수 있도록 중력을 이용한 호퍼 및 용기를 사용한다.
㉰ 공구 및 재료는 동작에 가장 편리한 순서로 배치한다.
㉱ 의자와 작업대의 모양과 높이는 각 작업자에게 알맞도록 설계하고 지급한다. |답| ④

57 다음 데이터의 제곱합(sum of squares)은 약 얼마인가?

[데이터]
| 18.8 | 19.1 | 18.8 | 18.2 | 18.4 |
| 18.3 | 19.0 | 18.6 | 19.2 | |

① 0.129
② 0.338
③ 0.359
④ 1.029

해 설
㉮ 평균값 계산
$$\therefore \bar{x} = \frac{\sum x}{n}$$
$$= \frac{18.8+19.1+18.8+18.2+18.4+18.3+19.0+18.6+19.2}{9}$$
$$= 18.71$$

㉯ 편차 제곱합 계산
$$\therefore S = (18.8-18.71)^2 + (19.1-18.71)^2$$
$$+ (18.8-18.71)^2 + (18.2-18.71)^2 + (18.4-18.71)^2$$
$$+ (18.3-18.71)^2 + (19.0-18.71)^2 + (18.6-18.71)^2$$
$$+ (19.2-18.71)^2 = 1.029$$
|답| ④

58 국제 표준화의 의의를 지적한 설명 중 직접적인 효과로 보기 어려운 것은?
① 국제간 규격통일로 상호 이익도모
② KS 표시품 수출 시 상대국에서 품질인증
③ 개발도상국에 대한 기술개발의 촉진을 유도
④ 국가 간의 규격상이로 인한 무역장벽의 제거

해 설
국제표준화의 의의(성과)
㉮ 각국의 규격의 국제성을 증대하고 상호이익을 도모한다.
㉯ 각국의 기술이 국제수준에 도달하도록 장려한다.
㉰ 국제 분업의 확립 및 산업적 후진국에 대한 기술개발의 촉진을 유도한다.
㉱ 국제간의 산업기술에 관한 지식의 교류 및 경제거래의 활발화를 촉진시켜 무역장벽을 제거한다.
㉲ 국제규격 제정에 우리의 입장을 반영하고, 국제규격을 우리의 규격에 반영한다. |답| ②

59 어떤 회사의 매출액이 80000원, 고정비가 15000원, 변동비가 40000원일 때 손익분기점 매출액은 얼마인가?
① 25000원
② 30000원
③ 40000원
④ 55000원

해 설
$$손익분기점(BEP) = \frac{고정비(F)}{1 - \frac{변동비(V)}{매출액(S)}}$$
$$= \frac{15000}{1 - \frac{40000}{80000}} = 30000 [원]$$
|답| ②

60 전수검사와 샘플링검사에 관한 설명으로 맞는 것은?

① 파괴검사의 경우에는 전수검사를 적용한다.
② 검사항목이 많을 경우 전수검사보다 샘플링검사가 유리하다.
③ 샘플링검사는 부적합품이 섞여 들어가서는 안 되는 경우에 적합하다.
④ 생산자에게 품질향상의 자극을 주고 싶을 경우 전수검사가 샘플링검사보다 더 효과적이다.

해 설

(1) 전수검사가 유리한 경우 및 필요한 경우
 ㉮ 검사비용에 비해 효과가 클 때
 ㉯ 물품의 크기가 작고, 파괴검사가 아닐 때
 ㉰ 불량품이 혼합되면 안 될 때
 ㉱ 불량품이 다음 공정에 넘어가면 경제적으로 손실이 클 때
 ㉲ 불량품이 들어가면 안전에 중대한 영향을 미칠 때
 ㉳ 전수검사를 쉽게 할 수 있을 때
(2) 샘플링 검사가 유리한 경우 및 필요한 경우
 ㉮ 다수, 다량의 것으로 불량품이 있어도 문제가 없는 경우
 ㉯ 검사 항목이 많은 경우
 ㉰ 불완전한 전수검사에 비해 높은 신뢰성이 있을 때
 ㉱ 검사비용이 적은 편이 이익이 많을 때
 ㉲ 품질향상에 대하여 생산자에게 자극이 필요한 때
 ㉳ 물품의 검사가 파괴검사일 때
 ㉴ 대량 생산품이고 연속 제품일 때 |답| ②

※ 제64회 필기시험부터 CBT시험으로 시행하므로 필기시험문제가 공개되지 않습니다. ※

제 3 편

CBT 복원문제

CBT 필기시험 안내

- CBT(Computer Based Test) 필기시험은 컴퓨터 기반 시험을 의미하며, 국가기술자격 기능장 전종목이 2018년 제64회 필기시험부터 시행되고 있습니다.

- CBT 필기시험은 CBT 문제은행에서 랜덤(ramdon)으로 문제가 선별되어 수험자별로 다른 문제가 출제되므로 시험문제는 비공개로 되며, 수험자가 답안을 제출함과 동시에 합격여부를 확인할 수 있습니다.

- CBT 시험과정은 큐넷(q-net.or.kr)에서 CBT 체험하기를 통해 실제 컴퓨터 필기 자격시험 환경과 동일하게 구성한 가상 체험 서비스를 제공받을 수 있습니다.

CBT 필기시험 문제는 수험자의 기억에 의존하여 복원한 것으로 실제 시행되었던 문제와 다를 수 있습니다.

2019년 배관기능장 CBT 필기시험 복원문제 (1)

☞ CBT필기시험 복원문제는 수험자의 기억에 의하여 복원된 것이므로 실제 출제문제와는 차이가 있을 수 있습니다.

01 압력탱크 급수방식의 특징을 설명한 것으로 올바른 것은?
① 건물의 구조를 강화시킬 필요가 있다.
② 고가수조를 설치할 필요가 있다.
③ 취급이 쉽고 고장이 적어 대규모 건축에 적합하다.
④ 유효사용수량이 적을 때, 수량의 변화가 압력에 영향을 준다.

해설 압력탱크 급수방식의 특징
㉮ 높은 지점에 물탱크를 설치할 필요가 없다.
㉯ 건물의 구조를 강화할 필요가 없다.
㉰ 고가탱크식에 비교하여 펌프 양정의 크기를 필요로 한다.
㉱ 탱크는 내압에 견디는 구조이기 때문에 제작비가 많이 필요하다.
㉲ 유효사용수량이 적고, 압력의 변동이 있다.
㉳ 공기압축기를 설치하고 압축공기를 보급해야 한다.
㉴ 취급이 비교적 어렵고 고장이 많다. **[답]** ④

02 냉동기의 냉매로서 갖추어야 할 요구조건으로 적당하지 않은 것은?
① 불활성이고 안정해야 한다.
② 비체적이 커야 한다.
③ 증발온도에서 높은 잠열을 가져야 한다.
④ 열전도율이 커야 한다.

해설 냉매의 구비조건
㉮ 응고점이 낮고 임계온도가 높으며 응축, 액화가 쉬울 것
㉯ 증발잠열이 크고 기체의 비체적이 적을 것
㉰ 오일과 냉매가 작용하여 냉동장치에 악영향을 미치지 않을 것
㉱ 화학적으로 안정하고 분해하지 않을 것
㉲ 금속에 대한 부식성 및 패킹재료에 악영향이 없을 것
㉳ 인화 및 폭발성이 없을 것
㉴ 인체에 무해할 것(비독성가스 일 것)
㉵ 액체의 비열은 작고, 기체의 비열은 클 것
㉶ 경제적일 것(가격이 저렴할 것)
※ 증기의 비체적이 작아야 냉매순환량이 적고, 압축기 용량이 작아진다. **[답]** ②

03 지역난방의 특징에 대한 설명으로 틀린 것은?
① 각 건물에 보일러를 설치하는 경우에 비해 건물의 유효면적이 증대된다.
② 각 건물에 보일러를 설치하는 경우에 비해 열효율이 좋아진다.
③ 설비의 고도화에 따라 도시매연이 감소된다.
④ 열매체를 증기보다 온수를 사용하는 것이 관내 저항손실이 적으므로 주로 온수를 사용한다.

해설 지역난방의 특징
㉮ 연료비와 인건비를 줄일 수 있다.
㉯ 설비의 고도화에 따른 도시 대기오염을 감소시킬 수 있다.
㉰ 각 건물에 위험물을 취급하지 않으므로 화재의 위험이 적다.
㉱ 각 건물에 보일러를 설치하는 경우에 비해 건물의 유효면적이 증대된다.
㉲ 각 건물에 보일러를 설치하는 경우에 비해 열효율이 좋다.

㉥ 온수를 사용하는 것이 관내 저항 손실이 크고, 증기를 사용하면 관내저항 손실이 작다. **[답] ④**

04 공조설비의 냉각탑에 관한 설명으로 가장 적합한 것은?

① 오염된 공기를 세정하며 동시에 공기를 냉각하는 장치
② 찬 우물물을 분사시켜 공기를 냉각하는 장치
③ 냉매를 통과시켜 주위의 공기를 냉각하는 장치
④ 응축기의 냉각용수를 재냉각시키는 장치

해설 냉각탑(cooling tower)
수냉식 냉동기의 응축기 냉각수 소비를 절감하기 위하여 공기와의 접촉에 의한 냉각과 물의 증발에 의하여 냉각시키는 장치이다. **[답] ④**

05 주철제 보일러의 특징 설명으로 틀린 것은?

① 내열·내식성이 우수하다.
② 쪽수의 증감에 따라 용량조절이 용이하다.
③ 재질이 주철이므로 충격에 강하다.
④ 고압 및 대용량에 부적당하다.

해설 주철제 보일러의 특징
(1) 장점
  ㉮ 주물로 제작하기 때문에 복잡한 구조도 제작이 가능하다.
  ㉯ 전열면적이 크고, 효율이 좋다.
  ㉰ 내식성, 내열성이 우수하다.
  ㉱ 섹션의 증감으로 용량조절이 가능하다.
  ㉲ 조립식이므로 반입 및 해체작업이 용이하다.
(2) 단점
  ㉮ 내압강도(인장강도), 충격값이 낮다.
  ㉯ 구조가 복잡하여 청소, 검사, 수리가 어렵다.
  ㉰ 부동팽창이 발생하기 쉽다.
  ㉱ 대용량, 고압에는 부적합하다. **[답] ③**

06 오물 정화조의 구비조건에 대한 설명으로 틀린 것은?

① 정화조는 부패조, 예비 여과조, 산화조, 소독조의 구조로 한다.
② 부패조는 침전, 분리에 적합한 구조로 한다.
③ 정화조의 바닥, 벽 등은 내수 재료로 시공하여 누수가 없도록 한다.
④ 산화조에는 배기관과 송기구를 설치하지 않고, 살포 여과식으로 한다.

해설 산화조
부패조에서 여과조를 거쳐 들어온 오수는 산화조의 자갈층에 분산되어 흘러 내리며 오수와 공기를 접촉시켜 호기성 박테리아의 번식 활동을 도와 산화작용을 완전하게 한다. 산화조의 크기는 오수량의 약 1일분으로 하며 배기관은 지상에서 3[m] 이상의 높이로 한다. **[답] ④**

07 다음 중 윌리암 하젠(William-hazen) 공식에 의한 급수관의 유량 선도와 가장 거리가 먼 것은?

① 유량 [L/min]
② 마찰손실[mmAq/m]
③ 유속 [m/s]
④ 평균 급수 유속[m/s]

해설 윌리암 하젠(William-hazen) 공식
$$\therefore h = \frac{10.67L \times Q^{1.85}}{C^{1.85} \times D^{4.87}}$$
여기서, h : 마찰손실수두[m] L : 관의 길이[m]
Q : 유량[m³/s] D : 관내경[m]
C : 유속계수(강관일 경우 100) **[답] ④**

08 제조 공정에서 정제된 가스를 저장하여 가스의 압력을 균일하게 유지하면서 제조량과 수요량을 조절하는 저장탱크를 무엇이라 하는가?

① 정압기(governor)
② 가스 홀더(gas holder)
③ 분리기(separator)
④ 송급기(feeder)

해설 가스홀더
가스 제조소에서 제조된 가스, LNG를 기화시킨 가스를 일시 저장하여 제조량과 수요량을 조절하는 저장시설로 유수식 가스홀더, 무수식 가스홀더, 중고압식 가스홀더(구형 가스홀더) 등이 있다. **[답] ②**

09 배수 배관에 청소구를 설치할 장소를 잘못 설명한 것은?
① 배수관이 45° 이상의 각도로 방향을 전환하는 곳
② 배수 수직관의 제일 위 부분 또는 그 근처
③ 배수 수평 주관과 배수 수평 분기관의 분기점
④ 길이가 긴 수평 배수관 중간(관지름이 100[A] 이하일 때 15[m]마다, 100[A] 이상일 때에는 30[m]마다)

해설 배수 배관 청소구 설치장소
㉮ 가옥 배수관이 부지 하수관에 연결되는 곳에는 U형 트랩을 설치한다.
㉯ 배수 수평 주관과 배수 수평 분기관의 분기점
㉰ 배수관이 45° 이상의 각도로 방향을 전환하는 곳
㉱ 배수 수직관의 가장 아래의 곳
㉲ 배수 수평관의 가장 위쪽의 끝
㉳ 가옥배수 수평관의 시작점
㉴ 길이가 긴 수평 배수관 중간(관지름이 100[A] 이하일 때 15[m]마다, 100[A] 이상일 때에는 30[m]마다) **[답] ②**

10 고압 화학 배관용 금속재료는 고온·고압에서 부식이 특히 심하고, 관 내용물에 따라 부식의 종류도 다양하므로 주의를 하여야 한다. 다음에 열거한 것 중 고압가스 화학 배관용 금속재료의 부식의 종류가 아닌 것은?
① 질화 수소에 의한 부식
② 수소에 의한 강의 탈탄
③ 암모니아에 의한 강의 질화
④ 일산화탄소에 의한 금속의 카보닐화

해설 고온, 고압의 화학배관의 부식 종류
① 수소에 의한 강의 탈탄
② 암모니아에 의한 강의 질화
③ 일산화탄소에 의한 금속의 카아보닐화
④ 황화수소에 의한 부식(황화)
⑤ 산소, 탄산가스에 의한 산화 **[답] ①**

11 1000[rpm]으로 회전하는 펌프를 2000[rpm]으로 변경하였다. 이 경우 펌프 동력은 몇 배가 되겠는가?
① 1배 ② 2배
③ 4배 ④ 8배

해설
$$L_2 = L_1 \times \left(\frac{N_2}{N_1}\right)^3 = L_1 \times \left(\frac{2000}{1000}\right)^3 = 8L_1$$ **[답] ④**

12 온수귀환방식 중 역귀환 방식에 관한 설명으로 옳은 것은?
① 배관길이를 짧게 하여 온수공급거리에 따라 보일러에서 가까운 곳과 먼 곳의 방열기 온도차를 줄이는 방식이다.
② 방열기를 통과한 귀환온수가 순차적으로 보일러에 귀환하여 가까운 곳과 먼 곳의 방열기 온도차를 줄이는 방식이다.
③ 각 방열기에 공급되는 유량분배를 균등하게 하여 가까운 곳과 먼 곳의 방열기 온도차를 줄이는 방식이다.
④ 각 방열기에 공급되는 유량분배에 차등을 두어 가까운 곳과 먼 곳의 방열기 온도차를 줄이는 방식이다.

해설 역 귀환방식(reversed return system)
각 방열기에 공급되는 온수의 양을 일정하게 배분하기 위하여 공급 및 환수관의 길이가 같도록 배관하여 방열기 온도차를 줄이는 방식이다. **[답] ③**

13 함진 가스를 방해판 등에 충돌시켜 기류의 급격한 방향 전환을 행하게 함으로써 매진이 기류에서 떨어져 나가는 현상을 이용한 집진장치는?
① 중력 침강식 집진 장치
② 관성력 집진 장치
③ 원심력 집진 장치
④ 백 필터 집진 장치

해설 관성력 집진장치의 특징
㉮ 구조가 간단하고 취급이 쉽다.
㉯ 유지비가 적게 소요된다.
㉰ 다른 집진장치의 전처리용으로 사용된다.
㉱ 집진효율이 낮다.
㉲ 미세한 입자의 포집효율이 낮다.
㉳ 취급입자 : 50~100[μ]
㉴ 압력손실 : 30~70[mmH_2O]
㉵ 집진효율 : 50~70[%] **[답] ②**

14 설비의 자동제어장치 중 구비조건이 맞지 않을 때 작동을 정지시키는 것은?
① 인터록(Interlock) 제어장치
② 시퀀스(sequence) 제어장치
③ 피드백(feed back) 제어장치
④ 자동연소(automatic combustion) 제어장치

해설 인터록(inter lock) 제어
어떤 일정한 조건이 충족되지 않으면 다음 단계의 동작이 작동하지 못하도록 저지하는 것으로 보일러의 안전한 운전을 위하여 반드시 필요한 것이다. **[답] ①**

15 공기 수송배관에서 가루나 알맹이를 수송관 속으로 혼입시키는 장치는?
① 송급기(feeder)
② 분리기(separator)
③ 배출기(discharger)
④ 이송관(delivery pipe)

해설 기송배관의 부속설비
㉮ 동력원 : 진공펌프(진공식), 공기압축기(압송식), 진공 압축 겸용 펌프(진공 압송식)
㉯ 송급기(feeder) : 공기 수송기에서 분말이나 알갱이를 수송관 쪽으로 공급하는 장치
㉰ 수송관(delivery pipe) : 진공식, 저압송식, 고압송식으로 나뉘며, 수송관에 사용하는 재료는 수송물의 종류, 성질에 따라 용접 강관, 스테인리스관, 황동관, 알루미늄관, 플라스틱관이 사용된다.
㉱ 분리기(separator) : 기송배관 마지막에 설치되는 기기로서 압력 공기 속에서 대기 속으로 분립체를 배출하는 것과 진공 속에서 대기 속으로 분립체를 압출하는 방법이 있다. **[답] ①**

16 증기 난방식에서 응축수 환수방식에 의한 분류 중 진공 환수방식에 대한 설명으로 틀린 것은?
① 환수주관의 말단에 진공펌프를 설치한다.
② 환수관에서의 진공도는 20~30[mmHg]이다.
③ 방열량을 광범위하게 조절할 수 있어서 대규모 난방에 적합하다.
④ 방열기 설치 위치에 제한을 받지 않는다.

해설 진공환수관식의 특징
㉮ 다른 방법과 비교하여 증기의 순환이 빠르다.
㉯ 방열기 설치장소에 제한을 받지 않는다.
㉰ 환수관의 지름을 작게 할 수 있다.
㉱ 방열기 방열량 조절을 광범위하게 할 수 있다.
㉲ 배관 기울기(구배)에 큰 제한이 없다.
※ 환수관에서의 진공도는 100~250[mmHg·v]이다. **[답] ②**

17 배관 라인상에 설치되는 계측기기 배관시공법에 관한 설명으로 옳지 않은 것은?
① 압력계의 설치위치는 분기 후 1.5[m] 이상으로 한다.
② 유량계 설치 시 출구 측에 반드시 여과기를 설치한다.
③ 열전대온도계는 충격을 피하고, 습기, 먼지, 일광 등에 주의해야 한다.
④ 액면계는 가시(可視) 방향의 반대측에서 햇빛이 들어오는 방향으로 부착한다.

해설 유량계 설치 시 여과기는 입구 측에 설치하여 이물질의 유입을 방지한다. **[답]** ②

18 옥내 및 옥외 소화전 소화설비 배관에 관한 주의사항으로 틀린 것은?
① 배관을 매설할 경우에는 중량물 통과와 동결에 대한 문제를 반드시 고려해야 한다.
② 소화전 배관은 가능한 한 굴곡배관이 아닌 직선배관으로 시공한다.
③ 옥내 배관 시에는 방습 및 보온에 주의해야 한다.
④ 펌프가 작동하지 않을 경우 수온 상승에 의한 팽창을 억제하기 위하여 순환배관을 하지 말아야 한다.

해설 소화전을 사용하지 않는 상태에서 펌프가 작동되는 경우 수온의 상승을 방지하기 위하여 물올림탱크 또는 수원 등으로 물을 방출하게 하는 순환배관을 설치하여야 한다. **[답]** ④

19 다음 중 일반적으로 방로, 방동피복을 하지 않는 관은?
① 급수관 ② 통기관
③ 증기관 ④ 배수관

해설 통기관은 배수트랩의 봉수를 보호, 배수관 내의 공기 유통을 자유롭게, 배수관 내의 기압 변화를 최소화, 배수와 공기의 교환을 용이하게 하여 배수의 흐름을 원활하게 하기 위하여 설치되므로 방로, 방동피복을 하지 않아도 된다. **[답]** ②

20 배관설비의 유지관리에서 응급조치법의 종류가 아닌 것은?
① 코킹법과 밴드 보강법
② 인젝션법
③ 박스 설치법
④ 파이어 설치법

해설 배관설비의 응급조치법
㉮ 코킹법 : 배관에서 관내의 압력과 온도가 비교적 낮고 누설 부분이 작은 경우 정을 대고 때려서 기밀을 유지하는 응급조치 방법이다.
㉯ 인젝션법 : 부식, 마모 등으로 작은 구멍이 생겨 유체가 누설될 경우 고무제품의 각종 크기로 된 볼을 일정량 넣고, 유체를 채운 후 펌프를 작동시켜 누설부분을 통과하려는 볼이 누설부분에 정착, 누설을 미량이 되게 하거나 정지시키는 응급조치 방법이다.
㉰ 스토핑박스(stopping box)법 : 밸브류 등의 그랜드 패킹부에서 누설이 발생할 때 쬠 너트를 조여도 쬠 여분이 없어 누설이 계속될 때 그랜드 패킹부에 스토핑박스를 설치하여 누설을 방지하는 방법
㉱ 박스(box-in)설치법 : 내부압력이 높고 고온의 유체가 누설되는 부분에 2~3개의 분할 상자를 이용하여 누설부분에 용접을 하여 누설을 방지하는 방법이다.
㉲ 핫태핑(hot tapping)법과 플러깅(plugging)법 : 장치의 운전을 정지시키지 않고 유체가 흐르는 상태에서 고장을 수리하는 것으로 바이패스를 시키거나 분기하여 유체를 우회 통과시키는 응급조치 방법이다. **[답]** ④

21 급수배관에서 수격작용을 예방하기 위한 시공으로 가장 적절한 것은?
① 관지름을 작게 하고 배관구배를 1/200로 낮춘다.
② 굴곡배관 및 중력탱크를 사용한다.
③ 슬리브형 신축이음을 한다.
④ 배관부의 높은 곳에 공기빼기 밸브를 설치한다.

해설
(1) 수격작용 : 유속의 급격한 변화로 이상 압력 상승과 함께 소음이 발생하는 현상으로 배관에서는 유속의 14배 이상의 압력이 발생한다.
(2) 급수배관의 수격작용 예방법
  ㉮ 관지름을 크게 하고, 배관구배는 1/250의 올림 구배로 한다. 단, 옥상탱크식의 경우 내림 구배로 한다.
  ㉯ 굴곡배관을 적게 하고 굴곡배관부의 높은 곳에는 공기빼기 밸브를 설치한다.
  ㉰ 급히 열리고 닫히는 밸브의 근처에 공기실을 설치하며, 공기실의 공기가 압축되면서 스프링 작용을 하여 소음이나 충격을 방지한다. **[답] ④**

22 안지름 100[mm]의 파이프를 통해 10[m/s]의 속도로 흐르는 물의 유량 [m³/min]은 얼마인가?
① 2.6   ② 3.5
③ 4.7   ④ 5.4

해설
$Q = A \times V = \dfrac{\pi}{4} \times D^2 \times V$
$= \dfrac{\pi}{4} \times 0.1^2 \times 10 \times 60$
$= 4.712 [m^3/min]$ **[답] ③**

23 배관 지지의 필요조건에 해당되지 않는 것은?
① 관의 합계 중량을 지지하는데 충분한 재료이어야 한다.
② 진동과 충격에 대해서 견고해야 한다.
③ 관의 신축에 대하여 적합해야 한다.
④ 관의 시공 시 구배 조정과는 관계없다.

해설 배관 지지의 필요조건
㉮ 피복제를 포함한 배관의 자중과 유체의 중량에 견딜 수 있어야 한다.
㉯ 외부로부터의 충격과 진동에 견딜 수 있어야 한다.
㉰ 배관 시공에 있어서 구배의 조정이 간단하게 될 수 있는 구조일 것
㉱ 온도변화에 따른 관의 신축에 적절하게 대응할 수 있는 구조여야 한다.
㉲ 관의 지지간격이 적당하게 설치하여야 한다. **[답] ④**

24 기수 혼합식 급탕방식에서 소음을 방지하기 위하여 설치되는 기구는?
① 서모스탯   ② 가열코일
③ 사이렌서   ④ 순환펌프

해설 기수 혼합법
보일러에서 나온 증기를 물탱크 속에 불어 넣어 물을 가열하는 것으로 소음을 방지하기 위하여 스팀 사이렌서(steam silencer)를 사용하며 사용 증기압은 1~4[kgf/cm²] 정도이다. **[답] ③**

25 증기 또는 온수가 흐르는 수평 배관에 사용되는 리듀서(reducer)의 형태는?
① 동심형(同心形)   ② 편심형(偏心形)
③ 만곡형   ④ 절곡형

해설 증기 또는 온수가 흐르는 수평 배관에서 관지름을 변경할 때 사용하는 리듀서는 편심형(偏心形)을 사용하여 응축수나 온수가 체류하지 않도록 한다. **[답] ②**

26 아크용접 시 헬멧이나 핸드실드를 사용하지 않아 아크 빛이 직접 눈에 들어오게 되어 일어나는 현상 및 치료법으로 잘못된 것은?
① 전광성 안염이라는 눈병이 생긴다.
② 눈병 발생 시 냉수로 얼굴과 눈을 닦고 냉습포를 얹거나 심하면 병원에 가서 치료를 받는다.
③ 전광성 안염은 급성의 경우 일반적으로 아크 빛을 받은지 10~15시간 후에 발병한다.
④ 아크 빛은 눈에 결막염을 일으키게 되며 심하면 실명할 수도 있다.

해설 전광성 안염은 급성의 경우 일반적으로 아크 빛을 받은지 수 시간 후에 발병한다. **[답] ③**

27 계측기기의 구비조건에 해당되지 않는 것은?
① 근거리의 지시 및 기록이 가능하고 구조가 복잡할 것
② 견고성과 신뢰성이 높고 경제적일 것
③ 설치장소와 주위조건에 대해 내구성이 있을 것
④ 정밀도가 높고 취급 및 보수가 용이할 것

해설 계측기기의 구비조건
㉮ 경년 변화가 적고, 내구성이 있을 것
㉯ 견고하고 신뢰성이 있을 것
㉰ 정도가 높고 경제적일 것
㉱ 구조가 간단하고 취급, 보수가 쉬울 것
㉲ 원격 지시 및 기록이 가능할 것
㉳ 연속측정이 가능할 것   **[답] ①**

28 제조방법으로 수직법과 원심력법이 있으며, 내식성, 내구성이 좋아 수도용 급수관, 가스 공급관, 통신용 지하매설관 등에 사용되는 관은?
① 주철관
② 고압 배관용 탄소강관
③ 배관용 탄소강관
④ 압력 배관용 탄소강관

해설 주철관의 특징
㉮ 내압성, 내마모성, 내식성, 내구성이 좋다.
㉯ 수도용 급수관, 가스 공급관, 광산용 양수관, 통신용 지하 매설관, 건축물의 오배수관 등에 사용된다.
㉰ 제조방법으로 수직법과 원심력법이 있다.
㉱ 재질에 따라 보통 주철관과 고급 주철관 및 덕타일 주철관으로 분류된다.   **[답] ①**

29 배관작업 시 안전사항으로 옳은 것은?
① 토치램프 또는 가열토치를 사용하여 관 가열 굽힘 작업 시 가능한 오래 가열 할수록 좋다.
② 주철관의 소켓 접합 시공 시 용해 납은 3회로 나누어 주입한다.
③ 높은 곳에서 배관 작업 시 사다리를 사용할 경우에는 사다리 각도를 지면에서 30° 이내로 하고 미끄러지지 않도록 설치한다.
④ 배관 작업 중 볼트 및 너트를 조일 때에는 몸의 중심을 잘 맞추고 스패너는 볼트가 맞는 것을 사용한다.

해설 각항의 옳은 설명
① 토치램프 또는 가열토치를 사용하여 관 가열 굽힘 작업 시 구부림 작업 전에 모래를 채우고 적당한 온도까지 가열한 다음 구부린다.
② 주철관의 소켓 접합 시공 시 납은 충분히 가열한 후 용해하여 산화납을 제거하고 소켓에 한 번에 주입하며, 주입 전에 접합부 주위를 깨끗이 하며 물이 있으면 납이 비산해 작업자가 다칠 우려가 있다.
③ 높은 곳에서 배관 작업 시 사다리를 사용할 경우에는 지면에서 각도를 75° 이내로 하고 미끄러지지 않도록 설치한다.   **[답] ④**

30 연삭작업 시 안전 수칙으로 올바른 것은?
① 작업 기간 단축을 위해 숫돌의 측면을 사용한다.
② 보안경은 작업기간이 짧은 때는 쓰지 않아도 좋다.
③ 숫돌 커버는 공작물의 형상에 따라 장착하지 않을 수 있다.
④ 연마면의 먼지나 쇳가루는 반드시 청소한 후 작업해야 한다.

해설 연삭작업 시 안전 수칙
㉮ 숫돌은 측면에 작용하는 힘이 약하므로 측면은 사용하지 않도록 한다.
㉯ 연삭작업 전에 보안경을 착용하고 흡진장치가 없는 연삭작업은 방진 마스크를 착용한다.
㉰ 숫돌 커버는 반드시 장착하고, 공작물 받침대가 설치된 연삭기는 숫돌과의 사이 틈새가 3[mm] 이내가 되도록 조정한다.   **[답] ④**

31 다음 중 탄성식 압력계에 속하지 않는 것은?
① 피스톤식
② 벨로스식
③ 부르동관식
④ 다이어프램식

해설 탄성식 압력계의 종류
부르동관식, 다이어프램식, 벨로스식, 캡슐식 **[답]** ①

32 파이프와 튜브에 관한 설명 중 틀린 것은?
① 파이프는 호칭지름이 일정한 등분으로 나뉘어 있고 그 호칭지름은 대략 바깥지름을 의미한다.
② 파이프의 관 끝은 나사이음 하는 것이 많다.
③ 튜브는 주로 비철금속이나 비금속이 많이 사용된다.
④ 튜브는 호칭지름이 없이 바깥지름으로 관지름을 표시한다.

해설 파이프는 호칭지름이 일정한 등분으로 나뉘어 있고 그 호칭지름은 대략 안지름을 의미하며, 튜브는 호칭지름 없이 바깥지름으로 관지름을 표시하고 두께는 스케줄 번호 없이 실제의 관두께로 표시한다. **[답]** ①

33 공기 중에서 프로판가스의 폭발하한계와 폭발상한계 값으로 옳은 것은?
① 폭발하한계 : 1.9vol[%],
  폭발상한계 : 8.5vol[%]
② 폭발하한계 : 2.2vol[%],
  폭발상한계 : 9.5vol[%]
③ 폭발하한계 : 2.5vol[%],
  폭발상한계 : 81.0vol[%]
④ 폭발하한계 : 4.0vol[%],
  폭발상한계 : 74.5vol[%]

해설 주요 가스의 공기 중에서 폭발범위

가스명칭	폭발범위 vol[%]
메탄(CH_4)	5~15
프로판(C_3H_8)	2.2~9.5
부탄(C_4H_{10})	1.9~8.5
아세틸렌(C_2H_2)	2.5~81
수소(H_2)	4~75
일산화탄소(CO)	12.5~74

[답] ②

34 강관제 루프형 신축이음에서 관의 외경이 34[mm]일 때 팽창을 흡수할 곡관의 길이는? (단, 흡수해야 할 관의 늘어난 길이는 65[mm]이다.)
① 348[cm]
② 416[cm]
③ 510[cm]
④ 552[cm]

해설 $L = 0.073\sqrt{d \cdot \Delta L}$
$= 0.073 \times \sqrt{34 \times 65} \times 100$
$= 343.177[cm]$ **[답]** ①

35 온도조절밸브 선정 시 고려할 사항이 아닌 것은?
① 밸브의 구경 및 배관경
② 사용 유체의 종류, 압력, 온도와 유량
③ 가열 또는 냉각되는 유체의 종류와 압력
④ 최소 유량 시 밸브의 허용압력 손실

해설 온도조절밸브 선정 시 고려할 사항
㉮ 밸브의 구경 및 배관경
㉯ 사용 유체의 종류, 압력, 온도와 유량
㉰ 가열 또는 냉각되는 유체의 종류와 압력
㉱ 최대 유량 시 밸브의 허용압력손실
㉲ 조절 온도 및 허용 가능한 조절온도 오차
㉳ 밸브 본체 주위의 재질, 플랜지 규격, 감열통의 재질과 이동관의 길이 **[답]** ④

36 압력배관용 탄소강관의 최대사용압력은 몇 [MPa] 정도인가?
① 1[MPa] ② 3[MPa]
③ 5[MPa] ④ 10[MPa]

해설 압력배관용 탄소강관(SPPS)
350[℃] 이하의 온도에서 압력 1~10[MPa](0.98~9.8[N/mm^2])까지의 배관에 사용한다. 호칭은 호칭지름과 두께(스케줄 번호)에 의한다. 호칭지름6~500[A]
[답] ④

37 가스켓 재료가 갖추어야 할 구비조건으로 가장 거리가 먼 것은?
① 충분한 강도를 가질 것
② 유체에 의해 변질되지 않을 것
③ 유연성을 유지할 수 있을 것
④ 내유성, 내후성, 내마모성이 적을 것

해설 가스켓 재료의 구비조건
㉮ 충분한 강도를 가질 것
㉯ 사용 유체에 대한 화학적 안정성이 있을 것
㉰ 유연성을 유지할 수 있을 것
㉱ 내유성, 내후성, 내마모성, 내열성이 있을 것
㉲ 유체의 침투가 없고 접합면에 밀착되기 쉬울 것
㉳ 탄성을 보유하고 소성변형이 일어나야 한다. **[답] ④**

38 섭씨온도[℃]의 눈금과 일치하는 화씨온도[℉]는?
① 0 ② -10
③ -30 ④ -40

해설
$℉ = \frac{9}{5}℃ + 32$ 에서 [℉]와 [℃]가 같으므로

x로 놓으면 $x = \frac{9}{5}x + 32$ 가 된다.

$\therefore x - \frac{9}{5}x = 32, \; x\left(1 - \frac{9}{5}\right) = 32$

$\therefore x = \frac{32}{1 - \frac{9}{5}} = -40$
[답] ④

39 강관의 대구경관 조립에 사용하는 파이프 렌치는?
① 체인 파이프렌치
② 업셋 파이프렌치
③ 링크형 파이프렌치
④ 스트레이트 파이프렌치

해설 파이프 렌치(pipe wrench)
강관을 조립 및 분해할 때 또는 관 자체를 회전시킬 때 사용하는 공구로 체인형 파이프렌치는 200[A] 이상의 대구경관 조립에 사용된다. **[답] ①**

40 동관(copper pipe)의 용도로서 가장 거리가 먼 것은?
① 열교환기용 튜브 ② 압력계 도입관
③ 냉매가스용 ④ 배수관용

해설 동관의 용도
열교환기용 튜브, 급수관, 압력계 도입관, 급유관, 냉매관, 급탕관, 화학공업용 배관 **[답] ④**

41 가열 굽힘에 사용하는 모래의 조건으로 틀린 것은?
① 모래 입자가 클수록 좋다.
② 입자 크기가 일정해야 한다.
③ 습기가 없어야 한다.
④ 점성이 없어야 한다.

해설 모래 입자가 작을수록 좋으며, 모래 입자 크기는 관지름에 따라 1~10[mm] 정도의 것을 사용한다.
[답] ①

42 관의 검사방법 중 두께와 길이가 큰 물체의 탐상에 적합하며 펄스(pulse) 반사법을 사용·측정하는 검사법은?
① 육안 검사 ② 초음파 검사
③ 누설 검사 ④ 방사선 투과검사

해설 초음파 검사(UT : Ultrasonic Test)
초음파를 피검사물의 내부에 침입시켜 반사파(펄스 반사법, 공진법)를 이용하여 내부의 결함과 불균일층의 존재 여부를 검사하는 방법이다. **[답] ②**

43 용접작업 시 일반적인 사항을 설명한 것 중 틀린 것은?

① 다층 비드 쌓기에는 덧살올림법, 케스케이드법, 전진 블록법 등이 있다.
② 냉각속도는 같은 열량을 주었을 때 열의 확산 방향이 적을수록 냉각속도가 빠르다.
③ 용접입열이 일정할 경우 구리는 연강보다 냉각속도가 빠르다.
④ 주철, 고급 내열합금도 용접균열을 방지하기 위해 용접 전 적당한 온도로 예열시킨다.

해설 냉각속도는 같은 열량을 주었을 때 열의 확산 방향이 적을수록 냉각속도가 느리다. **[답] ②**

44 5[℃]의 물 10[kg]을 100[℃]의 증기로 바꾸는데 필요한 열량은 약 몇 [MJ]인가?
(단, 물의 비열은 4.187[kJ/kg·K]이고, 물의 증발잠열은 2256.7[kJ/kg]이다.)

① 2.65   ② 3.98
③ 23.01   ④ 26.54

해설
㉮ 5[℃] 물 → 100[℃]까지 소요 열량 : 현열
$$\therefore Q_1 = G \cdot C \cdot \Delta t$$
$$= 10 \times 4.187 \times (100-5) \times 10^{-3}$$
$$= 3.978 [MJ]$$
㉯ 100[℃] 물 → 100[℃] 포화증기 소요 열량 : 잠열
$$\therefore Q_2 = G \cdot r$$
$$= 10 \times 2256.7 \times 10^{-3} = 22.567 [MJ]$$
㉰ 합계 열량 계산
$$\therefore Q = Q_1 + Q_2$$
$$= 3.978 + 22.567 = 26.545 [MJ]$$
[답] ④

45 각종 관 작업 시 필요한 공구 및 기계를 연결한 것 중 틀린 것은?
① PVC관 : 열풍용접기, 리머
② 동관 : 턴핀, 익스팬더(expander)
③ 주철관 : 링크형 파이프커터, 클립
④ 스테인리스강관 : TIG 용접기, 전용 압착공구

해설 턴 핀(turn pin)
이음하려는 연관의 끝 부분에 끼우고 나무 해머로 때려 박아 관 끝 부분을 나팔 모양으로 넓히는데 사용하는 공구이다. **[답] ②**

46 고무링과 칼라를 사용하여 접합하며, 압력이 증가할수록 고무링이 더욱 관벽에 밀착되어 누수를 방지하는 주철관 접합법은?
① 기계적 접합   ② 빅토리 접합
③ 칼라 접합   ④ 타이톤 접합

해설 빅토리 접합(victoric joint)
특수한 형상을 가지고 있는 주철관 끝에 고무링을 삽입하고 가단 주철제 칼라(collar)를 죄어 이음하는 접합 방식으로, 관 내부의 압력이 높아지면 고무링은 관벽에 더욱 밀착하여 누수를 막는 작용을 한다. **[답] ②**

47 치수기입을 위한 치수선을 그릴 때 유의 사항으로 틀린 것은?
① 치수선은 원칙적으로 치수보조선을 사용하여 긋는다.
② 치수선은 원칙적으로 지시하는 부품의 길이 또는 각도를 측정하는 방법으로 평행하게 긋는다.
③ 치수선에는 가는 일점쇄선을 사용한다.
④ 중심선, 외형선, 기준선 및 이들의 연장선을 치수선으로 사용해서는 안 된다.

해설 치수선 및 치수보조선을 가는 실선을 사용한다. **[답] ③**

48 보기와 같은 방열기를 나타낸 기호를 올바르게 설명한 것은?

[보기]

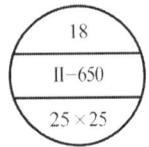

① 두 기둥이며, 지름은 18[mm]
② 두 기둥형이며, 높이는 650[mm]
③ 지름은 18[mm]이며, 절수는 2개
④ 절수는 2개이며, 크기는 25×25

해설 방열기 기호 설명
㉮ 18 : 이 방열기의 쪽수는 18개 이다.
㉯ II−650 : 이 방열기는 2주형(住形 : 두 기둥형)이고 높이는 650[mm]이다.
㉰ 25×25 : 방열기 유입관 지름은 25[A], 유출관 지름은 25[A]이다. **[답]** ②

49 관 장치의 설계, 제작, 시공, 운전, 조작, 공정 수정 등에 도움을 주기 위해 주 계통의 라인, 계기, 제어기 및 장치기기 등에서 필요한 자료를 도시한 도면을 무엇이라고 하는가?
① 계통도(flow diagram)
② 관 장치도
③ PID(Piping Instrument Diagram)
④ 입면도

해설 PID(Piping Instrument Diagram)
배관 계장도라 하며 화학공업 등의 장치산업에서 플랜트의 기기, 배관, 밸브, 계기 등의 계장(計裝)장비를 특유한 그림이나 기호에 의해서 표시한 도면이다. **[답]** ③

50 배관을 구부림작업을 할 때 스프링 백(spring back)이 일어나는 원인은?
① 탄성 복원력 때문에
② 영구변형이 많이 일어나므로
③ 극한 강도가 너무 작으므로
④ 원인이 없음

해설 스프링 백(spring back)
재료를 굽힐 때 굽힘 하중을 제거하면 탄성이 작용하여 다시 펴지는 현상으로 재료의 경도가 클수록 커지며, 같은 판재에서 곡률 반지름이 같을 때에는 두께가 얇을수록 크며, 같은 두께의 판재에서는 곡률 반지름이 클수록 크며 구부림 각도가 작을수록 크다. **[답]** ①

51 KS B ISO 6412-1(제도−배관의 간략 도시방법)에서 규정하는 선의 종류별 호칭방법에 따른 선의 적용에 관한 연결이 옳지 않은 것은?
① 가는 1점 쇄선 : 중심선
② 굵은 파선 : 바닥, 벽, 천장, 구멍
③ 굵은 1점 쇄선 : 특수지정선
④ 가는 실선 : 해칭, 인출선, 치수선, 치수보조선

해설 굵은 파선
물체의 보이지 않는 부분의 모양을 표시하는 선이다. **[답]** ②

52 주철관 코킹 작업 시 안전수칙으로 틀린 것은?
① 납 용해 작업은 인화 물질이 없는 곳에서 행한다.
② 작업 중에는 수분이 들어가지 않는 장소를 택한다.
③ 납 용융액을 취급할 때는 앞치마, 장갑 등을 반드시 착용한다.
④ 납은 소켓에 한 번에 주입하며, 주입 전에 먼저 물을 붓고 작업한다.

해설 납은 충분히 가열한 후 용해하여 산화납을 제거하고 소켓에 한 번에 주입하며, 주입 전에 접합부 주위를 깨끗이 하며 물이 있으면 납이 비산해 작업자가 다칠 우려가 있다. **[답]** ④

53 배수관에 트랩을 설치하는 목적으로 가장 적합한 것은?
① 배수량의 조정
② 배수관 내의 소음 제거
③ 배수관 내의 누수 방지
④ 유해가스의 실내 침입 방지

해설 배수트랩
건물 내의 배수관 및 하수관에서 발생하는 유해한 가스가 실내로 침입하는 것을 방지하기 위한 수봉식 기구이다. [답] ④

54 다음 중 동관의 납땜이음 순서로 옳은 것은?

> ㉠ 이음부의 안팎을 샌드페이퍼로 닦아 산화물을 제거한다.
> ㉡ 사이징 툴(sizing tool)로 파이프 끝을 둥글게 가공한다.
> ㉢ 가열토치로 접합부 주위를 골고루 가열하여 땜납이 모세관 작용으로 빨려 들도록 한다.
> ㉣ 이음부에 용제를 바르고 관을 끼워 맞춘다.
> ㉤ 이음부의 간격이 0.1[mm] 정도가 되도록 관의 지름을 넓힌다.

① ㉡ - ㉤ - ㉠ - ㉢ - ㉣
② ㉡ - ㉠ - ㉢ - ㉣ - ㉤
③ ㉡ - ㉤ - ㉠ - ㉣ - ㉢
④ ㉡ - ㉠ - ㉣ - ㉢ - ㉤

해설 동관의 납땜이음 순서
㉮ 사이징툴(sizing tool)로 파이프 끝을 둥글게 가공한다.
㉯ 이음부의 간격이 0.1[mm] 정도가 되도록 관의 지름을 넓힌다.
㉰ 이음부의 안팎을 샌드페이퍼로 닦아 산화물을 제거한다.
㉱ 이음부에 용제를 바르고 관을 끼워 맞춘다.
㉲ 가열토치로 접합부 주위를 골고루 가열하여 땜납이 모세관 작용으로 빨려 들도록 한다. [답] ③

55 1000개의 데이터 평균을 산출하여 3.54를 얻었다. 추가로 5.5라는 데이터가 관측되었다면 총 1001개 데이터의 평균은 얼마인가?
① 3.542
② 3.540
③ 3.538
④ 3.544

해설
$$\bar{x} = \frac{\sum x}{n} = \frac{(3.54 \times 1000) + 5.5}{1001} = 3.5419$$ [답] ①

56 검사의 분류 방법 중 검사가 행해지는 공정에 의한 분류에 속하는 것은?
① 관리 샘플링검사
② 로트별 샘플링검사
③ 전수검사
④ 출하검사

해설 검사의 분류
㉮ 검사공정에 의한 분류 : 구입검사(수입검사), 중간검사(공정검사), 완성검사(최종검사), 출고검사(출하검사)
㉯ 검사 장소에 의한 분류 : 정위치 검사, 순회검사, 입회검사(출장검사)
㉰ 판정 대상(검사방법)에 의한 분류 : 관리 샘플링검사, 로트별 샘플링검사, 전수검사
㉱ 성질에 의한 분류 : 파괴검사, 비파괴검사, 관능검사
㉲ 검사 항목에 의한 분류 : 수량검사, 외관검사, 치수검사, 중량검사 [답] ④

57 설비배치 및 개선의 목적을 설명한 내용으로 가장 관계가 먼 것은?
① 재공품의 증가
② 설비투자 최소화
③ 이동거리의 감소
④ 작업자 부하 평준화

해설 설비배치 및 개선의 목적
㉮ 작업자 부하 평준화
㉯ 관리, 감독의 용이
㉰ 이동거리의 감소
㉱ 수리, 보수의 용이성 확보
㉲ 생산기간의 단축
㉳ 설비투자의 최소화
㉴ 운반설비의 단순화 [답] ①

58 "무결점 운동"으로 불리는 것으로 미국의 항공사인 마틴사에서 시작된 품질개선을 위한 동기부여 프로그램은 무엇인가?
① ZD ② 6 시그마
③ TPM ④ ISO 9001

해설 ZD(Zero Defect) 운동
무결점운동으로 인간의 오류에 의한 일체의 결함이나 결점을 없애기 위한 경영관리기법이다. **[답]** ①

59 설비보전조직 중 지역보전(area maintenance)의 장·단점에 해당하지 않는 것은?
① 현장 왕복 시간이 증가한다.
② 조업요원과 지역보전요원과의 관계가 밀접해 진다.
③ 보전요원이 현장에 있으므로 생산 본위가 되며 생산의욕을 가진다.
④ 같은 사람이 같은 설비를 담당하므로 설비를 잘 알며 충분한 서비스를 할 수 있다.

해설 지역보전의 특징
(1) 장점
 ㉮ 운전자와의 일체감 조성이 용이
 ㉯ 현장감독이 용이
 ㉰ 현장 왕복시간이 감소
 ㉱ 작업일정 조정이 용이
 ㉲ 특정설비의 습숙이 용이
(2) 단점
 ㉮ 노동력의 유효이용이 곤란
 ㉯ 인원배치의 유연성에 제약
 ㉰ 보전용 설비공구가 중복 **[답]** ①

60 그림과 같은 계획공정도(Network)에서 주공정은? (단, 화살표 아래의 숫자는 활동시간을 나타낸 것이다.)

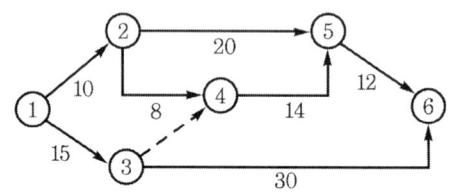

① ① - ③ - ⑥
② ① - ② - ⑤ - ⑥
③ ① - ② - ④ - ⑤ - ⑥
④ ① - ③ - ④ - ⑤ - ⑥

해설 각 공정의 작업시간
①번 항목 : ① → ③ → ⑥
  = 15 + 30 = 45시간
②번 항목 : ① → ② → ⑤ → ⑥
  = 10 + 20 + 12 = 42시간
③번 항목 : ① → ② → ④ → ⑤ → ⑥
  = 10 + 8 + 14 + 12 = 44시간
④번 항목 : ① → ③ → ④ → ⑤ → ⑥
  = 15 + 14 + 12 = 41시간
※ 주공정은 가장 긴 작업시간이 예상되는 공정이므로 ①번 항목이 해당된다. **[답]** ①

2019년 배관기능장 CBT 필기시험 복원문제 (2)

☞ CBT필기시험 복원문제는 수험자의 기억에 의하여 복원된 것이므로 실제 출제문제와는 차이가 있을 수 있습니다.

01 위생 배관 시공에 관한 설명으로 올바른 것은?
① 가옥 배수관이 공공 배수관에 연결되는 곳에는 이물질을 제거하도록 여과기를 설치한다.
② 위생 기구의 통기관은 기구 배수구 근처 통기 수직관으로 바로 연결할 수 있다.
③ 간접 배수 수직관의 신정 통기관과 일반 배수 수직관의 신정 통기관은 함께 사용할 수 없다.
④ 통기가 불량한 위치에서 배수를 원활하게 할 수 있도록 하는 방법이 간접 배수이다.

해설 각 항목의 옳은 설명
① 가옥 배수관이 부지 하수관에 연결되는 곳에는 U형 트랩을 설치한다.
② 위생 기구의 통기관은 기구의 오버플로워선 보다 150[mm] 이상 높게 세운 다음 수직통기관에 접속한다.
④ 간접배수란 식료품, 음료수, 소독물 등을 저장하거나 취급하는 곳에서 배수관이 일반 배수관에 연결되어 있으면 오물이나 유해가스가 역류하여 오염시킬 우려가 있는 것을 방지하기 위하여 이들 배수관을 일반 배수관에 직접 연결시키지 않고 대기 중에 적절한 공간을 띄우고 물받이 용기(hopper)에 배수를 받은 다음 일반배수관에 연결하는 방식이다. **[답] ③**

02 증기난방과 비교하여 온수난방의 특징 설명 중 잘못된 것은?
① 난방부하의 변동에 따라서 열량조절이 용이하다.
② 온수 보일러는 증기보일러보다 취급이 용이하다.
③ 설비비가 많이 드는 편이나 비교적 안전하여 주택 등에 적합하다.
④ 예열 시간이 짧아서 단시간에 사용하기 편리하다.

해설 온수난방의 특징
(1) 장점
  ㉮ 난방부하의 변동에 대응하기 쉽다.
  ㉯ 가열시간은 길지만 잘 식지 않으므로 증기난방에 비해 배관의 동결우려가 적다.
  ㉰ 방열기의 표면온도가 낮으므로 실내 쾌감도가 높고 화상의 위험이 없다.
  ㉱ 온수보일러 취급이 용이하며, 소규모 주택 등에 적당하다.
(2) 단점
  ㉮ 한랭지역에서는 동결의 위험이 있다.
  ㉯ 방열면적과 배관지름이 커져 시설비가 증가한다.
  ㉰ 예열시간이 길어 예열부하가 크다. **[답] ④**

03 건축배관에서 가장 높은 급수밸브에서의 필요 최저압력이 0.3[kgf/cm²], 1층 주관에서 가장 높은 급수밸브까지 수직높이가 8[m], 급수밸브까지의 관마찰 손실수두가 3[m]이면, 1층 주관에서 옥상탱크까지의 최저높이는 몇 [m]인가?
① 5   ② 7
③ 9   ④ 14

해설
$h = h_1 + h_2 + h_3$
$= (0.3 \times 10) + 8 + 3 = 14[m]$ **[답] ④**

04 압축공기배관에서 토출관에 접속해 고온에서 증기를 함유한 압축가스를 냉각시키고, 분리기에 의해 수분을 제거하도록 돕는 장치는?
① 냉각탑
② 중간 냉각기
③ 후부 냉각기
④ 공기 탱크

해설 압축공기배관의 부속장치
㉮ 분리기 : 중간냉각기와 후부냉각기에 연결하여 외부로부터 흡입된 습기를 압축에 의해 분리하고, 공기중에 포함된 윤활유를 공기나 가스로부터 분리하는 장치
㉯ 후부냉각기 : 토출관에 접속해 고온에서 증기를 함유한 압축가스를 냉각시키고, 분리기에 의해 수분을 제거하도록 돕는 장치
㉰ 밸브 : 저압용에는 청동제, 고압용에는 스테인리스제를 사용한다.
㉱ 공기탱크(air receiver) : 압축공기를 단속적으로 토출하는 왕복식 압축기에서 발생하는 맥동현상을 완화시키는 장치
㉲ 공기 여과기 : 공기 압축기의 흡입측에 설치하여 먼지 등 불순물을 제거하는 장치
㉳ 공기 흡입관 : 공기를 흡입하기 위한 관으로 관의 단면적은 실린더 면적의 1/2 정도로 한다. [답] ③

05 유니트로 들어가서 열교환기, 노(爐) 등의 기기에 접속되는 원료 운반배관을 일반적으로 무엇이라고 하는가?
① 파이프 랙 배관
② 프로세스 배관
③ 유틸리티 배관
④ 라인 인덱스 배관

해설
(1) 프로세스 배관(process piping) : 프로세스 반응에 직접 관여하는 유체의 배관이다.
  ㉮ 병렬로 배치된 기기의 간격이 6m 이상이며, 그 사이에 또 다른 기기를 설치하여 노즐을 접속시키는 배관
  ㉯ 열교환기, 펌프, 용기(vessel) 등에서 단위 기기 (unit) 경계까지의 생산(product)배관
  ㉰ 유니트에 들어가 열교환기 등의 기기에 접속되는 원료 운반배관
(2) 유틸리티(utility) 배관 : 프로세스의 반응에는 직접 관여하지는 않지만 그 운전에 중대한 영향을 미치는 각종 유체의 배관이다.

㉮ 각종 압력의 증기 및 응축수 배관
㉯ 냉각 세정용 유체 공급관
㉰ 냉각 공기 공급관
㉱ 질소 공급관
㉲ 연료유 및 연료가스 공급관
㉳ 기타 [답] ②

06 배수설비에서 통기관을 사용하는 가장 중요한 목적은?
① 변소의 오기를 방지하기 위하여
② 트랩을 봉수를 보호하기 위하여
③ 오수의 역류를 방지하기 위하여
④ 공기를 잘 유통시키기 위하여

해설 통기관의 설치 목적
배수트랩의 봉수(封水)를 보호하기 위하여 [답] ②

07 자동제어계의 동작순서로 옳은 것은?
① 검출 – 판단 – 비교 – 조작
② 검출 – 비교 – 판단 – 조작
③ 조작 – 비교 – 판단 – 검출
④ 조작 – 판단 – 비교 – 검출

해설 자동제어계의 동작 순서
㉮ 검출 : 제어대상을 계측기를 사용하여 측정하는 부분
㉯ 비교 : 목표값(기준입력)과 주피드백량과의 차를 구하는 부분
㉰ 판단 : 제어량의 현재값이 목표치와 얼마만큼 차이가 나는가를 판단하는 부분
㉱ 조작 : 판단된 조작량을 제어하여 제어량을 목표값과 같도록 유지하는 부분 [답] ②

08 배관의 호칭법에서 강관의 스케줄 번호가 나타내는 것은?
① 관의 바깥지름
② 관의 길이
③ 관의 안지름
④ 관의 두께

해설 강관의 스케줄 번호는 사용압력과 재료의 허용응력에 의하여 관의 두께를 체계화한 것이다.
[답] ④

9 일반적인 급·배수배관 라인의 시험방법 설명으로 잘못된 것은?
① 수압시험 : 1차 시험방법으로 많이 쓰이며 관 접합부의 누수 및 수압에 견디는지 여부를 조사한다.
② 기압시험 : 물 대신 암모니아가스를 관속에 압입하여 이음매에서 가스가 새는 것을 후각으로 조사한다.
③ 만수시험 : 물을 배관계의 최고부에서 규정 높이만큼 만수시켜 일정시간 경과 후 누수여부를 확인한다.
④ 연기시험 : 위생기구 설치 후 각 트랩에 봉수한 후 전 계통에 자극성 연기를 통과시켜 연기의 누기여부를 확인한다.

해설 기압시험
물 대신 공기나 질소와 같은 불연성가스를 관속에 압입하여 이음매에서 가스 누설유무를 확인한다. [답] ②

10 소화설비장치 중 연결 송수관의 송수구 설치에 관한 설명 중 틀린 것은?
① 소방차가 쉽게 접근할 수 있는 노출된 장소에 설치
② 지면으로부터 높이 0.5~1[m] 이하의 위치에 설치
③ 송수구는 관지름 65[mm]의 것을 설치
④ 송수구로부터 연결 주배관에 이르는 연결배관에는 반드시 개폐밸브를 설치

해설 송수구로부터 연결 주배관에 이르는 연결배관에는 자동배수밸브, 체크밸브를 설치하여야 한다.
[답] ④

11 도시가스로 공급하는 LNG의 주성분에 해당하는 것은?
① 에탄　　　　② 프로판
③ 메탄　　　　④ 부탄

해설 LNG는 액화천연가스로 기화시켜 도시가스로 공급되며 주성분은 메탄(CH_4)으로 일부 에탄, 프로판, 부탄 등이 포함되어 있다. [답] ③

12 화학세정 작업에서 성상이 분말이므로 취급이 용이하고 비교적 저온(40℃ 이하)에서도 물의 경도 성분을 제거할 수 있는 능력이 있으므로 수도설비 세정에 적합한 것은?
① 염산　　　　② 설파민산
③ 알코올　　　④ 트리클로 에틸렌

해설 설파민산
무기산 화학세정 약품으로 백색 분말이며, 다른 약품에 비해 취급이 간단하며 칼슘, 마그네슘 등을 용해하는 능력이 뛰어난 화학세정용으로 사용된다. [답] ②

13 [보기]에서 설명하는 밸브의 명칭은?

[보기]
- 직선배관에 주로 설치한다.
- 유입방향과 유출방향이 동일하다.
- 유체에 대한 저항이 크다.
- 개폐가 쉽고 유량 조절이 용이하다.

① 슬루스 밸브　　② 글로브 밸브
③ 플로트 밸브　　④ 버터플라이 밸브

해설 글로브 밸브(globe valve)의 특징
㉮ 유체의 흐름에 따라 마찰손실(저항)이 크다.
㉯ 주로 유량 조절용으로 사용된다.
㉰ 유체의 흐름 방향과 평행하게 밸브가 개폐된다.
㉱ 밸브의 디스크 모양은 평면형, 반구형, 원뿔형 등의 형상이 있다.
㉲ 슬루스밸브에 비하여 가볍고 가격이 저렴하다.
[답] ②

14 상수도 시설기준에서 급수관의 매설심도에 관한 설명으로 잘못된 것은?

① 일반적으로 공·사도에서 매설심도는 35[cm] 이상으로 하는 것이 바람직하다.
② 한랭지에서는 그 지방의 동결 심도보다 더 깊게 매설한다.
③ 도시의 지하매설물 규정에 매설심도가 정해져 있을 경우에는 그 규정에 따른다.
④ 도시의 지하 매설물 규정에 매설심도가 정해져 있지 않을 경우에는 매설장소의 토질, 하중, 충격 등을 충분히 고려하여 심도를 결정한다.

해설 급수관의 매설깊이
㉮ 보통 평지 : 450[mm] 이상
㉯ 차량의 통로 : 760[mm] 이상
㉰ 중차량의 통로, 냉한지대(추운지방) : 1[m] 이상

[답] ①

15 온수난방용 순환펌프 설치 시 시공요령으로 틀린 것은?

① 순환펌프의 모터 부분은 수평으로 설치해야 한다.
② 순환펌프 양측은 보수 정비를 위해 밸브를 설치한다.
③ 순환펌프는 보일러 동체, 연도 등에 의한 방열에 의해 영향을 받을 우려가 없는 곳에 설치해야 한다.
④ 순환펌프는 방출관 및 팽창관의 작용을 차단할 수 있어야 한다.

해설 순환 펌프 설치 시 주의사항
㉮ 순환펌프는 보일러 본체, 연도 등에 의해 영향을 받을 우려가 없는 곳에 설치한다.
㉯ 순환펌프에는 바이패스회로를 설치하여 고장 시에 대비한다.
㉰ 순환펌프와 전원 콘센트 간의 거리는 가능한 최소로 하고, 누전 등의 위험이 없도록 한다.
㉱ 순환펌프의 흡입측에는 여과기(strainer)를 설치하며, 펌프 전후에는 밸브를 설치한다.
㉲ 순환펌프는 팽창관 및 방출관의 작용을 방해하거나 차단하여서는 안 되며, 환수주관에 설치함을 원칙으로 한다.
㉳ 순환펌프의 모터 부분은 수평으로 설치한다.

[답] ④

16 강관 제조방법 표시에서 냉간가공 이음매 없는 강관은?

① - S - C
② - E - C
③ - A - C
④ - B - C

해설 강관의 제조방법 분류

기 호	제조 방법
- E	전기저항 용접관
- E - C	냉간 완성 전기저항 용접관
- B	단 접 관
- B - C	냉간 완성 단접관
- A	아크 용접관
- A - C	냉간 완성 아크 용접관
- S - H	열간가공 이음매 없는 관
- S - C	냉간 완성 이음매 없는 관
- E - H	열간가공 전기 저항 용접관
- E - G	열간가공 및 냉간가공 이외의 전기저항 용접강관

[답] ①

17 강관용 플랜지와 관의 부착방법에 따른 분류에 대한 각각의 용도를 설명한 것으로 틀린 것은?

① 웰딩넥형(welding neck type) - 저압 배관용
② 랩 조인트형(lap joint type) - 고압 배관용
③ 블라인드형(blind type) - 관의 구멍 폐쇄용
④ 나사형(thread type) - 저압배관용

해설 웰딩넥형(welding neck type) 플랜지
관의 팽창과 충격으로부터 보호해 주기 위해 긴 테이퍼의 목(hub)이 있으며 유체의 흐름을 일정하게 할 필요가 있는 $20[kgf/cm^2]$ 이상의 고압 배관에 사용한다. **[답]** ①

18 벽면에 매설하는 배수 수직관에 접속할 때 사용하는 관 트랩은?
① S 트랩
② P 트랩
③ U 트랩
④ 기름트랩

해설 배수트랩(trap)의 종류
㉮ S 트랩 : 위생기구를 바닥에 설치된 배수 수평관에 접속할 때 사용
㉯ P 트랩 : 벽면에 매설하는 배수 수직관에 접속할 때 사용
㉰ U 트랩 : 건물 안의 배수 수평주관 끝에 설치하여 하수구에서 해로운 가스가 건물 안으로 침입하는 것을 방지
㉱ 박스 트랩 : 드럼 트랩, 벨 트랩, 가솔린 트랩, 그리스 트랩 등
[답] ②

19 화학설비 장치 배관 재료의 구비조건으로 틀린 것은?
① 접촉 유체에 대해 내식성이 클 것
② 크리프 강도가 클 것
③ 고온 고압에 대하여 강도가 있을 것
④ 저온에서 재질의 열화(劣化)가 있을 것

해설 화학설비 장치 배관재료의 구비 조건
㉮ 접촉 유체에 대해 내식성이 클 것
㉯ 고온 고압에 대한 기계적 강도가 클 것
㉰ 저온에서 재질의 (劣化)가 없을 것
㉱ 크리프(creep) 강도가 클 것
㉲ 가공이 용이하고 가격이 저렴할 것

참고 크리프(creep)
어느 온도 이상에서 재료에 일정한 하중을 가하여 그대로 방치하면 시간의 경과와 더불어 변형이 증대하고 때로는 파괴되는 현상
[답] ④

20 칼라 속에 2개의 고무링을 넣고 이음 하는 방법으로 고무 가스켓 이음이라고도 하며 사용 압력 10.5 기압 이상이고, 굽힘성, 수밀성이 우수한 석면 시멘트관 접합 방법은?
① 기볼트 접합
② 슬리브 접합
③ 칼라 이음
④ 심플렉스 이음

해설 석면 시멘트관의 이음 방법
㉮ 기볼트(gibault) 이음 : 2개의 플랜지와 고무링, 1개의 슬리브로 되어 있으며 신축성과 굴절성이 좋아 원심력 철근 콘크리트관의 칼라 조인트 5~10개소마다 1개씩 접합한다.
㉯ 칼라 이음 : 주철제의 특수 칼라를 사용하여 접합하는 방법으로 접합부 사이에 고무링을 끼워 수밀을 유지한다.
㉰ 심플렉스 이음 : 석면 시멘트제 칼라와 2개의 고무링으로 접합 시공하며, 굽힘성과 내식성이 우수하다.
[답] ④

21 16[℃]의 물 180[kg]에 85[℃]의 고온수 몇 [kg]을 혼합하면 42[℃]의 온수를 얻을 수 있는가? (단, 물의 비열은 1[kcal/kg·℃]이다.)
① 243[kg]
② 330[kg]
③ 270[kg]
④ 109[kg]

해설
$$t_m = \frac{G_1 \cdot C_1 \cdot t_1 + G_2 \cdot C_2 \cdot t_2}{G_1 \cdot C_1 + G_2 \cdot C_2}$$ 에서
$G_1 \cdot C_1 \cdot t_1 + G_2 \cdot C_2 \cdot t_2 = t_m \cdot (G_1 \cdot C_1 + G_2 \cdot C_2)$ 이고,
$G_2 \cdot C_2 \cdot t_2 = \{t_m \cdot (G_1 \cdot C_1 + G_2 \cdot C_2)\} - G_1 \cdot C_1 \cdot t_1$ 이다.
$$\therefore G_2 = \frac{t_m \cdot G_1 \cdot C_1 - G_1 \cdot C_1 \cdot t_1}{C_2 \cdot t_2 - t_m \cdot C_2}$$
$$= \frac{42 \times 180 \times 1 - 180 \times 1 \times 16}{1 \times 85 - 42 \times 1}$$
$$= 108.84[kg]$$
[답] ④

22 동관의 특징 설명으로 잘못된 것은?
① 마찰저항 손실이 적다.
② 가공성이 매우 좋다.
③ 내식성 및 열전도율이 작다.
④ 무게가 가벼우며, 위생적이다.

해설 동관의 특징
㉮ 담수(淡水)에 대한 내식성이 우수하다.
㉯ 열전도율이 좋고, 가공성이 좋아 배관시공이 용이하다.
㉰ 아세톤, 프레온 가스 등 유기약품에 침식되지 않는다.

㉣ 관 내부에서 마찰저항이 적다.
㉤ 연수(軟水)에는 부식된다.
㉥ 외부의 기계적 충격에 약하다.
㉦ 가격이 비싸다.
㉧ 가성소다, 가성칼리 등 알칼리성에는 내식성이 강하고, 암모니아수, 습한 암모니아(NH_3)가스, 초산, 진한 황산(H_2SO_4)에는 심하게 침식된다.
㉨ 동관의 두께 순서 : K > L > M > N [답] ③

23 신축이음에서 고압에 견디며 고장도 적으나, 설치공간을 많이 차지하며 고압증기의 옥외 배관에 많이 쓰이는 것은?

① 루프형　　② 슬리브형
③ 벨로스형　　④ 볼조인트형

해설 신축이음쇠의 종류
㉮ 슬리브형(sleeve type) : 신축에 의한 자체 응력이 발생되지 않고 설치장소가 필요하며 단식과 복식이 있다. 슬리브와 본체와의 사이에는 패킹을 다져 넣고 그랜드로 밀착시켜 온수 또는 증기의 누설을 방지한다. 50[A] 이하의 배관에는 나사식, 65[A] 이상은 플랜지식을 사용한다.
㉯ 벨로스형(bellows type) : 팩리스(packless)형이라 하며, 설치장소에 구애받지 않고 가스, 증기, 물 등 2[MPa], 450[℃]까지 축 방향 신축흡수에 사용되며 단식과 복식 2종류가 있다.
㉰ 루프형(loop type) : 곡관으로 만들어진 관의 가요성(可撓性)을 이용한 것으로 구조가 간단하고 내구성이 좋아 고온, 고압배관이나 옥외배관에 주로 사용한다. 곡률 반지름은 관지름의 6배 이상으로 한다.
㉱ 스위블형(swivel type) : 지웰이음, 지블이음, 회전이음이라 하며, 2개 이상의 엘보를 사용하여 관의 신축을 흡수하는 것으로 신축방향이 큰 배관에서는 누설의 우려가 있다.
㉲ 볼 조인트(ball joint) : 볼 조인트와 오프셋 배관을 이용해서 신축을 흡수하는 방법으로 설치공간이 적고, 평면상의 변위뿐만 아니라 입체적인 변위까지도 안전하게 흡수하므로 어떤 현상에 의한 신축에도 배관이 안전한 신축이음이다. [답] ①

24 비중 1.2의 유체를 4[m³/min] 유량으로 높이 12[m]까지 올리려면 펌프의 동력은 약 몇 [kW]가 필요한가?

① 9.41　　② 10.14
③ 11.2　　④ 15.01

해설
$$kW = \frac{\gamma \cdot Q \cdot H}{102 \cdot \eta} = \frac{(1.2 \times 10^3) \times 4 \times 12}{102 \times 1 \times 60} = 9.41[kW]$$
[답] ①

25 나사식 가단 주철제 관 이음쇠에서 유체의 상태가 300[℃] 이하의 증기, 공기, 가스 및 기름일 경우 최고사용압력 기준으로 옳은 것은?

① 1.4[MPa]　　② 2.0[MPa]
③ 1.0[MPa]　　④ 2.5[MPa]

해설 나사식 가단 주철제 관 이음쇠의 최고사용압력

유체의 상태	최고사용압력
300[℃] 이하의 증기, 공기, 가스 및 기름	1.0[MPa]
220[℃] 이하의 증기, 공기, 가스, 기름 및 맥동수	1.4[MPa]
120[℃] 이하의 정류수	2.0[MPa]

[답] ③

26 일반적인 염화 비닐관의 냉간 이음방식이 아닌 것은?

① TS식　　② 편수 칼라식
③ PC식　　④ H식

해설 염화 비닐관의 냉간 이음방식
㉮ TS 이음법 : 일정한 테이퍼로 만들어진 TS 이음관에 접착제를 바른 관을 삽입하여 잠시 동안 그대로 잡아주면 충분한 강도를 갖는 이음 방법이다.
㉯ 고무링 이음법(편수 칼라이음법) : 고무링의 탄성을 이용하여 누설을 방지하는 이음 방법으로 접착제 또는 가열할 필요 없이 고무링을 그대로 삽입시키면 되는 경제적 이음법이다.

㉰ H식 이음법 : 호칭 지름 10~25[mm]인 관에 H식 이음관을 사용하여 접합하는 방법으로 삽입관의 바깥쪽과 이음관의 안쪽을 선삭기(旋削機)로 갈아 낸 다음 이음부 안팎으로 접착제를 고르게 바르고 한 번에 삽입하면 이음이 되는 방법이다. **[답] ③**

27 보일러의 분출사고 시 긴급조치사항으로 잘못 설명된 것은?

① 보일러 부근에 있는 사람들을 우선 안전한 곳으로 긴급히 대피시킨다.
② 연도 댐퍼를 전개한다.
③ 압입통풍기를 정지시킨다.
④ 다른 보일러와 증기관이 연결되어 있을 경우 증기밸브를 연다.

해설 분출사고 시 긴급조치사항
㉮ 보일러 부근에 있는 사람들을 우선 안전한 곳으로 긴급히 대피시킨다.
㉯ 연도 댐퍼를 전개한다.
㉰ 압입통풍기를 정지시킨다.
㉱ 연소를 정지시킨다.
㉲ 다른 보일러와 증기관이 연결되어 있을 경우 증기밸브를 닫고 증기관의 연결을 끊는다.
㉳ 급수를 계속하여 수위의 저하를 막고 보일러의 수위를 유지한다.
㉴ 노내나 보일러의 자연냉각을 기다려 원인을 조사해서 그 사후 대책을 강구한다.
㉵ 찢어진 부위가 커서 분출하는 기수로 인하여 인명의 위험이 염려되는 경우에는 급수를 정지하는 동시에 동체 하부의 분출밸브를 열어 보일러수를 배출시킨다. **[답] ④**

28 스트레이너의 종류 중 유체의 흐름 방향에 대하여 직각으로 방향이 바뀌므로 유체 흐름에 대한 저항이 크지만, 보수, 점검이 용이하여 오일 스트레이너로 주로 사용되는 것은?

① Y형 스트레이너
② V형 스트레이너
③ U형 스트레이너
④ H형 스트레이너

해설 스트레이너(strainer)의 종류 및 특징
㉮ Y형 : 45°로 경사진 몸체에 원통형의 철망을 넣은 것으로 유체는 철망의 안쪽에서 바깥쪽으로 흐르게 하여 유체저항을 적게 한다.
㉯ U형 : 주철제의 몸체 속에 여과망이 달린 둥근 통을 수직으로 넣은 것으로 구조상 유체의 흐름 방향이 직각으로 바뀌기 때문에 Y형 여과기에 비하여 유체에 대한 저항이 크지만 보수, 점검이 편리하다. 주로 오일 배관에 사용되기 때문에 오일 여과기(oil strainer)라 한다.
㉰ V형 : 주철제의 몸체 속에 V자 모양의 여과망을 넣은 것으로 유체가 이 여과망을 통과하면서 여과되며, 유체가 일직선으로 되어 있어 Y형이나 U형 여과기에 비하여 유체에 대한 저항이 적다. 여과망의 교환, 점검, 보수 및 관리가 편리하다. **[답] ③**

29 일반적인 수도용 주철관 보통압관의 최대 사용 정수두 압력은 몇 [kgf/cm²]인가?

① 5
② 7.5
③ 9.5
④ 12

해설 수도용 주철관의 최대사용 정수두(압력)
㉮ 고압관 : 100[m] 이하(10[kgf/cm²] 이하)
㉯ 보통압관 : 75[m] 이하(7.5[kgf/cm²] 이하)
㉰ 저압관 : 45[m] 이하(4.5[kgf/cm²] 이하) **[답] ②**

30 운반기계에 의한 운반 작업 시 안전수칙에 어긋나는 것은?

① 운반대위에는 여러 사람이 타지 말 것
② 미는 운반차에 화물을 실을 때에는 앞을 볼 수 있는 시야를 확보할 것
③ 운반차의 출입구는 운반차의 출입에 지장이 없는 크기로 할 것
④ 운반차에 물건을 쌓을 때 될 수 있는 대로 전체의 중심이 위가 되도록 쌓을 것

해설 운반차에 물건을 쌓을 때 될 수 있는 대로 전체의 중심이 아래가 되도록 쌓을 것 **[답] ④**

31 1보일러 마력을 시간당 발생 열량으로 환산한 것으로 옳은 것은?

① 15.65[kcal/h] ② 8435[kcal/h]
③ 9290[kcal/h] ④ 7500[kcal/h]

해설
㉮ 1보일러 마력 : 100[℃] 물 15.65[kg]을 1시간에 같은 온도의 증기로 변화시킬 수 있는 능력이다.
㉯ 100[℃] 물의 증발잠열은 539[kcal/kg]이다.
∴ $Q = 15.65 \times 539 = 8435.35$[kcal/h] **[답] ②**

32 다음 중 염화비닐관의 단점인 것은?

① 내산, 내알칼리성이며 전기저항이 적다.
② 열팽창률이 크고, 약 75℃에서 연화한다.
③ 중량이 크고, 알칼리에 잘 부식 된다.
④ 폴리에틸렌관 보다 비중이 적고 유연하다.

해설 염화비닐관의 특징
(1) 장점
  ㉮ 내식, 내산, 내알칼리성이 크다.
  ㉯ 전기의 절연성이 크다.
  ㉰ 열의 불양도체이다.
  ㉱ 가볍고 강인하며, 가격이 저렴하다.
  ㉲ 배관가공이 쉬워 시공비가 적게 소요된다.
(2) 단점
  ㉮ 저온 및 고온에서 강도가 약하다.
  ㉯ 열팽창률이 심하다.
  ㉰ 충격강도가 작다.
  ㉱ 용제에 약하다. **[답] ②**

33 치수 수치의 표시 방법 중 맞지 않는 것은?

① 길이의 치수는 원칙적으로 [mm] 단위로 기입하고 단위 기호는 생략한다.
② 각도의 치수 수치를 라디안의 단위로 기입하는 경우 그 단위기호 rad 을 기입한다.
③ 치수 수치의 소수점은 아래쪽 점으로 하고 숫자 사이를 적당히 띄워 그 중간에 약간 크게 찍는다.
④ 치수 수치의 자리수가 많은 경우 3자리마다 숫자의 사이를 적당히 띄우고 콤마를 찍는다.

해설 치수 수치의 자리수가 많은 경우 3자리마다 끊는 점(콤마)을 찍지 않는다. **[답] ④**

34 파이프 이음 방식의 하나인 파이프 홈 조인트로 파이프와 파이프를 홈 조인트로 체결하기 위한 파이프 끝을 가공하는 기계는?

① 베벨 조인트 머신
② 로터리식 조인트 머신
③ 그루빙 조인트 머신
④ 스웨징 조인트 머신

해설 파이프 홈 조인트
파이프에 홈가공을 한 후 고무링을 삽입하고 조인트 커버로 이음하는 방식으로 파이프 끝에 홈을 가공하는 기계를 그루빙 조인트 머신이라 한다. **[답] ③**

35 에이콘 이음(acorn joint)에서 에이콘 파이프의 사용 가능 온도로 가장 적합한 것은?

① 0~150[℃] ② -10~130[℃]
③ -30~110[℃] ④ -50~100[℃]

해설
㉮ 폴리부틸렌관(PB관)의 이음
  : 에이콘 이음(acorn joint)
㉯ 폴리부틸렌관(PB관)의 사용 가능 온도
  : -30~110[℃] **[답] ③**

36 설비자동화 유압시스템 결함 중 압력이 저하하는 원인이 아닌 것은?

① 펌프의 흡입이 불량하다.
② 구동동력이 부족하다.
③ 내부, 외부 누설이 증가한다.
④ 탱크 내의 유면이 너무 높다.

해설 탱크 내의 유면이 높은 것은 오일이 충분히 있는 것이므로 유압펌프에서 오일을 양호하게 흡입할 수 있으므로 압력이 저하하는 원인과는 관계가 없다. [답] ④

37 선팽창계수가 다른 2종의 금속을 결합시켜 온도변화에 따라 굽히는 정도가 다른 점을 이용한 온도계는?
① 유리제 온도계   ② 바이메탈 온도계
③ 압력식 온도계   ④ 전기 저항식 온도계

해설 바이메탈 온도계의 특징
㉮ 유리온도계보다 견고하다.
㉯ 구조가 간단하고, 보수가 용이하다.
㉰ 온도 변화에 대한 응답이 늦다.
㉱ 히스테리시스(hysteresis) 오차가 발생되기 쉽다.
㉲ 온도조절 스위치나 자동기록 장치에 사용된다.
㉳ 측정범위 : $-50 \sim 500[℃]$ [답] ②

38 내경이 20[cm]인 수평관에 물이 가득 차 있다. 물이 흐르지 않을 때의 압력은 4[kgf/cm²]이고, 물이 흐를 때의 압력은 3.4[kgf/cm²]이다. 물이 흐를 때의 유량[m³/s]은 얼마인가?
① 0.16   ② 0.22
③ 0.28   ④ 0.34

해설
㉮ 수평관에서 물이 흐르지 않을 때와 흐를 때의 압력[kgf/m²] 차이에서 압력수두 계산 : 물의 비중량(γ)은 1000[kgf/m³]이다.
$$\therefore h = \frac{\Delta P}{\gamma} = \frac{(4-3.4) \times 10^4}{1000} = 6[m]$$
㉯ 유량[m³/s] 계산
$$\therefore Q = A \times V = \frac{\pi}{4} \times D^2 \times \sqrt{2 \times 9 \times h}$$
$$= \frac{\pi}{4} \times 0.2^2 \times \sqrt{2 \times 9.8 \times 6}$$
$$= 0.34[m^3/s]$$ [답] ④

39 호칭지름 15[A]의 관을 반지름 90[mm], 각도 90°로 구부리고자 할 때 필요한 곡선부의 길이는?
① 130.5[mm]   ② 141.4[mm]
③ 158.6[mm]   ④ 160.8[mm]

해설
$$L = \frac{90}{360} \times \pi \times D = \frac{90}{360} \times \pi \times 2 \times 90$$
$$= 141.37[mm]$$ [답] ②

40 피복금속 아크용접에서 교류용접기와 비교한 직류 용접기의 장점이 아닌 것은?
① 극성의 변화가 쉽다.
② 전격 위험이 적다.
③ 역률이 양호하다.
④ 자기쏠림 방지가 가능하다.

해설 직류용접기의 특징
㉮ 교류에 비교하여 아크가 안정적이지만 자기쏠림이 있다.
㉯ 교류 용접기와 비교하여 무부하 전압이 낮아 감전의 위험이 있다.
㉰ 발전기형 직류용접기는 소음이 발생하고, 회전 부분 등의 고장이 많다.
㉱ 스테인리스강, 비철 금속의 용접이 쉽다.
㉲ 가격이 교류 용접기와 비교하여 고가이다.
㉳ 정류형 직류용접기는 정류기의 소손, 먼지, 수분 등에 의한 고장에 주의하여야 한다.
㉴ 보수나 점검에 많은 시간과 노력이 필요하다. [답] ④

41 가스절단에서 표준 드래그(drag) 길이는 보통 판 두께의 어느 정도인가?
① 1/3   ② 1/4
③ 1/5   ④ 1/6

해설 드래그(drag)
절단기류의 입구점에서 출구점 사이의 수평거리로 판 두께의 1/5 정도가 된다. [답] ③

42 폴리부틸렌관 이음에만 사용되는 관 이음은?
① 몰코 이음 ② 납땜 이음
③ 나사 이음 ④ 에이콘 이음

해설 에이콘 이음
본체, 그라프링(grab ring), 오링(O-ring), 캡, 서포트 슬리브로 구성되며 관을 연결구에 삽입하여 그라프링과 O링에 의한 이음방법이다. [답] ④

43 배관 도면에서 라인 인덱스에 관한 설명으로 가장 적합한 것은?
① 프로세스 인덱스만을 표시한다.
② 제작에 필요한 제작 공정도를 의미한다.
③ 배관계통과 운전조작에 필요한 상세작업 계통도이다.
④ 배관에서 장치와 관에 번호를 부여, 공사와 관리를 편리하게 한 것이다.

해설 라인 인덱스(line index)
배관에서 각 장치와 유체를 명확히 구분하여 번호를 붙이는 것을 말하며, 이 번호에 의해서 배관의 성격과 위치를 명확히 구분할 수 있고 배관재료를 쉽게 파악할 수 있다. [답] ④

44 배관용 패킹재료를 선택할 시 고려할 사항이 아닌 것은?
① 관내를 흐르는 유체의 온도, 압력 등 물리적인 성질
② 관내를 흐르는 유체의 안정도, 부식성, 용해능력, 인화성, 폭발성 등 화학적인 성질
③ 노화시 교체의 난이, 진동유무, 외압 등 기계적인 조건
④ 물리 화학적인 조건들 보다는 가격이 저렴하고 경제적인 것을 고려할 것

해설 배관용 패킹재료 선택 시 고려사항
㉮ 관내를 흐르는 유체의 물리적인 성질 : 온도, 압력, 밀도, 점도 또는 액체인가 기체인가를 확인한다.
㉯ 관내를 흐르는 유체의 화학적인 성질 : 화학성분과 안정도, 부식성, 용해 능력, 휘발성, 인화성 및 폭발성 등을 확인한다.
㉰ 기계적인 조건, 교체의 난이, 진동의 유무, 내압과 외압 등을 확인한다. [답] ④

45 구면상의 선단을 갖는 특수한 해머로 용접부를 연속적으로 타격하여 표면층에 소성변형을 주는 조작으로 용접금속의 인장응력을 완화하는데 효과가 있는 잔류응력 제거법은?
① 노내 풀림법 ② 국부 풀림법
③ 피닝법   ④ 저온 응력 완화법

해설 피닝(peening)법
끝이 구면인 특수한 해머로서 용접부를 연속적으로 때려 용접표면에 소성변형을 주어 잔류응력을 완화시키는 방법이다. [답] ③

46 그림과 같은 동관 부속품의 기호 표시로 옳은 것은?
① 45° 엘보 C × C
② 45° 엘보 C × Ftg
③ 45° 엘보 C × M
④ 45° 엘보 C × F

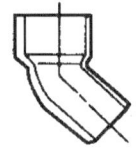

해설 방향이 45°로 변경되고, 위쪽은 관이 이음재 내부로 들어가 접합되고("C"type), 아래쪽은 이음재 바깥쪽으로 관이 들어가 접합되는("Ftg" type) 이음재이다. [답] ②

47 배관을 지지할 때의 유의사항으로 잘못된 시공방법은?
① 중량 밸브나 계전기 등이 있는 경우에는 그 기기 가까이 설치한다.
② 배관의 곡부가 있는 경우는 지지가 곤란하므로 굽힘부에서 멀리 떨어져 지지한다.

③ 분기관이 있는 경우에는 신축을 고려하여 지지한다.
④ 지지는 되도록 기존 보를 이용하며 지지간격을 적당히 잡아 휨이 생기지 않도록 한다.

해설 밸브나 곡관 부근을 지지하는 것을 원칙으로 한다.
[답] ②

48 [보기] 그림은 등각입체 배관도를 나타낸 것이다. 수평선과 X, Z 축이 이루는 각도 θ 는 몇 도인가?

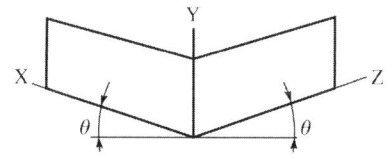

① 15°
② 30°
③ 45°
④ 60°

해설 수평면과 Y축이 이루는 각도는 90°이고, X와 Y축, Z와 Y축이 이루는 각도는 각각 60°이므로 θ는 30°가 된다. (등각투상도에서 두 개의 옆면 모서리가 수평선과 이루는 각도는 30°이다.) **[답] ②**

49 계장용 도시기호에서 "FIC"는 무엇인가?
① 유량 지시 조절
② 유량 경보 조절
③ 유량 조절 밸브
④ 유량 경보 지시

해설 계장용 도시기호 중 문자기호 표시
㉮ 첫째문자

기호	변량, 동작	기호	변량, 동작
A	조성	Q	열량
D	밀도	S	속도
F	유량	T	온도
H	수동	V	점도
L	레벨	W	무게
M	습도	X	기타 변량
P	압력		

㉯ 둘째 및 셋째문자 이하

기호	계측설비 요소의 형식 또는 기능
A	경보
C	조절
E	계기에 접속하지 않은 검출기
I	지시
P	계기에 접속하지 않은 측정점 또는 시료 채취점
R	기록(계기)
S	적산
V	밸브

※ FIC : 유량(F) 지시(I) 조절(C)을 나타낸다. **[답] ①**

50 글랜드 패킹의 종류가 아닌 것은?
① 오일시트 패킹
② 석면 얀 패킹
③ 아마존 패킹
④ 몰드 패킹

해설 패킹재의 분류 및 종류
㉮ 플랜지 패킹(가스켓) : 천연고무, 합성고무, 식물성 섬유제, 동물성 섬유제, 석면 조인트 시트, 합성수지 패킹, 금속 패킹
㉯ 나사용 패킹 : 나사용 페인트, 일산화연, 액상합성수지
㉰ 글랜드 패킹 : 석면 각형 패킹, 석면 얀 패킹, 몰드 패킹, 아마존 패킹 **[답] ①**

51 파이프 속을 흐르는 유체가 기름임을 표시하는 기호는?
① W
② G
③ O
④ A

해설 유체의 종류 및 표시

유체의 종류	문자기호	색상
공기	A	백색
가스	G	황색
기름	O	황적색
수증기	S	암적색
물	W	청색

[답] ③

52 도면에서 어떤 경우에 해칭(hatching)을 하는가?
① 가상부분을 표시할 경우
② 단면도의 절단된 부분을 표시할 경우
③ 회전하는 부분을 표시할 경우
④ 그림의 일부분만을 도시할 경우

해설 해칭(hatching)
단면도의 절단된 부분과 같이 도형의 한정된 특정 부분을 다른 부분과 구별하는데 사용하는 것으로 가는 실선으로 규칙적으로 줄을 늘어 놓은 것이다. [답] ②

53 합성수지 도료에 관한 설명으로 틀린 것은?
① 프탈산계 : 상온에서 도막을 건조시키는 도료이며 내후성, 내유성이 우수하다.
② 요소 멜라민계 : 내열성, 내유성, 내수성이 좋다.
③ 염화비닐계 : 내약품성, 내유성, 내산성이 우수하여, 금속의 방식도료로 우수하다.
④ 실리콘 수지계 : 은분이라고도 하며, 내후성 도료로 사용되며, 5[℃] 이하의 온도에서 건조가 잘 안 된다.

해설 합성수지 도료의 종류
㉮ 프탈산계 : 상온에서 도막을 건조시키는 도료로 내후성, 내유성이 우수하지만, 내수성은 불량하다.
㉯ 요소 멜라민계 : 특수한 부식에 금속을 보호하기 위한 내열도료로 사용되고, 베이킹도료로 사용된다. 내열성, 내유성, 내수성이 좋다.
㉰ 염화 비닐계 : 내약품성, 내유성, 내산성이 우수하여 금속의 방식 도료로서 우수하지만, 부착력과 내후성이 나쁘며 내열성이 약한 것이 단점이다.
㉱ 실리콘 수지계 : 요소 멜라민계와 같이 내열도료 및 베이킹 도료로 사용되며, 내열도가 200~350[℃] 정도로 우수하다. [답] ④

54 탄력 있는 두루마리 형태의 매트(mat)로 만든 제품도 있으며 보온 단열 효과도 우수하며, 복원력이 뛰어나 운반 및 보관이 용이하게 포장되어 있어 건물의 보온 단열재와 산업용 흡음재로도 사용이 가능한 보온재는?
① 규산칼슘
② 폴리우레탄 폼
③ 글라스 울
④ 탄산마그네슘

해설 글라스 울(glass wool : 유리섬유) 보온재의 특징
㉮ 용융 유리를 압축공기나 원심력을 이용하여 섬유형태로 제조한다.
㉯ 흡습성이 크기 때문에 방수처리를 하여야 한다.
㉰ 보온, 보냉재로 일반건축의 벽체, 덕트 등에 사용한다.
㉱ 열전도율 : 0.036~0.057[kcal/h·m·℃]
㉲ 안전 사용온도 : 350[℃] 이하
(단, 방수처리 시 600[℃] 이하) [답] ③

55 작업시간 측정방법 중 직접측정법은?
① PTS법
② 경험견적접
③ 표준자료법
④ 스톱워치법

해설 작업시간 측정방법
㉮ 직접측정법 : 시간연구법(스톱워치법, 촬영법, VTR 분석법), 워크샘플링법
㉯ 간접측정법 : 실적기록법, 표준자료법, PTS법(WF법, MTM법) [답] ④

56 [보기]의 데이터 중에서 미드레인지(mid range)는 얼마인가?

[보기] 3.8, 5.6, 4.8, 4.3, 6.2, 6.6, 5.7

① 2.8　　② 4.3
③ 5.2　　④ 5.6

해설 mid range(범위의 중앙값 : M)
데이터의 최대값($x_{\max}$)과 최소값($x_{\min}$)의 평균값이다.
$$\therefore M = \frac{x_{\max} + x_{\min}}{2} = \frac{6.6 + 3.8}{2} = 5.2$$
[답] ③

57 TPM 활동의 기본을 이루는 3정 5S 활동에서 3정에 해당되는 것은?

① 정시간　　② 정돈
③ 정리　　④ 정량

해설 TPM(Total Productive Maintenance)
전원참가의 생산보전활동으로 로스제로(loss zero)화를 달성하려는 것이다.
㉮ 3정 : 정량, 정품, 정위치
㉯ 5S(5행) : 정리, 정돈, 청소, 청결, 생활화　**[답] ④**

58 로트에서 랜덤하게 시료를 추출하여 검사한 후 그 결과에 따라 로트의 합격, 불합격을 판정하는 검사 방법을 무엇이라 하는가?

① 자주검사
② 샘플링검사
③ 전수검사
④ 직접검사

해설 샘플링(sampling) 검사
로트로부터 시료를 채취하여 검사한 후 그 결과를 판정기준과 비교하여 로트의 합격, 불합격을 판정하는 검사법이다.　**[답] ②**

59 다음 중 사내표준을 작성할 때 갖추어야 할 요건으로 옳지 않은 것은?

① 내용이 구체적이고 주관적일 것
② 장기적 방침 및 체계 하에서 추진할 것
③ 작업표준에는 수단 및 행동을 직접 제시할 것
④ 당사자에게 의견을 말하는 기회를 부여하는 절차로 정할 것

해설 사내표준 작성 시 갖추어야 할 요건
㉮ 실행가능성이 있는 내용일 것
㉯ 당사자에게 의견을 말할 기회를 주는 방식으로 정할 것
㉰ 기록내용이 구체적이며 객관적일 것
㉱ 기여도가 큰 것부터 중점적으로 취급할 것
㉲ 직감적으로 보기 쉬운 표현으로 할 것
㉳ 적시에 개정, 향상시킬 것
㉴ 장기적 방침 및 체계화로 추진할 것
㉵ 작업표준에는 수단 및 행동을 직접 제시할 것
[답] ①

60 프로젝트 생산과 가장 관계가 깊은 것은?

① 라디오　　② 맥주
③ 댐　　④ 의류

해설 프로젝트 생산시스템
교량, 댐, 도로 등과 같이 생산규모가 큰 반면에 생산수량이 적고 장기간에 걸쳐 이루어진다.　**[답] ③**

2020년 배관기능장 CBT 필기시험 복원문제 (1)

☞ CBT필기시험 복원문제는 수험자의 기억에 의하여 복원된 것이므로 실제 출제문제와는 차이가 있을 수 있습니다.

01 보온재의 구비조건으로 틀린 것은?
① 열전도율이 클 것
② 비중이 작을 것
③ 어느 정도 기계적 강도가 있을 것
④ 흡습성이 작을 것

해설 보온재의 구비조건
㉮ 열전도율이 작을 것
㉯ 흡습, 흡수성이 작을 것
㉰ 적당한 기계적 강도를 가질 것
㉱ 시공성이 좋을 것
㉲ 부피, 비중(밀도)이 작을 것
㉳ 경제적일 것
[답] ①

02 개별식 급탕법의 장점을 중앙식 급탕법과 비교 설명한 것으로 옳은 것은?
① 탕비장치가 크므로 열효율이 좋다.
② 배관 중의 열손실이 적다.
③ 열원으로 값싼 연료를 쓰기가 쉽다.
④ 대규모 급탕에는 경제적이다.

해설 개별식 급탕법의 장점
㉮ 배관 중 열손실이 적다.
㉯ 필요한 곳에 간단하게 설비가 가능하다.
㉰ 급탕 개소가 적을 때는 설비비가 저렴하다. **[답]** ②

03 인접건물의 화재로부터 해당 건물을 보호 예방하기 위하여 창이나 벽, 지붕 등에 물을 뿌려 수막을 형성하기 위하여 사용하는 것은?
① 송수구
② 드렌처
③ 스프링 쿨러
④ 옥내 소화전

해설 드렌처 설비
인접 건물에서 화재가 발생했을 때 인화를 방지하기 위해 창문, 출입구, 처마 끝에 물을 뿌려 수막을 형성함으로써 본 건물의 화재 발생을 예방하는 소화설비이다.
[답] ②

04 오물 정화조의 주요 구조의 기능에 대한 설명 중 잘못된 것은?
① 부패조 : 염기성 박테리아에 의해 오물을 분해시킨다.
② 예비 여과조 : 부패조의 기능이 상실되면 작동한다.
③ 산화조 : 오수 중의 유기물을 분해시킨다.
④ 소독조 : 정화된 오수의 균을 살균 소독 후 방류한다.

해설 예비 여과조
제2부패조와 산화조의 중간에 설치하며, 오수는 여과조의 아래에서 위로 흐르며 부유물을 걸러내는 곳이다.
[답] ②

05 난방시설에서 전열에 의한 손실열량이 11.63[kW]이고 환기 손실열량이 3.14[kW]인 곳에 증기난방을 할 경우 소요되는 주철제 방열기는 몇 절이 필요한가? (단, 주철제 방열기 1절의 방열 표면적은 0.28[m²]이고, 방열량은 0.76[kW/m²]이다.)

① 20절 ② 35절
③ 50절 ④ 70절

해설

㉮ 방열기 표준방열량

구분	표준방열량	
	[kcal/h·m²]	[kW/m²]
증기	650	0.76
온수	450	0.53

㉯ 방열기 절수(쪽수) 계산 : 최종값에서 발생하는 소수는 무조건 1개로 계산한다.

$$\therefore N_s = \frac{H_1}{0.76 \times a} = \frac{11.63 + 3.14}{0.76 \times 0.28} = 69.407 = 70절$$

[답] ④

06 보일러의 수면계 기능시험의 시기로 틀린 것은?

① 보일러를 가동하기 전
② 보일러를 기동하여 압력이 상승하기 시작했을 때
③ 2개 수면계의 수위에 차이가 없을 때
④ 수면계 유리의 교체, 그 외의 보수를 했을 때

해설 수면계의 기능시험 시기

㉮ 보일러를 가동하기 전과 압력이 상승하기 시작했을 때
㉯ 2개의 수면계의 수위에 차이가 발생할 때
㉰ 수위의 움직임이 없고, 수위 지시가 정확하지 않다고 판단될 때
㉱ 보일러 운전 중에 포밍, 프라이밍 현상이 발생하는 때
㉲ 수면계 유리의 교체, 그 외의 보수를 했을 때

[답] ③

07 급수 배관 시공법에 대한 설명으로 틀린 것은?

① 배관 기울기는 모두 선단 앞 올림 기울기로 한다.
② 부식하기 쉬운 것에는 방식 피복을 한다.
③ 수평관의 굽힘 부분이나 분기 부분에는 반드시 받침쇠를 단다.
④ 급수관과 배수관이 평행 매설될 때는 양 배관의 수평 간격을 500[mm] 이상으로 한다.

해설

급수 배관 시공법에서 배관 기울기는 끝 내림기울기(구배)로 한다. [답] ①

08 가스배관에서 가스공급 시설 중 하나인 정압기의 설명으로 맞는 것은?

① 제조공장과 공급지역이 비교적 가깝고 공급면적이 좁아 저압의 가스를 보낼 때 사용
② 제조 공장에서 생산, 정제된 가스를 저장하여 가스의 품질을 균일하게 하고 제조량 및 소요량을 조절하는 것
③ 사용량이 서로 다른 시간별 또는 특정 시기에 소요 공급 압력을 일정하게 유지하는 역할
④ 원거리 지역에 대량의 가스를 수송하기 위해 공압 압축기로 가스를 압축하는 역할

해설 정압기(governor)

1차측 압력에 관계없이 2차측 압력(소요공급압력, 사용압력)을 일정하게 유지하는 역할을 한다. [답] ③

09 증기사용 설비의 온도를 일정하게 유지시키기 위한 것으로 열교환기나 가열기 등에 사용하는 자동제어밸브는?

① 전자밸브 ② 안전밸브
③ 온도조절밸브 ④ 감압밸브

해설 자동 온도조절밸브(automatic temperature valve) 열매체를 이용하여 열교환기, 건조기, 온수탱크 등의 온도를 일정하게 유지시키는 밸브로서 직동식과 파일럿식이 있다.   [답] ③

10 플랜트 설비에서 사용하는 연속식 혼합기가 아닌 것은?
① 정지 혼합기
② 퍼그 밀(Pug mill)
③ 코 니더(Ko-Kneader)
④ 니더 믹서(Kneader mixer)

해설 혼합기의 역할 및 분류
(1) 역할(기능) : 두 가지 또는 그 이상의 분리된 상을 균일하게 섞는 장치이다.
(2) 회분식 혼합기
  ㉮ 니더 믹서(Kneader mixer) : 점도가 큰 재료에도 사용할 수 있으며 반건조, 산소성체, 페이스트(paste)상 물질에 널리 사용된다.
  ㉯ 인터널 믹서(internal mixer) : 단면이 도토리 모양의 2개의 수평 원통이 밀폐된 통 안에서 서로 반대방향으로 회전하면서 혼합작용을 한다.
  ㉰ 멀러 믹서(muller mixer) : 원통 안에 폭이 넓고 무거운 로울이 수직축의 둘레를 회전하면 스크레퍼가 재료를 연속으로 공급해 주며 압축, 전단, 접기 등의 혼합작용을 하며, 퍼티(putty)상, 분말상의 재료에 적합하다.
  ㉱ 로울 밀 : 인쇄용 잉크의 제조, 생고무와 카본 블랙을 혼합하는데 사용한다.
(3) 연속식 혼합기
  ㉮ 정지 혼합기 : 유체의 흐름을 둘로 나누는 짧은 나사선 모양의 요소를 이용하여 흐름을 180°로 다시 바꾼 다음 요소에 전달하는 것으로서 정체 유체나 점도가 낮은 페이스트상 유체의 혼합에 적합하다.
  ㉯ 퍼그 밀(pug mill) : 회전축에 여러 개의 날개를 나사선 모양으로 달아 재료를 한 방향으로 이송하면서 혼합한다.
  ㉰ 코 니더(Ko-Kneader) : 단식 스크류 압축기의 스크류에 의하여 재료를 이송하여 혼합하는 것으로 플라스틱의 혼합 및 반죽, 전극 카본의 반죽, 안료의 분산 등에 사용한다.   [답] ④

11 배관설비에 있어서 유량계를 설치하여 유량을 측정한다. 다음과 같이 오리피스로 측정하였을 때 유량은 약 몇 [m³/s]인가? (단, 유량계수 $C_v = 0.6$, 수주차 $\Delta H = 20$[cm], 오리피스 축소 단면적 $A = 5$[cm²]이다.)
① 5.14×10^{-4} [m³/s]
② 5.94×10^{-4} [m³/s]
③ 6.34×10^{-4} [m³/s]
④ 6.54×10^{-4} [m³/s]

해설
$$Q = C \cdot A \cdot \sqrt{2 \cdot g \cdot h}$$
$$= 0.6 \times 5 \times 10^{-4} \times \sqrt{2 \times 9.8 \times 0.2}$$
$$= 5.939 \times 10^{-4} [\text{m}^3/\text{s}]$$
[답] ②

12 다음 중 일반적인 집진장치의 종류가 아닌 것은?
① 관성력식
② 원심력식
③ 여과식
④ 압송식

해설 집진장치의 종류
㉮ 건식 집진장치 : 중력식 집진장치, 관성력식 집진장치, 원심력식 집진장치, 여과 집진장치
㉯ 습식 집진장치 : 유수식(S형, 임펠러형, 회전형, 분수형 및 나선 가이드베인형), 가압수식(벤투리 스크레버, 제트 스크레버, 사이클론 스크레버, 충전탑[세정탑]), 회전식(타이젠 와셔, 충격식 스크레버)
㉰ 전기식 집진장치   [답] ④

13 위생(배수) 트랩의 구비조건에 대한 설명 중 틀린 것은?
① 스스로 세척작용을 하는 것이어야 한다.
② 봉수 깊이는 20[mm] 이하이어야 한다.
③ 봉수가 확실해야 한다.
④ 구조가 간단해야 한다.

해설 트랩의 봉수(封水) 깊이는 50~100[mm]로 하고, 50[mm]보다 작으면 봉수가 잘 없어지고, 100[mm] 이상이 되면 배수할 때 자기 세척 작용이 약해져서 트랩의 밑에 찌꺼기가 괴어 막히는 원인이 된다.   [답] ②

14 덕트 내의 소음 방지법을 설명한 것으로 옳지 않은 것은?
① 댐퍼 취출구에 흡음재를 부착한다.
② 덕트의 도중에 흡음재를 부착한다.
③ 송풍기 출구 부근에 플리넘 챔버를 장치한다.
④ 덕트의 적당한 곳에 슬라이드 댐퍼를 설치한다.

해설 덕트 내의 소음 방지법
㉮ 댐퍼 취출구에 흡음재를 부착한다.
㉯ 덕트의 도중에 흡음재를 부착한다.
㉰ 송풍기 출구 부근에 플리넘 챔버를 장치한다.
㉱ 덕트의 적당한 곳에 흡음 장치를 설치한다. **[답] ④**

15 배관계의 지지 장치 설치 시 유의해야 할 사항 설명으로 틀린 것은?
① 가급적 건물 등의 기존 보를 이용한다.
② 집중 하중이 걸리는 곳에 지지점을 정한다.
③ 밸브나 수직관 근처를 가급적 피한다.
④ 과대 동력의 발생이나 드레인(drain) 배출에 지장이 없게 한다.

해설 밸브나 곡관 부근을 지지하는 것을 원칙으로 하며, 중량 밸브나 계전기 등이 있는 경우에는 그 기기 가까이 설치한다. **[답] ③**

16 공기 조화기로부터 냉풍과 온풍을 구분 처리하여 각각의 덕트를 통해 공조 구역으로 공급하고 공조 구역에서는 공조 부하에 적당하도록 혼합 유닛을 이용하여 혼합 급기하는 전공기식 공조 방식은 무엇인가?
① 단일 덕트 방식   ② 2중 덕트 방식
③ 유인유닛 방식   ④ 휀코일 유닛 방식

해설 공기조화방식의 분류
(1) 중앙식
㉮ 전공기 방식 : 단일 덕트 방식, 2중 덕트 방식
㉯ 물-공기병용방식 : 존(zone) 유닛방식, 유인 유닛방식, 팬코일 유닛 방식, 복사패널 덕트 병용 방식
(2) 개별식
㉮ 전수방식 : 팬코일 유닛 방식
㉯ 냉매방식 : 팩케지 유닛 방식, 팬코일 유닛 방식
[답] ②

17 강관의 신축이음쇠 중 압력 8[kgf/cm^2] 이하의 물, 기름 등의 배관에 사용되며 직선으로 이용하므로 설치공간이 루프형에 비해 적으며, 신축량이 크고 신축으로 인한 응력이 생기지 않는 이음쇠는?
① 슬리브형   ② 벨로스형
③ 루프형   ④ 스위블형

해설 슬리브형(sleeve type)
신축에 의한 자체 응력이 발생되지 않고 설치장소가 필요하며 단식과 복식이 있다. 슬리브와 본체와의 사이에는 패킹을 다져 넣고 그랜드로 밀착시켜 온수 또는 증기의 누설을 방지한다. 50[A] 이하의 배관에는 나사식, 65[A] 이상은 플랜지식을 사용한다. **[답] ①**

18 온수난방의 팽창탱크에 관한 다음 설명 중 틀린 것은?
① 안전밸브 역할을 한다.
② 팽창탱크는 최고층 방열기보다 1[m] 이상 높은 곳에 위치하여야 한다.
③ 온도변화에 따른 체적팽창을 도출 시킨다.
④ 온수의 순환을 촉진시키는 역할이 주목적이다.

해설 팽창탱크의 설치 목적(역할)
㉮ 운전 중 장치내의 온도상승에 의한 체적팽창 및 그 압력을 흡수한다.
㉯ 팽창된 온수의 넘침을 방지하여 열손실을 방지한다.
㉰ 운전 중 장치내의 압력을 소정의 압력으로 유지하고, 온수온도를 유지한다.
㉱ 장치 내 보충수 공급 및 공기침입을 방지한다.
[답] ④

19 다음 중 유체의 흐름에 저항이 적고, 침식성의 유체에 대해서도 유체통로 속만을 내식성 재료로 하여 산(酸) 등의 화학약품을 차단하는 경우에 가장 적합한 것은?

① 플랩밸브(flap valve)
② 체크밸브(check valve)
③ 플러그밸브(plug valve)
④ 다이어프램밸브(diaphragm valve)

해설 다이어프램밸브(diaphragm valve)
내열성, 내약품성의 고무제의 얇은 판(diaphragm)을 밸브 시트에 밀어 붙이는 구조로 금속 부위의 부식우려가 없고, 유체 저항이 적으며 기밀용 패킹이 필요 없어 화학약품을 차단하는 경우에 사용된다. **[답]** ④

20 물에 관한 설명으로 틀린 것은?
① 경도 90[ppm] 이하를 연수라 한다.
② 물은 4[℃]일 때 가장 무겁고 4[℃]보다 높거나 낮으면 가벼워진다.
③ 경도는 물속에 녹아있는 규산염과 황산염의 비율로 표시한다.
④ 100[℃]의 물이 100[℃]의 증기로 되려면 증발잠열을 필요로 한다.

해설 경도 : 수중에 용존되어 있는 칼슘(Ca) 및 마그네슘(Mg) 이온의 농도를 나타내는 것이다. 경도 90[ppm] 이하를 연수(soft water), 110[ppm] 이상을 경수(hard water)로 구분한다.
㉮ 탄산칼슘($CaCO_3$) 경도 : 수중의 칼슘(Ca)과 마그네슘(Mg)의 양을 탄산칼슘($CaCO_3$)으로 환산하여 [ppm] 단위로 나타낸다.
㉯ 독일경도(dH) : 수중의 칼슘(Ca)과 마그네슘(Mg) 이온의 양을 산화칼슘(CaO)의 양으로 환산해서 나타내는 것으로 물 100[cc] 중 CaO가 1[mg] 포함된 것을 1°dH라고 한다. **[답]** ③

21 용접부의 다듬질 방법을 나타내는 보조기호 중 "다듬질 방법을 특별히 지정하지 않을 경우" 사용되는 기호는?

① C
② G
③ M
④ F

해설 용접부의 다듬질 방법 기호
㉮ C : 치핑
㉯ G : 연삭(그라인더 다듬질인 경우)
㉰ M : 절삭(기계 다듬질일 경우)
㉱ F : 지정하지 않음(다듬질 방법을 특별히 지정하지 않을 경우) **[답]** ④

22 염화비닐관의 단점을 설명한 것 중 틀린 것은?
① 열팽창률이 크기 때문에 온도변화에 대한 신축이 심하다.
② 50[℃] 이상의 고온 또는 저온 장소에 배관하는 것은 부적당하다.
③ 용제와 방부제(크레오소트액)에 강하나 파이프접착제에는 침식된다.
④ 저온에 약하며 한냉지에서는 외부로부터 조금만 충격을 주어도 파괴되기 쉽다.

해설 염화비닐관의 특징
(1) 장점
㉮ 내식, 내산, 내알칼리성이 크다.
㉯ 전기의 절연성이 크다.
㉰ 열의 불양도체이다.
㉱ 가볍고 강인하며, 가격이 저렴하다.
㉲ 배관가공이 쉬워 시공비가 적게 소요된다.
(2) 단점
㉮ 저온 및 고온에서 강도가 약하다.
㉯ 열팽창률이 심하다.
㉰ 충격강도가 작다.
㉱ 용제에 약하다. **[답]** ③

23 설비배관에서 라인 인텍스(line index)의 결정에 관한 설명으로 옳지 않은 것은?
① 장치와 유체를 구분하여 따로 번호를 붙인다.
② 유체의 흐름방향에 따라 차례로 번호를 붙인다.

③ 배관경로 중 지관이 갈라지는 경우에는 번호를 달리하지 않는다.
④ 배관경로 중 압력, 온도가 달라질 때는 배관 번호를 다르게 한다.

해설 라인 인덱스(line index)
배관에서 각 장치와 유체를 명확히 구분하여 번호를 붙이는 것을 말하며, 이 번호에 의해서 배관의 성격과 위치를 명확히 구분할 수 있고 배관재료를 쉽게 파악할 수 있다.   [답] ③

24 역류를 방지하여 유체를 일정한 방향으로만 흐르게 하는 밸브는?
① 안전 밸브
② 니들 밸브
③ 슬루스 밸브
④ 체크 밸브

해설 체크 밸브(check valve)의 역할 및 종류
(1) 역할(기능) : 역류방지밸브라 하며 유체를 한 방향으로만 흐르게 하고 역류를 방지하는 목적에 사용하는 밸브이다.
(2) 종류
㉮ 스윙식(swing type) : 수평, 수직배관에 사용
㉯ 리프트식(lift type) : 수평배관에 사용
㉰ 풋 밸브(foot valve) : 펌프 흡입관 하부에 사용되는 체크 밸브의 일종으로 펌프 정지 시 흡입관 내부의 물이 빠져나가는 것을 방지하여 펌프를 보호하는 역할을 한다.
㉱ 해머리스 체크 밸브(hammerless check valve) : 스모렌스키 체크밸브라 하며 펌프 출구측의 체크밸브용으로 사용되며, 워터해머(water hammer)의 방지와 바이패스 밸브의 기능을 함께 한다.   [답] ④

25 치수 보조 기호에서 치수 앞에 붙이는 "□"의 의미는?
① 지름 치수를 나타낸다.
② 이론적으로 정확한 치수를 나타낸다.
③ 대상 부분 단면이 정사각형임을 나타낸다.
④ 참고 치수임을 나타낸다.

해설 치수 보조(표시) 기호
㉮ 지름 기호 : ϕ (파이)
㉯ 정사각형 기호 : □
㉰ 반지름 기호 : R
㉱ 구면 기호 : "구면"
㉲ 리벳의 피치 기호 : P
㉳ 모따기 기호 : C
㉴ 판의 두께 기호 : t   [답] ③

26 맞대기 용접식 관이음쇠 중 일반배관용은 어떤 관을 맞대기 용접할 때 가장 적합한가?
① 배관용 탄소강관
② 압력배관용 탄소강관
③ 고압배관용 탄소강관
④ 저온배관용 탄소강관

해설 맞대기 용접이음재
재질, 바깥지름, 안지름 및 두께는 배관용 탄소강관(SPP)과 동일한 것으로 한다.   [답] ①

27 제1각법과 제3각법에서 눈과 물체의 위치 설명 중 옳은 것은?
① 제1각법 : 눈 → 물체 → 투상면
② 제1각법 : 눈 → 투상면 → 물체
③ 제3각법 : 눈 → 물체 → 투상면
④ 제3각법 : 투상면 → 눈 → 물체

해설 정투상법
㉮ 제 1각법 : 투상면 앞쪽에 물체를 놓게 되므로 우측면도는 정면도의 왼쪽에, 좌측면도는 정면도의 오른쪽에, 저면도는 정면도의 위에 그리고, 평면도는 정면도의 아래에 그린다. (눈 → 물체 → 투상면)
㉯ 제 3각법 : 투상면의 뒤쪽에 물체를 놓은 것이므로 정면도를 기준으로 하여 그 좌우, 상하에서 본 모양을 본 쪽에서 그리는 것이므로 투상도의 상호 관계 및 위치를 보기가 쉽다. (눈 → 투상면 → 물체)   [답] ①

28 배관용 탄소강관(SPP)의 사용압력은 얼마인가?
① 5[kgf/cm^2] ② 10[kgf/cm^2]
③ 15[kgf/cm^2] ④ 20[kgf/cm^2]

해설 배관용 탄소강관(SPP)
사용압력이 비교적 낮은 10[kgf/cm^2] 이하의 증기, 물, 기름, 가스 및 공기의 배관용으로 사용되며 백관과 흑관이 있다. 호칭지름 6~500[A]이다. **[답] ②**

29 앵글, 환봉, 평강 등으로 만들어 파이프의 이동을 방지하는 목적으로 지지물을 장치하기 위해 천정, 바닥, 벽 등의 콘크리트에 매설하여 두는 지지금속을 무엇이라고 하는가?
① 인서트(insert) ② 슬리브(sleeve)
③ 행거(hanger) ④ 러그(lugs)

해설 인서트(insert)
천정, 바닥, 벽 등의 콘크리트에 미리 매입되는 철물로 배관이나 덕트를 매달아 지지할 때 사용한다. **[답] ①**

30 배수, 급수, 공기 등의 배관에 쓰이는 패킹재로서 탄성이 우수하고 흡습성이 없으며 산, 알칼리 등에는 강하나 열과 기름에 약한 것은?
① 석면 패킹 ② 금속 패킹
③ 합성수지 패킹 ④ 고무 패킹

해설 고무 패킹
탄성이 크고 우수하나 열과 기름에는 약하며 내산, 내알칼리성은 크지만 흡수성이 없다. 내열성(100[℃] 이상), 내한성(-55[℃])이 좋지 않기 때문에 일반적인 냉수, 배수 및 공기배관에 사용된다. **[답] ④**

31 다음 중 SI 기본단위가 아닌 것은?
① 시간(s) ② 길이(m)
③ 질량(kg) ④ 압력(Pa)

해설 기본단위의 종류

기본량	길이	질량	시간	전류	물질량	온도	광도
기본단위	m	kg	s	A	mol	K	cd

[답] ④

32 판상보온재를 사용하는 경우 소정의 두께의 보온판을 철사로 묶어서 밀착시킨다. 보온재의 두께가 다음 중 어느 정도가 넘을 경우 가능한 한 2층으로 나누어 시공하는가?
① 25[mm] ② 50[mm]
③ 75[mm] ④ 10[mm]

해설 보온재 시공 방법
㉮ 물 반죽 시공을 할 경우 보호망을 25[mm]마다 설치하고, 70[%] 이상 건조되었을 때 2차 시공을 한다.
㉯ 관이나 판상의 보온재를 시공할 경우 75[mm]를 넘으면 2층으로 시공한다.
㉰ 고온에 접촉하는 부분에는 보온재를 2층으로 시공한다.
㉱ 고온부에는 내열성이 우수한 재료를 사용하고, 다음에는 보냉 효과가 우수한 보온재를 사용한다. **[답] ③**

33 연관 접합에 대한 설명으로 틀린 것은?
① 연관을 접합할 때 와이어 플라스턴을 사용하나 턴핀은 사용하지 않는다.
② 플라스턴 이음의 종류에는 직선 이음, 맞대기 이음, 맨더린 이음 등이 있다.
③ 플라스턴의 용융온도는 232[℃]이다.
④ 플라스턴은 주석과 납의 합금이다.

해설 턴 핀(turn pin)
이음하려는 연관의 끝 부분에 끼우고 나무 해머로 때려 박아 관 끝 부분을 나팔 모양으로 넓히는데 사용하는 공구이다. **[답] ①**

34 밸브의 몸통이 둥근 달걀형 밸브로서 유체의 압력 감소가 크므로 압력이 필요로 하지 않을 경우나 유량 조절용이나 차단용으로 적합한 밸브는?

① 글로브 밸브
② 체크 밸브
③ 버터플라이 밸브
④ 슬루스 밸브

해설 글로브 밸브(globe valve)
구조상 디스크와 시트가 원추상으로 접촉되어 폐쇄하는 밸브로서 유체는 디스크 부근에서 상하방향으로 평행하게 흐르므로 근소한 디스크의 리프트라도 예민하게 유량에 관계되므로 좀 밸브로서 유량조절에 사용되는 밸브이다. **[답] ①**

35 탄산마그네슘 보온재에 관한 설명으로 틀린 것은?

① 400~450[℃]에서 열분해를 일으킨다.
② 무기질보온재에 해당한다.
③ 습기가 많은 옥외 배관에 알맞다.
④ 탄산마그네슘 85[%]에 석면 10~15[%]를 첨가한 것이다.

해설 탄산마그네슘 특징
㉮ 염기성 탄산마그네슘 85[%]와 석면 15[%]로 이루어져 있다.
㉯ 석면 혼합비율에 따라 열전도율이 달라진다.
㉰ 물반죽 또는 보온판, 보온통으로 사용된다.
㉱ 열전도율은 0.05~0.07[kcal/h·m·℃]이다.
㉲ 안전 사용온도는 250[℃] 이하이다. **[답] ①**

36 강관의 호칭 지름에 따른 나사 조임형 가단 주철제 엘보에서 나사가 물리는 최소길이를 나타낸 것으로 틀린 것은?

① 20A : 13[mm]
② 25A : 15[mm]
③ 32A : 17[mm]
④ 40A : 23[mm]

해설 주철제 나사 이음재에서 최소 물림 길이

배관호칭[A]	15	20	25	32	40	50
최소길이[mm]	11	13	15	17	18	20

[답] ④

37 관 속에 흐르는 유체의 화학적 성질에 따른 관 재료 선택 시의 고려사항으로 가장 거리가 먼 것은?

① 수송 유체에 대한 관의 내식성
② 지중 매설 배관일 때 외압으로 인한 강도
③ 유체의 온도 변화에 따른 관과의 화학 반응
④ 유체의 농도 변화에 따른 관과의 화학 반응

해설 배관재료 선택 시 고려해야 할 사항
(1) 화학적 성질
  ㉮ 수송 유체에 따른 관의 내식성
  ㉯ 수송 유체와 관의 화학반응으로 유체의 변질 여부
  ㉰ 지중 매설 배관할 때 토질과의 화학 변화
  ㉱ 유체의 온도 및 농도변화에 따른 화학변화
(2) 물리적 성질
  ㉮ 관내 유체의 압력 및 관의 내마모성
  ㉯ 유체의 온도변화에 따른 물리적 성질의 변화
  ㉰ 맥동 및 수격작용이 발생할 때의 내압강도
  ㉱ 지중 매설 배관할 때 외압으로 인한 강도
(3) 기타 성질
  ㉮ 지리적 조건에 따른 수송 문제
  ㉯ 진동을 흡수할 수 있는 이음법의 가능 여부
  ㉰ 사용 기간 **[답] ②**

38 용접이음의 효율을 나타내는 공식은?

① $\dfrac{모재의\ 인장강도}{용접봉의\ 인장강도} \times 100\,[\%]$

② $\dfrac{용접봉의\ 인장강도}{모재의\ 인장강도} \times 100\,[\%]$

③ $\dfrac{모재의\ 인장강도}{시험편의\ 인장강도} \times 100\,[\%]$

④ $\dfrac{시험편의\ 인장강도}{모재의\ 인장강도} \times 100\,[\%]$

해설 용접이음의 효율
모재의 인장강도에 대한 용접부 시험편의 인장강도의 비이다.

∴ 용접이음 효율[%] = $\dfrac{시험편의\ 인장강도}{모재의\ 인장강도} \times 100\,[\%]$

[답] ④

39 콘크리트관의 콤포 이음 시 시멘트와 모래의 배합비와 수분의 양으로 가장 적합한 것은?
① 1 : 2 이고 수분의 양은 약 17[%]
② 1 : 1 이고 수분의 양은 약 17[%]
③ 1 : 2 이고 수분의 양은 약 45[%]
④ 1 : 1 이고 수분의 양은 약 45[%]

해설 콘크리트관의 콤포 이음
철근 콘크리트로 만든 특수 칼라와 특수 몰타의 일종인 콤포(compo)로서 이음 하는 방법으로 칼라이음 이라 한다. 콤포는 시멘트와 모래의 비율을 1 : 1로 하고 여기에 물의 양을 약 17[%]로 하여 잘 반죽한 것이다. **[답]** ②

40 자동화 시스템에서 공정처리 상태에 대한 정보를 만들고, 수집하며 이 정보를 프로세스에 전달하는 자동화의 5대 요소 중 하나인 것은?
① 센서(sensor)
② 네트워크(network)
③ 액츄에이터(actuator)
④ 하드웨어(hardware)

해설 자동화의 5대 요소
㉮ 센서(sensor) : 공정 처리 상태에 대한 정보를 만들고 수집하며 이 정보를 프로세스에 전달하는 제어부분이다.
㉯ 프로세서(processor) : 제어 데이터를 처리하는 요소로, 제어정보를 분석 처리하여 필요한 제어 명령을 내려주는 장치
㉰ 액추에이터(actuator) : 공정처리 상태에 대한 정보를 받아서, 제한된 공간 내에서 기계구조에 의해 회전운동과 선형운동을 하는 부분으로 인간의 손, 발의 기능을 하며 사용하는 에너지에 따라 공압식, 유압식, 전기식 등으로 세분화 된다.
㉱ 소프트웨어(software) : 입력신호를 받아 중앙처리장치를 거쳐 작업요소에 전달되어지는 프로그램장치, 프로그램 메모리를 포함하는 장치
㉲ 네트워크(network) : 자동화 시스템에서 중앙컴퓨터와 여러 개의 콘트롤러 간에 시스템 구성기기들과 통신회선을 연결된 배치형태에 따라 성형, 환형 등으로 구분한다. **[답]** ①

41 주철관의 기계식 이음(mechanical joint)의 특징이 아닌 것은?
① 기밀성이 좋다.
② 고압에 대한 저항이 크다.
③ 온도 변화에 따른 신축이 자유롭다.
④ 플랜지 접합과 소켓 접합의 장점을 취한 것이다.

해설 주철관 기계식 이음의 특징
㉮ 고무링을 압륜(押輪)으로 죄어 볼트로 체결한 것으로 소켓이음과 플랜지이음의 장점을 채택한 것이다.
㉯ 기밀성이 양호하다.
㉰ 수중에서 접합이 가능하다.
㉱ 외압에 대한 굽힘성이 풍부하여 이음부가 다소 구부러져도 누수가 없다.
㉲ 간단한 공구로 신속하게 이음 할 수 있으며, 숙련공이 필요하지 않다.
㉳ 고압에 대한 저항이 크다. **[답]** ③

42 용해 아세틸렌 취급 시 주의사항으로 틀린 것은?
① 저장 장소에는 화기를 가까이 하지 말아야 한다.
② 용기는 안전하게 눕혀서 보관한다.
③ 저장 장소는 통풍이 잘 되어야 한다.
④ 저장실의 전기스위치, 전등 등은 방폭구조여야 한다.

해설 용기는 보관, 사용 및 운반 시에는 반드시 세워서 취급하여야 한다. **[답]** ②

43 원심력식 철근 콘크리트관에 대한 설명으로 맞는 것은?
① 흄관이라고도 하며, 관의 이음재의 형상에 따라 A, B, C형으로 나눈다.
② 호칭지름 150~600[mm]까지는 소켓 이음쇠를 사용한다.

③ 에터니트관 이라고도 하며 정수두 75[m] 이하의 1종관과 정수두 45[m] 이하의 2종관이 있다.
④ 일반적으로 PS관이라 한다.

해설 원심력식 철근 콘크리트관
흄관(Hume pipe)이라 하며, 철제 형틀 속에 원통형으로 조립된 철근망을 넣고 축선을 수평으로 하여 회전시키면서 반죽한 콘크리트를 투입시키면 원심력에 의하여 고르게 다져 지면서 치밀한 콘크리트관이 되며, 성형 후에는 증기 양생을 실시하여 고르게 경화시킨다. 용도에 따라 보통관과 압력관으로 분류되며, 모양에 따라 A형, B형, C형으로 분류된다. **[답] ①**

44 수 가공용 공구 중 줄의 종류를 눈금의 크기에 따라 분류한 것으로 잘못된 것은?
① 세목
② 중목
③ 황목
④ 초목

해설 줄(file)의 종류
㉮ 황목(荒目) : 줄눈이 거칠은 것
㉯ 중목(中目) : 줄눈이 중간 정도인 것
㉰ 세목(細目) : 줄눈이 세밀한 것 **[답] ④**

45 탄산가스(CO_2) 아크용접의 특징 중 틀린 것은?
① 용착 금속의 성질이 양호하다.
② 보통 아크 용접보다 속도가 느리다.
③ 용접부에 슬래그 섞임이 없고 용접 후의 처리가 간단하다.
④ 가시 아크이므로 시공이 편리하다.

해설 보통 아크 용접보다 속도가 빠르고, 용접비용이 적게 소요된다. **[답] ②**

46 폴리부틸렌(PB)관 이음에서 PB 배관재의 특성에 대한 설명으로 틀린 것은?
① 시공이 간편하며 재사용이 가능하다.
② 재질의 굽힘성은 관지름의 3배 이하까지 가능하다.
③ 강한 충격, 강도, 유연성, 온도, 화학작용 등에 대한 저항성이 크다.
④ PB관의 사용가능 온도로는 $-30 \sim 110\,℃$ 정도로 내한성과 내열성이 강하다.

해설 폴리부틸렌관(PB관)의 특징
㉮ 가볍고 시공이 간편하며 재사용이 가능하다.
㉯ 강한 충격, 강도, 유연성, 온도, 화학작용 등에 대한 저항성이 크다.
㉰ 유해물질의 용출이나 적녹, 청녹의 발생에 의한 수질 오염이 없어 위생적이다.
㉱ 사용가능 온도로는 $-30 \sim 110[℃]$ 정도로 내한성과 내열성이 우수하며 고온에서도 강도가 유지된다.
㉲ 나사 및 용접이음을 하지 않고 관을 연결구에 삽입하여 그라프링과 O링에 의한 에이콘이음으로 한다.
㉳ 온수온돌의 난방배관, 음용수 및 온수배관, 농업 및 원예용 배관, 화학배관 등에 사용된다.
㉴ 관의 굽힘 시 굽힘거리는 80[cm], 최소굽힘지름은 20[cm] 이상으로 하여야 한다. **[답] ②**

47 90° 곡관을 3편 마이터(3 pieces miter)로 만들려고 할 때 1편의 절단각 θ는 몇 도인가?
① 45°
② 30°
③ 22.5°
④ 15°

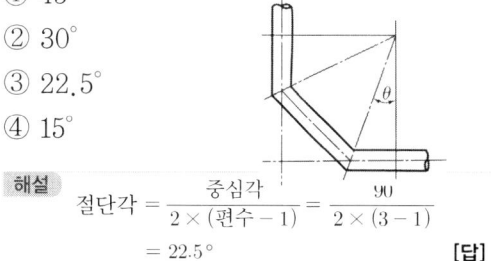

해설 절단각 $= \dfrac{중심각}{2 \times (편수 - 1)} = \dfrac{90}{2 \times (3-1)}$
$= 22.5°$ **[답] ③**

48 관 이음에 관한 설명으로 옳지 않은 것은?
① 유니언은 호칭지름 50[A] 이하의 관에 사용된다.
② 관 플랜지의 호칭 압력은 3단계로 나누어진다.
③ 관을 도중에서 네 방향으로 분기할 때는 크로스를 사용한다.
④ 티(T)나 엘보의 크기는 지름이 같을 때는 호칭지름 하나로 표시한다.

해설 플랜지 시트 종류별 호칭압력
㉮ 전면 시트 : $16[kgf/cm^2]$ 이하
㉯ 대평면 시트 : $63[kgf/cm^2]$ 이하
㉰ 소평면 시트 : $16[kgf/cm^2]$ 이상
㉱ 삽입 시트 : $16[kgf/cm^2]$ 이상
㉲ 홈 시트(채널형) : $16[kgf/cm^2]$ 이상
[답] ②

49 금속과 금속을 충분히 접근시켰을 때 발생하는 원자 사이의 인력으로 접합하는 방법은?
① 확관적 접합법
② 기계적 접합법
③ 야금적 접합법
④ 시임(seam) 및 리벳 접합법

해설 야금적 접합법
서로 떨어져 있는 금속을 서로 녹여 붙이는 것으로 두 개의 금속을 밀접하게 접촉하여 한 쪽의 원자들이 다른 쪽의 원자와 결합시키는 것으로 용접과 납땜이 해당된다.
[답] ③

50 스패너나 렌치 사용 시 안전상 주의사항으로 틀린 것은?
① 해머 대용으로 사용치 말 것
② 너트에 맞는 것을 사용할 것
③ 스패너나 렌치는 뒤로 밀어 돌릴 것
④ 파이프 렌치를 사용할 때는 정지장치를 확실히 할 것

해설 스패너, 렌치 사용 시 안전
㉮ 해머 대용으로 사용하지 말 것
㉯ 스패너와 너트 사이에 물림쇠를 끼우지 않아야 한다.
㉰ 스패너에 파이프를 끼우거나 해머로 두들겨서 돌리지 않아야 한다.
㉱ 벗겨져도 손을 다치거나 넘어지지 않는 자세를 취한다.
㉲ 몸 앞으로 조금씩 잡아 당겨 돌린다.
㉳ 작은 볼트에 너무 큰 스패너나 렌치를 사용하지 않는다. (너트에 맞는 것을 사용한다.)
㉴ 파이프 렌치를 사용할 때는 정지장치를 확실히 할 것
[답] ③

51 KS '배관의 간략도시방법'에서 사용하는 선의 종류별 호칭 방법에 따른 선의 적용 설명으로 틀린 것은?
① 가는 1점 쇄선 → 바닥, 벽, 천정
② 굵은 파선 → 다른 도면에 명시된 유선
③ 가는 실선 → 해칭, 인출선, 치수선
④ 굵은 실선 → 유선 및 결합부품

해설 가는 1점 쇄선의 용도(적용)
중심선, 기준선, 피치선
[답] ①

52 이음쇠 끝부분의 접합부 형상을 나타내는 기호 중 수나사가 있는 접합부를 의미하는 기호는?
① M
② F
③ C
④ P

해설 이음쇠 끝부분의 접합부 형상 기호
㉮ C(female solder cup) : 이음재 내로 관이 들어가 접합되는 형태이다.
㉯ M(male NPT thread) : ANSI 규격 관형나사가 밖으로 난 나사이음용 이음재이다. (예 : C×M 어댑터)
㉰ F(female NPT thread) : ANSI 규격 관형나사가 안으로 난 나사이음용 이음재이다. (예 : C×F 어댑터)
㉱ Ftg(male solder cup) : 이음쇠 바깥쪽으로 관이 들어가 접합되는 형태이다. (예 : Ftg×M 어댑터)
[답] ①

53 배관 내의 가스압력이 196[kPa]일 때 체적이 0.01[m^3], 온도가 27[℃]이었다. 이 가스가 동일 압력에서 체적이 0.015[m^3]로 변하였다면 이 때 온도는 몇 [℃]가 되는가?
(단, 이 가스는 이상기체라고 가정한다.)
① 27[℃] ② 127[℃]
③ 177[℃] ④ 450[℃]

해설 $\dfrac{P_1 \cdot V_1}{T_1} = \dfrac{P_2 \cdot V_2}{T_2}$ 에서 $P_1 = P_2$ 이다.

$\therefore T_2 = \dfrac{V_2 \cdot T_1}{V_1} = \dfrac{0.015 \times (273+27)}{0.01}$
$= 450[K] - 273 = 177[℃]$ **[답] ③**

54 가스용접 시 변형방지를 목적으로 하는 조치로 적절하지 않은 것은?
① 가접을 한다.
② 예열과 후열을 한다.
③ 구속을 한다.
④ 전진법으로 용접한다.

해설 전진법, 후진법은 가스용접 방법을 구분하는 것으로 변형방지와는 관계없다. **[답] ④**

55 레이팅(rating)에 대한 일반적인 내용으로 가장 거리가 먼 것은?
① 정미시간을 구하는데 사용된다.
② 레이팅 결과를 현장작업자에게 알려 줄 필요는 없다.
③ 레이팅은 작업관측 중에 한다.
④ 레이팅에 문제가 있으면 작업내용을 조사하여 재 측정하도록 한다.

해설 레이팅(rating)
관측시간을 정미시간으로 변환하기 위하여 표준페이스와 관측대상으로 선정된 작업페이스를 비교한 것으로 정상화작업, 평준화, 수행도평가라 한다. 측정이 종료되고, 레이팅결과를 기입한 즉시 현장에서 작업자에게 그 내용을 알려 준다. **[답] ②**

56 도수분포표를 작성하는 목적이 아닌 것은?
① 데이터의 흩어진 모양을 알고 싶을 때
② 많은 데이터로부터 평균치와 표준편차를 구할 때
③ 원 데이터를 규격과 대조하고 싶을 때
④ 결과나 문제점에 대한 계통적 특성치를 구할 때

해설 도수분포표 작성 목적
㉮ 데이터의 흩어진 모양(산포)을 알고 싶을 때
㉯ 많은 데이터로부터 평균값과 표준편차를 구할 때
㉰ 원래 데이터를 규격과 대조하고 싶을 때
㉱ 규격차와 비교하여 공정의 현황을 파악하기 위하여
㉲ 분포가 통계적으로 어떤 분포형에 근사한가를 알기 위하여 **[답] ④**

57 TQC(Total Quality Control)란?
① 시스템적 사고방법을 사용하지 않는 품질관리 기법이다.
② 아프터 서비스를 통한 품질을 보증하는 방법이다.
③ 전사적인 품질정보의 교환으로 품질향상을 기도하는 기법이다.
④ QC부의 정보분석 결과를 생산부에 피드백하는 것이다.

해설 TQC(Total Quality Control)
사내 각 부문이 품질정보 교환으로 품질개발, 품질유지 및 품질향상을 기도하는 기법으로 '종합적 품질관리'라고 한다. **[답] ③**

58 준비작업 시간이 5분, 정미작업시간이 20분, lot수 5, 주 작업에 대한 여유율이 0.2 라면 가공시간은?
① 150[분] ② 145[분]
③ 125[분] ④ 105[분]

해설 $T_n = P + nt(1+\alpha)$
       $= 5 + 5 \times 20 \times (1+0.2) = 125[분]$ [답] ③

59 기업이 현재 자재의 가격은 낮지만 앞으로는 가격이 상승할 것으로 예상되어 구매를 하는 방법으로 시장의 가격변동을 이용하여 기업에 유리한 구매를 하려는 것은?
① 투기구매   ② 일괄구매
③ 분산구매   ④ 시장구매

해설   구매방법
㉮ 상용구매 : 자재가 없거나 최저 재고량에 이르게 되면 그때마다 구매하는 방법으로 자재의 재고량이 적어지게 되어 운전자본이 절약된다.
㉯ 장기계약구매 : 기업의 장기적이 제조계획 수립에 의하여 산출된 소요자재를 장기간의 기간을 정해 계약이 이루어지는 것이다.
㉰ 시장구매 : 현재 자재의 가격이 낮지만 앞으로 가격이 상승할 것으로 예상될 때 구매하는 방법으로 시장의 가격변동을 이용하여 기업에 유리한 구매를 하려는 것이다.
㉱ 투기구매 : 자재의 가격이 제일 낮다고 판단될 때 대량 구매하고, 가격이 상승하면 소요량 이외의 자재는 재판매하여 투기이익을 얻고자 하는 방법이다.
㉲ 일괄구매 : 소모품과 같이 사용량은 적은 반면 종류가 많은 것을 개별적으로 구매하지 않고 공급자를 선정하고 필요할 때마다 구매하는 방법이다.
㉳ 분산구매 : 사업장이 여러 곳에 분산되어 있는 대기업 같은 경우 현지에서 구매하는 방법이다.
㉴ 대량구매 : 필요로 하는 자재량을 한 번에 구매하는 방법으로 수량할인을 받을 수 있는 것이 다른 구매방법에 비해 유리하다.
㉵ 계획구매 : 기업의 생산계획이나 조업계획에 따라 필요로 하는 자재를 구매하여 적정수준의 자재재고(안전재고)를 유지하려고 하는 구매방법이다.   [답] ④

60 설비의 구식화에 의한 열화는?
① 상대적 열화
② 경제적 열화
③ 기술적 열화
④ 절대적 열화

해설   설비 열화현상의 구분
㉮ 기술적 열화(성능열화) : 표시된 성능, 기계효율이 저하하는 열화
㉯ 경제적 열화 : 경제적 가치감소를 초래하는 열화
㉰ 절대적 열화 : 설비의 노후화
㉱ 상대적 열화 : 설비의 구식화   [답] ①

2020년 배관기능장 CBT 필기시험 복원문제 (2)

☞ CBT필기시험 복원문제는 수험자의 기억에 의하여 복원된 것이므로 실제 출제문제와는 차이가 있을 수 있습니다.

01 고층 건물의 급수방법에 사용하는 일반적인 급수 조닝(zoning)방식이 아닌 것은?
① 층별식
② 조압펌프식
③ 중계식
④ 압력탱크식

해설 고층건물의 급수 조닝(zoning)방식
㉮ 층별식 : 건물을 몇 개의 존(zone)으로 나누어 각 존마다 물탱크(수조)를 설치하고 최하층에는 양수펌프를 설치하여 각 존의 물탱크에 양수하는 방식
㉯ 중계식 : 건물을 몇 개의 존(zone)으로 나누어 각 존마다 물탱크를 설치하고 양수펌프가 각 존의 물탱크를 수원으로 하여 상부의 존으로 중계해서 양수하는 방식
㉰ 조압펌프식 : 건물을 몇 개의 존(zone)으로 나누고, 건물의 최하층에 존수만큼 양수펌프를 설치하여 각 존마다 수량의 변동에 따라 수량을 자동적으로 조절하여 항상 급수관속의 수압을 일정하게 유지하도록 자동제어하는 방식 [답] ④

02 열교환기의 종류 중 판(plate)형 열교환기의 형태가 아닌 것은?
① 스파이럴형 열교환기
② 플레이트식 열교환기
③ 쉘 앤 튜브식 열교환기
④ 플레이트 핀식 열교환기

해설 열교환기의 종류
㉮ 쉘 앤 튜브(shell and tube)식 열교환기 : 고정 관판식, 유동두식, U자관식
㉯ 이중관(double pipe)식 열교환기 : 지름이 큰 관에 지름이 작은 관을 삽입시킨 형태의 열교환기
㉰ 판(plate)형 열교환기 : 플레이트(plate and fram)식 열교환기, 플레이트핀(plate and fin)식 열교환기, 스파이럴(spiral plate)식 열교환기 [답] ③

03 옥내 소화전에 대한 내용으로 잘못된 것은?
① 방수압력은 노즐의 끝을 기준으로 1.7[kgf/cm^2] 이상 3[kgf/cm^2] 이하로 한다.
② 입상관의 안지름은 50[mm] 이상으로 한다.
③ 소화전은 바닥면을 기준으로 1.5[m] 이내의 높이에 설치한다.
④ 소화펌프 가까이에 게이트밸브와 체크밸브를 설치한다.

해설 방수압력은 노즐의 끝을 기준으로 1.7[kgf/cm^2] 이상이고 방수량이 130[L/min] 이상으로 할 것. 단, 방수압력이 7[kgf/cm^2]을 초과할 경우 호스 접결구의 인입측에 감압장치를 설치하여야 한다. [답] ①

04 관의 부식현상에 대한 방식 방법으로 틀린 것은?
① 금속 피복법
② 비금속 피복법
③ 가성취화에 의한 방식법
④ 저접지물과의 절연법

해설 부식을 억제하는 방법(방식 방법)
㉮ 부식환경의 처리에 의한 방식법 : 유해물질의 제거
㉯ 부식억제제(Inhibiter)에 의한 방식법 : 크롬산염, 중합인산염, 아민류 등
㉰ 피복에 의한 방식법 : 전기도금, 용융도금, 확산삼투처리, 라이닝, 클래드 등
㉱ 전기 방식법
※ 저접지물과의 절연법 : 전식의 방지법 중의 하나이다.

※ 가성취화 : 보일러 수중에서 분해되어 생긴 가성소다(NaOH)가 과도하게 농축되면 수산이온(OH^-)이 많아져서 알칼리도가 높아진다. 이것이 강재와 작용해서 생기는 나트륨(Na)이 강재의 결정입계를 침해하여 재질을 열화, 취화 시키는 것으로 보일러판의 국부 리벳 연결부 등에서 발생하며, 균열이 발생하는 것으로 알 수 있다. **[답] ③**

05 저압 증기난방에서 환수관이 고장 난 경우 보일러의 물이 유출되는 것을 방지하기 위한 배관 연결법인 것은?

① 리프트 피팅 연결법
② 하트포드 연결법
③ 역환수식 배관법
④ 직접리턴 방식

해설 하트포드 연결법(hartford connection)
증기관과 환수관사이에 밸런스관(균형관)을 설치하여 안전저수면 보다 높은 위치(50[mm])에 환수관을 접속하는 배관방법을 말한다. **[답] ②**

06 파이프 랙 상의 배관 배열방법을 설명한 것으로 거리가 먼 것은?

① 인접하는 파이프 외측과 외측의 간격을 75[mm] 이상으로 한다.
② 고온 배관에서 주로 사용하는 루프형 신축관은 파이프 랙 상의 다른 배관보다 500~700[mm] 정도 높게 배관한다.
③ 관지름이 클수록, 온도가 높을수록 파이프 랙 상의 중앙에 배열한다.
④ 파이프 랙크의 폭은 파이프에 보온, 보냉하는 경우는 보온, 보냉하는 두께를 가산하여 결정한다.

해설 관지름이 클수록 파이프 랙 상의 양쪽에 배열한다. **[답] ③**

07 기송 배관의 일반적인 분류 방식이 아닌 것은?

① 진공식(vacuum type)
② 압송식(pressure type)
③ 실린더식(cylinder type)
④ 진공 압송식(vacuum and pressure type)

해설
(1) 기송배관 : 공기 수송기를 사용하여 고체 분말 또는 미립자를 운송하도록 시설하여 놓은 배관
(2) 형식 분류
  ㉮ 진공식(vacuum type) : 수송관을 진공펌프를 이용하여 진공상태로 만든 후 운반물과 대기 중의 공기를 동시에 흡입하여 운송하고 공기는 따로 분리하여 배출하는 형식이다.
  ㉯ 압송식(pressure type) : 압축기로 공기를 압입하고 송급기(feeder)에서 운반물을 흡입하여 운송한 후 공기를 따로 배출하는 형식이다.
  ㉰ 진공 압송식(vacuum and pressure type) : 진공식과 압송식을 혼합한 형식으로 수송원과 수송선이 여러 갈래이거나 원거리인 경우에 이용된다. **[답] ③**

08 플랜트 내부의 이물질을 물리적으로 제거할 때 각종 세정기를 사용하여 실시한다. 배관류의 세정에 국한하여 실시되며 관내 밑스케일을 제거하는데 최적의 기계적 세정방법으로 적합한 것은?

① 물분사기(water jet) 세정법
② 피그(pig) 세정법
③ 샌드 블라스트(sand blast) 세정법
④ 숏 블라스트(shot blast) 세정법

해설 기계적 세정방법
㉮ 물 분사기(water jet) 세정법 : 고압펌프를 설치 압송하는 제트차를 사용해 고압의 가스 상태로 분사하여 스케일을 제거하는 방법
㉯ 샌드 블라스트(sand blast) 세정법 : 공기압송 장치 등으로 모래를 분사하여 스케일을 제거하는 방법
㉰ 숏 블라스트(shot blast) 세정법 : 공기압송 장치 등으로 강구(steel ball)를 분사하여 스케일을 제거하는 방법
㉱ 피그(pig) 세정법 : 배관류 세정에 사용 **[답] ②**

09 다음 중 배관의 구배 조정에 가장 적합한 것은?
① 바닥 밴드 ② 턴 버클
③ 새들 밴드 ④ 롤러 밴드

해설 턴 버클 : 양 끝에 오른나사와 왼나사가 각각 있어 로프를 당기는데 사용되며 행거(hanger)로 고정한 지지점에서 배관의 구배를 쉽게 조정할 수 있다. [답] ②

10 공조 시스템에서 차압 검출 스위치가 설치되는 곳은?
① 송풍기 출구의 덕트
② A·H·U의 증기코일 입구
③ A·H·U의 냉각코일 입구
④ 덕트 내부의 에어 필터

해설 덕트 내부의 에어 필터 전 후에 차압스위치를 설치하여 필터의 오염여부를 판단한다. [답] ④

11 안지름 100[mm]인 관속을 매초 2.5[m]의 속도로 물이 흐르고 있을 때 단위 시간당 흐르는 물의 유량은 약 몇 [m³/h]인가?
① 70.69 ② 78.54
③ 706.9 ④ 785.4

해설
$$Q = A \times V = \frac{\pi}{4} \times 0.1^2 \times 2.5 \times 3600$$
$$= 70.685 [\text{m}^3/\text{h}]$$
[답] ①

12 통기관의 관지름을 결정하는 원칙 설명 중 틀린 것은?
① 신정 통기관의 관지름은 관지름을 줄이지 않고 연장해서 대기 중에 개방한다.
② 결합 통기관은 배수 수직관과 통기 수직관 중 관지름이 작은 쪽의 관지름 이상으로 한다.
③ 각개 통기관의 관지름은 그것에 연결되는 배수관 지름의 1/2보다 작으면 안 되고 최소 관지름은 30[mm]이다.
④ 루프 통기관의 관지름은 배수 수평 분기관과 통기 수직관 중 관지름이 큰 쪽의 1/2보다 작으면 안 되고 최소 관지름은 30[mm]이다.

해설 루프 통기관의 최소 관지름은 40[mm]이다. [답] ④

13 다음 중 증기트랩의 종류가 아닌 것은?
① 드럼 트랩 ② 플로트 트랩
③ 충격 트랩 ④ 열동식 트랩

해설 드럼 트랩 : 배수 트랩 중 박스 트랩에 해당된다. [답] ①

14 급수펌프 배관 시공에 관한 설명으로 틀린 것은?
① 흡입관은 되도록 짧고 굴곡이 적게 한다.
② 토출 수평관은 공기가 차지 않도록 올림구배를 한다.
③ 토출쪽 수직 상부에 수격작용 방지 시설을 한다.
④ 토출 양정이 18[m] 이상이면 토출구와 토출 밸브 사이에 체크밸브를 설치하지 않는다.

해설 토출관은 펌프 출구에서 1[m] 이상 위로 올려 수평관에 접속하며, 토출 양정이 18[m] 이상이면 토출구와 토출밸브 사이에 체크밸브를 설치한다. [답] ④

15 강성이 큰 H빔으로 만든 배관 지지대로 정유시설의 송수관에 가장 많이 쓰이는 지지금속인 것은?
① 롤러 슈 ② 리지드 서포트
③ 파이프 슈 ④ 스프링 서포트

해설 서포트(support) : 배관계 중량을 아래에서 위로 지지할 목적으로 사용한다.
㉮ 스프링 서포트 : 상하 이동이 자유롭고 파이프의 하중을 스프링이 완충작용을 한다.
㉯ 롤러 서포트 : 배관의 신축을 자유롭게 하면서 롤러가 관을 받치면서 지지한다.
㉰ 파이프 슈 : 배관의 엘보 부분과 수평부분에 영구히 고정, 배관의 이동을 구속한다.
㉱ 리지드 서포트 : H빔으로 만든 것으로 옥외 등에 종류가 다른 여러 배관을 한 번에 지지한다. **[답]** ②

16 보온재의 열전도율에 관한 설명 중 옳은 것은?
① 비중이 작으면 열전도율이 작아진다.
② 온도가 낮아질수록 열전도율은 커진다.
③ 비중과 열전도율은 무관하다.
④ 수분을 많이 포함할수록 열전도율은 작아진다.

해설 보온재의 열전도율에 영향을 미치는 요소
㉮ 온도 : 온도가 상승하면 열전도율이 커진다.
㉯ 밀도(비중) : 밀도가 커지면 열전도율이 커진다.
㉰ 흡습성(흡수성) : 흡습성(흡수성)이 증가하면 열전도율이 커진다.
㉱ 기공 : 기공의 크기가 작고 균일할수록 열전도율은 작아진다. **[답]** ①

17 다음 중 일반적인 폴리에틸렌관의 접합법이 아닌 것은?
① 나사 접합 ② 인서트 접합
③ 소켓 접합 ④ 맞대기 융착 접합

해설 폴리에틸렌관의 이음 종류
㉮ 용착 슬리브 접합 : 관 끝의 바깥쪽과 이음관의 안쪽을 동시에 가열하여 용융이음 하는 방법이다.
㉯ 테이퍼 접합 : 50[mm] 이하의 관에 폴리에틸렌관 전용의 포금제 테이퍼 조인트를 사용하여 접합하는 방법이다.
㉰ 인서트 접합 : 50[mm] 이하의 폴리에틸렌관 접합용으로 가열 연화한 인서트를 끼우고 물로 냉각하여 클램프로 조여 접합하는 방법이다.

㉱ 기타 이음 방법 : 용접법, 플랜지 이음법, 나사 이음 **[답]** ③

18 글랜드 패킹의 종류가 아닌 것은?
① 오일시트 패킹 ② 석면 얀 패킹
③ 아마존 패킹 ④ 몰드 패킹

해설 패킹재의 분류 및 종류
㉮ 플랜지 패킹(가스켓) : 천연고무, 합성고무, 식물성 섬유제, 동물성 섬유제, 석면 조인트 시트, 합성수지 패킹, 금속 패킹
㉯ 나사용 패킹 : 나사용 페인트, 일산화연, 액상합성수지
㉰ 글랜드 패킹 : 석면 각형 패킹, 석면 얀 패킹, 몰드 패킹, 아마존 패킹 **[답]** ①

19 표준화를 CAD에 적용 시 자동화에 적합한 설계기술 업무와 도면작성에 관한 분야로 분류 시에 다음 중 설계기술 업무 분야인 것은?
① 단순한 도형의 배열이나 원, 곡선 등이 많은 분야
② 도면작성이 숙련된 기능에 의해 작성되는 분야
③ 여러 개의 설계조건 중 가장 적합한 것을 골라내는 경우
④ 정밀한 도형, 유사한 도형이 반복되는 분야

해설 ①②④ 도면작성 업무 분야
③ 설계기술 업무 분야 **[답]** ③

20 제어방식에 따라 감압밸브 분류 시 자력식 밸브는?
① 파일럿 작동식과 직동식 밸브
② 피스톤식과 다이어프램식 밸브
③ 리프트식과 스윙식 밸브
④ 볼식과 해머리스식 밸브

해설 감압밸브의 구분
㉮ 작동방법에 따른 분류 : 피스톤식, 다이어프램식, 벨로즈식
㉯ 구조에 따른 분류 : 스프링식, 추식
㉰ 제어방식에 따른 분류 : 자력식(직동식과 파일럿 작동식으로 분류), 타력식
[답] ①

21 전동밸브에 대한 설명으로 옳은 것은?
① 회전운동을 링크 기구에 의한 왕복운동으로 바꾸어서 밸브를 개폐한다.
② 고압유체를 취급하는 배관이나 압력용기에 주로 설치한다.
③ 실린더의 왕복운동을 캠장치를 이용하여 회전운동으로 바꾸어 밸브를 개폐한다.
④ 고압관과 저압관 사이에 설치하며 밸브의 리프트를 제어하여 유량을 조절한다.

해설 전동밸브(motor valve)
모터의 회전운동을 링크기구에 의해 왕복운동으로 바꾸어서 밸브를 개폐하는 것으로 증기, 공기, 가스, 물, 기름 등의 원격제어나 자동제어에 사용된다. 출입구 수에 따라 2방 밸브와 3방 밸브로 분류된다.
[답] ①

22 등각 투영도에 대한 설명으로 맞는 것은?
① 4개의 좌표축을 90° 씩 4등분하여 입체적으로 구성한 것이다.
② 3개의 좌표축을 90° 씩 3등분하여 입체적으로 구성한 것이다.
③ 3개의 좌표축을 120° 씩 3등분하여 입체적으로 구성한 것이다.
④ 4개의 좌표축을 120° 씩 4등분하여 입체적으로 구성한 것이다.

해설 등각 투영도(투상도)
정면, 평면, 측면을 하나의 투상면 위에 동시에 볼 수 있도록 두 개의 옆면 모서리가 수평선과 30°가 되게 하여 세 축이 120°의 각도가 되도록 입체도를 투상한 것이다.
[답] ③

23 스테인리스 강관에 관한 설명으로 옳지 않은 것은?
① 위생적이어서 적수, 백수, 청수의 염려가 없다.
② 강관에 비해 기계적 성질이 불량하고 인장강도가 강의 절반수준이다.
③ 내식성이 우수하여 계속 사용 시 내경의 축소, 저항 증대현상이 없다.
④ 저온 충격성이 크고, 한랭지 배관이 가능하며 동결에 대한 저항이 크다.

해설 스테인리스 강관의 특징 : ①, ③, ④외
㉮ 내식성, 내마모성이 우수하다.
㉯ 강관에 비해 기계적 성질이 우수하다.
㉰ 두께가 얇고 가벼워 운반 및 시공이 쉽다.
㉱ 관마찰저항이 작아 손실수두가 적다.
㉲ 강도가 크고, 굽힘 작업이 어렵다.
㉳ 열전도율이 14.04[kcal/h·m·℃]로 낮다.
㉴ 압축이음으로 배관작업이 용이하지만, 보수작업이 어렵다.
[답] ②

24 다음 밸브 중 핸들을 90도(度)회전시켜 개폐 조작이 가능한 것은?
① 슬루스 밸브
② 게이트 밸브
③ 체크 밸브
④ 볼 밸브

해설 볼밸브(ball valve)의 특징
㉮ 유로가 배관과 같은 형상으로 유체의 저항이 적다.
㉯ 밸브의 개폐가 쉽고 조작이 간편하여 자동조작밸브로 활용된다.
㉰ 이음쇠 구조가 없기 때문에 설치공간이 작아도 되고 보수가 쉽다.
㉱ 밸브대가 90° 회전하므로 패킹과의 원주방향 움직임이 작아 신속히 개폐가 가능하지만 기밀성은 나쁘다.
[답] ④

25 단열재를 사용하지 않는 경우의 방출열량이 350[W]이고, 단열재를 사용할 경우의 방출열량이 100[W]라 하면 이 때의 보온 효율은 약 몇 [%]인가?
① 61　② 71
③ 81　④ 91

해설
$$\eta = \frac{Q_1 - Q_2}{Q_1} \times 100 = \frac{350 - 100}{350} \times 100 = 71.428[\%]$$
[답] ②

26 연관(鉛管)을 잘못 사용한 곳은?
① 가스배관
② 농염산, 초산의 공급배관
③ 가정용 수도 인입관
④ 배수관

해설 연관의 특징
㉮ 부식성이 적다.
㉯ 내산성은 좋지만 알칼리에는 약하다.
㉰ 전연성이 풍부하고 굴곡이 용이하다.
㉱ 신축성이 매우 좋다.
㉲ 관의 용해나 부식을 방지한다.
㉳ 비중이 11.3으로 무게가 무겁다.
㉴ 초산이나 진한 염산에 침식되며 증류수, 극연수에 다소 침식되는 경향이 있다.
㉵ 기구배수관, 가스배관, 화학공업용 배관에 사용된다.
※ 연관은 내산성이 강하지만, 초산이나 진한염산에는 침식된다.
[답] ②

27 땅속에 매설된 수도 인입관에 설치하여 건물 안의 급수장치 전체 물의 흐름을 조절하거나 개폐할 때 사용되는 수전으로 맞는 것은?
① B형 급수전
② A형 급수전
③ B형 지수전
④ A형 지수전

해설
(1) 수전의 종류
　㉮ A형: 수도 직결의 급수용으로 사용하는 것
　㉯ B형: 일반 건축설비의 급수용으로 사용하는 것
(2) 급수전과 지수전
　㉮ 급수전(給水栓): 급수관 끝에 설치하여 필요할 때 개폐하는 밸브류
　㉯ 지수전(止水栓): 급수를 제한하거나 차단하기 위하여 급수관 중간에 설치하는 밸브류
[답] ③

28 증기의 성질에 관한 다음 설명 중 올바른 것은?
① 온도가 낮을수록 증발잠열이 크다.
② 건도 $x = 1$일 때 포화수라고 한다.
③ 과열도가 낮을수록 이상기체의 상태방정식을 가장 만족시킨다.
④ 엔탈피는 순수한 물 100[℃]를 기준으로 정해진다.

해설 증기의 성질
㉮ 증기의 온도가 낮을수록 증발잠열이 크고, 온도가 높을수록 증발잠열은 작아진다.
㉯ 건도 $x = 1$일 때 포화증기, $x = 0$일 때 포화수이다.
㉰ 과열도가 높을수록 이상기체 상태방정식을 만족시킨다.
㉱ 엔탈피는 순수한 물 0[℃]를 기준으로 정해지며, 100[℃] 증기의 엔탈피는 639[kcal/kg]이다.
[답] ①

29 일반용 경질염화비닐관에 대한 설명으로 틀린 것은?
① KS에서 관의 길이는 4000 ± 10[mm]를 표준으로 하고 있다.
② 폴리에틸렌관보다 단단하며 영하의 저온에 적합하다.
③ 경질비닐전선관과 수도용 경질비닐관을 제외한 일반 유체 수송용에 사용한다.
④ 관의 호칭지름과 두께에 따라 일반관(VG1)과 얇은 관(VG2)의 2종이 있다.

해설   경질 염화비닐관의 특징
㉮ 내식성, 내산성, 내알칼리성이 크다.
㉯ 전기의 절연성이 크다.
㉰ 열의 불량도체이다.(열전도는 철의 1/50 정도)
㉱ 가볍고 강인하며, 가격이 저렴하다.
㉲ 배관 가공(굴곡, 접합, 용접)이 쉬워 시공비가 적게 소요된다.
㉳ 저온 및 고온에서 강도가 약하다.
㉴ 열팽창률이 크다.
㉵ 충격강도가 작으며, 용제에 약하다.   [답] ②

30 엘보는 유체의 흐름방향을 바꿀 때 사용되는 이음쇠로 25[mm](1″)강관에 사용하는 용접이음용 롱엘보의 곡률반지름은 몇 [mm]인가?
① 25[mm]   ② 32[mm]
③ 38[mm]   ④ 45[mm]

해설   맞대기 용접용 엘보의 곡률 반지름
㉮ 롱 엘보(long elbow) : 강관 호칭지름의 1.5배
㉯ 숏 엘보(short elbow) : 강관의 호칭지름
∴ $25 \times 1.5 = 37.5[mm]$ [답] ③

31 특수한 형상을 가지고 있는 주철관 끝에 고무링을 삽입하고 가단 주철제 칼라를 죄어 이음하는 접합 방식은?
① 소켓 접합
② 기계적 접합
③ 빅토리 접합
④ 플랜지 접합

해설   빅토리 접합(victoric joint)
특수한 형상을 가지고 있는 주철관 끝에 고무링을 삽입하고 가단 주철제 칼라(collar)를 죄어 이음하는 접합 방식으로, 관 내부의 압력이 높아지면 고무링은 관벽에 더욱 밀착하여 누수를 막는 작용을 한다.   [답] ③

32 100[A] 강관을 inch계(B자)의 호칭으로 지름을 표시하면 얼마인가?
① 1[B]   ② 2[B]
③ 3[B]   ④ 4[B]

해설   미터계(A자)와 인치계(B자)의 호칭

미터계	인치계	미터계	인치계
15[A]	$\frac{1}{2}$[B]	65[A]	$2\frac{1}{2}$[B]
20[A]	$\frac{3}{4}$[B]	80[A]	3[B]
25[A]	1[B]	100[A]	4[B]
32[A]	$1\frac{1}{4}$[B]	125[A]	5[B]
40[A]	$1\frac{1}{2}$[B]	150[A]	6[B]
50[A]	2[B]	200[A]	8[B]

※ 1인치는 약 25.4[mm]에 해당되므로 미터계 호칭수치를 25.4로 나눠 나오는 수치가 인치계 호칭에 해당된다.   [답] ④

33 다음은 비금속 배관재료에 대한 일반적인 이음방법이다. 올바르게 짝 지워진 것은?
① 경질 염화비닐 관 - 기볼트 이음
② 석면 시멘트 관 - 고무링 이음
③ 폴리에틸렌 관 - 융착 슬리브 이음
④ 흄관 - 압축이음

해설   비금속 배관재료의 이음방법
㉮ 경질 염화비닐관 : 냉간 이음법(TS 이음법, 고무링 이음법, H식 이음법), 열간 이음법(1단 슬리브 이음법, 2단 슬리브 이음법), 플랜지 이음법, 기타 이음법(테이퍼 이음, 나사이음)
㉯ 석면 시멘트관(에터니트관) : 기볼트 이음(gibault joint), 칼라 이음, 몰탈 이음
㉰ 폴리에틸렌관 : 융착 슬리브 이음, 테이퍼 이음, 인서트 이음, 기타 이음법(용접법, 플랜지 이음법, 나사이음)
㉱ 흄관(원심력 철근 콘크리트관) : 칼라 이음, 심플렉스 이음, 칼라 신축이음   [답] ③

34 배관재료에 대한 설명 중 부적당한 것은?
① 연관 : 초산, 농염산 등에 내식성이 뛰어나다.
② 동관 : 콘크리트 속에서 잘 부식되지 않는다.
③ 주철관 : 강관에 비해 내구성, 내식성이 풍부하다.
④ 흄관 : 원심력 철근 콘크리트 관이다.

해설 연관 : 초산, 진한 염산에 침식되며 증류수, 극연수에 다소 침식되는 경향이 있다. **[답] ①**

35 동관의 외경 산출공식에 의해 150[A]의 외경을 산출한 것으로 옳은 것은?
① 150.42[mm] ② 155.58[mm]
③ 160.25[mm] ④ 165.6[mm]

해설
㉮ 150[A]는 6[B]와 같은 규격이고, 1인치(inch)는 25.4[mm]이다.
㉯ 외경의 산출
∴ 외경 = (호칭경[B]×25.4) + ($\frac{1}{8}$ × 25.4)
= (6 × 25.4) + ($\frac{1}{8}$ × 25.4)
= 155.575[mm] **[답] ②**

36 스테인리스 강관 MR 조인트에 관한 설명으로 올바른 것은?
① 프레스 공구가 필요하나, 관의 강도를 100[%] 활용할 수 있다.
② 스패너 이외의 특수한 접속 공구가 필요하다.
③ 청동제 이음쇠를 사용하여도 다른 강관과는 자연 전위차가 있어 부식의 문제가 있다.
④ 청동제 이음쇠를 사용하므로 관내 수온 변화에 의한 이완이 없다.

해설 MR 조인트
스테인리스 강관의 이음쇠 중 동합금제 링을 캡 너트로 조여, 고정시켜 결합하는 이음방법이다. **[답] ④**

37 양질의 선철에 강을 배합하여 원심력을 이용하여 주조한 후 노속에서 730[℃] 이상 고르게 가열하여 풀림처리한 주철관은?
① 수도용 원심력식 사형주철관
② 수도용 원심력식 금형주철관
③ 수도용 원심력 덕타일 주철관
④ 수도용 입형주철관

해설 수도용 원심력 덕타일 주철관
구상 흑연 주철관이라 하며 양질의 선철에 강을 배합하여 용해하고, 회전하는 주형에 주입한 다음 원심력을 이용하여 주조한 후 노(爐)속에 넣고 고르게 가열하여 730[℃] 이상에서 적당한 시간동안 풀림(annealing)처리를 한 것이며 주철 중의 흑연이 구상화하여 관의 질이 균일하게 되어 강도가 크다. **[답] ③**

38 SI 단위인 Joule[J]에 대한 설명으로 옳지 않은 것은?
① 1 Newton의 힘의 방향으로 1[m] 움직이는데 필요한 일이다.
② 1[Ω]의 저항에 1[A]의 전류가 흐를 때 1초간 발생하는 열량이다.
③ 1[kg]의 질량을 1[m/s²] 가속시키는데 필요한 힘이다.
④ 1 Joule은 약 0.24[cal]에 해당한다.

해설 1 Joule[J]의 정의
㉮ 일의 단위 : 1[N]의 힘의 방향으로 1[m] 움직이는데 필요한 일이다.
∴ 1[J]=1[N·m]
㉯ 줄의 법칙 : 전류에 의해 도선에 발생하는 열량은 전류(I[A]) 세기의 제곱과 도선의 저항(R[Ω]) 및 전류가 흐르는 시간(t[s])에 비례한다.
∴ $H = I^2 Rt$[J] $= \frac{I^2 Rt}{4.185}$ ≒ 0.24[cal]
㉰ 1[J]은 약 0.24[cal], 1[cal]는 약 4.185[J]에 해당한다.
※ 1[kg]의 질량을 1[m/s²] 가속시키는데 필요한 힘이 1[N]이다.
∴ 1[N]=1[kg]·1[m/s²]=1[kg·m/s²] **[답] ③**

39 순동 이음쇠의 특징 설명으로 틀린 것은?
① 용접 시 가열시간이 짧아 공수 절감을 가져온다.
② 두께가 균일하므로 취약 부분이 적다.
③ 외형이 크지 않은 구조이므로 배관공간이 적어도 된다.
④ 내면이 동관과 같아 압력손실이 많다.

해설 순동 이음쇠의 특징
㉮ 용접 시 가열시간이 짧아 공수 절감을 가져온다.
㉯ 두께가 균일하므로 취약 부분이 적다.
㉰ 외형이 크지 않은 구조이므로 배관공간이 적어도 된다.
㉱ 내면이 동관과 같아 압력손실이 적다.
㉲ 재료가 동관과 같은 순동이므로 내식성이 좋고, 부식에 의한 누수의 우려가 없다.
㉳ 다른 연결부속에 의한 배관에 비해 공사비용의 절감을 가져올 수 있다. [답] ④

40 용접이음을 나사이음과 비교한 특징 설명 중 틀린 것은?
① 나사이음처럼 관 두께에 불균일한 부분이 생기지 않고 유체의 압력손실이 적다.
② 용접이음은 나사이음보다 이음의 강도가 크고 누수의 우려가 적다.
③ 용접이음은 돌기부가 없으므로 배관상의 공간효율이 좋다.
④ 용접이음은 가공이 어려워 시간이 많이 소요되며, 비교적 중량도 무거워 진다.

해설 용접이음의 특징
(1) 장점
  ㉮ 이음부 강도가 크고, 하자 발생이 적다.
  ㉯ 이음부 관 두께가 일정하므로 마찰저항이 적다.
  ㉰ 배관의 보온, 피복 시공이 쉽다.
  ㉱ 시공기간을 단축할 수 있고 유지비, 보수비가 절약된다.
(2) 단점
  ㉮ 재질의 변형이 일어나기 쉽다.
  ㉯ 용접부의 변형과 수축이 발생한다.
  ㉰ 용접부의 잔류응력이 현저하다.
㉱ 진동에 대한 감쇠력이 낮다.
㉲ 응력집중에 대하여 민감하다. [답] ④

41 폴리에틸렌관의 종류가 아닌 것은?
① 수도용 폴리에틸렌관
② 내열용 폴리에틸렌관
③ 일반용 폴리에틸렌관
④ 폴리에틸렌 전선관

해설 폴리에틸렌관의 종류
수도용, 가스용, 일반용, 전선관용 [답] ②

42 피복 용접봉에 사용하는 피복제의 역할이 아닌 것은?
① 용융점이 낮은 적당한 점성의 가벼운 슬래그를 만든다.
② 용적을 미세화하고 용착효율을 높인다.
③ 용착금속의 냉각속도를 느리게 한다.
④ 슬래그 제거를 어렵게 한다.

해설 피복제의 역할
㉮ 용착금속에 필요한 합금 원소를 첨가시킨다.
㉯ 아크를 안정하게 한다.
㉰ 스패터의 발생을 적게 한다.
㉱ 용접금속을 보호한다.
㉲ 용융점이 낮은 슬래그를 생성한다.
㉳ 용착금속의 탈산 정련작용을 한다.
㉴ 용착금속의 유동성을 증가시킨다.
㉵ 용착금속의 급랭을 방지한다.
㉶ 전기 절연작용을 한다.
㉷ 용적의 미세화 및 용착효율을 상승시킨다. [답] ④

43 다음 중 불활성가스 금속 아크용접은?
① TIG 용접
② CO_2 용접
③ MIG 용접
④ 플라즈마 용접

해설 아크용접의 분류
(1) 비소모전극(TIG)
　㉮ 비피복 아크용접 : 탄소 아크용접
　㉯ 피복 아크용접 : 원자 수소용접, 불활성가스 텅스텐 용접(TIG)
(2) 소모전극(MIG)
　㉮ 비피복 아크용접 : 금속 아크용접, 스텃 용접
　㉯ 피복 아크용접 : 피복 금속 아크용접, 잠호 용접, 불활성가스 금속 아크용접(MIG), 탄산가스 아크용접
[답] ③

44 그림과 같은 도면의 지시기호 및 내용에 대한 설명으로 옳은 것은?

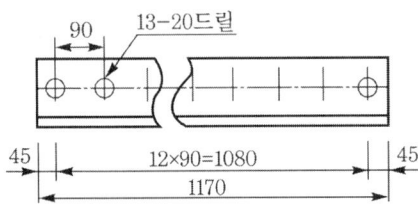

① 드릴 구멍의 지름은 13[mm]이다.
② 드릴 구멍의 피치는 45[mm]이다.
③ 드릴 구멍은 13개이다.
④ 드릴 구멍의 깊이는 20[mm]이다.

해설 도면의 지시기호 내용
㉮ 13-20드릴 : 드릴 구멍의 지름은 20[mm]이고 구멍 수는 13개이다.
㉯ 90 : 드릴 구멍의 피치는 90[mm]이다.
㉰ 12×90=1080 : 드릴 구멍 13개(드릴 구멍 간격 12개)의 피치 90[mm]의 길이가 1080[mm]이다. (드릴 구멍 간격 수는 드릴 구멍수에서 1을 뺀 것과 같다.)
[답] ③

45 주철관 절단 시 주로 사용되며 특히 구조상 매설된 주철관의 절단에 가장 적합 공구는?
① 파이프 커터　　② 연삭 절단기
③ 기계 톱　　　　④ 링크형 파이프 커터

해설 링크형 파이프 커터

관지름 75~200[mm]의 주철관 절단 시 주로 사용되며 원형의 특수 강제 커터, 링크, 핸들 및 래칫 레버로 구성되어 있다. 구조상 매설된 주철관의 절단에 가장 적합하다.
[답] ④

46 순동 이음쇠와 동합금 주물 이음쇠를 비교 설명한 것 중 틀린 것은?
① 순동 이음쇠가 용접재와의 친화력이 좋다.
② 동합금 주물 이음쇠가 모세관 현상에 의한 용융확산이 잘 된다.
③ 동합금 주물 이음쇠는 두꺼워 용접재의 융점이하 부분이 발생할 수 있다.
④ 동합금 주물 이음쇠는 열팽창의 불균일에 의하여 부정적 틈새를 만들 수 있다.

해설 동합금 주물 이음쇠는 순동부속을 사용할 때와 비교하여 모세관현상에 의한 용융납의 확산이 잘 안 된다.
[답] ②

47 정격2차 전류 200[A], 정격 사용률이 40[%]인 아크 용접기로 150[A]의 용접전류를 사용 시 허용 사용률은 약 몇 [%]인가?
① 53　　　　② 65
③ 71　　　　④ 75

해설 허용 사용률 : 정격 2차 전류 이하의 전류로서 용접을 하는 경우의 허용되는 사용률

∴ 허용 사용률 $= \dfrac{(정격2차전류)^2}{(실제의 용접전류)^2} \times 정격사용률$

$= \dfrac{200^2}{150^2} \times 40 = 71.11[\%]$
[답] ③

48 화학 배관에 사용된 강관의 직선 길이 20[m]를 배관 작업하였을 때 온도가 20[℃]이었고, 이 관의 사용온도가 50[℃]이었다면 강관의 신축길이는 이론상 몇 [mm]인가? (단, 강관의 선팽창계수는 0.000012[1/℃]이다.)

① 0.72 ② 7.2
③ 72 ④ 720

해설 배관길이(L)는 신축길이(ΔL)와 같은 단위를 적용한다.
∴ $\Delta L = L \cdot \alpha \cdot \Delta t$
  $= (20 \times 10^3) \times 0.000012 \times (50 - 20)$
  $= 7.2$[mm]   **[답] ②**

49 강관의 전기용접 접합에서 사용되는 용접봉의 기호가 E4301로 표시되어 있을 때 43의 뜻은?
① 사용 가능한 용접자세
② 용접봉 심선의 굵기
③ 용착금속의 최소인장강도
④ 심선의 최고인장강도

해설 용접봉 기호의 의미 : E4301
㉮ E : 전기 용접봉의 의미(E : Electrode)
㉯ 43 : 용착금속의 최소인장강도(kgf/mm²)
㉰ 0 : 용접 자세(0과 1은 전자세, 2는 아래보기와 수평필릿, 4는 특정 자세)
㉱ 1 : 피복제의 종류   **[답] ③**

50 스테인리스강 또는 인청동의 가늘고 긴 벨로스의 바깥을 탄력성이 풍부한 구리망, 철망 등으로 피복하여 보강한 신축 이음쇠로 방진용으로도 사용이 가능한 것은?
① 플렉시블 튜브
② 신축곡관
③ 슬리브형 신축 이음쇠
④ 팩레스 신축 이음쇠

해설 플렉시블 튜브(flexible tube)
가요관이라고도 하며 스테인리스강 또는 인청동의 가늘고 긴 벨로스의 바깥을 탄력성이 풍부한 구리망, 철망 등으로 피복하여 보강한 신축 이음쇠로 펌프 등의 입·출구 배관에 부착하여 열팽창 등 외부의 영향을 받은 변형을 흡수하여 방진 및 방음을 역할을 한다.   **[답] ①**

51 그림과 같은 원뿔을 방사선 전개법으로 전개하려고 한다. 부채꼴의 중심각은? (단, 밑면 원의 반지름 $R = 180$[mm]이고, 면소의 실제길이 $L = 200$[mm]이다.)
① 162도
② 262도
③ 314도
④ 324도

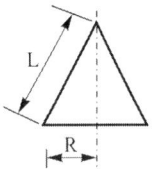

해설 $\theta = \dfrac{360\,R}{L} = \dfrac{360 \times 180}{200} = 324°$ **[답] ④**

52 가상선의 용도로 틀린 것은?
① 인접 부분의 참고로 표시하는데 사용한다.
② 가공 전 또는 가공 후의 모양을 표시하는데 사용한다.
③ 도시된 단면의 앞 쪽에 있는 부분을 표시하는데 사용한다.
④ 대상물의 보이지 않는 부분의 모양을 표시하는데 사용한다.

해설 가상선의 용도 : ①, ②, ③ 외
㉮ 물체의 일부의 형태를 실제와 다른 위치에 표시하는데 사용한다.
㉯ 동일도를 이용하여 부분적으로 다른 두 종류의 물체를 표시하는데 사용한다.
㉰ 도형 내에서 그 부분의 단면형을 90° 회전하여 표시하는데 사용한다.
㉱ 이동하는 부분의 가동 위치를 표시하는데 사용한다.   **[답] ④**

53 아크절단에 압축 공기를 병용한 방법으로 용접 현장에서 용접 결함부의 제거, 용접 홈의 준비 등에 이용되는 아크 절단은?
① 탄소 아크 절단
② 금속 아크 절단
③ 플라즈마 아크 절단
④ 아크 에어 가우징

해설 아크 에어 가우징(arc air gouging)
탄소 아크 절단(흑연으로 된 탄소봉에 구리를 도금한 것을 전극으로 하여 절단하는 방법)에 압축공기를 함께 사용하는 방법으로 용접부의 홈파기, 용접 결함부의 제거, 절단 및 구멍 뚫기 등에 사용되며 스테인리스강, 알루미늄, 동합금 등 비철금속에 적용할 수 있다. **[답] ④**

54 [보기]와 같은 용접기호의 설명으로 틀린 것은?

[보기]

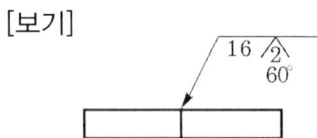

① 홈 깊이 16[mm]
② 홈 각도 60°
③ 루트 간격이 2[mm]
④ 화살표 반대방향 용접

해설 화살표 방향 용접 표시이다. **[답] ④**

55 국제 표준화의 의의를 설명한 내용 중 직접적인 효과에 맞지 않는 것은?
① 국제간 규격통일로 상호이익 도모
② KS 표시품 수출 시 상대국에서 품질인증
③ 개발도상국에 대한 기술개발의 촉진을 유도
④ 국가 간의 규격상이로 인한 무역장벽의 제거

해설 국제표준화의 의의(성과)
㉮ 각국의 규격의 국제성을 증대하고 상호이익을 도모한다.
㉯ 각국의 기술이 국제수준에 도달하도록 장려한다.
㉰ 국제 분업의 확립 및 산업적 후진국에 대한 기술개발의 촉진을 유도한다.
㉱ 국제간의 산업기술에 관한 지식의 교류 및 경제거래의 활발화를 촉진시켜 무역장벽을 제거한다.
㉲ 국제규격 제정에 우리의 입장을 반영하고, 국제규격을 우리의 규격에 반영한다. **[답] ②**

56 문제가 되는 결과와 이에 대응하는 원인과의 관계를 알기 쉽게 도표로 나타낸 것은?
① 산포도
② 히스토그램
③ 특성요인도
④ 파레토도

해설 데이터의 정리방법
㉮ 히스토그램 : 계량치가 어떤 분포를 나타내는지 알아보기 위하여 도수 분포표를 만든 후 기둥그래프형태로 그린 그림
㉯ 특성요인도 : 문제가 되는 결과와 이에 대응하는 원인과의 관계를 알 수 있도록 생선뼈 형태로 그린 그림
㉰ 파레토그램(pareto diagram) : 불량 등의 발생건수를 항목별로 분류하고 그 크기 순서대로 나열해 놓은 그림
㉱ 체크시트(check sheet) : 계수치의 데이터가 분류 항목 중에서 어느 곳에 집중되어 있는지 쉽게 알아볼 수 있게 나타낸 그림
㉲ 각종 그래프 : 계통도표, 예정도표, 기록도표 등
㉳ 산점도(scatter diagram) : 그래프 용지위에 점으로 나타낸 그림
㉴ 층별(stratification) : 특징에 따라 몇 개의 부분집단으로 나눈 것 **[답] ③**

57 계수 규준형 샘플링 검사의 OC곡선에서 α(제1종 과오)에 대한 설명으로 옳은 것은?
① 좋은 품질의 로트가 검사에서 불합격되는 확률로 생산자 위험에 해당된다.
② 나쁜 품질의 로트가 검사에서 합격되는 확률로 소비자 위험에 해당된다.
③ 좋은 품질의 로트를 합격시킬 확률
④ 나쁜 품질의 로트를 불합격시킬 확률

해설 계수 규준형 샘플링 검사의 OC곡선
㉮ α(제1종 과오 : 생산자 위험) : 좋은 품질의 로트가 검사에서 불합격되는 확률
㉯ β(제2종 과오 : 소비자 위험) : 나쁜 품질의 로트가 검사에서 합격되는 확률
㉰ 1−α : 좋은 품질의 로트를 합격시킬 확률
㉱ 1−β : 나쁜 품질의 로트를 불합격시킬 확률 **[답] ①**

58 정상소요시간이 5일이고, 이때의 비용이 20000원이며 특급소요기간이 3일이고, 이때의 비용이 30000원이라면 비용구배는 얼마인가?

① 10000[원/일]
② 7000[원/일]
③ 5000[원/일]
④ 4000[원/일]

해설
$$\text{비용구배} = \frac{\text{특급비용} - \text{정상비용}}{\text{정상시간} - \text{특급시간}}$$
$$= \frac{30000 - 20000}{5 - 3} = 5000[\text{원/일}]$$ **[답]** ③

59 Ralph M. Barnes 교수가 제시한 동작경제의 원칙 중 작업장 배치에 관한 원칙(arrangement of the workplace)에 해당되지 않는 것은?

① 가급적이면 낙하식 운반방법을 이용한다.
② 모든 공구나 재료는 지정된 위치에 있도록 한다.
③ 적절한 조명을 하여 작업자가 잘 보면서 작업할 수 있도록 한다.
④ 가급적 용이하고 자연스런 리듬을 타고 일할 수 있도록 작업을 구성하여야 한다.

해설 작업장 배치에 관한 원칙 : ①, ②, ③ 외
㉮ 공구와 재료는 작업이 용이하도록 작업자의 주위에 있어야 한다.
㉯ 재료를 될 수 있는 대로 사용위치 가까이에 공급할 수 있도록 중력을 이용한 호퍼 및 용기를 사용한다.
㉰ 공구 및 재료는 동작에 가장 편리한 순서로 배치한다.
㉱ 의자와 작업대의 모양과 높이는 각 작업자에게 알맞도록 설계하고 지급한다. **[답]** ④

60 c 관리도에서 $k=20$인 군의 총 부적합수 합계는 58이었다. 이 관리도의 UCL, LCL을 계산하면 약 얼마인가?

① $UCL = 2.90$, $LCL =$ 고려하지 않음
② $UCL = 5.90$, $LCL =$ 고려하지 않음
③ $UCL = 6.92$, $LCL =$ 고려하지 않음
④ $UCL = 8.01$, $LCL =$ 고려하지 않음

해설 c 관리도의 관리한계선 계산
㉮ 관리 상한선 계산
∴ $UCL = \bar{c} + 3\sqrt{\bar{c}} = 2.9 + 3\sqrt{2.9} = 8.0088$
㉯ 관리 하한선 계산
∴ $LCL = \bar{c} - 3\sqrt{\bar{c}} = 2.9 - 3\sqrt{2.9} = -2.2$
※ 음(-)의 값을 갖는 LCL은 고려하지 않는다.
㉰ $\bar{c}$ 계산
∴ $\bar{c} = \frac{\Sigma}{k} = \frac{58}{20} = 2.9$ **[답]** ④

2021년 배관기능장 CBT 필기시험 복원문제 (1)

☞ CBT필기시험 복원문제는 수험자의 기억에 의하여 복원된 것이므로 실제 출제문제와는 차이가 있을 수 있습니다.

01 스테판 볼츠만(Stefan-Boltzmann) 법칙을 이용한 온도계는 어느 것인가?
① 열전대 온도계 ② 방사 온도계
③ 수은 온도계 ④ 베크만 온도계

해설
㉮ 방사(복사)온도계의 측정원리 : 스테판-볼츠만법칙
㉯ 스테판-볼츠만 법칙 : 단위표면적당 복사되는 에너지는 절대온도의 4제곱에 비례한다. **[답]** ②

02 호칭 20[A](3/4인치) 동관의 실제 바깥지름은 몇 [mm]인가?
① 19.05 ② 22.22
③ 23.15 ④ 25.20

해설 동관의 바깥지름
㉮ 호칭 20A(3/4 B) 동관 : 22.22[mm]
㉯ 5/8 B : 19.05[mm] **[답]** ②

03 펌프와 관련된 용어 중 "클수록 저양정(대유량)이 되고, 작을수록 고양정(소유량)이 된다"와 가장 밀접한 관계의 용어는?
① 단수 ② 사류
③ 비교회전도 ④ 안내날개

해설
㉮ 비교회전도(비속도) : 토출량이 $1[m^3/min]$, 양정 $1[m]$가 발생하도록 설계한 경우의 판상 임펠러의 분당 회전수를 나타낸다.

㉯ 비교회전도 계산식

$$N_s = \frac{N\sqrt{Q}}{\left(\dfrac{H}{n}\right)^{\frac{3}{4}}}$$

여기서, N_s : 비교회전도(비속도)$[rpm \cdot m^3/min \cdot m]$
N : 회전수[rpm]
Q : 유량$[m^3/mim]$
H : 양정[m]
n : 단수

㉰ 비교회전도(비속도)는 고양정 펌프일수록 작고, 저양정 펌프일수록 크다. **[답]** ③

04 프리스트레스(pre-stress) 콘크리트관의 특징 설명으로 가장 적합한 것은?
① 석면과 시멘트를 1 : 5~1 : 6 비율로 배합하여 만든 관이다.
② 강선을 인장해서 붙인 뒤 원주방향으로 압축응력을 부여한 관이다.
③ 철근을 보강한 콘크리트관으로 진동기나 다짐기계를 사용한다.
④ 강재형틀에 원심력을 주어 콘크리트를 투입하여 콘크리트를 균일하게 다져준 관이다.

해설 프리스트레스(pre-stress) 콘크리트관
콘크리트관 외주에 PS강선을 인장해서 감아 붙인 뒤 관의 원주방향으로 압축응력을 부여하여 내외압에 의해서 일어나는 인장응력과 상쇄할 수 있게 한 관이다. **[답]** ②

05 소화설비장치 중 연결 송수관의 송수구 설치에 관한 설명으로 틀린 것은?

① 건식 송수구 부근에는 반드시 체크밸브를 설치한다.
② 송수구의 결합 금속구는 지름 65[mm]의 것을 설치한다.
③ 송수구는 쌍구형으로 하고, 소방차가 쉽게 접근할 수 있는 위치에 설치한다.
④ 송수구는 연결 송수관의 배관마다 1개 이상을 지면으로부터 높이 0.5[m]~1[m] 이하의 위치에 설치한다.

해설 송수구 부근의 배관방법
㉮ 습식의 경우 송수구, 자동배수밸브, 체크밸브의 순서로 설치한다.
㉯ 건식의 경우 송수구, 자동배수밸브, 체크밸브, 자동배수밸브의 순서로 설치한다. **[답] ①**

06 양조공장, 화학공장에서의 알코올, 맥주 등의 수송관 재료로 가장 적합한 것은?

① 주석관　　　② 수도용 주철관
③ 배관용 탄소강관　　　④ 일반 구조용 강관

해설 주석관의 특징
㉮ 상온에서 물, 공기, 묽은 염산에 침식되지 않는다.
㉯ 비중은 7.3이며 용융온도는 232[℃]이다.
㉰ 화학공장, 양조공장 등에서 알코올, 맥주 등의 수송관으로 사용된다. **[답] ①**

07 순수한 물의 물리적 성질에 관한 설명으로 옳은 것은?

① 밀도는 약 1[kg/cm^3]이다.
② 물의 비중은 0[℃]일 때 1이다.
③ 점성계수는 온도가 높을수록 작아진다.
④ 동일조건에서 해수(바닷물)보다 비중이 약 1.2배 크다.

해설 각 항목의 옳은 설명
① 물의 밀도는 1[g/cm^3], 1[kg/m^3]이다.
② 물의 비중은 4[℃]일 때 1이다.
④ 동일조건에서 순수한 물은 해수보다 비중이 작다. **[답] ③**

08 다음 중 폴리부틸렌관만의 이음 방법인 것은?

① 압축 이음(compressed joint)
② 플라스턴 이음(plastann joint)
③ 에이콘 이음(acorn joint)
④ 몰코 이음(molco joint)

해설 에이콘 이음(acorn joint)
폴리부틸렌관(PB관)의 이음법으로 관을 연결구에 삽입하여 그라프링과 O링에 의하여 이음 하는 것으로 PB 이음이라 한다. **[답] ③**

09 오물 정화조의 구비조건이 아닌 것은?

① 정화조의 순서는 부패조, 예비 여과조, 산화조, 소독조의 구조로 한다.
② 정화조의 바닥, 벽, 천정, 칸막이 벽 등은 방수재료로 시공해야 한다.
③ 부패조, 예비 여과조, 산화조에는 안지름이 40[cm] 이상의 맨홀을 설치한다.
④ 부패조는 침전 분리에 적합한 구조로 하고 오수를 담고 있는 깊이는 2[m] 이상으로 한다.

해설
부패조는 변기에서 들어온 고형물을 침전, 분리시킴과 동시에 염기성 박테리아로 오물을 부패, 분해시키는 탱크로 크기는 오물의 체류기간을 약 2일 정도로 한다. **[답] ④**

10 밀폐식 팽창 탱크에 설치하지 않아도 되는 것은?
① 압력계 ② 배기관
③ 압축공기관 ④ 안전밸브

해설 팽창탱크에 연결되는 관 및 계기의 종류
㉮ 개방식 : 팽창관, 급수관, 통기관, 오버플로관, 배수관, 방출관
㉯ 밀폐식 : 팽창관, 급수관, 배수관, 압축공기관, 압력계, 수면계, 안전밸브 **[답] ②**

11 지름이 25[cm]인 파이프 속을 흐르는 유량이 0.4[m³/s]일 때 유속은 약 몇 [m/s]인가?
① 2.74 ② 5.68
③ 7.45 ④ 8.15

해설
$Q = A \cdot V = \dfrac{\pi}{4} D^2 \cdot V$ 에서

$\therefore V = \dfrac{4Q}{\pi \cdot D^2} = \dfrac{4 \times 0.4}{\pi \times 0.25^2} = 8.148 [\text{m/s}]$ **[답] ④**

12 도시가스 배관 시 유의할 사항의 설명 중 잘못된 것은?
① 내식성이 있는 공급관은 하중에 견딜 수 있도록 지면으로부터 충분한 깊이로 매설한다.
② 유지 관리상 가능한 경우 콘크리트 내 매설을 해주는 것이 좋다.
③ 옥내배관은 유지 관리 측면에서 건물 지하에는 배관하지 않는다.
④ 가능하면 곡선 배관은 적게 시공한다.

해설
콘크리트 내 매설을 하면 부식의 원인이 되므로 피하는 것이 좋고, 유지 관리상 노출배관을 원칙으로 한다. **[답] ②**

13 화학공업 배관재료 선정 시 고려하여야 할 화학반응 중 물질에 따른 부식이 잘못 연결된 것은?
① H_2 – 탈탄 ② H_2S – 용해
③ NH_3 – 질화 ④ CO – 카보닐화

해설 고온, 고압의 화학배관의 부식 종류
㉮ 수소(H_2)에 의한 강의 탈탄
㉯ 암모니아(NH_3)에 의한 강의 질화
㉰ 일산화탄소(CO)에 의한 금속의 카아보닐화
㉱ 황화수소(H_2S)에 의한 부식(황화)
㉲ 산소(O_2), 탄산가스(CO_2)에 의한 산화 **[답] ②**

14 금속의 희생전극의 원리를 이용하여 방청하는 도료는?
① 알루미늄 도료 ② 에폭시수지 도료
③ 산화철 도료 ④ 고농도 아연 도료

해설 고농도 아연도료
최근 배관공사에 많이 사용되고 있는 방청도료의 일종으로 맨홀 등에 물이 고여도 주위의 아연이 철 대신 부식되어 철을 부식으로 부터 보호하는 전기부식작용을 행하는 것이 특징이다. **[답] ④**

15 진공 환수식 증기 난방에서 방열기보다 높은 곳에 환수관을 배관할 경우에 사용하는 것은?
① 하트포드 배관법
② 리프트 피팅
③ 파일럿 라인
④ 동층 난방식

해설 리프트 이음(lift fitting)
진공 환수관식에서 보일러 보다 방열기가 아래쪽에 설치되는 경우(방열기보다 높은 곳에 환수관을 배관하는 경우) 설치하는 이음방법으로 수직 입상관은 환수주관보다 1~2 단계 낮은 관을 사용하며 1단의 최고 흡상 높이는 1.5[m] 이내로 한다. 흡상 높이가 높은 경우에는 여러 개를 조합하여 설치할 수 있다. **[답] ②**

16 최고 사용압력 75[kgf/cm²]인 배관에 인장강도는 38[kgf/mm²]인 강관을 사용하는 경우, 스케줄 번호로 적당한 것은? (단, 인장강도에 대한 안전율을 4로 한다.)
① Sch No 40
② Sch No 60
③ Sch No 80
④ Sch No 120

해설
㉮ 허용응력(S)은 인장강도를 안전율로 나눈 값이다.
㉯ 스케줄 번호 계산

$$\therefore \text{Sch NO} = 10 \times \frac{P}{S} = 10 \times \frac{75}{\frac{38}{4}} = 78.95$$

∴ 78.95보다 큰 수치인 스케줄 번호 80을 선택한다.
[답] ③

17 백 필터(bag filter)를 사용하는 집진방식인 것은?
① 원심력식
② 중력식
③ 전기식
④ 여과식

해설 여과 집진장치
함진가스를 여과재(filter)에 통과시켜 입자를 분리, 포집하는 방식으로 백 필터(bag filter)가 대표적이며 특징은 다음과 같다.
㉮ 집진효율이 높다.
㉯ 설비비용이 많이 소요된다.
㉰ 백(bag)이 마모되기 쉽다.
㉱ 100[℃] 이상 고온가스, 습가스 처리가 부적당하다.
㉲ 취급입자는 0.1~20[μm] 정도이다.
㉳ 압력손실은 100~200[mmH₂O]이다.
㉴ 집진효율은 90~99[%]이다.
[답] ④

18 배수 트랩에서 봉수가 파괴되는 원인으로 거리가 먼 것은?
① 자기 사이펀 작용
② 감압에 의한 흡인 작용
③ 모세관 작용
④ 수격 작용

해설 봉수가 파괴되는 원인
㉮ 자기 사이펀 작용
㉯ 감압에 의한 흡인 작용
㉰ 모세관 작용
㉱ 분출작용
㉲ 증발
㉳ 운동량에 의한 관성
[답] ④

19 증기 엔탈피가 2800[kJ/kg]이고 급수 엔탈피가 125[kJ/kg]일 때 증발계수는 약 얼마인가? (단, 100[℃] 포화수가 증발하여 100[℃]의 건포화증기로 되는데 필요한 열량은 2256.9 [kJ/kg]이다.)
① 1.08
② 1.19
③ 1.44
④ 1.62

해설
$$증발계수 = \frac{G_e}{G_a} = \frac{h_2 - h_1}{2256.9} = \frac{2800 - 125}{2256.9} = 1.185$$ [답] ②

20 배관 지지구 중 펌프, 압축기 등에서 발생하는 기계의 진동, 수격작용 등에 의한 각종 충격을 억제하는데 사용되는 것은?
① 리스트레인트(restraint)
② 브레이스(brace)
③ 서포트(support)
④ 턴 버클(turn buckle)

해설 브레이스(brace)
펌프, 압축기 등에서 발생하는 진동을 흡수하여 배관계통에 전달되는 것을 방지하는 역할을 한다.
㉮ 방진구 : 진동을 방지하거나 완화시키는 역할을 한다.
㉯ 완충기 : 배관 내의 수격작용, 안전밸브 분출반력 등 충격을 완화하는 역할을 한다.
[답] ②

21 수압시험의 방법으로 물을 채우기 전의 준비와 주의사항에 대한 설명이다. 틀린 것은?
① 물을 채우는 중, 테스트 중임을 표시하는 표를 밸브 등에 부착한다.
② 테스트 펌프, 압력계(테스트압의 1.5배 이상)의 점검을 한다.
③ 안전밸브, 신축조인트에 수압이 걸리도록 처치한다.
④ 급수밸브, 배기밸브를 필요한 개소에 장치한다.

해설
안전밸브에는 수압이 걸리지 않도록 밸브로 차단하고, 신축조인트에는 수압이 걸리도록 하면 누수의 우려가 있으므로 짧은 관으로 접속하여 시험한 후 신축조인트로 교환하는 것이 바람직하다. **[답] ③**

22 밸브의 종류별 특징에 관한 설명으로 옳은 것은?
① 감압밸브는 자동적으로 유량을 조정하여 고압측의 압력을 일정하게 유지한다.
② 스윙형 체크밸브는 수평, 수직 어느 배관에도 사용할 수 있다.
③ 버터플라이 밸브는 글로브밸브의 일종으로 유량조절에 사용한다.
④ 안전밸브에는 벨로스형, 다이어프램형 등이 있다.

해설 각 항목의 옳은 설명
① 감압밸브는 자동적으로 압력을 조정하여 고압측의 압력과 관계없이 저압측(2차측)의 압력을 일정하게 유지한다.
③ 버터플라이 밸브(butterfly valve)는 원통형 몸체 속에 밸브 봉을 축으로 하여 원형 평판이 회전함으로써 개폐동작이 신속하게 이루어지는 구조이다.
④ 안전밸브에는 스프링식, 파열판식, 가용전식, 중추식 등이 있다.

참고 체크 밸브(check valve)의 종류 및 사용처
㉮ 스윙식(swing type) : 수평, 수직배관에 사용
㉯ 리프트식(lift type) : 수평배관에 사용 **[답] ②**

23 5[℃]의 물 10[kg]을 100[℃]의 증기로 바꾸는데 필요한 열량은 약 몇 [MJ]인가?
(단, 물의 비열은 4.187[kJ/kg·K]이고, 물의 증발잠열은 2256.7[kJ/kg]이다.)
① 2.65
② 3.98
③ 23.01
④ 26.54

해설
1[K] 온도변화와 1[℃] 온도변화의 폭은 같기 때문에 물의 비열단위 [kJ/kg·K]은 [kJ/kg·℃]로 적용할 수 있다.
㉮ 5[℃] → 100[℃]까지 소요 열량 : 현열
∴ $Q_1 = G \cdot C \cdot \Delta t$
$= 10 \times 4.187 \times (100-5) \times 10^{-3} = 3.977$ [MJ]
㉯ 100[℃]물 → 100[℃] 포화증기로 될 때 소요 열량 : 잠열
∴ $Q_2 = G \cdot \gamma = 10 \times 2256.7 \times 10^{-3} = 22.567$ [MJ]
㉰ 합계 열량 계산
∴ $Q = Q_1 + Q_2 = 3.977 + 22.567 = 26.544$ [MJ] **[답] ④**

24 스테인리스 강관의 이음쇠 중 동합금제 링을 캡 너트로 고정시켜 결합하는 이음쇠는?
① MR 조인트 이음쇠
② 몰코 조인트 이음쇠
③ 랩 조인트 이음쇠
④ 팩레스 조인트 이음쇠

해설
㉮ MR 조인트 이음쇠 : 동합금제 주물 본체 이음쇠에 스테인리스강관을 삽입하고, 동합금제 링을 캡 너트로 조여 접속하는 방식의 이음쇠이다.
㉯ MR 조인트 이음쇠 조립 상세도

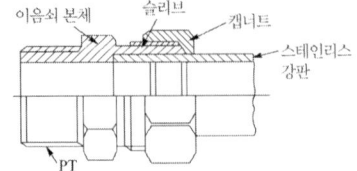

[답] ①

25 샌드 블라스트 세정법에 관한 설명 중 틀린 것은?
① 공기 압송 장치가 필요하다.
② 모래를 분사하여 스케일을 제거한다.
③ 100[A] 이상의 대구경관이나 탱크 등에 사용한다.
④ 공기, 질소, 물 등의 압력과 화학 세정액을 병행 사용한다.

해설 샌드 블라스트(sand blast) 세정법
공기압송 장치 등으로 모래를 분사하여 스케일을 제거하는 물리적(기계적) 세정법이다. **[답] ④**

26 압력계 배관시공 시 유체에 맥동이 있는 경우에 설치하여 압력계에 맥동이 전파되지 않게 하는 것은?
① 사이폰(siphon)관
② 펄세이션(pulsation) 댐퍼
③ 시일(seal) 포드
④ 벨로스(bellows)

해설 펄세이션 댐퍼(pulsation damper)
유체에 맥동이 있는 경우 맥동(주기적인 진동)을 흡수하여 압력계를 보호하는 기기로 맥동 감쇠기라 한다. **[답] ②**

27 다음에서 강도율의 계산법으로 맞는 것은?
① $\dfrac{\text{근로손실일수}}{\text{연근로시간수}} \times 1000$
② $\dfrac{\text{재해건수}}{\text{연근로시간수}} \times 1000$
③ $\dfrac{\text{재해건수}}{\text{재적근로자수}} \times 1000$
④ $\dfrac{\text{근로손실일수}}{\text{재적근로자수}} \times 1000$

해설 강도율
안전사고의 강도를 나타내는 기준으로 근로시간 1000시간당의 재해에 의하여 손실된 노동 손실 일수이다. **[답] ①**

28 다음 배관용 연결 부속 중에서 분해 조립이 가능하도록 할 때 쓰이는 것으로 되어있는 항은?
① 엘보, 티
② 리듀서, 부싱
③ 캡, 플러그
④ 유니언, 플랜지

해설 강관 이음쇠의 사용 용도에 의한 분류
㉮ 배관의 방향을 전환할 때 : 엘보(elbow), 벤드(bend)
㉯ 관을 도중에 분기할 때 : 티(tee), 와이(Y), 크로스(cross)
㉰ 동일 지름의 관을 연결할 때 : 소켓(socket), 니플(nipple), 유니언(union)
㉱ 이경관을 연결할 때 : 리듀서(reducer) 부싱(bushing), 이경 엘보, 이경 티
㉲ 관 끝을 막을 때 : 플러그(plug), 캡(cap) **[답] ④**

29 저압, 중압, 고압 어느 곳에도 사용이 가능하고 처리되는 응축수의 양에 비해 소형이며 공기도 함께 배출할 수 있는 트랩은?
① 열동식 트랩
② 하향식 버켓 트랩
③ 플로트 트랩
④ 임펄스 증기 트랩

해설 임펄스 증기 트랩(impulse type trap)
온도가 높아진 응축수는 압력이 낮아지면 다시 증발하게 되며 이때 증발로 인하여 생기는 부피의 증기를 밸브의 개폐에 이용한 것으로 구조는 원반 모양의 밸브 로드와 디스크 시트로 구성되어 있으며 저압, 중압, 고압 어느 곳에도 사용이 가능하고 처리되는 응축수의 양에 비해 소형이지만 구조상 증기가 다소 새는 결점이 있으나 공기도 함께 배출할 수 있는 장점도 있다. **[답] ④**

30 다음 중 사용압력이 0.7[N/mm²] 정도의 낮은 곳에 사용되며 직관, TS관, 편수컬러관이 있는 관은?
① 경질 비닐전선관
② 일반용 경질 염화비닐관
③ 내열성 경질 염화비닐관
④ 수도용 경질 염화비닐관

해설 수도용 경질 염화비닐관(KS M3401)
경질 염화비닐관의 단점인 충격과 저온에서 약한 성질을 개선하여 내충격성을 양호하게 한 것이다. [답] ④

31 높은 곳에서 배관작업을 할 때 주의사항으로 틀린 것은?
① 복장은 가벼운 차림으로 한다.
② 될 수 있는 대로 안전성이 있는 발판을 사용한다.
③ 발판은 가해지는 하중에 견딜 수 있는 것을 한다.
④ 높은 곳에서 작업은 미숙련자라도 젊은 사람이 작업한다.

해설 높은 곳에서 배관작업 시 주의사항
㉮ 복장은 가벼운 차림으로 한다.
㉯ 안전성이 확보되는 발판을 사용한다.
㉰ 발판에 가해지는 하중을 견딜 수 있는 발판을 사용한다.
㉱ 숙련자 이외에는 높은 곳에 오르지 않도록 한다.
㉲ 사다리 사용 시에는 지면에서 각도를 75° 이내로 하고 미끄러지지 않도록 한다.
㉳ 작업 시 반드시 안전벨트를 착용한다.
㉴ 바람이 심하고, 비가 많이 오는 날에는 작업을 하지 않는다.
㉵ 높은 곳에서의 작업은 그물을 밑에 치고 한다.
㉶ 공구나 부품을 떨어뜨리지 않도록 주의한다.
㉷ 사다리를 등지고 내려오지 않도록 한다. [답] ④

32 신축이음쇠 중 스테인리스 또는 인청동제로 제작된 것으로, 일명 팩리스형 신축이음쇠라고도 하는 것은?
① 슬리브형 신축이음쇠
② 벨로스형 신축이음쇠
③ 루프형 신축이음쇠
④ 스위블형 신축이음쇠

해설 벨로스형(bellows type) 신축이음쇠
팩리스(packless)형이라 하며, 관의 신축에 따라 슬리브와 함께 신축하는 것으로, 미끄럼 면에서 유체가 누설되는 것을 방지한다. 설치장소에 구애받지 않고 가스, 증기, 물 등 2[MPa], 450[℃]까지 축 방향 신축흡수에 사용된다. [답] ②

33 원심력 철근 콘크리트관에 대한 설명 중 틀린 것은?
① 일반적으로 에터니트관이라고 한다.
② 용도에 따라 보통압관과 압력관이 있다.
③ 관끝 형상에 따라 A형, B형, C형의 3종류로 나눈다.
④ 원형으로 조립된 철근을 형틀에 넣고 회전하며 콘크리트를 주입한 것으로 송수관용과 배수관용이 있다.

해설 원심력식 철근 콘크리트관
흄관(Hume pipe)이라 하며, 철제 형틀 속에 원통형으로 조립된 철근망을 넣고 축선을 수평으로 하여 회전시키면서 반죽한 콘크리트를 투입시키면 원심력에 의하여 고르게 다져 지면서 치밀한 콘크리트관이 되며, 성형 후에는 증기 양생을 실시하여 고르게 경화시킨다. 용도에 따라 보통관과 압력관으로 분류되며, 모양에 따라 A형, B형, C형으로 분류된다.
※ 에터니트관은 석면 시멘트관을 의미 함 [답] ①

34 스토리지(storage)탱크 또는 탱크 히터(tank heater)라고 하는 증기를 공급하는 저탕조를 사용하는 급탕법은?
① 직접 가열법
② 간접 가열법
③ 기수 혼합법
④ 복사법

해설 간접 가열식
저장 탱크 내부에 가열 코일을 설치하여 증기 또는 열탕을 통과시켜 탱크 내의 물을 간접적으로 가열하는 방식으로 저탕조는 물의 저장과 가열을 동시에 하기 때문에 탱크히터 또는 스토리지 탱크(storage tank)라 한다.
[답] ②

35 다음 중 공조 설비와 관련된 습공기 이론에서 건구온도, 습구온도, 노점온도가 동일한 경우는?
① 절대습도 100[%]   ② 상대습도 100[%]
③ 절대습도 50[%]   ④ 상대습도 50[%]

해설 상대습도
현재의 온도상태에서 현재 포함하고 있는 수증기의 양과의 비를 백분율[%]로 표시한 것으로 온도에 따라 변화한다. 상대습도가 0 이라 함은 공기 중에 수증기가 존재하지 않고, 상대습도가 100[%]라 함은 현재 공기 중에 있는 수증기량이 현재 온도의 포화 수증기량과 같다는 것으로 건구온도, 습구온도, 노점온도가 동일한 경우이다.
[답] ②

36 자동세탁기, 자동판매기, 교통신호기, 엘리베이터, 네온사인 등과 같이 각 장치가 유기적인 관계를 유지하면서 미리 정해 놓은 시간적 순서에 따라 작업을 순차 진행하는 제어 방식은?
① 시퀀스 제어   ② 피드백 제어
③ 정치 제어   ④ 추치 제어

해설 시퀀스 제어(sequence control : 개[開]회로)
미리 순서에 입각해서 다음 동작이 연속 이루어지는 제어로 자동판매기, 보일러의 점화 등이 있다.
[답] ①

37 냉방설비에서 공기는 어느 곳에서 냉각된 공기를 실내에 송풍하는가?
① 응축기   ② 증발기
③ 수액기   ④ 팽창밸브

해설 증기압축식 냉동기의 각 장치 기능
㉮ 압축기 : 저온, 저압의 냉매가스를 고온, 고압으로 압축하여 응축기로 보내 응축, 액화하기 쉽도록 하는 역할을 한다.
㉯ 응축기 : 고온, 고압의 냉매가스를 공기나 물을 이용하여 응축, 액화시키는 역할을 한다.
㉰ 팽창밸브 : 고온, 고압의 냉매액을 증발기에서 증발하기 쉽게 저온, 저압으로 교축 팽창시키는 역할을 한다.
㉱ 증발기 : 저온, 저압의 냉매액이 피냉각 물체로부터 열을 흡수하여 증발함으로써 냉동의 목적을 달성한다.
※ 수액기 : 응축기에서 응축된 냉매액을 일시적으로 저장하는 탱크
[답] ②

38 강관의 열간 구부림 가공에 대한 설명으로 틀린 것은?
① 강관의 경우 800~900[℃] 정도로 가열한다.
② 곡률 반지름이 작은 경우에 열간 작업을 한다.
③ 구부림 작업 전에 모래를 채우고 적당한 온도까지 가열한 다음 구부린다.
④ 가열하여 가공할 때 곡률 반지름은 일반적으로 관지름의 2배 이하로 한다.

해설
가열하여 가공할 때 곡률 반지름은 일반적으로 관지름의 3배 이상으로 한다.
[답] ④

39 주철관 이음 중 기계식 이음(mechanical joint)에 관한 설명으로 옳지 않은 것은?
① 기밀성이 불량하다.
② 굽힘성이 풍부하므로 누수가 없다.
③ 소켓이음과 플랜지이음의 복합형이다.
④ 간단한 공구로 신속하게 이음이 되며, 숙련공이 필요하지 않다.

해설 주철관 기계식 이음의 특징
㉮ 고무링을 압륜(押輪)으로 죄어 볼트로 체결한 것으로 소켓이음과 플랜지이음의 장점을 채택한 것이다.
㉯ 기밀성이 양호하다.
㉰ 수중에서 접합이 가능하다.
㉱ 외압에 대한 굽힘성이 풍부하여 이음부가 다소 구부러져도 누수가 없다.
㉲ 간단한 공구로 신속하게 이음 할 수 있으며, 숙련공이 필요하지 않다.
㉳ 고압에 대한 저항이 크다. **[답] ①**

40 용해 아세틸렌을 충전하였을 때 용기 전체 무게가 55[kg]이고, 충전하기 전의 빈병 무게가 50[kg]이었다면 15[℃], 1[kgf/cm²]에서 기화하는 아세틸렌의 양은 몇 [L]인가?
① 2715 ② 3620
③ 4525 ④ 5430

해설
용해 아세틸렌 1[kg]이 15[℃], 1[kgf/cm²] 상태에서 기화하면 905[L]의 아세틸렌 가스가 된다.
∴ 가스량 = 905 × 충전 전·후의 무게 차
= 905 × (55 − 50) = 4525[L] **[답] ③**

참고
용해 아세틸렌이 1[kg]이 15[℃], 1[kgf/cm²]에서 기화하는 체적 계산 : 아세틸렌(C_2H_2) 분자량은 26[g/mol]이고 표준상태(0[℃], 1기압)에서 차지하는 체적은 22.4[L]이다.
26[g] : 22.4[L] = 1000[g] : x[L]
∴ $x = \dfrac{1000 \times 22.4}{26} \times \dfrac{273 + 15}{273} = 908.875$[L]
※ 용해 아세틸렌에는 불순물이 일부 포함되어 있기 때문에 기화되면 약 905[L] 정도로 통용되고 있다.

41 그림 중 동관 이음쇠 Ftg × F 어댑터인 것은?

① 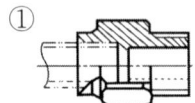 ②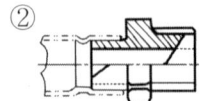
③ 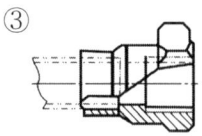 ④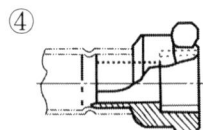

해설
㉮ Ftg × F 어댑터 : 이음쇠 바깥쪽으로 관이 들어가 접합되고, 반대쪽은 ANSI 규격 관형나사가 안으로 난 동관 이음쇠이다.
㉯ 예제의 각 항목 명칭
① C × M 어댑터 ② Ftg × M 어댑터
③ C × F 어댑터 ④ Ftg × F 어댑터 **[답] ④**

42 공기조화 설비방식 중 패키지(package) 방식의 특징으로 틀린 것은?
① 건물의 일부만을 냉방하는 경우 손쉽게 이용할 수 있다.
② 유닛을 배치할 필요가 없으므로 바닥의 이용도가 높다.
③ 중앙기계실 냉동기 설치방식에 비해 공사비가 적게 들며 공사기간도 짧다.
④ 실온 제어의 편차가 크고 온·습도 제어의 정도가 낮다.

해설 패키지(package) 방식의 특징
㉮ 현장설치가 간단하여 설비비가 저렴하다.
㉯ 자동제어가 가능하여 조작이 편리하다.
㉰ 건물의 부분 냉방에 적용할 수 있다.
㉱ 대용량 장치일 경우 중앙식보다 설비비가 많이 소요될 수 있다.
㉲ 실온 제어의 편차가 크고 온습도 제어의 정도가 낮다.
㉳ 송풍기 구조상 덕트가 길어지는 경우, 고속덕트를 적용할 수 없다.
㉴ 일반적으로 소음이 많이 발생될 수 있다. **[답] ②**

43 주철관의 소켓이음에 대한 설명으로 틀린 것은?
① 납은 얀의 이탈을 방지한다.
② 얀은 납고 물이 직접 접촉하는 것을 방지한다.

③ 주로 건축물의 배수배관에 많이 사용하며 연납이음이라고 한다.
④ 얀은 수도관일 경우 삽입길이의 2/3 정도 채워 누수를 막아준다.

해설 주철관 소켓 접합의 삽입길이(소켓깊이)

구 분	얀(yarn)	납
급수관	1/3	2/3
배수관	2/3	1/3

[답] ④

44 라인 인덱스(line index)의 기재에서 LS는 무엇을 나타내는가?
① 계기용 공기
② 고압 공기
③ 저압 증기
④ 작업용 공기

해설 라인 인덱스의 유체기호

기호	종 류	기호	종 류
P	프로세스 유체	PA	작업용 공기
IA	계기용 공기	N	질소
HS	고압 증기	LS	저압 증기
CW	재생 냉수	SW	해수 등

[답] ③

45 가스절단 조건에 대한 설명 중 틀린 것은?
① 모재의 연소온도가 그 용융점 보다 낮을 것
② 모재의 성분 중 산화를 방해하는 원소가 많을 것
③ 금속 산화물의 용융온도가 모재의 용융온도 보다 낮을 것
④ 금속 산화물 유동성이 좋으며, 모재로부터 이탈 될 수 있을 것

해설 가스절단 조건
㉮ 금속 산화물의 용융온도가 모재의 용융온도 보다 낮을 것
㉯ 모재의 연소온도가 그 용융점 보다 낮을 것
㉰ 금속 산화물 유동성이 좋으며, 모재로부터 이탈 될 수 있을 것
㉱ 모재의 성분 중 산화를 방해하는 원소가 적을 것
㉲ 절단할 부분이 쉽게 산화 개시온도에 도달할 것

[답] ②

46 파이프 바이스에서 호칭치수 105, 호칭번호 #2의 사용범위로 가장 적합한 파이프의 호칭치수 범위는?
① 6[A]~50[A]
② 6[A]~65[A]
③ 6[A]~90[A]
④ 6[A]~115[A]

해설 파이프 바이스의 크기 표시

호칭치수	호칭번호	사용 관지름
50	#0	6[A]~50[A]
80	#1	6[A]~65[A]
105	#2	6[A]~90[A]
130	#3	6[A]~115[A]
170	#4	15[A]~150[A]

[답] ③

47 접합하려는 2개의 부재 중 한쪽의 부재에 둥근 구멍을 뚫고, 뚫은 구멍을 용접하여 두 부재를 이음 하는 것은?
① 플러그 용접
② 심 용접
③ 플레어 용접
④ 점 용접

해설
㉮ 플러그 용접(plug weld) : 접합하려고 하는 한쪽의 부재에 둥근 구멍을 뚫고, 그곳에 용접하여 두 부재를 이음하는 것이다.
㉯ 플러그 용접 상세도

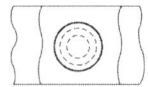
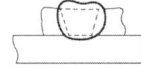

[답] ①

48 땜납은 사용하는 납재의 융점에 의해 연납과 경납으로 구분되는데 일반적인 구분 용융온도[℃]는?

① 250 ② 350
③ 450 ④ 550

해설 연납과 경납의 구분
납재의 용융온도 450[℃] 이하를 연납으로, 450[℃] 이상을 경납으로 구분한다. **[답]** ③

49 2개 이상의 관을 동일한 지지대 위에 나란히 배관할 경우 지면의 높이를 기준면으로 하고 관 밑면까지 높이를 3000[mm]라 할 때 치수 기입법으로 적합한 것은?

① EL+3000 BOP ② EL+3000 TOP
③ GL+3000 BOP ④ GL+3000 TOP

해설 관의 높이 표시방법
(1) EL(elevation line) 표시 : 그 지방의 해수면에 기준선(base line)을 설정하여 이 기준선으로부터의 높이를 표시하는 표시법
  ㉮ BOP(bottom of pipe) : 지름이 다른 관의 높이를 나타낼 때 적용되며 관 바깥지름의 아랫면을 기준으로 하여 표시한다.
  ㉯ TOP(top of pipe) : 관의 윗면을 기준으로 하여 표시한다.
(2) GL(ground line) : 포장된 지표면을 기준으로 하여 배관장치의 높이를 표시할 때 적용된다.
(3) FL(floor line) : 1층 바닥면을 기준으로 하여 높이를 표시한다. **[답]** ③

50 관용나사에 관한 설명으로 틀린 것은?
① 나사산의 형태에는 평행나사와 테이퍼나사가 있다.
② 주로 배관용 탄소강 강관을 이음하는데 사용되는 나사이다.
③ 테이퍼나사는 누수를 방지하고 기밀을 유지하는데 사용한다.
④ 관용나사는 일반 체결용 나사보다 피치와 나사산을 크게 한 것이다.

해설
관용나사는 일반 체결용 나사보다 피치와 나사산 높이를 작게 한 것이다. **[답]** ④

51 아래 입체도의 제3각법 투상이 틀린 것은?

① 정면도 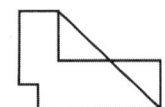   ② 평면도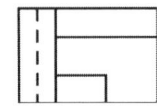

③ 우측면도 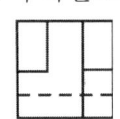   ④ 저면도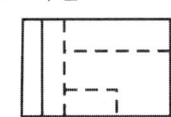

해설 저면도 투상
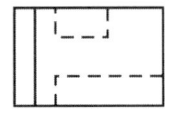
[답] ④

52 2개의 플랜지와 2개의 고무링 및 1개의 슬리브를 사용하는 석면 시멘트관의 이음은?
① 칼라 이음(collar joint)
② 심플렉스 이음(simplex joint)
③ 기볼트 이음(gibault joint)
④ 슬리브 이음(sleeve joint)

해설 석면 시멘트관의 이음 방법
㉮ 기볼트(gibault) 이음 : 2개의 플랜지와 고무링, 1개의 슬리브로 되어 있으며 신축성과 굴절성이 좋아 원심력 철근 콘크리트관의 칼라 조인트 5~10개소마다 1개씩 접합한다.

㉯ 칼라 이음 : 주철제의 특수 칼라를 사용하여 접합하는 방법으로 접합부 사이에 고무링을 끼워 수밀을 유지한다.
㉰ 심플렉스 이음 : 석면 시멘트제 칼라와 2개의 고무링으로 접합 시공하며, 굽힘성과 내식성이 우수하다.

[답] ③

53 KS "배관의 간략도시방법"에서 사용하는 선의 종류별 호칭 방법에 따른 선의 적용 설명으로 틀린 것은?
① 가는 1점 쇄선 → 중심선
② 굵은 파선 → 바닥, 벽, 천정, 구멍
③ 매우 굵은 1점 쇄선 → 도급 계약의 경계
④ 가는 실선 → 해칭, 인출선, 치수선, 치수 보조선

해설 굵은 파선
물체의 보이지 않는 부분의 모양을 표시하는 선이다.

[답] ②

54 이음하려는 연관(鉛管)의 끝부분에 끼우고 나무 해머로 때려 박아 관 끝 부분을 나팔 모양으로 넓히는데 사용하는 공구 명칭은?
① 봄 볼(bom ball)
② 드레서(dresser)
③ 벤드 벤(bend ben)
④ 턴 핀(turn pin)

해설 연관(鉛管)용 공구의 종류 및 용도
㉮ 봄 볼(bom boll) : 주관(主管)에서 분기 이음하는 경우 주관에 구멍을 뚫기 위하여 사용하는 공구이다.
㉯ 드레서(dresser) : 연관 표면을 깎아서 산화물을 없애기 위하여 사용하는 공구이다.
㉰ 벤드 벤(bend ben) : 연관에 끼워서 관을 구부리거나 관을 바르게 펼 때 사용하는 공구이다.
㉱ 턴 핀(turn pin) : 이음하려는 연관의 끝 부분에 끼우고 나무 해머로 때려 박아 관 끝 부분을 나팔 모양으로 넓히는데 사용하는 공구이다.
㉲ 매리트(mallet) : 턴 핀을 때려 박든가, 이음부 주위를 오므리는데 사용하는 나무 해머이다.

[답] ④

55 도수분포표를 작성하는 목적이 아닌 것은?
① 데이터의 흩어진 모양을 알고 싶을 때
② 많은 데이터로부터 평균치와 표준편차를 구할 때
③ 원 데이터를 규격과 대조하고 싶을 때
④ 결과나 문제점에 대한 계통적 특성치를 구할 때

해설 도수분포표 작성 목적
㉮ 데이터의 흩어진 모양(산포)을 알고 싶을 때
㉯ 많은 데이터로부터 평균값과 표준편차를 구할 때
㉰ 원래 데이터를 규격과 대조하고 싶을 때
㉱ 규격차와 비교하여 공정의 현황을 파악하기 위하여
㉲ 분포가 통계적으로 어떤 분포형에 근사한가를 알기 위하여

[답] ④

56 작업개선을 위한 공정분석에 포함되지 않는 것은?
① 제품 공정분석
② 사무 공정분석
③ 직장 공정분석
④ 작업자 공정분석

해설 공정분석의 종류
㉮ 제품 공정분석 : 재료가 제품으로 되는 과정을 분석, 기록하는 것이다.
㉯ 사무 공정분석 : 사무실 또는 공장 등에서 사무제도나 수속을 분석, 개선하는데 사용하는 것으로 서비스분야에 적용된다.
㉰ 작업자 공정분석 : 작업자가 한 장소로부터 다른 장소로 이동할 때 수행하는 행위를 분석하는 것이다.
㉱ 부대분석 : 공정분석의 결과를 이용하여 특정 항목을 연구하여 구체적인 개선안을 마련하고, 현장의 실태를 알기 위하여 실시되는 것이다.

[답] ③

57 np 관리도에서 시료군마다 시료수(n)는 100, 시료군의 수(k)는 20, $\Sigma np = 77$이다. 이때 np 관리도의 관리상한선(UCL)은 약 얼마인가?
① 3.85
② 5.77
③ 8.94
④ 9.62

해설 np 관리도

전구꼭지의 부적합품수, 나사길이의 불량, 전화기의 겉보기 불량과 같이 공정을 부적합품수 np에 의해 관리할 경우에 사용되는 계수값 관리도이다.

㉮ $n\bar{p}$ 값(중심선) 계산

$$\therefore n\bar{p} = \frac{\Sigma np}{k} = \frac{77}{20} = 3.85$$

㉯ $\bar{p}$ 값(모집단의 부적합품률 평균값) 계산

$$\therefore \bar{p} = \frac{\Sigma np}{\Sigma n} = \frac{77}{20 \times 100} = 0.0385$$

㉰ 관리상한선 UCL 계산

$$\therefore UCL = n\bar{p} + 3\sqrt{n\bar{p}(1-\bar{p})}$$
$$= 3.85 + 3 \times \sqrt{3.85 \times (1-0.0385)}$$
$$= 9.62$$

[답] ④

---

58 전수검사와 샘플링검사에 관한 설명으로 맞는 것은?

① 파괴검사의 경우에는 전수검사를 적용한다.
② 샘플링검사는 부적합품이 섞여 들어가서는 안 되는 경우에 적합하다.
③ 생산자에게 품질향상의 자극을 주고 싶을 경우 전수검사가 샘플링검사보다 더 효과적이다.
④ 검사항목이 많을 경우 전수검사보다 샘플링검사가 유리하다.

해설
(1) 전수검사가 유리한 경우 및 필요한 경우
  ㉮ 검사비용에 비해 효과가 클 때
  ㉯ 물품의 크기가 작고, 파괴검사가 아닐 때
  ㉰ 불량품이 혼합되면 안 될 때
  ㉱ 불량품이 다음 공정에 넘어가면 경제적으로 손실이 클 때
  ㉲ 불량품이 들어가면 안전에 중대한 영향을 미칠 때
  ㉳ 전수검사를 쉽게 할 수 있을 때
(2) 샘플링 검사가 유리한 경우 및 필요한 경우
  ㉮ 다수, 다량의 것으로 불량품이 있어도 문제가 없는 경우
  ㉯ 검사 항목이 많은 경우
  ㉰ 불완전한 전수검사에 비해 높은 신뢰성이 있을 때
  ㉱ 검사비용이 적은 편이 이익이 많을 때
  ㉲ 품질향상에 대하여 생산자에게 자극이 필요한 때
  ㉳ 물품의 검사가 파괴검사일 때
  ㉴ 대량 생산품이고 연속 제품일 때

[답] ④

---

59 생산계획량을 완성하는데 필요한 인원이나 기계의 부하를 결정하여 이를 현재 인원 및 기계의 능력과 비교하여 조정하는 것은?

① 일정계획
② 절차계획
③ 공수계획
④ 진도관리

해설 일정관리
㉮ 일정계획 : 작업개시와 완료일시를 결정하여 구체적인 생산일정을 계획하는 것
㉯ 절차계획 : 작업의 순서와 방법, 작업 표준시간 및 작업장소를 결정하고 배정하는 것
㉰ 공수계획(능력소요계획, 부하계획) : 생산계획량을 완성하는데 필요한 인원이나 기계의 부하를 결정하여 이를 인원 및 기계의 능력과 비교하여 조정하는 계획

[답] ③

---

60 품질특성을 나타내는 데이터 중 계량치 데이터에 속하는 것이 아닌 것은?

① 질량
② 길이
③ 인장강도
④ 부적합품률

해설 척도에 의한 데이터의 분류
㉮ 계량치 : 연속량으로 측정되는 품질특성 값으로 길이, 질량, 온도, 유량, 인장강도 등이다.
㉯ 계수치 : 수량으로 세어지는 품질특성 값으로 부적합품수, 부적합수, 부적합품률 등이다.

[답] ④

2021년 배관기능장 CBT 필기시험 복원문제 (2)

☞ CBT필기시험 복원문제는 수험자의 기억에 의하여 복원된 것이므로 실제 출제문제와는 차이가 있을 수 있습니다.

01 드렌처 헤드의 설치 시 방호할 면의 길이에 대한 외벽용 간격의 수직거리로 다음 중 가장 적합한 것은?
① 15[m] 이하 ② 10[m] 이하
③ 7[m] 이하   ④ 4[m] 이하

해설
드렌처 설비의 헤드 설치 간격은 수평거리 2.4[m] 이하, 수직거리 4[m] 이하로 배치하며, 헤드의 지름은 9.5[mm], 7.0[mm], 6.4[mm]의 3종류가 있다. **[답]** ④

02 다음 중 증기 난방법에서 저압 증기 난방법으로 분류하는 기압의 범위로 가장 적당한 것은?
① 15~34[kPa]   ② 49~98[kPa]
③ 98~294[kPa] ④ 294~490[kPa]

해설 증기압력에 의한 분류
㉮ 저압식 : 증기압력 $0.15 \sim 0.35[kgf/cm^2]$($15 \sim 35[kPa]$) 정도로서, 일반건물에 사용된다.
㉯ 고압식 : 증기압력 $1[kgf/cm^2]$($0.1[MPa]$) 이상이고 공장건물, 지역난방에 사용된다. **[답]** ①

03 보일러 연소 중에 발생하는 맥동연소의 원인이 아닌 것은?
① 연료 속에 수분이 많은 경우
② 연소량이 심히 고르지 못한 경우
③ 공급공기량에 심한 과부족이 생긴 경우
④ 연도 단면의 변화가 작은 경우

해설 맥동연소의 원인
㉮ 연료에 수분이 많이 포함된 경우
㉯ 연소상태가 일정하지 않은 경우
㉰ 무리한 연소를 하는 경우
㉱ 공기 공급량이 부족한 상태가 심한 경우
㉲ 연도의 단면변화가 심한 경우
㉳ 연료와 공기와의 혼합이 잘 안될 경우
㉴ 2차 연소가 발생하는 경우
㉵ 송풍기에서 서징현상이 발생하는 경우
㉶ 연소실 및 연도 등의 틈 사이에서 공기가 누설되는 경우
[답] ④

04 액화가스를 가열하여 기화시키는 기화기의 일반적인 형식의 종류가 아닌 것은?
① 다관식   ② 코일식
③ 개비넷식 ④ 부르동관식

해설 액화가스 기화기의 분류
㉮ 작동원리에 의한 분류 : 가온 감압방식, 감압가온방식
㉯ 장치 구성형식에 의한 분류 : 다관식, 단관식, 사관식, 열판식
[답] ④

05 액면계의 종류에 해당하지 않는 것은?
① 면적식   ② 플로트식
③ 차압식   ④ 평형반사식

해설 액면계의 분류(종류)
㉮ 직접법 : 직관식, 플로트식(부자식), 검척식
㉯ 간접법 : 압력식, 초음파식, 정전용량식, 방사선식, 차압식, 다이어프램식, 편위식, 기포식, 슬립 튜브식 등
[답] ①

06 어느 방의 전난방부하가 1.16[kW]일 때 복사 난방을 하려면 DN15인 코일을 약 몇 [m]나 시설해야 하는가? (단, DN15인 코일의 [m]당 표면적은 0.047[m²]이고, 관 1[m²]당 방열량은 0.26[kW/m²]이라고 한다.)

① 85 ② 95
③ 100 ④ 110

해설
$$L = \frac{난방부하}{관 \, 표면적 \times 방열량} = \frac{1.16}{0.047 \times 0.26} = 94.9 [m]$$ **[답] ②**

07 관지름 20[mm], 배관 연장길이 19[m], 압력 탱크에서 높이가 10[m]인 3층 주방 싱크대에 급수배관을 할 경우 압력탱크의 최저수압은 약 몇 [kgf/cm²]인가? (단, 총 마찰 손실수두는 5[mAq], 주방 싱크에서의 최저 수압은 0.3[kgf/cm²]이다.)

① 1.8 ② 2.5
③ 3.2 ④ 3.7

해설
㉮ 높이 10[m]에서 작용하는 압력은 약 1[kgf/cm²] 정도이므로 배관에서 총 마찰손실수두 5[mAq]를 압력으로 환산하면 약 0.5[kgf/cm²]이다.
㉯ 최저 필요수압 계산
$$\therefore P = P_1 + P_2 + P_3 = 1 + 0.5 + 0.3 = 1.8 [kgf/cm^2]$$
[답] ①

08 다음 중 짧은 전향 날개가 많아 다익 송풍기라고도 하며 비교적 소음이 적고 풍압이 낮은 곳에 주로 사용되는 송풍기는?

① 시로코형 ② 축류 송풍기
③ 리밋 로드형 ④ 엘리미네이터

해설 시로코형 송풍기 특징
㉮ 풍량이 많다.
㉯ 풍압이 낮다.
㉰ 소요 동력이 많이 필요하다.
㉱ 효율이 낮다.
㉲ 제작비가 저렴하다. **[답] ①**

09 동관의 경납땜 접합 시 주로 많이 사용되는 땜재는?

① 탈산동 ② 은납
③ 청동 ④ 연강

해설 동관 용접이음의 종류 및 특징
(1) 연납용접(soldering)
  ㉮ 용접온도 : 200~300[℃]
  ㉯ 가열방법 : 프로판 토치, 전기가열기 등
  ㉰ 용접재(땜재) : 연납
  ㉱ 120[℃] 이하의 온도 및 사용압력이 낮은 곳에 사용한다.
  ㉲ 호칭지름 40[A] 이하의 지름이 작은 관 용접 시 사용한다.
  ㉳ 작업이 용이하나 용접부 강도가 약하다.
(2) 경납용접(brazing)
  ㉮ 용접온도 : 700~850[℃]
  ㉯ 가열방법 : 산소 + 아세틸렌 불꽃
  ㉰ 용접재(땜재) : 인동납(BCuP), 은납(BAg)
  ㉱ 고온 및 사용압력이 높은 곳에 사용한다.
  ㉲ 과열되면 관의 손상 우려가 있다.
  ㉳ 용접부 강도가 강하다. **[답] ②**

10 배수관 및 통기관의 배관 완료 후 또는 일부 종료 후 각 기구 접속구 등을 밀폐하고, 배관 최상부에서 배관 내에 물을 가득 채운 상태에서 누수의 유무를 시험하는 것은?

① 수압 시험 ② 통수 시험
③ 연기 시험 ④ 만수 시험

해설 배수관 및 통기관의 시험
㉮ 만수시험 : 배관 내에 물을 충만 시킨 후 누설 유무를 시험하는 것
㉯ 기압시험 : 공기를 이용하여 0.35[kgf/cm²]의 압력으로 15분간 유지한다.
㉰ 기밀시험 : 연기시험과 박하시험으로 최종시험에 해당한다. **[답] ④**

11 폴리부틸렌관에 관한 설명으로 올바른 것은?
① 일명 엑셀 온돌 파이프라고도 한다.
② 곡률 반지름을 관지름의 2배까지 굽힐 수 있다.
③ 일반적인 관보다 작업성이 우수하나 결빙에 의한 파손이 많다.
④ 관을 연결구에 삽입하여 그라프링과 O링에 의한 접합을 할 수 있다.

해설 폴리부틸렌관(PB관)의 특징
㉮ 가볍고 시공이 간편하며 재사용이 가능하다.
㉯ 강한 충격, 강도, 유연성, 온도, 화학작용 등에 대한 저항성이 크다.
㉰ 유해물질의 용출이나 적녹, 청녹의 발생에 의한 수질 오염이 없어 위생적이다.
㉱ 사용가능 온도로는 $-30 \sim 110[℃]$ 정도로 내한성과 내열성이 우수하며 고온에서도 강도가 유지된다.
㉲ 나사 및 용접이음을 하지 않고 관을 연결구에 삽입하여 그라프링과 O링에 의한 에이콘이음으로 한다.
㉳ 온수온돌 난방배관, 음용수 및 온수배관, 농업 및 원예용 배관, 화학배관 등에 사용된다.
㉴ 관의 굽힘 시 굽힘거리는 80[cm], 최소굽힘지름은 20[cm] 이상으로 하여야 한다. **[답] ④**

12 급수배관 시공에서 수격작용(water hammering)을 방지하기 위해서 설치하는 것은?
① 스톱밸브   ② 콕 밸브
③ 공기실   ④ 신축이음

해설
급수배관에서 이상압이 생겨 수격작용이 발생할 때 공기실의 공기가 압축되면서 스프링 작용을 하여 소음이나 충격을 방지할 수 있다. **[답] ③**

13 급탕법 중 보일러에서 나온 증기를 물탱크 속에 불어 넣어 물을 가열하는 것으로 소음을 방지하기 위하여 스팀 사이렌서를 사용하는 급탕방식은?
① 기수 혼합식
② 보일러 간접 가열식
③ 가스 직접식
④ 석탄 가열 증기 분무식

해설 기수혼합법의 특징
㉮ 증기가 물에 주는 열효율은 100% 이다.
㉯ 소음을 내는 단점이 있어 스팀 사이렌서를 설치하여 소음을 감소시킨다.
㉰ 사용 증기압은 $1 \sim 4[kgf/cm^2]$ 정도이다. **[답] ①**

14 다음 중 유틸리티(utility) 배관이라고 할 수 없는 것은?
① 각종 압력의 증기 및 응축수 배관
② 냉각세정용 유체 공급관
③ 연료유 및 연료가스 공급관
④ 유니트 내 열교환기 등의 기기에 접속되는 원료 운반 배관

해설
(1) 유틸리티(utility) 배관 : 프로세스의 반응에는 직접 관여하지는 않지만 그 운전에 중대한 영향을 미치는 각종 유체의 배관이다.
(2) 종류
㉮ 각종 압력의 증기 및 응축수 배관
㉯ 냉각 세정용 유체 공급관
㉰ 냉각 공기 공급관
㉱ 질소 공급관
㉲ 연료유 및 연료가스 공급관
㉳ 기타 **[답] ④**

15 플랜트 배관에서 내압이 높고 고온인 유체가 누설될 경우 벤트밸브를 설치하여 누설을 방지하는 응급조치 방법은?
① 코킹법   ② 밴드 보강법
③ 인젝션법   ④ 박스 설치법

해설 　박스(box-in) 설치법
내부압력이 높고 고온의 유체가 누설되는 부분에 2~3개의 분할 상자를 이용하여 누설부분에 용접을 하여 누설을 방지하는 방법이다. 　　　　　　　　　　**[답]** ④

16 통기관의 루프 통기 방법에 관한 설명으로 틀린 것은?
① 배수관 내의 압력 변동이 적게 발생된다고 예상되는 경우에 사용된다.
② 자기 사이펀 작용이 발생되기 쉬운 기구와 배관이 연결되어 있을 때 적합하다.
③ 배수 수평 분기관이나 기구 배수관을 거쳐 각 트랩의 봉수를 간접적으로 보호하는 것이다.
④ 일반적으로 많이 사용되어 있는 방식으로 각개 통기관이 생략되는 방식이다.

해설 　루프(loop) 통기 방식
배수 횡지관의 최상류 기구의 하류측에서 통기관을 세워 통기횡지관에 연결하고 그 말단을 통기입상관에 접속하는 방식이다. 　　　　　　　　　　　　**[답]** ②

17 다음 중 경질염화비닐관이 연화하여 변형되기 시작하는 온도는 약 몇 도인가?
① 45[℃]　　　　② 75[℃]
③ 180[℃]　　　④ 300[℃]

해설 　경질염화비닐관의 변형 온도
㉮ 연화온도 : 75[℃]
㉯ 용융온도 : 180[℃]
㉰ 열분해 온도 : 200[℃] 이상
㉱ 탄화온도 : 300[℃] 이상　　　　　**[답]** ②

18 배관설비의 유지관리와 관계가 먼 것은?
① 배관의 점검과 보수
② 배관설계 및 시공
③ 밸브류 및 배관부속기기의 점검과 보수
④ 부식과 방식

해설 　배관설비 유지관리
㉮ 배관의 점검과 보수
㉯ 밸브류 및 배관부속기기의 점검과 보수
㉰ 부식과 방식　　　　　　　　　　　**[답]** ②

19 알루미늄관에 대한 설명 중 틀린 것은?
① 열교환기의 배관용으로 쓰인다.
② 고압탱크의 배관용으로 적합하다.
③ 내식성이 비교적 우수하다.
④ 가공이 비교적 쉽다.

해설 　알루미늄관의 특징
㉮ 구리 다음으로 전기 및 열전도율이 높다.
㉯ 비중이 2.7로 가볍다.
㉰ 전연성이 풍부하고 가공성 및 내식성이 좋아 화학공업용 배관, 열교환기 등에 사용된다.
㉱ 기계적 성질이 우수하여 항공기 등의 재료로 사용된다. 　　　　　　　　　　　　**[답]** ②

20 배관 설치 작업 시의 주의사항으로 틀린 것은?
① 플랜지의 볼트 구멍은 도면에 따라 지정하는 것 이외에는 중심선 배분으로 한다.
② 밸브부착은 흐름방향, 핸들 위치를 배관도에서 확인한 다음 부착한다.
③ 볼트는 고온부에 사용할 경우는 반드시 소손 방지제를 도포한다.
④ 고온배관에 사용하는 볼트 길이는 완전 죔 작업을 한 후 나사산이 밖으로 나와서는 안 된다.

해설
고온배관에 사용하는 볼트 길이는 완전 죔 작업을 한 후 나사산이 밖으로 1~2산 정도 남도록 한다. 　**[답]** ④

21 과열 증기관 등과 같이 사용온도가 350~450℃ 배관에 사용되며 킬드강을 사용, 이음매 없이 제조되기도 하는 관은?

① 저온 배관용 강관
② 고압 배관용 탄소강관
③ 고온 배관용 탄소강관
④ 배관용 합금강관

해설 제조 방법에 의한 고온 배관용 탄소강관(SPHT)의 종류
㉮ 2종 : SPHT38로 표시하며 인장강도가 38[kgf/mm²] 이상이고 조립(組粒)의 킬드강을 사용하여 이음매 없이 제조한다.
㉯ 3종 : SPHT42로 표시하며 인장강도가 42[kgf/mm²] 이상이고 조립(組粒)의 킬드강을 사용하여 이음매 없이 제조한다.
㉰ 4종 : SPHT49로 표시하며 인장강도가 49[kgf/mm²] 이상이고 띠강이나 강판을 전기 저항용접에 의해서 또는 이음매 없이 제조한다.

[답] ③

22 고압가스 재해에 대한 설명으로 틀린 것은?

① 가연성의 기체가 공기 속에서 부유하다가 공기의 산소 분자와 접촉하면 폭발할 수 있다.
② 액화석유가스와 같이 공기보다 무거운 가스는 누설되면 확산되어 낮은 곳에는 고이지 않는다.
③ 일산화탄소는 가연성 가스로서 공기와 공존할 때는 폭발할 수 있다.
④ 아세틸렌은 공기나 산소와 같은 지연성 가스와 공존하지 않아도 폭발이 일어날 수 있다.

해설 고압가스 재해
㉮ 액화석유가스와 같이 공기보다 무거운 가스는 누설되면 낮은 곳에 체류하여 점화원이 있을 때 폭발할 수 있다.
㉯ 아세틸렌은 공기나 산소와 같은 지연성 가스와 공존하지 않아도 분해폭발, 화합폭발이 일어날 수 있다.

[답] ②

23 보일러 자동제어 중 연료 및 공기 유량을 조정하고 굴뚝으로 배출되는 연소가스의 유량을 제어하여 발생되는 열을 조정하는 제어는?

① 증기온도제어
② 급수제어
③ 재열온도제어
④ 연소제어

해설 보일러 자동제어(A·B·C)

명 칭	제어량	조작량
자동연소제어(ACC)	증기압력	공기량, 연료량
	노내압	연소가스량
급수제어(FWC)	보일러 수위	급수량
증기온도제어(STC)	증기온도	전열량

[답] ④

24 "밀폐용기 중에 정지 유체의 일부에 가해진 압력은 유체중의 모든 부분에 일정하게 전달된다."라는 원리는?

① 베르누이의 정리
② 파스칼의 원리
③ 오일러의 원리
④ 연속의 법칙

해설 파스칼(Pascal)의 원리
밀폐된 용기 속에 있는 정지 유체의 일부에 가한 압력은 유체 중의 모든 방향에 같은 크기로 전달된다.

$$\therefore \frac{F_1}{A_1} = \frac{F_2}{A_2}$$

[답] ②

25 자동제어장치에서 기준입력과 검출부 출력을 합하여 제어계가 소요의 작용을 하는데 필요한 신호를 만들어 보내는 부분으로 맞는 것은?

① 비교부
② 설정부
③ 조절부
④ 조작부

해설 자동제어의 구성
㉮ 비교부 : 기준입력과 주피드백량과의 차를 구하는 부분으로서 제어량의 현재값이 목표치와 얼마만큼 차이가 나는가를 판단하는 기구
㉯ 검출부 : 제어량을 검출하고 이것을 기준입력과 비교할 수 있는 물리량(주피드백 신호)을 만드는 부분

㉰ 조절부 : 제어편차에 따라 일정한 신호를 조작요소에 보내는 부분
㉱ 조작부 : 제어대상에 대하여 작용을 걸어오는 부분으로 조작신호를 받아 이것을 조작량으로 바꾸는 부분
㉲ 설정부 : 정치제어일 때 주로 사용되는 것으로 목표치와 주피드백량이 같은 종류의 양이 아니면 비교할 수 없다.
[답] ③

26 원심력 모르타르 라이닝 주철관에 대한 일반적인 특징으로 옳은 것은?

① 라이닝을 실시한 관은 모르타르를 통하여 물이 관속으로 침투하기 쉽다.
② 라이닝을 실시한 관은 마찰 저항이 적으며 수질의 변화가 적다.
③ 삽입구를 포함하여 관의 내면 모두 라이닝 한다.
④ 원심력 덕타일 주철관은 라이닝 할 수 없다.

해설 원심력 모르타르 라이닝 주철관의 특징
㉮ 삽입구를 제외한 관의 내면에 시멘트 모르타르를 라이닝한 것이다.
㉯ 라이닝을 실시한 관은 철과 물의 직접 접촉이 없으므로 물이 관속으로 침투하기 어렵다.
㉰ 라이닝을 실시한 관은 마찰저항이 적으며, 수질의 변화가 적다.
㉱ 라이닝을 실시하는 관은 수도용 원심력 모래형 주철관, 원심력 금형 주철관, 원심력 덕타일 주철관 등이다.
㉲ 라이닝 방법은 관의 내면을 도장하지 않은 관에 시멘트와 모래의 배합비(중량비)를 1 : 1.5~2로 하여 원심력을 이용하여 두께와 질을 모두 균일하게 라이닝한다.
[답] ②

27 고압가스 배관시공 시 유의해야 할 사항으로 틀린 것은?

① 배관 등의 접합부분은 가능하면 나사이음을 할 것
② 중 하중에 의해 생기는 응력에 대한 안정성이 있을 것
③ 신축이 생길 우려가 있는 곳에는 신축 흡수 장치를 할 것
④ 관이음 방법은 가스의 최고사용압력, 관의 재질, 용도 등에 따라 적합하게 선택할 것

해설 고압가스 배관의 접합은 용접이음으로 하는 것을 원칙으로 한다.
[답] ①

28 밸브판이 밸브시트에 대해 직선적으로 미끄럼운동을 하여 움직이기 때문에 전개 시 저항이 거의 없고 고압에 견디는 구조이므로 간선 관로의 차단용으로 다음 중 가장 적합한 것은?

① 슬루스 밸브
② 글로브 밸브
③ 앵글 밸브
④ 다이어프램 밸브

해설 슬루스 밸브(sluice valve)의 특징
㉮ 게이트밸브(gate valve) 또는 사절변이라 한다.
㉯ 리프트가 커서 개폐에 시간이 걸린다.
㉰ 밸브를 완전히 열면 밸브 본체 속에 관로의 단면적과 거의 같게 된다.
㉱ 쐐기형의 밸브 본체가 밸브 시트 안을 눌러 기밀을 유지한다.
㉲ 유로의 개폐용으로 사용한다.
㉳ 밸브를 절반 정도 열고 사용하면 와류가 생겨 유체의 저항이 커지기 때문에 유량조절에는 적합하지 않다.
[답] ①

29 파이프 랙(pipe rack)의 간격 결정 조건으로 틀린 것은?

① 배관 구경의 대소
② 배관 내 유체의 종류
③ 배관 내 마찰 저항
④ 배관 내 유체의 온도

해설 파이프 랙(pipe rack)의 간격 결정 조건
㉮ 배관 구경의 대소
㉯ 배관에 플랜지의 부착 유무
㉰ 배관의 보온·보냉 시공 및 두께
㉱ 배관 내 유체의 종류 및 온도
[답] ③

30 인탈산 동관에 관한 설명으로 틀린 것은?
① 연수(軟水)에는 부식된다.
② 담수(淡水)에는 내식성이 강하다.
③ 고온에서 수소 취화 현상이 발생한다.
④ 탄산가스를 포함한 공기 중에서는 푸른 녹이 생긴다.

해설 인탈산 동관
동을 인(P)으로 탈산 처리한 것으로 전기 전도성은 인성 동관보다 낮으며, 고온에서도 수소취화 현상이 발생하지 않는다. 담수(淡水)에는 내식성이 강하지만, 연수(軟水)에는 부식된다. **[답] ③**

참고 연수(軟水)와 담수(淡水)
㉮ 연수 : 칼슘, 마그네슘이 탄산수소염, 염화물, 황산염 형태로 들어 있지 않는 물로 단물이라 한다. → 비누 거품이 잘 생기는 물로 빗물, 수돗물 등이 해당
㉯ 담수 : 칼슘, 마그네슘이 탄산수소염, 염화물, 황산염 형태로 들어 있는 물로 센물이라 한다. → 비누거품이 생기지 않는 물로 지하수, 온천수 등이 해당

31 공기 수송배관에서 분리기(separator)의 설치 위치는?
① 공기 수송의 맨 끝
② 혼입기의 바로 앞
③ 수송관의 도중
④ 송풍기와 병행

해설 기송배관의 부속설비
㉮ 동력원 : 진공펌프(진공식), 공기압축기(압송식), 진공 압축 겸용 펌프(진공 압송식)
㉯ 송급기(feeder) : 공기 수송기에서 분말이나 알갱이를 수송관 쪽으로 공급하는 장치
㉰ 수송관(delivery pipe) : 진공식, 저압송식, 고압송식으로 나뉘며, 수송관에 사용하는 재료는 수송물의 종류, 성질에 따라 용접 강관, 스테인리스관, 황동관, 알루미늄관, 플라스틱관이 사용된다.
㉱ 분리기(separator) : 기송배관 마지막에 설치되는 기기로서 압력 공기 속에서 대기 속으로 분립체를 배출하는 것과 진공 속에서 대기 속으로 분립체를 압출하는 방법이 있다. **[답] ①**

32 네오프렌 패킹에 관한 설명으로 틀린 것은?
① 고무류 패킹에 해당된다.
② 고압 증기배관에 주로 사용된다.
③ 내열 범위가 −46~121[℃]인 합성고무이다.
④ 내유성, 내후성, 내산화성 및 기계적 성질이 우수하다.

해설 네오프렌(neoprene : 합성고무) 패킹
내열도가 −46~121[℃]인 천연고무의 성질을 개선시킨 것으로 내산성, 내후성, 내유성이 좋고, 기계적 성질이 양호하다. 증기배관 외 물, 공기, 기름 및 냉매배관 등 광범위하게 사용되지만 고압 증기배관에는 부적합하다. **[답] ②**

33 다른 보온재에 비하여 단열효과가 낮아 다소 두껍게 시공하며, 500℃ 이하의 파이프나 탱크, 노벽 등에 물을 가하여 반죽하여 칠하는 수결재(水結材) 보온재는?
① 석면
② 규조토
③ 양면
④ 탄산마그네슘

해설 규조토의 특징
㉮ 열전도율이 다른 보온재에 비해 크다.
㉯ 시공 후 건조시간이 길며 접착성이 좋다.
㉰ 500[℃] 이하의 관, 탱크 등의 보온용으로 좋다.
㉱ 열전도율은 0.083~0.095[kcal/h·m·℃] 정도이다.
㉲ 안전 사용온도는 석면사용 시 500[℃], 삼여물 사용 시 250[℃] 정도이다. **[답] ②**

34 공기조화설비에서 덕트 그릴에 댐퍼를 부착하여 풍량을 조절할 수 있으며, 벽면이나 천정에 부착하여 급기구로 사용하는 것은?
① 가이드 베인
② 디퓨져
③ 레지스터
④ 스폴라인

해설 급기구의 종류
㉮ 레지스터(register) : 그릴(grille) 안쪽에 댐퍼(셔터)를 부착하여 풍량을 조절 할 수 있도록 한 것이다.
㉯ 그릴(grille) : 댐퍼(셔터)가 없는 것으로 풍량 조절이 불가능하며, 주로 저속의 환기용으로 사용된다.
㉰ 슬롯 : 급기구의 종횡비가 커 띠 형상으로 생긴 급기구이다.
㉱ 다공판형 : 강판 등에 작은 구멍을 개공률 10% 정도로 뚫어 급기구로 사용하는 것이다.
㉲ 디퓨져(diffuser) : 여러 개의 원형이나 각형의 콘을 덕트 개구부에 부착하여 천장부근에서 실내공기를 흡입 및 토출시켜 기류를 확산시키는 성능이 뛰어나다.
㉳ 루버(louver) : 큰 가로날개가 바깥쪽으로 아래로 경사지게 붙여져 고정되는 형태로 정면에서는 날개에 가려서 안이 보이지 않아, 외기도입구, 환기구 등으로 사용한다. [답] ③

35 파이프 나사부의 길이를 필요 이상 길게 만들어서는 아니 되는 중요한 이유가 아닌 것은?
① 관 재료를 절약하기 위하여
② 관 두께가 얇아지기 때문에
③ 나사부의 강도가 감소되기 때문에
④ 아연 도금한 부분이 깎여 부식되기 쉬운 부분이 많아지기 때문에

해설
파이프에 나사를 가공할 때 나사부의 길이를 필요 이상으로 길게 가공하면 관 두께가 얇아져 나사부의 강도가 감소되고, 아연이 도금된 부분이 절삭되어 부식이 발생할 수 있는 부분이 많아지므로 배관 호칭에 따른 규정된 길이로 가공하여 조립하여야 한다. [답] ①

참고 배관 호칭에 따른 유효나사부 길이

배관호칭[A]	15	20	25	32	40	50
유효나사부 길이 [mm]	11	13	15	17	18	20

36 관지지 장치의 필요조건이 아닌 것은?
① 적당한 지지간격으로 설치하여야 한다.
② 외부로부터의 충격과 진동에 견딜 수 있어야 한다.
③ 관의 신축에 적절하게 대응할 수 있는 구조여야 한다.
④ 피복제를 제외한 배관의 자중과 유체의 중량에 견딜 수 있어야 한다.

해설 배관 지지의 필요조건
㉮ 피복제를 포함한 배관의 자중과 유체의 중량에 견딜 수 있어야 한다.
㉯ 외부로부터의 충격과 진동에 견딜 수 있어야 한다.
㉰ 배관 시공에 있어서 구배의 조정이 간단하게 될 수 있는 구조일 것
㉱ 온도변화에 따른 관의 신축에 적절하게 대응할 수 있는 구조여야 한다.
㉲ 관의 지지간격이 적당하게 설치하여야 한다. [답] ④

37 냉매용 밸브를 설명한 것 중 틀린 것은?
① 플로트밸브 : 만액식 증발기에 사용하며 증발기 속의 액면을 일정하게 조절
② 증발 압력조정밸브 : 증발기와 압축기 사이에 설치하여 증발기의 부하를 조절
③ 팽창밸브 : 냉동부하와 증발온도에 따라 증발기에 들어가는 냉매량을 조절
④ 전자밸브 : 온도조절기나 압력조절기 등에 의해 신호전류를 받아 자동적으로 밸브를 개폐

해설 증발 압력조정밸브
한 대의 압축기로 증발온도가 다른 2대 이상의 증발기를 유지하는 경우 온도가 높은 측 증발기에 설치하여 증발기내의 압력이 일정압력 이하로 되는 것을 방지하는 역할을 하는 것으로 증발기와 압축기 사이 배관에 설치한다. [답] ②

38 유량계 설치법에 대한 설명으로 잘못된 것은?

① 차압식 유량계의 오리피스는 원칙적으로 수직배관에 설치한다.
② 체적식 유량계와 면적식 유량계는 조작 및 보수가 쉽도록 설치한다.
③ 차압식 유량계의 노즐 취출방향은 액체인 경우는 하향, 기체일 경우는 상향으로 한다.
④ 증기배관에는 증기가 유량계에 유입하는 것을 방지하고, 차압에 대해 일정한 액주의 높이를 유지할 수 있도록 콘덴서를 설치한다.

해설
차압식 유량계(오리피스미터, 플로노즐, 벤투리미터)는 원칙적으로 수평배관에 설치하여야 한다. **[답]** ①

39 외벽면 표면 열전달률 $\alpha_1 = 23[W/m^2 \cdot K]$, 내벽면 표면 열전달률 $\alpha_2 = 6[W/m^2 \cdot K]$, 방열면 두께가 300[mm], 열전도율 $\lambda = 0.05[W/m \cdot K]$인 방열면이 있다. 이때의 열통과율 $[W/m^2 \cdot K]$은 약 얼마인가?

① $0.16[W/m^2 \cdot K]$ ② $0.18[W/m^2 \cdot K]$
③ $0.21[W/m^2 \cdot K]$ ④ $0.24[W/m^2 \cdot K]$

해설
$$K = \cfrac{1}{\cfrac{1}{\alpha_1} + \cfrac{b}{\lambda} + \cfrac{1}{\alpha_2}} = \cfrac{1}{\cfrac{1}{23} + \cfrac{0.3}{0.05} + \cfrac{1}{6}}$$
$= 0.161[W/m^2 \cdot K]$ **[답]** ①

40 증기와 응축수의 열역학적 특성에 따라 작동되는 증기트랩이 아닌 것은?

① 디스크형(disc type) 증기트랩
② 오리피스형(orifice type) 증기트랩
③ 바이패스형(by-pass type) 증기트랩
④ 헤비듀티형(heavy duty type) 증기트랩

해설 작동원리에 의한 트랩의 분류

구 분	작동원리	종 류
기계식 트랩	증기와 응축수의 비중차 이용 (플로트 또는 버킷의 부력 이용)	상향 버킷식, 하향 버킷식, 레버 플로트식, 자유 플로트식
온도조절식 트랩	증기와 응축수의 온도차 이용 (금속의 신축성을 이용)	바이메탈식, 벨로스식
열역학적 트랩	증기와 응축수의 열역학적, 유체역학적 특성차 이용	오리피스식, 디스크식

[답] ④

41 신축곡관(loop joint)에 관한 설명으로 옳은 것은?

① 고압에 견디며 고장이 적다.
② 설치 시 장소를 차지하는 면적이 적다.
③ 신축 흡수에 따른 응력이 생기지 않는다.
④ 곡률 반경은 관경의 4~5배 이하가 이상적이다.

해설 루프형(loop type) 신축이음쇠의 특징
㉮ 곡관으로 만들어진 관의 가요성(可撓性)을 이용한 것이다.
㉯ 구조가 간단하고 내구성이 좋아 고온, 고압배관이나 옥외배관에 주로 사용한다.
㉰ 설치 시 장소를 차지하는 면적이 크다.
㉱ 신축 흡수에 따른 응력이 발생한다.
㉲ 곡률 반지름은 관지름의 6배 이상으로 한다. **[답]** ①

42 관의 끝부분에 나사 박음식 캡 및 나사 박음식 플러그가 결합되어 있을 때 해당부분의 배관 길이 치수가 표시하는 위치에 관한 설명으로 가장 적합한 것은?

① 나사 박음식 캡은 캡의 끝 면까지 치수, 나사 박음식 플러그는 관의 끝 면까지 치수로 표시한다.
② 나사 박음식 캡은 관의 끝 면까지 치수, 나사 박음식 플러그는 플러그의 끝 면까지 치

수로 표시한다.
③ 나사 박음식 캡 및 나사 박음식 플러그는 모두 캡 및 플러그의 끝 면까지 치수로 표시한다.
④ 나사 박음식 캡 및 나사 박음식 플러그 모두 관의 끝 면까지 치수로 표시한다.

해설
나사 박음식 캡 및 나사 박음식 플러그는 배관을 연결하는 부속이 아니므로 관 끝 면까지 치수로 표시한다.
[답] ④

43 그림과 같이 파이프를 90° 벤딩하고자 할 때 총 길이는 몇 [mm]인가?
① 714
② 739
③ 857
④ 557

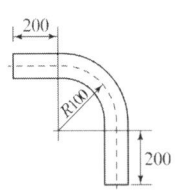

해설
직선부의 길이는 상부와 하부 2개소를 계산하여야 한다.
∴ L = 곡선부 길이 + 직선부 길이
$= \left(\dfrac{90}{360} \times \pi \times D\right)$ + 직선부 길이
$= \left(\dfrac{90}{360} \times \pi \times 200\right) + (200+200) = 557 [\text{mm}]$ [답] ④

44 [보기] 용접기호에서 인접한 용접부 간의 간격(피치)을 나타내는 것은?

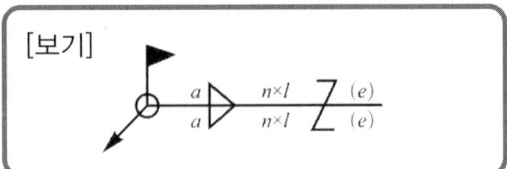

① a
② n
③ ℓ
④ (e)

해설 용접도시기호 문자
㉮ a : 용접 목두께

㉯ n : 용접부의 개수(용접수)
㉰ ℓ : 용접부 길이(크레이트 제외)
㉱ (e) : 인접한 용접부 간의 간격
[답] ④

45 폴리에틸렌관에 가열 지그를 사용하여 관 끝의 바깥쪽과 이음관의 안쪽을 동시에 가열하여 용융이음 하는 것은?
① 턴 앤드 그루브 이음
② 인서트 이음
③ 용착 슬리브 이음
④ 용접 이음

해설 폴리에틸렌관의 이음 종류
㉮ 용착 슬리브 접합 : 관 끝의 바깥쪽과 이음관의 안쪽을 동시에 가열하여 용융이음 하는 방법이다.
㉯ 테이퍼 접합 : 50[mm] 이하의 관에 폴리에틸렌관 전용의 포금제 테이퍼 조인트를 사용하여 접합하는 방법이다.
㉰ 인서트 접합 : 50[mm] 이하의 폴리에틸렌관 접합용으로 가열 연화한 인서트를 끼우고 물로 냉각하여 클램프로 조여 접합하는 방법이다.
㉱ 기타 이음 방법 : 용접법, 플랜지 이음법, 나사 이음
[답] ③

46 90°엘보 4개를 사용한 보기와 같은 입체도의 평면도로 가장 적합한 것은?

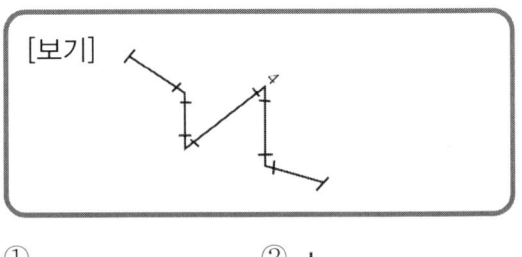

① 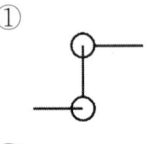   ②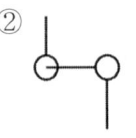

③ 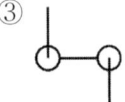   ④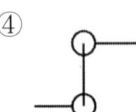

[답] ①

47 일반적인 배관작업용 쇠톱의 인치당 산수에 따라 재질별 사용용도를 분류한 것으로 잘못된 것은?
① 14산 - 주철, 동합금
② 18산 - 경강, 탄소강
③ 24산 - 동, 납
④ 32산 - 박판, 소결합금강

해설 쇠톱의 톱날 수와 용도

톱날 수(1″당)	용 도
14	탄소강(연강), 주철, 동합금
18	탄소강(경강), 고속도강
24	강관, 합금강
32	얇은 철판 및 강관

[답] ③

48 도형의 한정된 특정 부분을 다른 부분과 구별하는데 사용하는 해칭은 어느 선으로 나타내는가?
① 굵은 실선 ② 가는 실선
③ 은선 ④ 파단선

해설 해칭(hatching)
단면도의 절단된 부분과 같이 도형의 한정된 특정 부분을 다른 부분과 구별하는데 사용하는 것으로 가는 실선으로 규칙적으로 줄을 늘어 놓은 것이다. [답] ②

49 CO_2 아크 용접법 중에서 비용극식 용접에 해당하는 것은?
① 순 CO_2법
② 탄소 아크법
③ 혼합 가스법
④ 아코스 아크법

해설 용접법의 구분
㉮ 용극식 용접 : 모재와 금속 전극과의 사이에 아크를 발생시켜 그 열로서 전극과 모재를 용융하여 용접하는 것으로 아크 용접법, 불활성가스 금속 아크 용접법, 탄산가스 실드 아크 용접법 등이 있다.
㉯ 비용극식 용접법 : 탄소 아크에 의하여 용접열을 공급하고 용착 금속은 별도로 용가재를 사용하여 이것을 녹여 공급하는 용접법으로 탄소 아크 용접법이 해당된다. [답] ②

50 절대 온도 303[K]는 화씨온도로 몇 [°F]인가?
① 30[°F] ② 68[°F]
③ 73[°F] ④ 86[°F]

해설
$K = \dfrac{t°F + 460}{1.8}$ 이다.
$\therefore °F = K \times 1.8 - 460 = 303 \times 1.8 - 460 = 85.4[°F]$ [답] ④

51 플랜지를 관과 이음 하는 방법에 따라 분류할 때 이에 해당되지 않는 것은?
① 소켓 용접형
② 랩 조인트 형
③ 나사 이음형
④ 바이패스 형

해설 플랜지의 관 부착법에 따른 분류
소켓 용접형(slip on type), 맞대기 용접형, 나사 결합형, 삽입 용접형, 블라인드형, 랩 조인트(lapped joint)형 [답] ④

52 용접식 관이음쇠인 롱 엘보(long elbow)의 곡률 반지름은 강관 호칭지름의 몇 배인가?
① 1배 ② 1.5배
③ 2배 ④ 2.5배

해설 맞대기 용접용 엘보의 곡률 반지름
㉮ 롱 엘보(long elbow) : 강관 호칭지름의 1.5배
㉯ 숏 엘보(short elbow) : 강관의 호칭지름 [답] ②

53 도관의 접합방법에 관한 설명 중 틀린 것은?

① 도관 접합에는 마(yarn)를 삽입하고 몰탈을 바르는 방법과 몰탈만 바르는 접합법이 있다.
② 접합할 때 허브(hub)쪽을 상류로 향하게 하여 관이 이동되지 않도록 한다.
③ 허브와 소켓을 일직선으로 맞춘 다음 수평기로 구배를 맞추고 몰탈 접합한다.
④ 도관은 매설 배관이므로 접합부 윗부분에만 몰탈을 채우면 몰탈이 턱속으로 흘러 아래까지 들어간다.

해설
도관은 매설 배관이므로 소켓 안쪽의 밑 부분에 가는 모래를 채워서 삽입관(hub)을 지지하고, 몰탈을 바를 때에는 소켓 아래 부분을 특별히 주의하여야 한다. **[답]** ④

54 아크 용접기의 구비조건으로 틀린 것은?

① 사용 중에 온도상승이 커야 한다.
② 가격이 저렴하고 사용 유지비가 적게 들어야 한다.
③ 전류 조정이 용이하고 일정한 전류가 흘러야 한다.
④ 아크 발생이 잘 되도록 무부하 전압이 유지되어야 한다.

해설 아크 용접기의 구비조건
㉮ 아크 발생이 잘 될 수 있도록 무부하 전압이 어느 정도 높게 유지되어야 한다.
㉯ 전류 조정이 쉽고, 일정한 전류가 흘러야 한다.
㉰ 용접에 필요한 외부 전원 특성곡선을 가져야 한다.
㉱ 역률과 효율이 높게 유지되어야 한다.
㉲ 취급이 쉽고 사용 유지비가 적게 소요되어야 한다.
㉳ 가격이 저렴하고 튼튼해야 한다. **[답]** ①

55 다이헤드식 동력나사절삭기로 할 수 없는 작업은?

① 관의 절삭   ② 관의 정형
③ 나사 절삭   ④ 거스러미 제거

해설
다이헤드식 동력나사절삭기는 관의 절단, 나사 절삭, 거스러미 제거 등의 작업을 연속적으로 할 수 있다.
[답] ②

56 서블릭(therblig)기호는 어떤 분석에 주로 이용되는가?

① 연합작업분석   ② 공정분석
③ 동작분석   ④ 작업분석

해설 동작분석
작업자의 동작을 분해 가능한 최소한의 단위로서 미세동작(therblig)으로 분석하고 비능률적인 동작(무리, 낭비, 불합리한 동작)을 제거해서 최선의 작업방법으로 개선하기 위한 기법이다. 동작분석의 방법에는 동작경제의 원칙, 서블릭 분석기법, 필름 분석법 등이 있다.
[답] ③

57 다음 데이터의 제곱합(sum of squares)은 약 얼마인가?

[데이터]
18.8 19.1 18.8 18.2 18.4
18.3 19.0 18.6 19.2

① 0.129   ② 0.338
③ 0.359   ④ 1.029

해설
㉮ 평균값 계산
$$\therefore \bar{x} = \frac{\sum x}{n}$$
$$= \frac{\{18.8 + 19.1 + 18.8 + 18.2 + 18.4 + 18.3 + 19.0 + 18.6 + 19.2\}}{9}$$
$$= 18.71$$

㉯ 편차 제곱합 계산

$$\therefore S = (18.8-18.71)^2 + (19.1-18.71)^2$$
$$+ (18.8-18.71)^2 + (18.2-18.71)^2$$
$$+ (18.4-18.71)^2 + (18.3-18.71)^2$$
$$+ (19.0-18.71)^2 + (18.6-18.71)^2$$
$$+ (19.2-18.71)^2 = 1.0289$$

[답] ④

58 모집단의 참값과 측정데이터의 차를 무엇이라 하는가?
① 정밀성 ② 정확도
③ 오차   ④ 신뢰성

해설
㉮ 오차 : 모집단의 참값(μ)과 시료의 측정데이터(x_i)와의 차이
㉯ 신뢰성 : 시스템, 기기, 부품 등의 기능의 시간적 안정성을 나타내는 정도
㉰ 정밀도 : 어떤 측정법으로 동일 시료를 무한횟수 측정하였을 때 그 데이터는 반드시 어떤 산포를 갖게 되는데, 이 산포의 크기를 정밀도라 한다.
㉱ 정확도(accuracy) : 어떤 측정법으로 동일 시료를 무한횟수 측정하였을 때 데이터 분포의 평균값과 모집단 참값과의 차이를 의미한다.

[답] ③

59 공급자에 대한 보호와 구입자에 대한 보증의 정도를 규정해 주고 공급자의 요구와 구입자의 요구 양쪽을 만족하도록 하는 샘플링 검사방식은?
① 규준형 샘플링 검사
② 조정형 샘플링 검사
③ 선별형 샘플링 검사
④ 연속생산형 샘플링 검사

해설 규준형 샘플링 검사
공급자에 대한 보호와 구입자에 대한 보증의 정도를 규정해 두고 공급자의 요구와 구입자의 요구 양쪽을 만족하도록 하는 검사방식이다.

[답] ①

60 품질의 종류에 속하지 않는 것은?
① 설계품질 ② 적합품질
③ 검사품질 ④ 시장품질

해설 품질의 형성단계에 의한 분류
㉮ 시장품질(소비자 품질, 요구품질, 목표품질)
㉯ 설계품질
㉰ 제조품질(적합품질, 합치품질)

[답] ③

2022년 배관기능장 CBT 필기시험 복원문제 (1)

☞ CBT필기시험 복원문제는 수험자의 기억에 의하여 복원된 것이므로 실제 출제문제와는 차이가 있을 수 있습니다.

01 건물의 종류별 급탕량이 다음의 표와 같을 때, 5인 가족의 주택에서 중앙급탕방식 1일간의 급탕량은 몇 [m³/d]인가?

구 분	1일 1인분의 급탕량 [L/(인·d)]
	q_d
주택, 아파트	150
사무실	11
공 장	20
호 텔	100

① 0.055 ② 0.75
③ 0.10   ④ 0.50

해설
1 [m³]는 1000[L]에 해당된다.
∴ $Q_d = N \times q_d = 5 \times 150$
　　　$= 750 [L/d] = 0.75 [m^3/d]$
　　　　　　　　　　　　　　　　[답] ②

02 아크용접 작업시의 주의사항으로 적당하지 않은 것은?
① 눈 및 피부를 노출시키지 말 것
② 홀더가 가열될 시에는 물에 식힐 것
③ 비가 올 때는 옥외작업을 금지할 것
④ 슬랙을 제거할 때에는 보안경을 사용할 것

해설
홀더 등 전기용접 부품 및 기기에 물이 있을 경우 감전의 위험성이 커진다. **[답] ②**

03 스테인리스 강관 MR 조인트에 관한 설명으로 옳은 것은?
① 프레스 가공 등이 필요하고, 관의 강도를 100[%] 활용할 수 있다.
② 스패너 이외의 특수한 접속 공구가 필요하다.
③ 청동제 이음쇠를 사용하여도 다른 강관과는 자연 전위차가 있어 부식의 문제가 있다.
④ 화기를 사용하지 않기 때문에 기존 건물 등의 배관 공사에 적합하다.

해설
스테인리스 강관 MR 조인트는 스테인리스 강관의 이음쇠 중 동합금제 링을 캡 너트로 조여, 고정시켜 결합하는 이음방법으로 용접, 나사가공 등을 하지 않고 배관작업을 할 수 있기 때문에 건물 등의 배관 공사에 적합하다.
[답] ④

04 공기조화 장치에서 응축기의 냉각용수를 다시 냉각시키는 장치를 무엇이라 하는가?
① 냉각탑   ② 냉동실
③ 증발기   ④ 팽창밸브

해설 냉각탑(cooling tower)
수냉식 냉동기의 응축기 냉각수 소비를 절감하기 위하여 공기와의 접촉에 의한 냉각과 물의 증발에 의하여 냉각시키는 장치이다. **[답] ①**

05 고압가스 재해에 대한 설명으로 틀린 것은?

① 가연성의 기체가 공기 속에서 부유하다가 공기의 산소 분자와 접촉하면 폭발할 수 있다.
② 액화석유가스와 같이 공기보다 무거운 가스는 누설되면 확산되어 낮은 곳에는 고이지 않는다.
③ 일산화탄소는 가연성 가스로서 공기와 공존할 때는 폭발할 수 있다.
④ 아세틸렌은 공기나 산소와 같은 지연성 가스와 공존하지 않아도 폭발이 일어날 수 있다.

해설 고압가스 재해
㉮ 액화석유가스와 같이 공기보다 무거운 가스는 누설되면 낮은 곳에 체류하여 점화원이 있을 때 폭발할 수 있다.
㉯ 아세틸렌은 공기나 산소와 같은 지연성 가스와 공존하지 않아도 분해폭발, 화합폭발이 일어날 수 있다.

[답] ②

06 조절계의 출력과 제어량이 목표값 보다 커질 때 출력이 증가하는 방향으로 움직이게 하는 동작은?

① 정작동   ② 역작동
③ 비례작동   ④ 비례미분작동

해설 정작동과 역작동
㉮ 정작동 : 조절계의 출력과 제어량이 목표값 보다 커질 때 출력이 증가하는 방향으로 움직이게 하는 동작
㉯ 역작동 : 조절계의 출력과 제어량이 목표값 보다 커질 때 출력이 감소하는 방향으로 움직이게 하는 동작

[답] ①

07 보일러 집진장치 중 세정 집진장치의 작동순서로 옳은 것은?

① 충돌 – 확산 – 증습 – 누설 – 응집
② 충돌 – 확산 – 증습 – 응집 – 누설
③ 확산 – 충돌 – 증습 – 누설 – 응집
④ 확산 – 충돌 – 증습 – 응집 – 누설

해설
㉮ 세정식 집진장치 원리 : 분진이 포함된 배기가스를 세정액이나 액막 등에 충돌시키거나 접촉시켜 액체에 의해 포집하는 방식이다.
㉯ 작동순서 : 충돌 – 확산 – 증습 – 응집 – 누설

[답] ②

08 표준 대기압을 나타내는 값으로 틀린 것은?

① 760[mmHg]   ② 10.33[mAq]
③ 101.325[kPa]   ④ 14.7[bar]

해설
1[atm] = 760[mmHg] = 76[cmHg]
= 0.76[mHg] = 29.9[inHg] = 760[torr]
= 10332[kgf/m^2] = 1.0332[kgf/cm^2]
= 10.332[mH$_2$O] = 10332[mmH$_2$O] = 101325[N/m^2]
= 101325[Pa] = 101.325[kPa] = 0.101325[MPa]
= 1013250[dyne/cm^2] = 1.01325[bar]
= 1013.25[mbar] = 14.7[lb/in^2] = 14.7[psi]
※ [mH$_2$O]와 [mAq]는 동일한 단위임

[답] ④

09 기송 배관의 부속설비 중 공기 수송기에서 분말이나 알갱이를 수송관 쪽으로 공급하는 장치는?

① 송급기   ② 분리기
③ 수송관   ④ 동력원

해설
(1) 기송배관 : 공기 수송기를 사용하여 고체 분말 또는 미립자를 운송하도록 시설하여 놓은 배관
(2) 부속설비
㉮ 동력원 : 진공펌프(진공식), 공기압축기(압송식), 진공 압축 겸용 펌프(진공 압송식)
㉯ 송급기(feeder) : 공기 수송기에서 분말이나 알갱이를 수송관 쪽으로 공급하는 장치
㉰ 수송관(delivery pipe) : 진공식, 저압송식, 고압송식으로 나뉘며, 수송관에 사용하는 재료는 수송물의 종류, 성질에 따라 용접 강관, 스테인리스관, 황동관, 알루미늄관, 플라스틱관이 사용된다.
㉱ 분리기(separator) : 기송배관 마지막에 설치되

10 배수관 및 통기관의 배관 완료 후 또는 일부 종료 후 각 기구 접속구 등을 밀폐하고, 배관 최상부에서 배관 내에 물을 가득 채운 상태에서 누수의 유무를 시험하는 것은?
① 수압 시험 ② 통수 시험
③ 연기 시험 ④ 만수 시험

해설 배수관 및 통기관의 시험
㉮ 만수시험 : 배관 내에 물을 충만 시킨 후 누설 유무를 시험하는 것
㉯ 기압시험 : 공기를 이용하여 $0.35[kgf/cm^2]$의 압력으로 15분간 유지한다.
㉰ 기밀시험 : 연기시험과 박하시험으로 최종시험에 해당한다. **[답] ④**

11 연삭작업 안전수칙 중 옳은 것은?
① 작업 기간 단축을 위해 숫돌의 측면을 사용한다.
② 보안경은 작업시간이 짧은 때에는 쓰지 않아도 좋다.
③ 숫돌 커버는 공작물의 형상에 따라 장착하지 않을 수 있다.
④ 연마면의 먼지나 쇳가루는 반드시 청소한 후 작업해야 한다.

해설 연삭작업 시 안전 수칙
㉮ 숫돌은 측면에 작용하는 힘이 약하므로 측면은 사용하지 않도록 한다.
㉯ 연삭작업 전에 보안경을 착용하고 흡진장치가 없는 연삭작업은 방진 마스크를 착용한다.
㉰ 숫돌 커버는 반드시 장착하고, 공작물 받침대가 설치된 연삭기는 숫돌과의 사이 틈새가 3[mm] 이내가 되도록 조정한다.
㉱ 공작물과 숫돌은 조용하게 접촉하고, 무리한 압력으로 연삭해서는 안 된다.
㉲ 플랜지는 좌우 같은 것을 사용하고 숫돌 바깥지름의 1/3 이상의 것을 사용한다.
㉳ 플랜지와 숫돌 사이에는 플랜지와 같은 크기의 패킹을 양쪽에 끼우고 너트를 너무 강하게 조이지 않도록 한다.
㉴ 숫돌은 3분 이상, 작업개시 전에는 1분 이상 시운전한다. 이 때 숫돌의 회전방향으로부터 몸을 피하여 안전에 유의한다. **[답] ④**

12 비중 1.2의 유체를 $4[m^3/min]$ 유량으로 높이 12[m]까지 올리려면 펌프의 수동력은 몇 [kW]인가? (단, 물의 밀도는 $1000[kg/m^3]$이다.)
① 9.41 ② 10.14 ③ 11.2 ④ 15.01

해설
㉮ 유체의 비중량(γ)은 비중에 물의 밀도 $1000[kg/m^3]$을 적용하고, 유량(Q)은 초당 유량으로 변환한다.
㉯ 수동력 계산 : 수동력은 이론적인 동력으로 효율이 100[%]인 것이므로 적용하지 않는다.

$$\therefore kW = \frac{\gamma \times Q \times H}{102}$$

$$= \frac{(1.2 \times 1000) \times 4 \times 12}{102 \times 60} = 9.41 [kW]$$ **[답] ①**

13 관 접속부의 부속류 분해 및 조립 시 사용되며 보통형과 강력형 및 체인형 등이 있는 공구는?
① 파이프 커터 ② 나사 절삭기
③ 파이프 렌치 ④ 커팅 휠 절단기

해설 파이프 렌치(pipe wrench)
강관을 조립 및 분해할 때 또는 관 자체를 회전시킬 때 사용하는 공구로 체인형 파이프렌치는 200A 이상의 대구경관 조립에 사용된다. **[답] ③**

14 용접 전에 가접을 하는 목적으로 옳은 것은?
① 용접 중 변형방지를 위함
② 제품 중량의 감소를 위함
③ 열의 분포를 넓히기 위함
④ 용접자세를 편하게 하기 위함

해설
용접 전에 용접부에 가접을 하는 목적은 용접 중 변형을 방지하기 위함이다. **[답]** ①

15 전기에너지를 이용한 용접이 아닌 것은?
① 아크용접 ② 가스용접
③ 테르밋용접 ④ 저항용접

해설 가스용접
가연성 가스와 산소를 혼합 연소시켜 고온의 불꽃을 용접부에 대어 용접부를 녹여 접합하는 방법으로 산소-수소 용접, 산소-아세틸렌 용접, 공기-아세틸렌 용접 등으로 분류된다. **[답]** ②

16 다음 중 일반적인 집진법의 종류가 아닌 것은?
① 원심력식 집진법 ② 세정식 집진법
③ 여과식 집진법 ④ 진공식 집진법

해설 집진법(집진장치)의 분류 및 종류
㉮ 건식 집진장치 : 중력식 집진장치, 관성력식 집진장치, 원심력식 집진장치, 여과 집진장치
㉯ 습식 집진장치 : 유수식(S형, 임펠러형, 회전형, 분수형 및 나선 가이드베인형), 가압수식(벤투리 스크레버, 제트 스크레버, 사이클론 스크레버, 충전탑[세정탑]), 회전식(타이젠 와셔, 충격식 스크레버)
㉰ 전기식 집진장치 : 코트렐 집진기 **[답]** ④

17 단식과 복식이 있으며, 이음 방법은 나사 이음식, 플랜지 이음식이 있고 일명 팩레스(packless) 신축 조인트라고도 하는 것은?
① 슬리브형 ② 벨로스형
③ 루프형 ④ 스위블형

해설 벨로스형(bellows type)
팩리스(packless)형이라 하며, 관의 신축에 따라 슬리브와 함께 신축하는 것으로, 미끄럼 면에서 유체가 누설되는 것을 방지한다. 설치장소에 구애받지 않고 가스, 증기, 물 등 2[MPa], 450[℃]까지 축 방향 신축흡수에 사용되며 단식과 복식 2종류가 있다. **[답]** ②

18 석면 시멘트관의 심플렉스 이음에 관한 설명으로 틀린 것은?
① 수밀성과 굽힘성은 우수하지만 내식성은 약하다.
② 호칭지름 75~500[mm]의 지름이 작은 관에 많이 사용된다.
③ 접합에 끼워 넣는 공구로는 프릭션 플러(friction puller)를 사용한다.
④ 칼라 속에 2개의 고무링을 넣고 이음하며 고무 개스킷 이음이라고도 한다.

해설 심플렉스 이음
75~500[mm]의 지름이 작은 석면 시멘트관에 사용되는 이음방식으로, 석면 시멘트제 칼라와 2개의 고무링으로 접합 시공하는 것으로 일명 고무 개스킷 이음이라고도 하며, 굽힘성과 내식성이 우수하다. **[답]** ①

19 CNC 파이프 벤딩 머신으로 그림과 같이 관을 굽히고자 한다. 프로그램을 작성하는데 ⓐ점의 x, y 좌표가 (0, 0)일 때 ⓔ점의 절대좌표는?

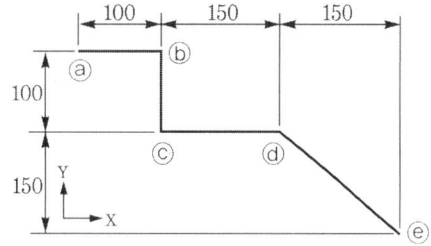

① (250, 300)
② (300, -250)
③ (400, -250)
④ (400, 250)

해설 ⓐ점을 기준으로 한 ⓔ번 지점의 절대좌표
㉮ x좌표 : ⓐ점을 기준으로 오른쪽방향은 +값, 왼쪽방향은 -값을 가진다.
∴ $100 + 150 + 150 = 400$
㉯ y좌표 : ⓐ점을 기준으로 ⓔ번은 아래에 위치한다.
∴ $-100 - 150 = -250$ **[답]** ③

20 주철관 전용 절단공구로 가장 적합한 것은?
① 링크형 파이프커터
② 클램프형 파이프커터
③ 천공형 파이프커터
④ 소켓형 파이프커터

해설 링크형 파이프 커터
관지름 75~200[mm]의 주철관 절단 시 주로 사용되며 원형의 특수 강제 커터, 링크, 핸들 및 래칫 레버로 구성되어 있다. 구조상 매설된 주철관의 절단에 가장 적합하다. **[답] ①**

21 그림과 같이 배관에 직접 접합하는 배관 지지대로서 주로 배관의 수평부나 곡관부에 사용되는 지지장치 명칭은?

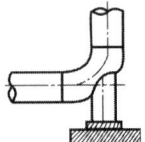

① 파이프 슈(pipe shoe)
② 앵커(anchor)
③ 리지드 서포트(rigid support)
④ 콘스탄트 행거(constant hanger)

해설 서포트(support) : 배관계 중량을 아래에서 위로 지지할 목적으로 사용한다.
㉮ 스프링 서포트 : 상하 이동이 자유롭고 파이프의 하중을 스프링이 완충작용을 한다.
㉯ 롤러 서포트 : 배관의 신축을 자유롭게 하면서 롤러가 관을 받치면서 지지한다.
㉰ 파이프 슈 : 배관의 엘보 부분과 수평부분에 영구히 고정, 배관의 이동을 구속한다.
㉱ 리지드 서포트 : H빔으로 만든 것으로 옥외 등에 종류가 다른 여러 배관을 한 번에 지지한다. **[답] ①**

22 보온 피복재 중 유기질 피복재가 아닌 것은?
① 코르크
② 암면
③ 기포성 수지
④ 펠트

해설 재질에 의한 보온재 분류

㉮ 유기질 보온재 : 펠트, 코르크, 기포성 수지
㉯ 무기질 보온재 : 석면, 암면, 규조토, 탄산마그네슘, 유리섬유
㉰ 금속질 보온재 : 알루미늄 박(泊) **[답] ②**

23 다음 중 체크밸브의 종류로 틀린 것은?
① 스윙 체크밸브
② 나사조임 체크밸브
③ 버터플라이 체크밸브
④ 앵글 체크밸브

해설 체크밸브의 종류
스윙식, 리프트식, 풋 밸브, 해머리스 체크밸브, 버터플라이 체크밸브 등 **[답] ④**

24 패킹재를 가스켓, 나사용 패킹, 글랜드 패킹으로 분류할 때 나사용 패킹으로 분류되는 것은?
① 모넬메탈
② 액상 합성수지
③ 메탈 패킹
④ 플라스틱 패킹

해설 패킹재의 분류 및 종류
㉮ 플랜지 패킹(가스켓) : 천연고무, 합성고무, 식물성 섬유제, 동물성 섬유제, 석면 조인트 시트, 합성수지 패킹, 금속 패킹
㉯ 나사용 패킹 : 나사용 페인트, 일산화연, 액상합성수지
㉰ 그랜드 패킹 : 석면 각형 패킹, 석면 얀 패킹, 몰드 패킹, 아마존 패킹 **[답] ②**

25 다음 중 왕복펌프에 해당하지 않는 것은?
① 피스톤 펌프
② 플런저 펌프
③ 워싱톤 펌프
④ 볼류트 펌프

해설 펌프의 분류
㉮ 터보형 : 원심식, 사류식, 축류식
㉯ 용적형 : 왕복식, 회전식
㉰ 특수펌프 : 제트펌프, 기포펌프, 재생펌프, 수격펌프 **[답] ④**

26 장치 중에서 응축된 유체를 재가열 증발시킬 목적으로 사용하는 열교환기는?
① 재비기(reboiler)
② 예열기(preheater)
③ 가열기(heater)
④ 응축기(condenser)

해설 각 장치의 역할 및 기능
㉮ 재비기(reboiler) : 장치 중에서 응축된 유체를 재가열 증발시킬 목적으로 사용하는 열교환기이다.
㉯ 예열기(preheater) : 유체에 미리 열을 주어 다음 공정의 효율을 증대시키는 열교환기이다.
㉰ 가열기(heater) : 유체의 온도를 높이는데 사용하여 유체를 재가열하여 과열상태로 하기 위한 열교환기이다.
㉱ 응축기(condenser) : 응축성 기체의 잠열을 제거해 액화시키는 열교환기이다. **[답] ①**

27 배관의 동력 절단기 종류가 아닌 것은?
① 포터블 소잉 머신   ② 고정식 소잉 머신
③ 커팅 휠 절단기   ④ 리드형 절단기

해설 배관 절단용 기계 종류
㉮ 기계톱(hark sawing machine) : 포터블(이동식) 소잉 머신, 고정식 소잉 머신
㉯ 고속 숫돌절단기(연삭 절단기)
㉰ 다이헤드식 자동 나사절삭기
㉱ 자동 가스 절단기 **[답] ④**

28 다음 중 내약품성, 내유성이 우수하여 금속의 방식도료로 우수하나 부착력과 내후성이 나쁘며, 내열성이 약한 것이 결점인 합성수지 도료는?
① 에틸렌계
② 요소 멜라민
③ 프탈산
④ 염화 비닐계

해설 합성수지 도료의 종류
㉮ 프탈산계 : 상온에서 도막을 건조시키는 도료로 내후성, 내유성이 우수하지만, 내수성은 불량하다.
㉯ 요소 멜라민계 : 특수한 부식에 금속을 보호하기 위한 내열도료로 사용되고, 베이킹도료로 사용된다. 내열성, 내유성, 내수성이 좋다.
㉰ 염화 비닐계 : 내약품성, 내유성, 내산성이 우수하여 금속의 방식 도료로서 우수하지만, 부착력과 내후성이 나쁘며 내열성이 약한 것이 단점이다.
㉱ 실리콘 수지계 : 요소 멜라민계와 같이 내열도료 및 베이킹 도료로 사용되며, 내열도가 200~350℃ 정도로 우수하다. **[답] ④**

29 빙점 이하의 저온에서 사용하는 강관의 기호는?
① SPPS   ② SPHT
③ SPLT   ④ SPPH

해설 강관의 KS 표시 기호

KS 표시 기호	명칭
SPP	일반 배관용 탄소강관
SPPS	압력 배관용 탄소강관
SPPH	고압 배관용 탄소강관
SPHT	고온 배관용 탄소강관
SPLT	저온 배관용 탄소강관
SPW	배관용 아크용접 탄소강관
SPA	배관용 합금강관
STS×T	배관용 스테인리스강관
STBH	보일러 열교환기용 탄소강관
STHA	보일러 열교환기용 합금강관
STS×TB	보일러 열교환기용 스테인리스강관
STLT	저온 열교환기용 강관
STWW	상수도용 도복장 강관

[답] ③

30 보일러의 과열로 인한 파열의 원인이 아닌 것은?
① 화염이 국부적으로 집중 연소될 경우
② 보일러수에 유지분이 함유되어 있는 경우
③ 스케일 부착으로 열전도율이 저하될 경우
④ 물 순환이 양호하여 증기의 온도가 상승될 경우

해설 보일러 과열의 원인
㉮ 이상 감수 현상이 발생하였을 때

㉰ 동 내면에 스케일이 생성되어 전열이 불량한 경우
㉱ 보일러 수(水)가 농축되어 순환이 불량한 때
㉲ 전열면에 국부적으로 심한 열을 받았을 때
㉳ 연소실 열부하가 지나치게 큰 경우 [답] ④

㉰ 공급가스의 성분, 열량, 연소성 등의 성질을 균일화 한다.
㉱ 소비지역 근처에 설치하여 피크시의 공급, 수송효과를 얻는다.
(2) 종류 : 유수식, 무수식, 구형가스홀더(고압식)
[답] ④

31 연단에 아마인유를 배합한 것으로 밀착력이 강하고 막이 굳어서 풍화에 대하여도 강하므로, 다른 착색도료의 밑칠용으로 사용하기에 가장 적합한 것은?
① 광명단 도료   ② 산화철 도료
③ 알루미늄 도료 ④ 합성수지 도료

해설 광명단
연단에 아마인유를 배합한 것으로 밀착력이 강하고 막이 굳어서 풍화에 대하여도 강하므로, 다른 착색도료의 밑칠용으로 사용하기에 가장 적합하다. [답] ①

34 프리스트레스 콘크리트관에 대한 설명으로 틀린 것은?
① 일반적으로 PS관이라 한다.
② 호칭지름은 100~1000[mm]까지이다.
③ 메이커에 따라 PS 흄관이라고도 한다.
④ 내압이 작용하는 경우에는 압력관이 적합하다.

해설 프리스트레스(pre-stress) 콘크리트관
콘크리트관 외주에 PS강선을 인장해서 감아 붙인 뒤 관의 원주방향으로 압축응력을 부여하여 내외압에 의해서 일어나는 인장응력과 상쇄할 수 있게 한 관이다. [답] ②

32 맞대기 용접 이음용 롱엘보(long elbow)의 곡률 반지름은 강관 호칭지름의 몇 배인가?
① 1배   ② 1.2배
③ 1.5배   ④ 2배

해설 맞대기 용접용 엘보의 곡률 반지름
㉮ 롱 엘보(long elbow) : 강관 호칭지름의 1.5배
㉯ 숏 엘보(short elbow) : 강관의 호칭지름 [답] ③

35 동관 이음쇠의 한쪽은 안쪽으로 동관이 삽입 접합되고 다른 쪽은 암나사를 내며, 강관에는 수나사를 내어 나사이음 하게 되는 경우에 필요한 동합금 이음쇠는?
① C×F 어댑터   ② Ftg×F 어댑터
③ C×M 어댑터   ④ Ftg×M 어댑터

해설 동관 및 황동 주물재 이음쇠
㉮ C(female solder cup) : 이음재 내로 관이 들어가 접합되는 형태이다.
㉯ M(male NPT thread) : ANSI 규격 관형나사가 밖으로 난 나사이음용 이음재이다. (예 : C×M 어댑터)
㉰ F(female NPT thread) : ANSI 규격 관형나사가 안으로 난 나사이음용 이음재이다. (예 : C×F 어댑터)
㉱ Ftg(male solder cup) : 이음쇠 바깥쪽으로 관이 들어가 접합되는 형태이다. (예 : Ftg×M 어댑터)
[답] ①

33 도시가스 제조소에서 정제된 가스를 저장하여 가스의 품질을 균일하게 유지하며, 제조량과 수요량을 조절하는 것은?
① 정압기   ② 압송기
③ 배송기   ④ 가스홀더

해설
(1) 가스홀더(gas holder)의 기능
㉮ 가스수요의 시간적 변동에 대하여 공급가스량을 확보한다.
㉯ 공급설비의 일시적 중단에 대하여 어느 정도 공급량을 확보한다.

36 공기조화 설비에서 덕트 그릴에 댐퍼를 부착하여 풍량을 조절할 수 있으며, 벽면이나 천정에 부착하여 급기구로 사용하는 것은?

① 루버(louver)
② 디퓨져(diffuser)
③ 레지스터(register)
④ 애니모스탯(anemostat)

해설 급기구의 종류
㉮ 레지스터(register) : 그릴(grille) 안쪽에 댐퍼(셔터)를 부착하여 풍량을 조절 할 수 있도록 한 것이다.
㉯ 그릴(grille) : 댐퍼(셔터)가 없는 것으로 풍량 조절이 불가능하며, 주로 저속의 환기용으로 사용된다.
㉰ 슬롯 : 급기구의 종횡비가 커 띠 형상으로 생긴 급기구이다.
㉱ 다공판형 : 강판 등에 작은 구멍을 개공률 10% 정도로 뚫어 급기구로 사용하는 것이다.
㉲ 디퓨져(diffuser) : 여러 개의 원형이나 각형의 콘을 덕트 개구부에 부착하여 천장부근에서 실내공기를 흡입 및 토출시켜 기류를 확산시키는 성능이 뛰어나다.
㉳ 루버(louver) : 큰 가로날개가 바깥쪽으로 아래로 경사지게 붙여져 고정되는 형태로 정면에서는 날개에 가려서 안이 보이지 않아, 외기도입구, 환기구 등으로 사용한다. **[답]** ③

37 증발량이 0.54[kg/s]인 보일러의 증기엔탈피가 2636[kJ/kg]이고, 급수엔탈피는 83.9[kJ/kg]이다. 이 보일러의 상당증발량은 약 얼마인가? (단, 물의 증발잠열은 2256.7[kJ/kg]이다.)

① 0.61[kg/s]
② 0.63[kg/s]
③ 0.86[kg/s]
④ 0.98[kg/s]

해설
㉮ 보일러 증발량의 시간 단위가 '초(s)'이므로 이 값을 상당증발량 공식에 그대로 적용하면 상당증발량의 시간 단위도 '초(s)'가 된다.
㉯ 상당증발량 계산

$$\therefore G_e = \frac{G \times (h_2 - h_1)}{2256.7}$$

$$= \frac{0.54 \times (2636 - 83.9)}{2256.7} = 0.6106 \,[kg/s]$$ **[답]** ①

38 옥상 탱크식 급수법의 양수관이 25[A]일 때 옥상탱크의 오버플로관의 관지름으로 가장 적당한 것은?

① 25[A]
② 50[A]
③ 75[A]
④ 100[A]

해설 옥상 탱크식의 고가수조 오버플로관의 관지름은 양수관의 2배 크기로 한다. 그러므로 양수관이 25[A]인 경우 오버플로관의 관지름 50[A]가 적당하다. **[답]** ②

39 토목, 건축, 철탑, 발판, 지주, 말뚝 등에 많이 쓰이는 강관은?

① 고압배관용 탄소강관
② 고온배관용 탄소강관
③ 일반구조용 탄소강관
④ 경질염화비닐 라이닝강관

해설 일반구조용 탄소강관(SPS)
토목, 건축, 철탑, 발판, 지주, 비계, 말뚝, 기타의 구조물에 사용한다. 관지름 21.7~1016[mm], 두께 1.2~12.5[mm]이다. **[답]** ③

40 물탱크의 자유표면에서 깊이가 25[m]인 지점에 있는 밸브의 게이지 압력은 몇 [kPa]인가?

① 2.45
② 24.5
③ 245
④ 2450

해설
㉮ 유체의 비중량(γ)[kgf/m³]과 액높이(h)[m]의 곱은 압력(P)[kgf/m²]으로 공학단위에 해당된다.
㉯ 공학단위 [kgf/m²]에 중력가속도(g) 9.8[m/s²]을 곱하면 SI단위 Pa이다.
㉰ 압력 계산 : 물의 비중량(γ)은 1000[kgf/m³]이다.

$$\therefore P = \gamma \times h \times g \,[Pa]$$
$$= 1000 \times 25 \times 9.8$$
$$= 245000 \,[Pa] = 245 \,[kPa]$$ **[답]** ③

41 고온측 고체 물질 분자의 활발한 움직임에 의하여 인접한 저온측의 분자로 열이 이동하는 것을 의미하는 용어는?
① 복사 ② 대류
③ 전도 ④ 방사

해설 열의 이동 방법
㉮ 전도(conduction) : 고체를 매개체로 하여 열이 고온에서 저온으로 이동하는 현상
㉯ 대류(convection) : 고체 벽이 온도가 다른 유체와 접촉하고 있을 때 유체에 유동이 생기면서 열이 유동하는 현상
㉰ 복사(radiation) : 중간의 매개물 없이 한 물체에서 다른 물체로 열 에너지가 이동하는 현상으로 스테판 볼츠만의 법칙이 성립한다. **[답]** ③

42 다음 중 압력계를 나타내는 도시기호는?

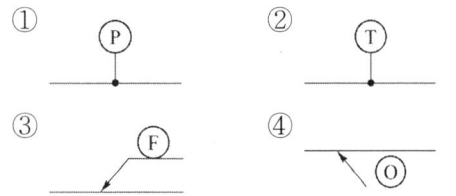

해설
① 압력계 도시기호 ② 온도계 도시기호 **[답]** ①

43 정화조 입구에서 출구까지 순서로 가장 적합한 것은?
① 부패조 → 산화조 → 소독조 → 예비 여과조
② 부패조 → 예비 여과조 → 산화조 → 소독조
③ 산화조 → 소독조 → 부패조 → 예비 여과조
④ 산화조 → 예비 여과조 → 부패조 → 소독조

해설
정화조의 순서는 부패조, 예비 여과조, 산화조, 소독조의 구조로 한다. **[답]** ②

44 일반적인 수도용 주철관의 종류가 아닌 것은?
① 수도용 수직형 주철관
② 수도용 원심력 사형직관
③ 수도용 원심력 금형직관
④ 수도용 인발형 주철직관

해설 수도용 주철관의 종류
㉮ 수도용 수직형 주철관
㉯ 수도용 원심력 사형직관
㉰ 수도용 원심력 금형직관
㉱ 수도용 원심력 덕타일 주철관 **[답]** ④

45 건설 또는 제조에 필요한 모든 정보를 전달하기 위한 도면으로 공정도, 시공도, 상세도로 구분되는 도면은 어느 것인가?
① 계획도 ② 제작도
③ 주문도 ④ 견적도

해설 제작도
요구하는 제품을 만들 때 사용하는 도면으로 공정도, 시공도, 상세도로 구분된다. **[답]** ②

46 통기관은 오버플로선(일수선)보다 몇 [mm] 이상으로 세운 다음 통기수직관에 연결하여야 하는가?
① 50 ② 100
③ 150 ④ 200

해설 배수 통기배관의 시공상 주의사항
㉮ 배수 트랩은 2중으로 만들지 말아야 한다.
㉯ 통기관은 기구의 오버플로선보다 150[mm] 이상으로 입상시킨 다음 수직관에 연결한다.
㉰ 가솔린 트랩의 통기관은 단독으로 옥상까지 입상하여 대기 중에 개구하여야 한다.
㉱ 트랩의 청소구를 열었을 때 바로 악취가 새어 나와서는 안 된다.
㉲ 간접배수 수직관의 신정 통기는 다른 일반 배수 수직관의 신정 통기 또는 통기 주관에 연결하지 않고 단독으로 지붕 위까지 올려 세워 대기 중에 개구하여야 한다.

㉕ 루프 통기관은 최상류 기구로부터의 기구 배수관이 배수 수평지관에 연결된 직후의 하류측에서 입상하여야 한다.
㉘ 통기 수직관은 최하위의 배수 수평지관보다도 더욱 낮은 점에서 배수관과 45° Y조인트로 연결하여야 한다.
㉚ 루프 통기방식인 경우 기구 배수관은 배수 수평지관 위에 수직으로 연결하지 말아야 한다.
㉛ 냉장고 배수관은 반드시 간접 배관을 하여 물을 일단 루프에 받아 모아 하류 배수관으로 배출시킨다.

[답] ③

47 "아주 굵은 선 : 굵은 선 : 가는 선"의 선 굵기 비율로 맞는 것은?
① 3 : 2 : 1
② $\sqrt{3}$: 2 : 1
③ 4 : 2 : 1
④ 3 : $\sqrt{2}$: 1

해설 굵기에 따른 선의 종류
㉮ 가는 선 : 굵기가 0.18~0.5[mm]인 선
㉯ 굵은 선 : 굵기가 0.35~1[mm]인 선으로 가는선의 2배 정도이다.
㉰ 아주 굵은 선 : 굵기가 0.7~2[mm]인 선으로 가는 선의 4배 정도이다.

[답] ③

48 옥내 소화전 설비에 관한 설명 중 틀린 것은?
① 1개의 층에 5개를 초과하여 설치 된 경우 5개로 한다.
② 가압 송수 장치의 필요 방수량은 130[L/min], 방수압력은 0.17[MPa] 이상으로 규정되어 있다.
③ 옥내 소화전의 개폐밸브는 바닥으로부터 높이 1.5[m] 이하의 위치에 설치한다.
④ 옥내 소화전은 하나의 옥내 소화전으로부터 그 층 각 부분에 이르는 수평거리가 50[m] 이내가 되도록 설치한다.

해설 옥내 소화전은 소방대상물의 각 층마다 설치하며, 각 소방대상물의 각 부분으로부터 하나의 방수구까지의 수평거리가 25[m] 이하가 되도록 설치한다.

[답] ④

49 창이나 벽, 처마, 지붕에 물을 뿌려 수막을 형성함으로써 인접 건물에 화재가 발생될 때 본 건물의 화재발생을 예방하는 설비는?
① 스프링 클러
② 서지 업서버
③ 프리액션 밸브
④ 드렌처

해설 드렌처 설비
인접 건물에서 화재가 발생했을 때 인화를 방지하기 위해 창문, 출입구, 처마 끝에 물을 뿌려 수막을 형성함으로서 본 건물의 화재 발생을 예방하는 소화설비이다.

[답] ④

50 당장은 그 라인을 사용할 필요가 없으나 후일 증설할 것에 대비하거나, 관 끝에 유체의 흐름을 차단할 목적으로 배관에 사용하는 플랜지는?
① 웰딩넥형 플랜지
② 슬립-온 플랜지
③ 블라인드 플랜지
④ 차입 용접 플랜지

해설 블라인드 플랜지(bland flange)
여분의 이음을 하거나 관 끝을 막을 때 사용하는 플랜지로 막힘 플랜지라 한다.

[답] ③

51 15[℃]의 물 400[kg]에 85[℃]의 온수 몇 [kg]을 혼합하면 50[℃]의 온수를 얻을 수 있는가?
① 450 ② 400 ③ 250 ④ 200

해설 열평형 상태의 온도를 구하는 공식
$$t_m = \frac{G_1 \cdot C_1 \cdot t_1 + G_2 \cdot C_2 \cdot t_2}{G_1 \cdot C_1 + G_2 \cdot C_2}$$
에서 G_2를 구하는 식을 유도한다.
$G_1 \cdot C_1 \cdot t_1 + G_2 \cdot C_2 \cdot t_2 = t_m \cdot (G_1 \cdot C_1 + G_2 \cdot C_2)$ 이고
$G_2 \cdot C_2 \cdot t_2 = \{t_m \cdot (G_1 \cdot C_1 + G_2 \cdot C_2)\} - G_1 \cdot C_1 \cdot t_1$
이다.

$$\therefore G_2 = \frac{t_m \cdot G_1 \cdot C_1 - G_1 \cdot C_1 \cdot t_1}{C_2 \cdot t_2 - t_m \cdot C_2}$$
$$= \frac{50 \times 400 \times 1 - 400 \times 1 \times 15}{1 \times 85 - 50 \times 1}$$
$$= 400 \, [\text{kg}]$$

[답] ②

52 한 도면에서 선들이 두 가지 이상 등분되어 있을 때 그려지는 우선순위로 맞는 것은?
① 외형선 → 숨은선 → 절단선 → 중심선
② 절단선 → 숨은선 → 외형선 → 중심선
③ 중심선 → 숨은선 → 절단선 → 외형선
④ 숨은선 → 절단선 → 중심선 → 외형선

해설
㉮ 한 도면에서 두 종류 이상의 선이 같은 장소에 겹치는 경우에는 다음 순위에 따라 우선되는 종류의 선으로 긋는다.
㉯ 외형선 → 숨은선 → 절단선 → 중심선 → 무게 중심선 → 치수 보조선

[답] ①

53 다음 평면 배관도를 입체 배관도로 표현한 것으로 옳은 것은?

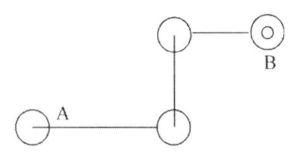
[평면 배관도]

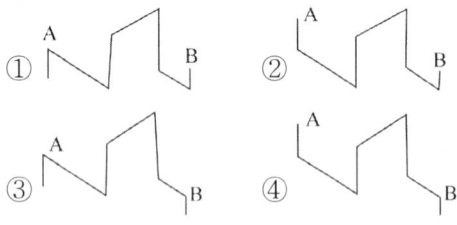

해설
평면 배관도에서 "A"부분 배관은 엘보를 이용하여 아래로 향하고, "B"부분 배관은 엘보를 이용하여 위로 향한다.

[답] ①

54 증기난방의 응축수 환수방법 중 증기의 순환이 가장 빠른 것은?
① 기계환수식
② 진공환수식
③ 단관식 중력환수식
④ 복관식 중력환수식

해설 진공환수식의 특징
㉮ 다른 방법과 비교하여 증기의 순환이 빠르다.
㉯ 방열기 설치장소에 제한을 받지 않는다.
㉰ 환수관의 지름을 작게 할 수 있다.
㉱ 방열기 방열량 조절을 광범위하게 할 수 있다.
㉲ 배관 기울기(구배)에 큰 제한이 없다.

[답] ②

55 어떤 공장에서 작업을 하는데 있어서 소요되는 기간과 비용이 다음 [표]와 같을 때 비용구배는 얼마인가? (단, 활동시간의 단위는 일(日)로 계산한다.)

정상작업		특급작업	
기간	비용	기간	비용
15일	150만원	10일	200만원

① 50000원
② 100000원
③ 200000원
④ 300000원

해설
비용구배 = $\frac{특급비용 - 정상비용}{정상기간 - 특급기간}$
$= \frac{200만원 - 150만원}{15 - 10}$
$= 100000 \, [원/일]$

[답] ②

56 도수분포표는 자료를 정리하는 방법으로써 자료들의 흩어진 모양이나 중심을 파악하는데 사용된다. 도수분포표는 수집된 자료 개개치들을 나타낼 수 없는 단점이 있으므로 이를 보완한 자료 정리도구는 무엇인가?
① 특성요인도
② 파레토도
③ 줄기-잎-그림
④ 레이더 그래프

해설
줄기-잎-그림 자료 정리도구는 줄기를 기준으로 잎을 숫자로 표시하는 방법으로 도수분포표와 같은 시각적인 효과로 데이터값을 알 수 있다. **[답] ③**

57 작업의 실시, 기계정비의 실시, 불량 및 사고 등을 예방하기 위하여 사용되는 통계적 방법은 무엇인가?
① 특성요인도   ② 파레토그림
③ 관리도   ④ 체크시트

해설
관리도란 품질의 산포를 관리하기 위한 관리한계선이 있는 그래프로 공정을 관리 상태로 유지하기 위하여 또는 제조공정이 관리가 잘된 상태에 있는가를 조사하기 위하여 사용되는 것이다. **[답] ③**

58 워크 샘플링에 관한 설명 중 틀린 것은?
① 워크 샘플링은 일명 스냅리딩(snap reading)이라 불린다.
② 워크 샘플링은 스톱워치를 사용하여 관측대상을 순간적으로 관측하는 것이다.
③ 워크 샘플링은 영국의 통계학자 L.H.C. Tippet가 가동률 조사를 위해 창안한 것이다.
④ 워크 샘플링은 사람의 상태나 기계의 가동상태 및 작업의 종류 등을 순간적으로 관측하는 것이다.

해설
워크 샘플링(work sampling)은 통계적 수법을 이용하여 관측대상을 랜덤으로 선정한 시점에서 작업자나 기계의 가동상태를 스톱워치 없이 순간적으로 관측하여 그 상황을 추정하는 방법이다. **[답] ②**

59 작업방법 개선의 기본 4원칙을 표현한 것은?
① 층별 - 랜덤 - 재배열 - 표준화
② 배제 - 결합 - 랜덤 - 표준화
③ 층별 - 랜덤 - 표준화 - 단순화
④ 배제 - 결합 - 재배열 - 단순화

해설 작업방법 개선의 기본 4원칙 : ECRS
㉮ 배제(Eliminate) : 제거
㉯ 결합(Combine)
㉰ 재배열(Rearrange) : 교환, 재배치
㉱ 단순화(Simplify) **[답] ④**

60 품질 코스트(quality cost)를 예방 코스트, 실패 코스트, 평가 코스트로 분류할 때, 다음 중 실패코스트(failure cost)에 속하는 것이 아닌 것은?
① 시험 코스트   ② 불량대책 코스트
③ 재가공 코스트   ④ 설계변경 코스트

해설 품질코스트(quality cost) 분류 및 종류
㉮ 예방코스트(P-cost) : QC계획 코스트, QC기술 코스트, QC교육 코스트, QC사무 코스트
㉯ 평가코스트(A-cost) : 수입검사 코스트, 공정검사 코스트, 완성품검사 코스트, 시험 코스트, PM 코스트
㉰ 실패코스트(F-cost) : 폐각 코스트, 재가공 코스트, 외주 부적합품 코스트, 설계변경 코스트, 현지서비스 코스트, 대품서비스 코스트, 불량대책 코스트
[답] ①

2022년 배관기능장 CBT 필기시험 복원문제 (2)

☞ CBT필기시험 복원문제는 수험자의 기억에 의하여 복원된 것이므로 실제 출제문제와는 차이가 있을 수 있습니다.

01 표준 대기압에서 일반적인 원심펌프의 실용적인 흡입양정으로 가장 적합한 것은?
① 7[m] ② 10[m]
③ 11[m] ④ 15[m]

해설 표준 대기압에서 흡입양정(揚程)
㉮ 이론적인 양정 : 10[m]
㉯ 실용(실제)적인 양정 : 7[m] **[답]** ①

02 배수트랩의 구비조건 중 틀린 것은?
① 구조가 간단할 것
② 내열성이 풍부할 것
③ 봉수가 파괴되지 않을 것
④ 트랩 자신이 세정작용을 할 수 있을 것

해설 배수트랩의 구비조건
㉮ 구조가 간단할 것
㉯ 재료의 내마모성, 내구성이 양호할 것
㉰ 봉수가 파괴(유실)되지 않은 구조일 것
㉱ 트랩 자신이 세정작용을 할 수 있을 것
㉲ 유수면이 평활하여 오수가 머무르지 않는 구조일 것 **[답]** ②

03 옥내소화전의 개폐밸브 및 호스접속구의 바닥면으로부터 설치 높이 기준으로 옳은 것은?
① 1.2m 이하 ② 1.2m 이상
③ 1.5m 이하 ④ 1.5m 이상

해설
옥내소화전의 개폐밸브 및 호스접속구 설치 높이는 바닥면으로부터 1.5[m] 이하이다. **[답]** ③

04 증기난방과 비교하여 온수난방의 특징을 설명한 것 중 잘못된 것은?
① 예열에 시간이 걸린다.
② 보일러 취급이 용이하며 비교적 안전하다.
③ 난방부하의 변동에 따른 온도조절이 어렵다.
④ 동일한 방열량에 비해 방열면적이 많이 필요하다.

해설 온수난방의 특징
(1) 장점
㉮ 난방부하의 변동에 대응하기 쉽다.
㉯ 가열시간은 길지만 잘 식지 않으므로 증기난방에 비해 배관의 동결우려가 적다.
㉰ 방열기의 표면온도가 낮으므로 실내 쾌감도가 높고 화상의 위험이 없다.
㉱ 온수보일러 취급이 용이하며, 소규모 주택 등에 적당하다.
(2) 단점
㉮ 한랭지역에서는 동결의 위험이 있다.
㉯ 방열면적과 배관지름이 커져 시설비가 증가한다.
㉰ 예열시간이 길어 예열부하가 크다. **[답]** ③

05 건식 환수관에서 증기관 내의 응축수를 환수관에 배출할 때는 응축수가 체류하기 쉬운 곳에 무엇을 설치하여야 하는가?
① 안전밸브 ② 드레인 포켓
③ 릴리프 밸브 ④ 공기빼기 밸브

해설 드레인 포켓(drain pocket)
증기 주관(공급관) 마지막 부분에서 응축수를 건식 환수관에 배출하는 관말트랩 연결배관 중에 아래로 150[mm] 이상 연장해서 응축수가 배출되지 않은 응축수가 체류할 수 있는 배관이다. **[답]** ②

06 1시간당 급탕 동시 사용량이 3[m³]인 배관용 스테인리스 강관 스케줄 10S인 급탕주관의 관지름으로 다음 중 가장 적합한 것은? (단, 유속은 1[m/s]이고, 순환탕량은 동시 사용량의 약 2.5배 정도로 한다.)

배관용 스테인리스 강관 규격 : 스케줄 10S(KS D 5301)

호칭지름	25[A]	40[A]	50[A]	65[A]
바깥지름[mm]	34.0	48.6	60.5	76.3
두께[mm]	2.8	2.8	2.8	3.0

① 25[A]　　② 40[A]
③ 50[A]　　④ 65[A]

해설

㉮ 관지름 계산 : 체적유량 계산식

$Q = A \times V = \frac{\pi}{4} \times D^2 \times V$에서 관지름 D를 구한다.

유량(Q)은 1시간당 유량이므로 1초당 유량[m³/s]으로 변환하여 적용한다.

$\therefore D = \sqrt{\frac{4 \times Q}{\pi \times V}} = \sqrt{\frac{4 \times (3 \times 2.5)}{\pi \times 1 \times 3600}}$
　　$= 0.0515[m] = 51.5[mm]$

㉯ 관 선택 : 표에서 안지름이 51.5[mm] 보다 큰 50[A]를 선택한다.　　**[답] ③**

참고 50[A] 안지름 계산 방법 : 그림의 바깥지름에서 좌측과 우측의 두께를 빼 주어야 안지름이 된다.

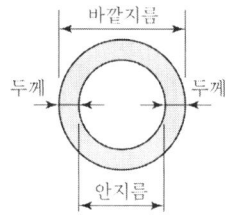

∴ 안지름 = 바깥지름 − (두께×2)
　　　　= 60.5 − (2.8×2) = 54.9[mm]

07 응축수 환수방법에 의한 증기 난방법 분류에 해당되지 않는 것은?
① 압력 환수식　　② 중력 환수식
③ 기계 환수식　　④ 진공 환수식

해설 응축수 환수방법에 의한 증기난방 분류
㉮ 중력 환수식 : 응축수를 중력 작용으로 환수
㉯ 기계 환수식 : 펌프를 이용하여 보일러로 강제로 환수
㉰ 진공 환수식 : 진공펌프를 이용하여 환수관 내의 응축수와 공기를 흡인 순환　　**[답] ①**

08 증기 압축식 냉동법에서 압축기의 종류에 따라 분류한 것으로 해당되지 않는 것은?
① 왕복식　　② 원심식
③ 회전식　　④ 교축식

해설 증기 압축식 냉동장치 압축기 종류
왕복식(왕복동식), 원심식, 회전식 등　　**[답] ④**

09 정과 해머로 홈을 따 내려고 할 때 해머의 안전수칙 설명으로 틀린 것은?
① 손을 보호하기 위하여 장갑을 낀다.
② 해머를 끼운 부분의 자루에 쐐기를 한다.
③ 해머 끝 부분의 변형을 그라인딩하여 사용한다.
④ 인접 작업자에게 파편이 튀지 않도록 칸막이를 한다.

해설 해머 작업 시 장갑을 끼지 않아야 한다.　　**[답] ①**

10 높이 6[m]인 곳에 플러시밸브를 설치하고자 한다. 배관 길이가 18[m]이고 플러시밸브에서 최저수압 0.07[MPa]을 요구할 때 필요한 수압은 약 몇 [MPa]인가? (단, 관 마찰손실수두는 200[mmAq/m]로 한다.)
① 0.164　　② 0.241
③ 0.636　　④ 0.706

해설

㉮ 6[m]까지 필요한 수압 계산 : 필요한 수압은 물의 비중량(γ)에 높이(h)를 곱하면 공학단위 [kgf/m²]이 되고, 여기에 중력가속도 9.8[m/s²]을 곱하면 [Pa]

단위로 변환된다. 1[MPa]은 106[Pa]이고, 물의 비중량은 1000[kgf/m³]이다.

$$\therefore P_1 = \gamma \times h \times g$$
$$= 1000 \times 6 \times 9.8$$
$$= 58800 [Pa] = 0.0588 [MPa]$$

㉯ 관 마찰손실 압력 계산 : 배관길이에 1[m]당 손실수두를 곱하면 [mmAq]가 되며 이것은 [kgf/m²]로 바로 변환된다.

$$\therefore P_2 = L \times 1[m] 당 손실수두 \times g$$
$$= 18 \times 200 \times 9.8$$
$$= 35280 [Pa] = 0.03528 [MPa]$$

㉰ 플러시밸브에서 요구하는 최저수압(P_3): 0.07[MPa]
㉱ 필요한 수압 계산

$$\therefore P = P_1 + P_2 + P_3$$
$$= 0.0588 + 0.03528 + 0.07$$
$$= 0.16408 [MPa]$$

[답] ①

11 다음 중 보일러의 안전장치 종류가 아닌 것은?

① 방출밸브   ② 가용마개
③ 드레인 콕   ④ 수면고저 경보기

해설 보일러 안전장치의 종류
안전밸브 및 방출밸브, 가용전(가용마개), 방폭문, 고저수위 경보장치(수면고저 경보기), 화염검출기, 압력제한기 및 압력조절기 등

[답] ③

12 보일러 내 부속장치의 역할에 대하여 올바르게 설명된 것은?

① 과열기 : 과열증기를 사용함에 따라 포화증기가 된 것을 재가열 한다.
② 절탄기 : 연도 가스에서의 여열로 급수를 가열한다.
③ 공기예열기 : 연도 가스에서의 여열로 전열면적을 더욱 뜨겁게 한다.
④ 탈기기 : 물에 다량 함유된 염화물을 제거하기 위한 증류수를 만든다.

해설 보일러 부속장치의 역할
㉮ 과열기(super heater) : 보일러에서 발생한 습포화증기의 압력을 일정하게 유지하면서 온도만을 높여 과열증기를 만드는 장치이다.
㉯ 재열기(reheater) : 고압 증기터빈에서 일정한 팽창을 하고 포화상태에 가까워진 증기를 모두 회수하여 재차 열을 가하여 과열증기로 만들어 저압 터빈에서 팽창하도록 하는 장치이다.
㉰ 급수예열기(economizer) : 보일러 급수를 연소가스 여열(餘熱)을 이용하여 예열시키는 장치로 절탄기(節炭器)라 한다.
㉱ 공기예열기(air preheater) : 연소가스의 여열을 이용하여 연소실에 공급되는 2차 공기를 예열하는 장치이다.
㉲ 탈기기 : 보일러 급수 중의 산소(O_2), 탄산가스(CO_2) 등의 용존가스를 제거하는 기기이다.

[답] ②

13 공기조화 장치 중 공기 중의 먼지나 매연을 제거하여 신선한 공기로 만드는 기기는?

① 감습기   ② 공기 여과기
③ 공기 냉각기   ④ 공기 가열기

해설 공기 여과기(air filter)
공기조화기(AHU)의 냉각 코일, 가열 코일 전에 설치하여 순환 및 유입되는 공기 중의 먼지, 매연 등을 제거하여 신선한 공기를 실내로 유입하는 역할을 한다.

[답] ②

14 역귀환 배관방식이 사용되는 난방설비는?

① 증기난방   ② 온풍난방
③ 온수난방   ④ 전기난방

해설 역귀환 배관방식(reversed return system)
역귀환 환수방식이라 하며 온수난방에서 각 방열기에 공급되는 온수의 양을 일정하게 배분하기 위하여 공급 및 환수관의 길이가 같도록 배관하는 방식으로 방열기 전, 후 온도차를 최소화시킬 수 있지만 환수관의 길이가 길어지는 단점이 있다.

[답] ③

15 난방부하가 29[kW]일 때 필요한 온수난방의 주철 방열기의 필요 방열면적은 약 얼마인가? (단, 표준방열량은 증기인 경우 0.756[kW/m²]이고, 온수인 경우 0.523[kW/m²]이다.)
① 39.8[m²] ② 55.4[m²]
③ 72.6[m²] ④ 88.8[m²]

해설
방열면적 = 난방부하/표준방열량 = $\frac{29}{0.523}$ = 55.449 [m²] **[답] ②**

16 배수관에 대한 설명으로 틀린 것은?
① 유속이 느리면 고형물이 잘 흐른다.
② 수심이 얕으면 고형물을 떠오르게 할 수 없다.
③ 배관 구배를 작게 하면 수심은 깊어지나 유속이 느려진다.
④ 배관 구배를 필요 이상으로 크게 하면 배수 능력이 떨어진다.

해설
유속이 느리면 고형물(찌꺼기)을 흘러 내려 보낼 수가 없다. **[답] ①**

17 스트랩 파이프 렌치에 관한 설명으로 올바른 것은?
① 긴 핸들과 다른 조(jaw)의 끝에 연결된 체인으로 연결되어 있다.
② 업셋 파이프 렌치라고도 하며, 크기는 몸체의 길이로 표시한다.
③ 스트랩으로 파이프를 돌려야 하는 반대 방향으로 파이프를 감아서 스트랩의 끝을 새클로 조이므로 상처가 남지 않는 것이 특징이다.
④ 강력급과 보통급의 2가지가 있으며, 조(jaw)에는 톱니가 있어 모서리가 둥글게 되어 보통의 렌치를 사용할 수 없는 볼트, 너트에 적합하다.

해설 스트랩 파이프렌치(strap pipe wrenches)
강한 직물 나이론 끈이나 고무로 만들어진 끈을 돌려야 하는 파이프의 반대 방향으로 감아서 회전시켜 파이프를 조립이나 분해하는데 사용하는 공구로 파이프에 흠집(상처)가 남지 않는다. 광택 파이프, 열리지 않는 병뚜껑 등에 사용하면 편리한다.

[답] ③

18 급수펌프 시공 시 25[mm] 흡입관을 설치하려고 할 때 흡입구는 동수위면에서 몇 [mm] 이상 물속에 넣어 공기흡입을 방지해야 하는가?
① 5   ② 15
③ 25   ④ 50

해설
급수펌프 흡입구(foot valve)는 동수위면(動水位面)에서 흡입관 지름의 2배 이상 낮게 설치하여 공기흡입을 방지한다. **[답] ④**

19 오물 정화조에 대한 설명 중 틀린 것은?
① 부패조에서 오수 체류기간은 48시간 정도이다.
② 예비 여과조의 쇄석층(잡석층)은 수면에서 100[mm] 정도 아래로 오게 한다.
③ 산화조의 크기는 1일 오수량을 기준으로 하고, 염기성 박테리아를 증식시킨다.
④ 소독조는 정화된 액체 중에 잔류할 수 있는 병원균 등을 살균 소독하는 탱크이다.

해설
산화조는 산소를 좋아하는 호기성 박테리아의 증식 활동으로 산화 작용을 일으켜 오수를 투명한 액체로 만드는 탱크로 크기는 1일 오수량을 기준으로 한다. **[답] ③**

20 주철관의 용도로 부적합한 것은?
① 급수관용　　② 배수관용
③ 난방코일용　　④ 통기관용

해설 주철관의 용도
수도용 급수관, 가스 공급관, 건축물의 오배수관, 광산용 양수관, 화학 공업용 배관 등 **[답] ③**

21 배수설비에 통기관을 설치하는 목적을 설명한 것 중 가장 적합한 것은?
① 트랩의 봉수를 보호한다.
② 배수관 내의 흐름을 원활하게 한다.
③ 배수관 내의 진공현상을 완화한다.
④ 배수관 내를 환기시켜 청결하게 유지한다.

해설
배수설비에 통기관을 설치하는 목적은 배수트랩의 봉수(封水)를 보호하기 위하여 설치한다. **[답] ①**

22 급수방식 중 항상 일정한 수압으로 급수할 수 있는 것은?
① 고가 탱크식　　② 수도 직결식
③ 압력 탱크식　　④ 상향 배관식

해설 고가 탱크식(옥상 탱크식) 특징
㉮ 항상 일정한 수압으로 급수할 수 있어 대규모 건물용으로 사용된다.
㉯ 일정량 저수량을 확보하고 있어 단수 대비가 가능하다.
㉰ 과잉 수압으로 인한 밸브 등 배관부속품의 파손을 방지할 수 있다.
㉱ 탱크 용량은 하루 사용수량의 1~2시간량으로 한다. **[답] ①**

23 주석관에 대한 설명 중 틀린 것은?
① 비중이 7.3이고, 용융온도가 450[℃]이다.
② 주석은 상온에서 물, 공기, 묽은 산에는 침식되지 않는다.
③ 화학공장, 양조공장 등에서 알콜, 맥주 등의 수송관으로 사용된다.
④ 주석관은 가격이 비싸므로 연관의 내면에 주석을 도금한 주석 도금 연관도 있다.

해설 주석관의 특징
㉮ 상온에서 물, 공기, 묽은 염산에 침식되지 않는다.
㉯ 비중은 7.3이며 용융온도는 232[℃]이다.
㉰ 화학공장, 양조공장 등에서 알코올, 맥주 등의 수송관으로 사용된다. **[답] ①**

24 열역학 법칙 가운데 에너지 보존법칙을 명확하게 나타낸 것은?
① 열역학 제0법칙　　② 열역학 제1법칙
③ 열역학 제2법칙　　④ 열역학 제3법칙

해설 열역학 법칙
㉮ 열역학 제0법칙 : 열평형의 법칙
㉯ 열역학 제1법칙 : 에너지보존의 법칙
㉰ 열역학 제2법칙 : 방향성의 법칙
㉱ 열역학 제3법칙 : 어떤 계 내에서 물체의 상태변화 없이 절대온도 0도에 이르게 할 수 없다. **[답] ②**

25 강관의 슬리브 용접 시 슬리브의 길이는 관경의 몇 배로 하는 것이 가장 적당한가?
① 1.2~1.7배　　② 4배
③ 2.0~2.5배　　④ 7배 이상

해설 슬리브 접합
배관용 삽입 용접식 이음쇠를 사용하여 동일한 지름의 강관을 직선으로 용접이음하는 방법이다. 누수의 우려와 관 지름의 변화가 없으며 슬리브 길이는 강관 지름의 1.2~1.7배로 하고, 강관 끝은 슬리브 중앙에서 서로 밀착되게 한다.

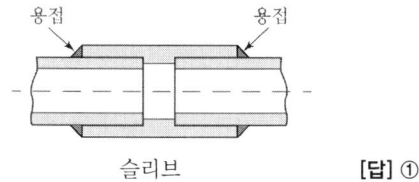
슬리브   [답] ①

26 폴리에틸렌관에 대한 설명 중 틀린 것은?
① 유백색의 폴리에틸렌관은 직사일광을 쐬면 표면이 산화하여 황색으로 변한다.
② 인장강도는 경질 염화비닐관에 비하여 작지만 파괴 압력은 크다.
③ 유연성 때문에 충격에 강하지만 외부에 상처를 받기 쉽다.
④ 제조방법은 에틸렌 가스와 산소를 촉매로 한 중합체이다.

해설 폴리에틸렌관(Polyethylene pipe)의 특징
㉮ 염화비닐관보다 가볍다.
㉯ 염화비닐관보다 화학적, 전기적 성질이 우수하다.
㉰ 내한성이 좋아 한랭지 배관에 알맞다.
㉱ 염화비닐관에 비해 인장강도가 1/5 정도로 작다.
㉲ 화기에 극히 약하다.
㉳ 유연해서 관면에 외상을 받기 쉽다.
㉴ 장시간 직사광선(햇빛)에 노출되면 노화된다.
㉵ 폴리에틸렌관의 종류 : 수도용, 가스용, 일반용
[답] ②

27 동 및 동합금관의 특징 설명으로 가장 거리가 먼 것은?
① 연수에 내식성이 강하다.
② 알칼리성에 내식성이 강하다.
③ 유기약품에 침식되지 않는다.
④ 암모니아, 초산 등에 심하게 침식한다.

해설 동 및 동합금관의 특징
㉮ 담수(淡水)에 대한 내식성이 우수하다.
㉯ 열전도율이 좋고, 가공성이 좋아 배관시공이 용이하다.
㉰ 아세톤, 프레온 가스 등 유기약품에 침식되지 않는다.
㉱ 관 내부에서 마찰저항이 적다.
㉲ 연수(軟水)에는 부식된다.

㉳ 외부의 기계적 충격에 약하다.
㉴ 가격이 비싸다.
㉵ 가성소다, 가성칼리 등 알칼리성에는 내식성이 강하고, 암모니아수, 습한 암모니아(NH_3)가스, 초산, 진한 황산(H_2SO_4)에는 심하게 침식된다. [답] ①

참고 연수와 담수
㉮ 연수 : 칼슘, 마그네슘이 탄산수소염, 염화물, 황산염 형태로 들어 있지 않는 물로 단물이라 한다. → 비누거품이 잘 생기는 물로 빗물, 수돗물 등이 해당
㉯ 담수 : 칼슘, 마그네슘이 탄산수소염, 염화물, 황산염 형태로 들어 있는 물로 센물이라 한다. → 비누거품이 생기지 않는 물로 지하수, 온천수 등이 해당

28 신축이음쇠의 허용길이가 가장 큰 것은?
① 루프형   ② 슬리브형
③ 벨로스형   ④ 스위블형

해설 신축이음쇠의 허용길이가 큰 것에서 작은 것 순서
루프형 〉 슬리브형 〉 벨로스형 〉 스위블형 [답] ①

29 일반 공업용 연관의 종류가 아닌 것은?
① 1종 연관   ② 2종 연관
③ 3종 연관   ④ 4종 연관

해설 일반 공업용 연관

종류	기호	화학성분[%]	용도
1종	PbP1	Pb 99.9 이상	화학공업용
2종	PbP2	Pb 99.5 이상	일반용
3종	PbP3	Pb 99.5 이상	가스용

[답] ④

30 플랜지 종류 중 극히 기밀이 요구되는 경우와 1.6[MPa] 이상의 위험성이 있는 유체배관에 사용하는 것으로 채널형 시트라고도 하는 것은?
① 홈꼴형 시트   ② 전면 시트
③ 소평면 시트   ④ 대평면 시트

해설 플랜지 시트 종류별 호칭압력
㉮ 전면 시트 : 1.6[MPa] 이하

④ 대평면 시트 : 6.3[MPa] 이하
⑤ 소평면 시트 : 1.6[MPa] 이상
⑥ 삽입 시트 : 1.6[MPa] 이상
⑦ 홈꼴형 시트(채널형) : 1.6[MPa] 이상 **[답] ①**

31 저탕탱크 내의 가열코일을 도면에 나타내기 위하여, 탱크 정면도 상에서 불규칙한 곡선으로 일부를 떼어낸 경계를 표시하는데 사용하는 선의 명칭과 그 선의 종류 및 굵기로 옳은 것은?

① 회전단면선, 가는 파선
② 가상선, 가는 2점쇄선
③ 파단선, 가는 실선
④ 절단선, 가는 1점쇄선

해설 파단선 :
대상물의 일부를 파단한 경계 또는 일부를 떼어낸 경계를 표시하는데 사용하는 것으로 선의 굵기는 가는 실선을 사용한다. **[답] ③**

32 배관의 끝을 막을 때 사용되는 강관용 연결 부속으로 옳게 짝지워진 것은?

① 소켓, 니플   ② 플러그, 캡
③ 엘보, 티   ④ 리듀서, 붓싱

해설 강관 이음쇠의 사용 용도에 의한 분류
㉮ 배관의 방향을 전환할 때 : 엘보(elbow), 벤드(bend)
㉯ 관을 도중에 분기할 때 : 티(tee), 와이(Y), 크로스(cross)
㉰ 동일 지름의 관을 연결할 때 : 소켓(socket), 니플(nipple), 유니언(union)
㉱ 이경관을 연결할 때 : 리듀서(reducer)부싱(bushing), 이경 엘보, 이경 티
㉲ 관 끝을 막을 때 : 플러그(plug), 캡(cap) **[답] ②**

33 주철관 접합 시 녹은 납이 비산하여 몸에 화상을 입히는 원인으로 옳은 것은?

① 접합부에 수분이 있기 때문에
② 녹은 납의 온도가 낮기 때문에
③ 녹은 납의 온도가 높기 때문에
④ 납 성분에 주석함량이 너무 많기 때문에

해설
접합부에 물기가 있으면 용해된 납을 부을 때 납이 비산하여 작업자에게 화상의 위험이 있다. **[답] ①**

34 파이프 바이스의 크기를 나타내는 것은?
① 최대로 물릴 수 있는 관의 지름 치수
② 조(jaw)의 폭
③ 조(jaw)의 길이
④ 바이스의 전장

해설 바이스의 크기 표시
㉮ 탁상 바이스 : 조(jaw)의 폭
㉯ 파이프 바이스 : 최대로 물릴 수 있는 관의 지름 치수 **[답] ①**

35 동관의 압축이음(flare joint)에 대한 설명으로 틀린 것은?

① 관지름 20[mm] 이하의 동관을 이음할 때 사용한다.
② 강관에서의 플랜지 이음과 같은 플랜지를 사용한다.
③ 기계의 점검, 보수 기타 분해할 필요가 있는 곳에 사용한다.
④ 한쪽 동관 끝을 나팔형으로 넓히고 슬리브 너트로 이음쇠에 고정한 후 풀림을 방지하기 위하여 더블 너트를 체결한다.

해설
(1) 압축이음(flare joint) : 관지름 20[mm] 이하의 동관을 이음할 때 플레어링 툴 세트를 이용하여 동관 끝을 나팔관 모양으로 가공 후 압축이음 이음재를 사용하여 관을 접합하는 방법으로 기기의 점검, 보수, 기타 분해할 때 적합하다.

(2) 이음할 때 주의사항
  ㉮ 나팔관 가공 시 갈라지거나 관 끝이 밀려들어가는 현상이 없어야 한다.
  ㉯ 압축 접합이므로 나사용 실(seal)제 등을 사용하지 않는다.
  ㉰ 적당한 공구를 사용하며, 무리한 조임을 피한다.
  ㉱ 압력시험 후 시운전을 할 때 다시 한 번 더 조여 준다.
  [답] ②

36 필릿 용접의 루트부에 생기는 저온 균열로 모재의 열팽창 및 수축에 의한 비틀림이 주요 원인이 되는 균열은?
① 토 균열(toe crack)
② 힐 균열(heel crack)
③ 설퍼 균열(sulfur crack)
④ 크레이터 균열(crater crack)

해설 힐 균열(heel crack)
필릿 용접 이음부의 루트 부분에 생기는 저온 균열로 모재의 열팽창 및 수축에 의한 비틀림이 주요 원인으로 고장력강의 대입 열 용접과 T형 필릿 용접 이음에서 많이 나타난다. 힐 균열을 방지하려면 수소량의 감소와 예열이 효과가 있으며 용접 금속의 강도를 낮추거나, 용접 입열을 적게 하는 것도 효과적이다. [답] ②

37 증기난방에 사용되는 증기의 건조도가 0인 것은?
① 포화수
② 습포화증기
③ 과열증기
④ 포화증기

해설 건조도[건도](x) :
증기 속에 함유되어 있는 물방울의 혼용률로 습증기 1[kg] 중에 포함되어 있는 건포화증기의 양을 습증기 1[kg]으로 나눈 값이다.
㉮ 건조도(x)가 1인 경우 : 건포화증기
㉯ 건조도(x)가 0인 경우 : 포화수
㉰ 건조도(x)가 $0 < x < 1$인 경우 : 습증기 [답] ①

38 폴리에틸렌관의 일반적인 이음방법에 해당되는 것은?
① 인서트 이음
② 콤포 이음
③ 테이퍼 코어 이음
④ 소켓 이음

해설 폴리에틸렌관의 이음 방법
㉮ 용착 슬리브 접합 : 관 끝의 바깥쪽과 이음관의 안쪽을 동시에 가열하여 용융이음 하는 방법이다.
㉯ 테이퍼 접합 : 50[mm] 이하의 관에 폴리에틸렌관 전용의 포금제 테이퍼 조인트를 사용하여 접합하는 방법이다.
㉰ 인서트 접합 : 50[mm] 이하의 폴리에틸렌관 접합용으로 가열 연화한 인서트를 끼우고 물로 냉각하여 클램프로 조여 접합하는 방법이다.
㉱ 기타 이음 방법 : 용접법, 플랜지 이음법, 나사 이음
[답] ①

39 배관의 이동 구속 제한을 하고자 할 때 사용되는 리스트레인트(restraint)의 종류에 해당되지 않는 것은?
① 앵커(anchor)
② 스토퍼(stopper)
③ 가이드(guide)
④ 크램프(clamp)

해설 리스트레인트(restraint)의 종류 및 역할
㉮ 앵커(anchor) : 이동 및 회전을 방지하기 위하여 지지부분에 완전히 고정하여 사용한다.
㉯ 스톱(stop) : 회전 및 배관 축과 직각방향의 이동을 구속하고 나머지 방향의 이동은 자유롭다.
㉰ 가이드(guide) : 신축이음(루프형, 슬리브형) 등에 설치하는 것으로 축과 직각방향의 이동은 구속하고, 축방향의 이동은 허용 및 안내하는 역할을 한다.
[답] ④

40 루프형 신축이음쇠에 관한 설명으로 옳은 것은?
① 설치장소가 협소한 곳에 적합하다.
② 신축 흡수에 따른 응력이 발생한다.
③ 곡률 반경은 관경의 4~5배로 한다.
④ 고온, 고압배관이나 옥내배관에 주로 사용한다.

해설 루프형(loop type) 신축이음쇠의 특징
㉮ 곡관으로 만들어진 관의 가요성(可撓性)을 이용한 것이다.
㉯ 구조가 간단하고 내구성이 좋아 고온, 고압배관이나 옥외배관에 주로 사용한다.
㉰ 설치 시 장소를 차지하는 면적이 크다.
㉱ 신축 흡수에 따른 응력이 발생한다.
㉲ 곡률 반지름은 관지름의 6배 이상으로 한다. **[답] ②**

41 동관에 T자 모양으로 연결하기 위하여 직관에 구멍을 내고 관을 분기할 때 사용하는 동관용 공구의 명칭은? [35회]
① 사이징 툴(sizing tool)
② 플레어링 툴(flaring tool)
③ 익스팬더(expander)
④ 익스트랙터(extractor)

해설 티 뽑기(extractor) :
티(T)로 연결할 부분에 관이음재(티)를 사용하지 않고 동관에 구멍을 내어 간단히 관을 연결하는데 사용한다.
[답] ④

42 글로브밸브 중 하나인 니들밸브에 대한 설명으로 가장 적합한 것은?
① 디스크의 형상은 원뿔 모양이며, 극히 유량이 적거나 고압일 때 사용된다.
② 유체의 저항을 감소시킬 목적으로 밸브통을 중심선에 대해 45~60° 경사시킨 것이다.
③ 유에의 흐름을 직각 방향으로 바꾸기 위해 사용된다.
④ 밸브를 완전히 열면 밸브 본체 속은 지름과 같은 단면으로 유체의 저항이 작다.

해설 니들밸브(needle valve) :
밸브의 디스크 모양을 원뿔 모양으로 하여 유체가 통과하는 평면이 극히 작은 구조로 되어 있으며 유량이 극히 적거나 고압일 때 유량 조절을 누설 없이 정확히 행할 목적으로 사용된다.
[답] ①

43 부속기기의 보수 및 점검을 위하여 관의 해체, 교환을 필요로 하는 곳의 이음에 적합하지 않는 이음방법은?
① 유니언 이음
② 플랜지 이음
③ 플레어 이음
④ 플라스턴 이음

해설 관의 해체, 교환을 하기 위한 이음
㉮ 유니언 이음 : 강관의 나사이음에서 유니언 부속을 사용한 것이다.
㉯ 플랜지 이음 : 양 플랜지 사이에 패킹을 넣고 볼트, 너트로 체결하는 이음이다.
㉰ 플레어 이음 : 관지름 20[mm] 이하의 동관을 이음할 때 플레어링 툴 세트를 이용하여 동관 끝을 나팔관 모양으로 가공 후 압축이음 이음재를 사용하여 관을 이음하는 방법이다. **[답] ④**

참고 플라스턴 이음
플라스턴 합금(Pb 60[%] + Sn 40[%], 용융점 : 232[℃])에 의한 연관의 접합 방법으로 직선 접합, 맞대기 접합, 수전 소켓 접합, 분기관 접합, 만다린 접합 방법 등이 있다.

44 증기트랩이 갖추어야 할 필요조건이 아닌 것은?
① 동작이 확실할 것
② 마찰저항이 클 것
③ 내구성이 있을 것
④ 공기를 뺄 수 있을 것

해설 증기트랩의 구비조건
㉮ 마찰저항이 적을 것
㉯ 내식성, 내구성이 좋을 것
㉰ 공기를 빼내기 좋을 것
㉱ 응축수의 연속 배출이 용이할 것
㉲ 압력과 유량에 따른 작동이 확실할 것 **[답] ②**

45 다음 용접법 중 아크 용접으로 분류되는 것은?
① TIG 용접 및 MIG 용접
② 엘렉트로 슬래그 용접

③ 프로젝션 용접
④ 초음파 용접

해설 용접의 분류 및 종류
(1) 융접
  ㉮ 아크용접 : 비소모 전극(탄소아크 용접, 원자 수소 용접, TIG 용접 등), 소모 전극(금속 아크용접, 스텃 용접, 피복금속 아크용접, 잠호용접, MIG 용접 등)
  ㉯ 가스 용접 : 산소-수소 용접, 산소-아세틸렌 용접, 공기-아세틸렌 용접
  ㉰ 테르밋 용접   ㉱ 일렉트로 슬래그 용접
  ㉲ 엘렉트로 가스 용접 ㉳ 전자 빔 용접
  ㉴ 플라즈마 용접   ㉵ 레이저 용접
  ㉶ 전착 용접   ㉷ 저온 용접
(2) 압접
  ㉮ 가열식 : 압접, 단접, 전기 저항 용접(점 용접, 심 용접, 프로젝션 용접, 오프셋 용접, 플래시 버트 용접, 퍼어커션 용접)
  ㉯ 비가열식 : 확산 용접, 초음파 용접, 마찰 용접, 폭압 용접, 냉간 압접
(3) 납땜
  ㉮ 연납   ㉯ 경납   **[답]** ①

46 트랩의 종류 중 배수용 트랩에 해당되는 것은?
① 플로트 트랩(float trap)
② 벨로우즈 트랩(bellows trap)
③ 열역학적 트랩(disc trap)
④ 드럼 트랩(drum trap)

해설 배수트랩의 종류
㉮ 관트랩 : S트랩, P트랩, U트랩
㉯ 박스트랩 : 드럼트랩, 벨트랩, 가솔린트랩, 그리스트랩   **[답]** ④

47 가스절단 장치에 관한 설명으로 가장 거리가 먼 것은?
① 독일식 절단 토치의 팁은 이심형이다.
② 프랑스식 절단 토치의 팁은 동심형이다.
③ 중압식 절단 토치는 아세틸렌가스 압력이 보통 0.07[kgf/cm²] 이하에서 사용된다.
④ 산소나 아세틸렌 용기 내의 압력이 고압이므로 그 조정을 위해 압력조정기가 필요하다.

해설 절단토치 아세틸렌가스 압력
㉮ 저압식 : 0.07[kgf/cm²] 이하
㉯ 중압식 : 0.07~0.4[kgf/cm²]   **[답]** ③

참고 가스용접용 토치의 아세틸렌 압력
㉮ 저압식 : 0.07[kgf/cm²] 이하
㉯ 중압식 : 0.07~1.05[kgf/cm²]
㉰ 고압식 : 1.05[kgf/cm²] 이상

48 설비 배관에 있어서 유속을 V, 유량을 Q라 할 때 관지름 D를 구하는 식은?
① $D = \sqrt{\dfrac{4Q}{\pi V}}$ ② $D = \sqrt{\dfrac{\pi V}{Q}}$
③ $D = \sqrt{\dfrac{\pi V}{4Q}}$ ④ $D = \sqrt{\dfrac{Q}{\pi V}}$

해설
체적유량 $Q = A \cdot V = \dfrac{\pi}{4} \cdot D^2 \cdot V$에서 관지름 D를 구하는 식을 유도한다.
$\therefore D = \sqrt{\dfrac{4Q}{\pi V}}$ **[답]** ①

49 보온시공 시 주의사항에 대한 설명으로 틀린 것은? [16. 2회 기능사] [19. 2회 예기장]
① 보온재와 보온재의 틈새는 되도록 적게 한다.
② 겹침부의 이음새는 동일 선상을 피해서 부착한다.
③ 테이프 감기는 물, 먼지 등의 침입을 막기 위해 위에서 아래쪽으로 향하여 감아 내리는 것이 좋다.
④ 보온의 끝 단면은 사용하는 보온재 및 보온 목적에 따라서 필요한 보호를 한다.

해설
테이프 감기는 물, 먼지 등의 침입을 막기 위해 아래에서 위쪽으로 향하여 감아 올리는 것이 좋다. [답] ③

50 다음 중 합성수지류 패킹 재료인 것은?
① 메커니컬 실
② 모넬메탈
③ 하스텔로이
④ 테프론

해설 합성수지 패킹 :
플랜지 패킹에 사용되는 것은 테프론으로 내열 범위가 -260~260[℃]이며 기름에도 침식되지 않는다. [답] ④

51 산소와 아세틸렌가스의 다음 혼합비 중에서 가장 위험성이 큰 것은? [39회]
① 산소 85[%] + 아세틸렌 15[%]
② 산소 50[%] + 아세틸렌 50[%]
③ 산소 15[%] + 아세틸렌 85[%]
④ 산소 60[%] + 아세틸렌 40[%]

해설
㉮ 아세틸렌의 공기 중에서 폭발범위는 2.5~81[%]이므로 폭발범위 내에 아세틸렌이 혼합된 경우가 위험성이 크다.
㉯ 산소량이 많을수록 폭발의 위험성은 커진다. [답] ①

52 열팽창계수가 서로 다른 박판을 사용하여 온도 변화에 따라 휘어지는 정도를 이용한 온도계는?
① 제겔콘 온도계
② 바이메탈 온도계
③ 알코올 온도계
④ 수은 온도계

해설 바이메탈 온도계 :
선팽창계수(열팽창률)가 다른 2종류의 얇은 금속판을 결합시켜 온도변화에 따라 구부러지는 정도가 다른 점을 이용한 것이다. [답] ②

53 은분이라고도 하며 방청효과가 크고, 내구성이 풍부한 도막을 형성하며, 400~500[℃]의 내열성을 지니고 있어 난방용 방열기 등의 외면에 도장하는 것은?
① 광명단 도료
② 알루미늄 도료
③ 산화철 도료
④ 고농도 아연 도료

해설 알루미늄 도료(은분)의 특징
㉮ Al분말에 유성 바니스(oil varnish)를 혼합한 도료이다.
㉯ Al도막이 금속 광택이 있으며 열을 잘 반사한다.
㉰ 400~500[℃]의 내열성을 지니고 있어 난방용 방열기 등의 외면에 도장한다.
㉱ 은분이라고도 하며 방청효과가 매우 좋다.
㉲ 수분이나 습기가 통하기 어렵기 때문에 내구성이 풍부한 도막을 형성한다.
㉳ 밑칠용으로 수성페인트를 칠하면 효과가 좋아진다. [답] ②

54 공업배관에 많이 사용되는 감압밸브에 관한 설명 중 잘못 설명된 것은?
① 감압밸브는 고압관과 저압관 사이에 설치한다.
② 주요 부품은 스프링, 다이어프램, 파일럿 밸브(pilot valve) 등이 있다.
③ 감압밸브 설치 시에는 보통 바이패스(by-pass)를 설치하지 않는다.
④ 감압밸브 근처에는 압력계 및 안전밸브를 장치해야 한다.

해설
감압밸브 고장을 대비하여 바이패스는 반드시 설치하여야 한다. [답] ③

55 다음 중 검사를 성질에 의한 분류에 속하는 것은?
① 전수검사
② 파괴검사
③ 수입검사
④ 순회검사

해설 검사의 분류
㉮ 검사공정에 의한 분류 : 구입검사(수입검사), 중간검사(공정검사), 완성검사(최종검사), 출고검사(출하검사)
㉯ 검사 장소에 의한 분류 : 정위치 검사, 순회검사, 입회검사(출장검사)
㉰ 판정 대상(검사방법)에 의한 분류 : 관리 샘플링검사, 로트별 샘플링검사, 전수검사
㉱ 성질에 의한 분류 : 파괴검사, 비파괴검사, 관능검사
㉲ 검사 항목에 의한 분류 : 수량검사, 외관검사, 치수검사, 중량검사 **[답] ②**

56 계량값 관리도에 해당되는 것은?
① R 관리도
② np 관리도
③ c 관리도
④ u 관리도

해설 관리도의 종류
㉮ 계량값 관리도 : $\bar{x} - R$ 관리도, $\bar{x}$관리도, R관리도, $Me - R$ 관리도, $L - S$ 관리도, 누적합 관리도, 지수 가중 이동평균관리도
㉯ 계수값 관리도 : np(부적합품수) 관리도, p(부적합품률) 관리도, c(부적합수) 관리도, u(단위당 부적합수) 관리도 **[답] ①**

57 생산보전(PM : Productive Maintenance)의 내용에 속하지 않는 것은?
① 사후보전
② 안전보전
③ 예방보전
④ 개량보전

해설 보전의 유형
㉮ 예방보전(PM) : 계획적으로 일정한 사용 기간마다 실시하는 보전
㉯ 사후보전(BM) : 고장이나 결함이 발생한 후에 이것을 수리에 의하여 회복시키는 것
㉰ 개량보전(CM) : 고장이 발생한 후에 설계 및 재료변경 등으로 설비자체의 품질을 개선하여 수명을 연장시키거나 수리, 검사가 용이하도록 하는 방식
㉱ 보전예방(MP) : 계획 및 설치에서부터 고장이 적고, 쉽게 수리할 수 있도록 하는 방식 **[답] ②**

58 모든 작업을 기본동작으로 분해하고 각 기본동작에 대하여 성질과 조건에 따라 정해놓은 시간치를 적용하여 정미시간을 산정하는 방법은?
① 실적기록법
② WS법
③ 스톱워치법
④ PTS법

해설 PTS법 :
기정시간표준(PTS : predetermined time standard system)법이라 하며 기본동작 요소와 같은 요소동작이나 또는 운동에 대해서 미리 정해놓은 일정한 표준요소 기간치를 나타낸 표를 적용하여 개개의 작업을 수행하는 데 소요되는 시간치를 합성하여 정미시간을 산정하는 방법이다. **[답] ④**

59 다음 데이터로부터 통계량을 계산한 것 중 틀린 것은?

[데이터] 21.5, 23.7, 24.3, 27.2, 29.1

① 중앙값(M_e) : 24.3
② 제곱합(S) : 7.59
③ 시료분산(s^2) : 8.988
④ 범위(R) : 7.6

해설
㉮ 중앙값(M_e) : 데이터에서 순서대로 나열된 중간값에 해당하는 것은 24.3이다.
㉯ 평균값($\bar{x}$) 계산
$$\therefore \bar{x} = \frac{\sum x}{n}$$
$$= \frac{21.5 + 23.7 + 24.3 + 27.2 + 29.1}{5}$$
$$= 25.16$$
㉰ 편차 제곱합(S) 계산
$$\therefore S = (21.5 - 25.16)^2 + (23.7 - 25.16)^2 + (24.3 - 25.16)^2 + (27.2 - 25.16)^2 + (29.1 - 25.16)^2 = 35.952$$
㉱ 시료분산(s^2) 계산
$$\therefore s^2 = \frac{S}{n-1} = \frac{35.952}{5-1} = 8.988$$

㉰ 범위(R) 계산
∴ R = 최댓값 − 최솟값 = 29.1 − 21.5 = 7.6
[답] ②

60 파레토그램에 대한 설명으로 가장 거리가 먼 내용은?
① 부적합품(불량), 클레임 등의 손실금액이나 퍼센트를 그 원인별, 상황별로 취해 그림의 왼쪽에서부터 오른쪽으로 비중이 작은 항목부터 큰 항목 순서로 나열한 그림이다.
② 현재의 중요 문제점을 객관적으로 발견할 수 있으므로 관리방침을 수립할 수 있다.
③ 도수분포의 응용수법으로 중요한 문제점을 찾아 내는 것으로서 현장에서 널리 사용된다.
④ 파레토그림에서 나타난 1~2개 부적합품(불량) 항목만 없애면 부적합품(불량)률은 크게 감소된다.

해설 파레토그램(pareto diagram) : 불량, 결점, 고장 등의 발생건수를 분류 항목별로 나누고 크기 순서대로 나열해 놓은 그림으로 어떤 항목에 문제가 있나, 그 영향은 어느 정도인가를 알 수 있게 한다.
※ ①번 항목은 특성요인도에 대한 설명이다. **[답] ①**

2023년 배관기능장 CBT 필기시험 복원문제 (1)

☞ CBT필기시험 복원문제는 수험자의 기억에 의하여 복원된 것이므로 실제 출제문제와는 차이가 있을 수 있습니다.

01 122[°F]는 섭씨온도와 절대온도로 각각 얼마인가?

① 50[℃], 323[K]   ② 55[℃], 337[K]
③ 60[℃], 509[K]   ④ 65[℃], 581[K]

해설
㉮ 섭씨온도[℃] 계산
∴ $℃ = \frac{5}{9}(°F - 32) = \frac{5}{9} \times (122 - 32) = 50[℃]$
㉯ 절대온도[K] 계산
∴ $T = t[℃] + 273 = 50 + 273 = 323[K]$ **[답] ①**

02 가스용접에 사용하는 산소-아세틸렌 중 아세틸렌 용기의 색상은?

① 황색   ② 녹색
③ 회색   ④ 청색

해설 산소, 아세틸렌 용기 도색
㉮ 산소 용기 : 녹색
㉯ 아세틸렌 용기 : 황색(노란색)   **[답] ①**

03 강관 이음재료를 설명한 것으로 맞는 것은?

① 유체의 성질은 플랜지 선택조건에 해당되지 않는다.
② 나사조임형 강관제 이음재료에는 소켓, 니플, 30° 벤드 등이 있다.
③ 고온, 고압에 사용되는 강제 용접이음쇠는 삽입 용접식만 사용된다.
④ 플랜지 이음 중 플랜지면의 형상에 따라 가장 압력이 낮은 것은 전면 시트이다.

해설 각 항목의 옳은 설명
① 플랜지 선택조건에 유체의 성질은 고려해야 한다.
② 나사조임형 강관제 이음재료에는 소켓, 니플, 엘보, 티, 리듀서, 붓싱 등이 있고, 30° 벤드는 해당되지 않는다.
③ 고온, 고압에 사용되는 강제 용접이음쇠는 삽입 용접식 외에 맞대기 용접이음쇠도 있다.   **[답] ④**

참고 플랜지 시트 종류별 호칭압력
㉮ 전면 시트 : 1.6[MPa] 이하
㉯ 대평면 시트 : 6.3[MPa] 이하
㉰ 소평면 시트 : 1.6[MPa] 이상
㉱ 삽입 시트 : 1.6[MPa] 이상
㉲ 홈꼴형 시트(채널형) : 1.6[MPa] 이상

04 최고 사용압력 8.0[MPa], 사용온도 200[℃]인 열매체를 압력 배관용 탄소강관 50[A]로 배관하고자 할 때 스케줄 번호로 가장 적합한 규격은? (단, 관의 인장강도는 420[MPa]이고, 안전율은 4이다.)

① Sch No 60   ② Sch No 80
③ Sch No 100   ④ Sch No 120

해설
$Sch\,No = 1000 \times \frac{P}{S} = 1000 \times \frac{8}{\frac{420}{4}}$
$= 76.190$
∴ 스케줄 번호는 예제에서 76.19보다 큰 80번을 선택한다.   **[답] ②**

> **참고**
> ㉮ 1[MPa]은 약 10[kgf/cm²]이고, 인장강도 단위 [MPa]은 [N/mm²]과 같다.
> ㉯ SI단위 [N/mm²]을 공학단위 [kgf/mm²]으로 변환하려면 중력가속도(g) 9.8[m/s²]으로 나눠준다.
> ㉰ 공학단위 압력 [kgf/cm²], 허용응력 [kgf/mm²]일 때 스케줄 번호 구하는 공식 $Sch\,No = 10 \times \dfrac{P}{S}$이 SI단위 압력 [MPa], 허용응력 [MPa] 또는 [N/mm²]이면 스케줄 번호 구하는 공식을 $Sch\,No = 1000 \times \dfrac{P}{S}$으로 적용할 수 있는 것이다.

05 배관 도면에서 부속에 'ECC. RED'로 표시된 부분이 뜻하는 것으로 가장 적합한 것은?
① 신축이음 ② 열교환기
③ 동심 리듀서 ④ 편심 리듀서

해설 리듀서(reducer)의 종류 및 용도
㉮ 동심 리듀서(concentric reducer) : 이음하는 큰관과 작은관의 중심이 일치하는 리듀서
㉯ 편심 리듀서(eccentric reducer) : 이음하는 큰관과 작은관의 아랫면이 일치하도록 하여 중심이 어긋나는 리듀서 **[답]** ④

06 무기질 보온재로 흄매트, 블랭킷, 파이프 커버, 하이울 등의 종류가 있는 보온재는?
① 기포성 수지 ② 유리솜
③ 규조토 ④ 암면

해설 암면(rock wool)의 특징
㉮ 안산암, 현무암, 석회석 등을 원료로 섬유상으로 제조한다.
㉯ 흡수성이 적고, 풍화 염려가 없다.
㉰ 가격이 저렴하고 섬유가 거칠며 꺾어지기 쉽다.
㉱ 알칼리에는 강하나, 강산에는 약하다.
㉲ 열전도율이 0.039~0.048[kcal/h·m·℃] 정도이다.
㉳ 안전 사용온도는 400~600[℃] 이다. **[답]** ④

07 표준약어의 설명으로 옳지 않은 것은?
① API : 미국석유협회
② AWS : 미국용접협회
③ AISI : 미국철강협회
④ ANSI : 미국재료시험학회

해설 ANSI(American National Standards Institute) : 미국표준협회 **[답]** ④

08 압력탱크 급수방식의 특징을 설명한 것으로 올바른 것은?
① 고가수조를 설치할 필요가 있다.
② 건물의 구조를 강화시킬 필요가 있다.
③ 취급이 쉽고 고장이 적어 대규모 건축에 적합하다.
④ 유효사용수량이 적을 때, 수량의 변화가 압력에 영향을 준다.

해설 압력탱크 급수방식의 특징
㉮ 높은 지점에 물탱크(고가수조)를 설치할 필요가 없다.
㉯ 고가수조가 없으므로 건물의 구조를 강화할 필요가 없다.
㉰ 고가수조식에 비교하여 펌프 양정의 크기를 필요로 한다.
㉱ 탱크는 내압에 견디는 구조이기 때문에 제작비가 많이 필요하다.
㉲ 유효사용수량이 적고, 압력의 변동이 있다.
㉳ 공기압축기를 설치하고 압축공기를 보급해야 한다.
㉴ 취급이 비교적 어렵고 고장이 많다. **[답]** ④

09 급수배관 시공에 대한 설명으로 틀린 것은?
① 급수배관의 최소관경은 원칙적으로 20[mm]로 한다.
② 음료용 배관을 배수관, 잡용수관 등 다른 배관과 직접 연결시켜서는 안 된다.

③ 급수관은 수리 시 관 속의 물을 완전히 뺄 수 있도록 기울기를 주어야 하며, 기울기는 1/250을 표준으로 한다.
④ 급수관과 배수관을 근접하여 매설하는 경우에는 원칙적으로 양 배관의 수평간격을 100[mm] 이상으로 하고, 급수관은 배수관의 아래쪽에 매설한다.

해설
급수관과 배수관이 근접하여 또는 평행으로 매설될 때는 양 배관의 수평 간격을 500[mm] 이상으로 하고, 급수관은 배수관의 위쪽에 매설한다. 교차 될 때에도 배수관 위쪽에 매설한다. **[답] ④**

10 난방방식의 분류 중 중앙식 난방이 아닌 것은?
① 직접난방 ② 간접난방
③ 방사난방 ④ 개별난방

해설 난방방식의 분류
㉮ 개별식 난방법
㉯ 중앙식 난방법 : 직접난방법, 간접난방법, 복사난방법 **[답] ④**

11 지름 25[cm]의 배관에 흐르는 유량이 0.43[m³/s]일 때 유속은 약 몇 [m/s]인가?
① 2.74 ② 5.68
③ 7.45 ④ 8.75

해설
㉮ 체적유량 $Q = A \times V = \left(\frac{\pi}{4} \times D^2\right) \times V$에서 유속 V를 구한다.
㉯ 유속 계산 : 배관 지름 25[cm]는 0.25[m]이다.
$$\therefore V = \frac{4 \times Q}{\pi \times D^2} = \frac{4 \times 0.43}{\pi \times 0.25^2} = 8.759[\text{m/s}]$$
※ 풀이에 파이(π) 대신 3.14를 적용하면 오차가 발생하며, 선택하여 풀이에 적용하길 바랍니다. **[답] ④**

12 사용압력이 비교적 낮은 증기, 물, 기름 및 공기 등의 배관용에 적합한 배관용 탄소 강관의 KS 재료기호는?
① SPP   ② SPPS
③ SPPH ④ SPH

해설
배관용 탄소강관(SPP) : 사용압력이 비교적 낮은 980[kPa](10[kgf/cm²]) 이하의 증기, 물, 기름, 공기 등의 배관에 사용되며 아연을 도금한 것을 백관, 도금하지 않고 1차 방청도장만 한 것을 흑관으로 분류한다. **[답] ①**

13 평균 온도차가 5[℃]일 때 열관류율이 500[W/m²·K]인 응축기가 있다. 이 응축기에서 제거되는 열량이 18[kW]일 때 전열면적은 약 몇 [m²]인가?
① 2.3 ② 4.8
③ 7.2 ④ 9.6

해설
열전달량을 구하는 식 $Q = K \cdot F \cdot \Delta t$에서 전열면적 F를 구하며, 1[kW]는 1000[W]이다.
$$\therefore F = \frac{Q}{K \cdot \Delta t} = \frac{18 \times 1000}{500 \times 5} = 7.2[\text{m}^2]$$ **[답] ③**

14 25[mm]용 2개, 20[mm]용 3개, 15[mm]용 2개의 급수전을 사용할 때 급수 주관의 호칭규격을 급수관의 균등표를 이용하여 산출한 것으로 맞는 것은? (단, 동시 사용률은 무시한다.)

급수관의 균등표

관지름[mm]	6	8	10	15	20	25	32	40	50	65	80
6	1										
8	2.1	1									
10	4.5	2.1	1								
15	8.2	3.8	1.8	1							
20	16	7.7	3.6	2	1						
25	30	14	6.6	3.7	1.8	1					
32	60	28	13	7.2	3.6	2	1				
40	88	41	19	11	5.3	2.9	1.5	1			
50	164	77	36	20	10.0	5.5	2.8	1.9	1		
65	255	120	56	31	15.5	8.5	4.3	2.9	1.6	1	
80	439	206	97	54	27	15	7	5	2.7	1.7	1

① 32[mm] ② 40[mm]
③ 50[mm] ④ 65[mm]

해설 급수관 균등표를 이용한 계산법
문제에서 주어진 배관호칭에 해당하는 배관을 세로측 관지름 칸에서 찾아 오른쪽으로 평행하게 이동하여 가로측 칸에 있는 15[mm]와 일치하는 숫자를 찾아 급수전 개수를 계산한다.
㉮ 25[mm]×2개를 15[mm]관으로
   계산＝3.7×2＝7.4
㉯ 20[mm]×3개를 15[mm]관으로 계산＝2×3＝6
㉰ 15[mm]×2개를 15[mm]관으로 계산＝1×2＝2
㉱ 15[mm]관의 합계＝7.4＋6＋2＝15.4
㉲ 주관의 호칭 계산 : 관지름 가로 칸에서 15[mm]를 선택한 후 아래로 내려가 15.4에 해당하는 숫자를 찾아 (없으면 큰 숫자 선택) 20을 선택한 후 왼쪽으로 이동하면 세로 칸의 관지름 50[mm]가 선택된다.
∴ 주관의 호칭규격은 50[mm] 이다. **[답]** ③

15 고온 고압용 관 재료로서 갖추어야할 조건 중 틀린 것은?
① 크리프 강도가 작을 것
② 유체에 대한 내식성이 클 것
③ 가공이 용이하고 값이 쌀 것
④ 고온도에서도 기계적 강도를 유지하고 저온에서도 재질의 여림화를 일으키지 않을 것

해설
크리프 강도가 커야 한다. **[답]** ①

참고 크리프(creep)
어느 온도 이상에서 재료에 일정한 하중을 가하여 그대로 방치하면 시간의 경과와 더불어 변형이 증대하고 때로는 파괴되는 현상이다.

16 유량이 2000[LPM]인 원심펌프의 회전수를 1000[rpm]에서 1200[rpm]으로 변경시킬 때 유량[LPM]은 얼마가 되는가?
① 2000 ② 2400
③ 2880 ④ 3456

해설
$$Q_2 = Q_1 \times \frac{N_2}{N_1} = 2000 \times \frac{1200}{1000} = 2400 [LPM]$$

※ [LPM]은 'liter per minute'로 1분당 유량이 1리터 [L]을 의미한다. **[답]** ②

참고 원심펌프의 상사 법칙
㉮ 유량 $Q_2 = Q_1 \times \left(\frac{N_2}{N_1}\right) \times \left(\frac{D_2}{D_1}\right)^3$

㉯ 양정 $H_2 = H_1 \times \left(\frac{N_2}{N_1}\right)^2 \times \left(\frac{D_2}{D_1}\right)^2$

㉰ 동력 $L_2 = L_1 \times \left(\frac{N_2}{N_1}\right)^3 \times \left(\frac{D_2}{D_2}\right)^5$

17 그림과 같이 20[A] 강관이 설치된 증기관에서의 2000[mm] 방향(X 방향)의 신축량은? (단, 설치 시 온도는 10[℃]이고, 증기가 흐를 때의 온도는 130[℃]이며, 강관의 선팽창계수는 1.2×10⁻⁵[m/m·℃] 이다.)
① 2.64[mm]
② 2.88[mm]
③ 5.28[mm]
④ 5.76[mm]

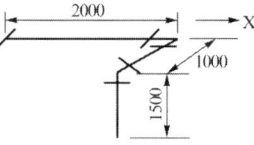

해설
$\Delta L = L \cdot \alpha \cdot \Delta t$
$= 2000 \times 1.2 \times 10^{-5} \times (130 - 10)$
$= 2.88 [mm]$

※ 강관의 선팽창계수 1.2×10^{-5}[m/m·℃]는 1.2×10^{-5} [mm/mm·℃]와 같다. **[답]** ②

18 동관에 대한 설명으로 틀린 것은?
① 전기 및 열전도율이 좋다.
② 전연성이 풍부하고 마찰저항이 적다.
③ 두께별로 분류할 때 K type이 M type 보다 두껍다.
④ 산성에는 내식성이 강하고 알칼리성에는 심하게 침식된다.

해설 동관의 특징
㉮ 담수(淡水)에 대한 내식성이 우수하다.
㉯ 열전도율이 좋고, 가공성이 좋아 배관시공이 용이하다.
㉰ 아세톤, 프레온 가스 등 유기약품에 침식되지 않는다.
㉱ 관 내부에서 마찰저항이 적다.
㉲ 연수(軟水)에는 부식된다.
㉳ 외부의 기계적 충격에 약하다.
㉴ 가격이 비싸다.
㉵ 가성소다, 가성칼리 등 알칼리성에는 내식성이 강하고, 암모니아수, 습한 암모니아(NH_3)가스, 초산, 진한 황산(H_2SO_4)에는 심하게 침식된다.
㉶ 동관의 두께 순서 : K > L > M > N **[답] ④**

참고 담수(淡水)와 연수(軟水)
㉮ 담수 : 칼슘, 마그네슘이 탄산수소염, 염화물, 황산염 형태로 들어 있는 물로 센물이라 한다. → 비누 거품이 생기지 않는 물로 지하수, 온천수 등이 해당
㉯ 연수 : 칼슘, 마그네슘이 탄산수소염, 염화물, 황산염 형태로 들어 있지 않은 물로 단물이라 한다. → 비누 거품이 잘 생기는 물로 빗물, 수돗물 등이 해당

19 타르 및 아스팔트 도료에 관한 설명으로 옳은 것은?
① 50[℃]에서 담금질하여 사용해야 가장 좋다.
② 첨가제 없이 도료 단독으로 사용하여야 효과가 높다.
③ 노출 시에는 외부적 요인에 따라 균열이 발생하기 쉽다.
④ 관 표면에 도포 시 물과 접촉하면 부식하기 쉬우므로 내식성 도료를 도장해야 한다.

해설 타르 및 아스팔트 도료
관의 벽면과 물 사이에 내식성 도막을 만든다. 대기 중에 노출 시 외부적 원인(온도변화)에 따라 균열이 발생한다. 도료 단독으로 사용하는 것보다는 주트 등과 함께 사용하거나 130[℃] 정도로 담금질해서 사용하는 것이 좋다. **[답] ③**

20 내용적 30[L] 용기에 아세틸렌가스가 1.5[MPa], 4500[L] 충전되어 있다면, B형 300번 팁을 사용하면 약 몇 시간 사용할 수 있는가? (단, 표준불꽃으로 용접하는 경우이다.)
① 10 시간
② 12 시간
③ 15 시간
④ 17시간

해설
㉮ 사용시간 계산
∴ 시간 = $\frac{가스량[L]}{팁의 능력[L/h]}$ = $\frac{4500}{300}$ = 15시간
㉯ 팁의 번호
㉠ A형 : 연강판의 모재 두께를 표시하는 것으로 2번은 2[mm]의 연강판 용접이 가능한 것을 표시한다.
㉡ B형 : 팁에서 불꽃으로 되어 유출되는 아세틸렌의 양[L/h]을 표시한다. **[답] ③**

21 투상도의 표시방법 중 물체의 위에서 내려다 본 모양을 도면에 표현한 그림은?
① 정면도
② 배면도
③ 측면도
④ 평면도

해설 투상도의 이름
㉮ 정면도 : 물체의 가장 기본이 되는 면을 정면에서 본 모양을 나타낸 도면
㉯ 평면도 : 물체를 위에서 내려다 본 모양을 나타낸 도면
㉰ 측면도 : 정면도를 기준으로 물체의 옆면을 본 모양을 나타낸 도면으로 좌측면도와 우측면도가 있다.
㉱ 저면도 : 물체를 밑에서 본 모양을 나타낸 도면
㉲ 배면도 : 물체의 정면 반대쪽인 뒷면을 나타낸 도면 **[답] ④**

22 상주인원이 150명인 건축물에 설치하는 정화조에서 부패조의 용량은 얼마인가?
① 12[m^3] 이상
② 16[m^3] 이상
③ 20[m^3] 이상
④ 26[m^3] 이상

해설

$V = 1.5 + 0.1(n-5)$
$= 1.5 + 0.1 \times (150-5) = 16[\text{m}^3]$

※ 상주인원이 500명 이상일 경우 부패조 용량 $V[\text{m}^3] = 51 + 0.075(n-500)$의 공식을 적용한다. **[답] ②**

23 0[℃] 물 1[kg]을 100[℃]의 포화증기로 만드는데 필요한 열량은 약 몇 [kJ]인가? (단, 물의 비열은 4.19[kJ/kg·K]이고, 물의 증발잠열은 2256.7[kJ/kg]이다.)

① 418   ② 753
③ 2255 ④ 2676

해설

㉮ 0[℃] 물을 100[℃] 물로 변화시킬 때 필요 열량 계산 : 현열
∴ $Q_1 = G \times C \times \Delta T$
$= 1 \times 4.19 \times \{(273+100)-(273+0)\}$
$= 419[\text{kJ}]$

※ 온도변화 폭은 섭씨온도[℃]와 절대온도[K]가 같으므로 섭씨온도로 계산하여도 결과값은 동일하다.

㉯ 100[℃] 물을 100[℃] 포화증기로 변화시킬 때 필요 열량 계산 : 잠열
∴ $Q_2 = G \times \gamma = 1 \times 2256.7 = 2256.7[\text{kJ}]$

㉰ 합계 열량 계산
∴ $Q = Q_1 + Q_2 = 419 + 2256.7 = 2675.7[\text{kJ}]$
[답] ④

24 유체를 일정한 방향으로만 흐르게 하여 역류방지 및 워터해머 방지 기능과 바이패스 밸브의 기능도 하는 것은?

① 팩리스 밸브   ② 다이어프램 밸브
③ 팽창 밸브   ④ 해머리스 체크밸브

해설 해머리스 체크 밸브(hammerless check valve) 스모렌스키 체크밸브라 하며 밸브 내부는 버퍼(buffer)와 스프링(spring)이 설치되어 있고 펌프 출구측의 체크밸브용으로 사용되며, 워터해머(water hammer)의 방지와 바이패스 밸브의 기능을 함께 한다. **[답] ④**

25 보기와 같은 크로스 이음쇠의 호칭방법으로 옳은 것은?

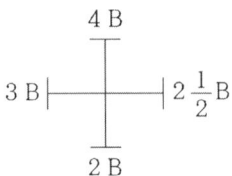

① $4B \times 2B \times 3B \times 2\frac{1}{2}B$
② $3B \times 4B \times 2\frac{1}{2}B \times 2B$
③ $2\frac{1}{2}B \times 2B \times 3B \times 4B$
④ $4B \times 3B \times 2\frac{1}{2}B \times 2B$

해설 크로스 호칭법
지름이 큰 것을 첫 번째, 이것과 동일 중심선 위에 있는 것을 두 번째, 나머지 2개 중에서 지름이 큰 것을 세 번째, 작은 것을 네 번째로 한다. **[답] ①**

26 경질 염화비닐관이 강관보다 우수한 점으로 옳은 것은?

① 열팽창률이 적다.
② 충격강도가 크다.
③ 관내 마찰손실이 적다.
④ 저온 및 고온에서의 강도가 크다.

해설 경질 염화비닐관의 특징
㉮ 내식성, 내산성, 내알칼리성이 크다.
㉯ 전기의 절연성이 크다.
㉰ 열의 불량도체이다.(열전도도는 철의 1/50 정도)
㉱ 가볍고 강인하며, 가격이 저렴하다.
㉲ 배관 가공(굴곡, 접합, 용접)이 쉬워 시공비가 적게 소요된다.
㉳ 저온 및 고온에서 강도가 약하다.
㉴ 열팽창율이 크다.
㉵ 충격강도가 작으며, 용제에 약하다. **[답] ③**

27 바닥면적이 3[m²], 자유표면으로부터 깊이가 2[m]되는 원통 용기에 물이 들어있을 경우 용기의 바닥면에 작용하는 힘은 약 몇 [N]인가?

① 5880 ② 58800
③ 6880 ④ 68800

해설
물의 비중량(γ)은 1000[kgf/m³]을 적용한다.
$\therefore F = \gamma \times h \times A \times g$
$= 1000 \times 2 \times 3 \times 9.8 = 58800$ [N] **[답] ②**

28 일반적으로 PS관이라고 불리는 관은?
① 규소 청동관
② 에터니트관
③ 폴리부틸렌관
④ 프리스트레스 콘크리트관

해설 프리스트레스(pre-stress) 콘크리트관
콘크리트관 외주에 PS강선을 인장해서 감아 붙인 뒤 관의 원주방향으로 압축응력을 부여하여 내외압에 의해서 일어나는 인장응력과 상쇄할 수 있게 한 관이다. **[답] ④**

29 간접 가열식 중앙 급탕법에 대한 설명으로 틀린 것은?
① 가열용 코일이 필요하다.
② 고압 보일러가 필요하다.
③ 대규모 급탕 설비에 적당하다.
④ 저탕조 내부에 스케일이 잘 생기지 않는다.

해설
간접 가열식은 저장 탱크 내부에 가열 코일을 설치하여 증기 또는 열탕을 순환시켜 탱크 내의 물을 간접으로 가열하는 것이고, 순환 증기는 높이에 관계 없이 0.3~1[kgf/cm²]의 저압으로도 가능하다. **[답] ②**

30 흡수식 냉동기에서 냉매와 흡수제로 사용되는 것을 옳게 나타낸 것은?
① 암모니아 - 물
② 물 - 염화메틸
③ 물 - 프레온22
④ 물 - 메틸클로라이드

해설 흡수식 냉동기의 냉매 및 흡수제

냉매	흡수제
암모니아(NH_3)	물(H_2O)
물(H_2O)	리튬브로마이드(LiBr)
염화메틸(CH_3Cl)	사염화에탄
톨루엔	파라핀유

※ 리튬브로마이드(LiBr)를 취화리튬이라 한다. **[답] ①**

31 다음 그림은 계장용 도시기호를 실제로 기입한 것이다. 무엇을 나타내는 것인가?
① 면적 유량계
② 기록 압력계
③ 온도 측정계
④ 기록 온도검출기

해설 계장용 도시기호의 종류

기호	명 칭	비 고
FI 1	지시유량계	관로 장입형
FQ 7	적산유량계	관로 장입형
FE 12	차압식 유량계	표시 계기에 접속되어 있을 때
FI 9	차압식 지시유량계	현장 설치
TP 3	온도 측정계	측온 요소가 설치되어 있지 않을 때
TI 2	지시 온도계	온도계가 관로에 장입되었을 때
TE 6	온도 검출계	표시 계기에 접속되어 있을 때
LI 11	내부 검출식 지시	레벨계
LI 6	외부 검출식 지시	레벨계
PP 5	압력 측정계	표시 계기에 접속되어 있을 때
PI 9	지시 압력계	현장 설치
PR 9	기록 압력계	현장 설치
HC 3	공기압식 수동조작기	판넬 설치

[답] ③

32 요리장의 개숫물 속의 찌꺼기를 거르는 경우 가장 적합한 것은?
① 드럼 트랩 ② 그리스 트랩
③ 리프트 트랩 ④ 플러시 트랩

해설 배수 트랩 중 박스트랩의 종류
㉮ 드럼트랩 : 요리장의 개숫물 속의 찌꺼기를 트랩 바닥에 모이게 하고 찌꺼기가 하수관으로 흐르지 않게 방지하는 트랩
㉯ 벨 트랩 : 바닥면의 배수에 사용하는 트랩으로 벨(bell)을 씌우지 않고 사용하면 트랩 작용이 안 된다.
㉰ 가솔린 트랩 : 자동차의 차고나 공장 등의 바닥 배수에 사용되는 것으로 배수 중의 가솔린, 기계유, 모래 등을 분리해서 모래는 주철제의 버킷 밑에 침전시키고 기름 등은 수면위에 띄워서 제거할 수 있도록 한 것이다.
㉱ 그리스 트랩 : 유입되는 배수의 유속이 트랩 속에서 감소하므로 배수 중에 섞여 있는 지방이 식어서 트랩 위에 떠오르도록 한 구조로 호텔, 식당 등 요리장에서 사용한다. [답] ①

33 진공환수식 증기 난방법에서 저압 증기 환수관이 진공 펌프의 흡입구보다 낮은 위치에 있을 때 응축수를 끌어올리기 위해 관로에 설치하는 것을 무엇이라 하는가?
① 리프트 피팅 ② 냉각관
③ 애덤슨 조인트 ④ 바큠 브레이커

해설 리프트 이음(lift fitting)
진공 환수관식에서 보일러 보다 방열기가 아래쪽에 설치되는 경우(환수관이 진공펌프 흡입구보다 낮은 경우) 설치하는 이음방법으로 수직 입상관은 환수주관보다 1~2단계 낮은 관을 사용하며 1단의 최고 흡상 높이는 1.5[m] 이내로 한다. 흡상 높이가 높은 경우에는 여러 개를 조합하여 설치할 수 있다. [답] ①

34 주철관 이음에서 종래 사용하여 오던 소켓 이음을 개량한 것으로 스테인리스강 커플링과 고무링만으로 쉽게 이음 할 수 있는 방법은?
① 플랜지 이음 ② 타이톤 이음
③ 스크루 이음 ④ 노-허브 이음

해설 노허브 이음(no-hub joint)
주철관 이음에서 종래 사용하여 오던 소켓이음을 개량한 것으로 스테인리스강 커플링과 고무링만으로 쉽게 이음 할 수 있는 방법이다. [답] ④

35 그림과 같이 밑면이 30° 경사진 수조의 경사면의 길이 L이 20[m]일 때 수조의 제일 낮은 바닥 P점의 수압(게이지압력)은 약 몇 [kPa]인가?
① 147
② 176
③ 196
④ 250

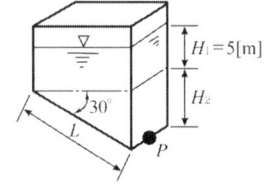

해설
㉮ $\sin 30° = \dfrac{H_2}{L}$ 에서 H_2의 길이를 계산한다.
∴ $H_2 = L \times \sin 30° = 20 \times \sin 30° = 10[m]$
㉯ P점의 압력 계산 : 유체의 비중량(γ)[kgf/m^3]과 액높이(h)[m]의 곱은 압력(P)[kgf/m^2]으로 공학단위에 해당되며, 여기에 중력가속도(g) 9.8[m/s^2]을 곱하면 SI단위 [Pa]이다. 물의 비중량(γ)은 1000[kgf/m^3]을 적용한다.
∴ $P = \gamma \times (H_1 + H_2) \times g$
  $= 1000 \times (5 + 10) \times 9.8$
  $= 147000[Pa] = 147[kPa]$ [답] ①

36 공기조화 설비의 덕트 주요 요소인 가이드 베인의 용도로 다음 중 가장 적합한 설명은?
① 대형 덕트의 풍량 조절용이다.
② 소형 덕트의 풍량 조절용이다.
③ 덕트 분기 부분의 풍량조절을 한다.
④ 굽은(회전) 부분의 기류를 안정시킨다.

해설 가이드 베인(guide vane)
덕트 내의 굴곡된 부분의 기류를 안정시켜 저항을 줄이기 위한 설비로 곡부의 내측에 조밀하게 부착하는 것이 효과적이다. [답] ④

37 관용나사의 테이퍼 값으로 가장 적합한 것은?
① 1/5 ② 1/10
③ 1/16 ④ 1/30

해설
관용나사는 일반 체결용 나사보다 피치와 나사산 높이를 작게 한 것으로 누수를 방지하고 기밀을 유지하기 위해 테이퍼(기울기) 나사를 사용하고 테이퍼(기울기) 값은 1/16 이다. **[답] ③**

38 염화비닐관 이음에서 고무링 이음의 특징으로 틀린 것은?
① 외부의 기후 조건이 나빠도 이음이 가능하다.
② 부분적으로 땅이 내려앉는 곳에도 어느 정도 안전하다.
③ 시공 작업이 간단하며 특별한 숙련이 없어도 시공할 수 있다.
④ 이음 후에 관을 빼거나 다시 끼울 수 없고, 수압에 견디는 강도가 작다.

해설 고무링 이음의 특징
㉮ 시공 작업이 간단하며 특별한 숙련이 없어도 시공할 수 있다.
㉯ 외부의 기후 조건이 나빠도 이음이 가능하다.
㉰ 부분적으로 땅이 내려앉는 곳에도 어느 정도 안전하다.
㉱ 시공속도가 빠르며, 수압에 견디는 강도가 크다.
㉲ 좁은 장소나 화기의 위험이 있는 곳에서도 이음이 안전하다.
㉳ 가열하거나 접착제를 바르지 않고 손쉽게 이음이 되므로 시공비가 절감된다.
㉴ 이음 후에 관을 빼내거나 다시 끼울 수도 있으므로 필요할 때 이동할 수 있어 경제적이다.
㉵ 신축 및 휨에 대하여 완전하며 신축관을 따로 설치할 필요가 없다. **[답] ④**

39 자연순환 온수난방에서 보일러와 방열기와의 수직높이 차이가 6[m]이고, 송수온도 80[℃], 환수온도 68[℃]일 때 자연순환력은 약 몇 [Pa]인가? (단, 68[℃] 물의 비중량은 9593.61[N/m³], 80[℃] 물의 비중량은 9524.03[N/m³]이다.)
① 176.7 ② 354.2
③ 417.5 ④ 834.3

해설
㉮ SI단위 파스칼[Pa]은 [N/m²]이다.
㉯ 자연순환력 계산
$$\therefore H_w = (\gamma_c - \gamma_h) \times h$$
$$= (9593.61 - 9524.03) \times 6$$
$$= 417.48 [N/m^2] = 417.48 [Pa]$$ **[답] ③**

40 난방용 방열기 기호에서 "W − V"가 의미하는 뜻으로 다음 중에서 가장 적합한 것은?
① 벽걸이 세로형
② 2주형 세로형
③ 벽걸이 가로형
④ 2주형 가로형

해설 벽걸이 방열기 표시
㉮ W : 방열기 종별 − 벽걸이형
㉯ 형 : V − 수직형(세로형), H − 수평형(가로형) **[답] ①**

41 다음 중 버니어 캘리퍼스의 종류가 아닌 것은?
① CB형 ② CM형
③ NC형 ④ MI형

해설 버니어 캘리퍼스(vernier calipers)
자와 캘리퍼스로 구성된 것으로 길이, 내경, 외경, 깊이, 두께 등을 측정하는데 사용된다. 종류로는 MI형, M2형, CB형, CM형이 있다. **[답] ③**

42 보일러 연소실에서 발생한 연소가스가 굴뚝까지 이르는 통로는?

① 연돌   ② 연도
③ 화관(火管)   ④ 개자리

해설
㉮ 연돌 : 연소가스가 외부로 배출되는 굴뚝
㉯ 연도 : 보일러 연소실에서 발생한 연소가스가 굴뚝까지 이르는 통로
㉰ 개자리 : 자연통풍방식에서 배기가스의 순간적인 역류를 방지하기 위하여 굴뚝 하부에 설치하는 것으로 높이는 굴뚝(연돌)지름의 2배 이상으로 한다. **[답] ②**

43 주철관의 접합 방법 중 소켓 접합으로 배수관을 접합할 때 얀과 납의 채움 길이에 대한 설명으로 옳은 것은?

① 삽입길이의 약 1/3을 얀으로 하고, 약 2/3를 납으로 한다.
② 삽입길이의 약 1/4을 얀으로 하고, 약 3/4를 납으로 한다.
③ 삽입길이의 약 2/3을 얀으로 하고, 약 1/3를 납으로 한다.
④ 삽입길이의 약 3/4을 얀으로 하고, 약 1/4를 납으로 한다.

해설 주철관 소켓 접합의 삽입길이(소켓깊이)

구분	얀(yarn)	납
급수관	1/3	2/3
배수관	2/3	1/3

[답] ③

44 배기가스의 여열을 이용하여 급수를 가열하는 보일러 부속장치는?

① 증기 예열기   ② 공기 예열기
③ 재열기   ④ 절탄기

해설 보일러 배기가스 폐열회수장치의 종류 및 역할
㉮ 과열기(super heater) : 보일러에서 발생한 습포화증기의 압력을 일정하게 유지하면서 온도만을 높여 과열증기를 만드는 장치이다.
㉯ 재열기(reheater) : 고압 증기터빈에서 일정한 팽창을 하고 포화상태에 가까워진 증기를 모두 회수하여 재차 열을 가하여 과열증기로 만들어 저압 터빈에서 팽창하도록 하는 장치이다.
㉰ 급수예열기(economizer) : 보일러 급수를 연소가스 여열(餘熱)을 이용하여 예열시키는 장치로 절탄기(節炭器)라 한다.
㉱ 공기예열기(air preheater) : 연소가스의 여열을 이용하여 연소실에 공급되는 2차 공기를 예열하는 장치이다. **[답] ④**

45 화학 배관 설비에 사용되는 재료의 구비 조건으로 틀린 것은?

① 접촉 유체에 대한 내식성이 클 것
② 고온, 고압에 대한 기계적 강도가 클 것
③ 상용 상태에서의 크리프(creep) 강도가 작을 것
④ 저온 등에서도 재질의 열화(劣化)가 없을 것

해설 화학설비 장치 배관재료의 구비 조건
㉮ 접촉 유체에 대해 내식성이 클 것
㉯ 고온 고압에 대한 기계적 강도가 클 것
㉰ 저온에서 재질의 (劣化)가 없을 것
㉱ 크리프(creep) 강도가 클 것
㉲ 가공이 용이하고 가격이 저렴할 것 **[답] ③**

참고 크리프(creep)
어느 온도 이상에서 재료에 일정한 하중을 가하여 그대로 방치하면 시간의 경과와 더불어 변형이 증대하고 때로는 파괴되는 현상

46 호칭지름 13[mm]인 일반 배관용 스테인리스강관(재질 304) 프레스식 관이음쇠로 90° 엘보를 의미하는 것은?

① KS B 1547 13-90E-304
② KS B 1547 DN13-90E-304
③ KS B 1547 304-90E-13
④ KS B 1547 90E 13-304

해설
㉮ KS B 1547 : 일반배관용 스테인리스강관 프레스식 관 이음쇠
㉯ 90E 13-304 : 관이음쇠 명칭 90° 엘보, 호칭지름 13[mm], 재질 304 **[답]** ④

참고 이큐 조인트(EQ joint)
스테인리스 배관을 원형의 고무링이 끼워져 있는 이음쇠에 넣은 후 전용 압착공구를 사용해 압착하는 방식의 시공법으로 작업시간이 단축되고, 시공비 절감 효과가 뛰어나다.

47 배관공작 안전사항 중 수공구 운반 시 주의사항으로 틀린 것은?
① 불안전한 장소에는 수공구를 놓지 않도록 할 것
② 수공구를 손에 잡고 사다리를 오르내리지 말 것
③ 끌이나 정 등의 예리한 날부분은 칼집에 보관할 것
④ 드라이버 등과 같이 뾰족한 공구는 주머니에 넣고 다닐 것

해설
드라이버 등과 같이 뾰족한 공구는 주머니에 넣고 다니지 않아야 한다. **[답]** ④

48 파이프 랙(pipe rack)에 관한 설명으로 가장 적합한 것은?
① 배관의 이동, 구속 및 제한 등을 하고자 할 때 사용하는 것이다.
② 배관의 수평부와 곡관부를 지지하는데 사용하는 서포트를 의미한다.
③ 관의 수직이동에 대하여 지지하중의 변화하는 하중을 조정하는 것이다.
④ 복수의 배관을 병렬로 배열할 때 공통지지가대(架坮)를 제작, 그 위에 배관하는데 사용하는 공통지지 구조물을 말한다.

해설 파이프 랙(pipe rack) :
프로세스 배관이나 유틸리티 배관을 공통지지가대 위에 배관하는데 사용하는 공통지지 구조물이다. **[답]** ④

49 연관용 공구 중 분기관 따내기 작업 시 주관에 구멍을 뚫는 공구는?
① 봄볼 ② 드레서
③ 벤드벤 ④ 턴핀

해설 연관(鉛管)용 공구의 종류 및 용도
㉮ 봄 볼(bom boll) : 주관(主管)에서 분기 이음하는 경우 주관에 구멍을 뚫기 위하여 사용하는 공구이다.
㉯ 드레서(dresser) : 연관 표면을 깎아서 산화물을 없애기 위하여 사용하는 공구이다.
㉰ 벤드 벤(bend ben) : 연관에 끼워서 관을 구부리거나 관을 바르게 펼 때 사용하는 공구이다.
㉱ 턴 핀(turn pin) : 이음하려는 연관의 끝 부분에 끼우고 나무 해머로 때려 박아 관 끝 부분을 나팔 모양으로 넓히는데 사용하는 공구이다.
㉲ 매리트(mallet) : 턴 핀을 때려 박든가, 이음부 주위를 오므리는데 사용하는 나무 해머이다. **[답]** ①

50 압축공기 배관의 부품에 들어가지 않는 것은?
① 세퍼레이터(separator)
② 공기 여과기(air filter)
③ 애프터 쿨러(after cooler)
④ 사이어미즈 커넥션(siamese connection)

해설 압축공기배관의 부속장치
㉮ 분리기(separator) : 중간냉각기와 후부냉각기에 연결하여 외부로부터 흡입된 습기를 압축에 의해 분리하고, 공기중에 포함된 윤활유를 공기나 가스로부터 분리하는 장치
㉯ 후부냉각기(after cooler) : 토출관에 접속해 고온에서 증기를 함유한 압축가스를 냉각시키고, 분리기에 의해 수분을 제거하도록 돕는 장치
㉰ 밸브 : 저압용에는 청동제, 고압용에는 스테인리스제를 사용한다.

㉣ 공기탱크(air receiver) : 압축공기를 단속적으로 토출하는 왕복식 압축기에서 발생하는 맥동현상을 완화시키는 장치
㉤ 공기 여과기(air filter) : 공기 압축기의 흡입측에 설치하여 먼지 등 불순물을 제거하는 장치
㉥ 공기 흡입관 : 공기를 흡입하기 위한 관으로 관의 단면적은 실린더 면적의 1/2 정도로 한다. **[답] ④**

51 일반적인 기송 배관의 형식이 아닌 것은?
① 진공식   ② 압송식
③ 진공 압송식   ④ 분리기식

해설
㉮ 기송배관 : 공기 수송기를 사용하여 고체 분말 또는 미립자를 운송하도록 시설하여 놓은 배관
㉯ 형식 분류
  ㉠ 진공식(vacuum type) : 수송관을 진공펌프를 이용하여 진공상태로 만든 후 운반물과 대기 중의 공기를 동시에 흡입하여 운송하고 공기는 따로 분리하여 배출하는 형식이다.
  ㉡ 압송식(pressure type) : 압축기로 공기를 압입하고 송급기(feeder)에서 운반물을 흡입하여 운송한 후 공기를 따로 배출하는 형식이다.
  ㉢ 진공 압송식(vacuum and pressure type) : 진공식과 압송식을 혼합한 형식으로 수송원과 수송선이 여러 갈래이거나 원거리인 경우에 이용된다.
[답] ④

52 일반적인 콘크리트관의 이음에 사용하는 방법은?
① 콤포 조인트
② 리벳 조인트
③ 나사 조인트
④ 용접 접합

해설 콘크리트관의 콤포 이음 :
철근 콘크리트로 만든 특수 칼라와 특수 몰타의 일종인 콤포(compo)로서 이음 하는 방법으로 칼라이음 이라 한다. 콤포는 시멘트와 모래의 비율을 1 : 1로 하고 여기에 물의 양을 약 17[%]로 하여 잘 반죽한 것이다. **[답] ①**

53 위생기구 등의 설치 완료 후에 시행되는 배관시험방법 중 배수관의 최종시험으로 이용되는 배관시험방법은?
① 수압시험   ② 만수시험
③ 기밀시험   ④ 통수시험

해설 배수관 및 통기관의 시험
㉮ 만수시험 : 배관 내에 물을 충만 시킨 후 누설 유무를 시험하는 것
㉯ 기압시험 : 공기를 이용하여 35[kPa](0.35[kgf/cm^2])의 압력으로 15분간 유지한다.
㉰ 기밀시험 : 연기시험과 박하시험으로 최종시험에 해당한다. **[답] ③**

54 용접법 분류 중에서 압접에 해당하지 않는 것은?
① 스터드 용접   ② 마찰 용접
③ 초음파 용접   ④ 프로젝션 용접

해설
스터드용접은 비피복 아크용접에 해당된다. **[답] ①**

55 축의 완성지름, 철사의 인장강도, 아스피린 순도와 같은 데이터를 관리하는 가장 대표적인 관리도는?
① $\bar{x} - R$ 관리도   ② np 관리도
③ c 관리도   ④ u 관리도

해설 $\bar{x} - R$(평균값-범위) 관리도 :
길이, 무게, 시간, 강도, 성분 등과 같이 데이터가 연속적인 계량치로 나타나는 공정을 관리할 때 사용한다.
[답] ①

56 일반적으로 품질코스트 가운데 가장 큰 비율을 차지하는 코스트는?
① 평가코스트   ② 실패코스트
③ 예방코스트   ④ 검사코스트

해설
QC 활동의 초기단계에는 평가코스트나 예방코스트에 비교하여 실패코스트가 큰 비율을 차지하게 된다.
[답] ②

57 부적합품률이 1[%]인 모집단에서 50개의 시료를 랜덤하게 샘플링할 때 부적합품수가 1개일 확률을 이항분포로 계산하면 약 얼마인가?
① 0.306
② 0.406
③ 0.0306
④ 0.0406

해설
$$L = \sum \binom{n}{x} P^x (1-P)^{n-x}$$
$$= \sum \binom{50}{1} \times (0.01)^1 \times (1-0.01)^{50-1}$$
$$= 50 \times 0.01^1 \times (1-0.01)^{49}$$
$$= 0.305$$
[답] ①

58 월 100대의 제품을 생산하는데 세이퍼 1대의 제품 1대당 소요공수가 14.4시간이라 한다. 1일 8시간, 월 25일 가동한다고 할 때 이 제품 전부를 만드는데 필요한 세이퍼의 필요대수를 계산하면? (단, 작업자 가동율 80[%], 세이퍼 가동율 90[%]이다.)
① 8대
② 9대
③ 10대
④ 11대

해설
$$\text{필요대수} = \frac{\text{제품 생산에 필요한 월간 가동시간}}{\text{월간 실제 투입시간}}$$
$$= \frac{100 \times 14.4}{8 \times 25 \times 0.8 \times 0.9} = 10[\text{대}]$$
[답] ③

59 다음 중 브레인스토밍(Brainstorming)과 가장 관계가 깊은 것은?
① 파레토도
② 히스토그램
③ 희귀분석
④ 특성요인도

해설 특성요인도 :
문제가 되는 결과와 이에 대응하는 원인과의 관계를 알 수 있도록 생선뼈 형태로 그린 그림으로 파레토도에 나타난 부적합 항목이 영향을 주는 여러 가지 요인을 찾아내는데 유용한 기법으로 브레인스토밍 방법을 이용한다.
[답] ④

60 파레토그램에 대한 설명으로 가장 거리가 먼 내용은?
① 부적합품(불량), 클레임 등의 손실금액이나 퍼센트를 그 원인별, 상황별로 취해 그림의 왼쪽에서부터 오른쪽으로 비중이 작은 항목부터 큰 항목 순서로 나열한 그림이다.
② 현재의 중요 문제점을 객관적으로 발견할 수 있으므로 관리방침을 수립할 수 있다.
③ 도수분포의 응용수법으로 중요한 문제점을 찾아 내는 것으로서 현장에서 널리 사용된다.
④ 파레토그림에서 나타난 1~2개 부적합품(불량) 항목만 없애면 부적합품(불량)률은 크게 감소된다.

해설 파레토그램(pareto diagram) :
불량, 결점, 고장 등의 발생건수를 분류 항목별로 나누고 크기 순서대로 나열해 놓은 그림으로 어떤 항목에 문제가 있나, 그 영향은 어느 정도인가를 알 수 있게 한다.
※ ①번 항목은 특성요인도에 대한 설명이다.
[답] ①

2023년 배관기능장 CBT 필기시험 복원문제 (2)

☞ CBT필기시험 복원문제는 수험자의 기억에 의하여 복원된 것이므로 실제 출제문제와는 차이가 있을 수 있습니다.

01 가스용접용 산소용기에서 0.5[MPa]의 산소가스 온도가 0[℃]에서 70[℃]로 상승했을 때 압력은 약 몇 [MPa]인가?

① 0.42　　② 0.55
③ 0.60　　④ 0.63

해설
보일-샤를의 법칙 $\dfrac{P_1 V_1}{T_1} = \dfrac{P_2 V_2}{T_2}$ 에서 용기의 체적 변화는 없으므로 $V_1 = V_2$ 이다.

∴ $P_2 = \dfrac{P_1 \cdot T_2}{T_1} = \dfrac{0.5 \times (273+70)}{273}$
　　　$= 0.628 [MPa]$　　　　　　　　　　**[답]** ④

02 압력배관에서 관의 선정기준이 되는 중요한 요소인 스케줄 번호는 다음 중 무엇을 계열화 하여 작업성이나 경제적으로 도움을 주기 위한 것인가?

① 관의 두께　　② 관의 굵기
③ 관의 제조 방법　　④ 관 끝의 가공정도

해설　스케줄 번호(schedule number) :
사용압력(P)과 그 상태에 있어서 재료의 허용응력(S)과의 비에 의해서 파이프 두께의 체계를 표시한 것이다.

∴ $\text{Sch No} = 10 \times \dfrac{P}{S}$

여기서, P : 사용압력[kgf/cm^2]
　　　　S : 재료의 허용응력[kgf/mm^2]
　　　　$\left(S = \dfrac{\text{인장강도 [kgf/mm}^2]}{\text{안전율}} \right)$

※ 안전율은 제시되지 않으면 '4'를 적용한다.　**[답]** ①

03 한쪽은 나사 이음용 니플(nipple)과 연결하고 다른 한쪽은 이음쇠의 내부에 관을 삽입하여 용접하는 동관 이음쇠의 형식은?

① Ftg×F　　② Ftg×M
③ C×M　　④ C×F

해설　동관 이음쇠
㉮ C(female solder cup) : 이음재 내로 관이 들어가 접합되는 형태이다.
㉯ M(male NPT thread) : ANSI 규격 관형나사가 밖으로 난 나사이음용 이음재이다. (예 : C×M 어댑터)
㉰ F(female NPT thread) : ANSI 규격 관형나사가 안으로 난 나사이음용 이음재이다. (예 : C×F 어댑터)
㉱ Ftg(male solder cup) : 이음쇠 바깥쪽으로 관이 들어가 접합되는 형태이다. (예 : Ftg×M 어댑터)
∴ 나사 이음용 니플(nipple)은 바깥쪽에 나사가 있는 것이므로 동관 이음쇠는 'F' type이 되어야 하며, 다른 한 쪽은 이음쇠의 내부에 동관이 삽입되는 것이므로 'C' type이 되어야 한다. 그러므로 해당되는 동관 이음쇠는 'C×F 어댑터' 이다.　**[답]** ④

04 옥상 탱크식 급수설비로 3층에 급수하는 경우 수도 본관에서 3층 수전의 수전까지 높이가 10[m]라면 수도 본관에서 옥상 탱크까지의 높이는 약 몇 [m]가 되어야 하는가? (단, 수전의 최소압력이 30[kPa], 옥상 탱크까지 배관의 마찰손실수두는 20[kPa]으로 가정한다.)

① 11.5　　② 15.2
③ 20.5　　④ 24.2

해설
㉮ 1[kPa]은 1000[Pa]이고, 1[Pa]은 1[N/m^2]이며, SI 단위로 물의 비중량은 9800[N/m^3] 이다.

㉯ 수전의 최소압력에 상당하는 높이 계산
$$\therefore h_1 = \frac{P_1 [N/m^2]}{\gamma [N/m^3]} = \frac{30 \times 1000}{9800} = 3.061[m]$$
㉰ 배관에서 발생하는 마찰손실수두 계산
$$\therefore h_2 = \frac{P_2}{\gamma} = \frac{20 \times 1000}{9800} = 2.040[m]$$
㉱ 수도본관에서 옥상 탱크까지의 최소 높이 계산
$$\therefore H = h_1 + h_2 + h_3$$
$$= 3.061 + 2.040 + 10 = 15.101[m]$$ **[답]** ②

05 배수 거리가 짧은 아파트 등에 별도의 통기관이 필요 없이 배수를 회전시켜 공기 코어를 형성시켜서 배수와 통기를 실시하며 신정통기관이 필요한 배수 통기방식으로 디플렉터와 브레이크실이 있는 배수 통기방식은?
① 소벤트 방식(Sovent System)
② 섹스티아 방식(Sextia System)
③ 구보타 방식(Kubota System)
④ 코지마 방식(Kogima System)

해설 섹스티아 방식 :
프랑스에서 1967년경 개발된 특수 이음쇠로서 배수의 수류에 선회력을 만들어 관내 통기 홀을 만들도록 되어 있고, 특수 곡관은 수직관에서 내려온 배수의 수류에 선회력을 만들어 공기 홀이 지속되도록 만든 배수 통기 방식이다. **[답]** ②

06 글로브 밸브의 특징이 아닌 것은?
① 주로 유량조절용으로 사용된다.
② 유체의 흐름에 따른 관내 마찰손실이 적다.
③ 유체의 흐름의 방향과 평행하게 밸브가 개폐된다.
④ 밸브의 디스크 모양은 평면형, 반구형, 원뿔형 등의 형상이 있다.

해설 글로브 밸브(glove valve)의 특징
㉮ 유체의 흐름에 따라 마찰손실(저항)이 크다.
㉯ 주로 유량 조절용으로 사용된다.
㉰ 유체의 흐름 방향과 평행하게 밸브가 개폐된다.
㉱ 밸브의 디스크 모양은 평면형, 반구형, 원뿔형 등의 형상이 있다.
㉲ 슬루스밸브에 비하여 가볍고 가격이 저렴하다.
[답] ②

07 급수설비에서 수질오염 방지 대책에 관한 설명으로 틀린 것은?
① 빗물이 침입할 수 없는 구조로 하여야 한다.
② 급수탱크 내부에 급수 이외의 배관이 통과해서는 안 된다.
③ 지하탱크나 옥상탱크는 건물 골조를 공용으로 이용하여 만들어야 한다.
④ 역사이폰 작용을 막기 위해서 급수관이 부압으로 되었을 때, 물이 역류되어 빨려 들어가지 않는 구조로 시공해야 한다.

해설
지하탱크나 옥상탱크는 건물 골조와는 별도로 만들어야 한다. **[답]** ③

08 동일한 재질과 호칭경인 동관 표준규격의 종류 중 가장 관 두께가 크기 때문에 가장 큰 상용압력에 사용될 수 있는 형은?
① K-type
② L-type
③ M-type
④ P-type

해설
동관의 두께 순서 : K > L > M > N **[답]** ①

09 급수펌프에서 발생하는 캐비테이션 (cavitation) 방지법에 대한 설명으로 틀린 것은?
① 회전수를 빠르게 한다.
② 굴곡부를 최소로 줄인다.
③ 단흡입을 양흡입으로 한다.
④ 흡입관 지름을 크게 하고 길이를 짧게 한다.

해설 캐비테이션 방지법
㉮ 펌프의 위치를 낮춘다. (흡입양정을 짧게 한다.)
㉯ 수직축 펌프를 사용하여 회전차를 수중에 완전히 잠기게 한다.
㉰ 양흡입 펌프를 사용한다.
㉱ 펌프의 회전수를 낮춘다.
㉲ 두 대 이상의 펌프를 사용한다. **[답] ①**

10 배관의 열 변형에 대응하기 위하여 사용하는 신축이음쇠 중 고압에 잘 견디며 설치공간을 많이 차지하여 옥외배관에 많이 쓰이는 것은?
① 벨로즈형 신축이음쇠
② 슬리브형 신축이음쇠
③ 스위블형 신축이음쇠
④ 루프형 신축이음쇠

해설 루프형(loop type) 신축이음쇠의 특징
㉮ 곡관으로 만들어진 관의 가요성(可撓性)을 이용한 것이다.
㉯ 구조가 간단하고 내구성이 좋아 고온, 고압배관이나 옥외배관에 주로 사용한다.
㉰ 설치 시 장소를 차지하는 면적이 크다.
㉱ 신축 흡수에 따른 응력이 발생한다.
㉲ 곡률 반지름은 관지름의 6배 이상으로 한다. **[답] ④**

11 배관조립 시 막히거나 고장이 생겼을 때 쉽게 분해, 조립하기 위해 사용하는 배관 부속은?
① 티   ② 유니언
③ 소켓   ④ 엘보

해설 분해가 가능한 이음쇠 및 이음명칭
㉮ 나사 이음 : 유니언
㉯ 용접 이음 : 플랜지
㉰ 동관 이음 : 플레어 이음 **[답] ②**

12 급수설비 배관에서 급수 배관의 방로(防露) 피복을 하지 않아도 좋은 곳은?
① 옥내 노출 배관
② 땅 속과 콘크리트 바닥 속의 배관
③ 목욕탕, 주방 등 습기가 많은 곳의 배관
④ 목조벽 내, 천정 내 또는 암거 속의 배관

해설 급수 배관의 방로(防露) 피복을 하는 이유 :
여름철에 습기가 많고 실내의 온도가 높으면 급수 배관 속을 온도가 낮은 물이 흐를 때 관 외벽에 공기 중의 습기가 결로(結露)하여 건물의 천정이나 벽에 얼룩이 생기는 것을 방지하기 위하여 피복을 한다. **[답] ②**

13 소화설비에 관련된 설명으로 적당하지 않은 것은?
① 옥내 소화전함의 설치 높이는 바닥에서 1.5[m] 이하가 되도록 한다.
② 옥외소화전은 방수구(개폐장치)의 설치위치에 따라 지상식과 지하식으로 구분한다.
③ 스프링클러는 소방관이 보기 쉬운 건물외벽에 설치하며, 화재 시 실내로 압력수를 공급한다.
④ 드렌처는 인접 건물에서 화재 시 연소방지를 목적으로 창문, 출입구, 처마 밑, 지붕 등에 물을 뿌리는 설비이다.

해설 ③번 항목은 연결송수관설비의 설명이다. **[답] ③**

14 배관재료에 대한 설명으로 틀린 것은?
① 동관은 관 두께에 따라 K형, L형, M형으로 구분한다.
② 연관은 화학 공업용으로 사용되는 1종관과 일반용으로 쓰이는 2종관, 가스용으로 사용되는 3종관이 있다.

③ 주철관은 용도에 따라 수도용, 배수용, 가스용, 광산용으로 구분한다.
④ 배관용 탄소강 강관은 1[MPa] 이상, 10[MPa] 이하 증기관에 적합하다.

해설 배관용 탄소강관(SPP) :
사용압력이 비교적 낮은 980[kPa](10[kgf/cm^2]) 이하의 증기, 물, 기름, 공기 등의 배관에 사용되며 아연을 도금한 것을 백관, 도금하지 않고 1차 방청도장만 한 것을 흑관으로 분류되고, 호칭지름 6~500[A]까지 이다.
※ 1[MPa] 이상, 10[MPa] 이하는 10[kgf/cm^2] 이상 1000[kgf/cm^2] 이하에 해당된다. **[답]** ④

15 진공환수식 증기난방에 관한 설명으로 틀린 것은?
① 배관 및 방열기 내의 공기를 뽑아내므로 증기의 순환이 빠르다.
② 환수파이프와 보일러 사이에 진공펌프를 설치하여 응축수를 환수시킨다.
③ 방열기 설치장소에 제한을 받고 방열기의 밸브로 방열량을 조절할 수 없다.
④ 진공펌프에 버큠 브레이커(vacuum breaker)를 설치하여 진공도가 높아지면 밸브를 열어서 진공도를 낮춘다.

해설 진공환수관식의 특징
㉮ 다른 방법과 비교하여 증기의 순환이 빠르다.
㉯ 방열기 설치장소에 제한을 받지 않는다.
㉰ 환수관의 지름을 작게 할 수 있다.
㉱ 방열기 방열량 조절을 광범위하게 할 수 있다.
㉲ 배관 기울기(구배)에 큰 제한이 없다. **[답]** ③

참고 진공 환수관식 :
환수관 마지막 끝부분에 진공펌프를 설치하고, 이에 의해 방열기 및 배관내의 공기를 흡입하여 응축수를 환수시키는 방식이다. 진공펌프는 일정한 진공도(100~250[mmHg·v])를 유지함과 동시에 탱크 속의 수위상승에 따라 자동적으로 급수펌프가 작동하여 응축수를 환수시킨다. 배관이 보일러 수위보다 낮아도 무방하고 도중에 낮은 수직관을 세워도 환수가 가능하며, 방열량을 광범위하게 조절할 수 있어서 대규모 난방에 적합하다.

16 공기 조화기로부터 냉풍과 온풍을 구분 처리하여 각각의 덕트를 통해 공조 구역으로 공급하고 공조 구역에서는 공조 부하에 적당하도록 혼합 유닛을 이용하여 혼합 급기하는 전공기식 공조 방식은 무엇인가?
① 단일 덕트 방식
② 2중 덕트 방식
③ 유인유닛 방식
④ 휀코일 유닛 방식

해설 공기조화방식의 분류
㉮ 중앙식
　㉠ 전공기 방식 : 단일 덕트 방식, 2중 덕트 방식
　㉡ 물-공기 병용방식 : 존(zone) 유닛방식, 유인 유닛방식, 팬코일 유닛 방식, 복사패널 덕트 병용방식
㉯ 개별식
　㉠ 전수방식 : 팬코일 유닛 방식
　㉡ 냉매방식 : 팩케지 유닛 방식, 팬코일 유닛 방식
[답] ②

17 열용량에 대한 설명으로 옳은 것은?
① 어떤 물질의 연소 시 생기는 열량
② 정적비열에 대한 정압비열을 백분율로 표시한 값
③ 어떤 물질의 온도를 1[℃] 변화시키기 위하여 필요한 열량
④ 어떤 물질 1[kg]의 온도를 10[℃] 변화시키기 위하여 필요한 열량

해설 열용량 :
어떤 물질의 온도를 1[℃] 변화시키기 위하여 필요한 열량으로 단위는 [kcal/℃], [cal/℃] 이다. **[답]** ③

참고
온도를 1[℃] 변화시키는 것은 절대온도로 1[K] 변화시키는 것과 같으므로 단위를 [kcal/K], [cal/K]로 사용할 수 있다.

18 온수 온돌 난방 코일용으로 많이 사용되며, 엑셀 파이프라고도 하는 관은?
① 염화비닐관
② 폴리에틸렌관
③ 폴리부틸렌관
④ 가교화 폴리에틸렌관

해설 가교화 폴리에틸렌관 :
고밀도 폴리에틸렌을 가교성형장치에 의해서 반투명 유백색으로 6[m] 또는 100[m]를 표준으로 제조되며 엑셀 온돌 파이프라고 한다. 온수 온돌 난방배관 및 급수관에 주로 사용되고 있다. **[답] ④**

19 관말 트랩장치를 설치할 때 보온피복을 하지 않는 나관(裸管)상태의 냉각레그(cooling leg)의 길이는 얼마 이상인가?
① 1.0[m] 이상   ② 1.2[m] 이상
③ 1.5[m] 이상   ④ 2.0[m] 이상

해설 관말 트랩장치 :
방열기에서 열교환후 발생된 응축수를 배출하기 위하여 설치되는 것으로 증기 공급관의 마지막 부분에서 분기된 이후부터 트랩에 이르는 배관에 여분의 증기가 충분히 냉각되어 응축수가 될 수 있도록 보온을 하지 않는 냉각 레그(cooling leg)를 1.5[m] 이상 설치하여야 한다. **[답] ③**

20 그림에서 A점인 a_1의 단면적이 2[m²]일 때, 평균 유속이 1[m/s]이면, b_2의 단면적이 0.4[m²]인 B점의 평균유속은 약 몇 [m/s]인가?

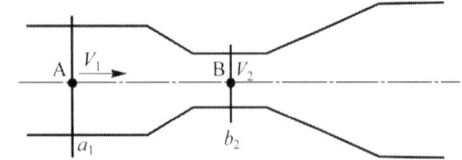

① 3   ② 4
③ 5   ④ 6

해설
연속의 방정식에서 $Q_1 = Q_2$ 이므로
$a_1 \times V_1 = b_2 \times V_2$가 되며,
여기서 B점의 유속 V_2를 구한다.
$$\therefore V_2 = \frac{a_1 \times V_1}{B_2} = \frac{2 \times 1}{0.4} = 5[m/s]$$ **[답] ③**

21 주철관에 대한 설명 중 틀린 것은?
① 강관에 비해 내식, 내구성이 크다.
② 주철관 제조법은 수직법과 원심력법 2종류가 있다.
③ 수도, 가스, 광산용 양수관, 건축용 오배수관 등에 널리 사용한다.
④ 구상흑연주철관은 관의 두께에 따라서 1종관~6종관까지 6종류가 있다.

해설
구상흑연주철관은 최대 사용 정수두에 따라 고압관, 보통압관, 저압관의 3종류로 분류된다. **[답] ④**

참고 구상흑연주철관 :
수도용 원심력 덕타일 주철관으로 양질의 선철에 강을 배합하여 용해하고, 회전하는 주형에 주입한 다음 원심력을 이용하여 주조한 후 노(爐)속에 넣고 고르게 가열하여 730[℃] 이상에서 적당한 시간동안 풀림(annealing) 처리를 한 것이며 주철 중의 흑연이 구상화하여 관의 질이 균일하게 되어 강도가 크다.

22 천연고무와 비슷한 성질을 가진 합성고무로서 천연고무보다 더 우수한 성질을 가지고 있으며, 내열도는 약 -46~121[℃] 사이의 값을 가지고 있는 패킹 재료는?
① 펠트   ② 석면
③ 네오프렌   ④ 테프론

해설 합성고무(neoprene) :
내열도가 -46~121[℃]인 것으로 천연고무의 성질을 개선시킨 것으로 내산성, 내열성, 내유성이 좋고, 기계적 성질이 양호하다. 증기배관 외 물, 공기, 기름 및 냉매배관 등 광범위하게 사용된다. **[답] ③**

23 유체를 한 방향으로만 흐를 수 있도록 한 것으로 상부에 힌지가 달린 플레이트 및 디스크로 구성된 밸브의 명칭은?
① 플랩밸브(flap valve)
② 체크밸브(check valve)
③ 플러그밸브(plug valve)
④ 다이어프램밸브(diaphragm valve)

해설
자동적으로 역류를 방지할 수 있는 기능을 갖는 밸브로 주로 토목 관로의 토출구에 부착되어 역류를 방지하고, 하수관로에 부착되어 악취의 역류를 방지하는 역할을 한다. [답] ①

24 온수 보일러 주위 배관 시공에 관한 내용이 틀린 것은?
① 순환펌프는 온수의 온도가 낮은 곳에 설치한다.
② 강제순환식에는 되도록 순환펌프 가까이 팽창관을 설치한다.
③ 중력순환식의 경우 보일러 입구나 출구쪽에 팽창관을 설치한다.
④ 펌프의 출구측에 충분히 압력을 줄 수 없는 위치에 팽창관을 설치한다.

해설
펌프의 출구측에 충분히 압력을 줄 수 있는 위치를 골라서 팽창관을 설치한다. [답] ④

25 복사난방의 특징을 설명한 것으로 틀린 것은?
① 실내 평균온도가 높아 손실열량이 크다.
② 예열시간이 많이 걸려 일시적 난방에는 부적당하다.
③ 방열기의 설치가 불필요하여 바닥면의 이용도가 높다.
④ 건물 구조체에 매입 배관을 하므로 시공 및 고장 수리가 어렵다.

해설 복사난방의 특징
㉮ 장점
 ㉠ 실내온도 분포가 균등하여 쾌감도가 높다.
 ㉡ 바닥의 이용도가 높다.
 ㉢ 방열기가 필요하지 않다.
 ㉣ 방이 개방상태에서도 난방효과가 있다.
 ㉤ 손실열량이 비교적 적다.
 ㉥ 공기대류가 적으므로 바닥면 먼지 상승이 없다.
㉯ 단점
 ㉠ 외기온도 급변에 따른 방열량 조절이 어렵다.
 ㉡ 초기 시설비가 많이 소요된다.
 ㉢ 시공, 수리, 방의 모양을 변경하기가 어렵다.
 ㉣ 고장(누수 등)을 발견하기가 어렵다.
 ㉤ 열손실을 차단하기 위한 단열층이 필요하다.
[답] ①

26 내경이 10[cm]인 수평직관 속을 평균유속 5[m/s]로 물이 흐를 때 길이 10[m]에서 나타나는 마찰손실은 약 몇 [Pa]인가?
(단, 관의 마찰손실계수(f)는 0.017, 물의 밀도는 1000[kg/m³]이다.)
① 12250
② 15080
③ 21250
④ 25170

해설
$$h_f = f \times \frac{L}{D} \times \frac{V^2}{2} \times \rho$$
$$= 0.017 \times \frac{10}{0.1} \times \frac{5^2}{2} \times 1000 = 21250[Pa]$$ [답] ③

27 폴리부틸렌관의 가장 대표적인 이음법은?
① 미끄럼 이음
② 파형판 이음
③ 에이콘 이음
④ 플러그 이음

해설 에이콘 이음 :
본체, 그라프링(grab ring), 오링(O-ring), 캡, 서포트 슬리브로 구성되며 관을 연결구에 삽입하여 그라프링과 O링에 의한 이음방법이다. [답] ③

28 증기 보일러에서 규정 상용압력 이상 시 파괴위험을 방지하기 위해 설치하는 밸브는?
① 개폐밸브 ② 역지밸브
③ 정지밸브 ④ 안전밸브

해설 안전밸브(safety valve) : 보일러의 증기압이 이상 상승 시 증기압을 외부로 분출하여 보일러 파열사고를 사전에 방지하기 위한 장치이다. [답] ④

29 도시가스 공급시설 중 가스공급압력을 수요압력으로 조정하기 위한 기구는?
① 유수식 가스홀더 ② 무수식 가스홀더
③ 가스미터 ④ 정압기

해설 각 기기의 역할
㉮ 가스홀더 : 가스 제조소에서 제조된 가스, LNG를 기화시킨 가스를 일시 저장하여 제조량과 수요량을 조절하는 저장시설로 유수식 가스홀더, 무수식 가스홀더, 중고압식 가스홀더(구형 가스홀더) 등이 있다.
㉯ 가스미터 : 가스사용량을 누적 합산하는 계측기기
㉰ 정압기(governor) : 사용량이 서로 다른 시간별 또는 특정 시기에 1차측 압력(공급압력)에 관계없이 2차측 압력(수요압력)을 일정하게 유지하는 역할을 한다.
[답] ④

30 배관재료 중 스트레이너(strainer)를 설명한 것으로 잘못된 것은?
① 밸브나 기기 앞에 설치한다.
② 호칭지름 50A 이하는 일반적으로 나사 이음형이다.
③ U형은 Y형에 비해 저항은 크나 보수점검에 편리하다.
④ V형은 유체가 직각으로 흐르므로 유체저항이 가장 크다.

해설 V형 여과기는 주철제의 몸체 속에 V자 모양의 여과망을 넣은 것으로 유체가 이 여과망을 통과하면서 여과되며, 유체가 일직선으로 되어 있어 Y형이나 U형 여과기에 비하여 유체에 대한 저항이 적다, 여과망의 교환, 점검, 보수 및 관리가 편리하다. [답] ④

31 고온, 고압에 사용되는 화학배관의 부식종류에 속하지 않는 것은?
① 수소에 의한 탈탄
② 질소에 의한 부식
③ 암모니아에 의한 질화
④ 일산화탄소에 의한 금속의 카보닐화

해설 고온, 고압의 화학배관의 부식 종류
㉮ 수소(H_2)에 의한 강의 탈탄
㉯ 암모니아(NH_3)에 의한 강의 질화
㉰ 일산화탄소(CO)에 의한 금속의 카보닐화
㉱ 황화수소(H_2S)에 의한 부식(황화)
㉲ 산소(O_2), 탄산가스(CO_2)에 의한 산화 [답] ②

32 용접봉에 (-)극을, 모재에 (+)극을 연결하는 극성을 무엇이라 하는가?
① 역극성 ② 정극성
③ 반극성 ④ 교류

해설 직류용접의 극성

구분	모재	용접봉
정극성(DCSP)	양극(+)	음극(-)
역극성(DCRP)	음극(-)	양극(+)

[답] ②

33 냉난방 설비의 전열(傳熱)과 관련된 설명 중 틀린 것은?
① 복사열량은 피사체에 따라 흡수 또는 반사한다.
② 일반적으로 전기 전도도가 좋은 물체가 열의 전도도(傳導度)가 높다.

③ 방열기의 방열량이 방열기 설치조건 등에 따라 다른 것은 전달조건에 따라 열전달율이 다르기 때문이다.
④ 동일한 기체에서도 온도차이에 따라 비중차이가 생기며 기체의 일부에 열을 가하면 비중차이에 의해 자연대류가 발생하며 이때 열방사 현상이 발생한다.

해설
동일한 기체에서 온도차에 의하여 비중차이가 생기며 자연대류가 발생한다. 열방사 현상은 고체의 벽에서 발생하는 현상이다. **[답] ④**

34 배관의 지지는 자중이나 진동 또는 열팽창으로 인한 신축 등을 고려하여 적절한 방법으로 지지하도록 되어 있는데 관경에 따른 최대지지 간격으로 틀린 것은?
① 15~20[A] : 1.8[m]
② 25~32[A] : 2.0[m]
③ 40~80[A] : 4.0[m]
④ 175[A] 이상 : 5.0[m]

해설 배관의 지지간격

구분	배관 종류	관호칭	간격
입상관	동관		1.2[m] 이내
	강관		각층 1개소 이내
	염화비닐관		1.2[m] 이내
횡주관	동관	20[A] 이하	1[m] 이내
		25~40[A]	1.5[m] 이내
		50[A]	2[m] 이내
		65~100[A]	2.5[m] 이내
		125[A] 이상	3[m] 이내
	강관	20[A] 이하	1.8[m] 이내
		25~40[A]	2[m] 이내
		50~80[A]	3[m] 이내
		90~150[A]	4[m] 이내
		200[A] 이상	5[m] 이내

※ 일반적으로 강관의 호칭은 150[A] 다음에 200[A]이지만 특수한 경우 175[A] 배관도 있으므로 150[A]를 초과하는 175[A]부터 지지간격 5[m]가 적용될 수 있는 것으로 판단할 수 있음 **[답] ③**

35 난방코일을 설치하기 위해 수동 벤딩 롤러를 사용하여 20[A] 강관을 그림과 같이 100[mm]의 반지름으로 180° 구부리고자 할 때 빗금친 굽힘부의 길이는 약 몇 [mm] 정도가 소요되는가?
① 79
② 157.5
③ 315
④ 630

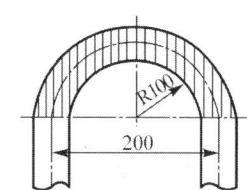

해설
$$180° L = \frac{180}{360} \times \pi \times D$$
$$= \frac{180}{360} \times \pi \times 200 = 314.159 [mm]$$ **[답] ③**

36 어떤 기름의 동점성계수 ν가 1.5×10^{-4} [m²/s]이고 비중량이 8.33×10^3[N/m³]일 때 점성계수 μ의 값은 약 얼마인가?
① 1.28×10^{-5}[N·s/m²]
② 0.108[N·s/cm²]
③ 1.28×10^{-3}[N·s/m²]
④ 0.128[N·s/m²]

해설
동점성계수(ν)는 점성계수(μ)를 밀도(ρ)로 나눈 값이므로 $\nu = \frac{\mu}{\rho}$에서 점성계수를 구한다.

$$\therefore \mu = \rho \times \nu = \frac{\gamma}{g} \times \nu = \frac{8.33 \times 10^3}{9.8} \times 1.5 \times 10^{-4}$$
$$= 0.1275 [N \cdot s/m^2]$$ **[답] ④**

37 가압수식 세정장치 중에서 목(throat)부의 처리가스 속도가 60~90[m/s] 정도이고 집진 효율이 가장 높아서 그 사용 범위가 넓은 것은?
① 사이클론 스크러버
② 제트 스크러버
③ 전류형 스크러버
④ 벤투리 스크러버

해설 벤투리 스크러버 :
함진가스를 벤투리관의 목 부분에서 유속을 60~90 [m/s] 정도로 빠르게 하여 주변의 노즐을 통하여 물이 흡입, 분사되게 하여 액적과 입자가 충돌하여 포집하는 습식집진장치이다.
[답] ④

38 폴리에틸렌 관의 이음 방법 중 슬리브 너트와 캡 너트가 사용되는 것은?
① 용착 슬리브 이음 ② 테이퍼 이음
③ 인서트 이음 ④ 기볼트 이음

해설 폴리에틸렌관의 이음 종류
㉮ 용착 슬리브 접합 : 관 끝의 바깥쪽과 이음관의 안쪽을 동시에 가열하여 용융이음 하는 방법이다.
㉯ 테이퍼 접합 : 50[mm] 이하의 관에 폴리에틸렌관 전용의 포금제 테이퍼 조인트(슬리브 너트와 캡 너트)를 사용하여 접합하는 방법이다.
㉰ 인서트 접합 : 50[mm] 이하의 폴리에틸렌관 접합용으로 가열 연화한 인서트를 끼우고 물로 냉각하여 클램프로 조여 접합하는 방법이다.
㉱ 기타 이음 방법 : 용접법, 플랜지 이음법, 나사 이음
[답] ②

39 배관 검사 중 비파괴검사 종류로 가장 거리가 먼 것은?
① 외관 검사 ② 초음파 검사
③ 굽힘 검사 ④ 방사선투과 검사

해설 배관 용접부에 대한 검사 종류
㉮ 비파괴검사 : 외관검사, 초음파검사, 방사선투과검사, 침투검사, 자기검사 등
㉯ 파괴검사 : 인장시험, 충격시험, 굽힘시험 등 [답] ③

40 주철관의 소켓 이음에 관한 설명으로 옳은 것은?
① 코킹 방법은 예리한 정을 먼저 사용하고 점차 둔한 정을 사용한다.
② 용융 납은 2~3회에 걸쳐 나누어 삽입하면서 매회 코킹 하도록 한다.
③ 콜타르(coal tar)는 주철관 표면에 방수 피막을 형성시키기 위해 도포한다.
④ 마(야안)의 삽입길이는 수도용의 경우 전체 삽입길이의 2/3, 배수용은 1/3이 적합하다.

해설 소켓 이음(socket joint) 방법
㉮ 삽입구(spigot)의 바깥쪽과 소켓(socket)의 안쪽을 깨끗이 하여 삽입구에 소켓을 끼워 넣는다. 이음부에 물이 있으면 용해된 납을 부을 때 납물이 비산하여 화상의 위험이 있다.
㉯ 삽입구와 소켓의 틈새에 야안을 다져 넣는다. 야안의 양은 수도용(급수관)은 삽입길이의 1/3, 배수용은 2/3 정도가 적합하다.
㉰ 용융 납을 단번에 부어 넣는다.
㉱ 납이 굳으면 클립을 제거하고 코킹을 한다. 코킹은 예리한 정을 먼저 사용하고 점차 둔한 정을 사용한다.
㉲ 코킹이 끝나면 콜타르를 납의 표면에 도포한다.
[답] ①

41 그림과 같은 용접기호에서 목두께를 나타내는 것은?
① a
② n
③ ℓ
④ (e)

해설 용접도시기호 문자
㉮ a : 용접 목두께
㉯ n : 용접부의 개수(용접수)
㉰ ℓ : 용접부 길이(크레이트 제외)
㉱ (e) : 인접한 용접부 간의 간격
[답] ①

42 이음하려고 하는 금속을 용융시키지 않고 모재보다 용융점이 낮은 용가재를 금속 사이에 용융 첨가하여 용접 접합하는 방법은?
① 가스압접
② 경납땜
③ 마찰용접
④ 냉간압접

해설 경납땜(brazing)의 특징
㉮ 땜(용접) 온도 : 700~850[℃]
㉯ 가열방법 : 산소 + 아세틸렌 불꽃
㉰ 용접재 : 인동납(BCuP), 은납(BAg)
㉱ 고온 및 사용압력이 높은 곳에 사용한다.
㉲ 과열되면 관의 손상 우려가 있다.
㉳ 용접부 강도가 강하다. **[답] ②**

43 램식과 로터리식 파이프 벤딩 머신에 대한 비교 설명으로 틀린 것은?
① 램식은 이동식이므로 배관공사 현장에서 지름이 비교적 작은 관에 적당하다.
② 로터리식은 관에 모래를 채우는 대신 심봉을 넣고 구부린다.
③ 로터리식은 두께에 관계없이 강관 및 스테인리스관, 동관까지도 벤딩이 가능하다.
④ 동일 모양의 굽힘을 다량 생산하는데 적합한 것은 램식이다.

해설 파이프 벤딩 머신
㉮ 램식 벤딩 머신(ram type pipe bending machine) : 상온에서 배관을 90°까지 구부리는 데 사용하며 지름이 작은 관을 구부리는데 편리하다.
㉯ 로터리식 파이프 벤딩 머신(rotary type pipe bending machine) : 동일 치수의 모양을 대량 생산할 수 있으며 구부림 각도는 180°까지 가능하다. 굽힘형(bending die), 압력형(pressure die), 클램프형(clamp post), 심봉(mandrel) 등으로 구성된다. **[답] ④**

44 절단 단면부분을 표시할 필요가 있을 경우 단면도의 단면 자리에 해칭하는 방법에 대한 설명으로 틀린 것은?
① 해칭은 주된 중심선 또는 단면도의 주된 외형선에 대하여 45°로 가는 실선을 등간격으로 그린다.
② 해칭선의 간격은 해칭을 하는 단면의 크기와 관계없이 일정하게 그린다.
③ 인접한 단면의 해칭은 선의 방향 또는 각도를 바꾸든지 간격을 바꾸어서 그린다.
④ 같은 절단면 위에 나타나는 같은 부품의 단면에도 동일한 해칭을 한다.

해설 해칭(hatching)하는 방법
㉮ 단면 부분에 가는 실선으로 빗금선을 그어 다른 부분과 구별하는데 사용한다.
㉯ 중심선 또는 주요 외형선에 45° 경사지게 긋는 것이 원칙이나 부득이한 경우 다른 각도(30°, 60°)로 표시한다.
㉰ 해칭선의 간격은 도면의 크기에 따라 다르나, 보통 2~3[mm]의 간격으로 한다.
㉱ 2개 이상의 부품이 인접할 경우에는 해칭의 방향과 간격을 다르게 하거나 각도를 다르게 한다.
㉲ 간단한 도면에서 단면을 쉽게 알 수 있는 것은 해칭을 생략할 수 있다.
㉳ 동일 부품의 절단면 해칭은 동일한 모양으로 한다.
㉴ 해칭 하는 부분 안에 문자, 기호 등을 기입할 때에는 해칭을 중단한다. **[답] ②**

45 공기 중에서 아세틸렌가스의 폭발범위 [vol%]로 옳은 것은?
① 4.0~75
② 2.2~9.5
③ 2.5~81.0
④ 1.9~8.5

해설 아세틸렌의 폭발범위
㉮ 공기 중 : 2.5~81.0[vol%]
㉯ 산소 중 : 2.5~93[vol%] **[답] ③**

참고 예제에 제시된 폭발범위에 해당되는 가스
㉮ 수소(H_2) : 4~75[vol%]
㉯ 프로판(C_3H_8) : 2.2~9.5[vol%]
㉰ 부탄(C_4H_{10}) : 1.9~8.5[vol%]

46 배관작업 시 안전수칙에 대한 설명으로 틀린 것은?
① 오일 버너를 사용할 때는 연료통이나 탱크를 부근에 놓지 않는다.
② 나사절삭 작업 시에는 관이나 공작물을 확실히 고정, 지지 후에 행한다.
③ 재료는 평탄한 장소에 수평으로 놓고 경사진 장소에서는 미끄럼 방지를 한다.
④ 밀폐된 용기 내에서의 도장 작업을 할 때에는 가스 배출을 위해 자연통풍을 해야 한다.

해설
밀폐된 용기 내에서의 도장 작업을 할 때에는 가스 배출을 위해 배기휀을 이용한 강제통풍을 해야 한다. **[답] ④**

47 라인 인덱스(line index)에 '4-2B-N-15-39-CINS'로 기재되어 있는 경우 배관의 관지름을 표시한 것은?
① 4　　② 2B
③ 15　　④ 39

해설 '4-2B-N-15-39-CINS'의 각 기호 설명
㉮ 4 : 장치번호
㉯ 2B : 배관의 호칭(관지름)
㉰ N : 유체기호 → 질소를 나타낸다.
㉱ 15 : 배관번호
㉲ 39 : 배관 재료 종류 별 기호
㉳ CINS : 보온·보냉기호(CINS : 보냉, HINS : 보온, PP : 화상방지) **[답] ②**

48 부식, 마모 등으로 작은 구멍이 생겨 유체가 누설될 경우 고무제품의 각종 크기로 된 볼을 일정량 넣고, 유체를 채운 후 펌프를 작동시켜 누설부분을 통과하려는 볼이 누설부분에 정착, 누설을 미량이 되게 하거나 정지시키는 응급 조치법은?
① 코킹법　　② 스토핑 박스법
③ 호트 패킹법　　④ 인젝션법

해설 배관설비의 응급조치법
㉮ 코킹법 : 배관에서 관내의 압력과 온도가 비교적 낮고 누설 부분이 작은 경우 정을 대고 때려서 기밀을 유지하는 응급조치 방법이다.
㉯ 인젝션법 : 부식, 마모 등으로 작은 구멍이 생겨 유체가 누설될 경우 고무제품의 각종 크기로 된 볼을 일정량 넣고, 유체를 채운 후 펌프를 작동시켜 누설부분을 통과하려는 볼이 누설부분에 정착, 누설을 미량이 되게 하거나 정지시키는 응급조치 방법이다.
㉰ 스토핑박스(stopping box)법 : 밸브류 등의 그랜드 패킹부에서 누설이 발생할 때 죔 너트를 조여도 죔 여분이 없어 누설이 계속될 때 그랜드 패킹부에 스토핑 박스를 설치하여 누설을 방지하는 방법
㉱ 박스(box-in)설치법 : 내부압력이 높고 고온의 유체가 누설되는 부분에 2~3개의 분할 상자를 이용하여 누설부분에 용접을 하여 누설을 방지하는 방법이다.
㉲ 핫태핑(hot tapping)법과 플러깅(plugging)법 : 장치의 운전을 정지시키지 않고 유체가 흐르는 상태에서 고장을 수리하는 것으로 바이패스를 시키거나 분기하여 유체를 우회 통과시키는 응급조치 방법이다. **[답] ④**

49 치수 기입 방법에 대한 설명으로 틀린 것은?
① 치수선, 치수 보조선에는 가는 실선을 사용한다.
② 치수 보조선은 각각의 치수선 보다 약간 길게 끌어내어 그린다.
③ 부품의 중심선이나 외형선은 필요에 따라 치수선으로 사용할 수 있다.
④ 일반적으로 불가피한 경우가 아닐 때에는, 치수 보조선과 치수선이 다른 선과 교차하지 않게 한다.

해설 선의 종류 및 용도
㉮ 부품의 중심선 : 가는 일점쇄선
㉯ 부품의 외형선 : 굵은 실선 **[답] ③**

50 15[A]에서 50[A]까지 나사를 낼 수 있는 오스터형 나사 절삭기의 번호는?
① 102(112R)   ② 104(114R)
③ 105(115R)   ④ 107(117R)

해설 오스터형 나사 절삭기 규격

번 호	사용 관지름
112R(102)	8[A]~32[A]
114R(104)	15[A]~50[A]
115R(105)	40[A]~80[A]
117R(107)	65[A]~100[A]

[답] ②

51 공기조화 배관설비도에 표시하는 풍량조절 댐퍼로 옳은 것은?

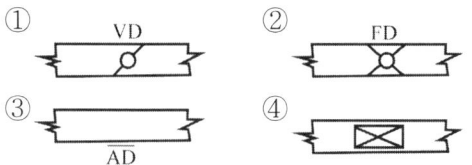

해설 각 댐퍼의 명칭
① 풍량조절댐퍼(VD : volume damper)
② 파이어 댐퍼(FD : fire damper)
③ 점검문(AD : access door)
④ 천장 배기구   [답] ①

52 배관 종류별 주요 접합 방법이 올바르게 짝 지워진 것은?
① 플레어 이음 - 연관 이음법
② TS식 이음 - PVC관 이음법
③ 몰코 이음 - 주철관 이음법
④ 플라스탄 이음 - 스테인리스강관 이음법

해설 각 항목의 접합 방법에 따른 배관 종류
① 플레어 이음 - 동관 이음법
③ 몰코 이음 - 스테인리스관 이음법
④ 플라스탄 이음 - 연관 이음법   [답] ②

53 유류 배관설비의 기밀시험을 할 때 사용할 수 없는 것은?
① 질소   ② 산소
③ 탄산가스   ④ 아르곤 가스

해설
㉮ 산소는 강력한 조연성(지연성)가스이므로 유류배관의 기밀시험에 사용할 때 폭발사고의 원인이 된다.
㉯ 유류 배관설비의 기밀시험은 불연성인 질소, 탄산가스, 아르곤 가스 등을 사용한다.   [답] ②

54 CO_2 아크 용접법 중에서 비용극식 용접에 해당하는 것은?
① 순 CO_2 법
② 탄소 아크법
③ 혼합 가스법
④ 아코스 아크법

해설 CO_2 아크 용접법 중 비용극식 용접법 : 탄소 아크에 의하여 용접 열을 공급하고 용착 금속은 별도로 용가재를 사용하여 이것을 녹여 공급하는 용접법으로 탄소 아크법이 해당된다.   [답] ②

55 다음 중 계량값 관리도만으로 짝지어진 것은?
① c 관리도, u 관리도
② $x-R$ 관리도, p 관리도
③ $\bar{x}-R$ 관리도, np 관리도
④ M_e-R 관리도, $\bar{x}-R$ 관리도

해설 관리도의 종류
㉮ 계량값 관리도 : $\bar{x}-R$관리도, $\bar{x}$관리도, R관리도, M_e-R 관리도, $L-S$ 관리도, 누적합 관리도, 지수가중 이동평균관리도
㉯ 계수값 관리도 : np(부적합품수) 관리도, p(부적합품률) 관리도, c(부적합수) 관리도, u(단위당 부적합수) 관리도   [답] ④

56 TPM활동의 기본을 이루는 5S에 대한 설명 중 거리가 가장 먼 것은?

① 습관화란 정해진 일을 올바르게 지키는 습관을 생활화하는 것을 말한다.
② 정돈이란 필요한 것을 필요한 때에 꺼내 사용할 수 있도록 하는 것을 말한다.
③ 정리란 필요한 것과 필요 없는 것을 구분하여 필요 없는 것은 없애는 것을 말한다.
④ 청결이란 먼지를 닦아내고 그 밑에 숨어 있는 부분을 보기 쉽게 하는 것을 말한다.

해설
㉮ 청결이란 정리, 정돈, 청소의 상태를 유지하는 것을 말한다.
㉯ ④번 항목은 '청소'의 설명이다. **[답] ④**

57 다음 중에서 작업자에 대한 심리적 영향을 가장 많이 주는 작업측정의 기법은?
① PTS법 ② 워크 샘플링법
③ WF법 ④ 스톱 워치법

해설 스톱워치(stop watch)법
㉮ 훈련이 잘 된 자격을 갖춘 작업자가 정상적인 속도로 완료하는 작업결과의 표본을 추출하여 이로부터 표준시간을 설정하는 기법으로 주기가 짧고 반복적인 작업에 적합하다.
㉯ 시간 연구자는 관측위치를 작업자의 작업이 잘 보이는 위치에서 작업자 앞쪽의 1.5~2[m] 정도 비껴서 관측하도록 하며, 작업자에게 방해가 되어서는 안된다.
㉰ 작업자에 대한 심리적 영향을 가장 많이 주는 측정의 기법이다. **[답] ④**

58 다음 중 샘플링 검사보다 전수검사를 실시하는 것이 유리한 경우는?
① 검사항목이 많은 경우
② 파괴검사를 해야 하는 경우
③ 품질특성치가 치명적인 결점을 포함하는 경우
④ 다수 다량의 것으로 어느 정도 부적합품이 섞여도 괜찮을 경우

해설 전수검사
㉮ 전수검사가 유리한 경우
 ㉠ 검사비용에 비해 효과가 클 때
 ㉡ 물품의 크기가 작고, 파괴검사가 아닐 때
㉯ 전수검사가 필요한 경우
 ㉠ 불량품이 혼합되면 안 될 때
 ㉡ 불량품이 다음 공정에 넘어가면 경제적으로 손실이 클 때
 ㉢ 불량품이 들어가면 안전에 중대한 영향을 미칠 때
 ㉣ 전수검사를 쉽게 할 수 있을 때
※ ①, ②, ④항목은 샘플링 검사가 유리한 경우이다. **[답] ③**

59 WFU(Work Factor Unit)는 몇 분인가?
① 1/10 분 ② 1/100 분
③ 1/1000 분 ④ 1/10000 분

해설 작업측정 시스템별 사용시간 단위

시스템	사용시간 단위	적용범위
DWF(Detailed Work Factor)	1WFU(Work Factor Unit) : 0.0001분 (1/10000 분)	작업주기가 매우 짧은 0.15분 이하인 대량생산작업
RWF(Ready Work Factor)	1RU(Ready WF Unit) : 0.001분(1/1000 분)	작업주기가 0.1분 이상인 작업

[답] ④

60 로트수가 10이고 준비작업 시간이 20분이며 로트별 정미작업시간이 60분이라면 1로트 당 작업시간은 몇 분인가?
① 13 ② 26
③ 62 ④ 90

해설 여유율(α)은 제시되지 않았으므로 생략한다.
$$\therefore T_1 = \frac{P}{n} + t(1+\alpha) = \frac{20}{10} + 60 = 62[\text{분}]$$ **[답] ③**

2024년 배관기능장 CBT 필기시험 복원문제 (1)

☞ CBT필기시험 복원문제는 수험자의 기억에 의하여 복원된 것이므로 실제 출제문제와는 차이가 있을 수 있습니다.

01 주철관의 소켓이음에 대한 설명으로 틀린 것은?
① 납은 얀의 이탈을 방지한다.
② 납은 접합부의 굽힘성을 부여하여 준다.
③ 얀은 납과 물이 접촉하는 것을 방지한다.
④ 얀은 수도관일 경우 2/3 정도 채워 누수를 막아준다.

해설 주철관의 소켓이음 시 얀(yarn)의 양
㉮ 급수관 : 삽입길이의 1/3
㉯ 배수관 : 삽입길이의 2/3 **[답]** ④

02 산소-아세틸렌 가스용접에 사용하는 산소 용기의 색은?
① 흰색 ② 녹색
③ 회색 ④ 청색

해설 산소, 아세틸렌 용기 도색
㉮ 산소 용기 : 녹색
㉯ 아세틸렌 용기 : 황색(노란색) **[답]** ②

03 연관 및 주철관과 비교한 강관의 특징으로 옳지 않은 것은?
① 가볍고 인장강도가 크다.
② 내충격성, 굴요성이 크다.
③ 관의 접합 작업이 용이하다.
④ 내식성이 강해 지중매설 시 부식성이 크다.

해설 강관의 특징
㉮ 연관, 주철관에 비해 인장강도가 크고, 내충격성이 크다.
㉯ 배관작업이 용이하다.
㉰ 비철금속관에 비하여 경제적이다.
㉱ 부식이 발생하기 쉽다.(내식성이 작다)
㉲ 배관수명이 짧다. **[답]** ④

04 배관부속품 중 유입구를 포함하여 네 방향으로 분기하는 부속 재료명은?
① 크로스 ② 벤드
③ 플러그 ④ 니플

해설 크로스(cross)
4방향으로 분기하는 배관 이음재이다. **[답]** ①

05 구조상 유체의 흐름방향과 평행하게 밸브가 개폐되는 것으로 유량 조절에 적합한 밸브는?
① 글로브 밸브
② 체크 밸브
③ 슬루스 밸브
④ 플러그 밸브

해설 글로브 밸브(glove valve)
스톱밸브(stop valve), 옥형변으로 불리며 구조상 디스크와 시트가 원추상으로 접촉되어 폐쇄하는 밸브로서 유체는 디스크 부근에서 상하방향으로 평행하게 흐르므로 근소한 디스크의 리프트라도 예민하게 유량에 관계되므로 좁 밸브로서 유량조절에 사용된다. **[답]** ①

06 밸브에 관한 설명 중 가장 올바른 것은?
① 슬루스 밸브는 유량조절용에 가장 적합하다.
② 콕은 유량을 조절할 수 있고 개폐가 빠르다.
③ 글로브 밸브는 완전 개폐용에 가장 적합하다.
④ 리프트식 체크 밸브는 일반적으로 대구경에 사용된다.

해설 각 항목의 옳은 설명
① 슬루스 밸브(게이트 밸브)는 유로의 개폐용에 적합하다.
③ 글로브 밸브(스톱 밸브)는 유량조절용에 적합하다.
④ 리프트식 체크 밸브는 수평배관의 소구경에 사용된다. **[답]** ②

07 피복 재료 중 무기질 보온 재료가 아닌 것은?
① 펠트 ② 석면
③ 암면 ④ 규조토

해설 재질에 의한 보온재 분류
㉮ 유기질 보온재 : 펠트, 코르크, 기포성 수지
㉯ 무기질 보온재 : 석면, 암면, 규조토, 탄산마그네슘, 유리섬유
㉰ 금속질 보온재 : 알루미늄 박(泊) **[답]** ①

08 내용적 40[L]의 용기에 1.4[MPa]의 산소가 들어 있을 때 B형 350번 팁으로 혼합비 1 : 1의 표준 불꽃을 사용한다면 작업 시간은 얼마인가?
① 16시간 ② 20시간
③ 25시간 ④ 30시간

해설
㉮ 40[L] 용기에 충전된 산소량 계산 : 1[MPa]은 약 10[kgf/cm²]이다.
∴ $Q = 10P \cdot V = 10 \times 1.4 \times 40 = 5600[L]$

㉯ 작업시간 계산
∴ 작업시간 = $\dfrac{\text{가스량[L]}}{\text{팁의 능력[L/h]}} = \dfrac{5600}{350}$
= 16시간 **[답]** ①

참고 팁(tip)의 번호
㉮ A형 : 연강판의 모재 두께를 표시하는 것으로 2번은 2[mm]의 연강판 용접이 가능한 것을 표시한다.
㉯ B형 : 팁에서 불꽃으로 되어 유출되는 아세틸렌의 양[L/h]을 표시한다.

09 연단에 아마인유를 배합하여 사용하는 페인트는?
① 광명단 도료 ② 산화철 도료
③ 알루미늄 도료 ④ 합성수지 도료

해설 광명단
연단에 아마인유를 배합한 것으로 밀착력이 강하고 막이 굳어서 풍화에 대하여도 강하므로, 다른 착색도료의 밑칠용으로 사용하기에 가장 적합하다. **[답]** ①

10 [보기] 그림과 같은 배관에서 단면 지름이 각각 D_I 50[cm], D_{II} 30[cm]이고 Ⅰ 부분의 유속이 4[m/s]이면 Ⅱ부분의 유량은 약 몇 [m³/s]인가?

[보기]

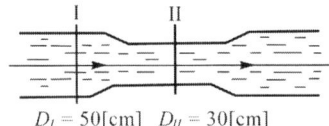

$D_I = 50[cm]$ $D_{II} = 30[cm]$

① 0.785 ② 1.067
③ 1.785 ④ 0.15

해설
연속의 방정식에서 $Q_I = Q_{II}$ 이다.
∴ $Q_{II} = A \times V = \left(\dfrac{\pi}{4} \times D^2\right) \times V$
$= \left(\dfrac{\pi}{4} \times 0.5^2\right) \times 4$
$= 0.78539[m^3/s]$ **[답]** ①

11 외경 10[mm]인 강관으로 열팽창길이 10[mm]를 흡수할 수 있는 신축곡관을 만들 때 필요 곡관의 길이는 얼마인가?

① 64[cm] ② 74[cm]
③ 84[cm] ④ 94[cm]

해설
$L = 0.073\sqrt{d \cdot \Delta L}$
$= 0.073 \times \sqrt{10 \times 10} \times 100$
$= 73[cm]$ [답] ②

12 배수관에 트랩을 설치하는 가장 주된 이유는?

① 배수의 역류를 막기 위함이다.
② 배수를 원활히 하기 위함이다.
③ 증기와 물의 혼합을 막기 위함이다.
④ 유해 가스의 역류를 방지하기 위함이다.

해설 배수트랩
건물 내의 배수관 및 하수관에서 발생하는 유해한 가스가 실내로 침입하는 것을 방지하기 위한 수봉식 기구이다. [답] ④

13 공기 중에 누설될 때 낮은 곳으로 흘러 고이는 가스로만 조합되어 있는 항은?

① 프로판, 포스겐, 염소
② 프로판, 산소, 아세틸렌
③ 아세틸렌, 암모니아, 염소
④ 아세틸렌, 암모니아, 포스겐

해설
㉮ 기체의 비중 : 표준상태(STP : 0[℃], 1기압 상태)의 공기 일정 부피당 질량과 같은 부피의 기체 질량과의 비를 말한다.

기체 비중 = $\dfrac{\text{기체 분자량(질량)}}{\text{공기의 평균분자량}(29)}$

㉯ 각 가스의 분자량 및 비중

가스종류	분자량	비중
프로판(C_3H_8)	44	1.52
산소(O_2)	32	1.1
아세틸렌(C_2H_2)	26	0.9
포스겐($COCl_2$)	99	3.41
염소(Cl_2)	71	2.45
암모니아(NH_3)	17	0.59

[답] ①

14 스테인리스 강관의 특성 설명으로 가장 적합한 것은?

① 내식성이 우수하며, 저항증대 현상이 없다.
② 한랭지 배관의 경우 동결에 대한 저항이 작다.
③ 담수에 대한 내식성은 크나, 연수에 잘 부식된다.
④ 압축가공으로 만든 관이며, 경량이고 전기 부도체이다.

해설 스테인리스 강관의 특징
㉮ 내식성, 내마모성이 우수하다.
㉯ 강관에 비해 기계적 성질이 우수하다.
㉰ 두께가 얇고 가벼워 운반 및 시공이 쉽다.
㉱ 관마찰저항이 작아 손실수두가 적다.
㉲ 강도가 크고, 굽힘 작업이 어렵다.
㉳ 열전도율이 낮다(14.04[kcal/h·m·℃]).
㉴ 압축이음으로 배관작업이 용이하지만, 보수작업이 어렵다. [답] ③

15 빔(beam)에 턴버클을 연결하여 파이프 아래 부분을 받쳐 달아 올리는 행거로 수직 방향의 변위가 없는 곳에 사용하는 것은?

① 스프링 행거
② 콘스탄트 행거
③ 리스트 레인트
④ 리지드 행거

해설 행거(hanger)의 종류
㉮ 리지드 행거(rigid hanger) : 수직방향의 변위가 없는 곳에 사용한다.
㉯ 스프링 행거(spring hanger) : 변위가 적은 곳에 사용하며 스프링식과 중추식이 있다.
㉰ 콘스턴트 행거(constant hanger) : 관의 상하 방향 이동을 허용하면서 변위가 큰 곳에 사용한다. [답] ④

16 주철관의 타이톤 이음(tyton joint)에 관한 설명 중 틀린 것은?
① 이음에 필요한 부품은 고무링 하나뿐이다.
② 비가 올 때나 물기가 있는 곳에서도 이음이 가능하다.
③ 이음 과정이 간단하며 관 부설을 신속히 할 수 있다.
④ 매설할 경우 특수공구가 작업할 공간으로 이음부를 넓게 팔 필요가 있다.

해설 타이튼 이음(tyton joint) 특징
㉮ 이음에 필요한 부품은 고무링 하나이다.
㉯ 이음과정이 간단하며, 관부설을 신속히 할 수 있다.
㉰ 매설할 경우 이음부를 넓게 팔 필요가 없다.
㉱ 비가 올 때나 물기가 있는 곳에서도 이음이 가능하다.
㉲ 이음부의 굽힘 허용도는 호칭지름 300[mm] 까지는 5°, 400[mm] 이하는 4°, 500[mm] 이하는 3°까지 이다.
㉳ 고무링에 의한 이음이므로 온도변화에 신축이 자유롭다.
㉴ 이음이 끝난 후 즉시 매설할 수 있다. [답] ④

17 스테판 볼츠만(Stefan-Boltzmann) 법칙을 이용한 온도계는 어느 것인가?
① 열전대 온도계 ② 방사 온도계
③ 수은 온도계   ④ 베크만 온도계

해설
㉮ 방사(복사)온도계의 측정원리 : 스테판-볼츠만법칙
㉯ 스테판-볼츠만 법칙 : 단위표면적당 복사되는 에너지는 절대온도의 4제곱에 비례한다. [답] ②

18 동관에 대한 설명 중 틀린 것은?
① 기계적 가공이 용이하다.
② 전기 및 열전도율이 좋다.
③ 전연성이 풍부하고 마찰저항이 적다.
④ 산성에는 내식성이 강하고 알칼리성에는 심하게 침식된다.

해설 동관의 특징
㉮ 담수(淡水)에 대한 내식성이 우수하다.
㉯ 열전도율이 좋고, 가공성이 좋아 배관시공이 용이하다.
㉰ 아세톤, 프레온 가스 등 유기약품에 침식되지 않는다.
㉱ 관 내부에서 마찰저항이 적다.
㉲ 연수(軟水)에는 부식된다.
㉳ 외부의 기계적 충격에 약하다.
㉴ 가격이 비싸다.
㉵ 가성소다, 가성칼리 등 알칼리성에는 내식성이 강하고 암모니아수, 습한 암모니아(NH_3)가스, 초산, 진한 황산(H_2SO_4)에는 심하게 침식된다. [답] ④

19 [보기]와 같이 도시된 평면도를 입체도로 올바르게 표시한 것은?

[보기]

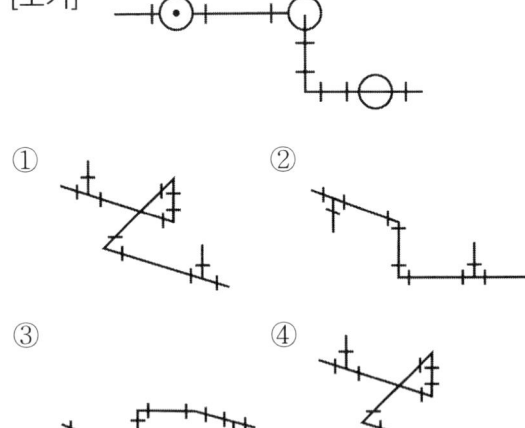

[답] ④

20 비중이 0.95인 기름 속에 있는 물체가 깊이 20[m]일 때 받는 압력은 약 몇 [kPa]인가?

① 176 ② 186
③ 196 ④ 206

해설
㉮ 비중량[N/m³] $\gamma = \rho \times g$ 이다.
㉯ 압력 계산 : 비중량[N/m³]에 높이 h[m]를 곱하면 [N/m²]이고, [N/m²]은 파스칼[Pa]이다.
$\therefore P = \gamma \times h = (\rho \times g) \times h$
$= (0.95 \times 10^3 \times 9.8) \times 20$
$= 186200 [N/m^2]$
$= 186200 [Pa]$
$= 186.2 [kPa]$

※ 풀이에는 비중을 밀도[kg/m³]로 변환하여 적용하였음
  [답] ②

21 자동화 시스템에서 중앙컴퓨터와 여러 개의 콘트롤러 간에 시스템 구성기기들과 통신회선을 연결된 배치형태에 따라 성형, 환형 등으로 구분하는 자동화의 5대 요소인 것은?

① 센서(sensor)
② 네트워크(network)
③ 프로세서(processor)
④ 하드웨어(hardware)

해설 자동화의 5대 요소
㉮ 센서(sensor) : 공정 처리 상태에 대한 정보를 만들고 수집하며 이 정보를 프로세스에 전달하는 제어부분이다.
㉯ 프로세서(processor) : 제어 데이터를 처리하는 요소로, 제어정보를 분석 처리하여 필요한 제어 명령을 내려주는 장치
㉰ 액추에이터(actuator) : 공정처리 상태에 대한 정보를 받아서, 제한된 공간 내에서 기계구조에 의해 일을 하는 부분으로 인간의 손, 발의 기능을 하는 부분이다.
㉱ 소프트웨어(software) : 입력신호를 받아 중앙처리장치를 거쳐 작업요소에 전달되어지는 프로그램장치, 프로그램 메모리를 포함하는 장치

㉲ 네트워크(network) : 자동화 시스템에서 중앙컴퓨터와 여러 개의 콘트롤러 간에 시스템 구성기기들과 통신회선을 연결된 배치형태에 따라 성형, 환형 등으로 구분한다.
  [답] ②

22 곡률반경을 R, 구부림 각도를 θ라고 할 때 구부림 중심 곡선길이를 구하는 식으로 옳은 것은?

① $0.01745\,R\theta$ ② $\dfrac{\pi R \theta}{90}$
③ $0.01745\,\pi R\theta$ ④ $\dfrac{\pi R \theta}{180}$

해설 구부림 각도 θ의 구부림 중심 곡선길이
원둘레 길이는 $\pi \times$ 지름(D)이고, 지름(D)은 반경[반지름](R)의 2배이다.
$\therefore \theta°$ 길이$(l) = \pi \cdot D \dfrac{\theta}{360} = \pi \cdot 2R \dfrac{\theta}{360}$
$= \pi \cdot R \dfrac{\theta}{180} = \dfrac{\pi}{180} R\theta$
$= 0.01745\,R\theta$ [답] ①

23 관 속을 흐르는 물을 갑자기 정지시키거나 용기에 차 있는 물을 갑자기 흐르게 하면 관로에 수격 작용이 생기므로 이를 방지하기 위해 공기실을 설치할 때 가장 적합한 위치는?

① 펌프의 출구
② 펌프의 흡입구
③ 급속 개폐식 수전 가까운 곳
④ 급속 개폐식 수전에서 먼 곳

해설 수격작용
유속의 급격한 변화로 이상 압력 상승과 함께 소음이 발생하는 현상으로 배관에서는 유속의 14배 이상의 압력이 발생한다. 수격작용을 방지하기 위하여 급히 열리고 닫히는 밸브의 근처에 공기실을 설치하며, 공기실의 공기가 압축되면서 스프링 작용을 하여 소음이나 충격을 방지한다.
  [답] ③

24 대형 강관이나 대형 주철관용 바이스로 다음 중 가장 적합한 명칭은?
① 오프셋 바이스   ② 수평 바이스
③ 수직 바이스   ④ 체인 바이스

해설 체인 바이스(chain vice)
관 고정 시 관의 조임부가 체인으로 되어 있어 대형 강관이나 대형 주철관용 바이스로 사용된다.   **[답]** ④

체인 바이스

25 배수설비에 통기관을 설치하는 가장 중요한 이유인 것은?
① 실내의 환기를 위하여
② 배수량의 조절을 위하여
③ 유독가스를 보관하기 위하여
④ 트랩 내 봉수을 보호하기 위하여

해설 통기관의 설치 목적
배수트랩의 봉수(封水)를 보호하기 위하여 설치한다.   **[답]** ④

26 폴리에틸렌관의 용착슬리브 이음 시 가열지그를 이용한 용착(가열)온도로 다음 중 가장 적합한 온도는 약 몇 [℃] 정도인가?
① 100   ② 150
③ 200   ④ 300

해설 용착 슬리브 접합
관 끝의 바깥쪽과 이음관의 안쪽을 동시에 가열하여 용융이음 하는 방법으로 용착(가열)온도는 180~240[℃] 정도이다.   **[답]** ③

27 중앙식 급탕법의 특징에 관한 설명으로 옳지 않은 것은?
① 탕비장치가 대규모로 설치되므로 열효율이 낮다.
② 열원으로 석탄, 중유 등이 사용되므로 연료비가 저렴하다.
③ 일반적으로 다른 설비 기계류와 동일한 장소에 설치되어 관리상 유리하다.
④ 처음 건설비는 비싸지만, 경상비가 적으므로 대규모 급탕에서는 중앙식이 경제적이다.

해설
급탕설비(탕비장치)가 대규모로 설치되므로 열효율이 좋다.   **[답]** ①

28 직관을 이용하여 중심각이 90°인 3편 마이터를 만들려고 한다. 절단각은 얼마인가?
① 45°   ② 22.5°
③ 15°   ④ 30°

해설
$$\text{절단각} = \frac{\text{중심각}}{2 \times (\text{편수} - 1)} = \frac{90}{2 \times (3-1)} = 22.5°$$
   [답] ②

29 일반적으로 입체도와 같은 등각 투영법으로 그리고 스폴도(spool drawing)라고도 하는 것은?
① 배치도   ② 계통도
③ P·I·D   ④ 부분 배관도

해설 부분 배관도
입체배관도를 작성한 도면으로 배관의 일부분만을 등각 투영법으로 표시한 배관도이고 스폴도(spool drawing)라 한다.   **[답]** ④

30 합성수지관 접합용 공구가 아닌 것은?
① 드레서
② 열풍 용접기
③ 가열기
④ 비닐용 파이프 커터

해설 드레서(dresser)
연관 표면을 깎아서 산화물을 없애기 위하여 사용하는 연관용 공구이다. **[답] ①**

31 급탕설비 중 저장탱크에 서머스탯을 장치한 가장 주된 이유는?
① 수질을 조절하기 위해서
② 수량을 조절하기 위해서
③ 온도를 조절하기 위해서
④ 증기압을 측정하기 위해서

해설 서머스탯(thermostat)
간접가열방식의 급탕탱크 내의 온수온도를 감지하여 증기와 같은 열매체의 양을 조절하여 급탕탱크의 온도를 일정하게 유지하는 자동 온도 조절기이다. **[답] ③**

32 경질 염화 비닐관의 특징을 설명한 것으로 틀린 것은?
① 열팽창률이 크다.
② 전기 절연성이 작다.
③ 열의 불량도체이다.
④ 내산, 내알칼리성이다.

해설 경질 염화비닐관의 특징
㉮ 내식성, 내산성, 내알칼리성이 크다.
㉯ 전기의 절연성이 크다.
㉰ 열의 불량도체이다.(열전도도는 철의 1/50 정도)
㉱ 가볍고 강인하며, 가격이 저렴하다.
㉲ 배관 가공(굴곡, 접합, 용접)이 쉬워 시공비가 적게 소요된다.
㉳ 저온 및 고온에서 강도가 약하다.
㉴ 열팽창율이 크다.
㉵ 충격강도가 작으며, 용제에 약하다. **[답] ②**

33 배관에 식별 색, 기호 그 밖의 표시를 함으로 안전을 도모하고 관계통의 취급을 용이하게 하여 배관의 보수 관리를 능률적으로 한다. 다음 식별 색 중 기름을 나타내는 식별색은?
① 흰색
② 연한 노랑
③ 파랑
④ 어두운 주황

해설 유체의 종류 및 표시

유체의 종류	문자기호	색상
공기	A	백색
가스	G	황색
기름	O	황적색
수증기	S	암적색
물	W	청색

※ '황적색'을 '어두운 주황'으로 표현한 것임 **[답] ④**

34 용접 후 용접변형을 교정하는 방법에 속하지 않는 것은?
① 역변형법
② 롤러에 거는 방법
③ 박판에 대한 점 수축법
④ 가열 후 해머링 하는 방법

해설 역 변형법
용접 작업 및 완료 후 용접부의 팽창과 수축에 의해 열변형이 발생하는 것을 용접 작업 전에 변형을 방지하는 방법으로 용접 순서, 용접법 및 소성 역변형 등이 있다. **[답] ①**

35 온수난방의 장점 설명 중 잘못된 것은?
① 유량을 제어하여 방열량을 조절할 수 있다.
② 증기 트랩을 사용하지 않아서 고장이 적다.
③ 예열시간이 짧아서 단시간에 사용하기 편리하다.
④ 온수 보일러는 증기 보일러보다 취급이 용이하다.

해설 온수난방의 특징
㉮ 장점
  ㉠ 난방부하의 변동에 대응하기 쉽다.
  ㉡ 가열시간은 길지만 잘 식지 않으므로 증기난방에 비해 배관의 동결우려가 적다.
  ㉢ 방열기의 표면온도가 낮으므로 실내 쾌감도가 높고 화상의 위험이 없다.
  ㉣ 온수보일러 취급이 용이하며, 소규모 주택 등에 적당하다.
㉯ 단점
  ㉠ 한랭지역에서는 동결의 위험이 있다.
  ㉡ 방열면적과 배관지름이 커져 시설비가 증가한다.
  ㉢ 예열시간이 길어 예열부하가 크다. **[답] ③**

36 60°×30° 직각 삼각형 모양의 앵글 브래킷의 C부 길이는 약 몇 [mm]인가?

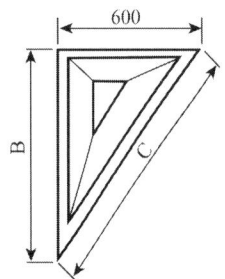

① 1800 ② 1040
③ 1200 ④ 1800

해설
$\cos 60° = \dfrac{600}{C}$ 이므로 'C'의 길이를 구한다.
$\therefore C = \dfrac{600}{\cos 60°} = 1200[\text{mm}]$ **[답] ③**

37 응축된 유체를 재가열하여 증발시킬 목적으로 사용하는 열교환기는?
① 예열기 ② 과열기
③ 재비기 ④ 응축기

해설 각 장치의 역할 및 기능
㉮ 재비기(reboiler) : 장치 중에서 응축된 유체를 재가열 증발시킬 목적으로 사용하는 열교환기이다.
㉯ 예열기(preheater) : 유체에 미리 열을 주어 다음 공정의 효율을 증대시키는 열교환기이다.
㉰ 가열기(heater) : 유체의 온도를 높이는데 사용하여 유체를 재가열하여 과열상태로 하기 위한 열교환기이다.
㉱ 응축기(condenser) : 응축성 기체의 잠열을 제거해 액화시키는 열교환기이다. **[답] ③**

38 MIG 용접에 대한 장·단점 설명으로 틀린 것은?
① 3[mm] 이하의 박판 용접에 적합하다.
② 비교적 아름답고 깨끗한 비드를 얻을 수 있다.
③ 바람의 영향을 받기 쉬우므로 방풍대책이 필요하다.
④ 수동 피복 아크용접에 비해 용착효율이 높아 고능률적이다.

해설
MIG 용접은 3[mm] 이상의 후판 용접에 적합하다. **[답] ①**

39 난방부하가 18800[kJ/h]인 온수난방에서 쪽당 방열면적이 0.2[m²]인 방열기를 사용한다고 할 때 필요한 쪽수는? (방열기의 방열량은 표준방열량으로 한다.)
① 30 ② 40
③ 50 ④ 60

해설
$N_w = \dfrac{H_1}{1890 \times a} = \dfrac{18800}{1890 \times 0.2} = 49.735 ≒ 50$ 쪽 **[답] ③**

참고 방열기의 표준방열량

방열기 구분	공학단위 [kcal/m²·h]	SI단위 [kJ/m²·h]	[W/m²]
온수	450	1890	525
증기	650	2730	758.3

40 프리스트레스 콘크리트관의 설명으로 올바른 것은?

① 내측은 흄관, 외측은 에터니트관으로 이중으로 만든 특수관이다.
② 보통 흄관이라 하며 철근을 형틀에 넣고 원심력으로 성형한 것이다.
③ 일반적으로 에터니트관이라고 부르며 고압으로 가압하여 성형한 것이다.
④ PS강선으로 압축응력을 부과하여 인장응력과 상쇄할 수 있게 한 것이다.

해설 프리스트레스(pre-stress) 콘크리트관
콘크리트관 외주에 PS강선을 인장해서 감아 붙인 뒤 관의 원주방향으로 압축응력을 부여하여 내외압에 의해서 일어나는 인장응력과 상쇄할 수 있게 한 관이다. **[답] ④**

41 배관도에 각 장치와 유체를 구분해서 번호를 부여하는데 번호를 붙인 라인 인덱스 중에서 관내 유체 기호 'IA'는 무엇을 나타내는가?

① 고압 증기 ② 작업용 공기
③ 계기용 공기 ④ 프로세스 유체

해설 유체기호

기호	종류	기호	종류
P	프로세스 유체	PA	작업용 공기
IA	계기용 공기	N	질소
HS	고압 증기	LS	저압 증기
CW	재생 냉수	SW	해수 등

[답] ③

42 보일러 취급자의 부주의로 인하여 발생하는 사고의 원인으로 맞는 것은?

① 재료의 부적당
② 설계상 결함
③ 발생증기 압력의 과다
④ 구조상의 결함

해설 보일러 사고의 원인
㉮ 제작상의 원인 : 재료불량, 강도부족, 설계불량, 구조불량, 부속기기 설비의 미비, 용접불량 등
㉯ 취급상의 원인 : 압력초과, 저수위, 급수처리 불량, 부식, 과열, 미연소가스 폭발사고, 부속기기 정비불량 등
[답] ③

43 압축기의 분류에서 용적식(체적식) 압축기에 해당하지 않는 것은?

① 왕복식
② 회전식
③ 원심식
④ 나사식

해설
㉮ 용적형(체적형) 압축기 : 일정 용적의 실린더 내에 기체를 흡입하고 기체에 압력을 가하여 토출구로 압출하는 것을 반복하는 형식이다.
  ㉠ 왕복동식 : 피스톤의 왕복운동으로 가스를 흡입하여 압축한다.
  ㉡ 회전식 : 회전체의 회전에 의해 일정 용적의 가스를 연속으로 흡입 압축하는 것을 반복하다.
㉯ 터보형 : 임펠러의 회전운동을 압력과 속도에너지로 전환하여 압력을 상승시키는 형식이다.
  ㉠ 원심식 : 케이싱 내에 임펠러가 회전하면 기체가 원심력에 의하여 임펠러 중심부로 연속으로 흡입되고 압력과 속도가 증가되어 토출되는 형식이다.
  ㉡ 축류식 : 선풍기와 같이 프로펠러(임펠러)가 회전하면 기체가 축 방향으로 흡입되고, 압력과 속도가 상승되어 축 방향으로 토출하는 형식이다.
  ㉢ 혼류식 : 원심식과 축류식을 혼합한 형식이다.
[답] ③

44 배관 도면에서의 약어 표시에 관한 설명으로 틀린 것은?
① 1층의 바닥면을 기준으로 한 높이로 표시한 약어는 FL이다.
② 배관의 높이를 관의 중심을 기준으로 할 때는 BOP로 표시한다.
③ 배관의 높이를 윗면을 기준으로 하여 표시할 때의 약어는 TOP이다.
④ 포장된 지표면을 기준으로 하여 배관설비의 높이를 표시할 때의 약어는 GL이다.

해설 관의 높이 표시방법
㉮ EL(elevation line) 표시 : 그 지방의 해수면에 기준선(base line)을 설정하여 이 기준선으로부터의 높이를 표시하는 표시법
　㉠ BOP(bottom of pipe) : 지름이 다른 관의 높이를 나타낼 때 적용되며 관 바깥지름의 아랫면을 기준으로 하여 표시한다.
　㉡ TOP(top of pipe) : 관의 윗면을 기준으로 하여 표시한다.
㉯ GL(ground line) : 포장된 지표면을 기준으로 하여 배관장치의 높이를 표시할 때 적용된다.
㉰ FL(floor line) : 1층 바닥면을 기준으로 하여 높이를 표시한다. **[답] ②**

45 항상 일정한 풍량을 공급하는 공조방식으로 부하 변동이 심하지 않는 경우에 적합하며, 부분적으로 부하 변동이 있는 공간에 적용이 곤란한 덕트 방식으로 전공기 방식으로 분류되는 공기조화방식은?
① 유인 유닛 방식
② 패키지 덕트 방식
③ 정풍량 단일 덕트 방식
④ 덕트 병용 팬 코일 유닛 방식

해설 공기조화방식의 분류
㉮ 중앙식
　㉠ 전공기 방식 : 단일 덕트 방식, 2중 덕트 방식
　㉡ 물-공기병용방식 : 존(zone) 유닛방식, 유인유닛 방식, 팬코일 유닛 방식, 복사패널 덕트 병용방식
㉯ 개별식
　㉠ 전수방식 : 팬코일 유닛 방식
　㉡ 냉매방식 : 팩케이지 유닛 방식, 팬코일 유닛 방식 **[답] ③**

46 집진장치에서 양모, 면, 유리섬유 등을 용기에 넣고 이곳에 함진가스를 통과시켜 분진입자를 분리·포착시키는 집진법은?
① 중력식 집진법
② 원심력식 집진법
③ 여과식 집진법
④ 전기 집진법

해설 여과 집진장치
함진가스를 여과재(filter)에 통과시켜 입자를 분리, 포집하는 방식으로 백 필터(bag filter)가 대표적이다. **[답] ③**

47 파이프 랙크의 높이를 결정하는데 가장 중요도가 낮은 것은?
① 도로 횡단의 유무
② 타 장치와의 연결 높이
③ 배관 내 연료의 공급 최대 온도
④ 파이프 랙크 아래에 있는 기기의 배관에 대한 여유

해설 파이프 랙크의 높이 결정 조건
㉮ 타 장치와의 연결 높이
㉯ 도로 횡단의 유무
㉰ 파이프 랙크 아래에 있는 기기의 배관에 대한 여유
㉱ 유니트 내에 있는 기구의 높이와의 관계 **[답] ③**

48 백색 분말이며, 다른 약품에 비해 취급이 간단하며 칼슘, 마그네슘 등을 용해하는 능력이 뛰어난 화학세정용 약제인 산(酸)은?
① 염산
② 불산
③ 구론산
④ 설파민산

해설
무기산(酸) 화학세정 약품으로 성상이 분말이므로 취급이 용이하고, 비교적 저온인 40[℃] 이하에서도 물의 경도 성분을 제거할 수 있는 능력이 있어 수도설비 등의 세정에 적당하다. **[답] ④**

49 도시가스로 공급하는 LNG의 주성분에 해당하는 것은?
① 에탄 ② 프로판
③ 메탄 ④ 부탄

해설
LNG는 액화천연가스로 기화시켜 도시가스로 공급되며 주성분은 메탄(CH_4)으로 일부 에탄, 프로판, 부탄 등이 포함되어 있다. **[답] ③**

50 수관식 보일러의 특징 설명으로 틀린 것은?
① 구조가 단순하여 제작이 쉽다.
② 전열면적이 커서 증기발생량이 빠르다.
③ 보일러수의 순환이 빠르고 효율이 높다.
④ 급수의 순도가 나쁘면 스케일이 발생하기 쉽다.

해설 수관식 보일러의 특징
㉮ 증기 발생시간이 빠르며, 고압 대용량에 적합하다.
㉯ 외분식이므로 연료 선택범위가 넓고, 연소상태가 양호하다.
㉰ 전열면적이 크고, 열효율이 높다.
㉱ 수관의 배열이 용이하고, 패키지형으로 제작이 가능하다.
㉲ 관수처리에 주의를 요한다.
㉳ 구조가 복잡하여 청소, 검사, 수리가 어렵고 스케일 부착이 쉽다.
㉴ 부하변동에 따른 압력 및 수위변동이 심하다. **[답] ①**

51 집진장치 덕트 시공에 대한 설명으로 잘못된 것은?
① 냉난방용보다 두꺼운 판을 사용한다.
② 곡선부는 직선부보다 두꺼운 판을 사용한다.
③ 먼지 등이 통과하면서 마찰이 심한 부분에는 강관을 사용한다.
④ 메인 덕트에서 분기할 때는 최저 45도 이상 경사지게 대칭으로 분기한다.

해설
분기관을 메인 덕트에 연결하는 경우 최저 30도 이상으로 한다. **[답] ④**

52 배관 배열의 기본 사항 설명으로 틀린 것은?
① 배관은 가급적 그룹화 되게 한다.
② 고온, 고압 라인은 가급적 플랜지를 많이 사용한다.
③ 배관은 가급적 최단거리로 하고 굴곡부를 적게 한다.
④ 고압라인, 고속유라인은 굴곡부와 T브랜치를 최소로 한다.

해설
고온, 고압 라인인 경우에는 기기와의 접속용 플랜지 이외에는 가급적 플랜지 접합을 피한다. **[답] ②**

53 안전상 유류배관 설비의 기밀시험을 할 때 사용해서는 안 되는 가스는?
① 질소 ② 산소
③ 탄산가스 ④ 아르곤 가스

해설
산소는 강력한 조연성(지연성)가스이므로 유류배관의 기밀시험에 사용할 때 폭발사고의 원인이 된다. **[답] ②**

54 배관의 부식에 관한 설명으로 옳지 않은 것은?
① 부식형태로는 국부부식 입계부식, 선택부식이 있다.
② 금속재료가 화학적 변화를 일으키는 부식에는 건식, 습식, 전식이 있다.
③ pH가 높고 통기성이 좋으며 전기저항이 높은 토양에 매설된 금속관은 부식속도가 크다.
④ 부식속도는 관이 매설되어 있는 토양의 환경, 배관조건, 이종 금속류의 영향 등에 따라 균일하지는 않다.

해설
통기성이 좋은 토양에서는 부식속도가 낮다. [답] ③

55 도요타 린(Lean) 생산방식 중 낭비에 해당 되지 않는 것은?
① 동작　　② 초기생산
③ 운반　　④ 과잉생산

해설 생산현장의 낭비
㉮ 과잉생산의 낭비　㉯ 대기의 낭비
㉰ 운반의 낭비　㉱ 가공의 낭비
㉲ 재고의 낭비　㉳ 동작의 낭비
㉴ 불량의 낭비 [답] ②

56 생산계획량을 완성하는데 필요한 인원이나 기계의 부하를 결정하여 이를 현재인원 및 기계의 능력과 비교하여 조정하는 것은?
① 일정계획　　② 절차계획
③ 공수계획　　④ 진도관리

해설 일정관리
㉮ 일정계획 : 작업개시와 완료일시를 결정하여 구체적인 생산일정을 계획하는 것
㉯ 절차계획 : 작업의 순서와 방법, 작업 표준시간 및 작업장소를 결정하고 배정하는 것
㉰ 공수계획(능력소요계획, 부하계획) : 생산계획량을 완성하는데 필요한 인원이나 기계의 부하를 결정하여 이를 인원 및 기계의 능력과 비교하여 조정하는 계획 [답] ③

57 샘플링(sampling)검사와 전수검사를 비교하여 설명한 내용으로 틀린 것은?
① 검사비용을 적게 하고 싶을 때는 샘플링검사가 일반적으로 유리하다.
② 파괴검사에서는 물품을 보증하는데 샘플링검사 이외에는 생각할 수 없다.
③ 검사가 손쉽고 검사비용에 비해 얻어지는 효과가 클 때는 전수검사가 필요하다.
④ 품질향상에 대하여 생산자에게 자극을 주려면 개개의 물품을 전수검사 하는 편이 좋다.

해설
㉮ 전수검사가 유리한 경우 및 필요한 경우
　㉠ 검사비용에 비해 효과가 클 때
　㉡ 물품의 크기가 작고, 파괴검사가 아닐 때
　㉢ 불량품이 혼합되면 안 될 때
　㉣ 불량품이 다음 공정에 넘어가면 경제적으로 손실이 클 때
　㉤ 불량품이 들어가면 안전에 중대한 영향을 미칠 때
　㉥ 전수검사를 쉽게 할 수 있을 때
㉯ 샘플링 검사가 유리한 경우 및 필요한 경우
　㉠ 다수, 다량의 것으로 불량품이 있어도 문제가 없는 경우
　㉡ 검사 항목이 많은 경우
　㉢ 불완전한 전수검사에 비해 높은 신뢰성이 있을 때
　㉣ 검사비용이 적은 편이 이익이 많을 때
　㉤ 품질향상에 대하여 생산자에게 자극이 필요할 때
　㉥ 물품의 검사가 파괴검사일 때
　㉦ 대량 생산품이고 연속 제품일 때 [답] ④

58 c관리도에서 중간값($\bar{c}$)이 16일 때 LCL을 계산하면 약 얼마인가?
① 0　　② 2　　③ 4　　④ 16

해설

$LCL = \bar{c} - 3\sqrt{\bar{c}} = 16 - 3 \times \sqrt{16} = 4$ [답] ③

59 부적합품률이 1[%]인 모집단에서 5개의 시료를 랜덤하게 샘플링할 때, 부적합품수가 1개일 확률을 이항분포로 계산하면 약 얼마인가?
① 0.048　② 0.058
③ 0.48　④ 0.58

해설

$L = \sum \binom{n}{x} P^x (1-P)^{n-x}$
$= \sum \binom{5}{1} \times (0.01)^1 \times (1-0.01)^{5-1}$
$= 5 \times 0.01^1 \times (1-0.01)^4 = 0.048$ [답] ①

60 도수분포표를 만드는 목적이 아닌 것은?
① 데이터의 흩어진 모양을 알고 싶을 때
② 원 데이터를 규격과 대조하고 싶을 때
③ 결과나 문제점에 대한 계통적 특성치를 구할 때
④ 많은 데이터로부터 평균치와 표준편차를 구할 때

해설　도수분포표 작성 목적
㉮ 데이터의 흩어진 모양(산포)을 알고 싶을 때
㉯ 많은 데이터로부터 평균값과 표준편차를 구할 때
㉰ 원래 데이터를 규격과 대조하고 싶을 때
㉱ 규격차와 비교하여 공정의 현황을 파악하기 위하여
㉲ 분포가 통계적으로 어떤 분포형에 근사한가를 알기 위하여 [답] ③

2024년 배관기능장 CBT 필기시험 복원문제 (2)

☞ CBT필기시험 복원문제는 수험자의 기억에 의하여 복원된 것이므로 실제 출제문제와는 차이가 있을 수 있습니다.

01 밸브에 유체 흐름 방향의 표시가 없는 것은?
① 글로브 밸브 ② 니들 밸브
③ 슬루스 밸브 ④ 체크 밸브

해설
슬루스 밸브(게이트 밸브)는 유로의 개폐용에 사용되는 것으로 입구와 출구의 구조가 동일하므로 유체의 흐름 방향 표시가 없는 밸브이다. **[답]** ③

02 보온재 중 진동이 있는 곳에의 사용에 가장 부적합한 것은?
① 펠트 ② 규조토
③ 석면 ④ 글라스 울

해설 규조토의 특징
㉮ 열전도율이 다른 보온재에 비해 크다.
㉯ 시공 후 건조시간이 길며 접착성이 좋다.
㉰ 500[℃] 이하의 관, 탱크 등의 보온용으로 좋다.
㉱ 열전도율은 $0.083 \sim 0.095$[kcal/h·m·℃] 정도이다.
㉲ 안전 사용온도는 석면사용 시 500[℃], 삼여물 사용 시 250[℃] 정도이다. **[답]** ②

03 주철관의 소켓이음(socket joint)할 때 누수의 원인으로 가장 적당한 것은?
① 코킹이 완전한 경우
② 코킹 세트를 순서대로 차례로 사용한 경우
③ 얀(yarn)의 양이 너무 많고 납이 적은 경우
④ 코킹하기 전에 관에 붙어있는 납을 떼어낸 경우

해설 소켓이음(socket joint) 시 누수의 원인
㉮ 얀(yarn)의 양이 너무 많고 납이 적은 경우
㉯ 코킹하기 전에 관에 붙어 있는 납을 제거하지 않은 경우
㉰ 코킹 세트를 순서대로 사용하지 않고 순서를 건너 뛴 경우
㉱ 불완전한 코킹의 경우 **[답]** ③

04 열팽창에 의한 배관의 이동을 구속하거나 제한하는 장치 중 배관의 지지점에서 이동 및 회전을 방지하기 위하여 배관계의 일부를 완전히 고정하는 지지장치는?
① 스톱(stop) ② 가이드(guide)
③ 앵커(anchor) ④ 행거(hanger)

해설 리스트레인트(restraint)의 종류 및 역할
㉮ 앵커(anchor) : 이동 및 회전을 방지하기 위하여 지지부분에 완전히 고정하여 사용한다.
㉯ 스톱(stop) : 회전 및 배관 축과 직각방향의 이동을 구속하고 나머지 방향의 이동은 자유롭다.
㉰ 가이드(guide) : 신축이음(루프형, 슬리브형) 등에 설치하는 것으로 축과 직각방향의 이동은 구속하고, 축 방향의 이동은 허용 및 안내하는 역할을 한다. **[답]** ③

05 탱크 내의 물, 기름, 화학약품 등의 액면을 검출하고 자동 제어하는 방식과 관계 없는 것은?
① 플로트 방식 ② 전극식
③ 정전 용량식 ④ 헴펠 분석식

해설 액면계의 구분(종류)
㉮ 직접법 : 직관식, 플로트식(부자식), 검척식
㉯ 간접법 : 압력식, 초음파식, 정전용량식, 방사선식, 차압식, 다이어프램식, 편위식, 기포식, 슬립 튜브식 등
[답] ④

06 펌프의 종류 중 고양정, 대유량용으로 유체를 이송시키는데 가장 적당한 펌프는?
① 왕복식 펌프 ② 원심 펌프
③ 로터리 펌프 ④ 축류 펌프

해설
㉮ 원심(centrifugal) 펌프 : 한 개 또는 여러 개의 임펠러를 밀폐된 케이싱 내에서 회전시켜 발생하는 원심력을 이용하여 액체를 이송하거나 압력을 상승시켜 축과 직각방향으로 토출된다.
㉯ 종류
  ㉠ 볼류트(volute) 펌프 : 임펠러 바깥둘레에 안내깃(베인)이 없고 바깥둘레에 바로 접하여 와류실이 있는 펌프로 일반적으로 임펠러 1단이 발생하는 양정이 낮은 것에 사용된다.
  ㉡ 터빈(turbine) 펌프 : 임펠러 바깥둘레에 안내깃(베인)이 있는 것으로 양정이 높은 곳에 사용된다.
[답] ②

07 증기, 물, 유류 배관 등에 설치하여 관내의 불순물을 제거 하는데 사용되는 배관설비용 부품을 무엇이라 하는가?
① 스트레이너
② 게이트밸브
③ 버킷 트랩
④ 전자밸브

해설 스트레이너(strainer)
여과기라고도 하며 배관에 설치되는 밸브, 트랩, 기기 등의 앞에 설치하여 관속의 유체에 섞여 있는 모래, 쇠 부스러기 등의 이물질을 제거하여 기기의 성능을 보호하는 역할을 한다.
[답] ①

08 중앙식 급탕설비 중 간접 가열식과 비교한 직접 가열식 급탕설비의 특징이 아닌 것은?
① 열효율 측면에서 경제적이다.
② 건물 높이에 해당하는 수압이 보일러에 생긴다.
③ 고층 건물보다는 주로 소규모 건물에 적합하다.
④ 보일러 내부에 물때가 생기지 않아 수명이 길다.

해설 직접 가열식 급탕 설비의 특징
㉮ 열효율 면에서 경제적이다.
㉯ 건물 높이에 해당하는 수압이 보일러에 생긴다.
㉰ 고층 건물보다는 주로 소규모 건물에 적합하다.
㉱ 경수 사용 시 보일러 내부에 물때(scale)가 부착하여 전열효율을 저하시키고, 수명을 단축시킨다.
㉲ 보일러 본체의 온도차에 따른 불균등한 신축이 발생한다.
[답] ④

09 0[℃]의 얼음 1[kg]을 100[℃]의 포화증기로 만드는데 필요한 열량은 약 얼마인가? (단, 얼음의 융해열은 333.6[kJ/kg], 물의 비열은 4.19[kJ/kg·K], 물의 증발잠열은 2256.7[kJ/kg]이다.)
① 2255[kJ] ② 2590[kJ]
③ 2674[kJ] ④ 3009[kJ]

해설
㉮ 0[℃] 얼음 → 0[℃] 물 : 잠열
  ∴ $Q_1 = G \times \gamma = 1 \times 333.6 = 333.6[kJ]$
㉯ 0[℃] 물 → 100[℃] 물 : 현열
  ∴ $Q_2 = G \times C \times \Delta t$
   $= 1 \times 4.19 \times (100 - 0) = 419[kJ]$
㉰ 100[℃] 물 → 100[℃] 포화증기 : 잠열
  ∴ $Q_3 = G \times \gamma = 1 \times 2256.7 = 2256.7[kJ]$
㉱ 합계 열량 계산
  ∴ $Q = Q_1 + Q_2 + Q_3$
   $= 333.6 + 419 + 2256.7$
   $= 3009.3[kJ]$
[답] ④

10 인접 건물에서 화재가 발생했을 때 인화를 방지하기 위해 창문, 출입구, 처마 끝에 노즐을 설치한 것은?
① 스프링 클러   ② 드렌처
③ 소화전   ④ 방화전

해설 드렌처 설비
건물의 외벽, 창, 지붕 등에 일정한 간격으로 배열하여 인접건물 화재 시 수막을 만드는 소화설비이다. [답] ②

11 다음 중 합성수지 도료의 종류가 아닌 것은?
① 실리콘 수지계
② 요소 멜라민계
③ 염화 비닐계
④ 광명단계

해설 합성수지 도료의 종류
㉮ 프탈산계 : 상온에서 도막을 건조시키는 도료로 내후성, 내유성이 우수하지만, 내수성은 불량하다.
㉯ 요소 멜라민계 : 특수한 부식에 금속을 보호하기 위한 내열도료로 사용되고, 베이킹도료로 사용된다. 내열성, 내유성, 내수성이 좋다.
㉰ 염화 비닐계 : 내약품성, 내유성, 내산성이 우수하여 금속의 방식 도료로서 우수하지만, 부착력과 내후성이 나쁘며 내열성이 약한 것이 단점이다.
㉱ 실리콘 수지계 : 요소 멜라민계와 같이 내열도료 및 베이킹 도료로 사용된다. [답] ④

12 칼라 속에 2개의 고무링을 넣고 이음 하는 방식으로 일명 고무 가스켓 이음이라고도 하며, 75~500[mm]의 지름이 작은 석면시멘트관에 사용되는 이음방식인 것은?
① 심플렉스 이음
② 콤포 이음
③ 노 허브 신축 이음
④ 철근 콘크리트 이음

해설 석면 시멘트관의 이음 방법
㉮ 기볼트(gibault) 이음 : 2개의 플랜지와 고무링, 1개의 슬리브로 되어 있으며 신축성과 굴절성이 좋아 원심력 철근 콘크리트관의 칼라 조인트 5~10개소마다 1개씩 접합한다.
㉯ 칼라 이음 : 주철제의 특수 칼라를 사용하여 접합하는 방법으로 접합부 사이에 고무링을 끼워 수밀을 유지한다.
㉰ 심플렉스 이음 : 석면 시멘트제 칼라와 2개의 고무링으로 접합 시공하며, 굽힘성과 내식성이 우수하다.
[답] ①

13 펌프를 설치할 때 배관에 관한 설명으로 틀린 것은?
① 토출쪽은 압력계를 설치한다.
② 흡입쪽은 진공계나 연성계를 설치한다.
③ 스트레이너는 펌프 토출쪽 끝에 설치한다.
④ 흡입쪽 수평관은 펌프 쪽으로 올림 구배한다.

해설
스트레이너는 펌프 흡입쪽에 설치하여 유입되는 이물질을 제거하여 펌프를 보호한다. [답] ③

14 온수난방 배관법인 역귀환방식인 것은?
① 냉각 레그(cooling leg) 방식
② 리프트 피팅(lift fitting) 방식
③ 리버스 리턴(rfverse return) 방식
④ 하트포드 배관(hartford connection) 방식

해설 역 귀환방식(reversed return system)
각 방열기에 공급되는 온수의 양을 일정하게 배분하여 방열량의 균형을 이루기 위하여 공급 및 환수관의 길이가 같도록 배관하는 방식이다. [답] ③

15 폴리부틸렌관(Poly Butylene Pipe ; PB) 특징 설명으로 틀린 것은?
① 결빙에 의한 파손이 적다.
② 부분 파손 시 시공이 어렵다.
③ 신축성이 좋으나 열에 약하다.
④ 온돌 난방배관 시 시공성이 우수하다.

해설 폴리부틸렌관(PB관)의 특징
㉮ 가볍고 시공이 간편하며 재사용이 가능하다.
㉯ 강한 충격, 강도, 유연성, 온도, 화학작용 등에 대한 저항성이 크다.
㉰ 유해물질의 용출이나 적녹, 청녹의 발생에 의한 수질 오염이 없어 위생적이다.
㉱ 사용가능 온도로는 −30∼110[℃] 정도로 내한성과 내열성이 우수하며 고온에서도 강도가 유지된다.
㉲ 나사 및 용접이음을 하지 않고 관을 연결구에 삽입하여 그라프링과 O링에 의한 에이콘이음으로 한다.
㉳ 온수온돌 난방배관, 음용수 및 온수배관, 농업 및 원예용 배관, 화학배관 등에 사용된다.
㉴ 관의 굽힘 시 굽힘거리는 80[cm], 최소굽힘지름은 20[cm] 이상으로 하여야 한다. **[답]** ②

16 지역난방의 특징에 대한 설명으로 틀린 것은?
① 설비의 고도화에 따라 도시매연이 감소된다.
② 각 건물에 보일러를 설치하는 경우에 비해 열효율이 좋아진다.
③ 각 건물에 보일러를 설치하는 경우에 비해 건물의 유효면적이 증대된다.
④ 열매체를 증기보다 온수를 사용하는 것이 관내 저항손실이 적으므로 주로 온수를 사용한다.

해설 지역난방의 특징
㉮ 연료비와 인건비를 줄일 수 있다.
㉯ 설비의 고도화에 따른 도시 대기오염을 감소시킬 수 있다.
㉰ 각 건물에 위험물을 취급하지 않으므로 화재의 위험이 적다.
㉱ 각 건물에 보일러를 설치하는 경우에 비해 건물의 유효면적이 증대된다.
㉲ 각 건물에 보일러를 설치하는 경우에 비해 열효율이 좋다.
㉳ 온수를 사용하는 것이 관내 저항 손실이 크고, 증기를 사용하면 관내저항 손실이 작다. **[답]** ④

17 관의 팽창과 충격으로부터 보호해 주기 위해 긴 테이퍼의 목(hub)이 있으며 2.0[MPa] 이상의 고온, 고압 배관에 사용하는 플랜지는?
① 나사 플랜지(thread flange)
② 슬립-온 플랜지(slip-on flange)
③ 차입 용접 플랜지(sock weld flange)
④ 웰딩 넥 플랜지(welding neck flange)

해설 웰딩 넥 플랜지
긴 테이퍼의 목(hub)이 있어 관과 맞대기 용접을 할 수 있고, 배관 내면과 지름이 동일하여 유체의 흐름을 일정하게 할 수 있으며, 2[MPa] 이상의 고압 배관에 사용한다.

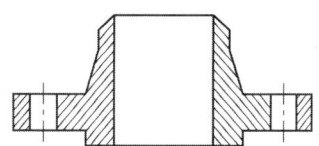

웰딩 넥 플랜지 단면 **[답]** ④

18 동관을 열간벤딩 시 가열온도는 몇 [℃] 정도가 적당한가?
① 200∼300
② 400∼500
③ 600∼700
④ 800∼900

해설 동관 벤딩 방법
㉮ 냉간법 : 동관용 벤더를 사용하는 방법
㉯ 열간법 : 토치램프 등으로 600∼700[℃] 정도로 가열하여 벤딩하는 방법 **[답]** ③

19 특수 통기 배관법 중 소벤트 방법에 관한 설명으로 틀린 것은?
① 섹스티아 이음쇠를 이용하여 배수를 선회 운동 시켜 소음을 감소시킨다.
② 공기 분리 이음쇠는 내부 돌기, 공기 분리실, 유입구, 통기구, 배출구 등으로 구성되어 있다.
③ 공기분리 이음쇠는 공기와 물을 분리시켜 배수 수직관 내부에 공기 코어를 연속적으로 유지시킨다.
④ 공기 혼합 이음쇠는 배수 수평 분기관으로부터 들어오는 배수와 공기를 수직관 안에서 혼합하는 역할을 한다.

해설 섹스티아 방법
배수의 수류에 선회력을 만들어 관내 통기 홀을 만들도록 되어있고, 특수 곡관은 수직관에서 내려온 배수의 수류에 선회력을 만들어 공기 홀이 지속되도록 만든 배수 통기 방식이다. **[답]** ①

20 냉동배관의 보온공사를 [보기]와 같이 6가지로 분류할 때 시공순서로 다음 중 가장 적합한 것은?

[보기]
ⓐ 보온재를 단단히 감는다.
ⓑ 철사로 동여맨다.
ⓒ 비닐테이프 또는 면 테이프로 외장한다.
ⓓ 방수지를 감아준다.
ⓔ 페인트를 칠한다.
ⓕ 아스팔트 루핑을 감은 후 아스팔트를 바른다.

① ⓒ → ⓓ → ⓕ → ⓐ → ⓔ → ⓑ
② ⓕ → ⓐ → ⓑ → ⓓ → ⓒ → ⓔ
③ ⓕ → ⓓ → ⓒ → ⓔ → ⓐ → ⓑ
④ ⓕ → ⓓ → ⓔ → ⓐ → ⓑ → ⓒ

해설
보온재에 응결수의 영향을 받지 않도록 배관에 아스팔트 루핑을 감는 작업을 처음 실시하고, 마지막에 외장재에 페인트 칠을 하여 마감한다. **[답]** ②

21 관로의 마찰 손실수두에 대해 관속의 유속 및 관의 직경과의 관계로 옳은 것은?
① 손실수두는 속도와 무관하다.
② 손실수두는 관의 직경에 비례한다.
③ 손실수두는 속도의 제곱에 비례한다.
④ 손실수두는 속도와 미끄럼계수에 상관관계가 있다.

해설 달시-바이스 바하 방정식
$$h_f = f \times \frac{L}{D} \times \frac{V^2}{2g}$$
에서 압력손실[마찰손실수두](h_f)의 관계
㉮ 관마찰계수(f)에 비례한다.
㉯ 관의 길이(L)에 비례한다.
㉰ 유속(V)의 제곱에 비례한다.
㉱ 관 지름(D)에 반비례한다.
㉲ 관 내부 표면조도(표면 거칠기)에 영향을 받는다.
㉳ 유체의 밀도(ρ), 점도(μ)의 영향을 받는다.
㉴ 압력(P)의 영향은 받지 않는다. (압력과는 무관하다.) **[답]** ③

22 보일러 버너에 방폭문을 설치하는 이유로 가장 적합한 것은?
① 연료의 절약
② 화염의 검출
③ 연소의 촉진
④ 역화로 인한 폭발의 방지

해설 방폭문(폭발문)
연소실내의 미연소 가스의 폭발 및 역화 시 그 내부압력을 외부로 방출시켜 동체의 파열사고를 방지하는 장치로 개방식(스윙식)과 밀폐식(스프링식)이 있다. **[답]** ④

23 인탈산 동관에 관한 설명 중 올바른 것은?

① 연수에는 부식되지 않는다.
② 경수에는 보호피막이 생성되지 않는다.
③ 휘발유 등 유기 약품에 심하게 침식된다.
④ 탄산가스를 포함한 공기 중에서는 푸른 녹이 생긴다.

해설 인탈산 동관
동을 인(P)으로 탈산 처리한 것으로 전기 전도성은 인성동관보다 낮으며, 고온에서도 수소취화 현상이 발생하지 않는다. 담수(淡水)에는 내식성이 강하지만, 연수(軟水)에는 부식된다. **[답] ④**

24 안개 모양으로 흘러내리는 미세한 물방울로 공기와 직접 접촉시킴으로써 여과기를 통과할 때 제거되지 않는 먼지, 매연 등을 제거하는 장치는?

① 감습기
② 공기 세정기
③ 공기 냉각기
④ 공기 가열기

해설 공기 세정기(air washer)
공기가 통과하는 분무실과 하부의 수조로 이루어진 공기조화기(AHU)의 구성기기이다. **[답] ②**

25 어느 건물에서 열관류율이 0.35[W/m·K]인 벽체의 크기가 4[m]×20[m]이다. 외기 온도가 −10[℃]이고 실내온도는 20[℃]로 하려고 한다면 이 벽체로부터의 손실열량[kW]은 얼마인가?

① 0.84
② 8.4
③ 840
④ 8400

해설
㉮ 손실열량을 [kW]로 묻고 있으므로 열관류율(K)의 단위도 [kW]로 변환하여 적용하고, 열관류율의 온도가 절대온도이므로 온도차도 절대온도로 적용한다. (섭씨온도로 적용해도 온도차는 동일하다)

㉯ 손실열량 계산
$$\therefore Q = K \times F \times \Delta T$$
$$= (0.35 \times 10^{-3}) \times (4 \times 20)$$
$$\times \{(273 + 20) - (273 - 10)\}$$
$$= 0.84 [\text{kW}]$$
[답] ①

26 내산성 및 내알칼리성이 우수하며 전기 절연성이 가장 큰 관은?

① 동관
② 연관
③ 염화비닐관
④ 알루미늄관

해설 염화비닐관의 특징
㉮ 장점
　㉠ 내식, 내산, 내알칼리성이 크다.
　㉡ 전기의 절연성이 크다.
　㉢ 열의 불양도체이다.
　㉣ 가볍고 강인하며, 가격이 저렴하다.
　㉤ 배관가공이 쉬워 시공비가 적게 소요된다.
㉯ 단점
　㉠ 저온 및 고온에서 강도가 약하다.
　㉡ 열팽창률이 심하다.
　㉢ 충격강도가 작다.
　㉣ 용제에 약하다. **[답] ③**

27 보일러 내부 부식 중 점식을 방지하는 방법이 아닌 것은?

① 아연판 매달기
② 용존산소 제거
③ 강한 전류 통전
④ 방청도장, 보호피막

해설 점식의 방지법
㉮ 용존산소를 제거한다.
㉯ 보일러 내부에 아연판을 매단다.
㉰ 방청도장이나, 보호피막을 입힌다.
㉱ 약한 전류를 통전시킨다. **[답] ③**

28 교류아크 용접기로 6분 동안 용접을 하고 4분간은 휴식을 하였을 때 용접기의 사용률은 몇 [%]인가?

① 50　　② 60
③ 67　　④ 80

해설
$$사용률 = \frac{아크\ 발생시간}{아크발생시간 + 정지시간} \times 100$$
$$= \frac{6}{6+4} \times 100 = 60\,[\%]$$
　　　　　　　　　　　　　　　　[답] ②

29 90° 엘보 4개를 사용한 [보기]와 같은 입체도의 평면도로 가장 적합한 것은?

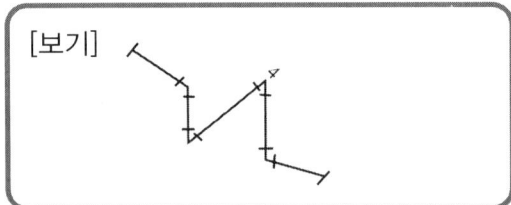

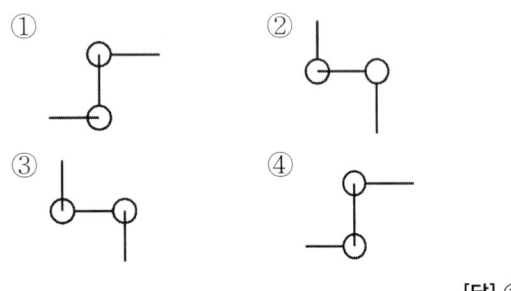

[답] ①

30 가스홀더에서 직접 홀더 압을 이용해서 공급하는 가스 공급방법으로 큰 지름의 배관이 필요하며 비용도 상승하게 되어 공급범위가 한정된 가스공급방식인 것은?
① 중압 공급방식
② 고압 공급방식
③ 혼합 공급방식
④ 저압 공급방식

해설 도시가스 공급방식
㉮ 저압 공급 방식 : 공급압력 0.1[MPa] 미만으로 가스홀더 압력을 이용하며, 공급량이 적고 공급구역이 좁은 경우에 적용된다.
㉯ 중압 공급 방식 : 공급압력 0.1[MPa] 이상 1[MPa] 미만으로 공급량이 많고 거리가 길어 저압공급방식으로는 배관비용이 많아질 경우에 적용된다.
㉰ 고압 공급 방식 : 공급압력 1[MPa] 이상으로 공급구역이 넓고 대량의 가스를 원거리에 송출할 경우에 적용된다.
　　　　　　　　　　　　　　　　[답] ④

31 압력배관용 탄소강관을 표시하는 기호는?
① SPPH　　② SPPW
③ SPP　　④ SPPS

해설 강관의 KS 표시 기호

KS 표시 기호	명 칭
SPP	일반 배관용 탄소강관
SPPS	압력 배관용 탄소강관
SPPH	고압 배관용 탄소강관
SPHT	고온 배관용 탄소강관
SPLT	저온 배관용 탄소강관
SPW	배관용 아크용접 탄소강관
SPA	배관용 합금강관
STS×T	배관용 스테인리스강관
STBH	보일러 열교환기용 탄소강관
STHA	보일러 열교환기용 합금강관
STS×TB	보일러 열교환기용 스테인리스강관
STLT	저온 열교환기용 강관

[답] ④

32 구리관의 끝부분을 정확한 지름의 원형으로 만들 때 사용하는 주된 공구는?
① 가열기(heater)
② 커터(cutter)
③ 사이징 툴
④ 익스팬더(expander)

해설　동관용 공구의 종류 및 용도
㉮ 튜브 커터(tube cutter) : 관지름 20[mm] 이하의 동관 절단에 사용하는 공구이다.
㉯ 튜브 벤더(tube bender) : 관지름 20[mm] 이하의 동관을 상온에서 필요한 각도로 구부릴 때 사용하며 구부릴 수 있는 각도는 0~180°이다.
㉰ 플레어링 공구 : 동관을 압축이음(flare joint)할 때 동관 끝을 나팔관 모양으로 넓히기 위하여 사용하는 공구이다.
㉱ 리머(reamer) : 튜브 커터로 동관을 절단한 후 관 내면에 생기는 거스러미를 제거하는데 사용한다.
㉲ 사이징 툴(sizing tools) : 동관의 끝부분을 정확한 치수의 원형으로 교정하기 위하여 사용한다.
㉳ 확관기(expander) : 동일한 지름의 동관을 이음쇠 없이 납땜이음 할 때 한쪽 관 끝에 소켓을 만드는데 사용한다.
㉴ 티 뽑기(extractor) : 티로 연결할 부분에 관이음재(티)를 사용하지 않고 동관에 구멍을 내어 간단히 관을 연결하는데 사용한다. 　　　　　　　　　　[답] ③

33 일반적인 파일럿식 감압밸브에 대한 설명 중 틀린 것은?
① 최대 감압비는 3 : 1 정도이다.
② 1차측 적용압력은 1.0[MPa] 이하이다.
③ 2차측 조정압력은 0.035~0.8[MPa] 정도이다.
④ 1차측 압력의 변동과 2차측 소비 유량변화에 관계없이 2차측 압력은 일정하게 유지된다.

해설
최대 감압비(고압측과 저압측의 압력비)는 2 : 1 이내로 하고 초과할 경우에는 직렬로 2개의 감압밸브를 사용하여 2단 감압시키는 것이 좋다. 　　　　　　[답] ①

34 제조 공장에서 정제된 가스를 저장하여 가스의 품질을 균일하게 유지하며 제조량과 수요량을 조절하는 저장탱크를 무엇이라 하는가?

① 정제기
② 가스 홀더
③ 정압기
④ 스토브

해설　가스홀더(gas holder)의 기능
㉮ 가스수요의 시간적 변동에 대하여 공급가스량을 확보한다.
㉯ 공급설비의 일시적 중단에 대하여 어느 정도 공급량을 확보한다.
㉰ 공급가스의 성분, 열량, 연소성 등의 성질을 균일화한다.
㉱ 소비지역 근처에 설치하여 피크시의 공급, 수송효과를 얻는다. 　　　　　　　　　　　　[답] ②

35 강관을 4조각 내어 중심각이 90° 마이터관을 만들려 할 때 절단각은 몇 도인가?
① 7.5
② 11.25
③ 15
④ 22.5

해설
$$절단각 = \frac{중심각}{2 \times (편수 - 1)} = \frac{90}{2 \times (4-1)} = 15도$$
　　　　　　　　　　　　　　　　　　　[답] ③

36 스테인리스강관의 몰코이음 작업방법으로 틀린 것은?
① 관 이음쇠에 삽입 시 관을 수평으로 삽입한다.
② 관 부속에 들어 있는 고무링이 상하지 않도록 한다.
③ 무리한 힘을 주어 관이 찌그러지지 않도록 주의한다.
④ 관의 중심이 일치하지 않아도 고무링이 있어서 프레스 작업 시 자동적으로 맞추어진다.

해설
관의 중심이 일치하도록 하여 고무링이 상하지 않도록 하여 압착공구를 이용하여 이음한다. 　　　　[답] ④

37 라인 인덱스(line index)에서 보냉, 보온, 화상방지 등을 필요로 할 때의 사용기호 중 보냉을 표시하는 기호는?
① CPP
② INS
③ PP
④ CINS

해설 라인 인덱스(line index)의 사용기호
㉮ 보냉 : CINS(cold insulation)
㉯ 보온 : HINS(heat insulation)
㉰ 화상방지 : PP(personnal protection)
[답] ④

38 방식(防蝕)이라는 견지에서 배관시공상 주의해야 할 사항으로 틀린 것은?
① 이온화 경향이 낮은 금속을 사용한다.
② 이음부 등이 부식하기 쉬우므로 방식도료를 칠한다.
③ 지하 매설관, 피트 내 배관 등은 청소하기 쉽게 한다.
④ 탱크의 배출구, 펌프 등에서 공기흡입을 원활히 한다.

해설
탱크의 배출구, 펌프 등에서 공기흡입이 원활하면 공기 중의 산소로 인하여 부식이 촉진될 수 있다.
[답] ④

39 자동 금속 아크 용접법으로 모재 이음 표면에 미세한 입상모양의 용제를 공급하고, 용제 속에 연속적으로 전극 와이어를 송급하여 모재 및 전극 와이어를 용융시켜 용접부를 대기로부터 보호하면서 용접하는 방법인 것은?
① 불활성가스용접
② 일렉드로 슬래그용접
③ 이산화탄소 아크용접
④ 서브머지드 아크용접

해설 서브머지드(submerged) 아크용접
자동 금속 아크 용접법으로 모재 이음 표면에 미세한 입상모양의 용제를 공급하고, 용제 속에 연속적으로 전극 와이어를 송급하여 모재 및 전극 와이어를 용융시켜 용접부를 대기로부터 보호하면서 용접하는 방법이다.
[답] ④

40 치수기입 방법의 일반원칙으로 틀린 것은?
① 각 형체의 치수는 하나의 도면에서 여러 번 기입한다.
② 각 도면은 모든 치수에 대해 동일한 단위(mm 등)를 사용한다.
③ 치수는 해당되는 형체를 가장 명확하게 보여 줄 수 있는 투상도나 단면도에 기입한다.
④ 단품이나 구성품을 명확하고도 완전하게 정의하는데 필요한 치수 정보는 관련 문서에서 명시하지 않더라고 도면에 모두 표시해야 한다.

해설
각 형체의 치수는 하나의 도면에서 한 번만 기입한다.
[답] ①

41 관의 절단, 나사절삭, burr 제거 등의 일을 연속적으로 할 수 있고, 관을 물린 척을 저속 회전시키면서 다이헤드를 관에 밀어 넣어 나사를 가공하는 동력나사 절삭기의 종류는?
① 오스터형
② 호브형
③ 리머형
④ 다이헤드형

해설 다이헤드형(diehead type) 동력 나사절삭기
다이헤드를 이용한 나사가공 전용 기계로서 관의 절단, 거스러미 제거, 나사가공을 할 수 있다. 척(chuck)에 배관을 고정한 후 회전시키면 관용나사의 치형(4개가 1조)을 가진 다이스(dies, 또는 chaser)가 조립된 다이헤드를 배관에 밀어 넣으면서 나사를 가공한다.
[답] ④

42 배관의 간략 도시방법에서 배수계통의 끝부분 장치에서 악취 방지장치 및 콕이 붙은 배수구를 평면도에 도시하는 기호로 옳은 것은?

①   ②
③   ④

[답] ③

43 세정식 집진법을 형식에 따라 분류한 것으로 맞는 것은?
① 유수식, 원통식
② 충돌식, 회전식
③ 평판식, 가압수식
④ 유수식, 가압수식

해설 세정식 집진장치 종류
㉮ 유수식 : S형, 임펠러형, 회전형, 분수형 및 나선 가이드베인형
㉯ 가압수식 : 벤투리 스크러버, 제트 스크러버, 사이클론 스크러버, 충전탑(세정탑)
㉰ 회전식 : 타이젠 와셔, 충격식 스크러버   [답] ④

44 주철관 중 일명 구상 흑연 주철관 이라고도 하는 것은?
① 덕타일 주철관
② 수도용 입형 주철 직관
③ 수도용 원심력 금형 주철관
④ 수도용 원심력 사형 주철관

해설 수도용 원심력 덕타일 주철관
구상 흑연 주철관이라 하며 양질의 선철에 강을 배합하여 용해하고, 회전하는 주형에 주입한 다음 원심력을 이용하여 주조한 후 노(爐)속에 넣고 고르게 가열하여 730[℃] 이상에서 적당한 시간동안 풀림(annealing)처리를 한 것이며 주철 중의 흑연이 구상화하여 관의 질이 균일하게 되어 강도가 크다.   [답] ①

45 보기와 같은 파이프 랙크(pipe rack)가 있다. 연료유 라인, 연료가스 라인, 보일러 급수 라인 등의 유틸리티(utility) 배관은 어디에 배열하는 것이 적합한가?

[보기]
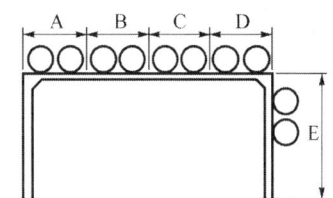

① A부분 및 D부분   ② B부분 및 C부분
③ C부분 및 D부분   ④ D부분 및 E부분

해설 파이프 랙크 상의 배관 배열방법
㉮ 인접하는 파이프 외측과 외측의 간격을 75[mm](3인치) 이상으로 한다.
㉯ 인접하는 플랜지의 외측과 외측의 간격은 25[mm](1인치) 이상으로 한다.
㉰ 인접하는 파이프와 플랜지의 외측간의 거리를 25[mm](1인치) 이상으로 한다.
㉱ 고온 배관에서 주로 사용하는 루프형 신축관은 파이프 랙 상의 다른 배관보다 500~700[mm] 정도 높게 배관한다.
㉲ 관지름이 클수록, 온도가 높을수록 파이프 랙크 상의 양쪽에 배열한다.
㉳ 파이프 랙크의 폭은 파이프에 보온, 보냉하는 경우는 보온, 보냉하는 두께를 가산하여 결정한다.
㉴ 유틸리티배관(연료유 라인, 연료 가스라인, 보일러 급수라인, 처리용 약품라인 등)은 중앙에, 프로세스 배관은 유틸리티배관 양쪽에 설치한다.   [답] ②

46 방사선 투과시험(RT)의 장점 중 틀린 것은?
① 두께의 크기에 관계없이 검사할 수 있다.
② 자성의 유무에 관계없이 검사할 수 있다.
③ 표면상태의 양부에 관계없이 검사할 수 있다.
④ 미소균열(micro crack)에 관계없이 검사할 수 있다.

해설 방사선 투과시험의 특징
㉮ 내부결함 검출이 가능하다.
㉯ 기록 결과가 유지된다.
㉰ 장치의 가격이 고가이다.
㉱ 방호에 주의하여야 한다.
㉲ 고온부, 두께가 큰 곳은 부적당하다.
㉳ 선에 평행한 크랙 등은 검출이 불가능하다.
㉴ 미소균열이나 모재면에 평행한 라미네이션 등은 검사가 어렵다. **[답] ④**

47 [보기]와 같은 용접기호의 설명으로 틀린 것은?

[보기]

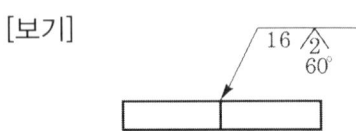

① 홈 깊이 16[mm]
② 홈 각도 60°
③ 루트 간격 2[mm]
④ 화살표 반대방향 용접

해설
화살표 방향 용접 표시이다. **[답] ④**

48 신축이음의 종류 중 일명 팩리스(packless) 신축이음쇠라고 부르며 스테인리스제 또는 인청동제로 제작된 것은?
① 루프형(loop type) 신축이음
② 슬리브형(sleeve type) 신축이음
③ 스위블형(swivel type) 신축이음
④ 벨로스형(bellows type) 신축이음

해설 벨로스형(bellows type)
팩리스(packless)형이라 하며, 관의 신축에 따라 슬리브와 함께 신축하는 것으로, 미끄럼 면에서 유체가 누설되는 것을 방지한다. 설치장소에 구애받지 않고 가스, 증기, 물 등 2[MPa], 450[℃]까지 축 방향 신축흡수에 사용되며 단식과 복식 2종류가 있다. **[답] ④**

49 배관 시공 시의 일반적인 유의사항으로 잘못된 것은?
① 배관은 가급적 그룹화 되게 한다.
② 배관은 가급적 최단거리로 하고 굴곡은 적게 한다.
③ 유속이 빠른 배관에는 분기관과 굴곡부 곡률 반지름을 최소가 되게 한다.
④ 고온, 고압라인인 경우에는 기기와의 접속용 플랜지 이외에는 가급적 플랜지 접합을 피한다.

해설
유속이 빠른 배관에는 분기관과 굴곡부 곡률 반지름을 최대가 되게 한다. **[답] ③**

50 배관 도면을 작성할 때 그 지방의 해수면에 기준선(base line)을 설정하여 이 기준선으로부터의 높이를 표시하는 표시법을 무엇이라고 하는가?
① GL(ground line) 표시법
② FL(floor line) 표시법
③ EL(elevation) 표시법
④ CL(center line) 표시법

해설 관의 높이 표시방법
㉮ EL(elevation line) 표시 : 그 지방의 해수면에 기준선(base line)을 설정하여 이 기준선으로부터의 높이를 표시하는 표시법
  ㉠ BOP(bottom of pipe) : 지름이 다른 관의 높이를 나타낼 때 적용되며 관 바깥지름의 아랫면을 기준으로 하여 표시한다.
  ㉡ TOP(top of pipe) : 관의 윗면을 기준으로 하여 표시한다.
㉯ GL(ground line) : 포장된 지표면을 기준으로 하여 배관장치의 높이를 표시할 때 적용된다.
㉰ FL(floor line) : 1층 바닥면을 기준으로 하여 높이를 표시한다. **[답] ③**

51 수송원과 수송선이 여러 개소인 경우나 수송계통이 많고 원거리인 경우에 가장 적합한 배관 방식은?
① 진공 압송식
② 공기식
③ 압력 배관식
④ 수송식

해설 기송배관의 형식 분류
㉮ 진공식(vacuum type) : 수송관을 진공펌프를 이용하여 진공상태로 만든 후 운반물과 대기 중의 공기를 동시에 흡입하여 운송하고 공기는 따로 분리하여 배출하는 형식이다.
㉯ 압송식(pressure type) : 압축기로 공기를 압입하고 송급기(feeder)에서 운반물을 흡입하여 운송한 후 공기를 따로 배출하는 형식이다.
㉰ 진공 압송식(vacuum and pressure type) : 진공식과 압송식을 혼합한 형식으로 수송원과 수송선이 여러 갈래이거나 원거리인 경우에 이용된다. **[답] ①**

52 압축공기 배관에서 공기탱크를 설치하는 목적과 가장 관계가 적은 것은?
① 맥동 완화
② 압축공기의 저장
③ 드레인 분리
④ 공기 냉각

해설 공기탱크(air receiver)
압축공기를 단속적으로 토출하는 왕복식 압축기에서 발생하는 맥동현상을 완화시키는 장치로 압축공기의 저장과 드레인을 분리하는 역할도 한다. **[답] ④**

53 화학배관설비에서 화학 장치용 재료의 구비조건으로 틀린 것은?
① 크리프(creep)강도가 클 것
② 저온에서 재질의 열화가 클 것
③ 접촉 유체에 대해 내식성이 클 것
④ 고온 고압에 대한 기계적 강도가 클 것

해설 화학 장치용 재료의 구비조건
㉮ 접촉 유체에 대해 내식성이 클 것
㉯ 고온 고압에 대한 기계적 강도가 클 것
㉰ 저온에서 재질의 (劣化)가 없을 것
㉱ 크리프(creep) 강도가 클 것
㉲ 가공이 용이하고 가격이 저렴할 것 **[답] ②**

54 다음 배관에서 일반적으로 방로, 방동 피복을 하지 않는 관은?
① 통기관
② 급수관
③ 증기관
④ 배수관

해설
통기관은 위생배관에서 공기가 유통할 수 있는 배관으로 결로, 동파 등의 염려가 없기 때문에 보온재를 이용한 피복을 하지 않고 나관인 상태로 유지한다. **[답] ①**

55 다음 데이터의 제곱합(sum of squares)은 약 얼마인가?

[데이터]
18.8 19.1 18.8 18.2 18.4
18.3 19.0 18.6 19.2

① 0.129
② 0.338
③ 0.359
④ 1.029

해설
㉮ 평균값 계산
$$\therefore \bar{x} = \frac{\sum x}{n}$$
$$= \frac{18.8 + 19.1 + 18.8 + 18.2 + 18.4 + 18.3 + 19.0 + 18.6 + 19.2}{9}$$
$$= 18.71$$
㉯ 편차 제곱합 계산
$$\therefore S = (18.8 - 18.71)^2 + (19.1 - 18.71)^2$$
$$+ (18.8 - 18.71)^2 + (18.2 - 18.71)^2$$
$$+ (18.4 - 18.71)^2 + (18.3 - 18.71)^2$$
$$+ (19.0 - 18.71)^2 + (18.6 - 18.71)^2$$
$$+ (19.2 - 18.71)^2 = 1.029$$ **[답] ④**

56 여유시간이 5분, 정미시간이 40분일 경우 내경법으로 여유율을 구하면 약 몇 [%]인가?
① 6.33 ② 9.05
③ 11.11 ④ 12.50

해설 내경법에 의한 여유율 계산

$$\therefore A = \frac{여유시간}{실동시간} \times 100$$

$$= \frac{여유시간}{정미시간 + 여유시간} \times 100$$

$$= \frac{5}{40+5} \times 100 = 11.111[\%]$$

[답] ③

참고 외경법에 의한 계산

$$\therefore A = \frac{여유시간}{정미시간} \times 100$$

57 축의 완성지름, 철사의 인장강도, 아스피린 순도와 같은 데이터를 관리하는 가장 대표적인 관리도는?
① $\bar{x} - R$ 관리도 ② np 관리도
③ c 관리도 ④ u 관리도

해설 $\bar{x} - R$(평균값-범위) 관리도
길이, 무게, 시간, 강도, 성분 등과 같이 데이터가 연속적인 계량치로 나타나는 공정을 관리할 때 사용한다.

[답] ①

58 검사의 분류 방법 중 검사항목에 의한 분류가 아닌 것은?
① 수량검사 ② 자주검사
③ 성능검사 ④ 중량검사

해설 검사의 분류
㉮ 검사공정에 의한 분류 : 구입검사(수입검사), 중간검사(공정검사), 완성검사(최종검사), 출고검사(출하검사)
㉯ 검사 장소에 의한 분류 : 정위치 검사, 순회검사, 입회검사(출장검사)
㉰ 판정 대상(검사방법)에 의한 분류 : 관리 샘플링검사, 로트별 샘플링검사, 전수검사
㉱ 성질에 의한 분류 : 파괴검사, 비파괴검사, 관능검사
㉲ 검사 항목에 의한 분류 : 수량검사, 외관검사, 치수검사, 중량검사

[답] ②

59 검사비용이 비싸 검사 수를 줄이는 것이 절대적으로 요구될 경우 다음 어느 검사방식이 유리한가?
① 전수검사
② 1회 샘플링검사
③ 2회 샘플링검사
④ 축차 샘플링검사

해설 검사비용과 검사개수
㉮ 1회 샘플링검사 : 검사단위의 비용이 저렴한 경우
㉯ 2회 샘플링검사 : 검사단위의 검사비용이 조금 비싸서 검사수를 줄이고 싶은 경우
㉰ 다회 샘플링검사 : 검사단위의 검사비용이 비싸서 검사수를 줄이는 것이 몹시 요구될 경우
㉱ 축차 샘플링검사 : 검사단위의 검사비용이 아주 비싸서 검사 수를 줄이는 것이 절대적으로 요구될 경우

[답] ④

60 다음 [표]와 같은 데이터에서 5개월 이동평균법에 의하여 8월의 수요를 예측한 값은 얼마인가?

월	1	2	3	4	5	6	7
판매실적	100	90	110	100	115	110	100

① 103 ② 105
③ 107 ④ 109

해설
5개월 이동평균법에 의하여 8월의 수요를 예측하는 것이므로 3월부터 7월까지 5개월간의 판매실적을 합산하여 개월 수로 나눠준다.

$$\therefore F_8 = \frac{\sum A_{37}}{n} = \frac{110+100+115+110+100}{5}$$

$$= 107$$

[답] ③

2025년 배관기능장 CBT 필기시험 복원문제 (1)

☞ CBT필기시험 복원문제는 수험자의 기억에 의하여 복원된 것이므로 실제 출제문제와는 차이가 있을 수 있습니다.

01 절대온도 303[K]는 섭씨온도로 몇 도인가?
① 30[℃]
② 68[℃]
③ 73[℃]
④ 86[℃]

해설
$T[K] = t℃ + 273$에서 섭씨 온도를 구한다.
∴ $t[℃] = T - 273 = 303 - 273 = 30[℃]$ [답] ①

02 배관의 방향을 바꿀 때 사용되는 관 이음쇠는?
① 캡
② 니플
③ 벤드
④ 소켓

해설 강관 이음쇠의 사용 용도에 의한 분류
㉮ 배관의 방향을 전환할 때 : 엘보(elbow), 벤드(bend)
㉯ 관을 도중에 분기할 때 : 티(tee), 와이(Y), 크로스(cross)
㉰ 동일 지름의 관을 연결할 때 : 소켓(socket), 니플(nipple), 유니언(union)
㉱ 이경관을 연결할 때 : 리듀서(reducer)부싱(bushing), 이경 엘보, 이경 티
㉲ 관 끝을 막을 때 : 플러그(plug), 캡(cap) [답] ③

03 증기트랩의 설치목적이 아닌 것은?
① 마찰저항 감소
② 관의 부식 방지
③ 응축수 누출방지
④ 수격작용 발생 억제

해설 증기트랩의 설치목적
㉮ 증기관의 부식 방지
㉯ 수격작용 발생 억제
㉰ 유체 흐름에 대한 마찰저항 감소
㉱ 증기 건조도 저하 방지
㉲ 열설비의 가열효과가 저해되는 것을 방지 [답] ③

04 링크형 파이프 커터의 용도로 가장 적합한 것은?
① 강관 절단용
② 도관 절단용
③ 주철관 절단용
④ 비금속관 절단용

해설 링크형 파이프 커터
관지름 75~200[mm]의 주철관 절단 시 주로 사용되며 원형의 특수 강제 커터, 링크, 핸들 및 래칫 레버로 구성되어 있다. 구조상 매설된 주철관의 절단에 가장 적합하다. [답] ③

05 호칭압력 1.6[MPa] 이상에 사용되며, 위험성이 있는 배관이나 매우 기밀을 요하는 배관에 사용되는 플랜지 패킹 시트의 모양으로 가장 적합한 것은?
① 홈 시트
② 전면 시트
③ 소평면 시트
④ 대평면 시트

해설 플랜지 시트 종류별 호칭압력
㉮ 전면 시트 : 1.6[MPa] 이하
㉯ 대평면 시트 : 6.3[MPa] 이하
㉰ 소평면 시트 : 1.6[MPa] 이상
㉱ 삽입 시트 : 1.6[MPa] 이상
㉲ 홈 시트(채널형) : 1.6[MPa] 이상 [답] ①

06 보온재 중 액체, 기체의 침투를 방지하는 작용이 있는 유기질 보온재는?
① 암면   ② 규조토
③ 유리섬유   ④ 코르크(cork)

해설 코르크(cork)의 특징
㉮ 액체 및 기체를 쉽게 침투시키지 않아 보냉, 보온재로 우수하다.
㉯ 냉수, 냉매배관, 냉각기, 펌프 등의 보냉용에 주로 사용한다.
㉰ 방수성을 향상시키기 위하여 아스팔트를 결합하는 것을 탄화 코르크라 한다.
㉱ 열전도율은 $0.046 \sim 0.049[\text{kcal/h·m·℃}]$이다.
㉲ 안전 사용온도는 $130[℃]$ 이하이다.   **[답]** ④

07 가스켓(gasket) 선택 시 고려해야 할 성질 중 관내 유체의 화학적 성질이 아닌 것은?
① 압력   ② 인화성
③ 부식성   ④ 화학성분

해설 가스켓 선택 시 고려사항
㉮ 관내 유체의 물리적 성질 : 온도, 압력, 밀도, 점도 등
㉯ 관내 유체의 화학적 성질 : 화학성분, 안정도, 부식성, 인화성 등
㉰ 기타 : 기계적 조건, 취급의 난이, 진동의 유무, 내압과 외압 등   **[답]** ①

08 관의 두께를 표시하는 스케줄 번호를 구하는데 사용하는 공식은? (단, S : 허용응력 $[\text{N/mm}^2]$, P : 사용압력$[\text{MPa}]$이다.)

① $\text{Sch No} = \dfrac{P}{10 \times S}$

② $\text{Sch No} = 10 \times \dfrac{P^2}{S}$

③ $\text{Sch No} = 1000 \times \dfrac{S}{P}$

④ $\text{Sch No} = 1000 \times \dfrac{P}{S}$

해설 스케줄 번호(schedule number) :
유체의 사용압력(P)과 그 상태에 있어서 재료의 허용응력(S)과의 비에 의해서 파이프 두께의 체계를 표시한 것이다.

㉮ SI단위 공식 : $\text{Sch No} = 1000 \times \dfrac{P}{S}$

　P : 사용압력$[\text{MPa}]$
　S : 재료의 허용응력$[\text{N/mm}^2]$
　$\left(S = \dfrac{\text{인장강도}[\text{N/mm}^2]}{\text{안전율}}\right)$

㉯ 공학단위 공식 : $\text{Sch No} = 10 \times \dfrac{P}{S}$

　P : 사용압력$[\text{kgf/cm}^2]$
　S : 재료의 허용응력$[\text{kgf/mm}^2]$
　$\left(S = \dfrac{\text{인장강도}[\text{kgf/mm}^2]}{\text{안전율}}\right)$ **[답]** ④

참고
㉮ 안전율은 주어지지 않으면 4를 적용하며, 단위에 따라 공식이 다른 것을 구별하기 바랍니다.
㉯ 스케줄 번호를 구하는 공식은 단위 정리가 되지 않는 공식입니다.
㉰ SI단위 중 'MPa'과 'N/mm^2'은 숫자 변화없이 변환이 가능하다. (MPa = N/mm^{2}이다.)

09 일명 팩리스 신축이음쇠라고도 하며, 관의 신축에 따라 슬리브와 함께 신축하는 것으로, 미끄럼 면에서 유체가 누설되는 것을 방지하는 것은?
① 루프형 신축이음쇠
② 슬리브형 신축이음쇠
③ 벨로스형 신축이음쇠
④ 스위블형 신축이음쇠

해설 벨로스형(bellows type) :
팩리스(packless)형이라 하며, 관의 신축에 따라 슬리브와 함께 신축하는 것으로, 미끄럼 면에서 유체가 누설되는 것을 방지한다. 설치장소에 구애받지 않고 가스, 증기, 물 등 $2[\text{MPa}]$, $450[℃]$까지 축 방향 신축흡수에 사용되며 단식과 복식 2종류가 있다.   **[답]** ③

10 바닥면적이 2[m²]인 탱크 속에 물이 가득 채워져 있다. 탱크 밑면에 밸브가 있을 때 물이 흘러 나가는 속도는 약 몇 [m/s]인가? (단, 탱크 밑면 밸브에서 수면까지의 높이는 15[m]이다.)

① 10.12　　② 12.15
③ 15.15　　④ 17.15

해설
$$V = \sqrt{2gh}$$
$$= \sqrt{2 \times 9.8 \times 15}$$
$$= 17.146 \,[m/s]$$
[답] ④

11 열팽창에 의한 배관의 이동을 구속 또는 제한하는 역할을 하는 리스트레인트의 종류 중 배관의 일정방향의 이동과 회전만 구속하는 것으로 신축 이음쇠와 고압에 의해서 발생하는 축방향의 힘을 받는 곳에 사용하는 것은?

① 앵커　　② 러그
③ 스토퍼　④ 스커트

해설 리스트레인트(restraint)의 종류 및 역할
㉮ 앵커(anchor) : 이동 및 회전을 방지하기 위하여 지지부분에 완전히 고정하여 사용한다.
㉯ 스톱(stop) : 회전 및 배관 축과 직각방향의 이동을 구속하고 나머지 방향의 이동은 자유롭다.
㉰ 가이드(guide) : 신축이음(루프형, 슬리브형) 등에 설치하는 것으로 축과 직각방향의 이동은 구속하고, 축방향의 이동은 허용 및 안내하는 역할을 한다.
[답] ③

12 수도용 입형 주철관에 "200A 24. 11 (주)한국"이라는 표시가 있을 경우 이 표시에서 알 수 없는 것은?

① 호칭지름
② 관의 길이
③ 제조 년 월
④ 제조회사명

해설 수도용 입형 주철관의 표시
㉮ 200 : 호칭지름
㉯ A : 종류의 기호(보통압관 : A, 저압관 : LA)
㉰ 24. 11 : 제조 년 월(24년 11월)
㉱ (주)한국 : 제조자명 또는 약호
[답] ②

13 열에 관한 설명으로 옳지 않은 것은?

① 순수한 물의 비열은 4.19[kJ/kg·K]이다.
② 순수한 물이 100[℃]에서 끓고 있을 때의 포화압력은 760[mmHg]이다.
③ 표준 대기압 하에서 10[kg]의 물을 10[℃]에서 90[℃]로 올리는데 필요한 열량은 3352[kJ]이다.
④ 표준 대기압 하에서 100[℃]의 물 1[kg]이 100[℃]의 수증기가 되기 위한 열량은 2675.8[kJ]이다.

해설
표준 대기압 하에서(1기압) 100[℃]의 물 1[kg]이 100[℃]의 수증기가 되기 위한 열량(증발잠열)은 2258[kJ/kg](539[kcal/kg]) 이다.
[답] ④

14 선팽창계수가 다른 2종의 금속을 결합시켜 온도변화에 따라 굽히는 정도가 다른 점을 이용한 온도계는?

① 유리제 온도계
② 바이메탈 온도계
③ 압력식 온도계
④ 전기 저항식 온도계

해설 바이메탈 온도계의 특징
㉮ 유리온도계보다 견고하다.
㉯ 구조가 간단하고, 보수가 용이하다.
㉰ 온도 변화에 대한 응답이 늦다.
㉱ 히스테리시스(hysteresis) 오차가 발생되기 쉽다.
㉲ 온도조절 스위치나 자동기록 장치에 사용된다.
㉳ 측정범위는 −50~500[℃]이다.
[답] ②

15 급수 주관에서 가지관이 15[A]가 15개, 20[A]는 8개이고, 동시 사용률이 40[%] 조건일 때 급수 주관의 관지름을 아래 균등표 값을 이용하여 결정한 호칭 치수로 가장 적합한 것은?

[균등표 값]
15[A] = 1,   20[A] = 2.2
32[A] = 4.1,   40[A] = 12.1
50[A] = 22.8, 65[A] = 44

① 32[A]   ② 40[A]
③ 50[A]   ④ 65[A]

해설
㉮ 15[A] 계산 = $1 \times 15개 \times 0.4 = 6$
㉯ 20[A] 계산 = $2.2 \times 8개 \times 0.4 = 7.04$
㉰ 합계량 = $6 + 7.04 = 13.04$
㉱ 주관의 관호칭 결정 : 균등표 값에서 13.04보다 큰 22.8의 호칭 50[A]를 선택한다.　　　　　　　[답] ③

16 용접이음을 나사이음과 비교한 특징 설명 중 틀린 것은?
① 돌기부가 없으므로 배관상의 공간효율이 좋다.
② 용접이음은 나사이음보다 이음의 강도가 크고 누수의 우려가 적다.
③ 용접이음은 나사이음보다 이음부의 강도가 작고 누수의 우려가 크다.
④ 나사이음처럼 관 두께에 불균일한 부분이 생기지 않고 유체의 압력손실이 적다.

해설 나사이음과 비교한 용접이음의 특징
㉮ 장점
　㉠ 이음부 강도가 크고, 하자 발생이 적다.
　㉡ 이음부 관 두께가 일정하므로 마찰저항이 적다.
　㉢ 배관의 보온, 피복 시공이 쉽다.
　㉣ 시공기간을 단축할 수 있고 유지비, 보수비가 절약된다.

㉯ 단점
　㉠ 재질의 변형이 일어나기 쉽다.
　㉡ 용접부의 변형과 수축이 발생한다.
　㉢ 용접부의 잔류응력이 현저하다.　　　　　[답] ③

17 위생기구 설치에 대한 일반적인 설명으로 잘못된 것은?
① 욕조(bath)는 온수와 많이 접촉되므로 콘크리트 매설을 피한다.
② 좌변기를 설치하기 위해 볼트로 변기를 바닥에 고정할 때에는 도기의 균열이나 파손에 특히 주의한다.
③ 일반가정용 좌변기에는 로우탱크식이 많이 사용되며, 급수관지름은 DN25, 세정밸브는 DN32를 연결해 준다.
④ 세면기 급수전의 위치는 일반적으로 작업자가 전방으로 서 있는 위치에서 냉수는 우측에, 온수는 좌측에 오도록 부착한다.

해설 로우탱크식 좌변기의 급수관은 15[A], 세정관은 50[A]를 연결한다. 세정밸브식의 급수관은 25[A] 이상으로 한다.　　　　　　　　　　　　　[답] ③

18 석면과 시멘트를 중량비 1 : 5 정도의 비율로 배합하고, 적당한 양의 물로 혼합하여 윤전기에 의해서 얇은 층을 만들어 롤러로 압력을 가하면서 성형한 관은?
① 흄관
② 콘크리트관
③ 에터니트관
④ 경질 염화비닐관

해설 석면 시멘트관 :
에터니트관이라고 하며 석면과 시멘트를 중량비 1 : 5~6의 비율로 배합하고, 적당한 양의 물로 혼합하여 반죽한 다음 관지름과 동일한 심관의 둘레에 얇게 감고 롤러로 5~9[kgf/cm^2]의 압력을 가하면서 성형한다.
　　　　　　　　　　　　　　　　　　　　　[답] ③

19 증기의 성질에 관한 설명으로 올바른 것은?

① 건도 $x = 1$일 때 포화수라고 한다.
② 대기압 하에서 포화온도를 임계온도라 한다.
③ 과열도가 낮을수록 이상기체의 상태방정식을 가장 잘 만족시킨다.
④ 건포화증기를 더 가열하면 포화온도 이상으로 상승하게 되며 이 증기를 과열증기라고 한다.

해설 임계점과 건조도
㉮ 임계점 : 포화수가 증발현상 없이 증기로 변화할 때의 상태점을 임계점이라고 하며, 이때의 온도를 임계온도, 압력을 임계압력이라 한다.
㉯ 건조도[건도](x) : 증기 속에 함유되어 있는 물방울의 혼용률
  ㉠ 건조도(x)가 1인 경우 : 건포화증기
  ㉡ 건조도(x)가 0인 경우 : 포화수
  ㉢ 건조도(x)가 $0 < x < 1$ 인 경우 : 습증기
[답] ④

20 다음 밸브류 중 전개(全開) 시(모두 열었을 때)유체의 저항이 가장 적은 것은?

① 체크 밸브
② 앵글 밸브
③ 슬루스 밸브
④ 글로브 밸브

해설 슬루스 밸브(sluice valve)의 특징
㉮ 게이트밸브(gate valve) 또는 사절변이라 한다.
㉯ 리프트가 커서 개폐에 시간이 걸린다.
㉰ 밸브를 완전히 열면 밸브 본체 속에 관로의 단면적과 거의 같게 된다.
㉱ 쐐기형의 밸브 본체가 밸브 시트 안을 눌러 기밀을 유지한다.
㉲ 유로의 개폐용으로 사용한다.
㉳ 밸브를 절반 정도 열고 사용하면 와류가 생겨 유체의 저항이 커지기 때문에 유량조절에는 적합하지 않다.
[답] ③

21 염화비닐관 이음 중에서 고무링 이음의 특징으로 틀린 것은?

① 외부의 기후 조건이 나빠도 이음이 가능하다.
② 시공 속도가 느리며 수압에 견디는 강도가 작다.
③ 시공 작업이 간단하며 특별한 숙련이 없어도 시공할 수 있다.
④ 신축 및 휨에 대하여 완전하며 신축관을 따로 설치할 필요가 없다.

해설 고무링 이음의 특징
㉮ 외부의 기후 조건이 나빠도 이음이 가능하다.
㉯ 시공 작업이 간단하며 특별한 숙련이 없어도 시공할 수 있다.
㉰ 신축 및 휨에 대하여 완전하며 신축관을 따로 설치할 필요가 없다.
㉱ 시공속도가 빠르며, 수압에 견디는 강도가 크다.
㉲ 좁은 장소나 화기의 위험이 있는 곳에서도 이음이 안전하다.
㉳ 가열하거나 접착제를 바르지 않고 손쉽게 이음이 되므로 시공비가 절감된다.
㉴ 이음 후에 관을 빼내거나 다시 끼울 수도 있으므로 필요할 때 이동할 수 있어 경제적이다.
㉵ 부분적으로 땅이 내려앉은 곳에도 안전하다. **[답] ②**

22 배수 트랩 중 박스트랩이 아닌 것은?

① 벨 트랩
② 드럼 트랩
③ 메인 트랩
④ 그리스 트랩

해설 배수 트랩 중 박스트랩의 종류
㉮ 드럼 트랩 : 요리장의 개숫물 속의 찌꺼기를 트랩 바닥에 모이게 하고 찌꺼기가 하수관으로 흐르지 않게 방지하는 트랩
㉯ 벨 트랩 : 바닥면의 배수에 사용하는 트랩으로 벨(bell)을 씌우지 않고 사용하면 트랩 작용이 안 된다.
㉰ 가솔린 트랩 : 자동차의 차고나 공장 등의 바닥 배수에 사용되는 것으로 배수 중의 가솔린, 기계유, 모래 등을 분리해서 모래는 주철제의 버킷 밑에 침전시키고 기름 등은 수면위에 띄워서 제거할 수 있도록 한 것이다.

㉣ 그리스 트랩 : 유입되는 배수의 유속이 트랩 속에서 감소하므로 배수 중에 섞여 있는 지방이 식어서 트랩 위에 떠오르도록 한 구조로 호텔, 식당 등 요리장에서 사용한다.

[답] ③

23 동관용 공구 중에서 동관 끝의 확관용 공구로 맞는 것은?
① 익스팬더   ② 튜브커터
③ 튜브벤더   ④ 사이징 툴

해설 동관용 공구의 종류 및 용도
㉮ 튜브 커터(tube cutter) : 관지름 20[mm] 이하의 동관 절단에 사용하는 공구이다.
㉯ 튜브 벤더(tube bender) : 관지름 20[mm] 이하의 동관을 상온에서 필요한 각도로 구부릴 때 사용하며 구부릴 수 있는 각도는 0~180°이다.
㉰ 플레어링 공구 : 동관을 압축이음(flare joint)할 때 동관 끝을 나팔관 모양으로 넓히기 위하여 사용하는 공구이다.
㉱ 리머(reamer) : 튜브 커터로 동관을 절단한 후 관 내면에 생기는 거스러미를 제거하는데 사용한다.
㉲ 사이징 툴(sizing tools) : 동관의 끝부분을 정확한 치수의 원형으로 교정하기 위하여 사용한다.
㉳ 확관기(expander) : 동일한 지름의 동관을 이음쇠 없이 납땜이음 할 때 한쪽 관 끝에 소켓을 만드는데 사용한다.
㉴ 티 뽑기(extractor) : 티로 연결할 부분에 관이음재(티)를 사용하지 않고 동관에 구멍을 내어 간단히 관을 연결하는데 사용한다.

[답] ①

24 주철관 접합법 중 고무링을 압륜으로 죄어 볼트로 체결한 것으로 굽힘성이 풍부하여 다소의 굴곡에도 누수가 없고, 작업이 간편하여 수중에서도 용이하게 접합할 수 있는 방법은?
① 소켓 접합   ② 기계적 접합
③ 빅토리 접합   ④ 플랜지 접합

해설 기계적 접합(mechanical joint) :
소켓이음과 플랜지이음의 특징을 접목한 것으로 고무링을 압륜(押輪)으로 죄어 볼트로 체결하는 이음방법이다.

[답] ②

25 특수 통기방법 중 섹스티아(sextia)를 이용할 때 배관에 관한 설명으로 틀린 것은?
① 배수 수평주관은 가능한 한 길게 해야 한다.
② 수평주관의 방향 전환은 가능한 한 없도록 한다.
③ 배수관의 끝 부분은 항상 대기 중에 개방되도록 한다.
④ 배수 수평분기관이 수평주관의 수위에 잠기면 안 된다.

해설 배수 수평주관은 가능한 한 짧게 해야 한다.

[답] ①

26 보기와 같은 관말 트랩장치의 위치별 치수로 다음 중 가장 적합한 것은?

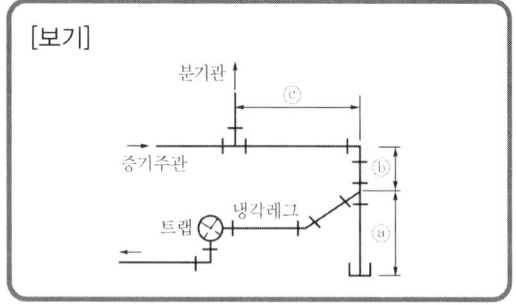

① ⓐ 150[mm] 이상 ⓑ 100[mm] 이상
  ⓒ 1200[mm] 이상
② ⓐ 100[mm] 이상 ⓑ 150[mm] 이상
  ⓒ 250[mm] 이상
③ ⓐ 100[mm] 이상 ⓑ 250[mm] 이상
  ⓒ 200[mm] 이상
④ ⓐ 100[mm] 이상 ⓑ 100[mm] 이상
  ⓒ 100[mm] 이상

해설
㉮ 관말 트랩장치 : 방열기에서 열교환후 발생된 응축수를 배출하기 위하여 설치되는 것으로 증기 공급관의 마지막 부분에서 분기된 이후부터 트랩에 이르는 배

관에 여분의 증기가 충분히 냉각되어 응축수가 될 수 있도록 보온을 하지 않는 냉각레그(cooling leg)를 1.5[m] 이상 설치하여야 한다.

㉯ 관말 트랩 주위 배관도 및 치수

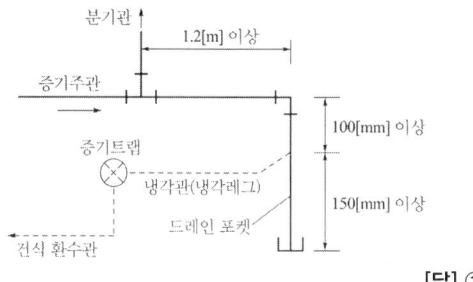

[답] ①

27 난방시설에서 전열에 의한 손실열량이 42000[kJ/h]이고, 환기손실 열량이 11300 [kJ/h]인 곳에 증기난방을 할 경우 소요되는 주철제 방열기는 몇 절이 필요한가? (단, 방열기 1절의 방열 표면적은 0.28[m²]이고, 방열량은 2730[kJ/m²·h]이다.)
① 30절
② 50절
③ 70절
④ 90절

해설

$$N_s = \frac{H_1}{2730\,a} = \frac{42000 + 11300}{2730 \times 0.28}$$
$$= 69.727 = 70절$$

[답] ③

참고 방열기의 표준방열량

방열기 구분	공학단위 [kcal/m²·h]	SI단위 [kJ/m²·h]	[W/m²]
온수	450	1890	525
증기	650	2730	758.3

28 호칭지름 25[A](바깥지름 34[mm])의 관을 곡률반지름 150[mm]로 90°구부림할 때 구부림한 안쪽의 곡선부 길이는 약 몇 [mm]인가?
① 133
② 284
③ 209
④ 259

해설

㉮ 90° 구부림한 부분의 내측면 곡선부 길이를 구하는 것이므로 중심선 지름(D)에서 관의 좌측면과 우측면의 반지름(r)을 제외한다.

㉯ 안쪽 곡선부 길이 계산

$$\therefore L = \frac{90}{360} \times \pi D'$$
$$= \frac{90}{360} \times \pi \times (2 \times 150 - 34)$$
$$= 208.915[mm]$$

[답] ③

29 구리관의 설명으로 잘못된 것은?
① M형은 주로 의료 배관용으로 만 쓰인다.
② 내식성이 좋아 담수에는 부식의 염려가 없다.
③ K, L, M형 중에서 두께가 가장 두꺼운 것은 K형다.
④ 난방효과가 우수하며 스케일 생성에 의한 열효율의 저하가 적다.

해설 동관의 특징
㉮ 담수(淡水)에 대한 내식성이 우수하다.
㉯ 열전도율이 좋고, 가공성이 좋아 배관시공이 용이하다.
㉰ 아세톤, 프레온 가스 등 유기약품에 침식되지 않는다.
㉱ 관 내부에서 마찰저항이 적다.
㉲ 연수(軟水)에는 부식된다.
㉳ 외부의 기계적 충격에 약하다.
㉴ 가격이 비싸다.
㉵ 가성소다, 가성칼리 등 알칼리성에는 내식성이 강하고, 암모니아수, 습한 암모니아(NH₃)가스, 초산, 진한 황산(H₂SO₄)에는 심하게 침식된다.
㉶ 동관의 두께 순서 : K > L > M > N
※ 의료 배관용은 사용압력을 고려하여 적정 두께의 관을 선정하여 사용한다.

[답] ①

30 냉각탑의 공기 출구에 물방울이 공기와 함께 유출하지 못하도록 설치하는 것은?
① 플래쉬 가스
② 디스크 시트
③ 일리미네이터
④ 진동 브레이크

해설 냉각탑(cooling tower) :
수냉식 냉동기의 응축기 냉각수 소비를 절감하기 위하여 공기와의 접촉에 의한 냉각과 물의 증발에 의하여 냉각시키는 장치로 냉각탑의 공기 출구에 물방울이 공기와 함께 유출하지 못하도록 일리미네이터를 설치하여 사용한다. [답] ③

31 석면 시멘트관의 이음 방법이 아닌 것은?
① 칼라 이음
② 나사 이음
③ 기볼트 이음
④ 심플렉스 이음

해설 석면 시멘트관의 이음 방법
㉮ 기볼트(gibault) 이음 : 2개의 플랜지와 고무링, 1개의 슬리브로 되어 있으며 신축성과 굴절성이 좋아 원심력 철근 콘크리트관의 칼라 조인트 5~10개소마다 1개씩 접합한다.
㉯ 칼라 이음 : 주철제의 특수 칼라를 사용하여 접합하는 방법으로 접합부 사이에 고무링을 끼워 수밀을 유지한다.
㉰ 심플렉스 이음 : 석면 시멘트제 칼라와 2개의 고무링으로 접합 시공하며, 굽힘성과 내식성이 우수하다. [답] ②

32 보일러 응축수 회수기 설치 및 배관에 관한 설명으로 틀린 것은?
① 회수기 본체는 반드시 수평으로 설치한다.
② 집수탱크는 본체 상부보다 낮게 설치한다.
③ 압력계는 사이폰관에 물을 주입한 후 설치한다.
④ 집수탱크와 보조탱크의 중간 흡입관과 응축수 송출구에는 체크밸브를 설치한다.

해설 응축수 회수기 :
고온의 응축수를 온도 강하 없이 보일러에 급수할 수 있는 장치로서, 연료 절감, 수처리 비용 절감 등의 효과를 얻을 수 있는 장치로 집수탱크는 본체 상부보다 30 cm 이상 높게 설치한다. [답] ②

33 주철관의 소켓 접합 시 급수관에서 얀의 삽입 길이를 소켓 깊이의 얼마만큼 삽입하여야 하는가?
① 소켓의 1/2
② 소켓의 1/3
③ 소켓의 2/3
④ 소켓의 3/4

해설 얀(yarn)의 삽입 길이
㉮ 급수관 : 소켓 깊이의 1/3
㉯ 배수관 : 소켓 깊이의 2/3 [답] ②

34 세정식 집진장치를 형식에 따라 분류한 것으로 맞는 것은?
① 유수식, 원통식
② 충돌식, 회전식
③ 평판식, 가압수식
④ 유수식, 가압수식

해설 세정식 집진장치 분류 및 종류
㉮ 유수식 : S형, 임펠러형, 회전형, 분수형 및 나선 가이드베인형
㉯ 가압수식 : 벤투리 스크러버, 제트 스크러버, 사이클론 스크러버, 충전탑(세정탑)
㉰ 회전식 : 타이젠 와셔, 충격식 스크러버 [답] ④

35 유니트로 들어가서 열교환기, 노(爐) 등의 기기에 접속되는 원료 운반배관을 일반적으로 무엇이라고 하는가?
① 유틸리티 배관
② 프로세스 배관
③ 파이프 랙 배관
④ 라인 인덱스 배관

해설
㉮ 프로세스 배관(process piping) : 프로세스 반응에 직접 관여하는 유체의 배관이다.
  ㉠ 병렬로 배치된 기기의 간격이 6[m] 이상이며, 그 사이에 또 다른 기기를 설치하여 노즐을 접속시키는 배관
  ㉡ 열교환기, 펌프, 용기(vessel) 등에서 단위 기기 (unit) 경계까지의 생산(product)배관
  ㉢ 유니트에 들어가 열교환기 등의 기기에 접속되는 원료 운반배관

㉮ 유틸리티(utility) 배관 : 프로세스의 반응에는 직접 관여하지는 않지만 그 운전에 중대한 영향을 미치는 각종 유체의 배관이다.
  ㉠ 각종 압력의 증기 및 응축수 배관
  ㉡ 냉각 세정용 유체 공급관
  ㉢ 냉각 공기 공급관
  ㉣ 질소 공급관
  ㉤ 연료유 및 연료가스 공급관
  ㉥ 기타
[답] ②

36 용접이음부에 발생하는 용접결함 중 모서리 이음, T이음 등에서 볼 수 있는 것으로 강의 내부에 모재의 표면과 평행하게 층상으로 발생되는 것으로 층상균열이라고도 하는 것은?
① 크레이터 균열
② 라미네이션 균열
③ 델라미네이션
④ 라멜라티어 균열

해설 라멜라티어 균열(lamellar tear crack) : 층상균열이라 하며 강의 내부에 모재표면과 평행하게 층상으로 발생하는 것으로 모서리 이음, T이음 등에서 볼 수 있다.
[답] ④

37 급수배관을 완료하고 수압시험을 하기 위한 조치사항으로 옳지 않은 것은?
① 배관의 개구부는 플러그 등으로 막았다.
② 배관의 중간에 있는 분기밸브는 모두 열어 놓았다.
③ 관내에 물을 채울 때는 공기빼기용 밸브를 막았다.
④ 수직배관의 경우 최상부에 공기빼기 장치를 설치하였다.

해설 관내에 물을 채울 때는 공기빼기용 밸브를 개방하여 배관 내에 체류하는 공기를 배출시킨다.
[답] ③

38 용접에서 피복제의 중요한 작용이 아닌 것은?
① 용착 금속을 보호한다.
② 아크를 안정하게 한다.
③ 스패터링을 적게 한다.
④ 용착 금속을 급냉시킨다.

해설 피복제의 역할
㉮ 아크를 안정시킨다.
㉯ 용접금속을 보호한다.
㉰ 용융점이 낮은 슬래그를 생성한다.
㉱ 용착금속의 탈산 정련작용을 한다.
㉲ 용착금속에 필요한 원소를 공급한다.
㉳ 용착금속의 유동성을 증가시킨다.
㉴ 용착금속의 급랭을 방지한다.
㉵ 전기 절연작용을 한다.
㉶ 용적의 미세화 및 용착효율을 상승시킨다.
[답] ④

39 백색 분말이며, 다른 약품에 비해 취급이 간단하며 칼슘, 마그네슘 등을 용해하는 능력이 뛰어난 화학세정용 약제인 산(酸)은?
① 염산
② 불산
③ 구론산
④ 설파민산

해설 설파민산 :
무기산(酸) 화학세정 약품으로 성상이 분말이므로 취급이 용이하고, 비교적 저온(40[℃] 이하)에서도 물의 경도 성분을 제거할 수 있는 능력이 있어 수도설비 등의 세정에 적당하다.
[답] ④

40 가스배관의 보수 또는 연장 작업 시 배관 내에서 가스를 차단할 경우 다음 중 가장 적합한 것은?
① 모래
② 코르크
③ 가스 팩
④ 슈링크 튜브

해설 가스 팩(gas pack) :
도시가스 저압배관에서 보수 및 연장 작업을 할 때 배관에 구멍을 뚫고 가스팩을 관내로 삽입한 후 공기펌프 등으로 가스팩을 팽창시켜 가스를 차단하는 기구이다.
[답] ③

41 기기 및 배관 라인의 점검 설명으로 틀린 것은?

① 드레인 배출은 점검하지 않는다.
② 도면과 시방서의 기준에 맞도록 설비 되었는가 확인한다.
③ 각 배관의 구배는 완만하고 에어포켓부는 없는지 확인한다.
④ 각종 기기 및 자재와 부속품은 시방서에 명시된 규격품인지 확인한다.

해설
드레인 배출은 이상이 없는지 확인한다. **[답] ①**

42 용접부 잔류응력 경감법이 아닌 것은?

① 적당한 예열
② 용접 흠의 증가
③ 용착 금속량의 감소
④ 용착법의 적절한 선정

해설 잔류응력 경감법
㉮ 용착금속의 양을 적게 한다.
㉯ 적당한 용착법과 용접 순서를 선택한다.
㉰ 적당한 예열을 한다. **[답] ②**

43 내용적 40[L]의 용기에 14[MPa]의 산소가 들어 있을 때 B형 350번 팁으로 혼합비 1 : 1의 표준 불꽃을 사용한다면 작업 시간은 약 몇 시간인가?

① 16
② 20
③ 25
④ 30

해설
㉮ 40[L] 용기에 있는 산소량 계산 :
1[MPa]은 10[kgf/cm²]을 적용한다.
∴ $Q = 10P \cdot V = (14 \times 10) \times 40 = 5600$[L]
㉯ 작업시간 계산 : 'B'형 팁은 아세틸렌 유출이 기준이지만, 문제에서 산소와 아세틸렌의 혼합비가 1 : 1이므로 산소량 유출량과 같은 것으로 본다.

$$\therefore 작업 시간 = \frac{가스량[L]}{팁의 능력[L/h]}$$
$$= \frac{5600}{350} = 16시간$$ **[답] ①**

참고 팁의 번호
㉮ A형 : 연강판의 모재 두께를 표시하는 것으로 2번은 2[mm]의 연강판 용접이 가능한 것을 표시한다.
㉯ B형 : 팁에서 불꽃으로 되어 유출되는 아세틸렌의 양 [L/h]을 표시한다.

44 배관설비의 부분 조립도를 의미하는 영문 표기인 것은?

① U.F.D
② P.I.D
③ plot plan
④ spool drawing

해설 스풀도(spool drawing) :
일반적으로 입체도와 같은 등각 투영법으로 표시한 부분 배관도(조립도)이다. **[답] ④**

45 토치램프에 사용할 휘발유를 저장한 곳에 비치하는 것으로 가장 적당한 것은?

① 물
② 모래
③ 석회
④ 시멘트

해설
화재가 발생하였을 때 소화를 위하여 모래를 비치해 둔다. **[답] ②**

46 배관 배열의 기본사항 설명으로 틀린 것은?

① 배관은 가급적 그룹화 되게 한다.
② 고온, 고압라인은 가급적 플랜지를 많이 사용한다.
③ 배관은 가급적 최단거리로 하고 굴곡부를 적게 한다.
④ 고압라인, 고속유라인은 굴곡부와 T브랜치를 최소로 한다.

해설
고온, 고압라인인 경우에는 기기와의 접속용 플랜지 이외에는 가급적 플랜지 접합을 피한다. **[답] ②**

47 배관 도면의 식별 표시에서 관내에 흐르는 유체가 기름인 경우의 식별색으로 적합한 것은?
① 파랑
② 연한 주황
③ 어두운 주황
④ 어두운 빨강

해설 유체의 종류 및 표시

유체의 종류	문자기호	색상
공기	A	백색
가스	G	황색
기름	O	황적색(어두운 주황)
수증기	S	암적색(어두운 빨강)
물	W	청색

[답] ③

48 플랜트배관 성형 가공작업과 관련한 일반적인 판금 전개 방법이 아닌 것은?
① 방사선 전개법
② 삼각형 전개법
③ 평행선 전개법
④ 투영선 전개법

해설 전개도법의 종류
㉮ 평행선 전개법 : 각기둥과 원기둥을 경사지게 절단된 제품을 전개하는데 적합한 것으로 능선이나 직선 면소에 직각 방향으로 전개하는 방법이며 능선이나 면소는 실제길이이고 서로 나란하다.
㉯ 방사선 전개법 : 각뿔이나 원뿔 등 꼭지점을 중심으로 방사상으로 전개한다.
㉰ 삼각 전개법 : 입체의 표면을 몇 개의 3각형으로 분할하여 전개도를 그리는 방법이다. **[답] ④**

49 보온, 방로, 도장 작업 시 주의사항으로 틀린 것은?
① 아스팔트 용해로 밑에는 내화벽돌이나, 모래를 깐다.
② 화력 조절이 즉시 되지 않는 연료는 사용하지 않는다.
③ 밀폐된 용기 내의 도장 작업 시는 자연통풍만을 해야 한다.
④ 용해된 아스팔트를 운반할 때는 장갑을 끼고 보행에 주의한다.

해설
밀폐된 용기 내에서의 도장 작업을 할 때에는 가스 배출을 위해 배기휀을 이용한 강제통풍을 해야 한다. **[답] ③**

50 배관 및 용접 작업 시 지켜야 할 안전사항으로 틀린 것은?
① 커팅 휠(cutting wheel)로 관 절단 시 휠이 편심되지 않도록 정확히 고정한다.
② 파이프 벤딩 머신으로 관을 구부릴 경우에는 반드시 2개의 관을 한꺼번에 구부린다.
③ 관의 열간 가공 시 사용되는 토치램프의 불길은 타인의 얼굴 쪽으로 향하지 않도록 한다.
④ 동력나사 절삭기로 나사 절삭 시에는 반드시 접지선 및 전원 연결 상태가 양호한지를 확인한다.

해설
파이프 벤딩 머신으로 관을 구부릴 경우에는 반드시 1개의 관을 구부려야 한다. **[답] ②**

51 비중이 공기보다 커서 바닥으로 가라앉는 가스는?
① 프로판
② 아세틸렌
③ 수소
④ 메탄

| 해설 | 각 가스의 분자량 |

가스종류	분자량
프로판(C_3H_8)	44
아세틸렌(C_2H_2)	26
수소(H_2)	2
메탄(CH_4)	16

※ 분자량이 공기의 평균분자량 29보다 큰 가스가 공기보다 무거워 누설 시 바닥으로 가라앉는다. [답] ①

52 배관도시 방법 중 높이 표시법이 올바르게 설명된 것은?
① GL 표시 : 지면을 기준으로 한 높이
② EL 표시 : 1층의 바닥면을 기준으로 한 높이
③ FL 표시 : 가장 아래에 있는 관의 중심을 기준으로 한 배관장치의 높이
④ TOP 표시 : 가장 위에 있는 관의 중심을 기준으로 한 관 중심까지의 높이

해설 관의 높이 표시방법
㉮ EL(elevation line) 표시 : 그 지방의 해수면에 기준선(base line)을 설정하여 이 기준선으로부터의 높이를 표시하는 표시법
  ㉠ BOP(bottom of pipe) : 지름이 다른 관의 높이를 나타낼 때 적용되며 관 바깥지름의 아랫면을 기준으로 하여 표시한다.
  ㉡ TOP(top of pipe) : 관의 윗면을 기준으로 하여 표시한다.
㉯ GL(ground line) : 포장된 지표면을 기준으로 하여 배관장치의 높이를 표시할 때 적용된다.
㉰ FL(floor line) : 1층 바닥면을 기준으로 하여 높이를 표시한다.
[답] ①

53 가는 파선을 적용할 수 있는 경우로 틀린 것은?
① 바닥
② 벽
③ 뚫린 구멍
④ 도급계약의 경계

해설 가는 파선 :
숨은선이라 하며 대상물의 보이지 않는 부분의 모양을 표시하거나 바닥, 벽, 뚫린 구멍 등을 표시할 적용한다.
[답] ④

54 보일러의 압력이나 온도를 일정하게 유지하는 압력제어, 온도제어와 같이 목표값이 시간에 관계없이 항상 일정한 값을 가지는 자동제어는 다음 중 어느 것인가?
① 추치제어
② 정치제어
③ 피드백제어
④ 시퀀스제어

해설 제어방법에 의한 자동제어의 분류
㉮ 정치제어 : 목표값이 시간에 관계없이 일정한 제어이다.
㉯ 추치제어 : 목표값을 측정하면서 제어량을 목표값에 일치하도록 맞추는 방식으로 변화모양을 예측할 수 없다. 추종제어, 비율제어, 프로그램제어가 있다.
㉰ 캐스케이드 제어 : 두 개의 제어계를 조합하여 제어량의 1차 조절계를 측정하고 그 조작 출력으로 2차 조절계의 목표값을 설정하는 방법으로 단일 루프제어에 비해 외란의 영향을 줄이고 계 전체의 지연을 적게 하는데 유효하기 때문에 출력 측에 낭비시간이나 지연이 큰 프로세스제어에 이용되는 제어이다. [답] ②

55 1일 실제 가동시간은 8시간이며, 1개월간 실제 가동일수는 25일인 동종의 기계 3대가 있다. 이 경우에 실제 1개월간 작업할 부하량이 250시간일 경우 여유율은 약 몇 [%]인가? (단, 작업에 사용하는 기계의 고장률이 5[%]이다.)
① 35.6
② 46.5
③ 56.1
④ 66.6

해설
$$여유율 = \frac{실제\ 가동시간 - 소요시간}{실제\ 가동시간} \times 100$$
$$= \left(1 - \frac{소요시간}{실제\ 가동시간}\right) \times 100$$
$$= \left(1 - \frac{250}{8 \times 25 \times 3 \times 0.95}\right) \times 100$$
$$= 56.140[\%]$$
[답] ③

56 레이팅(rating)에 대한 일반적인 내용으로 가장 거리가 먼 것은?

① 레이팅은 작업관측 중에 한다.
② 정미시간을 구하는데 사용된다.
③ 레이팅 결과를 현장작업자에게 알려 줄 필요는 없다.
④ 레이팅에 문제가 있으면 작업내용을 조사하여 재 측정하도록 한다.

해설 레이팅(rating) :
관측시간을 정미시간으로 변환하기 위하여 표준페이스와 관측대상으로 선정된 작업페이스를 비교한 것으로 정상화작업, 평준화, 수행도평가라 한다. 측정이 종료되고, 레이팅결과를 기입한 즉시 현장에서 작업자에게 그 내용을 알려 준다. **[답] ③**

57 서블릭(therblig) 기호 중에서 비효율적인 동작이기 때문에 개선을 검토해 보아야 할 동작기호는?

①  ②
③  ④

해설 각 기호의 의미
① 내려놓기(release load) : 쥐고 있는 물건을 놓음
② 조립(assemble) : 몇 개의 물건을 하나로 만듦
③ 준비함(preposion) : 주동작 P(바로놓기)의 준비동작
④ 잡고 있기(hold) : 쥔 동작 **[답] ④**

58 모집단의 어떠한 부분도 목적하는 특성에 대하여 동일한 확률로 시료 중에 뽑혀지도록 샘플링하는 방법은?

① 층별샘플링(stratified sampling)
② 2단계샘플링(two-stage sampling)
③ 취락샘플링(cluster sampling)
④ 계통샘플링(systematic sampling)

해설 랜덤 샘플링 :
모집단의 어느 부분이라도 목적하는 특성에 관하여 같은 확률로 시료 중에 뽑혀지도록 샘플링 하는 방법으로 시료수가 증가할수록 샘플링 정도가 높다. 단순 랜덤샘플링(simple random sampling), 계통 샘플링(systematic sampling), 지그재그 샘플링(zigzag sampling) 등의 방법이 있다. **[답] ④**

59 전수검사와 샘플링검사에 관한 설명으로 가장 올바른 것은?

① 파괴검사의 경우에는 전수검사를 적용한다.
② 검사항목이 많을 경우 전수검사보다 샘플링검사가 유리하다.
③ 샘플링검사는 부적합품이 섞여 들어가서는 안 되는 경우에 적합하다.
④ 생산자에게 품질향상의 자극을 주고 싶을 경우 전수검사가 샘플링검사보다 더 효과적이다.

해설
㉮ 전수검사가 유리한 경우 및 필요한 경우
  ㉠ 검사비용에 비해 효과가 클 때
  ㉡ 물품의 크기가 작고, 파괴검사가 아닐 때
  ㉢ 불량품이 혼합되면 안 될 때
  ㉣ 불량품이 다음 공정에 넘어가면 경제적으로 손실이 클 때
  ㉤ 불량품이 들어가면 안전에 중대한 영향을 미칠 때
  ㉥ 전수검사를 쉽게 할 수 있을 때
㉯ 샘플링 검사가 유리한 경우 및 필요한 경우
  ㉠ 다수, 다량의 것으로 불량품이 있어도 문제가 없는 경우
  ㉡ 검사 항목이 많은 경우
  ㉢ 불완전한 전수검사에 비해 높은 신뢰성이 있을 때
  ㉣ 검사비용이 적은 편이 이익이 많을 때
  ㉤ 품질향상에 대하여 생산자에게 자극이 필요한 때
  ㉥ 물품의 검사가 파괴검사일 때
  ㉦ 대량 생산품이고 연속 제품일 때 **[답] ②**

60 도수분포표에서 알 수 있는 정보로 가장 거리가 먼 것은?
① 로트 본포의 모양
② 100단위당 부적합수
③ 로트의 평균 및 표준편차
④ 규격과의 비교를 통한 부적합품률의 추정

해설 도수분포표로 알 수 있는 정보
㉮ 로트 분포의 모양(산포 모양)을 알기 위하여
㉯ 원래 데이터와 비교하기 위하여
㉰ 로트의 평균과 표준편차를 알기 위하여
㉱ 규격과의 비교를 통한 부적합품률을 추정하기 위하여 (공정 현황을 파악하기 위하여)
㉲ 분포가 통계적으로 어떤 분포형에 근사한가를 알기 위하여

[답] ②

2025년 배관기능장 CBT 필기시험 복원문제 (2)

☞ CBT필기시험 복원문제는 수험자의 기억에 의하여 복원된 것이므로 실제 출제문제와는 차이가 있을 수 있습니다.

01 [보기]의 ( ) 안에 들어갈 수치가 옳은 것은?

[보기] 맞대기 용접식 이음쇠인 엘보의 곡률반경은 롱(long)이 강관 호칭지름의 (ⓐ)배, 숏(short)는 호칭지름의 (ⓑ)배이다.

① ⓐ 1.5, ⓑ 1.0
② ⓐ 2.0, ⓑ 1.5
③ ⓐ 1.7, ⓑ 1.5
④ ⓐ 2.0, ⓑ 1.7

해설 맞대기 용접용 엘보의 곡률 반지름
㉮ 롱 엘보(long elbow) : 강관 호칭지름의 1.5배
㉯ 숏 엘보(short elbow) : 강관의 호칭지름(호칭지름의 1.0배)
[답] ①

02 양수펌프의 양수관에서 수격작용을 방지하기 위해 글로브 밸브 아래에 설치하는 밸브로 워터 해머리스 체크 밸브라고도 하는 것은?
① 스톱 밸브
② 스윙 체크 밸브
③ 리프트형 체크 밸브
④ 스모렌스키 체크 밸브

해설 스모렌스키 체크밸브 :
해머리스 체크 밸브(hammerless check valve)라 하며 밸브 내부는 버퍼(buffer)와 스프링(spring)이 설치되어 있고 펌프 출구측의 체크 밸브용으로 사용하여, 워터 해머(water hammer)의 방지와 바이패스 밸브의 기능을 함께 한다.
[답] ④

03 공기 중에 누설될 때 낮은 곳으로 흘러 고이는 가스로만 조합되어 있는 항은?
① 프로판, 포스겐, 염소
② 프로판, 산소, 아세틸렌
③ 아세틸렌, 암모니아, 염소
④ 아세틸렌, 암모니아, 포스겐

해설
㉮ 기체의 비중 : 표준상태(STP :0℃, 1기압 상태)의 공기 일정 부피당 질량과 같은 부피의 기체 질량과의 비를 말한다.

$$기체\ 비중 = \frac{기체\ 분자량(질량)}{공기의\ 평균분자량(29)}$$

㉯ 각 가스의 분자량 및 비중

가스종류	분자량	비중
프로판(C_3H_8)	44	1.52
산소(O_2)	32	1.1
아세틸렌(C_2H_2)	26	0.9
포스겐($COCl_2$)	99	3.41
염소(Cl_2)	71	2.45
암모니아(NH_3)	17	0.59

[답] ①

04 배관 내의 불순물을 제거하는 것을 주 목적으로 사용하는 배관 부속은?
① 체크 밸브
② 스트레이너
③ 글랜드 패킹
④ 리스트 레인트

해설 스트레이너(strainer) :
증기, 물, 유류 배관 등에 설치하여 관내의 불순물을 제거 하여 기기의 성능을 보호하는 역할을 하는 배관설비용 부품으로 종류에는 Y형, U형, V형이 있다. **[답] ②**

05 패킹제는 이음부 형상, 용도에 따라 3가지로 구분할 때 해당되지 않는 것은?
① 나사용
② 납땜용
③ 플랜지용
④ 글랜드용

해설 패킹재의 분류 및 종류
㉮ 플랜지 패킹(가스켓) : 천연고무, 합성고무, 식물성 섬유제, 동물성 섬유제, 석면 조인트 시트, 합성수지 패킹, 금속 패킹
㉯ 나사용 패킹 : 나사용 페인트, 일산화연, 액상합성수지
㉰ 글랜드 패킹 : 석면 각형 패킹, 석면 얀 패킹, 몰드 패킹, 아마존 패킹 **[답] ②**

06 그루브 조인트(groove joint) 이음쇠의 종류로 가장 거리가 먼 것은?
① 고정식 티 조인트
② 고정식 그루브 조인트
③ 유동식 그루브 조인트
④ 유동식 용접 그루브 조인트

해설 그루브 조인트(groove joint) :
무용접 방식의 배관 부속으로 고정식과 유동식으로 구분되며 용접 그루브 조인트는 해당되지 않는다. **[답] ④**

07 내열성, 내유성, 내수성이 좋고 내열도는 150[℃]~200[℃] 정도이며 베이킹 도료로 사용되는 합성수지 도료는?
① 프탈산계 도료
② 염화비닐계 도료
③ 요소 멜라민계 도료
④ 에폭시 수지계 도료

해설 요소 멜라민(melamine)계 도료 :
내열성, 내유성, 내수성이 좋고 내열도는 150[℃]~200[℃] 정도이며 베이킹(backing : 소부[燒付]) 도료로 사용된다. **[답] ③**

08 원심력 철근 콘크리트관에 대한 설명으로 맞는 것은?
① 보통 흄(hume)관 이라고도 한다.
② 보통관, 후관, 특후관의 3종류가 있다.
③ 일반적으로 에터니트(eternit)관 이라고도 한다.
④ 형틀에 철근을 넣고 콘크리트를 주입한 후 진동기 등 다짐용 기계나 수동으로 다져서 공간이 발생되지 않도록 잘 성형한다.

해설 원심력식 철근 콘크리트관 :
흄관(Hume pipe)이라 하며, 철제 형틀 속에 원통형으로 조립된 철근망을 넣고 축선을 수평으로 하여 회전시키면서 반죽한 콘크리트를 투입시키면 원심력에 의하여 고르게 다져 지면서 치밀한 콘크리트관이 되며, 성형 후에는 증기 양생을 실시하여 고르게 경화시킨다. 용도에 따라 보통관과 압력관으로 분류되며, 모양에 따라 A형, B형, C형으로 분류된다. **[답] ①**

09 수도본관에서 옥상 탱크까지 수직 높이가 20[m]이고 관 마찰손실율이 20[%]일 때 수도 본관에서 옥상 탱크로 물을 보내기 위하여 필요한 최소 수압은 약 몇 [MPa] 이상인가?
① 0.024
② 0.24
③ 0.34
④ 2.40

해설
㉮ 관마찰손실율 20[%]는 수직 높이 20[m]에 대한 손실율이다.
㉯ 필요한 압력(P)은 유체의 비중량(γ)[kgf/m³]에 높이(h)를 곱하면 '[kgf/m²]'이고 여기에 중력가속도 9.8[m/s²]을 곱하면 [N/m² = Pa]이고, 1[MPa]은 10^6[Pa]이다. 물의 비중량은 1000[kgf/m³]을 적용한다.
㉰ 필요 최소 압력 계산
$$\therefore P = \gamma \times h \times g \times 10^{-6}$$
$$= 1000 \times \{20 + (20 \times 0.2)\} \times 9.8 \times 10^{-6}$$
$$= 0.2352 [\text{MPa}]$$
[답] ②

10 1시간당 급탕 동시 사용량이 3000[L]인 급탕 주관의 관경으로 가장 적합한 것은? (단, 유속은 1[m/s]이고, 순환탕량은 동시 사용량의 약 2.5 배 정도로 한다.)

① 25[A] ② 42[A]
③ 50[A] ④ 80[A]

해설
㉮ 관지름 계산 : 체적유량 계산식

$$Q = A \times V = \frac{\pi}{4} \times D^2 \times V$$

에서 관지름 D를 구한다.

$$\therefore D = \sqrt{\frac{4 \cdot Q}{\pi \cdot V}} = \sqrt{\frac{4 \times (3 \times 2.5)}{\pi \times 1 \times 3600}} \times 1000$$
$$= 51.503 [mm]$$

㉯ 관 선택 : 50[A] 배관(안지름 약 54.9[mm])을 선택한다.

[답] ③

11 관 종류별 일반적인 이음의 종류를 연결한 것으로 틀린 것은?
① 동관 – 플레어 이음
② 연관 – 플라스턴 이음
③ 주철관 – 심플렉스 이음
④ 경질염화비닐관 – 테이퍼 코어 플랜지 이음

해설 심플렉스 이음 :
75~500[mm]의 지름이 작은 석면시멘트관에 사용되는 이음방식으로, 석면 시멘트제 칼라와 2개의 고무링으로 접합 시공하는 것으로 일명 고무 가스켓 이음이라고도 하며, 굽힘성과 내식성이 우수하다.

[답] ③

12 증기트랩 중 응축수의 부력을 이용하여 밸브를 개폐하며 하향식과 상향식으로 구분되는 트랩은?
① 버킷 트랩
② 디스크형 트랩
③ 온도조절 트랩
④ 바이패스형 트랩

해설 버킷 트랩(bucket trap) :
증기와 응축수의 비중차를 이용하는 기계식 트랩으로 상향 버킷 트랩과 하향 버킷 트랩이 있다.

[답] ①

13 공기의 기본적 성질에서 건구온도, 습구온도, 노점온도가 모두 동일한 상태일 때는?
① 절대습도 50[%]
② 상대습도 50[%]
③ 절대습도 100[%]
④ 상대습도 100[%]

해설 상대습도 :
현재의 온도상태에서 현재 포함하고 있는 수증기의 양과의 비를 백분율[%]로 표시한 것으로 온도에 따라 변화한다. 상대습도가 0 이라 함은 공기 중에 수증기가 존재하지 않고, 상대습도가 100[%]라 함은 현재 공기 중에 있는 수증기량이 현재 온도의 포화 수증량과 같다는 것으로 건구온도, 습구온도, 노점온도가 동일한 경우이다.

[답] ④

14 배관 내의 유속이 2[m/s] 일 때, 수격작용에 의해 발생하는 수압은 약 몇 [kgf/cm²] 정도인가?
① 2.8 ② 28
③ 280 ④ 2800

해설 배관에서의 수격작용 :
밸브 등을 급속개폐 시 유속의 불규칙한 변화로 유속의 14배 이상의 압력변화로 나타난다.
∴ 수격작용 수압 = $2 \times 14 = 28 [kgf/cm^2]$

[답] ②

15 에터니트관이라고 불리는 석면 시멘트관에서 1종관의 사용 정수두로 적합한 것은?
① 45[m] 이하
② 75[m] 이하
③ 100[m] 이하
④ 125[m] 이하

해설 수도용 석면 시멘트관(에터니트관)의 정수두
㉮ 1종관 : 75[m] 이하
㉯ 2종관 : 45[m] 이하 **[답]** ②

16 배관 내 유체의 마찰손실에 대한 설명으로 틀린 것은?
① 관의 지름에 반비례한다.
② 관내 수압에 반비례한다.
③ 배관의 길이에 정비례한다.
④ 마찰손실계수에 정비례한다.

해설
달시-바이스바하식에서 마찰손실은 마찰손실계수(f), 관 길이(L), 유속(V)의 2승에 비례하고 관 지름(D)에 반비례한다.

$$\therefore h_f = f \times \frac{L}{D} \times \frac{V^2}{2g}$$

[답] ②

17 강관의 종류와 KS 규격기호를 짝지은 것으로 틀린 것은?
① 수도용 아연도금 강관 – SPPW
② 고압 배관용 탄소강관 – SPPH
③ 압력 배관용 탄소강관 – SPPS
④ 고온 배관용 탄소강관 – STS×TB

해설 강관의 KS 표시 기호

KS 표시 기호	명칭
SPP	일반 배관용 탄소강관
SPPS	압력 배관용 탄소강관
SPPH	고압 배관용 탄소강관
SPHT	고온 배관용 탄소강관
SPLT	저온 배관용 탄소강관
SPW	배관용 아크용접 탄소강관
SPA	배관용 합금강관
STS×T	배관용 스테인리스강관
STBH	보일러 열교환기용 탄소강관
STHA	보일러 열교환기용 합금강관
STS×TB	보일러 열교환기용 스테인리스강관
STLT	저온 열교환기용 강관

[답] ④

18 루프 통기 방식(loop vent system)에 관한 설명으로 틀린 것은?
① 회로 통기 또는 환상 통기 방식이라고도 한다.
② 루프 통기로 처리할 수 있는 기구의 수는 8개 이내이다.
③ 통기 입관에서 최상류 기구까지의 거리는 7.5m 이내로 한다.
④ 배수 주관이 통기관을 겸하므로 건식 통기라고도 한다.

해설 루프(loop) 통기 방식 :
배수 횡지관의 최상류 기구의 하류측에서 통기관을 세워 통기횡지관에 연결하고 그 말단을 통기입상관에 접속하는 방식이다. **[답]** ④

19 메커니컬 이음에 비교한 빅토리 이음의 특징 설명으로 올바른 것은?
① 접합 작업이 간단하다.
② 수중에서 용이하게 작업할 수 있다.
③ 가요성이 풍부하여 다소 굴곡하여도 누수하지 않는다.
④ 관내의 압력이 증가하면 고무링이 관벽에 밀착되어 누수가 방지된다.

해설 빅토리 이음(victoric joint)의 특징
㉮ 빅토리형 주철관을 사용하여 수도용, 가스용 배관 이음에 사용한다.
㉯ 특수모양으로 된 주철관의 관 끝에 고무링과 가단주철제의 칼라(누름판)를 죄어서 이음하는 방법이다.
㉰ 칼라는 호칭지름 350[mm] 이하이면 반원형의 부분을 맞추어 2개의 볼트로 죄고, 400[mm] 이상이면 4분할 원형을 짝지어 4개의 볼트로 안쪽의 고무링과 관을 밀착시킨다.
㉱ 관내의 압력이 증가하면 고무링은 관벽에 밀착되어 누수를 방지하는 작용을 한다.
㉲ 이음 할 때는 관의 축심을 바르게 맞추고 관 끝의 간격은 6~7[mm]로 떼어 놓는다. **[답]** ④

20 다음 그림 중 가이드(guide)는 어느 것인가?

① 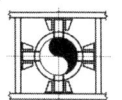 ②
③ 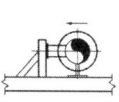 ④

해설 각 그림의 명칭
① 가이드 ② 앵커 ③ 스톱 ④ 러그   [답] ①

21 일반적인 배관용 강관(구조용 제외)의 절단에 쓰이는 쇠톱의 인치(inch)당 톱날 산수로 가장 적당한 것은?
① 14산 ② 18산
③ 24산 ④ 32산

해설 쇠톱의 톱날 수와 용도

톱날 수(1″당)	용 도
14	탄소강(연강), 주철, 동합금
18	탄소강(경강), 고속도강
24	강관, 합금강
32	얇은 철판 및 강관

[답] ②

22 차압식 유량계는 어떤 원리를 이용한 것인가?
① 달톤의 정리
② 토리첼리의 정리
③ 베르누이의 정리
④ 아르키메데스의 정리

해설 차압식 유량계
㉮ 측정원리 : 베르누이 방정식(또는 베르누이의 정리)
㉯ 종류 : 오리피스미터, 플로 노즐, 벤투리미터
㉰ 측정방법 : 조리개 전후에 연결된 액주계의 압력차를 이용하여 유량을 측정   [답] ③

23 가요관이라고도 하며 스테인리스강 또는 인청동의 가늘고 긴 벨로스의 바깥을 탄력성이 풍부한 구리망, 철망 등으로 피복하여 보강한 신축 이음쇠로 방진용으로도 사용이 가능한 것은?
① 플렉시블 튜브
② 루프형 신축 이음쇠
③ 슬리브형 신축 이음쇠
④ 벨로스형 신축 이음쇠

해설 플렉시블 튜브(flexible tube) :
가요관이라고도 하며 스테인리스강 또는 인청동의 가늘고 긴 벨로스의 바깥을 탄력성이 풍부한 구리망, 철망 등으로 피복하여 보강한 신축 이음쇠로 펌프 등의 입·출구 배관에 부착하여 열팽창 등 외부의 영향을 받은 변형을 흡수하여 방진 및 방음을 역할을 한다.   [답] ①

24 관 속에 온수나 냉수가 흐르고 있을 때, 고체와 유체 사이에 온도차가 있을 경우 열 이동이 일어나는 것을 의미하는 용어로 가장 적합한 것은?
① 열복사 ② 열방사
③ 열전달 ④ 대류전열

해설 열의 이동 방법
㉮ 전도(conduction) : 고체를 매개체로 하여 열이 고온에서 저온으로 이동하는 현상
㉯ 대류(convection) : 고체 벽이 온도가 다른 유체와 접촉하고 있을 때 유체에 유동이 생기면서 열이 유동하는 현상
㉰ 복사(radiation) : 중간의 매개물 없이 한 물체에서 다른 물체로 열 에너지가 이동하는 현상으로 스테판 볼츠만의 법칙이 성립한다.
㉱ 열전달 : 고체면과 유체와의 사이의 열의 이동   [답] ③

25 보일러 본체는 수부와 무엇으로 구성되는가?
① 화로 ② 증기부
③ 연소실 ④ 관부

해설 보일러 본체 :
연료의 연소열을 이용하여 일정압력의 증기 및 온수를 발생시키는 부분으로 동(drum) 내부의 2/3~4/5정도 물이 채워지는 수부와 증기부로 구성된다. **[답] ②**

26 수도용 원심력 덕타일 주철관을 보통 주철(회주철)관과 비교 설명한 것으로 가장 적합한 것은?
① 내식성이 있으나 인성이 없다.
② 인성은 좋으나 내식성이 없다.
③ 강도는 있으나 관의 수명이 짧다.
④ 변형에 대한 높은 가요성이 있다.

해설 수도용 원심력 덕타일 주철관의 특징
㉮ 보통 주철(회주철)과 같이 수명이 길다.
㉯ 강관과 같이 고압에 견디는 높은 강도와 인성(靭性)을 가지고 있다.
㉰ 보통 주철과 같은 좋은 내식성이 있다.
㉱ 변형에 대한 높은 가요성이 있다.
㉲ 충격에 대한 높은 연성을 가지고 있다.
㉳ 우수한 가공성을 가지고 있다. **[답] ④**

27 난방배관에서 리프트 피팅에 대한 설명으로 틀린 것은?
① 진공 환수식일 때 사용한다.
② 1단의 높이를 1.5m 이내로 한다.
③ 응축수를 끌어 올릴 때 사용한다.
④ 입상관은 환수주관 구경보다 1~2사이즈 이상 큰 관을 사용한다.

해설 리프트 이음(lift fitting) :
진공 환수관식에서 보일러 보다 방열기가 아래쪽에 설치되는 경우(환수관이 진공펌프 흡입구보다 낮은 경우) 설치하는 이음방법으로 수직 입상관은 환수주관보다 1~2단계 낮은 관을 사용하며 1단의 최고 흡상 높이는 1.5[m] 이내로 한다. 흡상 높이가 높은 경우에는 여러 개를 조합하여 설치할 수 있다. **[답] ④**

28 소켓 이음 시 누수의 주요 원인으로 가장 적합한 것은?
① 코킹 세트를 순서대로 사용한 경우
② 얀의 양이 너무 많고 납이 적은 경우
③ 용해된 납물을 1회에 부어 넣은 경우
④ 코킹이 끝난 후 콜타르를 납 표면에 칠한 경우

해설 소켓 이음 시 누수의 원인
㉮ 얀(yarn)의 양이 너무 많고 납이 적은 경우
㉯ 코킹하기 전에 관에 붙어 있는 납을 제거하지 않은 경우
㉰ 코킹 세트를 순서대로 사용하지 않고 순서를 건너 뛴 경우
㉱ 불완전한 코킹의 경우 **[답] ②**

29 방열기는 창문 아래에 설치하는데 방열량을 고려하여 벽면으로부터 약 몇 [mm] 정도의 간격을 두어야 가장 적합한가?
① 10~20[mm]
② 50~70[mm]
③ 100~120[mm]
④ 150~170[mm]

해설 방열기 설치위치
㉮ 열손실이 가장 많은 외기에 접한 창 아래쪽에 설치한다.
㉯ 주형 방열기의 경우 벽에서 50~60[mm] 떨어져 설치한다.
㉰ 벽걸이형 방열기는 바닥에서 보통 150[mm] 정도 높게 설치한다.
㉱ 대류 방열기(콘벡터)는 바닥면으로부터 케이싱 하부까지의 높이를 최저 90[mm] 이상 높게 설치한다. **[답] ②**

30 강관 접합에서 슬리브 용접 접합 시 슬리브의 길이는 파이프 지름의 몇 배 정도가 가장 적합한가?
① 0.5~1배
② 1.2~1.7배
③ 2.0~2.5배
④ 2.5~3.2배

해설 슬리브 접합 :
배관용 삽입 용접식 이음쇠를 사용하여 동일한 지름의 강관을 직선으로 용접이음하는 방법이다. 누수의 우려와 관 지름의 변화가 없으며 슬리브 길이는 강관 지름의 1.2~1.7배로 하고, 강관 끝은 슬리브 중앙에서 서로 밀착되게 한다.

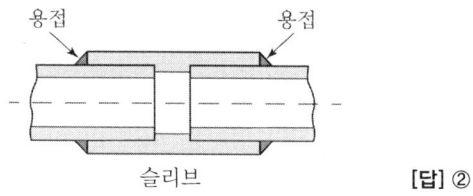

[답] ②

31 보일러 가스폭발을 방지하는 방법이 아닌 것은?
① 점화할 때 미리 충분한 프리퍼지를 한다.
② 급격한 부하변동(연소량의 증감)은 피한다.
③ 안전 저연소율보다 부하를 낮추어서 연소시킨다
④ 연료 속의 수분이나 슬러지 등은 충분히 배출한다..

해설 가스폭발 방지 방법 : ①, ②, ④ 외
㉮ 프리퍼지 및 포스트퍼지를 할 때 댐퍼와 통풍기의 올바른 조작을 할 것
㉯ 배관이나 버너 각부의 밸브는 그 개폐상태에 이상이 없는가를 확인한다.
㉰ 점화 시에 무화용 공기나 증기를 먼저 분사시킨 후 연료를 분무시킬 것
㉱ 노내의 여열이나 다른 버너의 화염을 점화원으로 사용하지 않을 것
㉲ 점화 시 버너의 연료공급 밸브를 개방한 후 5초 이내에 착화가 안 되면 연료공급 밸브를 차단할 것
㉳ 급격한 부하변동을 피할 것
㉴ 연소량을 증가시킬 경우에는 먼저 공기 공급량을 증가시킨 후에 연료량을 증가시키며, 반대로 연소량을 감소시킬 경우에는 먼저 연료량을 줄이고 공기 공급량을 감소시킨다.
[답] ③

32 급수 배관설비에 관한 설명으로 옳은 것은?
① 유일한 하향 급수법은 압력탱크식이다.
② 수도 직결식은 단독주택 정전 시에도 계속 급수가 가능하며 급수오염이 가장 적다.
③ 옥상 탱크식에서 옥상탱크의 양수관과 오버플로관(over flow pipe)은 같은 굵기로 한다.
④ 급수설비에서 사용되는 1개의 플러쉬 밸브(flush valve)에 필요한 최저 수압은 0.3 [kgf/cm^2] 이다.

해설 각 항목의 옳은 설명
① 하향 급수법은 옥상탱크방식이다.
③ 옥상 탱크식에서 고가수조(옥상탱크) 오버플로관의 관지름은 양수관의 2배 크기로 한다.
④ 1개의 플러쉬 밸브에 필요한 최저 수압은 0.7[kgf/cm^2] 정도이다.
[답] ②

참고 0.7[kgf/cm^2]은 SI단위로 0.07[MPa], 70[kPa] 이다.

33 일반적으로 호칭지름 50[mm] 이하의 폴리에틸렌 관의 이음 방법으로 관지름이나 관두께가 커질수록 클립의 체결력이 약하며 접합강도가 불충분한 이음인 것은?
① 열간 이음
② 인서트 이음
③ 플랜지 이음
④ 테이퍼 코어이음

해설 폴리에틸렌관의 이음 종류
㉮ 용착 슬리브 이음 : 관 끝의 바깥쪽과 이음관의 안쪽을 동시에 가열하여 용융이음 하는 방법이다.
㉯ 테이퍼 이음 : 50[mm] 이하의 관에 폴리에틸렌관 전용의 포금제 테이퍼 조인트(슬리브 너트와 캡 너트)를 사용하여 접합하는 방법이다.
㉰ 인서트 이음 : 50[mm] 이하의 폴리에틸렌관 접합용으로 가열 연화한 인서트를 끼우고 물로 냉각하여 클램프로 조여 접합하는 방법이다.
㉱ 기타 이음 방법 : 용접법, 플랜지 이음법, 나사 이음
[답] ②

34 동력나사 절삭기의 종류 중 관을 물린 척(chuck)을 저속 회전시키면서 관의 절단, 거스머리 제거 등의 일을 연속적으로 할 수 있는 것은?
① 리머형 ② 호브형
③ 오스터형 ④ 다이헤드형

해설 동력나사 절삭기
㉮ 오스터형(oster type) : 동력으로 관을 저속으로 회전시키며 절삭기를 밀어 넣어 나사를 가공하는 것으로 50A 이하의 배관에 사용된다.
㉯ 호브형(hob type) : 호브(hob)를 100~180[rpm]의 저속도로 회전시키면 이에 따라 관은 어미나사와 척의 연결에 의하여 1회전하는 사이에 자동적으로 나사의 1피치(pitch) 만큼 이동하여 나사가 가공된다. 호브와 사이드 커터를 함께 설치하면 나사가공과 절단을 함께 할 수 있다. 종류는 50[A] 이하, 65~150[A], 80~200[A]의 3종류가 있다.
㉰ 다이헤드형(diehead type) : 다이헤드를 이용한 나사가공 전용 기계로서 관의 절단, 거스러미 제거, 나사가공을 할 수 있다. 척(chuck)에 배관을 고정한 후 회전시키면 관용나사의 치형(4개가 1조)을 가진 다이스(dies, 또는 chaser)가 조립된 다이헤드를 배관에 밀어 넣으면서 나사를 가공한다. **[답] ④**

35 수송원과 수송선이 여러 개소인 경우나 수송계통이 많고 원거리인 경우에 가장 적합한 기송배관 방식은?
① 공기식 ② 수송식
③ 진공 압송식 ④ 압력 배관식

해설 기송배관의 형식 분류
㉮ 진공식(vacuum type) : 수송관을 진공펌프를 이용하여 진공상태로 만든 후 운반물과 대기 중의 공기를 동시에 흡입하여 운송하고 공기는 따로 분리하여 배출하는 형식이다.
㉯ 압송식(pressure type) : 압축기로 공기를 압입하고 송급기(feeder)에서 운반물을 흡입하여 운송한 후 공기를 따로 배출하는 형식이다.
㉰ 진공 압송식(vacuum and pressure type) : 진공식과 압송식을 혼합한 형식으로 수송원과 수송선이 여러 갈래이거나 원거리인 경우에 이용된다. **[답] ③**

36 용접부의 비파괴 시험에 해당하는 것은?
① 화학 분석 시험
② 마이크로 조직 시험
③ 형광 침투 시험
④ 크리이프 시험

해설 비파괴시험 종류 및 기호
㉮ 육안검사 : VT(Visual Test)
㉯ 침투검사 : PT(Penetrant Test)
㉰ 자기검사 : MT(Magnetic Test)
㉱ 방사선 투과 검사 : RT(Rediographic Test)
㉲ 초음파 검사 : UT(Ultrasonic Test) **[답] ③**

37 파이프 랙에서의 배관의 종류 중 병렬로 배치된 기기의 간격이 6[m] 이상이며, 그 사이에 또 다른 기기를 설치하여 노즐을 접속시키는 배관으로 열교환기, 펌프, 용기(vessel) 등에서 단위 기기(unit) 경계까지의 생산(product) 배관은?
① 급수 배관
② 프로세스 배관
③ 유틸리티 배관
④ 라인 인텍스 배관

해설 파이프 랙의 배관 종류
㉮ 프로세스 배관(process piping)
  ㉠ 병렬로 배치된 기기의 간격이 6[m] 이상이며, 그 사이에 또 다른 기기를 설치하여 노즐을 접속시키는 배관
  ㉡ 열교환기, 펌프, 용기(vessel) 등에서 단위 기기(unit) 경계까지의 생산(product) 배관
  ㉢ 유닛에 들어가 열교환기 등의 기기에 접속되는 원료 운반배관
㉯ 유틸리티 배관(utility piping)
  ㉠ 장치 전체의 기기에 제공하는 경우 : 고압, 저압의 증기 헤더, 응축수 헤더, 플랜트 에어 헤더, 기기용 에어 불활성가스 헤더, 공업용수 헤더 등
  ㉡ 장치 내의 소정의 기기에만 공급하는 경우 : 연료유 라인, 연료 가스라인, 보일러 급수라인, 처리용 약품 라인 등 **[답] ②**

38 안전상 유류배관 설비의 기밀시험을 할 때 사용해서는 안 되는 가스는?
① 질소 ② 산소
③ 탄산가스 ④ 암모니아

해설
산소는 강력한 조연성(지연성)가스이므로 유류배관의 기밀시험에 사용할 때 폭발사고의 원인이 된다. **[답]** ②

39 맞대기이음 및 필릿 용접이음 등에서 비드(bead) 표면과 모재와의 경계부에 발생되는 균열의 형태로 가장 적합한 것은?
① 토 균열(toe crack)
② 힐 균열(heel crack)
③ 루트 균열(root crack)
④ 비드 밑 균열(under bead crack)

해설
맞대기이음 및 필릿이음 등에서 비드 표면과 모재와의 경계부에 발생되는 균열의 형태로 용접에 의한 부재의 회전 변형을 무리하게 구속하거나 용접 후 곧바로 각 변형을 주거나 하면 발생되며, 언더컷에 의한 응력집중이 원인이 된다. 침투탐상검사로 검출할 수 있다. **[답]** ①

40 그림과 같이 와이어로프를 사용하여 동일한 무게의 물건을 들어 올릴 때 로프에 걸리는 힘이 가장 작게 사용하는 것은?

①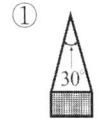
②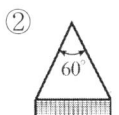
③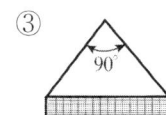
④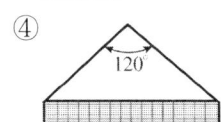

해설
와이어로프의 각도가 작을 때 로프에 걸리는 힘이 가장 작게 작용한다. **[답]** ①

41 일반적인 배수 및 통기배관 시험방법이 아닌 것은?
① 수압시험 ② 기압시험
③ 박하시험 ④ 연기시험

해설 배수관 및 통기관의 시험
㉮ 만수시험 : 배관 내에 물을 충만시킨 후 누설 유무를 시험하는 것
㉯ 기압시험 : 공기를 이용하여 0.35[kgf/cm²]의 압력으로 15분간 유지한다.
㉰ 기밀시험 : 연기시험과 박하시험으로 최종시험에 해당한다. **[답]** ①

참고 박하시험
배수관이나 통기관의 개구부는 밀폐하고, 트랩은 봉수한 후에 박하기름 및 탕을 주입하면 누설이 되는 곳에서 박하냄새가 나게 되어 누설위치를 찾는 방법이다.

42 배관설비 화학 세정 시 고무 또는 합성수지를 용해시키는 약품은?
① 유기용제 ② 가성소다
③ 암모니아 ④ 인히비터 첨가 염산

해설 유기용제 :
유기화합물을 녹일 수 있는 액체로 실생활에서 쉽게 접할 수 있는 것으로 아세톤, 에탄올, 신너 등이 있다.
[답] ①

43 수공구 사용에 대한 안전 유의사항 중 잘못된 것은?
① 공구의 성능을 충분히 알고 사용할 것
② 결함이 있는 것은 절대로 사용하지 말 것
③ 사용 전에 모든 부분에 기름을 칠하고 사용할 것
④ 사용 후에는 반드시 점검하고 고장난 부분은 즉시 수리 의뢰할 것

해설
수공구에 기름칠을 하면 사용할 때 미끄러져 사고의 위험이 있다. **[답]** ③

44 탄산가스 아크용접(CO_2)의 특징 중 틀린 것은?
① 용착 금속의 성질이 양호하다.
② 가시 아크이므로 시공이 편리하다.
③ 보통 아크 용접보다 속도가 느리다.
④ 용접 비용이 수동용접에 비해 싸다.

해설
보통 아크 용접보다 속도가 빠르고, 용접비용이 적게 소요된다. **[답] ③**

45 배관도면에서 각 장치와 배관을 번호에 부여되면 배관라인의 성격과 위치를 명확히 구별하고 재료의 집계 등에 정확을 기할 수 있게 하기 위하여 작성하는 것은?
① 스폴도(spool drawing)
② 라인 인덱스(line index)
③ 유틸리티(utility) P & I.D
④ 프로세스(process) P & I.D

해설 라인 인덱스(line index) :
배관에서 각 장치와 유체를 명확히 구분하여 번호를 붙이는 것을 말하며, 이 번호에 의해서 배관의 성격과 위치를 명확히 구분할 수 있고 배관재료를 쉽게 파악할 수 있다. **[답] ②**

46 배관 시공 시의 일반적인 유의사항으로 잘못된 것은?
① 배관은 가급적 그룹화 되게 한다.
② 배관은 가급적 최단거리로 하고 굴곡은 적게 한다.
③ 유속이 빠른 배관에는 분기관과 굴곡부 곡률 반지름을 최소가 되게 한다.
④ 고온, 고압라인인 경우에는 기기와의 접속용 플랜지 이외에는 가급적 플랜지 접합을 피한다.

해설
유속이 빠른 배관에는 분기관과 굴곡부 곡률 반지름을 최대가 되게 한다. **[답] ③**

47 아래의 배관도에서 +3200의 치수가 의미하는 것은?

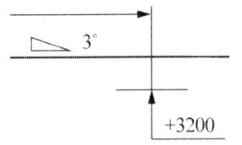

① 관의 윗면까지 높이 3200[mm]
② 관의 중심까지 높이 3200[mm]
③ 관의 아랫면까지 높이 3200[mm]
④ 관의 3° 기울어진 길이 3200[mm]

해설
기준면에서 관의 아랫면까지 높이가 3200[mm] 이다. **[답] ③**

48 피복 아크 용접에서 직류 정극성(DCSP)에 관한 특성으로 틀린 것은?
① 비드 폭이 넓다.
② 봉의 용융이 늦다.
③ 모재의 용입이 깊다.
④ 일반적으로 중판 이상에 많이 쓰인다.

해설 직류아크용접 종류 및 특징
㉮ 정극성(DCSP)의 특징
  ㉠ 모재가 양극(+), 용접봉이 음극(-)
  ㉡ 모재의 용입이 깊다.
  ㉢ 봉의 녹음이 느리다.
  ㉣ 비드 폭이 좁다.
  ㉤ 일반적으로 널리 사용된다.
㉯ 역극성(DCRP)의 특징
  ㉠ 모재가 음극(-), 용접봉이 양극(+)
  ㉡ 모재의 용입이 얕다.
  ㉢ 봉의 녹음이 빠르다.
  ㉣ 비드폭이 넓다.
  ㉤ 박판, 주철, 합금강, 비철금속에 사용한다. **[답] ①**

49 자동화 시스템에서 제어정보를 분석 처리하여 필요한 제어명령을 내려주는 제어신호 처리장치로 자동화의 5대 요소 중 하나인 것은?

① 센서(sensor)
② 네트워크(network)
③ 프로세서(processor)
④ 소프트웨어(software)

해설 자동화의 5대 요소
㉮ 센서(sensor) : 공정 처리 상태에 대한 정보를 만들고 수집하며 이 정보를 프로세스에 전달하는 제어부분이다.
㉯ 프로세서(processor) : 제어 데이터를 처리하는 요소로, 제어정보를 분석 처리하여 필요한 제어 명령을 내려주는 장치
㉰ 액추에이터(actuator) : 공정처리 상태에 대한 정보를 받아서, 제한된 공간 내에서 기계구조에 의해 일을 하는 부분으로 인간의 손, 발의 기능을 하는 부분이다.
㉱ 소프트웨어(software) : 입력신호를 받아 중앙처리장치를 거쳐 작업요소에 전달되어지는 프로그램장치, 프로그램 메모리를 포함하는 장치
㉲ 네트워크(network) : 자동화 시스템에서 중앙컴퓨터와 여러 개의 콘트롤러 간에 시스템 구성기기들과 통신회선을 연결된 배치형태에 따라 성형, 환형 등으로 구분한다.
[답] ③

50 플랜트 배관에서 관내의 압력과 온도가 비교적 낮고 누설 부분이 작은 경우 정을 대고 때려서 기밀을 유지하는 응급조치법은?

① 코킹법 ② 인젝션법
③ 박스 설치법 ④ 스토핑 박스법

해설 배관설비의 응급조치법
㉮ 코킹법 : 배관에서 관내의 압력과 온도가 비교적 낮고 누설 부분이 작은 경우 정을 대고 때려서 기밀을 유지하는 응급조치 방법이다.
㉯ 인젝션법 : 부식, 마모 등으로 작은 구멍이 생겨 유체가 누설될 경우 고무제품의 각종 크기로 된 볼을 일정량 넣고, 유체를 채운 후 펌프를 작동시켜 누설부분을 통과하려는 볼이 누설부분에 정착, 누설을 미량이 되게 하거나 정지시키는 응급조치 방법이다.
㉰ 스토핑박스(stopping box)법 : 밸브류 등의 그랜드 패킹부에서 누설이 발생할 때 쬠 너트를 조여도 쬠 여분이 없어 누설이 계속될 때 그랜드 패킹부에 스토핑박스를 설치하여 누설을 방지하는 방법
㉱ 박스(box-in)설치법 : 내부압력이 높고 고온의 유체가 누설되는 부분에 2~3개의 분할 상자를 이용하여 누설부분에 용접을 하여 누설을 방지하는 방법이다.
㉲ 핫태핑(hot tapping)법과 플러깅(plugging)법 : 장치의 운전을 정지시키지 않고 유체가 흐르는 상태에서 고장을 수리하는 것으로 바이패스를 시키거나 분기하여 유체를 우회 통과시키는 응급조치 방법이다.
[답] ①

51 기계적(물리적) 세정방법에 대한 설명 중 틀린 것은?

① 샌드 블라스트(sand blast) 세정법 : 공기 압송 장치 등으로 모래를 분사하여 스케일을 제거하는 방법
② 숏 블라스트(shot blast) 세정법 : 공기압송 장치 등으로 강구(steel ball)를 분사하여 스케일을 제거하는 방법
③ 피그(pig) 세정법 : 탑조류, 열교환기, 가열로, 보일러 배관에 사용하는 방법으로 세정액을 순환시켜 세정하는 방법
④ 물 분사기(water jet) 세정법 : 고압펌프를 설치 압송하는 제트차를 사용해 고압의 가스 상태로 분사하여 스케일을 제거하는 방법

해설 피그(pig) 세정법 :
배관류의 세정에 국한하여 실시되며 관내 밑스케일을 제거하는데 최적의 기계적 세정방법이다.
[답] ③

52 소비자가 요구하는 품질로서 설계와 판매 정책에 반영되는 품질을 의미하는 것은?

① 시장품질 ② 설계품질
③ 제조품질 ④ 규격품질

해설 　물질의 형성단계에 의한 품질 분류
㉮ 시장품질(소비자 품질, 요구품질, 목표품질) : 소비자에 의해 결정되는 품질로서 설계나 판매정책에 반영되는 품질이다.
㉯ 설계품질 : 소비자의 요구를 조사한 후 공장의 제조기술, 설비, 관리 상태에 따라 경제성을 고려하여 제조가 가능한 수준으로 정한 품질이다.
㉰ 제조품질(적합품질, 합치품질) : 실제로 제조된 품질 특성으로 실현되는 품질을 의미한다. 일반적으로 제조품질은 4M(man[작업자], method[작업방법], machine[설비], meterial[자재])에 의하여 결정된다.
㉱ 사용품질(성과품질) : 제품을 사용한 소비자의 만족도에 의하여 결정되는 품질이다. 　[답] ①

53 다음 중 각도 치수선을 표시하는 방법으로 옳은 것은?

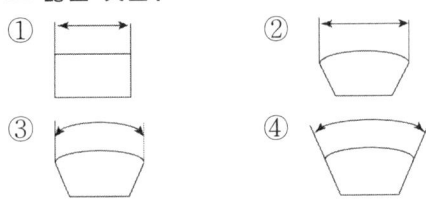

해설 　각 항목의 치수 표시법
① 변의 길이 치수　② 현의 길이 치수
③ 호의 길이 치수　④ 각도 치수 　[답] ④

54 가스배관 시 하천, 수로를 횡단하는 매설배관의 경우 독성가스 누출의 방지를 위해 이중관으로 시공해야할 가스가 아닌 것은?
① 질소, 수소
② 염소, 암모니아
③ 포스겐, 산화에틸렌
④ 시안화수소, 황화수소

해설
㉮ 2중관으로 시공하여야 하는 독성가스 : 포스겐, 황화수소, 시안화수소, 아황산가스, 산화에틸렌, 암모니아, 염소, 염화메탄
㉯ 질소는 불연성가스이며 비 독성가스, 수소는 가연성가스이며 비 독성가스이다. 　[답] ①

55 표준화의 CAD에 적용 시 자동화에 적합한 설계기술 업무와 도면작성에 관한 분야 중 설계기술 업무 분야인 것은?
① 정밀한 도형, 유사한 도형이 반복되는 분야
② 설계이론이 정식화되어 있어 계산이 복잡한 분야
③ 단순한 도형의 배열이나 원, 곡선 등이 많은 분야
④ 도면작성이 숙련된 전문기능에 의해 작성되는 분야

해설
② 설계기술 업무 분야
③ 도면작성 업무 분야 　[답] ②

56 200개 들이 상자가 15개 있다. 각 상자로부터 제품을 랜덤하게 10개씩 샘플링 할 경우, 이러한 샘플링 방법을 무엇이라 하는가?
① 계통 샘플링　② 취락 샘플링
③ 층별 샘플링　④ 2단계 샘플링

해설 　샘플링 방법
㉮ 랜덤 샘플링 : 모집단의 어느 부분이라도 목적하는 특성에 관하여 같은 확률로 시료 중에 뽑혀지도록 샘플링 하는 방법으로 시료수가 증가할수록 샘플링 정도가 높다. 단순 랜덤샘플링(simple random sampling), 계통 샘플링(systematic sampling), 지그재그 샘플링(zigzag sampling)등의 방법이 있다.
㉯ 2단계 샘플링(two-stage sampling) : 모집단을 N개의 부분으로 나누어 먼저 1단계로 그 중 몇 개 부분을 시료로 샘플링 하는 방법이다.
㉰ 층별 샘플링 : 모집단을 N개의 층으로 나누어서 각 층으로부터 각각 랜덤하게 시료를 샘플링 하는 방법이다.
㉱ 취락샘플링 : 모집단을 여러 개의 층으로 나누고 그 층중에서 몇 개를 랜덤하게 추출한 뒤 선택된 층 안은 모두 검사하는 방법이다.
㉲ 다단계 샘플링 : 모집단에서 랜덤하게 1차 시료를 샘플링한 후 그 1차 시료에서 다시 2차 시료를 샘플링하고 다시 그 2차 시료 중에서 3차 시료를 샘플링 해

나가는 방법이다.
㉲ 유의샘플링 : 로트의 평균치를 알기 위해 로트 전체를 대표하는 시료를 샘플링하지 않고 일부 특정부분을 샘플링하여 그 시료의 값으로서 전체를 내다보는 방법이다.

[답] ③

57 어떤 측정법으로 동일 시료를 무한횟수 측정하였을 때 데이터 분포의 평균치와 모집단 참값과의 차를 무엇이라 하는가?
① 편차
② 신뢰성
③ 정확성
④ 정밀도

해설
㉮ 오차 : 모집단의 참값(μ)과 시료의 측정데이터(x_i)와의 차이
㉯ 신뢰성 : 시스템, 기기, 부품 등의 기능의 시간적 안정성을 나타내는 정도
㉰ 정밀도 : 어떤 측정법으로 동일 시료를 무한횟수 측정하였을 때 그 데이터는 반드시 어떤 산포를 갖게 되는데, 이 산포의 크기를 정밀도라 한다.
㉱ 정확성(accuracy : 정확도) : 어떤 측정법으로 동일 시료를 무한횟수 측정하였을 때 데이터 분포의 평균값과 모집단 참값과의 차이를 의미한다.

[답] ③

58 c관리도에서 중간값($\bar{c}$)이 16일 때 LCL을 계산하면 약 얼마인가?
① 0
② 2
③ 4
④ 16

해설
$$LCL = \bar{c} - 3\sqrt{\bar{c}}$$
$$= 16 - 3 \times \sqrt{16} = 4$$

[답] ③

59 표준시간 설정 시 미리 정해진 표를 활용하여 작업자의 동작에 대해 시간을 산정하는 시간연구법에 해당되는 것은?
① PTS법
② 스톱워치법
③ 워크샘플링법
④ 실적자료법

해설 PTS법 :
기정시간표준(PTS : predetermined time standard system)법이라 하며 모든 작업을 기본동작으로 분해하고 각 기본동작에 대하여 성질과 조건에 따라 정해놓은 시간치를 적용하여 정미시간을 산정하는 방법이다.

[답] ①

60 시간 관측자의 자세로서 가장 거리가 먼 것은?
① 작업 분석을 할 수 있어야 한다.
② 작업에 방해를 하지 않아야 한다.
③ 레이팅에 대하여 잘 알고 있어야 한다.
④ 피관측자에게 비밀로 하여 부담을 주지 않는다.

해설
피관측자에게 사전에 알려 주어야 한다.

[답] ④

제 4 편

실기 배관작업형

- 제 1 장 수험자 유의사항
- 제 2 장 배관작업형 기초이론
- [참고] 필답형 적산과제(공단 공개자료)

1 수험자 유의사항

1. 배관작업형 시험 수험자 유의사항

※ **시험시간** ◦ 표준시간 : 5시간

1.1 요구사항
지급된 재료를 이용하여 도면과 같이 각 배관의 조립작업을 하시오.

1.2 수험자 유의사항
(1) 시험시간 내에 작품을 제출하여야 합니다.
(2) 수험자 인적사항 및 계산식을 포함한 답안작성은 흑색 필기구만 사용해야 하며, 그 외 연필류, 빨간색, 청색 등 필기구로 작성한 답항은 0점 처리되오니 불이익을 당하지 않도록 유의해 주시기 바랍니다.
(3) 수험자가 지참한 공구와 지정된 시설만을 사용하며, 안전수칙을 준수하여야 합니다.
(4) 수험자는 시험시작 전 지급된 재료의 이상유무를 확인 후 지급 재료가 불량품일 경우에만 교환이 가능하고, 기타 가공, 조립 잘못으로 인한 파손이나 불량 재료 발생 시 교환할 수 없으며, 지급된 재료만을 사용하여야 합니다.
(5) 재료의 재지급은 허용되지 않으며, 잔여재료와 도면은 작업이 완료된 후 작품과 동시에 제출하고 작업대 주위를 깨끗하게 청소하여야 합니다.
(6) 플랜지 및 강관 용접 이음쇠는 지정된 용접봉을 사용하여 아크용접을 하여야 합니다.
※강관과 플랜지의 용접 후 플랜지 조립(체결) 전에 감독위원의 확인을 받아야 합니다
(7) 관을 절단할 때는 수험자가 지참한 수동공구(수동파이프 커터, 튜브 커터, 쇠톱 등)를 사용하여 절단한 후 파이프 내의 거스러미를 제거해야 합니다.
(8) 관 절단부의 거스러미 제거와 복장상태, 작업 시 안전보호구 착용여부 및 사용법, 재료

및 공구 등의 정리정돈과 안전수칙 준수 등도 시험 중에 채점하므로 철저히 해야 합니다.

⑼ 시험 종료 후 작품의 수압시험 시 누수여부를 감독위원으로부터 확인 받아야 합니다.

⑽ 다음 사항에 대해서는 채점 대상에서 제외하니 특히 유의하시기 바랍니다.

① 기권
   ㉮ 수험자 본인이 수험 도중 시험에 대한 포기의사를 표하는 경우
   ㉯ 실기시험 과정 중 1개 과정이라도 불참한 경우

② 실격
   ㉮ 배관기능장 실기과제(종합응용배관작업, 필답형 적산과제) 중 하나라도 0점인 작업이 있는 경우

③ 미완성
   ㉮ 시험시간 내에 작품을 제출하지 못한 경우

④ 오작품
   ㉮ 도면과 상이한 작품인 경우
   ㉯ 수압시험 시 $5[\text{kgf/cm}^2](0.5[\text{MPa}])$ 이하에서 누수가 있는 경우
   ㉰ 변형이 심하여 외관 및 기능도가 극히 불량한 경우
   ㉱ 도면치수 중 부분치수가 $\pm15[\text{mm}]$ (전체길이는 가로 또는 세로 $\pm30[\text{mm}]$) 이상 차이나는 경우
   ㉲ 평행도가 $30[\text{mm}]$ 이상 차이나는 경우
   ㉳ 지급된 재료 이외의 다른 재료로 작업한 경우
   ㉴ 플랜지의 패킹면과 용접면을 바꿔서 조립한 경우

2. 배관작업형 시험 지급재료 목록

번호	재료명	규격	단위	수량	비고
1	강관(SPP), 흑관	40A×750	개	1	KS 규격품
2	〃	32A×400	〃	1	〃
3	〃	25A×1200	〃	1	〃
4	〃	20A×1200	〃	1	〃
5	동관(경질 L형, 직관)	15A×1000	〃	1	〃
6	PB관 (직관)	20A×800	〃	1	〃
7	90°엘보(가단주철제) (백)	25A	〃	1	〃

번호	재료명	규격	단위	수량	비고
8	90°엘보(가단주철제) (백)	20A	〃	2	〃
9	45°엘보(가단주철제) (백)	20A	〃	1	〃
10	90°이경엘보(가단주철제) (백)	25A×20A	〃	1	〃
11	90°이경엘보(가단주철제) (백)	20A×15A	〃	2	〃
12	90°엘보(용접용)	40A	〃	1	〃
13	이경티(가단주철제) (백)	40A×20A	〃	1	〃
14	이경티(가단주철제) (백)	32A×20A	〃	1	〃
15	이경티(가단주철제) (백)	25A×20A	〃	1	〃
16	리듀서	40A×25A	〃	1	〃
17	부싱(가단주철제) (백)	40A×32A	〃	1	〃
18	유니언(가단주철제) (백)	25A(F형)		1	〃
19	플랜지(RF)	25A 10[kgf/cm^2] (slip on type)	〃	2	〃
20	플랜지 가스킷(비석면제)	25A용(t=1.5[mm])	〃	1	〃
21	육각볼트, 너트	M16×50	조	4	〃
22	유니언 가스킷(합성고무제품)	유니언 25A 용	개	1	
23	동관용 어댑터(C×M형)	황동제 15A	〃	2	〃
24	동관용 엘보(C×C형)	동관용 15A	〃	1	〃
25	PB관용 밸브소켓(M형)	20A	〃	2	〃
26	PB관용 엘보	20A	〃	1	〃
27	서포트 슬리브	20A	〃	4	〃
28	실링 테이프	t0.1×13×1000	R/L	7	〃
29	인동납 용접봉(BCuP-3)	ϕ2.4×500	개	1	〃
30	전기 용접봉(E4301)	ϕ3.2×350	개	12	〃
31	플럭스(동관 브레이징용)	200g	통	1	30인 공용
32	절삭유(중절삭용)	활성 극압유(4L)	통	1	〃
33	동력나사 절삭기용 체이서	25A~50A 용	조	1	15인 공용
34	〃	15A~20A 용	조	1	
35	산소	120[kgf/cm^2](40L)	병	1	30인 공용
36	아세틸렌	3[kg]		1	〃

※ 국가기술자격 실기시험 지급재료는 시험종료 후(기권, 결시자 포함) 수험자에게 지급하지 않습니다.

3. 작업형 시험 수험자 지참 준비물

번호	재료명	규격	단위	수량	비고
1	동관벤더	15A	대	1	배관작업용
2	몽키스패너	12"(300[mm])	EA	1	배관작업용
3	안전화	작업용	켤레	1	배관작업용
4	와이어브러시	용접용	EA	1	배관작업용
5	전자계산기	공학 또는 일반용	EA	1	배관작업용
6	계산기	일반용(더하기, 곱하기)	조	1	공학용이 아니어도 가능함, 적산작업용
7	흑색 볼펜	사무용	조	1	적산작업용
8	파이프 렌치, 리머, 커터	15A~40A	EA	1	각1개, 배관작업용
9	쇠톱	300[mm]	EA	1	배관작업용
10	강관가공, 조립용 기초공구	15A~40A	조	1	배관작업용
11	동관 가공, 조립용 기초공구	15A 용	조	1	배관작업용
12	동관 용접용 기초공구	15A용	조	1	배관작업용
13	PB관용 기초공구	20A용	조	1	배관작업용
14	강철자	300, 600, 1000	조	1	각1개, 배관작업용
15	직각자	600×500	EA	1	배관작업용
16	평줄	400	EA	1	배관작업용
17	석필	t2.0×20×80	EA	1	배관작업용
18	헬멧	차광번호 10~12번	EA	1	배관작업용
19	용접용 앞치마 및 장갑	용접용	EA	1	배관작업용
20	용접용 집게	200	EA	1	배관작업용
21	볼핀 해머	1.5[kg]	EA	1	배관작업용

※ 적산작업과 종합응용배관작업은 각각 다른 날에 시행하오니 실기시험 접수 시 두 작업의 시험일을 정확히 확인하셔서 시험을 준비하시기 바랍니다. (두 작업 중 하나라도 시험에 참석하지 않을경우 채점대상에서 제외하오니 참고하시기 바랍니다.)

※ 적산작업 시험일에는 계산기와 필기도구를 지참하시고, 종합응용 배관작업 시험일에는 필기도구를 포함하여 지정된 지참공구들을 가져오시기 바랍니다.

1. 종합응용 배관작업 시 동력나사절삭기는 시험장에 비치되어 있으며, 수험자 본인이 지참한 경우 개인장비 사용이 가능합니다. (단, 시험장 및 개인장비의 동력나사절삭기에 부착된 자동 배관커터 기능은 사용하실 수 없습니다.)
2. 개인용접기 지참은 불가하며, 반드시 시험장 시설 장비를 이용하시기 바랍니다.
3. 배관꽂이용 등 단순 형태의 지그는 사용가능하나, 용접용 지그(턴 테이블(회전형)형태 등)의 사용은 불가합니다.
4. 기타 지참공구목록에 명시되어 있지 않은 공구 지참 불가(용접자석 등)

2. 배관작업 및 예상도면

1. 배관작업 기초이론

1.1 배관작업의 분류

(1) 관의 절단 : 절단용 공구나 기계를 이용하여 절단하되 절단길이는 정확하게 계산된 후에 행하며, 관 끝면을 수직으로 거스러미가 없도록 마무리를 해야 한다.

(2) 관의 이음 : 나사이음, 용접이음, 플랜지이음으로 구분된다. 나사이음의 경우에 나사절삭기로 절삭 시에는 절삭유(윤활유)를 수시로 주입하며 나사절삭 후에는 패킹제를 감은 후에 연결부속에 조립한다.

(3) 관의 조립 및 설치 : 설치해야 할 장소에서 조립할 때에는 파이프 나사산이 1~2개 정도 남도록 결합하되 배관의 방향, 경사 등을 확인한다.

1.2 배관의 실제길이 계산

(1) 관의 유효나사부 길이 : 나사이음을 할 때 관호칭이 결정되면 부속에 조립되는 나사부 길이는 부속 종류에 관계없이 일정한 길이를 갖는다. 유효나사부 길이는 불완전나사부(보통 1~2산 정도)를 제외한 완전나사부에 해당하는 길이이다.

[관의 유효나사 길이]

관호칭	15[A] $\left(\dfrac{1}{2}B\right)$	20[A] $\left(\dfrac{3}{4}B\right)$	25[A] $(1B)$	32[A] $\left(1\dfrac{1}{4}B\right)$	40[A] $\left(1\dfrac{1}{2}B\right)$	50[A] $(2B)$
유효나사부[mm]	11	13	15	17	18	20

(2) 직관의 길이 계산 : 배관도면에서 표시되는 모든 치수는 관의 중심선을 기준으로 표시하며 치수단위는 [mm]를 사용하는 것이 원칙이다. 나사이음에서 표시된 치수만큼 관을 절단하게 되면 부속이 가진 여유치수만큼 실제 배관이 길어지게 되므로 부속의 여유치수를 뺀 치수만큼 절단하여야 한다.

다음 그림은 90° 엘보 2개를 사용하여 나사이음할 때의 치수계산 방법을 나타낸 것으로 관의 길이를 산출할 때는 다음의 식이 이용된다.

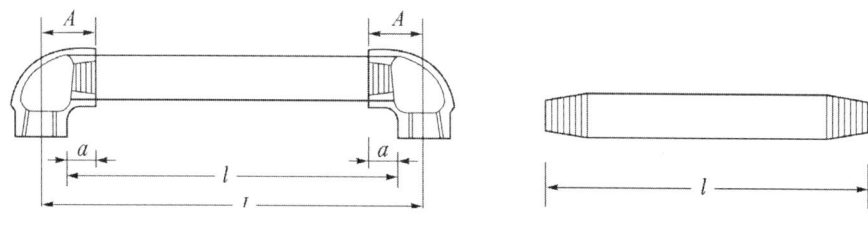

[나사이음할 때의 치수]

실제 배관길이를 산출할 때에는 다음 공식이 이용된다.

$$L = l + 2(A - a)$$
$$l = L - 2(A - a)$$

여기서, L : 배관 중심간 거리[mm]
　　　　l : 실제 관길이[mm]
　　　　A : 이음쇠 중심거리[mm]
　　　　a : 유효나사부 길이(최소물림길이)

(3) 경사진 배관의 길이 계산 : 그림과 같이 경사각이 45°인 관의 중심거리는 피타고라스 정리에 의하여 $z^2 = x^2 + y^2$ 이다.

$$\therefore z = \sqrt{x^2 + y^2}$$

여기서, $x = y = 1$ 이라면

$$z = \sqrt{1^2 + 1^2} = \sqrt{2} = 1.414$$

가 된다.

∴ z의 실제 배관길이

　$l = x$(또는 y) $\times 1.414 - 2 \times$ 여유치수

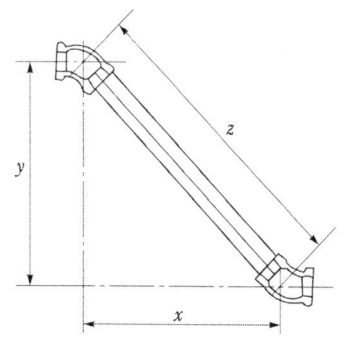

[경사배관의 길이 계산]

[관 및 이음재 종류 별 치수]

이음재의 명칭		호칭	중심치수	유효나사부	공간치수 (여유치수)
90° 엘보 (elbow)		15A	27	11	16
		20A	32	13	19
		25A	38	15	23
		32A	46	17	29
		40A	48	18	30
45° 엘보 (elbow)		15A	21	11	10
		20A	25	13	12
		25A	29	15	14
		32A	34	17	17
		40A	37	18	19
티(tee)		15A	27	11	16
		20A	32	13	19
		25A	38	15	23
		32A	46	17	29
		40A	48	18	30
이경 90° 엘보 (elbow) [중심치수 : A×B]		20×15A	29×30	13×11	16×19
		25×15A	32×33	15×11	17×22
		25×20A	34×35	15×13	19×22
		32×15A	34×38	17×11	17×27
		32×20A	38×40	17×13	21×27
		32×25A	40×42	17×15	23×27
		40×15A	35×42	18×11	17×31
		40×20A	38×43	18×13	20×30
		40×25A	41×45	18×15	23×30
		40×32A	45×48	18×17	27×31
이경 티(tee) [중심치수 : A, B×C]		20×15A	29×30	13×11	16×19
		25×15A	32×33	15×11	17×22
		25×20A	34×35	15×13	19×22
		32×15A	34×38	17×11	17×27
		32×20A	38×40	17×13	21×27
		32×25A	40×42	17×15	23×27
		40×15A	35×42	18×11	17×31
		40×20A	38×43	18×13	20×30
		40×25A	41×45	18×15	23×30
		40×32A	45×48	18×17	27×31

이음재의 명칭		호칭	중심치수	유효나사부	공간치수 (여유치수)
리듀서 (reducer) [중심치수: $\frac{L_1}{2}$]		20×15A	19	13×11	6×8
		25×15A	21	15×11	6×10
		25×20A	21	15×13	6×8
		32×15A	24	17×11	7×13
		32×20A	24	17×13	7×11
		32×25A	24	17×15	7×9
		40×15A	26	18×11	8×15
		40×20A	26	18×13	8×13
		40×25A	26	18×15	8×11
		40×32A	26	18×17	8×9
소켓(socket) [중심치수: $\frac{L_1}{2}$]		15A	17.5	11	6.5
		20A	20	13	7
		25A	22.5	15	7.5
		32A	25	17	8
		40A	27.5	18	9.5
유니언(union)		15A	22	11	11
		20A	25	13	12
		25A	28	15	13
		32A	31	17	14
		40A	34	18	16

▶ 배관작업 시 해당되는 이음재 명칭과 호칭을 찾아 여유치수(공간치수)에 해당하는 치수를 빼주면 실제 배관길이가 된다.

2. 공개도면

| 자격종목 | 배관기능장 | 과제명 | 종합응용 배관작업 | 척도 | NS |

□ 시험시간 : 표준시간 – 5시간, 연장시간 – 없음

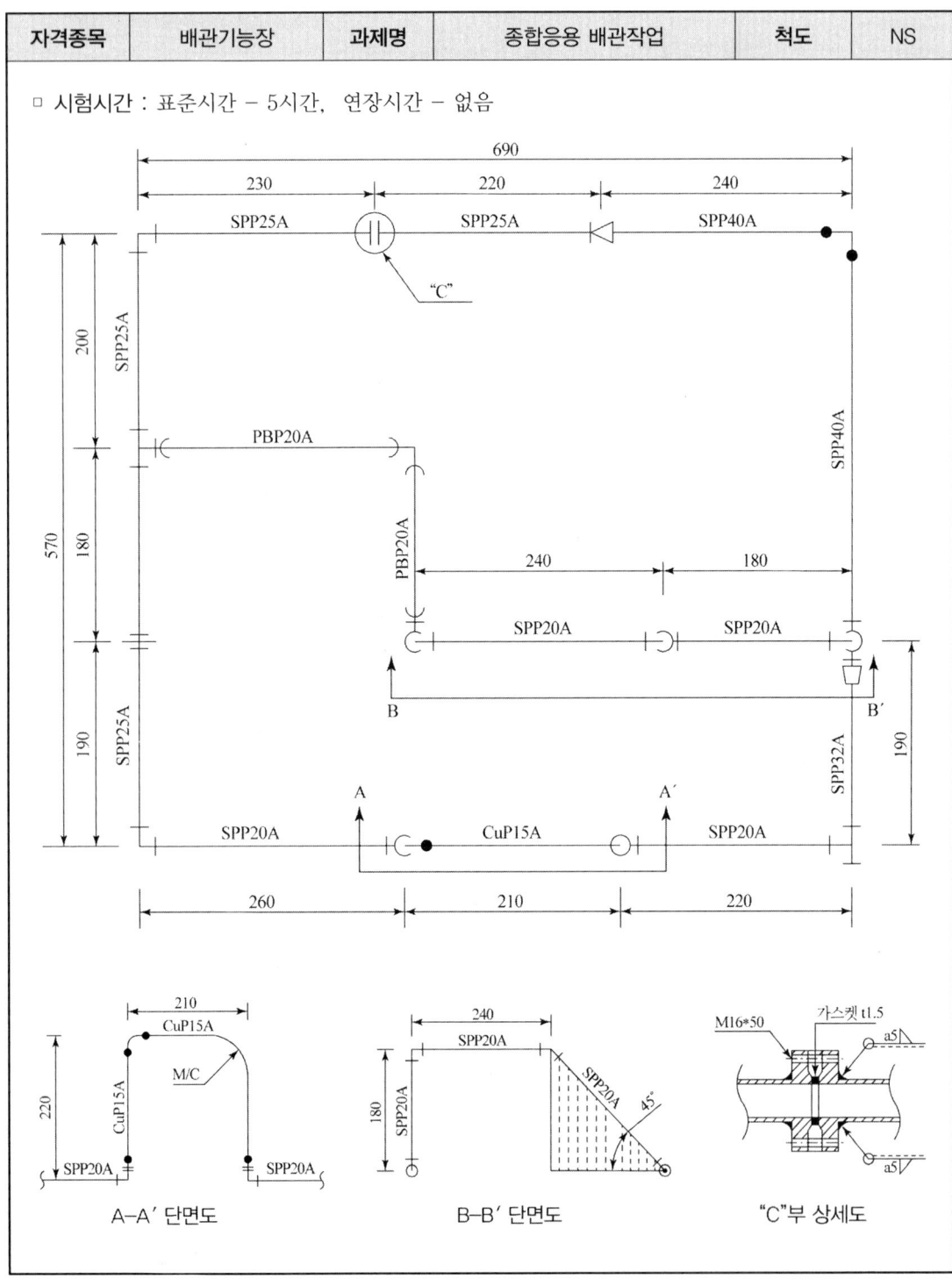

| 자격종목 | 배관기능장 | 과제명 | 종합응용 배관작업 | 척도 | NS |

□ 시험시간 : 표준시간 – 5시간, 연장시간 – 없음

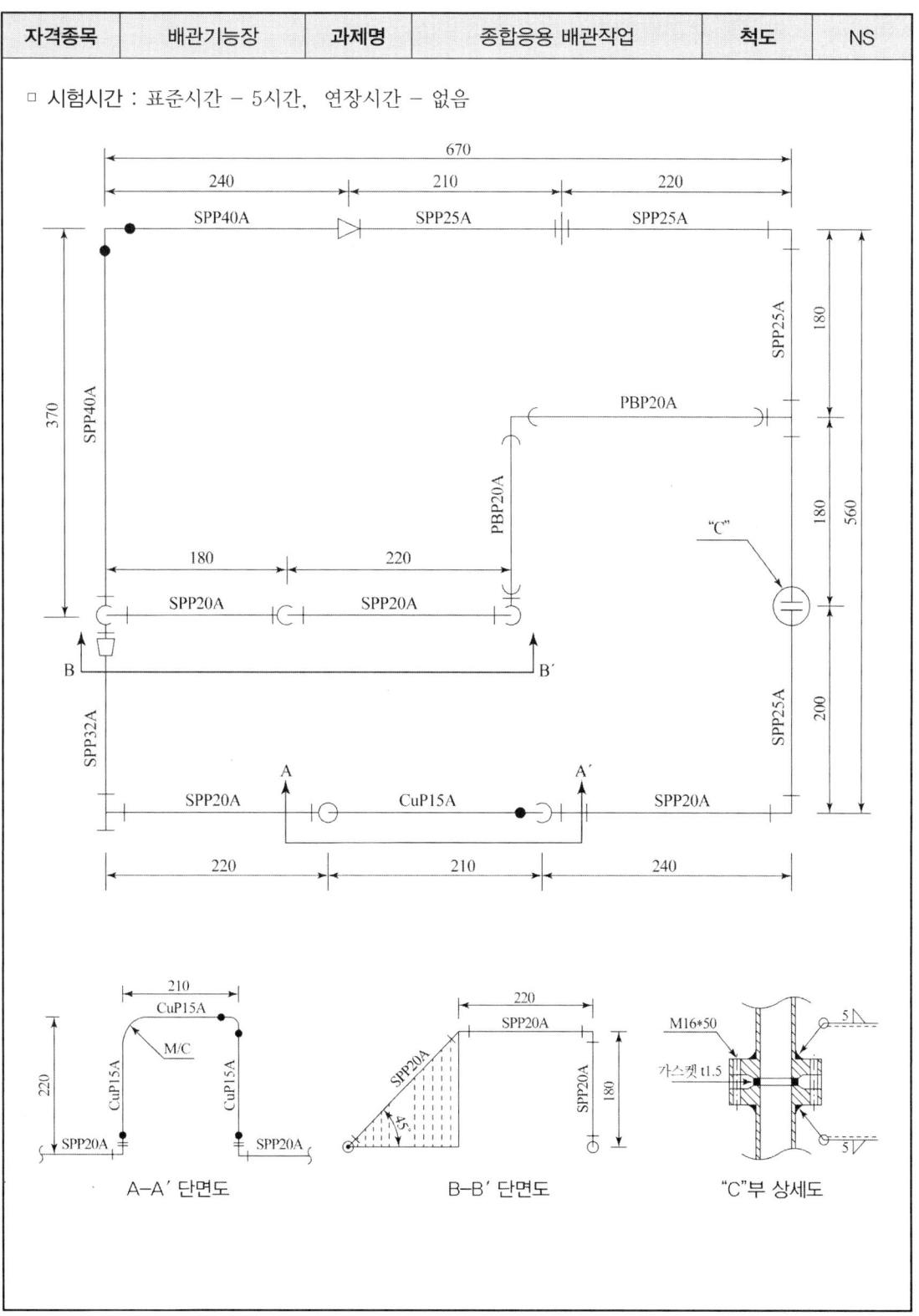

A-A′ 단면도   B-B′ 단면도   "C"부 상세도

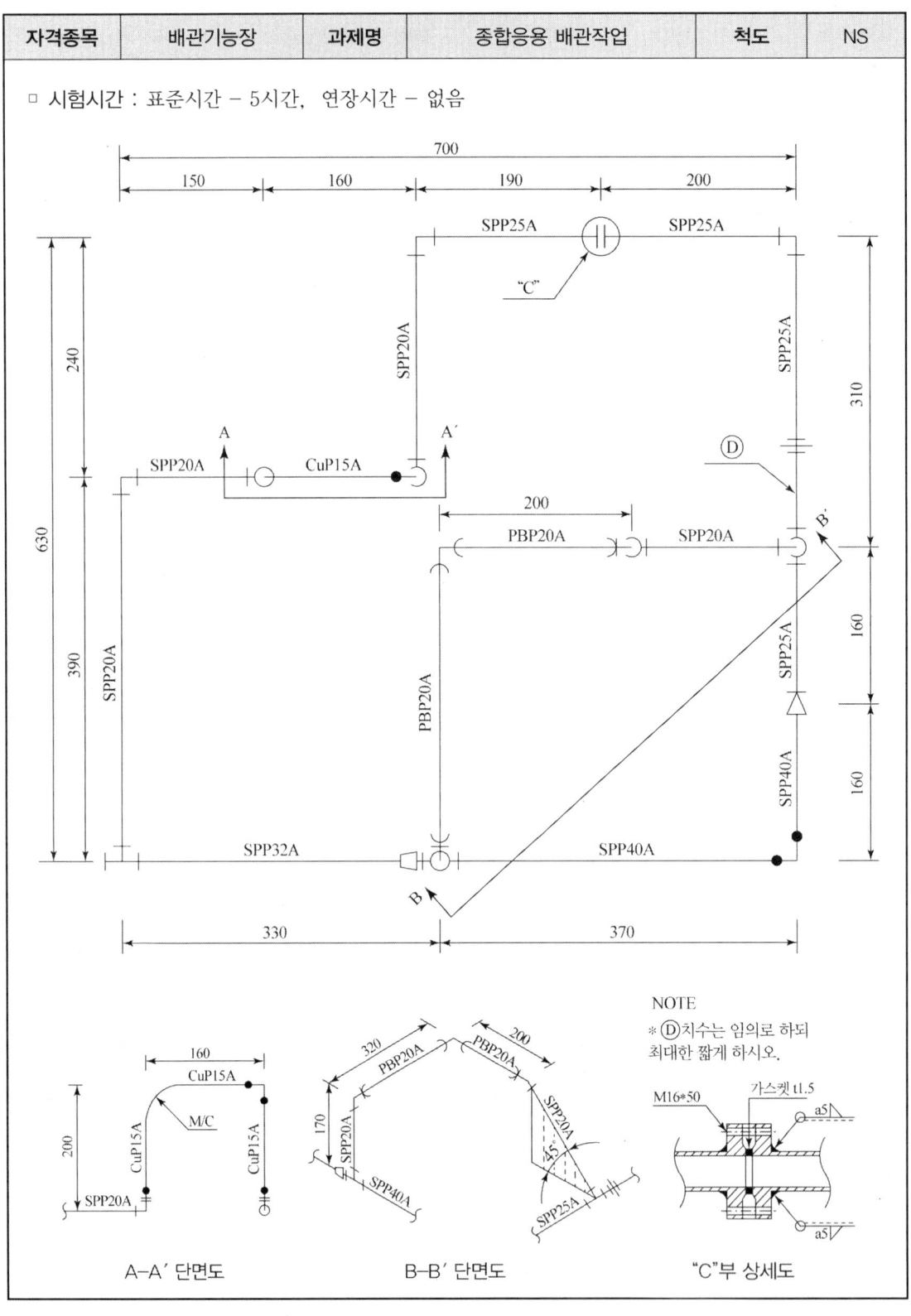

| 자격종목 | 배관기능장 | 과제명 | 종합응용 배관작업 | 척도 | NS |

□ 시험시간 : 표준시간 – 5시간, 연장시간 – 없음

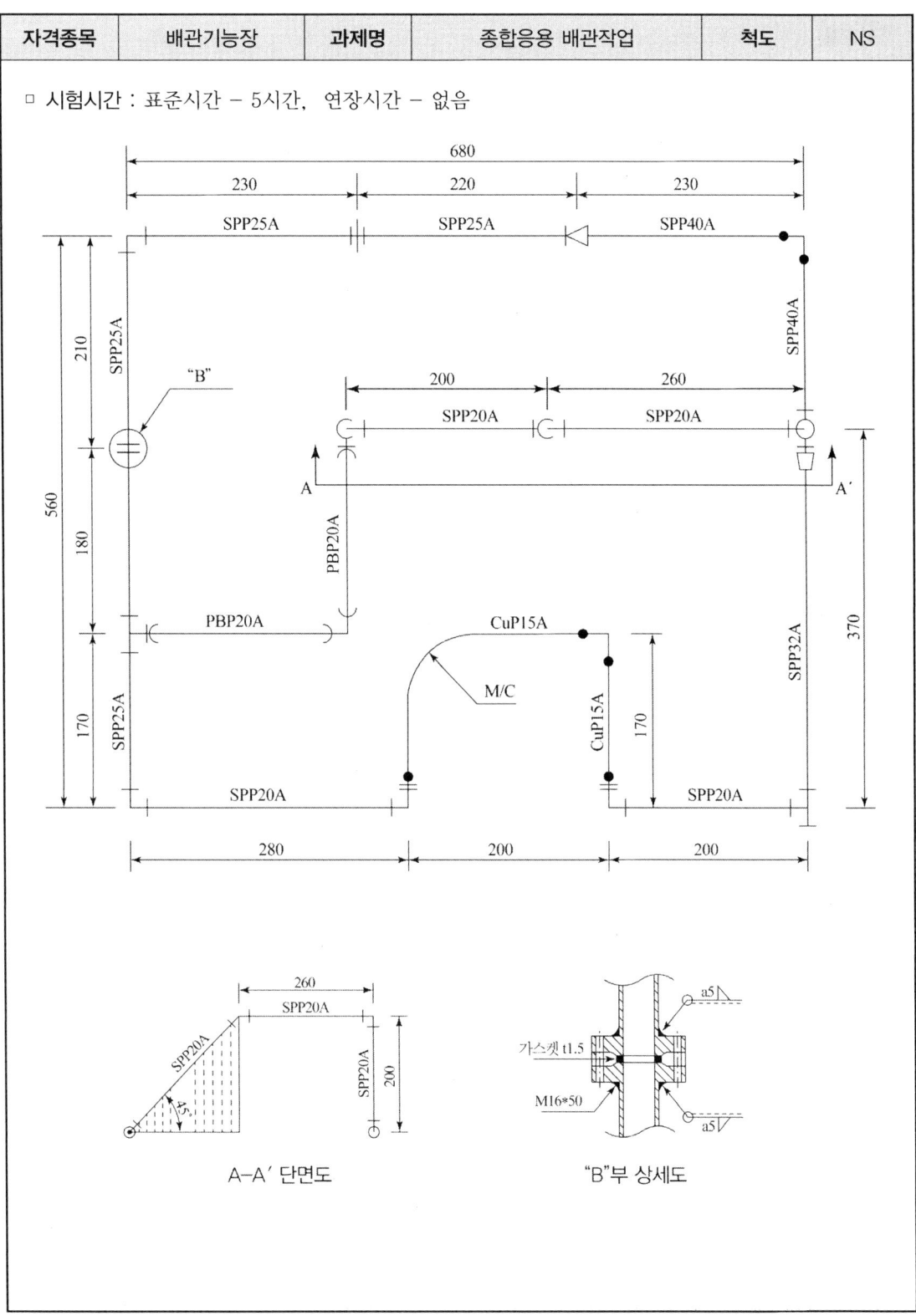

A-A′ 단면도

"B"부 상세도

자격종목	배관기능장	과제명	종합응용 배관작업	척도	NS

□ 시험시간 : 표준시간 - 5시간, 연장시간 - 없음

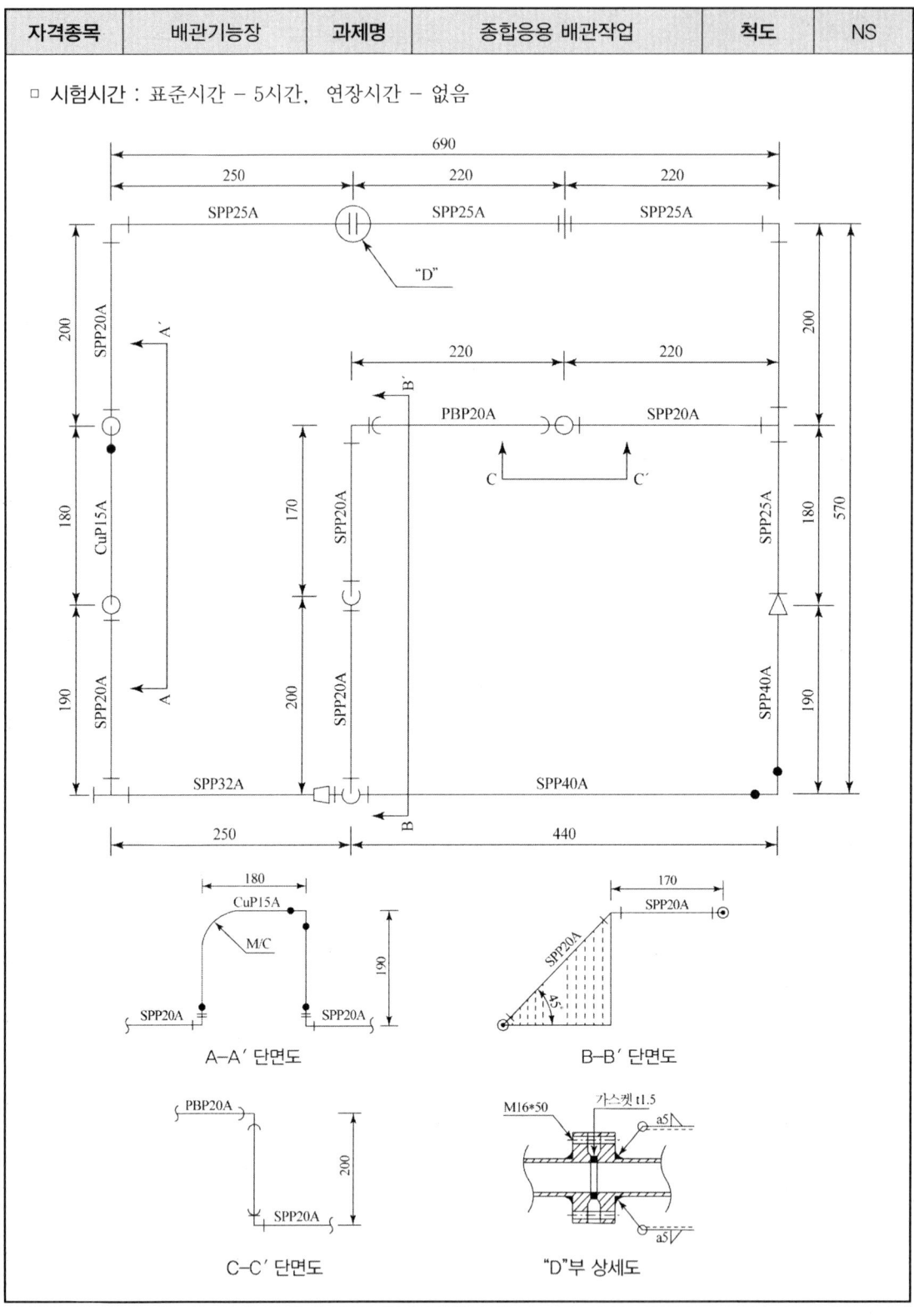

| 자격종목 | 배관기능장 | 과제명 | 종합응용 배관작업 | 척도 | NS |

▫ 시험시간 : 표준시간 – 5시간, 연장시간 – 없음

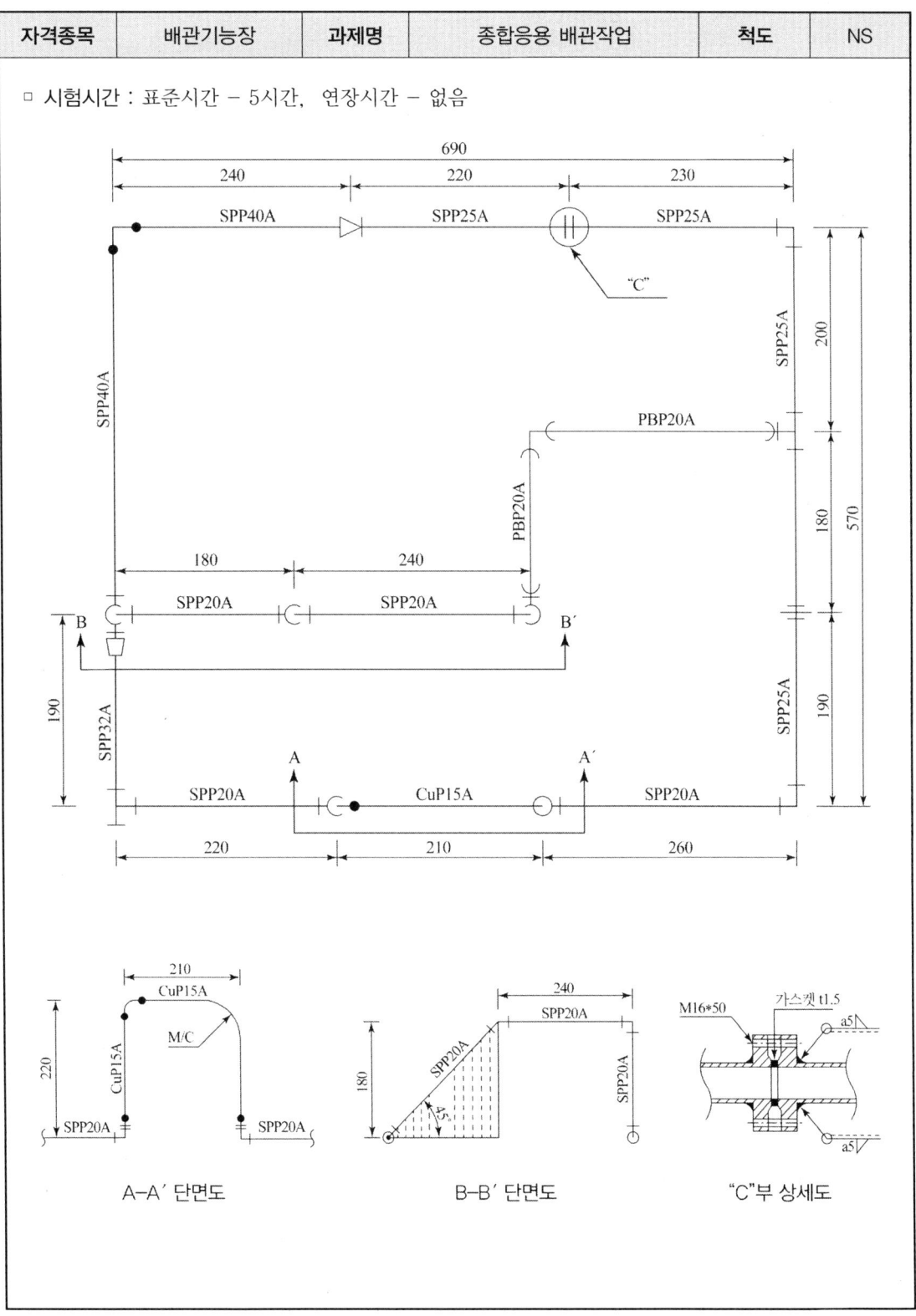

A-A′ 단면도   B-B′ 단면도   "C"부 상세도

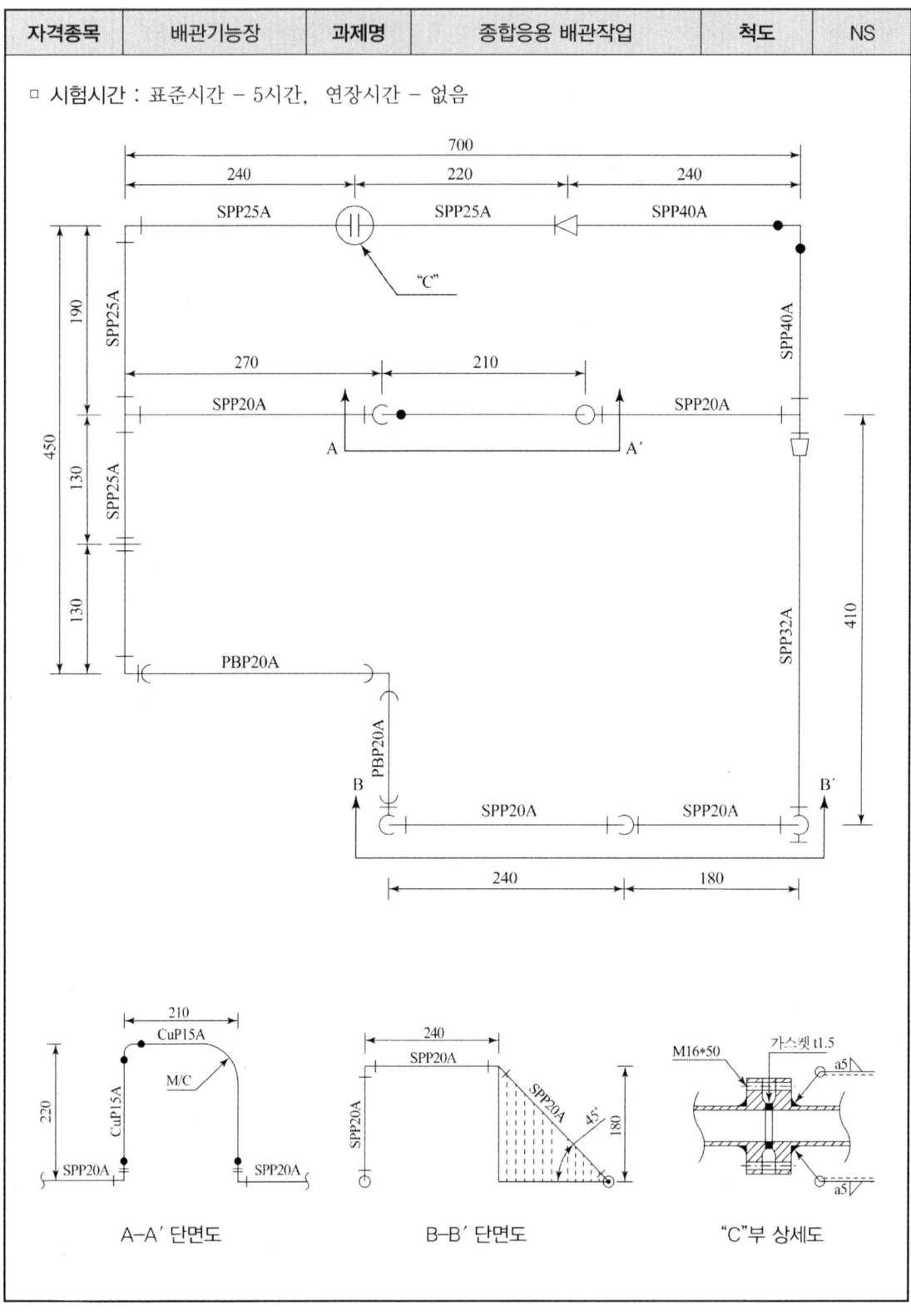

| 자격종목 | 배관기능장 | 과제명 | 종합응용 배관작업 | 척도 | NS |

□ 시험시간 : 표준시간 – 5시간, 연장시간 – 없음

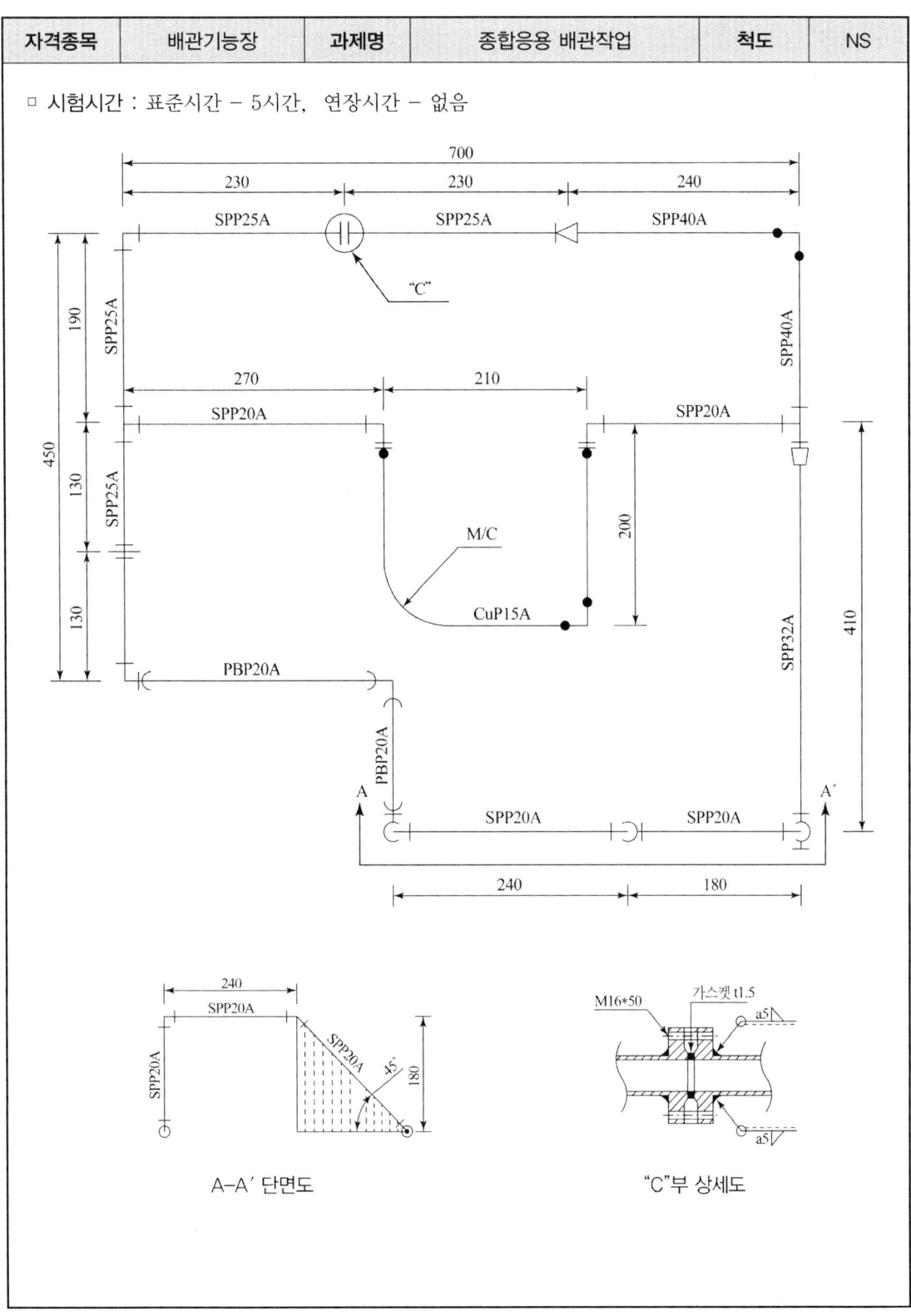

A-A′ 단면도

"C"부 상세도

| 자격종목 | 배관기능장 | 과제명 | 종합응용 배관작업 | 척도 | NS |

□ 시험시간 : 표준시간 – 5시간, 연장시간 – 없음

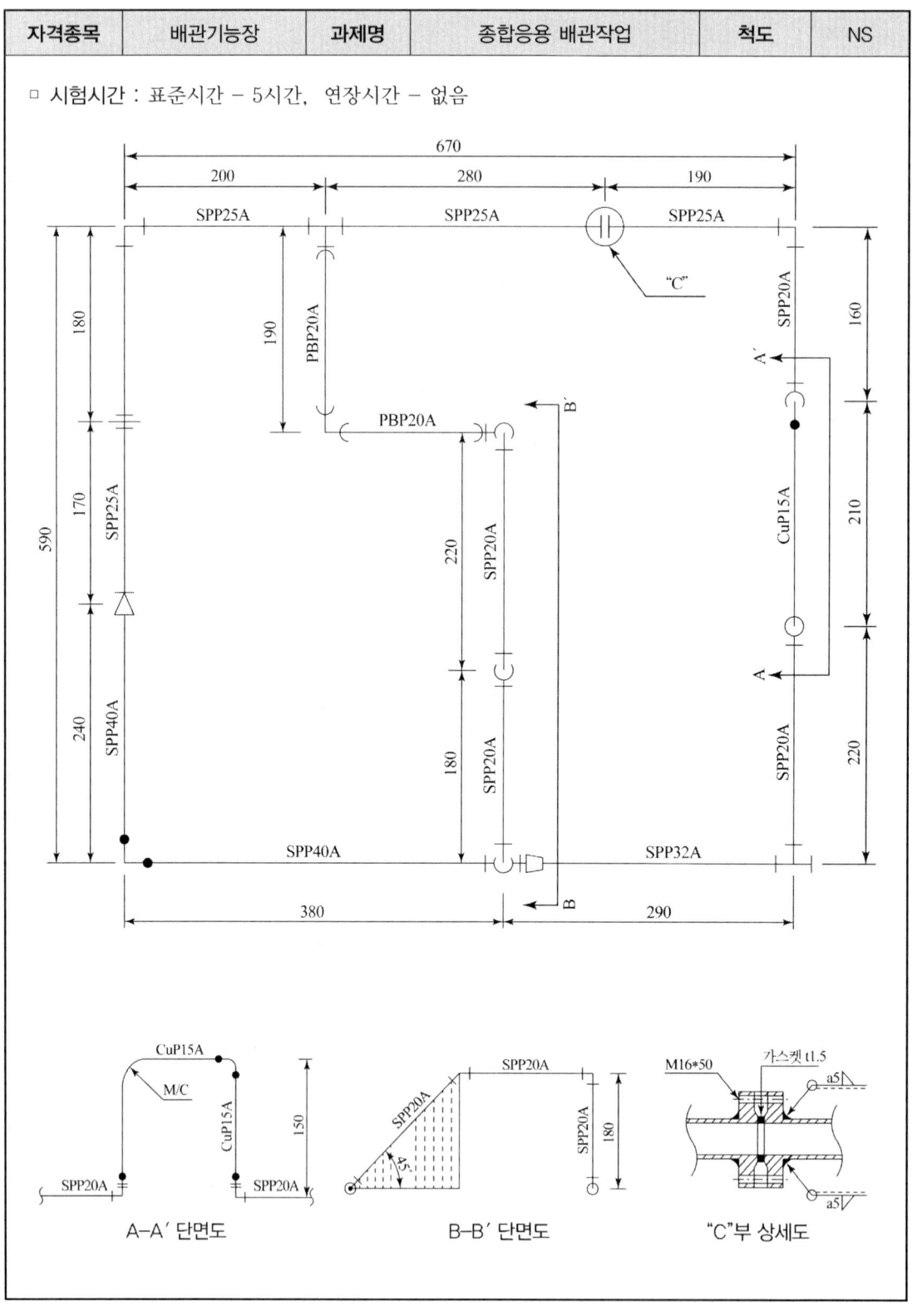

A–A′ 단면도   B–B′ 단면도   "C"부 상세도

| 자격종목 | 배관기능장 | 과제명 | 종합응용 배관작업 | 척도 | NS |

□ 시험시간 : 표준시간 – 5시간, 연장시간 – 없음

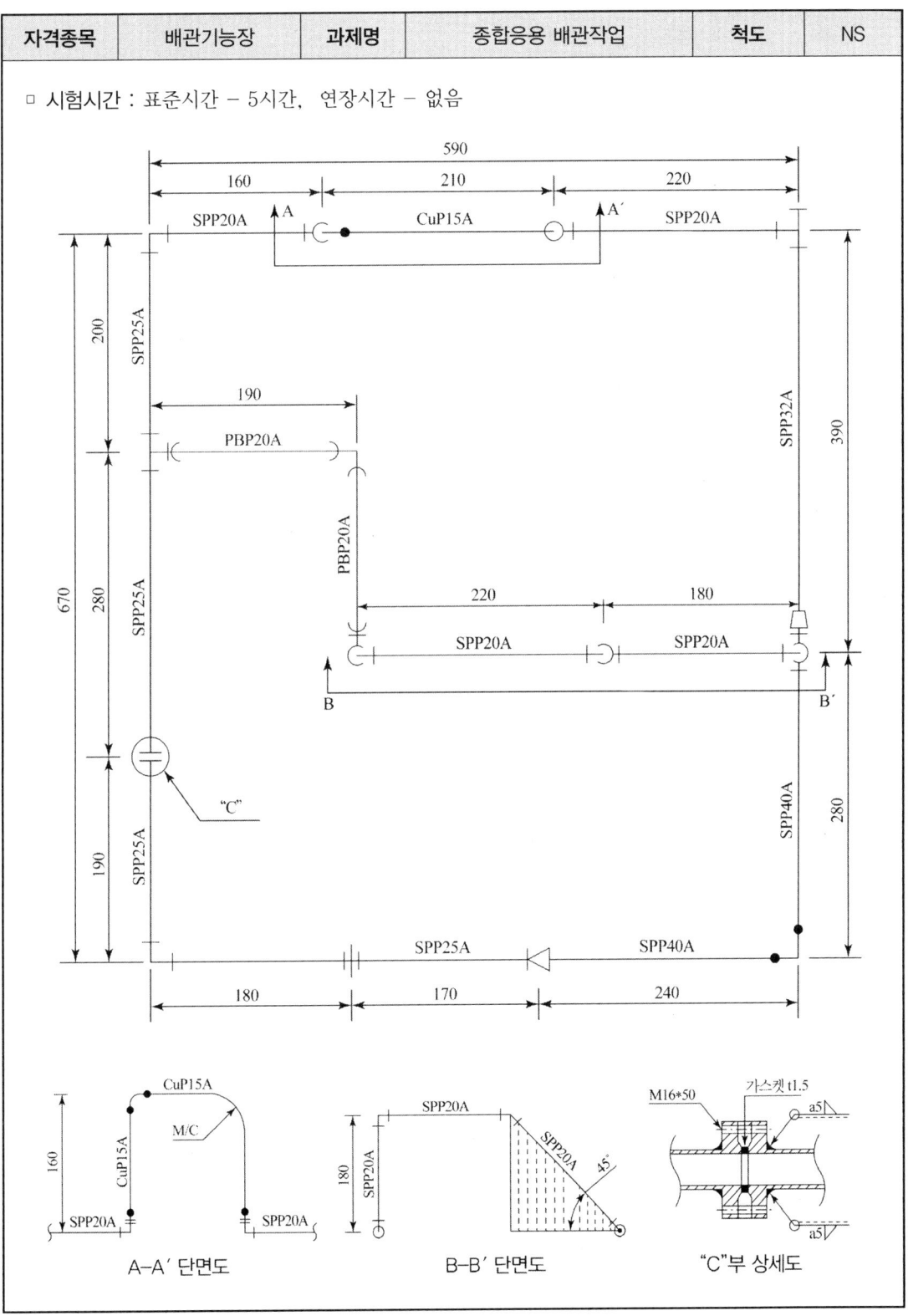

| 자격종목 | 배관기능장 | 과제명 | 종합응용 배관작업 | 척도 | NS |

☐ 시험시간 : 표준시간 − 5시간, 연장시간 − 없음

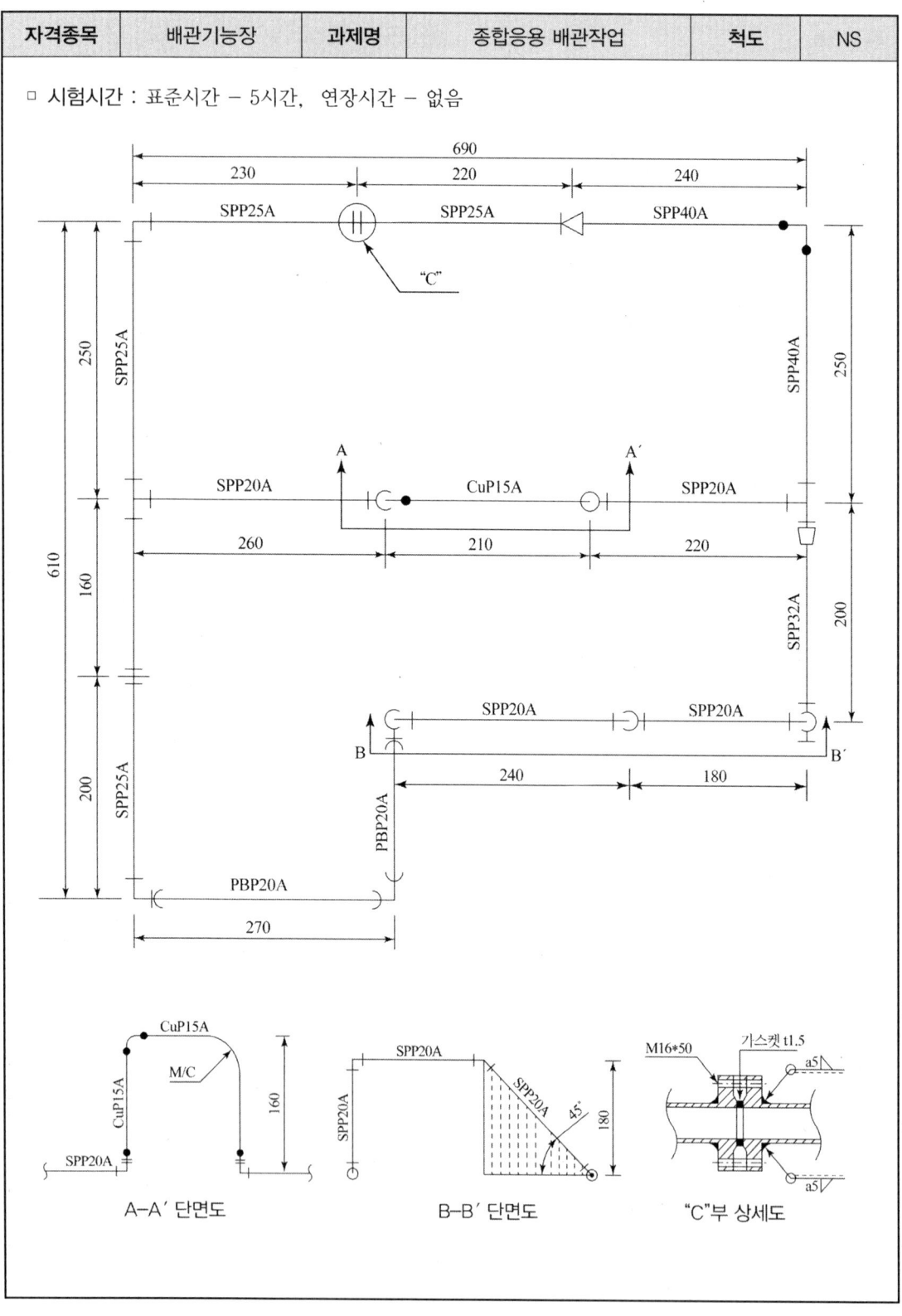

참고 필답형 적산과제(공단 공개자료)

1. 적산시험 변경 사항

구분	변경 전	변경 후
시험시간	3시간	2시간
시험방식	도면과 적산자료를 참고하여 ① 재료산출 ② 집계표 ③ 노무인력 ④ 내역서 작성 (도면 1개 기준으로 ① → ④까지 연계성으로 출제)	약 4~6문제로 구성되어 각 문제별 독립형태로 출제 ※ 문항별 연계되지 않으며, 문제별 활용되는 도면도 각각 다름
적산배관 재질	동일 배관 및 부속품 재질 -대부분 강관(백관)	다양한 배관 및 부속품 재질 - 강관, 동관, STS관, PVC관, PB관 등 ※ 용접에 대한 적산자료 추가 제공
기타1		적산관련 단답형 유형(이론부분)의 문제도 일부 출제될 수 있음
기타2		배점은 문제별 다를 수 있음(난이도 등 고려)

※ 변경되는 적산시험은 2021년 제70회 실기시험부터 적용되는 사항임

1.1 예시 1

아래는 동관을 사용한 급수배관 물량을 산출하여 집계한 결과이다.

<부품 집계 1>

규격	동엘보	...	동관접합 개소
DN40	1		
DN32	2		
DN25	4		
DN20	5		

<동관 부품 집계 2>

리듀서 \ 티	DN15	...	동관접합 개소
DN15	5		
DN20	2		
DN25	5		
DN32	3		

(1) 동관접합(경납땜)은 규격별 각각 몇 개소인지 아래 표를 완성하시오.

〈동관 접합 개소 합계〉

DN15	DN20	…

(2) 동관접합(DN15) 1개소에 소요되는 재료비와 노무비, 경비에 대하여 아래 일위대가표를 완성하시오. (단, "배관설비 적산 참고자료" 참고하여 작성한다.)

〈동관접합(경납땜) DN15〉 (개소당)

품명	규격	단위	수량	재료비		노무비		경비		합계	
				단가	금액	단가	금액	단가	금액	단가	금액
은납용접봉											
…											

※ 표기된 값은 실제 시험과 무관하므로 유형만 참고하시기 바랍니다.

1.2 예시 2

화장실 도면으로부터 급수, 급탕 및 환탕배관 물량을 산출하여 집계한 결과이다. 배관은 동관 및 PB(폴리부틸렌)관을 사용하였다.

〈동관 집계〉

규격	산출내역[m]	계[m]	할증[%]	할증계[%]
DN25	10×2.6[m]	26	5	
…				

〈PB관 집계〉

규격	산출내역	계	할증	할증계
DN16	5×3.0[m]	15	5	
…				

〈PB관 부품 집계〉

규격	PB M밸브 소켓	PB 수전 소켓	…	PB 슬리브
DN20	100	50		20

(1) 배관작업에 소요되는 노무인력을 산출하시오.

〈노무인력 산출〉

적용대상	수량([m] 또는 [개])	할증률 [%]	배관공	보통인부
...				
...				

※ 표기된 값은 실제 시험과 무관하므로 유형만 참고하시기 바랍니다.
※ 예시 1과 예시 2는 공단에서 공개된 자료입니다.

배관기능장 필기 과년도풀이

발　　행	/ 2025년 10월 1일
저　　자	/ 서 상 희
펴 낸 이	/ 정 창 희
펴 낸 곳	/ 동일출판사
주　　소	/ 서울시 강서구 곰달래로31길7 (.
전　　화	/ (02) 2608-8250
팩　　스	/ (02) 2608-8265
등록번호	/ 109-90-92166

ISBN 978-89-381-1713-7 13570

값 / 36,000원

이 책은 저작권법에 의해 저작권이 보호됩니다. 동일출판사 발행인의 승인자료 없이 무단 전재하거나 복제하는 행위는 저작권법 제136조에 의해 5년 이하의 징역 또는 5,000만원 이하의 벌금에 처하거나 이를 병과(倂科)할 수 있습니다.